URKUNDEN UND AKTEN

DER

STADT STRASSBURG

HERAUSGEGEBEN

MIT UNTERSTÜTZUNG

DER LANDES- UND DER STADT-VERWALTUNG.

DRITTE ABTHEILUNG:

DIE ALTEN MATRIKELN

DER UNIVERSITÄT STRASSBURG.

STRASSBURG

VERLAG VON KARL J. TRÜBNER

1902.

DIE ALTEN MATRIKELN

DER

UNIVERSITÄT STRASSBURG

1621 BIS 1793.

BEARBEITET

VON

GUSTAV C. KNOD.

DRITTER BAND:

PERSONEN- UND ORTSREGISTER.

STRASSBURG

VERLAG VON KARL J. TRÜBNER

1902.

VORWORT.

Nach fast fünfjähriger Pause bin ich endlich in der Lage, das versprochene Personen- und Ortsregister zu meiner Bearbeitung der „alten Matrikeln der Universität Strassburg“ hiermit der Öffentlichkeit zu übergeben. Es wird die Benutzung der beiden Matrikelbände wesentlich erleichtern und auch dem Statistiker willkommene Dienste thun.

Bei der stellenweis mangelhaften Beschaffenheit des überlieferten Textes, der häufig ungenauen und unbestimmten Bezeichnung, der wechselnden Schreibung und oft rätselhaften Latinisierung und Gräcisierung der Personen- und Ortsnamen, der ungleichartigen Form der beigegebenen näheren Bestimmungen war es nicht immer möglich, die Identität der öfter vorkommenden Personen und Orte mit unbedingter Sicherheit zu bestimmen, Zusammengehöriges zusammenzubringen, störende Wiederholungen zu vermeiden. Nicht immer ist deutlich zu erkennen, ob man einen Familien- oder Ortsnamen vor sich hat: so habe ich z. B. bei dem Eintrag Laur. Bartholdi Cantherus Suecus das Wort Cantherus als Ortsnamen gefasst und demgemäss Bartholdi in das Personenregister eingesetzt, während Herr Prof. W r a n g e l in Lund in Cantherus einen Familiennamen erblicken möchte u. s. w. Schweigger (II 258) und Schweicker (II 520), Rüecker (I 596) und Rueckherr (I 709), Glour und Glur u. s. w. waren leicht in ihrer Identität zu erkennen, ebenso hätten aber auch, wie ich jetzt, leider zu spät, sehe, Koester (I 235) und Köster (I 108. 119), Diez und Dietz (I 322. 536), Göhrig (II 86. 175. 417) und Goering zusammengebracht werden müssen. In andern Fällen habe ich mich prinzipiell an die in der Vorlage gebotene Schreibung bei Einordnung der Namen gehalten, da z. B. eine unmittelbare Nötigung nicht vorlag, die Züricher Hauser (I 76. II 99) und

Haussheer (I 243) oder die Zaberner Baehr und Behr zusammenzuwerfen, so wenig es angeht, etwa die Ulmer Maier, Majer, Mair, Mayer, Meier und Meyer für ein und dieselbe Familie zu erklären. Geradezu eine Unmöglichkeit aber ist es, bei der Latinisierung der Familiennamen, durch Anhängung einer lateinischen Endsilbe oder Übersetzung, immer das Richtige zu erkennen. Bei einem Beckerus, Meyerus, Müllerus wird man ohne weiteres die lateinische Endung streichen, bei einem Crecelius, Kulmus, Kulpis geht dies ebensowenig an, wie etwa bei einem Agricola, Faber, Fabricius, Piscator, Pistor, Pistorius eine Rückübersetzung ins Deutsche zu versuchen. Manchmal wird durch einen weitern Eintrag ein erwünschter Fingerzeig gegeben: dass z. B. Crusius (I 344. 632) nicht als Crusius, Kruse, Krause zu fassen, sondern als Kraus zu übersetzen ist, wird durch den Zusatz Ravenspurgensis und die Vergleichung mit I 341 und II 517 zur Evidenz bewiesen. — Nicht immer ist auch die gemeinte P e r s o n mit wünschenswerter Sicherheit festzustellen, da derselbe Name oftmals unter Umständen wiederkehrt, die es zweifelhaft erscheinen lassen, ob man es mit ein und derselben Person oder mit verschiedenen Trägern desselben Namens zu thun hat. So begegnet uns 1660 unter den Juristen ein Frid. Piper Spandov. March. (II 269) — ein Name, der sich zehn Jahre später in der gleichen Matrikel wieder findet: dürfen wir annehmen, dass beide Einträge sich auf die nämliche Person beziehen, dass P. zehn Jahre lang studiert hat, ohne es zum Examen zu bringen oder dass er sich nach längerer Unterbrechung wieder seinem alten Studium zugewandt hat? Ein Dav. Zachariae Sedinensis Pomer. erscheint 1634 unter den Theologen; zwanzig Jahre später begegnet uns derselbe Name unter den Candidaten der philosophischen Fakultät — haben wir es in diesen Einträgen mit ein und derselben Person zu thun, oder dürfen wir in der letztgenannten Person vielleicht einen Sohn des Theologen vermuten, wie wir z. B. in M. Joh. Ulr. Pregitzer Tubing. (th. 1633: I 606 und j. 1666: II 282) erwiesener Massen Vater und Sohn vor uns haben? Häufig erscheint dieselbe Person unter v e r s c h i e d e n e n Vornamen (Joh. Henr. Kronauer: Joh. Frid. Kr., Ant. Hentzerling: Petr. Carol. Nep. H., Franc. Ign. Lintzman: Nic. Ign. Xav. L., Frid. Lothar. de Kerpen: Phil. Loth. de K.) oder mit verschiedenen Ortsnamen verbunden (Dan. Bierman Roetela-March.:

Dan. Bierman Eimeldinga-March., Christi. Hub. Pfeffel Argentinensis: Versaliensis, Joh. Bapt. Rayber Largensis: Colmariensis). Ich habe über hundert derartige Fälle angemerkt. Auch die Ortsnamen sind häufig wegen Unbestimmtheit der Bezeichnung nicht zu erkennen: Misnicus, Hanoviensis, Hannoveranus, Francofurtensis, Forbacensis u. s. w. oder durch Latinisierung (Gräcisierung) verdunkelt: Scheidensis, Scheydensis = Scheid, Scheidt, Schaidt; Weidensis = Weida, Weide, Weiden; Widenbrugensis = Wiedenbrück, Wiedenbrügge; Schlettano-Misn. = Schletta, Schlettau; Bruxellensis = Brüssel, Bruchsal; Vagenicensis = Vagen i. Oberbayern oder Vagney i. franz. Dép. Vosges — hier ist der franz. Familienname, in Bourgensis (= Bourges oder Burg) der deutsche Familienname entscheidend. Namentlich ist die Rückübersetzung des Ortsnamens in vielen Fällen unsicher: Seyssensis = Süssen (Barack i. Württ. Viertelj. f. Ldsgsch. II 1879, S. 163) oder Seussen; Cavapetrensis = Fels oder Steinsel? Albaugiensis = Weisenau oder Weissenau? Gallipolitanus, Castrovillanus, Foro-Tiberiensis, Foro-Piteriensis, Atrivio-Varisc., Aemilianus Thuring., Arctopolitanus Sil. u. s. w. In allen zweifelhaften Fällen habe ich es an Hinweisen auf ähnliche und verwandte Stellen nicht fehlen lassen, so dass der Benutzer sich zurechtfinden und ev. selbst seine Entscheidung treffen kann.

Hiermit ist das Werk einstweilen abgeschlossen; es wird jedoch beabsichtigt, später einen Ergänzungsband folgen zu lassen, worin für die Periode von 1538 bis 1621, für welche bekanntlich die Matrikeln verloren sind (Band I S. XXX), alle Studentennamen zusammengestellt werden sollen, so viele auf Grund zuverlässiger Quellen zu ermitteln waren. Es ergeht daher an alle, die sich für die älteren Strassburger Matrikeln interessieren, die ergebenste Bitte, mir etwa bekannt gewordene Namen (nebst Quellenangabe) zur Vervollständigung meiner Liste freundl. beizusteuern. Ich werde nicht verfehlen, s. Z. über die mir zugehenden Beiträge genau zu berichten.

Strassburg i. E., 29. September 1901.

Dr. G. C. Knod.

PERSONENREGISTER.

Der in Klammern gesetzte Buchstabe bezeichnet die zu befragende Matrikel, die daneben stehende Zahl das Jahr des Auftretens der betreffenden Person (das dazu gehörige Jahrtausend ist weggelassen), und zwar bedeutet:

(Zahl)	**=**	**Matricula generalis.**
(ph)	**=**	**Matr. stud. philosophiae.**
(cph)	**=**	**Matr. cand. baccalaureatus.**
(cphm)	**=**	**Matr. cand. magisterii.**
(th)	**=**	**Matr. stud. fac. theologicae.**
(m)	**=**	**Matr. stud. fac. medicae.**
(cm)	**=**	**Matr. cand. fac. medicae.**
(j)	**=**	**Matr. stud. fac. iuridicae.**
(cj)	**=**	**Matr. cand. fac. iuridicae.**
(ch)	**=**	**Matr. chirurgorum.**
(d)	**=**	**Matr. didascalorum.**
(s)	**=**	**Matr. servorum.**

A.

Abbas, Joh. Phil., Francofurtensis (j 687) II 313.
Abbé, Frid., Ensisheimianus (j 761) II 426.
— Ign., Ant., Ensishemianus (j 713) II 336. (cj 714: Ant.) II 552.
— Joh. Bapt., Ensishemianus (j 725) II 353. (cj 726) II 565.
Abegg, Joh. Jac., Bockenheim. Palat. (ch 774) I 234.
— Hans Heinr., von Zürich (ch 774) I 233.
— Joh. Casp., Zürich (m 760) II 84.
Abel, Joh. Heinr., von Dierdorff (s 780) I 266.
— Franc., Hildesiensis (j 687) II 313.
— Hinr., Livonus (j 666) II 284.
— Phil. Frid., Stuttgardianus (j 726) II 355.
Abele, Joh. Phil., Argentinensis (cph 622) I 462. (cphm 623/24) I 521.
Abelen, Alb. Lud., Ulmensis (th 747) I 681.
Abesser, Sebast., Gothâ-Thuringus (j 666) II 282.
Abiht, Henri Charl, de Roudelstadt en Saxe (ch 790) I 261.
Abiss, Andr., Curiâ-Rhaetus (m 743) II 56.
About, Petr. Car., Moraniens. in Lotharing. (j 752) II 404. (cj 753) II 596.
Abraham, Jean Nicol. (j 760) II 424.
Abresch, Georg Henr., von Berlenburg (m 764) II 91.
de Abschaz, Joh. Erasm. (j 664) II 278.
Abt, Joh. Mich., Reichenbacchio Misn. (j 680) II 304.
— Paul Christoph., Reichenbachio-Varisc. (j 684) II 308.
Äby, Joh., von Bittwyl C. Bern (ch 771) I 228.
— Rud., von Wohlen C. Bern (ch 789) I 260.
Acarie, Gabriel, Argentinensis (j 763) II 433. (cj 765) II 619.
Achenbach, Joh. Petr., Neowedanus (j 719) II 343.
— Lud. Carol. (ch 772) I 230.
Ackenhusen, Christi. Diet., Brunsvigus Saxo (j 665) II 281.
Acker, Cajetan., Argentinensis (j 734) II 370. (cj 741) II 580.
— Franc. Cajetan., Argentinensis (767) I 66. (j 767) II 442.
— Franc. Paul., Argentinensis (767) I 69. (j 767) II 443. (cj 771) II 635.
— Joh. Franc. Cajetan., Argentinensis (vgl. Cajetan.).
— Joh. Frid., Argentinensis (ph 744) I 425. (cph 744) I 500. (cphm 748) I 573.
Acker, Joan. Georg., Weyersheim (770) I 89. (j 770) II 449.
Ackermann, Joh. Phil. Alb., Geildorfa-Limpurgensis (j 752) II 405.
— Wallrab. Christian., Calten-Northeimensis Thur. (ph 703) I 389. (cj 709) II 549.
— Gerh. Leberecht, Leicopetrensis (ch 775) I 235.
— Franc. Anton., Rottenburg. ad Niccar. (769) I 84.
— Victor, C. Solothurn (ch 791) I 262.
Acoluthus, Joh., Wratislaviensis (th 650) I 617.
Aconius, Christian., Hallensis Saxo (j 667) II 301.
Acrell, Olof. Joh., Suecus. (m 741) II 54.
Adam, Franc. Jos., Argentinensis (j 761) II 427.
— Joan. Bapt. Borromaeus, Bozonisvillanus (777) I 125. (j 777) II 462. (cj 778) II 651.
— Carol. Augustin., Decempagensis (787) I 186. (j 787) II 485.
— Chph., Hornbergâ-Württ. (ph 661) I 350.
— Franc. Jos., Colmariensis (j 736) II 372. (cj 737) II 576.
— Franc. Jos., Colmariensis (cj 766) II 621.
— Quirin Jos., Lunéville (785) I 176. (j 785) II 481. (cj 787) II 670.
— Carol. Augustin., Mediovicensis (781) I 152. (j 781) II 471. (cj 787) II 671.
— Nic., Orbensis Als. (j 688) II 315. (cj 689) II 540.

(Adam) Joan. Ant., Styrnens. Franco (j 761) II 427.
— Barthol., Suidnic. Sil. (ph 628) I 290.
— Alb., Ulmensis (th 702) I 661.
— Jerem., Ulmanus (ph 640) I 312.
— Joh. Lud., Ulmensis (j 666) II 284.
— Jos., Wiblingensis Suevus (j 731) II 364.
Adami, Joh. Steph., Moeno-Francofurtensis (m 680) II 27.
— F. C., Geseka-Westf. (767) I 65. (m 767) II 97.
— Joh. Conr. Jac., Hanoviensis (j 727) II 356.
— Paul., Reichenbac. Variscus (ph 644) I 319.
— Joh. Georg, aus Schweinfurth (ch 789) I 259.
de Adelepsen, Frid. Ulrich, Luneburgens. (j 672) II 296.
Adelgehr, Laur., Büttigkheimensis (m 625) II 8. (cm 626) II 125.
von Adelmann, Alisius Phil., Ellwangen (777) I 46.
Aderbach, Andr., Prussus (j 651) II 251.
Ades, Joh. Mich., von Kraut-Ergersheim (j 718) II 430. (cj 723) II 562.
— Joan. Babt., Tabernensis (j 758) II 418.
— Joan. Claud., Tabernensis (cj 760) II 606.
— Joan. Mich. Henr., Tabernensis (j 758) II 417. (cj 762) II 612.
Adler, Joann, Fridberg. Bavarus (m 754) II 73.
— Georg. Sigism., Ratisponensis (j 631) II 228.
— Carol. Christi., Schöneccio-Varisc. (th 657) I 626.
Adolay, Joa. Casp., Landaviensis (788) I 191. (j 788) II 488.
Adlung, Jac. Frid., Stuttgart (ch 777) I 238.
ab Adoltzheim, Julius Ludov. (j 624) II 209.
Aeberhard, Jac., von Kernenried b. Bern (ch 779) I 244. s. Eberhard.
Aeckerlin, Joh. Frid., Stuttgardianus (m 756) II 78.
Aegidii, Nic., Randrusi-Danus (m 655) II 19.
Aepinus, Gerh., Barchteheid. Hols. (th 657) I 626.
— Sebast., Barchteheida-Hols. (th 652) I 620. (s. Apinus.)
Aerius, Joh., Windeccâ-Wedderavius (cph 624) I 463. (th 624) I 597. (cphm 626) I 523.
Aescher, Rud., Weissenburg C. Bern (ch 774) I 232. s. Escher.
Aff, Joh. Georg., Heilbronensis (ph 670) I 365.
— Joh. Jacob., Wimpinensis (ph 622) I 273.
Affelmann, Ant., Susatensis (j 629) II 222. (cj 629) II 498.
Affolter, Frantz, von Seberg C. Bern (ch 787) I 257.
Agaramus s. Agram.
Agerius, Carol., Argentinensis (ph 629) I 292.
— Joh. Henr., Argentinens. (cm 671) II 139.
— Nic., Argentoratensis (m 622) II 6. (cm 629) II 126.
— Nic., Argentinensis (ph 651) I 333.
Agram (Agaramus), Joh. Phil., Argentinensis (ph 642) I 314. (cph 642) I 471.
Agre, Olam, Holm. Suecus (ph 659) I 345.
Agricola, Joh. Frid. (ph 674) I 369.
— Joh. Wilh., Altenburgensis (m 645) II 15. (cm 647) II 131.
— Aegid. Georg., Altdorffensis (ph 639) I 311.
— Chph., Heligenstadianus (m 747) II 78.
— Vit., Hilperhusanus Francus (ph 624) I 277. (th 624) I 709.
— Joh. Wolffg., Hohenloicus (j 685) II 311.
— Joh. Frid., Kirchensis Marchicus (cph 622) I 462. (cphm 623/24) I 520. (th 624) I 708.
— Joh. Felix, Leofanensis (th 664) I 636. (cphm 666) I 546.
— Andr. Guil., Norimbergensis
— Bartholom. Laur., Norimbergensis (j 625) II 211.
— Hieronym., Norimbergensis (j 647) II 245.
— Immanuel, Phorzensis (ph 642) I 315.
— Franc., Saraepontanus (j 758) II 417.
— Joh. Nic., Saraepontanus (j 757) II 416.
— Joh. Chph., Spirensis (ph 646) I 324.
— Joh. Jac., Spirensis (j 642) II 238. (cj 642) II 504.
— Jerem., Ulmensis (cphm 628/29) I 525.
— Petr., Variscus (th 639) I 610.
— Joh. Casp., Weissenburgo-Noricus (th 626) I 599.
— Frid., Wetteran. Hassus (ph 649) I 329.
D'Aheville, Franc. Jos. Christophor., Hatstadiensis (j 720) II 346. (cj 722) II 560.
de Ahlefeld, Allfeldt, Allefelt, Alefeld, Alfeld
— H., Eq. Holsatus (j 725) II 352.
— Joh., Holsatus (j 625) II 210.
— Nic., Holsatus (j 630) II 226.
— Wolff, Holsatus (j 628) II 220.

(de Ahlefeld) Wulffg., Holsatus (ph 640) I 311
— Langelant et Rixingen, Frid. Comes (680) I 7.
— — Christi. Comes (680) I 7.
Ahnne, Joh. Nic., Rothau au Ban de la Roche (ch 782) I 248.
Aichel, Phil, Augustanus (m 627) II 9. (cm 631) II 127.
Aichlin, Valent., Reitlingensis (j 633) II 231.
Aichmüller, Joan. Mich., Helvetus Altstettensis (j 758) II 419.
de Aicholt, Clagenfurtensis, Franc. Comes (782) I 49.
D'Aigrefeuille, Joan. Dagob., Colmariensis (769) I 80. (j 769) II 446.
Albach, Joan., Micro-Pragensis (j 757) II 414.
Albeccius s. Albeck.
Albeck (Albeccius), Joh. Dan. Henr., Argentinensis (ph 787) I 457. 187.
— Casp., Augustanus (th 651) I 619.
— Joh. Casp., Neurethensis Marchicus (ph 677) I 372.
ab Albedyll, Frid. Christi., Eq. Livonus (j 720) II 344.
Alber s. Albert.
Albert (Alber), Joh. Georg., Argentinensis (ph 744) I 424. (cph 744) I 500. (cj 754) II 597.
— Jac. Lud., Argentinensis (773) I 103. (ph 773) I 448. (cj 784) II 663.
— M. Bernh., Augustanus (th 650) I 617.
— M. Georg., Augustanus (th 624) I 597.
— Joh., Berolinensis Marchic. (j 664) II 278.
— Hubert., Bozonisvillanus (ph 764) I 443.
— Joan. Bern., Bossonisvillanus (j 764) II 435. (cj 765) II 618.
— Joan. Wilh., Bozonvillanus (776) I 124. (j 776) II 461.
— Mathias, Bozonisvillanus ex Lotharingia (772) I 99. (j 772) II 453. (cj 778) II 650
— Joh. Georg., Buxovillanus (ph 671) I 366.
— Joan. Gottlob, Dresdensis (785) I 173. (m 785) II 117. (cm 785) II 197.
— Leopold., Eisenbergensis Saxo (782) I 161. (m 782) II 115.
— Jean. Bern. (Steph. Georg.), Colmariensis (788) I 192. (j 788) II 488. (cj 791) II 679.
— M. Dan., Memmingensis (th 656) I 625.
— Frid., Neapolitanus Franco (ph 624) I 277. (th 624) I 709.
— Christi. Benjm., Vratislav. Silesius (j 649) II 247.
Alberti, Wilh. Frid., Auenheimensis Hanoic. (ph 781) I 453. (cph 782) I 514.
— Wilh. Frid., Bischofishemio-Hanoicus (th 743) I 680.
— Friedr. Wilh., Legelshurt i. Hanau-Lichtenberg. (781) I 153.
— Paul. Martin., Norimbergensis (ph 656) I 341.
Alberthal, Joh. Dan., Argentinensis (ph 733) I 414.
— Joh. Dan., Argentinensis (766) I 59. (ph 766) I 444.
— Joh. Wilh., Argentinensis (ph 684) I 377. (cphm 687) I 553.
d'Albertiny, Jo. Andr., Eq. Griso (j 725) II 352.
— Theoder., Eq. Rhaetus (j 725) II 352.
Albig, Joh. Christian., Argentinensis I 171. (ph 784) I 455.
Albini, Gotefrid., Sedinensis (j 651) II 251.
— Jac., Stetino-Pomeranus (j 625) II 212.
Albinus, Joh., Laubå-Lusatus (th 627) I 600.
Albrecht, Georg. David, Hildesiensis (767) I 69. (m 767) II 98.
— Urban, Hirbelen. Suevus (772) I 100. (j 772) II 453.
— Joh. Leonh., Onolzpachensis (m 754) II 74.
— Joh. Georg., Rotenburg. Tuberan. (j 640) II 246.
Albreit, Joan. Jac., de Lauterburg. Spirensis (j 685) II 309.
Albrich, Mart., Peschinio - Transylv. (ph 687) I 379.
D'Aldermatt, Jos., Solodoranus (781) I 152. (j 781) II 471.
Alefeld, Georg. Lud., Giessensis (m 755) II 76.
D'Alençon Baro de Beaufremont, Claud. Christan. (cj 715) II 553.
Alexander, Charles, d'Edinbourg (d 784) I 264.
— Phil., Metensis (cj 696) II 542.
— Sigm., von Zernetz en Grison (ch 775) I 237. (ch 783) I 250.
Alfelt s. Ahlefeld.
Algeier, Albert. August., Pappenheimensis (j 754) II 408.
Algejer, Georg. Chph., Durlacensis (ph 668) I 288. (cph 628) I 465. (cphm 630) I 526. s. Allgeier.
Alger, Casp., Gryphornius Siles. (th 625) I 598.
Alibert, Joh. Lud, Bernensis (m 739) II 52.
Alkhoffer, Steph., Ratisponensis (ph 664) I 355.
Allard, P. J., Bisuntinus (ph 752) I 433.

Allgeier, Georg. Chph., Argentinensis (ph 658) I 345. (cph 658) I 475. (cphm 651) I 543.
— Joh. Carol., Argentinensis (ph 660) I 348.
— Marc. Phil., Argentinensis (cphm 670) I 547. s. Algeier.
Allmacher, Nicol. Phil., Francofurtensis (j 731) II 365.
Almerus, Guilh., Hala-Suevus (th 624) I 709.
Alsleben, Joh., Halberstadensis Saxo (j 624) II 208.
Alstedius, Casp. Henr., Lunâ-Westph. (j 668) II 286. (cj 669) II 524.
von Altenburg, Alex. Frid. Christian. (784) I 49.
Altenfelder, Joan. Christian., Romhildensis (771) I 92. (m 771) II 102.
Alteria, Carol., Como-Milanensis (d 768) I 224.
Altewelth, Alb. Georg., Danus (th 628) I 602.
Althammer, Georg., Brema-Suevus (th 679) I 648.
ab Altheim s. Geyling.
Altherr, Dav., von St. Gallen (ch 786) I 256.
Altmann, Joanes Bernard., Heydelbergensis (m 748) II 63.
Altmayer, Jac., Bosonisvillanus (775) I 119. (j 775) II 460. (cj 777) II 648.
Altroggen, Julius Otto, Hannoverâ-Brunsvigus (j 668) II 286.
de Alvensleben, Fred. Adam, ex veteri Marchia-Brandenburgensi (j 687) II 315.
— Joh. Frid., (j 670) II 290.
Alzenheim, Frid. Phil., Göttinga-Hannoveranus (j 724) II 350.
— Joh. Christoph., Gothinga-Hannoveranus (j 712) II 334.
Alzenhover, Joh. Wilh., Bipontinus (j 622) II 205.
Ambódick, Nestor Maximówitsch, Moscowia Russus (770) I 87. (cm 774) II 185.
— Leo Maximóvitsch, Ukraino-Russus (789) I 197. (m 789) II 121.
Ambrosius, Joh. Georg., Hasso-Smalcaldensis (j 719) II 343.
Amburger, Joan. Andr. August., Idsteinio-Nassoicus (776) I 125.
Amelung, Henning., Hildesiensis (th 685) I 652.
— Joh., Homberg. Hassus (m 753) II 72.
Am Ende, Phil. Arn., Bremensis (m 672) II 25.
Am Endt, Georg. Phil., Spirensis (j 640) II 237.
Amerbacher, Georg. Seb., Nordlingensis (ph 661) I 349.
Amieth, Jos., de Soleur en Suisse (ch 790) I 261.
Amling, Joh. Christi., Coburgensis (j 641) II 237.
— Luc. Joh., Coburgensis (j 642) II 238.
Amman, Gothofr., Augustanus (j 667) II 285.
— Joh. Chph., Augustanus (ph 632) I 298.
— Franc. Lud., Brocomagensis (ph 746) I 426.
— Christi. Reinhard., Buxovillensis (ph 736) I 417.
— Joh. Franc., Buxovillens. (th 751) I 683.
— Jos. Frid., Buxovillanus (ph 735) I 416.
— Franc. Joh., Ermatinga-Helvetus (j 763) II 433. (cj 765) II 617.
— Ignatz, Freiburg i. Uchtland (784) I 172. (j 784) II 479.
— Mich., Ulmensis (ph 650) I 332.
Ammel, Joh. Mart., Argentinensis (ph 737) I 418. (cph 737) I 498. (cphm 742) I 571.
— Joh. Mich., Argentinensis (771) I 92. (ph 771) I 447.
Ammerbach, Joh., Argentinensis (ph 633) I 301.
Ammericus, Joh. Petr., Moeno-Francofurtensis (j 685) II 311.
Ammonius, Joh., Bethaniâ-Sil. (j 630) II 226.
— Joh. Alb., Beuthena-Siles. (m 671) II 25.
ab Ampringen, Joh. Frid. (j 635/6) II 235.
Amsinck, Zimbert., Hamburgensis (j 674) II 299. (cj 674) II 529.
Amsler, Joh. Phil., Griesbach-Alsata (th 759) I 686.
— Joh. Jac., von Schintznacht (ch 772) I 229.
Amthor, Joa. Paul., Betthenhusa-Hennebergicus (ph 647) I 326.
Anastasius, M. Joh., Cellius (th 642) I 612.
Ancel, Dominic., Baccaratensis (j 715) II 339.
— Joan., ex Baccarat-Lotharing. (777) I 127. (j 777) II 462.
— Joan. Nic., ex Harbouey Lotharingus (cj 750) II 591.
Anchersen, Ansgar., Danus (m 728) II 42.
Anckele, Frid. Theoph., Stuttgardtensis (m 758) II 80.
Anckelmann, Ebert., Hamburgensis (th 664) I 636.
Andernach, Nicol., Viennensis (m 649) II 17.
— Zacharias (th 671) I 644.
Anders, Sam., Gdanensis Polonus (j 758) II 417.

Anderson, Georg., Angerburgo-Boruss. (th 673) I 646.
Andersson, Erasm., Friderichsstadio-Nortwegus (j 654) II 256.
Anderten, Nicol., Lunaeburgensis (j 715) II 338.
ab Andlau, Franc., (cj 682) II 534.
— Franc. Ant., Eques Als. (cj 722) II 561.
— in Homburg, Franc. Henr. Bened. Alex. (753) I 34.
Andlauer, Franc. Ant., Dambacensis (j 757) II 417.
— Franc. Ant. Lud., Neobrisac. Alsata (cj 760) II 607.
— Franc. Mich., Selestadiensis (j 726) II 355. (cj 729) II 567.
— Joan. Georg., Selestadiensis (j 732) II 367. (cj 734) II 572.
— Joan. Petr., Selest. Alsata (cj 701) II 545.
— Joan., Selestadiensis (j 745) II 390. (cj 746) II 585.
— Joh. Petr., Selestadiensis (770) I 85. (j 770) II 448. (cj 770) II 632.
— Franc. Ign., Tabernens. Alsata (j 741) II 385. (cj 743) II 582.
Andler, Dan., Brackenheim. Wirttembergicus (j 621) II 203.
— Lud. Frid., Brackenheima-Württembergicus (j 635) II 234.
— Joh. Chph., Tübingensis (ph 645) I 321.
von Andler, Frantz Joh., Herwipolensis (j 680) II 303.
ab Andlern (Andleren), Franc. Reginald. L. B. (714) I 14.
Andrau, Jac., van S'Haage (ch 778) I 240.
Andre, Joh. Balth., Rieglensis Brisgoius (m 741) II 54.
André, Andr., Colmariensis (ph 690) I 380.
— Marcellin., Lunevillanus (j 759) II 420.
— Petr. Jos., Lunevillanus (770) I 87. (j 770) II 449. (cj 772) II 636.
— Maurice, Thionville (779) I 141. (m 779) II 112.
— Joan. Franc., Tullensis (785) I 174. (j 785) II 480. (cj 787) II 672.
Andreae, Phil., Brumatensis (ph 632) I 298. (cph 632) I 467.
— Steff., Cibinio-Transylvanus (th 655) I 623.
— Rudiger. Joh., Hammona - Marca-Westph. (m 719) II 37.
— Joh. Dav., Colmariensis (ph 679) I 373. (cm 683) II 143.
— Zachar., Colmariensis (ph 642) I 314. (cph 641) I 470. (cm 656) II 135.
(Andreae) Emmich., Nedergordius Cimber (I 664) I 636.
— Christ. Eberh., Stuttgardianus (m 725) II 40.
— Joh. Frid., Westriacus (ph 630) I 294.
— Georg. Phil. Christian., Wisbadensis (m 758) II 81.
Andres, Joan. Georg., Oppenavens. Prisgojus (j 766) II 440.
Andriess, Christen, von Lotterbach C. Bern (ch 774) I 234.
d'Anethan, Franc. Jos., Thiengensis (j 732) II 367.
Aneurer, Andr., Mut(zschen?) Misn. (j 647) II 244.
Angeliuus, Joh. Wilh., Wertheimensis Francus (th 644) I 613
Angérius, Frid., Heidelberg. Palatinus (th 622) I 593.
Angern, Jos. Ant., Sangallensis (776) I 125.
Angst, Henr., Helv.-Tig.-Regenspergensis (m 747) II 62.
Anhorn, Sylvester Sam., Sangallensis (m 724) II 40.
Annacker, Joh, Ratisbonensis (ph 641) I 313.
Annecquin, Claud., ex Jussey comit. Burgundiae (771) I 92. (j 771) II 450. (cj 772) II 636.
Annequin s. Annecquin.
Annion, Petr. Ant., Selzensis Alsata (j 749) II 399. (cj 755) II 598.
Annisius, Eric. Joach., Soltquella Palaeo-Marchicus (m 722) II 39.
Anosij, Martin., Taminiensis Raetus (m 761) II 86.
Anrich, Joh. Bapt. Tobias, Argentinensis (783) I 166. (j 783) II 477. (cj 785) II 667.
Anselius, Paul., Plaviâ-Meclenburgensis (j 664) II 277.
Anselm, Lud., Beinheimensis (j 762) II 430.
— Joan., Egisheimensis (j 689) II 317
— Joan. Christoph., Carolivillanus (j 734) II 371. (cj 736) II 574.
Anselme, Franc. Lud., Selestadiensis (786) I 178. (j 786) II 482.
Ansorg, Joh. Jac., Argentinensis (ph 658) I 345. (cphm 661) I 543.
— Joh. Lud., Argentinensis (ph 691) I 381.
— Paul., Argentinensis (ph 651) I 334. (cj 661) II 515.
— Phil., Argentinensis (ph 626) I 282.
— Phil. Jac., Argentinensis (ph 687) I 379. (cphm 690) I 555.

Ansorge, Chphr., Suidnicio-Silesius (j 626) II 215.
Anspach, Joh. Dan., Montzingen in der Pfalz (777) I 129. (m 777) II 109.
Anstet (Anstett, Anstette), Joan. Bapt., Argentinensis (784) I 170. (j 784) II 478.
— Joan. Protas., Argentinensis (cj 786) II 669.
— Jos. Protas, Argentinensis (j 752) II 405. (cj 760) II 607.
— Nicol. Wilh., Hagenoensis (j 707) II 330.
— Franc. Ant., Molsheimensis (j 738) II 379.
— Franc. Xav., Molsheimianus (j 755) II 410.
van Anten, N. M., Verviers (772) I 98.
Anthes, Claud. Jac., Masomonasteriensis, (j 695) II 319.
— Lud. Henric., Oberbruckensis Alsata (j 728) II 358.
d'Anthes, Franc. Henr., Colmariensis (j 747) II 395. (cj 749) II 588.
— Franc. Phil., Colmariensis (ph 747) I 428. (j 747) II 395.
Anthing, Bernh. David, Griesheimensis (ph 739) I 420.
— M. Georg. Alb., Meiningensis (th 712) I 665.
Anthoine, Joan. Jos. Carol., Castrosalinensis (787) I 187. (j 787) II 486. (cj 789) II 676.
— Dominic. Xav., ex Fribourg jurisdictionis Metensis (j 759) II 422. (cj 761) II 608.
— Franc. Paul. Nicol., Nanceianus (777) I 132. (j 777) II 464. (cj 780) II 655. (s. Antoine.)
Anthon, Georg. Dan. Christophor., ex Candel Alsata (j 758) II 419. (cj 760) II 606.
— Frid., Cronweissenburgensis (j 705) II 328.
— Georg. Frid., Weissenburgensis (j 726) II 353. (cj 727) II 565.
— Georg. Henr., Weissenburgensis (j 754) II 409.
— Jos, Weissenburgensis (j 758) II 419. (cj 760) II 607.
— Joh., Malburgensis (ph 625) I 280.
Anthoni, Severin. Richard., Altavillanus (m 753) II 72.
— Joh. Gregor., Nassovio Scheurensis (m 684) II 28.
Anthonj, Joh. Phil., Ursellanus (j 655) II 259.
Antoine, Jean Etienne, de Colmar (ch 788) I 259.
Antoine, Joan. Bapt., Sanc-Deodatensis (776) I 121. (j 776) II 460. (cj 778. II 650. s. Anthoine.
Antoni, Franc. Hubert., Clottensi-Trevirensis (cj 703) II 546.
Antonin, Chph., Bellofortensis (781) I 155. (j 781) II 472.
— Chph., Belfortensis (787) I 186. (j 787) II 485. (cj 787) II 672.
— Joan. Bapt, Bellofortensis (780) I 146. (j 780) II 469. (cj 781) II 658)
Antonius, Thom., Nissâ-Siles. (th 647) I 615.
Antony, Frid., Stralsundia-Pomeranus (j 662) II 272.
Anwander, Jonas, Argentinensis (ph 625) I 280. (cphm 626) I 523.
Apel, Frid. Jonas, Lipsiensis (j 732) II 367.
— Christi., Molhusa-Thur. (th 676) I 647. s. Appel.
Apffel, Joh. Dav., Argentinensis (ph 714) I 401. (cph 715) I 491. (cphm 717) I 565.
— Joan. Guil., Weissenburgensis (j 762) II 429.
— Phil. Frid., Sebusiensis (th 759) I 686.
Apffelstatt, Joh. Conr., Francofurtanus (m 680) II 27.
Apianus, Phil., Wurcenâ-Misn. (th 623) I 595.
Apiarius, Frid. Jac., Grumbacensis (th 760) I 686.
— Christi., Irmenacen. Mosellanus (ph 623) I 274.
— Phil., Wildenburgens.-Hunnus (ph 658) I 344.
Apinus, Frid., Oringâ-Francus (th 651) I 618.
— Georg. Frid., Regenbachio-Hoenl. (th 624) I 708. (th 625) I 598. (s. Aepinus.)
Appel, Joh. Jac., Hanoviensis (d 739) I 215.
— Phil. Paul., Vilbellensis (j 725) II 353. (s. Apel.)
— Joh. Nic., Moeno-Francofurtensis (ph 639) I 310.
— Petr., Moeno-Francofurtensis (m 671) II 25.
Appentzel, Petr., Friburg. Helvet. (784) I 172. (j 784) II 479.
d'Apples, Jac., Lausannensis (m 724) II 39.
Appold, Joan. Georg., Onoldinus (j 656) II 262. (cj 661) II 516.
Apprederis, Aloys. Leop., Argentinensis (782) I 161. (j 782) II 475. (cj 789) II 675.

(Apprederis) Felix Roman., Argentinensis (766) I 61. (cj 769) II 628. (j 766: Fel. Rom. Ign.) II 440.
— Franc. Ferd., Argentinensis (781) I 154. (j 781) II 472.
— Franc. Jos. Nic., Argentinensis (j 763) II 432. (cj 765) II 619.
— Lud. Armand., Waslenhemianus (781) I 153. (j 781) II 472.
d'Araincourt s. Regnier.
Arbogast, Franc. Ant., Andlaviensis (j 702) II 326.
— Franc. Ant. (j 753) II 406.
— Jos., Benfeldensis (774) I 108.
— Ign. Mich., Batzendorffensis (ph 747) I 428. (cj 749) II 589.
— Lud. Franc. Ant., Mutzigensis (779) I 145. (j 779) II 468. (cj 781) II 657.
— Christi. Ant., Wingersheimensis (cj 754) II 598.
Arbt, Joh., Transylvanus (th 670) I 644.
D'Archembaut, Joan. Georg., Weissenburgensis (j 754) II 408. (cj 755) II 599.
Archenberg, Mich., Hamburgensis (j 699) II 322.
Archenholz, Christian., Weilburgens. Nassovicus (j 731) II 364.
Arcularius, Joh. Henr., Paderborna Westph. (m 631) II 11. (cm 635) II 128.
ab Aremberg, Carol. Princeps (769) I 42.
— Ludov. Princeps (769) I 42.
Arend (Arentius), Joh. Casp., Wolffensis Mosellanus Spanhemensis (j 714) II 337.
— Joan. Nic., Wolffensis Mosellanus (j 708) II 330.
— Balth., Glückstadio-Hols. (th 663) I 635.
— Franc. Frid., Thuringo Erfordensis (m 764) II 92.
Arenden, Joh., Moërsensis (j 642) II 239.
Arendts, Thomas, Sehusio-Palaeomarchicus (ph 665) I 357.
Arens, M. Alb., Aurica-Frisius (th 668) I 641.
Arentius s. Arend.
Arentz, Fred. Lud., Gravensis in Belgio foeder. (785) I 178. (ch 786) I 254. (m 786) II 118.
Armbrust, Ign. Lud., Selestadiensis (m 747) II 60. (cm 749) II 167.
Armbruster, Jos., Firstenbergens. ex urbe Wolfachio (772) I 199. (m 772) II 104. (cm 775) II 186.
Armknecht, Joh., Aubanus (th 622) I 593.
— Noa, Aubensis Francus (j 623) II 207.
Armsheimer, Joh., Woerstatensis (ph 665) I 357.
d'Arnajon, Ivo, Gerbevillanensis (j 742) II 386. (cj 742) II 581.
Arndt, Frid., Margliss. Lusatus (ph 637) I 309.
ab Arnimb, Joh., Eq. Marchicus (j 670) II 292.
Arnold, Joh. Matthae., Augustanus (j 668) II 287.
— Phil. Jac., Durlac. Marchicus (m 696) II 31.
— Joh. Gerh., Fridberg. Wedderavus (ph 657) I 342.
— Henr. Ign., Hagenoensis (j 736) II 373.
— Ign., Hagenoensis (776) I 125. (j 776) II 462.
— Georg. Ludov., Landaviensis (j 729) II 360.
— Martin., Lesnensis Polonus (j 687) II 314.
— Sam., Lisnensis Polonus (m 721) II 38.
— Conr., Norimbergensis (ph 666) I 359.
— (Arnould), Joan. Georg., Sarrburgensis (779) I 142. (j 779) II 467. (cj 782) II 659. (s. Arnoldt.)
Arnoldi, Phil. Frid., Bockenheimensis (ph 631) I 296.
— Mathi., Livonus Derpatensis (th 627) I 601.
— Joh. Dan., Giessensis (j 731) II 365.
— M. Christian., Gustrovio-Meckelburg. (th 649) I 616.
— Joh. Phil., Monasteriensis (ph 712) I 398.
— Sigism. Georg. Phil., Mülhemiensis ad Rhuram (j 757) II 416.
— Georg. Daniel, Trabenâ-Mosellanus (th 685) I 652.
— (Arnold) Joh., Trabensis Mosellanus (ph 651) I 334.
— (Arnold) Joh. Just., Trabenâ-Mosellanus (ph 645) I 321.
— Joh. Conr., Mosella-Trarbacensis (ph 646) I 322.
— M. Joh. Conr., Trarbaco-Mosellanus (th 680) I 649.
— Joh. Frid., Trarbaco-Mosellanus (j 698) II 321.
— Joh. Petr., Trorbaco-Mosellanus (ph 680) I 374.
— M. Joh. Phil., Sponhemicus (th 680) I 649.
Arnoldt, Georg. Dan., Argentinensis (774) I 204. s. Arnold.
Arnould s. Arnold.
Arnschwang, Chphr., Creilshemius (j 624) II 208.

Arntz, Henr. Jos., ex Huisberden-Cliviacus (780) I 151. (m 780) II 114.
Arnuard, Phil. Henr., Argentinensis (ph 709) I 396. (cph 709) I 489. (cphm 711) I 563.
Arroy, Phil., Argentinensis (j 760) II 425. (cj 764: Laur. Phil.) II 616.
d'Artein s. Dartein.
Arth, Joan. Carol, Hochfeldensis (j 725) II 353. (cj 727) II 566. s. Artt.
Arthusius, Guil., Moeno-Francofurtensis (m 627) II 9. (cm 630) II 127.
— Joh. Godofr., Francofurtensis (ph 626) I 283.
Artner, Wolffg., Sempronio-Hungarus (j 650) II 249.
Artopoeus, Georg. Chph., Argentinensis (cph 689) I 484. (cphm 692) I 555.
— Henr., Argentinensis (ph 681) I 374. (cj 689) II 540.
— Jac. Chph., Argentinensis (ph 711) I 397. (cj 719) II 557.
— Joh. Chph., Argentinensis (ph 643) I 317. (Poet. L. 646/47) I 586. (cphm 646/47) I 535.
— Joh. Chph., Argentinensis (ph 673) I 368. (cphm 676) I 550. (cj 681) II 533.
— Joh. Georg., Argentinensis (ph 643) I 317. (cphm 645) I 535.
— Joh. Georg., Argentinensis (ph 682) I 375. (cphm 685) I 552.
— Sam., Argentinensis (Poet. L. 681) I 587.
— Sam., Argentinensis (ph 725) I 409.
— Lud. Wilh. Carol., Buxovillanus (ph 757) I 436.
— Casp., Trorbaco-Mosellanus (ph 630) I 293.
— M. Joh. Dan., Trarbaco-Sponheimicus (th 676) I 647.
— Joh. Valent. (*Trarbacensis*) (ph 654) I 337.
— Jac. Joh., Wourdeno-Batavus (th 654) I 622. (cphm 655) I 540.
Artopoe, Joh. Christi., von Mundolsheim (d 770) I 226
Artt, Florent. Dagob, Tabernensis (j 758) II 417. s. Arth.
ab Artzat (Arzatt), Adam Casp., Silesius (j 657) II 263.
— Georg. Frid, nobil. Silesius (j 625) II 211.
— Gotfr., nobil. Silesius (j 625) II 211.
Arzen, Ignat. Erhard. (j 750) II 400.
Asbeck, Joan. Georg., aus Haltern in Westphalen (j 750) II 401.
Asbrand, Joh. Rud., Bremensis (m 759) II 83.
Asch, Joh. Chph., Ulmensis (ph 628) I 290. (cphm 629) I 525.
von Aschen, Henr., Bremensis (j 661) II 270. (cj 663) II 517.
Aschinger, Joh. Sigism., Ratisbonensis (th 653) I 621.
Aschwander, Carol. Jos., Helv. Uraniensis (787) I 184. (m 787: Mart. Carol.) II 119.
Asmus, Phil. Wilh. (s 788) I 267.
v. d. Asseburg, Ascanius Statius (j 624) II 209.
— Otto Hilmar (j 624) II 209.
v. Asseln, Gerhard, Oldenburgo-Frisius (j 680) II 303.
Assmann, Frid. Sigism., Lommaziensis Misn. (j 660) II 268.
Assum, Frid. Christi., Kittingâ-Francus (j 665) II 280.
— Albert. Frid. Hiskias, Langenburgo-Hohenloicus (j 685) II 311.
— Joh. Wolffg., Weickershemio-Francus (th 663) I 634.
— Joh. Heinr., Werthemio-Francus (m 739) II 53. (cm 741) II 163.
Ast, Mich., Campidonensis (ph 626) I 283.
ab Asten, Arnold., Aquisgranensis (ph 645) I 321.
l'Atout, Carol. August., Dresdensis (j 750) II 400.
Attes s. Ades.
v. Atzendorff, Georg. Bernh., Eq. Misnicus (j 666) II 283.
Atzenhover, Joh. Georg., Tabernae-Montanus (ph 666) I 359.
Atzmandorffer, Michael, Elzpach Oberpfaltz (m 757) II 78.
Aubeau (d 753) I 219.
Aubelin, Julius, Ostelzheimensis (ph 62?) I 291.
Aubert, Joan. Franc. (740) I 27.
— Jos., Lunevillanus (j 761) II 427. (cj 763) II 614.
— Jac., Metensis (j 712) II 335. (cj 714) II 552.
Aubertin, Jac., Metensis (789) I 197. (j 789) II 490.
— Joan. Jos., Metensis (788) I 193. (j 788) II 489.
— Ant. Simeon, Neocastrens. Lotharingus (775) I 116. (j 775) II 459. (cj 777) II 649.
Aubin d'Ailly, Ant. (781) I 157.
Aubriot, Carol. Christophor., Tullanus (j 731) II 364. (cj 732) II 570.
Aubry, Carol., Sandeodatensis (767) I 64. (j 767) II 441. (cj 774: Carol. Franc.) II 641.

D'Audet, Steph., Hagenoensis (j 720) II 346. (cj 721) II 559.
Audran, Petr., Molshemensis (j 745) II 390.
— Vinc., Molshemensis (j 747) II 394.
— Franc. Ant., Villeranus (j 735) II 371.
ab Auenstein, Helvet. Bernas, Georg. Ludov. Baro (748) I 31.
Auer, Joh. Phil., Moeno-Francofurtanus (th 712) I 665.
— Joh. Georg., Lincensis Austriacus (ph 625) I 281.
— Georg, Rotenburg-Tuberanus (j 683) II 306.
— Jac., Posonio-Hungarus (j 627) II 216.
— Joh. Ernest., Posonio-Pannonius (j 652) II 254.
— Joh. Jac., Posonio-Pannonius (j 652) II 254.
Aurnhamer, Joan. Adam., Oettinganus Rhaetus (d 715) I 208.
Auerochs (Aueroxius), Georg., Solisbaco-Palatinus (j 672) II 296.
Aufschlager, Joh. Frid., Argentinensis (Kühnheimensis) (780) I 149. (ph 780) I 453. (cph 782) I 514. (cphm 784) I 584. (th 785) I 697.
— Joh. Melch., Argentinensis (ph 741) I 421.
— Christian., Cunheim. Alsata (786) I 181. (ph 786) I 456. (th 792. I 700.
— Joh. Frid., Kuhnheimensis s. Joh. Frid. Aufschlager, Argentinensis.
Augé, Jen Pierre, d'Huningue (j 763) II 432. (cj 764) II 615. s. Auger.
Augenstein, Joh. Hulder., Zeapolitanus (th 647) I 615.
Auger, Bernard., Argentinensis (j 742) II 387. (cj 744) II 583.
— Franc. Roman., Argentinensis (j 755) II 411. (cj 760) II 606.
— Phil. Lud., Argentinensis (j 758) II 418. (cj 760) II 607.
— Franc. Jos., Molshemensis (j 729) II 361. (cj 733) II 571.
— Joh. Lud., Molsheim. Alsata (m 715) II 35. s. Augé.
Augspurger, Joh. Christmann., Spirensis (j 631) II 229.
Augst, Dav., Sil. Ohlensis (j 663) II 274.
— Joh. Dan., Schweighusiensis (ph 739) I 419.
Augusto, Johan. Wilh., Philipopolitanus (j 735) II 372.
Aul, Peter Jos., Moguntinensis (j 752) II 405.
Aulber, Joh. Cas. (m 740) II 54.
— Joh. Franc., Buxovilla-Alsata (cj 736) II 575.
— Joh. Reinhard., Buxovillanus (j 742) II 386.
— Phil. Franc., Buscovillanus (j 764) II 434.
— Joh. Mart., Cunzelsaviâ-Francus (m 707) II 33. (cm 708) II 149.
— Christian. Frid., Kutzenhusa-Alsata (779) I 140. (j 779) II 467.
Aulenbach, Joan. Frid., Bipontinus (j 759) II 421.
D'Aulnoy, Henr., Tullensis (cj 724) II 563.
— Joan. Christophor., Tullensis (cj 722) II 560.
— Joan. Lud., Tullensis (j 720) II 346.
d'Aumerie, Franc. Jos. Martin., Hanoico-Flandr. (771) I 94. (m 771) II 102.
d'Aumont, Phil., ex arce Ludoviciana (787) I 189. (j 787) II 487.
Auracher, Laur., Argentinensis (ph 649) I 328. (cph 649) I 473. (cphm 652) I 538.
Aureggio, Joh. Antoni, aus der Walch (783) I 165.
Aurivillius, Petr., Gest. (th 664) I 635.
Aurran, Jos. Franc., Berrensis in Gallo-provincia (m 761) II 87. (cm 765) II 178.
Ausfeldt, Joh. Chph., Luneburgensis (th 711) I 664.
d'Autel s. Dautel.
Autenrieth, Carl Frid., von Opfingen in Baden-Durlach (ch 781) I 247.
— M. Henr. Frid. Leberecht (758) I 35.
Authaeus, Joh. Herm., Francofurtan. ad Moenum (j 627) II 218. (cj 631) II 499.
— Phil. Lud., Moeno-Francofurtanus (j 645) II 242. (cj 654) II 511.
Auvrest, Joan. Ludov., Lunevillanus (779) I 143. (j 779) II 468.
Avemann, Henr., Brunsvicensis (j 666) II 283.
— Salentin. Engelbert., Hachenbergo-Saynanus (j 728) II 358.
— Caspar., Isennacensis (ph 633) I 301.
— Joh. Chph., Isennacensis (j 631) II 230.
— Petr. Chph., Isennacensis (j 724) II 349.
ab Avenheim, Joh. Mich., Argentinensis (cph 697) I 486. (cphm 698) I 558.
— Nic. Frid., Argentinensis (ph 690) I 380. (cph 690) I 484. (cphm 692) I 556.
— Wolffg. Reinhard., Argentinensis (ph 660) I 348.

Avril, Augustin., Closter Haimbacensis (769) I 81. (j 769) II 447.
Awen, Joh., Soldinensis Neo-Marchic. (th 662) I 633. (cm 666) II 138.
Aydther, Henr., Wonsidlianus (th 670) I 644.
Ayle, Joh. David, Argentinensis (789) I 198. (ph 789) I 458.
Ayrer, Joh. Bernh., Esslingensis (j 649) II 247.
— Joh. Heinr., Noricus (j 650) II 250.
— Joh. Bernh., Onoldin. Francus (j 653) II 255.
— Wolffg. Balth., Onoldinus (m 648) II 16.
Ayrmann, Erasmus, Norimbergensis (j 627) II 217.
Azemar, Franc. (d 715) I 208.

B.

Baader, Jos., Mannhemiensis (782) I 159. s. Bader.
Babet, Marc. Lothar., ex Herpelmont (j 748) II 396.
a Bacca, Jacob, nobil. Tridentinus (779) I 144. (m 779) II 112. (cm 783) II 194.
Baccara, Joh. Bapt., Hattstatt. (786) I 182.
— Franc. Jos., Colmariensis (m 745) II 58.
— Joh. Bapt., Colmariensis (m 754) II 75.
— Joh. Franc. Jos., Colmariensis (m 721) II 38.
Bach, M. Joh., Augustanus (th 680) I 649.
— Franc. Jos., Erstein. Alsata (ph 677) I 371.
— Franc. Georg. Theodor., Gengenbacensis (j 732) II 366.
— Xaver., Gengenbacensis (j 763) II 433.
— Phil. Rich., Guebwiller (786) I 183. (j 786) II 484. (cj 788) II 674.
— Joan. Marin. Ernest., Rubeacensis (j 745) II 391. s. u. Sultzensis.
— Joan. Ernest., Sultzensis (j 718) II 341.
— Joh. Jos. Ant., Sultzensis Als. (j 748) II 397. (cj 750) II 591.
— Marin. Joan. Ernest., Sultzensis ex sup. Alsatia (cj 747) II 586.
— Georg. Jac., Wisbadens. Nassavius (m 760) II 84.
Bacheberlin, Joh., Argentinensis (ph 700) I 387.
Bachellius, Carol., Metensis (ph 639) I 311.
Bacher, Jac., Heguenhemianus (784) I 171. (j 784) II 479. (cj 786: Joan. Jac. Petr.) II 669.
— Phil. Alex., Thannensis (m 760) II 85.
Bächlin, Joan. Laur. Adam., Altkirensis (cj 771) II 633.
— Joh. Adam., Sennhemian. (769) I 81. (j 769) II 447. s. Bechele.
Bachmann, Lud. Frid., Affaltracensis (m 765) II 93.
— Dan., von Bern (ch 770) I 227.
— Joh. Balthas., Bipontinus (ph 650) I 332.
— Joh. Adolph., Moeno-Francofurtanus (j 693) II 318.
— Conr., Ulmanus (th 681) I 650.
— Georg. Bartholom., Ulmensis (cj 695) II 542.
— Jodoc., Ulmensis (th 680) I 649.
— Joh., Ulmensis, (ph 635) I 307. (cphm 637) I 530.
— Joh. Jac., Ulmensis (j 650) II 250.
— Matthae., Ulmensis (ph 649) I 328.
Bachner, Georg, Cibinio-Transylvan. (m 752) II 70.
Bachoffen von Echt, Joh. Reinhardt, Gothâ-Thuring. (j 626) II 215.
Bachta, Herm. Jac., Dusseldorpiensis (j 740) II 382.
Back, Joh. Gottfried, Soravica-Saxo (j 744) II 389.
— Philipp., Wertheimens. Francus (j 671) II 294.
Backhauss, Joh. Guil., Onoldino-Francus (j 761) II 426.
Backleb, Frid., Wormatiensis (j 664) II 277.
Backmeister, Georg Mich., Lunaburgensis (j 652) II 253.
— Joh., Rostock-Mecklenburg. (j 680) II 304. (cj 681) II 533.
— Frid. Benjamin, Stuttgardian. (j 736) II 374.
Backstro, Georg., Aldenburg. Misn. (th 623) I 595.
Badda, Mich., Nobil. Hungarus (771) I 92. (j 771) II 451.
Badendyk, Theophil. Joh., Riga-Livonus (782) I 161. (m 782) II 115.
Bader, Isaac., (Argentinensis) (ph 671) I 366.
— Joh. Dan., Argentinensis (795) I 204.
— Ludw. Frid., Argentinensis (790) I 199. (ph 790) I 458.
— Phil. Jos., Argentinensis (783) I 164. (j 783) II 476.
— Isaac., Augustâ-Vindelicus (ph 622) I 274. (th 624) I 708. (cphm 624) I 521.
— Carol. Frid., Buxovillanus (790) I 200. (m 790) II 122.
— Phil. Christi., Buxovillanus (ph 735) I 416.

(Bader) Joan. Heinr. Lud. Leonh., Hasso-Darmstadt. (786) I 181. (m 786) II 118. (cm 787) II 197.
— Joh. Jac., Durlacensis (j 667) II 284.
— Joh., Erffurtensis (th 641) I 611.
— Joh. Curr., Gelnhusanus (j 630) II 224.
— Wolfg. Theodoric., Gemmingensis (j 645) II 243. (cj 645) II 505.
— Heinr. Ern., Ingovilla-Hanoicus (ph 724) I 408.
— Frid. Christi., Kirrovillanus (th 756) I 684.
— Joh. Balthas., Ottovillanus (ph 663) I 353.
— Joh. Ernest., Ottovilla-Westriacus (th 699) I 659.
— Joh. Balth., Sarae-Westriacus (ph 631) I 295.
— Frid. Jac., Schillersdorffensis-Hanoic. (th 732) I 675.
— Joh. Henr., Schillersdorffensis (j 736) II 373.
— Frid., Seustätten Albucho Württembergicus (ph 623) I 275. (cphm 624) I 521. (th 624) I 708.
Badot, David Carol. Immanuel, Montisbelgardensis (m 756) II 78.
Badstuber, Andr., Danus (j 755) II 410.
Baenckwitz, Frid. August., Altenburgensis (m 734) II 47.
Baer, Frid. Carol., Argentinensis (ph 734) I 415. (cph 734) I 496. (cphm 737) I 570. (Theol. D. 754) I 705.
— Georg. Henr., Argentinensis (ph 723) I 407.
— Joh. Christi., Argentinensis (ph 722) I 406.
— Jac. Christi., Argentinensis (792) I 203. (ph 792) I 460.
— Joh. Dan., Argentinensis (cphm 696) I 557.
— Joh. Dan., Argentinensis (781) I 155. (ph 781: Johannes) I 453.
— (Bair) Joh. Jac., Argentinensis (ph 679) I 373.
— Phil. Jac., Argentinensis (ph 720) I 405. (cph 721) I 493.
— Joan., Böhmenkirch. Suevus (m 754) II 74.
— Joan. Ern., Carlsruha-Badensis (785) I 174. (m 785) II 117.
— Joh. Daniel, Colmariensis (ph 731) I 413.
— Alb. Christoph., Oringa-Hoenloicus (ph 627) I 286. s. Bär, Beer.
Baehr, Franc., Molshemensis (785) I 173. (m 785) II 117.
— Franc. Leop., Molshemens. (778) I 136. (j 778) II 465. (cj 781) II 656.
(Baehr) Philipp. Hieronym., Neostadio-Palat. (774) I 108. (m 774) II 105.
— Ant. Herm. Lud., Tabernensis (cj 781) II 658.
— Eman. Ign., Tabernensis (cj 721) II 559.
— Franc. Ant., Tabernensis (776) I 122. (j 776) II 461.
— Franc. Ant., Tabernensis (j 736) II 374.
— Franc. Leop., Tabernensis Als. (j 740) II 383. (cj 746) II 585.
— Jos., Tabernensis (769) I 83. (j 769: Jos. Georg.) II 447.
s. Bär, Beer, Behr.
Baermann, Joh., Ober-Eysheimensis Fr. (ph 681) I 375.
Baers, Joh., Woerdeno-Batavus (th 664) I 635.
Baesner, Joan. Sigism., Ratisponensis (j 738) II 380.
— (Boesner) Sigism. Georg. Ulr., Ratisbonensis (j 749) II 399.
Bagge, Christian., Suecus (j 754) II 408.
Bagnisti, Charles, de la ville de Pistoie en Toscane (d 786) I 265.
Bahl, Joh. Frid., Argentinensis (ph 713) I 399.
— Joh. Frid., Argentinensis (785) I 174. (ph 785) I 455.
— Joh., von Golthausen (d 764) I 223.
Bähr, Sebast., Kresswil i. St. Gallischen (ch 779) I 243.
— Ludolph., Livonus (j 666) II 284.
s. Bär.
Baier, Chrph. Wilh., Altorf. Norimbergensis (m 738) II 51.
— Joh. Jac., Altdorfinus (m 747) II 62. s. Bajer, Bavarus, Bayer, Bayr, Beier, Bejer, Beyer.
Baillee, Joh. Bapt., Colmariensis (m 763) II 89.
Baillard, prieur de Lorrette (j 715) II 338.
de Bailleul, Bened., Wissemburgensis (767) I 71. (j 767) II 443.
Bailly, Joh. Bapt. Sigism., Ensishemianus (768) I 78. (j 768) II 446. (cj 770) II 632.
de Bailly, Brugensis, Car. Jos. Maria, Baro (783) I 49.
Bair s. Baer.
Bajer, Joh. Casp., Altheimio-Ulmensis (ph 650) I 332.
— Joh. Lud., Isenaco-Thuringus (j 700) II 325. s. Baier, Bavarus, Bayer, Bayr, Beier, Bejer, Beyer.
Bajol, Georg. Joseph., Bruntrutanus (m 703) II 32.
— Pius Jos. Franc., Delemontanus Rauracus (j 741) II 384.

(Bajol) Nicol., Lotharingus ex Domptaille (j 748) II 396.
Balazuc, Joh. Lud. Wilh., Argentinensis (788) I 190. (j 788) II 488. (cj 791) II 678.
Balbach, Joh. Frid., Stülingensis (ph 665) I 356.
Balber, Joh. Jac., Zürich (ch 779) I 243.
Balbierer, Georg. Frid., Creilshem. Francus (ph 656) I 341.
Baldauf, Judas Thaddaeus, Inckenhof. Bojus (772) I 100. (j 772) II 453.
Balde, Jac., Hanoviensis (j 657) II 263.
Baldenhoffer, Jerem., Thaeropolitano Würtembergicus (m 671) II 25.
Baldinger, Joh. Lud., Badensis Helv. (m 742) II 55. (cm 746) II 165.
— Jos., Baaden-Helv. (777) I 130. (m 777: Jos. Dominic.) II 110.
— Alb., Ulmanus (ph 623) I 276.
— Alb. de, Patr. Ulm. (j 744) II 389.
— Dan., Ulmensis (j 655) II 259.
— Iren. Germ., Ulma-Suevus (j 737) II 375.
— Joh. Ulr., Ulmensis (j 653) II 255.
— Marc., Ulmensis (j 664) II 277.
— Marc. Ant. von, Ulmensis Suev. (j 724) II 350.
— Sigism., Ulmensis (j 661) II 271.
— Sigism., Ulmensis (j 629) II 223.
Baldner, Joh., Argentinensis (ph 627) I 285.
— Joh. Jac., Argentinensis (ph 720) I 406.
— Mart., Argentinensis (ph 652) I 335. (cphm 655) I 540.
— Phil., Argentinensis (ph 631) I 297. (cph 631) I 467. (cphm 633) I 528.
Baldslof, Chph. Petri, Danus (th 652) I 619.
Balhorn, Phil., Claustrogrüninga-Halberstadensis (th 629) I 602.
Balduin, Frid., Trorbaco-Mosellanus (j 656) II 260.
— Christi., Wittebergensis (j 635) II 234. (cj 635) II 501.
Balcke, Gustav. Georg., Osnabrugensis (j 661) II 271.
— Wilh., Mella Osnaburgens. Westphalus (j 679) II 302.
Baleke, Christophor., Parchimo-Megapolitanus (j 681) II 305.
Baleman, Frid., Lübecensis (j 668) II 286. (cj 674) II 529.
— Henr., Lubecensis (j 700) II 325.
Balland, Claud. Petr., Bruyeres-Loth. (775) I 118. (j 775) II 460. (cj 777) I 648.
— Carol., Rambervillanus (781) I 156. (j 781) II 473.
Ballet, Joan. Bapt., Castanetensis (789) I 198. (j 789) II 491.
— Remig. Augustin., Hagenoensis (785) I 178. (j 785) II 482. (cj 789) II 675.
Ballifard, Franc., Sedunensis (m 726) II 41.
Ballmann, Andr., Scha. Transylvanus (ph 657) I 342.
Bally, Jos. Maria de, Grosseitingensis Suev. (780) I 146. (j 780) II 469.
— Lud. Maria, Grosseitingensis (780) I 146. (j 780) II 469.
Balmiador, D., von Merchingen (d 737) I 214.
Balthasar, Frid., Wolavia-Silesius (ph 644) I 318.
Baltz, Joh. Carol., Argentinensis (ph 643) I 318. (cphm 644) I 534.
— Wilh. Jac., Argentinensis (789) I 196. s. Balz.
Baltzers, Barthold., Saxo-Bremanus (j 679) II 302. (cj 679) II 532.
Balz, Carol. Phil., Palatinus (777) I 126. (th 777) I 694. s. Baltz.
Bamberger, Joh. David. (m 720) II 37.
Bamer, Vitus, Flehing. Palatinus (ph 629) I 292.
Bancelin, Franc., Metensis (ph 649) I 330.
de Bandemer, Frid. Wilhelm., Pommeranus (j 670) II 289.
— Petr. Otto, Eq. Pomeranus (726) I 20.
Bandorff, Joan. Frid., Bambergensis (j 699) II 323.
Banert, Daniel, Lübecensis (j 665) II 279.
Bang, Friedr. Ludov., Zeelando-Danus (771) I 92. (m 771) II 102.
Banger, Joh. Felix, Pfedelbach i. Hohenloe (ch 773) I 232.
Bangert, Joh. Phil., Jugenheimensis Darmstattinus (th 732) I 675.
Banker, Petr., Eltersdorffensis Noricus (th 621) I 591.
Bannmeyer, Joh. Mich., von Reichenweyer (d 775) I 263.
Bantz, Nic., Hilperhusan. Francus (th 647) I 614.
Bantzer, Marc., Augustanus (m 613) II 2.
Bapst, Joh. Daniel, Argentinensis (ph 741) I 422.
— Georg., Sömmerensis (ph 631) I 296.
Bär, Sebast., Hessweill aus dem C. Schweitz (769) I 79. (m 769) II 99.
s. Baer, Baehr, Ber, Beer.
Barabo, Christi. Frid., Onoldo-Francus (j 701) II 326.
Baratti, Franc., Hechinganus (j 737) II 376.
Barrault, Frid., Sarloiaeus (790) I 201.

Barbaras (Barbarey), Joh. Dan., Argentinensis(792) I 203. (ph 792) I 460.
Barbauld, Nicol., Hericurianus (ph 659) I 346.
Barbenes, Dan., Argentinensis (ph 703) I 390. (cph 704) I 488. (cphm 707) I 561.
— Joh., Argentinensis (ph 736) I 417. (cm 742) II 164.
Barbette, Paul., Argentinensis (cph 637/38) I 469.
Barbié, Petr. Bern. Steph., e novo Brisaco (783) I 164. (j 783) II 476.
Barbier, Jac., ex Ponte Audomaro Normannus (cj 712) II 551.
— Rob. Nic., Pontisaudomariensis (j 718) II 341. (cj 719) II 557.
Barbier de Tinan, Joan. Jac. Franc. Theodos., Argentinensis (j 752) II 405. (cj 754) II 598.
— Joan. Laur., Argentinensis (j 755) II 410.
— Joan. Maria, Argentinensis (786) I 183. (ph 786) I 457. (j 787) II 485.
— Lud. Laur. Camill., Argentinensis (781) I 157. (j 781) II 473.
Barckefeldt, Joh., Duderstad. Saxo (j 643) II 240.
Barckhaus, Franc., Moeno-Francofurtanus (j 680) II 304. s. de Barckhausen.
Barckhausen, Dieter., Westphalus (j 626) II 215.
de Barckhausen, Henr. Remig., Francofurtanus (j 739) II 381.
— Henric. Franc. Baro (742) I 29. s. Barckhaus.
à Bardeleben, Reinhard Hilmar, Nobilis Hassus (j 670) II 290.
Bardeller, Matthae., Augustanus (ph 626) I 283. (cphm 626/27) I 523.
Bardili, Georg., Esslingensis (ph 624) I 277. (cphm 625/26) I 522.
— M. Carol., Stutgardia-Württembergicus (m 626) II 8. (cm 626) II 125.
— Carol, Tubingensis (m 664) II 22. (cm 664) II 137.
Bardoldt, Joh. Jos., Bludenz (766) I 59.
Bardou du Hamel, Carol. Ludov., Metensis (j 727) II 357. (cj 727) II 566.
a Bärenfels s. a Berenfels.
Des Bares, Jaque, de Montbeliard (j 651) II 252.
Baret, Joan. Claud., Dommartinens. ex Lotharingia (773) I 103. (j 773) II 454. (cj 774) II 641.
Bareth, Joan. Nicol., Racqwillanus (j 760) II 423.
zum Bärgen, Rotger., Rigâ-Livonus (j 629) II 234.
de Bariet, Anna Carol. Jos., Nanceianus (j 719) II 343.
de Barkhausen s. de Barckhausen.
Barlemann, Theodor., Oldenburg. Frisô (th 625) I 598.
Barmettler, Anton., Subsylvanus Helv. (785) I 177. (ph 785) I 456. (m 785) II 118.
von Barner, Christian Siegfried, Eq. Megapolitan. (j 731) II 364.
Baron, Prudentius, Argentinensis (cj 720) II 558.
Barot, Ant. Laurent., Metensis (j 758) II 419. (cj 760) II 607.
Barotzy, Godefrid. Gabr., Landaviensis (j 745) II 391. (cj 747) II 586.
Barrois, Martha Henr. Franc., Dellanus (780) I 145. (j 780) II 469. (cj 781) II 658.
— Claud. Joan., Lotharingus (j 721) II 346.
Barss, Adam Victor, Megapolitanus (j 656) II 261.
Bart, Ign., Selestadiensis (j 647) II 245.
— Petr., Stockheimens. ex ducatu Luxbourg (774) I 112. (j 774) II 458. s. Barth.
Barte, Franc. Jos., Metensis (786) I 178. (j 786) II 482. (cj 788) II 674.
Bartel, Joan. Matheus, Albimontan. Lotharingus (j 755) II 410. (cj 757) II 602. s. Barthel.
Bartels, Joh. Christi., Altovilla-Nassoic. (th 749) I 682.
— Christi. Lud., Ottovillanus (ph 707) I 394.
Bartenstein, Casp. Dan., Argentinensis (ph 699) I 385. (cm 710) II 150.
— Joh. Chph., Argentinensis (ph 703) I 385. (cphm 705) I 561. (cj 711) II 550.
— Casp., Eisfelda-Francus (th 637) I 609.
— Joh. Phil., Lindavia-Acronianus (cphm 670) I 547.
de Bartenstein, Franc., Viennensis (741) I 28.
— Paul Jos., Vindobonensis (739) I 26.
Barth, Andr., Argentinensis (cphm 656) I 540.
— Joh. Henr., Argentinensis (ph 695) I 383. (cphm 698) I 557. (Theol. D. 710) I 704.
— Joh. Henr., Argentinensis (ph 727) I 409. (cphm 731) I 569. (cj 736) II 575.
— Franc. Carol., Buxovillanus (ph 754) I 434. (cj 762) II 612.

(Barth) Joh., Buxovillensis (ph 727) I 410. (cj 732) II 570.
— Joh., Buxovillanus (ph 761) I 440.
— Joh. Heinr., Buxovillanus (ph 735) I 416.
— Franc. Jos., Dahlenheim (ch 773) I 232.
— Conr., Fürstenwerdâ-Marchiac. (j 643) II 241.
— Phil., Gedanensis Borussus (th 649/50) I 617.
— Franc. Jos., Hagenoensis (j 727) II 356. (cj 732) II 570.
— Joh. Georg., Colmariensis (ph 650) I 332.
— Joh. Jac., Colmariensis (j 689) II 317. (cj 690) II 541.
— Val., Colmariensis (cj 659) II 514.
— Andr., Lampertheimensis (ph 653) I 336.
— Joh., Lampertheimensis (ph 660) I 348.
— Joh. Conr., Lampertheimensis (ph 649) I 331. (cph 649) I 473. (cphm 652) I 539.
— Christi. Gottlob, von Lemföerde i. Hannovrischen (ch 778) I 245.
— Andr., Leofano-Algojus (ph 624) I 277. (cphm 625/26) I 522.
— Gothofred., Lipsiensis (j 672) II 295.
— Joh. Heinr., Lythopolitanus (m 754) II 74.
— Ant. Joan. Bapt., Monasteriensis (784) I 172. (j 784) II 479.
— Joh. Jos., Muzingensis (j 745) II 391.
— Thomas, Naumburg. Thuringus (m 630) II 11.
— Adelph. Mich., Neovillanus (j 760) II 425. (cj 763) II 614.
— Simon Benedict., Offenburgensis (j 764) II 434.
— Franc. Menrad. Jos., Solothuranus (768) I 73. (j 768) II 444. (cj 770) II 633.
— Heinr., Stralsund. Pomeranus (j 662) II 272. s. Bart.
Barthel, Joh. Frid., Argentinensis (775) I 113. (ph 775) I 449. (th 780) I 696.
— Joh. Mich., Argentinensis (767) I 68. (ph 767) I 445. (cph 770) I 509. (cphm 771) I 579. (th 772) I 693.
— Theophil., Bornensis Misnicus (j 673) II 296.
— Georg., Thumensis Misn. (ph 651) I 333.
— Joan. Henr., Vicensis (j 742) II 387.
Barthélémy, Jean Bapt., Belfort (774) I 110. (j 774) II 457. (cj 776) II 646.
(Barthélémy) Jac. Isaac., Bellofortensis (cj 784) II 664.
— Carol. Claud., Tullensis (j 737) II 375. (cj 737) II 576.
Bärthelman, Zacharias, Gorlicio-Lusatus (ph 633) I 302.
Barthmann s. Bartmann.
Barthold, Cyriac., Göttingâ-Brunsvigus (j 625) II 212.
— Frid. Simonis, Heidesheimio Comitatu Leiningens. (m 765) II 94.
Bartholdi, Laur., Canther. Suecus (ph 634) I 304.
— Frid. Wilh., Weissenburgo-Alsata (th 736) I 676.
Bartholdy, Georg., Nieder-Weidbacensis Darmstatinus (th 694) I 657.
Bartholmess, Mich. Joh. Christi., Carlruhâ-Badensis (781) I 155. (th 781) I 696.
Bartholomeus, Joh. Nic., Trarbacensis (d 788) I 265.
— Joh. Dan., Ulmensis (ph 668) I 361.
Bartisch, Joh. Andr., Argentinensis (769) I 82. (j 769) II 447.
Bartmann (Barthmann), Carol., Bersensis (cj 698) II 543.
— Franc. Jos., Berschemianus (j 731) II 364. (cj 733) II 571.
— Franc. Jos., Berschensis (j 760) II 424. (cj 762) II 611.
— Ign. Jos., Bersensis (j 707) II 329. (cj 711) II 550.
— Franc. Nic., Colmariensis (j 719) II 344. (cj 722) II 561.
s. Barthmann.
Bartsch, Frid., Laubâ-Lusatus (th 623) I 594.
— Jac., Lauba-Lusatus (m 621) II 6. (cphm 622) I 519. (cm 630) II 126.
— Henr., Regimont. Boruss. (j 648) II 246. s. Bartsch a Demuth.
— Joh. Phil., Sebusiensis (cphm 623/24) I 520.
Bartsch à Demuth, Joh. Gerhard., Nob. Prussus (j 681) II 305.
— Frid. (j 652) II 253.
Baruch, Abrah., ex Dippigheim Alsata (788) I 191. (m 788) II 120.
Barwasser, Joh. Wilh., Lipsiensis (j 661) II 270.
Basilewitsch, Gregor., Ucrano-Russus (787) I 186. (m 787) II 120. (cm 791) II 199.
Basque s. Bosque.
Bass, Henr., Bremensis (m 736) II 49.
Bassy, Christian Ludw., von Korck (j 748) II 396.
von und zu Bastheim, Carl Frid. (719) I 16.

Bastian, Joh., Argentoratensis (769) I 79. (ph 769) I 445. (th 772) I 693.
Bastien, Jean, de Ludre en Lorraine (d 749) I 218.
— Joan. Bapt., Lunevillanus (774) I 107. (j 774: Joan. Jos.) II 456. (cj 776) Joan. Jos.) II 645.
— Mathias Lud. Jos. Thom., Lunevillanus (780) I 145. (j 780) II 469. (cj 782) II 658.
Batelot, Christoph., St. George (779) I 139. (j 779) II 466. (cj 780) II 655.
Batteincourt, Jac., Argentinensis (768) I 75. (j 768) II 445.
Battier, Simon, Basiliensis (m 718) II 36.
De Battis, Jos. Jac., Eustettensis Franco (j 753) II 406.
Battus, Barthol., Hamburgensis (ph 629) I 291.
Batzeus, Joh., Erfurtensis (th 642) I 612.
Bauch, Franc. Jos. Felix, Turkhemianus Alsata (787) I 187. (j 787) II 486.
Baud, Franc., Mannheimensis (j 756) II 412.
— Wilh. Franc., Manheimensis (cj 762) II 612.
Baudemann, Sigism., Dracomontanus Silesius (j 655) II 259.
Bauderl, Phil. Jac., Donauwerthan. Bojus (j 756) II 412.
— Frantz Bernh., Donauwertensis (m 765: Baudrexel) II 93.
Baudinot, Bened. Joseph., Monast. ex valle St. Gregorii (769) I 79. (j 769) II 446.
— Mathi. Jos., Monasteriensis Alsata (j 736) II 372. (cj 736) II 575.
Baudisius, Gottfrid., Lignitzio - Silesius (j 664) II 278.
de Baudissin, Carol. Ludov. Comes, Holsatus (774) I 45.
— Wolff Ehrenreich (j 656) II 260.
Baudouin, Henr. Dyonis., Argentinensis (j 727) II 355. (cj 727) II 566.
Baudrié, Maria Jos., Argentinensis (773) I 105. (j 773) II 455. (cj 784) II 664.
Baudry, Franc., de la Trinité en basse Normandie (d 752) I 219.
Bauer, Jac., Aschaffenburgensis (j 738) II 379.
— M. Paul., Backnangensis (th 634) I 608.
— Reinhold., Dantiscanus (j 652) II 253.
— Johan. Mich., Erlenbach (m 765) II 93.
— Jos. Henr., Herbipolensis - Francus (m 747) II 61.
— Joh. Mich., Kehlanus (ph 756) I 435. (cj 763) II 612.
(Bauer) Joh. Christi., Lobensteiniensis (j 670) II 292.
— Joan. Jac., Mengensis Suevus (j 715) II 339.
— Nic., Moraviâ (m 690) II 30.
— Steph., Oeringensis (ph 634) I 304.
— Joh., Storckow. Mesomarchicus (ph 631) I 295. s. Baur.
de Bauer, Ferdin. Carol., de Francfort sur le Mein (778) I 46.
Baufein, Sam., Haltenbergstettensis-Francus (th 624) I 709. (th 625) I 598.
Baug, Petr., Holsatus (th 664) I 635.
Bauhofer, Joh., Ulmensis (ph 640) I 311. (cphm 640/41) I 532.
Bauknecht, Sebast., Beizkoffens. Suevus (j 737) II 377.
Baul, Phil. Franc., Argentinensis (ph. 663) I 352.
Bauller, Leo, Ulmensis (ph 671) I 366.
Baum, Joh. Theophil., Priscovio Lahrensis (j 756) II 413.
— Joh. Rud., von Langenau C. Bern (ch 790) I 261.
Baumann, Joh., Chemnato - Palatinus (th 628) I 602.
— Joan. Mich., Dorrlisheimensis (j 756) II 413. (cj 758) II 603.
— Jo. Nic., Moeno - Francofurtensis (m 623) II 6.
— Mich., Creilshemio-Francus (th 634) I 608.
— Georg. Frid., Cüntzelsaviensis Hohenloico-Francus (m 666) II 23. (cm 670) II 139.
— Joh. Petr., Cüntzelsaviens. (j 673) II 296.
— Conr., Mega-Strelitz. Silesius (th 630) I 603.
— Georg. Jac. Frid., von Ober-Sontheim i. Franken (ch 784) I 252.
Baumbach, Casp. Justus, Meinung. Henneberg. (j 669) II 287.
le Baume, Joh., Metensis (ph 695) I 383.
Baumeister, Hieronym., Augustanus (th 651) I 619.
— Georg. Conr., Neuburgensis (ph 625) I 281.
— Joan. Petr., Novesio-Coloniensis (784) I 170. (j 784) II 478.
— Gerh., Westphalus (j 642) II 239.
Baumen, Herm., Oppenheimens. Palatinus (j 759) II 421.
Baumer, Joh. Wilh. Christian., Giessensis (774) I 110. (m 774) II 105.
Baümer, Benjam., Montano Schlingensis (776) I 120. (m 776) II 108.
Baumerth, Henr., von Waltersdorff (j 736) II 373.

Baumgaertner, Georg. Christophor., Suinfurthensis (m 748) II 63.
s. Baumgartner.
Baumgardner, Andr., C. Luzern (ch 791) I 262. s. Baumgartner.
Baumgarten, Herm. Jos., Boppardio-Confluentinus (780) I 147. (m 780) II 113. (cm 784) II 195.
— Joh. Ludov., Magdeburgens. Saxo (j 709) II 332.
— Joan., Sarbourgensis (j 758) II 417.
Baumgartner, Georg. Frid., Argentinensis I 104. (ph 773) I 448. (cph 775) I 511.
— Georg. Frid., Francus (j 665) II 279.
— Tobias, Gallopolitanus (m 654) II 19.
— Joan. Jac., Lauffenburgensis Rauracus (j 658) II 266.
— Joh. Phil., Onoldo Francus (j 665) II 279. (cj 666) II 520.
— Georg. Sigism., Ratisponensis (ph 681) I 374.
— Jos., Tugio-Chamen. Helv. (770) I 85.
— Joh. Chphr., Zeapolitanus (j 624) II 208.
s. Baumgaertner, Baumgardner.
Baumhauer, Henr., Westhov. Hanoicus (ph 671) I 366.
Baumlin, Joan. Franc. Jos., Thannensis (782) I 160. (j 782) II 475. (cj 785) II 667.
Baumüller, Joh. Dav., Argentinensis (ph 705) I 392.
— Joh. Dav., Argentinensis (ph 724) I 408. (cph 725) I 494. (cphm 729) I 568.
Baunaz, Joan. Petr. Jonas, Aquil. Bernensis (784) I 173. (m 784) II 117.
Bauquel, Claud. Valentin., Metensis (j 754) II 409.
— Nicol. Paschalis, Vicensis (j 762) II 431. (cj 764) II 615.
— Paul. Nic. Paschal., Vicensis (787) I 188. (j 787) II 486. (cj 789) II 676.
— Petr., Vicensis (j 743) II 388.
— Petr. Augustin., Vicensis (768) I 76. (j 768) II 445.
— Phil., Vicensis (j 730) II 362. (cj 731) II 569.
Baur, Joh., Argentinensis (cph 622) I 462. (cphm 624) I 521. (th 624) I 708.
— Joh. Andr., Argentinensis (ph 737) I 418.
— Joh. Godofr., Argentinensis (ph 737) I 418.
(Baur) Joh. Mich., Argentinensis (ph 743) I 423. (cph 743) I 500.
— Joh., Augusta-Vindelicorum (ph 658) I 344. (cphm 661) I 543.
— Georg., Asselfingensis (ph 655) I 339.
— Joh. Maria Ant. August., à Behrenburg Herbipolensis (j 753) II 406. (j 758) II 419.
— Leonhard., Burckbernheimensis Fr. (ph 629) I 292.
— Joan. Georg., Dillinganus Suevus (j 741) II 386.
— Jos., Felldorffensis Suevus (j 755) II 411.
— Joh., Moeno-Francofurtensis (j 678) II 302.
— Franc., Huningensis (771) I 94. (j 771) II 451. (cj 772: Franc. Bern.) II 637.
— Joan., Kemmeringanus Lotharingus (j 741) II 384.
— Joh., Lahrensis (ph 630) I 294.
— Joh. Lud., Lendsidelensis (ph 684) I 377.
— Joh. Georg., Lendsidelensis (ph 684) I 377.
— Carol., Memminga-Suevus (m 765) II 94. (cm 767) II 179.
— Joan. Conr., Moeskirchensis (775) I 118. (j 775) II 460.
— Joan. Jac., Mösskirchensis Suevus (j 741) II 385.
— Lud. Luc., Molshemensis (m 702) II 32. (cm 706) II 148.
— M. Andr., Reuttlingensis (th 641) I 611.
— Isaac, Reuttlingensis (th 718) I 668.
— Joh. Christ., Spirensis (j 758) II 419.
— Joh. Mich., Steingardensis Bavarus (m 759) II 83.
— Joh., Suevo-Halensis (th 648) I 615.
— Joh. Matthae., Tubingensis (j 667) II 284.
— Joh. Cyriac., Ueberlinganus (m 752) II 70.
— Elias, Ulmensis (m 762) II 87.
— Hierem., Ulmensis (ph 627) I 286. (th 627) I 601.
— Ludov., Uracensis (ph 634) I 305.
— Carol. Jos., Waldensis (784) I 168.
— Joh. Fidelis (758) I 35.
s. Bauer.
Baurithel, Joh. Mich., Kazwango-Francus (th 710) I 664.
— Joh. Leonhd., Swobaco-Francus (ph 708) I 395.
Baus, Phil., Steinbacensis (j 741) II 385.
Bausch, Joh. Otto, Friedbergensis Wetteravus (j 687) II 315.

(Bausch) Anthon Gunther, Kirburgensis (j 725) II 351.
— Bartholom., Ulmensis (ph 633) I 301. (cphm 634) I 529.
— Joh. Cunr., Ulmensis (j 663) II 275.
— Joh. Georg., Ulmensis (th 629) I 603.
Bauschmid, Joh. Conr., Nass. Idstteniensis (th 708) I 663.
Bauser, Joh. Leonh., vonn Lindau (j 660) II 269. (cj 664) II 518.
de Baussancourt, Carol. Simeon, Nogentinensis Nobilis (j 678) II 301.
Bavariae, dux s. *Pfalzgraf b. Rhein.*
Bavarus, Hier., Augustanus (ph 634) I 304. (cphm 635) I 529.
s. Baier, Bajer, Bayer, Bayr, Beier, Bejer, Beyer.
Bavelair, Joan. Jac. Hier., Selestadiensis (768) I 77. (j 768) II 445. (cj 772) II 636.
Bavierius, Rodolph. Ant., Curiâ-Rhaetus (j 725) II 352.
Bawerus s. Bauer.
Bay, Joh. Daniel, Argentinensis (779) I 143.
— Eman., von Bern (ch 777) I 239.
— Lud., Bernensis (m 753) II 73.
Bayard, Jos., Rambervillanus (779) I 143. (j 779) II 468.
Bayer, Joan. Jac. Wolfg., ex Hochen-Schambach Nortgaviensis (j 723) II 349.
— Georg. Steph., Noricus (ph 642) I 316.
— Henr. Martin., Norinbergensis (ph 642) I 316.
— Andr., Oberhusanus (j 746) II 392.
— Zachae., Ulmensis (ph 634) I 304. (cphm 636) I 530.
s. Bayr, Baier, Bajer, Bavarus, Beier, Bejer, Beyer.
Bayr, Ant. Jos., Marktbiberbacensis Suevus (j 756) II 412.
Bayreutter, Joh. Mich., Selben. Variscus (ph 633) I 302.
Bayz, Franc. Jos., Riedling. Suevus (m 742) II 55.
— Jos. Moyses, Riedlingensis Suevus (j 742) II 387.
Bazelaire s. de Lesseux.
Bazoille, Nic. Franc. Joseph., Castrosalinensis (778) I 138. (j 778) II 466. (cj 780) II 654.
— Sebast. Phil., Castrosalinensis (768) I 78. (j 768) II 446.
Beaudel, Petr. Deodat., Sanctideodatensis (788) I 189. (j 788) II 478.
de Beaufort, Louis (750) I 32.
Beaujouan, Jean, de Chateauneuve (j 745) II 391.
Beaulard, Franc. Matthias, Nauceianus (j 762) II 429.
De Beauneu a Schönbach, Franc. Edmund. Christian., Badeno-Badensis (j 727) II 356.
de Beaupré, Jac, Abbavillanus (th 658) I 627.
de Beaussier, Ant. Henr., Lugdunensis (m 738) II 51.
Beautour, Philibert., Niverni en Burgundia ad Ligerius (d 725) I 210.
— Constantin. Andr., Wissembourgensis Alsata (d 740) I 215.
Bebel (Boebel), Balthas., Argentinensis (ph 649/50) I 331. (cphm 652) I 538. (Theol. D. 661) I 703.
— Joh. Balthas., Argentinensis (ph 681) I 374.
— Joh. Conr., Argentinensis (th 708) I 663.
Becceler, Laur., Ulmensis (ph 628) I 290. (cphm 629) I 525.
— Polycarp., Ulmensis (cph 635) I 307. (cphm 636) I 530.
Beccerus s. Becker.
Beccius s. Beck.
Bechelé, Joh. Bapt., Mazopolitanus (782) I 158. (j 782) II 474.
— Jos. Ant., Mazopolitanus (777) I 127. (j 777) II 462. (cj 778) II 652.
— Conr. Ant. Jos., Sennenhemianus (j 748) II 397. (cj 750) II 591.
s. Bächlin.
— Jos. Ant., Wittolsheimensis (780) I 149. (j 780) II 470. (cj 782) II 659.
Becherer, Albert, Elvac. Suevus (774) I 111. (m 774) II 106.
Bechermajr, Joh., Weissenburgo-Noricus (j 631) II 227.
Bechet, Louis, de Sedan (j 752) II 405.
Bechler, Sigism., Augustanus (th 623) I 593.
Becht, Frid. Carol., Argentinensis (788) I 192.
— Jac. Eberh., Argentinensis (ph 650) I 332. (j 659) II 514.
— Joh. Georg., Argentinensis (ph 642) I 314.
— Joh. Jac., Argentinensis (ph 681) I 375. (cj 690) II 540.
— Joh. Jos., Rastadiensis (767) I 69. (m 767) II 98.
Bechter, Casp. (s 773) I 266.
Bechtold, Joh., Argentinensis (ph 627) I 285. (cph 627) I 464. (j 639) II 503 (= Joh. Rud.?).
— Joh., Argentinensis (ph 673) I 369.
— Joh., Argentinensis (ph 705) I 391.

(Bechtold) Joh. Rud., Argentinensis (ph 633) I 303 (=Joh.?). (cphm 636) I 530.
— Phil. Jac., Argentinensis (ph 717) I 403. (j 726) II 564.
— Georg. Samuel, Berolinensis (m 725) II 40.
Bechy, Joh. Frid., Stuttgardianus (j 673) II 298.
Beck, Laur., Alceano-Palat. (j 628) II 219. (j 641) II 238. (cj 641) II 504.
— Joan. Henr., Aprimonasteriensis (j 756) II 412. (cj 759) II 605.
— Christi. Corn., Argentinensis (ph 668) I 361. (cph 668) I 478.
— Frid. Corn., Argentinensis (ph 662) I 352.
— Joh. Bapt., Argentinensis (j 724) II 349. (cj 724) II 563.
— Joh. Ernest., Argentinensis (ph 717) I 403. (cj 727) II 565.
— Joh. Ernest., Argentinensis (ph 756) I 436. (cj 765) II 619.
— Joh. Jac., Argentinensis (777) I 450. (ph 777) I 450. (cphm 784) I 583. (th 783) I 697.
— Joh. Jos., Argentinensis (ph 655) I 339.
— Lud. Heinr., Argentinensis (783) I 166. (j 783) II 477.
— (Beckh), Joh., Augustanus (ph 656) I 341. (cphm 658) I 542.
— Joh. Jac., Augustâ - Vindelicorum (ph 656) I 340. (cphm 657) I 541.
— Melch., Augusta - Vindelicorum (cphm 636) I 530.
— Anton., Bipontinus (m 741) II 54.
— Fried. Albrecht Carl, aus Braunschweig (786) I 183. (j 786) II 484.
— Chph., Chemnicio-Bohemus (th 627) I 601.
— Phil., Haganoensis (ph 628) I 288. (cph 628) I 465. (cphm 630/32) I 526.
— Joh. Anthon., Idsteinianus (m 670) II 24.
— F. Jos., Med. D., Immenstatt. Algoius (786) I 182. (m 786) II 119.
— Joan. Bartholom., Kenzingensis Brisgoius (j 707) II 329.
— Franc. Jos., Colmariensis (j 735) II 371. (cj 736) II 574.
— Franc. Jos. Matthae., Colmariensis (j 764) II 434. (cj 766) II 620.
— Georg. Mich., Landous (ph 630) I 293.
— Georg. Matthae., Nordlingens. (ph 677) I 372.
(Beck) Jac. Matthae., Nordlingensis (th 707) I 663.
— Matthae., Nordlingensis (th 647) I 615.
— Joan., Obergrombacensis (j 746) II 391.
— Andr., Onoldinus (ph 657) I 341.
— Sebast. Christophor., Palatinus (m 717) II 36.
— Joh. Georg., Pinopoli-Francus (ph 669) I 362.
— Franc. Jos. Joan., Ratisbonensis (j 730) II 363.
— Leonard., Ravenspurgensis (j 719) II 342.
— Franc. Augustin., Ruppisvillanus (773) I 106. (j 773) II 456. (cj 774) II 640.
— Joan. Bapt., Rupisvillanus (j 764) II 434.
— Ludov., Steinen. Suevus (776) I 121.
— Henr. Gottofr., Sultzburgensis (m 759) II 83.
— M. Jac., Ulmensis (th 697) I 658.
— M. Mich., Ulmensis (th 680) I 649.
— Mich., Ulma-Suev. (j 712) II 334.
— Joh., Wetteranus (j 719) II 343.
— Georg. Simon., Wiesbadensis (m 764) II 91. s. Beckh.
Beckaw, Jac., Slesvic. Holsatus (j 655) II 260.
Becke, Joh., Argentinensis (ph 744) I 424.
— Joh., Opperhusâ-Thuringus (ph 647) I 325.
Becker, Chph., Aemilianus Thuringus (th 633) I 606.
— Joh. Chph., Allerheimensis Francus (th 634) I 607.
— Jac., Argentinensis (cm 650) II 132.
— Joh. Casp., Argentinensis (ph 672) I 367.
— Joh. Balth., Argentinensis (cphm 676) I 549 (*der vorige?*).
— Joh. Gust., Argentinensis (cph 777) I 450. (cph 777) I 512. (cphm 781) I 583.
— Joh. Jac., Episcopivillanus (j 759) II 422.
— Joh. Conr., Erfurth (ch 782) I 249.
— Wolffg., Thalebio Francohus. Thuringus (th 629) I 603.
— Joh. Heinr., Gerstheim (ch 773) I 231.
— Godefrid., Grünberg. Sil. (767) I 68. (m 767) II 97. (cm 769) II 181.
— Franc., Hadelensis (j 644) II 241.
— Abrh., Tyrol. ex civit. Hallensi (j 627) II 216.

(Becker) Joh., Hamburgensis (th 661) I 632.
— Carol. Christoph., Heidelbergensis (th 709) I 664.
— Henr. Jos., Coloniensis (cj 716) II 554.
— Godfred, Lennepa-Montan. (th 628) I 601. (cphm 628/29) I 525.
— Joach., Magdeburgensis (ph 627) I 286.
— Joan. Franc. Werner., Mösskirchensis (j 750) II 402.
— Joh. Henr., Mullheimensis in ducatu Bergensi (d 723) I 210. (cm 725) II 155.
— Joh. Casp., Petrovillanus Wetteravus (th 715) I 666.
— Joh. Conr. Ravensburgensis (m 752) II 70.
— Herm., Rostockiensis (th 655) I 623.
— Joh. Wilh., Saareponte - Nassovius (m 729) II 43. (cm 735) II 160.
— M. Wilh. Gottlieb, aus dem Schönburg. i. Sachsen (777) I 132.
— Gottlob, Stolpensis Misnicus (j 668) II 286.
— Georg. Conr., Süntzheimensis Palat. (th 622) I 593.
— Joh. Mich., Trarbacensis (ph 656) I 341.
— Sebast., Trarbacensis (ph 652) I 334.
— Joh. Georg., Wallrabensteinensis (th 707) I 662.
— Nic., Wernigerodensis (th 642) I 611.
— Ferdin., Wetzlariensis (776) I 125. (j 776) II 462.
s. Beker, Beckher.
Beckerhinn, Carl Phil. Dav., Berlin (787) I 185. (m 787) II 119.
Beckh, Joh. Sebast., Dinckelpilensis (j 679) II 302.
— Franc. Mich., Finningens. Neopalatin. (j 768) II 445.
— Simon, Giengensis (ph 645) I 321.
— M. Josua, Reutlingensis (th 658) I 628.
— M. Joh. Georg., Stutgardianus (th 634) I 608.
Beckher, Daniel, Regiomontanus Borussus (cm 652) II 133.
s. Becker.
Beckmann, Joh., Essendiensis (m 656) II 19.
— Joh. Wilh., Cassella-Hessus (j 635/36) II 235.
— Dieter, Sedino-Pomer. (j 665) II 280.
— Joh., Sedino-Pomer. (j 665) II 280.
— Adam., Westphalus (m 627) II 9.
Bedaeus, Samuel, Pistricio-Transylvanus (th 688) I 655.
Bedenknecht s. Bödenknecht.
Beeg, M. Casp. Benign., Euttendorffa-Lympurg. (th 634) I 607.
Beer, M. Jerem., Augustanus (th 685) I 653.
— Joh. Wolffg., Augusta-Vind. (m 615) II 2.
— Joh. Wolffg., Augustanus (j 647) II 244.
— Ferdin. Guilielm., Eyba - Francus (j 726) II 353.
— Georg. Alex., Creilshemio - Francus (ph 669) I 362.
— Joh. Chph., Creilshemio - Francus (th 660) I 630.
— Joh. Andr., Neusaarverdensis (m 750) I 65.
— Mich. Leonh., Noricus (th 655) I 623.
— Joh. Conr., Oringa-Hoenloicus (th 633) I 606. s. Baer.
— Georg., Roteburg. Francus (ph 640) I 311.
— Georg. Phil., Saraepontanus (ph 713) I 399.
— Gust. Frid., Saraepontanus (ph 713) I 400.
— Joh. Andr., Saraepontanus (j 729) II 360.
— Georg., Schasburgo - Transylvanus (th 678) I 648.
— Ge. Frid., Wildbergensis (ph 637) I 308. s. Beher, Behr.
Beerbach, Georg. Henr., Wiesbadiâ-Nasso-Rhenanus (j 634) II 232.
Begkern, Joh., Holsatus (j 631) II 229.
Le Begue, Claudius, Argentinensis (m 707) II 33.
Le Begué de Girmont, Joan. Franc. Augustin., Spinalensis (cj 708) II 548. (j 707) II 330.
Beguin, Matthae., Argentinensis (j 737) II 375. (cj 739) II 578.
Behaghel, Arnold., Moeno-Francofurtensis (j 725) II 352.
Beher, Joan. Jac., Bönnigkheimensis Zabergoius (cj 652) II 510.
s. Behr.
Behlovius, Chph., Crosnâ Silesius (th 626) I 599.
Behm, Dan., Regiom. Borussus (j 662) II 272.
— Simon., Thorunensis (j 651) II 251.
Behn, Georg. Balthas., Altonaviensis (ph 751) I 432.
Behr (Beer), Eberh., Argentinensis (ph 655) I 338. (cphm 657) I 541.
— Georg. Henr., Argentinensis (cm 730) II 157.

(Behr) Georg. Henr., Argentinensis (ph 758) I 437.
— Georg. Jos. Petr., Argentinensis (m 760) II 84.
— (Beer), Joh. Andr., Argentinensis (cphm 686) I 553.
— Fried., Lunaeburgensis (j 628) II 220.
— (Bherr), Joh., Lunaeburgensis (j 628) II 220.
— Heinr. Alb., Naumburg. Misnicus (j 656) II 262.
— Joh. Ludov., Stutgardianus (j 623) II 207.
— Ant., Tabernensis (777) I 130. (j 777) II 463.
— Franc. Ant. Petr., Tabernensis Als. (cj 779) II 652 (*der vorige?*).
— Franc. Dagob., Tabernensis (j 757) II 414. (cj 761) II 608.
— Franc. Dagob. Eman., Tabernensis (j 726) II 353.
— Franc. Jos., Tabernensis Alsata (cj 701) II 545.
— Georg. Franc., Tabernensis (781) I 157. (j 781) II 473.
— Georg. Jos., Tabernensis (j 737) II 375.
— Jos., Tabernensis (j 727) II 355. (cj 729: Georg. Jos.) II 567.
— Jos., Tabernensis (769) I 79. (j 769) II 446. (cj 772: Georg. Jos.) II 637.
— Jos. Eman., Tabernensis (j 763) II 432. s. Baehr.
— Joh. Frid. (j 626) II 213. s. Beer, Beher.
von Behr, Joh. Dietr., Curonus (741) I 28.
— Georg. Werner, Curonus (760) I 36.
— Ewald, Curonus (760) I 36.
— Ulr. Georg., Curonus (763) I 38.
— Joh. Dietrich, Curonus (763) I 38.
Behrends, Philipp. Frid., Francofurtensis (767) I 68. (m 767) II 97.
Behrens, Joach., Cella-Luneburgicus (j 658) II 265.
— Joh. Lud., Lüneburgiensis (cj 670) II 525.
— Conr. Barthold., Hildesiensis Saxo (m 681) II 28.
Behrnauer, Jac., Boleslaviâ-Siles. (m 627) II 9.
Behz, Joh. Casp., Richtenschweil Zürich. Gebieth (m 757) II 79.
Beier, Christoph., Ulmensis (ph 654) I 337. (cphm 656) I 540. s. Baier.
Beigler, Joh., Posonio-Hungarus (j 648) II 246.
Bein, Joh., Argentinensis (ph 757) I 436. (cphm 765) I 577.
— Carl Friedr. Wilh., Idsteinensis (766) I 61. (m 766) II 96.
Bejer, Phil. Nicol., Hilperhusâ-Francus (j 680) II 304.
— Joh., Lauinganus (ph 639) I 310. (cph 639) I 470.
Beker, Matthae., Waiblingensis (m 622) II 6. s. Becker.
Belasy s. Khuen de Belasy.
Belgiojoso s. Est u. Lugo.
Belgira, Joan. Petr., Neo-Brisacensis (j 727) II 357. (cj 729) II 567.
Belhem, Elias, Spirensis (ph 626) I 282.
— Joh. Jac., Spirensis (ph 624) I 283.
Belin, Franc. Xaver., ex Delle in sup. Alsatia (780) I 151. (m 780) II 114. (cm 784) II 195.
— Carol. Joan. Jac., Parisiensis (m 753) II 72.
Bell, Dominic., Ravenspurg. Suevus (766) I 55.
Bellaux, Leonh., Cünzelsavien. Hoenloicus (ph 649) I 330.
Belle, Claud. Franc., Salinensis (j 763) II 432.
Bellefond, Henr., ex fortalitio Ludoviciano (j 715) II 338. (cj 716) II 555.
Beller, Ernest. Casimir., Weilburg. Nassovius (j 677) II 301.
Bellianne, Petr. Phil., Metensis (cj 721) II 559.
Belling, Joan. Jac., Argentinensis (j 759) II 420. (cj 761) II 608.
— Carol. Leonor., Molshemensis (783) I 168. (j 783) II 477. (cj 786) II 668.
Bellmann, Joh. Arendt, Suecus (j 726) II 354.
de Belonde, Joh. Henr., de la Mothe Dallé en Guienne (775) I 118. (j 775) II 459. (cj 776) II 647.
Belot, Joh. Georg., Montbelgardensis (ph 718) I 403.
Belquienne, Domin., Metensis (cj 719) II 556.
Beltzer, Jac. Conr., Massenheimensis (ph 646) I 322. s. Belzer.
Belz, Leo, Sulzensis (774) I 111. (m 774) II 105. (cm 776) II 187.
Belzer, Franc. Petr., Nassoico-Saraepontanus (ph 732) I 414. s. Beltzer.
Bemetzrieder, Ant., Daugendorffensis (j 759) II 421. (cj 762) II 610.
Benard s. Granier.
Benckendorff, Joh. Andr., Culmbaco-Fr. (ph 636) I 308.

Benckher, Joh. Phil., Moeno-Francofurtanus (th 661) I 632.
Bender, Maur., Argentinensis (ph 631) I 297.
— Xav., de Benfeld (ch 775) I 235.
— Phil. Henr., Nassoviae Deciensis (m 758) II 81. (cm 764) II 177.
— Georg. Casp., Friedberga-Wetterav. (th 699) I 659.
— Phil. Frid., Friedberga-Wetterav. (th 718) I 668.
— Carol., Gengenbacensis (766) I 62.
— Joh. Mich., Lauterbacensis (th 711) I 664.
— Christophor., Moenofrancofurtensis (j 627) II 218. (cj 633) II 500.
— Hans Conr., Moeno-Francofurtensis (j 630) II 225.
— Joh. Phil., Francofurtensis (ph 719) I 405.
— Mich., Moeno-Francofurtensis (j 623) II 206. (cj 630) II 225.
— Joh. Georg., Sebusiensis (ph 658) I 344.
— Joh. Petr., Sebusiensis (ph 663) I 353.
— Joh. Jac., Trarbacensis (ph 646) I 323.
— Joh., Zuzendorffensis (ph 727) I 410.
Bengel, Franc. Ant., Ersteinianus (m 757) II 80.
Bening, Bernh. Frid., Osnaburgensis (774) I 107. (m 774) II 105.
Beninger, Georg. Lud., Gebwilleran. Alsata (cj 699) II 543.
Benke, Petr., Hagenoensis (m 765) II 93. (cm 767) II 179.
Bennat, Thom. Jos., du Fort Louis (787) I 186. (j 787) II 485.
Benoist, Lud. Natal., Argentinensis (j 742) II 386. (cj 743) II 582.
— Leopold. Deodat., Rambervillanus (776) I 124. (j 776) II 462. (cj 778) II 650.
— Nic. Ant., Rambervillanus (766) I 60. (j 766) II 439. (cj 768) II 626.
— Petr. Franc., Ramberviller Lotharing. (j 765) II 438. (cj 767) II 623.
Benoit, Leo, Halberstadensis (782) I 158.
Benon, Joan. Jos., Orebeaeus Alsata (cj 740) II 579.
Bensperg, Aug. Wolfg., Lindaviensis (ph 733) I 415.
— (Bensberg), Wolfg., Lindaviensis (j 644) II 24.
Bentabole, Isaac. Petr., Landaviensis (782) I 162. (j 782) II 475. (cj 783) II 662.
— Joh. Bapt., Landaviensis (766) I 57. (j 766) II 439. (cj 767) II 625.
Bentelj, Emanuel, Bernas (773) I 105. (m 773) II 105. (cm 777) II 188.
— (Bentely), Sigm. Frid., Helv. Bernas (780) I 149. (m 780) II 113.
a Bentheim, Bernh., Steinfurto-Westph. (j 651) II 251.
— Herm., Bremâ-Saxo (j 624) II 208.
Bentz, Georg. Sam., Argentinensis (ph 643) I 317. (cph 643) I 471. (cphm 645) I 535.
— Joh., Argentinensis (ph 643) I 471. (cphm 645) I 535.
— Joh. Dan., Argentinensis (ph 645) I 322.
— Joh. Frid., Argentoratensis (cphm 626/27) I 523.
— Joh. Jac., Argentinensis (ph 640/41) I 312. (cj 650) II 509.
— Andr., Colmaria-Alsata (j 719) II 342. (cj 720) II 558.
— Adolph. Chph., Onoldo-Fr. (m 688) II 29. s. Benz.
Bentzonius, Bened. Johannis, Alburgo-Danus (th 649/50) I 617.
— Severin., Alburgius Danus (ph 649) I 331.
Benz, Joh. Christoph, Sommerhusa-Francus (j 715) II 338.
— Carol. August., Stutgardianus (768) I 75. (m 768) II 98. s. Bentz.
Bepler, Joh. Georg., Wetzlariensis (ch 778) I 241.
Bequerer, Joh. Godefr., Bonnensis (j 670) II 292.
Bequillard, Petr., Montbelgardensis (th 660) I 631.
Ber s. Beer.
Berard, Franc. Jos. Henr., Argentinensis (j 765) II 437. (cj 767) II 623.
— Franc. Xav., Argentinensis (781) I 152. (j 781) II 471.
— Joan. Bapt. Ign., Argentinensis (785) I 178. (j 785) II 482.
— Jos., Bellofordiensis (j 741) II 386. (cj 742) II 580.
Berbich, Georg. Chph., Spirensis (th 649/650) I 617.
— Leop. Frid., Brandenburgicus (th 685) I 652.
à Berbisdorff, Frid., Misnicus (j 627) II 217.
Berblinger, Georg. Phil., Augustanus (j 707) II 330.
— Joh. Jac., Phorcen. Marchicus (ph 626) I 284.
a Berch, Frid., Suecus (j 754) II 408.
Berchlman, Joh., Berlinensis (j 725) II 212. (cj 627) II 496. s. Berckelman.

a Berchem, Georg., Bremensis (th 666) I 639.
Berchtold, Nic., Bernensis (m 739) II 52.
Berckelman, Andr., Helmaestadensis (j 642) II 239.
— Henr. Laur., Helmaestadio-Brunsvig. (cphm 640/41) I 532. s. Berchlman.
Bercken, Joh. Ludov., Ludenscheda-Marcan. (777) I 127.
Berckheim, Franz Carl, Strassburg (802) I 204.
a Berckheim, Carol. Christi., Alsatus (789) I 52.
— Christi. Lud., Buxovillanus, Nobil. Als. (ph 742) I 423.
— Joh. Eberh. (ph 714) I 400.
— Lud. Carol., Buxovillanus, Nobil. Als. (ph 742) I 423.
— Phil. Frid., Nobil. Als. (ph 701) I 388. (cj 708) II 548.
Berckmann, Henr. Math., Brandenburg (d 730) I 212.
— Matthae., Usnensis (ph 658) I 344.
Berckmyller, Matthae., Augusta-Vindelicorum (ph 643) I 317.
Berdot, Charles Leop., de Montbeillard (793) I 203. (m 793) I 122.
— Jerem., Montbelgardensis (ph 658) I 344.
— Joh. Petr., Montisbelgardensis (ph 664) I 355.
— Leop. Emanuel, Montbelgardensis (m 731) II 45.
— Joh. Georg., Ulmensis (th 685) I 652.
Beredt, Joh. Mich., Spirensis (j 740) II 383.
a Berenfelss, Jac. Christoph. (ph 622) I 274.
Berens de Rautenfeld, Joh. Georg., Livonus (761) I 37.
— (Baro de Rautenfeld), C. G., Livonus (765) I 40.
Berg, Phil. Casim., Hanoviensis (j 751) II 402.
— Joh. Chtn., Cor. (?) Thuringus (j 654) II 258.
— Carol. Frid., Rotenburgo-Francus (j 733) II 369.
de Berg, Wilh. Frid., a Duhrn prope Seinsheim (th 728) I 673.
— Maurit., Dürnheimensis (ph 736) I 417.
— Frid. Reinhold., Livonus (759) I 36.
— Phil. Lud., Wimpinensis (th 757) I 685.
vom Berg, Joh. Dav., Hala Suevus (ph 668) I 361.
— Joh. Maurit., Itlinga-Palatinus (th 699) I 659.
(vom Berg) Joan., Rotenburgo-Tuberano Fr. (j 621) II 203.
Berga, Felix Anton., Saarburgensis (j 748) II 397. (cj 750) II 592.
a Bergen, Carol. August., Francof. Marchicus (m 730) II 44.
von Bergen, Jac., von Oberhasle C. Bern (ch 782) I 248.
Berger, Carol. Firmin., Albi Montanus (j 761) II 427. (cj 765: Firmin. Carol.) II 618.
— Isaac., Argentoratus (ph 631) I 296. (cph 631) I 466.
— Jac., Erphordianus (j 621) II 204.
— Bened., von Gilterfingen C. Bern (ch 781) I 247.
— Jos., Glogov. Superior. Siles. (m 750) II 66.
— Christian., Haffniensis (m 743) II 56.
— Mich., Martisburg. Misnicus (j 648) II 246.
— Chph. Henr. Joa., Metensis (789) I 197. (j 789) II 490.
— Carol. Lud., Montisbelligardensis (776) I 122. (j 776) II 461. (cj 779) II 652.
— Franc. Nicol., Offenburgensis (j 667) II 285.
— Georg Christoph., Offenburgensis (j 673) II 297.
— Thaddaeus, Offenburgensis (m 739) II 53.
— Georg., Reichenbachio-Lusat. (ph 644) I 318.
— Joan. Bened., Rotenburg. Francus (m 613) II 2.
— David, Selestadiensis (ph 629) I 291. (cj 638) II 502. s. Perger.
Bergh, Joh. Leonard., Duisburgo-Clivensis (j 729) II 361.
Berghaus, Christophor. Henric., ex Majori Reekum Westphal. (j 747) II 394.
Bergholtz, Georg. Joach., Sueco Pomer. ex Sundia (776) I 125. (m 776) II 109.
Berglingh, Paull, Ploen-Holsatus (j 673) II 297.
Bergmann, Georg. Israel., Borussus (j 655) II 259.
— Edoard., Gedano-Borussus (j 650) II 249.
— Georg. Hermann Christoph., Grunstadio-Palatinus (j 724) II 350.
— Joh. Eric., Herfordiensis (j 635) II 234.
— Ign., de Kehl (ch 788) I 258.
— Georg. Phil., Kuzenhusanus (ph 699) I 386.
— Ambros., Livonus (m 759) II 83.

(Bergmann) Jos. Anton., Nobil. Ottoburanus Suevus (j 737) II 377.
— Christian. Wilh., Pfortzheimensis (ph 731) I 413.
— Ernest. Guil., Pfortzheimensis (ph 731) I 413.
Bergstrasser, Joh. Henr. (th 723) I 670.
Berhold, Heinr., Saxensis Cheruscus (th 624) I 597.
Beris, Paul., Argentinensis (cph 680) I 481. (cphm 683) I 552.
s. Boeris.
Berisch, Christian. Gottofr., Dresdensis (m 722) II 39.
Berlebach, Conr., de Eckertzusia (m 742) II 56.
a Berlibsch, Burghard Harttmann, Eq. Thuringus (j 669) II 289.
Berlich, Gothfrid. Eric., Lipsiensis Misnicus (j 650) II 250.
de Berlichingen, Frid., Neustetta-Francus (737) I 25.
— Wilh. Reinhard., Mörchinga-Francus (737) I 25.
Berlii, Joh. Leon., Giessensis (ph 658) I 344.
Berlin, Petr., Norimbergensis (j 715) II 338.
Berlocher, Joh. Conr., Marchicus (th 632) I 605.
de Bernalmont, Gerard. Carol. (737) I 24.
Bernard, Carol., Argentinensis (j 736) II 374.
— Joan., Argentinensis (j 726) II 354.
— Natalis, Argentinensis (ph 736) I 418.
— Joan. Nic., Bouzovillanus (j 730) II 363.
— Jul. Frid., Buxovillanus (j 730) II 363. (cj 733) II 571.
— Franc. Ignat., ex Finstingen in Lotharingia (j 747) II 395.
— Jos., de Luneville (d 759) I 221.
— Jul. Frid., Montisbeligardensis (ph 666) I 358. (th 669) I 642.
— Rob. Henr., Parisinus (j 774) II 337. (cj 715) II 553.
— Petr., Ramensis in Campania (d 719) I 209.
— Jos. Carol., Sultzensis in Superiori Alsat. (780) I 146. (j 780) II 469. (cj 784) II 665.
— Jul. Frid., Tabernensis Alsata (j 765) II 438. (cj 772: Chph. Jul. Frid.) II 635.
— Franc., Theonisvillanus (j 745) II 390.
— Ant. Sylv., Weissenburgensis (787) I 186. (j 787) II 485.
— Franc. Ant., Weissenburgensis (j 762) II 428. (cj 764) II 615.
(Bernard) Georg. Phil., Weissenburgensis (j 755) II 412. (cj 756) II 600.
Bernardel, Franc., Lunevillanus (j 760) II 423.
de la Bernardière, Pierre Thom., d'Alançon (d 725) I 210.
Bernbeckh, Dav. Phil., Altdorfinus (j 630) II 226.
Berndt, Sam., Gedan. Borussus (j 649) II 249.
— Carol. Frid., Lignitzio-Silesius (m 748) II 63.
— Martin. Chphr., Zielenzigio-Brandeburgensis (774) I 109. (m 774) II 105.
Berne, Joan. Franc., Insulensis in Flandria (j 737) II 376. (cj 739) II 578.
Bernegger, Joh. Petr., Argentinensis (cph 637/38) I 469. (cphm 640) I 532.
— Tobias, Argentinensis (ph 640) I 313. (cj 652) II 510.
— Tobias, Argentinensis (ph 676) I 371.
Berner, Abrah., Argentinensis (ph 627) I 285.
— Bartholom., Francostenio-Silesius (th 631) I 605.
— Jac., aus Kösslin i. Pommern (ch 776) I 237.
Bernhard, Joh. Christi., Argentinensis (ph 708) I 395.
— Joh. Dan., (ph 703) I 390.
— Joh., Stolberga-Gedernensis (764) I 39.
Bernhardt, Anton., Rudolstadio Thuringus (j 668) II 287.
de Bernhold, Ant. Sigfr., Argentinensis (ph 713) I 399.
Bernouilli, Dan., Basiliensis (771) I 93.
Bernreutter, Joh., Neagora-Palat. (ph 624) I 277. (th 624) I 709.
Bernsau, Joh. Petr., Lennepa-Montanus (m 733) II 47.
Berntheussel, Carol. Frid., Curonus (783) I 165. (m 783) II 116.
Berny, Pierre Paul, de Chartres en Beauce (d 750) I 218.
de Beroldingen, Constanciensis, can. Hild., Spir. et Murbac., Ign. Joseph. L. B. (775) I 45.
Beronius Ol. fil., Magnus, Upsalia-Suecus (th 724) I 671.
de Berquen, Franc. Jos., Argentinensis (j 740) II 382. (cj 743) II 582.
Berr, Alex., aus Rumisweill C. Bern (ch 788) I 258.
Berre, Marie Jos. Chph., Bouxovillanus (j 762) II 429 (cj 764) II 616.
— Claud., Lutzelsteinensis (cj 765) II 617.

Berreth, Leonh., Vichbergensis (ph 624) I 278. (cph 624) I 463.
Berringer, Joh. Casp., Budissin. Lusatus (ph 625) I 280.
Bersch s. Boersch.
Berstecher, Joh. Jac., Argentinensis (782) I 161. (ph 782) I 454.
de Berstett, Phil. Jac. Reinhard., Nob. Alsata (ph 759) I 438.
— Phil. Reinhard, Nob. Alsata (ph 725) I 408.
— Wilh. Jac., Argentinensis, Nob. Alsata (ph 731) I 412. (cj 746) II 584.
— Wilh. Lud. Leop. Reinhard., L. B. (783) I 49.
— Christi. Jac. Aug., L. B. (789) I 52.
Berteau, Jos., de Strasbourg (d 758) I 220.
— Jac. Jos., de Valenciennes (d 733) I 213.
a Berth, Theodor., Clivo-Wesalus (j 669) II 288.
Berthel, M. Joh. Phil., Osthoviensis Palat. (j 622) II 204.
Berthod, Marc. Georg., civis Sedunensis (j 752) II 405.
— Francisc. Jos., Valletius (j 702) II 326.
Berthold, Dan-Gotthilf, Graeffenhayna-Saxo (768) I 77. (m 768) II 99.
— M. Joh. Abrah., Pirna-Misn. (th 706) I 662. s. Bertholdt.
Bertholdi, Jos. Zachar., Curtatsch comit. Trident. (775) I 118. (j 775) II 460.
Bertholdt, Joh. Matth., Norimbergensis (j 732) II 366.
Bertin, Franc., Argentinensis (j 727) II 355.
— Carol. Franc., Metensis (788) I 189. (j 788) II 487.
Berto, Egidius, Leodius (j 728) II 359.
Bertoti, Joh., Fulckre Ungarus (j 662) II 274.
Bertram, M. Caspar., Cizâ-Misnic. (j 671) II 294. (cj 671) II 526.
— Nicol. Frid., Glückstadianus (m 742) II 55.
— M. Jac., Lunaeburgensis (th 662) I 633.
— Guidobald. Joseph., Ratisbonensis (j 685) II 309.
— Joach., Rostochiensis (th 648) I 615.
Bertrand, Nic. Lud. Franc., de Jussy Metensis (j 723) II 348. (cj 723) II 562.
— Ant., Metensis (j 729) II 360.
— Lud. Petr., Metensis (j 729) II 361. (cj 731) II 569.
— Petr., Metensis (j 714) II 337. (cj 715) II 554.
(Bertrand) Steph., Metensis (781) I 155. (j 781) II 473. (cj 783) II 662.
— Jean Nic., St. Mihiel (782) I 159. (j 782) II 474.
Bertsch, Steph., Argentinensis (cph 681) I 481.
— Abrah., Bernensis (th 687) I 654.
— Joh. Albert, Erpacens. Otthosylvanus (j 673) II 297.
Bertzi, Henr. Jos., aus Haselunni i. Hochstifft Münster i. Westph. (ch 778) I 240.
Berus, Joh. Gebh., Buxovillanus (ph 662) I 351.
Besançon, Franc. Xav., Bellefortensis (j 765) II 437. (cj 766) II 621.
Beschstad, Joh., Fridbergensis (ph 654) I 337. (cphm 658) I 542.
— Joh. Phil. Nic, Friedbergâ-Wetterav. (j 743) II 388.
Beselin, Laurent. Balthas., Slestattensis (j 653) II 255.
Beser, Joh., Ulmensis (cphm 628) I 524.
Besler, Michael Rupert., Noricus (m 626) II 8. s. Bessler.
Besnard, Mich. Dominic., Argentinensis (j 758) II 417. (cj 761) II 608.
— Augustin. Adolph., Bouxovillanus (779) I 143. (j 779) II 468. (cj 781) II 658.
— Franc. Jos., Bouxovillanus (775) I 114. (m 775) II 106. (cm 777) II 187.
Besner, Joh. Jac., Colmariensis (ph 703) I 389.
— (Boesner), Joh. Jac., Colmariensis (ph 760) I 438.
Besser, Gottlieb, Cannawulffensis Saxo (j 699) II 323.
— Jac. Phil. Clemens, Metensis (j 747) II 393.
— Petr. Phil., Metensis (j 727) II 355. (cj 727) II 565.
Besserer, Joh. Frid., Argentinensis (ph 708) I 395.
— Henr., Schorndorffensis (j 627) II 218.
— Marc. Theodosius, Thalfingen (773) I 102.
— Eitel Alb., Ulmensis (ph 659) I 346.
— Franc. Chph., Patr. Ulmensis (j 685) II 309.
— Marc. Ant., Ulmensis (ph 660) I 348.
— Marc. Phil., Ulmensis (ph 634) I 305.
— Marc. Phil., Ulmensis (j 655) II 260.
Bessler, Joh. Casp., Cizensis Misn. (j 656) II 262. s. Besler.
Besson, Joh. Claud. Adam., Argentinensis (788) I 191. (j 788) II 488. (cj 789) II 676.

(Besson) Phil., Colmariensis (j 762) II 429. (cj 764) II 615.
— Joan. Jac., Orleanus (j 737) II 376.
— Franc. Jos., Rufacensis (j 763) II 432. (cj 764) II 615.
Bestendorff, Joh. Matthe., von Erlang (d 761) I 221.
Betich, Christi., Pyricensis Pomeranus (j 628) II 220.
— Daniel, Pyricensis Pomeranus (th 628) I 601.
Betrich, Joan. Bapt., Kirchdorfensis Algoius (j 764) II 436. s. Bettrich.
Betting, Jean Nicol., de Nelling en Lorraine allemande (789) I 196. (j 789) II 490. (cj 789) II 676.
Bettinger, Nicol., Saraludovicensis (j 751) II 404.
Bettrich, Frantz Jos., von Immenstad (ch 786) I 256.
— Frantz Jos., von Issni (ch 778) I 241. s. Betrich.
Betz, Petr. Paul., Boeblingensis (th 624) I 596.
— Joan. Bapt., Forchheim. Marchio Badensis (m 754) II 74. s. Bez.
Betzoldt s. Bezold.
v. Beu..., Busso Ernst, Equ. Pomeranus (j 664) II 278.
Beudet, Guilelm. Claud., Sarregio-Burgundus (j 739) II 382. (cj 740) II 578.
Beuer, Dan., Bregâ-Silesius (j 630) II 225.
Beuerbach, Joh. Ant., Idsteniensis (th 711) I 664. s. Beyerbach.
Beuerle, Joh., Francofurtensis (th 660) I 630.
Beuerlin, Franc. Carol., Berlebacensis (th 724) I 671.
— Joh. Petr., Berlenbacensis (th 724) I 671.
— Joh. Petr., Cleinichiensis (th 700) I 660.
— David Ulrich, Stouttgardianus (m 750) II 67.
— Joh. Adam., Trarbacô - Mosellanus (ph 660) I 348.
— Joh. Bernh. (ph 654) I 337.
— Joh. Casp. (ph 703) I 390. s. Beyerlin, Beurlin.
Beurer, Joh. Ambros., Noribergensis (m 738) II 51.
Beurhuss, Pet. Arnold, Dortmundischer (j 685) II 310.
— Henr., Tremonianus (th 636) I 609.
Beürlin, Reinhold., Montisbelgardensis (j 676) II 301. s. Beuerlin, Beyrlin.
Beurnier, Carol. Jos. Eman., Montisbelligardensis (787) I 185. (j 787) II 485. (cj 790) II 677.
— Dav. Frid., Montbelgardensis (j 757) II 415. (cj 762) II 611.
— Jos., Montbelgardensis (ph 754) I 434. (cj 758) II 602.
— Petr. Dav., Montisbelgardensis (j 728) II 358. (cj 732) II 570.
de Beust, Christian Gottlob L. B., Eq. Thuring. (758) I 35.
— Frid. August. Carol. L. B., Eq. Thuring. (758) I 35.
— Gottlob. L. B., Eq. Saxon. (761) I 37.
— Leop. L. B., Eq. Saxon. (761) I 37.
Beutel, Joh., Ambergensis (m 614) II 2.
— Joh Casp., Amberga-Palatinus (m 641) II 15.
Beuthel, Jo. Georg., Argentinensis (ph 700) I 387. (cph 701) I 487. (cphm 704) I 560.
Beuttel, Joh. Casp., Heydenheim. Württemberg. (m 712) II 34.
Beuter s. Beuther.
Beuther, Mich. Reinhold., Argentoratensis (th 624) I 707.
— David, Lindoviensis (ph 656) I 340.
— Joan. Conr., Lindaviensis (j 740) II 382.
— Joan. Conr., de Lindau (d 715) I 208.
Beuthler, Joan., Laubaco-Solmeius (th 621) I 591.
Beutler, Ernest. Casimir., Weilburgo-Nassovius (ph 669) I 363.
Beuttler, Aloys, Tugiensis (ch 782) I 248.
de Bevais, Gabriel, Chevalier de Malthe (787) I 51.
de Beveren ex Lette et Devensburg, Ernest. L. B. (687) I 9.
— Joh. Gotofr. (ph 649) I 331.
Bex, Mathias, Lipsiensis (j 656) II 260.
Beyckert, Joh. Dan., Argentinensis (ph 755) I 435. (cph 757) I 504. (cphm 761) I 576. (th 763) I 688.
— Joh. Phil., Argentinensis (ph 726) I 409. (cph 728) I 494. (cphm 731) I 569. (Theol. D. 744) I 705.
— Joh. Phil., Argentinensis (ph 747) I 428.
— Phil. Jac., Argentinensis (ph 763) I 442. (cm 773) II 184.
Beyer, Joh. Phil., Argentinensis (ph 744) I 424. (cph 747) I 501. (cphm 748) I 573. s. de Beyer.
— Joh. Gothofr., Durlac. Marchicus (ph 707) I 393.
— Christoph., Heilbronn. Suevus (778) I 136. (m 778) II 111. (cm 781) II 192.
— Joh. Jac., Curiâ-Variscus (th 680) I 650.

(Beyer) Georg. Adam., Lutzelsteinensis (j 650) II 268.
— Joh. Phil., von Mietersholtz (ch 780) I 245.
— Chph. Christian., Müllheima-Marchicus (ph 719) I 404. (th 719) I 668.
— Valent., Regismontan. March. Brandenburgensis (ph 623) I 275. (th 624) I 709.
— Mart., Reutlingensis (cphm 622) I 519. (th 621) I 592.
— Joh. Georg., Selestadiensis (781) I 158. (j 781) II 474.
— Israel, Stralsund-Pomeranus (j 664) II 278.
— Joh. Frid., Ulmanus (ph 696) I 384.
— Joan., Austriac. Viennensis (m 747) II 62.
— Joh. Jac., Wilstadiensis (ph 699) I 385. (cphm 702) I 560.
s. Baier, Bajer, Bayer, Bayr, Beier, Bejer.
de Beyer, Joh. Jac., Argentinensis (cj 717) II 555.
— Joh. Rud., Argentinensis (j 760) II 424. (cj 762) II 611. s. Beyer.
— Jos. Anton., Friburgens. Brisgojus (766) I 61. (j 766) II 440.
— Joh., Clivo-Wesalius (j 654) II 257.
Beyerbach, Joh. Georg., Argentinensis (ph 665) I 356. s. Beuerbach.
Beyerlé, Edmund. Ignat., Argentinensis (j 726) II 354.
— Joan. Petr. Lud., Argentinensis (j 760) II 423. (cj 761) II 608.
Beygang, Joh., Salfeld. Thuringus (th 646) I 614.
Beygers, Rötger Anton., Bucholdiensis (777) I 131.
Beyrlin, Georg. Frid., Esslingensis (j 665) II 280.
s. Beuerlin, Beurlin.
Beyschlag, Joh. Henr., S(uevo) Hallensis (m 688) II 29.
— Joh. Jac., Halensis (ph 657) I 341.
— Georg. Wilh., Noerlingensis (ph 699) I 386.
Beysler, Ch. Carol., Rupisvillanus (th 749) I 682.
Bez, Joh. Phil., Argentinensis (cph 691) I 484. (cphm 692) I 556.
s. Betz.
Beza, Joh. Adam., Argentinensis (ph 653) I 337. (cm 661) II 136.
— Joh. Georg., Hersfeld. Hassus (j 651) II 251.
Bezler, Georg Casp., von Aalen (ch 789) I 259.
Bezold, Georg. Christoph., Rotenburg. Tuberanus (ph 650) I 332.
— Gust. Frid., Rotenburgo-Francus (779) I 143. (m 779) II 112. (cm 780) II 191.
— Joh. Georg., Rotenburgo ad Tubarim (j 698) II 320.
— Joh. Georg., Rotenburgo-Tuberano-Francus (cm 725) II 155.
— Joh. Frid., Rotenburgo-Francus (j 635) II 234.
Bezolt, Conr., Norimbergensis (j 634) II 233.
— Georg., Norimbergensis (j 634) II 233.
Bholius, Caspar., Wedderav-Rosbacensis (ph 622) I 274.
Bhön, Joh. Chph., Isenaco - Thuringus (th 685) I 653.
Bian, Franc. Lud., ex Sierentz Alsata (770) I 86. (j 770) II 448.
Biber, Joh. Ludov., Onoldinô - Francus (ph 656) I 340. s. Bieber.
de Bibran, Sigism. Henr., Silesius, L. B. (662) I 2.
— Henr. Alex. Baro (680) I 7.
Biccart, Jerem., Moenofrancofurtanus (j 673) II 298. s. Piccart.
Biccius, Joh. Melch., Argentinens. (ph 660) I 347.
— Gregor., Lusatius Budissinus (j 629) II 498.
Bich, Franc. Xav., Colmariensis (j 763) II 433. (cj 766) II 620.
— Joan. Lud., Colmariensis (j 735) II 372. (cj 737) II 576.
Bichebois, Franc. Sigisb., Nanceianus (j 755) II 410.
Biching, Christian., Altenburg. Misnicus (ph 657) I 342.
Bick, Franc. Ignat., Acherensis (j 750) II 402.
a Bicken, Phil. Wilderic. L. B. (684) I 8.
Bicqviller, Petr., Tullensis (j 736) II 373. (cj 737) II 576.
Bidenweg, Jac., Gripswaldensis Pomeranus (th 637) I 609.
Bidermann s. Biedermann.
Bidner, M. Joh. Georg., Moeno-Francofurtanus (th 639) I 610.
— Matthae., Moeno-Francofurtanus (ph 651) I 334.
Bieber, Joh. Frid., Leining. Westerburgensis (j 729) II 361. s. Biber.
Biebesheimer, Franc. Ludov., Oberingelheimens. (j 744) II 389.
Biechy, Joan. Bapt., ex Hattstatt (768) I 75. (j 768) II 445.
— Franc. Xav., Colmariensis (770) I 88. (cj 772) II 637.

Biederlack, Gerard. Willebrand., Monasteriensis (m 760) II 84.
Biedermann, Jacob., Helveto-Vitoduranus (768) I 74. (m 768) II 98. (cm 770) II 181.
— Joh. Jac., von Winterthur (ch 780) I 245.
Bieg, Mich., Rotenburgo-Tuberanus (ph 658) I 343.
Biehler, Franc. Ign., ex fano Sti. Hypoliti (766) I 56. (j 766) II 438. (cj 767) II 624. s. Bihler.
Biel, Christian., Lunaeburgensis (j 671) II 294.
— Joh. Wern., Schaffhusianus (th 621) I 592. s. Bihl.
a Bielfeld al. Otto, Clemens, Essendiensis (th 652) I 619. (cphm 654) I 539.
Bielkey, Nic. Graff, Suecus (726) I 20.
Bielsky, Georg. Jos., Boemo-Pardubicens. (m 753) II 72.
Bien, Michael, Gynsiensis (m 713) II 34.
Biener, Chph. Frid., Argentinensis (ph 700) I 387. (cphm 705) I 561.
— Chph., Freibergensis Misn. (ph 657) I 342.
Bieneth (Binetius), Joh. Phil., Argentinensis (ph 633) I 302. (cph 633) I 468. (cphm 635) I 529.
Bienfait, Hubert., Insmingensis (769) I 80. (j 769) II 446. (cj 770) II 631.
Bierenmann, Jac., Tubingensis (th 624) I 595.
Bieri, Siegm., C. Bern (ch 778) I 242.
Bierle, Joh. Henr., Argentinensis (774) I 109. (ph 774) I 449. (th 780) I 696.
Bierling, Caspar Theophil., Lipsiensis Misnicus (m 665) II 22. (cm 665) II 137.
Biermann, Dan., Eimeldingensis Marchicus (ph 625: Roetelensis) I 279. (cphm 627) I 524.
— Conr., Malterdingensis (ph 647) I 325.
— Joh. Anton. (j 662) II 273.
Bierre s. Pierre.
Bierri, Nicol., Langnaw-Bernas (m 745) II 57.
Bierj, Daniel, Wörtensis (m 759) II 83.
de Biesenroth, Joh. Fried., Saxonicus (j 675) II 300.
Biessdorff, Andr., Glauchensis (ph 671) I 367.
Biest, Joh. Chph., Durlacensis (ph 634) I 304.
Bietzsch, Diet. Henr., Darmstatinus (ph 658) I 343.
(Bietzsch) Joh. Dan., Darmstatinus (th 654) I 622.
Bigeard, Franc. Alex., Tullensis (789) I 195. (j 789) II 490.
Bignon, Armand. Hieronym., Parisinus (786) I 182. (j 786) II 484.
le Bigot, Etienne Anselme Josephe Amélie, de St. Quentin (de Marmoutier) (786) I 178. (j 786) II 482.
Bihl, Melch., von Altdorf (ch 783) I 249. s. Biel.
Bihler, Joh. Frid., Dettingâ-Schlossberg. (j 662) II 273. s. Biehler.
Bilcher, Chph., Blabyrensis (m 756) II 77.
— Joh. Mich., de Blabyra-Suevus (m 764) II 92. s. Bilger.
Bilde, Otto, Eq. Danus (j 657) II 264. s. Bille.
Bildstein s. *Sachsen-Coburg-Meiningen*.
Bilfinger, Georg. Bernh., Reichenbacensis (m 760) II 84.
— Joh. Petr., Sebusiensis (ph 626) I 283.
Bilger, Joh. Dan., Argentinensis (ph 701) I 387. (cm 708) II 149.
— Joh. Henr., Curia Rhaetus (m 741) II 54. s. Bilcher.
Bilgram, Jac., Memmingensis (j 737) II 376.
Bilicke, Chph. (d 731) I 212.
De Billace, Chph. Ennemondus, Bellofortens. (j 758) II 418.
Billard, Ludov., Vesulanus (779) I 145.
Billaudet, Lud. Bernard., Argentinensis (j 733) II 368. (cj 736) II 575.
— Joan. Bapt., Orontensis (cj 720) II 558.
Billecart, Joan. Steph., Besançon (771) I 92. (j 771) II 450.
— Anton. Humbert., Lunevillanus (j 760) II 423. (cj 762) II 610.
— Nic. Lud. Ign., Nanceianus (j 759) II 422. (cj 761) II 609.
Billerey, Claud., Argentinensis (cj 728) II 566.
Bille, Steno, Danus (j 652) II 254. s. Bilde.
de Billich, Max., Monacensis Bojus (777) I 130. (ph 777) I 451.
Billig, Sebast., Habshemianus (j 754) II 409. (cj 756) II 599.
— Hieronym., de Habsheim (790) I 201. (m 790) II 122.
Billigs, Henr., Euskirchio-Juliacensis (j 651) II 251.
Billing, Joh. Frid., Erbaco-Francus (m 729) II 43.
Billner, Joh. Burckh., Crucenacensis (ph 737) I 418.
Billwiller, Joh. Lor., von St. Gallen (ch 777) I 239.
Bilstein, Joh., Coloniensis (j 668) II 285.

(Bilstein) Justus, Martismontano-Westphalus (j 633) II 232. (cj 639) II 503.
Binckhiser, Joh. Joach., Esslingensis (ph 659) I 347.
Bindenschuh, Joh. Jac., Argentinensis (ph 706) I 392.
Binder, Frid., Argentinensis (j 734) II 371.
— Georg. Eberh., Beblenheim O Elsass (774) I 108. (th 774) I 693.
— Frid., Colmariensis (ph 662) I 351. (cj 668) II 522.
— Mathi., Colmariensis (ph 658/59) I 346.
— Joan. Godofred., Liebestadio-Saxo (j 757) II 416.
— Eberh. Heinr., Mediovillanus (ph 748) I 428.
— Lucas, Nadoschino-Transylvanus (ph 654) I 337.
— Salom., von Otticken C. Zürich (ch 789) I 259.
— Chph., Plaviensis Variscus (ph 657) I 342.
— Conr., Reichovillanus (ph 627) I 287. (cph 627) I 465. (cphm 628/29) I 525.
— Joh. Balthas., Richovillensis (ph 736) I 418.
— Joh. Dav., Richovillensis (ph 736) I 418.
— Joh. Heinr., Richovillanus (th 692) I 656.
— Joh. Jos., Richovillanus (ph 660) I 348.
— Joh. Sam., Richovillanus (ph 662) I 351.
— Marc., Ulmensis (ph 676) I 371 (cphm 677) I 550.
de Binder, Lud., Viennensis (j 729) II 360.
Bindewaldt, Joh., Niedernohmensis Hassus (ph 650) I 332.
Biner, Joh. Jacob., Helvetus (m 747) II 60.
— Hilar. Ernest., Lengenfeld. Palatinus (ph 630) I 295.
— Georgius, Lippa-Bohemus (m 613) II 2.
de Bingen, Franc. Xaver. Jos., Augustanus (m 733) II 47.
Bingh, Joh. Adam., Wormatiensis (j 718) II 340.
— Joh. Bernh., Wormatiensis (j 756) II 413.
Binninger, Ludw. Reinhard, Buchsweiler (m 758) II 80. (cm 762) II 174.
— Jac. Jerem., Montisbelgardensis (770) I 85. (j 770) II 448.
— Ulr. Jerem., Montisbelgardensis (j 747) II 393.
Bintz, Wilh. Frid., Suevo-Halensis (ph 651) I 334.
Bintzich, Paul., Streittfordi Transylvanus (th 664) I 636.
Bion, Joh. Theob., Argentinensis (ph 733) I 414. (cph 734) I 496. (cphm 737) I 570.
Bircherodius Jacobi fil., Thom., Fionia-Danus (th 687) I 654.
Birchler, Johan Benedict, Einsiedlensis (m 764) II 91.
Birckel, Christi. Frid., Colmariensis (j 756) II 413. (cj 761) II 610.
— Joh. Andr., Colmariensis (j 745) II 390.
— Franc. Christi., Jepshemensis (ph 746) I 426. (cph 747) I 501. (cphm 748) I 573.
— Franc. Jac., Rupisvillanus (ph 710) I 397. s. Bürckel.
von der Birghelen, Joh. Chph., Moeno-Francofurtanus (j 667) II 285.
Birkner, Joh. Mich., Ehinganus (747) I 30.
Birnbaum, M. Christi., Dresda-Misnicus (th 679) I 648.
Birndümpfel, Joh. Georg., Langenburgo-Hoenloicus (ph 671) I 367.
Birnstill, Jos. Calasantius, Rastadiensis (784) I 169. (m 784) II 116.
Birr, Joh. Frid., Argentinensis (cphm 723) I 567.
— Dan., Colmariâ-Alsata (j 640) II 236.
— Joh. Frid., Colmariensis (ph 719) I 404.
Bisch, Franc. Jos., Hattensis Alsata (777) I 126. (m 777) II 109.
Bischoff, Balth., Argentinensis (ph 635/36) I 307.
— Balth., Argentinensis (ph 658) I 345. (cj 665) II 519.
— Franc. Henr., Argentinensis (ph 707) I 394. (cj 716) II 554.
— Frid., Bremensis (777) I 130. (m 777) II 110.
— Jonas, Fridberg. Wedderavus (ph 634) I 305.
— Joh. Albert., Grossleinunga-Saxo (m 762) II 87.
— Petr. Paul., Marisburgensis (779) I 139.
— Conr., Ulmensis (th 649) I 616.
— Lud., Ulmanus (th 622) I 593.
Bischoft, Chph. Adam, Canderensis (ph 759) I 438.
de Bissingen, Georg. Frid. L. B. (669) I 4.
— in Schramberg, Jos. Cajetan. (742) I 28.
Bissinger, Franc. Jos., Dieffenbronnensis (j 736) II 374.

Bisten, Joan. Sigism. Frid., Hattingen Westphalus (m 758) II 80.
Bister, Henr., Hamburgensis (th 649) I 617.
— (Biester) Matthi., Hamburgensis (th 655) I 624.
Bitot, Joh., Montis-belgardensis (j 666) II 284.
Bitsch, Joh. Melch., Argentinensis (ph 640) I 311. (cj 650) II 508.
— Joh. Casp., Hagenoensis (ph 632) I 298.
Bitschnau, Joh. Jos., Bludentino Austriacus (j 757) II 416. (cj 772) II 637.
Bitt, Louis, Tabernensis (787) I 185. (j 787) II 485.
Bittel, Joan. Ign., Selestadiensis (cj 728) II 566.
— Joan. Melch., Selestadiensis (j 687) II 313. (cj 687) II 538.
Bitterlin, Andr., Argentinensis (ph 627) I 285. (cph 627) I 464. (cphm 629) I 525.
Bitzler, Ludov. Frid. Ern., Fridberg. Wetteravus (m 738) II 51.
Bix, Joh. Ulr., Ulmensis (m 671) II 25. (cm 677) II 141.
Blaessius, Joh. Mart., Brettâ-Palatinus (ph 622) I 274.
de Blair, Joan. Armand., Metensis (j 729: Joan. Bapt.) II 361. (cj 731) II 569.
Blaise, Joh. Bernard., Argentinensis (774) I 108. (j 774) II 456.
Blaisin, Laurent., Tullensis (cj 724) II 563.
Blampain, Petr., Landaviensis (773) I 102. (j 773) II 454.
Blanc, Bernh., von Freiburg i. Breyssgau (d 773) I 263.
— Gustav., Vratisl. Silesius (ph 685) I 378. s. Blank, Blanck.
Blanchard, Joan. Petr. Nic. Lud., Huningensis (785) I 175. (j 785) II 481. (cj 789) II 676.
— Lud. Xav., Huningensis (774) I 109. (j 774) II 457.
— Lud. Carol. Nic., Huningensis Alsata (j 763) II 431. (cj 766) II 621.
— Dominique, Landau (j 760) II 424.
— Domin., Ocheyo-Lotharing. (cj 761) II 609.
Blancher, Jos. Deodat., Sancdeodaten. (770) I 89. (j 770) II 449.
— (Blanchet), Petr. Mich., Sandeodatensis (766) I 61. (cj 768) II 626.
Blanchot, Jac. Frid., Montbelgardensis (ph 705) I 391.
— Joh. Georg., Montbelgardensis (ph 705) I 392.
— Eberh. Frid., Stuttgardianus (m 746) II 59.
Blanck, Salom., Gedanensis Borussus (th 643) I 613.
— Hieron., Norimbergensis (j 629) II 223. s. Blanc, Blank.
Blanckenhagen, M. Justus, Revalia-Livonus (th 679) I 649.
Blank, Gabr., de Oberkirchen (d 771) I 227. s. Blanc, Blanck, Glaucke.
Blankowsky v. Dembschütz, Joh., Eq. Siles. (j 624) II 208.
Blasius, Franc. Lud., a Treveris (ch 787) I 257.
Blassius, Balth., Thuringus (m 626) II 9.
Blatter, Christi., von Hintterlacken C. Bern (ch 781) I 247.
Blaufelder, Conr., Creilsheimio-Francus (j 626) II 215.
Blauw, Franc. Adolph., Friburg. (m 747) II 61. (cm 751) II 168.
— Franc. Alex., Friburgensis Brisgoius (j 742) II 387.
— Joan. Jac. Ferdin., Fryburg. Brisgoius (ph 750) I 431.
Blazer, Domin. Friburg. Prisg. (j 762) II 428.
Bleccerus, Barthold., Bublicio Pomeranus (ph 627) I 286.
Blech, Joh. Christi., Chilonio-Holsatus (th 649) I 616.
— Joh. Christi. Conr., Hessen-Hanau (m 763) II 89.
Blechschmid, Frid., Culmbacensis Francus (th 628) I 602.
Bleck, Phil. Ludov., Oringa-Francus (j 623) II 206.
Bleibtreu, Joh. Conr., Weilburgensis (766) I 59. (m 766) II 96.
Bleichenbach, Joh. Laur., Herbisheimensis (ph 631) I 295.
v. Bleichenbach, Georg. Ludw., Francus (j 673) II 298.
Bleicher, Joh. Jac., Argentinensis (ph 691) I 381.
Bleidorn, Joh. Christian., Durlacensis (784) I 171.
Blenno, Gottfr., Stetinensis Pomeranus (th 630) I 603.
Blessig, Joh. Georg., Argentinensis (ph 679) I 373.
— Joh. Laur., Argentinensis (ph 762) I 440. (cph 763) I 507. (cphm 768) I 578. (Theol. D. 781) I 706.
— Joh. Lud., Argentinensis (775) I 116. (ph 775) I 449. (cj 783) II 663.

Bletry, Franc. Denis, Belfort (788) I 194. (m 788) II 121.
Blettler, Franc., d'Underwalden (ch 786) I 255.
Bleuell, M. Tobias, Weissenfels. Misn. (th 642) I 612.
Bleuler, Joh. Jac., Argentinensis (792) I 202. (ph 792) I 459.
Bleyer, Jos. Ant., von Tettnang (d 770) I 225.
Bleyfus, Joh., Argentinensis (ph 751) I 431. (cphm 757) I 575.
Block, Paul., Neostadiâ-Marchicus (j 655) II 259.
Bloechel, Phil. Jac., Argentinensis (796) I 204.
Blois, Joan., Niderhertensis in Alsatia (j 702) II 326.
von Blomberg, Joh. Albert. Frhr. (700) I 11. (j 700) II 324.
Blondian, Joh. Petrus (733) I 23.
Blossius, Ernest., Heldenfingo-Wirttembergicus (th 637) I 609.
Blöst, Georg., Ulmensis (j 684) II 307.
Bloy, Franc. Joach., Argentinensis (j 750) II 401.
Bluhm, Hermann., Reval. Esthonus (767) I 68. (m 767) II 98. s. Blum.
Blum, Georg. Henr., Bucho-Siliziensis (th 670) I 643.
— Joh. Chph., Durlacensis (th 718) I 668.
— Georg. Henr., Francoberg. Hassus (775) I 117. (m 775) II 107.
— Franz Anton, Hildesheimensis (786) I 182. (j 786) II 484.
— Jac. Frid., aus Hildesheim (786) I 182. (j 786) II 484.
— Nic., Canderâ-Marchicus (th 675) I 647.
— Joh. Henr., Lohra-Marchicus (j 708) II 331.
— Gregor., Witteberga-Saxo (m 654) II 19. (cm 661) II 136.
— Joh, Wittebergensis (j 627) II 217.
— Mich., Wittebergensis Saxo (j 654) II 257.
— (Blume), Zacharias, Wittenbergensis Saxo (j 668) II 286. s. Bluhm.
de Blum, Urban. Christian., de Bronswic (769) I 80.
Blumberg, Ernest., Gedan. Prussus (j 680) II 303.
Blume s. Blum.
Blümel, Joh., Argentinensis (ph 705) I 391.
— Joh. Dan., Argentinensis (ph 740) I 430.
Blumenau, Constantin., Dantiscanus (j 652) II 253.
Blumenleer, Alex. Christian. Benj., Magdeburgensis (m 720) II 37.
Blumenthal, Joan. Henr., Curonus (773) I 104.
Blumenzopff, Paul., Reichenbachio-Variscus (j 658) II 266.
Blutzig, David Frid., Suevo-Halensis (ph 646) I 323.
— (Blintzig?), Georg. Frid., Suevo-Halensis (th 623) I 595. (th 624) I 707.
Boand, Beat. Ludov., Morgae-Bern (767) I 68. (m 767) II 97.
von Bobart, Arnhold, Gedanensis (j 659) II 267.
de Bobenhausen, Ludov. Baron (774) I 111.
— P. L., Oppacens. Francus (j 724) II 349.
— Phil. Lud., Darmstatinus Hassus (j 709) II 332.
Bocatius, Georg. Marc., Wormatiensis (j 644) II 242.
Bocchius s. Boch.
Boch, Joh. Dan., Argentinensis (ph 762) I 440.
— Joh. Frid., Argentinensis (ph 738) I 419.
— Joh. Mart., Argentinensis (ph 724) I 408. (cj 731) II 569
— Ernest. Frid., Durlacensis (ph 675) I 371. (cj 681) II 533.
— Ernest. Lud., Durlacensis (ph 646) I 322.
— Joh. Ernest., Durlaco-Marchicus (th 664) I 636.
— Joh. Frid., Durlaco-Marchicus (ph 659) I 346. (cj 668) II 522.
— Phil. Jac., Dinglingensis (ph 746) I 426. (cj 752) II 595.
— Phil. Jac., Lahrensis (ph 707) I 394.
— M. Georg., Leipheimensis Suevus (th 623) I 595.
— Joh. Frid., Hoenloh. Neolithanus (ph 627) I 286.
— (Bocchius), Crato, Neolithanus (ph 635) I 307.
Bocher, Vit. Ernest., Steinhardensis (ph 647) I 325.
von Bochholtz zu Störmede, Theod. Werner Adam Frh., Westphalus (763) I 38.
Bochnauer, Joh. Petr., Spirensis (j 653) II 255.
Bochorizhius, M. Petr., Labacens. Carniolanus (j 622) II 494.
Bock, Andr., Argentinensis (cph 691) I 484.
— Matthae., Augustanus (ph 623) I 275.
— Marc., Hamburgensis (j 648) II 247.

(Bock) Joan. Mich., Herbipolensis (j 700) II 325.
— Joh., aus Nürnberg (d 760) I 221.
— Joan. Christophor., Walzig. Misnicus (j 758) II 417.
— M. Bened., Znaimô-Moravus (th 647) I 615.
a Bock, Joh. Abrh., Bohemus (j 626) II 212.
Bock de Blaesheim et Gerstheim, Carol. Franc., Eq. Alsatus (ph 722) I 406.
— Frid. Ferd., Argentinensis (ph 694) I 383.
von Bocke, Wenzel Ulmann, Eq. Silesius (j 673) II 298.
Böckel, Joh. Frid. Aug., von Bayreuth (d 759) I 220.
— Georg. Leonh., Weissenburgo-Francus (j 681) II 305.
— (Bokel), Joan. Wilh., Stukenbroick in Dioecesi Paderborn (782) I 163. (m 782) II 116. s. Boeckel.
Bockenhoffer, Joh. Joach., Argentoratensis (cj 677) II 531.
Bocker, Joh., Petersburg (s 785) I 266.
Bockhen, Frid., Vorda-Bremensis (j 659) II 267.
de Bockhorst s. de Boeckhorst.
Bockhulber, Joh., Warendorphio-Westph. (j 630) II 226.
Böcklin s. Boecklin.
Bockris, Franc. Caspar., Suinfurtensis (ph 672) I 368.
Boclonius, Petr., Cassellanus - Hessus (j 630) II 226.
Bockshammer, Leop. Eberhard, von Erdmanhausen (j 741) II 385.
— Joh. Georg., Montisbelgardensis (m 731) II 45.
de Bockum, Georg Friedrich, Eq. Curonus (j 757) II 415.
Bocquet, Paul. Martin., Parisiensis (j 713) II 336. (cj 713) II 552.
Bodart, Lud. Nic. Domin., Metensis (784) I 170. (j 784) II 478. (cj 786) II 668.
— Nic., Metensis (789) I 197. (j 789) II 490.
v. Bode, Frid., Viennensis (j 726) II 354.
v. Bodeck, Joh. Bonavent., Francofurtanus (ph 679) I 373.
— Nic., Prutenus (j 628) II 221.
— (a Bodecky), Valentin., Borussus (j 642) II 238.
— Valentin. Carol., Gedanensis (j 669) II 287.
Bödeken, Joh., Bremens. Saxo (j 668) II 286.
Bodemer, Dan., Argentinensis (ph 685) I 377. (cph 684/85) I 482. (cphm 688) I 554.
— Joh. Casp., Argentinensis (ph 663) I 354. (cphm 666) I 546.
Bodenburg, Jac., Ulmensis (th 660) I 630.
de Bodenhausen, Otto Georg. L. B. (717) I 15.
— Wilcko L. B. (671) I 5.
Bödenknecht, Joh. Lud., Memmingensis (ph 661) I 350. (cphm 663) I 544.
Bodenmüller, Jos. Ant., von Mariae Einsiedeln (ch 777) I 238.
Bodinus, Christoph., Mulbergâ - Misn. (j 685) II 310.
— Sebast., Gothanus (d 739) I 214.
Bodmer, Salom., Zürich (ch 770) I 227.
Bodner, Franc. de Paula, Passaviensis (j 752) II 405.
Boeck, Alb., Ulmensis (ph 732) I 414.
Boeckel, Jonas, Mittelbergensis Alsata (780) I 149. (ph 780) I 453. (cph 782) I 514. (cphm 785/86) I 584. (th 786) I 698.
— Justus Jac., Norimbergensis (m 758) II 81.
s. Goeckel, Böckel, Bökel.
Boekell, Christi. Otto, Lubecensis (j 665) II 280.
de Böeckhorst, Gerlach. (j 665) II 281.
Boecking, Frid. Christian., Bipontinus (777) I 126.
— Frid. Christi., Obermoschellâ-Bipontin. (d 772) I 228. (m 777) II 109. (cm 777) II 187.
— Joh. Adolph., Rhauna-Hunnus (ph 680) I 374.
— Joh. Carol., Trarbaco - Mosellanus (m 757) II 79.
Boecler (Boeclerus), Christi. Lud., Argentinensis (ph 729) I 411. (cj 738) II 577.
— Christi. Reinhard., Argentinensis (768) I 73. (ph 768) I 445.
— Joh., Argentinensis (cm 673) II 140.
— Joh., Argentinensis (cm 704) II 148.
— Joh., Argentinensis (ph 724) I 407. (cm 733) II 158.
— Joh., Argentinensis (ph 751) I 432. (cm 762) II 174.
— (Boeckler), Joan. Franc., Argentinensis (j 745) II 390. (cj 747) II 586.
— Joh. Frid., Argentinensis (ph 707) I 393. (cph 707) I 488. (cphm 711) I 563. (cj 716) II 554.
— Joh. Henr., Argentinensis (cj 702) II 545.
— Joh. Henr., Argentinensis (ph 704) I 391. (cm 710) II 150.

(Boecler) Joh. Henr., Argentinensis (ph 733) I 415. (cph 734) I 496. (cphm 737) I 570.
— Joh. Lud., Argentinensis (768) I 72. (ph 768) I 445.
— Phil. Henr., Argentinensis (ph 732) I 413. (cph 732) I 496. (cphm 735) I 570. (cm 741) II 163.
— Sam., Argentinensis (ph 662) I 352. (cj 669) II 523.
— Joh. Heinr., Cronheimensis Francus (cphm 636) I 530.
de Boecklin de Boecklinsau, Franc. Frid. Sigism. Aug., Eq. Alsatus (ph 762) I 440.
— Franc. Jos., Baro (788) I 52. (j 788) II 489.
— Wilh. Reinhard., Argentinensis (ph 664) I 354.
— Wolffg. Sigism., Eq. Alsatus (ph 703) I 390.
Boegner, Joh. Jac., Loerraco-Badensis (775) I 114. (th 775) I 694.
Boehler, Jac., Moeno-Francofurtensis (th 669) I 642. s. Boeler.
Boehm, Joh. Carol., Argentinensis (ph 709) I 396 (cphm 712) I 563.
— Joh. Christi., Argentinensis (ph 729) I 411.
— Joh. Frid., Argentinensis (ph 719) I 404. (cphm 723) I 567.
— Joh. Georg., Argentinensis (772) I 98. (ph 772) I 448.
— Joh. Mart., Argentinensis (ph 728) I 410. (cphm 734) I 569.
— Joh. Mich., Argentinensis (ph 732) I 414. (cm 738) II 161.
— Mich. Frid., Argentinensis (ph 763) I 442. (cm 770) II 182.
— Mich. Frid., Argentinensis (786) I 179. (ph 786) I 456.
— Joh. Mart., Carlsruhensis (ph 763) I 442.
— Christi., Richovillanus (cph 697) I 486. (cphm 699) I 558.
— Wilh. Frid., Schmiehemiensis (791) I 202. (ph 791) I 459.
— Joh. Gottlieb Eberhardt, Stutgardianus (m 760) II 84.
— Joh. Henr., Venusberg. Saxonicus (m 739) II 83.
s. Böhm, Bohemus, Böham.
Boehm s. Hoellbeck.
Boehme, Georg Chph., Bercka-Vierranus (778) I 134. (m 778) II 111.
Boehmer, Phil. Adolph., Hala-Magdeburgensis (m 739) II 51.
Boeler, Joh. Jac., Argentinensis (ph 656) I 340. s. Boehler.
Boell (Bell), Benj., Sebusiensis (ph 725) I 409.
— (Boec?), Balth., Sebusiensis (j 764) II 434.
— Carol. Phil.., Weissenburgensis Als. (781) I 153. (j 781) II 472. (cj 781) II 656.
— Joh. Phil., Weissenburgensis (ph 754) I 434.
— Joh. Wilh., Sebusiensis (ph 751) I 431.
— Phil. Carol., Sebusius (768) I 73. (ph 768) I 445. s. Böll.
Boeltge, Chphor. Henr., Hasso-Cassellan. (m 759) II 83.
de Boeltzig, Ferdin. Joh. Rud., Eq. Saxonicus (j 739) II 381.
Boeris, Joh. Godofr., Argentinensis (ph 745) I 425. s. Beris.
Boerner, David Gottvertrau, Drebac. Misn. (m 729) II 44.
Boersch, Georg. Frid., Argentinensis (795) I 204.
— (Bersch), Mich., Argentinensis (cph 622/23) I 462. (cphm 624) I 521.
Boesbier, Joh. Adam, von Bernloch im Wirtt. (ch 777) I 240.
Boesner s. Besner, Baesner.
Boëthius, Joh., Dithmarsus (j 621) II 204.
Boëtius, Joachim., Kieloniensis (m 737) II 49.
Boettger, Elias, Argentinensis I 91. (ph 771) I 447.
von und zu Boetzeler, Dieteric. (j 629) II 223.
Boggen, Bernh., Bünschedenâ-Westphalus (j 685) II 311. (cj 686) II 536.
Bogü, Franc., Craincourt s. Seille (777) I 128.
Böham, Adam, Neofano-Variscus (ph 629) I 292.
Böhamb, Joan. Georg. Felix, Ambergens. Palat. (j 720) II 345.
Bohemus, Phil., Brunsrod. Thuringus (th 632) I 605. (cphm 632/33) I 527. s. Boehm, Böhm.
Bohl, Phil. Jac., Argentinensis (ph 680) I 373.
Böhl, Joh. Mart., Freispacensis (th 658) I 627.
— Joh. Sebast., Thürn (th 698) I 658.
Böhle, Sigism. Roman., Numburg. Misn. (j 663) II 276.
Bohm, Joh. Frid., Maulburgo-Baada-Durlacensis (th 742) I 680.
Böhm, Georg. Ign., Hagenoënsis (cj 718) II 556.
— Caspar, Neustadiensis ad Orlam (ph 642) I 316.

(Böhm) Joh. Enoch, Schneebergensis Misnicus (j 688) II 316.
— Georg., Silesius (j 666) II 283. s. Boehm.
— Chph. Isaac., Ulmensis (j 711) II 333.
— Leonh., Ulmensis (ph 623) I 276. (cphm 624) I 521. (th 624) I 708.
Böhm s. Hoellbeck.
Böhme, Melch., Bronopolit. Hanoveranus (th 683) I 651.
Bohn, M. Mich., Lipsiensis (th 671) I 645.
Bohner, Joh. Mart., Argentinensis (ph 729) I 411. (cph 729) I 495. (cphm 734) I 569.
Bohny, Joh., von Liechstahl C. Basel (ch 786) I 256.
Bohs, Gothofr., Hallensis (j 649) II 248.
a Bohtmar s. *von Bothmer*.
Boileau, Jos., ex Castro Rechicourt (767) I 67. (j 767) II 442. (cj 769) II 630.
Boillot, W. Joh. Petr., Bellofortensis (783) I 165. (j 783) II 476. (cj 784) II 666.
de Boisgautier, Franc. Ant., Brisacensis (cj 704) II 546.
— Franc. Jos., Brisacensis (j 712) II 335. (cj 713) II 552.
— Joan. Dan., Kientzheimiensis (cj 752) II 594.
— Jean Dan., Colmariensis (788) I 195. (j 788) II 489.
— Joh. Dan., Colmariensis (j 750) II 402.
Boissard, M. Nic., Montbelgardensis (th 635) I 609.
Boisset, Joan., Nanceianus (m 748) II 64.
Boissié, Joan. Jos., Argentinensis (j 736) II 373.
Boius, Joh. Jac., Esslingensis (j 630) II 225.
Bojanus, Georg. Gottlieb., Crosså-Silesius (th 685) I 652.
— Carol. Franc., Westhoffiensis (782) I 164.
Bojert, Dieter., Rigå-Livonus (j 711) II 333.
Bokel s. Bockel.
Bökel, Joh. Eberhard, Hamburgensis (j 669) II 287. s. Boeckel, Böckel.
Bolchert, Joh. Phil., Buxovillanus (ph 713) I 400.
— Aug. Christian., Ingovilla-Hanoicus (ph 746) I 426.
Boldaeus, Christian., Hiertzberg. Saxo (j 659) II 264.
Böldicke, Joh., Loburg. Saxo (ph 633) I 302.
Boletz, Joh. Georg., Argentinensis (ph 739) I 420.
Bolhein, Georg, ex Vurtzburg (d 779) I 263.
Boli, Franc. Jos., Halembac. Suevus (m 741) II 54.
Boll, Joh. Meinrad., Eguishemiensis (780) I 148. (j 780) II 470.
— (Bollius), Joh. Jac., Ulmensis (ph 639) I 309.
Böll, Joh. Phil., Weissenburgensis (ch 778) I 241. (ch 783) I 251. s. Boell.
Boller, Georg. Thomasius, Hoffenheimensis (772) I 98. (m 772) II 103.
Bollich, Joh. Adam., Caesarea-Lutrensis (m 761) II 87.
Bollinger, Joh., Ulmensis (ph 645) I 319.
Bolmann, Alb. Henning., Hildesiensis Saxo (th 673) I 646.
a Bolschow, Christoph., Prussus (j 668) II 286.
Bolten, Joach. Frid., Hamburgensis (778) I 137. (m 778) II 111. (cm 781) II 192.
Boltringer, Joh. Matthias (j 629) II 222.
Boltz, Franc. Ant., Thannensis (784) I 170. (j 784) II 478.
Böltzerr, Zachar., Durlaco-March. (ph 664) I 356.
Boltzman, Johan Heinr., Crosnensis (m 628) II 10.
Bombard, Jos. Protas., Caesareo-Montanus (j 738) II 378. (cj 740) II 579.
de Bombelles, Carol. Henr., ex Castro Bitsch (770) I 43.
Le Bon, Petr. Jos., Badonvillensis Lotharing. (j 761) II 427.
— (Lebon), Silvest., Badonvillanus (j 752) II 404.
Bonafous s. de Fontenai.
Bonavoine, Joh. Nicol., Lotharingus (j 754) II 407.
Bonbra, Franc. Dav., Offenburgensis (j 635) II 234.
Bonde L. B. de Laysela, Axel (670) I 5.
Bonekampf, Joh. Bernhard., Halberstadiensis Saxo (j 715) II 339.
Boner, Leonh., Malantio-Rhaetus (m 750) II 67.
Bonetus, Andr., Genevensis (m 658) II 20.
Bonfeldt, Joan. Augustin., Constantiensis (j 753) II 407.
Bonhard, Joh. Wilh., Mensfeldio-Trevirensis (th 712) I 665.
Bonhof, M. Volrad., Hamburgensis (th 654) I 622.
Bonhoeffer, Carol. Ernest., Hala-Suevus (cm 776) II 187.

(Bonhoeffer) (Bonhöffer), David., Halensis-Suevus (ph 637) I 308.
— (Bonhöfer), Georg. Phil., Hala-Suevus (cphm 634) I 529. (j 634) II 232.
— Georg. Phil., Hala-Suevus (th 680) I 649.
— Joh. Frid., Hala-Suevus (773) I 102. (m 773) II 104.
— Joh. Mich., Hala-Suevus (ph 671) I 366.
— Joh. Phil. ad Salinas Suev. (th 623) I 594.
— Christoph. Andr., S. Hallensis (j 701) II 325.
de Bonhorst, Joh. August, Erfurtensis (j 739) II 380.
Bonifanti, Felix, de Silla en Sicile (d 781) I 264.
Bonin, Ludov., Argimont. Gallus (m 612) II 1.
Böninck, Andr., Göttingensis (j 664) II 277.
Bonitz, Georg Frid., von Zellerfeld aufm Hartz (ch 772) I 230.
Bonn, Christophor., Francofurtensis (j 694) II 319.
— Joan., Francofurtensis (j 694) II 319. (cj 697) II 543.
v. Bonn, Joh. Otto, Götting. Braunsvigius (j 663) II 275.
Bonnard, Joan. Bapt., Metensis (j 732) II 366. (cj 733) II 571.
Bonnay, Joh. Jac., Argentinensis (j 750) II 402. (cj 752) II 594.
Bonneau, Jac. Anton., Metensis (j 719) II 344. (cj 720) II 558.
— Sebast., Franc., Metensis (j 714) II 337. (cj 715) II 553.
Bönneken, Guilh., Hunxâ-Clivicus (th 656) I 625.
Bonnelle de Souuigny, Adolph., Siegenensis Nassovicus (j 762) II 429.
Bonnemaire, Petr. Jos., Liberomontanus in Principatu Bruntrutano (j 748) II 396.
Bonnet (d 729) I 211.
Bontz, Joan. Mich., Stauffensis (m 746) II 60.
Bonvin, Joh. Jos., Helv. Sedunensis (ch 783) I 249.
— Joan. Petr., civis Sedunensis (j 752) II 405.
Bonz, Christoph. Gottlieb., Esslingensis (m 736) II 49. (cm 737) II 161.
— Christoph. Gottlieb., Esslingensis (m 762) II 88. (cm 763) II 176.
Bonzen, Leop. Eberh., Montbelgardensis (ph 718) I 403.
Boog, Franc. Ferdin., Ehinganus Suevus (j 741) II 386.
Booke, Wilh., Hildesiensis (778) I 137. (m 778) II 111.
Booles, V. L., Oxfordiensis (787) I 187.
Boom, Joh. Gerard., Clivo-Zevenariensis (j 705) II 328.
de Boom, Joan. Michael, Confluendinus (j 711) II 334.
Boos, Goswin. Magnus, Bipontinus (ph 735) I 417.
— Jac., Nider Mothern. Alsata (787) I 186. (j 787) II 486.
Boos de Waldeck, Ludov. Joseph. L. B. (753) I 33.
Boosen, Joh. Adam, Venlo (ch 782) I 248.
Boost, Suicard., Mogonus (j 760) II 423. s. Bost.
Bootz, M. Joh. Conr., Hallâ-Suevus (th 634) I 608.
— Franc. Jos., Rossfeldensis prope Benfelden (788) I 193. (j 788) II 489.
Bopp, Phil. Jac., Beblenheimensis (th 763) I 687.
Borch, Olaus (m 666) II 23.
Borchers, Henr. Salom., Brocomagensis (ph 745) I 426.
Borchorst, Joan. Mauric., Monasteriensis (j 688) II 316.
v. Borck, Mathias, Eq. Pomeraniae ulterioris (j 666) II 283.
Borckmann, Georg., Gedanensis (j 651) II 251.
Bordau, Mich., Cibinio-Transylvanus (th 662) I 633.
Bordeaux, Phil., de Trie Chasteau proche Beauvais en Picardi (d 717) I 209.
de Bordeaux, Carol., Ebroicensis (786) I 181. (j 786) II 483. (cj 787) II 672.
Bördingk, Joh., Rigâ-Livonus (th 626) I 600.
Borellus, Phil. Jac., Marburgensis (m 736) II 48.
Borgehl, Ant. Arn., Lubecensis (th 702) I 661.
Borgia, Alex., Italus Neapolitanus (j 626) II 214.
Böringer, Georg., Biberacensis (th 623) I 593.
— Joh. Conr., Simmersfeldensis Württembergicus (cphm 623/24) I 520. (th 621: Sömmerfeldensis Württ.) I 592.
Borkowsky, Maximus Dunin, Czernigow-Ucrain. (774) I 108.
— Laur., Polonus (d 753) I 219.

Bormann, Joan., Regiomonte Prussus (j 670) II 290.
Born, Petr., Argentinensis (ph 673) I 369.
— Martin., Brenspacensis (ph 629) I 291.
— Joh. Conr., Moeno-Francofurtensis (ph 698) I 385.
— Georg. Frieder., Coburgensis Francus (j 685) II 311.
— Henr., Lipsiensis Misnic. (j 668) II 286. (cj 668) II 522.
— Jac., Lipsiensis (j 657) II 263. s. Bornn.
van Born, Henr., Amstelo-Belga (ph 653) I 336. (cphm 655) I 540.
Bornagius, Carol. Ludov. Reinhard., Buxovillanus (779) I 143. (j 779) II 468.
— Joh. Reinhard., Buxovillanus (ph 751) I 432.
— Joh., Filcâ-Scephusior. Hungarus (th 678) I 648.
von Börne, Thomas Wichhard., March. Brandenburgensis (j 645) II 243.
Borneque, Jos., Bellofortensis (782) I 160. (j 782) II 475. (cj 786) II 668.
— Petr. Franc., Bitschwiller (783) I 168.
Bornert, Ant., cler. Arg. dioec., Richstettensis (774) I 108. (j 774) II 457.
Borngesser, Joh. Lud. Rud., aus Giessen (ch 777) I 238.
Bornn, Heinr. Balthas., Rudolphi Thuringus (j 668) II 286. s. Born.
de Borny, Carol. Malchar, Metensis (cj 715) II 553.
Borries, Johan, Mindanus (j 632) II 230.
— Wenric., Mindâ-Westphalus (j 630) II 226.
de Borstell, Maurit., Nobilis Bremensis (j 666) II 283. s. de Bostell.
Bosch, Joh. Mich., Dünckelspielensis (ph 672) I 367.
— Mich., Dinckelsbülensis (ph 654) I 337.
— Jos. Bened., Illertissâ-Suevus (m 754) II 74.
Boschen, Herm. (j 652) II 254.
Böschen, Joh., Oldenburgo-Frisius (cj 641) II 503.
Bose, Joh., Hanâ-Misnicus (ph 626) I 283.
— M. Gottfr. Christian., Lipsiensis (th 641) I 611.
— Casp., Lipsiensis (m 729) II 44.
— Joh. Andr., Lipsiensis (th 647) I 615.
Boshart, Joh. Jac., von Unterhitnau C. Zürich (ch 772) I 229.
Bosque (Basque), Jean Bapt., Strasbourg (j 761) II 428.
(Bosque) Joan. Nic., Argentinensis (j 755) II 410. (cj 757) II 602.
— Petr., Argentinensis (cj 702) II 545.
Bosseler, Christoph., Coloniensis (j 672) II 296.
Bossert, Andr., Magdeburgensis Saxo (ph 627) I 285. (cph 627) I 464.
Bostar, Lud. Cunemund., Töttelstadiensis Thur. (ph 627) I 287.
Bost, Sebast., von Haidenheim a. d. Brenz i. Württ. (ch 781) I 247.
— Mich., Schesburg. Transylvanus (th 665) I 638.
de Bostell, Lucas Andr., Hamburgensis (j 733) II 368. (cj 734) II 573. s. de Borstell.
Both, Martin., Laubacensis Wetteravus (ph 647) I 325.
Böthen, Henr. Jos., Coloniensis (786) I 181. (m 786) II 119.
Bothmar, Georg. Heinr. Carol., Francus (th 732) I 675.
von Bothmer (Bohtmar), Otto Henr., Lübergensis (j 662) II 274.
Botot, Joan. Nicol., ex Mezieres (j 747) II 394.
Botta, Jos., Weissenburgensis (774) I 108. (j 774) II 457.
Botterweck, Henr. Christian., Rhodâ-Waldecc. (j 699) II 323. s. Butterweck.
Botticher, Ernest. Zachar., Francoh(usanus) Thuringus (j 711) II 334.
Bötticher, Just. Herford., Stolbergensis (th 646) I 614.
Bottinger, Edmund., Magonus (m 755) II 76.
de Bötzeler s. de Boetzeler.
(de) Botzheim, Joh. Wolfg., Argentinensis (ph 719) I 404.
— Joh. Melch., Spirensis (ph 705) I 391.
— Ludov. Adolph., Meysenhemio-Palatinus (j 662) II 272.
Bouchard, Joh. Phil., Palatinopolitanus (m 639) II 14.
Bouché (Boucher), Joan. Mich. Steph., ex fortalitio Ludovicaeo (j 747) II 395. (cj 749) II 589.
— (Boucher), Renat., ex fortalitio Ludoviciano (j 709) II 332. (cj 712) II 551.
Bouchon, Ant. Franc., Vicensis (790) I 200. (j 790) II 491.
Bouchotte, Joan. Bapt. Simon, Metensis (778) I 134. (j 778) II 465.
Boudhors, Mich., Argentinensis (j 757) II 417.
— Pierre, de St. Michel d'Halecourt en Picardie dioc. de Beauvais (d 738) I 214.

Boudagof, Abrah., Petersbourg (779) I 142. (m 779) II 112.
de Boug, Henr. Franc. Ant., Colmariensis (772) I 97. (j 772) II 452. (cj 773: Maria Franc. Henr.) II 639.
Bouillon, Bern. Jos. Raimond., ex Albi (784) I 173. (j 784) II 480. (cj 787) II 672.
Boulangé, Petr., Vicensis (j 760) II 424.
Boulanger, Jos., Raville (m 746) II 59.
Boulian, Joan. Franc., Vicensis (cj 720) II 558.
— Joan. Franc. Jos., Vicensis (j 756) II 412. (cj 759) II 604.
Boulland, Dionys., Campanus e loco Joinwillier (788) I 190. (m 788) II 120. (cm 790) II 198.
Bounder, Petr., Dôle (775) I 115. (m 775) II 106. (cm 775) II 186.
Bourbier, Jean Franc., Marle en Picardie (775) I 117. (m 775: Carol. Franc., Marlaeus) II 107. (cm 776) II 186.
Bourdier, Jean Bapt., de Brisack (d 752) II 219.
de Bourcier de Montureux, Claud. Leonrd., Nanceyanus (770) I 88. (j 770) II 449. (cj 771) II 635.
Bourlier, Jos., Rambervillanus (j 762) II 431.
Bourdelot, Ludov. Joan., Metensis (778) I 138. (j 778) II 466. (cj 781) II 657.
de Bourdillon Deladice (?), Lud., Moyensis (j 751) II 403.
Bourdon, Casp. Thom., Hasso Cassellanus (j 684) II 307.
— Ant., Selestadiensis (784) I 171. (j 784) II 479. (cj 787: Thadd. Jos. Augustin. Ant.) II 672.
Bourdon de Lalance, Petr. Andr., Floracensis (ph 754) I 434.
de Boureulle, Nic. Richard., Virdunensis (j 725) II 351.
Bourg s. Burg.
Bourgard, Joan. Mich., Westhoffiensis (m 748) II 63. (cm 754) II 170.
Bourgeois, Claud., Huningensis (j 754) II 409.
— Adrian., Norroyasecensis (cj 738) II 577.
Bourguignon, Carol., Lunevillanus (j 737) II 377.
— Jos., Lunevillanus (774) I 112. (j 774) II 458. (cj 776) II 646.
Bourguin, Matthae. Henr. Maria, Sedaneus (788) I 189. (j 788) II 487.
Bourquin, Frid. Lud., de la Neuveville en Suisse (777) I 128. (j 777) II 463.
de Bournonville, Carol. Franc. Esmangart (780) I 148.
Bourquenot, Franc., Bellofortensis (j 751) II 404. (cj 754) II 597.
v. Bourscheidt, Bernh. Gerard. Joach. L. B., Juliacensis (699) I 11.
— Caspar, Bülleshemio - Coloniensis (j 724) II 349.
Bourste, Franc. Ant., Argentinensis (j 741) II 386.
— (Bourst), Franc. Jos., Colmariensis (j 737) II 374. (cj 738) II 577.
— Franc. Ant., Colmariensis (775) I 118. (j 775) II 459. (cj 778) II 650.
— Franc. Jos., Berckhemensis (j 708) II 331. (cj 709) II 549.
— Flor., Oberberghemensis (cj 720) II 558.
Boussée, Jos. Ant., Caesareomontanus (780) I 147. (m 780) II 113.
de Bouteiller, Lud., Grandecurianus dioec. Virdunensis (j 719) II 343. (cj 720) II 558.
Bouthenot, Frid. Carol., Montisbelgardensis (ph 701) I 439.
— Frid. Carol., Montisbelgardensis (ph 733) I 415. (cj 738) II 577.
— Jac., Montbelgardensis (ph 699) I 386.
Bouthillier, Jos. Ant., Balderen. Suevus (777) I 127.
Boutier, Car. Maurit., Metensis (cj 753) II 595.
Bouvenot, Claud. Nic., ex Blondefontaine (766) I 57. (j 766) II 439. (cj 766) II 622.
Bovius, M. Eberh. Sigim. Bened., Rhaetus (m 712) II 34.
Boxbart, Theodor., Ulmensis (ph 671) I 366.
Boxbarter, Ant., Augusta-Vindelicorum (m 626) II 8. (cm 630) II 127.
Boyé, Joh. Nicol., Lunevillanus (768) I 73. (j 768) II 444. (cj 769) II 630.
Boye, Jacob., Polonus (m 639) II 14.
Boyer, Jos., Phalsburgens. (781) I 157. (j 781) II 473.
à Boyneburgk, Georg. Heinr., Eq. Francus (j 679) II 303.
Boyssen, Joh., Flenopolitanus Holsatus (j 650) II 250.
Bozard, Augustin., Vicensis (j 763) II 431.
— Nic., Vicensis (j 736) II 374.
Bozarus, Olavus, Angerinus (th 664) I 635.
Bozenhardt, Guil. Frid., Esslingensis (j 733) II 369.
— Marquard., Ulmensis (ph 709) I 396.
de Brabeck, Joh. Arnold. L. B. (684) I 8.
Brachius, Joh. Henr., Loetzbeura-Sponhemicus (th 686) I 653.

Bracinius, Christi., Curiensis (m 752) II 69.
Brackenheimer, Joan., Vayhinga-Wyrtembergicus (j 626) II 214.
Brackenhoefer, Joh. Frid., Hala-Suevus (m 759) II 82.
Brackenhoffer, Andr., Argentinensis (ph 634) I 303.
— Andr., Argentinensis (ph 664) I 354.
— Elias, Argentinensis (ph 634/35) I 307.
— Elias, Argentinensis (ph 685) I 378.
— Elias, Argentinensis (ph 734) I 415. (cj 741) II 579.
— Jac. Frid., Argentinensis (774) I 107. (ph 774) I 448. (cj 783) II 662.
— Joh., Argentinensis (ph 701) I 388.
— Joh. Jerem., Argentinensis (ph 737) I 418.
Brackwehr, Joh. Frid., Argentinensis (ph 759) I 437.
Braconnier, Charles, de Metz (ph 636) I 308.
Braconnot, Gabriel Joseph., Commercianus (774) I 108. (j 774) II 457. (cj 775) II 643.
Braendlé s. Brändle.
Braendlin, Joh. Thom., Biberaco-Suevus (ph 642) I 314.
Brand, Joh., Argentinensis (ph 643) I 317. (cph 643) I 471.
— (Brandius), Joh. Christi., Argentinensis (ph 657) I 342.
— (Branth), Joh. Jac., Argentinensis (ph 646) I 323.
— (Brandt), Joh. Dan., Argentinensis (ph 681) I 375.
— Ant., Augustanus (m 763) II 89.
— Joh. Henr., Berlinensis Marchicus (th 670) I 644.
— Joh. Christi., Hoenazenhemensis (cph 683) I 482. (cphm 687: Brandt) I 553.
— Christi., e Saxonib. Magdaeburg. (th 624. 25) I 598. 709. (cphm 627) I 523.
— Joh. Ulr., Ravenspurgensis (th 623) I 595. (th 624) I 708.
— Joan. Christian., Trebra-Saxo (m 761) II 86. s. Brandt.
Brandebourg de Leouilée, Petr. Thom., Metensis (j 718) II 339. (cj 719) II 557.
Brandenburg, Markgraf von, Brandenburgensis, Dux Magdeburgensis, Stettini etc., Marchio, Christian. Ernest. (657) I 1. s. Hohenzollern.
Brandes, Joh., Göttingensis Saxo (cj 667) II 521.
Brandhoffer, Joh. Frid., Argentinensis (786) I 179. (ph 786) I 456.
Brandis, Gerh., G. Borussus (j 633) II 232.
— Joh., Boruss. (j 641) II 238.
— Bernard. Phil., Paderbornensis (j 726) II 354.
— Hermann, Werlensis Westphalus (j 681) II 305.
Brandlacht, Georg., Westphalus (j 626) II 213.
Brändle (Braendlé), Ant. Mart. Sebast., Argentinensis (784) I 169. (j 784) II 478. (cj 787) II 672.
Brandmajer, Franc. Udalric., Bruchsaaliensis (j 759) II 422.
Brandmüller, Joh., Memmingensis (th 708) I 663.
Brandner, Jos., Deydeshamensis (787) I 188.
Brandorff, Joh. Andr., Cala-Thuringus (j 668) II 287.
Brandt, Herm., von Büdingen (j 628) II 222. (cj 628) II 497.
— Conr. Wilh., Erphordensis (j 624) II 207.
— Dav. Henr., Erphordensis (j 644) II 242.
— Joan. Theodor., Gesekensis (j 671) II 294.
— Benno Fried., Saxo (j 623) II 207.
— Joan. Adolph., Werla-Westphalus (j 713) II 336. s. Brand.
Brant s. Brand.
Brasch, M. Henr., Lüneburg. Saxo (th 649) I 616.
— Joh., Pasewalc. Pomeranus (th 655) I 623.
de Brasseur, Lothar. Franc., Wormatiensis (j 738) II 378.
Brassier, Bern., Argentinensis (m 787) II 120. (cm 791) II 199.
— Bern., Argentinensis (785) I 176. (j 785) II 481. (*derselbe?*)
— Lud., Argentinensis (785) I 176. (j 785) II 481. (cj 788) II 674 (Marie Lud. Bern.).
Brassigny, Ant. Xav., Bellofortensis (770) I 89. (cj 770) II 449. (cj 772: Luderensis) II 636.
Brauer, Joh. Gottfr., von Hunaweyer (ch 772) I 228.
— Frid. Ludolph., Lubecensis (j 685) II 310.
Braun, Joan. Adam., Amoenoburgensis (j 732) II 368.
— Dan. Ludw., Argentinensis (792) I 202. (ph 792) I 459.
— Joh., Argentinensis (ph 672) I 368. (cph 672) I 479. (cm 681) II 142.
— Joh., Argentinensis (ph 710) I 397.

(Braun) Joh., Argentinensis (ph 755) I 435. (cph 757) I 504. (cphm 759) I 576.
— Joh. Christi., Argentinensis (796) I 204.
— Joh. Dan., Argentinensis (ph 752) I 432. (j 759) II 605.
— Joh. Frid., Argentinensis (ph 636) I 308. (cphm 639) I 531.
— Thom., Argentinensis (ph 658) I 343. (cphm 659) I 542.
— Franc., Baadensis (j 738) II 378.
— Greg., Elbingensis (j 650) II 249.
— Dan., Moeno-Francofurtensis (j 646) II 243. (cj 652) II 510.
— von, Gottfr. Henr., Francofurtanus (j 662) II 274.
— Joh. Nic., Francofurtensis (ph 628) I 290.
— Jodoc., Gunzenhusa-Francus (ph 641) I 313.
— Hier., Heidenheimensis (ph 633) I 303.
— Georg. Ernst, Hohenlohensis (774) I 44.
— Jac., Campidona-Suevus (cm 737) II 160.
— Joh. Augustin., Cannstadiensis (787) I 185. (th 787) I 698.
— Franc. Xav. Ant., Colmariensis (774) I 107. (j 774) II 456.
— Joh. Justus, Marburgensis Hassus (th 700) I 660.
— Casp., von Mühlhausen (ch 780) I 245.
— Daniel, Oldens-wordâ Holsatus (j 670) II 289.
— Joan., Pragensis (m 736) II 49.
— Franc. Ign., Rosheimensis (778) I 138. (j 778) II 466. (cj 780) II 654.
— Petr. Paul. Jac., Rosheimensis (781) I 154. (j 781) II 472. (cj 782) II 661.
— Joan. Bapt., Sebusio-Alsata (779) I 141. (j 779) II 467.
— Laur., Suecus (m 687) II 29. s. Brun.
— Franc. Jos., Tabernensis (j 759) II 421.
— Joan. Jac., Tabernensis (cj 742) II 581.
— Jos. Ant., Tabernensis (j 734) II 371.
— Heinr., Travensis (th 624) I 596.
— Petr. Dan., Trevirensis (781) I 157. (m 781) II 115.
— Marc., Ulmensis (ph 696) I 384.
— Joh. Chph., Vormatiensis (th 736) I 676.
— Joh. Christoph., Vormatiensis (j 756) II 412.
— Joh. Wilderic., Vormatiensis (th 739) I 678.
von Braun, Joach. Friedr., Eq. Silesius (j 649) II 248.
(von Braun) Joh. Chph., Eq. Silesius (j 649) II 248.
Braunegger, Franc. Jos., Waldseensis (m 762) II 87.
Brauneisen, Franc. Jac., Argentinensis (m 754) II 74. (cm 763) II 175.
Braunfels, Carol. Christophor., Saxoregius (j 673) II 297.
de Braunfels, Frid. (787) I 51.
— Ludov. (787) I 51.
Braunman, Joh. Mart., Moeno-Francofurtensis (ph 631) I 296.
Brauns, Martin, Magdeburg. Saxo (j 656) II 262.
Braunschweig, Dav., Lunaeburgensis (j 631) II 227.
Braunschweig und Lüneburg, Herzog von (Dux Brunsvicensis et Luneburgensis), Aug. Frid. (672) I 6.
Braunstein, Franc. Thaddaeus, von Offenburg (ch 787) I 257.
Braux s. Draux.
Brawer al. Zythopoeus, Bernh. Dietr., Tremoniâ-Westph. (j 653) II 256.
Brazy, Joan., Lothar. Baudovillanus (m 637) II 13.
Brechenmacher, Ant. Bened., Herbipolensis (m 748) II 62.
Brecholm s. Spens.
Brecht (Brechtius), Clem. Joseph., Argentinensis (m 681) II 27. (cm 684) II 143.
— Joh. Reinart. (Plobsheimensis Als.), Theol. P. P. Argentinensis (cph 671) I 479. (cphm 674) I 549. (Theol. D. 708) I 704.
— Joh. Reinhard., Argentinensis (ph 646) I 322. (cph 646) I 472. (cphm 649) I 536.
— Matthi., Schorndorffensis (ph 634) I 306.
Breckling, Frid., Flensburgo-Holsatus (th 655) I 623.
— Henr., Flensburgo-Holsatus (th 655) I 623.
a Bredaw s. a Bredow.
Bredenoll, Christian. Laur., Westernkottenâ-Westphalus (j 732) II 367.
a Brederode, Cornelius Nieulandinus, Hago Comitanus (j 624) II 207.
Bredhauer, Joh. Christoph., Giessensis (j 698) II 320.
a Bredow, Achim, Marchicus (j 623) II 207.
— Georg., Eq. Marchicus (j 670) II 292.
— (Bredaw), Christoph., Eq. Silesius (j 625) II 212.
Breem s. Brem.

de Breidbach de Bürresheim, Franc. Lothar. L. B. (740) I 27.
— Franc. Ludov. (740) I 27.
Breide, Martin. Christian., Wilstria-Holsatus (j 731) II 364.
Breidenstein, Joan. Jos., Ammoeneburgensis (j 739) II 380.
Breiel, Georg., Argentinensis (ph 655) I 339.
Breiger, Joh. Ludolph., Luneburgensis (j 698) II 321.
— Joh., Neoburgo-Lunaeburgicus (j 644) II 241. (cj 644) II 505.
— Wilh., Neoburgo-Lunaeburgicus (j 664) II 278.
Breining, Gottlieb, Hedelf. Wirtembergicus (m 626) II 8.
Breit, Joh. Sigism., Argentinensis (ph 664) I 354. (cph 664) I 477.
Breidenstein, Frid., Heidelbergâ-Palatinus (j 763) II 431.
Breithaupt, Frid., Pirmasensis (774) I 107.
— Joh. Frid., Saxo-Gothanus (j 670) II 289. s. Breutheupt.
Breitinger, David., Tigurinus (781) I 154.
— Christi., Ulmanus (m 687) II 29.
Breitner, Franc. Anton., Rheno-Tabernensis (j 747) II 393.
Breitschwerdt, Ulr. Wilh., Halberstadensis (j 652) II 253.
— Felix Wilh., Stutgardianus (j 645) II 241.
— Joh. Leonh., Stutgardianus (j 652) II 253.
de Breitten - Landenberg, Franc. Ant. Sebast. Ferd., Eques Alsatus (j 743) II 387. (cj 745) II 584.
Breitsprecher, Johan., Wollgast. Pomeranus (j 655) II 259.
Breitweg, Joh., Ulmanus (j 660) II 269.
Brem (Breem), Joh. Dav., Argentinensis (ph 656) I 340.
— (Breem), Ludov., Argentinensis (ph 664) I 355.
— Nic. Jac., Argentinensis (cph 622/23) I 462. (cphm 624) I 521. (th 624) I 708.
— Phil. Jac., Argentinensis (ph 628) I 288. (cph 628) I 465.
— Wilh. Henr., von Uffhofen a. d. Pfalz (ch 774) I 233.
v. Bremen, Dieter., Holmiâ-Suecus (j 680) II 304.
Bremer, Joh. Immanuel, Berolinensis (770) I 87.
— Vitus, Blanckenburg. Saxo (j 622) II 205.
— Wilh. Aug., Hannoveranus (777) I 131. (m 777) II 110.
Brencken, Frid. Wilh, Paderbornensis (j 726) II 354.
Brencker, Matthe., Augustanus (m 614) II 2.
— Joh. Lud., Gundelfingâ-Palatinus (th 634) I 607.
Brenckhart, Jos. Martin., Ulmensis (th 727) I 672.
Brendel, Melch., Greslicensis Bohemus (j 636) II 235.
Brendell, Joan. Phil., Orbensis (j 718) II 341.
Brendlé, Joan. Bapt. Adam, Colmariensis (782) I 159. (j 782) II 474. (cj 783) II 663.
Brenn, Joh. Casp., Augusta-Vindelicorum (j 732) II 366.
Brenner, Joh., Augustanus (ph 647) I 325.
— Andr., Barrensis (789) I 196. (ph 789) I 458.
— Georg., Cibiniensis Transylvanus (th 661) I 632.
— Martin., Holmiâ-Suecus (j 653) II 255.
— Ern. Wilh., Isenburgico Budingensis (789) I 198. (m 789) II 121.
Brens, Joh., Ronnâ-Lunaeburgensis (j 664) II 278.
Brent, Daniel, Hanoviensis (m 666) II 23.
Breny, Chph., Rappeschwilan. Helvetus (ch 779) I 243.
Brescius, M. Zachar., Gubenâ-Lusatus (th 666) I 638.
Breslé, Godefr., Argentinensis (769) I 82. (j 769) II 447. (cj 771) II 634 (Franc. Godefr.).
— Franc. Jos., Mutzingensis (j 746) II 392. (cj 748) II 587.
Bresler, Balthas., Breslâ-Silesius (m 631) II 11.
— Chph., Neoforensis Silesius (th 666) I 639. (cphm 668) I 546.
— Matthae., Noviforensis Silesius (j 666) II 283.
— Melch., Neoforensis Silesius (j 666) II 283.
Breslovius, Sim., Solqellensis Marchicus (th 661) I 632.
Bresser, Hermann., Vesaliensis (j 655) II 258.
Bréton, Joan. Bapt. Nicol., Metensis (784) I 171. (j 784) II 479. (cj 786) II 668.
— Jean Bapt., de Remiremont en Lorraine (773) I 101. (j 773) II 454.
Bretschneider, Joh. Paul., Augsburg (ch 781) I 246.
Brett, Henr., Lubecensis (j 657) II 263.
Brettel, Joh., Neustadio-Palatinus (j 623) II 205.

Bretzel, Andr., Gottofr., Solisbaco-Palatinus (m 762) II 88.
Breu, Joh., Argentinensis (ph 714) I 401. (cphm 718) I 565.
— Joh. Sigfr., Argentinensis (ph 755) I 435. (cj 778) II 650. (*Derselbe?*)
— Joh. Wilh., Argentinensis (ph 753) I 433. (cph 757) I 504.
Breunigkee, Christi., Schafstet-Misnicus (j 658) II 266.
Breunig, Joan. Bapt., Rohrbac. d. Spiram (780) I 151. (j 780) II 471.
Breuning, Christian., Hallensis Saxo (cj 664) II 518.
— Lud. Theophilus, Stutgard. Würtembergicus (m 663) II 22.
— Phil. Leonh., Stutgardianus (j 699) II 321.
Breutheupt, Joh., Coburgensis (j 623) II 206. s. Breithaupt.
de Brevern, Carol. Ludov., Livonus (775) I 45.
Brewer, Ant., Coloniensis (j 665) II 280.
Brey, Thom., Dilling. Suevus (775) I 114.
v. Breydenbach gen. Breydenstain, Georg Daniel, Nob. Hassus (j 666) II 284.
Breyer, Carl Ludw. Fried., Ludovicopolitanus (m 760) II 84.
— Julius Frid., Stuttgard. Würtembergicus (m 730) II 44.
Breyttingk, Phil., de Bipontino (ch 781) I 247.
Briccius, Christian., von Grünberg Siles. (m 650) II 17. (cm 652) II 133.
Bricka, Jerem., Finstingensis Lotharingus (th 759) I 686.
Bridler, Ruppert., a Epischobi Zellensis (*Episcopicellensis*) (ch 777) I 240.
Briede, Jac., Gudensberg. Hassus (j 664) II 278.
Brief (Briefius), Phil. Henr., Buxovillanus (ph 708) I 395.
Briel, Joh. Chph., Argentinensis (ph 622) I 276. (cph 623/24) I 463. (cphm 625/26) I 522.
— Georg., Argentinensis (cphm 658) I 541.
Brigel, Joh. Mathaeus, Milspac. Suevus (m 743) II 56.
— Ign., von Wolfegg (ch 785) I 254.
Brimmer, Joh. Georg., Argentoratensis (cphm 632/33) I 527. (cj 643) II 505.
— Joh. Georg., Argentinensis (ph 669) I 362. s. Brümmer.
Brinck, Christi., Palatinus (j 621) II 204.
von dem Brincke, Wilh., Tremoniâ (j 626) II 213. (cj 629) II 497.
von den Brincken, Frid., Curonus (777) I 128.
Brinckmann, I. A., Lipsiensis (766) I 41.
— Andr., Lipsiensis (779) I 47.
— Ludolph., Mindâ-Westphalus (j 698) II 320.
— Martin., Noribergensis (j 626) II 214.
Brincmarius, Levin., Hoyâ-Saxo (j 627) II 217.
Brion, Christi., Argentinensis (779) I 140. (ph 779) I 452. (th 783) I 697.
— Joh. Jac., Argentinensis (ph 734) I 416.
Briott (Briot), Petr., ex Baccarat in Lotharingus (j 751) II 404. (cj 753) II 596.
Briquelot, Car., Aingerensis in dioecesi Tullensi (cj 724) II 563.
Briquet, Jac., Bituricensis (j 729) II 361. (cj 732) II 570.
Brisechoux (Brisechousius), Georg. Dav., Montbelgardensis (j 730) II 363.
— Joh. Georg., Montisbelgardensis (j 664) II 277.
— Sam., Mompelgardensis (j 635) II 234.
Brisset, Lud. Petr., ex Cleeburg (j 753) II 407.
Britzius, Joh. Mich., Wisbadensis Nassoicus (ph 671) I 366.
Brixius, Eman. Jac., Blieskastellanus (j 764) II 435.
Brobecker s. Brotbecker.
Brobecque s. Brotbecker.
Brobeque, Joan. Paul., Thürrengheimiensis (j 754) II 410.
— Joan. Petr., Thüringheimensis Als. (cj 700) II 544.
— Joan. Petr., Thyrinheimensis (cj 716) II 555.
— Leo Petr., Turckheimensis (cj 756) II 600.
Brobst, Samuel, Wangenensis (m 762) II 88.
Broc, Joan. Nicol., Bitensis, in Weyher ad Friburg. habitans (776) I 125. (m 776) II 109.
— Joh. Wilh., Weyerensis (778) I 137. (m 778) II 111.
Brochmand, Thomas S., Hafnia-Danus (j 656) II 261.
Brock, Joh. Bapt., Sarburgensis (m 749) II 65.
— Georg. Ign., Wirceburgensis (766) I 60. (m 766) II 96. s. Broc.
Bröcker, Henr., Revaliâ-Livon. (th 648) I 615.
Brockhagen, Joh. Andr., Gotha-Thuringus (j 725) II 351.
Brockhausen, Carol. Frid., Paderbornensis (780) I 150. (m 780) II 113. (cm 781) II 193.

de Brockhausen, Joh. Wilh., Livonus (j 757) II 416.
Brodelet, Benoist, d'Herméville (766) I 63. (j 766) II 440.
— Joan. Lud. Maurit, Hermevillanus (786) I 179. (j 786: ex Sampigny) II 482. (cj 788) II 673.
Brodhag, Joan. Jac., Blodelsheim. Alsata (775) I 118. (j 775) II 459.
— Frid. Wilh., von Goeppingen (ch 777) I 239.
— Joh. Mich., Loerracensis (783) I 166. (m 783) II 116. (cm 787) II 197. s. Brothag.
Brodinus, M. Joh., Suecus (th 650) I 618.
Brodsorg, Paul. Melchior, Winshemio-Francus (j 626) II 214.
Brodtkorb, M. Corbinian., Wurcensis-Misn. (j 624) II 209.
Brodtwolff, Joh. Chph., Steinhemensis (ph 649) I 328. s. Brottwolf.
Broesamle s. Proesamle.
Brognard, Franc. Ant., Brisac. Brisgojus (j 733) II 369. (cj 735) II 573.
zum Broich s. Zum Broich.
Broiell, Jac., Bremensis Saxo (j 634) II 233.
de Broke, Joan. Frid., Altenburg. Misnicus (m 753) II 72. (cm 754) II 170.
Brökelman, Herman. Georg, Tremoniâ Westphalus (j 669) II 288. (cj 670) II 526.
Brombach, Herm. Ignac., Badensis (j 683) II 307.
— Joan. Jac., Marchio-Badensis (j 675) II 300.
von Brömbsen, Carl Fried., aus Hohstein (j 761) II 427. s. Brömse.
Brömelius, Joh. Heinr. Ilmenâ-Schwartzburgo-Thuringus (j 666) II 283. (cj 667) II 520.
Brommer, Joh. Balthas., Brunswicensis (m 724) II 39. (cm 725) II 155.
Brömse, Hans, Lubecensis (j 649) II 247.
— Henr., Lübecensis (j 649) II 247.
— Theod., Lübecensis (j 624) II 208. s. von Brömbsen.
Bronn, Jos., Hagenoensis (j 751) II 403.
Bronnenmüller, Joh. Steph., Kauffbyrensis (th 679) I 648.
Bronner, Jos. Ign., Selestadiensis (783) I 164. (j 783) II 476.
— David, Ulmensis (ph 649) I 328.
Bronschürer, Joh., Smalcaldiâ-Francus (th 636) I 609. (cphm 647) I 536.
Broquet, Nicol. (739) I 26.
Brosius, Franc. Jos., Marlenhemensis (j 760) II 423. (cj 761) II 610.
(Brosius) Franc. Lud., Marlenhemensis (788) I 189. (j 788) II 487.
— Joan. Erasm. Emanuel, Marlenhemio-Als. (786) I 180. (j 786) II 483. (cj 787) II 672.
Brosse, Joh. Jac., Argentinensis I 120. (ph 776) I 450.
— Joh. Phil. Henr., Argentinensis (788) I 192.
Brosser, Georg., Augustanus (ph 670) I 364.
Brotbeck, Joh. Georg., Stuetgardianus (j 628) II 219.
Brotbecker (Brobeque), Bern. Ant., Argentinensis (j 731) II 365. (cj 734) II 572.
— (Brotbeck, Brobecker, Brobeque), Franc. Petr., Argentoratensis (768) I 75. (j 768) II 445. (cj 769) II 630.
— Georg., Argentinensis (779) I 144. (j 779) II 468. (cj 781) II 468. (cj 781) II 657 (Georg. Bern.).
— (Brobeque), Jos. Georg., Argentinensis (m 742) II 55.
— (Brobeque), Petr., Argentinensis (781) I 152. (j 781) II 471. (cj 782) II 660 (Petr. Jac. Ant. Bruno).
— (Brobeque), Petr. Phil., Argentinensis (728) II 358. (cj 731) II 569.
Brothag, Georg. Frid., Eichstettensis (ph 649) I 331.
— Joh. Mich., Emmendingâ-Bada-Durlacensis (m 731) II 45.
— Sam., Emmendinga-March. (ph 640) I 312. (cph 641) I 470. (cphm 643) I 534. (Poet. L. 644) I 587.
— Sam., Emmendingâ-Brisgojus (j 675) II 300. s. Brodhag.
Brotellius, Joh. Rudolf., Eutinensis (m 745) II 58.
Brottwolf, Joh. Jac., Weissenburg. Noricus (j 663) II 276. s. Brodtwolff.
Brouder, Tilman. Petr., Bonnensis (m 747) II 62. s. Bruder.
Brouning, Wilh., Varelia-Oldenburgicus (j 730) II 362.
de Broussey, Jos. Jac. Ludov. Georges, Caesareomontanus (780) I 152. (j 780) II 471. (cj 782) II 660.
Bruat, Jos., Grandvillards (782) I 160. (j 782) II 475.
Bruch, Frid. Dan., Bipontino-Palatinus (m 736) II 48. (cm 736) II 160.
— Joh. Nic., Bipontinus (j 655) II 258.
— Phil. Jac., Bipontinus (ph 672) I 368.
— Joh. Jac., Landoviensis (th 715) I 666.

(Bruch) Joh. Eberh., Nassa-Saraepontanus Westrias (m 625) II 8.
— Carol. Lud., Pirmasensis (779) I 139. (m 779) II 112.
— Carol. Ludov., Tabernae-Montano-Bipontinus (m 753) II 72. (cm 757) II 171.
Brücher, Joan. Adolph., Moeno-Francofurtensis (j 697) II 320. (cj 700) II 544.
Brüchig, Ant., von Ettenheim Münster (ch 783) I 250.
Bruchotte, Simon, Metensis (767) I 70. (j 767) II 443.
Bruchtorff, Bened., Holsatus (ph 640) I 311.
— Ova, Holsatus (ph 640) I 311.
Brück, Joh. Fridr., Argentinensis (ph 726) I 409. (cphm 729) I 568.
— Joh. Dan., Argentinensis (ph 720) I 405.
Brucker, Joh. Bapt., Colmariensis (j 764) II 435. (cj 768) II 628.
Bruckmann, Phil. Lud., Braubaco Rhenanus (m 719) II 37.
— Lud. Mauric., Sontranus Hassus (j 666) II 282.
Bruckner, Petr., Mulhusinus (ph 712) I 399.
Brückner, Christian Gottlieb, Oelsnensis (m 739) II 52.
Bruder, Franc. Ant., ex Appenweyr (j 749) II 400.
— (Brouder), Sim. Bened., Appenwyrensis (j 759) II 421.
— Joh. Dan., Argentinensis (ph 735) I 457.
— Joh. Sam., Argentinensis (787) I 187. (ph 787) I 457.
— Joh. Wilh., Argentinens. (ph 737) I 418.
— Jac. Henr., Moeno-Francofurtensis (j 695) II 319.
— Joh. Jac., Moeno-Francofurtanus (th 646) I 614.
— Joh. Wilh., Francofurtanus (j 644) II 242. s. Brouder, Brueder.
Brueder, Henr. Jos., Augustanus Suevus (j 746) II 393.
— Adrian. Nic., Colmariensis (769) I 79. (j 769) II 446. (cj 772) II 637.
— Ant., Colmariensis (j 760) II 423.
— Thom. Ant., Colmariensis (j 754) II 408. (cj 756) II 599.
s. Brouder, Bruder.
Bruges, Joan. Franc., Colmariensis (j 754) II 408. (cj 756) II 599.
— Franc., Spinalensis (cj 717) II 556.
Bruggeman, Frid. Christian., Holsatus (j 668) II 285.
de Brüggen, Christian. Ludov., Schaffhausens. (j 729) II 361.
de Bruggere, Anton. Benedict., Immenstadiens. Suevus (j 719) II 344.
Brühl, Joh. Dan., Bleidenstadio-Nassoicus (th 705) I 661.
a Brühl, Comes, Carolus (756) I 34.
— Alb. Christian. Henr. (756) I 34.
Brulon, Paul. Ant., Argentinensis (j 737) II 377. (cj 740) II 578.
— Paul., Leprahens. Alsata (cj 765) II 618.
— Joan. Claud., Oberenheimensis (j 733) II 370.
— Paul., Selestadiensis (j 763) II 433.
Brülow, Joh., Damensis Pomeranus (ph 643) I 317.
Brümmer, Georg. Nic., Spirensis (j 656) II 261.
— Nic. Laur., Spirensis (j 631) II 229.
s. Brimmer.
Brumstorff, Joh., Osnabrug. Westphalus (j 659) II 267. (cj 661) II 515.
Brun, Andr., Suecus (th 669) I 642. (Th. D. 670) I 703.
— Andr., Suecus (j 655) II 260.
s. Braun.
le Brun s. Lebrun.
Brunck, Bern. Maria, can. S. Petr., Argentinensis (j 754) II 408.
— Phil. Carol. Franc., prbr. Argentinensis (772) I 95.
— de Frundeck, Franc. Rich. Phil., Argentinensis (j 747) II 394. (cj 750) II 591.
— Franc. Gervas., Brisacensis (j 713) II 336. (cj 715) II 554.
— Gervas., Brisacensis (j 706) II 328. (cj 709) II 549.
— Nazarius Christoph. Euseb., Brocomagensis (787) I 185. (j 787) II 485. (cj 789) II 676.
— Ant. Ign. Rich., Selestadiensis (j 742) II 387. (cj 744) II 583.
— Franc. Ant., Selestadiensis (735) II 48. (cm 740) II 162.
Brunel, Ignat., ex Magnieres in Lotharingia (j 760) II 424.
Brunet, Joh. Franc. Jos., Dolanus (770) I 89. (j 770) II 449. (cj 771) II 633.
— Nicol., ex Vitel Lotharingus (767) I 66. (j 767) II 443. (cj 768) II 627.
Brunet de Lanville, Sebast., Colmariensis (cj 716) II 555.
Brungart, Joan. Ant., Balsovillens. Alsata (cj 717) II 555.
Bruning, Georg., Essensis (j 662) II 272. (cj 662) II 516.

Brunleger, Joan. Adam., Selestadiensis (j 700) II 324. (cj 702) II 545.
Brunn, Joh., Argentinensis (ph 626) I 282. (cphm 627) I 524.
— Franc., Manhemia-Palatinus (ch 782) I 249. (783) I 163.
a Brunne, Balthas., Marchicus (j 623) II 207.
Brunner, Gabr., Argentinensis (cph 622) I 462. (cphm 624/25) I 521.
— Joh. Dan., Argentinensis (ph 771) I 447. (cph 773) I 510. (cphm 776) I 581. (th 778) I 694.
— Jac., von Basel (d 748) I 217.
— Eman. Alex. Ludov., Helveto Bernas (783) I 167. (m 783) II 116.
— Ludv., Bernas (m 757) II 79.
— Christoph., Bopffingensis (th 623) I 594.
— Placide Jos., Bremgarte en Suisse (772) I 98.
— Jac., Bulacho-Tigurin. (m 755) II 76.
— Joh. Conr., Dissenhoffianus (m 669) II 24. (cm 672) II 140.
— Jos., von Diessenhofen (ch 773) I 231.
— Andr., Egra-Bohemus (ph 632) I 299.
— Joh. Georg., Egra-Bohemus (ph 633) I 300.
— Mich., Mitlerleich. Palatinus (ph 623) I 275.
— M. Isaac., Ratisponensis (m 618) II 3.
— Daniel Joh., Schlingensis (m 729) II 43. (cm 730) II 157.
— Franc., Solodoranus (j 758) II 418.
— Matthae., Styria-Austrius (j 629) II 223.
— Mart., Suecus (th 657) I 626.
Brünner, Joh. Daniel, Türckheimio-Palatinus (j 654) II 256.
Bruno, Wolffg., Elnbogen. Bohemus (ph 626) I 283.
— Josias Christoph., Cüstrin. Neo-Marchicus (j 684) II 308.
— Casp., Olsnitio-Variscus (cph 622/23) I 462. (th 624) I 708. (cphm 624/25) I 521.
Brunow, Joh. Phil., Mannhemio-Palatinus (th 756) I 684.
— Joach., Pyritz. Pomeranus (th 629) I 602.
Bruns, Cornel., Altdorfinus Noricus (th 648) I 615.
Brunschwigk, Frid., Pomeranus (j 651) II 251.
Brunwiser, Mathias, Bavarus (m 748) II 63.
Brusky, Henr., Vratislavia Silesius (j 625) II 212.
Brüstenbach, Tobias, Kertzenhemio-Nassoicus (th 634) I 607.
du Buat s. Dubuat.
Buch, Joh. Daniel, Moeno-Francofurtensis (ph 673) I 368.
— Dan. Eccard., Catto Cassiliensis (j 627) II 216.
— Joh. Christoph., Wertheimensis (m 761) II 87.
— Mich. Jac., Moeno-Werthemensis (m 751) II 68.
de Buch, Joh. Reinhard. Dieter., Nobil. Alsatus (ph 729) I 411.
— Phil. Lud., Buxovillanus (ph 694) I 383.
Büchel, Joh. Frid., Argentinensis (ph 722) I 406.
— Joh. Jac., Moeno-Francofurtensis (j 695) II 319. s. Büechel.
de Buchenberg, Rudolph. L. B., Arbon. Helv. (742) I 29.
Bucher, Joh., Ibenmoos C. Luzern (ch 773) I 232. s. Buecher.
— Phil., Cassellan. Hassus (j 633) II 232.
— Aloys., Kernsensis Subsylv. Helvetus s. Buecher.
— Joh. Georg., Nördlingensis (ph 649) I 329.
— Joh. Lorenz, Werstatt in der Pfaltz (m 757) II 79.
s. Buecher, Buocher.
Buchfelder, Hieronym., Amberga-Palat. (j 629) II 222.
— Leonhard., Palatinus (j 629) II 223.
Buchholz (Buchholtz), Franc. Henr., Sebusius (m 764) II 92 (cm 767) II 179.
— Franc. Henr., Sebusinus (790) I 201. (j 790) II 492.
— Phil. Frid., Sebusiensis (788) I 193. (m 788) II 140. (cm 792) II 199.
s. Bucholtz.
Büchler, Joan. Franc. Valent., Amorbacensis (j 736) II 373.
— Alex. Franc., Weinheimensis (j 763) II 433.
Buchman, Joan. Lud., Moguntinus (j 712) II 334.
Buchner, Frid., Saxo-Gothanus (m 747) II 62.
— Joan. Petr., Vilsekensis ex Principatu Bambergensi (j 750) II 400. (cm 754) II 170.
— Valent., Wolfsbehring. Thuringus (ph 627) I 288.
Büchner, L. E. Darmstadt (788) I 193.
de Bucholtz, Johann. Godefrid. (671) I 5.
Büchsenstein, Joh. Jac., Calwensis (th 663) I 633.

(Büchsenstein) Joh. Adam (ph 637) I 309.
von Buchwald, Henning, Eq. Holsatus (j 725) II 352.
— Detlev., Eq. Holsatus (j 725) II 352.
— (Buchwoldt), Heinr. (j 625) II 211.
Bückel, Joh. Conr., Argentinensis (cphm 623) I 520. (th 624) I 708.
Bücking dict. Künizell, Joh. Justus, Alsfeldia-Cattus (th 670) I 644.
Buckisius, Christian., Carnovia-Silesius (m 650) II 17.
Bücklin, Joh., Ulma Suevus (th 709) I 664.
— (Bukkelen), Joh. Dan., Ulmensis (th 665) I 637.
— Joh. Jac., Ulma-Suev. (ph 656) I 340.
Budaeus, Joh., Lippiâ-Westphalus (j 658) II 265. (cj 658) II 513.
de Budberg, Leonhard. Joh. L. B. (745) I 29.
Budde, Joh. Lud., Bremensis (770) I 88. (m 770) II 101.
Büdingen (Isenburgico - Budingensis) s. Isenburg.
Buechel, Franc. Bernh., Bremgartensis-Helv. (ph 755) I 435. s. Büchel.
Buecher, Nicol. Christi., Helvetus (m 723) II 39.
— Stäffan, Ibenmoos, C. Luzern (ch 783) I 250. s. Bucher.
— Franc. Jos. Aloys., Kernensis Subsilv. Helvetus (785) I 176. (m 785) II 118.
— Othmar. Andr., Landishutanus Bavarus (j 713) II 335. s. Bucher, Buocher.
Bueck, Joh., Rostochiens. Megapolitanus (j 657) II 263. (cj 659) II 514.
tho Buehren, Hinrich, Hamburgensis (j 670) II 292. (cj 671) II 527.
Buel, Augustin., Colbingensis Suevus (j 741) II 384.
Büeler, Joh. Bapt., Raperschweil (m 763) II 90.
Buer, Joa., Leszno Polonus (m 667) II 23.
Büeren, Bernard. Christophor., Monasterio-Westphalus (j 683) II 306.
Buffet, Joan. Franc., Argentinensis (j 760) II 423.
Bufius, Joh. Christian., Zitt. Lusatus (j 685) II 311.
Bugdhan, Martin., Dreisnensis Neomarch. (ph 647) I 325.
Buguet, Nicol., Thedonisvillanus (772) I 97. (j 772) II 452. (cj 773) II 638.
Bühl, Wilh., Suevo-Halensis (j 621) II 203.
Buhl, Conr., Crucenaco-Palatinus (m 720) II 38.
am-Bühl, Alphons., Sedunens. Vallesianus (776) I 126. (j 777) II 462.
Bühler, Joh. Mich., Argentinensis (ph 743) I 423. (ph 743) I 500. (cphm 746) I 573. (cj 754) II 597.
Bührlen, Joa. Mich., Aufhusano-Ulmensis (788) I 190.
Bukius s. Bueck.
Bukkelen s. Bücklin.
Bulacher, Nic., Tubingensis (j 628) II 220.
Bulfermiller, Jac., Weissenstein (ch 778) I 240.
Bulgari, Joan., Callipoli in Romania (778) I 133. (m 778) II 111.
Bulienter, Otto Phil., Oldenburgo-Frisius (j 657) II 264.
Bullaeus, Henr. Joach., Hannoveranus (j 651) II 251. (cj 651) II 510.
Bullenius, Joh. Valent., Holtzmundâ-Brunsvicensis (j 668) II 287. (cj 669) II 523.
Bullet, Dominic., Staviacensis ad lacum Helvetus (787) I 188.
Bullian, Joh. Frid., Argentinensis (ph 645) I 320. s. Pulian.
von Büllingen, F. J., Coloniensis (cj 716) II 554.
— Herm. Jos., Coloniensis (j 720) II 345.
Bullinger, Joh. Georg., Esslingensis (ph 698) I 385.
De Bulmenney, Ant., aus Lieffland (j 747) II 395.
v. Bülow, Adam Dietr. (j 626) II 216.
— Ulr. Frid. (j 626) II 216.
— Ernest. August. L. B. (714) I 14.
— Georg., Hannoverensis (788) I 52.
— Carol., Hannoverensis (788) I 52.
— Otto Dietrich, Saxenlauenburg. Baro (718) I 16.
— Joh. Herbort., Lüneburgicus (j 672) II 296.
— Jul. Henr., Lüneburgicus (j 672) II 296.
Bulyowsky, Mich., Turocio-Hungarus (th 674) I 646.
Bumüller, Virgil., Creilsheim. Francs (ph 640) I 312.
v. Bünau, Rud., aus Laussenz (j 664) II 277.
— Rud., Misnicus (j 663) II 274.
Bund, Tobias, Istenianus (th 621) I 591.
Bündtner, Caspar, Stäffa im Canthon Zürich (m 764) II 93.
Büneckau, Christ. Frid., Lubecensis (788) I 190.
— Joh. Nic., Lubecensis (788) I 190.
Büner, Joh. Andr., Coburgô-Franco (j 670) II 290.
Bunsow, Nic. Henr., Raceburg. Megapolitanus (j 656) II 262.

Buntebart, Mart. Frid., Spandoviensis (th 677) I 647.
Bünting, Conr., Hannoverâ-Brunsvigius (j 621) II 493.
— Joh., Hannoveranus (j 649) II 248. (cj 649) II 508.
Buntz, Ge. Chph, Argentinensis (ph 645) I 320.
— Henning, zu Strassburg (d 698) I 206. 207.
— Joh. Andr., Wormatiensis (ph 631) I 296.
— Joh. Jac., Wormatiensis (ph 631) I 297.
Bunz, Joh., Ulmensis (ph 681) I 374.
Buob (Buobius), Joh., Colmariensis (ph 666) I 359.
Buocher, Joan. Christophor., Bremgartensis Helvetus (j 685) II 310. (m 685) II 28.
s. Bucher, Buecher.
de Buoll et Berenberg, Joh. Paul. L. B. (737) I 25.
— Jos. Andr., Austriaco-Viennensis (710) I 13. (j 710) II 332.
Burand, Phil. Jac., Argentinensis (ph 716) I 402.
Burbaud, Alex., Argentinensis (j 712) II 334.
— Benoist, de la ville de Baugé en Bresse (d 698) I 205.
Burbeck, Justus Frid., Molhusâ-Thuringus (m 705) II 33.
Burcard, Joh. Jac., Basiliensis (790) I 201. (m 790) II 122.
— Christoph., Esslingensis (ph 625) I 281.
s. Burckard, Burckhard, Burckhardt, Burckhart.
Burchard, Georg. Johannis, Hafniensis (th 656) I 625.
Burchardi, Georg., Coslebio-Slesvicensis (772) I 96. (m 772) II 103. (cm 773) II 184.
Bürche, Balth., von Rorschach (ch 778) I 240. s. Bürkij, Burke.
Bürck, Balthas., Augustanus (ph 640/41) I 312.
— Georg. Adolph., Molsheimensis (m 748) II 64.
Burckard, Joan. Jac., Episcopovillâ-Alsatus (m 748) II 64. (cm 750) II 168.
s. Burcard, Burckhard, Burckhardt, Burckhart.
Bürckel, Joh., Argentinensis (ph 683) I 376. (cm 691) II 145.
— (Birckel), Joh. Jac., Argentinensis (ph 714) I 441. (cph 715) I 491.
— Joh. Jac., Argentinensis (ph 728) I 410. (cm 738) II 161.
(Bürckel) Mich., Breuschwickersheimensis (ph 661) I 349. (cphm 663) I 544.
Bürcker, M. Georg., Kilchberganus (th 627) I 602.
Burckhard, Joh. Albert., Limpurgensis (m 749) II 64.
— Mart., Sulzbac. Palatinus (j 660) II 268.
s. Burcard, Burckard, Burckhardt, Burckhart.
Burckhardt, Justus Erdmann, Hallensis (m 746) II 59.
— Joh., von Richtenschweil C. Zurich (ch 785) I 253.
— Mich., Spirensis (th 652) I 620.
— Joh. Christoph., Vormatiensis (ph 630) I 295.
— Joh., Vratislavia-Silesius (j 629) II 224.
— Gottlob, Wimpinensis (j 759) II 422.
Burckhart, Jac. Leonard., Constantiensis Acronianus (j 758) II 419.
— Felix, Tigurinus (m 758) II 80.
— Heinr., Tigurinus (th 735) I 676.
— Heinr., Tigurinus (773) I 104. (m 773) II 104.
— Christophor., Thurnavio-Francus (m 627) II 9.
— Georg. Gotofr., Ulmensis (ph 639) I 310.
— (Burckhardt), Franc. Walth., Ulmensis (j 680) II 304.
Burckhartt, Joan. Steph. Valent., Mogonus (768) I 77. (m 768) II 99.
Bürckij, Christi. (d 789) I 265.
s. Bürche, Burke.
Bürckle, Jos., Rieglens. Brisgojus (j 761) II 425.
Bürcklin, Ernest. Frid., Baada-Durlacensis (th 728) I 673.
— Georg. Christian., Durlacensis (th 687) I 655.
— Petr. Erhard., Durlacensis (j 631) II 229.
— Petr. Erhard., Durlaco-March. (ph 672) I 368.
Bure, Nic. Jacobi, Suecus (j 650) II 250.
von Büren, Dideric., Bremâ-Saxo (j 648) II 247.
Burg (Bourg), Mich., Minverschemio-Alsata (j 762) II 430. (cj 765) II 619.
von Burg, Chph., von Bolstall Sollenthurn (m 754) II 75.
Burgauer, Heinr., Scaphusia-Helvetus (m 732) II 46.
Burgeois, Adrian., Vicensis (j 736) II 373.

Burger, Joh. Frid., Argentinensis (771) I 93. (ph 771) I 447. (cj 781) II 657. (cph 773) I 510. (cphm 776) I 581.
— M. Georg. Christoph., Austrius (th 642) I 612.
— Martin., Austrius (ph 643) I 316.
— Casp., Glaronâ Helvetus (m 766) II 95.
— Franc. Ign., Kienshemiensis (j 718) II 342.
— Andr., Colmariensis (ph 708) I 395.
— Andr., Colmaria-Alsatus (cphm 670) I 647.
— Conr., Curien. Variscus (ph 627) I 286.
— Elias, Norimbergensis (j 631) II 227.
— Hieronym., Ratisbonensis (j 623) II 206.
— Franc. Ign., de Ricquevir (cj 724) II 563.
— Alex., von Sumiswald C. Bern (ch 788) I 258.
— Samuel, Wiedlisbach Bernergebiets (m 755) II 76.
Burggraff, Joh. Phil., Landaviensis (th 761) I 687.
— Phil. Heinr., Landaviensis (ph 713) I 400.
Bürgin, Joh. Jac., Schaffhausen (ch 779) I 244.
Burgknecht, Laur., Friburgensis (j 761) II 427.
Bürglin, Ferdin., Augustanus (ph 623) I 275.
Burgmann, Augustin., Rugiosilvâ-Pomeranus (j 627) II 218.
Burgmeister, Joh. Steph., Ulmâ Geislingensis (j 684) II 308.
de Burgmeister, Paul Heinr., Esslingensis (j 732) II 367.
Burgstaller, M. Joh. Ferd., Tubinga-Charitinus (th 668) I 641.
von Burgstorff, Curdt Ehrendtreich, Marchicus (j 658) II 265.
Burke, Jos. Adam., Helvetus Rosacensis (775) I 112. (j 775) II 458.
— Joan. Balth., Rosacensis (j 740) II 382. s. Burche, Bürkij.
Burlaeus, Phil. Conr., Merxheimio-Hunnus (ph 666) I 359.
Burmeister, Petr., Borussus (m 614) II 2.
Burr, Joh. Jac., von Böhmenkirch Schwaben (ch 787) I 257.
de Burscheidt s. de Bourscheidt.
Bursius, Balthas., Schluccenâ-Bojemus (th 630) I 603.
Bury, Franc. Henr. Jos., Pruntrutanus (j 763) II 433. (cj 764) II 616.
Busaeus, Bartholom., Leutschovia-Hungarus (th 645) I 613.
Busch, Conr., Argentinensis (ph 718) I 404.
— Georg. Frid., Argentinensis (ph 745) I 425.
— Joh. Dan., Argentinensis (ph 748) I 428. (cj 758) II 603.
— Joh. Frid., Argentinensis (m 738) II 51.
— Joh. Jac., Argentinensis (ph 765) I 443. (cm 774) II 185.
— Joh. Phil., Buxovilla Hannoicus (ph 689) I 380. (cph 690) I 484. (cphm 692) I 555.
— Christoph. Christian. Frid., Dünkelsbuhlensis (782) I 158. (m 782) II 115.
— Franc., Eichsfeldianus (s 771) I 266.
— Gottlob Frid., Gerstheimensis (786) I 179. (ph 786) I 456. (th 789) I 699.
— Mathias, Luxemburgensis (ph 746) I 427.
— Joh. Dav., Marburg (778) I 137. (m 778) II 111.
— Joh. Nicol., Praunheimensis Wetteravus (j 715) II 338.
— Joh., Suinfurtensis (ph 658) I 344.
— Joh. Mart., Uracensis (ph 634) I 305.
Büsch, Paul. Heinr., Hamburgensis (777) I 128. (m 777) II 109. (cm 779) II 190.
de Busch, Phil. Wilh., Eq. Westphalus (j 729) II 360.
Buchard, Phil. Jac., Argentinensis (ph 762) I 441.
Buschbaum, Joh. Andr., Ingelheim. Palatinus (m 754) II 74.
von dem Busche, J. F. (j 730) II 362.
Buschmann, Heinr. Lud., von Sachsenhagen (ch 777) I 239.
Buser, Martin, von Buckten C. Basel (d 770) I 225.
— Godofr., Neovillanus (ph 625) I 281.
Busmann s. Bussmann.
Busselot, Nicol. Franc., Dienziensis (j 737) II 375.
Bussenne de Bathlement, Maria Jos. Mich., Lunevillanus (j 760) II 424. (cj 762) II 610.
Bussius, Mich., Schässburgo-Transylvanus (th 670) I 644.
Bussler, Joh. Adam, Argentinensis (ph 736) I 417. (cph 737) I 498.
Bussmann (Busmann), Christian. Godofr., Argentinensis (ph 739) I 420. (cph 741) I 499. (cphm 744) I 572.
Bütemeister, Georg. Aug., Northeim. Hannoveranus (767) I 65. (m 767) II 97.

Butenschoen, Joh. Frid., Bramsteda-Holsatus (790) I 201.
Butini, Joh. Ant., Genevensis (m 747) II 61.
Butler, Joh. Gerson, Binza-Marchicus (th 696) I 658.
de Butler, Theobald. Comes, Palatinus (765) I 40.
Buttbier, Joh. Jac., Argentinensis (ph 631) I 296. (cph 631) I 466.
Buttersack, Joh. Phil., Pappenheimensis (ph 645) I 322.
Buttstaedt, Siegm., aus Gotha i. Sachsen (ch 789) I 259.
Butterwegk, Joh., Corbacô-Waldeccus (j 628) II 221. s. Botterweck.
de Buttlar, Joh. Franc. Wilhelm. Baro (700) I 11.
Buttmann, Phil. Carol., Moeno-Francofurtensis (786) I 181.
Büttner, Joh. Dan., Argentinensis (cphm 728) I 568.
— Georg. Conr., Dresdensis Misnicus (j 670) II 290.
— Joh. Georg., Moeno-Francofurtanus (th 668) I 641.
— Joh. Conr., Francus (j 679) II 302.
— Jo., Gorlic. Lusatus (m 654) II 19.
— Joh., Coburgensis (th 698) I 658.
— Joh. Phil., Mahlberga-Brisgoius (ph 627) I 287. (cph 627) I 465. (cphm 630) I 526.
— Lud., Noribergensis (th 670) I 643.
— Joh., Ossitio-Misn. (j 625) II 210.
— Joh. Dav., Spirensis (cph 670) I 479. (cphm 673) I 548.
— Joh. Jac., Spirensis (ph 625) I 282.
— Joh., Stresenhusa-Francus (ph 643) I 316. (cphm 645) I 535. (Theol. D. 652) I 702.
— Joh. Laur., Suinfordian. Francus (j 627) II 216.
— Chph. Frid., Vormatiensis (775) I 119. (th 775) I 694.
— Joh. Heinr., Wormatiensis (ph 655) I 338.
— Nicol., Waltaviensis (ph 661) I 350.
Bythner, Carol. Henr., Freistadiensis Silesius (th 649) I 616.
de Buttot, Alphons. Joan. Henr., Neocomensis (768) I 75. (j 768) II 445.
Butty, Joan. Henr., Friburgens. Helvetus (j 744) II 389.
Butz, Gotthard., Ulmensis (ph 699) I 386.
Bützow, Carol. Frid., Petropolitanus (774) I 109. (m 774) II 105.
Buxbaum, Gotfrid, Martisburgensis Misnicus (m 657) II 20.
Buxenstein, Joh. Adam., Spirensis (cj 649) II 508.
Buxtorf, Joh., Basiliensis (m 728) II 43.
— Joh. Rud., Basiliensis (786) I 182. (m 786) II 119.
Buzorini, Jos. Laur., Buchaviens. Suevus (j 754) II 407.
Bydembach, M. Felix, Stuttgardianus (th 629) I 602. (th 633) I 606. (Theol. D. 634) I 702.
de Bylandt et Reydt, Roelman Mauritz Wilh. (j 657) II 264.
— Roelman Bertram L. B. (667) I 4.
Bzewulski, Casimir., fil. Palatini Podoliae (766) I 41.

C.

Caesar, Joh., Austriacus (th 669) I 643.
— Joh. Casp., Constantiensis (ph 669) I 363.
— Joh. Anthon., Neuenburgo-Palatinus (j 698) II 321. s. Cesar.
Caesar s. Lutz.
Cellarius, Joh. Wilh., Grunberga-Hassus (th 719) I 668.
— M. Joh. Mich., Ilmano-Schwarzburg. (th 688) I 655.
— Matthias, Lauinganus (ph 642) I 314.
— Joh. Gottfr., Oringa-Hoenloicus (ph 649) I 330.
— Caspar, Thuringus (j 666) II 282.
— Joh. Phil., Ulmensis (ph 669) I 363.
— Frid. Laur., Waldeburg. Hoenloicus (ph 627) I 285. s. Keller.
Cellius s. Zell.
Celos, Bernh., Groninga Frisius (j 656) II 261.
de Celsing, Ulrich L. B., de Gothenborg (789) I 52.
Certain, Franc. Jos., Argentinensis (j 741) II 385. (cj 745) II 584.
Cesar, Joan. Nic., Brisacensis (j 687) II 313. (cj 687) II 538. s. Caesar.
Cetty, Franc., Selestadiensis (j 734) II 370. (cj 735) II 574.
— Ign., Selestadiensis (j 718) II 341. (cj 720) II 558.
— Joh. Franc. Steph. Ant., Selestadiensis (789) II 197. (j 789) II 490. (cj 791) II 678.
— Franc. Lud., Willeranus (j 751) II 403. (cj 753) II 596.
— Joan. Andr. Ign., Willeranus (j 751) II 403. (cj 753) II 596.
Chabrand, Georg Wilh., Nassau Dietz (m 756) II 77.

Chabreus, Dominicus, Genevensis (m 631) II 11.
Chaguè, Nicol., Belfortensis (j 690) II 317.
Chaine, Lud. Carol., Lugdunensis (j 765) II 436.
Chalert, Franc. Phil. Ign., Barrensis (j 719) II 343.
— Henr. Wilh., Barrensis (j 732) II 368.
— Joan. Theob., Barrensis (j 731) II 365. (cj 734) II 571.
— Jos. Ant., Barrensis (j 736) II 372.
Chaloner, Guil., Anglus (j 628) II 220.
de la Chambre s. de Lachambre.
Champeaux, Franc. Ign., Tabernensis (785) I 178. (j 786) II 482.
Champel, Sam., de Vevey (790) I 200. (j 790) II 492.
Chanard, Nic. Franc., Argentinensis (j 729) II 361. (cj 733) II 571.
Chandellier, Joan., Metensis (770) I 85. (j 770) II 448.
Chandon, Dionys. Urban., Argentinensis (j 745) II 390. (cj 747) II 586.
Chapouille, Carol., Vicensis (j 743) II 388. (cj 745) II 584.
— Joan. Carol., Vicensis (775) I 113. (j 775) II 458. (cj 777) II 647.
Chappaun s. Cappaun.
Chappelier, Jac., Lunevillanus (j 761) II 426.
Chapuis, Andr., Argentinensis (j 741) II 385.
de Charay, Joach., St. Michaelis-Lotharingus (ph 670) I 363.
Chardar, Nicol., ex Mediovico (775) I 116. (j 775) II 459.
Chardoillet, Jos., Belloforte (780) I 145. (m 780) II 113. (cm 781) II 192.
— Melch., Belfortensis (m 731) II 45. (cm 734) II 159.
— Xav., Belfortensis (778) I 137. (j 778: Franc. Xav.) II 465. (cj 781: Franc. Xav. Leodeg., Delensis) II 658.
Chardon, Anto., Tullensis (j 765) II 436.
Charmoiliaux, Jac. Felix, de Charmoille en Franche Comté (d 774) I 263.
Charel, Chph., Sarguemineus, origine Mussipontanus (j 743) II 388. (cj 745) II 584.
— Lud. Petr., Saraludovicensis (cj 724) II 562.
Charisius, Petr. Jonae, Danus (m 628) II 10.
Charpentier, Jean Bapt., de Metz (d 738) I 214.
— Joh. Franc., Stabulensis (th 639) I 610.
Charpillet, Carol. Ludov., Spinalensis (779) I 141. (j 779) II 467. (cj 781) II 656.
Charpit, Joan. Ant., Gratianopolitanus (j 730) II 363. (cj 731) II 569.
Charpit de Villecour, Lud. Paul., Argentinensis (778) I 137. (j 778) II 465. (cj 781) II 658.
Charriere, Nic., Montbelgardensis (th 693) I 656.
Charron, Frid. Anton., Dresdensis (769) I 83. (m 769) II 101.
Charstadius, Valerius, Stetino-Pomeranus (m 622) II 6. (cm 626) II 125.
Charton, Joan. Franc., ex principatu Salmensi (j 725) II 352.
Le Chartreux, Nic., Virodurensis (j 727) II 356. (cj 727) II 566.
— de Neuville, Jean, Virodurensis (j 747) II 394.
Charuël, Dominic., Metensis (j 730) II 363. (cj 732) II 570.
(de) — Joan. Jac., Metensis (773) I 103. (j 773) II 455.
Charvet, Ludov., Delphinensis (j 749) II 398.
Charvet de Jezinville et de Blenod, Alex. Carol. Hubert., Nanceyanus (778) I 47. (j 778) II 465. (cj 780) II 654.
le Chasseur s. Jäger.
Chasseur, Joan. Guil., Burckheimensis (cj 724) II 563.
Le Chasseur, Franc. Henr. Ant. Jos., Selestadiensis (j 732) II 367. (cj 741) II 579.
Chastel de Boillville (Rethoinville), Jean. Bapt. (779) I 47. (j 779) II 467.
Chastelain, Joan. Lud. Ant. Alex., Saramundanus (779) I 145. (j 779) II 468. (cj 781) II 657.
Chauchet, Ricard., Bullonaeus (788) I 189. (cj 788) II 487.
de Chaufepié, Petr. Samuel, Hamburgensis (m 753) II 72.
Chauffour, Joan. Bapt., Brisacensis (cj 718) II 556.
— Franc. Ant., Kienshemian. (j 711) II 333. (cj 711) II 550.
— Eleon. Chph. Joan. Bapt., Kientzhemianns (783) I 166. (j 783) II 477. (cj 785) II 666.
— Franc. Xav., Colmariensis (j 762) II 428.
— Franc. Xav., Colmariensis (776) I 122.
— Felix Henr., Colmariens. (j 736) II 374. (cj 738: Argentinensis) II 577.
— Joan. Bapt., Colmariensis (j 747) II 394. (cj 748) II 588.

(Chauffour) Lud. Ign., Colmariensis (j 751) II 593. (cj 776) II 461.
— Petr. Xav., Colmariensis (j 776) II 461. (cj 776) II 646.
Chaulay, Car. Jos., Ambianus (cj 717) II 555.
Chaumont, Joan. Petr., Argentoratensis (j 756) II 412.
de Chaumont de Mareil, Ant. Carol., Lotharingus (779) I 47.
Chautan, Henr., Metensis (j 727) II 356. (cj 727) II 566.
Chayron, Franc. Jos., Colmariensis (766) I 58. (m 766) II 96.
Chazelles, Laurent., Metensis (j 744) II 389.
Chedville, Deodat., Lunevillanus (774) I 111. (j 774) II 457. (cj 776) II 644.
Cheilli, Jos. Joh. Nepomuc., Heitershemiensis Brisgoius (j 757) II 415.
de Chelincourt, Nic. Chph. Georg., Metensis (j 727) II 356. (cj 729) II 568.
Chelius, Henr. Wilh., Fraemersheimensis (th 761) I 687.
— Dan. Helfrich, Niddanus (j 662) II 273.
— Christi. Wilh., Phedersheimensis (th 733) I 675. s. Geiger.
Chemnitz, Joh. Joach., Berolin. Marchicus (j 653) II 256. (cj 655) II 511.
— Franc., Stetin-Pomeranus (m 629) II 10. (cm 631) II 127.
Chenal, Nic. Gabr., Lunevillanus (j 762) II 428.
de la Chenal, Werner., Basilianus (m 756) II 78.
Chenaudus, Joh., Genevensis (m 643/44) II 26.
des Chéral, Georg. Theodor., ex pago Maiche in comitatu Burgundiae (j 753) II 406.
Cherier, Jos., de Fraimbois de Luneville (d 749) I 218.
Chermère, Cornev., de Prevé (d 697) I 205.
Chevalier, Franc., Lavelinen. Lotharingus (772) I 100. (j 772) II 453.
— Franc. Georg., Sarburgensis (m 763) II 90.
— Phil. Chonr., Vevay Helvetus (m 765) II 93.
Cheverry, Georg., Sebusiensis (777) I 129. (j 777) II 463.
— Wilh. Jos., Weissenburgensis (766) I 56. (j 766) II 438.
Chevrier, Louis Jerôme, d'Huningue (779) I 142. (j 779) II 467.
— Louis Xav., Huningensis (789) I 197. (j 789) II 490.
Chicherius, Fulgentius, Bellinzonensis (j 763) II 433.
Chiflet, Maria Fereolus Benign. Xav., Vesuntinus (784) I 170. (j 784) II 478.
— Marie Ferjeux (Feruchius) Ign., Vesuntinus (784) I 170. (j 784) II 478.
Chilian, Adam., Strelensis Silesius (th 626) I 599.
Chippel, Joh. Franc., Albimontanus (ph 750) I 431. (cj 753) II 596.
— Franc. Ant., Argentinensis (778) I 133. (j 778) II 464.
— Ant. Steph., ex Lunevilla in Lotharingia (775) I 119. (j 775) II 460. (cj 777) II 649.
— Jos. Franc., Lunevillanus (790) I 87.
Choisy, Mart., Argentinensis (j 762) II 428. (cj 765) II 617.
Chopot, Dominic., Rambertivillanus ex Lotharingia (j 756) II 413.
Chonard, Franc., Argentinensis (789) I 199. (j 789) II 491.
Chovetus, Jac., Genevensis (m 649) II 17.
de Chrismar, Ant. Xav. Fid., Risdissensis Suevus (j 753) II 407.
— Jos., Risdissensis Suevus (j 753) II 407. s. Grismar.
Christ, Georg. Phil., Argentinensis (ph 760) I 439.
— Joh. Heinr., Argentinensis (ph 633) I 302. (cph 633) I 468. (cphm 636) I 530.
— Joh. Henr., Argentinensis (cph 666) I 478. (cphm 668) I 546.
— Joh. Henr., Argentinensis (ph 716) I 402. (cph 716) I 491. (cphm 719) I 566.
— Joh. Henr., Argentinensis (ph 757) I 437. (cj 767) II 623.
— Franc. Xaver., August. Suevus (784) I 172.
— Joh. Sebast., Baruthô-Francus (j 680) II 304. (cj 683) II 535.
— Andr., Bischoffheimensis-Francus (th 652) I 620.
— Joh. Henr., Francof. ad Moenum (ph 716) I 402.
— Georg Balthas., Idstein-Nassavicus (m 760) II 84.
— Joh., Mandacensis (ph 658) I 343.
— Christophor., ex Mermulh, in Palatinatu inferiori (j 754) II 409.
— Nic. (s 782) I 266.
De Christal, Joan. Bapt., Metensis (j 732) II 366.
Christannus, Joh. Georg., Argentinensis (cph 668) I 478. (cphm 671) I 548.

(Christannus) Joh. Georg., Fenningensis Palatinus (ph 632) I 298. (cph 632) I 467. (cphm 633/34) I 528.
— Joh. Georg., Nonnenvillanus (cph 711) I 490. (cphm 714) I 564.
Christeiner, Samuel, Augustanus (ph 648) I 327.
Christellins, Godofr., Augustanus (m 749) II 64. (cm 751) II 168.
Christen, Joh. Conr., Argentinensis (ph 713) I 399. (cph 714) I 490. (cphm 716) I 564.
— Phil. Jac., Argentinensis (ph 760) I 438.
Christenius, Joh. Phil., Römhildâ-Francus (ph 670) I 364.
Christian, Georg., Appoldanus (j 660) II 269.
— Fred., de Paris (d 734) I 213.
Christiani, Franc. Jac., Argentinensis (j 745) II 390.
— Henr. Maria Frid., Argentinensis (779) I 144. (j 779) II 468. (cj 782) II 661.
— Joh. Frid., Argentinensis (ph 713: Christianus) I 400. (cj 720) II 558.
— Joh. Frid., Argentinensis (j 745) II 390.
— Joh. Georg., Argentinensis (771) I 93. (ph 771) I 447. (th 778) I 694.
— Joh. Wendel., Freinsheim. Palatinus (766) I 60. (m 766) II 96.
— M. David, Greiffenberg. Pomeranus (th 636) I 609.
— Joach., Gryphiswaldensis (j 655) II 258.
— Georg. Chph., Vangio Wormatiensis (th 662) I 633.
Christianus, Joh. Frid., Koeth.-Servesta Anhalt. (ph 771) I 447.
— Frid., Murhaasius (m 753) II 71.
Christiernin, Erik, Suedois (ph 669) I 363.
— Joh., Suecus (j 655) II 260.
Christinaz, Jean, Canton Bern Baliage d'Avanches (m 763) II 90.
Christlieb, Frid. Martin., Moravus (776) I 122. (j 778) II 465.
Christmann, Franc. Rupert., Argentoratensis (j 745) II 390.
— Maria Lud., Argentinensis (789) I 197. (j 789) II 491.
— Franc. Georg. Adelbert. Anton., Capidonensis (!) Algoius (j 731) II 364.
— Joan. Rupert., Campidonensis Algoius (j 723) II 349. (cj 726) II 565.
— Joh. Jac., Ulmensis (cphm 642) I 532.
Christophori, Bernh., Groninganus (j 665) II 281.
(Christophori) Carol. Otto, Hersteinensis Mosellanus (ph 670) I 364.
— Conr., Sebusiensis (ph 626) I 284.
— Joh. Dav., Weissenburgensis (ph 628) I 288.
— Caspar., Winspacio-Francus (ph 670) I 364.
— Joh., Windspaco-Francus (th 666) I 639.
de Chwastoff, Dimitri, de St. Petersburg (773) I 44.
Ciron, Jean François Dieudonné, de Metz (j 733) II 369.
Csapo, Jos., Jaurino-Hungarus (m 756) II 77.
Cyſſé, Franc., Lunevillanus (773) I 105. (j 773) II 455.
Cyrath, Ant., Sil. Strigaviensis (m 750) II 66.
Cyrus, Jerem. (j 627) II 219.
Czepke, Daniel, Ligio-Silesius (m 624) II 7.
Czerni, Jos. Fortun., von der Böhmischen Leipe (d 728) I 211.
de Czernichew, Comte Gregoir., Russie (779) I 47.
à Czettritz (Zettritz), Conrad., Eq. Silesius (j 625) II 211.
— Hans Albrecht, Eq. Silesius (j 655) II 280.
— Joh. Chph., Eq. Silesius (j 625) II 211.
— Sigism., Eq. Silesius (j 625) II 211.
— de Nova domo et Suttendorf, Joh., Eq. Silesius (j 625) II 211.
de Czochron, Sebast., Szrodka Polonus (783) I 167.

D.

Dabeind, Franc. Ant. Jos., Argentinensis (785) I 173. (j 785) II 480.
— Franc. Petr., Argentinensis (749) II 398.
— Joach. Franc. Petr., Argentinensis (cj 752) II 593. (*Der Vorige?*)
— Jos. Franc. Ant., Argentinensis (cj 788) II 673. (s. Franc. Ant. Jos.)
Dachauer, Joh. Georg., Ulmensis (ph 695) I 384.
Dachelhofer, Eman., von Biel i. d. Schweiz (ch 789) I 259.
Dachtler, Carol. Frid. Lud., Baado-Durlacensis (m 761) II 87.
— Wilh. Joh. Jac., Durlacensis (th 764) I 689.
Dacker, Frantz Chph., Hernsheim bei Wormbs (ch 783) I 250.

Dacraigne, Joan. Claud., Vicensis (j 759) II 420.
de Dael, Joh. Andreas, Susato-Westphalus (j 681) II 304.
Daelhausen, Joh., Schleswicensis (j 656) II 262.
Daemon, Joh. Jac., Gochsheimensis (ph 646) I 323.
— Wilh., Havniensis (m 763) II 90.
Dages, Phil. Jac., Durlacensis (j 732) II 366.
— Ernest. Jac., Phorcensis (j 681) II 305.
Daglan, Joh. Adam (d 721) I 210.
Dagon de Lacontrie, Lud. Bern. (Ant.), Colmariensis (783) I 167. (j 783) II 477. (cj 787) II 670.
Daheville s. D'Aheville.
Dahlen, Franc. Wilh., Coloniensis (j 718) II 341.
Dahler, Joh. Georg., Argentinensis (775) I 113. (ph 775) I 449. (th 782) I 696. (cph 775) I 511. (cphm 779) I 582.
Dahmen, Jac. Lamb., Aquisgranensis (m 745) II 58. (cm 746) II 165.
a Dalberg s. Kämmerer.
Dalhover, Cajetanus Franc. Ignat., Nideraltaichensis Boius (m 736) II 48.
— Jos. Ern. Matthae., Nider-altaichensis (j 730) II 363.
Dalhusen, Escher. Laurentii, Hafnia-Danus (th 653) I 621.
Dallaeus, Joh. Christi., de Spira (ch 773) I 230.
Dallaus, Henr. Reinhard., de Altena (728) I 21.
Daller, Abraham., Helv. Episcopicellanus (m 765) II 93.
— Phil. Jac., Hopfgartensis Salisburgensis (j 764) II 434.
Dalon, Pierre (d 716) I 208.
Dalp, Georg, aus Grison von Chur (ch 783) I 250.
Dalwig, Valentin., Hasso-Cassellanus (m 761) II 86.
de Dalwigk, Carol. Ludov. Christian. Wilh., Waldeccus (j 753) II 407.
Dam, Heinr., Rotenburg. Tuberanus Francus (j 629) II 222. s. Damm.
von Dam, Achatius, Brunsvicensis (cj 659) II 514.
— Andr. Dietr., Brunsvicensis (j 648) II 247.
Damance, Jos. Vinc., Spinalensis (m 752) II 69.
à Dambrowka, Joh. Junior, Silesius (j 652) II 253.
Damm, Andr., Oddensee Danus (m 738) II 51.
(Damm) Friedrich Melch., Petrivilla Wetteravus (j 752) II 404. s. Dam.
Dämnitius, Theod., Havelberg. Marchicus (j 630) II 225.
Danckenmair, Daniel, Augustanus (ph 654) I 337.
Dancker, Joh. Phil., Moeno-Francofurtanus (m 721) II 38. (cm 723) II 155.
Danckwerth, Caspar., Husanus Holsatus (m 633) II 12.
— Theodor., Husensis Holsatus (j 627) II 216. (cj 630) II 499.
Daniel, Joh. Ulr., Esslingensis (ph 712) I 398.
Daniels, Joan. Herm., Düssella-Montanus (j 726) II 355.
Dannbach, Frid. Wilh., Argentoratensis (ph 764) I 442.
— Joh. Dan., Argentinensis (ph 683) I 376. (cph 683) I 482. (cphm 685) I 553.
— Joh. Jac., Argentinensis (cphm 655) I 540.
Dannenberger, Joh. Jac., Argentinensis (ph 749) I 429. (cph 751) I 503. (cphm 753) I 574.
— Phil. Frid., Argentinensis (792) I 202. (ph 792) I 459.
Danner, Franc. Jos., Argentinensis (766) I 61. (cj 775) II 643.
— Phil. Jac., Argentoratensis (j 715) II 338. s. Danners.
— Georg., Augustanus (th 656) I 625.
Danners, Joh., Argentinensis (d 766) I 223. s. Danner
Dannhauer, Joh. Conr., Kündringa-Brisg. (Argentinensis) (cphm 621) I 518. (Poet. L. 622) I 586. (Theol. D. 633) I 702.
Danzas, Joan. Bapt., Colmariensis (j 757) II 416. (cj 759) II 605.
— Phil. Ant., Colmariensis (766) I 59. (j 766) II 439. (cj 768) II 626.
— Carol. Petr. Adam., Oberbronn (782) I 158. (j 782) II 474. (cj 783: Petr. Adam. Carol.) II 663.
Darancy, Victor Augustin., Metensis (782) I 159. (j 782) II 474.
— Stephan. Dominic., Virdunensis (j 719) II 344.
Darbon, Pierre, natif D'allevard en Dauphiné (j 762) II 429.
Darles, Jos., Bisuntinus (j 737) II 375. (cj 737) II 576.
Darmer, Joh. Heinr., Berga ex Insula Rugia (m 754) II 74.
Dartein, Carol. Matthae. Silvest., Telonensis (768) I 72. (j 768) II 444. (cj 769) II 630.

(Dartein) Joh. Felix, Telonensis (768) I 73. (j 768) II 444. (cj 769) II 630.
de Dartein (D'artein), Jean Bapt., Strasbourg (768) I 75. (j 768: ex fano St[i] Martini in provincia Petrocoriensi) II 445.
— (Darteyn), Joh. Hermin., Argentinensis (779) I 141. (j 779) II 467.
Dartier, Joan. Franc., Sancdeodatensis Lotharingus (j 760) II 423.
— Joan. Franc., Sacdeodatensis (771) I 93. (cj 772) II 636.
Daschlj, Joh. Gottfr., von Arberg (ch 779) I 244.
Dasenius, Joach., Rostochio Megapolitanus (j 630) II 225.
Daser, Paul., Pfortzheimensis (m 617) II 3.
— Ernest., Rupisvillanus (ph 671) I 366.
— Joh., Rochus-Spoletanus (ph 669) I 362.
— Lud., Rupisvillanus (ph 671) I 366.
— Wilh. Lud., Rochspoletanus (ph 660) I 347.
— Joh. Wilhelm., Stuttgardianus (m 658) II 20.
de Dash, Samuel, Nobil. Anglicus (ph 741) I 421.
Daspide, Joan., Parisiensis (j 628) II 219.
de Dassel, Albert., Lubecensis (j 686) II 312.
— Georg., Lunaeburgâ-Saxo (j 648) II 246. (cj 651) II 509.
— Hartwic., Lunaburgensis (j 669) II 289.
— Ludolf., Lunaeburgensis (j 650) II 250.
Dassow, Car. Magnus, Holmia Suecus (m 742) II 55.
Datt, Joh. Phil., Esslinga-Suevus (ph 674) I 370.
Dauber, Joh. Wilh., Francofurtanus (767) II 97.
D'aubuotin Dubeny, Nic. Franc. Henr., Metensis (j 729) II 359.
Daubin, Nicol. Anselm., Rothomagensis (j 748) II 396.
— Nicol. Franc., Rothomagensis (j 745) II 390.
Daudet, Chph. Lud., Argentinensis (j 763) II 433. (cj 765) II 618.
— Maria Franc. Jos., Argentinensis (cj 762) II 611.
Dauer, Joan. Adam., Hoftheimensis (m 764) II 92.
Daulnoy s. d'Aulnoy.
Daum, Phil., Dillaeburgo-Nassoicus (j 646) II 244. (cj 648) II 507.
Daumiller, Joh. Jac., Campidonensis (ph 678) I 369.
Daumieller, Frid. Casp., Nurnbergensis (ph 751) I 432.
Dauphiné, Joan. Ant., Molsheimensis (771) I 90. (j 771) II 450.
Daur, M. Joh. Gualth., Eslingensis (th 621) I 592. s. Saur.
Daurange, Steph., Metensis (cj 719) II 557.
Daurer, Chphr., Hamburgensis (j 656) II 261.
Daurillot, Castilonensis (m 731) II 45.
Dautel (Dautelius, D'Autel), Franc. Henr., Argentinensis (ph 714) I 401.
— Franc. Henr., Argentinensis (ph 776) I 450.
— Jac. Frid., Argentinensis (ph 707) I 394.
— Joh. Christi., Argentinensis (ph 709) I 396. (cj 718) II 556.
— Joh. Leonh., Argentinensis (cph 697) I 486. (cphm 700) I 559.
— Joh. Martin., Argentinensis (cj 678) II 531.
— Lud. Frid., Argentinensis (789) I 196. (ph 789) I 458.
— Joan. Lud., Oberbronnensis (j 751) II 403. (cj 752) II 594.
Dautemare d'Ervillé, Joan. Carol. Prudens, Parisinus (769) I 79. (j 769) II 446. (cj 770) II 632.
Dauth, Joan. Jac., Buxovillanus (785) I 176. (j 785) II 481. (cj 787) II 671.
d'Autigny, Franc. Baron, Argentinensis (j 750) II 400. (cj 752) II 594.
Dauzenberg, Casp., Brabantus Transmosanus ex provincia Hertzogenradana (j 673) II 297.
David, Wolffg. Ant., Ulmensis (j 719) II 342.
Davie, Raphael, Argentinensis (m 728) II 42. (cm 730) II 157.
Daxbach, Aegid., Marburgensis (m 665) II 23.
Daxburgensis, Comes s. Leiningen.
Day, Jos., Badonvillanus in Principatu Salmensi (j 764) II 434.
Debanné, Joan., Montefalconis (j 723) II 349.
de Debbern, Joh. Joach., Chilo. Holsatus (ph 651) I 334.
— Joh. Ulr., Chilo. Holsatus (ph 651) I 334.
Debourville, Nic. Richard, Virdunensis (cj 727) II 565.
Debs, Joh. Georg., Colmariensis (ch 778) I 241.
von Debschitz, G. Adam, Eq. Silesius (j 670) II 291.
Debus, Wilh. Frid., Buxovilla-Hanoico-Lichtenbergicus (ph 707) I 393. (cj 714) II 552.

(Debus) Phil. Henr., Palatino-Grünstadiensis (j 762) II 429.
— Joh. Petr., Mühlhemio-Mosellanus (ph 693) I 382.
— Joh. Henr., Spirensis (j 677) II 301.
Decani, Andr., Bistricio Transylvanus (j 699) II 322.
Decary (D Ecary), Jac. Ant., Argentin. dioec. diac. (j 756) II 414.
— Joan. Franc., Argentoratensis (j 755) II 410. (cj 757) II 601.
Decervance s. Deslon.
Dechthinger s. Deckinger.
Decimator, Joh., Argentinensis (ph 714) I 401. (cj 722) II 560.
Deck, Franc. Xav., Landaviensis (788) I 195. (j 788) II 489.
Decker, Georg. Jac., Basiliensis (ph 748) I 429.
— Jean Jos., Dieuze (775) I 113. (j 775) II 458. (cj 777) II 648.
— Mich. Heinr., Hallensis Saxo (j 689) II 317.
— Joan. Henr., Colmariensis (786) I 179. (j 786) II 482.
— Joh. Franc., Neudorffens. (j 755) II 411.
— Joh. Steph., Noribergensis (th 647) I 615. s. Deckherr.
Deckherr, Frid. (jun.), Argentinensis (ph 661) I 350. (cj 666) II 520.
— Joh., Argentinensis (cj 669) II 523.
— Wilh., Argentinensis (j 663) II 276. (cj 670) II 525.
— Frid., Meysenheimensis (ph 634) I 303. (cj 638: Bipontino-Palat.) II 502.
— Leonh. Heinr., Rotenburgo-Tuberanus (th 655) I 623. s. Decker.
Deckinger (Dechthinger), Dan., Ulmensis (ph 624) I 278.
— Joh., Ulmensis (ph 644) I 318. (cphm 645) I 535.
— Joh., Ulmanus (th 681) I 650.
— Joh. Phil., Ulmensis (ph 648) I 326.
— (Döckhinger), Matthae., Ulmensis (th 632) I 605. (th 635) I 609.
Decoin, Franc. Nic. Willemin, Metensis (cj 736) II 574. s. Legoullon de Coin.
Decosce, Urban. Decuillé, Andegaviensis (j 732) II 365.
Decroix, Jac., ex Rothomago Gallus (j 633) II 232.
Dedekind, Gunzelin., Vorsfeldensis (th 637) I 609.
Dedell, Franc., Argentinensis (771) I 91. (j 771) II 450.
— (Dedelle), Jos., Argentinensis (j 745) II 391.
Dederer, Joh. Lud., Neolithanus-Hoenloicus (ph 697) I 384.
Dedinger, David, Offonisburgensis (j 653) II 256.
Dedon, Carol., Metensis (j 734) II 371. (cj 736) II 574.
Deegen, Joh. Wilh., Hom(burg.) ad Ohmam (ph 668) I 360.
Deetz, Joh., Torga-Misnicus (m 619) II 3. II 5.
Defessere, Theodor., Moeno-Francofurtanus (j 687) II 314.
Defouguerolle, Claud. Felix, Argentinensis (j 732) II 365. (cj 733) II 571.
Defresney, Bern. Balth., Argentinensis (j 736) II 372.
— Franc. Lud., Argentinensis (j 720) II 346.
— Franc. Lud., Argentinensis (j 746) II 392. (cj 748) II 588.
— Lud. Franc., Argentinensis (786) I 179. (j 786) II 482.
— Lud. Maur., Argentinensis (j 782) II 474.
— Nic. Alex., Argentinensis (j 747) II 395.
Defsloch, Joh. Theob., Meysenheimio-Bipontinus (j 634) II 233.
Degé, Jos. Maria, Belfortensis (787) I 185. (j 787) II 485.
— Petr. Desider., Bellofortensis (782) I 160. (j 782) II 475. (cj 786) II 668.
Degeler, David, Gundelfing. Palatinus (ph 629) I 291.
Degelin, Wolffg., Ulmensis (th 629) I 602.
de Degenfeld-Schomberg, Comes F. C. (742) I 28.
— A. C. (746) I 30.
Degenhardt, Joh. Phil., Francofurtanus (j 668) II 285.
Degeorge, Jos. Ant., Argentinensis (j 738) II 380.
Deggeler, Joh. Georg., Scaphus. Helvetus (m 746) II 59.
Degingk, Dieterich, Dortmundâ-Westphalus (j 643) II 240.
— Joh., Tremoniâ-Westphalus (j 630) II 225. (cj 631) II 499.
a — Bertram. Theodor., e Westphalia Dortmundanus (j 666) II 282. (cj 667) II 521.
a — Joh. Phil., Tremoniâ-Westphalus (cj 672) II 527.
Degner, Joh. Casp., Svinfurtensis (j 700) II 324.
Deguingand, Carol., Parisinus (788) I 195. (j 788) II 489.

Dehaye, Gerard., Sedanensis (784) I 170. (j 784) II 479.
Deicher, Jos. Bernard., Steckboren (m 759) II 83.
Deichman, Lucas, von Rostogk (j 658) II 265.
Deilmann, Joh. Joach., Sebusiensis (ph 631) I 297.
Deimling, Ern. Frid., Durlacensis (768) I 78. (j 768) II 446.
— Theophil. Bechtold., Koendringa-Marchicus (th 731) I 674.
— Georg. Wilh., Lahra-Nassovicus (766) I 59. (j 766) II 439.
— Franc. Reinhard., Lohranus (773) I 102.
— Georg. Wilh., Ober-Nimburg Badensis (766) I 61. (m 766) II 96.
— Bechtold., Phorcensis (ph 670) I 363.
Dein, Joh. Wilh., Moeno-Francofurtensis (th 662) I 632.
Deinhard, Lud., Casselanus (j 658) II 266.
Deinlein, Joh. Jac. Frid., Altdorfensis (m 754) II 74.
Deis, Ant., Hagenoensis (j 749) II 399.
— Franc. Xav., Hagenoensis (j 754) II 409. (cj 759) II 604.
— Georg. Jos., Hagenoensis (j 732) II 367.
— Jos. Ant., Hagenoeus (j 754) II 409.
Deisch, Georg. Andr., Augustanus (775) I 118. (m 775) II 107. (cm 778) II 189.
— Joh. Andr., Augustensis (m 737) II 50. (cm 740) II 162.
— Joh. Andr., von Augsburg (ch 788) I 258.
de Deissenhausen, L. B. s. Ungelter.
Dejulvecourt s. de Julvécourt.
Del, Carol. Franc., Rambervillanus in Lotharingia (j 758) II 417.
Delaforeste s. De la Foreste.
Delahalle, Joan. Franc., Trevirensis (j 726) II 353.
Delaharpe, Steph., Castellionensis ad Soniam (ph 666) I 357.
Delamorre de Sarouvières, Joan. Bapt., Barroducensis (j 744) II 389.
Delannoy, Jac. Jos. Xav., Neobrisac. Alsata (j 758) II 419. (cj 760) II 607.
Delapré, Ludov., Argentinensis (783) I 164.
Delarry, Franc. Nicol., Metensis (j 752) II 405.
Delarry s. Gand Delarry.
Delasale, Joan. Bapt., ex urbe Chambery in Sabaudia (j 751) II 402.
Delattre, Ant. Titeret, Lugdunensis (788) I 190. (j 788) II 488.
(Delâttre) Ant., Sedanensis (788) I 189. (j 788) II 487.
Delaurier (de Laurier), Franc. Anton., Maurimonasteriensis (j 735) II 371. (cj 736) II 575.
Delboel, Jos. Mathias, Coloniensis (m 749) II 64. (cm 750) II 168.
Delckheimer, Joh. Chph., Argentinensis (ph 632) I 298. (cph 632) I 467. (cphm 634) I 528.
Delefils, Casp. Melch. Balthas., Indwillerens. Alsata (j 748) II 397. (cj 751) II 592.
Delers, Peter, von Leymen (ch 777) I 238.
Delgira, Joan. Petr., Neobrisacensis (j 727) II 357.
Deller, Georg., Lindaviensis (ph 651) I 335.
Dellestett, Christi. Lud., Clausthal. Saxo (m 700) II 31.
de Dellingshausen, Waldem. Thom., Arensburg-Livonus (784) I 169.
Delmotte s. Flayelle.
Delorme, Charle Arnould, Remiremontanus (783) I 168. (j 783) II 477.
— (de Lorme), Joan. Bapt. Titus, Romaricomontanus (788) I 195. (j 788) II 489.
Delort, Franc. Jos. Marc., Colmariensis (j 752) II 405. (cj 754) II 598.
— Paul. Jul., Colmariensis (782) I 162. (j 782) II 475.
Délosea, Jac., von Murten C. Bern (ch 781) I 246.
Delouvier, Chph., Argentinensis (cj 735) II 574.
Delphinus, Joh., Argentinensis (th 636) I 609.
Delpierre, Carol. Franc., ex Valfroicourt Lotharing. (779) I 145. (j 779) II 469. (cj 781) II 657.
Delsperger, Samuel, Vehgen Canton Bern (m 762) II 88.
Demaillier s. de Maillier.
Demarignan, Louis (765) I 40.
Demarne, Ant. Gabr., Barroducensis (j 757) II 414.
Demarse, Alex. Lud. Frid. Felix, Monte-Tabernensis (j 762) II 430.
Demaugeat, Franc., ex Bonhomme in superiori Alsatia (786) I 180. (j 786) II 483.
de Demauroy, Charles Louis (785) I 50.
a Dembschütz s. Blankowsky v. Dembschütz.
Demetz, Nicol. Franc., Badonvillanus (j 740) II 383.

Demeuré, Car. Ant., Oberbronnensis (773) I 103. (j 773) II 454. (cj 774) II 640.
— Lud. Jos., Oberbronnensis (j 762) II 428. (cj 763) II 614.
Démichel, de Riom en Auvergne (785) I 50.
Demiani, Christian. Gottlob, Dresdensis (771) I 91. (m 771) II 102.
Demmerat, Philipp. Christophor., Trevirensis (j 666) II 282.
Demoret, Ludov. Augustin., Parisinus (m 764) II 92.
Demougé, Franc. Wilh., Altkirchens. Alsata (j 735) II 372. (cj 737) II 576.
— Ant. Paul. Spirit., Argentinensis (j 759) II 421. (cj 761) II 609.
— Franc. Henr. Xav., Argentinensis (j 761) II 428. (cj 764) II 616.
— Lud. Phil., Argentinensis (768) I 71. (j 768) II 444. (cj 770) II 631.
— Georg. Lud., Brisac. Brisgoius (m 741) II 55.
— Franc., Colmariensis (j 727) II 356. (cj 729) II 568.
— (de Mougé), Franc. Nic. Ign., Colmariensis (j 759) II 421. (cj 761) II 609.
— Franc. Marin., Richovillanus (778) I 139. (j 778) II 466. (cj 783) II 662.
— Claud. Jac., Thannensis (cm 715) II 151.
— Joan. Claudius (j 689) II 317.
Demoulin, Lud., Colmariensis (j 751) II 403.
Demuth, Joh. Dan., Argentinensis (ph 711) I 397.
von der Demuth s. Bartsch a Demuth.
Dénanevé s. Deremigioux.
Denay, Carol. Franc., Vicensis (j 729) II 360. (cj 731) II 569.
— Carol. Jos., Vicensis (j 759) II 420. (cj 762) II 612.
Denesde de Fromenteau, Carol. Lud. Petr., Argentinensis (779) I 145. (j 779) II 469. (cj 783) II 661.
Deniyeau, Gasp., de St. Meuux en Bourbonnois (d 698) I 205.
Denner, Franc. Ant., Argentinensis (j 765) II 436. (cj 767) II 623.
— Franc. Ant., Argentinensis (j 721) II 347. (cj 723) II 561.
— Jos. Georg., Argentinensis (j 762) II 430. (cj 766) II 620.
— Jac. Georg., Selestadiensis (768) I 72. (j 768) II 444. (cj 774) II 641.
(Denner), Joan. Georg., Reichenwirensis (j 706) II 329. (cj 708) II 549.
Denicourt, Lud., de Remiremont (j 762. II 429. (cj 763: Luxoviensis) II 613.
Denike, Dav., Zittâ-Lusatus (j 627) II 218.
Denoyé, Franc. Ant., Argentinensis (771) I 95. (j 771) II 451.
Deodati, Lud., Senensis (d 749) I 217.
Depierre, Ant., du Tirol (d 772) I 262.
Depinay, Georg. Frid., Bartenhemian. Suntgaviensis (j 757) II 414.
Depkin, M. Libor., Riga-Livonus (th 685) I 653.
Deplessi, Andr., Philippopolitanus (j 728) II 359.
de Depra(z) nobilis de Plain, Ign., Ochsenhusanus (771) I 95. (cj 773) II 638.
— Leonh., Ochsenhausen-Suevus (781) I 154. (j 781) II 472.
Derazey, Joan. Nic., Harol in Lotharingia (780) I 148. (j 780) II 470.
Dercum, Phil. Jos. Valent., Wirceburgensis (m 752) II 69.
Deremigioux Dénanevé, Franc., Turonicus (776) I 121. (j 776) II 461.
Dermineur, Petr., e Montbelgardo oriundus (j 698) II 321.
Dern, Georg. Phil., Nassoico-Saraepontanus (766) I 60. (m 766) II 96. (cm 767) II 179.
— Joh. Georg., Weilburgo-Nassoicus (th 635) I 609.
— Frid., Westerburgensis (j 672) II 295.
— Friedr. Christian., Zweibrücken (767) I 64.
a Dernath, Magnus Comes, Holsatus (785) I 50.
Derons, Jos. Ant., Bludentinus Rhaetus (j 762) II 429.
Derozier, Jos. Nic., Colmariensis (j 727) II 355.
— (de Rosier, Rozier), Petr., Colmariensis (766) I 63. (j 766) II 441. (cj 768: Petr. Xav.) II 628.
— Leonard., Spinalensis (cj 718) II 556.
Derraillon, Petr., Argentinensis (j 719) II 344.
Derrer, Tobias, Argentinensis (ph 631) I 297.
Derschau (Derschovius, Derschaw), Chph., Regiomontan. Borussus (j 629) II 222. (cj 629) II 498.
— Reinhold., Prutenus (j 627) II 218. (cj 628) II 497.
— Reinhold., nobilis Borussus (m 656) II 20.

(Derschau) Sigism., Regiom. Borussus (j 685) II 309.
D'heruart, Baro de Lanzer, Joh., Gallus (670) I 5. s. de Hervarth, Herwart.
Desaintpere, Petr. Franc., Burdigalensis (768) I 72.
Desbarbins de Sardaian, Louis, de Paris (d 741) I 215.
Descartes, Joachim. Nic., Namurcensis (j 711) II 333. (cj 713) II 551.
Descombes, Joan. Ant., Argentinensis (j 746) II 392.
— Maria Lud., Argentinensis (776: Lunevillanus) I 124. (j 776) II 462. (cj 781) II 656.
Desencourt, Pierre François (746) I 30.
Desfontaines, Franc., de la Lorraine à Bruyère (d 740) I 215.
— Jac., Londinensis (d 740) I 215.
Desfourneaux, Michel, Seguzianus (j 708) II 330.
Desilaque, Andr., Argentinensis (j 751) II 403.
Deslandes, Jac., ex urbe Parisiensi (j 628) II 219.
Deslon, Joan. Claud., ex Letraye in Lotharingia (j 729) II 361.
Deslon de Cervance, Jenbabites (!) Franc. Jos., Remiremont en Lorrainne (786) I 179. (j 786) II 483. s. de Lonne.
Desmaretz, Ludov. Franc., Castrosalinensis (771) I 94.
— Marc. Hiacent. Maria Jos., Castrosalinensis (773) I 102. (j 773) II 54. (cj 775) II 642.
— Ludov. Franc. Marc., Nancejanus (771) I 94. (j 771) II 451. (cj 773) II 638.
Desnot, Pierre, de Paris (d 738) I 214.
Despare, Jac., Anglus Asberthonensis (773) I 44.
Despret, Noel Alb. Jos., Voytigny-Flandrus (768) I 71. (j 768) II 444 (Woytigny).
Desrosiers, Nicol., de Champagne (ph 669) I 363.
Dessolliers, Franc. Petr., Argentinensis (785) I 176. (j 785) II 481.
— Maria Franc. Petr., Argentinensis (cj 788) II 675.
Detleff, Joh., Plaviâ-Variscus (j 651) II 252.
Detmers, Henric., Oldenburgensis (j 712) II 335.
Detrépin, Spirit. Raynaud, Avignionensis (j 759) II 420.
Detterer, Phil. Jac., Argentinensis (j 763) II 432.
Dettinger, M. Jac. Frid., Waiblingensis (th 761) I 687.
a Dettlingen, Meylach (ph 659) I 346.
Dettweiller, Ant., Rufach (m 775) II 76.
Detzschel, Gunther Jac., Francohu(sianus) (j 715) II 339.
Deubel, Alb., Argentinensis (ph 643) I 317. (cph 643) I 471. (cphm 645) I 535.
Deubler, Mich., Ulmanus (ph 639) I 309. (cphm 639) I 532.
— Mich., Ulmensis (cphm 672) I 548.
Deucher, Joh., Basiliensis (j 741) II 384.
— Rud., Basiliensis (m 687) II 29.
Deuerlein, Joh. Wolffg., Gunzenhusano-Francus (ph 654) I 338.
Deuerling, Adam., Bojo-Ruthinus Francus (th 655) I 623.
— (Teuerling), Georg, Boirutho-Francus (ph 654) I 337.
— Joh. Heinr., Hateno-Alsata (779) I 141.
— Ch. Reinhard, Alsata (787) I 184.
— Joh. Laur., Mark-Burck-Bernhemio-Francus (th 670) I 643.
— Joh. Frid., Lobensteinio-Variscus (th 710) I 664.
— Frid. Chph., von Waltenheim (ch 774) I 233.
Deuring, Christi., Danubio-Wertanus (ph 628) I 290. (cphm 629) I 525.
à Deüring in Mittelweyerburg, Ferdin. Anton. (Mittelweyerbacens.) (j 683) II 307.
— Henr. Hannibal (j 683) II 307.
Deuster, Joan. Henric., Niderdrees-Coloniensis (j 718) II 342. (j 724) II 349.
Deutsch, Lud., Argentinensis (ph 739) I 420.
Deutschbein, Christi. Frid., Calbensis Saxo (j 668) II 286.
Deutsche, Joan. Georg., ex dioecesi Metensi (j 759) II 420.
Devaux, Georg. Franc., Virdunensis (j 727) II 356. (cj 727) II 566.
Devens, Casp. Maria, Essendiensis (769) I 83. (m 769) II 100. (cm 772) II 183.
Deverdun, Ant. Joan. Jac. Maria, Lugdunensis (j 757) II 415.
Deville, Franc. Jos., Benfeldensis (778) I 134. (j 778) II 465. (cj 781) II 658.
— Joan. Franc. Guillot, Virdunensis (cj 715) II 553.
— Joan. Bapt. Nic., Wattwilarus (j 764) II 434. (cj 766) II 620.
Dewerdeck, Carol. Benj., Ligio-Silesius (j 747) II 393.

Deyer du Sus, Joh., van Gent (779) I 144.
Deymus, Georg. Jos., Wurceburgensis (m 737) II 50.
Dezor, Jac., Sarburgensis (782) I 161. (j 782) II 575.
Dhannusius, Petr, Badonvillanus (ph 627) I 286.
Dhuesius, Nathan., Altenuillanus (ph 625) I 279.
Dibold, Joh. Chph., Heilbronnensis (th 766) I 690. (766: Fleinensis Suev.) I 59. s. Diebold.
Dicelius, Gottlob Bened., Lipsiensis (758) I 35. s. Dietzel.
Dick, Joh. Bernh., Neoburg. Danubianus (ph 630) I 293.
— Joh. Georg., Neoburg. Palatinus (ph 630) I 294.
— Bened., Ulmensis (ph 697) I 384. (cphm 698) I 558.
— Joh. Georg., Ulmensis (ph 665) I 357.
Dickh, Joh. Mart., Esslingensis (ph 659) I 346.
Dickhaut, Franc., Babenhausa-Hannoviensis (th 725) I 671.
Didel, Joh. Sebast., Roetelanus (ph 689) I 380.
Didier, Franc., Nomeniensis (j 724) II 351.
Didiergeorge, Joan. Franc., Bruyeriensis (cj 763) II 614.
Didierjean, Joan. Bapt., e Pairis Alsata (787) I 186. (j 787) II 486. (cj 787) II 672.
— Joan. Bapt., ex Pairis Alsata (775) I 112. (j 775) II 458.
Didillon, Carol., Gerbevillanus (780) I 152. (j 780) II 471.
Didiot, Carol. Petr., Saramundanus (774) I 108. (j 774) II 457.
Diebold (Dieboldt), Ant., Argentinensis (ph 631) I 297. (cphm 632/33) I 527.
— Ant., Argentinensis (cj 670) II 526.
— Dan. Andr., Argentinensis (ph 747) I 427. (cm 756) II 171.
— (Dieboldt), Joh. Chph., Argentinensis (ph 677) I 372.
— (Dioboldt), Joh. Mich., Argentinensis (ph 760) I 438. (cph 761) I 506. (cphm 765) I 577. (cm 771) II 183.
— Louis, Argentinensis (774) 110.
— Phil. Jac., Argentinensis (ph 715) I 401. (cj 723) II 562.
— Joh., Richovillanus (d 771) I 262.
— Franc., ex Wantzenau (j 756) II 412. s. Dibold.
a Dieburg, L. B. s. Groschlag.
Diedolph, Georg. Matthae., Swinfurthens. (m 757) II 80.
Dieffenbach, Joh. Phil., Darmstadinus (j 708) II 331.
— Phil. Wilh., Francofurtensis (ph 652) I 336.
— (Difenbach), Joh. Jac., Moeno-Francofurtanus (j 742) II 387.
— Joh. Phil., Moeno-Francofurtanus (j 641) II 238
— Andr. Conr., Nastadiensis (d 724) I 210.
— Anthon Michael, Hasso-Rhenopetranus Nastadiensis (j 719) II 343.
— Georg Balthasar, Kehmeliensis (j 715) II 339.
— Joh. Petr., Reichenbaco-Lautereccensis (ph 637) I 308. (cphm 639) I 531.
— Ambros., Richovillanus (ph 626) I 282.
— Joh. Phil., Waldenburgensis Hoenloicus (th 668) I 641.
Diehl, Frid., Annweiler i. Zweybrückischen (ch 785) I 253. s. Diel.
Diehls, Joh. Kilian., Hanoviensis (ch 773) I 232.
Diel, August. Frid. Adrian., Gladebac. Hasso-Darmstatinus (778) I 136. (m 778) II 111.
— Mich., Lichen. Wetteravus (ph 633) I 300. s. Diehl.
Dielliess, Dan., Stetino Pomeranus (j 658) II 266.
Diederich, David Gotthelff, Pegelow-Ukeromarchic. (cm 772) II 184. s. Dieterich, Diethrich, Dietrich.
(de) Diederich, Rolland. Theod., Colmariensis (j 729) II 359. (cj 729) II 567.
à Diemen, Evold., Zutphania Gelrus (j 665) II 280.
Diemer, Joh., Argentinensis (cph 667) I 478. (cphm 670) I 547.
— Joh., Argentinensis (cphm 698) I 558.
— Joh., Argentinensis (ph 705) I 392.
— Jo. Th., Argentinensis (ph 700) I 387.
— Joh. Christmann., Gundershoffiensis (766) I 60. (th 766) I 690.
Dienast, Hieron., Basileensis (j 746) II 392.
Diener, Fidelis, Wollmatinganus Acronianus (m 761) II 85.
Dieny, Petr. Frid., Montisbelgardensis (th 745) I 681.
à Diepenbruch, Herman., Teckleburgo-Westphalus (j 649) II 248.
Diepffhaus, Georg., Dortmundanus (th 658) I 628.

Diepoldt, Joan. Dan., Francus (j 633) II 232.
— Joh. Sigm., Onoldino-Francus (j 639) II 236.
de Dier, Petr. Arsen., Champagney-Bourgogne (781) I 154. (j 781) II 472.
Dierbach s. Dirbach.
Dierna, Joh., Coloniensis (j 670) II 292.
de Diesbach-Lyebisdorf, Hieronym. Victor Amadeus Baro (748) I 31.
de Diescau, Geisler, Saxo (713) I 13.
a Diest, Guilh., Clivensis (j 649) II 248.
Dietelmaier, D. Joh. Phil., Norimbergensis (m 744) II 57.
— Mich., Altorfino-Norimbergensis (771) I 93. (m 771) II 102.
Dieterich, Georg. Theod., Butzbac. Wetteravus (j 631) II 227.
— Joh. Cunr., Butisbaco-Wetteravus (ph 630) I 293.
— Georg. Christoph., Heilbronnensis (ph 665) I 357.
— Frid. Carol., Ohringa-Hohenloicus (j 705) II 328.
— Paul., Scheibenberga-Misnicus (ph 655) I 339.
— Cunradin., Ulmas (ph 632) I 299.
— Helvic., Ulmensis (j 665) II 279.
Dieterlin, Isr., Argentinensis (ph 670) I 365. (cph 671) I 479. (cphm 673) I 548.
— Joh. Jac., Argentinensis (ph 699) I 386. (cphm 704) I 560.
— Joh. Mart., Argentinensis (ph 670) I 364.
— Mart., Argentinensis (ph 642) I 315. (cphm 644) I 534.
Diethrich, Joh. Theob., Oberneheinensis (j 687) II 315.
s. Diederich, Dieterich, Dietrich.
Diethelm, Joh. Meinrad., Lachensis Helv. (m 746) II 59.
— Joh., Helv. Thurgoviensis (m 743) II 56.
Diether, Joh. Ludov., Kirnensis (ph 643) I 316.
Dietherr, Christophor. Lud., Noribergensis (j 647) II 245. (cj 649) II 507.
— de Schwaig, Joh. Christoph., Patr. Norimbergensis (j 685) II 310.
Diethmar, Hartw., Lunaeburgensis (j 647) II 245.
a Diethmersen, Joh. Laur., Lüneburgensis (j 663) II 276.
Dietlieb, Enno, Frisius Orientalis (j 658) II 265.
Dietrich, Dan., Argentoratensis (cj 680) II 532.
(Dietrich) Dominic., Argentinensis (ph 635) I 306.
— Franc. Ant., Argentinensis (j 756) II 413. (cj 758) II 603.
— Joh., Argentinensis (ph 702) I 388.
— Joh., Argentinensis (ph 760) I 439.
— Joh. Carol., Argentinensis (ph 712) I 398. (cj 721) II 559.
— Joh. Dan., Argentinensis (ph 714) I 401.
— Joh. Lud., Argentinensis (ph 628) I 288. (cph 628) I 465.
— Joh. Nic., Argentinensis (ph 763) I 442. (j 773) II 638.
— Joh. Reinbold., Argentinensis (ph 624) I 278.
— (de Dietrich, Eques Alsatiae), Phil. Frid., Argentoratensis (ph 761) I 440. (j 770) II 632.
— M. Helvic., Kirtorffensis Hessus (m 626) II 8. (cm 626) II 125.
— Joh. Jac., Lichtenauensis (m 763) II 91.
— Fidelis, Obrehemensis (ch 771) I 228.
s. Diederich, Dieterich, Diethrich, Diettrich.
Dietsch, Eman., Argentinensis (ph 703) I 389.
— Joh. Chphr., (j 623) II 206.
s. Dietzsch.
Dietschin, Joh., e dioecesi Episcop. Basiliensi (j 629) II 223.
Diettrich, Nic., Lipsiensis (j 628) II 220.
s. Dietrich.
Dietz, Joan. Frid. Wilh., Hasso-Darmstadinus (m 758) II 81.
— Joan. Lud. Frid., Hasso-Darmstadinus (768) I 76. (m 768) II 99.
— Wilh., Geislingensis (cphm 646) I 536.
— Joh. Petr., Trarbaco-Mosellanus (j 680) II 304.
— Joh. Andr. Thomas, Wetzlariensis (j 721) II 347. (cj 724) II 562.
s. Diez.
Dietzel, Carol. Frid., Argentinensis (cph 686) I 483. (cphm 689) I 554.
— Joh. Lud., Langenburgensis (ph 664) I 355. s. Dicelius.
Dietzsch, Hier. Theodor., Gündersbluma-Leiningensis (ph 683) I 376.
— Joh. Georg., Winwillensis (ph 714) I 401. s. Dietsch.
Diez, Carol. Phil., Stuttgardia Würtembergicus (m 759) II 83.
— Joh., Ulmensis (th 680) I 649.
— (Dietz), Wilh., Ulmensis (ph 646) I 322. s. Dietz.
Diezi, Jos., Russwila-Lucernas (m 759) II 83.

Dilg, Ant., Badensis (j 749) II 398.
— Carol. Bernh., Baadensis (j 762) II 430.
— Jos., Baadensis (j 758) II 418.
Dilger, Nathan., Dantiscanus (th 626) I 600.
— Sam., Dantiscanus (th 672) I 645.
Dilherr, Matthae., Anclamo-Pomeranus (th 655) I 624.
— Joh. Gottlieb, Anclam i. Schwed. Pommern (m 753) II 72.
Dilherr ab et in Thumenberga et Erlastegen, Joh. Paul., Norimbergensis (j 714) II 337.
Dillenius, Carol. Ludov., Knittlinga Wirtembergicus (m 761) II 86.
Dillius, Christi. Conr., Durlacensis (j 736) II 373.
Dillman, Jos. Ant., Hilpoltsteinensis Palatinus (j 761) II 427.
— Theodor, Neresheim. Suevus (766) I 61. (j 766) II 440.
Dilthey, Joh. Phil., Dillenberga-Nassovius (cj 716) II 554.
— Phil. Henr., Mogonus (j 747) II 394.
Dimroth, Ern. Henr., Hornbacensis (787) I 187. (m 787) II 120.
Dinant, Ant., Solodoranus (m 699) II 31.
Dinckel, M. Dan., Argentinensis (m 616) II 3. (cm 622) II 123.
— Joh. Frid., Argentinensis (ph 759) I 438.
— Joh. Rud., Argentinensis (ph 648) I 326. (cm 655) II 134.
— Joh. Rud., Argentinensis (ph 753) I 433. (cj 764) II 616.
— Georg. Conr., Schalcoviensis-Francus (ph 657) I 342.
Dinet de Flammerecourt, Jos., Argentinensis (j 741) II 385.
Dinges, Joh. Martin., Saxoregius (j 689) II 317.
Dioboldt s. Diebold.
Dionysius, Petr., Montbelgardensis (th 639) I 610.
Dippel, M. Joh. Conr., Darmstadinus (th 695) I 657.
Diraff, Bernh., Wimpfinensis (ph 622) I 273.
Dirbach, Joh. Dan., Argentinensis (ph 734) I 415.
— Joh. Georg., Argentinensis (ph 698) I 385.
Diring, Joh. Frid., Mosskirchensis (j 701) II 326.
Diringer, Joh. Mich., de Lampertheim (ch 774) I 235.
Dirius, Joh., Ratisbonensis (ph 632) I 299.
Disberger, Joh. Jac. (Andr.), Colmariensis (787) I 184. (j 787) II 484.
Dischbein, Matth., Gissa-Hassus (j 628) II 221.
Disfarus, Wilh., Leodiensis (j 721) II 346.
Distel, Phil., de Strassburg (ch 775) I 235.
Dittelmann, Matth. Mart., Ulmâ-Suevus (ph 680) I 374.
Ditterich, Franc. Georg., Bambergensis (770) I 85. (j 770) II 448. (cj 771) II 634.
— Phil. Adam. Ernest., Herbipolensis (771) I 95. (j 771) II 451. (cj 773) II 639. s. Dietrich.
Ditterli, Joh. Mich., von Löchgau i. Württemberg (ch 782) I 248.
Dittler, Joh. Andr., Ellmendingensis (768) I 72.
— Franc. Jos., ex Fortalitio Ludoviceo (j 758) II 417. (cj 760) II 607.
Dittmar, Gottfr. Hinrich, Boitzenburgensis (766) I 55. (m 766) II 95.
Divuët, Franc., Baccaratensis Lotharingus (j 765) II 438.
Divoux, Joh. Petr., Colmariensis (m 730) II 44. (cm 733) II 159.
Dizinger, M. Lud. Carol., Beerwango-Palatinus (th 694) I 657.
Dobel, Lud. Heinr., Arnstadiensis Thuringus (j 699) II 323.
— Joh. Conr., Rotenburgo-Tuberanus (ph 647) I 325.
Döbel, Erasm., Salzungo-Thuringus (ph 631) I 296. (cphm 632) I 527. (Poet. L. 632/33) I 586.
Dober, Lud., Urwillanus (ph 625) I 281.
Dobbeler, Dider., Hamburgensis (j 715) II 338.
— Joh. Henr., Hamburgensis (j 715) II 338. s. de Doubler.
Dobenecker, Joh. Chph., Bojorutho-Francus (ph 647) I 325.
— Joh. Bapt., Culmbacensis (j 647) II 245.
— Joh., Vratisl. Silesius (j 651) II 251.
a Döbschütz, Joach. Ern., Lusatus (j 658) II 265.
Docemius, Joh. Meinhardt, Hamburgensis (m 656) II 19.
Döckinger s. Deckinger.
Docour, Joh. Nicol., ex Bresaucour in Episcop. Basiliensi (j 747) II 395.
Doddel, Joh. Willebold., Cronburg. Suevus (776) I 125.
Döderlein, Laur. Alex., Gundelsheimio-Francus (th 699) I 659.

Doederlein, Christi. Albr., Oettingensis (th 747) I 681.
— Joh. Godofr., Oettingensis (cm 747) II 166.
Doederlin, Alex. Engelh., Bada-Durlacensis (th 749) I 682.
Doel, Wilh. Carl, Oldenburgensis (m 757) II 79.
Doeler, Frid. Maurit., Homburgi ad Marcam natus (j 738) II 378. s. Döhler.
Doenicke, Andr. Ant. Ern., aus dem frstl. Nassau Weilburgischen (ch 783) I 250.
Döerr, Carol., aus Odernheim Pfalz (ch 777) I 239.
Doellin, David Frid., Hala-Suevus (770) I 86. (m 770) II 101. (cm 772) II 183.
Doerbaum, Joh. Phil., Buxovillanus (ph 733) I 415.
— Joh., Kauchenheimensis (ph 722) I 407. s. Dörbaum.
Doerffer, Phil. Jac., Argentinensis (783) I 166. (ph 783) I 455.
Doering, Chph. Lud., Hassiae Schmalcaldensis (ph 742) I 423. s. Döring.
Doerner, Jos. Ignat., Coloniensis (m 764) II 93.
— Joh. David, Nicrosulf. Wurtembergicus (m 758) II 81.
Doertzenbacher, Phil. Mich., Eppinga-Palatinus (ph 755) I 435.
Dohausen, Joh. Henr., Brunsvicensis (j 672) II 296.
Döhler, Joh. Georg., Ohra - Thuringus (th 661) I 631. s. Doeler.
in Dohna, Conr. Frid. Burggravius (662) I 2.
de Döinburg, Philipp. Wilhelm. L. B. (671) I 6. s. de Dörnberg.
Dolaeus, Henr., Grebenstein. Hassus (ph 625) I 279.
Dolberg, Petr. Jos., Ratisbonensis (j 699) II 323.
Dolde, Georg. Frid., Argentinensis (789) I 198. (ph 789) I 458.
— Joh. Jac., Polonus (m 747) II 61.
Doler, Alb. Frid., Hasso-Casselanus (m 715) II 35.
Dolhofen, Christian., Landaviensis (782) I 158. (j 782) II 474. (cj 783) II 663.
— Frid., Landaviensis (786) I 180. (j 786) II 483.
— Joh. Bapt., Landaviensis (783) I 166. (j 783) II 477. (cj 785) II 667.
(Dolhofen) Joh. Dionys., Landaviensis (j 736) II 374.
— Petr., Landaviensis (j 732) II 367.
— Reiner, Landaviensis (j 731) II 363. (cj 731) II 569.
— Stanisl., Landaviensis (j 746) II 393. (cj 748) II 587.
Dolhopff, Domin. Andr., Argentinensis (ph 691) I 381.
de Dolle, Joseph. Bastian., Ulmensis (772) I 99. (j 772) II 453.
Dolffus, Joh. Goswin, Susato-Westphalus (j 670) II 290.
— (Dolphus), Joh. Gottfr., Susato-Westphalus (j 665) II 281.
Dollfuss, Joh., Milhusinus (771) I 90. (m 771) II 102.
— Joh. Georg., Mulhusinus (m 715) II 35.
— Joh. Georg., Helv. Mulhusinus (779) I 144. (m 779) II 112.
— Joh. Henr., Mulhusinus (m 748) II 64.
Dollhofen s. Dolhofen.
Döllius, Phil., Pressato-Palat. super. (j 634) II 233.
Dolmaire de Provencheres, Carol. Nic. Petr. F., Sandeodatens. Lotharingus (j 750) II 400. (cj 751) II 593.
Dolman, Paul., Rigâ - Livonus (j 658) II 266.
Dolphus s. Dolffus.
Dolzemius, Justus (j 656) II 260
Domergue, Joh. Jac., Landaviensis (m 714) II 35.
de Dommartin Comes de Fontenay, Armand., Metensis (725) I 18.
Domme, Jos. Frid., Winnenden (m 764) II 92.
a Domonova, Joh., Genevensis (j 674) II 299.
Donellus, Valent. Wilh., Gotha-Thuringus (m 663) II 22.
Donnat s. Dounat.
Donner, Marc. Laur., Haldenbergstettâ-Francus (m 670) II 25. (cm 673) II 140.
— Laur., Liebensteinensis (th 641) I 611.
— Joh. Conr., Unterschüpffensis (ph 646) I 323.
— Marc. Henr., Unterschüpffensis Francus (ph 649) I 331.
de Donon, Carol. Ludov., Viennensis (m 738) II 50.
Donsieux, Franc., de Befort (d 743) I 216.
Donzé, Joan. Paul., Vezeloiensis (j 707) II 329. (cj 709) II 549.
Dopff, Joan. Bapt., Bruchsalianus (j 758) II 419.

Doppo, Petr., Coburgensis (j 623) II 206.
Dörbaum, Joh., Hanensis Nassoic. (th 694) I 657. s. Doerbaum.
Dordet de Neuville, Franc. Ant. Wilh., Altkirchensis Als. (774) I 107. (j 774) I 456. (cj 775) II 644.
— Jos. Ant. Jac. Marin. Euseph. (768) I 78. (j 768) II 445. (cj 770) II 631.
Dorer, Franc. Aloys. Sebast., Badensis Helv. (787) I 188. (m 787: Sebast.) II 120.
— Franc. Carol., Baden-Helv. (785) I 177. (ph 785) I 456.
— Franc. Jos. Uldalr., Badensis (j 746) II 393.
— Jos. Lud., Badensis Helv. (m 759) II 83. (cm 762) II 175.
— Jos. Udalr., Badensis Helv. (777) I 128.
Dörffel, Joh. Christi., Hallensis Saxo (j 670) II 292.
Doridaut de Rambaville, Joh. Franc., Bruyères-Lotharingia (778) I 137. (j 778) II 465. (cj 780) II 655.
Döring, Chph., Brandeburg. Marchicus (j 625) II 212.
— Matthae., Curiâ-Variscus (th 630) I 603.
— Joh. Georg., Mogonus (ch 774) I 234.
— Casp., Torrun. Borussus (th 623) I 595.
— Christi., Vratisl. Silesius (m 665) II 23.
— Mich., Vratislaviensis (m 660) II 21.
— Joh. Chph., Westfalen (ch 783) I 249.
— Jos., Westphalus (ch 783) I 249. s. Doering, Döringk.
Doringer, Ignat. Jos. Mich., Suevo-Austriacus (j 737) II 377.
Döringk, Dauid Ernst (j 629) II 222. s. Doering, Döring.
Dorming, L. B. in, s. Wittenhorst.
Dorn, Franc. Henr., Argentinensis (ph 761) I 439.
— Jac. Frid., Argentinensis (774) I 109. (ph 774) I 449. (th 780) I 696. (cph 777) I 512. (cphm 779) I 582.
— Joh. Dan., Argentinensis (ph 761) I 439. (cph 761) I 703. (cphm 768) I 578. (th 767) I 690.
— Georg Wilh., Giessa Hassus (j 680) II 303.
de Dörnberg, Wilh. Ferdin. L. B., Hassus (766) I 41. s. de Döinburg.
Dornberger, Joh. Georg., Collmariensis (th 664) I 635.
— Joan. Georg., Neoburg. Palatinus (j 639) II 236.
Dornblüeth, Damian., Gengenbacensis (j 765) II 438.
— Joach. Franc., Gengenbacensis (ph 750) I 431.
— Joh. Vict. Amadeus, Gengenbacensis (j 728) II 359.
— Carol. Jos., Gengenbacensis (j 686) II 312.
Dornblütt, Phil. Nerius, Usinganus (j 763) II 433.
Dorner, Carol., Rhainensis Bavarus (j 759) II 421.
— Dav., Sebusiensis (ph 635) I 307. (cphm 640) I 532. s. Dörner
Dörner, Jos. Ign., ex Wissen ad Sigam (cm 767) II 179.
Dornfeld, Chph. Martin., Arnstat. Thuringus (ph 644) I 318.
Dornheck, Heinr., Moeno-Francofurtanus (j 709) II 332.
Dornich, Joh. Thom., Landaviensis (ph 630) I 294.
— Stanisl. Henr., Landaviensis (ph 666) I 359.
Dornkampf, Martin., Wismar. Megapolitanus (j 630) II 227.
Dors, Nic., Colmariensis (j 763) II 433. (cj 764) II 615.
Dorsch, Simon, Culmbacensis (ph 688) I 379.
Dorscheus, M. Joh. Georg., Theol. Prof. (Theol. D. 627) I 701.
— Joh. Georg., Argentinensis (ph 661) I 349.
Dorschner s. Dorsner.
Dorsner, Alex., Argentinensis (788) I 52.
— Ant. Jac., Argentinensis (783) I 168. (j 783) II 477 (d'Orsner).
— Franc. Ant. Jac., Argentinensis (j 746) II 392. (cj 749) II 589.
— Franc. Ign., Argentinensis (j 758) II 419.
— Jac. Roman., Argentinensis (cj 788) II 674.
— Joh. Phil., Argentinensis (j 738) II 379. (cj 741) II 580.
— Phil. Jac. Nic. Jos., Argentinensis (j 728: Phil.) II 358. (cj 731) II 569. s. Renat.
— Phil. Renat., Argentinensis (cj 724) II 562.
— J. J., Argentinensis (770) I 89.
— Renat., ex arce Ludovicea (j 721) II 346. s. Phil. Renat.
— (Dorschner), Joan. Jac., Oberehenhemensis (j 711) II 333. (cj 713) II 552.
— Phil., Oberenhemensis (j 687) II 315.
Dost, Alex., Norimbergensis (th 625) I 598.

de Doubler, Cornel., Hamburgens. (j 672) II 294. s. Dobbeler.
Douce, Carol. Jos., Farrâ in Picardia oriundus (766) I 55. (j 766) II 438.
de Douglas, Georg. Comes (688) I 10.
Doumal, Diederich, Boeseke (j 673) II 297.
Dounat (Donnat), Theodor. Dominic., Colmarinus (775) I 113. (j 775) II 458.
Dournay, Fabian. Sebast., Argentinensis (772) I 97. (j 772) II 452. (cj 774) II 639.
Douzé, Jos. Ign., Bellofortensis (j 756) II 414.
de Douzy s. Gaudin de Douzy.
Doyen, Nic., Sanc-Marien. ad fodin. Lotharingia (776) I 120. (j 776) II 460.
— Ign., Selestadiensis (768) I 77. (j 768) II 445.
— Claud. Nicol., Vicensis (j 735) II 372.
Dozen, Eberh. (j 652) II 252.
Drabitz, Joh. Fr., Argentinensis (ph 700) I 387.
— Joh. Phil., Argentinensis (ph 708) I 394. s. Trawitz.
Drach, Georg. Frid., Badensis (ph 630) I 295.
Draconides, Andr., Elnbog. Bohemus (ph 626) I 283.
Drain, Paulus, Hamburgensis (j 668) II 285. (cj 670) II 525.
Drake, Francis, Anglus (786) I 51.
Draud, Chphr. Phil. Theophil., Jugenhemio-Darmstadin. (m 748) II 63. (cm 749) II 167.
Draudt, Phil., Dauernheim. Wetteravius (j 633) II 232.
Draux, Nicol., Lorgivinensis prope Sarreburgum (j 743) II 388. (cj 744) II 583.
Drechsler, Joh. Frid., Suevo-Hallensis (j 688) II 315.
— Georg. Frid., Lendsidelius (cph 664) I 355.
— Joan. Christian., Welzbacensis (cj 755) II 598.
Dreessen, Herm., Hafniae Danus (j 742) II 386.
Dreher, Joh. Chph., Görlicensis (th 718) I 668.
— Joh. Georg., Franco Haltenbergstettensis (ph 661) I 349. (cj 678) II 531.
— Franc. Ant., Maurimonasteriensis (787) I 184. (j 787) II 484.
Dreiss, Wolffg., Silicia-Hassus (th 652) I 620.
Dresell, Joh. Paul., Bojemus (j 626) II 214.
Dresky, Guil., Hamburgensis (776) I 124.
v. Dresky, Ferd., Silesius (j 649) II 249.
Dreschett, Franc. Phil., Argentinensis (j 749) II 399.
Dressel, Vit., Eisfeldâ-Francus (th 670) I 643.
— (Dresel), Wolffg., Eisfelda-Francus (ph 644) I 318.
Dressing, Petr. Joh., Tremoniensis (j 684) II 308.
Dressler, Andr., Culmbach. Francus (ph 633) I 301.
— M. Zachar., S. Mariae-Insulanus Borussus (th 668) I 641.
— Joh. Christi., Nassoviensis (ch 774) I 232.
Dreuttel, Martin., Argentinensis (ph 631) I 297. (cph 631) I 467. (cphm 633/34) I 528.
— Joan. Sam., Gernspacensis (j 718) II 341.
— Samuel, Tegernoa-Marchicus (ph 660) I 348.
Dreux, Nic. Clem., Colmariensis (j 757) II 416. (cj 759) II 605.
Dreux Marquis de Brezé, Henri Evrard (785) I 50.
Drevenstedt, Aug. Fried., Uthinô-Holsatus (j 699) II 323.
Drexel, Georg. Ludov., à Durlach (ph 635) I 307.
— Joh. Wilh., Hauingâ-Marchicus (th 674) I 646.
Dreyeichen, Herm., Darmstadinus (ph 633) I 300.
Dreyeicher, Joh., Rosdorfensis (th 724) I 670.
Dreyer, Franc. Jos., Argentinensis (782) I 158. (j 782) II 474. (cj 784) II 665.
— Lud. Jac., Argentinensis (j 761) II 428.
— Joh., Hatterslevia-Danus (th 685) I 652.
— Franc. Ant., Selestadiensis (j 746) II 391.
— Franc. Mich., Selestadiensis (m 733) II 47. (cj 736) II 574.
— Franc. Ant., Sultzensis ex Alsatia superiori (j 749) II 399. (cj 752) II 594.
Dreyschuch, Georg., Suidnicensis Siles. (j 622) II 205.
Dreyspring, Joh. Adam., Heilbronnensis (th 729) I 673.
— Joh. Henr., Salvifontanus (th 680) I 649.
— Joh. Lud., Heilbronnensis (ph 650) I 332.

Driesen, Henr. Guil., Tungrensis (780) I 151. (m 780) II 114.
Drizel, Joh. Casp., Argentinensis (th 649/50) I 617.
Drochssler, Joh. Christi., Lipsiensis (d 737) I 214.
Drochstadt, Heinr., Regiomont. Prussus (j 652) II 253.
Droeling, Jos. Clem., Argentinensis (788) I 191. (j 788) II 488.
Drolberger s. Schorr.
Drolenveaux, Lud. Ant., Argentinensis (j 748) II 397. (cj 750) II 591.
Droste, Wilh. Heinr., von Hörde (ch 788) I 258.
— Theodor., Westphalus (j 670) II 292.
de Droste, Ernest. Theodor. Anton. L. B. (699) I 11.
— ex Vischerings, Maximil. Heidenric. L. B. (702) I 12.
Drouel, Franc., Markirchensis (766) I 57. (j 766) II 439. (cj 768) II 626.
Drouhin, Joan. Octav., e fano S. Remigii Comitatus in Burgundia (782) I 162. (j 782) II 475. (cj 784) II 664.
Drouin, Joan. Nicol., Spinalensis (j 720) II 344.
— de Vasois, Jos. Bened., Jovivillensis (774) I 108. (j 774) II 456. (cj 776) II 645.
Drouineau, Carol. Franc., Argentinensis (778) I 137. (j 778) II 465.
— Phil. Theod., Colmariensis (j 727) II 355. (cj 729) II 567.
Drouville, Steph. Gasp. Pillard, Viternensis (j 751) II 402. (cj 751) II 593.
Droz, Lud. Claud., Argentinensis (j 727) II 355.
— delouvier, Chph., Argentinensis (j 733) II 369.
Drughorn, Franc. Guilh., Furstenoviensis (th 662) I 633.
Drumel, Joh. Henr., Norimbergensis (j 742) II 387.
Drysander, Andr. Erici, O. Goth. (743) I 29.
Dubalay, Joan. Matheus, Metensis (j 738) II 378.
Dubelius, Georg., Milicio-Silesius (j 655) II 259.
Dubinski, Gabr. Mich., Tilsa-Prutenns (m 743) II 56.
Dublé s. Lagacherie.
Dubois, Joan. Thom., ex Bussang in Lotharingia (j 760) II 425.
— Franc. Lud. Spirit., Landaviensis (785) I 174. (j 785) II 480. (cj 787) II 670.
(Dubois) Ludov., Landaviensis (770) I 89. (ph 770) I 446. (cj 773) II 638.
— Nic., Lunevillanus (779) I 139. (j 779) II 466. (cj 780) II 654.
— Claud. Nic., ex fano Divae Mariae (cj 766) II 621.
— Jean Pierre, de Montbeillard (d 768) I 223.
Duboys, Alex., Colmariensis (j 748) II 397. (cj 749) II 590.
Dubravius, Joh., Trenchiniensis Hungarus (th 648) I 615.
Dubroizé, Carol., Xirocourt-Lotharingus (767) I 70. (j 768) II 444.
Dubuat, Carol., Metensis (j 725) II 351. (cj 725) II 564.
Ducharvin, Andr. Picot, ex Turre-Pini in Delphinatu (781) I 155. (cm 784) II 195.
le Duchat, Abrah., Metensis (ph 680) I 374.
— David, Metensis (ph 685) I 378.
— Jac., Metensis (ph 674) I 370.
— d'Aubigny, Paul., Metensis (769) I 80. (j 769) II 446. (cj 770) II 632.
— de Mancour, Gedeon, Metensis (j 732) II 365. (cj 733) II 571.
— d'Ouderne, Jean, Metensis (j 733) II 369. (cj 734) II 572.
Duchenoy, Carol., dioc. Tullensis Mediovicensis (j 742) II 386. (cj 744) II 583.
Duchschärer, Joh. Wern., Bensheimensis (th 623) I 594.
Du Clos, Dyonis., Landaviensis (cj 716) II 555.
Ducomun s. du Commun.
Duconte, Alex., Argentinensis (j 706) II 329. (cj 710) II 549.
— Joan. Phil., Argentinensis (j 702) II 326. (cj 704) II 546.
s. du Conte.
Ducretet, Claud. German., Argentinensis (772) I 100. (j 772) II 453. (cj 774) II 640.
— Franc., Argentinensis (d 744) I 216.
— Franc. Ambr. Sim., Argentinensis (788) I 189. (j 788) II 487.
— Joan. Bapt. Luc., Argentinensis (776) I 124. (j 776) II 462.
Duellj, Jos. Herm., Jetkoff. Suevus (773) I 106. (j 774) II 456.
— Franc. Jos., Jetkofensis Suevus (j 765) II 436.
— Jos. Herm., Scheêr-Suevus (780) I 148.
Dufay (Du Fay), Joh., Moeno-Francofurtensis (j 669) II 289.

Dufort, Joh. Bapt. Jos., Argentinensis (cj 759) II 605.
Dufrène, Franc. Ignat., Ratisb. Bojus (j 733) II 368.
Dufresne, Nic. Franc. Xav., Metensis (784) I 171. (j 784) II 479. (cj 786) II 668.
— Caes. Alex. Eugen., Soissons (782) I 48.
Dugué, Franc., Americanus ex Cap francois (j 759) II 420.
Duising, Just. Gerh., Hasso-Casselanus (m 729) II 43.
Düker, Petr., Bielfeldiâ-Ravensburgic. (j 679) II 302. (cj 679) II 532.
Dulac de Montreau, Lud. Laurent., dioec. Tullensis (j 720) II 345. (cj 720) II 558.
a Dullaeus, Gerard. Guilielm., Coloniensis (j 757) II 415.
— Petr. Mathias, Coloniensis (j 757) II 415.
Düller, Georg. Conr., Spirensis (ph 665) I 358.
Dulman, Theodor., Coloniensis (j 673) II 297.
Dulsecker, Joh. Frid., Argentinensis (ph 710) I 397. (cj 715) II 554.
Dumaire, Nic. Franc., Virdunensis ex Tilly (788) I 189. (j 788) II 487.
Dumare de Vaudoncour, Carol. Franc., Dominus in Warisiis, Vaudoncourtier Parisinus (j 754) II 409.
Dümblein, Joh., Coburgensis (th 671) I 645.
Dumerdy, Franç. Julien, de Lannion en Basse Bretagne (d 738) I 214.
Dumesnil, Andr., Argentinensis (cj 751) II 593.
— Petr. Poitier, Metensis (j 729) II 360. (cj 731) II 569.
— Nic. Franc. Daubin, Rothomagaeus (j 746) II 585.
Dümler, M. Wolffg. Jac., Noribergensis (th 633) I 606.
Dummelin, Joh. Jac., Frauenfeldensis (766) I 59. (m 766: Gynopedianus-Helvetus) II 96.
Dumont, Joh. Bapt., Landaviensis (j 760) II 425.
— Calixt. Constantin., Lunevillae Lotharingus (776) I 124. (j 776) II 462. (cj 778) II 651.
— Jac., Mulhusanus Alsatus (m 712) II 34.
Dumoulin, Franc., Metensis (j 746) II 391.
Duncker, Weiprecht, Trarbaco-Mosellanus (j 703) II 327.
Dunger, Otto Guil. (j 666) II 284.
de Dungern, Wolffg., Biersteinensis (776) I 46.
— Nobilis de Weyher, Joh. Wilh. (j 706) II 329.
Dunin de Karwice Karwicii, Equites Poloni
— Adam. (j 663) II 276.
— Stanisl. (j 663) II 276.
Dunitzky, Matthi., Silesius (ph 653) I 336.
von Dunte, Georg., Livonus (j 654) II 257.
— Frid. Gustav, Livonus (758) I 35.
— Joh. Georg., Livonus (758) I 35.
Dupasquier, Pontian., Tullens. (cj 717) II 555.
Dupont, Phil., Colmariensis (768) I 73. (j 768) II 444. (cj 770) II 631.
— Pierre, de Malzeville près Nancy en Lorraine (d 729) I 211.
— Jos., Nanceianus (j 765) II 436. (cj 767) II 622.
— Pierre Henriquel, de Rouen en Normandie (d 783) I 264.
Duprey, Franç. Ant., Rembervillers (790) I 200. (j 790) II 491.
— Jean (d 709) I 207.
de Dupré, Maria Nic. Carol., Metensis (j 777) I 132. (j 777) II 464.
Dupuy, Christoph. Nicol., Montis Belligardensis (775) I 114. (m 775) II 106. (cm 778) II 189.
Duqué, Franc. Carol. ex fortalitio Delphini Insulae Americanae Sancti Dominici (cj 760) II 606.
Dur, Chphr., Danus (j 652) II 254.
— Georg., Danus (j 652) II 254.
Durain, Jos., ex Lessaux Lotharingus (j 765) II 437. (cj 766) II 619.
Durand, Joan. Franc., Metensis (j 714) II 337. (cj 715) II 553.
— d'Augny, Carol., Metensis (j 758) II 419. (cj 759) II 605.
— d'Augny, Nic. Ludov. Petr., Metensis (cj 717) II 555.
— de Crepy, Bened. Franc. Carol., Metensis (780) I 147. (cj 783) II 661.
Durantin, Sim., Argentinensis (j 757) II 416.
— Franc. Herm. Sim., Argentinensis (783) I 166.
Durbach, Franc. Anton., Spirensis (j 731) II 365.
— Henr. Hartard., Spirensis (j 735) II 372.
Durey D'Harnoncour, Petr., Belnensis (j 711) II 334. (cj 711) II 550.
Dürfeld, Ignat. Jacob., Bado-Baden (766) I 60. (j 766) II 440.
— Ignat. Wilh., Badensis (j 742) II 387.

(Dürfeld) Joh. Christoph., Gotha-Thuringus (j 665) II 280.
— Heinr., Halis-Saxo (j 631) II 228.
— Carol., Offonisburgensis (790) I 201. (j 790) II 492.
— Jac., Osnabrugensis (th 666) I 638.
— Jos., Rastadiensis (769) I 80. (j 769) II 446.
— Ludov., Steinbacensis (j 731) II 365.
Düring, Guil., Sarraludovicensis (m 764) II 92. (cm 768) II 180.
— Joan. Jos., Wirceburgensis (j 759) II 422.
von Düring, Arx (j 626) II 215.
Dürnhöfer, Laurent. Alb., Norimbergensis (j 633) II 231.
Dürninger, Frid., Argentinensis (ph 738) I 419. s. Thürninger.
Dürplatz, Joh. Conr., Durlacensis (ph 625) I 281.
Dürr, Joh., Argentinensis (780) I 149. (ph 780) I 453.
— Joh. Godofr., Argentinensis (773) I 104. (ph 773) I 448. (th 780) I 695. (cph 777) I 512. (cphm 779) I 582.
— Joh. Ulr., Argentinensis (ph 635) I 307. (cj 647) II 506.
— Phil. Jac., Argentinensis (ph 737) I 418.
— M. Joh. Ulr., Balzheimensis Suevus (th 663) I 634.
— Mich., Marckendorff. Francus (th 629) I 602.
— Mich., Selestadiensis (j 764) II 435. (cj 766: Alexius Mich.) II 620.
— Joan. Bapt., Selestadiensis (745) II 391. (cj 748) II 587.
Dürrbach, Joh., Argentinensis (ph 706) I 393.
Dürrenberger, Remig., Argentinensis (j 739) II 381. (cj 741) II 579.
Durrnbacher, Joh., Zella-Tyrolensis (th 637) I 609.
Dürrwell, Franc., de Thann (768) I 77. (j 768) II 445.
Dürsch, Mich., Hersprucensis (th 634) I 607.
Dürsel, Ant. Gotlieb., Weissbachcensis (th 670) I 643.
Dusable, Phil. Gabriel, Bisuntinus (780) I 148. (j 780) II 470.
— Andr., Sarloisanus (j 765) II 438. (cj 767) II 623.
— Ludov., Saraludovicensis (778) I 137. (j 778) II 465.
Dusort, Joh. Bapt. Jos., Argentinensis (j 756) II 413.
Dussler, Georg., Seyssensis (ph 634) I 305.
Dutaillis s. Quignet Dutaillis.
Duthevil, Joan. Jos. Thom., Sirck dioc. Metensis (j 759) II 422.
Dutois, Jac., de Moudon C. Bern (ch 784) I 252.
Dutrepis, Spirit. Reynaud, Mirabellensis (cj 760) II 607.
Düttel, Alex. Jac., Suevo-Noerdlingensis (m 765) II 94. (cm 767) II 179.
Düttenhöffer, Hartmann., Wormatiensis (j 683) II 306.
Duval, Claude Bucheron, de Cravant proche Chinon en Touraine (d 716) I 208.
— Joan. Franc., Lauterburgensis (j 729) II 360.
Duverger, Franc. Christophor., Berckhemiensis (cj 716) II 555.
Duvernoy, Joh. Chph., Hericurianus (ph 662) I 352.
— Steph., Hericurianus (ph 668) I 361.
— Bened. Christophil., Kircho-Tecca-Würtembergicus (m 737) II 49.
— Carol. Ludov., Montisbelgardensis (766) I 57. (j 766) II 439. (cj 767) II 624.
— Dan. Frid., Montbelgardensis (ph 699) I 386.
— Dav., Montisbeligardensis (th 745) I 681.
— Dav. Steph., Montisbelgardensis (ph 728) I 410.
— Georg., Montisbeligardensis (ph 628) I 290.
— Georg. David, Montisbelgardensis (769) I 84. (m 769) II 101.
— Jeremias, Montbelgardensis (ph 645) I 320.
— Joh. Chph., Montbelgardensis (ph 670) I 365.
— Joh. Georg., Montisbelgardensis (ph 694) I 383.
— Leop. Eberh., Montisbelgardensis (j 757) II 415. (cj 762) II 610.
— Leop. Frid., Montbelgardensis (ph 724) I 408.
— Nic., Mombelgardensis (ph 627) I 286.
Duvier, Joh. Wilh., ex Brandenburck ex Demmin (788) I 191. (m 788) II 120.
Duvivier, Ant., Lunevillanus (ph 750) I 431.
Duvoid, Fidelis Steph., Sandeodatensis (784) I 173. (j 784) II 480.
Dux, Jos. Jac., Wylensis Helvetus (j 738) II 379.

Dyhlin, Carol. Lud., Steinbacens. Badens. (774) I 111. (j 774) II 457. (cj 776) II 644.
Dyssel, Justin., Danus (ph 664) I 355.
Dyster, Joh. Carol., Kirnensis (ph 627) I 286.

E.

Ebel, Joh. Wilh., Badenweilens. Durlaco-Marchic. (j 728) II 358.
— Joh. Melch., Bobenhusa - Hassus (th 699) I 659.
— Joan. Rudolf., Küsnacensis Tigurinus (m 756) II 77.
— Joh. Georg., Türckheimensis Palatinus (th 654) I 622.
Ebelin, Joh. Bapt., Sulzensis (773) I 102. (j 773) II 454.
Ebeling, Wilh. Carol., Halberstadiensis (768) I 72.
— Joh. Dieteric. Philipp. Christian., Luneburg. Hannoveranus (774) I 110. (m 774) II 105. s. Ebling.
Eben, Joh. Sigism., Memmingensis (j 662) II 273.
— Wilhelm. Gotfr. (ph 627) I 286.
Ebenn, Frid., Vratisl. Silesius (j 627) II 218.
de Ebenn, Christian. Ludov., Eq. Silesius (j 718) II 342.
Ebennauw, Caspar., Lichensis (ph 646) I 324.
Ebenretter, Joh. Laur., Hilperhusanus Francus (ph 664) I 354.
Eberhard, Dan. Andr., Argentinensis (717) I 403. (cph 717) I 492. (cphm 721) I 566.
— Joan. Casp., Bühlensis (j 704) II 327.
— Joh. Thom., Moeno-Francofurtanus (j 644) II 241. (cj 649) II 508.
— Chph., Mariaemontano Misnicus (th 649) I 617.
— Joh. Dan., Richovillanus (d 770) I 224.
— Joh. Petr., Richovillanus Alsata (768) I 77. (m 768) II 99. s. Aeberhard, Eberhardt.
Eberhardi, Nic., Breitenbachio-Thuringus (th 624) I 709.
Eberhardt, Melch., Heidenheimensis (ph 634) I 305. s. Eberhard.
Eberkenius, Marc. Cunr., Ulmanus (cphm 661) I 543.
Eberle, Martin. Thaddae., August. Suevus (780) I 151. (m 780) II 114. (cm 783) II 195.
Eberlein, Joh. Casp., Guntzenhusô-Francus (ph 645) I 321.
— Joh. Mich., Onoldo-Francus (ph 670) I 365.
Eberlin, Joh. Mich., Argentinensis (ph 702) I 389. (cph 703) I 487. (cphm 705) I 561.
— Joh. Phil., Argentinensis (ph 622) I 276. (cph 623/24) I 463.
— Georg. Phil., Constant. Acronianus (j 761) II 427.
— Joan. Tobias, Oettingshusâ-Francus (d 700) I 206.
— Franc. Lud., Risstissensis Suevus (j 719) II 344.
— Christoph., Trochtelfingensis (ph 625) I 279.
— Joh. Frid., von Weisenburg (ch 788) I 259.
ab Ebersbergk dictus de Weyhers, Joh. Christoph., Eq. Francus (j 686) II 312.
Ebersperger, Joh. Jac., Argentinensis (778) I 134. (ph 778) I 451. (cph 782) I 513.
de Eberstein, Ernst Baron (700) I 11.
Ebert, Jean Franç., de Villé depart. du Bas Rhin (793) I 203.
— Carol. Joh. Frid., Wachbaco-Francus (th 753) I 683.
— Christoph. Leop., Wachbaco-Francus (ph 742) I 422.
— Georg. Adam., Ulmensis (th 655) I 623.
Eberth, Christi., Lygio-Silesius (j 652) II 253.
Eberts, Herm. Melchior, Vormatiensis (m 772) II 103.
Ebhart, Joh., Steirensis Austrius (j 626) II 216.
Ebinger, Joh., Argentinensis (ph 695) I 383.
Ebling, Henr., Hildesiensis Saxo (th 639) I 610. s. Ebeling.
Ebner, Phil. Nic., Trarbaco-Mosellanus (ph 701) I 388.
— Joh., Norinbergensis (th 630) I 604.
— von Eschenbach, Joh. Guil., Noribergensis (j 662) II 272.
— — Joh. Wilh., Noribergensis (j 698) II 321.
— de et in Ziegelstein et Eschenbach (j 727) II 356.
Eccard, Christi. Frid., von Emmendingen aus d. Durlachischen (ch 776) I 288.
— Joh., Gothan. Thyrigeta (ph 633) I 301.
— Nic., Gothanus (ph 639) I 310.

(Eccard) (Eckhardi), Nic., Gothâ-Thuringus (m 626) II 9.
— Dan. Frid., Gregorio-Monasteriensis (ph 754) I 434.
— Carol. Chph., Ricovilla-Alsata (ph 736) I 417.
— Joh. Wilh., Roetelano-Durlacensis (th 739) I 678.
— Joan., Thorun. Borussus (j 628) II 220.
— Joh. Christi., Volkeroda - Gothanus (j 650) II 250.
— Joh. Carol. (th 713) I 666.
— Ferdin. Sigism. (th 732) I 675.
s. Eckard, Eckhart.
Eccius s. Eck.
Echholt, Joh. Jacob., Memmingensis (m 635) II 13. s. Eccolt.
Eck (Eccius), Joh. Eberh., Basileensis (ph 659) I 346.
— Georg., Cambo-Palatinus (ph 625) I 279.
ab Eck et Hungerspach, Christian. iun. L. B. (665) I 3.
de Ecka, L. B., s. Oxenstierna.
Eckard, Joh. Conr., Ranovillensis (ph 651) I 334.
Eckardt, Guolphg., Ordruviensis Thuringus (th 633) I 606. s. Eckelt.
Eckart, Franc. Xav., Lauffenburg. Rauracus (m 753) II 72.
— Franc. Petr., Moguntinus (j 711) II 334.
— Mich., Onoldinus (th 711) I 664.
s. Eccard, Eckhart.
Eckel, Andr., Bartphâ-Pannonicus (th 656) I 625.
Eckelmann, Joh. Diet., Darmstatinus (th 665) I 637.
Eckelt, Joh. Guil., Noburgo-Francus (j 662) II 274.
— Georg. Chph., Ordrufio-Thuringus (th 633) I 606. s. Eckardt.
Eckenberger, Joh. Chph., Ratisbonensis (ph 633) I 353. (cphm 664) I 545.
— Joh. Jac., Schopfheimensis (th 687) I 654.
Eckenfels, Franc. Ignat., Oppenoensis (770) I 89. (j 770) II 449.
Ecker de Käpfing, Joan., Passaviensis (j 627) II 216.
Eckstein, Phil. Heinr., Heilbronnensis (ph 669) I 363.
Eckhardt, Georg. Sebald., Augustanus (m 765) II 95.
— (Eccard), Joh. Conr., Augustanus (cphm 622) I 518.
— Chph. Lud., von Lauffen a. Neckar (ch 786) I 255.
— Joh. Adam (d 744) I 216.
(Eckhart) Emanuel, Lindaviensis (th 672) I 645.
— Johannes, Lindaviensis (th 672) I 645.
— Eman., Sesenheimensis (ph 639) I 310. (cph 639) I 470. (cphm 642/43) I 533. s. Eccard, Eckart.
Eckher, M. Joh. (Georg.), Bopffinga-Suevus (j 630) II 224. (th 631) I 605.
— Eberh. Frid., Esslingensis (ph 680) I 374. (cj 686) II 537.
— Eberh. Frid., Esslingensis (m 759) II 83.
— Joh. Eberh., Tubingensis (j 659) II 267.
— Joh. Conr., Tubingensis (j 647) II 245.
Eckhold s. Echhold, Eccold.
Eckhorst, Joh., Lubecensis (j 639) II 236.
Eckler, Joan. Nic., Ascaniensis (j 751) II 403.
Eccolt, Dauid, Lindaviensis (cm 663) II 136. s. Echold.
Ecks, Joan. Casp., Achuma-Bremensis (j 760) II 423.
Eckstein, Joh. Ge., Argentinensis (ph 643) I 317. (cph 643) I 471.
Ecoffet, Claud. Lucas, Giromaniensis (771) I 90. (j 771) II 450. (cj 771) II 634.
Edel, Matthae., Argentinensis (ph 759) I 437.
— Matthae., Argentinensis (790) I 200. (ph 790) I 459.
— Leonard., Lotharing. ex Folckling (cm 742) II 164.
— Franc. Xaver., Prontrutanus (771) I 95. (j 771) II 451. (m 772) II 103.
— Joan., Saralben Lotharingus (m 747) II 60.
— Leonh., Lotharingus (m 738) II 51.
— Joh. Jac., Ulmensis (ph 661) I 349.
Edelmann, Joh. Frid., Argentinensis (ph 764) I 443. (cj 770) II 633.
ab Edelsheim, G. L. Lib. Baro (756) I 34.
Edenbärgh, Matthi., Upsal. Suec. Nobilis (ph 659) I 345.
— Herm., Upsal. Suec. Nobilis (ph 659) I 345.
Edenius, Jordan., Wermelandiâ Suecus (th 654) I 622.
Edenus, Borchard., Bremensis Saxo (j 645) II 243. (cj 645) II 506.
Eder, Balthas., Styrensis Austrius (th 628) I 602.
Edhelius, Petr. Svarson, Suecus (j 652) II 254. s. Odhelius.
Ediger, Matthias, Trevirensis (j 656) II 261.
Edinger, Laur., Hafniensis (th 650) I 618.

Edler, Joh. Simon, Stuttgardianus (th 719) I 669.
Edling, Stephan. Otto, Pomeranus (j 652) II 253.
Edzardus, Ch. Joh. Hieronym., Hamburgensis (j 739) II 381. (cj 740) II 579.
Edzarts, Jac., Bremensis (j 651) II 252.
ab Eerde, Frid. Joh., ex Geldria (j 669) II 288.
Efferen, Laur., Reutlingensis (m 658) II 20.
Eft, Georg. Balth., Heilbronnensis (j 634) II 233.
Egardi, Jac. Christian., Holsatus (j 684) II 307.
Egeloff, Joh. Leonh., Onoldinus (th 656) I 625.
Egenn, Joh. Christoph., Francofurtensis (j 665) II 282.
Egenthaler, Joh. Georg., Creilshemio-Francus (ph 670) I 364.
Eger, Franc. Andr., Artzhemiens. Alsata (j 750) II 401.
— Michael, Sebusianus (th 621) I 592.
Egerlé s. Eggerlé.
Egerman, Wencesl. Frid., Bohemus (j 671) II 293.
Eggen, Carol., Argentinensis (cphm 622) I 519.
Egger, Salom., von Arwangen C. Bern (ch 783) I 252.
— Samuel, Aarwangen C. Bern (ch 776) I 237.
Eggerlé, Dan. Adam., Colmariensis (780) I 148. (j 780) II 470.
Eggers, Adolph. Theodor., Megapolitanus (775) I 117. (m 775) II 107.
Eggert, Jos. Ant., ex valle Augiae divitis (767) I 69. (j 767) II 443.
Eggs, Franc. Jos. Thom., Argentoratensis (j 749) II 399. (cj 756) II 600.
— Jos., Argentinensis (788) I 189. (j 788) II 487.
— Lud. Alb. Roman., Argentinensis (j 751) II 402. (cj 753) II 596.
— Franc. Hartm., Dangolsheimensis (j 762) II 428.
— Franc. Henry, Oberehnheimensis (784) I 173. (j 784) II 480.
— Marc. Jos., Rheinfeldensis Rauracus (j 718) II 340.
Egler, Godefrid., Hechingan. Suevus (771) I 93. (ph 771) I 447. (m 772) II 103.
Eglgrasser, Bened., Tegernseensis (ph 685) I 378.
Eglinger, Joh. Wernher, Crucenaco-Palatinus (m 749) II 65.
Egloff, Joh. Leonh., Tägerwell i. Thurgau (ch 782) I 248.
de Egloffstein, Albert. Baro, Francus (731) I 22.
Ehard, Nicol., Confluus. (m 752) II 71.
Ehe, Georg., Noribergensis (j 658) II 266.
Ehinger, Christoph., Augustâ-Vindelicorum (th 642) I 612. (cphm 642) I 533.
— Joh., Augustâ-Vindelicus (ph 651) I 333.
Ehlen, Joan. Petr., Trevirensis (m 738) II 51.
Ehmann, Joh. Petr., Argentinensis (ph 774) I 449.
— (Ehemann), Joh. Wendel, Argentinensis (ph 678) I 372. (cph 678) I 481.
Ehnenzeller, Casp., Sangallensis (m 745) II 57.
Ehrberg, M. David, Löhrensteinfeldensis (th 631) I 604.
Ehrenfeld, Joh. Caspar., Neostadiensis (j 669) II 288.
Ehrenhaus, Joh. Frid., Hoyerswerdà Saxo (768) I 76. (m 768) II 99.
Ehrenpfort, Phil. Reinhard, Buxovillanus (ph 749) I 429.
— Christi. Frid., Eckendorffio-Hanoicus (th 736) I 676.
— Joh. Henr., Eckendorffensis Hanoicus (ph 731) I 412.
Ehrenreich, Joh. Frid., Stuttgardianus (774) I 111. (m 774) II 106.
von Ehrenthall, Adam Alb., uff Leüzendorff und Helligen am Mein (j 630) II 226.
Ehrentraut, David, Laubâ-Lusatus (ph 642) I 316.
Ehrhard, Projectus Jos., Redersheim. Alsata (m 759) II 82. (cm 762) II 175.
— Franc. Xav., Selestadiensis (778) I 138. (j 778) II 466. (cj 780) II 655.
— Carol. Gustav., Ulmensis (th 711) I 664. s. Erhard, Erhart.
Ehrhart, Joh., Augustanus (ph 627) I 285. (cphm 627) I 524.
— (Erhard), Melch., Augustanus (j 627) II 218. (cj 629) II 498.
— Balthas., Memmingensis (ph 655) I 339.
— Balthas., Memmingensis (m 720) II 37.
— Jodoc., Memminga-Suevus (m 761) II 86.
— (Erhart), Theophil., Memmingensis (j 738) II 378.

(Ehrhart) Werner, Memmingensis (j 660) II 268. s. Erhardt, Erhart.
Ehrlen, Christi. Casim., Argentinensis (770) I 86. (ph 770) I 446. (cj 777) I 648.
— Georg. Gotfr., Argentinensis (ph 732) I 414.
— Joh. Dan., Argentoratensis (ph 764) I 442.
— Joh. Frid., Argentinensis (ph 745) I 425. (cph 747) I 501. (cphm 750) I 574. (cj 757) II 600.
— Joh. Georg. Gotfr., Argentinensis (ph 762) I 441.
— Joh. Jac., Argentinensis (cphm 687) I 553.
— Joh. Jac., Argentinensis (ph 746) I 426. (cph 748) I 502. (cphm 750) I 574.
— Joh. Lud., Argentinensis (ph 730) I 412. (cphm 734) I 569.
von Ehrlich, Carl Gotfr., Breslau in Schlesien (d 714) I 208.
Ehrmann, Joh. Conr., Altzea Palatinus (j 707) II 329.
— Frid. Lud., Argentinensis (ph 756) I 436. (cj 762) II 611.
— Joh., Argentinensis (ph 706) I 392. (cph 707) I 488. (cphm 709) I 562. (Poet L. 710) I 588.
— Joh., Argentoratensis (ph 764) I 442.
— Joh., Argentinensis (783) I 165. (th 783) I 697.
— (u. Ehrenmann), Joh. Christi., Argentinensis (ph 725) I 409. (cm 733) II 158.
— Joh. Christi., Argentinensis (ph 763) I 442.
— Joh. Dan., Argentinensis (770) I 86. (ph 770) I 446.
— Joh. Franc., Argentinensis (771) I 95. (ph 771) I 447. (cj 781) II 659.
— Joh. Frid., Argentinensis (ph 753) I 433. (cm 762) II 174.
— Joh. Godofr., Argentinensis (772) I 96. (ph 772) I 447.
— Joh. Jac., Argentinensis (ph 755) I 434.
— Joh. Petr., Argentinensis (774) I 109.
— Joh. Phil., Argentinensis (ph 739) I 420. (cphm 743) I 572.
— Theophil. Frid., Argentinensis (777) I 126. (ph 777) I 450.
— Joh. Jac., Buxovillanus (ph 748) I 428.
— Joh. Andr., Germersheim. Palatinus (ph 650) I 331.
Ehrnström, Andr. (d 757) I 220.
Eibelhueberg, Joh. Christoph., Ratisponensis (j 700) II 324.
Eichacker, Frid., von Sankt Johann bey Saarbrücken (ch 790) I 261.
Eichborn, Phil. Ludov., Landaviensis (m 751) II 68.
Eichel, Joh. Petr., Gumshemio-Nassoicus (782) I 161. (th 782) I 696.
Eichelman, Joh., Moeno-Francofurtensis (ph 631) I 297.
Eichenhofer, Bartholom., Ulmensis (ph 645) I 321.
Eichern, Joh. Melch., Baumholderensis (ph 629) I 292.
Eichfeld, Casp. Ludov., Cellensis Lüneburg. (j 725) II 353.
Eichhorn, M. Joh. Christi., Lipsensis (th 656) I 625.
— Jos. Dav., Weickersheimio-Francus (j 728) II 358. s. Eichorn.
Eichler, Joh. Jac., Argentinensis I 88. (ph 770) I 446.
— Joh. Maxim., Francofurtensis (m 731) II 45.
— Joh. Ernest., Coburg. Francus (j 700) II 325.
— Chph., Pösnicensis Thuringus (th 647) I 614. s. Eychler.
de Eichler de Auritz, Joh. Christoph. Henr. L. B., Eq. Franconicus (750) *s. Nachtrag.*
Eichorn, Joh. Ehrenfried, Lignic. Silesius (j 661) II 270. s. Eichhorn.
Eichrodt, Carol. Frid., Badensis (773) I 103.
— Joh. Andr., Gothâ-Thuringus (j 659) II 267.
— Joh. Chph., Gothanus (th 661) I 631.
— Carol. Frid., Durlacensis (m 737) II 49.
ab Eickstädt, Alexd. Ernest., Pomeranus (j 655) II 258.
Eilber, Simon Chunr., Ulmensis (ph 649) I 329.
Einar, Peter Wiborg, Dänemark (769) I 81.
Einhorst, Christophor. Ferdin., Huxariensis Westphalus ad Visurgim (j 706) II 328.
Einpacher, Mich., Styren. Austrius (ph 627) I 287.
ab Einsidel, Heinr., Misniae (j 628) II 221.
— Hildebr., Misnicus (m 627) II 9. (j 627) II 218.
— Innocent., Misnicus (j 626) II 213.
— Detlev. Carol. Comes (757) I 35.
Eisele, Joh. Jac., Argentinensis (ph 625) I 279.

(Eisele) (Eysele), Georg., Argentinensis (cphm 621) I 518.
Eisen, Georg. Godofr., Argentinensis (793) I 203.
— (Eissen), Georg. Jac., Argentinensis (ph 757) I 436. (cph 757) I 505. (cphm 761) I 576. (th 763) I 688.
— Joh. Leonh., Windsheimensis (ph 666) I 359. s. Eissen.
Eisenberg, Frid. Philipp., Treptow. Pomeranus (775) I 119. (j 775) II 460.
Eisenburgk, Nic., Arnstatensis Thuring. (th 625) I 598. (th 624) I 705. (Poet. L. 626) I 586. (cphm 626) I 523.
Eisenegger, Joan. Jac., Constantiens. Acronianus (j 754) II 409.
Eisenheim, Lud., Argentinensis (cphm 622) I 519. (m 626) II 8. (cm 637) II 129.
Eisenlohr, Henr., Baadensis (780) I 150. (th 780) I 695.
— Theoph. Gust., Bada-Durlacensis (780) I 147. (m 780) II 113. (cm 784) II 195.
— Theophil., Thiengensis Bada-Durlacensis (th 764) I 688.
Eisenmann, Georg. Heinr., Argentinensis (ph 709) I 396. (cm 717) II 152.
— Georg. Heinr., Argentinensis (ph 753) I 433.
— Henr., Halensis (th 655) I 624.
— Joh. Dav., Halensis (ph 634) I 304.
Eisenmenger, Joh., Halensis-Suev. (j 623) II 206.
— Joh. Hippolyt., Heidelbergensis (ph 624) I 277. (cj 639) II 503.
— Joh. Lud., Heilbronnensis (ph 643) I 317.
Eisenschmidt (Eysenschmid), Joh. Casp., Argentinensis (ph 673) I 368. (cm 681) II 142. (cphm 676) I 549.
— Joh. Nic., Betulano - Sponhemicus (j 632) II 230.
Eisenstern, Joh. Andr., Argentinensis (ph 633) I 303.
— Mart. Frid., Argentinensis (cph 630) I 466.
Eisentraut, Claud. Bernard., Lotharing. (j 732) II 367.
Eisenuedt, Joh., Blauifontanus (ph 634) I 305.
Eisselen, Joh. Ludw., Kirchheim Wirtembergicus (m 763) II 89.
Eissen, Joh. Chph., Norimbergensis (j 631) II 229.
(Eissen) Joh. Chph., Noribergensis (j 666) II 282.
— dict. Haym, Chph. Nic., Noribergensis (j 663) II 275. (cj 665) II 519. s. Eisen.
Eisentruckher, M. Georg., Böblingensis (th 626) I 600.
Eisserle, Carl, Braunschweig (ch 787) I 257.
Eitel, Jac. Friedr., Illingen b. Maulbronn (777) I 126.
v. Eitzen, Johan, Humburgensis (j 640) II 237.
Elber, Wennemar., Vesaliâ Clivensis (th 669) I 642.
ab Elburgh, Balthas., Coloniensis (j 672) II 296.
Elenheintz, M. Balthas., Stutgardianus (th 626) I 599.
Eler, Joh., Ulysaeus (m 616) II 3.
Elers, Alb., Hamburgensis (th 642) I 612. (cphm 642/43) I 533.
— Alb., Leoburgo-Saxo (th 684) I 652.
Elfflein, Joh., Rossachiô-Francus (th 625) I 598.
Ellenberger, Wern. Chph., Buxovillanus (ph 749) I 430.
— Joh. Nic., Darmstattinus (ph 632) I 299.
Ellenrieder, Joh. Dav., von Steinen a. d. Durlachischen (ch 777) I 240.
Eller, Joh. Godofr., Woertensis (th 751) I 683.
— Joh. Nic., Woerthanus (th 739) I 678. s. Elles.
Ellerbeck, Joh. Ferd., aus Hüsten in Westphalen (ch 771) I 227.
Elles, Joh. Georg., Argentinensis (ph 742) I 423.
— Joh. Mich., Argentinensis (ph 743) I 423.
— Joh. Mich., Richovillanus (780) I 149. (ph 780) I 453. s. Eller.
Ellist, Hugh (770) I 43.
Ellmer, Joan. Conr., Memminga-Suevus (j 757) II 415.
v. Ellmerhausen (Elmerhusius) de Rübell, Raban., Osnaburgensis (j 718) II 341.
Ellon, Eric. Joh., Gothoburg. Suecus (th 740/41) I 679.
de Ellrod, Frid. Wilh., B. (755) I 34.
— German. Frid., B. (755) I 34.
Elmerhusius s. Ellmerhausen.
Elmetter, Daniel, aus St. Gallen (m 763) II 89.
Elminger, Nicol., Theodonisvillanus (782) I 158. (j 782) II 474. (cj 783) II 663.

Eloff, Ericus, Helsingo Suecus (m 748) II 63.
Eloy, Jos. Casim., Argentinensis (788) I 193. (j 788) II 489.
Elrichmann, Joh. Frid., Altdorffinus (m 732) II 46.
Elsasser, Joh. Georg., Spirensis (ph 658) I 343.
Elsberger, Georg., Ratisponensis (j 661) II 270.
Elsen, Gisbert, Confluentinus (j 721) II 347.
ab Elsenheim, Leop. Henr. L. B. (671) I 5.
Elsener, Jos., Menzinganus C. Zug (ch 785) I 254.
Elsner, Joh. Balthas., Wratislav. Silesius (j 666) II 283.
— Heinr., Plaviens. Variscus (ph 630) I 295.
ab Eltz, Joh. Jac. Comes, de Kempenich (764) I 39.
ab Elverfeldt, Frid. Christi., Monasterij Westphalus (j 719) II 342.
Elvering, M. Gabriel, Revalia-Livonus (th 650) I 617.
Elvert, Eman. Gottlieb Joh. Friedr., Canstad. Würtembergicus (780) I 150.
— Joh. Frid., Vayhinga-Wirtbergicus (m 751) II 68. s. Ellwerth.
Elwert (d'Elvert), Joan. Otto, Argentinensis (j 706) II 328. (cj 708: Joan. Nic. Otto) II 549.
— (d'Elvert), Jos., Argentinensis (j 768) II 445.
— (d'Elvert), Jos. Herm., Argentinensis (j 731) II 365. (cj 734) II 572.
— (d'Elvert), Jos. Mich. Amand., Argentinensis (cj 769) II 629.
— Jos. Phil., Argentinensis (j 706) II 328.
— Lud., Argentinensis (j 737) II 375. (cj 738: Phil. Lud. Otto) II 577.
— (d'Elvert), Jos., Argentinensis (768) I 78.
— Jos. Phil., Argentinensis (cj 708) II 549.
— (d'Elvert), Joa. Lud., Fintinensis (Pfintingensis) (789) I 199. (j 789) II 491.
— (d'Elvert), Franc. Xav., Colmariensis (j 751) II 403.
— Mich., Lixhemiensis (cj 711) II 550.
— Joh. Phil., Spirensis (th 707) I 663. (cm 713) II 151.
— (d'Elvert), Joh. Bapt. Jos., Tabernensis (767) I 67. (j 767) II 443.
Elwerth, Joh., Nassovio Idsteniensis (cj 677) II 531.
(Elwerth) Joh. Christi., Idstenio-Nassoicus (j 683) II 306.
— Nicol. Casp., Werthemia-Francus (m 670) II 24.
— Phil. Jac., Werthemia-Francus (j 669) II 288. (cj 674) II 528.
Ellwerth, Joh. Christoph, Reutlingensis (m 738) II 51.
s. Elvert, Elwerth.
Embser, Joh. Jac., Episcopovillanus (778) I 137. (m 778) II 111. (cm 781) II 192.
Emmel, Joh., Moeno-Francofurtensis (ph 652) I 336.
— Joh. Phil. (th 661) I 632.
Emmerich, Joh. Mich., Argentinensis (767) I 68. (ph 767) I 444. (cphm 779) I 581. (th 772) I 693.
— Joh. Petr., Argentinensis (ph 741) I 422. (cph 741) I 499. (cphm 744) I 572.
— Frid., Bischvillanus (ph 623) I 276.
— Joh. Reinbold., Brocomagensis (ph 724) I 407.
— Udalr. Jos., Moguntinus (m 756) II 76.
— Georg. Petr., Nassoicus (j 684) II 307.
— Phil. Werner., Spirensis (j 633) II 230.
ab — Erasm. Franc., Spirensis (j 664) II 277. s. Emrich.
— Phil. Henr., Westhoffiensis (th 761) I 687.
Emmert, Joh. Petr., Wertheimensis (ph 705) I 391.
Emmery, Claud., Metensis (770) I 85. (j 770) II 448.
— Lud. Maria, Metensis (782) I 159. (j 782) II 474. (cj 784) II 663.
— Lud. Maximin., Metensis (770) I 85. (j 770) II 448.
Emminghaus, D. Joh. Frid., Hachenburga Saynensis (773) I 104.
Emphychovius, Joh. Chph., Tremoniensis (th 654) I 622.
Emrich, Joach., Silesius (j 624) II 209.
— (Emericus), Elias, Fridberga Silesius (j 657) II 263. s. Emmerich.
Enbaven, Joan. Casp., Lyncensis ad Rhenum (j 672) II 296.
Enckelmann, Joan. Albert. Frid., Fürtho-Francus (m 748) II 62. (cm 749) II 168.
— Achat. Chph., Onoldinus (m 632) II 12. (cm 638) II 129.
— Georg. Ludov., Marckelbacho Noricus (m 755) II 76. (cm 756) II 171.
Enckerig, Georg. Frid., Horchemius (j 753) II 406.

am Ende s. Am Ende.
Ender a Serchauw, Carol. Walther (j 635) II 234.
Enderle, Landelin., Ettenheimensis (769) I 82. (m 769) II 100. (ch 778) I 241. (*Derselbe?*)
Enderlin, Jac., Basiliensis (ph 657) I 342.
— Jos. Frid., Boezinga-Durlacensis (j 752) II 405.
— Franc., Lindaviensis (th 663) I 634. (ph 666) I 359.
ab Endingen, Wolffg. Rud., Etenheimensis (j 630) II 225.
Engel, Dan. Leonh., Argentinensis (768) I 77. (ph 768) I 445.
— Joh. Dav., Argentinensis (ph 723) I 407. (cph 723) I 493. (cphm 727) I 568.
— Matthi., Argentinensis (769) I 82. (ph 769) I 446. (th 774) I 693. (cph 770) I 510. (cphm 774) I 580.
— Phil. Jac., Argentinensis (ph 755) I 434. (Theol. D. 789) I 706.
— Joh. Phil., Friedberga-Wetteravus (th 680) I 650.
— Joh. Dav., Heidelbergensis (m 723) II 39.
— Wolffg. Daniel, Landaviensis (ph 658) I 343.
— Joh., Lichâ Solmejus (j 633) II 232.
— Peter Rudolff, Nydoviensis Bavarus (m 751) II 68.
— Joh. Daniel, Nassovicus Ottovillanus (m 755) II 75.
— M. Joh., Reuttlingensis (th 630) I 603.
— M. Joh. Georg., Schorndorffensis (th 634) I 608.
— Frid. Wilh., von Weimar (d 731) I 212.
— Phil. Jac., Wörtha-Alsata (ph 711) I 397. (cphm 714) I 564.
— Joh. Matthaeus (768) I 72.
Engelbach, Georg Jac., Auenheimensis Hanoicus (ph 725) I 408.
— Joh. Chph. Henr., Babenhusanus (ph 709) I 396.
— Joh. Jac., Buxovillanus (th 737) I 677.
— Joan. Phil. Elias, Buxovilla-Alsatus (m 752) II 70.
— Geor., Büdesheimensis (ph 649) I 328.
— Christi. Carol., Episcovillanus (ph 739) I 420.
— Joh. Frid., Episcovillanus (ph 749) I 430.
— Joh. Phil., Episcopovillanus (ph 712) I 398.
— Georg. Jac., Ernoltzheimensis Hanoicus (j 673) II 298.
(Engelbach) Joh. Casim., Felda-Hassus (th 738) I 678.
— Joan. Conr., Westhovia Alsatus (770) I 86. (j 770) II 448. (cj 770) II 631.
— Joan. Jac., Westhoffiensis (ph 708) I 395.
— Joan. Phil. Elias, Westhofia-Alsatus (ph 708) I 395.
Engelbrecher, Wolffg. Reinhard., Argentinensis (cphm 698) I 558.
Engelbrecht, Joh. Jac., Argentinensis (th 696) I 657.
— Georg., Hannoveranus (j 666) II 283.
— Mart., Uffenhemio-Francus (ph 627) I 286. (cphm 627) I 524.
— Nic., Fr.-Uffenheimensis (th 631) I 605.
Engelhard, August., Darmstadinus (ph 652) I 336.
— Joh. Sam., Darmstatinus (th 666) I 639.
— Joh. Wilh., Suevo-Halensis (j 673) II 298.
— Joh. Christoph., Castellensis (758) I 35.
— Christi. Lud., Kirrweillensis Hanoicus (ph 746) I 427. (cph 747) I 501.
— Joh. Frid., Landaviensis (777) I 129. (m 777) II 110. (cm 779) II 189.
— Henr., Lygio-Silesius (th 630) I 603.
— Joh. Wilh., Schorndorffensis (j 626) II 216.
— Joh. Henr., Suinfurto-Francus (th 683) I 651. (j 683) II 306.
Engelhardt (Engelhard), Christi. Maurit., Argentinensis (789) I 196. (ph 789) I 458.
— Dan. Frid., Argentinensis (787) I 185. (ph 787) I 457.
— Georg. Frid., Argentinensis (ph 754) I 434. (cj 761) II 609.
— Joh. Georg, Argentinensis (cph 668) I 478.
— Joh. Laur., Argentinensis (ph 663) I 352. (cph 663) I 477. (cphm 665) I 545.
— Joh., zu Binbach in Franckhen (j 630) II 226.
— Joh. Georg., Binbachensis Francus (th 627) I 600.
— Eberh. Wilh., Hohenloicus (j 627) II 217.
— Dietr. Joh., Livonus (j 654) II 257.
— Georg., Mulhusinus Thuringus (j 627) II 216.
— Joh., Norimbergensis (th 659) I 628.
— Joh. Lud., Oberbronnensis (ph 664) I 354. (cph 664) I 477. (cphm 666) I 545.

(Engelhardt) Andr., Oberdorffensis Algoius (d 741) I 215.
— Matthi. Daniel, Wormatiensis (ph691) I 381.
Engelhart, Jac., von Schwindtratsheim (ch 788) I 258.
Engelcken, Franc., Hildesinus (j 764) II 434.
Engelke, Benj., auss Preussen (j 633) II 231.
Engelmann, Ant. Augustin., Argentinensis (774) I 110. (j 774) II 457. (cj 776) II 645.
— Franc. Jos., Argentinensis (j 740) II 383. (cj 743) II 582.
— Joh., Moeno-Francofurtanus (cphm 633) I 528.
— Joh. Mich., Friedberga-Wetteravus (m 753) II 71. (cm 753) II 169.
— Godofr., Mylhusio Alsatus (m 657) II 20.
— Christian Frid. (m 750) II 65.
Engeln, Phil. Lud., Darmstatinus (th 665) I 637.
Engels, Joh. Georg., Argentinensis (ph 734) I 416. (cph 736) I 497.
— Joh. Jac., Crucenacensis (ph 706) I 392.
— Joh. Petr. Godefr., Coloniensis (m 729) II 43.
Engelschall, Joh. Nic., Saalfeld-Tyrigeta (j 670) II 292.
Engelsüs, Georg., Creglingensis Francus (j 631) II 228.
Engenhagen, M. Heinr., Lubecensis (th 640) I 611.
Engesser, Franc. Raymond., Phorcen. Suevus (766) I 57. (j 766) II 439.
Engiggler, Joan. Mathias, Salisburgensis (j 706) II 329.
Engler, Joh., Esslingensis (j 693) II 318.
Englhoffer, Georg. Bernard., Sulzbaco-Palatinus (m 750) II 66.
Engmann, Joh., Boleslavia-Silesius (th 624) I 597.
Engver, Petr., Colberg. Pomeranus (j 623) II 206.
Eninger, Joh. Luc., Marckgrôningensis (ph 647) I 324.
Enlin, Joh., Ulmensis (ph 648) I 326.
Enroth, Joan. Franc., Marisburgens. Acronianus (770) I 86. (j 770) II 448.
Ensfelder, Christi. Godofr., Argentinensis (792) I 203. (ph 792) I 459.
— Joh. Dan., Argentinensis (779) I 140. (ph 779) I 452. (cj 787) II 671.
— Phil. Jac., Argentinensis (772) I 98. (ph 772) I 448. (th 777) I 694. (cph 775) I 511. (cphm 776) I 581.
(Ensfelder) Phil. Lud., Argentinensis (783) I 164. (ph 783) I 454.
Enslin, Georg Frid., von Bingen (ch 776) I 236.
— Joh. Christoph., Spirensis (780) I 151. (m 780) II 114.
Ensslin, Joh. Chph. Frid., von Gärtringen i. Württ. (ch 788) I 259.
Enste, J. Jac., Saleticensis (j 762) II 428.
Entenmann, Frid. Jac., Tubingensis (772) I 97. (th 772) I 692.
Entes, Atinga, Gröningensis, Nobilis Frisius (j 622) II 205.
de Entzberg, Franc. Baro (774) I 45. (j 774) II 458.
Envald, Erasm., Randolfia Danus (j 652) II 254.
— Nic., Randolfia-Danus (j 653) II 255.
Enz, Franc. Jos., Bazemheim. Helvetus (783) I 165. (m 783) II 116.
Enzensperger, Martin., Garsensis Bojus (767) I 64. (m 767) II 97.
Epfner, Matheus, von Scheching (d 758) I 220.
Eply, Andr., Diesenhofen i. d. Schweiz (786) I 183. (th 786) I 698.
— (Epplin), Conr., Diesenhofio-Helvetus (m 753) II 73.
Eporagrius, Gabr. Erici, Holmiâ-Suecus (ph 659) I 345.
Eppelin, Magnus, Berghusa Bada-Durlacensis (ph 755) I 435. s. Epplin.
ab Eppingen, Georg., Borussus (j 626) II 215.
— Reinhold., Borussus (j 628) II 219.
Epplen, Franc. Anton., Immenstattensis (j 740) II 382.
— Jos. Xaver., Immenstatensis Suevus (773) I 104. (j 773) II 455.
Epplin, Joh. Adolph., Argentinensis (ph 658) I 345. (cph 659) I 476.
— Phil. Jac., Mösskyrchensis (th 650) I 618.
— Joh. Casp., Nördlingensis (ph 646) I 322.
— Joh. Casp., Nordlinganus (ph 681) I 375.
— Joh. Heinr., Nördlingensis (ph 646) I 322. (cphm 647) I 536.
— Joh. Jac., Nördlingensis (j 655) II 258.
— Joan. Chphr., Vaihingâ-Wirtembergicus (j 626) II 212. s. Eppelin.
Epstein, Achilles, Moeno-Francofurtanus (ph 661) I 349. (cj 670) II 524.
Eradus, Joh. Burck., Pforzensis (th 625) I 598.
Erard, Phil. Hubert, ex Nomeny (778) I 189. (j 788) II 487.

Erasmi, Jacob., Chongio-Danus (m 614) II 2.
— Otto Joh., Lübecensis (j 672) II 295. (cj 675) II 530.
Erasmius, Janns, Ultraiectensis (ph 628) I 290.
Erasmus, Joh. Frid., Argentinensis (m 741) II 54. (cm 747) II 166.
— Joh. Henr., Argentinensis (ph 703) I 389.
— Christoph., Lignic. Silesius (j 630) II 226.
ab Erbach, Comes, Franc. (770) I 43.
— Georg. Albert. (748) I 31. s. Ulm.
Erbenius à Schönerben, Andr. Lubert. Egrennus (j 683) II 307.
Erbe, Heinr. Chph. (d 734) I 213.
Erbes, Joh. Casp., Wolfens. Mosellanus (ph 707) I 394.
Erbs, Jac. Frid., Bruchsalliensis (770) I 89. (j 770) II 449.
Erck, Gabriel, Meiningensis (th 653/54) I 621.
Erckenbrecht, Joh. Jac., von Syntzen (ph 646) I 323.
Ercker, Joh Phil., Using. Nassoicus (ph 632) I 299.
d'Erdel, Carol. Frid., Argentinensis (777) I 126. (j 777) II 462.
Erdinger, Joh. Frid., Austriacus (ph 625) I 280.
Erdtmann, Joh., Benwiz. Thuringus (ph 626) I 283.
Erdtreich, Wencesl., Suticeno-Bohemus (ph 627) I 285.
ab Erffa, Joh. Chphr., Nobil. Francus (j 654) II 256.
Ergetzinger, Matthae., Calvâ-Wirttembergicus (th 659) I 629.
Erhard, Joh. Georg., Hamburgensis (j 670) II 291.
— Henr. Chph., Neolithanus-Hoenloicus (th 765) I 689.
— Franc. Phil., Isenhemiensis (766) I 63. (j 766) II 440. (cj 768) II 627.
— Franc. Anton., Oberenhemensis (j 733) II 368.
s. Ehrhard, Ehrhart, Erhardt, Erhart.
Erhardt (Erhard), Joh. Dav., Argentinensis (j 662) II 273. (cj 669) II 524.
— Joh. Georg., Argentinensis (ph 627) I 285. (cphm 629) I 525. (cm 638) II 129.
— Joh. Melch., Argentinensis (ph 703) I 390. (cph 703) I 489. (cphm 707) I 561.
(Erhardt) Joh. Wilh., Rotenburgo-Francus (j 672) II 296.
— Henr. Wilh., Spirensis (j 665) II 279. (cj 665) II 518.
— Joh. Georg., Spirensis (j 673) II 298.
— Joh. Jac., Spirensis (j 627) II 218.
— Benjamin Frid., Würt. Stuttgardianus (m 739) II 52. (cm 741) II 163.
s. Erhard, Ehrhard, Ehrhart.
Erhardi, Laur., Hagenoënsis (cphm 623/24) I 521.
— Joh. Jac., Herbrechtingo Württembergicus (cphm 622/23) I 519.
Erhart, Joh. Nic., Gotha Thuringus (j 661) II 270. (cj 661) II 516.
s. Erhard.
Erich, Joach., Gryphiswald. Pomeranus (j 627) II 217.
— Chphr., Isenacensis (j 654) II 257.
Erichson (Ehrichsohn), Joh. Godofr., Argentinensis (ph 742) I 422.
— Theophil. Frid., Jebshemiensis-Alsata (785) I 174. (ph 785) I 455. (th 788) I 698.
Erici, Magn., Ailbergius Suecus (th 634) I 607.
Ering, Christophor., Francostenio Silesius (m 627) II 9.
Erlencamp, Ernest., Hamburgensis (j 662) II 272. (cj 664) II 518.
— Gilbert., Hamburgensis (j 660) II 268. (cj 660) II 515.
Erler, Joachim. Frid., Dantiscanus (j 666) II 284.
Ermel, Joan. Frid., Saxo-Misnicus (m 752) II 70.
Ermeltraut, Heinr., Solisbacco-Palatinus (m 730) II 44.
ab Ernau, Andr., Nobil. Charinthiacus (j 629) II 224.
— Wilh., Nobil. Carinthiacus (j 629) II 224.
Erndel, Joh., Ratisbonensis (ph 646) I 324.
d'Ernest, Fréd., de Berne (788) I 52.
Ernesti, Joh., Mindan. Westphalus (j 655) II 258.
— Joh. Jac., Odenfosen. Noricus (ph 633) I 300. s. Ernst.
Ernestius, Henning., Calmaria-Suecus (j 662) II 274.
Ernestus s. Ernst.
Ernon, Tossan. Jos. Paschal., Aquisgranensis (m 760) II 85. (cm 764) II 177.
Ernst (Ernestus), Andr., Argentinensis (ph 711) I 398. (cph 712) I 790.
— Dan., Argentinens. (ph 684) I 377. (cph 684/85) I 482. (cphm 687) I 553.

(Ernst) Joh. Georg., Argentinensis (ph 629) I 291. (cph 629) I 465. (cphm 631) I 527.
— Joh. Euchar., Guntzenhusa-Francus (th 660) I 629.
— (Ernestius), Andr. Herm., Heilbronnensis (th 700) I 660. (cphm 702) I 560.
— M. Christian., Nordlingensis (th 648) I 616.
— Thomas, Nordlingensis (th 648) I 616.
— Joh., Ratisponensis (ph 640/41) I 312.
— Henr., Vitoduro Helvetus (779) I 142. (m 779) II 112. s. Ernesti.
Erntzen, Joan. Wilh., Luxemborgensis (j 736) II 374.
Erpenbeck, Wilh. Christian, Ladbergen-Tecklenburgensis (773) I 103. (m 773) II 104.
Errelmann, Conr., Hattnegganus (th 663) I 633.
Ersing, Joan. Mich., Dietenhemiensis Suevus (m 762) II 87.
Ertlin, Franc. Jac., Brisacensis (j 686) II 312. (cj 686) II 537.
Ertzmann, Joh. Ernest, Weilburgensis (j 700) II 324.
Erythraeus, Joh. Cunr., Leg. Aug.-Pal. (m 624) II 7. (cphm 625/26) I 522.
Esch, Phil. Jac., Argentinensis (ph 748) I 428. (cph 648) I 502.
— (Eschius), Phil., Gersdorffinô-Hanoicus (ph 633) I 303. (cph 633) I 468. (cphm 636: Woerdtâ-Hanoic.) I 530.
von Esch, Carl Frh., Treviranus (764) I 40.
Eschenauer, Joh. Frid., Argentinensis (772) I 99. (ph 772) I 448.
— Joh. Melch., Miehlâ-Nassoic. (cphm 710) I 562.
Eschenlohr, Udalr., Augustanus (ph 627) I 285.
Escher, Joh. Heinr., von Zürich (j 663) II 275.
— Joh. Wilh., Tiguro-Helvetus (m 752) II 69. s. Aescher.
Escuyer, Nic. Alb., ex Berlens Friburg. Helvetus (779) I 143. (cm 782) II 194.
Esenbeck, Phil. Sam., Schwobachensis (m 759) II 83.
ab Esenbeck, Joach. Frid., Eques Saxonicus (j 680) II 304.
Esenwein, M. Erasm., Bottwarensis (th 649/50) I 617.
Esinger s. Oesinger.
Esken, Franc. Greg., Recklinghusio-Westph. Dorstensis (j 687) II 313.
Esmarus, M. Marc., Holsatus (th 655) I 624.
Esper, Joh. Dan., Lenckershemio-Francus (th 694) I 656.
— Georg., Windshemio-Francus (th 666) I 639.
— Joh. Matthae., Windshemio-Francus (ph 663) I 353.
Espich, Dan., Argentinensis (cm 648) II 132.
— Jac. Phil., Argentinensis (ph 645) I 320. (cphm 646) I 536.
— Jac. Val., Argentinensis (cj 648) II 507.
— Joh. Jac., Argentinensis (cm 688) II 144.
— Jac. Val., Witebergensis (m 612) II 1.
— Wolfg. Sigism., Witebergensis (m 618) II 3.
Esprit, Joh. Chph. Fidelis, Argentinensis (ph 748) I 429.
van der Ess, Nic., Haga-Batavus (781) I 155. (m 781) II 114.
Essenius, Joh. Jac., Neostadio-Palatinus (ph 660) I 347.
Essich, Ascan., Montbelgardensis (ph 638) I 309.
Esslinger, Jac., Ottenshamio-Austrius (ph 627) I 287.
d'Est, fils du Prince de Belgiojoso de Milan, Renaud Alber. Marquis (776) I 48. s. Lugo.
Ester, Marcus, Hamburgensis (j 688) II 316.
Etienne (Estienne), Joseph., San-Deodatensis (772) I 99. (j 772) II 453. (cj 775: ex Remonneix Lothar.) II 642.
— Joan. Nicol., Marsaliensis ex Lotharingia (m 759) II 82. (j 759) II 421 (Nicol.).
Etler s. Etter.
Etlinger, Andr. Ernest., Culmbaco-Francus (775) I 117.
Etter (Etler), Ferd. Wilh., Argentinensis (ph 755) I 435. (cph 757) I 504.
Ettlin, Frid., Seelbacensis (ph 640) I 311.
Ettling, Gottlieb, Moeno-Francofurtanus (j 748) II 397.
Euchner, Joh. Georg., Esslingensis (ph 647) I 324.
Eugau, Joh. Balthassar, Umstatt im Darmstädtischen (m 763) II 90.
Euler, Joh. Matthae., Haussensis (j 715) II 338.
— Menhard. Carol., Landaviensis (m 713) II 35.

Euphradi, Phil. Godefr., Gemmericensis Rhenanus (th 664) I 636.
Euth, Joh. Dan., Argentinensis (ph 699) I 386.
Evers, Gerhard., Hildesheimensis (j 670) II 290.
von Evers, Joan. Phil., Reichenbergens. Moguntin. (j 733) II 368.
Evert, Mart., Stochholmiensis (m 730) II 44.
Evrard, Ant, Metensis (cj 722) II 561.
— Cesar, Metensis (cj 716) II 555.
Exner, Christi., Fridbergâ Silesius (j 671) II 294.
Exter, Frid., Drussweiler Amt Bergzabern (769) I 81. (m 769) II 100.
— Bernh. Henr., Horckensis (791) I 201. (m 791) II 122.
Exterus, Abraham., Ninivilla (Nunvilla?) Bipontinus (ph 628) I 290.
ab Eyb, Frid. Lud. (j 686) II 312.
Eybestorff, Georg., Kissehelckensis Transylvanus (th 681) I 650.
Eybinger, Joh. Georg., Moeno-Francofurtanus (th 722) I 670.
ab Eybiswaldt, Georg. Honor. (j 628) II 219.
Eychler, Joh. Fried., Regiom. Prussus (j 674) II 299. s. Eichler.
Eydam, Casp., Vinariensis (ph 661) I 350.
Eyerfath, Joh. Phil., Schallodenbacensis (ph 652) I 334.
Eyerich, Frid., von Hürtigheim im untern Elsass (ch 780) I 245. s. Eyrich.
Eyfferlin, Matthae., Ulmensis (ph 633) I 302.
— Noach., Ulmensis (ph 632) I 298. (cphm 632) I 527.
Eyrich, Christoph. Jac., Norimbergensis (770) I 88. (m 770) II 101.
— Joh. Mich., Noricus (m 765) II 94.
— Joh. Eberh., Oettingensis (m 736) II 48. s. Eyerich.
Eyselius, Laurent., Kittingâ - Francus (j 637) II 235. (cj 639) II 503.
Eysenheim s. Eisenheim.
Eysenmann, Joh., Landaviensis (ph 632) I 299.
Eysenschmid s. Eisenschmidt.
Eysner, Nic., Olsnicensis Variscus (cphm 623) I 520.
Eyss, Joh., Hamburgensis (j 630) II 226.
Eytel, Craft Phil., von Eningen Uracher Oberamt (ch 783) I 250.
Eyting, Gerh., Varelo-Oldenburgicus (767) I 68. (m 767) II 97. (cm 769) II 181.

F.

Faber, Fridr. Andr., Argentinensis (ph 741) I 422.
— Joh. Henr., Argentinensis (ph 710) I 397. (j 715) II 554.
— Joh. Henr., Argentinensis (j 761) II 608.
— Joh. Mich., Argentinensis (ph 627) I 285. (cph 627) I 464. (cphm 629/30) I 526.
— Joh. Reinhard., Argentinensis (m 620) II 4. 5. (cm 629) II 126.
— Joh. Jac., Augustâ-Vindelicus (ph 649) I 329.
— Joh. Matthae., Augustanus (m 648) II 17. (cm 653) II 134.
— Chph. Balthas., Bambergensis (776) I 121. (j 776) II 461.
— Carol., Betuletanus (th 622) I 592.
— Carol., Betuletanus (ph 645) I 320.
— Joh. Nic., Birckenfeldensis (j 663) II 274.
— Just. Sebast., Betuletano-Sponhemicus (j 647) II 244. (cj 649) II 507.
— Johan. Christi., Coburg. Francus (j 654) II 258. (cj 657) II 513.
— Daniel, Crosnâ-Silesius (m 629) II 10.
— Joh. Jac., Eckwilla-Hunnus (ph 630) I 293.
— Joh. Georg., Moeno - Francofurtanus (ph 639) I 311. (cphm 640) I 532.
— Joh. Jac., Giengensis (ph 634) I 303.
— Joh. Bernh., Heidelbergensis (m 745) II 58.
— Joh. Henr., von Iserlohn (ch 789) I 260.
— M. Joh. Jac., Kyrnensis (m 620) II 4. II 5.
— Joh. Paul., Kyrnensis Hunnus (ph 665) I 357.
— Gust. Phil., Luzelsteinensis (cj 690) II 540.
— Joh. Georg., Monast. Weillensis (j 639) II 236.
— Wilh. Frid., Nerolengensis (j 711) II 333.
— Joan. Matthaeus, Neostad. ad Haardam (m 748) II 64.
— G. B., Neostadio - Württembergicus (m 751) II 68.
— Joh., Nycop. Danus (cj 653) II 510.
— G. Abrh., Ratisponensis (j 625) II 212.
— Joh. Frid., Schleusingensis-Francus (th 623) I 595.
— Georg. Frid., Stuttgard. Würtenbergicus (cj 669) II 524.

(Faber) Henr. Abrah., Stuttgard. Württembergicus (cj 669) II 524.
— August. Frid., Wimpinensis (j 675) II 300. (cj 680) II 532.
— Joh. Lud., Winsfeldensis (th 634) I 607.
— Joh., Wippinga-Württembergicus s. Schmidt.
— A. (j 711) II 333.
— Joan. Martin. (j 746) II 392. s. Schmidt.
Fabert, Carol. Phil., Fortalizius (j 728) II 359.
— Jos., Rastatio-Bipontinus (j 745) II 390.
Fabre, Franc., Carcassonensis (j 759) II 421. (cj 760) II 607.
Fabricius, Joh. Lud., Ayreville-Genevensis (ph 660) I 348.
— Phil. Conr., Butisbaco-Hassus (m 733) II 47.
— Phil. Mart., Darmstadiensis (th 666) I 639. (j 666) II 283. (cj 666) II 520.
— Conr., Fridberg., Wetteravus (j 630) II 224.
— Christi. Frid., Malchino-Megapolitanus (th 698) I 658
— Georg., Norimbergensis (j 654) II 257.
— Septim. Andr., Norimbergensis (m 666) II 23.
— Wolffg. Ambros., Noribergensii (m 647) II 16.
— Christoph., Regiomont. Borussus (j 670) II 292.
— Martin., Schäsburgô-Transylvanus (ph 666) I 358.
— Leonh. Wilh., Suinfurto-Francus (ph 650) I 331.
— Joh. Wolffg., Vinesio-Francus (j 624) II 208.
de Fackh, Edmund., Austriaco-Viennensis (j 739) II 380.
Faedder, Frid., Hafniensis (770) I 88. (j 770) II 449.
Faesch. Joh. Jac. (776) I 125.
Faesi, Henr., Helv. Tigurinus (m 745) II 58.
Fagnier, Joan. Franc., Metensis (j 721) II 346. (cj 721) II 559.
Fahlmer, Ern. Frid. Guil., Argentinensis (793) I 203. (ph 793) I 460.
Faibvre, Joh. Theobald, Hirsingue (752) I 33.
Fajard, Jac. Maur., Argentinensis (ph 729) I 411. (cj 734) II 572.
Faivre, J. Bapt., Vesulanus (782) I 159. (m 782) II 115.
Falciola, Joh. Matthae., Bipontinus (779) I 142. (j 779) II 467. (cj 782) II 660.
Falck, Augustin., Argentinensis (ph 626) I 284.
— Franc. Theodoric., Badensis Ergoicus (m 731) II 45.
— M. Mich., Danus (th 649/50) I 617.
— Joh. Alb., Niderehenhemensis (j 699) II 322.
— Christoph., Regiom. Prussus (j 670) II 291. s. Falckh.
a Falckenberg, Franc. Ludov., Coloniensis (j 686) II 312. (cj 687) II 538.
de Falckenhausen, Frid. Ferdin. Lud. L. B., Franconicus (766) I 41.
a Falckenhayn, Franc. Ant. Baro (716) I 15.
— Philipp. Ernest. Baro (716) I 15.
— Frid., Eq. Silesius (j 671) II 293.
Falckh, Georg., Rotenburgo-Francus (th 679) I 648. s. Falck.
Faleyeux, Marc. Caesar, Sandeodatensis (779) I 141. (j 779) II 467. (cj 781: ex Saulcy Lothar.) II 657.
à Falkenhain s. a Falckenhayn.
Faller, Franc. Mathias, Caesareomontanus (780) I 146. (j 780) II 469.
— Anton. Sylvest., Salmanschweileranus (m 752) II 70.
— Jac., de Nismes (j 750) II 401.
à Faltzburg, Apelius, Pomeranus (j 664) II 277.
— Joh. Phil., Pomeranus (j 664) II 277.
le Famars, Cornel. Joan., Amstelodamus (m 745) II 58.
Fanget, Franc. Ign., Willeranus (768) I 77. (j 768) II 445.
Farine, Joan. Bapt. Modestus, ex Saignelegier Libromontanus Rauracus (j 760) II 424. (cj 762) II 611.
Farny, Leon., Illhäussern i. O Elsass (784) I 169.
Farr, Joh., Argentinensis (ph 715) I 401. (cph 716) I 491. (cphm 718) I 565.
Farschon, Joh. Rodolph, Scheuren (m 762) II 88.
Faschko, Samuel, Basingâ-Hungarus (th 674) I 646.
— Jac., Brisnâ-Pannonius (th 642) I 612. (cphm 644) I 534.
Fasco, Sam., Argentinensis (Auenheimensis) (ph 740) I 420. (cph 741) I 499. (cphm 744) I 572.
— Joh. Lud., Buesvillanus (ph 745) I 425.
— Sam., Buxovillanus (ph 707) I 393.
Fasel, Joan. Frid., Saxo-Vinariensis (m 747) II 61.

Fasnacht, Joh., Bernas Helvetus (m 742) II 55.
— Joh. Martin., Phorcensis (ph 646) I 322.
Fasold, Joh., Cellâ-Variscus (j 624) II 209.
Faster, Joh. Heinr. (d 760) I 221.
Fauber, Wilh. Ferd., a Randegg (ph 640) I 311.
le Faucheur, Nicol. Augustin., Ravonensis (768) I 73.
Faudel, Joh. Dan., Argentoratensis (ph 724) I 407.
— Joh. Georg., Argentinensis (779) I 140. (ph 779) I 452.
— Phil. Jac., Argentinensis (ph 701) I 388.
— Frid. Wilh., Mediovillanus (777) I 127. (m 777) II 109. (cm 780) II 191.
Faudras, Charles (d 732) I 212.
Fauerbach, Joh. Christoph, Hannoviensis (775) I 116. (m 775) II 107.
Faulhaber. Alb. Frid., Ulmensis (m 763) II 90.
Faull, Joan. Andr., Bockenheimensis (j 714) II 337.
Faulmüller, Georg. Frid., Weissenburgo-Francus (th 681) I 650.
Faupell, Georg., Moguntino-Eichsfeldianus (j 681) II 305.
Faure, Carol. Claud., natus Tabernis (j 754) II 409.
— Otto Anna, Tabernensis (j 748) II 398.
Faure de Fayole, Mich. Barthol., Metensis (770) I 87. (j 770) II 449.
Fausius, Joh. Caspar., Neuhusanus Palatinus (m 623) II 6.
Faust (Faustius), Isaac., Argentinensis (ph 647) I 324. (cphm 650) I 537. (Theol. D. 659) I 324.
— Isaac., Argentinensis (ph 680) I 373.
— Isaac. Henr., Argentinensis (ph 713) I 400. (cphm 716) I 565.
— Jac. Frid., Argentinensis (ph 745) I 426. (cj 752) II 595.
— Joh., Argentinensis (ph 648) I 326. (Theol. D. 664) I 703. (cphm 650) I 537.
— Joh. Carol., Argentinensis (ph 711) I 398. (cj 719) II 557.
— Joh. Frid., Argentinensis (cphm 691) I 555.
— Joh. Frid., Argentinens. (cj 722) II 561.
— Joh. Frid., Argentinensis (ph 723) I 407. (cj 733 II) 571.
— Joh. Frid., Argentinensis (ph 753) I 433.
(Faust) Joh. Henr., Argentinensis (ph 739) I 420. (cj 748) II 587.
— Joh. Jac., Argentinensis (ph 684) I 376. (cphm 687) I 553.
— Joh. Mich., Argentinensis (ph 680) I 373. (cm 687) II 144.
— Joh. Sam., Argentinensis (ph 735) I 416. (cj 745) II 583.
— Sam., Argentinensis (ph 699) I 385. (cphm 703) I 560. (cj 708) II 548.
— Joh. Maximil., Franco (ph 664) I 354.
— Anton., Francofurtanus (ph 646) I 324.
Favier, Jac., Brisacensis (j 706) II 329.
— Jos. Phil., Brisacensis (j 718) II 340.
Favonius, Joh, Senenensis (th 623) I 594.
Favrat, Lud. Augustin., Wisceburgensis (j 748) II 397.
Favre, Petr. Alex., Metensis (769) I 80. (j 769) II 446.
— African., Vicensis (j 736) II 374.
Fay, Joh. Jac., Coronaemontanus (j 684) II 308.
Faydt, Joh., Ulmensis (th 725) I 671.
de Fayole (Vayole) de Louvigny, Jos., Colmariensis (j 719) II 344. (cj 724) II 563.
le Febre s. Lefebvre.
Februarius, Georg., Seelbachensis (ph 624) I 279. (cph 625) I 464.
Fébué, Joan. Bapt., Lunevillanus (768) I 71. (j 768) II 444. (cj 768) II 627.
Febvrel, Ludov., S. Deodatensis (770) I 84. (j 770) II 447. (cj 771) II 634.
— Alex., Lunevillanus (787) I 185. (j 787) II 485.
— Jac. Ant. Anna Joseph., Lunevillanus (778) I 133. (j 778) II 464. (cj 779) II 653.
— Joan. Carol., Lunevillanus (780) I 147. (j 780) II 469. (cj 781) II 658.
— Leop. Amand., Lunevillanus (776) I 124. (j 776) II 462. (cj 778) II 651.
— Nic. Franc., Raon l'etape in Lotharingia (788) I 193. (m 788) I 121.
— Franc., Spinalensis (781) I 155. (j 781) II 473.
a Fechenbach, Georg. Carol. L. B. (764) I 39.
Fecher, Joan. Wilh., Kempensis (m 764) II 92.
Fechner, Jac., Bicinio Silesius (ph 664) I 355.

Fecht, Joh. Mart., Binza-Marchicus (th 696) I 658. (cphm 698) I 557.
— Alb., Sultzberga-Marchicus (ph 661) I 350.
— Joh., Sulzburga-Marchicus (ph 655) I 340.
— Phil. Lud., Sultzburgo-Marchicus (ph 666) I 359.
Federlin, Joh. Jac., Ratisbonensis (ph 637) I 309. (cphm 640) I 532.
de Fegely, Nicol. Joan. Bapt., Friburgens. Helvet. (j 757) II 415. (cj 765) II 438.
Feh. Carol., Gailndorff. Francus (ph 623) I 274.
Fehr, Ernst Fridr., Berlinensis Marchicus (j 679) II 302.
— Jac., St. Gallen (m 758) II 81. (cm 761) II 174.
von Fehrentheil s. Ferntheill.
Fehrman, Daniel, Mitavia Curonus (j 748) II 398.
Feichtmayr, Joh. Bapt., Salmensweiler (m 750) II 67.
Feidner, Joh., Schesburga-Transylvanus (th 669) I 643.
Feigenthal, Franc. Christoph., Tabernensis (j 735) II 371.
— Joan. Adam., Tabernensis (cj 722) II 561.
Feigler, Joh. Gothofr., Argentinensis (ph 742) I 423. (cj 750) II 590.
— Phil., Argentinensis (ph 628) I 288. (cph 628) I 465. (cphm 630) I 526.
de Feignies, Christian. L. B , ex Gondesweiler in Westravia (759) II 36.
a Feilitzsch, Joh. Henr. (j 627) II 218.
Fein, Joh., Argentinensis (790) I 199. (ph 790) I 458.
Feiner, Nicol., Francofurtensis (j 673) II 298.
Feischel s. Feischl.
Feischl, Esaias, Ratisponensis (j 665) II 280. (cj 672) II 527.
— Georg. Sigism., Ratisponensis (j 664) II 278.
Feist, Joh., Binstadensis-Wetteravus (th 623) I 594.
Felbinger, Joh. Paul., Noribergensis (ph 625) I 280.
— Georg., Plano-Bohemus (ph 627) I 286.
Feldner, Casp., Suidnicio-Silesius (th 624) I 597.
— Sevenus, Suidnicio-Silesius (th 624) I 597.
— Joh., Wratislaviensis (j 643) II 240.
Felgendreff, Andr. Wilh. (d 763) I 222.
Felgenhauer, Augustin., Coldicensis Misn. (th 699) I 659.
Felix, Franc., Harovensis ex Lotharingia (j 755) II 410. (cj 757) II 601.
— Paul., Tustâ-Bohemus (j 639) II 236.
Fell, Dav. Franc., Suevo-Hallensis (th 761) I 687.
— Joh. Phil., Walsstorffio Nasoicus (th 621) I 591.
Fellmann, Franc. Carl. Ign., Guebwillensis (775) I 112. (j 775) II 458.
— Joan. Lud., Guebwillanus (782: Colmarinus) I 161. (j 782: Colmarinus) II 475. (cj 783) II 662.
— Ign. Pius, Ungershemiens. Alsata (j 738) II 380. (cj 740) II 578.
— Joh. Jac. Wilh., Ungersheimensis (cj 767) II 625.
Fellmett, Jac. Frid., Carls-ruh (m 757) II 80.
Felmer, Franc., Wurmbachino-Transylvanus (th 665) I 637.
Fels, Gottfr., Lindaviensis (ph 661) I 349.
— Joh. Henr., Lindaviensis (j 680) II 303.
— Sebast., Lindaviensis (ph 656) I 340.
— Bernh. Jos., Selestadiensis (m 720) II 38.
— Bernh. Jos., Selestadiensis (cj 741) II 579.
— Bernh., Selestadiensis (767) I 69. (m 767) II 98. (cm 774) II 185.
— Lud., Selestadiensis (774) I 111. (j 774) II 457.
— Lud., Selestadiensis (782) I 158. (cj 782: Carol. Lud. Franc.) II 659.
— Franç. (d 742) I 216.
Felsing, Joh., Lauterbaco-Hassus (th 655) I 623.
Feltrupf, L. W., Osnabrug. Westph. (m 757) II 79.
Feltz (Feltzius), Joh., Argentinensis (ph 646) I 323. (cphm 647/48) I 536.
— Joh. Henr., Argentinensis (ph 679) I 373. (j 688) II 539.
— Joh. Phil., Argentinensis (ph 632) I 299. (cph 632) I 467.
— Paul., Argentinensis (th 624) I 707.
— Phil. Jac., Argentinensis (ph 671) I 366.
Fempfel, Joh. Georg., Heilbronnensis (ph 666) I 359.
Fenckh, Georg Chph., de Gunzenhausen (d 740) I 215. s. Fenk.
Fend, Casp., Lindaviensis (ph 661) I 350.
— Georg. Christian., Oettinga-Suevus (m 756) II 78.
Fendt, Joh. Nic.. Argentinensis (ph 626) I 282.

Fendrich, Joh. Barthol., Lützelsteinensis (ph 663) I 353.
Fenrich, Joh. Frid., Argentinensis (781) I 153. (ph 781) I 453. (th 786) I 698.
Fenk, Tobias, Bohemus (d 736) I 213. s. Fenckh.
Fenn, Andr., Esslingensis (ph 626) I 283.
— Joh., Esslingensis (ph 624) I 278. (cph 624) I 463. (th 624) I 596. (cphm 627) I 524.
Fenneberger, Joh. Sam. (d 753) I 219.
Fentzl, Achatz, Vratisl. Silesius (j 622) II 205.
ô Feral, Frid. Wilh., Dresdensis (770) I 88. (770) II 101.
Ferber, Joh. Adolph., Argentinensis (ph 663) I 354. (cph 664) I 477. (cphm 665) I 545.
— Joh. Dan., Argentoratensis (j 755) II 410.
— Joh. Jac., Argentinensis (ph 699) I 385. (cphm 701) I 559. (Theol. D. 715) I 704.
— Joh. Nic., Argentinensis (ph 624) I 278. (cph 624) I 463. (cphm 627) I 524.
— Rud. Frid., Argentinensis (ph 753) I 433. (j 758) II 602.
— David Isaak, Bischoffzell (778) I 133.
— Joh. Nathan., Gedanensis (j 680) II 304.
— Nathanael Godofr., Gedanensis (j 713) II 336.
— Maurit. Phil., Hambacensis (ph 734) I 415.
— Frid., von St. Petersburg (d 770) I 226.
— Joh. Jac., Weissenburgo-Noricus (ph 643) I 317.
Ferberi, Joh. Henr., Caroli Coronae Suecus (d 724) I 210.
Ferckel, Franc. Lud., Tabernensis (m 745) II 58.
— Jac. Ferd., Tabernensis (m 740) II 53. (cm 742) II 164.
de Ferguson Tepper, Lud. Guilielm., Varsoviens. (783) I 165. (j 783) II 476. (cj 789) II 675.
Feriet, Carol., Colmariens. (j 719) II 344. (cj 721) II 559.
— Lud. Phil., Metensis (j 727) II 355. (cj 727) II 565.
— de Mondelange, Dominic. Hyacynth. Nicol., Metensis (j 728) II 358. (cj 730) II 568.
Fernbach, Ant., von Mahlberg (ch 778) I 242.
de Fernberg, Jos. Ign. Baro, Murac. Palatin. (763) I 38.
de Ferntheill, Frid. Wilh., Eq. Silesius (j 666) II 283.
Ferrand, Isaac., Montbelgardensis (ph 753) I 433.
— Petr., Montsbelgardensis (ph 726) I 409.
— Franc. Jos., Vicensis (j 749) II 398.
Ferrari, Joan. Franc., Tholosanus (d 699) I 206.
Ferré de Nuits, Lud. Edmund., de Ville neuve le roy (j 758) II 418.
Ferrend, Joan. Franc., Sanmariensis ad fodinas (j 745) II 390.
de Ferrette, Ant. Rich., Sennhemianus (j 748) II 397. (cj 750: Frid. Rich. Wolfg. Jos.) II 590.
— à Florimont, Xav. Jos., ex superiore Alsatia (j 759) II 420.
de Ferrier, Joan. Petr., Belfortensis (j 712) II 334. (cj 713) II 552.
Ferro, Paschal. Jos., Bonnensis (ch 772) I 231. (773) I 105. (m 773) II 104.
Ferry, Lud. Hegisiph. Joseph., Gerbevillensis Loth. (787) I 186. (j 787) II 485.
— Mansuet., Gerbevillanus (784) I 169. (j 784) II 478.
— Carol. Nicol. Bened., Lunevillanus (780) I 147. (j 780) II 469. (cj 782) II 661.
— Joh., Metensis (j 699) II 322. (cj 704) II 546.
— Jac., Nanceianus (766) I 58. (j 766) II 439.
— Joan. Petr., de Provencheres (j 748) II 398.
— Jos., Loth. Sandeodatensis (777) I 129.
de Fersen, Axel Comte (771) I 43.
— Fabian Reinhold Comte, de Stockholm (783) I 49.
Fersius, Godofr., Olsnâ-Silesius (j 655) II 259.
Ferster, Franc. Xaver., Monac. Bojus (769) I 81.
le Fevre, Herm. Adolph., Lubecensis (j 733) II 368. (cj 733) II 571. s. Lefebre, Lefebvre.
Fesch (Feschius), Joh. Sebast., Basileensis (j 629) II 224.
— Sebast., Basileensis (j 669) II 288.
Fesel, Laur. Christi., Durlaco-Marchicus (j 663) II 276.
— Wolrad. Engelhard., Durlacensis (ph 629) I 291. (cm 633) II 128.
Feser, Magnus, Ulmensis Suevus (cphm 627) I 524. (th 627) I 601.
Fessler, Dav. Ant., Argentinensis (772) I 96. (j 772) II 452.

Fessoldus s. a Steckhoffen.
Festing, Conr. Heinr., Hamburgensis (767) I 68. (m 767) II 97.
Fettich, Christian., Argentinensis (782) I 158. (ph 782) I 454. (cph 782) I 514.
— Georg. Sigism., Argentinensis (j 654) II 256.
— Joh. Phil., Argentinensis (ph 731) I 413.
— Joh. Frid., Wormatiensis (m 621) II 6.
Fetzer, Joh. Jac., Noribergensis (j 664) II 278. (cj 664) II 518.
— Magnus, Norimbergensis (j 633) II 231. (cj 636) II 502.
— Magnus, Norimbergensis (j 665) II 281. (cj 665) II 519.
Feuchter, Volkmar, Sulano-Hennebergicus (th 685) I 652.
Feuerlin, Joh. Wilh., ex Onoldinis (th 730) I 674.
Feurel, Sim. Christoph., Leuttersusanus (ph 628) I 289.
Feurstein, Joa. Henr., Lindaviensis (788) I 190. (m 788) II 120.
Feustel, Barthold., Hamburgensis (j 640) II 237.
Feutet, Mich., Spinalus (j 737) II 377.
Feyerabend, Joh. Isaac., Elbinga Boruss. (j 721) II 346.
— Georg. Friedr., Schw. Hall (779) I 139.
— Joh. Balthas., Hallis Suevorum (m 680) II 27. (cm 681) II 142.
— Joh. Casp., Suevo-Halensis (ph 628) I 289.
— Georg. Heinr., Heilbronnensis (cj 663) II 517.
— Joh. Georg., Heilbronnensis (j 666) II 282.
— Joh. Wilh., Heilbronnensis (ph 664) I 355.
Feyerabendt, Caspar., Culmbacho-Francus (ph 655) I 339.
Feyerabent, Joh., Rechnizio - Ungarus (j 649) II 248.
Feyrtag, Laur., Possnien. Hungarus (ph 625) I 280. (ph 627) I 285.
Fez, Georg., e Silva Brigantina (j 738) II 379.
Fibich, Matthae., Neo Berolinô-Marchicus (th 662) I 633.
Fichard, Joh. Christi., Moeno-Francofurtensis (j 668) II 285.
(von) — Joh. Christi., Francofurtensis (j 721) II 346.
Fichtl, Franc. Lud., Herbipolensis (j 700) II 324. (cj 718) II 556.
Fichtner, Joh. Georg., Altorfinus (j 699) II 322.
Ficke, Carol. Frid., Argentinensis (771) I 91. (ph 771) I 447.
— Casp., aus dem Luneburgischen (d 728) I 211.
Fickler, Joh., Dresdensis (j 627) II 219.
Fidel, Joh., Argentinensis (ph 703) I 390.
Fiderer, Joh. Georg., Argentinensis (cph 623) I 462. (cphm 625/26) I 522.
de Fidierè, Jac. Carol., Calvomontan. en Bassigny (785) I 174. (j 785) II 480. (cj 786) II 670.
Fiebel, Franc. Jos., Silesius Trachenbergensis (d 736) I 213.
Fiecht, Joh. Georg., Creutzsheimio-Francus (th 623) I 595.
Fiechter, Ulr., von Hutweill C. Bern (ch 787) I 257.
Fiedler, Joh., Lobensteinensis Variscus (th 668) I 641.
Fieger s. Füger.
Fielbaum, Elias, Neapoli Brandenburg. (th 624) I 709.
Fiesel, J. Henr., Argentinensis (ph 713) I 399.
Fiess, Franc. Ant., Colmariensis (768) I 75. (j 768) II 445.
— Matthi., Colmariensis (766) I 56. (j 766) II 439. (cj 768) II 627.
Fiessinger, Franc. Gabr., Offenburgensis (768) I 73.
Fietz, J. Casp., Meindorff. (775) I 119.
Figulus, Simon, Oberhöchstatensis (ph 628) I 289.
Filgus, Guil. Lud. Carol., Darmstadiensis (m 758) II 81.
Filkenius, Bartholom., Schesburga-Transylvanus (th 666) I 639.
Fimmel, Joh. Dan., Panroda-Nassovicus (th 704) I 661.
Fimpel, Joh. Phil., Argentinensis (ph 695) I 384. (cphm 698) I 558.
Finck, Gabr., Argentinensis (cph 629) I 466. (cphm 632/33) I 527.
— Petr., Eschnauensis Noricus (th 629) I 603.
— Joan. Petr., Langatte (786) I 179. (j 786) II 482.
— Joh. Martin., Noribergensis (j 673) II 298. (cj 673) II 528.
— Jos. Nic., Tabern. Alsata (766) I 63.
— Jac. Bonaventura, Uberlinganus (j 758) II 418.
a Finck, Ernest. Frid. (j 668) II 287.
Fincke, Wilh. Otto, Blanckenburgensis Saxo (j 664) II 278.
Finckenhagen, Joh., Danus (j 755) II 410.
Finckler, Georg. Ernest., Norimbergensis (j 724) II 350.

(Finckler) Frid. Ernest., Wertheimiâ-Francus (j 687) II 314.
Findeisen, Joh. Georg., Argentinensis (ph 625) I 279. (cph 625) I 463.
— Valent., Wonsideliae-Variscus (j 685) II 311.
Findekeller, Gothofr., Dresdâ-Misnicus (cj 669) II 523.
— Joh. Sigism., Dresda-Misnicus (cj 669) II 522.
— Mich. Dresdensis (th 657) I 626.
Finot, Ant. Henric., Metensis (j 759) II 422. (cj 761) II 608.
Finsternacher, Joan. Mathi., Augustanus Suevus (j 685) II 310.
Finsterwald, J. G. (746) I 30.
Finxius, Christian., Lubecensis (ph 658) I 344.
— Paul., Lubecensis (th 649) I 616.
Fiorentini, Sebast., Landsperg. i. Bayern (ch 781) I 247.
(a) Fircks, Carol. Frid., Eq. Curland. (763) I 38.
— Carl Ulr., Eq. Curlandus (j 757) II 415.
Firnekrantz, Nic. (j 652) II 254.
Firnhaber, Georg., Guntzenhusa-Francus (ph 631) I 295.
— Joh. Christoph., Wertheimensis Francus (j 699) II 323.
— Phil. Frid., Wertheimâ-Francus (ph 670) I 365.
Firtet, Dionys., Gevriensis ex Ducatu Burgundiae (j 752) II 405. (j 764) II 433. (cj 764) II 615.
Fischbach, Georg., Petschavia-Bohemus (th 624) I 708.
Fischer, Henric. Salom., Alsata (j 689) II 317.
— Joh., von Amsoldingen C. Bern (ch 780) I 245.
— Joh Ant., Andlaviensis (m 737) II 50. (j 742) II 387.
— Abrah., Argentinensis (ph 646) I 323. (cph 646) I 472. (cphm 647/48) I 536.
— Georg. Henr. Joh. Nepom., Argentinensis (j 781) II 658.
— Henr., Argentinensis (780) I 146. (j 780) II 469.
— Iman. Godofr., Argentinensis (787) I 184.
— Joh., Argentinensis (ph 699) I 386.
— Joh. Frid., Argentinensis (ph 750) I 430. (j 763) II 613.
— Joh. Frid., Argentinensis (ph 764) I 443.
— Joh. Georg., Argentinensis (742) I 160. (ph 742) I 423. (j 754) II 597.
(Fischer) Joh. Georg., Argentinensis (ph 782) I 454. (j 791) II 678.
— Joh. Jac., Argentinensis (747) I 153. (ph 747) I 428.
— Joh. Jac., Argentinensis (ph 781) I 453.
— Joh. Wilh., Argentinensis (ph 732) I 414.
— Lud. Jac., Argentinensis (ph 734) I 415.
— Sam., Argentinensis (ph 630) I 466. (cphm 632/33) I 527. (Poet. L. 632/33) I 586.
— Franc. Jos. Jac., Arlesheimensis (cj 741) II 580.
— Joh., Arnstat. Thuringus (th 632) I 605.
— Abrah., Augustanus (th 666) I 638.
— Joh. Jac., Augustanus (m 753) II 71.
— Vit., Augustanus (th 655) I 623.
— Joh., Berlinensis (j 624) II 209.
— Joh., Helvetiae Bernensis (j 680) II 304.
— Georg Wilh., von Bönstadt (d 758) I 220.
— Joh. Dav., Braubachiâ-Rhenanus (th 668) I 642.
— Joh. Ulr., Butisbac. Wetteravus (ph 647) I 325.
— Joan. Jac., Campidonensis (j 669) II 287.
— Matthias, Cellâ-Lunaeburgensis (j 633) II 232. (cj 635) II 501.
— Reinhold., Dantiscanus (j 666) II 284.
— Joh. Valent., Darmstadino-Hassus (th 699) I 659.
— Joh. Jac., Francofurtensis (ph 652) I 335.
— Joh. Conr., Moeno - Francofurtanus (j 662) II 273.
— Philipp., Hörgertshusan. Boius (771) I 91. (m 771) II 102.
— Joan. Georg., Langenburgensis (j 698) II 321.
— Joh., Lauterbac. Hassus (j 630) II 225. (cj 633) II 500.
— Joh. Herm., Lauterbacensis Hassus (m 630) II 11.
— Jac., von St.-Lorenzen a. d. Nassau-Saarbrückischen (ch 790) I 261.
— Daniel, Lubecensis (j 654) II 257.
— (Ficher), Joseph, ex Santa Mariana (j 691) II 318.
— Joh. Bapt., Molshemensis (771) I 90. (j 771) II 449.
— Casim. Ferdin. Ernest., Neostadian. ad Hardam (j 738) II 380.
— Etlenbert. Leonh. Xaver., Neostadiensis ad Haardam (j 751) II 404.

(Fischer) Georg., Norlbergensis (j 680) II 304.
— Christian., Oberkirch. Brisg. (785) I 178.
— Franc. Anton., Oberkirchensis (787) I 188. (j 787) II 487.
— Franc. Jos., Oberkirchensis (j 743) II 389.
— Franc. Jos., Oberkirchensis (j 764) II 435. (cj 767: Franc. Jos. Valent.) II 624.
— Franc. Melch., Oberkirchensis (j 719) II 342.
— Ign. Henr., Oberkirchensis (j 756) II 413. (cj 758) II 602.
— Joh. Henr., Oberkirchensis (j 724) II 350.
— Joh. Nepomuc. Henr., Oberkirchensis (j 756) II 413. (cj 758) II 602.
— Franc. Melch., Oppenauensis (cj 719) II 557.
— Andr., Pulsnitio-Lusatus (j 661) II 271.
— Joh. Jac., Reuttlingensis (th 648) I 615.
— Joh., Richovillensis (ph 736) I 418.
— Leonh., Schwobacco-Francus (th 677) I 648.
— Matthi., Ulmensis (th 686) I 653.
— Ferdin., Ursbergensis (j 782) II 475.
— Alex., Weissenburgensis (ph 759) I 438.
— Joh., Zürndorff. (ph 708) I 395.
— J. F. (d 756) I 219.
de Fischer, Joan. Benj., Livino-Russus (m 740) II 53.
de Fischern, Alex. Nicol., Austriac. Viennensis (j 719) II 344.
Fischlin, M. Joh. Heinr., Stuttgardianus (th 634) I 608.
— M. Chph. Daniel, Württembergensis (th 744) I 680.
Fischlinger, Joh. Jac., Argentinensis (ph 632) I 299. (cph 632) I 467.
Flach, Andr., Argentinensis (ph 715) I 402. (cm 724) II 155.
— Franc. Jac., Argentinensis (ph 747) I 427. (cj 757) II 601.
— Godofr. Frid., Argentinensis (782) I 161. (ph 782) I 454.
— Joh., Argentinensis (ph 735) I 416. (cph 736) I 497. (cphm 740) I 571.
— Joh. Frid., Argentinensis (ph 675) I 371. (cj 683) II 535.
— Joh. Georg., Argentinensis (ph 715) I 402.
— Joh. Henr., Argentinensis (ph 688) I 380.
— Joh. Henr., Argentinensis (782) I 161.
(Flach) Nic. Anth., Argentinensis (ph 672) I 368. (cm 681) II 142.
— Phil. Andr., Argentinensis (ph 745) I 425. (cj 754) II 597.
— Sigism., Argentinensis (cj 624) II 495.
— Joh. Henr., Buxovillanus (ph 738) I 419.
Flachs, Christoph., Uberling. Acron. (766) I 63. (m 766) II 97.
— Jos. Ant., Uberlingano-Acronianus (m 757) II 79.
Flachsland, Joh. Rud., Brogginga-Marchicus (ph 699) I 386.
— Matthias, Hauwinganus (ph 664) I 354.
— Jac. Burckard., Heilbronnensis (j 759) II 422.
— Joan. Ant., Heilbronnensis (j 765) II 438.
— Joh. Jac. Conr., Pforzheimensis (776) I 123. (m 776) II 108. (cm 779) II 189.
de Flachsland, Joan. Franc. Ant., Eques Als. (ph 665) I 358. (cj 670) II 525.
— Joan. Henr. Jos., Alsatus (j 711) II 333.
(de) — Sigism. Frid., ex Sirenz Als. (766) I 56. (j 766) II 439.
Flacht, M. Frid., Wormatiensis (m 616) II 3.
Flaxland s. Flachsland.
Flayelle Delmotte, Joa. Bapt. Franc. Gilbert., Parisiensis (788) I 189. (j 788) II 487.
Flechtner, Joh. Sam., Argentinensis (ph 727) I 410. (cph 728) I 495. (cphm 731) I 569.
a Fleckenstein, Frid. Jac. L. B. (677) I 6.
Fleckhammer, Dav., Argentinensis (ph 624) I 278. (cph 624) I 463.
— Joh. Carol., Argentinensis (ph 628) I 288. (cph 628) I 465.
— Georg. Chph., Obernbezdorffensis-Hanoicus (ph 627) I 285. (cph 627) I 464. (cphm 628/29) I 525.
Fleig, Franc. Ignat., Rottwilan. Suevus (m 748) II 63. (cm 750) II 168.
Fleiner, Joh. Ern., Esslingensis (ph 629) I 293.
Fleischbein, Petr. Adam., Gleisweilleran. Palatin. (j 760) II 423.
— Franc. Jos., Selzensis Alsata (784) I 172. (j 784) II 479.
s. Fleyschbein.
Fleischer, Joh. Matthae., Barutho-Francus (j 680) II 304.
— Esaias, Hafniâ-Danus (j 656) II 262.

(Fleischer) Joh., Hafniâ-Danus (j 656) II 262.
— Frid., Misnensis (j 689) II 317.
Fleischlen, Sebast., Ulmensis (th 681) I 650.
Fleischmann, Jos., Amberg. Palatinus (777) I 131. (m 777) II 110.
— Joh. Frid., Argentinensis (ph 709) I 396. (cj 713) II 552.
— Joh. Georg., Erlangensis (768) I 77. (m 768) II 99.
— Andr., Norenbergensis (m 750) II 67.
— Joh., Noribergensis (th 642) I 612.
— Joh. Jac., Pforzensis (th 665) I 637.
— Joh. Reinhard., Pirmasensis (j 758) II 418.
— Phil. Ludov., Pirmasensa-Hasso-Hanoicus (th 749) I 682.
— Georg. Wilh., Wolfisheimensis (ph 709) I 396. (cj 713) II 551.
— Joh. Frid., Wolffishemensis (ph 660) I 348. (cj 670) II 524.
Flemer, Lud. Gotfrid., Oringâ-Hoenloicus (ph 631) I 297.
Flemig, Chph., Pratovallensis Misnicus (th 647) I 615.
Fleming, Christi., Prebusio-Silesius (th 630) I 604.
Flemming, Joan. Gottfried, Artera-Mansfeld. (775) I 116. (m 775) II 107.
Flemming L. B. de Liebelitz, Jean Casimir, Suecus (681) I 7.
Fleon, Mich. Jos., Caesareo-Lutrensis (j 758) II 419.
Fleurant, Ant., ex fano Sancti Deodati Lotharing. (786) I 181. (j 786) II 483. (cj 788: ex Gouttes d'Anould) II 673.
de Fleury, Joan. Henr., Barraducensis (j 736) II 374. (cj 738) II 577.
Fleyschbein, Joh. Dan., à Kleeberg (j 687) II 315. s. Fleischbein.
Fliccius s. Flick.
Flick (Fliccius), Joh. Henr., Usinga-Nassovius (m 683) II 28.
Fliedner, Chph. Hartm., Bornheimensis (ph 762) I 441.
Fliegel, Chph., Leoberg. Silesius (th 649) I 616.
Flieller, Casp. Jos., Unterwaldensis (m 765) II 94.
Flies, Joseph., Berolinensis (775) I 117.
Fliesen, Henr. Lud., Lutro Caesarea Palatinus (j 761) II 427.
Flöcker, Joh. Ignat., Arensbergensis (j 723) II 348.
Florance, Franc. Ant., Neobrisacensis (j 762) II 429. (cj 764) II 615.
Florantin, Nic., Saraludovicensis (j 723) II 348. (cj 725) II 563.
Florat, Claude, Paris (d 711) I 207.
Florent, Pierre, de la Flèche en Anjou (d 745) I 216.
Florietus, Josias, Belnensis Gallus (m 624) II 7.
Flörken, Joan. Ant., Bonnensis (786) I 181. (m 786) II 119.
Florquinus, Joh., Francodal. Palatinus (j 635) II 234.
Flosse, Paul. Hubert., Saraludovicensis (780) I 150. (m 780) II 113. (cm 784) II 196.
von *Flotow* (Vloto), Henrich Wolff. Eques Neo-Marchicus (j 665) II 280.
Flottwell, Christi., Constadiensis-Silesius (th 721) I 669.
Flubach, Frid., Tilsensis Borussus (j 652) II 253.
de Flué, Nicod., Kerns C. Underwalden (ch 785) I 253.
Flügel, Andr., Gartzensis Pomeranus (th 624) I 709. 596.
Flügge, Peter Nicol., Megapolitanus (j 668) II 286.
Flurer, Georg. Christoph. (742) I 28.
— Joh. Frid., Roteburg. Tuberanus (ph 669) I 362.
Flury, Jos., von Underwalden (ch 788) I 258.
Foccart (Fouart?), Alex. Blas., Molshemiensis (781) I 158. (j 781) II 474. (cj 783) II 663.
— Ant. Petr., Molshemensis (j 741) II 384. (cj 743) II 582.
— Lud., Molshemensis (cj 738) II 577.
Focken, Joh. Molanus, Jeverâ-Frisius (th 687) I 654.
Föckler, Joh. Frid., ex Marchion. Badensi superiori (th 682) I 650. s. Foecler, Foeckler.
Foctisch, Mich., Schlettan. Misnicus (j 658) II 266.
Foecler, Isac., Falcosteinensis (ph 628) I 289.
— Joh., Opfingensis (ph 633) I 302.
— Isaac., iun., Schopfen. March. Durlacensis (ph 631) I 297. s. Föckler, Foeckler.
Foeckler, Frid. Wilh., Carlsruhe (th 763) I 687.
— Nic. Corn., Carlsruhe (m 739) II 52.
— Chph., Oettlingâ-Marchicus (ph 655) I 339. (th 661) I 631.
— (Föckler), Mich., Oetlingâ-Marchicus (th 671) I 645.
— Paul., Ötlingensis (ph 649) I 331. s. Föckler, Foecler, Foeckler.

Foehr, Christ. Lud., Rupisvillanus (ph 717) I 403.
Foekler, Joh. Chph., Durlacensis (th 674) I 646.
s. Foeckler, Foecler, Föckler.
Foell, Henr. Otto, Landaviensis (781) I 154. (ph 781) I 453. (cph 782) I 514. (cphm 785/86) I 584. (th 786) I 698.
Foerg, Jac., Hoechstensis (j 762) II 430.
Foelix, Joh. Adam., Coblenstz (m 754) II 73.
Foerster, Joan. Carol. Henr., Franckenthaliensis (m 764) II 92.
— Chph. Joh. David, Sammenhemensis (ph 746) I 427.
s. Forster, Förster.
Fölckers, Ant., Bremensis (ph 649) I 329.
Follenius, Joan. Phil., Bipontinus (j 718) II 340.
Foltz, Joh. Balth., Annae-Villa Bipontinus (m 742) II 55. s. Folz.
Foltzen, Phil. Andr., Ensishemianus (j 750) II 400.
Folz, Joan. Balthas., in Ducatu Bipontino Rhotis (j 729) II 360. s. Foltz.
— Johan. Sigfrid., Rothensis (j 704) II 327.
Foman, Jac., Jenâ-Thuringus (j 625) II 210.
Fonson, Petr., Bonnensis (788) I 195. (m 788) II 121.
de Fontaine, Andr., Colmariensis (cj 721) II 559.
— Carol., Commerceianus Tullens. Episcopatus (cj 682) II 534.
Fontana, Joan. Bapt. Calvi., Comensis (786) I 178.
de Fontenai, Ludov. Abel Bonafous, Castrensis (769) I 83. (j 769) II 447.
de Fontenay s. de Dommartin.
de Fonterieux (Fontevieux) s. Cammasse de Fonterieux.
Forbus, Jac. Henr. (662) I 2.
Forckenbeck, Heinr., Monast. Westphalus (j 622) II 204. (cj 622) II 494.
de Forell, Maurit. Gothofr., Clivus (m 732) II 46.
Forer, Eman., Scaphusianus (ph 684) I 278.
de la Forest, Franc., Matisconensis (j 720) II 345. (cj 720) II 558.
Forney, Joh. Ludov., Corsaux ditionis Bernensis (m 765) II 93.
Forschet, Daniel Benjam., Argentinensis (777) I 130. (ph 777) I 450.
Forst, Petr. Cassimir., Himontanus (j 724) II 349.
(Forst) Joh. Chph., Langae-Schwalbacensis (th 661) I 631.
— Gottlieb Christoph., Nassau (m 762) II 88.
— Joh. Gottlieb, Nassovia-Nassovicus (m 746) II 59. (cm 747) II 166.
de Forstenburg, Carol. Ferdin., Comes Brunsvicensis (778) I 46.
Forstenheuser, Georg. Lud., Norimbergensis (j 632) II 230.
Forster, Jac., Augustanus Suevus (d 740) I 215.
— Guolffg., Ratisbonensis (ph 658) I 343.
— Joh. Jos., Wratislaviae (m 746) II 59.
s. Foerster, Förster.
Förster, Frid., Altenburg. Misnicus (j 642) II 239.
— Joh. Georg., Altenburg. Misnicus (j 642) II 239.
— Gottfried, Gorlicensis (j 667) II 284.
— Carol., Gorlicio-Lusatus (j 632) II 230.
— Carol., Gorlicensis (th 665) I 638.
— Christi. Mich., Onoldo-Francus (j 662) II 273. (cj 668) II 522.
— Joh. David, Reubaco-Francus (th 712) I 665. s. Foerster, Forster.
de Forstern, Frid. Carol., Eq. Francus (j 730) II 363.
Forstenauer, Laur., Friburgo-Thuringus (j 622) II 205.
Forstner, Ludov. Chphr., Montbelgardensis (j 649) II 249.
Förstner, W., Austrius (ph 639) I 310.
le Fort s. Leffort.
Forth, Conr., Francofurtensis (j 684) II 307.
Förtsch, Mich., Wertheimensis (th 672) I 645.
Fossius, Janus, Danus (j 656) II 261.
— Jac., Danus (j 662) II 273.
— M. Petr. Nicolai, Lundensis (th 656) I 625.
— Georg., Rotenburgo-Francus (th 624) I 709.
Fouart s. Foccart.
Fouchs s. Fuchs.
de Fouquerolle, Joan. Carol., Oberbronnensis (cj 719) II 557.
Fourcault, Joan. Franc., Metensis (j 737) II 377.
Fourdrin, Franc., de Picardie proche Compiègne (d 698) I 206.
Fournay, Joan. Andr., Vittelensis Lotharingus (m 743) II 56.
Fournerie al. Juville, Jos., de Metz (d 762) I 222. (j 762) II 430.
Fournier, Nic., Jeanmenil jurisdict. de Ramberviller en Lorraine (772) I 100. (j 772) II 453. (cj 774) II 640.

Fourot, Joan., Theonisvillanus (j 713) II 336. (cj 715) II 553.
Fraenckel, Joh. Casp., Fürthensis (773) I 103. (m 773) II 104. s. Frenckel.
de Fragstein, Joan. Ant. L. B. (688) I 10.
a Fraipont, Dan., Belga (j 621) II 204.
Fraisius, Joh. Jac., Durmsteinensis (ph 633) I 302.
Francissi, Marc., Coronâ Transylvanus (th 663) I 634.
— Paul., Coronâ-Transylvanus (th 665) I 637.
Francius, August., Olaviensis Silesius (th 624) I 597. s. Frantz, Franz, Frantzius.
Franck (Frank, Franckh, Francus).
— Georg. Adolf., Argentinensis (ph 755) I 435. (cm 763) II 175.
— Georg. Lud., Argentinensis (768) I 72. (ph 768) I 445.
— Joh. Casp., Argentinensis (ph 704) I 390.
— Joh. Dan., Argentinensis (ph 720) I 405.
— Joh. Jac., Argentinensis (ph 743) I 424.
— Joh. Lud., Argentinensis (ph 729) I 411.
— Lud. Frid., Argentinensis (788) I 190. (ph 788) I 457. (th 792) I 700.
— Phil. Jac., Argentinensis (ph 761) I 439.
— Phil. Lud., Argentinensis (786) I 179. (ph 786) I 456. (cph. 786) I 515. (th 792) I 700.
— Joh. Wolfg., Byruthô-Francus (j 658) II 265.
— Eman., Helvetico Bernas. (m 754) II 73.
— Mich., Cycneo-Misnicus (j 651) II 252.
— Joh. Petr., Dinckelspilensis (ph 626) I 284.
— Joh. Sim., Moeno-Francofurtanus (ph 663) I 352.
— Joh. Frid. Wolfg., Hala-Suevus (ph 764) I 443.
— Joh. Christoph., Kisselbrunnensis (ph 623) I 275.
— Joh. Georg., Leipheimensis (cphm 622/23) I 519. (th 624) I 707.
— Joh. Wilh., Michelbaco-Hoenloicus (ph 700) I 387.
— Johan, Noribergensis (j 625) II 210.
— Petr., Rodalbensis ex Regione Baadensi (m 765) II 94.
— Sebast., Schleusingensis (ph 625) I 281. (th 624) I 710.
— Georg. Petr., Ulmensis (th 707) I 662.
(Franck) M. Nicol. Barthol., Weidensis (j 686) II 312.
— Phil. Henr., Weissenburgensis (789) I 195. (j 789) II 489.
— Joh. Ulr., Winnend. Wirttembergicus (768) I 74. (m 768) II 98.
— Franc. August. (j 743) II 388. s. Frank, Franckh.
Francke, Leop., Goseka-Misnicus (ph 685) I 377. s. Franke.
Franckh, Nicol., Holzkirchâ-Ulmanus (ph 647) I 325. s. Franck, Frank.
François, Lud. Franc., Argentinensis (j 761) II 427. (cj 763) II 613.
— Ant. Lud., Civis Bisuntinus ex Burgundia (j 687) II 313. (cj 687) II 537.
— Joan. Georg. Ignat., Bruntrutanus (j 693) II 319.
— Steph., Metensis (cj 718) II 556.
— Nicol. Lud., ex Saffais in Lotharingia (771) I 91. (j 771) II 450. s. Franz.
Francus s. Franck.
Frank, Joh., Magdeburgensis (j 625) II 212. s. Franck.
Franke, Georg., Naumburg. Misnicus (m 665) II 23. (cm 666) II 138. s. Francke.
Franken, Tob. Ernest., Beringa-Hennebergius (j 727) II 357.
Frankenstein, M. Joh. Leonh., Lipsiensis (th 652) I 620.
de Frankenstein, Carol. L. B. (784) I 50.
— Carol. Frid., ex Wetteravia (736) I 24.
Franoux, Jos. Ant., Selestadiensis (789) I 197. (j 789) II 491.
Fransin, J. (d 699) I 206.
Frantz, Phil. Henr. Gottlob, de Nidda (ch 778) I 242. s. Francius, Franz.
Frantzius, Dionys., Noribergensis (j 630) II 226. s. Francius.
Frantzoss, Wenceslaus Felix, Bohem. Beneschoviensis (j 724) II 349.
Franz (Frantz), Benj., Argentinensis (m 740) II 53.
— Christi. Godofr., Argentinensis (778) I 134. (ph 778) I 451. (th 785) I 697. (cph 782) I 513. (cphm. 784) I 583.
— (Frantz), Joh., Argentinensis (ph 701) I 388.
— Joh., Argentinensis (ph 731) I 412. (cph. 732) I 496. (cphm 735) I 570.
— Joh., Argentinensis (775) I 116. (ph 775) I 449. (cph. 777) I 512. (cphm 779) I 582. (cj 786) II 669.

(Franz) Joh. Joach., Argentinensis (ph 640/41) I 312. (cj 649) II 508.
— (Frantz), Jos. Ferd., Argentinensis (773) I 106. (j 774) II 456.
— Christi. Godofr., Episcovillanus (cphm 784) I 583. s. Francius, Frantz.
Franzen, Wilh. Frid., Alffio Trevirensis (m 760) II 85.
Franzonus, Joh. Bapt., Locarnensis (ph 708) I 395.
Frasca, Petr. Anton. Mart. Gasp., figlius Josephi, Luganensis (780) I 150. (j 780) II 471. (cj 780) II 660.
Fraser, Magnus, Curonus (j 687) II 314.
Frast, Franc. Salesius, Salmansweilens. Acronianus (j 759) II 420.
de — Franc. Xav. Salesius, Wangensis Algojus (j 761) II 427. (cj 762) II 611.
— Joan. Fidel. Blasius, Wollfeggensis (766) I 63. (j 766) II 441.
Frauendiener, Joh. Matthi., Ulmensis (th 719) I 668.
Frauendorff, Joh. Chph., Numburgensis (th 687) I 655.
— M. Chph., Naumburgensis (th 652) I 620.
de Frauenhoffer, Franc., Palatinus Neoburgensis (j 761) II 426.
Fraunholz, Joh. Christoph., Coburgensis (j 710) II 332.
Frauenholz, Joh. Alb., Weissendorffio-Francus (th 738) I 678.
Frauer, Thomas, Lindaviensis (ph 643) I 316.
Frautschi, Joh., von Sanen C. Bern (ch 782) I 249.
Frech, Georg Ludw., Giessensis (j 673) II 297.
— Joh. Wilh., Wetter(avus) (j 677) II 301.
Freher, Andr., Noricus (ph 629) I 292.
— Marquard., Noricus (ph 629) I 292.
— Paul., Norimbergensis (ph 629) I 292.
— Phil., Norimbergensis (j 629) II 223.
Freiesleben, Frid., Dresdens. (j 762) II 429.
Freies-Leben, Christophor. Henr., Eisenbergâ-Osterland. (cj 701) II 545.
Freilingk, Joh., Borussus (j 654) II 257.
Freimuth, Joh., Dantisc. Prussus (th 662) I 633.
Freinsheim, Joan., Wormatiensis (ph 671) I 367.
— Joan. Abrah., Vormatiensis (ph 640) I 312.
— Joan. Wilh., Wormatiensis (ph 647) I 324.
Freinssheimer, Joh. Gasp., Ulmensis (j 627) II 218.
(Freinssheimer) Melch., Ulmensis (ph 634) I 305.
Freitag, Georg., Hamburgensis (j 656) II 262. s. Freytag.
a Freitag, Franc., Eq. Marcanus (j 670) II 290.
Fremin, Ant., de Reims (j 670) II 292.
Frenckel, Joh. Theod., Steinbeckcensis (th 670) I 644. s. Fraenkel.
Frencking, Larens, Marco-Guestphalus (th 665) I 638.
Frenner s. Trenner.
de Frens, Franc. Winand. Hieron. L. B., Juliacensis (728) I 21.
Frensdorff, Joh. Chphr., Arolsa-Waldeccus (m 748) II 63. (cm 749) II 167.
Frentz, Mich., Argentinensis (ph 658) I 345. (cphm 661) I 543.
Frenzel, M. Joh. Wolfg., Ratisbonensis (th 643) I 612.
Fresenius, Joh. Frid., Merxhemio-Palatinus (767) I 66. (th 767) I 690.
— Joh. Christi., Merxhemio-Palatinus (767) I 66. (th 767) I 690.
— Joh. Frid., Niederwiesensis Palatinus (th 736) I 676.
de Fresney, Lud. Maurit. (782) I 158.
— Jac. Franc., Sedanensis (cj 711) II 550.
Fretscher, Jos., Kempten (m 761) II 85.
Freude, Matthias, Hamburgensis (j 653) II 256.
Freudel, Franc. Diet., Mühltroff. Voigtlandus (th 680) I 649.
Freudenberg, Joh., Vratislaviensis (j 627) II 217.
Freudenhammer, Jul. Eberhard, Hannoveranus (j 673) II 298.
Freudenreich, Frid., Carolsruhensis (785) I 175. (th 785) I 698.
Freuller, Wesfelensis Helvetus (ph 761) I 440.
Freund, Reinh. Ludw., Argentinensis (ph 743) I 423.
— Joh. Lud., Darmstadiensis (cj 724) II 563.
— Jos., Geranus (th 659) I 629.
— Joh. Georg. Alb., Hoenloico-Francus (ph 659) I 345.
— Christian. Frid. (758) I 35.
Frey, Daniel, Argentinensis (ph 687) I 379.
— Joh., Argentinensis (cphm 624) I 520. (th 624) I 708.
— Joh. Georg., Argentinensis (ph 635) I 306. (cph 635) I 468. (cphm 636) I 530.
— Joh. Phil., Argentinensis (ph 624) I 278. (cph 624) I 463. (cphm 626/27) I 523.

(Frey) Balthas., Doeggingan. Hercinianus (j 762) II 429.
— M. Joh. Jac., Ebingensis (th 634) I 608.
— Joh. Mart., Heidelbergâ - Palatinus (m 765) II 94.
— Joh. Marc., Herrenbergensis (ph 634) I 305.
— Ludov., Curia Rhaetiae (m 763) II 90.
— Joh., Obrighemio-Palatinus (ph 752) I 433.
— Bernhd. Carol., Rotenburg. Tuberanus (ph 626) I 283.
— Joh., Sebusiensis (ph 643) I 316. (cm 648) II 132.
— Jos. Ant., Uberlinga Acronianus (j 757) II 416.
— Henr., Vratislavia-Silesius (j 651) II 252.
— F. Dav. (d 701) I 206.
de Freyberg, Ferd. Christoph. L. B., Suevus (698) I 10.
— in Haldenwang, Joh. Marq. Christoph. L. B. (686) I 9. (ph 687) I 378.
— de Hürbl., Ignat. L. B. (761) I 37.
— in Opfingen, Hieronym. Christoph. L. B. (687) I 9.
— in Raunau, Clemens Carol. L. B., Suevus (765) I 40.
— — Joseph. Maria L. B. (758) I 35.
Freyburger, Joh. Claudius, Suevus (m 658) II 20.
— Theob. Ant., Tannensis Alsata (j 742) II 387.
Freyding, Matthias Andr., Wassermungenavia Francus (j 699) II 323.
Freyenmuth, Joh. Jac. (m 760) II 84. s. Freymuth.
Freyen Seyboltsdorff s. Seyboltsdorff.
Freyer, Mich., Cizâ-Misnicus (th 635) I 609.
Freylinger, Nicol., Hildesius (j 622) II 205.
Freymaun, Mich., Danub. Werdanus (ph 623) I 275.
Freymuth, Joh. Mathe., aus Hanau (ch 783) I 249.
— Carol., Hanaviensis (m 739) II 52. s. Freyenmuth.
Freysinger, Erasm. Rup., Ratisbonensis (j 688) II 316.
Freytag, Joh. Dan., von Dierdorf (s 780) I 266.
— Joh. Jac., Eberstatt aus dem Württembergischen (ch 779) I 243.
— Georg, Halis Saxo (j 670) II 291.
— Franc. Jac., Colmariensis (j 745) II 390. (cj 747) II 585.
— Joh. Simon, Nohemiensis (j 687) II 314.
(Freytag) Phil. Gotofr., Nauhemio-Nassovicus (th 698) I 658.
— Joh. Henr., Tigurinus (cm 721) II 153.
de Freythal, Franc. Damian., S. R. I. Eq. Uberlingensis (j 711) II 333.
de Freywillig, Adam., Viennensis (j 737) II 377.
Friaduce, David, Metensis (ph 639) I 311.
des Friches (d 700) I 206.
Frick, Joh., Argentinensis (ph 709) I 396. (cph 709) I 489. (cphm 711) I 563.
— Joh., Episcopivillanus (ph 750) I 431.
— Joh. Rud., von Knonau C. Zürich (ch 778) I 242.
— Henr. (th 657) I 626.
Frid s. Fried.
in Fridberg et Trauchberg, Domin. in Waldburg, Comes, Christoph. S. R. I. Dapifer haered. (659) I 2.
Fridell, Aegidius, Sonnenbergensis (cj 668) II 522. s. Friedel.
Frider, Dav., Rostochiensis (j 629) II 224.
Friderich, Joh. Petr., Darmbstadinus (ph 632) I 300.
— Joh. Jac., Durlacensis (ph 627) I 288.
— Joh., Noribergensis (j 684) II 309.
— Andr., Surburgensis (j 708) II 331. s. Friederich, Friderici.
Friderici, Dan. Reinbold., Argentinensis (j 720) II 558.
— Dav., Argentinensis (cph 622) I 462. (cphm 625/26) I 522.
— Joh. Dan., Argentinensis (ph 664) I 354.
— Joh. Jac., Argentinensis (ph 669) I 362.
— Joh. Phil., Argentinensis (ph 661) I 350.
— Joh. Phil., Argentinensis (ph 627) I 285. (cph 627) I 464.
— Jonas, Argentinensis (ph 650) I 333. (cph 650/51) I 474. (cphm 654) I 539.
— Ludw. Reinbold., Argentinensis (ph 746) I 426.
— Paul., Argentinensis (ph 627) I 285. (cph 627) I 464. (j 636) II 501.
— Phil. Jac., Argentinensis (ph 727) I 410.
— Joh., Moeno-Francofurtanus (ph 649) I 329.
— Christi., Frideberg. Marchicus (j 664) II 277.
— Joh. Anton., Hamburgensis (m 732) II 46. (cm 733) II 158.
— Joh., Northusa - Thuringus (m 650) II 18.

(Friderici) Joh., Poesnicensis (th 625) I 598. s. Friderich.
a Fridolsheim, Joh., Argentinensis (780) I 146. (ph 780) I 452.
Fridsk, Matthias, Jutia-Danus (767) I 66. (j 767) II 442.
Fried (Frid), Dan., Argentinensis (ph 708) I 395. (cj 714) II 553.
— Georg. Alb., Argentinensis (ph 751) I 432. (cm 759) II 173.
— Jac. Ulr., Argentinensis (ph 747) I 427. (cj 756) II 600.
— Joh. Frid., Argentinensis (ph 722) I 406.
— Joh. Frid., Argentinensis (cj 730) II 568.
— Joh. Henr., Argentinensis (ph 751) I 432. (cj 759) II 604.
— Joh. Jac., Argentinensis (cj 645) II 505.
— Joh. Jac., Argentinensis (ph 703) I 389. (cm 710) II 150.
— Joh. Jac., Argentinensis (ph 711) I 397.
— Joh. Ulr., Argentinensis (cj 652) II 510.
— Joh. Ulr., Argentinensis (cj 708) II 548.
— Lud. Henr., Argentinensis (ph 751) I 432.
Friedel, Joh., Cizâ-Misnicus (th 685) I 652.
— Carol. Aug., Deliciens. Saxo (m 753) II 71.
— Joh. Ernest., Onoldo-Francus (j 733) II 368. s. Fridell.
Friederich, Jac., Rigâ-Livonus (th 640) I 610. s. Friedrichs.
Friedlandt, Paul., Olsnensis Silesius (j 627) II 217.
Friedrichs, Jac., Livonus (j 669) II 288. s. Friederich.
Fries, Frid. Wilh., Argentinensis (773) I 101. (ph 773) I 448.
— Jac. Theoph., Argentinensis (d 769) I 224.
— Joh. Mich., Argentinensis (ph 730) I 412.
— Joh. Mich., Argentinensis (767) I 68. (ph 767) I 444. (th 772) I 693. (cph 770) I 509. (cphm 771) I 579.
— Joh. Phil., Argentinensis (ph 759) I 438. (cph 761) I 506. (cphm 765) I 577. (th 764) I 689.
— Joh. Rud., Helvetus (788) I 190.
— Joh. Ulr., Argentinensis (ph 700) I 387.
— Joan. Ant. Mart., ex Kientzheim (783) I 163. (j 783) II 476. (cj 784) II 664.
(Fries) Martin. Fried., Lipsiensis (m 656) II 19.
— Petr. Conr., Montbelgardensis (cphm 739) I 571. (th 739) I 678.
— Emanuel, Helv. Mulhusinus (767) I 67. (m 767) II 97. (cm 771) II 182.
— Frider. Wilh., Neostadio-Palatinus (771) I 90. (m 771) II 102. (cm 774) II 185.
— Joan. Mart, Selestadiensis (m 730) II 44. (cm 734) II 159.
— Phil. Adolph., Sigenensis ex Nassovia (ch 772) I 228.
— Joh. Jos., Tabernensis (j 713) II 336. (cj 714) II 552.
— Laur., Wassertrudingensis (ph 647) I 325.
— Sophonias, Wassertrüdingensis (th 641) I 611. s. Friess.
Friese, Dettlev. Marc., Holsatus (j 662) II 274.
— Nic., Holsatus (j 647) II 244.
— Joh., von Kauffbeuren (d 772) I 262.
— Bernhard, Lübecensis (j 668) II 286. s. Frisius, Frise.
â Friesen, Frid., Misnicus (j 661) II 272.
Friesenegger, Jac. Chph., Durlaco-Pforzensis (ph 736) I 417.
Friesenhausen, Aloys., Molshemensis (787) I 187. (j 787) II 486. (cj 788) II 674.
Friess, Joh., Regiomont. Boruss. (j 630) II 227.
— Ign., Rubeacensis Alsata (m 761) II 87.
— Leonh., Tigurinus Helvetus (j 725) II 351.
— Rudolph., Tigurinus (d 770) I 225. s. Fries.
Friesser, Bartholom. (d 725) I 210.
Friis, Nic., Danus (j 652) II 254. s. Frisius.
Frikk, Joh., Ulmensis (ph 655) I 339.
— (Frick), Joh. Casp., Ulmensis (j 732) II 366.
de Frileuse, Carol. Renat. Parseval, Parisinus (777) I 129. (j 777) II 463. (cj 778) II 650.
Frisch, Joan. Nepomuc., ex districtu Passaviensi Frejungensis (j 748) II 398.
— Joh. Jac., Heilbronnensis (j 665) II 281.
— M. Joh. Leonh., Norimbergensis (th 627) I 600.
— Joh. Christoph., Norimbergensis (j 656) II 201.
— Gregor., Pyscoviczensis Silesius (ph 666) I 359.

Frischelt, Franc. Lud., Argentinensis (j 759) II 421. (cj 762) II 611.
Frischmann, Joh., Culmbaco Francus (ph 630) I 294.
Frise, Vicent., Hamburgensis (ph 627) I 287.
— Henr., Regiomont.-Borussus (m 661) II 21. (cm 661) II 136.
s. Friese, Frisius.
Friselius, Bernh., Egranus (j 628) II 220.
— Joan. Adam., Egranus (j 628) II 220.
L. B. de Frisensee, Christian. Eremund. Ignat., Eschebachiensis (701) I 12. (j 701) II 326.
Frisius, Petr. Johannis, Danus (th 658) I 627.
— Georg. Chph., Gnetzhemio-Francus (ph 661) I 349.
— Werner., Hafniâ-Danus (j 656) II 262.
— Joach., Colbergâ-Pomeranus (th 659) I 629. (cphm 662) I 543.
— Christi., Colmaria-Holsatus (th 663) I 634. (cphm 663) I 544.
— Joh. Christophor., Possenheimensis Francus (j 698) II 320. (cj 700) II 544.
s. Fries, Friess, Friese, Friis.
Frison, Franc. Frid., Maycammera Spirensis (cm 764) II 177.
Frisowitz, Balthasar, Neosoliensis Ungarus (j 626) II 213.
Fritsch, Joh., Argentinensis (ph 622) I 276. (cph 623/24) I 463. (cphm 626) I 522. (j 636) II 501.
— Joh. Phil., Argentinensis (ph 661) I 350. (cphm 665) I 545.
— Franc., Baldersheimensis (j 758) II 418.
— Jos., St. Dominique (776) I 120. (j 776) II 460.
— Joan. Bapt., Ginsheimens. (j 758) II 418.
— Theophil., Sagan. Silesius (th 756) I 684.
— Joh. Heinr., Vinar. Thuringus (ph 628) I 290.
s. Fritzsch.
Fritschmann (Frischmann), Joh. Conr., Argentinensis (ph 655) I 357.
— Joh. Dan., Argentinensis (ph 727) I 410.
— Joh. Henr., Argentoratensis (ph 738) I 419. (cph 741) I 498. (cphm 742) I 572.
— Joh. Henr., Argentinensis (774) I 107. (ph 774) I 449.
Fritz (Friz), Carol. Maxim., Argentinensis (ph 737) I 418. (cph 737) I 498. (cphm 742) I 571.
— Carol. Maxim., Argentinensis (ph 773) I 448. (th 780) I 695. (cph 773) I 511. (cphm 779) I 581.
(Fritz) Joh. Conr., Argentinensis (ph 661) I 349. (cph 662) I 476.
— Phil. Frid., Argentinensis (784) I 169. (ph 784) I 455. (cph 786) I 515.
— Sim., Argentinensis (ph 725) I 409.
— Joh. Ge., Buxovill. Alsata (th 743) I 680.
— Joh. Wilh., von Friedberg (ch 780) I 245.
— Joh. Petr., Mogono-Geisenheimensis (j 698) II 321.
— Jac. Andr., Thannensis (cj 706) II 547.
Fritze, Frid. Aug., Nass. Dilleburgensis (778) I 134. (m 778) II 111. (cm 779) II 190.
Fritzer, Frid. Engelb., Trorbaco-Mosellanus (th 653/54) I 621.
— Jac. Just., Trorbaco-Mosellanus (j 653) II 256.
Fritzsch, Gothofr., Martisburgensis (ph 653) I 335.
s. Fritsch.
Friz s. Fritz.
Frobenius, Hieronym., Hamburgensis (j 626) II 215. (cj 627) II 496.
Fröbel, David, Cubitensis (ph 626) I 283.
Froberg, Sigism., Coloniensis Marchicus (j 632) II 230.
Froelich (Froehlich), Joh. Phil., Argentinensis (ph 693) I 382. (cphm 695) I 556.
— Joh. Thom., Argentinensis (ph 718) I 404. (cj 727) II 565.
— Joh. Georg. Wilh., Pfortzheim. Durlacensis (th 764) I 689.
— Joh. Georg. Jos., Wirceburgensis (m 758) II 80.
s. Frölich.
Froereisen (Fröreisen), Christi. Frid., Argentinensis (787) I 185. (ph 787) I 457.
— Joh. Dan., Argentinensis (ph 746) I 427. (cj 754) II 597.
— Joh. Frid., Argentinensis (cphm 701) I 559.
— Joh. Georg., Argentinensis (ph 672) I 367.
— Joh. Leonh., Argentinensis (ph 647) I 325.
— Joh. Leonh., Argentinensis (cphm 681) I 551.
— Joh. Leonh., Argentinensis (ph 708) I 395. (Theol. D. 724) I 704.
— Joh. Leonh., Argentinensis (ph 746) I 426. (j 749) II 399. (cj 752) II 594.
Fröauff, Wilh., Alzheimensis (j 728) II 358.
Frohn, Jos. Christophor., Virnemburgensis (j 757) II 415.
Froichen, Joh., Buxtehudâ - Bremensis (j 665) II 280.

De Froideau, Steph. Mart., sacerdos Lingonensis (j 733) II 369.
Frölich, Joh. Dan., Casselanus (j 660) II 269.
— Gabriel, Landaviensis (ph 646) I 324. (cj 655) II 511. s. Froelich.
Froman, Conrad., Northusa Cheruscus (m 647) II 16. s. Frommann.
Fromental, Anna Yvo, Albimontanus (781) I 157. (j 781) II 473.
— Joan. Bapt. Petr. Justin, Albimontanus (777) I 127. (j 777) II 463.
— Lud., Albimontanus (784) I 173. (j 784) II 480.
— Theod., Albimontanus (j 774) II 457.
— Joan. Petr. Jac., Lunevillanus (774) I 110. (cj 776) II 645. (j 774: Theodor. Fromental Albimontanus natus Lunevillae) II 457.
Fromhold, M. Joh., Cüstrino-Marchicus (th 631) I 605. s. Fromolt.
Frommann, Adam. Justin., Halensis Saxo (772) I 97. (th 772) I 690.
— Joh. Andr., Coburg. Francus (j 646) II 243. (cj 655) II 512.
— Joh. Christian., Tubinga-Wirtenbergicus (j 681) II 305. s. Froman.
Fromolt, Joh. Jac., Heilbronnensis (th 656) I 625. s. Fromhold.
Fronhoffer, Joan. Bapt., Küntzhemianus (j 737) II 377. (cj 739) II 578.
— Franc. Lud. Jos., Kienshemianus (j 764) II 434. (cj 768: Lud. Jos.) II 627.
— Phil. Ant., Kienshemianus (j 752) II 405. (cj 754) II 597.
Fronik, Peter, Darmstadinus (m 729) II 43.
Fronmüller, Joh. Christoph., Lohnerstattensis Francus (ph 664) I 356.
— Jon. Thom., Mittervischach Lympurgicus (th 634) I 607.
Frontier, Edmund. Petr., Parisinus (773) I 103. (j 773) II 454.
Fröreisen s. Froereisen.
Frosch, Sam. Traugott, Gerlicensis (768) I 76.
— Christoph., Culmbacensis (ph 631) I 295.
— Wolffg. Adam., Culmbacensis (j 660) II 269.
— Joh. Friedr., von Neustadt an der Orla (d 731) I 212.
Frossard, Joan., Phalsbourgensis (767) I 70. (j 767) II 443.
Frost, Gerhard., Lubeca Saxo (j 625) II 212.
Frueholz, Magnus, Leeder i. Schwaben (769) I 81. (m 769) II 100.
Früenoff, Andr. (ch 784) I 252.
Frühauff, Georg., Weydenbergensis (th 668) I 641.
Frühenstein s. Führnstein.
Frühinsholz, Joh. Georg., Schiltigheimensis (786) I 181. (ph 786) I 456.
Frümel, Martin., à Witte Silesius (j 673) II 297.
Frummel, Christoph., Argentinensis (th 658) I 627.
de Ftovynsky, Paul., Poltaviensis ex parva Russia (ph 754) I 434.
Fuchs, Franc. Lud. Jos., Argentinensis (j 759) I 421.
— Joh. Carol., Argentinensis (ph 648) I 326.
— Joh. Georg., Argentinensis (ph 721) I 406.
— Joh. Jac., Argentinensis (775) I 113. (ph 775) I 449.
— Joh. Mich., Argentinensis (ph 759) I 438. (cph 761) I 506. (cphm 765) I 577. (th 764) I 689.
— Theophil. (Gottlieb), Argentinensis (789) I 198. (ph 789) I 458.
— Thom., Argentinensis (d 719) I 209.
— Georg. Frid., Burbac. Nassovicus (781) I 155. (m 781) II 114.
— Frid., Hagenoënsis (m 617) II 3.
— Georg Lud., Hala-Suevus (j 634) II 233.
— Joh. Mich., Suevo-Halensis (ph 642) I 314.
— (Fouchs), Franc. Jos., Oberberghemensis (ph 732) I 414. (cj 734) II 572.
— (Fux), Fidelis, Rapperswil. Helvetus (m 753) II 73.
— Xaver., Rappeschwil. Helvetus (786) I 183 (m 786) II 119.
— Georg. Ferd., Ratisponensis (cj 680) II 533.
— Joh. Matthae., Ratisponensis (cm 718) II 152.
— Anton., Riedlingens. Suevus (j 741) II 384.
— Vincent., Rigensis (j 654) II 256.
— Jos., von Rossheim b. Dorlisheim (ch 788) I 258.
— Mathias, Selestadiensis (j 714) II 337. (cj 715) II 554.
— Joh., Smalcaldensis Cattus (j 668) II 286.
— Joh. Melch., Spirensis (ph 660) I 347.
— Joh. Paul., Spirensis (j 663) II 274.
— Magnus Herm., Suecus (j 674) II 299.
— Thom., Teschensis Siles. (d 699) I 206.
— Carl Joh. Ludwig, Wismariensis (j 736) II 373.

Füchslin, Carol., Brugensis Helvetus (ch 778) I 241.
— Sigmund, Brugensis (m 753) II 71.
— de Fucy, Clement, von Wien (763) I 38.
Füegner, Ge. Balth., Argentinensis (ph 633) I 301. (cph 633) I 468. (cphm 634/35) I 529. s. Fügner.
Füger, Georg. Gottofr., Heilbronn. Suev. (771) I 93.
— (Fieger), Joh. Adam., Heilbronnensis (ph 683) I 352.
Fugmann, F., ex Palatinatu Coronae (ch 789) I 260.
— Joh. Chph., Nimecensis Saxo (th 669) I 642.
Fügmann, Joh. Frid., Belzigensis Saxo (j 664) II 277. (cj 664) II 517.
Fügner, Adam., Löracensis (677) I 371. s. Füegner.
Führer, Joh. Mart., Maynbernheimensis (m 748) II 63.
Führer ab Haymendorf s. Fürer.
Fuhrmann, Dav. Samuel, von Breslau (ch 791) I 262.
— Bartholom., Torgensis Misnicus (j 629) II 222. (cj 631) II 499.
— Phil. Frid., Wertheimensis (ph 705) I 391. s. Furmann.
Führnstein, Elias, Buxovillanus (ph 703) I 389.
— J. Andr., Buxovillanus (ph 703) I 389.
— Andr., Ortensis-Austrius (th 642) I 612. (cphm 644) I 534.
— Joh. Chph., Westhoff. Alsata (ph 743) I 424.
— (Frühenstein), Joh. Elias, Westhoffensis Alsata (m 739) II 53.
— Christi. Frid., Woerthensis (ph 745) I 426. (cj 750) II 591.
Fulda, Joh. Christi., Saltzungiâ-Thuring. (j 653) II 256.
— Henr. Ludov., Winzerhusae Würtembergicus (m 763) II 90.
Füll de Cammerberg, Joh. Nepomuc. (745) I 29.
Fullekrusius, Christi. Joach., Brunswicensis (th 679) I 648.
Fullian, Adolph. Ignat., Wormatiensis (j 738) II 378.
Fullosus, Marc., Montisbelgardensis (ph 648) I 327.
Fumibosus, Sam. Joh. (j 663) II 276.
Funccius s. Funck, Funcke.
Funck, Dan. Ferd., Argentinensis (ph 760) I 438. (j 767) II 623.
— Joh., Argentinensis (cph 722) I 462. (cphm 623/24) I 520. (th 624) I 708.
(Funck) Joh. Frid., Argentinensis (ph 756) I 436. (j 761) II 610.
— Joh. Georg., Argentinensis (ph 738) I 419.
— F. Mart., Erstein (793) I 203. (m 793) II 122.
— Abrah., Memmingensis (ph 645) I 320.
— Conr. Wolffg., Memmingensis (ph 624) I 277.
— Daniel, Memmingensis (th 684) I 651.
— Jac., Memmingensis (th 621) I 592. (cphm 622) I 519.
— Petr., Memmingensis (ph 639) I 310. (cphm 649) I 536.
— Petr., Memmingensis (th 684) I 651.
— Joh., Nastaedtiensis-Rheinfelsa-Hassus (cj 720) II 558.
— Adam. Ant., Rheinheimensis (th 663) I 635.
— (Funccius), Nic., Sula-Henneberg. Francus (ph 630) I 293. (cphm 633/34) I 528.
— (Funccius), Thom., Ulmensis (ph 635) I 307. (cphm 636) I 530.
Funcke, Joan. Christian. Joseph., Lincensis (768) I 78.
Furck, Franc. Martin., Lorstein (m 793) II 122.
Fürderer, Godofr. Ericus, Bugginga-Durlacensis (th 732) I 675.
— Joh. Georg., Marchicus-Emmendinganus (j 697) II 320.
— Joh. Georg., Lohrensis (ph 669) I 363.
— Joh. Frid., Salzburga-Marchicus (ph 701) I 387.
Furer, Eman., Bernas Helvetus (m 752) II 70.
Fürer ab Haymendorff, Chph., Noricus (j 626) II 214.
— et Wolckersdorff, Udalr. Sebast., Norimbergensis (j 685) II 311.
Furichius, Joh. Nic., Argentinensis (cphm 622/23) I 519. (Poet. L. 622) I 587. (cm 628) II 126.
Fürleger, Tobias, Norimbergensis (j 621) II 204.
Furmann, Joh. Balthasar, Clödensis Saxo (j 650) II 250. s. Fuhrmann.
Furner, Andr., Immenstadt (m 762) II 88.
Fürnkranz, Franc. Eberh., Ulmensis (th 724) I 671.
— Joh. Chph., Ulmensis (ph 681) I 375.
Furon, Charles, de Fougere du Bretagne (d 762) I 222.
Fürsen, M. Casp. Theodor., Bremensis (th 668) I 641.
Fürst, Franc. Jos., Rosenheimensis (j 758) II 417. (cj 760) II 606.

(Fürst) Dan., Vratislavia-Silesius (j 627) II 219.
de Fürstenberg Joseph. Comes (714) I 14.
— Ludov. Comes (714) I 14.
— Carol. Landgravius (743) I 29.
— Joseph. Prjnceps (743) I 29.
Furstenberger, Josua, Mulhusinus (cj 671) II 526.
Furth, Ferd., Austrius (j 629) II 224.
Fussenegger, Jac., Argentinensis (ph 640: Augustanus) I 311. (cphm 640/41) I 532.
Fyda, Mich., von Herrlisheim (ch 790) I 260.

G.

Gaâb, Joh. Tobias, Goeppinga-Württembergensis (781) I 156. (m 781) II 114.
Gabel, Chph., Hersteinensis (ph 634) I 304.
— Joh. Nic., Trabena-Mosellanus (ph 658) I 343.
— Joan. Petr. Jos., Weissenburgensis (771) I 92. (j 771) II 450. (cj 772) II 636.
— Joh. Chph. (th 669) I 642.
Gabell, Frid., Stada-Bremensis (j 659) II 267.
Gabert, Maurit., Saraludovicensis (j 761) II 425. (cj 762) II 162.
v. Gablentz, Chph. Frantz, Eq. Silesius (j 626) II 214.
Gabler, Joh. Heinr., Richovillâ Alsatus (j 660) II 268. (cj 669) II 522.
Gabriel, Joh. Christi., Leipzig (ch 774) I 233.
— Lud. Claud., Metensis (j 713) II 336. (cj 714) II 553.
— Ludov. Renat., Mussipontanus (778) I 133. (j 778) II 464.
Gachot, Franc. Ant. Simon, Selestadiensis (773) I 106. (j 773) II 455. (cj 774) II 640.
— Franc. Ant. Simon, Selestadiensis (j 763) II 432. (*der vorige?*)
Gacon, Andr. Ant., Monac. Bojus. (m 744) II 57.
Gademann, Daniel, Suinfurtensis (ph 658) I 344.
Gaeckler, Isaac., Argentinensis (ph 709) I 396. (cphm 711) I 563.
— Joh. Rud., Argentinensis (ph 759) I 438.
— Phil. Jac., Argentinensis (790) I 201.
Gaekelin, Joh. Mart., Moeno-Francofurtanus (th 720) I 669.
Gaenshirt, Joh. Jac., Argentinensis (773) I 101. (ph 773) I 448. (th 778) I 695.
Gaerdner, Andr. Domin., Hagenoënsis (768) I 72. (j 768) II 444. (cj 775) II 642.
Gaertner, Georg. Frid., Argentinensis (ph 722) I 407. (cph 723) I 493. (cphm 727) I 568.
— Georg. Frid., Argentinensis (774) I 109. (ph 774) I 449.
— Joh., Argentinensis (ph 710) I 396. (cph 170) I 489. (cphm 711) I 563.
— Joh. Tob., Argentinensis (ph 733) I 414.
Gaertner, G., Neo Hanoicus (782) I 159. s. Gärtner.
Gaerttner (Gerttner), Godofr. Joh., Geilndorffâ-Limpurgicus (ph 662) I 351. (cphm 663) I 544.
— (Gertner), Casp., Gailndorffa-Francus (ph 623) I 274. s. Gärtner.
Gaeser, Franc. Fidelis, Fryburg. Brisgojus (m 757) II 80.
— Franc. Mich., Friburgensis Brisgoius (j 740) II 383.
Gagarine, Charles Prince (788) I 52.
v. Gahlen, Essenâ-Westphalus (j 666) II 282.
de Gail (de Gaill), Henr. Andr. L. B. Argentinensis (771) I 43. (j 771) II 450. (cj 773) II 638.
— Frid. Adolph., Hagenoensis (j 729) II 360.
— Walth. Jos., Molshemensis (j 673) II 297.
— Jos. Andr., Obernehemensis (j 731) II 363.
— Jac. Andr., Tabernensis ex Alsatia (j 725) II 351.
Gaillard, Carol. Joan. Bapt., a Badonvillano (773) I 105. (j 773) II 455. (cj 774) II 640.
— Alexius Mathurin. Genoveva, Castillonens. ad Inderim in dioec. Bituricensi (780) I 146. (j 780) II 469. (cj 782) II 660.
— Renat. Bernard., Sammacloviensis (j 728) II 358. (cj 729) II 567.
— Delavalette, Jac. Franc., Gratianopolitan. (j 745) II 390.
Gaissmair, David, Ulmensis (ph 649) I 328.
Gall, Franc. Jos., Tieffenbronnensis (777) I 131. (m 777) II 110.

Galland, Ant., Gerbevillanus (780) I 152. (j 780) II 471.
— Franc. Jos., Hagenoensis (786) I 180. (cj 786) II 669.
— Jos., Hagenoensis (778) I 133. (j 778) II 464.
— Theob. Jos., Hagenoensis (j 753) II 406. (cj 755) II 598.
Gallati, Karl, Glarus (787) I 184. (m 787) II 119.
Gallatinus, Andr., Genevensis (j 652) II 254.
— Jac., Genevensis (j 729) II 359.
Gallenmair (Gallenmar), Joh. Eberh., Neapolitanus-Francus (m 621) II 6.
Galler, Jacques, Argentinensis (783) I 168.
de Galler, Nic. Comte Carinthus Clagenfurt. (782) I 49.
Gäller, Joh. Frid. (j 628) II 219.
Galli, Joh., Betuloeo-Bohemus (ph 627) I 285.
de Gallitzin, Princeps Alexis (784) I 50.
— Boris (782) I 48.
— Boris (784) I 50.
— Demetrius (779) I 47.
— Mitri (782) I 48.
— Michel (780) I 47.
— Nicol. (768) I 42.
Gally, Jos., Altorf. Uraniae (780) I 149. (m 780) II 113.
Gambs Christi. Carol., Argentinensis (774) I 107. (ph 774) I 449. (th 780) I 695. (cph 775) I 511.
— Jac. Sebast., Argentinensis (ph 742) I 422. (cj 751) II 592.
— Joh., Argentinensis (ph 670) I 364.
— Joh., Argentinensis (ph 711) I 397. (cm 719) II 153.
— Joh., Argentinensis (ph 740) I 421. (cph 741) I 499. (cphm 744) I 572.
— Joh. Dan., Argentinensis (ph 706) I 392. (cj 713) II 551.
— Joh. Frid., Argentinensis (ph 685) I 377.
— Joh. Jac., Argentinensis (ph 642) I 315. (cj 652) II 510.
— Joh. Jac., Argentinensis (766) I 60. (ph 766) I 444. (cj 775) II 642.
— Joh. Mich., Argentinensis (ph 741) I 421.
— Joh. Nic., Argentinensis (ph 707) I 393. (cphm 711) I 563.
— Joh. Paul., Argentinensis (ph 674) I 370.
— Joh. Sebast., Argentinensis (ph 636) I 308. (cj 643) II 505.
— Joh. Sebast., Argentinensis (ph 639) I 310.
(Gambs) Joh. Sebast., Argentinensis (ph 668) I 361. (cj 677) II 531.
— Joh. Sebast., Argentinensis (ph 702) I 388. (cj 714) II 552.
— Paul., Argentinensis (cj 640) II 503.
— Paul. Godhofr., Argentinensis (cj 690) II 541.
— Phil. Jac., Argentinensis (ph 747) I 427.
— Ludov. Jac., Giessensis (j 662) II 274.
— Joh. Marcell., Hagenoensis (ph 625) I 281.
— Joh. Henr., Spirensis (j 666) II 284.
Gammersfelder, Andr., Noribergensis (ph 631) I 297.
— Sigism., Noribergensis (j 638) II 236.
Gamper, Heinr., Golding. Curonus (783) I 167. (m 783) II 116.
Ganaye, Georg., Rougivillanus, Lotharing. in valle Sancdeodatensi (j 739) II 381.
Gand Delarry, Franc. Nic., Metensis (cj 753) II 596. s. Delarry.
Gangeloff, Joh., von Umstatt (d 764) I 222.
Gangolff (de Gangolff), Carol. Phil., Argentinensis (j 753) II 406. (cj 755) II 598.
— Phil. Jac., Argentinensis (cj 720) II 558.
— Joh., Rupisvillanus (j 762) II 429. (cj 766) II 620.
— Joh. Henr., Rupisvillanus (ph 742) I 422. (cj 747) II 586.
Ganol, Lud., Phalsburgensis (783) I 165. (j 783) II 477.
Gans, Joan. Ludov., Heidbacensis Francus (m 619) II 4. 5. (cm 627) II 125.
— Anastas. Frid., Stutgardianus (j 635) II 234.
— Georg. Henr., Umbstatinus (ph 658) I 343. s. Ganz, Guansius.
— L. B. de Puttlitz, Prignitz. March. Brandeburgensis,
— Joh. Alb. (670) I 5.
Ganter, Joh. Gebh., von Immenstaad a. Bodensee (ch 772) I 230.
Gantner, Joh. Ant., Ragatz i. d. Schweiz (ch 774) I 233.
Ganz (Genz?), Joh. Gottfr., Dresdensis (j 666) II 283. (cj 669) II 522. s. Gans, Guansius.
Garand, Jo. Chrysostom., ex Monte regio (cj 716) II 554.
Garaudé (Guraudé), Alexius, Barroducaeus (j 746) II 392. (cj 747) II 586.

Garb, Ant., Augustanus (ph 680) I 374.
— Joh. Chph., Augustanus (ph 680) I 374.
— Joh. Bapt., Augustanus (j 655) II 259.
— (de Garb), Nobilis de Gilbelli, Christi. Eman., Augusta-Vind. (j 720) II 345.
Garbe, Chph., von Görlitz (d 761) I 222.
Garch, Frantz Jos., von Rappoltzweiler (ch 785) I 253.
Garmann, Chph., Berga-Norwegus (ph 666) I 359.
Garnichet, Joan. Bernard. Bapt., Pruntrutanus Rauracus (j 745) II 391.
Garnier, Franc., Argentinensis (j 702) II 326. (cj 704) II 546.
— Nic. Alex., Argentinensis (j 727) II 357. (j 731) II 363. (cj 731) II 569.
— Joan. Carol., Hüttendorffens. Alsata (j 706) II 328.
— Nic. Metensis (j 694) II 319. (cj 695) II 542.
— Franc., Mutzingensis (j 732) II 366.
— Joan. Franc., Rambervillanus Lotharingus (j 762) II 431.
— Nic., Rambervillanus (j 765) II 437. (cj 768) II 626.
— Leonor., Tabernensis (j 727) II 357. (cj 729) II 567.
— P. B. (775) I 45.
Gartner, Joh., Koberstorfensis Hungarus (ph 661) I 349.
Gärtner, Felix Chph., Gröninga-Limpurgicus (ph 658) I 344.
— Joh. Helfr. (th 654) I 622.
s. Gaertner.
Gartz, M. Andr., Stetin. Pomeranus (th 649) I 617.
Gasner, Franc. Xav., Drusianus Rhoetus. (m 744) II 57.
Gaspary, Franc. Jos., Molhemensis (j 764) II 434.
Gass, Joh., Argentinensis (cphm 679) I 550. (th 676) I 647.
— Henr., C. Bassel (ph 785) I 253.
— Samuel, von Muttenz C. Basel (ch 789) I 259.
Gassenfoydt, Joh. Adam., Mariaevallensis (j 669) II 289.
Gasser, Jos., Friburgensis Helvetus (j 762) II 429.
— Pancrat., Friburgensis Helvetus (j 762) II 429.
— Theob. Mathae., Hagenbachinsis (m 758) II 80. (cm 761) II 174.
— Joan. Bapt., ex Sulz in Alsatia superiori (Solzensis) (789) I 198. (j 789) II 491. (cj 791) II 679.
(Gasser) Georg, von Schaffhausen (ch 772) I 229.
Gassmann, Leonard., Rubeacensis (m 755) II 75. (cm 757) II 171.
Gassner, Joan. Anton., Liptingensis ex Episcopatu Constantiensi (j 738) II 378.
— Marc. Mathi., Löchgoviensis (m 668) II 24.
Gassold, Joh. Conr., Argentinensis (ph 622) I 274.
Gassond, Steph., St. Benoit Lotharingus (787) I 188. (j 787) II 487.
Gast, Joh., Argentinensis (ph 702) I 388.
— Franc. Theob. Abrah., Issenhemiensis (781) I 154. (j 781) II 472. (cj 784) II 665.
— Franc. Alex. Nic., Tabernensis (767) I 69. (I 767) II 443. (cj 770) II 633.
— Georg., Tabernensis (773) I 106. (j 773) II 456. (cj 777: Joh. Georg.) II 649.
— Joh. Georg., Tabernensis (cj 741) II 580.
Gastel, Chph., Argentinensis (ph 627) I 287. (cph 627) I 465. (cphm 629) I 526.
— Elias, Argentinensis (ph 632) I 299.
— Joh. Georg., Argentinensis (m 612) II 1.
Gastelius, Joh. Georg., Argentinensis (m 612) II 1.
— Georg. Theod., Sulzbac. Palatinus (th 658) I 627.
Gasto, Abrah., Suebosio Silesius (m 625) II 8.
Gatschet, Abrah., d'Anet C. Bern (ch 772) I 230.
— Dav., d'Annet C. Bern (ch 774) I 233.
Gattinger, Joan., Nassovio-Hadamariens. (j 738) II 380.
Gau, Lud., Argentinensis (j 760) II 425.
— des Voves (Desvoves), Jos. Franc., Argentinensis (769) I 78. (j 769) II 446. (cj 770) II 632.
Gaucher, Nic., de Langres (d 739) I 215.
Gaudard, Franc. Emanuel, Bernensis (778) I 136.
Gaudin, Joan. Bapt., Auxonnens. in Burgundia (j 732) II 365.
— Joh. Lud. Vinc., Versallensis (782) I 159. (cj 784) II 665.
— de Douzy, Claud. Aemil., Versaliensis (786) I 180. (j 786) II 483. (cj 788) II 675.
Gaudon, Jos. Matheus Edouard., Castillonensis (780) I 148. (j 780) II 470. (cj 783) II 661.

de Gaumont, Petr., Sedanens. (j 690) II 318.
Gaupp, Georg. Frid., Effringa Marchicus (j 737) II 375.
— Jac. Andr., Lindaviensis (cphm 718) I 565.
— Joh., Lindaviensis (j 704) II 327.
— Joh., Lindaviensis (cm 722) II 154.
— Frid. Wilh. Gustav., Loeracensis (781) I 156. (m 781) II 114.
— Georg. Frid. Christoph., Pforzhemio-Badensis (781) I 157. (m 781) II 115. (cm 784) II 196.
Gauss, Joh. Raymund., Coronae Montanus (ph 662) I 352.
Gautier, Eberh., Moguntinus (d 735) I 213.
Gavisati, Jos., Mergentheimensis (j 761) II 428.
de Gavre, Charles Marquis, Bruxellensis (776) I 46.
Gawle, Johan, Rostochiensis (j 623) II 206.
Gay, Ignat., Colmariensis (779) I 143. (j 779) II 468. (cj 782: Claud. Ign.) II 659.
— Dominic., Lunevillanus (779) I 144. (j 779) II 468.
— Jac., Lunevillanus (778) I 135. (j 778) II 465. (cj 779) II 653.
Gayler, Joh. Christoph., Reutlingensis (778) I 138. s. Geyler.
Gayling s. Geyling.
Gayot de Belomre, Felix Anna, Argentinensis (cj 718) II 556.
— Lud. Felix, Argentoratensis (j 750) II 400. (cj 752) II 594.
— Franc. Maria, Parisiens. (cj 718) II 556. s. Guyot.
Gebele, Sim., Haaslacensis (j 653) II 255.
Gebhard, Joh. Georg., Alsfeldensis (j 685) II 309.
— Henr. Fried., Butisbaco-Hassus (j 739) II 381.
— Franc. Christoph., Marchicus (th 725) I 671.
— Franc. Carl. Ant., Mogunus (m 756) II 77.
— Georg., Nimicio-Silesius (ph 642) I 315.
Gebhardt, Joh., Argentinensis (ph 731) I 412.
— Joh. Mich., auss Blomberg auss dem Fürstenbergischen (d 770) I 224.
— Joh. Henr., Isnaco-Thuringus (th 685) I 653.
— Georg. Gustav., Oeringa - Francus (j 748) II 397.
(Gebhardt) Joh. Christi., von Schopfheim (ch 777) I 239.
— Joh. Volcknar., Walterschuso-Thuringus (th 665) I 637.
Gebharti, Joh., Lauterbacensis Misn. (th 631) I 604.
Geck, Georg Lud., Schwabacensis (ph 659) I 347.
Gedeman, Erich Georg, Cella-Lunaeburgensis (j 630) II 224. (cj 630) II 498.
Gedult de Jungenfeld, Franc. Emeric., Mogonus (j 758) II 418.
de Geer, Beniamin, Amstelodam. Batavus (j 653) II 255.
— Sebast. Ferdin., Bojus Monacensis (j 745) II 390.
Gehler, Carol., Gorlicio-Lusatus (j 688) II 316.
— Joh. Carol., Gorlicio-Lusatus (m 758) II 81.
— Joh. Guilh., Gorlicio-Lusatus (j 670) II 290.
v. Gehren, Fridr. Bern., Rostochio-Mecklenburgensis (j 662) II 273.
Gehring, Alban., Veldkirch. Rhaetus (ph 761) I 440.
— Ferd., Veldkirch. Rhaetus (ph 761) I 440.
Gehry, Jos., von Neyweyer aus d. Badischen (ch 783) I 251.
Geibel, Frid. Erh., Baden. Durlacensis (m 749) II 65.
— Christoph. Melch., Wetzlariensis (j 724) II 349.
Geickes, Joh. Gottofr., Hagenbaco-Palatin. (j 729) II 361.
Geidelin, Sam., Argentinensis (ph 655) I 338. (cm 663) II 137.
Geier, M. Joh. Christi., Lipsiensis (th 685) I 652.
— Christoph., Ratisponensis (th 650) I 613.
— Phil. Dan., Trorbaco-Mosellanus (th 653/54) I 621.
— Joh., Trarbacensis Mosellanus (j 670) II 291. s. Geyer, Gejer.
Geiger, Georg., Amberga-Palatinus (j 631) II 227.
— Dav. Laur., Amerschwirensis (j 749) II 399. (cj 751) II 593.
— Franc. Jos. Ant., Ammerschwirensis (j 747) II 395. (cj 750) II 590.
— Joh. Chph., Ammerschwirensis (cj 700) II 544.
— Sebast., Ammerschwirensis Alsata (j 677) II 301.
— Joan. Franc., Andlaviensis (j 737) II 377. (cj 739) II 578.

(Geiger) Georg. Ant., Andlaviensis (j 726) II 354. (cj 729) II 567.
— Franc., Argentinensis (j 760) II 425. (cj 762: Franc. Jos. Alexis) II 612.
— Georg. Basil., Argentinensis (ph 638) I 309.
— Joh. Frid., Argentinensis (ph 646) I 323. (cph 646) I 472.
— Joh. Frid., Argentinensis (ph 676/77) I 480. (cphm 679) I 551.
— Joh. Jac., Argentinensis (ph 670) I 364. (cj 675) II 530.
— Franc. Chph., Buxovilanus (j 732) II 366. (cj 734) II 572.
— Theod. Leodegar., Buxovillanus (j 748) II 397. (cj 750) II 591.
— Joan. Mart., Caesareo Montanus (cj 687) II 539.
— Ant., Dessenhemianus (773) I 106. (j 773) II 456.
— Joan. Petr., Dessenhemianus (j 760) II 425. (cj 763) II 613.
— Peter, von Eckwälden i. Württemberg (ch 789) I 260.
— Frid. Thadaeus, Ellinganus Francus (789) I 196. (j 789) II 490.
— Carol. Chph., Ingvilleranus (782) I 160. (j 782) II 475. (cj 784) II 664.
— Jos. Hugo, Ingwillarensis (773) I 106. (cj 773) II 455. (cj 776) II 647.
— Mich., Cannstadianus (ph 623) I 275. (th 624) I 597.
— Christoph. Frid., Norimbergensis (j 740) II 382.
- Wolffg. Jac., Noribergensis (j 651) II 251.
— Andr., von Schopfheim i. Badisch. (ch 775) I 235.
— Karl Friedr., Schopfheim (779) I 140. (cm 782) II 194.
— Joh. Frid., Stutgardianus (cj 728) II 567.
— Franc. Ign. Vict., Sultzens. Alsatia inferiori (781) I 154. (j 781) II 472. (cj 782) II 661.
— Jos. Franc. Ant., Sulzensis (Niedersulz) (790) I 201. (j 790) II 492.
— Joh. Henr., Helv. Tigurinus (m 728) II 42.
— Christian. Frid., Ulmensis (th 706) I 662.
— Guil., Ulmensis (th 707) I 662.
— Franc. Ign. Xav., Waslenhemensis (j 737) II 376. (cj 737) II 576.
— Georg. Tobias, Windsh. Francus (ph 655) I 339. s. Chelius.
Geiler s. Geyler.
Geilfus, Christi. Theodor., Tubingensis (j 652) II 253.
— Joh. Christi., Tubingensis (j 656) II 260. (j 660) II 268.
— Joh. Christoph., Tubingensis (m 648) II 16.
Geilinz, Joh. Georg., Heilbronnensis (j 681) II 305.
Geillinger, Jac., Vitoduro-Helvetus (m 756) II 77.
Geinbach, Joh. Adam., Suevo-Halensis (th 652) I 619.
Geisel, Christi., Schwabacensis (m 737) II 50.
Geiselbrunner, Elias, Augustanus (m 613) II 2. (m 621) II 5.
Geiser, Joh. Isaac, von Francfurt (ch 786) I 255.
Geisler, Joh. Ulr., Argentinensis (cph 660) I 476. (cphm 663) I 544.
— Sixt., Babenhusensis Hanoicus (ph 632) I 299.
— de Diescau Saxo (713) I 13.
— Rud., Erfurt. Thuringus (j 631) II 229.
— Euchar., Nerolinganus (ph 657) I 341.
— Mich. Christophor., Norimbergensis (m 747) II 60.
— Joh. Ludw., Svinfurtensis (j 649) II 248.
— Joh. Martin., Suinfurtensis-Francus (ph 681) I 375.
— Carol. Frid., Wasslenheimensis (786) I 179. (ph 786) I 456. s. Geissler.
de Geismar, Lothar. Franc. L. B., ex Riepen (727) I 20.
Geismer, Mich., Rostoch. Megapolitanus (j 623) II 206.
v. Geispitzheim, Emich Casimir Frh., zu Münster Dresen (718) I 16. (ph 718) I 16.
Geissler, Joh. Ulr., Bickensolio-Marchicus (cph 687) I 483. (cphm 690) I 554.
— Joh. Jac., aus Dressden (d 757) I 220. s. Geisler.
Geist, Carol. Franc, Kisleggensis Algoicus (j 752) II 404.
Gejer, Joh. Casp., Nordlingensis (ph 657) I 342. s. Geier, Geyer.
Gelanus, Franc. Rup., Bipontino-Palatinus (th 656) I 625.
Gelb, Lud. Nic., Argentinensis (j 738) II 378. (cj 742) II 580.
Gelchsheimer, Joh., Kittingâ-Francus (j 624) II 208.
Geldner, Balth., Lauba-Lusatus (th 666) I 639.

Gelhausen, Petr. Wilh., Gellhausa-Montensis (m 728) II 42. (cm 730) II 157.
à Gelhorn s. Gellhorn.
a Gellhorn (Gelhorn), Casp. Ulr., Eq. Silesius (j 630) II 227.
— Frid., Eq. Silesius (j 630) II 225.
— Georg., Eq. Silesius (j 625) II 211.
— Heinr., Eq. Silesius (j 625) II 211.
— Leonh., in Jacobinn, Eq. Silesius (j 630) II 225.
Gelin, Joh. Georg., Selestadiensis (772) I 98. (j 772) II 453.
Gellatle, Joh., Tubingensis (ph 624) I 278.
Geltreich, Joan. Michael, Oberkirchensis Brisgoius (j 709) II 332.
Gemeinhard, Joh., Barutho-Francus (th 670) I 643.
Gemitius, Mich., Budstadiensis Tygrigeta (j 624) II 208.
v. Gemingen s. v. Gemmingen.
Gemming, Joh. Georg. (j 700) II 324.
von Gemmingen, Carl August., Stuttgardius (j 736) II 374.
— Eberhard. (ph 645) I 320.
— Joh. Christoph. L. B., Francus (698) I 10.
— Wolffg. (j 635) II 234.
Gencher, Gennicher s. Gensler.
le Gendre, Sulpitius, Gallus Parisiensis (ph 627) I 288.
Genck, Joh., von Bareuth (d 758) I 220.
Geneff, Joh. Lud., Hanoviensis (th 738) I 677.
— Joh. Christi., Crucenaco - Palatinus (ph 709) I 396.
Genger, Joh. Sebast., Ulmensis (th 705) I 661.
de Genghofen, Joan. Bapt. Wendal. Ulr., Pfedelbacensis (j 761) II 426.
Genhart, Joh. Pet., Sempach C. Luzern (ch 778) I 241.
Genin du Vadelincourt, Jos., ex Carignan (j 751) II 403.
Genry s. Geury.
Gensler, Georg., Augustanus (th 623) I 594.
— (Gennicher?) Ambros., Augustanus (ph 626) I 283. (cphm 626) I 523.
Gentil, Joh. Petr., ex St. Petro monte Met. d. (767) I 68.
Genty, Franc., Bellofortensis (782) I 158. (j 782) II 474. (cj 787: Jac. Franc.) II 671.
— Nic., Belfortensis (784) I 171. (j 784) II 479.
— Sebast., Belfortensis (787) I 186. (j 787) II 486.
Genz s. Ganz.
Genzinger, Joh. Georg., Landspergensis Bav. (ph 713) I 400.
Georg, Joh. Bernh., Ulmensis (cphm 628) I 524. (th 626) I 599.
George, Joan. Franc. Didier, Bruyeriensis (j 762) II 429. s. Georgel.
— Franc. Xaver., Burweileranus (784) I 173. (j 784) II 480.
— Joan. Bapt. Franc., Ensishemianus (789) I 198. (j 789) II 491. (cj 790) II 678.
— Nicol., Clesentennensis (j 738) II 379. (cj 741) II 579.
— Franc. Jos., Landaviensis (j 737) II 377.
— (Georgius), Mich. Georg., Landaviensis (ph 629) I 290.
— Petr., Lunevillanus (768) I 78. (j 768) II 446. (cj 770) II 632.
— Joan. Franc., Metensis (j 733) II 369.
— Henr., Verviens. patria Leodiensis (m 758) II 82.
s. Georges, Georgius.
Georges, Gaspard., Mussipontanus (787) I 186. (j 787) II 486.
Georgeat, Jos., Lunevillanus (j 758) II 419. (cj 760) II 606.
— Jos. Franc., Lunevillanus (785) I 175. (j 785) II 481. (cj 787) II 671.
Georgel, Joan. Franc. Bened. Jos. Ant., Bruyeriensis (785) I 175. (j 785) II 481. (cj 787) II 672.
— Tussanus (Toussaint), Bruyères Loth. (766) I 62. (j 766) II 440. (cj 767) II 623. s. George.
Georgi, Adam., Olsna-Silesius (ph 628) I 289.
— Martin., Olsnensis Silesius (j 630) II 226.
Georgii, Jac. Sim., Argentinensis (ph 680) I 373.
— Joh. Mart., Argentinensis (ph 674) I 370.
— Chph. Gottlieb Samson, Backnangensis (j 748) II 397.
— Joh., Namslaviensis Silesius (j 627) II 219.
— Ferd. Godofr., Tubingensis (m 745) II 58.
— Erhard. Aug., Uraco - Wurttembergicus (j 721) II 347. (cj 721) II 559.
Georgius, Artus, Breda-Brabantus (th 662) I 632.
— Abrah., Mombelgardensis (ph 639) I 310.
— Arnold., Witthenius Westphalus (th 653/54) I 621.

Georgl, Joh. Sebald., Pinopolitanus (ph 665) I 358.
Gepp (Geppius), Joh., Steinbacensis Baden. Marchicus (cph 623) I 462. (cphm 625/26) I 522.
Geppert, Meinard. Jac., Offenburgensis (j 755) II 411.
Geraeus, Joh. Georg., Planichiensis (ph 634) I 304.
de Gerandon, Augustin. Petr., Parisiensis (778) I 134. (j 778) II 465.
Gerard, Claud., Badonvillanus (j 746) II 393. (cj 747) II 586.
— Joan. Bapt., Neo Brisacensis (j 747) II 394.
— Joan. Lud. Jos., Ferrettensis (789) I 198. (cj 791) II 679.
— Thom. Joseph., Fumaiensis (Fumaciensis) Leodien. dioc. (766) I 56. (j 766) II 439. (cj 768) II 628.
— Maria Jos. Franc. Adam, Colmariensis (cj 777) II 649.
— Petr. Felix Ant., Colmariensis (767) I 63. (j 767) II 441. (cj 768) II 627.
— Joan. Franc., Lotharingus (j 728) II 359. (cj 729) II 567.
— Conr. Alex., Mazopolitanus (j 747) II 394. (cj 748) II 588.
— Jos. Matthi., Matzopolitanus (j 755) II 410. (cj 757) II 601.
— Lud. Amand., Mazopolitanus (j 757) II 415. (cj 759) II 604.
— Jos., Metensis (773) I 101. (j 773) II 454. (cj 774) II 640.
— Joan. Bapt., Phalsburgensis (783) I 165. (j 783) II 477.
— Nicol. Franc., Rambervillanus (j 757) II 415.
— Lambert., Vagenicens. (j 762) II 431. (d 776) I 263. (*derselbe?*)
— Carol., Vicensis (j 736) II 373. (cj 737) II 577.
— Jac. Nic., Vicensis (j 755) II 411. (cj 758) II 602.
— Claud. Maria Joan. Bapt., Tabernensis Als. (784) I 168. (j 784) II 478. (cj 786) II 669.
— Jos., Tabernensis Alsata (775) I 117. (j 775) II 459. s. Girard.
Gerardin, Joan. Bapt., Lifolliens. ex Barrisiensi Ducatu (j 748) II 398.
— Nic. Jos., ex oppido Stae Mariae ad fodinas (j 758) II 419. (cj 760) II 606.
— Mathi., Metensis (787) I 187. (j 787) II 486.
de Géraudon, Joan. Carol. Aug., Argentinensis (788) I 194. (j 788) II 489.
Gerauer, Joh. Georg., Vormatiensis (ph 724) I 408. (739) I 26.
Gerber, Joh. Dan., Argentinensis (ph 693) I 382. (cph 693) I 484. (cphm 696) I 557.
— Joh. Jac., Argentinensis (j 727) II 356. (cj 729) II 567.
— Joh. Dan., Argentinensis (Waldhambacensis) (ph 720) I 405. (cph 720) I 492.
— Phil. Frid., Geudertheim. Hanoicus (ph 725) I 409.
— Georg. Jos., Hagenoënsis (j 705) II 327. (cj 705) II 547.
— Ant., Solodoranus (767) I 70.
— Joh. Dan., Waldhambacensis s. Joh. Dan. Gerber, Argentinensis.
Gerdes, Joh., Gustrovio - Megapolitanus (j 629) II 223. (cj 629) II 498.
— Martin., Megapolitanus (j 624) II 209. (cj 624) II 495.
— Georg., Lübecensis (j 643) II 240.
Gerdessen, Henning. Chphr., Gryphiswald. Pomeranus (j 649) II 248.
— Joh., Greifswaldensis (th 649) I 616.
— M. Henning. Joh., Wismariensis (th 682) I 651.
Gerer, Carol. Aloys., Uberling. Suevus (781) I 157. (j 781) II 473.
Geret, Simon, Weissenburgo-Rhenanus (ph 627) I 288.
Gerges, Joan. Petr., (Argentinensis) (j 742) II 386.
— Franc. Ant., Bossendorfensis (j 746) II 393. (cj 755) II 598.
Gerhard, Georg. Frid., Argentinensis (ph 780) I 453. (cph 782) I 514. (cphm 785/86) I 584. (th 786) I 698.
— Joh. Dan., Argentinensis (cph 694) I 485. (cphm 696) I 557.
— Joh. Georg., Argentinensis (cph 627) I 464.
— Joh. Mich., ex Brisgovia-Lahrensis (784) I 173. (th 784) I 697.
— M. Joh. Ern., Jenensis (th 650) I 618.
— Joh. Dan., Schiltigheimensis (j 727) II 355.
Gerhardi, Reinhard. Henr., Buxovillanus (ph 763) I 442. (cj 770) II 633.
— Joh. Henr., Hanoico-Pfaffenhofiensis (ph 731) I 413.
— Tobias Christi., Pfaffenhofensis Hanoicus (ph 737) I 418. (th 737) I 677.
— Joh. Henr., Steinbockenhemensis (ph 705) I 392.
Gerick, Bernh., Wimpinensis (th 624) I 596.

Gerig, Steff., Marchio Badensis (ch 785) I 254.
Gerigke, Bartholom., Postam. Marchicus (j 653) II 255.
Gerike, Joh., Wusterhusan. Marchicus (j 660) II 269.
Gering (Guering), Fr. Ant., Rubeacensis (m 736) II 48. (cm 740) II 162.
— Joh. Gabr., Suderman. Suecus (m 730) II 44.
s. Ghering, Göring, Goering.
Gerischer, Christian. August., Schoenheydâ-Montanus (772) I 97. (m 772) II 103.
Geritz, Mart., Berolino-Marchicus (m 657) II 20.
Gerlach., Joh. Jac., Argentinensis (ph 740) I 420.
— Mart., Argentinensis (ph 648) I 326. (cph 648) I 473. (cphm 651) I 538.
— Balth. Henr., Moeno-Francofurtensis (th 664) I 635.
— Christi., Moeno-Francôfurtanus (th 625) I 597.
— Joh. Hector, Moeno-Francofurtanus (th 657) I 626.
— Carol. Jos. Anton., Fuldensis (j 732) II 368.
— Franc. Nic. Hubert., Fuldensis (j 729) II 361.
— Joan. Jos. Ignat., Fuldensis (j 730) II 363.
— Wolff Conr., Grunstadiensis (th 760) I 686.
— Rud., Chilonio-Holsatus (j 644) II 242.
— Christi. Melchior, Longo-Salissanus (j 640) II 236.
— Joh., Reinheimensis (th 666) I 638.
— Joh., Reutlingensis (m 634) II 13.
— Henr. Melch., Spirensis (ph 661) I 350.
— Joh. Gottfr., Suinfurtensis (ph 664) I 355.
— Gottfr., Wittebergensis Saxo (j 670) II 291.
Gerle, Sim., Sebusiensis (cphm 633) I 528.
Gerlin, Joh. Lud., Ulmanus (cphm 631/32) I 527. (th 630) I 603.
Gerlinghauss, Salom., Tremonia-Westphalus (m 628) II 10. (cm 628) II 126.
Germain, Dominic. August., Metensis (789) I 197. (j 789) II 490.
— Franc. Henr., Selestadiensis (766) I 63. (j 766) II 440. (cj 768) II 628.
— Joan. Nic., von Weyller (ch 774) I 233.
German, August Theodor, Dürckheimensis (785) I 176. (m 785) II 118. (cm 788) II 198.
— Joh. Wilh., St. Gallensis (m 761) II 86.
— Jos., de St. Gallen (j 731) II 363.
— Joh. Dan., Trarbaco-Mosellanus (ph 690) I 380. (cph 691) I 484. (cphm 692) I 556.
Germenseel, L. B. de, s. Wachtendonck.
Germinger, Phil. Heinr., Buxovillanus (ph 662) I 351.
Germon, François, Champenois (776) I 122.
Gerner, M. Abrah., Wimpina-Palatinus (cm 630) II 126.
— Adam, Wimpinensis (ph 630) I 294. (cm 638) II 129.
— Andr., Wimpinensis (ph 629) I 292. (cm 638) II 129.
— Joh., Wimpinensis Palatinus (m 617) II 3. 5.
Gerngros, Andr., Norimbergensis (m 752) II 70. (m 754) II 73.
von Gerngross, Frid., Livonus (763) I 38.
Gernhard, Adam., Obernburgensis prope Aschaffenburg. (j 720) II 345.
Gernj, Franc. Ant., Rotwilanus Suevus (j 728) II 359.
Gerold, Ant., Argentinensis (ph 646) I 322.
— Joh., Argentinensis (ph 624) I 278. (cph 624) I 463. (cphm 626/27) I 523.
— Joh. Carol., Argentinensis (ph 762) I 440. (cph 762) I 507. (cphm 768) I 578. (th 767) I 690.
— Joh. Jac., Argentinensis (ph 654) I 338. (cphm 658) I 541.
— Joh., Giengen (m 750) II 67.
Geroltseck, domin. in, s. Wangen.
Gerôme s. Jerôme.
Gerp, Jacob. Chphr., Maurimonasteriensis (j 656) II 260.
Gerrfeldt, Carol. Ant., ex Rheinhausen (j 762) II 429.
Gerritz, Ivar., Holsatus (j 667) II 285.
Gerschlawer, Georg., Ulmensis (cphm 622/23) I 519.
Gerschow, Gerson, Medovicensis Pomeranus (th 649) I 616.
v. Gersdorff, Christian Ludwig, Eques Lusatus (j 685) II 309.
— Ernest., Eq. Lusatus (j 643) II 240.
— Joh. Georg. L. B., Saxo (683) I 8.
— Joh. Wolff., Eq. Lusatus (j 625) II 212.
— Nic., Lusatus (j 651) II 251.
Gerst, Frid. Gottlieb, von Westhoffen (ch 791) I 262.

Gerstenberger, Just., Hassus (th 643) I 612.
Gerstenlocher, M. Wolfg. Ulr., Stutgardianus (th 634) I 608.
Gerster, Franz Xaveri, Monac. Bojus (769) I 81. (m 769) II 100.
Gerstner, Joh. Carol. Anton., Frisheim.-Suevus (m 732) II 46.
— Carl Fried., Mülheim. Baden-Durlacensis (ph 763) I 442.
— Ernest. Chph., Mullhemio-Durlacensis (th 757) I 685.
Gertana, Joan., Manheimensis (j 757) II 414.
Gerth, Valent. Gottlieb, Königsberg (783) I 165. (m 783) II 116.
Gerthoffer, Joh. Georg., Ulmensis (ph 649) I 328.
Gertner, Gebhard., Nurmbergâs (m 629) II 10. s. Gaerttner, Gärtner.
Gertter, Joh. Georg., Ulmanus (th 660) I 630.
Gerttner, s. Gaerttner.
Gerung, Aurel., Argentinensis (ph 739) I 420.
Gervinus, Henric. Jac., Hinsvillanus Bipontinus (j 718) II 340.
— Carol. Frider., Wolffsteinensis Palatin. (j 719) II 343.
Gerwin, Mich., Mariaeburg. Prussus (j 651) II 252.
Gesbich, Georg. Guilielm., Meininga-Hennebergicus (j 727) II 357.
Gesell, Joh. Chph., Monheimensis (ph 631) I 297. (cph 631) I 467.
Gesenius, Otto, Cellerfeldensis (m 753) II 72.
Gesner, Jac., Tigurinus (m 724) II 39. (m 732) II 46.
Gesser, Jean Ant., du duché de Berg (j 731) II 365.
Gessler, Joa. Christophor., Offenburgensis (m 668) II 24.
Gessner s. Gesner.
von Getel, Bernh. Christoff, Megapolitanus (j 655) II 258.
Gett, Georg., Mogonus (780) I 150. (m 780) II 113.
Gettesius, Jac., Sueco-Gotland (ph 663) I 353.
— Petr., Gottlandus (th 661) I 632.
Geuder, Christoph Heinr., Haunsheimensis (j 699) II 323.
Geury (Genry), Jos. Dominic., Marsaliensis (775) I 113. (j 775) II 458. (cj 777) II 648.
Gewehr, Joh. Jac., Boppardiensis (j 736) II 374.
Geyer, Henr., Argentinensis (ph 635) I 307. (cph 636) I 469.
— Joh. Ernest., Creilsheimio-Francus (th 634) I 607.
— Phil. Nic., Gelnhusanus (j 700) II 325.
— Joh. Dav., Hâla Suevus (j 641) II 238.
— Joh. Alb., Crucenacensis (m 724) II 40.
— Mart., Lipsiensis (th 631) I 604.
— Dominic., München (m 750) II 65.
— Herm. Jos., Oppenoaviensis (j 730) II 362. s. Geier.
Geyer à Gibelstatt, Heinr. Wolffg., Creilsheimensis (j 656) II 262.
Geyer Baro ab Osterberg, Wolfg. Ernreich (669) I 4.
de Geyern s. Schenk de Geyern.
Geyler, Joh. Chph., Argentinensis (ph 750) I 430. (cph 751) I 503. (cphm 756) I 575.
— (Geiler), Joh. Jac., Argentinensis (ph 738) I 419.
— (Gayler), Joh. Sam., Argentinensis (772) I 96. (ph 772) I 447. (th 777) I 694. (cph 775) I 511. (cphm 776) II 581.
— Steph., Argentinensis (ph 704) I 390. (cph 704) I 488. (cphm 707) I 561. s. Gayler.
Geyling ab Altheim, Christi. Frid. (ph 711) I 398.
— Christi. Henr., Nob. Alsatus (j 760) II 424.
— Frid. Jac., Eq. Alsatus (ph 720) I 405.
— Henr. Aug., Eq. Alsatus (j 749) II 343.
— Phil. Reinhard., Nob. Alsatus, Buxovillanus (cj 713) II 551.
von Geymann, Frh. (Geymannus, L. B.), Joh. Ernest. (668) I 4.
— Joh. Carol. (668) I 4.
Geynet, Andr. Leonh., Weissenbourgensis (784) I 172. (j 784) II 479.
— Joan. Franc., Weissenburgensis (777) I 129. (j 777) II 463.
— Sim., Weissenburgensis Rhenanus (ph 627) I 288.
Geys, Joh. Georg., Rotenburgensis (j 673) II 297.
Geyso, Joh. Chphr., Hasso-Cassellanus (j 653) II 256.
Geywicz, Franc. (th 687) I 654.
Gezelschap, Joan. Henr. Conr. Lud., Cliviensis (j 748) II 397.
Ghering, Joh. Casp., Suinfurto-Francus (j 642) II 239. s. Gering.

Ghevot, Jean Dav., du cant. de Berne (m 769) II 99.
Gibollet, Joh. Theophil., Neostadiensis ex Episc. Basiliensi (cm 757) II 171.
Gichtel, Joh. Georg., Ratisponensis (j 657) II 263.
Giebelhausen, Gottlob, Wetzlariensis (j 732) II 366.
de Giech, Christi. L. B., Eq. Francus (683) I 8.
— Christi. Frid. Carol. Comes (751) I 32.
Gielius, Joh. Carol., Wolffio-Mosellanus (th 703) I 661. s. Gillius.
von Giell Herr zu Münster u. Giellersperg, Matthias Franz Ant. Frhr., Bayern (730) I 21.
Gies, Joh., Argentinensis (ph 707) I 394.
— (Gis), Joh. Reinhard., Argentinensis (ph 681) I 374. (cphm 683) I 552.
Giese, Constantin., Dantiscanus (j 651) II 251.
— Joh. Henr., Gedan. Borussus (j 659) II 267.
— Joh. Carol., Monaster. Westphalus (m 738) II 51.
Giesen, Jac., Kirchheimensis (m 768) II 98.
Giesenbier, Franc. Henr., Spirensis (j 657) II 264.
Giettius, Joh., Boleslâ-Silesius (j 624) II 208.
Gifler, Casp., Leoberg-Silesius (ph 627) I 286.
Gigaudet, Joh. Bapt., von Arlesheim (ch 777) I 239.
Gigelmair s. Gigelmarius.
Gigelmarius, Abrah., Augustanus (ph 632) I 299.
Gilg, Gervas., Brisacensis (j 699) II 324.
— Georg. Wolffg., Moeno-Francofurtanus (m 720) II 37. (cm 721) II 153.
— Georg. Wolffg., Moeno-Francofurtensis (m 750) II 66. (cm 751) II 168.
— Joan. Sebastian., Jölingensis (j 658) II 266.
Gilig, Franc. Laur., Argentinensis (j 762) II 429.
Gillemer, Joh. Henr., Giessa-Hassus (th 662) I 633.
Giller, Petr., Sangallemis (m 721) II 38. (cm 725) II 156.
Gillet, Franc. Jos., Virodunensis (j 765) II 437.
Gillius, Samuel, Badonvillanus (j 627) II 216.
(Gillius) Chph., Prussus (ph 654) I 338. s. Gielius.
Gillmeister, Joh. Jac., Regiomontanus (m 759) II 82.
Gillot, Franc. Ant., Oberehnhemensis (j 743) II 388.
Gilly, Xaver., Helv. Glaronensis (769) I 80.
— Jos. Franc., Lucenensis Helvetus (ph 762) I 442.
Gilmer, Joh. Henr., Hasso-Darmstatinus (j 701) II 326.
Gilso, Franc. Ant., Argentinensis (j 750) II 401. (cj 753) II 596.
Gilowsky, Franc. Anton., Salisburgensis (m 728) II 43.
Gimmig, Joh. Georg., Argentinensis (ph 693) I 382. s. Kimich.
Gimpel, Joh. Jac., Argentinensis (ph 629) I 291. (cph 629) I 467. (cphm 631) I 527.
Gineste, Franc. Claud., Parisinus (j 726) II 355. (cj 727) II 565.
Girard, Nicol. Carol., Argentinensis (780) I 148.
— Joseph. Valent., Aurelianensis (781) I 48. (788) I 52. (cm 789: Pitveriensis Gallus) II 198. s. Gerard.
— Jac. Jos., Friburg. apud Helvetos (m 761) II 85. (cm 762) II 174.
Girardet, Sebast. Joh. Georg., Lunevillanus (767) I 71. (j 768) II 443. (j 769) II 629.
de Girmondt s. le Begue.
Gironcourt, Claude François, de Dieuze en Loraine (j 760) II 424.
Giroud, Franc. Ant., Ferrettensis Alsata (779) I 142. (j 779) II 467.
Girsner, Jacob. Chph., Franco Noricus (j 627) II 217.
Girtauer (Girtaner), Sangallo - Helvetus (779) I 140. (m 779) II 112.
Gisen, Gerhard., Warendorpio - Westphalus (m 645) II 15.
Gisi, Jos., Solodoranus (771) I 95. (m 771) II 103 (cm 774) II 185.
Gissberti, Frid. Wilh., aus Biembach i. d. Gfsch. Hachenburg (ch 790) I 260.
Gissinus, Joh. Georg. (j 689) II 317.
Giunti, Eugen. (j 743) II 388.
Glack, Samuel, Richovilla-Alsata (ph 736) I 417.
Gladbach, Joh. Adolph., Crucenacô-Palatinus (m 700) II 31.
— Cornel., Moeno-Francofurtanus (m 730) II 44.

Glandorp, Frid. Petr., Heilbronnensis (j 642) II 239.
— Joh. Heinr., Heilbronnensis (ph 668) I 360.
— (Glandorff), Joh. Henr., Heilbronn. Suevus (th 714) I 666.
— (Glandorff) Joh. Henr., Heilbronna-Suevus (th 739) I 678.
— Frid., Spirensis (ph 628) I 289.
Glaris, Franc. Fidelis Lud., Überlinganus Acronianus (j 752) II 405. (j 757) II 416.
Glaser, M. Herm., Amstelodamensis (th 631) I 605.
— Jac., von Biglen C. Bern (ch 789) I 259.
— Jerem. Abrah., Bipont. Cusellanus (ph 625) I 279.
— Georg. Frid., Byrutho-Francus (j 662) II 272.
— Georg. Frid., Freudenstattensis (ph 695) I 384.
— Joh. Lud., Lützelsteinensis (ph 732) I 414.
— Simon Frid., Meysenhemio-Bipont. (j 663) II 275.
— Roland. Daniel, e Ducatu Württemberg. (m 762) m 87.
Glass, Christi. Fried., Gothanus (j 688) II 316.
Glatthorn, Georg. Lud., Oringa-Hohenloicus (ph 665) I 358. (cphm 668) I 546.
de Glaubitz, Carol. Reinhard., Eq. Alsat. (ph 736) I 417.
— Joh. Georg. (j 661) II 270.
Glaubrecht, Franc. Ernest., Oxovio-Franconicus (m 764) II 91. (m 765) II 178.
v. Glauburg, Hieron. Aug., Francofurtanus (j 641) II 238.
— Joh. Adolph., Francofurt. Moenanus (j 662) II 274.
— Joh. Jac., Francofurtanus (j 698) II 320.
Glaucke (Blancke?), Petr., Kedingâ-Bremensis (j 670) II 293.
Gleich, Joh. Mich., Heilbronnensis (ph 738) I 419.
v. Glich, Hanss Fridr., Eq. Silesius (j 628) II 221.
Glick, Franc. Maurit., Hausacensis (ph 741) I 422.
Glirr, Gothard., Ulmensis (j 629) II 223.
Glitzenhirn, M. Joh. Leonh., Ulmâ-Suevus (th 623) I 594.
— Joh. Casp., Wolffensis Mosellanus (ph 690) I 381.
— Joh. Rup., Wolffensis (ph 661) I 349.
Glock, Ant. Phil., Moeno-Francofurtensis (j 714) II 337. (cj 717) II 555.
— Joh. Casp., Suev. Halensis (ph 637) I 308.
zur Glocken, Georg. Conr., Wormatiensis (j 659) II 267.
— Georg. Otto, Wormatiensis (j 662) II 273.
— Joh. Richard., Vormatiensis (j 633) II 232.
— Joh. Wilh., Wormatiensis (j 699) II 323.
Glockengiesser, Joh. Augustin., Ulmensis (ph 633) I 302.
— Joh. Wolffg., Ulmensis (j 687) I 379.
Glocker, Adam., Argentinensis (ph 626) I 284. (cph 626/27) I 464.
Glöckler, Jac., Altheimio-Ulmanus (ph 647) I 324.
— Joh. Dan., von Burtenbach b. Augsburg (ch 789) I 260.
— Mathias, Rammingan.-Suevus (m 757) II 78. s. Gloeckler.
Glöckner, Tobias, Heidelbergensis (j 688) II 316.
Gloekler, Joh. Dan., Thuringensis (m 752) II 70. s. Glöckler.
a Glojach, Joh. Carol. (j 628) II 219.
Gloner, Georg., Argentinensis (cphm 623/24) I 520.
Glotseis s. Glozeis.
Glotzcius, Joh. Hieron., Nordlinganus (m 640) II 14. s. Klotz.
Gloxin, Balth., Femar. Holsatus (j 626) II 216.
— Petr. Balthas., Holsat. Slesvicensis (j 663) II 276. (cj 666) II 519.
— Benj., Colmariensis (ph 736) I 417.
— Benj. Petr., Colmariensis (782) I 159. (m 782) II 115. (cm 785) II 196.
— Georg. Andr., Colmariensis (ph 754) I 434.
— Matthi., Colmariensis (m 701) II 32. (cm 707) II 149.
— Anton. Heinr., Lübecensis (j 670) II 290.
— Georg. Benj., Wormatiensis (ph 677) I 372. (cm 682) II 143.
— Paul. Benj., Wormatia-Vangio (m 649) II 17. (cm 649) II 132.
Glozeis (Glotseis), Joh. Adam., Lauinganus Palatinus (m 630) II 11.
— Tobias, Lavinganus (th 624) I 596. (cphm 626) I 523.
Glück, Joh. Anton., Altkirch. Alsata (778) I 136. (j 778) II 465.
— Jerem., Uraco-Dorstettensis (m 730) II 44.

Glüer, Joh., Neokyr. Variscus (ph 624) I 278.
Glümper, Joh., Virnariensis-Francus (ph 642) I 316.
— Joh. Val., Hennenbergo - Meinunga-Francus (cphm 644/45) I 534.
Glur, Joh., von Roggwyl C. Bern (ch 778) I 241. (ch 790) I 261.
Glyckherr, Franc., Molsheimensis (775) I 113. (m 775) II 106. (cm 779) II 190.
— August., Badensis (783) I 167.
— Alban., ex Valle Lucida in Marchionatu Baadensi (m 754) II 73. (cm 757) II 171.
— Joan. Bern., Lichtenthalensis (j 757) II 414.
Gmelin, Carol. Christian., Badavillanus (778) I 138. (m 778) II 111.
— Georg. Adam., Bado-Durlacensis (ph 752) I 432.
— Godofr., Badavillanus (778) I 174.
— Isaac., Badovillano-Durlacensis (th 755) I 684.
— (Gmehlin), Jerem., Badenweilensis (j 720) II 345.
— Wilh. Godofr., Dresdensis (m 718) II 36.
— Joh. Carol., Heilbronna-Suevus (j 738) II 379.
— Joh. Phil., Stuttgard.-Württembergicus (m 718) II 36.
— Sam. Gottl., Tubingensis (m 763) II 89.
Gmier, Dominic., ex Gaster in Helvetia (784) I 173. (j 784) II 480.
Gmynder, Joh. Bartholom., Sangallo-Helv. (ph 657) I 342.
Gnifing, Ign., Andlaviensis (m 756) II 77.
Gnilius, Deocar., Argentinensis (788) I 192. (ph 788) I 458.
— Frid. Christi., Argentinensis (789) I 197. (ph 789) I 458.
— Joh., Argentinensis (ph 708) I 394. (cphm 711) I 563.
— Joh., Argentinensis (ph 739) I 419. (cph 741) I 499. (cphm 742) I 572.
— Joh. Andr., Argentinensis (ph 708) I 394. (cphm 711) I 563. (Theol. D. 728) I 705.
— Joh. Henr., Argentinensis (ph 756) I 435. (cph 757) I 505. (cphm 761) I 576. (th 763) I 688.
— Joh. Leonh., Argentinensis (ph 713) I 400.
— Petr., Argentinensis (ph 680) I 373. (cph 680) I 481. (cphm 681) I 551.
(Gnilius) Wolffg. Paul., Argentinensis (ph 643) I 317. (cphm 647) I 536.
Gobel, Henr., Colmariensis (j 765) II 438. (cj 765) II 621.
— Joan. Jac., Colmariensis (j 751) II 402. (cj 752) II 595.
— Theob. Ant., Thannensis (j 727) II 355. (cj 727) II 565.
— Franc. Jos., Thannensis (j 723) II 348. (cj 724) II 562. s. Goebel.
Göbel, M. Joh. Casp., Reuttlingensis (th 669) I 643.
— Joan. Ferd., Rottwilanus (j 729) II 361. s. Goebel.
Göbell, Martin., Halensis Saxo (j 623) II 207.
Gobert, Benjam., Vindocin. Gallus (m 615) II 2.
Gochnat, Joh. Valent., Wörthensis (779) I 140. s. Gogniat.
Gockel, Christi. Bernh., Koenigsbaco-Durlacensis (th 763) I 688.
— Balthas., Ulmanus (j 656) II 261.
— Casp., Valbert. Westphalus (j 660) II 269. s. Goeckel.
Göckhlé, Matthi., Colmariensis (j 756) II 413. (cj 758) II 603. s. Göckhlin.
Göckhlin (Gockhlin, Goekhlin),
— Franc. Xav., Colmariensis (788) I 192. (j 788) II 488.
— Joh. Ant. (Theoder.), Colmariensis (783) I 164. (j 783) II 476. (cj 784) II 665.
— Joh. Bapt., Colmariensis (788) I 190. (m 788) II 120. s. Göckhlé.
Goclenius, Herm. Georg., Marpurg. Hassus (j 629) II 222.
Godders, Matthi., Aquisgranensis (ph 626) I 282.
Godelle, Franc. Henr., Vicensis (j 720) II 345. (cj 723) II 561.
Godelmann, Jerem., Esslingensis (ph 693) I 382. (cj 701) II 545.
Gödersen, Joach., Hamburgensis (j 630) II 224.
Godot, Elias, Neocomensis (ph 656) I 340.
Godt, Ignat. Andr., Veldkirchensis Rhaetus (767) I 64. (j 767) II 441.
Godofredi, Georg. Christian., Lubenensis Lusatus (j 699) II 323.
Gödtkens, Petr., Hamburgensis (th 661) I 632.
Goebel, Joh. Adam, Argentinensis (ph 716) I 402.
— Daniel, Augustanus (th 648) I 615.
— Joh. Conr., Augustanus (ph 642) I 314. (cphm 642) I 533.

(Goebel) Joh. Marc, Augustanus (th 669) I 642.
— Anton. Dan., Darmstadiensis (m 759) II 82. s. Göbel.
Goeckel, D. Christ. Frid., Norimbergensis (m 741) II 54.
— Phil. Casp., Norimbergensis (m 741) II 55. s. Boeckel, Gockel.
Goecken, Joan. Melch., Altena-Guestphalus (j 721) II 347.
Goeddaeus, Frid., Hasso-Cassellanus (j 729) II 362.
Goedel s. Goebel.
Goeler de Ravensburg s. Göler von Ravensburg.
Goëllner, Joh. Georg., Regiomontanus Francus (th 623) I 595.
Goenner, Joh. Jac., Argentinensis (772) I 98. (ph 772) I 448.
— Joh. Leonh., Argentinensis (786) I 179. (ph 786) I 456.
Goepp, Joh. Jac., Hagiolithanus (ph 787) I 457. 187. (th 792) I 700.
Goering, Jac. Chph., Argentinensis (ph 730) I 412. (cph 732) I 495. (cphm 735) I 570. s. Guerin, Guering.
— Frid. Reinhard., Carlsruhensis (768) I 76.
— Jac. Christi., Carlsruhensis (766) I 62. (j 766) II 440.
— Carol. Frid., Steinbaco-Badensis (789) I 198. (ph 789) I 458.
— Lud., Steinbaco-Baadensis (785) I 178. (m 785) II 118. s. Göhrig, Gering, Ghering, Göring.
Goeritz, Joh., Ratisbonensis (m 729) II 43. (cm 732) II 158.
de Goertz, Georg. Comes (740) I 27.
Goesensohn, Isaac., Argentinensis (ph 741) I 421.
de Goessen, Petr. Baro, Brabantus (679) I 7.
Goethe, Joh. Casp., Francofurtensis ad Moenum (j 741) II 384.
— Joh. Wolfg., Moenofrancofurtensis (770) I 85. (cj 770) II 632.
Goetz, Franc. Ign., Argentinensis (771) I 92. (j 771) II 451. (cj 775) II 643.
— Jonath., Argentinensis (790) I 199. (ph 790) I 458.
— Gottlieb., Buxovilanus (m 764) II 93.
— Joh. Jac., Buxovillanus (j 704) II 327.
— Joh. Henr., Heilbronnensis (767) I 70.
— (Götz), Lud. Heinr., Soteriopeganus (j 665) II 280.
(Goetz) Joh. Georg., Sax. Misnic. (740) I 27.
— Conr. Fidelis, Reinachensis Rauracus (768) I 77. (j 768) II 445. (cj 770) II 631.
— Georg Petr., Vormatiensis (772) I 96. (th 772) I 692. s. Götz, Goez.
de Goetz, Carol., Eques Hannoveranus (j 720) II 345.
Goetzmann s. Götzmann.
Goez, Joh. Christoph., Darmstadianus (ph 704) I 390.
— Immanuel Gotofred., Schlaitdorffa-Württembergicus (766) I 63. (m 766) II 97. s. Goetz, Götz.
Goggel, Ignat., Landsberg. Boius (j 706) II 329.
de Gognat, Jerem., Colmariensis (m 735) II 48.
Gogniat, Dav., Argentinensis (775) I 113. (j 775) II 458. s. Gochnat.
— Jos. Laur., Argentinensis (775) I 113. (j 775) II 458.
Goguel, Ferd., Montisbelgardensis (j 735) II 371.
— Carol. Frid., Montisbelgardensis (ph 746) I 426.
— Carol. Jerem., Montisbelgardensis (j 729) II 360. (cj 732) II 570.
— Carol. Ludov., Montisbelgardens. (788) I 190. (j 788) II 488. (cj 791) II 679.
— Carol. Ludov., Montisbelgardensis (j 757) II 415. (cj 761) II 609.
— Jac. Carol. Christoph., Mombelgardensis (784) I 172.
— Leop. Eberh., Montbelgardensis (th 737) I 677.
— Petr. Hieremias, Montisbelgardensis (cj 709) II 549.
Gohl, Jac., Arberg-Bernas (767) I 69. (m 767) II 98.
— Joh. Jac., von Arberg C. Bern (ch 790) I 260.
Göhke, Mich., Holsatus (j 673) II 298.
à Gohr, Joh., Vesalo-Clivensis (j 664) II 278.
Göhrig, Balthasar, Bada-Steinbacensis (j 757) II 417. (m 761) II 86. (cm 763) II 175. s. Goering.
Golbery, Georg. Ant. Jos., Argentinensis (j 760) II 423. (cj 762: Georg. Lud. Jos.) II 611.
— Franc. Jac., Rubeacensis (cj 718) II 556.
— Joh. Andr., Rubeacensis (cj 730) II 568.
— Joh. Bapt., Rubeacensis (j 720) II 345. (cj 723) II 562.

de Golbéry, (Joh.) Claud. Nic., Colmariensis (j 747) II 394. (cj 749) II 588.
— Franc. Jos. Ign., Colmariensis (j 757) II 415. (cj 759) II 604.
— (Joh.) Philipp., Colmariensis (766) I 62. (j 766) II 440. (cj 769) II 629.
— Maria Theob. Joan. Bapt., Colmariensis (781) I 155. (j 781) II 473.
— Silvan. Meinrad. Xav., Colmariensis (j 761) II 426. (cj 763) II 614.
Goldbach, Franc. Dan., Argentinensis (ph 732) I 414.
— Georg. Guilh., de Wangen (j 687) II 315.
— Joh. Georg., Wangensis (j 687) II 315.
Goldiz, Joh. Phil., Moeno Francofurtensis (j 693) II 318.
Goldmann, Joh. Franc., Enckircha-Mosellanus (th 684) I 652.
Goldmeyer, Andreas, Guntzenhusâ-Francus (m 632) II 12.
Goldschmid, Eman., Palatinus (j 757) II 417.
Goldstein, Carol Ludowig, Hallensis Saxo . (j 665) II 281.
Göler, Jac. Casp., Buxvillensis Hanoicus (cphm 622/23) I 519.
Göler von Ravensburg, Engelhard. (ph 623) I 276.
— Joh. Bernh. (j 627) II 218.
— Lud. Frid. L. B. (739) I 26.
Gölgl, Joh. Georg., Ratisbonensis (j 688) II 316.
— Joh. Georg., Ratisbonensis (j 715) II 338.
Goll, Joh., Argentinensis (ph 655) I 338.
— Joh., Argentinensis (ph 703) I 389. (cm 710) II 150.
— Joh., Argentinensis (770) I 88. (ph 770) I 446. (th 775) I 694.
— Joh. Adam., Argentinensis (ph 647) I 324. (cj 657) II 513.
— Joh. Adam., Argentinensis (cj 691) II 541.
— Joh. Carol., Argentinensis (ph 653) I 336. (cj 665) II 519.
— Joh. Elias, Argentinensis (ph 658) I 343.
— Joh. Elias, Argentinensis (ph 710) I 396.
— Joh. Elias, Argentinensis (ph 761) I 439. (cph 763) I 507. (cphm 768) I 578. (th 767) I 690.
— Joh. Elias, Argentinensis (795) I 204.
— Joh. Georg., Argentinensis (ph 685) I 378.
— Joh. Henr., Argentinensis (ph 729) I 411. (cj 737) II 576.
(Goll) Phil. Jac., Argentinensis (ph 747) I 427.
— Franc. Xaver., Oberkirchensis (ph 751) I 431.
— Fidel. Carol. Amand., Oberkirchensis (j 748) II 397. (cj 750) II 591.
— Joh. Luc., Spirensis (ph 659) I 346.
— Wilh. Henr., Spirensis (j 644) II 241. (cj 654) II 511.
— Joh. Ludov., Tuttlingensis (769) I 83. (m 769) II 100.
de Goll, Joh. Jac. Jerem., Colmariensis (776: Montbelgardensis) I 47. (cj 778) II 651.
— Jos. Jac. Sam., Colmariensis (785) I 175.
Goltacker, Chphr. Casp., Eq. Thuringus (j 661) II 270.
Golther, M. Balthas., Nürlingensis (th 634) I 608.
vom Golts, Georg., Hamburgensis (ph 627) I 287.
Golze, Joh. Ludov., Hasso-Darmstadinus (778) I 137. (m 778) II 111.
Gombault, Chph., Argentinensis (787) I 188. (j 787) II 487.
— Jac. Ant. Tobias, Argentinensis (j 753) II 407. (cj 758) II 603.
— Jac. Mich., Argentinensis (j 746) II 391. (cj 748) II 588.
Gomien, Franc., Vicensis (j 731) II 364. (cj 732) II 570.
Gondeln, Christi. Adam., Bremanus (m 750) II 66.
Gonnet, Ant., Avenionensis (m 727) II 42.
— Ant., Bollenensis (cm 729) II 157.
Gontier, Carol. Maurit. (j 751) II 403.
Good, Alex., Flumensis Helvetus (m 759) II 83.
— Bonif. Jos. Ant., Ragozen. Helvetus (m 740) II 53.
à Goos, Tilmann., Moersensis (j 649) II 247.
Gordine, Joan. Martin., Philipsburgensis (j 711) II 333.
— Herm. Jos., Spirensis (j 741) II 385.
de Gorgas, Chph. Bernh., de Munster en Westphalie (d 707) I 207.
Gorgolius, Joh., Nizna-Ukrainensis (766) I 57. (m 766) II 95.
Göring, Joh. Albr., Barutho-Francus (j 699) II 323. s. Goering.
Göritz s. Goeritz.
Görritz, Georg., Tonningâ-Holsatus (j 662) II 273.
Gorné, Joan. Franc., de la Grange (j 719) II 342.
a Gornetz dict. Steyss, Dav. (j 630) II 226.
— Joh. Bernh., Palatinus (j 664) II 277.

de Görtz s. de Goertz.
von Gosen, Lambert. Joaquin., Stralsundia-Pomer. (j 652) II 254.
Gosky, Ant. Ulr., Brunswicensis (m 656) II 19. (cm 659) II 135.
— Rud. Aug., Gardelegensis (j 656) II 262.
Gossky, Carol. Frid., Olsnensis Silesius (th 730) I 674.
Gosner, Jos. Gregor., Albaugiensis (m 752) II 69.
Gosse, Jos., de Bristol (d 782) I 264.
— Claudius, Vicensis (ph 639) I 310.
Gössel, Joh. Adam, Spirensis (th 658) I 628.
de Gosser, Franc. Jos. Ant., Marchdorffensis (j 741) II 385.
Gosserer, Franc., Mussipontanus (m 749) II 65.
Gossèt, Joan., Hagenoensis (j 750) II 401.
Gostenhover, Georg. Sigism., Haldenbergensis (ph 646) I 323.
— Joh. Casp., Haltenbergstettensis (ph 648) I 327.
Goswiler, Casp., Tigurinus (j 665) II 280.
le Gotius s. Legotius.
Götsch, Gabriel, Norimbergensis (th 663) I 634.
Gotschj, Servat., Leutschoviensis (th 624) I 597.
Gottekien, Franc. Xav., Colmariensis (766) I 56. (j 766) II 438.
de Gottesheim,
— Joh., Argentinensis (cphm 701) I 559.
— Joh. Frid., Argentinensis (ph 655) I 338.
— Joh. Frid., Argentinensis (ph 711) I 397.
— Joh. Godofr., Argentinensis (ph 756) I 435.
— Phil. Georg., Geidertheimensis (ph 722) I 407.
— Phil. Georg., Geitertheimensis (j 756) II 412.
— Phil. Lud., Geudertheimensis (ph 760) I 438.
Gottfr., Joh. (d 710) I 207.
Gottfriedt, Franc. Henr., Carolo-Thermensis (m 733) II 47.
Gotthard, Adalb. Phil., Bambergensis (767) I 66. (m 767) II 97.
Gotting, Ferd. Anton., Spirensis (j 728) II 358.
Gottmann, Christi. Aug., aus Schleswig (d 733) I 213.
Gottofrey, Petr. Placid., Echallen. Helvetus (785) I 174. (m 785) II 117.
Gottrau, Franc., Friburg. Helvetus (770) I 87. (m 770) II 101.
Gottschalck, M. Joh. Georg., Vratislaviensis Silesius (th 679) I 648.
Gottsmann, Joh. Phil., Buxovillanus (ph 712) I 398. s. Götzmann.
Gottwald, Elias, Argentinensis (ph 629) I 291. (cph 629) I 467.
— Christoph., Dantiscano-Borussus (m 657) II 20.
— Franc. Matthae., Offenburgensis (j 753) II 407. (cj 755) II 598.
— Erhd. Fridr., Römhildâ-Francus (ph 665) I 357.
— Christ. Frid., Westhoffensis (ph 739) I 419.
— Joh. Frid., Westhoffensis (ph 708) I 395.
Gotz, Franc. Ant., Herbipolitanus (j 763) II 433.
Götz, Joh. Mart., Franco Adelsheimensis (j 669) II 288.
— Nic., Adorf. Variscus (ph 627) I 287.
— Christian. Thomas, Hamburgensis (j 718) II 341.
— Sylvester, Manheimens. Palatinus (j 728) II 358.
— Sam. Ernest., Meinungensis Francus (ph 655) I 338.
— Joh. Andr., Merseburgensis Saxo (j 698) II 321. s. Goetz, Goez.
— Phil. Matthae., Tubera-Francus (ph 661) I 350.
Götze, Joh. Christi., Bremensis (m 750) II 66.
Götzel, Fridr. Wilh., Greslizensis Bohem. (j 659) II 267.
Gotzendörffer, Joan. Petr., Billighemii et ex Pallatinatu minori (j 736) II 373.
Götzmann (Goetzmann), Xav. Franc. Ant., Eschentzwilerensis (j 708) II 330.
— Adam Georg., Landserensis (cj 705) II 547.
— Georg., ex Landsehr (j 749) II 398. (cj 750) II 590.
— Joh. Georg., Lanserensis (j 685) II 309. (cj 685) II 536.
— Lud. Val., Landseranus (j 747) II 394. (cj 749) II 589. s. Gottsmann.
Goudart, Jos. Xav., Caesareo-Montanus (774) I 111. (j 774) II 457.
Le Gouëslier de Montcarel, Alex. Jac. Renat., Versaliensis (788) I 194. (j 788) II 489. (cj 790) II 678.
Goug, Franc. Jos., Argentinensis (j 740) II 382. (cj 749) II 590.

Gouge s. Gug.
Goujon, Joan. Chrysostom. (Christoph.), Argentinensis (j 740) II 382. (cj 742) II 581.
— Joan. Claud., Argentinensis (j 738) II 378. (cj 740) II 578.
— Nic., Argentinensis (j 742) II 386.
Goulet, Joh. Henr., Francofortensis (791) I 202. (ph 792) I 459.
Goulet de Montlibert, Petr. Alex., Metensis (j 728) II 359. (cj 730) II 568.
Goullet, Jac. Frid., Argentinensis (ph 763) I 442.
— Joh. Lud., Argentinensis (ph 758) I 437. (cj 767) II 622.
Goullon, Jean Pierre, de Crehange (d 692) I 205.
Gounion, Joan. Julian., Parisiensis (j 749) II 399.
Gourdain, Franc., Metens. de Peltre (cj 715) II 553.
— Franc. Xav., Metensis (cj 717) II 556.
— Joan. Franc., de Peltre Metensis (cj 716) II 555.
— Nic. Franc., Metensis (cj 715) II 553.
Gourieff, Dimitrij, Russie (777) I 46.
Gourmand, Jos. Ant., Argentinensis (788) I 192. (j 788) II 489.
Goury de Champgrand, Joh. Franc., Druuinensis (j 732) II 366. (cj 732) II 570.
Goussaud, Ant., Metensis (j 737) II 375. (cj 738) II 577.
— Steph. Philbert., Metensis (j 747) II 394.
— de Buchy, Philibert., Metensis (cj 719) II 556.
Goutt, Sebast., Lotharing. Nanceianus (j 737) II 376.
Gouyon, Franc. Arnold., Philippsburgensis (cj 712) II 550.
Graas, Heinr., Rostochiensis (j 656) II 262.
Grabler, Mich. Ignat., Minsterensis Bojus (m 737) II 50.
Grabow, Eman., Anclam. Pomeranus (ph 633) I 302.
Grabowski, Casimir. Comes, Polonus (789) I 53.
— Michael Comes, Polonus (789) I 53.
Gracza, Joh., Brisna-Pannonius (th 643) I 612. (cphm 644) I 534.
Grad, Joh. Georg., Argentinensis (ph 645) I 320. (cj 655) II 512.
Gradmann, Joh. Georg., Ravensburgensis (787) I 185. (m 787) II 119.
a Gradow, Joh. (784) I 171.
Gradwohl, Val., Sebusiensis (ph 693) I 382. (cphm 696) I 557.
Graeff, Joh. Daniel, Argentinensis (ph 721) I 406. (cphm 724) I 567.
— Joh. Dan. Gottlieb, Bipontinus (ph 760) I 438.
— Joh., Lichâ-Wetteravus (th 685) I 653.
Graenacher, Oswald., Mullheimensis (ph 724) I 408.
Graeser, Franc. Christi., Kircheimensis Nassoic. (th 665) I 638.
Graeter, Joh. Felix, Gemmingâ-Craichgoicus (j 635) II 234.
— Chph. Felix, Halensis (ph 660) I 348.
— Felix Casp., Hallensis Suevus (ph 626) I 283.
— (Grätter) Felix Jac., Suevo-Halensis (th 638) I 610.
— Georg. Frid., Hala-Suevus (th 647) I 615.
— Georg Lud., Hala-Suev. (766) I 62. (m 766) II 96. (cm 767) II 179.
— Joh. Chph., Halensis Kocharicus (cphm 623) I 520.
— Joh. Chph., Halensis (ph 659) I 345.
— Joh. Jac., Suevo-Halensis (ph 643) I 317.
— Wilh., Halensis Suevus (ph 624) I 277.
— Joh. Erhard., Rodensis (cphm 623) I 520. (th 624) I 708.
Graether, Georg. Ferdin., Gomaringensis (j 732) II 366.
Graetter, Georg. Lud., Gilstein Würtembergicus (m 752) II 70.
Graeven, Christoph Luther Deikts, aus Curland (j 757) II 414.
Graf, Carl Phil., St. Goar (ch 784) I 282.
Grafenauer (Graffenauer), Joh. Phil., Argentinensis (ph 756) I 436. (cj 764) II 616.
— Joh. Phil., Argentinensis (790) I 200. (ph 790) I 459.
Graff, Georg. Fr., Argentinensis (ph 749) I 430.
— Gerh. Frid., Argentinensis (cj 764) II 616.
— Joh. Gerh., Argentinensis (ph 732) I 414.
— Joh. Henr., Argentinensis (ph 747) I 428.
— Joh. Jac., Argentinensis (ph 700) I 387. (cph 700) I 487. (cphm 703) I 560.
— Joh. Reinbold., Argentinensis (ph 739) I 419.
— Joh. Frid., Colmariensis (ph 675) I 370.

(Graff) Joh. Rud., Colmariensis (cj 702) II 545.
— Matthae., Lawinganus (cph 622/23) I 462. (cphm 625/26) I 522.
— Joh. Georg., Leutschachio-Stirus (th 652) I 620.
— Joh. Jac., Monasteriensis (783) I 164. (ph 783) I 454.
— Gottfr., Pruckafeldens. Austrius (j 652) II 254. (cj 657) II 513.
— Joh. Christian., Wisbadiensis (j 712) II 334.
— Joh. Georg., Wisbadensis (j 665) II 280. (cj 668: Solmensis) II 522.
— Sebast., Wisbadensis (j 668) II 287.
s. Gräff Gravius.
Gräff (Graff, Greef), Ign., Köstenholz Alsata (788) I 189. (j 788) II 487. (cj 789) II 676.
— Jac., von Kreuznach (ch 775) I 236.
Grafft, Joh. Burchard., Stralsundia-Pomeranus (th 718) I 667.
Graham, Nicol., Scotus (j 721) II 346.
Graius, Joh., Isnaco Thuringus (j 634) II 233.
Grallius, Zachar., Budissinâ-Lusatus (j 633) II 231. (cj 646) II 506.
Grambusch, Franc., Juliacensis (j 670) II 292.
Grambs, Conr., Moeno-Francofurtensis (ph 659) I 346.
— Gerh., Moeno-Francofurtensis (j 685) II 309.
— Joh., Moeno-Francofurtanus (th 647) I 615.
Gramm, M. Phil., Schorndorffensis (th 634) I 608.
Grammann, Joh., Moeno Francofurtanus (m 757) II 80.
Grammius, Aegidius, Ripensis Danus (th 661) I 631.
Gramond, Ludov. Franc. Elisabeth, Argentinensis (775) I 119.
Grammont, Jos. Frid., Montisbelligardensis (782) I 159. (m 782) II 115.
Gramp, Christi. Dietr., Rötteln (Feldberg) i. Baden-Durlach (ch 789) I 260.
Gran, Joh. Phil., Braubaco-Darmstatinus (th 719) I 668.
Grandemange, Franc. Ant., Nanceianus (m 751) II 69.
Grandidier, Ant., Argentinensis (781) I 156. (j 781) II 473.
— Jos., Argentinensis (788) I 189. (j 788) II 487.
— Phil. Andr., Argentinensis (774) I 107. (j 774) II 456.
(Grandidier) Petr. Alex., Belfortensis (787) I 185.
s. P. A. Grandidier ex Duclerc.
— Maria Claud. Deodat., Blamontanus (787) I 185. (j 787) II 485.
— Petr. Alex., ex Duclerc (778) I 135. (j 778) II 465. (cj 987) II 671 (Petr. Alex. Val.).
— Valentin., ex Castello ad Salinas (j 756) II 412.
— Petr., Mediovicensis (787) I 189. (j 787) II 487.
Grandjean, Franc., Metensis (j 718) II 341. (cj 719) II 557.
— Nic., Metensis (cj 719) II 557.
— Franc. Ant., Puttlingensis (j 744) II 389. (cj 745) II 584.
— Franc., Vicensis (j 742) II 387. (cj. 744) II 583.
— Lud., Vicensis (769) I 83. (j 769) II 447. (cj 771) II 634.
Grandmaire, Laur. Jos., Oberbronnens. Alsata (782) I 158. (j 782) II 474. (cj 787) II 672.
Grandmougin, Joan. Bapt. Nic., Lunevillanus (774) I 110. (j 774) II 457. (cj 776) II 645.
de Grandval, Angelus Henr., Argentinensis (781) I 115. (j 781) II 472.
de Grandvillars, Franc. Conr., Pruntrutan. Rauracus (j 735) II 372.
Graner, Daniel, Illmenoïtano-Hennenbergicus (j 656) II 261.
Granges, Claude, de Paris (d 755) I 219.
Grangier, M. Joh. Georg., Montbelgardensis (th 627) I 601.
Granier al. Benard, Jean Bapt., de Gand en Flandre (d 706) I 207.
Grapp (Grappius), Balth., Buchsovillanus (th 624) I 709.
Graseck, Joh. Paul., Argentinensis (ph 626) I 282.
Grass, Joh. Petr., aus der Chur-Pfaltz von Ober-Ingelheim (d 770) I 225.
Grasser, Joh. Adolph., Marchio-Baadensis (m 753) II 72.
Grassmuck, Joh., Suinfurtensis Francus (ph 670) I 364.
Grassot, Joh., Metensis (ph 639) I 311.
Grassus, Sigism., Strelitzensis (j 625) II 210.
Grateloup, Benedict. Franc., Argentinensis (m 720) II 38. (cm 729) II 157.
Gratianus, Joh. Wilh., Delinga-Westriacus (ph 642) I 314. (cph 642) I 471. (cphm 644) I 534.
Gratta, Franc., de Lyon (d 704) I 206.
Grätter s. Graeter.

Grau, Ant. Matthi., Argentinensis (j 763) II 432. (cj 766) II 621.
— Lud., Argentinensis (j 738) II 379.
— Phil., Argentinensis (j 735) II 372. (cj 738) II 577.
— Joh., Bistricio-Transylvanus (ph 663) I 353.
— Joh. Mathias, Fuldensis (m 758) II 81.
— Joan. Ant., Molheimensis (j 719) II 344.
— Joan. Baptista, Rosenhemensis (j 710) II 333. (cj 714) II 552.
— Jos., Rosenheimensis (j 690) II 318. s. Gravius.
Gravius, Christi., Allendorphensis ad Salinas Hassiacas (j 633) II 231.
— Henr., Osnaburg. Westphalus (j 646) II 243. s. Grau, Graff, Grave.
Grauel, Franc. Ferd., Argentinensis (783) I 164. (ph 783) I 454.
— Jac., Argentinensis (ph 763) I 442.
— Jac. Mich., Argentinensis (777) I 126. (ph 777) I 450. (cj 784) II 666.
— Joh. Mich., Argentinensis (j 755) II 411.
— Joh. Phil., Argentinensis (ph 727) I 409. (cm 738) II 161. (cphm 731) I 569.
— Joh. Wilh., Argentinensis (770) I 85. (ph 770) I 446. (th 774) I 693. (cph 770) I 510. (cphm 774) I 580.
— Joh. Georg., Argentinensis (ph 713) I 400. (cphm 716) I 565.
— Joh. Dan., Argentinensis (ph 747) I 427.
— Joh. Mart., Argentinensis (ph 747) I 427.
Grauert, Ant. Jos., Confluus (ch 777) I 239.
Graumer, Augustin., Annaemontô-Misnicus (j 665) II 279.
Graupner, Christoph., Darmstadiensis (j 736) II 373.
— Joh. Christoph. (j 736) II 373.
Grave, Felix, Hamburgeasis (th 651) I 619.
— Eberh., Hamburgensis (j 651) II 252.
— (Graffe) Jodoc., Hamburgensis (j 630) II 226. s. Greve, Gravius.
Gravelius, Joh. Phil., Griesheimensis Hasso-Darmstatinus (th 738) I 677.
— Joh., Husio-Holsatus (cphm 628/29) I 525. (th 628) I 601.
Gravius, Andr., Bergâ Rugianus (th 652) I 620. s. Grave, Grefe.
Gravisset, Alb., Bernensis (ph 649) I 331.
Greb, Thomas, Belensis (ph 650) I 332.
Grecht, Franc. Anton., Donaueschingensis (m 750) II 65.
Gredt, Joh. Mich., Kittinga-Francus (ph 673) I 369.
Greef s. Gräff.
Green, Georg., Tremsbütta Holsatus (th 661) I 632.
Greff, Hubert., ex Beltheim (m 752) II 71. s. Gräf, Graef.
Gregoire, Joh. Jos., Gerardimarinus-Lotharingus (767) I 70.
Gregorius, Joh., Dantiscanus (th 656) I 625.
— Gabr. Gotfr., Roeschwagensis (ph 687) I 379.
Greiff, Petr., Lichensis (th 657) I 626.
von Greiffenberg, Christi. Frid., Eq. Marchicus (j 725) II 351.
— Georg. Frid., Brandeburgensis (j 725) II 351.
a Greiffenclaw L. B. a Vollrath, Joh. Erwin. (683) I 8.
de Greiffenpfeil, Joh. Coelestin Baron, Berolin., (720) I 16.
Greiffert, Georg. Wolfg., Onoldino-Francus (ph 628) I 290. (cphm 629/30) I 526.
— Frid. Ern., Onoldino-Francus (cphm 631) I 526. (th 630) I 603.
— Joh. Achat., Onoldino-Francus (cphm 633) I 528.
Greiling, Joh. Sebast. (d 707) I 207.
Grein, Joh., Uracensis (ph 634) I 306.
Greineisen, Joh. Eberh., Erbacensis (j 731) II 364. (cj 732) II 570.
Greiner, Joh. Mich., Argentinensis (ph 762) I 441.
— Joh. Phil., Argentinensis (774) I 107. (ph 774) I 449.
— Phil. Jac., Argentinensis (767) I 68. (ph 767) I 445. (cj 775) II 642.
— Joh. Mart., Buxovillanus (ph 675) I 370.
— Joh. Phil., Hagenoensis (ph 627) I 285. (cj 639) II 503.
— Melch., Hagenoensis (cj 625) II 496.
— Joh. Jac., Hunavillanus (ph 761) I 439. (cm 768) II 180.
— Joh. Chph., aus Lorch im Württemberg. (d 737) I 214.
— Joh. Mich., Mediovillâ-Alsatus (j 687) II 313.
— Joh., Reichenweyr (ch 786) I 255.
— Bartholom., Tabernensis (j 668) II 285.
Greis, Joh. Frid., Argentinensis (ph 757) I 436.
— Joh. Frid., Argentinensis (791) I 202. (ph 791) I 459. s. Kreiss.

(Greis) Christoph. Franc., Mergentheimensis (j 709) II 332.
Greiss, Joh. Nic., Francofurtanus (j 699) II 322.
— Dan., Steyrâ-Austrius (th 623) I 595.
— Joan., Wollmatingensis (j 721) II 347.
Greissingh, Paul., Coronâ-Transylvanus (th 655) I 623.
Greiz, dynasta in, s. Reuss.
Gremler s. Kremler.
Grendtler, Joan. (j 683) II 306.
Grenusius, Guilielm., Genevensis (j 649) II 248.
— J., Schil . . . . (j 639) II 236.
Gress, Joh. Leonh., Bietticanus Wyrttembergicus (j 633) II 231.
— Georg., Sinebronnensis (ph 645) I 319.
Grest, Bened., Curia-Rhoetus (777) I 128. (m 777) II 109. (cm 778) II 188.
Gretener, Frantz Basil., Zug (ch 785) I 253.
Greth, Georg., Kittinga-Francus (th 665) I 637.
— Joh. Mich., Kittingensis-Francus (ph 666) I 359. (ph 673) I 369.
Gretschmann, Daniel, Culmbacensis-Fr. (ph 669) I 362.
Gretzinger, Phil. Heinr., Argentinensis (ph 670) I 365. (cph 671) I 479.
Greuhm, Christi. Henr., Argentinensis (783) I 166. (ph 783) I 455.
— Frid. Carol., Argentinensis (ph 747) I 427. (cj 756) II 599.
— Frid. Carol., Argentinensis (778) I 133. (ph 778) I 451. (cj 787) II 670.
— Georg. Nic., Argentinensis (ph 728) I 411. (cj 734) II 573.
— Joh., Argentinensis (ph 681) I 374.
— Joh. Dan., Argentinensis (ph 778) I 451.
— Joh. Henr., Argentinensis (ph 717) I 403.
— Joh. Lud., Argentinensis (ph 756) I 436.
Greum s. Greuhm.
Greve, M. Henr., Hamburgensis (th 681) I 650. s. Grave.
a Greyers, Joh. Sam., Helv.-Bernas (m 762) II 88. (cm 766) II 178.
Greys, Joh. David, Hoenloico-Francus (th 659) I 629.
Grieb, Thom., Sindelphingensis (ph 634) I 305.
Griederich, Christi., Lignic. Silesius (j 634) II 233.
Grienewald, Joan. Bapt., Dillmensengensis Suevus (j 755) II 411.
Gries, Joh. Frid., Argentinensis (ph 747) I 428.
Griesbach, Frid. Jonath., Argentinensis (793) I 203. (ph 793) I 460.
— Joh., Argentinensis (767) I 68. (ph 767) I 445. (cj 774) II 641.
— Joh. Dan., Argentinensis (ph 749) I 429.
— Joh. Jac., Argentinensis (789) I 195.
— Joh. Jac. (ph 738) I 419.
— Joan. Christi., Lahrensis (j 762) II 430.
Griese, Joh. Wilh., Argentinensis (ph 699) I 386. (cph 700) I 487. (cphm 703) I 560.
— Joh. Wilh., Sebusiensis (ph 737) I 418.
Griesel, Alex., von Neuhaus b. Paderborn (ch 780) I 244.
Griesenberg, Henr. Wilh., Göttingensis (th 698) I 658.
— (Grussenberg), Dieter., Göttingensis (th 670) I 644. s. Grussenberg.
Grieshammer, Joh. Mich., Pilgramereuthensis Variscus (th 666) I 639.
Griesinger Joh. Frid., Argentinensis (ph 705) I 392.
— Joh. Jac., Argentinensis (ph 742) I 423. s. Grisinger.
Griesmair, Ant., Beroltzheimensis Palatinus (th 626) I 600. s. Griessmayr.
von Griessheim, Conr. Heinr., Thuringus (j 649) II 248.
— Günther, Nobil. Thuringus (th 663) I 635.
Griessmayr, Alb. Frid., Onoldo-Francus (j 659) II 514. s. Griesmair.
Grillot, Felix, Argentoratensis (j 745) II 390. (cj 748) II 587.
— Franc. Carol., Argentinensis (j 741) II 385. (cj 742) II 581.
— Joh. Ign., Argentinensis (j 744) II 389. (cj 752) II 594.
— Phil., Argentinensis (j 759) II 421.
— Franc., Traba-Trevirensis (cj 726) II 564.
Grimm, Joh. Rud., Castrovillano Bernens. (m 760) II 84.
— Joh., Oldenburgo-Frisius (th 647) I 614.
— Georg. Adam., Segnitio-Francus (ph 665) I 357.
Grimmann, Joh. Nicol., Ottendorf-Hadelensis (m 728) II 43.
Grimmeisen, Ludov., Mogonus (769) I 84.
Grimmenstein, Joh., Flensburg-Holsatus (th 655) I 623.

Grimmer, Gotthard., Argentinensis (ph 760) I 438. (cph 761) I 506. (cphm 765) I 577. (th 767) I 690.
— Joh. Frid., Argentinensis (772) I 99. (ph 772) I 488.
Gringalletus, Joh., Genevensis-Allobrox (m 614) II 2.
Grinsard, Carol. Jos., Metensis (j 711) II 334. (cj 712) II 551.
Grischow, Rudolph., Gedanensis (th 684) I 652.
Grisinger, Joh. Jac., Wormatiensis (ph 630) I 294. s. Griesinger.
de Grismar, Anton., Urspergens. Suevus (781) I 154. (j 781) II 472. s. Chrismar.
Grittner, Joh. Gottlieb, aus Schlesien (d 733) I 213.
Grizen, Jac., Kirchheim-Bollandus (767) I 71.
Grob, Anthon., Herisoviensis (m 741) II 55.
v. d. Gröben, Ernst Ludwig (j 657) II 264.
Gröber, Franz Jos., von Rastatt (ch 787) II 257.
Groell, Joh. Bapt., Fessenheimensis (791) I 201. (m 791) II 122.
Grodel, Joh., von Mannheim (ch 774) I 234.
Groëlius, Joh., Falckoberg. Silesius (ph 631) I 297.
Groessel, Chph., Megaselirandropagô-Misnicus (ph 647) I 324.
van Groeuenstins, Assuer., Fris. occidentalis (j 655) II 258.
Groffey, Phil. Bernard., Königsbergensis (j 738) II 378.
Gro, Joh. Chph., Rothensis (ph 633) I 303.
Groh, Wolffg. Paul., Oelsnizio-Variscus (th 738) I 678.
Groius, Phil., Nasso-Idstenianus (th 626) I 600.
Grojant, Joh. Franc. Steph., Romaricomontanus (777) I 127. (m 777) II 109. s. Grosjean.
Groland, Phil. Jac., Noricus (j 633) II 231.
Groll, Casp., Viennensis (m 750) II 66.
Grolman, Alex. Joh., Marco Westphalus (j 665) II 281. (cj 669) II 523.
Grolmayer, Mich., Heltâ-Transylvanus (ph 657) I 342.
Grommelius, Phil. Alb., Hagenoensis (j 669) II 289.
Grönlinger, Franc. Alb., Argentinensis (ph 674) I 369.
Gropp, Joh. Jac., Argentinensis (ph 675) I 370.
— Carol. Christophor., Montisbeligardensis (j 757) II 415. (cj 761) II 610.
Gropper, Valentin., Lohra-Brisgoius (ph 649) I 331. (cph 650) I 473. (cphm 653) I 539.
— Mich., Rugnewaldus Pomeranus (th 624) I 709.
Gros (Grosius), Andr., Argentinensis (cph 629) I 466.
— Andr., Argentinensis (cphm 698) I 557.
— Bened., Argentinensis (ph 646) I 322. (cphm 649) I 536.
— Franc. Nic., Argentinensis (ph 703) I 389.
— Joh., Argentinensis (ph 659) I 346.
— (Gross) Joh. Dan., Argentinensis (ph 675) I 370.
— (Gross) Joh. Dan., Argentinensis (ph 693) I 382. (cphm 696) I 557.
— Joh. Dav., Argentinensis (cph 629/30) I 466.
— Joh. Georg., Argentinensis (768) I 76. (ph 768) I 445. (cph 770) I 509. (cphm 773) I 580. (th 772) I 693.
— Mart., Argentinensis (ph 631) I 297. (cph 631) I 467. (cphm 633/34) I 528.
— Joan., Grundweileranus (j 760) II 423. (cj 763) II 613.
— Joh. Andr., Suevo-Halensis (th 664) I 636.
— Emanuel, Haltinga-Durlacensis (j 749) II 399.
— Joh., Kehlanus (m 758) II 80.
— Christian, Kirchhemiensis ad Teccam (m 759) II 82.
— Georg., Noribergensis (ph 626) I 284. (cphm 628/29) I 525.
— M. Mich., Noribergensis (th 628) I 602.
— Joh. Henr., Pfedelbacensis (ph 664) I 354.
— Georg., Schäsburg. Transylvanus (ph 685) I 378.
— Nic., Sebusiensis (ph 637) I 308.
— M. Simon, Ulmensis (th 680) I 649. s. Gross.
de Groschlag, Carol. Philipp. L. B. (711) I 13.
— Philipp. Erwin. L. B. (698) I 10.
— a Dieburg, Franc. Rudolf. L. B. (698) I 10.
Groshans, Joh. Jac., Moguntinus (j 681) II 304.

(Groshans) Georg. Phil. Frid., Stuttgard. (773) I 104. (m 773) II 104.
Grosholtz, Joh. Nicol., Badena-Marchicus (ph 706) I 392. (cm 712) II 151.
De Grosieux, Lud., Metensis (j 732) II 366. (cj 733) II 571.
Grosjean, Franc. Mich., Bellofortensis (790) I 201. (j 790) II 492.
— Joan. Franc., Romaricomontanus (775) I 116. (j 775) II 459.
— Lud., Romaricomontanus (776) I 124. (j 776) II 462. (cj 778: Lud. Bened.) II 650. s. Grojant.
Grosmann, Joh. Georg., Argentinensis (ph 761) I 440.
— Joh. Wilh., Biedencopia Hassia (m 755) II 75. s. Grossmann.
Gross, Christophor., Eisfeldiaco-Dingelstadianus (j 757) II 416.
— Franc. Henr., Dorlishemensis (j 757) II 415.
— Alb., Insterberg Borussus (th 623) I 593.
— Joh., de Kehl (ch 788) I 258.
— Jos., Mundiswillanus (j 746) II 392.
— Joh. Theob., Oberenhemensis (j 706) II 328. (cj 706) II 547.
— Jos., Oberenhemensis (j 705) II 327. (cj 706) II 547.
— Carol. Jos., Oppenheim. Palatinus (767) I 64.
— M. Christi., Wittenberg. Saxo (th 629) I 603.
— Joh. Jac., Wormatiensis (ph 631) I 295. s. Gros.
Grossart de Virly, Carol. Andr. Hector, Parisinus (769) I 84. (j 769) II 447. (cj 771) II 635.
Grosser, Joh. Henr., Herbipolensis (j 754) II 410. (cm 764) II 177.
— M. Samuel, Vratislaviensis (th 659) I 628.
Grossgebawer, Petr., Neudorff. Francus (ph 633) I 303.
Grosskopff, Dav. Andr., Stuttgardianus (ph 634) I 305.
Grosslin, Joh. Jac., Abbensis Würtembergicus (m 759) II 82.
Grossman, Thomas, Freystadt in Schlesien (m 650) II 17. s. Grosmann.
Grote, Joh., Luneburgensis (j 658) II 265.
— Otto, Luneburgensis (j 658) II 265.
— Thom., Susatensis Westphalus (cphm 623) I 520.
— Georg Chph., von Weimar aus Sachsen (m 751) II 68.
Grothe, Joh., Rostochiensis (j 623) II 206.
Grotius, Cornel., Roterodamensis (j 639) II 236.
Grottgess, Godfrid, Osnabrugensis (j 648) II 247.
de Grotthus (Grotthaus), Ernest. Carol. Philipp., Curonus (773) I 104. (j 773) II 455.
— Wilh. Ernest., Eq. Curonus (j 757) II 415.
Grube, Georg., Borussus (j 643) II 240.
Grübel, Heinr., Scaphusiensis (ph 658) I 345.
— Joh. Jac., Scaphusianus (ph 627) I 285.
Gruber, Joh., Argentinensis (j 747) II 393.
— Joh. Georg., Argentinensis (ph 755) I 435.
— Georg. Casp., Meinhartto-Hoeloicus (th 656) I 625.
— Joan. Adam., Mittenbergensis (m 754) II 74.
— Christophor. Frid., Norimbergensis (m 673) II 26. (cm 674) II 140.
— Georg. Wolffg., Noribergensis (ph 665) I 357.
— Joh. Georg., Norimbergensis (j 636) II 235.
— Joh., Pressaten. Palatinus (ph 624) I 278.
— Erasm., Ratisbonensis (th 632) I 605.
— Leonh. Herm., Weickershemio-Francus (ph 673) I 369.
Grübner, Joh., Pirnensis Misnicus (th 628) I 602.
Grucker, Lud., Argentinensis (783) I 164. (ph 783) I 454. (th 788) I 699.
Gruelmann, Joh. Conr., Barverensis (777) I 130. (m 777) II 110.
Grumbach, Valent., Meinungensis Francus (ph 656) I 340.
— Joh. Phil., Pfaffenh(ofensis) (ph 687) I 379.
— Joh. Val., Pfaffenh(ofensis) (ph 687) I 379.
Grun, Joh. Steph., Wormatiensis (ph 635) I 307.
Grün, Ferdin. Adolph., Hachenburgo-Saynensis (j 754) II 408.
— Wilh. Henr., Hachenburgo-Saynanus (j 700) II 325. (cj 701) II 545.
a Grün, Joh. Chphr. (j 628) II 220.
Grundfeld, Henr. Frid. (th 727) I 672.
Grundherr, Carol. Sigism., Norimbergensis (j 666) II 284.
— Carol. Sigism. Ferdin., Norimbergensis (j 715) II 338.
— Leonh., Noricus (j 621) II 204.
— Paul. Christoph., Noribergensis (j 643) II 241.
— ab Altenthann et Weyerhaus, Leonh., Norimbergensis (j 729) II 362.

Grundler, Joh. Georg., Spirensis (th 644) I 613.
— Joh. Conr., Spirensis (ph 641) I 313.
Grundschutz, Joan. Joach., Brunsvicensis (j 657) II 263.
Grunelius, Joh., Fridberg. Wetteravus (ph 655) I 340.
— Joh., Willstadiensis (ph 683) I 376. (cph 683) I 482. (cphm 685) I 553.
Gruner, Matthias, C. Basel in Hölstein (ch 779) I 244.
— Dancret., Danus (j 661) II 269.
— Joh., Lobenstein. Variscus (ph 629) I 292.
— Chph. Frid. Ernest., Ulmensis (ph 726) I 409.
Grüner, Joh. Georg., Ratisponensis (ph 641) I 313.
— Joh., Wonsideliensis Francus (th 645) I 614.
Grunewaldt, Joh. Chph., Gotha-Thuringus (th 626) I 600.
Grünewald, Joh. Phil., Babenhusanus (j 707) II 330.
— Joh. Christophor., Lipsiensis Misnicus (j 665) II 280. s. Grünwald.
Grünhoegel, Joh. Jac., Argentinensis (ph 695) I 384.
— Just., Göttingensis Saxo (th 663) I 634.
Grünreuter, Georg., Stoltenovianus (j 643) II 240.
Grünnwald, Paul., Lübecensis (j 670) II 291.
Grünwald, Elias, Hailbronnensis (ph 626) I 283. s. Grünewald.
Gruoner, Joh. Georg., Esslingensis (ph 623) I 275.
Grusemann, Joh. Reinhard., Nass. Birstadiensis (th 700) I 660.
— Matthi., Cattimelibocensis (ph 665) I 358.
— Andr., Waldlaubersheimensis Nassoicus (ph 627) I 287.
— Joh. Heinr., Weilburgensis Hassus (th 708) I 663.
Grussenberg s. Griesenberg.
Grussenberg, Elias, Geismaria-Brunsvigus (th 685) I 652.
Gruter, Joh., Breckerfelda Marcanus (j 669) II 288.
Grützmächer s. Crützmächer.
Grützmann, Mich., Magdeburgensis Saxo (th 661) I 632.
Grybel s. Grübel.
Gryff, Gottlieb, von Bern (ch 774) I 234.
Grynaeus, Joh. Georg., Butzbacens. Wetteravus (j 673) II 297.
Gryphius, Joh. Phil., Moeno-Francofurtanus (j 631) II 228.
— Christi., Gloga - Silesius (j 670) II 292.
Gschwend, Joan. Bapt., Sangall. Helvetus (m 747) II 61.
Gschwind, Franc. Xav., von Leinstetten (ch 790) I 261.
Gsel, Jacob., Monac. Bojus (766) I 62.
Gsell, Bernh., Adelsheimensis (j 623) II 206. (cj 628) II 497.
— Georg. Theodoric., Adelsheim. Francus (ph 655) I 339.
— Nic., Lindaviensis (th 680) I 649.
— Jac. Bernh., Werthemio-Francus (j 657) II 263. (cj 665) II 519.
Gseller, Joan. Baptista, Hagnoniensis prope Constantiam (j 683) II 307.
Gualterius, Petr., Genevensis (j 660) II 269.
Guansius, Joh. Lucas, Saltzungensis (j 642) II 239. s. Gans, Ganz.
Guckelin, Joh. Jac., Hanoicus (ph 695) I 384.
Guckenberger, Ludolph. Joach., Hannoveranus (782) I 161. (m 782) II 115.
— Joach., Stetten-Würtemberg (m 739) II 53.
Gudenus, Christophor., Duderstadian. Eisfeldiacus (j 663) II 276. (cj 663) II 517.
— Urban. Ferd., Heiligenstadian. Eichsfeldensis (m 660) II 21. (cm 663) II 137.
(de) — Albert. L. B., Viennensis (737) I 24.
Gudrio, Joh., Argentinensis (ph 623) I 276.
Guélat, Franc. Jos., Bruntrutanus Rauracus (m 755) II 75.
— Joh. Jac. Ignat., Bruntrutanus Rauracus (m 725) II 40. (cm 726) II 156.
— Joan. Conr., Bruntrutanus Rauracus (j 744) II 389.
Guelle, Carol. Mich., Metensis (769) I 82. (j 769) II 447.
Guenot, Ant., Vesulanus (778) I 135. (j 778) II 465.
Guerbert, Claud. Mich., ex arce Ludoviciana (m 737) II 50. (cm 740) II 163.
Guerdan, Carol. Mich., Clingen-Monasteriensis (j 731) II 365.
— Frid. Ant., Clingen-Monasteriensis (j 732) II 368.
Guerin (Guering), Ant., Argentinensis (m 764) II 92. (cm 768) II 180.

(Guerin) Henr., Argentinensis (771) I 91. (j 771) II 450.
— Reinhard. Xav., Argentinensis (776) I 120. (j 776) II 460. (cj 780) II 654.
— Domin. Henr. Theobald., Argentinensis (cj 773) II 638. s. Goering.
— Petr. Franc., Bisuntinus (j 750) II 400.
— Deodat. Ant., Rambervillanus (j 765) II 438. (cj 767) II 623.
Guering s. Gering, Ghering, Guerin.
de Guernler, Pierre Louis, Toul (789) I 197. (j 789) II 491.
Guerrier, Joan. Bapt., Metensis (j 734) II 370. (cj 735) II 574.
Guerrin s. Guerin.
Gueullette, Petr. Ant. Laur., Calviacensis (j 760) II 424. (cj 761) II 610.
Gug (Gouge), Joh. Jos., Tabernensis (j 709) II 332. (cj 716) II 554.
Gugelmann, Rud., von Attiswyl C. Bern (ch 774) I 233.
Gugger de Staudach, Coelestin., Veldkirch. Rhoetus (ph 761) I 440.
— Franc. Carol., Veldkirchensis (j 767) II 442.
Guggisberg, Vinc., von Zimmerwald C. Bern (ch 772) I 229.
de Gugomos (Gougemos), Franc. Maria Baro, Trefflstein. Palat. (756) I 34.
Gugler, Phil. Carol., Monacensis (j 687) II 315.
Guibal, Bartholom., Lunevillanus (772) I 100. (j 772) II 453. (cj 774) II 640.
Guilhelmus s. Wilhelm.
de Guilhermin, Jos. Ant. Reynaud, Argentinensis (778) I 135. (j 778) II 465.
Guilielmi s. Wilhelm.
Guillaume, Ludov. Dominic., Tullensis (j 729) II 359.
Guillemet, Pierre, de Lille, natif de Troye en Champagne (d 717) I 208.
Guillier, Claud. Jos. Ign., Colmariensis (j 745) II 390. (cj 747) II 585.
Guinet, Franc. Sebast., Neocastro dioec. Tullensis (789) I 196. (m 789) II 121.
Guischard, Franciscus, Argentinensis (j 667) II 285.
Guise, Jos. Felix, Albimontanus (j 737) II 376. (jc 739) II 578.
Guisinger, Dominicus, Bruntrutanus (738) I 26.
Guissinus, Joan. Georg., Rapperschwirensis (cj 690) II 540.
Guizettin, Lud. Petr., Hannoveranus (j 749) II 399.
Gulatius, Henr., Ziegenhain Hassus (j 635/36) II 234.
Gulch, Joannes Andr., Argentinensis (m 735) II 48. (cm 738) II 161. s. Güllich.
a Gülchen, Abrah. Lud., Spirensis (j 642) II 239.
— Joh. Georg., Spirensis (j 642) II 237. (cj 642) II 504.
— Joh. Ulr., Spirensis (j 684) II 308.
— Lud. Ernest., Spirensis (j 684) II 308.
— Maurit. Wilh., Spirensis (ph 649) I 329. (cj 656) II 512.
— Tobias Ulr., Spirensis (j 641) II 237. (cj 642) II 504. s. Hubin.
Gülden, Pancrat., Heldburg. Francus (ph 633) I 302.
à Güldenbronn s. Wiscler.
de Güldencrone, Eq. Danus, Christian. Frid. L. B. (761) I 37.
Güldenstaedt, M. Ant., Rigâ-Livonus (th 685) I 652.
Guldner, Christoph., Francostenâ-Silesius (th 624) I 597.
Guler de Weinegg et Aspermont, Joan. Lucius, nobil. Griso (j 724) II 350.
a Gülich, Henr., Osnaburgo-Westphalus (j 635) II 234.
— Joh. Frid., Osnabrück (m 739) II 53. s. a Gülchen.
Guller, Jaques, Argentinensis (j 783) II 477.
Güllich, Joh. Chph., Argentinensis (ph 757) I 436. (cph 757) I 505. s. Gülch.
Gulmann, Conr., Lipsensis (th 623) I 595.
Gülten, Joh. Georg., Spirensis (ph 684) I 377.
Gümbel, Joh. Frid., Albisheimensis (ph 753) I 433.
Gummerd, Joh., Eylenstad. Saxo (m 673) II 26. (cm 681) II 142.
Gump, Joh. Cunr., Moeno-Francofurtanus (cj 669) II 523.
Gumpelzhaimer, Georg., Lynz. Austrius (j 623) II 494.
— Esaias, Ratisbonensis (j 623) II 206.
— Georg. Theophil., Ratisbonensis (j 759) II 420.
Gumpertz, Joan. Matthias, Burgensis (cj 724) II 563.
Gumpp, Ferd. Lud. (j 683) II 306.
Gumprecht (Cumprecht), Dan., Argentinensis (ph 647) I 325. (cph 645) I 473.
— Joh., Argentinensis (ph 661) I 350.

(Gumprecht) Joh. Frid., Argentinensis (ph 675) I 370.
— (Gumppricht), Joh. Frid. (d 730) I 212.
Gunde, Joh. Jac., Argentinensis (ph 665) I 358. (cph 666) I 478. (cphm 669) I 547.
Gundelfinger, Dan., Nördlinganus (j 624) II 208.
Gundermann, Bartholom., Eichsfeldensis (772) I 44.
— Ulr., Halberstadiensis (th 622) I 593.
de Günderode, L. B. de Hoechst, Justinian. (758) I 35.
— L. B. de Hoechst, Maximil. (758) I 35. s. Günterrode.
Gündesch, Joh., Cibinio-Transylvanus (ph 663) I 353.
Gundlfinger, Jos. Georg. Adam., Monacensis Boius (m 744) II 57. (cm 747) II 166.
a Günterrode, Phil. Wilh., Moeno-Francofurtensis (j 641) II 237. s. Günderode.
v. Güntersberg, Valentin (j 652) II 254.
Günthardt, Heinr., Udlischweil Züricher-gebiets (m 755) II 76.
Günther, Joh., Argentinensis (ph 705) I 392.
— Joh. Jac., Argentinensis (778) I 134. (ph 778) I 451.
— Conr. Eberh., von Esslingen (cfi 776) I 236.
— Frid. Guil., Esslingensis (m 747) II 61. (cm 748) II 166.
— Tobias, Grünberg. Silesius (ph 628) I 289.
— Idelius Georg., Corbac. Waldeccus (j 626) II 215. (cj 628) II 497.
— Joan., Padifontan. Westphalus (j 626) II 215. (cj 626) II 496.
— Joh. Balthas., Seduno-Vallesian. (m 654) II 19.
— Barthol. Lud., Selestadiensis (m 711) II 34.
— Joh. Georg., Siegena-Nassoicus (m 763) II 91. (cm 764) II 177.
— Joh. Jac., Soraviensis (th 757) I 685.
— Christoph., de Sorau Lusatus (th 757) I 685.
— Joh. Christophor., Sulâ-Hennebergicus (m 710) II 34.
Güntlert, Frid., von Lauffen (ch 782) I 248.
Guntz, Heinr., Andlaviensis (774) I 106. (j 774) II 456. (cj 778: Jac. Heinr.) II 650.
Güntzel, Georg., Rotenburgo-Tuberanus (ph 651) I 333.
Güntzer, Augustin., Argentinensis (cphm 655) I 540.
— Chph., Argentinensis (cj 662) II 516.
— Joh., Argentinensis (ph 649) I 331.
— Joh., Argentinensis (ph 675) I 370.
— Joh. Chph., Argentinensis (ph 704) I 391.
Güntzlein, Joh., Argentinensis (ph 662) I 351. (cph 662) I 476. (cphm 664) I 545.
Güntzler, Vit. Ulr., Nördlingensis (ph 656) I 340.
Guntzow, Andr. Joh., Hollando-Danus (th 649) I 616.
Guraude s. Garaudé.
Gürgi, Joh. Ernst, von Gotha aus Thüringen (j 673) II 297.
Gusman, Gilbert. Constantin., Neobrisacensis (770) I 87. (j 770) II 449. (cj 775) II 644.
— Lud. Eman., Neo-Brisacensis (j 765) II 436. (cj 765: Claud. Lud. Eman.) II 622.
Guetbrodt, Wolfg. Achatius, Austrius (ph 642) I 315.
Gutbrot, M. Joh., Pfullingensis Wurtembergicus (m 629) II 10.
Gutermann, Joh. Jac., Argentinensis (ph 707) I 393. (cphm 710) I 562.
— Georg. Frid., Biberaco-Suevus (m 725) II 40.
— Joh. Mart., von Biberach (d 763) I 222.
Guthaux, Huningensis (j 753) II 406.
Gutheil, Joh. Ern., Palatinus (th 741) I 679.
Güthereus s. Gütter.
Guther, Dav., Ulmensis (j 627) II 216. (cj 629) II 498.
Guthknecht, Sim., Megap. Sternbergensis (th 628) I 602.
Guthmann, Seb., Dantiscanus (th 652) I 620.
— Jos. Conr., ex Palatinatu Rheno-Tabernensis (j 728) II 358.
Gutkäs (Gutkaseus), Matthae., Stolbergensis (ph 663) I 352.
Gutkaseus s. Gutkäs.
Gutsmuths, Adam Leopold, Silesius (729) I 21.
à Guttenberg, Phil. Ant. Christoph. Ernest., Francus (j 739) II 381.
Gütter, Joh., Gartzensis Pomeranus (cphm 622) I 519. (Poet. L. 622) I 586.
Güttig, Dan., Regiomontanus Prussus (th 655) I 624.
Guttinger, David, Helv.-Thunensis (m 765) II 94.
Güttler, Joh. Georg., Scluccenen. Bojemus (ph 633) I 302.

Gutzmer, Polycarp., Colberga-Pomeranus (j 630) II 226.
Guyon, Joh., Brisechousius Montbelgardensis (ph 671) I 365.
— Leopold Nicol., Dieuze (770) I 88. (j 770) II 449. (cj 772) II 636.
— Fidel. Joan. Bapt., Colmariensis (784) I 172. (j 784) II 479.
— Joh. Andr. Domin., Colmariensis (784) I 168. (j 784) II 478.
— Joh. Ant. Medard., Colmariensis (787) I 188. (j 787) II 487.
— Elias, Metensis (ph 685) I 377.
— Ludov., Parisinus (779) I 145. s. Gayot.
Gwandtschneider, Joh. Joachim., Norimbergensis (j 672) II 295.
Gygax, Joh., von Thöringen C. Bern (ch 778) I 241.
Gyllenstierna L. B. de Uhlaborg, Comes Christoff. (660) I 2.
de et in Gymnich, Carol. Otto L. B. (736) I 24.
Gyser, Ern. Godofr., Bada-Durlacensis (cm 770) II 182.
— Ernst. Gottfr., Sulzburgo Bada-Durlacensis (m 765) II 94.
— Frid. Wilh., Sulzburgo-Marchicus (th 760) I 686.

H.

Haack s. Hauck.
Haacke, Joh. Otto, Eq. Misnicus (j 631) II 227.
Haag, Johan Heinr., Halberstadens. (j 652) II 253.
— Joan. Andr., Mannhemensis (m 757) II 79.
— Frideric., Tubingensis (m 650) II 17.
— Wolffg., Ulmensis (ph 646) I 322. s. Hagios, Hagius, Haug.
Haan, Joh. Georg., Andlaviensis (j 707) II 330.
— Joh., Argentinensis (ph 705) I 391. (cm 711) II 150.
— Joh. Georg., Argentinensis (cph 623) I 462. (cphm 625/26) I 522.
— Matth. Wilh., Vindobonensis (j 722) II 347.
— (Hann), Joh. Theophil., Viennensis (m 719) II 36. s. Hahn.
Haarbach, Joh. Casp., Glauchensis (ph 645) I 321.
Haarmann, Joh. Frid., Winrode (777) I 129. (m 777) II 109. s. Harmann.
Haas, Christoph., Argentinensis (th 624) I 707.
— Joh. Mich., Argentinensis (ph 624) I 278. (cph 624) I 463. (cphm 626) I 522.
— Joh. Sebast., Argentinensis (cph 641) I 470.
— Friedr. Jos., Coloniensis (ch 779) I 243. (782) I 159. (cm 782) II 193.
— Joh., von Landshut C. Bern (ch 783) I 251.
— Joh. Christi., Lusatus (m 739) II 53.
— Joh. Ludov., Scaphusianus (ph 641) I 313.
— Jac. Nic., Wertheimensis (ph 692) I 382. s. Haass.
Haase, Aug. Wilh., capit. du cercle du Haut-Rhin (778) I 46.
Haass, Gerard. Heinr., Dusseldorpiensis Montensis (j 749) II 399.
— Petr. Matthias, Düssellanus (j 749) II 400.
— Joh. Helvic., Fridberg. Wetteravus (ph 659) I 346.
— Wolffg., Hoenloicus (th 657) I 627.
— Ulr., Suobaco-Francus (th 685) I 653. s. Haas.
Habel, Christian. Frid., Walrabensteina-Nassovius (774) I 108. (j 774) II 456.
Haberkorn, M. Petr., Butisbac. Hessus (th 631) I 605.
— Joh. Georg., Norimbergensis (ph 640) I 312. (cph 641) I 470.
Haberland, Ferd. Carl, Austriacus (j 664) II 277.
Häberli, Salom., Tegerwillen a. d. Thurgäu (ch 779) I 243. s. Haeberlin.
Haberlin s. Haeberlin.
Habermair, Joh. Sophonias, Wasserdrüdingensis (j 638) II 236.
Haberselzer, Joh. Mich., Selestadiensis (m 749) II 64.
Habicht, Joh. Paul., Lauterbacensis Hassus (th 668) I 642.
— Mich., Waltershusanus Thuringus (j 668) II 287.
Habius, Joh. Rud., Tigurinus (ph 659) I 347.
Habrischius, Elias, Gubenâ Lusatus (ph 628) I 289
Hach, Frid. Lud., Darmstadinus (j 761) II 426.
— Joh. Petr., Megabiberac. Ottosylvanus (th 664) I 636.
Hachette, Joh. Jos., ex fano S. Mariae (783) I 163. (j 783) II 476.

Hack, Joan. Frid., Coblensinensis (j 749) II 399.
Hacke, Hanss Albrecht, Crumpaviens. Misnicus (j 664) II 278.
— Gabriel, Suecus (j 656) II 260. s. Hake.
Hacker, Sigism., Weissenkirch. Austrius (ph 633) I 302.
Hackmann, Jodocus, Stada-Bremensis (j 668) II 286. (cj 668) II 522.
Hackspann, Laurent., Bavarus Michlfeldensis (j 760) II 424.
Haderer, Mart., Argentinensis (cphm 622/23) I 519.
Haderschlieff, Dan., Dantiscanus (m 644) II 15. (cm 647) II 131.
Haeberlen, Joh. Alb. Sigism.; Oettinganus (767) I 65. (j 767) II 441. (cj 767) II 623.
— Joh. Jac., Oettingensis (j 670) II 290.
Haeberlin, M. Balth., Argentinensis (m 622) II 6.
— (Haberlin), Balth., Argentinensis (th 624) I 707. (*der vorige?*)
— Godofr. Lud., Argentinensis (774) I 107. (cphm 779) I 582. (th 780) I 695.
— Joh. Frid., Argentinensis (ph 703) I 389.
— Joh. Jac., Thurgoviensis (m 747) II 62. s. Häberli.
Haeckel (Hoeckel), Joh., Argentinensis (ph 743) I 424. (cph 745) I 500. (cphm 746) I 573.
— Joh. Phil., Argentinensis (ph 764) I 443. (cph 767) I 508. (cphm 771) I 579. (cj 776) II 645. s. Heckel.
Haecker, Jerem., Kirchhem. Würtembergicus (m 765) II 94. (cm 767) II 179.
Haeffner, Joh. Phil., Argentinensis (780) I 147. (ph 780) I 452. s. Haffner.
Haefner, Joh. Petr., Suevo-Halensis (ph 646) I 323. s. Haffner, Hafner.
Haege, Abraham., Mütterstattiensis (m 744) II 57.
— (Hege), Balthas., Mutterstadianus (m 744) II 56.
— Joh., Mutterstadianus (m 750) II 66.
Haen, Benedict., Amstelo-Batavus (th 662) I 632.
Haenel, Christi., Episcopovillanus (ph 716) I 402.
— M. Christi. Frid., Schneberga-Misn. (cm 723) II 154. s. Hähnel.
Haenen, Heinr., Traiectin. ad Mosam (787) I 186. (m 787) II 120.
Haenlein, Casp. Joh., Anspacensss (j 714) II 337.
(Haenlein), Joh. Leon., Artensis (ph 664) I 356.
Haerdl, Leonh., Ratisbonensis (th 674) I 646.
Haeringer, M. Jacob., Campidonensis (th 623) I 594.
— Joh. Jac., Spir. Nemetanus (j 624) II 208.
Haertel, Abrah., Argentinensis (ph 717) I 403.
— Christi. Aug. Theoph., Gederna-Stollbergensis (m 739) II 52. (cm 740) II 162. s. Hertel.
Haesebert, Wichman., Hafnia-Danus (th 624) I 596.
Haesel, Matthias, Ratisbonensis (m 731) II 45.
Haeuber, Conr. Frid., Nidereggensis Durlaco-March. (th 725) I 671.
Haeuer s. Houer.
Haeusler, Joh. Theobald., Ulmensis (th 719) I 668. s. Heusler, Heussler.
Haeusser, Joh. Jac., Steinhemio-Württembergicus (d 788) I 265.
Hafenreffer, M. Samuel, Tubingensis (m 613) II 2.
— Frid., Vayhingensis (th 669) I 642.
Haff, Joh., Hügelheim i. Badischen (ch 772) I 230.
Haffner, Isaac., Argentinensis (766) I 59. (ph 766) I 444. (cphm 782) I 583. (th 772) I 692. s. Haeffner.
— Phil. Paul., Langenburgo-Hoenloicus (ph 699) I 386.
— Paul., Phorcensis Marchicus (j 630) II 225.
— Joh., von Sulzbach a. d. Murr i. Württemberg (ch 785) I 254.
— Joh., Ulmanus (ph 633) I 302.
— (Hafner), Franc. Jos., de Wasslenheim, Nobilis Alsata (j 737) II 376.
— Joh. Jac., Wasslenheimensis (j 671) II 294. s. Hafner.
Hafner, M. Joh. Bernh., Marpacco-Wurttembergicus (th 685) I 653. s. Haffner, Haefner.
Hagelgans, Tobias, Lauterbac. Hassus (ph 649) I 331.
Hagelloch, Georg., Schaphusien. (ph 630) I 294.
Hagemann, Barthold. Matthias, Hamburgensis (j 720) II 346.
Hagemeister, Joach., Gustrov. Megapolitanus (j 669) II 288. (cj 670) II 525.
— Albert., Stralsundâ-Pomeranus (j 688) II 315

von Halem, Ant. Wilh., Varelia-Oldenburgensis (j 730) II 362.
Hallbauer, Fridr. Joan. Christi., Jenensis (770) I 87. (m 770) II 101.
Haller s. Heller.
Haller von Hallerstein, Jodoc. Lazar., Norimbergensis (j 658) II 266.
— Lazar., Noribergensis (j 626) II 214.
Hallmann, Joach. August., Lignicensis Silesius (ph 644) I 318.
Halonius, Melch., Aurimont. Silesius (ph 625) I 280.
Halt, L. B. de, s. Bylandt.
Hälter, Felix Anton., Subsylvanus (m 764) II 91.
Halterman, Adam, Gustrov. Megapolitanus (j 625) II 210. (cj 625) II 495.
ab Hallweil, Frid. Georg. (ph 635) I 307.
Ham, Joan. Petr., Theodonisvillanus (779) I 142. (m 779) II 112. (cm 783) II 195.
von Ham, Balthas., Westphalus (727) I 20.
Hamberger, Franc. Ant. Natal., Ammerschwirensis (j 736) II 373. (cj 738) II 577.
— Joh. Theob., Ammerschwirensis (cj 723) II 562.
— Joh. Theob., Ammerschwiranus (j 765) II 437. (cj 766) II 621.
— Adolph. Frid., Jenensis (m 746) II 59.
— Joh. Jos., Nidermorschwirensis (779) I 145. (j 779) II 469.
— Georg. Ludov., Zeapolitanus (ph 642) I 315.
Hambloch, Henr. Arnold., Coloniensis (j 670) II 292.
Hambrock, Christi., Hamburgensis (j 656) II 262.
D'Hame, Damian. Jos., ex Sto Wendelino (j 749) II 400.
Hamel, Joh., Francofurtanus (j 708) II 331.
— Adam., Pyricensis Pomeranus (ph 626) I 284. (cph 626/27) I 464.
Hamesius, Joh. Matthi., Auenhemio-Hanoicus (ph 669) I 365. (th 705) I 661. s. Hammes.
Hamilton, Carl F. Baro, Suecus (727) I 20.
Hamlele, Joan. Georg., Haaslacensis (j 657) II 263.
Hamm, Herm. Ign., Monasteriensis (772) I 99. (j 772) II 453.
Hamman, Joh. Phil., Augustanus (ph 631) I 296.
— Joh. Frid., Buxovilla-Hanoicus (th 635) I 609.
Hammer, Franc. Xav., Constantiensis Acronianus (d 770) I 225.
— Georg. Reichard., Lusatus (j 667) II 285.
— Frid. Lud., Neostadiensis-Francus (779) I 142. (th 781) I 696.
— Aegid. Andr., Ratisponensis (cj 677) II 531.
— Joh. Andr., Ratisponensis (j 673) II 298. (cj 677) II 530.
Hammerer, Franc. Ant., Argentinensis (cj 752) II 594.
— Joh., Argentinensis (ph 622) I 274.
— Joh., Argentinensis (ph 624) I 278.
— Joh. Andr., Argentinensis (ph 702) I 388.
— Joh. Carol., Argentinensis (m 665) II 23. (cm 668) II 138.
— Joh. Carol., Argentinensis (ph 717) I 403. (cj 726) II 564.
— Joh. Dan., Argentinensis (ph 743) I 424. (cj 752) II 595.
— Joh. Dan., Argentinensis (ph 755) I 435.
— Joh. Frid., Argentinensis (ph 704) I 391. (cj 713) II 551.
— Joh. Frid., Argentinensis (ph 755) I 435. (cj 764) II 615.
— Joh. Phil., Argentinensis (ph 711) I 397. (cph 711) I 490. (cphm 714) I 584.
— Lud. Henr., Argentinensis (ph 749) I 430. (cj 758) II 603.
— Phil. Carol., Argentinensis (ph 691) I 381.
— Phil. Jac., Argentinensis (ph 661) I 349.
— Franc. Jos., von Zeyl bei Memmingen (d 770) I 226.
Hammes, Joan. Ludov., Darmstadianus (m 763) II 90. s. Hamesius.
Hampe, Joh. Hardovic., Goettingensis (m 677) II 26. (cm 678) II 141.
Hampel, M. Balthas., Marpurg. Hessus (th 628) I 602.
Hämpel, Jos. Jac., Pilsnâ-Boëmus (m 715) II 35. s. Hempel.
Hanau, Graf von (Comes Hanoviae), Phil. Reinhard. (677) I 6.
— Joh. Reinhard. (677) (*Nachtrag*).
Hanbaum, Leonh. Steph., Solisbacensis (th 672) I 645. s. Hahnbaum.
Hohenbaum s. Hahnbaum.
Hancke, Godofred., Haynovia-Silesius (m 655) II 19.
Hanckes, Frieder., Zehe a. d. Wesser, Herzgt. Bremen (m 751) II 67.

Handlacker s. Hanewacker.
Handschue, Ign. Franc. Xaver., Kehlens. Brisgojus (j 737) II 377.
Handtmann, Joh. Petr., Villinganus (770) I 89. (j 770) II 449.
— Mich., Wurcensis, Misnicus (j 624) II 209.
Hane, Jodoc. Maurit., Friso orientalis (764) I 39.
Hanebein, Christoff., Neoburgo-Lunaeburgicus (j 664) II 278.
Hanenfeld, Bruno, Rigâ-Livonus (j 685) II 309.
Hanenfels, Joh. Jac., Lichensis Wetteravus (ph 669) I 362.
— (Honfels), Joh. Jac., Licha-Solmejus (th 633) I 606.
Hanewacker, Joh. Frid., Masfeldia-Hennebergicus (j 658) II 266. (cj 659) II 514. s. Hanwacker.
Hanff s. Hauff.
Hänffling, Leonh., Rödelheima-Wetteravus (th 660) I 629.
Hänfling, Conr., Onoldo-Francus (j 673) II 528.
D'hangest, Carol. Mich., Argentinensis (j 713) II 336. (cj 716) II 554.
Hanhart, Christi., Turgău i. d. Schweiz (ch 788) I 257.
Hanimann, Dan., Sancto Gallensis (m 720) II 37.
de Haninga, Eduard. Wilh., Friso orient. (764) I 39.
Hanitzsch, Elias Christoph., Hasso-Darmstadinus (j 754) II 408.
Hänlin, Josua, Ulmensis (ph 631) I 297. (cphm 633) I 528.
Hanmann, M. Enoch, Lipsiensis (th 644) I 613.
Hanmüller, Joh. Adam., Heidelbergensis Palatinus (th 622) I 593.
Hann (Haun), Petr. Nic., Bellofortensis (767) I 71. (j 767) II 443. (cj 768) II 627.
— Maria Jac. Franc., Colmariensis (787) I 186. (j 787) II 486. s. Haan.
Hanndlin (Hanndtin), Jerem., Argentinensis (ph 624) I 278. (cph 624) I 463. (cphm 626/27) I 523.
— Ludov., Argentinensis (ph 626) I 282.
Hanneken, Edo, Jeverâ-Frisius (cj 654) II 511.
— Meno, Butjadia-Frisius (th 623) I 594. (cth 624) I 707.
Hannemann, Gebh., Hildesiensis (j 648) II 247.
L'Hanneur Jos., Argentinensis (j 741) II 384. (cj 745) II 583.
(L'Hanneur) Jos. Fel., Argentinensis (769) I 79. (j 769) II 446. (cj 771) II 635.
— Petr. Alex. Val., Argentinensis (j 741) II 384.
Hannlacker s. Hanwacker.
Hannoldt, Joh. Adam., Noribergensis (j 681) II 305. s. Hanold.
Hannong, Carol. Franc. Paul., Argentinensis (j 753) II 407.
— Carol. Franc., Hagenoensis (j 758) II 417. (*mit dem vorigen identisch?*)
Hannwacker s. Hanewacker.
Hano s. Haxo.
Hanold, Augustin., Norimbergensis (j 624) II 208. s. Hannold.
Hanov, Nicol., Colbergâ - Pomeranus (j 647) II 245.
Hanrard, Mich., Argentinensis (m 746) II 59.
Hänseler, Joh., Ulmensis (th 655) I 624.
— Matthae., Ulmensis (th 649) I 616.
Hanselmann, Georg., Hohenloico-Neolithanus (ph 670) I 364. s. Hasselmann.
Hansemann, Georg. Chph., Ratisponensis (th 664) I 636. (cj 665) II 519.
Hansen, Joh., Stockholmia-Suecus (th 680) I 649.
Hanszen, Frid., Holsatus (j 651) II 252.
— (Hansen) Melch., Holsatus (j 651) II 252.
Hansius, Joh. Heinr., Darmstad. Langensis Tryquernate (ph 715) I 402.
D'Hanus, Joh., Vitriac. Gallus (j 629) II 224.
Hanwacker, Joh. Nic., Wasunga-Hennebergicus (j 626) II 213. s. Hanewacker.
Happel, M. Conr., Marpurg. Cattus (th 642) I 612.
— Joh. Adolph., Veldentia-Mosellanus (ph 713) I 400.
Harbicht, Joh. Georg., Brunswicensis (768) I 77. (m 768) II 99.
Harbrand, Frid. Wilh., Lubbecke im Frst. Minden (ch 777) I 239.
Hardegen, Andr., Moguntinus (th 698) I 658.
Harder, Joh. Jac., Basileensis (m 672) II 25.
— Nic., Basileensis (j 669) II 288.
— Georg., Haffniensis (ph 662) I 352.
— Joh. Georg., Hunowylleranus (ph 707) I 394.
— Phil. Jac., Colmariensis (ph 735) I 416.

(Harder) Chph., Scaphusianus (ph 643) I 317. (cm 648) II 132.
— Joh., Stadensis Saxo (m 633) II 12. (cm 633) II 128.
— Joh. Conr., Turgoviensis (m 747) II 61.
de Harders, Mich., Gedanensis (j 721) II 346.
Hardert, Samuel, Francofurtanus (j 679) II 302.
Hardesheimb s. Herdesianus.
de Hardi, Joh. Jac. Ferdin., Schalloden-bacensis (725) I 19. (j 725) II 352.
Harding, Petr., Norimbergensis (j 664) II 278.
Hardkopf, Theodor., Hamburgensis (j 653) II 255.
Hardt, Joh. Dan., von Franckfurth a. Main (d 714) I 208.
— Joh. Sebast., Friedbergensis Wetteravus (th 698) I 658.
Harer, M. Martin., Tubingensis (m 628) II 10. s. Harrer.
de Harff, Frid. Franc. L. B. (764) I 39.
— Franc. L. B. (764) I 39.
Hargart, Joh. Danielis, Anchorano-Mosellanus (th 699) I 659.
— Joh. Georg. (ph 654) I 337.
Hark, Jos., Augustanus (m 758) II 81.
Harlander, Joh. Martin., Niderdorfensis Tyrolensis (784) I 172. (m 784) II 117.
Härle, Jos., von Hüffingen aus dem Fürstenbergischen (ch 771) I 227.
Härlin, Joan. Georg., Göppingensis Würtembergicus (j 633) II 231.
Harmann, Carol., ex Harveto in Lotharingia (j 761) II 425. s. Haarmann.
Harnisch, Joh., Hemmersbachensis (ph 642) I 315.
— Joh. Frid., Lipsiensis Misnicus (m 669) II 24.
— Frid., Scheibenberg. Misnicus (ph 654) I 338.
Harnist, Joh. Theob., Wanzenavius Alsata (j 678) II 301.
Harnusperger, Joh. Frid., Argentinensis (ph 668) I 360. (cj 680) II 532.
Harra, Joh. Nic., Friedberga-Wetteravus (th 654) I 622.
ab Harrach, Joh. Jos. Comes (739) I 26.
— Ernest. Guido (739) I 26.
D'Harrant, Franc. Xaver., Bihlensis Baadens. (j 732) II 365.
— Baron (779) I 47.
Harrer, Emanuel, Lipsiensis (j 671) II 294.
— Petr., Norimbergensis (ph 624) I 278.
(Harrer) Joh. Christoph., Ratisbonensis (768) I 72.
— Tobias Jos., Viennensis Austriacus (j 739) II 381. s. Harer.
Harress, Joh. Christ., Isenacensis (m 750) II 66.
de Harry, Alexand., Lugdunensis (ph 647) I 326.
Harsch, Johan Martin, Herdwangensis (m 753) II 73.
— Joh. Gottlieb, Neubronnensis (ph 671) I 365.
Harrsch, Alb. Jac., Suevo-Esslingensis (m 757) II 19.
— Joh. Gottofr., Onoldinus (786) I 180.
Harscher, Jo. Henr., J. U. L., Basileensis (j 762) II 428.
Harsdörffer, Georg. Phil., Patr. Norimbergensis (j 626) II 214.
— Wolffg. Carol., Noricus (j 658) II 266.
ab Harstall, Joan. Christophor., Thuringa (j 671) II 294.
de Harteck, August. Comes (660) I 2.
Harteneck, Frid., von Pirmasens (ch 780) I 244.
Hartenkeil, Joh. Jac., Mainz (781) I 153. (m 781) II 114.
Hartig, Amandus, Zittâ-Lusatus (m 629) II 10.
— Christian., Zittâ-Lusatus (m 623) II 7.
— Joh. Jac., Zittâ-Lusatus (m 623) II 7.
Hartlaub, Joh. Casp., Francus (j 649) II 247.
ab Hartlauw, Chphr., Curo-Livonus (j 622) II 205.
Hartleitner, Joh. Wilh., Neostadiô-Austriacus (ph 665) I 357.
Hartmann, Leonh., Argentinensis (784) 169. (ph 784) I 455.
— Carol. Jac., Arnstadto-Thuring. (cm 779) II 190.
— Samuel, von Bern (ch 779) I 243.
— Joh., Cygnea-Misnicus (th 648) I 615.
— Georg. Andr., Gundelsheimensis (ph 634) I 303.
— Herm. Christi., Gustrovio-Megapolitanus (th 669) I 642.
— Laur., Gustrov. Megapolitanus (th 669) I 642.
— Joh. Henr., Hattensis (ph 649) I 329.
— Joh. Petr., Hattensis (Nachtrag) (ph 649) I 329.
— Franc. Thom., Hasso-Cassellanus (j 673) II 297. (cj 675) II 530.
— Christi., Hasso-Cassellanus (j 668) II 287. (cj 671) II 526.
— Engelhard., Hasso-Cassellanus (j 668) II 287.

(Hartmann) Erdmann Haubold, Culmbaco-Francus (j 688) II 317.
— Ambros., Lauffenburgensis (j 747) II 395.
— Christi., Magdeburga Saxo (m 627) II 9.
— Joh. Conr., Marpurgensis (ph 646) I 323.
— Petr., Montensis (ph 642) I 315.
— Georg., Pomeranus (j 651) II 251.
— Gottfr., Registagno-Thuringus (th 624) I 708. (th 625) I 598.
— Joh. Georg., Rotemburgo-Francus (th 631) I 605.
— Chph. Ulr., von Rudersberg i. Württemberg (ch 791) I 261.
— Erhard Sam., Rudersberg i. Herzogth. Württemberg (788) I 189.
— Joh. Frid., Salvifontanus (ph 660) I 348.
— Franc. Nic., de Soleure en Suisse (d 698) I 206.
— Carol. Jacob., Thuringus (777) I 130. (m 777) II 110.
— Chphr., Vinariensis (th 625) I 598.
— Georg., Vratislaviensis (j 627) II 217.
— Just. Laur., Wildunga-Waldeccus (th 685) I 653.
Hartmuth, Joh. Henr., Moschella-Bipontinus (th 738) I 678.
Hartpronner, Joh. Jac., Ulmensis (j 627) II 218.
Harttramft, Joh. Val., Lipsiensis (m 726) II 41.
Härttranfft, Casp., von Zittau aus Ober-Lausitz (j 633) II 230.
Hartrich, Franc. Jos., Wyersheim (780) I 146. (j 780) II 469.
Hartschmidt, Joh. Chph., Argentinensis (ph 745) I 425.
— Joh. Nic., Argentinensis (ph 674) I 370. (cphm 677) I 550. (Theol. D. 696) I 704.
Harttung, Joh., Wonsiedliensis Variscus (j 624) II 208.
Hartung, Peter Anton, Trevirensis (775) I 118. (m 775) II 107.
Hartzwich, Petr., Hamburgensis (j 631) II 228.
Harvier, Jos. Maria Victor, Metensis (786) I 182. (j 786) II 484.
Harz, Joan. Christoph., Eilinganus Suevus (j 743) II 388.
Hasch, von Hornberg (ch 780) I 245.
von Hasberg, Georg Albr., Cellens. Luneburg. (j 725) II 353.
Haschild, Christian, Oberlausitz (m 750) II 67.
Hase (Hasius), Joh. Thom., Brandenburg. Marchicus (th 664) I 635. (cphm 669) I 547.
— Joh. Abrah., Cicensis Misnicus (j 662) II 273.
Haselfoug, Elias, Tremonia-Guestphalus (j 669) I 287.
Hasenius, M. Joach., Parchimo-Megapolitanus (th 630) I 603.
Hasenloff, Georg. Samuel, Efferdingo-Austrius (j 648) II 246. (cj 657) II 513.
— Theodor., Riedavo-Austrius (j 655) II 258.
Hasius s. Hase.
Haslauer, Joh. Christian, Argentinensis (780) I 146. (ph 780) I 452.
— Joh. Paul., Ernoltzhem. Alsata (th 694) I 656.
— Joh. Elias, Mittelhusa-Hanoicus (ph 726) I 409.
Hasler, Casp., von Mauidorf C. Zürich (ch 773) I 232.
ab Haslingen, Adam. Bernh., Carinthiacus (j 621) II 203.
Haslob, Theodoric., Soltquell. Marchicus (ph 631) I 296.
Hasmann, Abrah., Wimpinensis (ph 639) I 309.
Hass, Salomo, Augusta-Vindelicus (th 672) I 645. (cphm 679) I 551.
— Georg. Frid., Francofurtanus (th 718) I 667.
— Joh., Nordlinganus (j 649) II 247.
Hassaeus, Joachim, Rostoch. Megapolitanus (j 623) II 205.
Hasse, Joh. Frid., Würtembergensis (m 744) II 57.
Hassel, Joh. Henr., Osnabrugensis (th 665) I 638.
Hasselbach, Georg. Henr., Alsfeldiâ-Hassus (th 663) I 633.
— Jerem. Just., Alsfeldensis (m 763) II 91.
Hasselmann (Hanselmann), Joh. Jac., Argentinensis (779) I 142. (ph 779) I 452. (cph 782) I 514. (cphm 784) I 584. (th 785) I 697.
— Dieteric., Guestphalus (768) I 76. (m 768) II 99.
de Hasselt, Franc. Ant., Hagenoensis (m 714) II 35. (cm 719) II 153.
— Phil. Frid., Molsheim. Alsata (m 684) II 28.
Hassenbach, Joh. Lud., Nassoico-Mosbacensis (ph 730) I 412.
Hassfurt, Georg. Sigism., a Geyern (ph 659) I 346.

Hasslinger, Daniel, Altenburgâ-Hungarus (ph 673) I 369.
Hasslocher, Joh. Adam., Spirensis (ph 664) I 355.
Hasson, Jo., Lotharingus (m 624) II 7.
Hast, Joach. Wilh., Osnabrugensis Westphalus (j 629) II 223.
— Joh. Wilh., Osnabrugâ-Westphalus (j 661) II 272.
de Hatsel, Lud., Weissenburgensis (j 718) II 341. (cj 718) II 556.
Hatt, Jos., Gunstettensis (j 759) II 421.
von Hatten, Balthas., Holsatus (j 651) II 252.
— Christi., Holsatus (j 633) II 231.
Hattenbach, Joh., Saltzungensis (ph 644) I 319.
— Joh. Dan., Saltzunga-Thuringus (th 653) I 621.
Hattenberger, Wilh. Jac., Selestadiensis (788) I 193. (m 788) II 120. (cm) II 199.
Hattingen, Petr., Coloniensis (j 630) II 225.
Hatry, Franc. Maria, Argentinensis (j 756) II 413.
— Jac. Maur., Argentinensis (773) I 104. (j 773) II 455. (cj 774) II 639.
ab Hatzfeld, Carol. Egenius Comes (737) I 24.
— et Gleichen, Franc. (736) I 24.
— — Carol. (736) I 24.
Hauber, Joh. Mich., Bada-Durlacensis (th 731) I 674.
Haubert, Henr. Samuel, Argentinensis (776) I 123. (ph 776) I 450.
Haubt, Joh., Vratislaviâ-Silesius (j 688) II 315.
— Heinr., C. Zürich (ch 773) I 232.
Hauck, Frid. Wilh., de Eisenac (d 738) I 214.
— Joh. Thom., Suevo-Halensis (th 660) I 630.
— Daniel, Coburg. Francus (ph 665) I 357.
— Joh. Nic., Coburgensis (th 663) I 634.
— Joh. Dav., ex Comitatu Limpurgensi (j 755) II 411.
— Joan. Georg., Walthusanus (j 736) II 373. s. Haug.
Haucke, Frid., Eiderostadiâ Holsatus (j 670) II 289. (m 680) II 27.
Hauff, Ge. Wilh., Betulano-Sponhemicus (ph 639) I 310.
— Georg. Frid., Esslingensis (j 685) II 311.
— Joh., Lobensteinio-Variscus (th 665) I 636.
(Hauff) (Hanff), Martin. Frid., Lobensteina-Variscus (th 667) I 640.
— Joh. Ludov., Stutgardianus (j 655) II 259.
Haug, Frid. Lud., Argentinensis (ph 782) I 454.
— Joh., Argentinensis (ph 701) I 388.
— Joh. Balth., Argentinensis (ph 647) I 324. (cph 647) I 472.
— Joh. Chph., Argentinensis (ph 751) I 431. (cph 754) I 503. (cphm 756) I 575.
— Joh. Frid., Argentinensis (ph 734) I 416. (cph 736) I 497. (cphm 739) I 571.
— Carol. Frid., Bada-Badensis (786) I 181. (m 786) II 118. (cm 790) II 199.
— Frid. Lud., Bischoffsheimensis (782) I 161.
— Joh. Godofr., Bischofshemensis (789) I 196. (ph 789) I 458.
— Georg. Balth. Conr., Heilbronnensis (773) I 101. (j 773) II 454.
— Joh. Jac., Heilbronnensis (ph 632) I 299.
— Jeremias, Hessigheimio-Wirtembergicus (m 762) II 87.
— Joan. Jac., Rottwilanus (j 645) II 242.
— Christi. Frid., Schorndorff i. Würtemberg (ch 786) I 255.
— Joan. Jac., Stutgardiâ-Würtembergicus (j 627) II 219.
— Joh. Jac., Tübingensis (j 635) II 234. s. Hauck.
Haugwarth, Sam., Vormatiensis (ph 629) I 291.
ab Haugwitz, Ernest. Dieter. (j 649) II 249.
— Joh. Adolph., Nob. Lusatus (j 627) II 217.
Haumüller de Mühlenthal, Mannheimensis, Johann. Wendelin. (716) I 15.
— Johann Philipp Theobald (716) I 15.
Haun s. Hann.
Haupprecht, Joh. Frid., Palatinus (ph 624) I 277.
Haupt, Aegid. Mich., Onoldo-Francus (j 740) II 382. s. Haubt.
Haus, Joan. Bapt. Jos. Chph., Arleshemiensis (j 746) II 393. (cj 747) II 586.
— dictus Maison, Franc. Jos., Argentinensis (j 756) II 413. (cj 760) II 606.
Hausch, M. Georg., Hattenhovensis (th 634) I 608.
Hauschl, Joh. Phil., Bischoftheim. Creichgovius (th 732) I 675.

d'Hausell, Joan. Francisc. Jos., Majano-Trevirensis (j 711) II 334.
ab Hausen, Joh., Neo-Haldenslebiâ Magdeburg. Saxo (j 651) II 252.
Hausen de Remelfing, Dominic., Saramundanus (778) I 133.
Hauser, Joh. Christian., Buxovillanus (ph 731) I 413.
— Joh. Pet., von Saarbrücken (ch 778) I 241.
— Mathias, Weigheimens. Suevus (j 765) II 437.
— Joh., Helv. Tigurinus (768) I 76. (m 768) II 99.
de Hauser, Jean Nepom. Baron, Ratisbonne (782) I 48.
Hausihl, Bernh. Mich., Heilbronna-Suevus (th 746) I 681.
Hausmann, Laurent., Lubecensis (j 733) II 368.
— Jac., Magdeburgensis (ph 634) I 305. s. Haussmann.
Hauss s. Haass.
Haussheer, Joh. Jac., Zürich (ch 779) I 243.
Haussmann (Hausmann), Joh. Balth., Argentinensis (ph 701) I 388.
— Lud. Godfr., Argentinensis (ph 682) I 375.
— Phil. Godfr., Argentinensis (ph 679) I 373.
— Christi., Colmariensis (m 761) II 86. (cm 764) II 176.
— Henr. Daniel, Trarbaccô-Mosellanus (ph 658) 344.
— Marc. Phil., Trorbaco-Mosellanus (th 622) I 593.
— Lud. Phil., Trorbaco-Mosellanus (ph 654) I 337. (cj 661) II 516.
— Jac. Albert (j 653) II 256. s. Housmann.
Hauswald, Ign., Fessenhemensis (778) I 133. (j 778) II 464. (cj 781) II 657.
van der Haut, Adam., Mosa-Slusa (m 761) II 86.
d'Hauteval, Joan. Ludov., prbr. dioc. Argentinensis (j 742) II 387.
Hauth, Georg. Lud., Nassoico-Saraepontanus (787: Altovillensis Nassov.) I 185. (th 788) I 698.
Hautt, Franc. Christi., Birkenfeldensis (ch 778) I 240.
— Joh. Henr., Hersteinensis (ph 648) I 327.
— Joh. Nic., Herrsteinio-Hunnus (ph 665) I 356.
Hauuer, Joh. Jac., Neoburgo-Palatinus (ph 628) I 288. (cph 628) I 465.
Hauvy, Phil. Franc., Metensis (j 721) II 346.
— Petr., Lotharingus Senonisvillanus prope Samiellum in Lotharingia (d 719) I 209.
Haveland, Joh. Christoph., Lubecensis (j 672) II 296.
Havette, Joa. Bapt., Metensis (790) I 200. (j 790) II 491.
Haxo, Petr. Chph., Argentinensis (767) I 66. (j 767) II 442. (cj 770) II 632.
— Petr. Nic., Colmariensis (j 735) II 372. (cj 737) II 576.
— Charles, S. Dié (766) I 58. (j 766) II 439. (cj 768) II 625
— Franc., Sandeodatensis (j 756) II 413. (cj 758) II 602.
— Franc., Stivagiensis (766) I 61. (j 766) II 440.
Haxthausen, Henr., Trendlenburgens. Hassus (j 646) II 243. (cj 648) II 507.
— Achatius, Westphalus (j 681) II 305.
de Haxthausen, Franz Arnold, Paderbornensis (j 731) II 364.
Haydt, Bartholom., Tubingensis (th 625) I 598. s. Haidt.
Hayler, Johan Georg., Nurtlingensis (m 760) II 85.
Hayly, Abrah., Reval aus Livland (ch 775) I 234.
Haynn, Chph., Argentinensis (cphm 656) I 540.
Hebebrand, Jac. Henr. (773) I 44.
Hebeisen, Joh., Rotenburg. Francus (ph 670) I 365.
Hebestreit, Jac. Franc., Erfurtensis (771) I 93. (m 771) II 102.
Hebenstreit, Joh. Matthae., Argentinensis (774) I 107. (ph 774) I 449.
— Joh. Matthi., Argentinensis (j 758) II 417. (cj 760) II 606.
— Mich., Baldenheimensis (th 621) I 592.
— Joh. Bapt., Lindaviensis (j 628) II 220.
— Ernest., Lipsiensis (783) I 167.
ab Hebenstreit, Joan. Franc., Tyrolensis natus in Mornfelt (j 712) II 335.
Heberer, Wolffg. Phil., Coburg. Francus (cj 681) II 533.
— David, Suinfurtensis (j 653) II 255.
— Joh. Phil., Suinfurtensis (j 648) II 246.
— Marc. Ant., Svinfurtensis (j 647) II 245.
Hebich, Joh. Paul., Ulmensis (ph 656) I 341.
Hecht, Christi. Henr., Argentinensis (786) I 182. (ph 786) I 457.
— Lud., Argentinensis (785) I 175. (ph 785) I 456.

(Hecht) Lud. Henr., Argentinensis (767) I 65. (m 767) II 97.
— Henr., Wilisau-Helvetus (775) I 118. (j 775) II 460.
— Joach., Seehusio-Marchicus (th 639) I 610. (cphm 642) I 533.
ab Hecht, Philipp. Wilhelm. Udalr. (706) I 12.
Heckel, Joh. Jac., Augusta-Vind. (ph 651) I 333.
— Joh. Reinhart., Augustanus (th 718) I 668.
— Samuel, Degernavâ-March. (th 659) I 628.
— Joh. Georg., Gundelfinga-Palatinus (ph 624) I 277. (cphm 625/26) I 522.
— Joh. Georg., Mappacensis Marchicus (ph 660) I 348.
— Joh. Georg., Ulmensis (ph 639) I 310. (cphm 640) I 532. s. Haeckel.
Heckelberger ab Höhenberg, Achatius, Austriacus (j 650) II 250.
— Carol., Eq. Austrius (j 665) II 281.
Heckenberg, Alb., Luneburgensis (j 628) II 220.
— August. Henr., Northeimensis Lüneburgicus (ph 685) I 378.
Hecker, Joh. Phil., Argentinensis (ph 684) I 377. (cj 691) II 541.
— Petr., Embricensis (th 663) I 634.
Heckheler, Joh., Argentinensis (ph 685) I 378. (cm 692) II 145.
Heckhing, Joh. Bartholom., Ulm. (m 680) II 27.
— Joh. Bartholom. (m 726) II 41.
— Gotfr., Ulmensis (th 707) I 663.
— Marc., Ulmensis (d 723) I 210.
Heckhlperger ab Höhenperg s. Heckelberger ab Höhenberg.
Hecklawer, Frid., Holsatus (j 653) II 254.
— Christi., Holsatus (j 662) II 272.
Hecklin, David, Esslingensis (th 625) I 598.
Heckmann, Joh. Jonas (ph 665) I 356.
Hedden, Carol. Frid., Oldenburgensis (j 764) II 436.
Heder, Joh. Andr., Norimbergensis (ph 665) I 356.
— Christoph. Andr., Norimbergensis (m 746) II 59.
Hederval, Franc. Jos. Petr., Rembervillanus (778) I 133. (j 778) II 465. (cj 780) II 655.
Hedinger, Franc. Mich., Tugiensis Helvetus (780) I 150. (m 780) II 113.
Heer, Nicol. Maximil., Grossgzigethan. Hungarus (m 760) II 84.
(Heer) Georg., Rosacensis (774) I 107.
— Joh. Casp., Rosacensis Acronianus (m 733) II 47.
Heerdegen, Joh., Lauffio-Noricus (ph 629) I 291.
— Joh. Henr. Aegid., Norimbergensis (784) I 172.
Heerdt, Joan., Nackenheimensis (j 754) II 409.
Heerklotz, Chph., Aldenbergensis Misnicus (ph 643) I 317.
Heermann, Zachar., Ulmensis (th 661) I 631. s. Hermann, Herrmann.
Heeser, Christian., Moeno-Francofurtanus (777) I 131. (m 777) II 110. (cm 781: Helenopolitanus) II 193.
Hefenthaler, Jul., Stutgardianus (m 674) II 26.
Heffliger, Bernard., Lucernensis ex Berona (781) I 152. (j 781) II 471.
Hege s. Haege.
Hegell, Joh. Valent., Schleusinga-Francus (th 653/54) I 621.
Hegenberger, Adam Salom., Curia Variscus (ph 629) I 292.
Hegerfeldt, Petr., Hafniâ-Danus (th 647) I 615.
Hegelin, Joh., Ulmensis (th 701) I 660.
— Joh. Jac., Ulmanus (th 665) I 637.
Hegerlin, Ulr., Nidern Halensis (ph 669) I 363.
Hegewald, Carl Gottlob, von Sayda in Chursachsen (th 755) I 684. (th 762) I 687.
Hegginger, Franc. Jos., Arlesheimensis (ch 779) I 242.
Hegglin, Beatus Casp., Tugiensis (j 763) II 433.
Hegner, Ferd. Lud., aus Medzibohr aus Schlesien (ch 783) I 250.
— Chph., Oelsnicensis (th 645) I 614. s. Heyner.
Hegnitius, Gottfr., Goerlicio-Silesius (th 624) I 596.
Heher, Marc. Frid., Noricus (j 629) II 223.
— M. Valent., Norimbergensis (th 627) I 600.
Heide, Christi., Thomaeponto Thuringus (j 626) II 215.
Heideger, Wilpert., Tigurinus (m 772) II 103.
Heidel, Joh. Jac., Argentinensis (ph 635/36) I 307. (cph 635/36) I 469.
Heidelbach, Joh. Dietr., de Alsfeld Hassus (ch 781) I 246.
Heidemann, Aegid., Colbergâ-Pomeranus (j 629) II 223.

(Heidemann) Joach., Colbergâ-Pomeranus (th 659) I 629. (th 660) I 630. (cphm 661) I 543.
Heiden (Heyden), Sim., Augustanus (th 621) I 592. (th 624) I 709.
de Heiden, Reinhard. Adrian. Carol. Guilh. Baro, Transissal. Batavus (750) I 32.
s. ab Heyden, Hompesch.
Heidenreich, Carol. Frid., Mulhemio-Marchicus (j 736) II 373. (cm 742) II 164.
— Carol. Wilh., Mulhemio - Marchicus (th 736) I 676.
— Georg., Nordlingensis (ph 673) I 368.
— (Heydenreich), Georg. Frid., Nördlingensis (787) I 189.
Heider, Bened. Jos., Leutkirchensis (ph 656) I 340.
— Daniel, Lindaviensis (j 662) II 274. (cj 665) II 519.
— Jac., Lindaviensis (j 627) II 218.
— Theophil., Lindaviensis (j 699) II 324. (cj 700) II 544.
Heiderman, Joh., Quedlinburgensis (j 624) II 209. (cj 625) II 495.
Heidfeldt, Christophor., Quedelburgâ Saxo (j 649) II 249. (cj 651) II 509. s. Heidtfeld.
Heidhausen, Tobias, Calbensis Saxo (j 643) II 240.
Heidiccius, Joh., Aquensis Saxo (th 660) I 630.
Heidner, Conr., Mönchbergensis-Francus (ph 665) I 357.
Heidtfeld, Joh., Dortmundâ-Westphalus (j 653) II 256. s. Heidfeldt.
Heigel, Paul., Noribergensis (j 633) II 232.
Heil, Conr., Siliciensis-Hassus (ph 648) I 328. s. Hail.
Heiland, Georg. Phil., Monasterio-Westphalus (th 655) I 624.
— Hiskias Eleasar, Sinding. Hoenloicus (ph 643) I 318.
Heilandt, Joh., Breittenbachio-Thuringus (ph 646) I 322.
Heilbrunn, Joach., Silesius ex Cosel (780) I 149. (m 780) II 113. (cm 781) II 193.
Heilbrunner, Ant., Durlacensis (th 680) I 649.
— M. Joh. Frid., concion. aulic. Durlac. (Theol. Doct. 652) I 702.
— Joh. Chph., Ulmensis (ph 648) I 327.
— Joh. Frid., Ulmensis (ph 644) I 318. (cphm 645) I 535.
Heiler, Christian., Hallensis Saxo (ph 678) I 372. s. Heller, Heiller.
Heilgius, Steph., Czidnensis Transylvanus (th 665) I 637.
Heilingh, Casp., Tremoniâ-Westphalus (j 626) II 215.
de Heille, Joan. Nicol., Lorquinensis (j 761) II 426.
— Nicol. Franc., Lorquino - Metensis (j 761) II 426. (cj 769) II 630.
Heiller, Joan. Hieron., Noribergensis (m 613) II 2. s. Heiler, Heller.
Heilman, Joh. Jac., Bipont. Palatinus (j 625) II 212.
— Joh., Bistricio-Transylvanus (ph 673) I 369.
— Fried., Mulhusinus (779) I 141. (m 779) II 112.
Heim, Theodoric., Argentinensis (ph 665) I 358. (cph 666) I 477. (cphm 668) I 546.
— Aloys, Immenstadt i. Allgeu (ch 785) I 253.
— Joh. Nic., Meiningensis (th 706) I 662.
— Joh., Weinspergensis (th 624) I 596.
Heimann, Andr. Bernh., Hannoveranus (m 727) II 42.
— Magn. David Christi., Hannoveranus (m 763) II 89.
de Heimbach, Joh. Abrah., Moeno-Francofurt. (777) I 130. (m 777) II 110.
Heimbourger, Joan. Bapt., Fessenheimensis (772) I 98. (j 772) II 452. (cj 775) II 642.
Heimbürger, August. Adolph., Magdeburgensis Saxo (j 665) II 280.
Heimel, Frid., Bergzabern (788) I 192.
Heimeran, Joh. Wolffg., Neuhofio-Byruthinus (th 754) I 684.
Heimlich, Joh. Jac., Argentinensis (789) I 196. (ph 789) I 458.
Hein, Marc., Augustanus (ph 622) I 274.
— Dav., aus Cassel in Hessen (j 765) II 437.
— Gideon Henr., Hasso-Cappellanus (th 685) I 653.
— Franc. Gideon, Sunthusanus (ph 718) I 404.
— Henr., Rostochiensis (j 632) II 230.
— (Heinius), Sebast., Ulmanus (ph 627) I 287.
Heindel, Ferd., Posoniensis Hungarus (j 623) II 206. (cphm 624/25) I 521.
Heineccius, Tobias, Sarâ-Misnicus (ph 664) I 354.
Heinechius, Gerhard Henr., Susato-Westphalus (m 698) II 31.
Heinemann, Godofr. Lud., Argentinensis (790) I 199. (ph 790) I 458.

(Heinemann) Joh. Georg.. Argentinensis (768) I 76. (ph 768) I 445. (cph 770) I 508. (cphm 773) I 580. (th 772) I 693.
s. Heinimann, Heinmann.
Heinen, Joan. Petr., Trevirensis (m 756) II 77.
Heiner, Franc. Jos., Hischingen i. Turgau (788) I 193.
— Joh. Balth., Oringâ - Hohenloicus (j 627) II 217. s. Heyner.
Heinerich (Heinrich), Joh. Godofr., Argentinensis (ph 747) I 427.
— Joh. Godofr., Argentinensis (787) I 185. (j 787) II 485.
s. Heinrici, Heinrich.
Heinimann, Ambr., Helv. Lucivallensis (ch 774) I 235.
Heininger, Joh. Bapt. Clemens, Bavaria (781) I 153. (ch 781) I 246. (m 781) II 114.
Heinius s. Hein.
Heinlein, Sebastian., Noribergensis (m 616) II 3. s. Hainlein.
Heinmann, Mich., Sonnberg. Francus (ph 630) I 293. s. Heinemann.
Heinold, Andr. Conr., Arnstad. Thuringus (th 670) I 643.
— Phil. Bernh., Brocomagensis (ph 749) I 429.
Heinoldi, Joh. Jac., von Mietesheim (ph 720) I 405.
Heinrich (Heinricus), Joh., Budiss. Lusatus (ph 626) I 284.
— M. Jerem., Oberkirchensis (th 635) I 608. s. Heinrici, Heinerich.
— Joh. Chph., Pirmasentz (m 758) II 81.
— Silv. Ferd., Silesius (ph 713) I 399.
— Joh. Conr., Ulmensis (th 687) I 654.
von Heinrichsen, Augustanus (j 652) II 254.
Heinrici, Joh. Dan., Argentinensis (ph 699) I 385. (cphm 701) I 560.
— Joh. Jac., Argentinensis (ph 675) I 370. (cphm 678) I 550. (cm 682) II 143.
— Joh. Theob., Argentinensis (ph 649) I 328. (cphm 650) I 537.
s. Heinerich.
— Daniel Aegid., Lipsiâ-Misnicus (j 670) II 292.
Heinricus s. Heinrich.
Heinsius, Joh. Philipp., Michelstadiensis (778) I 139. (m 779) II 111. (cm 781: Erbacensis) II 192.
— Matthi., Jägerndorffensis Silesius (j 629) II 223. (cphm 630/32) I 526.
— Chph. (j 652) II 254.
Heintz, J. Mich., Argentinensis (ph 704) I 391.
— Joh, Phil. Jac., Argentinensis (785) I 175. (ph 785) I 456.
— Joh. Joach., Geidertheim. Hanoicus (ph 673) I 358. (cphm 676) I 549.
— Joh. Gerh., Saraepontanus (th 653/54) I 621.
— Joh. Mich., Sebusiensis (j 626) II 213. (cj 626) II 496.
— Joh. Phil., Weissenburgo-Alsata (j 662) II 272. (cj 662) II 516.
— Heino, Stadiensis Saxo (j 648) II 246.
— Frid., Würtenbergicus (m 615) II 2.
s. Heinz.
Heintzius s. Heintz.
Heintzenberg, Joh. Georg, Grünstad. Palatinus (j 697) II 320.
Heintzenberger, Joh. Georg., Butisbac. Wetteravus (j 658) II 265.
— Joh. Chph., Butisbaco - Wetteravus (j 719) II 343.
— Joh. Georg., Vormatiensis (m 749) II 65.
Heintzmann, Joh. Simon, Ettlingâ-Marchicus (j 622) II 205.
s. Heinzmann.
Heinz, Joan. Ant., Lauterburgensis (j 747) II 395.
— Joh. Leonh., Stutgardianus (m 672) II 25. (cm 677) II 141.
s. Heintz.
Heinzmann, Georg. Jac., Durlaco-Marchicus (ph 687) I 379.
s. Heintzmann.
Heis, Georg. Frid., Argentinensis (ph 750) I 430. (cj 760) II 606.
— Joh. Phil., Argentinensis (ph 742) I 422. (cj 752) II 595. s. Heiss.
Heisch, Godofr., Argentinensis (ph 746) I 427. (cphm 750) I 574.
— Godofr., Argentinensis (ph 774) I 107. 449. (th 782) I 696. (cph 777) I 512. (cphm 779) I 582.
— Joh. Ulr., Argentinensis (ph 640) I 311. (cph 640) I 470.
— Phil. Jac., Argentinensis (783) I 164. (ph 783) I 454. (cph 786) I 515. (cphm 788) I 585. (th 789) I 699.
Heise, Georg., Muchlensis Thuringus (th 655) I 623.
Heising, Christoph., Widenbrugensis (777) I 131. (m 777) II 110.
Heisler, Pancr., Amerdinganus Suevus (j 750) II 401.
Heiss, Joh. Georg., Memmingensis (ph 645) I 320.
de Heiss, Thomas, de Paris (j 666) II 283.
Heister, Willich., Holsatus (th 643) I 612

de Heister, Joh. Georg. Godefrid. Baro (671) I 5.
Heitfeld, Georg., Göttingensis (th 624) I 597.
Heitz, Joh. Henr., Argentinensis (ph 747) I 427.
— Theod., Basel (ch 782) I 248.
— Franc. Xav., ex majori Kembs (771) I 90. (j 771) II 450. (cj 774) II 641.
Helbig, Joh. Sam., Vinariensis Thuringus (ph 703) I 390.
Helbling, Joan. Georg. Balthas., Friburgensis Brisgojus (j 740) II 383.
— Jos. Franc. Xav., Rapperswilanus Helvetus (m 751) II 69.
Helborn, Joh., Haymburgo-Misnicus (th 628) I 601.
Helck, Joh. Dan., Argentinensis (ph 757) I 436.
Held, Christi. Fred., Geranus (m 763) II 90.
— Joh. Jac., Offonisburgensis (m 765) II 94.
— Jos. Anton. Victor, Offonisburgensis (j 738) II 378.
— Joh. Gualter., Ulmano-Suevus (m 635) II 13.
— Joh. Nicol., Wetzlariensis (776) I 123. (m 776) II 108.
— Christoph., Windshemio-Francus (th 663) I 634. s. Heldt.
Helderich, Franc. Claud., Argentinensis (j 714) II 337. (cj 716) II 554.
— Georg. Ign., Argentinensis (j 708) II 331. (cj 711) II 550.
— Joan. Georg., Hagenoënsis (cj 684) II 535.
Heldt, Christi. Albert., Gorlitio-Lusatus (j 667) II 284.
— Joh. Heinr., Gorlicensis Silesius (j 665) II 681.
— Georg., Hamburgensis (j 672) II 295.
— Barthol. Gunther., Hildesiensis (m 771) II 54. s. Held.
de Helffenberg F. E. Comes (746) I 30.
Helfflinger, Franc., Bitensis (767) I 71. (j 767) II 443.
— Steph., Pittlingensis (770) I 86. (j 770) II 448.
Helffmann, Joh. Henr., Rüsselsheimiâ-ad Moenum (th 657) I 627.
Helffrich, Gotthart Johann, Esthland (773) I 104.
— Georg., Lipsiensis Misnicus (j 643) II 240.
Helfrich, Gabriel, Norimbergensis (j 627) II 218.
Helg, Franc. Jos., Delemontan. Rauracus (767) I 70. (m 767) II 98. (cm 769) II 181.
Helgenmeyer, Joh. Jac., Argentina-Alsatus (cphm 632/33) I 528.
Helius, Joh. Georg., Nordlinganus (ph 625) I 279.
Hell, Joh Theod., Bischemio-Palatinus (th 733) I 675.
— Franc. Jos., Hirsingensis Alsata (j 751) II 404. (cj 753: Franc. Jos. Ant.) II 596.
— Joan. Bapt. Fortun., Hirsingensis (768) I 71. (j 768) II 444.
— Lud. Ign., Hirsinganus Alsata (j 763) II 433. (cj 765: Lud. Ign. Morand.) II 618.
— Joh. Theodor., Ingelheimio-Palatinus (th 693) I 656.
Hellbach, Daniel, Erfordiensis (777) I 128.
Hellbeck s. Hoellbeck.
ab Helldorff, Georg. Frid., Nobil. Misnicus (cj 666) II 520.
— Wolff Heinr., Eq. Misnicus (j 712) II 335.
Heller (Haller), Abrah., Argentinensis (775) I 116. (ph 775) I 449. (th 780) I 696. (cph 777) I 512. (cphm 779) I 582.
— Chph., Argentinensis (ph 712) I 398.
— Sebast., Argentinensis (ph 648) I 326. (cph 648) I 473. (cphm 651) I 538.
— Joh. Georg. Mart., Fuldensis (m 747) II 60.
— Jonath. Wilh., Gedanensis (766) I 60. (th 766) I 690.
— Gottofr. Volcmar, Hallensis Saxo (j 667) II 284. s. Heiler.
— Jonas, Issenac. Thuringus (ph 633) I 303.
— Joh. Chph., Canstadiensis (j 651) II 252.
— Joh. Sebast., Suinfurtensis (j 666) II 282.
— Mich., Wartenberg. Bohemus (ph 629) I 292.
— Georg. Christoph., Württembergensis (m 754) II 74.
Hellinger, Joh. Frid., Argentoratensis (cphm 631) I 526.
Hellmuth, Jos., Königheimensis ad Tuberam (ch 778) I 240.
— Joh. Georg., Windshemio-Francus (th 657) I 626.
Helluy, Jos., ex arce-Regicuria (j 749) II 399. (cj 750) II 591.
Hellwig, Joh., Noribergensis (m 631) II 12.
Helmhack, Frid., Ratisponensis (th 660) I 630.

Helman, Joh. Henric., Duderstad. Eisfeldianus (m 662) II 21.
Helmold, Theodor. Wern., Göttingensis (th 676) I 647.
d'Helmolt, Otto Guilielm., Equ. Saxo (j 719) II 342.
Helmsdorff, Joh. Henr., Spirensis (th 762) I 687.
Helmstetter, Joh. Christi., Buxovillanus (ph 712) I 399.
— Phil. Henr., Buscovillensis (ph 707) I 393. (cj 713) II 552.
Helonis, Franc., Phalsbourgensis (j 731) II 364. (cj 736) II 575.
Helsius, Joachim Lüteke, Perleberg. Marchicus (j 669) II 289.
Helwig, Christi. Frid., Argentinensis (ph 705) I 371. (cm 713) II 151.
— Elias, Argentinensis (ph 722) I 406.
— Joh., Freistad. Silesius (j 625) II 211.
— Frid., Bühl-Öttingensis (m 750) II 65.
Helwing, Theophil., Prussus (j 661) II 270.
Hemberger, Franc. Henr., Weissenburgensis (778) I 136. (j 778) II 465. (cj 779) II 653.
Hemeling, Joh. Conr., Bada Durlacensis (j 725) II 352.
Hemelius, Florian., Heidelbergensis (m 622) II 6. s. Hemmel.
Hemerle (Hemmerle), Joan. Mart., Lauterburg. Alsata (m 763) II 89. (cm 766) II 178.
Hemm de la Marre, Baptista, Parisiensis (j 666) II 283.
Hemman, Joh. Dan., von Brugg C. Bern (ch 778) I 241.
Hemmel, Joh. Mich., Oringensis (ph 654) I 337. s. Hemelius.
Hemmer, Herm., Guestfalus (th 655) I 624.
— Joh., Tremoniensis (th 658) I 627.
Hemmerle s. Hemerle.
Hemmetus, Abrah., Buxovillanus (ph 708) I 395.
Hemmi, Frid., ex Rhaetia oriundus (m 759) II 82.
— Simeon Ulr., Curia Rhaetus (m 739) II 52.
Hempel, Chphr. Heinr., Osterovigiâ Saxo (j 664) II 277.
— Sigism., Sigeth-Hungarus (th 666) I 639.
— Godofr., Sil. Vratislaviensis (th 642) I 612.
— Gottfr. (d 716) I 208. s. Hämpel.
Hemser, Georg Ludwig, Schorndorfensis (j 729) II 360.
Henchoz, Joh. Rudolph., Viviacensis ap. Bernat. i. Helv. (772) I 96.
Hencke, Joh., Esslingensis (ph 644) I 319.
Henckel, Steph., Flensburgo-Holsatus (cphm 650) I 537. (th 649) I 617.
— Joh., Regiomontanus Boruss. (j 631) II 229.
— Joh. Gothofr., Stetino-Pomeranus (j 664) II 278.
Hendelius, Petr., Adorffensis Pomeranus (j 627) II 217.
Hendl, Carol., gebürtig von der Miess (m 748) II 63.
ab Hendorff, Frid. Wilh., Oldenburgensis (j 760) II 424.
— Joh. Georg., Oldenburgensis (j 760) II 424.
Hendreich, Christoph., Borussus (j 655) II 259.
— Petr., Borussus (j 655) II 259.
Hendrich, Christoph. Ludw., Hilperhusâ-Francus (j 698) II 321.
ab Hendrich, Fried. Guil., Eq. Franco (j 730) II 363.
Hengelheit, Joh. Petr., Grünstad. Vangio (ph 628) I 289.
Hengstenbenberg, Henr. Wilh., Elberfelda-Montanus (777) I 127. (m 777) II 109.
Henisius, Joh. Lud., Ulmensis (m 645) II 15.
Henitz, Hansz Jochem, Lipsensis (j 641) II 238.
Henne, Hier., Megahommerdâ-ad Erfurt. (ph 659) I 347.
Henneberg (Hennenberg), Franc. Henr., Argentinensis (ph 730) I 412. (cj 736) II 574.
— Phil. Jac., Argentinensis (ph 733) I 415. (cphm 737) I 570.
Hennenhofer, Hercul. David, Ulmensis (778) I 136. (m 778) II 111.
Hennequin, Nic., Metensis (j 729) II 360. (cj 731) II 569.
— Jos., Spinalus in Lothar. (m 745) II 58.
Hennering, Burchard, Neomarchicus (j 670) II 291.
Hennessienne, Joan. Bapt., Pültingens. in Lotharingia Germanica (768) I 72. (j 768) II 444. (cj 770) II 630.
Hennig, Laur., Noribergensis (j 621) II 203.
Henningk, Casp. Joach., Nob. Pomeranus (j 655) II 259.
Henniger, Heinr., Weissenburg. Noricus (j 665) II 279.
de Hennin, Carol. Baro, Vratislaviensis (747) I 30.
Henning, Joh., Borussus (j 628) II 219,

(Henning) Chphr., Chilonio-Holsatus (m 648) II 16. (cm 651) II 132.
— Joh., Chiloniensis (j 648) II 246.
— Jac., Damerkirchensis (j 764) II 434.
— Frid., Holsatus (j 651) II 251.
— Andr., Coronâ Transylvanus (th 665) I 637.
— Gottlieb Benjam., Petersburgensis (767) I 67.
— Elias, Saalfeldensis Thuringus (j 672) II 296.
— Philipp., Franco-Wertheimensis (m 631) II 11.
Henninger, Joh. Conr., Argentinensis (ph 711) I 397. (cm 720) II 153.
— Joh. Sigism., Durlaco-Marchic. (m 686) II 29. (cm 691) II 145.
Henningi, Carol., Colberga Pomeranus (j 663) II 275.
Hennings, Joh. Chph., Ploena-Holsatus (th 731) I 674.
Henningsen, Joach., Berolinensis (j 724) II 350.
Henno, Georg. Matthae., Oberwaidâ-Hennenbergicus (th 646) I 614.
Henri, Joh. Ant., Gerbevillae (ph 750) I 431.
— Nic., Gerbevillensis (cj 716) II 555.
— Jos., Tullanus (j 715) II 339. (cj 717) II 555. s. Henry.
Henrici, Joh., Drosnensis Marchicus (th 668) I 641.
— Joh. Henr., Moeno-Francofurtanus (th 654) I 622.
— Joh. Matthi., Francofurtanus (m 758) II 81.
— Burckh. Ludv., Franckfurth (m 762) II 88.
— Joh. Hartm., Fridberga-Wetteravus (j 680) II 304.
— Joh. Henr., Fridbergensis Wetteravus (ph 649) I 328.
— Joh., Laubacô Solmejus (th 663) I 634.
— Joachim., Luchoviensis Saxo. (m 652) II 18.
— Conr. Frid., Onolzbacensis (j 750) II 401.
— Gust. Guil., Anspacensis (m 761) II 86.
— Franc. Urban., Odenheimensis (j 726) II 355.
— Andr., Servestâ-Anhaltinus (j 672) II 295.
— Anton. Franc. Aloysius, Spira (j 712) II 335.
Henrio, Joan., Majanus (j 753) II 406.
Henry, Joh. Nic, Buzonisvillan. (770: Buxonisvillanus) I 86 (j 770) II 448. (cj 770) II 633.
(Henry) J. B., de S. Diey en Lorraine (d 739) I 215.
— Jean Bapt., S. Dié en Lorraine (767) I 65. (j 767) II 442.
— Franc. Nicol., Lunevillanus (m 750) II 65.
— Jos., Linvillanus (j 752) II 404. (cj 753) II 596. s. Henri.
Hensel, Wilh., Lichensis ad Wedderim (j 625) II 210.
Henseli, Ernest. Fried., Vratislav. Silesius (j 688) II 316.
Hentschel, Chph. Carl, Augustanus (m 732) II 46. (cm 733) II 658.
— Abrah., Silesius (j 655) II 259. s. Hentzschel.
Hentzerling, Petr. Carol. Nepom. (785), ex Dahn I 173. (j 785) II 480.
Hentzner, Georg., Olsnensis Silesius (j 623) II 207.
Hentzschel, M. Mich., Witteberg. Saxo (th 660) I 629. s. Hentschel.
Henzler, Joan., Marispurgensis (m 764) II 91.
de Henzler, Bened., Egloff. Algoius (774) I 109. (j 774) II 457.
Hepp, Joh. Casp., Argentinensis (cphm 623) I 519. (cm 630) II 127.
— Joh. Henr., Argentinensis (793) I 203. (ph 793) I 460.
— Samuel, Argentinensis (ph 622) I 276. (cph 623/24) I 463.
— Zachar., Limbachensis (th 624) I 597.
— Sixt., Ulmensis (j 758) II 419.
Heraeus, Joh. Mart., Hanoviensis (780) I 150.
D'Herbain, Joan. Maria, Argentinensis (j 755) II 412.
Herbart, Chph. Ulr., Isnaco-Thuringus (ph 647) I 326.
Herbcke, Joan. Dav., Lüchsfeldiacus Steinbacensis (j 739) II 381.
Herberling Joh. Carol., Argentinensis (ph 600) I 347.
— Joh. Jac., Argentinensis (ph 712) I 398.
— Joh. Paul., Argentinens. (ph 652) I 335.
ab Herberstein, Carol. Leop., Styra-Graecensis (713) I 22.
Herbert, Gothofr., Studgartensis (j 662) II 273.
Herbortt, Joh. Christophor., Stuttgardia Wurtembergicus (j 661) II 271. (cj 667) II 520.
Herbst, Sebast., Argentinensis (cph 624/25) I 463. (cphm 625/26) I 522.
— Sigism. Frid., Carlsruhensis (th 760) I 686.

(Herbst) Frid. Ernst, von Malterdingen aus dem Hochbergischen (ch 772) I 229.
— Mart., Noribergensis (th 663) I 634.
— Joh. Conr. (th 732) I 675.
Herbster, Joh. Frid., Loeraco-Marchicus (ph 728) I 410.
Herburger, Joan Bapt., Dorenbiranus Rhaeto-Austriacus (j 754) II 409.
— Frantz Jos. (m 739) II 52.
Herde, Joh., Bremens. Saxo (j 631) II 229.
Herdesianus, Chphr., Bernburg. Anhaltinus (j 630) II 227.
— alias Hardesheimb, Joh. Anhaltinus (j 628) II 222.
Herdingh, Joan, Molshemensis (j 676) II 300.
Here, Joh. Christi., Hamburgensis (j 672) II 295.
Herecker, Christian., Hildesiensis (ph 652) I 335.
Herel, Joh. Frid., Norimbergensis (m 732) II 46.
Herford, Henr. Guil., Vratislavia-Silesius (j 719) II 342.
Hering, Georg. Mich., Argentinensis (778) I 134. (ph 778) I 451.
— Joh. Dan., Barrensis Alsata (786) I 183. (m 786) II 119.
— M. Joh. Ern., Dresd. Misnicus (th 665) I 638.
Herissant, Ludov. Theodor., Parisinus (771) I 91.
Herlen, Joh., Ebermergensis (ph 673) I 368.
Herlin, Joh. Martin., Argentinensis (ph 639) I 311.
— Bernh., Riesenburg. Prussus (m 664) II 22.
— Nic., Riesenburgensis Prussus (th 664) I 636.
— Jac., Ulmensis (ph 633) I 301.
Herman, Joan., Maximil., Düsseldorpius (m 735) II 48.
— Joh. Adam, Moeno-Francofurtensis (m 698) II 31.
— Ludov., Lindaviensis (ph 681) I 375.
— Joh. Sim., Lohranus Lützelstein. (ph 743) I 424.
— Benedict., Memmingensis (ph 668) I 361.
— (Herrmann) Joh. Cunr., Memmingensis (ph 645) I 320.
— Joh. Georg., Memmingensis (th 676) I 647.
— Tobias, Memmingensis (th 642) I 612.
— Joh. Lud., Neolitho-Hoenloicus (th 669) I 642.
(Herman) Joh. Conr., Neostadiensis Nemetum (j 649) II 249.
— Carol. Ign., Oberneheimensis (m 762) II 88. (cm 766) II 178.
— Joan. Jac., Obernhemianus (j 733) II 369.
— Leonh. David, Olsnensis (m 739) II 52.
— Chph. Henr., Oringâ-Hoenloicus (ph 659) I 346.
— Carol., Regiopontanus-Lusatus (th 623) I 594.
— Rupert., Rossenheimensis (j 667) II 284.
— (Herman), Ant., Selestadiensis (j 740) II 382. (cj 742: Franc. Ant.) II 581.
— Ant., Selestadiensis (774) I 112. (j 774) II 458. (cj 776) II 646.
— Franc. Romar., Selestadiensis (j 757) II 415.
— Mathi. Wilh., Selestadiensis (cj 751) II 593.
— M. Zachar., Vratislav. Silesius (j 625) II 212. (cj 627) II 496.
s. Herrmann, Heermann.
Hermanni, Jac., Tonningâ-Holsatus (th 668) I 641.
— Dan. Christianus (j 759) II 423.
Herminger, Joh. Reinh., Argentinensis (j 626) II 214.
Hermius, Jean (m 748) II 63.
Herold, Abrah., Elsterbergensis Misnicus (th 632) I 605.
— Alb., Pforzensis (ph 651) I 334.
— Georg. Steph., Pfortzensis (ph 649) I 329.
Heroldt, Georg., Tichella-Türingius (ph 644) I 318.
— Joh. Bartholom., Wormatiensis (ph 668) I 361.
Heroux, Jean Claude, de Belfort (d 715) I 208.
Herpfer, Nic., Nordlingensis (th 658) I 627.
— Georg. Christophor., Norimbergensis (j 679) II 303. s. Herpffer.
Herpffer, Conr., Hanoviensis (ph 663) I 353. (cj 669) II 522.
— Joh. Dan., Hanoviensis (ph 662) I 351. (cj 667) II 521.
— Joh. Phil., Stuccardianus (j 738) II 378. s. Herpfer.
Herport, M. Joh. Phil., Basileensis (th 739) I 678.
Herr, Joh. Chph., Greus. Thuringius (j 651) II 252.
— Mart., Colmariensis (ph 690) I 380.
Herrchillet, Franc., Argentinensis (j 739) II 380.

(Herrchillet) Franc. Jos., Molshemensis (779) I 144. (j 779) II 468. (cj 782) II 660.
Herrenbaur, Joh. Georg., Rotenburg. Tuberanus (ph 654) I 337.
Herrenberger, Ant. Jos. Vinc., Argentinensis (782) I 158. (j 782) II 474. (cj 785) II 666.
— Joh. Jac., Argentinensis (j 746) II 393.
— Franc. Ant., Benfeldensis (j 710) II 333. (cj 711) II 550.
— Joh. Jac., Benfeldensis Alsata (j 687) II 314.
— Joh. Udalr., Benfeldensis (j 710) II 333. (cj 711) II 550.
— Jos. Ign., Benfeldensis (j 711) II 333.
— Franc. Lud., Dachsteinensis (j 744) II 389.
— Thaddaeus, Dachsteinensis Alc. (j 748) II 396. (cj 749: Joh. Sim. Jud. Thaddaeus) II 590.
— Franc. Jos., Ingersheimensis (j 734) II 371. (cj 737) II 576.
— Jos. Ant., Niderenheimensis (j 751) II 404.
— Domin., Selestadiensis (777) I 128. (j 777) II 463. (cj 779: Dominic. Ign. Xav.) II 652.
— Xav. Augustin., Selestadiensis (787) I 186. (j 787) II 485.
Herrenschmid, Georg. Simon, Onoldo-Francus (th 724) I 671.
— Joh. Casp., Onoldino-Francus (ph 679) I 372.
— Gustav., Ulmensis (ph 691) I 381.
— Joh. Lud., Ulmensis (ph 656) I 341.
— Hiob. (th 668) I 640.
Herrenschmidt, Georg. Adam, Bopfingensis (th 669) I 642.
— Jac. Adam., Ottingâ-Suevus (th 634) I 607.
— Jac. Adam., Oetingâ-Rhetus (j 650) II 250.
Herrenschneider, Joh., Argentinensis (ph 741) I 421. (cph 741) I 499. (cphm 744) I 572.
— Joh. Sam., Argentinensis (ph 752) I 432.
— Joh. Sim., Argentinensis (777) I 126. (ph 777) I 450. (cphm 781) I 583. (th 782) I 696.
— Frid. Aug., Greovillanus (786) I 179. (ph 786) I 456.
— Joh. Lud., Greovillanus (777) I 128. (ph 777) I 450. (cphm 779) I 583. (cj 785) II 666.
— Joh. Wilh., Greovillanus (778) I 134. (ph 778) I 451. (cj 790) II 678.
Herrenschwand, Joh. Frid., Moratensis (m 732) II 46.
Herrichen, Joh. Gothofr., Nebrâ-Thuringus (th 654) I 622.
Herrmann Alex., Argentinensis (788) I 190.
— Franc., Argentinensis (j 781) II 472.
— Franc. Xav. Amand., Argentinensis (cj 784) II 663.
— Gottofr., Argentinensis (m 759) II 83.
— Joh., Argentinensis (ph 662) I 352.
— Joh., Argentinensis (ph 685) I 378. (cph 686) I 483. (cphm 688) I 554.
— Joh., Argentinensis (ph 721) I 406. (cphm 724) I 567.
— Joh., Argentinensis (ph 753) I 433. (cm 762) II 175.
— Joh. Casp., Argentinensis (ph 627) I 285.
— Joh. Frid., Argentinensis (ph 756) I 436. (cj 765) II 617.
— (Hermann), Joh. Frid., Argentinensis (783) I 164. (ph 783) I 454. (cm 792) II 200.
— Joh. Georg., Argentinensis (ph 681) I 375.
— Joh. Jac., Argentinensis (j 679) II 302.
— Jonath., Argentinensis (799) I 202. (ph 791) I 459.
— Xav. Franc., Argentinensis (781) I 153.
— Joh. Frid., Buxovillanus (ph 733) I 415.
— Steph., Cibinio-Transylvanus (th 686) I 654.
— Joh. Georg., Freyberga-Saxo (m 732) II 46.
— Conr. Jac., Heilbronnensis (j 739) II 381.
— Wendelin, Cuppenheim-Badensis (785) I 177. (m 785) II 118.
— Joan. Jac., Landaviensis (j 716) II 555.
— Georg. Nic., Molshemensis (j 746) II 391. (cj 747) II 586.
— Matthae., Rosheimensis (j 657) II 264.
— Joh. Frid., von Stuttgard (ch 776) I 236.
— Michael, Transylvanus (ph 657) I 342.
— Frantz Wilh. (d 700) I 206.
s. Hermann, Heermann.
Herrnschmid s. Herrenschmid.
Hersenius, Ummius, Butjadia-Frisius (th 651) I 619.
Hersheman, Dietr. Wilh., Bilfeldia-Westphalus (j 684) II 308.
Hertebrodt, Joh. Mich., Colmariensis (cm 667) II 138.

Hertel, Elias, Argentinensis (ph 639) I 310. (cph 639) I 470. s. Haertel.
— Joh. Jac., Bitzfeldiâ-Wirttembergicus (ph 659) I 346.
— Casp., Oetingensis Rhetus (th 633) I 606.
— Joh. Ernest., Oettinganus (j 714) II 337.
— Joh., Oberredvic. Palatinus (ph 649) I 328.
— August Leonh., Vormatiensis (778) I 134. (th 778) I 695.
de Hertenberg, Christoph. Leopold. (738) I 25.
Hertius, Joh. Lud., Giessensis (j 672) II 295.
— Ant., Hamburgensis (th 666) I 639.
— Gotthard. Joan., Wetzlariensis (j 728) II 358. (cj 728) II 567.
— Joan. Cornel., Wetzlariensis (j 728) II 358.
ab Hertingsshaussen, Phil. Frid., Nob. Hassus (j 630) II 225.
Hertlein, Frid. Georg., Kitzingensis (j 762) II 431.
Hertlenus s. Hertel.
Hertlin, Joh. Georg., Gunzenhusanus-Francus (j 670) II 291.
Herttenstein, Joh., Argentinensis (ph 708) I 394. (cj 714) II 553.
— Joh. Henr., Argentinensis (ph 658) I 345. (cj 668) II 522.
— Joh. Henr., Argentinensis (cj 700) II 544.
— Joh. Frid., Ulmensis (ph 698) I 385. (cphm 698) I 558.
— Lud. Bartholom., Ulma-Suev. (j 728) II 358. (cj 731) II 569.
Hertwich, Adam. Ignat., Mogonus (j 720) II 344.
Hertwig, Francisc. Christian., Duderstadianus (m 718) II 36.
— Mart., Sonnaeberg. Francus (th 661) I 631. (cphm 663) I 544.
Hertz s. Hertius.
Hertzberg, Andr. Jac., Wormatiensis (m 739) II 53.
— Joh. Reinhard., Wormatiensis (ph 714) I 401.
Hertzberger, Andr., Seckenheimensis (j 740) II 383.
Hertzog, Franc. Ant., Bartenheim. Alsata (m 765) II 93. (cm 768) II 180.
— Joan. Georg., Blotzhemianus (783) I 167. (j 783) II 477.
— Nic. Chph., Buxovilla-Hanoicus (ph 713) I 400. (cj 719) II 557.
(Hertzog) Joan. Bapt., Hessingensis (Colmariensis) (775) I 115. (j 775) II 459.
— Martin., Lipsia-Misnicus (j 654) II 256.
— Carol. Martin., C. Luzern (ch 783) I 251.
— Joan. Georg., ex Schlierbach (776) I 120. (j 776) II 460. (cj 777) II 649. s. Herzog, Hertzogh.
Hertzogenrath, Joh. Carol., Norimbergensis (m 761) II 87.
Hertzogh, Reichard., Thomaeponto Thuring. (j 626) II 215. s. Hertzog, Herzog.
Heruart s. Dheruart.
Hervé, Carol. Franc. Gasp., Argentinensis (j 764) II 435. (cj 768) II 628.
— Joan. Andr., Argentinensis (j 764) II 435.
— Joan. Carol., Argentinensis (j 759) II 420. (cj 760) II 607.
Herrwarth, Joh. Georg., Isenacensis (ph 725) I 408.
de Hervarth, Ferd. Jos. L. B. (685) I 9. (ph 685) I 378. s. D'heruart, Herwart.
Herwart, Henr., Augustanus (j 623) II 206.
— Joh. Dav., Augustanus (j 623) II 206.
Herz s. Hertius.
Herzberg s. Hertzberg.
ab Herzenberg, domin. s. Schmid.
Herzog, Joh. Nathan., Argentinensis (ph 748) I 429. (cph 748) I 502. (cphm 753) I 574.
— Nic., Patr. Bernas (m 742) II 55.
— Carol. Frid., Dresdens. Misnicus (cj 669) II 524.
— E. S., Durlacensis (j 764) II 435. s. Hertzog, Hertzogh.
Hesberger, Joh., Moeno-Francofurtanus (j 626) II 213.
Heseling, Joh., Greslitiô-Bohemus (j 628) II 221.
Hesert, Joh. Phil., Baccharacensis (j 672) II 296. s. Hessert.
ab Hespergk, Wilhelm. Burckhard. (j 665) II 281.
Hess, Jos., Tugio Aegerien. Helvetus (776) I 125.
— Joh. Daniel, Argentinensis (778) I 136. (ph 778) I 452. (th 785) I 698.
— Nic. Frid., Bada-Durlacensis (th 764) I 689.
— Emanuel, Basiliensis (j 724) II 350.
— Joh. Rud., Basiliensis (m 748) II 64.
— Lud., de Butzbach (ch 781) I 246.
— Joan. Martin., Ersinganus Suevus (j 748) II 396.

(Hess) Samuel, von Freys Wyl C. Bern (ch 776) I 237.
— Martin., Frickenhusanus Würtenbergicus (m 617) II 3.
— Sam., Guben. Lusatus (ph 641) I 313.
— Joh. Henr., Smalcaldensis (th 672) I 645.
— Jac., Tigurinus (th 632) I 605.
— Jac., Tigurinus (775) I 116. (m 775) II 107.
— Joh. Joach. Rud., Helv. Tigurinus (m 733) II 47.
— M. Tobias, Vayhingensis (th 746) I 681.
— Phil. Jac., Woerth Alsata (788) I 194. (j 788) II 489.
Hesse, Joh. Christian., Darmstatinus (774) I 110. (m 774) II 105. (cm 777) II 188.
— Joh. Guil., Hasso-Darmstatinus (m 738) II 51. (cm 740) II 162.
— Jac., Elbing. Borussus (j 662) II 272.
— Sebast., Ellricensis (th 649) I 616.
— Conr., Holsatus (j 648) II 246.
de *Hessen*, Hassia, Princeps,
— Christi. (775) I 45.
— Frid. (775) I 45.
— Georg. Wilh. (735) I 23.
— Joh. Frid. Carol. (735) I 23.
— Lud. Phil. (735) I 23.
Hessert, Franc. Reinhard., Buxovillanus (ph 764) I 442.
— Joh. Ferd., Potsdamiensis (j 737) II 376.
Hessler, Sebast., Mogonus (j 736) II 373.
— J. Udalr., Wetzlariensis (771) I 92. (m 771) II 102.
Hessling, Elias Theodor., Ratisponensis (769) I 83. (m 769) II 101.
Hessmann, Joh Euchar., Obrendorffensis (ph 625) I 279.
Hesterberg, Henr., Hamburgensis (th 652) I 619.
— Joach., Hamburgensis (th 655) I 624.
Hestermann, Isac., Hanoviensis (m 717) II 36.
Hetelius, Jac., Ulmensis (m 625) II 8. s. Hetzel, Hezel.
Hettenbach, Georg., Witteberg. Saxo. (j 623) II 205. (cj 623) II 494.
Hettermann, Joan. Henr., Dusseldorpiensis (j 671) II 294.
von Hettersdorff, Adolph. Ant. Georg. Henr., Francus (j 739) II 381.
— Georg. Ernest. (j 700) II 324.
Hettich, Joan. Christoph., Stutgard. Wirtemberg. (j 633) II 231.
Hettlag, Ant. Lud., Durlacensis (th 661) I 631.
Hettler, Joan. Philipp., Moeno-Francofurtanus (774) I 109. (m 774) II 105.
Hetzel, Joh. Henr. David, Suevo-Hallensis (ph 687) I 378.
— (Hezel) Dav. Franc., Hala-Suevus (m 731) II 45.
— Joh., Regiomontan. Francus (ph 643) I 317.
— (Hezel), Joh. Mich., Rupertovillanus (ph 708) I 394. (cph 708) I 489. s. Hezel.
Hetzelt, Christi. Henr., Hoënbarto-Hala-Suevus (j 641) II 238.
Hetzer, Christoph. Ludov., Stutgardianus (m 648) II 16.
— Andr., Zeilenroda Variscus (th 653) I 621. s. Hezzer.
Hetzler, Joh. Georg., Francofurtanus (774) I 107. (j 774) II 456.
— Joh. Ludov., Moeno-Francofurtanus (774) I 111. (j 774) II 458. (cj 775) II 643.
Heubel, Ant., Holsatus (th 658) I 628.
Heuber, Joh. Adam, Nordlingensis (ph 656) I 340.
Heublin, Georg., Sonnenbergensis Francus (ph 657) I 342. (cj 662) II 516.
Heuchelin, Joh. Melch., Francofurtanus ad Moenum (j 650) II 250.
— August. Frid., Neoburgo-Palatinus (ph 629) I 291. (j 634) II 233. (cj 635) II 501.
— Dieteric., Neoburgo-Palatinus (cj 628) II 497.
— Georg. Ludov., Neoburgo-Palatinus (j 628) II 219. (cj 628) II 497.
— Joh. Georg., Neoburgo-Palatinus (th 635) I 609.
— Christi., Posonio-Hungarus (j 662) II 274.
— Joh. Phil., Posoniensis Hungarus (th 663) I 634.
— Casp., Strassens. Palatinus (ph 625) I 281.
Heuchius, David, Pfaltzburgensis (m 622) II 6.
Heuchoz, Dav., Bernas. (m 739) II 52
Heudörffer, Frid., Roteburgo-Tuberanus (ph 663) I 354.
Heuer, Joh. Dan., Sula-Francus (th 655) I 623.
Heuffs, Joan., Confluentinus (j 721) II 346.
ab Heugell, Carol. Cunr., Silesius (j 663) II 275.
Heumann, Hieron., Monasteriensis-Alsata (cph 736) I 497. (cphm 740) I 571.

Heunich, Laur. Heinr., Pretsfeldensis Bareutensis (ch 779) I 242.
Heunisch, Joh. Andr., Suinfurtô-Francus (j 665) II 281.
— Joh. Chilian., Svinphordianus (j 631) II 229.
Heupel, Georg. Frid., Argentinensis (ph 682) I 375. (cphm 685) I 552.
— Joh., Argentinensis (ph 651) I 334. (cph 652) I 474.
— Joh., Argentinensis (ph 719) I 404.
— Joh. Frid., Argentinensis (ph 651) I 334. (cph 652) I 474.
— Joh. Frid., Argentinensis (ph 716) I 402.
— Joh. Isaac., Argentinensis (ph 711) I 397. (cphm 715) I 564.
Heus (Heussius), Ernest., Argentinensis (ph 668) I 361.
— Ernest., Argentinensis (ph 633) I 301. (j 641) II 504.
— Joh. Jac., Argentinensis (ph 662) I 351. (cph 662) I 476. (cphm 664) I 544.
— Joh. Jac., Argentinensis (ph 699) I 386.
— Joh. Leonh., Argentinensis (ph 736) I 417.
— Joh. Phil., Argentinensis (ph 699) I 385.
— Joh. Sebast., Argentinensis (ph 640/41) I 312.
— Matthi., Argentinensis (cphm 706) I 561.
— Matthi., Argentinensis (ph 737) I 418. (cphm 748) I 573.
— Sebast., Argentinensis (ph 625) I 279. (cph 625) I 464. (cphm 626/27) I 523. s. Heis.
— Joh., Francfurtensis (th 652) I 620.
— Joh., Laubac. Solmensis (ph 633) I 303.
— Ulric. Jac., Neostadiensis (ph 642) I 314. s. Heuss.
Heusch, Joh. Guilh., Annaevillanus (ph 670) I 364.
Heuser, Joh. Christoph., Spirensis (ph 657) I 342.
Heusler, Christi., Lignitzio-Silesius (ph 631) I 296. s. Heussler.
Heuslin, Joh. Lud., Argentinensis (ph 703) I 389.
Heusner, Frid. Christi., Mosellanus (j 729) II 360.
Heuss (Heyss), Mich., Augustanus (ph 644) I 319. (cphm 645) I 535.
— Carol. Ant., Heidelbergensis (d 740) I 215. s. Heus.
Heussinger de Waldegg, Joh. Carol., Rauschenberga Francus Nobil. (j 672) II 295.
Heussler, Joh. Rud., Basiliensis (ph 628) I 290.
— Joh., von Lenzburg C. Bern (ch 782) I 249.
— Franc. Xaver., Offonisburgensis (784) I 173. (m 784) II 117. s. Heusler.
v. d. Heuvell, K. W., Vlaardinga-Batavus (785) I 175.
Hey, Georg. Andr., Argentinensis (ph 725) I 408.
— Joh. Peter, Hadelensis ex Otterndorf (m 754) II 74.
Heybach, Daniel, Altdorphinus (ph 642) I 314.
Heyd, Georg. Balthas., Heibronnensis (j 664) II 277.
Heydatel, Jos., Rothweil i. Breissgau (ch 784) I 252.
Heydelberger, Adam. Phil., Boemus (j 671) II 293.
ab Heyden, Joh. Dan., Argentinensis (ph 665) I 356.
— Lazar., Argentinensis (cphm 623) I 520. (cm 629) II 126.
— Lazar., Argentinensis (ph 653) I 336. s. de Heiden.
Heydenmann s. Heidermann.
Heydenreich, Joach. Wilh., Isnacensis (m 729) II 43. s. Heidenreich.
Heyder, Carl Christi., Rudolstadt (ch 773) I 230.
Heydewalt, Reinhold., Regio Montanus (m 736) II 49.
Heydlauff, Joh. Petr., Heydelberg (ch 783) I 250.
Heyendall, Herm. Wilh., Juliacensis (j 699) II 322.
Heyer, Joan. Matthae., Bruchsaliensis (j 755) II 412.
Heyger, Joh., Argentinensis (ph 660) I 347.
— Joh., Argentinensis (ph 681) I 374. (cph 681) I 481. (cphm 685) I 552. (Poet. L. 685) I 588.
— Joh. Georg., Argentinensis (ph 660) I 347.
— Joh. Georg., Montanus (th 624) I 597.
Heyl (Heylius), Joh. Georg., Argentinensis (ph 655) I 339. (cphm 658) I 541.
— Joh. Jac., Argentinensis (ph 687) I 379. (cph 688) I 483. (cphm 690) I 554.
— Joh. Wilh., Argentinensis (ph 713) I 399.

Heylandt, Georg. Heinr., Monaster. e valle Gregoriana (777) I 132. (ph 777) I 451.
Heyler, Joh. Henr., St. Goarensis (j 695) II 319.
Heym, Joh. (d 739) I 215.
Heymann, Hier., Ulmensis (th 707) I 663.
ab Heymendorff s. Fürer.
Heyn, Joh., Höchstadian. Palatinus (th 624) I 596.
Heynen, Joan. Nicol., ex Krautem prope Theonisvillam (j 751) II 403.
Heyner (Hegner), Joh. Udalr., Helv.-Vitoduran. (m 701) II 32.
— Ulr., Vitoduranus (775) I 115. (m 775) II 106. (cm 780) II 191.
— Ambros., Wormatiensis (ph 658) I 344. s. Heiner.
Heynold, Joh., Comivallo Thuringus (th 646) I 644.
Heys s. Heus.
Heyseus, Abraham, Dantiscanus (th 650) I 617.
Hezel (Hetzel), Joh. Dan., Argentinensis (ph 744) I 425. (cph 744) I 500. (cphm 748) I 573.
— Joh. Georg., Argentinensis (ph 745) I 425. (cph 748) I 502. (cphm 750) I 574.
— Joh. Jac., Argentinensis (ph 672) I 368. (cph 672/73) I 479. (cphm 676) I 549.
— Joh. Jac., Argentinensis (ph 708) I 395.
— Joh. Mich., Argentinensis (cphm 712) I 563. (Poet. L. 712) I 588.
— Mich., Rotenburgo-Tuberanus (ph 656) I 340. s. Hetzel.
— Joh. Laur. Lud. (m 765) II 94.
Hezzer, Joh. Jac., Altenburgensis Misn. (j 668) II 286.
— M. Joh. Christi., Lipsiensis (th 664) I 636. s. Hetzer.
Hiemer, Heinr., Alpirspacensis (ph 646) I 322.
— Franc. Jos. Ignat., Campidonensis Algoius (j 746) II 393. (cj 749: Immenstatensis Algojus) II 588.
Hiemeier, Dav. (cphm 629) I 526.
Hien, Carol. Chph., Meisenheimensis (j 710) II 332.
— Joh. Daniel, Trarbacensis (ph 652) I 335.
— Joh. Chph., Trorbaco-Mosellanus (j 680) II 303. (cj 684) II 536.
Hiepsch, Ant., Boemus Teplicensis (m 750) II 66.
Hierlinger, Joan. Jos. Lud., Ochsenhusanus Suevus (j 742) II 387.
(de) Hierlinger, Joan. Nepomuc., Ochsenhusanus Suevus (j 742) II 387.
Hieronymi, Joh. Henr., Francus (m 751) II 68.
Higi, Franc., Huningensis (775) I 119. (m 775) II 108.
Hilbert, Joh. Conr., Bibaricensis (ph 665) I 357.
Hilbrant, Joh. Frid., Nordlinganus (ph 634) I 304.
Hilcemer, Godofr., Lauinganus (ph 623) I 275.
Hild, Joh. Phil., Nassovico Saaraepontanus (j 730) II 362.
Hildebrandt, Joan. Bapt., Friburg. Brisgoius (j 689) II 317. (cj 689) II 540.
— Frider. Ludov., Mosellanus (j 719) II 343. s. Hiltebrand.
Hildenbrand, Joh. Frid., Grumbacensis (j 760) II 423.
Hildenbrant, Georg. Amand., Spirensis (ph 635) I 307.
— (Hiltebrandt), Christi. Dan., Spirensis (j 702) II 326.
Hilgart, Georg Henrich, Göttingensis (j 661) II 270.
Hill, Rowland, Prces Shropshire (790) I 53.
Hiller, Jonas, Augustanus (ph 627) I 285.
— Joh., Biberacensis (j 693) II 318.
— Franc., Moeno-Francofurtanus (ph 647) I 326.
— Georg Adam, aus Hall in Schwaben (d 770) I 226.
— Magnus, von Ochsenhausen i. Schwaben (ch 783) I 251.
— Henr., Sangallensis (m 727) II 41.
— Joh. Marc., Stuttg. Wirttembergicus (ph 634) I 306.
— Joh. Mart., Stuttgardia-Württembergicus (j 634) II 233.
— Joh. Phil., Stuttgardia-Württembergicus (ph 635) I 307. (cph 636) I 469.
— Joh. Martin., Tubingensis (j 699) II 323.
— Joh. Henr., Wirttemberg. (j 632) II 230.
de Hillersem, Andr., ex Erlebach (m 753) II 71.
ab Hillesheim, Carol. Casp. Ant. Hugo Franc. Comes (748) I 31.
Hilling, Gregor., Elnbogen. Bohemus (ph 630) I 293.
Hillinger, Joh., Aurimontio-Silesius (j 624) II 208.
Hilpert, Leonhard., Hildesiâ-Saxo (j 681) II 305. (cj 684) II 535.

Hilperts-Hauser, Georg., Toggio-Helv. von Wattweil (m 765) II 94.
Hiltbeuner, Joh., von Walckringen C. Bern (ch 777) I 239.
Hiltebrand, Joh., Freisoytensis Westfalus (th 624) I 597. 709.
s. Hildebrand.
Hiltmann, Philipp., Brunfelsius Solmens. (m 626) II 8.
Himely, Jaques Fridr., de la Neuveville en Suisse (766) I 60. (m 766) II 96. (cm 769) II 181.
Himiol, Petr., Neoburgensis (j 755) II 411. (cj 756) II 600.
Himmel, Hans Baltzer, aus Thüringen (j 667) II 284.
Himmelbaur, Henr., Austriac. Hornensis (m 754) II 74.
Himmelreich, Joh. Frid., Ludwigspurg i. Württemberg (ch 781) I 247.
— Joh. Theodor., Tremoniensis (cj 661) II 515.
Himmler, Georg. Daniel, Argentinensis (783) I 164. (ph 783) I 454.
Himsel, Fridr., Sonnenstein. Misnicus (ph 669) I 363.
Hin, Joh., Saganen. Silesius (ph 627) I 286.
Hinn, Casp., Grunbergensis Hassus (th 659) I 629.
Hindius, Theodoric. Christophor., Welderothâ Nassoicus (j 729) II 360.
Hingray, Jos., Romaricomontanus (784) I 169. (j 784) II 478.
Hintz, Joh., Belgarda-Pomeranus (j 624) II 208.
Hintzke, Carl Ludwig, Borussus (741) I 28.
Hinze, Ern. Phil., Brunswicensis (774) I 110. (m 774) II 105.
Hiob, Georg., Curiensis (ph 628) I 289.
Hiort, Petr. Severini (j 671) II 294.
Hipler dictus à Fischbach, Joh., Durlacensis (j 624) II 207. (j 628) II 221. (cj 629) II 498.
Hippocephalus, Joh. Joach., Candoracensis Marchicus (th 626) I 599.
Hippolytus, Joh. Lud., Argentinensis (ph 632) I 298. (cph 632) I 467. (cphm 634) I 529.
Hirn, Franc. Jos, prbr. dioc. Argentinensis (775) I 115.
— Franc. Jos., patria Vileranus (j 759) II 421.
Hirnwurst, David Jos., Weickersheimensis (m 748) II 62.
Hirsch, Andr., Cünzelsaviensis Hoenloicus (ph 649) I 330.
— Joh. Georg, Uffenhemio-Francus (j 629) II 222.
(Hirsch) Aug. Jac., Weiterstadiensis (th 719 I 668.
— Georg. Heinr. (ph 672) I 367.
— Heinr. Jac. (ph 672) I 367.
— Joh. Daniel (th 652) I 620.
Hirschbach, M. Joh., Augustanus (th 630) I 603.
— Wolff Friedr., Thuringus (th 658) I 627.
Hirschberg, Carl, aus Wienn i. Östreich (d 771) I 262.
Hirschel, Jac. Val., Argentinensis (ph 719) I 405. (cm 729) II 157. (cphm 723) I 567.
— Joh. Frid., Argentinensis (m 758) II 82.
— Joh. Jac., Argentinensis (ph 694) I 383. (cphm 695) I 556.
Hirschfeld, Joh. Mart., Franckendalio-Palatinus (m 758) II 81.
— Ephraim, Carolsruhensis (776) I 121. (m 776) II 108.
— Joh. Petr., Lauterbacensis (m 733) II 47. (cm 733) II 159.
— Joh. Petr., Oppenhemio-Palatinus (m 755) II 75. (cm 758) II 172.
Hirschhorn, Matthias, Leutschovia-Pannonius (ph 649) I 330.
Hirschmann, Joachim., Schorndorff. Würtemberg. (j 633) II 232.
— Joh. Jac., Schorndorffensis (j 623) II 206.
Hirschvogel, Mich., Augustanus (m 615) II 2.
Hirsinger, Franc. Jos., Caesarimontanus Alsata (j 689) II 317.
— Franc. Xaver, Colmariensis (j 741) II 385. (cj 743) II 582.
— Jos., Oberenhemiensis (775) I 113. (j 775) II 458. (cj 779: Ive Louis Josephe) II 654.
Hirt, Joh., Argentinensis (781) I 153. (ph 781) I 453. (cph 782) I 514.
Hirthes, Joh. Carol., Ascanus (j 714) II 337.
— Joh. Wilh., Nasso-Walstorff (j 671) II 294.
Hirthesius, Joh. Henr., Vormatiensis (th 705) I 662.
Hirtter, Christi., Spirensis (ph 632) I 299.
Hirtz, Joh. Phil., Argentinensis (cph 668) I 478. (cphm 671) I 548.
Hischmann, Ant., von Schwartzach (ch 791) I 261.
— Carl, von Schwarzach (ch 788) I 259.
Hissingh, Carl, Suecus (j 757) II 415.
Hitschler, Joh. Ulr., Argentinensis (ph 712) I 399.
— Joh. Daniel, Landaviensis (ph 658) I 345.

(Hitschler) Jac., Landaviensis (ph 629) I 291.
Hitterich, Joh. Val., Scherstheimensis (th 623) I 594.
Hitzelberger, Joan. Jac., ex St. Leonardo (j 753) II 406.
Hitzig, August. Ferd., Bada-Durlacensis (780) I 147.
— Christi., Durlaco-Badensis (j 731) II 364.
— Georg. Wilh., Bada-Durlacensis (th 761) I 687.
— Joh. Frid. Carlsruhensis (ph 749) I 430.
— Christi., Crenz. Durlacensis (th 708) I 663.
— Joh. Georg., Crenz. Durlacensis (th 708) I 663.
— Ernst Frid. Ferdin., Vogelbaco-Durlacensis (th 757) I 685.
— August. Ferdin., Wollbaco-Badensis (th 780) I 695.
von Hobe, Adolf Fridr. (j 661) II 271.
Hobel, Joh. Phil., Spira-Nemes (ph 628) I 289. (cphm 629/30) I 526.
ab Hoberg, Chphr. Abrah., Lusatus (j 658) II 266.
— Frid. (j 628) II 219.
Hoch, Joh., Thambachio-Hennebergico-Francus (j 626) II 215.
Hochaicher, Georg. Chph., Augustanus (th 651) I 619.
Hochheimer, Joh. Clem., Diemeringensis (ph 711) I 398.
— Georg. Aug., Heidesheimio-Palatinus (j 697) II 320.
— Carol. Reinhard., Wyhranus (m 746) II 60.
Hochmann, Henr. Christoph., Lauenburgensis Saxo (j 687) II 314.
Hochschild, Joh. Petr., Mansfeldensis (j 653) II 255.
Hochstater, Paul., Kittingensis Francus (th 648) I 615.
Hochstatt, M. Joh. Wilh., Moeno-Francofurtensis (m 635) II 13. (cm 640) II 130.
Hochstetter, Ant., Colmariensis (ph 712) I 399.
— Joh. Bened., Colmariensis (770) I 89. (j 770) II 449.
— Frid. Ludov., Lauffen in dem Württemberg. (m 761) II 86.
— M. Andr. Adam., Tubingensis (th 688) I 655.
Höchstetter, Joh. Phil., Augustanus (ph 632) I 299.
— Daniel, Nördlingensis (th 624) I 596.
— Daniel, Nördlingensis (th 660) I 630.
(Höchstetter) Wilh. Frid., Nördlingensis (j 688) II 316.
Hock, Gabriel (cj 717) II 556.
Hockh, Joh. Martin., Gochtzheimensis (j 652) II 254.
Höckenkamp, Petr., Hamburgensis (j 720) II 345.
Hoë, Rotger., Tremonianus (th 668) I 641.
Hoeck, Carl Lud. Andr., Gissa-Hassus (j 738) II 378.
— Joh. Carol., Holzhusa-Wetteravus (th 739) I 679.
Hoeckel s. Haeckel.
Hoecker, Carol. Maxim., Fritzlariensis (768) I 72.
Hoefel, Joh., Uffenheim. Francus (j 624) II 209.
Hoefer, Henr. Ant., Giesensis (m 726) II 41.
— Hub. Franc., Coloniensis (m 752) II 71.
— Joh. Godofr., Windehusa-Saxo (th 715) I 666. s. Hofer.
Hoeffel, Georg. Gotofr., Buxovilla-Hanoicus (ph 730) I 412.
— M. Frid. Tobias, Gotha-Thuringus (th 700) I 660.
— Joh. Gasp., Hildburghusa-Francus (th (738) I 678.
— Frid. Gotthold., Woertha-Hanoicus (ph 729) I 411.
— Joh. Theophil., Werthensis (ph 725) I 409. (cm 734) II 159. s. Höffel.
Hoëfft, Georg. Jac., Hamburgensis (j 713) II 336.
Hoegell, Franc. Phil., Moguntinus (j 666) II 283.
Hoehler, Joh. Adam, Kirbergensis (th 733) I 675.
Hoelder, Phil. Frid. Benj., Stuttgardianus (m 747) II 61.
Hoellbeck (Höllbeck dict. Böhm), Dan., Argentinensis (cph 697) I 486. (cphm 700) I 559.
— (Hellbeck), Eman., Argentinensis (789) I 197. (ph 789) I 458.
— Phil. Jac., Argentinensis (780) I 146. (ph 780) I 452. (cph 782) I 514.
Hoeltzel, Joh. Adam., Islebiensis (m 738) II 51.
de Hoën, Franc. Emeric. Ant., ex Bleidenstat (j 718) II 340.
— Frid. Henr., Bleidenstatiensis (j 719) II 342.
Hoenig, Joh. Conr., Butisbaco-Hassus (th 737) I 677.
— Lud., Butisbacensis (th 754) I 684.

Hoepffner, Godofr. Erhard., Ulmensis (d 738) I 214.
Hoerle, Henr. Christian., Vormatiensis (770) I 88. (cm 771) II 183.
Hoerlin, Joh., Augustanus (ph 634) I 304.
Hoeschel, Daniel, Augustanus (ph 654) I 337.
— M. David., Augustanus (ph 623) I 276. (th 623) I 595. (th 624) I 707.
— Imman., Augustanus (ph 634) I 304. (cphm 635) I 529.
Hoestmann, Anton. Henr., Magdeburga-Saxo (j 626) II 214.
im Hof s. Imhoff.
vom Hof, Joh., Egran. Bohemus (ph 631) I 297. s. von Hoff.
Hofer, Joh., Augustanus (ph 623) I 275.
— Paul., Augustanus (m 639) II 14.
— Joh., Mulhusinus (ph 713) I 400.
— Joh., Mülhausen (774) I 108. (j 774) II 456. (cj 776) II 647.
— Josua, Mülhusinus (j 740) II 383.
— Tobias, Mylhusinus-Alsatico-Helv. (m 652) II 18.
— Franc. Joseph., Rotwil. Suevus (766) I 57. (m 766) II 95. s. Hoffer, Hoefer.
von Hoff, Joh. Georg., Gothâ-Thuringus (m 687) II 29. s. vom Hof.
Hoffacker, Steffanus, Rheno-Traiectensis (m 657) II 20.
Höffell, Alex., Brunsvicensis (j 665) II 280. s. Hoeffel.
Hoffer, Franc. August., Rastadiensis (j 724) II 350.
Höffer, Henr. Adolph., Posonio-Hungarius (m 651) II 18 (cm 654) II 134.
Hoffherber, Joh. Wigand., Babenhusanus (ph 629) I 291.
— Phil. Jac., Werthemia-Francus (th 670) I 644.
Hoffherr, Matthae., Ulmannus (ph 640) I 311.
Hoffinger, Jean Michel, Viennensis (m 747) II 60.
Höffler, Joh., Schleusingensis (ph 632) I 299.
Hofflet, Joan. Anton., Semibesaugiens. Lotharingus (j 741) II 384.
Höfflich, Joh. Georg., Argentinensis (cphm 659) I 542.
Höffling, Joh. Mich., von Carlstatt in Franckhen (d 698) I 205.
Hoffmann, Gottfr. Steph., Altenstein-Francus (776) I 120. (m 776) II 108. (cm 776) II 186.
— Georg. Nic., Argentinensis (ph 670) I 364.
(Hoffmann) Jerem., Argentinensis (ph 655) I 340.
— Joh. Georg., Argentinensis (ph 665) I 358. (cph 666) I 477.
— Joseph Franc. Ant. Roman., Argentinensis (774) I 112. (ph 775) I 449.
— Joh. Jac., Bipontinus (790) I 200. (m 790) II 122.
— Mich., Bregâ Silesius (j 662) II 274.
— Conr. Henr., Darmstatinus (ph 655) I 339.
— Mich., Erffurt. Thuringus (th 633) I 606.
— Steph., Erphurtinus (th 638) I 610.
— Joh. Henr., Essendiensis (th 652) I 619.
— Joan. Frid., Ettlingensis (j 656) II 262.
— Georg. Frid., Francofurtanus (785) I 177. (m 785) II 118.
— Joan. Ant., Germersheimiensis (784) I 172. (j 784) II 480.
— Joh., Gubenâ-Lusatus (ph 622) I 274.
— Henr., Gundelsheimensis (766) I 62. (j 766) II 440.
— Jos., Hagenoensis (j 747) II 395. (cj 749: Franc Ign. Jos.) II 589.
— Lud., Hagenoensis (j 756) II 412. (cj 758: Georg. Lud. Stanisl.) II 603.
— Christi., Halâ-Saxo (th 668) I 641.
— Joh. Jac., Suevo-Hallensis (th 623) I 594.
— (Hofmann) Mich., Suevo-Hallensis (th 629) I 603.
— Thomas, Hamburgensis (767) I 68. (m 767) II 97.
— Georg. Frid., Heidelberg. Palatinus (ph 623) I 276.
— Phil. Lud., Heidelbergensis (ph 623) I 276. (cj 637) II 502.
— Christoph. Christian., Hennebergensis (m 727) II 42.
— Joh. Jac., Herborna-Nassovius (ph 680) I 374.
— Joh. Valentin, Creilshemio-Francus (j 665) II 279.
— Joh., Culmbacensis Francus (th 623) I 595.
— Georg., Laubâ-Lusatus (ph 631) I 296.
— Gottfr., Laubâ-Lusatus (ph 644) I 318.
— Joh. Georg., Leuzenbrunnensis Fr. (ph 681) I 375.
— Joh. Ernest., Lubena-Lusatus (j 725) II 352.
— Joh. Mich., Marburg-Hassus (d 761) I 222. (m 764) II 92. (cm 765) II 177.

(Hoffmann) Joh. Alb., Meiningensis (ph 672) I 368.
— Joan. Jac., Meissenhemio-Bipontinus (m 790) II 122. (cm 790) II 199.
— Franc., Mietersheim-Westriacus (j 644) II 242.
— Franc., Mistlbac. Austriacus (m 737) II 50.
— Franc., Nanceianus (775) I 117. (ph 775) I 449.
— Georg., Naumburg. ad Salam (j 624) II 209.
— Christoph. Jac., Norimbergensis (773) I 101.
— Joh. Theob., Oberehnhemensis (791) I 202. (m 791) II 122.
— Caspar, Rhotagensis-Francus (ph 648) I 327.
— Heinr., Rostochio-Megapolitanus (ph 664) I 355.
— Joh. Conr., Rotenburgâ-Francus (ph 671) I 366.
— Joh. Conr., Rotenburg. Tuberanus (ph 633) I 301.
— Joh. Georg., Rotenburgo-Tuberanus (cj 685) II 536.
— Georg., Sacrofontanus Francus (th 621) I 592.
— Georg. Christophor., Saganensis Silesius (j 715) II 338.
— Rotthardus, Soltquella-Marchicus (ph 631) I 296.
— Wilh., Spirensis (ph 624) I 277.
— M. Gotfr., Stutgardianus (th 688) I 655.
— M. Joh. Mich., Suinfurt. Francus (th 700) I 660.
— Jos., Tabernensis (774) I 106. (j 774) II 456. (cj 778: Franc. Jos.) II 650.
— Christoph. Jacob. Helwig., Thalmessing. Onoldinus (780) I 147.
— Chph. Eberhard, Tubingensis (m 760) II 85.
— Chph., Ulmensis (th 666) I 638.
— Joh., Vratislaviensis (m 670) II 24.
— Frid. Chph., von Werstatt (ch 776) I 236.
— Phil., Wertheim. Francus (j 647) II 244.
— Andr. Matthi. (d 757) I 219.
s. Hofmann.
Hoffmeister, Joh. Melch., Hildesia-Saxo (j 669) II 287. (cj 670) II 525.
— Theodor. Lud., Monachovilla-Palatinus (th 729) I 673.
s. Hofmeister.
Hoffo de Moris, Phil., Tridentinus (j 740) II 383.
Hoffrock, Henr., Cruciburgo-Thuringus (ph 633) I 303. (cphm 636) I 530.
Hoffstetter, Ge. Lud., Stuttgardianus (ph 636) I 308. s. Hofstetter.
Höfften, Frid. Anton., Oldenburgo-Westphalus (m 719) II 37.
Höfigen, Georg. Frid., Budiss. Lusatus (j 729) II 361.
Höflich, Gabriel, Neagoren. Palatinus (ph 635) I 307.
Hofmann, Joh. Esslingensis (ph 687) I 379.
— Georg. Guil., Moenofrancofurtensis (j 749) II 399. (cj 749) II 589.
— Ernest. Christophor., Hetstadiens. Mannsfeldicus (j 719) II 344.
— Georg., Hirschbergâ-Silesius (ph 644) I 318.
— Georg. Paul., Lauffa Noricus (th 644) I 613.
— Joh., Marburgô-Cattus (cphm 676) I 550.
— Joh. Georg., Nördlingensis (ph 648) I 327.
— M. Tobias, Nördlingensis (th 644) I 613.
— M. Georg Bernh., Rotenburgo-Tuberanus (m 695) II 31. (cm 700) II 147.
— M. Conr., Simmelsberga-Noricus (th 645) I 613.
— Joh. Frid., Trarbacensis (ph 677) I 371. (cj 683) II 535.
— (Hoffmann), Phil. Christi., Vormatiensis (j 761) II 428. (cj 764) II 615.
— Phil., Wormatiensis (773) I 102. (j 773) II 454. s. Hoffmann.
Hofmeister, Bernhard, Hannoverâ-Brunswigus-Saxo (j 626) II 216.
— (Hoffmeister), Conr., Brunowicensis Saxo (ph 627) I 286. (cphm 627/28) I 524. s. Hoffmeister.
Hofstetter, Joh., Nabipurgensis (ph 623) I 274. s. Hoffstetter.
van Hogendorp, Gisbert., Hollandus (j 622) II 205.
Högg, Ludov., Confluus (775) I 116. (m 775) II 107. (cm 777) II 187.
Högh, Jac., Nob. Danus (j 654) II 257.
— Thago, Nob. Danus (j 654) II 257.
Hoggelmann s. Koggelmann.
Högger, Joh. Balthas., Saugallensis (m 729) II 44.
Hogius, Joan., Hulebradius (j 660) II 269.
von Hohbergk, Hanss Siegemundt, Silesius (j 652) II 253.
Hohburg, Theod., Transilv. Saxo (d 772) I 263.

Hohenbaum s. Hahnbaum.
de Hohenberg, Frid. Guglielm. Joseph. L. B. (716) I 15.
Hohenberger, Joh. Joach., Rotenburgo-Tuberanus (ph 639) I 310.
Hohenbuch, Joh. Frid., Argentinensis (ph 660) I 347.
Hohendorff, Fried. Augustin., Hallensis Saxo (j 711) II 334.
ab Hoheneck, Joh. Felix Baro (671) I 5.
Hohenhaupt, Joh. Guil., Tyrolensis (j 659) II 267.
de Hohenlohe, Comes, Car. Aug. (723) I 18.
— Jos. (728) I 21.
— et Gleichen Comes, Aug. Lud. (751) I 33.
— Christi. Frid. Car. (751) I 32.
— Frid. Lud. (763) I 38.
— Georg, Ingelfingen. (774) I 44.
— et Gleichen, Dominus Langenburgi & Cranichfeldiae, Comes,
— Alb. Wolffg. (670) I 5.
— Christi. (714) I 14.
— Ern. Eberh. Frid. (670) I 5.
— Frid. Crato (686) I 9.
— Frid. Eberh. (685) I 8.
— Joh. Ern. (686) I 9.
— Lud. (714) I 14.
— et Waldenburg-Schillingsfürst,
— Franc. Jos. Car. (763) I 38.
de Hohenzollern, Carol. Princeps haered. (738) I 26. s. Brandenburg.
Hohl, Joh. Phil., Hoerdtensis (ph 753) I 433.
Hohmann, Chphr., Reichenbachio-Silesius (j 623) II 206.
Hohn, Joan. Laurent., Herbipolensis (j 737) II 375.
Höhn, Georg. Andr., Rothac. Francus (j 650) II 268.
— Andr., Swinfurtensis Francus (th 660) I 629.
Hoier, Joh. Petri, Hafniâ-Danus (j 656) II 262. s. Hoyer.
Hojer, Joh. Chrysost., Magdeburgensis (th 656) I 625.
Hökendorp, Jochim, Rugenwald. Pomeranus (j 626) II 215.
Holandt, Samuel, Argentinensis (ph 626) I 284.
Holbach s. L'holbach.
Holck, Canut, Danus (j 656) II 262.
Hölcker, Joh. Mart., Hyemontanus (th 707) I 663.
— Conr., Laubachensis (ph 633) I 302.
Hold, Maurit., Suecus (ph 626) I 282.
Holder, Joh. Laur., Bockenheymensis (ph 645) I 320. (cph 645) I 472.
Holderbaum, Joh. Nic., Trabenâ-Mosellanus (ph 674) I 369.
Holderbusch, Joh. Sigism., Neapolit. Francus (j 623) II 206.
Holderer, Joh. Georg., Argentinensis (ph 739) I 420.
Holdermann, Georg. Mich., Argentinensis (782) I 159. (j 782) II 474.
Holdt, Ant. Val. Mich., Argentinensis (j 742) II 387. (cj 744) II 583.
— Phil. Richard., Argentinensis (j 752) II 404. (cj 754) II 597.
— Franc. Ant., Brisacensis (j 708) II 331. (cj 709) II 549.
Holeisen, Joh. Chph., Wormatiensis (ph 633) I 302.
— Lud., Wormatiensis (ph 628) I 289.
Holenstein, Joh. Jac., Hannoveranus (m 739) II 52.
Hölich, Joh. Christi., Lignic. Silesius (j 663) II 275.
Holl, Carol. Henr., Haslach (j 649) II 248.
Hollaender, Simon, Argentinensis (ph 746) I 426. (cph 747) I 501. (cphm 750) I 574.
— Sim. Frid., Argentinensis (782) I 162. (ph 782) I 454. (th 788) I 698. (cph 786) I 515. (cphm 788) I 585.
— Joh., Flensburgo-Holsatus (th 660) I 630.
— (Hollender), Jac., Holsatus (j 626) II 216. s. Hollender.
Hollande, Nic., Metensis (cj 716) II 555.
— de Colmy, Lud. Carol., Metensis (784: Lud. Xaver.) I 171. (j 784) II 479.
— de Colmy, Lud., Metensis (787) I 184 (j 787) II 484.
Höllbeck s. Hoellbeck.
Hollenbach, Georg. Lud., Salvifontanus (ph 681) I 375.
— Joh. Val., Heilbronnensis (ph 637) I 309.
Hollender, Tobias, Scaphusianus (ph 653) I 336. s. Hollaender.
Hollenhagen, Sam. Georg., Lundav. Curonus (781) I 153. (m 781) II 114.
Holler, Joh. Aug., Argentinensis (ph 658) I 343.
— Joh. Balth., Idstenio-Nassoicus (th 707) I 663.
— Petr., Rigâ-Livonus (j 649) II 248.
— Joh., Selbaco-Nassoicus (th 704) I 661.
Hölling, Henr. Daniel, Hannoveranus (m 736) II 49. (cm 737) II 161.
Hollmann, Anth., Bremensis (m 737) II 50.
Hollwel, Henr., Dantiscanus (th 664) I 636.

Holm, Theodor., Danus ex Insula Fyonia (m 760) II 85.
Holmes, Paul., Rigâ-Livonus (ph 627) I 287.
ab Holstein, Christian. Frid., Hafniensis (761) I 37.
— Frid. (j 626) II 215.
— (von Holsten), Detlef, aus Dänemark (769) I 81.
von Holstein, Fürst, Princeps Holsatiae, Petr. Frid. Wilh. (770) I 43.
Holstenius, Gabr., Nivemontanus (th 622) I 593.
Holterhoff, Engelbert., Lennepensis (m 627) II 9.
von Holtey, Joh. Dietr., Curon. (771) I 43.
Holthusius, Joh., Auricâ Friso Orientalis (j 665) II 281. (cj 665) II 519.
Höltich, Franc. Henr., Saxo-Lauenburgicus (j 665) II 280.
Holtorff, Joh. Nicol., Rathenoënsis Meso-Marchicus (m 721) II 38. (cm 722) II 154.
a Holtz, Gotfried L. B. (739) I 26.
Holtzapffel, Franc. Lud., Argentinensis (ph 736) I 417. (cph 737) I 498. (cphm 739) I 571. (cj 748) II 587.
— (Holzapfel) Jac. Christi., Argentinensis (784) I 171. (ph 784) I 455.
— Joh. Casp., Argentinensis (ph 739) I 420. (cj 752) II 595.
— (Holzapffel), Rud. Lud., Argentinensis (769) I 81. (ph 769) I 446. (cj 776) II 647.
— Joh. Paul. (d 727) I 211. s. Holzapffel.
Holtzbecher, Joh. Christi., Vratislavia-Silesius (m 673) II 26.
Holtzberger, Georg. Val., Argentinensis (ph 749) I 429. (cm 758) II 172.
— Joh. Andr., Argentinensis (ph 710) I 397. (cph 710) I 489.
— (Holzberger), Joh. Phil., Argentinensis (ph 762) I 441.
— Phil. Henr., Argentinensis (ph 729) I 411. (cph 729) I 495. (cphm 734) I 569.
— (Holzberger), Phil. Henr., Argentinensis (ph 761) I 440. (cph 763) I 507. (cphm 768) I 578. (th 767) I 690.
— Georg. Valent., Meissenheimensis (ph 711) I 398.
— Joh., Meissenheimensis (ph 713) I 400.
— Joh. Georg., Suabacensis (cph 683) I 482. (cphm 688) I 554.
Holtzbrinck, Steph. Joh., Marcanus (j 657) II 263.
(Holtzbrinck) Arnold. Casp., Westphalus (cj 661) II 515.
— Gerh. (j 657) II 263.
Höltzel, Joh., Chambopalatinus (th 621) I 592. s. Hölzel.
Holtzhausen, Frid., Moeno-Francofurtanus (th 699) I 659.
de Holtzhausen, Joh. Adolph., Moeno-Francofurtensis (j 684) II 308.
— Joh. Adolph. (j 731) II 364.
— Joh. Hector, Moeno-Francofurtensis (j 621) II 204.
— Joh. Hector, Francofurtensis ad Moenum (j 685) II 311.
— Joh. Maxim., Moeno-Francofurtensis (j 665) II 281.
— Joh. Maxim., Moeno-Francofurtensis (j 731) II 364.
— Justinian., Francofurt. ad Moenum (764) I 39.
— Justinian., Moenofrancofurtensis (j 731) II 365.
Holtzheuser, Sebast., Romhildensis (ph 628) I 290.
Holtzschuher s. Holzschuher.
Holtzwardt, Joh. Eman., Feningensis (cph 622) I 462.
Holz, Heinr., Wädenschweil im Zürichgebieth (m 758) II 80.
— Joh., ex Helv. Wedenschweil (m 762) II 88.
Holzapfel, Joh. Georg., Dresden. Misnicus (ph 657) I 342. s. Holtzapfel.
Holtzberger s. Holtzberger.
Hölzel, Joh. Georg. (ph 661) I 349. s. Höltzel.
Holzhalb, Johan Conrad, Tigurinus (m 751) II 68.
Holzhey, Joh. Conr., Ulmanus (th 687) I 654.
Hölzl a Sternstein, Jul. Frid. Franc. (ph 680) I 374.
Holzschuher (Holtzschucher), Georg., Noricus (j 621) II 204.
— Georg. Wilh., de Nurinberg (j 725) II 351.
— Wolfg. Sigism., Norimbergensis (j 718) II 341.
— von Neuenburg, Sigism. Gabr., Noribergensis (j 627) II 216.
— — Vitus Georg., Noribergensis (j 627) II 216.
Hombergk zu Schenklengsfeld, Justus Phil., Hassus (j 739) II 381.
Hombourt, Franc., Parisinus (ph 662) I 351.
Hombracht, Joh. Christoph., Isennacensis (ph 633) I 301. s. Humbracht.

Homburg, Christi. Guilelm., Numburgensis Saxo (j 668) II 285.
Hommel, Joh. Ludov., Memmingensis (m 736) II 48.
— Franc. Ign., Oberhenheimensis (j 758) II 418.
— Lodoic. (m 651) II 18.
ab Hompesch, Theodor. Adolph., Juliacensis (j 670) II 292.
de Hompesch - Heiden, Sigism. Vicent. Ludov. Gustav. Comte, Transissal. Batav. (750) I 32. s. Heiden.
Honawer, Abrah., Lucensis-Misnicus (ph 623) I 276.
Honegger, Franc. Carol. Jos., Helveto-Bremgartensis (j 745) II 390.
Honfels s. Hanenfels.
Hönig, Balth., Argentinensis (ph 658) I 343.
— Joh. Henr., Argentinensis (ph 653) I 336. (cphm 655) I 540.
Höniger, Joh. Mich., Oringa-Francus (j 685) II 311.
— Wolffg. Conr., Oringensis (ph 661) I 349.
Honius, Joh., Seidnâ-Transilv. Saxo (m 679) II 27.
Hönn, Christoph. Paul., Coburg. Francus (j 688) II 316.
Honnerlag, Barthol., Abbatiscellanus (m 761) II 86.
Honold, Joh., Gerstättensis (ph 631) I 295.
— Joh. Jac., Gerstättensis (ph 644) I 318.
— Abrah., Giengensis (ph 681) I 374. (cj 686) II 537.
— Elias, Giengensis (ph 656) I 341.
— Ernest. Christoph., Giengensis (m 718) II 36. (cm 722) II 154.
— Henr. Chph., Wirtembergicus (j 755) II 410.
— Jac., Giengensis (ph 628) I 290. (cphm 629) I 526.
— Joh. Georg. Fried., Giengensis (j 726) II 354. (cj 730) II 568.
— Jac., Ulmensis (ph 651) I 334. (cphm 653) I 539.
— Jac., Ulmensis (th 680) I 649. (cphm 681) I 551.
— Matthae., Ulmensis (ph 681) I 374. (cphm 682) I 552.
Honssdorff, Joh. Ant., Veldentiâ-Mosellanus (ph 674) I 370.
ab Honstein Dominus in Wolnzach, Lud. Comes, a Bavaria (740) I 27.
de Hontheim, Franc. Ernest. (Nob.) (j 700) II 324. s. de Hundheimb.
Honthum, Joan. Anthon., Monasteriensis (j 699) II 322.
ab Hoogeveen, Adrian., Lugduno-Batavus (j 724) II 350.
Hoop, Jac. Carol., Hannoveranus (m 774) II 105.
Hopelius, Joh., Erffordiensis (ph 646) I 323.
Hopffener, Herm., Hannoveranus (j 647) II 245.
Hopfer, Jerem., Augustanus (j 662) II 273.
— Joh. Steph., Ratisponensis (j 729) II 360. s. Hopffer.
Hopffer, Thomas, Amstelodam. Batavus (ph 654) I 337. (cphm 658) I 542. s. Hopfer.
Höpffner, Caspar., Longo Salissâ Thuringus (j 681) II 305.
Hoph, Gabr., von Freudenstatt (ch 775) I 235.
— Nicol., Helvetio - Bernas (j 721) II 347.
v. Höpken, Frid., Stada Bremensis (j 662) II 274.
— Joh. Otto, Stada-Bremensis (j 662) II 273.
— Nic., Stada-Bremensis (j 662) II 274.
— Niels, Stockholmiensis (788) I 52.
Hopman, Joh. Caspar, Tremoniâ-Westphalus (j 671) II 293.
Hopner, Joh., Haunia-Danus (j 662) II 272.
Hopp, Henr., Elbing. Borussus (p 663) I 353.
— Georg., Francosteiniâ-Silesius (th 631) I 604.
— Balthas., Greiffenberg. Pomeranus (ph 649) I 330.
— Georg. (j 685) II 309.
Hoppe, Joh. Chph., Altenburgo-Misnicus (th 668) I 641.
— Joh. Frid., Argentinensis (786) I 179. (ph 786) I 456. (cph 786) I 515.
— Joh. Frid., Diemeringensis (767) I 69. (j 767) II 443.
— Herm., Embdanus (j 665) II 281.
Hoppehan, Joh. Guil., Würtenbergicus (th 686) I 653.
Höppel, Chphr., Lutetiâ-Parisiensis (j 628) II 221.
Hoppen, Meinhard., Batavus (th 658) I 628.
Hoppensack, Petr. Phil., Phifflighen. Palatinus (ph 740) I 421.
— Samuel, Spandoviensis (ph 658) I 345.
Hoppenstadt, Friedr. Wilh., Rügianus (m 739) II 52.
Hörart, Bartholom., Adorffensis Variscus (th 631) I 604.
Horb, Joh., Argentinensis (ph 622) I 274.
— Joh. Henr., Colmariensis (cphm 664) I 544.

de Horben, Alex. Baro, Ratisbonensis (775) I 45.
— Franc. Joseph. L. B. (726) I 19.
de Hörde ex Schwarzenraben, Frid. Ferd. L. B. (740) I 27.
Horenestell, Jos., Regiomont. Borussus (th 660) I 630.
Horer, Joan. Carol. Simon, Constantiens. Acronianus (j 720) II 344.
Horlacher, Joh. Jos., Suevo-Halensis (ph 681) I 375.
— Sigism., Suevo-Halensis (j 651) II 252. (cj 659) II 514.
Hörmann, Alb., Augustanus (th 622) I 593. (cphm 623) I 520.
Horn, Petr., Daberâ-Pomeranus (th 652) I 620.
— Fabian., Elbingâ - Borussus (j 651) II 252.
— Mich., Gedanensis (j 655) II 260.
— Joh. Caspar, Vall: Joach. - Boëmiae (m 631) II 12.
— Joh., Culmbacensis (th 624) I 597. (th 624) I 710.
— Martin., Pomeranus (j 661) II 271.
— (Hornus), Franc., Rastattiensis (j 719) II 344.
— Joh. Gottfr., von Sindolsheim i. Fränkischen (ch 785) I 254.
— Joh. Laur., Wisethensis (ph 661) I 350.
— Joh. Georg., Wittgensteinensis (m 739) II 52. s. Hornus.
Hornberger, Conr. Henr., Creilshemio-Francus (j 663) II 275.
Hornbostell, Christian, Hamburgensis (m 638) II 14.
Horneck, Armand. Gasto, Tabernensis (j 731) II 363. (cj 733) II 571.
Horneckel, Joh. Seb., Argentinensis (ph 662) I 351.
Hörner, Tobias Gottfr., Oringâ-Hoenloicus (j 626) II 213.
Hörnicaeus, M. Ludov., Darmbstatinus (m 625) II 8. (cm 625) II 124.
v. Hörnigk, Henr. Achill., Moguntinus (j 684) II 308.
— Joh. Adam., Moguntinus (j 684) II 308.
— Joh. Jac. (j 679) II 303.
Horning, Franc. Frid. Nathanael, Argentinensis (788) I 192. (ph 788) I 458. (cph 789) I 516.
Hornmold, Bernh. Jac., Salvifontanus (j 651) II 251.
Hornstein, Franc. Fidel. (j 753) II 407.
— Joan. Carol. (j 753) II 407.
— Lud., ex Haaslach Furstenbergensis (771) I 91. (j 771) II 450.
Hornung, Joan. Adam., Hammelburgensis (j 672) II 296.
(Hornung) Joh. Mich., Creilsheimensis (ph 658) I 343.
— Joh. Imman., Onold-Francus (m 732) II 46. (cm 733) II 159.
— Joh., Rotenburgo-Tuberanus (ph 650) I 332.
— Joh., Rottenburgo-Francus (th 634) I 607.
— Joh. Adolph., Rotenburgo-Tuberauus (j 629) II 222.
— Joh. Georg., Spirensis (ph 624) I 277.
Hornus, Franc., Rastattiensis (j 719) II 344. s. Horn.
Horold, Frid., Oringâ-Hohenloicus (ph 647) I 325.
Horot, Joseph., Suiten. Helvetus (777) I 126.
de Hornstein de Biningen, Joseph. Baro, Eq. Suevus (766) I 40.
— in Grieningen, Joseph. Ant. L. B. (742) I 28.
— de Weiterdingen, Carol. L. B. (773) I 44.
Horrer, Aug., Dresdâ-Misnicus (j 636) II 235.
— Jos. Andr., Colmariensis (j 763) II 433. (cj 765) II 619.
— Phil. Xav., Colmariensis (766) I 57. (j 766) II 439. (cj 768) II 625.
— Franc. Ant., Lauterburgensis (j 738) II 379. (cj 743) II 582.
— Georg. Jos., Lauterburgensis (j 730) II 362. (cj 734) II 572.
— Joan. Georg., Lauterburgensis (j 695) II 319.
Horry de Morveau, Claud. Jos., Brinvilla Lotharingus (740) I 27. (cj 742) II 581.
Horschelt, Joh. Herm., Bambergensis (766) I 62. (m 766) II 96.
Hörscher, Ferdin., Heilbronnensis (m 623) II 7. (cm 626) II 125.
Horst, Joh. Georg., Giessa-Hassus (m 635) II 13.
— Georg., Marpurgensis (m 662) II 21.
ab Horst, Adrian. Christian. Wolfgang., ex Hellenbring Montensis (j 685) II 310.
zur Horst, Joan. Rutger., Dantiscanus (j 659) II 267.
Horstmann, Joh. Dan., Geismaria-Hassus (th 695) I 657.
— Joh. Petr., Saraepontanus Nassoicus (th 730) I 673.
Hortleder, Frid. Romanus, Jenensis (j 631) II 229.
Horueus, Jon., Neocomensis (ph 659) I 345.
Hosang, Abondio, Curia Rhaetius (772) I 96. (m 772) II 103. (m 773) II 184.

(Hosang) Gregor., Curiensis (j 754) II 408.
Höscheller, Joh. Rud., Scaphusianus (ph 627) I 285.
Hoschkius, Mart., Crosnå-Silesius (th 626) I 599.
Hoser, Joh. Paul., Stutgardianus (ph 663) I 352.
Hösner, Georg. Mich., Oringensis (ph 653) I 336.
Höss, Daniel, Norimbergensis (th 623) I 594.
Hosse s. Flosse.
Hösser, Georg. Sigism., Windshemio-Francus (th 684) I 651.
Höström, Johan Elias, Holmiensis (m 759) II 82.
l'Hotte s. L'Hotte.
Hotz, Vitus, Wertheimio-Francus (j 631) II 229.
Hotzel, Joh. Georg., Vormatiensis (ph 624) I 278. (cphm 626) I 522.
— Joh. Steph., Vormatiensis (ph 632) I 298.
Houdouard, Jean Niclas, de Phalsbourg (j 732) II 367.
Houdovart, Joan. Bapt., Luzelburgensis (j 731) II 364.
Houer, Joan. Bapt., Altkirch. Alsata (771) I 90. (j 771) II 450.
Houeter, Joh. Ulr., von Gros Hochsteten i. C. Bern (ch 788) I 258.
Houillon, Honor., Bolagiensis diöc. Metensis (j 724) II 350. (cj 725) II 563.
— Joan. Claud., Craonensis prope Lunevillam in Lotharingia (j 752) II 404. (cj 756) II 600.
— Domin. Steph., Tullanus (766) I 57. (j 767) II 625.
Houpert, Georg., Decempagensis (772) I 95. (j 772) II 452. (cj 774) II 639.
Hourin, Augustinus, Vicensis (j 744) II 389.
Hourot, Joan. Bapt., Théonisvillanus (j 713) II 336. (cj 715) II 553.
Houssaye, Joh., (Turonensis) (ph 665) I 358.
de la Houssaye de Signy s. le Pelletier.
Houssemand, Joa. Bapt., S. Deodat. Lotharingus (786) I 181. (j 786) II 483. (cj 788) II 673 (ex Clevecy dioec. S. Deodati).
Hoven, Rein., Coloniensis (j 659) II 267.
ab Howen, Otto Hermann., Eq. Curon. (761) I 37.
Hoyer, Theod., Bremensis Saxo (j 633) II 231.
(Hoyer) Chph. Frid., von Langendenzlingen i. Baden-Durlach. (ch 786) I 254.
— Joh. Theophi., Loeraco-Dourlacensis (m 762) II 88.
— Samuel L., Suecus (th 660) I 631. s. Hoier.
— Polycarp Chph., Tuckum i. Curland (ch 784) I 252.
Hoyhuser, Henr., Suecus (j 650) II 250.
de Hoymb, Christian Ludwig L. B. (682) I 8.
von Hoyos, Christian Philipp, Morchingensis (ph 712) I 399.
Hoyschardt, Joan., Harpekå-Saxo (j 649) II 247.
Hozius, Conr., Tigurino Helvetus (m 764) II 92.
— Joh., Tiguro-Helvetus (m 753) II 73.
— Joh. Casp., Helv. Tigurinus (m 754) II 74.
Huas, Joh., Danus (j 653) II 255.
Hubacher, Joh. Jac., Bernensis (m 753) II 72.
— Joh. Jac., aus Artenen C. Bern (ch 776) I 238.
Huber, Joh., Argentinensis (ph 629) I 291. (cph 629) I 465. (cphm 631) I 527.
— Joh., Argentinensis (ph 658/59) I 346. (cph 659) I 476. (cphm 661) I 543.
— Joh., Argentinensis (ph 695) I 384. (cphm 698) I 558.
— Joh. Valent., Argentinensis (779) I 142. (ph 779) I 452.
— Joh. Jac., Basiliensis (m 731) II 45.
— Ulric., Fris. Occidentalis (j 657) II 263.
— Joan. Jac., Casselis-Hassus (771) I 93.
— Joh. Jac., Molsheimensis (771) I 90. (j 771) II 450.
— Franz, von Oppenau (ch 785) I 254.
— Melch., Rhetus (cphm 652) I 538.
— Alex., Schaphusianus (ph 630) I 294.
— Melchior, Schaffhusiensis (ph 649) I 330.
— Jodoc., Ulmensis (th 632) I 605. (cphm 633) I 528.
— Joh. Casp., Ulmanus (th 660) I 630.
— Joh. Petr., Ulmensis (ph 658) I 344.
— Marc. Henr., Ulmensis (th 647) I 615.
— Petr., Ulmensis (ph 624) I 277. (cphm 625) I 522. s. Hueber.
Hubin von Gülchen, Joh. Frid. (j 684) II 309. s. von Gülchen.
Hubler, Henr. Bened., Alsata ex Levoncour (770) I 86. (j 770) II 448. (cj 770) II 631.

de Hübler, Jos., Gizinensis Bohemus (799) I 139. (j 779) II 466.
Hubmeyer, Joh. Georg., Argentinensis (ph 744) I 424.
— Joh. Jac., Argentoratensis (ph 752) I 433.
Hübner, Gabriel, Dresdensis (j 626) II 213.
— Joh. Jac. Bernh., von Coburg (ch 778) I 240.
— Sebast., Coburgo Francus (j 671) II 294.
— M. Joh. Valent., Meiningâ - Hennebergicus (th 670) I 644. (m 670) II 74. (cm 674) II 140.
— Gottlieb August, Martisburg. Saxo (j 743) II 388. (cj 744) II 583.
— Joh. Matth., Noribergensis (j 629) II 223.
— Franz, Salisburgensis (781) I 157.
— Joh., Spirensis (ph 664) I 355.
s. Hybner.
Hübsch, Elias, Budissâ-Lusatus (j 659) II 267.
— Joh. Heinr., Budissin. Lusatus (j 649) II 248.
Huck, Theodor., Unnensis-Westphalus (ph 655) I 338.
Hudemann, Luder., Bremensis (j 627) II 217.
Huder, Franc. (th 727) I 672.
Huditius, Sigism., Weterisoliensis (ph 625) I 280.
Hudt, Joh. Guil., Mumenheimensis (ph 649) I 330.
— Georg., Obenheimensis (cphm 623) I 520.
Hueber, Jos., Aichachens. Bojus (j 748) II 396. (j 749) II 398.
— Georg. Casp., Mellinga-Helvetus (m 763) II 91. (cm 766) II 178.
s. Huber.
Hüeler, Joh., Suinfurt. Francus (th 669) I 642.
s. Hueber.
Hüenerer, Adam., Argentoratensis (cj 630) II 499.
— M. Laur., Neobambergâ - Falckensteinus (j 621) II 204.
s. Hünerer.
Huesman, Paul. Frid., Monasterio-Westphalus (j 730) II 363.
Huet, Lud. Laur. Alex., Carnutensis (777) I 129.
Hüettel, M. Joh. Georg., Ratisbonensis (th 655) I 622.
Hüffel, Mathias, Caesareomontanus (j 708) II 330.
— Phil. Ebhd., Eq. Alsatus (ph 703) I 390.
— Phil. Jac., Argentinensis (ph 658) I 346.
Hüffner, Matth., Sprembergâ-Lusatus (j 673) II 298.
Huffschlag, Joh. Nic., Saraepontanus (ph 668) I 360.
— Joh. Phil., Saraepontanus (m 752) II 70.
Hug, Joh. Jac., Haselano-Marchicus (ph 660) I 348.
Hugard, Franc. Ant., Ersteinensis (j 721) II 346. (cj 722) II 560.
— Franc., Lunevillanus (774) I 112. (j 774) II 458. (cj 776) II 645.
Hugeny, Sam., Colmariensis (ph 718) I 404.
— Sam., Colmariensis (ph 751) I 432. (cj 758) II 603.
Hugget, Christi. Frid., Colmariensis (j 753) II 406.
Hügi, Franc. Jos., Maurimonasteriensis (ch 786) I 255.
Huginet, Carol., Ratisbonensis (d 788) I 265.
Hugo, Ludolph., Brunswigius (j 660) II 268.
— Mich., Esslingensis (ph 625) I 281.
— Burchard. Christi., Mundina Hannoveranus (786) I 183. (j 786) II 484.
— Joh. Jac. Burckhard., Neostadianus Pal. (ph 707) I 393.
— Joh. Jac., Spirensis (m 623) II 7.
Hugonet, Jos., Vicensis (766) I 56. (j 766) II 438. (cj 771) II 635.
Hugoninus, Jac. Franc., Viviacensis (ph 670) I 365.
Huguenin, Moyse, Le Locle Suisse (766) I 58. (m 766) II 96. (cm 770: Neocomensis) II 183.
Huguin, Joh. Barthol. Ant., Brisacensis (j 708) II 331.
— Joh. Barthol., Ensishemianus Alsatius (j 685) II 311. (cj 687) II 538.
— Franc. Ign., Ensishemianus (j 681) II 304.
— Joh. Barthol., Tabernensis (j 715) II 338. (cj 718) II 556.
Huhn, Phillipp, Homburgensis (m 762) II 88.
— J. Gottlob, von Neufreystätt (ch 772) I 229.
— Christi. Wilh., Wratislav. Silesius (j 679) II 303.
— Ferd. Guil., Vratislaviensis (j 726) II 355.
Huiet, Jos. Amabilis, Darney-Lotharingus (787) I 186. (j 787) II 486.
Huldreich, Andr., Galtensis Transylvanus (th 655) I 623.
Huldrich, Henr., Helv. Tigurinus (m 651) II 18.

(Huldrich) Joh. Jac., Tigurinus (ph 703) I 390. s. Ulrich, Ulrici.
Hüller, Jon., Augusta-Vindelicus (cphm 627/28) I 524.
— Vitus, Onoldino-Francus (ph 660) I 348.
Hulsebusch, Joh. Friedr., Hamburgensis (m 762) II 88. (cm 764: Osnaburgensis) II 176.
Hülss, Sigism. Henr., Norimbergensis (j 673) II 299. (cj 675) II 530..
Hülst, Anton., Rheinensis (j 737) II 377.
Humann, Bartholom., Entzheim (ch 781) I 247.
Humbelot, Joan., Augustodunus (j 649) II 248.
Humbert, Claudius Stephan., Metensis (782) I 160. (j 782) II 475. (cj 784) II 663.
— Franc. Phil., Metensis (j 743) II 388.
— Jos., Metensis (j 719) II 344. (cj 721) II 559.
— Petrus Jos., Mussipontanus (m 739) II 52. (cm 742) II 164.
de Humbert, Christoph., Chateausalins (768) I 73. (j 768) II 444. (cj 769: Forbacensis) II 630.
Humbourg, Ant., Argentinensis (j 749) II 399.
— Franc. Ant., Argentinensis (cj 751) II 593.
— Franc. Ant. Matern., Argentinensis (j 757) II 414. (cj 759) II 603.
— Franc. Bruno, Argentinensis (j 746) II 393. (cj 749) II 589.
— Franc. Marc. Hermacoras, Argentinensis (771) I 90. (j 771) II 450.
— Frid. Jos., Argentinensis (771) I 90. (j 771) II 450.
— Joh. Evang. Petr., Argentinensis (cj 757) II 601.
— Joh. Franc., Argentinensis (j 734) II 371.
— Joh. Nepomuc., Argentinensis (m 749) II 64. (cm 763) II 176.
— Joan. Petr., Argentinensis (j 755) II 410.
— Jos. Adolph., Argentinensis (j 763) II 432.
— Maria Ign. Franc., Argentinensis (780) I 148. (j 780) II 470. (cj 783) II 662.
— Maria Ign. Bruno, Argentinensis (782) I 163. (j 782) II 475. (cj 785) II 667.
— Petr. Franc., Argentinensis (j 753) II 406. (cj 755) II 598.
— Joan., Ottonisvillanus (j 721) II 347. (cj 722) II 560.
Humbracht, Joh. Hier., Moeno-Francofurtensis (j 673) II 298.
— Joh. Maxim., Moeno-Francofurtensis (j 673) II 298. s. Hombracht.
de Humel, Meinrad. Ignat., Eq. Suevus (j 759) II 420.
Hummel, Eman., Argentinensis (cphm 623) I 520.
— Joh. Frid., Argentinensis (ph 760) I 439. (cph 763) I 507. (cphm 765) I 577. (th 764) I 689.
— Ph. Fr., Argentinensis (ph 749) I 430.
— Joh. Rud., Basiliensis (ph 703) I 390.
— Joh. Mich., Pappenheimensis (th 659) I 629.
— Pancratius, Ratisbonensis (ph 641) I 313.
Hummer, Joan., Bambergensis (j 742) II 386.
Hun, Augustin., Decempagen. Lotharingus (768) I 74. (j 768) II 444. (cj 770) II 631.
— Lud. Chph., Dieuzensis (767) I 65 (j 767) II 442.
Hund, Samuel, Misnicus (cj 654) II 511.
— Joh. Christoph., Puggersrutho-Palatinus (j 687) II 314.
von Hund u. Alten-Grotkau, Carl Gotthelf (739) I 26.
de Hundheimb, Phil. Ferdin. L. B. (719) I 16. s. de Hontheim.
Hundinger, Joh. Adam., Sarae-Bockenheim (j 621) II 203.
ab Hünefeld, Joh. Phil. Carol., Eq. Thuringus (j 687) II 314.
Hüneken, Jac., Bremensis (j 624) II 207. (cj 631) II 499.
Hünerer, Jerem. Wilh., Neobambergensis (ph 648) I 327. s. Hüenerer.
Hünerwolff, Leonh., Altenmarcktensis Styrus (m 629) II 10.
Hungarus, Joan. Georg., Chemnitio-Misnicus (j 758) II 418.
Hungerbüehler, Augustin. Ferd. Ant. Jos. Aloys. Aurel., Zwyfalt. Suev. (m 745) II 58.
ab Hungerspach, L. B., s. Eck.
Hünius, Joh., ex Helvetia Horgen (m 762) II 88. s. Hun, Hien.
Hünling, Calixt., Lindaviensis (ph 657) I 342.
Hunneshagen, Joh. Phil., Heilbronnensis (ph 640) I 312.
von Hunolstein. Georg. Ernest. Baron (717) I 15.
— Georg. Wilh. Vogt, Merxheimensis (ph 666) I 359.
— Joh. Bleickard. Vogt, Soeteranus Westriacus (j 626) II 213.

(von Hunolstein) Otto Wilh. Ernest., Durcastrensis (ph 639) I 309.
de Hunten, Joh., Assindiensis Westphalus (th 656) I 624.
Huntziker, Abrah., von Aarau (ch 773) I 231.
Huob, Joh. Georg., Argentoratensis (cph 629) I 466. (cphm 632/33) I 528.
Huober, Simon, Helv. Subsylv. super. (m 762) II 88.
Huot, Ant. Jos., Burgund. (m 714) II 35.
Hüpeden, Bernh., Brem. Saxo (j 663) II 275.
Hupff, Joh. Jac., Austrius (ph 628) I 290.
Hupka, Achill., Moeno-Francofurtanus (th 651) I 619. (cphm 653) I 539.
— Nic. Conr., Moeno-Francofurtensis (j 683) II 306.
Huppen, Jacob. Andr., Limburg. (m 726) II 41.
Hurault de Vibraye, Carol. Franc., Parisiensis (770) I 43.
Hürcker, Joh., Bremensis (th 624) I 596.
Hürler, Christian., Appenzell Helvetus (768) I 76. (m 768) II 99.
Hürliman, Joh. Jac., Bärenschwiell C. Zürich (ch 788) I 257.
Hursich, Ulr., Lindavia-Acronianus (ph 640) I 311. (cphm 645) I 535.
Hurst, Jacque Christofle, Belfortensis (768) I 75. (j 768) II 445.
— Franc. Jac., Egishemiens. Alsata (789) I 197. (j 789) II 491.
Hürt (Hürth), Chph. Xav., Colmariensis (775) I 120. (m 776) II 108.
— Joh. Georg. Jac. Theob., Colmariensis (773) I 105. (j 773) II 455. (cj 777) II 649.
— Phil., Colmariensis (789) I 196. (j 789) II 490.
Hurter, Eman., Scaphusianus (m 651) II 18. (cm 651) II 133.
— Joh. Heinr., Scaphusiensis (790) I 200. (m 790) II 122.
— Melch., Scaphusia-Helv. (ph 632) I 298.
— Melch., Scaphusianus (m 678) II 27. (cm 679) II 142.
Hurtevin dict. Montauban, Lud. Franc., Lunevillanus (767) I 67. (j 767) II 442. (cj 769) II 629.
— Stanisl. Hubert., Lunaevillanus (782) I 163. (j 782) II 475. (cj 784) II 665.
Husell, Georg. Conr., Rotenburgo-Tuberanus (j 650) II 249.
Husemann, Reiner., Unnâ-Westphalus (j 668) II 285.
Hüser, Joh. Theodor., Rhenobergensis (m 762) II 88. (cm 768) II 180.
Huser de Pesing, Michael, Hungarus (j 645) II 242.
Huss, Petr., Moeno-Francofurtensis (ph 652) I 335.
Husson, Paul. Gregor. Franc., Dieuzensis (j 757) II 415.
— Franc. Nic. Euseb., Colmariensis (j 752) II 405. (cj 754) II 597.
Hustuche Bauchy, Nic. (s 785) I 267.
Hutchinson, Joh. Hely, Dublin (774) I 109.
Hüter, Joh. Jac., Argentinensis (ph 787) I 457. 187. (th 792) I 700.
s. Hütter.
Huth, Joh. Chph., Argentinensis (ph 687) I 379. (cm 696) II 146.
— Joh. Dan., Argentinensis (ph 689) I 380.
— Frid., von Dettweyler (ch 773) I 231.
— Chph., Fridbergensis (ph 646) I 323.
— Joh. Chph., Fridbergensis Wetteravus (th 676) I 647.
— Joh. Phil., Fridbergâ-Wetteravus (m 658) II 20. (cm 663) II 136.
— Frid. Wilh., Usinga-Nassoicus (767) I 67. (m 767) II 97. (m 768) II 180.
Hütt, Lud., Türckhemianus (766) I 58. (j 766) II 439.
Hüttel, Joh. Carol., Argentinensis (ph 746) I 427.
— Joh., Schoeneca-Variscus (j 715) II 338.
von Hutten, Frid. (j 630) II 226.
— in Stoltzenberg, Joan. Carol. L. B., Salismonasteriensis (726) I 20. (j 726) II 354.
Hütter, Joh. Conr., Argentinensis (775) I 113. (ph 775) I 449.
s. Hüter.
— Joh. Nic., Nidercirchensis (ph 631) I 295.
Hüttfeldtt, Georg., Dantiscanus (j 630) II 224.
Hüttlinger, Casp., Ahus. Francus (ph 627) I 286.
Hüttner s. Büttner.
Huwaert, Sam., Gedanensis (j 733) II 370.
Huyberts, Arnold., Amstelaedam. Batavus (j 653) II 255.
Huyn, Alexius Sigisbert., Nanceian. (j 748) II 396.
— Fr. Xaver., Nanceianus (j 760) II 423.
— Joan. Claud., Nanceianus (j 752) II 404. (cj 753) II 596.
— Petr. Xaver., Nanceianus (cj 760) II 612.
(identisch mit Fr. Xaverius?)

Huyssen, Henr., Essendiensis (cj 689) II 540.
Huzelin, Joh. Conr., Bönnigkheimensis Zabergoicus (ph 649) I 328 (cphm 651) I 538.
Huzelsieder, Bartholom., Ulmensis (ph 659) I 345. (cphm 661) I 543.
Hybner, Godefr., Hirschbergâ-Silesius (j 673) II 298. s. Hübner.
Hylle, Franc. Jos. Petr., Colmariensis (j 765) II 436.
— Leonard., Rosenheimensis (cj 717) II 555.
Hymmen, Herm. Henr., Marco Westphalus (j 667) II 285.
Hypperich, David Frid., Curonus (775) I 113. (m 775) II 106.
Hyso, Joh. Frid., Cunzelsav. Hoenloicus (ph 634) I 304.

I.

Ibel, Frid. Ernest., Idsteinensis (ph 762) I 441.
Ibischer, Jac., Dantisc.-Borussus (j 623) II 206.
Ibser, Elias, Ratisponensis (ph 654) I 338.
Ichtratzheim (d'Ichtersheim), Franc. Reinhard. Annibal, Eq. Alsatus (772) I 100. (j 773) II 454.
Ideler, Andr. Ludov., Berolinensis (th 720) I 669.
Igel, Jac. Martin., Vorchemius (j 732) II 366.
Ihringer, Joh. Frid., Argentinensis (ph 701) I 387. (cph 701) I 487. (cphm 704) I 560.
— Joh. Nic., Loeraco-Durlacensis (th 740) I 679.
Ilgen, Christi., Lipsiensis (j 633) II 231.
Ilinus, Jac., Lindaviensis (th 660) I 629.
Iller, Joh. Henr., Argentinensis (ph 707) I 394.
— Joh. Theodoric., Argentinensis (ph. 693) I 382.
— Mart., Argentinensis (ph 662) I 351. (cph 662) I 476. (cphm 665) I 545.
— Joh., von Rodalben Badischer Herschafft (ch 790) I 261.
d'Ilsung (d'Illsoung de Tratz et Kuenenberg), Jean Chr. Ign. L. B. (742) I 28.
— Maximil. L. B. (742) *Nachtrag*.
Im, Jac. Christoph, de Marstet Schweitz (m 754) II 73.
Imbach, Franc. Xav., ex Sursee Helvetus (766) I 57. (m 766) II 95.
Imer, Frid., Neostadiensis Helvetus (j 755) II 411. (cj 757) II 601.
— Sam., Helveto-Neostadiensis (766) I 61. (j 766) II 440. (cj. 769) II 629.
— Joh., von Wifflischburg C. Bern (d 770) I 225.
Imfeld, Joh. Nic., C. Unterwalden a Saanen (d 770) I 225.
— Theod., von Thann im obern Elsass (ch 772) I 230.
Imhoff, Carol. Christi., Kyrnensis Mosellanus (th 710) I 664.
— Christoph. Phil., Norimbergensis (j 641) II 237.
— Georg., Patr. Norimbergensis (j 621) II 204.
— Joh. Bapt., Norimbergensis (j 648) II 245.
— Joh. Jac., Noricus (j 647) II 244.
— Joh. Paul., Noricus (j 647) II 245.
— ab et in Helmstädt, Christoph. Andr., Norimbergensis (j 726) II 354.
— (ab) Jac. Guil., Franconicus (j 712) II 334.
de Imhoff, Joh. Alb. Carol., Eq. Palat., L. B. (774) I 45.
— Lud. Augustanus (766) I 40.
Imhoof, Franc., Arovio-Helvetius (779) I 142. (m 779) II 112. (cm 783) II 195.
Imler, George, Hass.-Darmstadinus (j (738) II 379.
Imlin, Frid. Carol., Argentinensis (ph 771) I 447.
— Frid. Jac., Argentinensis (771) I 91. (*der vorige?*)
— Joh. Dan., Argentinensis (767) I 65. (ph 767) I 444.
— Joh. Dan., Argentinensis (ph 662) I 351. (cj 672) II 527.
— Joh. Lud., Argentinensis (ph 656) I 340.
— Phil. Jac., Argentinensis (ph 746) I 427.
— Joh. Henr., Löchigheim (j 635/36) II 234.
Im Thurn, Joh., Scaphusiensis (ph 625) I 281.
— Leonh., Helveto-Scaphusianus (j 722) II 347.
Incarde, Joh. Mart., Weilburgô-Nassovius (j 681) II 305.
Ines, Joh., Halensis Cocharicus (cphm 623/24) I 520.
— Joh. Phil. Petr., Hallensis Suevus (m 756) II 78.

Ingelstetter, Adam., Tabernensis Alsata (j 686) II 312. (cj 686) II 537.
Ingerlehner, Nic., C. Bern (ch 779) I 244.
Innich, Nic. Winningensis Mosellanus (m 614) II 2.
Irleth, Carol. Albr., von Thann (Twann) C. Bern (ch 786) I 255. (788) I 192.
Irminger, Heinr., von Schaffhausen, C. Zürich (ch 772) I 228.
Irnsinger, M. Joh. Mich., Heilbronnensis (th 665) I 637.
Iseli, Joh. Jac., Glarus (m 763) II 90.
Iselin, Sam., Amsterodamensis (j 630) II 226.
— Joh. Ludov., Durl. Mullhemiensis (768) I 72. (m 768) II 98.
de Isenburg (Ysenburgicus, d'Ysembourg), Christi. Lud. Comes (722) I 18.
— Ern. Casim. (773) I 44.
— Frid. Ern. (722) I 18.
— Wilh. Emico Chph. (722) I 18.
Isengarth, Joh. Arnold, Wetslar (m 764) II 92.
Isenheim, Joh. Dav., Argentinensis (ph 745) I 425. (cph 747) I 501. (cphm 750) I 574.
Isenschmid, Joh. Rodolph., Berna-Helvetus (m 752) II 70.
Isfordt, Herm. Jos., Monast. Westphalus (773) I 105. (m 773) II 104.
Isingh, Chphr., Montanus (j 624) II 207.
Isler, Georg. Gotfr., Argentinensis (ph 761) I 439. (th 764) I 689.
— Joh. Jac., Argentinensis (777) I 130. (ph 777) I 451. (cph 777) I 512. (cphm 781) I 583. (th 783) I 697. (cj. 787) II 672.
— Joh. Lud., Argentinensis (ph 763) I 442. (cph 763) I 507. (th 767) I 690. (cphm 768) I 578.
— Joh. Georg., Heilbronnensis (ph 712) I 399.
Isnard, Petr., Argentinensis (j 751) II 402.
Issac, Fred. Henr., Trajectensis ad Mosam (j 670) II 292.
— Mich., Trajectensis ad Mosam (j 670) II 292.
Iten, Joan. Jos. Anton., Tugiens. Helvetus (m 749) II 64.
Itter, Jac. Casp., Ascaniensis (ph 707) I 394.
— Joh. Christian., Moeno-Francofurtanus (ph 670) I 366.
Ittig, M. Joh. Christi., Lipsiensis (th 663) I 634. (th 666) I 639.
(Ittig) Thom., Lipsiensis (th 663) I 634.
Ivarides, Magn. Kaass, Danus (j 656) II 262.
Iwanoff, Demetr., Mosqua-Russus (775) I 116. (m 775) II 107. (cm 780) II 190.

J.

Jablonowski, Stanisl. Prince (781) I 47.
Jac, Jos., (s 782) I 266.
Jaccoumasse de Vivier, Petr., Grandiprato-Campanus (776) I 124.
Jachmann, Georg. Barthol., von Ulm (j 691) II 318.
Jacmin, Joh., Phalzburgensis (ph 625) I 281.
Jacob, Nic., Metensis sub Belfremonte Lotharingus (j 767) II 441. (767: Alnetensis Lotharingus) I 64.
— Joh., Lindaviensis (ph 623) I 275.
Jacobi, Christi., Cizâ-Misnicus (j 664) II 277.
— Joh., Ciza-Misnicus (j 664) II 277.
— Joh. Frid., Grunstadio-Palatinus (m 757) II 79. (cm 759) II 173.
— Herm., Hannoveranus (th 650) I 618. (cphm 651) I 538.
— Joh. Adam., Hanoviensis e comitatu Steinhovensi (ph 663) I 352.
— Christi. Frid., Havniensis (j 763) II 432.
— Christi., Lipsensis Misnicus (j 683) II 306.
— Simon, Rotenburgo-Tuberanus (ph 644) I 319.
— Joh. Sebast., Schleusingensis (th 698) I 658.
— Joh. Sebast., Schleusinga-Hennebergicus (j 653) II 255.
— Balth., Soltquell. Palaeo Marchicus (ph 630) I 294.
— Mich., Marchiac. Soltquella (j 641) II 238.
— Conr., Soravia-Lusatus (th 658) I 627.
— Christian. Frid., Stuttgardianus (783) I 165.
— Dan. Casp., Trarbaco-Mosellanus (th 674) I 646.
— Andr., Wertheimensis (ph 692) I 382.
— Phil. Jac., Weydera-Variscus (m 657) II 20.
— Theodor., Zusato-Westphalus (j 655) II 258. (cj 660) II 515.
Jacobs, Thom. Eman., Trevir (769) I 80. (m 769) II 100.

Jacomel de Bienassise, Georg. Carol., Theonisvillanus (j 730) II 362. (cj 730) II 568.
Jacotel, Jos., Plomberiensis (785) I 177. (j 785) II 482. (cj 787) II 671.
Jacquemin, Franc., ex Amenoncourt d. Metensis (j 757) II 416.
— Jos. Clem., Mirecurianus (777) I 132. (m 777) II 110.
à Jacquemin, Damian. Lud. Liber Baro, Sargeminiensis (739) I 26. (j 739) II 380. (cj 739) II 578.
Jacquerez, Jos., Giromaniensis (773) I 101. (m 773) II 104. (cm 775) II 186.
Jacquet, Mich., de Guebwiller (j 762) II 430. (cj 765) II 619.
— Joan. Bapt., Hagenoensis (785) I 174. (j 785) II 480.
— Domin. Renat., Nanceianus (cj 756) II 599.
Jacquin, Nicol., Hericurianus (ph 639) I 310.
Jacquinot, Carol. Claud., Melodunensis (790) I 200. (j 790) II 491.
— Nic. Bernard., Metensis (j 729) II 360. (cj 730) II 568.
— Franc., de Pont à Mousson (788) I 194. (j 788) II 489.
— Joan. Franc. Xav., Mussipontanus (787) I 186. (j 787) II 486. s. Jaquinot.
Jacquot, Dav. Matthi., Argentinensis (j 748) II 397. (cj 750) II 591.
— Lud. Felix, Argentinensis (783) I 165. (j 783) II 476. (cj 786) II 669.
— (Jaquot), Petr. Franc., Argentinensis (783) I 165. (j 783) II 476.
— Franc., Bollweileranus (j 765) II 437.
— Franc., Gerbeviller en Lorraine (787) I 188. (j 787) II 487.
— Maria Joan. Petr. Domin. Tiburtius, Colmarinus (786) I 179. (j 786) II 482. (cj 788) II 674.
— François Deny, de Rechicourt le Chateau (j 759) II 422.
— Joan. Bapt., de Rechicourt le Chateau (j 762) II 430.
— Franc., ex fano St. Remigii (cj 767) II 624.
— Sebast., ex Sta. Maria ad fodinas (j 750) II 400. (cj 751) II 592.
Jadart, Franc. Lud., Huningensis (j 750) II 400. (cj 751: Lud. Aug. Franc.) II 593.
— Petr. Lud., Huningensis (768) I 78. (j 768) II 446.
Jadelot, Nic., Mussipontanus (m 756) II 77.
Jaeck, Joh. Dav., Argentinensis (787) I 186.
Jaeckel, Carol. Frid., Siles. Vratislaviensis (m 732) II 46.
Jaecklin, Franc. Xav., ex Gebweiller Alsata (770) II 38. (j 770) II 449.
— Nic., Gebwileranus (j 686) II 313. (cj 687) II 539.
Jaeger, Georg., Altenstadiensis (j 739) II 381. (cj 741) II 580.
— Joh. Georg., Argentinensis (ph 675) I 370.
— Joh. Marc., Argentinensis (cph 697) I 486. (cphm 699) I 558.
— Joan., Aschaffenburgensis (m 742) II 55.
— Franc. Ign., Dambachensis (j 729) II 360. (cj 734: Franc. Jos.) II 573.
— Franc. Henr. Leontius, Epffingens. Alsata (j 726) II 353. (cj 727) II 566.
— Franc. Jos., Appiacensiss (j 714) II 337. (cj 714) II 552.
— Joh. Thom., Epffingensis Alsata (j 726) II 353. (cj 727) II 566.
— Wilh. Frid., Kircho-Teccensis (m 728) II 43.
— Franc. Xav. Fidelis, Obersultzensis (767) I 68. (j 767) II 443. (cj 768) II 626.
— Chph. Fried., Stuttgardt (m 762) II 88.
— Joh. Dan., Tiefenthalensis i. Comitatu Leiningen - Westerburg (ch 780) I 245.
— Franc. Maxim., Ueberlinganus Acronianus (j 746) II 393.
— Joseph., Ulmensis (ph 665) I 357.
— Matthae. Rud., Ulmensis (m 746) II 59.
— Franc. Ant., Weissenburgensis (j 732) II 367. (cj 735) II 573.
— Joan. Raymund., Weissenburgensis (j 731) II 365. (cj 734) II 572.
— Joh. Chph., Wormatiensis (ph 644) I 318. s. Jäger, Jager, Jeger.
Jaegerschmid, Gustav. Victor, Giengensis (m 717) II 36.
— Joh. Victor, Gienga Suevus (m 680) II 27. 28.
— Gustav Frid., Sausenburgensis (m 759) II 82.
Jaegle, Joh. Jac., Argentinensis (780) I 149. (ph 780) I 453. (th 786) I 698. (cph 782) I 514. (cphm 785/86) I 584.
— Heinr., Kaysersberg (ch 778) I 240.
Jaeglin, Matern., e valle Gregoriana (m 766) II 95.

Jaekel, Frid. Gottlob, Vratislaviensis (ch 781) I 247.
Jageisen, Franc. Domin., Gamundianus Suevus (j 727) II 357.
Jagenreutter, Joh. Adam., von Oestereich (j 627) II 219.
Jager, Joh. Georg., Schweinesbeindensis (th 635) I 608.
Jäger, Andr., Coloniensis (cj 687) II 537.
— gallice Le Chasseur, Joan. Guil., Consul civitatis Friburgensis (j 686) II 312. (cj 686) II 537.
— Jos. Ant., von Oberstorff i. Allgey (ch 789) I 260.
— Joh. Gerh., Trinifanensis Idtstenio-Nassovius (m 630) II 11. (cm 632) II 127. s. Jaeger, Jeger.
Jägerflycht s. Lägerflycht.
Jägy, Joh. Adam., von Marckoltzheim (d 764) I 222.
Jahn, Georg Wilh. Frid., Brandenburg. Ukeromarchicus (778) I 135.
— Andr., Dresdensis Misnicus (ph 681) I 374.
— Joh. Burkh., Gehren (d 711) I 207.
— M. Andr., Misnensis (th 643) I 613.
— Joh. Christian., Oschatiensis (m 738) II 51.
Jahreis, Joh. Henr., Argentinensis (ph 755) I 435.
— Joh. Georg. Salomo, Curia-Baruthinus (th 727) I 672.
Jaiser, Joh. Andr., Argentinensis (785) I 175. (ph 785) I 456. (cph 786) I 515. (cphm 788) I 585. (th 792) I 700.
Jalguet, Nic. Ant., Rechicuriens. Metensis (cj 725) II 564.
Jallinier, Leonard, de Colombe (694) I 205.
Jam, Joan. Bernard., ex Chagny Burgundus (j 764) II 434. (cj 765) II 619.
Jan, Georg., Francofurtensis (778) I 46.
— Andr., Ratisbonensis (th 666) I 638.
— Thom., Ratisbonensis (j 669) II 289.
Jancke, Sigism., Budiss. Lusatus (ph 627) I 286.
Jandel, Joh. Nic., ex Sancto Quirino (j 763) II 432. (cj 765) II 617.
Janer, Joh. Jörg, von Dossenheim (d 770) I 224.
Janitsch, Georg. Godofr., Svidnicensis Silesius (cm 720) II 153.
Jankovitz, Ant. Nicol. Stanisl. Petr. Forerius, Lunevillanus (780) I 148. (j 780) II 470. (cj 782) II 659.
Janné, Casimir.. Panormitanus (d 746) I 216.
Jannesson, Sebast., ex arce Ludovicea (j 733) II 369. (cj 735) II 573.
— Lud. Bernard., Tabernensis (767) I 67. (j 767) II 442. (cj 770) II 632.
Janni, Bern. Frid., Briloniensis (j 723) II 348.
Jannol, Petr. Jos., Saulnoiens. ex Comitatu Burgundiae (j 739) II 380. (cj 740) II 578.
a Janowitz, Frid. Lud. (ph 635) I 306.
a Janritz, Nic. Christi., Pomeranus (j 658) II 265.
Jansen, Christ. Frid., Anhaltino-Cotheniens. (j 725) II 352.
Janson, Joh. Dan., Moeno-Francofurtensis (m 726) II 41.
Janssen, Joh., Clivensis (j 669) II 288.
Jany, Christian. Henr., Schleizensis (782) I 161. (m 782) II 115.
Jaquemin, Joan. Domin., San-Mariensis ad fodinas (cj 721) II 559. s. Jacquemin.
de Jaquemon, Jos. Paron, Monachio Papharus (j 759) II 420.
Jaquinot, Amand. Leonard., Argentinensis (781) I 157. (j 781) II 473. (cj 784) II 665.
— Franc. Xav Jos., Argentinensis (cj 781) II 656.
— Jos., natif de Strasbourg (779) I 142. (j 779) II 467.
— Petr. Jac. Jos., Argentinensis (788) I 191. (j 788) II 488. (cj 788) II 675.
— Nic., Landaviensis (j 718) II 341.
Jarumaire, Eberh. Louis, de Montbéliard (787) I 188.
Jaschius, Chph., Colberga-Pomeranus (th 651) I 619.
— Valer., Colberga-Pomeranus (th 649) I 617.
Jassby, Joh., Hanoviensis (m 775) I 107.
Jassky s. Köhne.
Jassoy, Joh., Hannoveranus (775) I 116.
Jastrzebsky, Alb., Nobil. Polonus (j 631) II 229.
Jauffret, Jos., Aquae Sext. Gallus (778) I 135. (m 778) II 111.
Jaysius, Joh. Frid., Durlacensis (ph 669) I 362.
Jeambey, Ludov., Pirmasensis (778) I 134. (j 778) II 465.
Jean, Georg. Frid., Landaviensis (777) I 128. (j 777) II 463.
Jeandel, Joan. Jos., ex Raou in Lotharingia. (778) I 133. (j 778) II 464.

Jeandidier, Carol. Stanisl., Lunevillanus (768) I 74. (j 768) II 445. (j 770) II 631.
— Joan. Nic., Lunevillanus (j 765) II 436. (cj 766) II 621.
Jeandin, Anton., St. Deodatensis (781) I 158. (j 781) II 474.
— Nic., La Chapelle au Bois Lotharingus (m 746) II 59.
Jeaumaire, Frid. Melch., Montisbelgardensis (j 738) II 378.
Jeannenez, Matthae., Vezeloyensis prope Belfortum (j 736) II 373.
Jeanseing, Franc. Hiacint., Vicensis (cj 725) II 564.
— Nic. Vicensis (j 729) II 360. (cj 731) II 569.
de Jeanseing, Maria Nic. Franc., Phalsebourgensis (j 762) II 430. (cj 765) II 617.
— Dominic. Ambros., Phalseburgensis (j 762) II 430. (cj. 765) II 617.
Jegenius, Adam., Baumholderensis (ph 623) I 274.
Jeger, Joh. Phil., Moenobernae-Francus (j 686) II 312.
— Wolffg. Dietr., Moenobernâ-Francus (j 685) II 311.
— Joh. Frid., Moenobernheimensis-Francus (ph 650) I 332.
s. Jaeger, Jeger.
Jehle, Joh. Georg., Argentoratensis (j 756) II 413.
Jencke, Eilard., Bremensis (j 661) II 271. (cj 664) II 518.
Jencquel, Daniel, Hamburgensis (j 743) II 388. (cj 743) II 582.
Jenewein, Joan. Laur., Salisburgensis (j 727) II 355.
Jenicke, Joh. Arndt, Sangerhusâ-Thuringus (j 650) II 250.
Jenisch, Christi., Laucha-Thuringus (j 659) II 267.
— Paul., Augustanus (th 623) I 594.
— Georg. Paul., Augustanus (cphm 654) I 539.
— Christi., Memmingensis (ph 624) I 277.
— Jac., Memmingensis (ph 655) I 339.
— Jos., Memmingensis (ph 624) I 277.
— Jos., Memmingensis (j 686) II 312.
— M. Ant., Noribergensis (th 659) I 628.
— Dan. Lud., Spirensis (j 629) II 223.
Jenicius, Steph. (j 683) II 306.
Jenner, Joan. Ign., Molshemensis (j 707) II 329.
Jenni, Samuel, Egenweill C. Bern (ch 776) I 237.
Jenny, Fried., Glarus (768) I 75. (m 768) II 98.
Jentsch, Chph., Posonio-Hungarus (th 673) I 646.
Jeoffroy, Joan. Mathae., Metensis (cj 722) II 560.
Jerich, Lud., Varsaviensis Polonus (m 662) II 22.
Jericho, Fried. Wilh., Lauchröden im Sachsen-Eisenachischen (m 754) II 75.
Jering, Hieronym., Regiomont. Borussus (ph 622) I 274.
Jerôme, Claud., Romaricomontanus (j 763) II 431. (m 763) II 89.
Jerpengey, Jon., Holmiâ-Suecus (ph 685) I 377.
Jersé, Joan. Petr., Belfortensis (j 752) II 405.
— Petr. Franc., Belfortensis (766) I 61. (j 766) II 440.
— Franc., Hagenoensis (780) I 150 (j 780) II 471. (cj. 781: Franc. Ant. Nic.) II 658.
Jersinus, Joh. Janus, Danus (th 651) I 619.
Jerzembsky, Ern. Frid., Sensburgo Borussus (770) I 86. (m 770) II 101.
Jeslé, Franc. Xaver, Offenburgensis (775) I 117. (m 775) II 107.
Jessen, Thom. Balthas., Flensburgens. Cimber (j 670) II 291. (cj 671) II 526.
Jetzler, Steph., Scaphusianus (ph 641) I 313.
Le Jeune, Guil. Franc., Landavianus (j 711) II 333. (cj. 713) II 551.
la Jeunesse, s. Lajeunesse.
de la Jeunesse, Jean, de Chalons en Champagne (d 728) I 211.
Jezt, Laurent., Ambergens. Palatinus (j 750) II 401.
Joachim, Joan. Andr., ex Jockgrim (cj 778) II 651.
— Jos. Renat. Maria, Selestadianus (j 750) II 400.
— Andr., Weissemburgensis (777) I 127. (j 777) II 462.
Joannellius, Joan. Jac., Flemmensis Tridentinus (j 686) II 312.
Job, Joh., Francofurtanus (ph 684) I 376.
— Joan. Seb. Nicol., Metensis (778) I 133. (j 778) II 464. (cj 779) II 653.
— Joan., Pragensis (m 740) II 53.
s. Jobius.
Jober, Jos., Parisiensis (d 729) I 211.
Jobert, Jac. Chph., Belfortensis (784) I 172. (j 784) II 479.

Jobin, Joan. Bapt. Nepom., Pruntrutanus (j 764) II 435.
— Franc. Ign., Selestadiensis (j 767) II 443.
Jobius, Joh. Christi., Hanoviensis (j 657) II 264. s. Job.
Jobst, Joh. Ludov., Tegopagensis ex Bavaria inferiori (m 655) II 19.
Joch, Joh., Argentinensis (ph 652) I 335. (cphm 655) I 540.
— Joh., Argentinensis (ph 685) I 377.
— Joh., Argentinensis (ph 712) I 398. (cphm 726) I 568.
— Joh., Argentinensis (ph 722) I 406. (cph 723) I 493.
— Joh. Andr., Argentinensis (ph 685) I 377.
— Mich., Olsnitio-Variscus (th 624) I 708. (cphm 624/25) I 521.
— Josaph., Rotenburg. Tuberanus (ph 660) I 348.
Jociscus, Martin., Grünbergâ-Silesius (m 625) II 8.
Jöck, Joh. Nicol., Saranus (ph 632) I 299.
Jöckell, Wilh. Henr., Hanau (766) I 60. (m 766) II 96.
Jodizer, Wolffg. Diter., Curiâ-Variscus (ph 655) I 339.
Joeckell, s. Jöckel.
Joerdens, Joan. Henr., Curiensis (785) I 177. (m 785) II 118.
— Christi. Frid., Curiâ-Baruthinus (m 747) II 61.
Joerns, Joh. Dan., Argentinensis (ph 719) I 405.
Joffin, Franc., Verdun (d 698) I 206.
Joham a Mundolsheim, Phil. Ferd., Eq. Alsatus (ph 694) I 383. (cj 699) II 543.
Johannis, Joh., Hafniâ-Danus (j 641) II 237.
— Andr. David, Wildemanensis Cheruscus (j 681) II 305.
Johannsen, Mart. Jac., Wahren-Mecklenburgensis (ph 762) I 441.
Johansmann, Joh. Henr., Hamburgensis (m 761) II 86.
John, Joh. Jac., Fridbergâ-Wedderavus (j 658) II 266.
— Joh. Godofr., Halensis Saxo (j 673) II 298.
— M. Alex. Gotfr., Lipsiensis (th 668) I 642.
— Christi. Gotfr., Lipsia-Misn. (j 671) II 293. (cj 673) II 528.
— Mich., Lipsiensis (j 628) II 220.
— Rud., Silesius (j 659) II 267.
— Georg. Rud., Vratisl. Silesius (j 655) II 258.
Jollius, Jac., ex Shalesia Normannus (j 737) II 376.
Joly, Claud., Argentinensis (j 710) II 333. (cj 714) II 553 (Claud. Ant.)
— Franc., Romaric. Lotharingus (m 754) II 75.
— Steph., Vicensis (j 732) II 366. (cj 733) II 571. s. Jolly.
Joly de Morey, Jos., Colmariensis (j 741) II 385. (cj 741) II 580.
Jolly, Jos. Ant. Franc., Nancy (787) I 184. s. Joly.
Jonae, Severinus fil., Danus (th 681) I 650.
Joner, Joan. Jos., Colmariensis (j 687) II 315. (cj 690) II 540.
— Joh. Franc., Colmariensis Alsata (j 689) II 317.
Joos, Alex., Graubündten von Versam (d 777) I 263.
Jordans, Sigism., Gleichensteinensis (j 761) II 428.
Jordy, Maurit. (Martin.?), ex Albrecheviller (Alberswiller) in comit. Dagsburg. (781) I 154. (j 781) II 472. (cj 782) II 661.
— Joan. Bapt., ex fano Sti Quirini provinciae (j 750) II 402. (cj 752) II 295.
— Nicol., ex parochia Sti Quirini (j 755) II 412.
Jörg, Georg. Mich., Landaviensis (j 635. 636) II 235.
— Joh. Christoph., Nördlingensis (j 699) II 323.
Jörger, M. Georg. Theodos., Heidelbergensis (j 623) II 205.
— Joh. Jac., Mosbacensis (ph 623) I 274.
— Joh. Tobias, Mosbacensis (ph 623) I 274.
Jörger Comes a Tollet, August. Septimius (665) I 3.
Jörgius, Steph., Embdensis Frisius Orientalis (j 627) II 217. (cj 630) II 499.
Joris, Franc. Eman. Bonif., Orserien. in Vallesia (785) I 177.
Jorius, Joa. Mich., Buxovillanus (th 760) I 686.
Jormann, Joh. Adam., Francofurtensis (j 652) II 254.
— Joh. Alb., Moeno-Francofurtensis (j 655) II 259.
Joseph, Arron, Drisen en Brandebourg (786) I 179.
— Joh. Wilh. Theodor, Schoenberga-Erpacensis (m 758) II 80.
Joss, Joh., Wormatiensis (ph 665) I 358.

a Joss, Joh. Hartmuth, Idsteniensis Nassoicus (ph 671) I 366.
— Joh. Phil., Nassovius (j 674) II 299.
Josset, Matieu, de Guise (ph 665) I 357.
Jost, Joh. Chph., Argentinensis (ph 695) I 384.
— Joh. Jac., Argentinensis (ph 740) I 421. (cph 741) I 499. (cphm 744) I 572.
— Joh. Frid., Francus (j 725) II 353.
— Joh. Dav., von Lambsheim (ch 776) I 238.
— Frid. Christ. Wilh., Laubaco-Wetteravus (th 760) I 686.
— Franc. Jac., Lucerna-Helvetus (m 739) II 53.
— Georg. Marc., Spirensis (ph 664) I 355.
— Ant. Conr., Sultzensis ex superiori Alsatia (780) I 146. (j 780) II 469. (cj 781) II 656.
Josten, Frid. Chph., Cassellanus (ch 783) I 251.
— Joh. Simon, Wildungâ Waldeccus (j 670) II 291.
Jouglas, Jac., Lunevillanus (766) I 62. (j 766) II 440. (cj 768) II 626.
Jouhannet, Theobald., Argentinensis (j 765) II 436.
Jouncker s. Juncker.
Jourdain, Franc. Ignat., Tabernensis (j 698) II 320.
D'Juarre, Carol. Fabian., ex arce Ludovicea (j 755) II 411. (cj 758) II 605.
Jübert, Joan. Mich., Maneheimensis (j 739) II 380.
Jucker, Samuel, von Bern i. d. Schweitz (ch 783) I 250.
Jud, Christmann., Argentinensis (ph 658. 659) I 346.
de Juehlin (Fucheis?), Franc. Ant., Morschvillensis (j 757) II 417.
de Julvécourt, Joan. Carol. Martin, Metensis (785) I 175. (j 785) II 481. (cj 787) II 670.
— (Dejulvecourt), Paul. Franc., Metensis (j 729) II 360. (cj 731) II 569.
Juncke, Jodoc. Edm., Olpensis (m 733) II 47.
Jüncke, Joh. Frid., am Gebesee in Thüringia (d 768) I 223.
Juncker, Phil. Jac., Argentinensis (769) I 82. (ph 769) I 446. (th 774) I 693. (cph 770) I 510. (cphm 774) I 580.
— Zacharee, Bischweyler (m 762) II 87.
— Lud. Christi., Hallensis (m 748) II 64.
— Abrah., Dantiscanus (j 649) II 248.
(Juncker) Daniel, Grumbac. Palatinus (j 730) II 362.
— Nic., Hamburgensis (j 728) II 221.
— Leop., Sierensis (j 637) II 377. (cj 740) II 579.
Jundini, Petr. Sigism., Mannheim. (m 742) II 56.
Jundt, Abrah., Argentinensis (ph 748) I 429. (cph 748) I 502. (cphm 753) I 574.
— (Junt), Franc., Argentinensis (ph 723) I 407.
— (Junta), Frid., Argentinensis (cphm 659) I 547.
— Isaac., Argentinensis (ph 743) I 423. (cph 743) I 500. (cphm 746) I 573.
— Joh. Jac., Argentinensis (782) I 158. (ph 782) I 454. (cph 782) I 514. (cphm 788) I 585.
— Jos., Argentinensis (ph 647) I 324.
— (Junta), Nic., Argentinensis (ph 649) I 328. (cm 656) II 135.
Jung, Franc. Chph., Argentinensis (ph 650) I 331. (cj 659) II 513.
— Joh. Frid., Argentinensis (cj 627) II 497.
— Joh. Phil., Argentinensis (ph 714) I 441. (cphm 716) I 565.
— M. Adolph., Augustensis (th 654) I 622.
— Joh. Phil., Darmstatinus (j 700) II 324.
— Louis, Dierdorffiensis (ch 786) I 256.
— Joh. Jac., Durlacensis (j 704) II 327.
— Damian., Eckbolshemensis (ph 759) I 438.
— Justus, Göppingensis Würtenbergicus (m 615) II 2.
— Joh. Christi., Hamburgensis (th 685) I 652.
— Joh. Frid., Heidenheimensis (j 683) II 307.
— Franc. Petr., Mogonus (j 683) II 307.
— Joh. Henr., Montano-Ronsdorfiensis (770) I 87. (m 770) II 101. (cm 772) II 183.
— Jac., Ruhlâ Thuringus (j 674) II 299.
— Georg. Frid., Spirensis (ph 649) I 330.
— Jac. Henr., Sundhuso-Alsata (ph 733) I 415.
zum Jungen, Joh. Hier., Francofurtensis (ph 679) I 373.
Jungerman, Joh. Phil., Mazcpolitanus Alsata (j 670) II 293.
Junghanns, Franc. Georg., Odenheimensis (777) I 132. (j 777) II 464.
Junghans, Joh. Georg., Durlacensis (ph 634) I 304.

(Junghans) Justus Adolph., Wetzlariensis (m 756) II 76.
Junginger, Jac., Altheimio-Ulmanus (ph 648) I 327.
Jungk, Georg. Andr., Foerfeldio-Palatinus (j 720) II 345.
— Joh. Georg, von Kirn (ch 775) I 235.
Junk, Fried. Christi., Diemeringen (786) I 182.
Jüngling, Ignat., Gengenbacensis (j 708) II 330.
Jungmann, Reinh., Cassellanus (j 655) II 258.
Jungschultz, Joh., Elbing. Boruss. (j 652) II 254.
a Jungwirth, Jos. Franc., Vienna-Austriacus (j 739) II 578.
Junior, Joh. Wilh., Landoënsis (th 624) I 596.
Junius, Adam. Mart., Onoldinus Francus (th 629) I 602.
— Sam., Onoldo-Fr. (j 629) II 224.
— Joh., Sulâ-Hennebergicus (ph 633) I 300.
Justenius, Christi. Ludwig, Gressweiller (m 756) II 77.
Justi, Benjam., Erfurtensis (j 758) II 418.
Justus, Lud., Weissenbruchius (j 726) II 354.
Jutzeler, Frid. Rud., von Boltigen C. Bern (ch 772) I 231.
Juville, s. Fournerie.
Juzo, Joh. Jac., Ulmensis (ph 659) I 345.
Jython, Joh. Jac., Fryburgo Helvetus (j 684) II 308.

K (C).

Kaass, s. Ivarides.
Cablanc, Dominic., de Nancy (j 750) II 401.
Cablé, Joan. Desider., Spinalensis (j 763) II 433. (cj 765) II 618.
de Cabouilly, Carol. Ant., Metensis (781) I 155. (j 781) II 473. (cj 783) II 662.
— Franc., Metensis (j 742) II 387.
Caccini, Carol. Balth., Mediolanensis (d 782) I 264.
de Cachéz, Joan. Bapt., Zwyfaltensis (j 749) II 395. (cj 749) II 589.
Kachler, Joh. Jac., Argentinensis (ph 629) I 291. (cph 629) I 465.
— Joh. Jac., Argentinensis (ph 658/59) I 346.
— Joh. Georg., Ulmensis (th 701) I 660.
Cachon, Jac., Vicensis (j 737) II 376. (cj 739) II 578.
Kade, Mich. Lud., Gedanensis (j 758) II 419.
Cademann, Adam. Georg., Pirna-Misnicus (th 661) I 632. (cphm 662) I 543.
Kaden, Joh. Paul., Schleusinger-Francus (j 653) II 256.
Cadensky, Sim. Thom., Augustanus (j 712) II 334.
a Kadersin, L. B., s. Reiswitz.
Kaempf, Guil. Lud., Palat. Bipontinus (m 754) II 74.
— (Kaempff) Joh., Bipontinus (m 749) II 65. s. Kaipff.
— Gabriel Faber (d 726) I 210. s. Koempff.
Kaempffer, s. Kempffer.
Kaess, Joh. Frid., Argentinensis (ph 717) I 403. (cj 734) II 572.
Kaeuffelin, Christian. Frid., Unteroewis. Wirttembergius (m 741) II 54.
Kagg, Carl F. (666) I 3.
Cahill, Carl Ludwig, aus Irland (776) I 123.
Kahlen, Joh., Riga Livonus (j 656) II 261.
Kahler, Joan., Siles. Reichenaviensis (j 736) II 374.
Kahn, Conr. Georg., Servestâ-Anhaltinus (j 673) II 297.
Kaib, Laur., Ulmensis (ph 664) I 355. (cphm 665) I 545.
Caibel, Phil. Jac., Gengenbacensis (m 741) II 55.
Caillet, Petr., Belfortensis (m 731) II 45. (cm 734) II 159.
Caillon, Sim. Henr., Sedanensis (784) I 170. (j 784) II 479.
Kaipff, Car. Phil., Bipontinus (j 754) II 407. s. Kaempf.
Kaiser, Joh., Hofio-Variscus (ph 628) I 289. s. Kayser.
Kalbfuss, Joh. Mich., Bockenheimensis (th 622) I 593.
— Joh. Jac. (ph 654) I 337.
Kalbstehl, Chph., Reuttlingensis (th 673) I 646.
â Kaldenborn, Georg., Silesius (j 656) II 262.
Kalchgraber, Jos., Ferthof. Suevus (776) I 126.
Kalckhoff, Casp. Wilh., Hildesiensis (m 739) II 52.
Calen, Nevelin Jonas, Detmoldâ Westphalus (j 685) II 310.
Kalenberg, Joh. Andr., Darmstatinus (th 659) I 629.
Kallenberg, Joh. Ge., (cphm 711) I 563.

Kalhard, Joh. Melch., Haslebio-Thuringus (th 655) I 623.
Kalhart, Gregor., Ulmensis (cphm 621) I 518.
— Joh., Ulmensis (ph 651) I 334.
Kälin, Bened. Leop., von Einsiedeln (ch 775) I 234.
— Nic., von Einsidlen (ch 786) I 255. (m 788) II 121.
Calisius, Godfrid, Glogoviâ-Silesius (j 657) II 263.
— Joh. Jac., Glogoviâ-Silesius (j 657) II 263.
— Adam., Wolâ-Silesius (m 652) II 18.
— Joh. Henr., Wolaviensis Silesius (th 653) I 621.
Kallenbach, Christoph Friedr. August, Trostadt i. Sachsen (775) I 113. (m 775) II 106.
Kallenius, Alb., Herdeccâ-Marcanus (j 658) II 266.
Kaller, Joan. Mart., Heilbronnensis (784) I 170.
Kallhayt, Joh. Phil., Vinstingensis (ph 649) I 330.
Kallius, Joh. Carol. Lud., Ellerstadiensis Palatinus (ph 733) I 415.
— Frid. Christoph., Lichensis (ph 649) I 331.
Callot, Claud. Phil., Colmariensis (cj 737) II 577.
— Franc. Phil., Colmariensis (cj 773) II 639.
— Franc. Xav., Colmariensis (772) I 95. (j 772) II 452.
— Franc. Xav. Armand., Colmariensis (cj 750) II 591.
— Phil. Mich., Colmariensis (j 750) II 401. (cj 751) II 592.
— Franc., Mazopolitanus (786) I 180. (j 786) II 483. (cj 788: Franc. Jos. Claud.) II 673.
Kalm, Aug. Heinr., Lüneburgensis (769) I 82. (m 769) II 100.
Calmberg, Carol., Tyrigeta - Gothanus (cphm 622/23) I 519.
Calmbergk, Christi., Lipsensis (j 627) II 217.
Calmet, Franc. Lud., Colmariensis (j 739) II 381. (cj 741) II 580.
— Georg., Selestadiensis (cj 707) II 548.
Kalt, Joan. Petr., ex Obermennig ad Confluentiam (j 737) II 374.
— Gabriel Ignat., Spirensis (j 734) II 371. (cj 735) II 573.
— Joseph, Spirensis (778) I 138. (j 778) II 466.
— Lothar. Frid., Spirensis (j 687) II 315.
Kaltenbach, Joh. Frid., Schmeiheim (ch 773) I 231.
Kaltenbrunner, Joh. Georg., Ingolstatt (m 761) II 85.
Kalthoff, Frid. (j 670) II 291.
Calvaeus, Georg. Leop., Montbelgardensis (ph 626) I 283.
— Joh. Christoph., Montbelgardensis (ph 626) I 283.
Calvi, Joh. Bapt., Fontana Commensis (m 786) II 118.
Kalwitz, Daniel, (d 759) I 221.
Cambefort, Franc. Xav., Colmariensis (770) I 85. (j 770) II 448. (cj 772) II 636.
Cambriacus, Georg., Genevensis (j 628) II 220.
Cameel (Camel, Camelus), Georg., Argentoratensis (ph 622) I 276. (cj 631) II 500.
— Joh., Argentinensis (ph 622) I 276.
— Joh. Petr., Argentinensis (ph 643) I 318.
— Joh. Petr., Argentinensis (j 680) II 304.
Kamer, Joh. Bapt., von Arth C. Schweitz (ch 781) II 246.
de Camer, Theod. Casp., Luxemburgensis (d 712) I 207.
Camerarius, Sam., Neocomensis (j 660) II 268.
s. Camerer, Cammerer, Cammerarius.
Camerer, Chph. Friedr., Bahlingensis (777) I 131. (m 777) II 110.
— Joh. Lud., Nicro-Denzlinga-Württembergicus (th 764) I 688.
s. Cammerer, Camerarius, Cammerarius.
— Joh. Rud., Tubingensis (m 748) II 63.
s. Cammerer, Camerarius, Cammerarius.
Kamm, Joh., Argentinensis (ph 679) I 373. (cph 679) I 481. (cphm 681) I 551.
— Joh. Andr., Argentinensis (779) I 140. (ph 779) I 452. (cph 782) I 513. (cphm 784) I 584. (cj 790) II 677.
— Joh. Frid., Argentinensis (784) I 169. (ph 784) I 455. (th 789) I 699.
— Joh. Jac., Argentinensis (ph 732) I 414. (cm 745) II 165.
— Petr., Argentinensis (cph 679) I 481.
— Georg. Jac., Buxovillanus (ph 703) I 390.
Cammasse de Fonterieux (Fontevieux), Carol. Jac., Mannheimensis (770) I 89. (j 770) II 449. (cj 774) II 639.

Cammerarius, Georg. Frid., Lichenavensis (ph 645) I 320.
s. Camerarius, Camerer, Cammerer.
Cammerer (Camerarius), Gasp., Onoldinus (th 662) I 632.
— Joh. Phil., Onoldino-Francus (ph 650) I 331.
— Christian. Theoph., Stuttgardianus (779) I 144. (m 779) II 112.
s. Camerer, Cammerarius, Camerarius.
Cammermejer, Eberh., Wetzlariensis (j 744) II 389.
Campanus, Adam. Elogius, Marchio Stollhovensis (j 663) II 276.
Kampe, Joh., Hamburgensis (j 720) II 345.
de Campe, Eberh., Hamburgensis (j 713) II 336.
— (vom Kampe), Luc., Hamburgensis (j 683) II 306.
de Campen, Christoph. Frid., Hannoveranus (j 727) II 356.
Kämmerer von Worms gen. von Dalberg (Camerarius de Wormatia L. B. dictus a Dalberg),
— Eckunbert. (668) I 4.
— Frid. Ant. (668) I 4.
Kämpff, Joh. Phil., e valle Gregoriana Sultzern (cphm 709) I 562.
s. Kaempf.
Kämpffer, s. Kempffer.
Kampmann, Frid. Godofr., Argentinensis (785) I 174. (ph 785) I 455.
— Joh. Frid., Buxovillanus (th 685) I 653.
— Joh. Henr., Hatten. Hanoicus (ph 713) I 400.
— Joh. Frid., Ingovillanus (ph 750) I 430.
— Phil. Georg., Ingovillanus (ph 718) I 404.
— Casp., Schwelmensis Guestphalus (th 653) I 621.
— Henr. Gotofr., Waldenhemio Hanoicus (ph 745) I 425. (cph 747) I 501. (cphm 748) I 573.
de Campo Scipio, Franc., nobilis Polonus (790) I 200. (m 790) II 121.
— Comte de Scipio, Ignat., Polônus (750) I 32.
Canabaeus, Ernest. Christian., Neuhusa-Thuringus (j 698) II 321.
Candanius, Andr. Raph., Sarburgensis (782) I 161. (j 782) II 475.
Kandler, Joh., Noribergensis (th 715) I 666.
Caneau (Cannac) Joan. Bapt., Brisacensis Alsata (j 728) II 358. (cj 730) II 568.
— Lud., Brisacensis (j 713) II 335.
Canel, Jos. Matthe., Huningensis (cj 723) II 561.
Cangiter, M. Theophil., Hallensis Saxo (th 621) I 591.
Kaniz, Joh. Andr. (d 732) I 212.
Cannac, s. Caneau.
Kannegiesser, Herm., Unna-Westphalus (th 666) I 639.
Cantzler, David, Heilbronnensis (ph 658) I 344.
— Arnold Frid., Schuttorffio Guestphalus (j 662) II 272.
— Mich., Osvilensis (ph 624) I 278.
Canzler, Joan. Georg., Burkardsdorfio Misnicus (j 757) II 414.
Capaun, Gust. Carol., Baro de Swogkowa, Bohemus (j 651) II 252.
Capchon s. Cachon.
Capelius, Christoph., Waldecus (m 652) II 18.
Kapke, Joh. Christi., Niemaschkleba Lusatus (d 730) I 212.
Kapp, Joh. Adam., von Murrhardt i. Württemberg (ch 789) I 260.
— Joh. Reichard., Spirensis (ph 642) I 315. (cj 655) II 512.
Cappaun (Chappaun), Joh. Dan., Argentinensis (ph 727) I 409. (cj 734) II 572.
— Joh. Dan., Argentinensis (ph 758) I 437. (cj 766) II 621.
Cappe, Ludov. Alex. Joseph., Malobod. Flandrensis (781) I 48. (j 781) II 472.
Cappel, Gerrit Albert, Hagensis (786) I 181. (m 786) II 119.
— Joh. Frid. Lud., Helmstadiensis (779) I 143. (m 779) II 112.
von Kappell, Georg. Guestphalus (j 628) II 221.
Kappelmann, Joh. Mich., Werthemio-Francus (th 725) I 671.
Cappeller, Jos., Adelbergensis (ph 627) I 287.
Cappels, Aquisgranensis (m 756) II 77.
v. Cappeln, Eido Joan. Fouwst, Nob. Wursato Frisius (j 670) II 293.
Cappes, Fridr. Jos., Argentinensis (ph 749) I 430. (cph 751) I 503.
— Joan. Bern., Argentinensis (j 751) II 404.
Kapff, Joh. Georg. Friedr., Wittichensis (777) I 130. (m 777) II 110.
Cappler, Paul., Argentinensis (ph 726) I 409.

(Cappler) Phil. Jac., Gundershof. Alsata (767) I 65.
Cappoll, Joh. Marc., Ulmensis (772) I 97. (j 772) II 452.
Kaps, Joh. Henr. Eberh., Roetla-Badensis (776) I 121. (th 776) I 694.
Carabanof, Frid., Russe (s 782) I 266.
Carame, Joan. Laur., Luxemburgensis (j 713) II 336.
— Laur., Spirensis (764) I 39.
a Carben, Joh. Petr., Argentinensis (ph 665) I 358.
— Joh. Petr., Argentinensis (ph 715) I 401. (cj 723) II 561.
— Petr., Moeno-Francofurtensis (m 639) II 14.
— Georg. Frid., Suev. Wirtenbergicus (j 747) II 394.
Carcanico, Henr., Aropolitanus (772) I 97. (m 772) II 103.
Karcher, Andr., Argentinensis (778) I 134. (ph 778) I 451. (th 783) I 697.
— Joh. Dan., Argentinensis (ph 714) I 401. (cphm 718) I 565.
— Joh. Dan., Argentinensis (ph 742) I 423. (cph 744) I 500. (cphm 746) I 573.
— Joh. Dav., Argentinensis (773) I 101. (ph 773) I 448. (th 778) I 695.
— Joh.Sam., Argentinensis (ph 735) I 416.
— Joh. Adam., Rotenburgo-Francus (ph 687) I 379.
— Joh. Lud., Nassoico-Saraepontanus (m 763) II 90.
— Samuel, Saraepontanus (ph 674) I 370.
— Franc. Henr. Jos., Selestadiensis (cj 725) II 563. (cm 725) II 155.
— Joh. Bapt., Selestadiensis (m 731) II 45. (cm 734) II 159.
de Carcy, Petr. Augustin. Andr., Vicensis (788) I 191. (j 788) II 488. (cj 790) II 677.
Karg, Joseph., Augustanus (ph 655) I 340. (cphm 658) I 541.
Karg' de Bebenburg, Frid. Carol. L. B., Franco (730) I 21.
Karger, Reinhard., Basileensis (j 757) II 414.
Carisius, Joh. Georg., Cervimontanus Silesius (m 671) II 25.
Carius, Franc. Frid., Ladenburgensis (j 684) II 309.
Carl (Caroli), Frid., Argentinensis (ph 707) I 394. (cphm 711) I 563.
— (Carolus), Franc. Chph., Argentinensis (ph 627) I 287.
(Carl) Joh. Frid., Argentinensis (ph 765) I 443. (cph 767) I 508. (cphm 771) I 579. (th 771) I 692.
— Joh. Christian., Isenburgensis (m 730) II 44.
— Joan. Samuel, Oringâ-Francus (m 701) II 32.
— Thomas, Plavia-Variscus (ph 645) I 321.
— Andr., Leomontano-Wirtembergicus (j 707) II 330.
de Carl a Mühlbach, Joan. Bapt. Petr. Ignac., Patr. Aug. (780) I 148. (j 780) II 470.
de Carlowitz, Georg. Heinr., Dresdensis (j 758) II 418.
— Joh. Jobst., Nobil. Variscus (j 673) II 296.
Carlson, Gustaff (660) I 2.
Carmien, Joh. Chph., d'Hericour (d 747) I 217.
Carmohn, Laur., Rostochio-Megapolitanus (cphm 684) I 552.
— Laur., Rostochio-Megapolitanus (m 623) II 7.
Carnaghi, Amad., Mediolanensis (d 787) I 265.
Carnenius, Joh., Susatensis Westphalus (th 631) I 604.
Caroch, Alex., Pomeranus (j 670) II 292.
Caroli, Frid., Benfeldensis (ph 666) I 360. (cph 667) I 478.
— Joh., Coburgensis (th 659) I 628.
— Frid., Lohra-Marchicus (cphm 670) I 547.
— Joh. Joach., Pappenheimensis (j 642) II 238. s. Carl, Carolus.
Carolus, Andr., Cellerfelda-Cheruscus (th 651) I 619.
— Chph., Hilperhusa-Francus (ph 633) I 301.
— Steph., Hilperhusa-Francus (ph 626) I 283.
— Paul., Norimbergensis (th 633) I 606. s. Carl, Caroli.
Karp, Joh. Leonh., Wolff.-Mosellanus (ph 651) I 334.
Carpfer, Peter, Hamburgensis (m 721) II 38.
Karpinsky, Nicon, Ucrano-Russus (779) I 141. (m 779) II 112. (cm 781) II 192.
Carpzov, Christi., Coldicensis Misnicus (j 630) II 225. (cj 630) II 498.
— Joh. Bened., Lipsiensis (th 657) I 626.
Carré de Baudouin, Joh. Carol. Alex., Ammerschwirensis (j 758) II 418. (cj 759) II 605.

Carrel, Balthasar., Sabaudus (j 657) II 264.
Carsten, Joh. Phil. Jac., Buxovillanus (767) I 65.
Carstens, Christian. Adolph., Holsatus (774) I 109.
— Joach. Frid., Lubecensis (j 651) II 251.
— Nic., Lubecensis (j 651) II 251.
— Thom., Lubecensis (th 651) I 619.
Karth, Franc. Frid., Argentinensis (782) I 158. (ph 782) I 454.
— Phil. Jac., Argentinensis (ph 763) I 442.
— Andr., Holmia Suecus (m 747) II 62.
de Karwice s. Dunin.
Kary, Joh. Casp., Wormatiensis (th 666) I 639.
Casch, M. Georg., Gedanensis (th 686) I 654.
Caselman, Benjam. Christophil., Rechenberg. Francus (778) I 134. (ph 778) I 451.
— Christi. Phil., Rechenberga-Francus (769) I 81. (th 769) I 691.
— Frid. Carol., Rechenberga - Suevus (766) I 57. (th 766) I 690.
Käser, Christen, Rietwill C. Bern (ch 778) I 242.
Casidanius s. Candanius.
Casimir, Basil., St. Maixent en Poitou (m 784) II 117. (784) I 170 (Pictaviensis).
— Joh., Suecus (j 655) II 258.
Käskern, Albert., Oldenburgensis (j 665) II 280.
Caspar, Christoph., Esslingensis (j 645) II 243. (cj 649) II 508.
— Franc., Esslingensis (j 662) II 272.
— Joh. Georg., Esslingensis (j 669) II 288.
— Jac., Wimpinensis (th 631) I 604.
— Joh. Petr., Wolffensis (ph 689) I 380.
Caspari, Joh. Dan., Argentinensis (ph 713) I 400.
— Joh. Chph., Auffenaviensis (th 763) I 688.
— Joh. Jac., Moeno-Francofurtensis (j 657) II 264.
— Melchior, Rigensis (j 712) II 334.
— Phil. Reinhard., Rupisvillanus (ph 731) I 413.
— Joh., Trabena - Spanhemicus (j 645) II 242.
— Joh., Trabenâ-Mosellanus (j 685) II 309.
— Mich., Vinariâ-Thuringus (j 647) II 245. s. Caspary.
Caspart, Joh., Canstatt - Wirtembergicus (m 725) II 40. (cm 730) II 157.
Caspary, Carol. Casim., Soeterensis (ph 758) I 437. (cj 764) II 615. s. Caspari.
Casper, Ernst Christoph, Würt. Geppingensis (m 721) II 38.
Käss, Joh. Conr., Lindaviensis (ph 656) I 340. (cj 661) II 515.
— Leonh., Lindaviensis (ph 626) I 282.
— (Käs), Mich., Lindaviensis (th 625) I 598.
Cassebohm, Joh. Frid., Berolinensis (m 725) II 40.
a Cassel, Jerem. Frid., Hagenoensis (ph 631) I 297.
— Joh. Bapt. (a Castel), Spira - Nemes (ph 629) I 292. (cj 635) II 501.
Kast (Kastius), Georg. Chph., Argentinensis (ph 705) I 392. (cm 714) II 151.
— Joh. Bernh., Argentinensis (ph 629) I 293.
— Joh. Godfr., Argentinensis (ph 709) I 396. (cj 714) II 552.
— Joh. Joach., Argentinensis (ph 679) I 373. (cm 688) II 144.
— Joh. Phil., Argentinensis (ph 636) I 308. (cj 647) II 506.
— Joh. Phil., Argentinensis (ph 669) I 362.
— Phil. Jac., Argentinensis (ph 741) I 421.
— Joh. Frid., Gernspacensis (ph 677) I 372.
— Joh. Christi., Neostadio-Palatinus (ph 623) I 275.
Castalerensis - Amstelodamensis, Gerard. Gabrielis Marchio (787) I 51.
Kastel, Just. Hier., Noribergensis (ph 633) I 302.
de Castell,
— Christian. Frid. Carol. Comes et Domin. (750) I 32.
— Linburg et Weirburg, Joh. Michael Girardi L. B. (669) I 5.
— Jos. Leop. Baro, Mannheim. Palat. (779) I 47. (j 779) II 468.
Castella, Joh. Nicol. Andr., de Grueria Friburgo-Helvetus (768) I 74. (j 768) II 444.
Castellus, Ant., Italus ex Siena (j 754) II 409.
Kasten, Joh. Christi. Urban, Brunsvicensis (ch 788) I 257.
Castilhon, Petr., Bulloneus (787) I 184. (j 787) II 485.
Castillon, Lud., Friburgensis (j 706) II 329.
Kastner, Franc. Jos., Colmarinus (774) I 109. (j 774) II 457.
— Jos., Molshemiensis (790) I 200. (j 790) II 491.

de Castner, Franc. Ferd. Sigism., Wapperstorffens. Palatinus (j 730) II 362.
Castor, Dan., Francofurtensis (j 698) II 320.
Castorph, Joan. Phil., Weissenburgensis (j 723) II 349.
Castrophe, Carol., Theonisvillanus (j 747) II 393.
de Catharin S. R. I. Eques, Anth., Styrus Graecensis (j 737) II 376.
Catoir, Lud. Gabr., von Sinssheim i. d. Pfalz (ch 780) I 245.
à Katte, Joh., Eq. Saxonicus (j 654) II 257.
— Balthas. Fried., Nob. Magdeburgensis (j 670) II 293.
Cattin, Joan. Petr., ex Rudisylva Rauracus (j 752) II 405.
Catumart, Petr. Jos. Stanisl. Guilh., Valencenas (j 767) II 441.
Katzauer, Joh. Steph., Erffurto-Thuringus (ph 645) I 321.
Katzenberg, Andr., Magdeburg. Saxo (th 629) I 602.
Katzenstein, Frid., Argentinensis (cphm 644) I 534.
von Katzpöckh, Matth. Heinr., Equ. Suevicus (j 724) II 349.
— Kazenstein et Thurnstein, Melch. Daniel, a Oberhausen, Eq. Suev. (j 731) II 363.
Kau, Joh. Thom., Argentinensis (ph 730) I 412. (cj 738) II 578.
Kauff, Joh. Huldr., Helv.-Welhusanus (m 739) II 52.
Kauffmann, Andr. iun., Argentinensis (ph 634) I 303. (cphm 635) I 529.
— Andr., Argentinensis (ph 665) I 358.
— Joh. Jac., Argentinensis (ph 634) I 303. (cph 634) I 468. (cphm 636) I 530.
— Georg. Ern., Bad. Durlacensis (778) I 133. (m 778) II 110. (cm 780) II 191.
— Joh. Conr., Bönigkeimensis (ph 662) I 351.
— Jac., Dörming. Westriacus (ph 630) I 294.
— Franc. Xav., Matzenheimensis (775) I 115. (j 775) II 459. (cj 776) II 647.
— Joh., von Steffisburg (ch 782) I 248.
— Joh. Georg., Ulmensis (ph 656) I 341.
— Franc., Valthüranus (j 738) II 378.
— Christoph., Vitodur. Helvetus (774) I 108. (m 774) II 105.
— Heinr., von Wimpfen (ch 787) I 256. s. Kaufmann.
Kaufmann, Joh., von Bahlingen (ch 775) I 235.
— Joh. Adam. Christi., Heilbronnensis (786) I 182. (m 786) II 119.
— Christoph., Palatinus (j 624) II 207.
— Joh. Chph., Pforzheimensis (th 701) I 660. s. Kauffmann.
Cavalli, Vinc., Taurinensis (d 788) I 265.
Kayser (Kaiser), Godofr., Barrensis Alsata (770) I 89.
— Joh. Jac., Barrensis Alsata (ph 761) I 439. (th 771) I 692.
— Phil. Reinhard., Bierstadio-Nassov. (th 749) I 682.
— Joan. Franc. Ant., Hagenoensis (789) I 196. (j 789) II 490.
— Joh. Lud., Corsicanus (ph 787) I 457. 187.
— M. Adam., Lemgo-Westphalus (th 663) I 634.
— Christophor. Adam., Lipsensis (m 736) II 49.
— Joh. Conr., Mihla-Nassoicus (th 729) I 673.
— Joh., Schluccenavia-Bohemus (ph 642) I 316.
— Marc. Ant. Fidelis, Tugiensis Helvetus (j 752) II 405. s. Kaiser.
Kauhlen, Franc. Wilh., Hemmerden (774) I 112.
Kaunitz s. Kunitz.
de Causan, Adrian. Mauric., Avenionensis (773) I 44. (j 773) II 455.
Kauschelmann, Joh. Jac., Phorcensis (ph 627) I 287.
Caussenius, Jerem., Hassus (cj 632) II 500.
Caussius, Andr., Hanovico-Wetteravus (j 648) II 247.
Kaussmüller, Joh. Steph., Eppinga-Palatinus (ph 754) I 434.
du Cayet, à Strassbourg (d 698) I 206.
Kazy, Ignat. Wencesl., Boemus Austensis (ph 719) I 404.
Kechelen, Georg Sam., Onoldinus (m 747) II 51. (cm 748) II 166.
Keck, Joh. Christi., Argentinensis (ph 645) I 321. (cph 645) I 472. (cphm 646/47) I 536. (Poet. L. 647/48) I 587.
— Just., Argentinensis (ph 657) I 342 (cj 666) II 519.
— Dan., Argentoratensis (cphm 656) I 540.
— Joan. Chph., Baruthino-Francus (m 751) II 68.
— Joh. Phil., Heydelbergensis (ph 635. 636) I 307. (cph 636) I 469.
— Jos., Malbodinus (774) I 109. (j 774) II 457. (cj 778) II 650.

(Keck) Franc. Ant., Neobrisacensis (778) I 139. (m 778) II 111. (cm 782) II 193.
— Ern. Henr., Oettingensis (m 739) II 53. (cm 740) II 163.
Kees, Joh. Phil., Gelnhusanus (766) I 55. (m 766) II 95. (cm 769) II 181.
Keeser, Joh. Jac., Hala-Suevus (ph 678) I 372.
Keetz, Daniel, Oberschoffensis (th 624) I 708.
Keferlohr, Joh. Georg, Kitingensis (j 663) II 275.
Kegel, Georg., Posonio-Hungarus (j 627) II 216.
Keguelin, Joh. Franc. Ernest., Rhinoviensis (cj 736) II 575.
Kehler, Joh. Udalr., Oringa-Hoenloicus (ph 668) I 361.
Kehr, Paul., Silesius (j 630) II 225.
Keller, Georg. Frid., Argentinensis (ph 656) I 341.
— Georg. Chph., Argentinensis (ph 658) I 343.
— Joh. Frid., Argentinensis (ph 656) I 341.
— Joh. Mich., Argentinensis (ph 627) I 285. (cph 627) I 464. (cphm 628/29) I 525.
— (Queller), Franc. Lud., Argentinensis (771) I 90. (j 771) II 449.
— Frid., Augustanus (ph 656) I 341. (cphm 659) I 542.
— Franc. Ant., Aulendorffens. Suevus (cj 704) II 546.
— Jac. Chph., Bellofortensis (j 768) II 445. (cj 770) II 631.
— Wilh., Dusburgo-Clivus (j 669) II 289.
— Franc Ant., Hagenoensis (m 764) II 92. (cm 768) II 181.
— Andr., Heilbronnensis (th 670) I 644.
— Joh. Phil., Hoënloicus (j 671) II 294.
— Ant., Itznangensis Suevus (779) I 144. (j 779) II 468.
— Jean Henri, Clivensis (j 669) II 288.
— Franc. Ant., Koenigseggensis (j 701) II 326.
— Georg., Landoviensis (781) I 155. (cj 784) II 665.
— Carol. Martin., Lucernensis (j 756) II 414.
— Jos. Jodoc., Lucernensis (j 731) II 365.
— Frid. Andr., Moerschingensis (ph 718) I 403.
— Joh. Phil., Pfedelbacensis Hoenloicus (ph 665) I 356.
— Joh. Heinrich, Rheinfelden Schweitz (m 764) II 92.
— Jac., Saraepontanus (ph 632) I 300.
(Keller) Joh. Bernh., Saranus (ph 634) I 303. (cphm 642) I 533.
— Joh. Mich., Saraepontanus (th 635) I 609.
— Joh. Dav., à Schlaitheim. (j 664) II 277.
— Joan. Bapt., Sebusiensis (770) I 87. (j 770) II 448. (cj 772) II 637.
— Joh. Georg., Spirensis (ph 634) I 303.
— Joh. Georg., Stuttgardianus (j 637) II 235.
— Joh. Chph., Stuttgardianus (j 637) II 235.
— Nic., Sultzensis Alsata (m 755) II 75.
— Ambros. Lud. Bernard., Tabernae-Montanus (780) I 147. (m 780) II 113.
— Chphr. Sigism., Viennensis (j 626) II 213.
— Joan. Franc., Austria-Viennensis (j 739) II 380.
— Joh. Andr., Vormatiensis (ph 646) I 323.
— Lud., Werthemianus-Francus (j 625) II 211.
— Casp., Wirceburgensis (m 753) II 73.
de Keller, Dorotheus Ludov. Christoph. L. B, Thuringus (775) I 45.
Kellermann, Henr., Argentinensis (j 760) II 425.
— Joh., Argentinensis (cph 668) I 478.
— Joh. Chph., Argentinensis (j 714) II 337.
— Pancr., Argentinensis (ph 656) I 341. (cph 656) I 475. (cphm 660) I 542.
— Joh., Olaviensis Silesius (j 623) II 206.
de Kellermann, Steph. Franc., Metensis (787) I 188. (j 787) II 487. (cj 789) II 677.
Kellers, Matthias, Neerstra i. Kölnischen (768) I 74. (m 768 : Colloniensis) II 98.
Kellinghusen, Christoph., Hamburgensis (j 650) II 249. (cj 653) II 510.
Kehrer, Christi. Salomo, Onoldo-Francus (j 699) II 323.
Kehrvand, Nic., von Arberg (d 770) I 226.
Keifflin, Joh. Andr., Argentinensis (ph 655) I 338. (cph 655) I 475. (cphm 657) I 541.
— Joh. Phil., Argentinensis (ph 727) I 410. (cj 734) II 572.
— Joh. Andr., Dümmeringensis (ph 690) I 380.
— Joh. Georg., Dümringensis (ph 691) I 381.
— Joh. Phil., Dimmringensis (cph 689) I 484. (cphm 691) I 555.

Keil, Leopold., Gernsbacensis (774) I 108. (j 774) II 456.
— Henr. Balthasar, Cassellan. Hassus (j 650) II 250.
— Keill, Joh., Cassellanus (j 656) II 261.
— Mart., Limburgens. ad Lahnam (j 740) II 383. (cj 747) II 586. s. Keyl.
Keilau, Joh. Leonh., Holsatus (m 736) II 48.
Keilenberg, Georg., Torgen. Misnicus (ph 634) I 304.
Keill, Mich., Pegaviensis Misnicus (j 650) II 250.
Keim, Joan. Mich., Argentinensis (j 781) II 471.
— Frid., Gengenbacensis (ph 746) I 427.
Kein, Franc. Jos., Deidesheimensis Palat. (d 770) I 225.
Keinthel, Steph., Bistriciensis Transylvanus (th 663) I 634.
Keipf, Joh. Leo, Darmstatinus (ph 646) I 324.
Keipp, Joh. Steph., Trarbac. Mosellanus (ph 645) I 320.
Keiser, J. H., Mediomontanus (ph 705) I 392.
Keith, Sigism. (j 627) II 219.
Kell, Joh. Paul., Heilbronnensis (m 718) II 36.
Kellebach, Balthas., Mogonus (m 756) II 77.
Kelner, Joh. Heinr., Betuletanus (th 622) I 592.
— Joh. Adolf., Moeno-Francofurtanus (ph 640) I 312.
— (Kellner), Joh. Phil., Moeno-Francofurtanus (j 670) II 290.
— Joh. Georg., Jenensis (j 644) II 241.
— Paul., Northusanus Cheruscus (th 625) I 598.
— Joh., Solrensis Francus (j 629) II 223.
Kelp, Franc. Henr., Oldenburg. (m 745) II 58. (cm 747) II 165.
Kelsch, Mich., Homburgensis (788) I 191. (j 788) II 488.
Kelss, Christi., Bonnensis (m 662) II 22.
von Keltsch, Georg. Wilh., Eq. Silesius (j 720) II 345.
— Otto Kemrich, Silesius (j 663) II 276.
Keltz, Joh. Mart., Argentinensis (ph 688) I 380.
Kemmerer, Joh. Georg., von Schneeberg (ch 779) I 243.
Kemmeter, Joh. Alb., Wormatiensis (cphm 623) I 520.
Kemmler, Steph., Reuttlingensis (th 699) I 659.
Kemnau, Samuel, Merseburgo-Saxo (m 747) II 62.
Kemner, Jos., von Walstädte i. Westph. (ch 778) I 241.
Kemp., Dan., Gryphenhag. Pomeranus (j 630) II 226.
Kemp, Joh., Lengenfeldens. Misnicus (j 631) II 228.
Kempendorff, Casp. Frid., Pomeranus (j 648) II 246.
Kempff, Michael, Egra-Bohemus (ph 632) I 299.
— Franc., Nassovicus Ottovillanus (m 755) II 76.
— Seb., Romhildâ-Francus (ph 653) I 336.
— Christoph., Veteromont. Misnicus (ph 630) I 293.
— Joh. Phil. (cph 706) I 488.
de Kempff ab Angreth, Jac. Octav. Jos. Domin., Guebwillanus (j 760) II 424. (cj 762) II 612.
Kempffer (Kämpffer), Joh. Nic., Argentoratensis (cj 674) II 529.
— Joh. Nic., Argentinensis (cj 705) II 547.
— Joh. Bapt., Argentinensis (cj 731) II 569.
— (Kaempffer), Joh. Jac., Argentinensis (ph 758) I 437.
Kenens, Henr., Beruviensis Lotharingus (m 760) II 85. (cm 763) II 175.
Kentzinger, Franc. Ant., Argentinensis (777) I 126. (j 777) II 462. (cj 780) II 654.
— Franc. Jos., Argentinensis (789) I 195. (j 789) II 490.
— Georg. Jos., Argentinensis (789) I 196. (j 789) II 490.
— Joh. Bapt., Argentinensis (785) I 176. (j 785) II 481. (cj 787) II 673.
— Lud. Carol., Argentinensis (790) I 201. (j 790) II 492.
— Franc. Jos. Maria, Selestadianus (j 748) II 397. (cj 749) II 589.
— Georg., Oberberghemensis (j 704) II 327. (cj 706) II 547.
— Georg. Jos., Oberbergheimensis (j 750) II 401. (cj 752) II 595.
Kepler, Georg Gottlieb, de Göppingen (ch 786) I 255. s. Keppler.
Keppler, Maxim. Xav., Andlaviensis (780) I 149. (j 780) II 470. (jc 782) II 660.
— Carol. Christian., Lignicensis Silesius (j 669) II 288.
— M. Ludov., Pragâ-Bohemus (m 631) II 12. s. Kepler.

Kercher, Mich., Argentinensis (j 655) II 258.
de Kerckerinck, Wilh. Lambert. Monasterio Westphalus (j 665) II 280.
Kergelin, Franc. Theobald., Rinaviensis (j 698) II 321.
— Joh. Franc. Ernest., Rhinoviensis (cj 736) II 575.
Kerger, Mart., Glogâ-Silesius (th 643) I 613.
Kerher, Henr., Frisius (j 651) II 252.
Kermann, Ferd. Wilh., Mannheimensis (m 735) II 47.
Kern, Jac. Frid., von Augsburg (ch 781) I 247.
— Joh. Jac., von Berlingen (ch 786) I 256.
— Carol. Henr., Buxovillanus (775) I 114. (j 775) II 459. (cj 778) II 652.
— Christi. Lud., Buxovillanus (772) I 97. (j 772) II 452.
— Frid. Wilh. Lud., Buxovillanus (791) I 202.
— Phil. Frid., Buxovillanus (j 764) II 434. (cj 769) II 629.
— Henr., Forchtenberg. Hohenloicus (ph 647) I 325.
— Joh. Phil., Graefensteinbergensis-Francus (th 699) I 659.
— Heinr., Suevo-Halensis (ph 659) I 345.
— Joh. Alb., Suevo-Hallensis (th 685) I 653.
— Joh. Georg., Creilsheimensis (ph 664) I 355.
— Chph. Henr., Cünzelsaviensis (th 674) I 646.
— Conr. Christi., Neolithanus (ph 634) I 305.
— Georg. Chphr., Onoldo-Francus (j 653) II 256
— Joh. Georg., Onoldinus (ph 709) I 396.
— Joh. Conr., Onoldinus (th 710) I 664.
— Joh., Pressatô-Palatinus (j 628) II 220.
— Phil. Chrph., Steinsfeldensis (m 754) II 74.
— Matthae., Ulmensis (th 740) I 679.
— Phil. Jac., Werthemia-Francus (th 672) I 645.
— Phil. Jac., Werthemia-Francus (th 710) I 664.
— Joh. Georg., Zeapolitanus (j 666) II 283.
Kerner, Joh., Nordlingensis (ph 654) I 337.
Kernig, Joh. Henr., Moeno-Francofurtanus (ph 686) I 378.
de Kerpen, can. Herbip. et Spir., Franc. Ludov. Carol. Maria L. B. (767) I 41.
— can. Bamberg., Confluentinus, Frid. Lothar. (773) I 44. (j 773 : Phil. Lothar.) II 455.
Kerrlin, Joh. Georg., Nidernhallensis (ph 669) I 363.
Kerscher, Joh. Jac., Ratisbonensis (j 656) II 260.
Kerssenstein, Ludov., Prussus (j 651) II 251.
Kersten, Andr., Leimbach-Marchicus (j 720) II 346.
— Joh. Christian., Lipsiensis Misn. (j 720) II 346.
— Chphr., Regiomont. Borussus (j 643) II 241.
Kerstens, Guil. Henr., Moscwa-Rutenus (783) I 165. (m 783) II 176.
Kertschmar, Frid., Haynov. Silesius (m 727) II 42.
Kess, s. Kaess.
Kesse, Andr., Martin., Mega-Gotter Thuringus (j 708) II 330.
Kesselmeyer, Joh., Nassoicus-Lahrensis (th 754) I 684. (cm 758) II 172.
— Joh. Phil., Landaviensis (ph 743) I 424.
Kesler, David, Schönavia-Silesius (th 629) I 602.
Kesmann, Joh. Jac., Reutlingensis (m 765) II 95.
Kessler, Joh. Jac., Argentinensis (ph 718) I 404.
— Joan. Ant. Nic., Episcopio - Rhenanus (j 733) II 368.
— Georg. Henr., Geislinga Ulmanus (ph 671) I 366.
— Franc. Xav., Landserensis (j 763) II 432. (cj 767) II 622.
— Paul., Nagy-Schenckensis Transylvanus (ph 657) I 342.
— Joh. Christi., Oettingensis (ph 714) I 401.
— Frid. Jos., Tabern. Alsata (ph 677) I 371.
Kest, Joan. Jac., ex Sto. Hippolityto Als. (j 733) II 368.
Kestler, Bernard. Franc., Sermi Marchionis Durlacensis ex hac parte Rheni et totius Baronatus Fleckensteiniani Satrapa (j 687) II 313. (cj 687) II 538.
Kestner, M. Joach., Sorâ-Lusatus (th 658) I 627.
— Sigismund (j 670) II 291.
Kettemann, Joh. Frid., vom Untersontheim (d 769) I 224.

Kettering, Jodocus, Lunâ-Marcanus (j 669) II 287.
Kettler, Carol. (710) I 13.
— Casp. Georgh, Westphalus (j 626) II 215.
Kettliger, Joh. Christi., Bückeburgensis (m 751) II 68.
Kettner, Martin., Rechenbergensis (ph 640) I 311.
Keublinger, Wolfg., Ginsmiensis-Hungarus (th 670) I 644.
Keuchenius, Christi. (j 657) II 264.
Keudel, Joh. Wilh., Hassus (j 654) II 257.
Keuffer, Petr. Ignat., Selestadiensis (781) I 157. (j 781) II 473.
Keufsen, Christoph, Sangerhusâ-Thuringus (j 665) II 280.
Keusenhof, Peter, von Elberfeld (ch 787) I 256.
Keydt, Andr., Noricus (j 649) II 249.
Keyl, Hilar., Moeno-Francofurtensis (m 757) II 80.
— (Keil) Joh. Wilh., Francofurtensis (j 645) II 242. s. Keil.
Keyser, Dan., Argentinensis (ph 707) I 393.
— Joh., Heltâ Transylvanus (th 668) I 642.
— Nic., ex Sancto Nabore (j 738) II 379.
Keyselitz, Gottfried, Soravia-Lusatus (m 765) II 94.
Keysler, Joh. Frid., Thurnavia-Francus (m 727) II 42.
Khamaccer, Arnold., Iserlonio-Westphalus (j 656) II 262.
Khern, Mich., Oedenburg. Ungarus (j 628) II 220.
Khol, Joh. Jac., Norimbergensis (j 665) (II 279).
Khomeuser, Joh. Adam., Isenburgicus (j 683) II 306.
Khonnius s. Konn.
Khornritter, Jos., Waldtkürchensis Brisgojus (j 718) II 340.
de Khornritter ab Ehrenhahn, Jos., Brisgojus (j 765) II 438.
Khuen L. B. de Belasy, Georg. Theodoric. (660) I 2.
Khun, Joh. Casp., Saraepontanus (Poet. L. 676) I 587.
— Wilh., Sebusiensis (cj 664) II 518. s. Kuhn, Kuon.
Khym, Carol., Oppenheimensis (j 756) II 412.
Kichler, Joh., Hamburgensis (j 625) II 211.
Kiderlen, Matthi., Ulmensis (j 739) II 380.
Kiechel, Joh. Frid., Argentinensis (ph 701) I 387.
— Joh. Frid., Argentinensis (772) I 96. (j 772) II 452.
— Carl David, Ulmensis (m 725) II 40.
— Matthae., Ulmanus (ph 623) I 276.
Kiefer, Joan. Georg., Selestadiensis (j 718) II 340. (cj 721) II 559.
— Carol. Frid., Saaraepontanus (786) I 179. (m 786) II 118.
— J. E., Nassoico-Saarepontanus (764) I 39.
Kieffer (Kiefer), Joh. Dan., Argentinensis (782) I 158. (ph 782) I 454. (cph 782) I 514. (cphm 787) I 585. (th 788) I 699.
— Joh. Frid., Argentinensis (ph 751) I 432.
— Paul., Argentinensis (ph 702) I 388.
— Phil. Jac., Argentinensis (784) I 169. (ph 784) I 455.
— Wilh. Christi., Argentinensis (ph 668) I 361.
— Franc. Jos., Benfeldensis (j 752) II 406.
— Franc. Jos., Benfeldensis (778) I 138. (j 778) II 466. (cj 781) II 656.
— Joh. Jac., Durlacensis (ph 724) I 408. s. Küffer.
— Phil. Mart., Heidelbergensis (th 655) I 624.
— Joh. Jac., Mülheimensis (ph 635) I 306.
— Joh. Joach., Phorcensis (ph 661) I 350. (cphm 663) I 544.
— Joh. Jac., Pforzensis (ph 663) II 354. (cph 664) I 477.
— Ant., Saraludovicensis (787) I 189. (j 787) II 487.
— Theophil. Heinr., Sulzburgo-Badensis (th 764) I 690. (766) I 56.
— (Kueffer), Franc. Ant., ex Uttenheim Alsata (j 747) II 395. (cj 750) II 590.
Kieffler, Abraham, Wormatiensis (j 741) II 386.
Kiehl, Franc. Norbert., Oberkirchensis (j 707) II 329. s. Kiel.
Kiehm, Ern. Theodor. Gottlieb, Darmstatinus (th 725) I 672.
Kiel, Reinold. Christi., Budissa Lusatus (j 757) II 415. s. Kiehl.
Kielman, Joan. Arnold. Georg., Essendiensis (m 748) II 63. (cm 749) II 167.
— Henr. Godefr., Hattnega Marcanus (j 710) II 332. (cj 712) II 551.
— Joh. Bapt., V. Huss (j 628) II 221. s. Killmann.
Kielmann a Kielmannseck, Joh. Phil., Stuttgardianus (j 633) II 231.

Kiehn s. Kien.
Kien, Lud. Felix, Argentinensis (768) I 75. (cj 774) II 639.
— Theophil. Jos., Argentinensis (775) I 112. (j 775) II 458. (cj 777) II 648.
— Joan. Leonard., Mittelbergheimensis (j 732) II 366. (cj 734) II 572.
— Joan., Obernehemens. Alsata (j 711) II 333. (cj 712) II 551.
Kienberger, Franc. Leontius, Wylensis Helvetus (j 739) II 382.
Kiener, Joh., Richovillanus (773) I 103. (ph 773) I 448.
de Kieningen, Georg. Adam., Rastadiensis (j 757) II 416. (cj 760) II 606.
— Georg. Lud., Rastadiensis (j 757) II 416. (cj 760) II 606.
Kienle, Dan., Augustanus (j 633) II 231.
Kientz, Laur., Argentinensis (ph 678) I 372. (cph 678) I 481.
Kiercher, Ant., von München (ch 786) I 256.
Kiesewetter, Fried. Ernest., Sax.-Gothanus (m 756) II 76.
— Gottfr., Olsna-Silesius (j 662) II 273.
Kieso, s. Kiefer.
Kieslingk, Andr., Budissinâ-Lusatus (j 624) II 208. s. Kiessling, Kisling, Kissling.
Kiess, Joh. Georg., Saaraepontanus (m 739) II 53.
Kiessling, Joh. Thom. (d 726) I 211.
— Joh., Gorlicio-Lusatus (j 658) II 265. s. Kieslingk, Kisling, Kissling.
Kilburger, Joh. Phil., Argentinensis (ph 660) I 348.
— Lud. Adolph., Argentinensis (ph 673) I 639.
Kilchmann, Franc. Jos., Ettiswyl i. C. Lutzern (ch 781) I 246.
Kilian, Joan., Niedern-Selterensis (m 738) II 51. (cm 740) II 163.
Killenbach, Joh. Georg., Durlaco-Marchicus (ph 665) I 356.
Killinger, Tobias Abrah., Oettingensis (th 730) I 674.
Killmann, Dan., Falcoburgensis Neo-Marchicus (cphm 624/25) I 521. (th 624) I 708. s. Kielmann.
Kimich, Donat. Jac., Argentinensis (cj 791) II 679.
— Franc. Jac., Argentinensis (788) I 194. (j 788) II 489. s. Gimmig.
Kimler, Joh. Georg., Radstatiensis (j 751) II 403.
Kinck, Joh. (j 652) II 253.
Kindel, Sigm. Frid., von Altdorff (d 739) I 215.
Kindscher, Andr. Victorin., Dessa-Anhaltinus (j 682) II 306.
Kindsvatter, Joh. Georg., Ulmensis (ph 664) I 355.
Kinigl L. B. de Ehrenburg et Warth, Innoc. Carol., Oenipontan. Tyrolensis (733) I 23.
Kinss, Joh. Theodor., Hasso-Casselanus (j 721) II 347.
Kinsselbach, Joh. Lud., Landaviensis (m 747) II 60.
Kipeke, Joh. Albert., Ratisbonensis (m 756) II 78.
a Kippenheim, Henr. Balth., Argentinensis (ph 627) I 287.
Kips, Ferd. Frid., Argentinensis (778) I 135. (ph 778) I 452.
— Jac., Argentinensis (cphm 696) I 557.
— Joh., Argentinensis (ph 694) I 383.
— Joh. Jac., Argentinensis (cphm 622. 623) I 519. (th 624) I 707.
— Joh. Jac., Argentinensis (ph 629) I 293.
— Joh. Jac., Argentinensis (ph 665) I 356.
— Joh. Jac., Argentinensis (cj 746) II 584.
— Joh. Jac., Argentinensis (775) I 115. (ph 775) I 449.
— Joh. Mich., Argentinens. (ph 698) I 385.
Kirchain, Petr., Marpurgensis (j 642) II 238.
Kirchbach, Joach., Nossen. Misnicus (ph 627) I 288.
Kirchberg, burggravius de, s. Sayn.
Kirchberg, Alex., Rostochiensis (j 627) II 219.
Kirchberger, Georg, Norimbergensis (j 622) II 205. (cj 622) II 494.
Kirchdorfer, Joh., Ratisbonensis (ph 737) I 418.
Kirchenbauer, Vit., Oetingensis (ph 664) I 355.
Kircher, Sigism. Frid., Durlacensis (ph 687) I 379.
— Dav., Westhoffensis Hanoicus (ph 630) I 293. (cphm 631/32) I 527.
de Kirchheim, Guil. Eleon., Argentinensis (j 734) II 370.
— Phil. Aug., Argentinensis, Eq. Alsata (767) I 42. (j 767) II 443.
— Frid. Christ., Buxovillanus, Eq. Als. (ph 662) I 351. (cj 669) II 523.
— Phil. Dav., Eq. Alsata (cj 672) II 527.
Kirchoff, Georg., Lauba-Lusatus (ph 633) I 302.
Kirchhoff, Frid. Ludov., Hombergensis ad montes (j 708) II 331.

Kirchmair, Christoph. Carol., Noribergensis (j 666) II 284.
— (Kirchmarius), Jac. Chph., Oeting. Suevus (th 661) I 631.
Kirchmajer, M. Theodor., Francus (th 673) I 646.
Kirchmayer, Domin. Jac., Selestadiensis (j 760) II 425.
Kirchman, Alex., Lübecensis (cj 648) II 507.
Kirchmarius s. Kirchmair.
Kirchner, Casp., Boleslaviensis Silesius (j 646) II 244.
— Martin., Drusenheimensis Hanoicus (ph 623) I 276. (cph 623/24) I 463. (cphm 625/26) I 522.
— Phil., Drüssenheimensis (cphm 623) I 520.
— Adam., Freystettensis (ph 650) I 333.
— Christoph. Conr., Manheimio-Palatinus (j 698) II 321. (cj 700) II 544.
Kirchring, Godth., Lubecensis (j 663) II 275.
— Henr., Lubecensis (j 628) II 221.
Kirsch, Ant., Francofurtensis (ph 687) I 379.
— Ant., Gugenhemensis (j 763) II 433.
— Nic., Luxemburgensis (ph 742) I 423.
Kirschbaum, Petr., Limburgensis (m 747) II 61. (cm 749) II 167.
— Ern. Lud., Weilburgensis (m 738) II 51.
Kirschstein, Joh. Chphr., Ratisbonensis (j 628) II 221.
Kirssner, Frantz Mathi., St. Pilt. Alsata (m 748) II 62.
Kirst, Joh. Frid., Meisenheimio-Palatinus (j 712) II 334.
Kirsten, Joh., Brega Silesius (j 630) II 225.
— Volckmar, Gotha Thuringus (j 663) II 274.
— Frid., Laubâ-Lusatus (th 64) I 607.
— Aug. Wilh., Rudolstadiensis (d 789) I 265.
— Georg., Stetin. Pomeranus (ph 631) I 297.
Kislegg, Baro in, s. Schellenberg.
Kisling, Joh., Variscus (ph 661) I 349.
— Anton., Zittaviâ-Lusatus (ph 628) I 289. (cm 633) II 128.
— Joh., Zittaviâ-Lusatus (m 619) II 4. 5.
— Joh. Christi., Sittâ-Lusatus (m 654) II 19. (cm 655) II 134.
s. Kiessling, Kieslingk, Kissling.
Kisner, Joh. Christi., Moeno-Francofurtanus (m 741) II 54.
— Joh. Erasm., Moeno-Francofurtensis (m 726) II 41.
Kissel, M. Joh. Conr., Hatta-Alsatus (m 679) II 27.
— Conr., Wetzflariensis (ph 650) I 333.
Kissibertus, Joan. (m 614) II 2.
— Leonh. (m 614) II 2.
Kissling, Carl Lorentz, Haunsheimensis in Palat. super. (th 715) I 667.
s. Kieslingk, Kiessling, Kisling.
— Georg., Ulmensis (ph 625) I 280. (cphm 626) I 522.
— Joh. Georg., Ulmensis (th 652) I 619.
Kistner, Joh. Leonh., Windshemio-Francus (j 655) II 259.
Kitsch, Dagobert., Argentinensis (ph 623) I 276. (cph 623/24) I 463. (cphm 626) I 522.
— Joh. Georg., Argentinensis (ph 664) I 354. (cph 664) I 477. (cphm 667) I 546.
Kitzel, Georg. Henr., Giessensis-Hassus (ph 649) I 329.
(von) — Joh. Phil., Giessensis (j 685) II 311.
Clad, Franc. Anton., Bitschwiller Alsata (781) I 157. (m 781) II 115. (cm 784) II 196.
Clady, Joh. Dan. (791) I 202. (ph 791) I 459.
Clain, Joh. Georg., Amberg. Palatinus (ph 623) I 275.
Clamberg, Georg. Frid., ex Dillenburg (ch 778) I 242.
Clamer, Joan. Mich., Hagenoensis (j 763) II 432. (cj 764) II 617.
Clamm, Joh. Heinr., von Oberbrunn (ch 781) I 247.
Klann, Chph., Darmstadiensis (ph 649) I 329.
Clapius, Gottfried, Uschovensis Polonus (j 662) II 273.
Klapka de Wescowet, Jos. Anton., Pragensis (j 742) II 387.
Clapmejer, Henr., Mindanus (ph 674) I 370. (j 665) II 281.
Clatten, Christian, Megapolitanus (j 668) II 286.
Claude, Hubert., Lotharing. ex Albestroff (j 754: Vicensis) II 408. (cj 756) II 599.
— Ign. Nic., Argentinensis (j 745) II 391. (cj 748) II 587.
— Joan. Steph., Novian. super Mosellam (j 738) II 379. (cj 738: Orvillanus) II 577.
— Jos., Pontroyensis Alsata (j 731) II 365. (cj 733) II 571.
— Claud., Romaricomontanus (771) I 94. (j 771) II 451. (cj 772) II 637.

Claudel, Joan. Nic., Bressiensis (j 762) II 431. (cj 763) II 614.
— Franc. Hubert., Lunevillanus (j 754) II 408. (cj 756) II 599.
— Jos., dioc. de Toul (d 761) I 221.
Clauder, Gabr., Altenburgo-Misnicus (m 661) II 21.
Claudi, Joh., Moeno-Francofurtanus (ph 631) I 296. (cphm 633) I 528.
— Joh. Dan., Moeno-Francofurtanus (th 707) I 662.
— Joh. Wilh., Moeno-Francofurtanus (ph 672) I 367.
Claudii, Escher., Orthunga-Danus (j 656) II 261.
Klauer, Joh. Daniel, Schleusinga-Hennebergicus (j 685) II 310.
Klauhold (Klauholdt), Andr., Argentinensis (ph 687) I 379. (cph 688) I 483. (cphm 690) I 555.
— Franc. Louis, Argentinensis (793) I 203.
— Joh. Phil. Ulr., Argentoratensis (ph 733) I 414. (cph 734) I 496. (cphm 737) I 570. (Poet. L. 737) I 588.
— Joh. Joach., Hanoviensis (m 744) II 57. (cm 746) II 165.
— Joh. Bernh. Andr., Moerchingensis (ph 715) I 401. (cph 715) I 491. (cphm 719) I 566.
Claus, Franc. Andr., Argentinensis (777) I 132. (j 777) II 464. (cj 781) II 659.
— Franc. Casp., Argentinensis (j 749) II 399. (cj 750) II 592.
— Georg. Jos., Argentinensis (j 755) II 411. (cj 759) II 604.
— Joh. Ant., Francofurtanus (j 738) II 378. s. Klauss.
a Claus s. Storck.
Clausen, Balthas. Christian, Hafn. Danus (j 757) II 415. s. Claussen.
de Clausenheim, Carol. Frid., Eq. Meklenburg. (740) I 27.
Clausing, Joh. Godofr., Argentinensis (785) I 174.
— Phil. Frid., Argentinensis (777) I 130.
Clausius, Adam. Frid., Nordlingensis (j 681) II 305.
— Henr. Ernest., Nordlinganus (j 712) II 335.
— Matthae., Ulmensis (j 643) II 240.
Klauss, Joh. Jos., Aschaffenburgensis (ph 739) I 420. s. Claus.
Claussen, Mich. Christi., Gluckstad. Holsatus (m 722) II 39. s. Clausen.
Klauwel, Georg., Longo-Salzensis Thüringus (j 641) II 238.
Clavé, Franc. Wilh., Altkierensis (775) I 112. (j 775) II 458. (cj 776) II 646.
— Chph., Alsata Belfortensis (j 734) II 370. (cj 734) II 572. s. Clavey.
— Joh. Jac., Didenhem. Alsata (777) I 132. (j 777) II 464. (cj 781) II 658.
Clavel, Hector Amad., Neufracensis Suevus (j 757) II 415.
— Jos., ex Scheer Suevus (782) I 162. (j 782) II 475.
— Leop., Scherensis-Suevus (782) I 162. (j 782) II 475.
Clavell, Franc. Xav., Gamertingensis Suevus (j 747) II 395. (cj 749) II 589.
— Jos., Trochtelfingensis (775) I 112. (j 775) II 458.
Clavey, Franc. Xav., Bellofortensis (j 761) II 425. s. Clavé.
de Kleber, Jaque, Moguntinus (j 751) II 403.
v. Kleberfeld, Gutsav., Suecus (j 665) II 280.
de Clebsattel, Alois., (de Menereque), Thannensis (774) I 108. (j 774) II 457. (cj 776) II 645.
— (Klebsattel), Franc. Lud., Thannensis (cj 684) II 535.
— Franc. Jos. Joh. Bapt., Thannensis (782) I 48. (782) I 162. (j 782) II 475. (cj 784) II 665.
Klee, Joh. Frid., Argentinensis (780) I 149. (ph 780) I 453. (cph 782) I 514.
— Joh. Georg., Schirsteinio-Nassovius (j 663) II 275.
Kleesattel, Joh. Wolfg., Norimbergensis (th 639) I 610.
— M. Joan. Georg., Ulmensis (m 613) II 2.
Cleewein, Chphr. Joach., Noribergensis (j 645) II 242.
Klei, Georg., Isenac. Thuringus (j 634) II 233.
Kleiber, Joh. Mich., Argentinensis (ph 665) I 356.
— Joh. Georg., Memmingensis (ph 668) I 361.
Klein, Ludov. Dominic. Anton., Albimontanus (778) I 135. (j 778) II 465. (cj 780) II 654.
— Franc. Lud., Argentinensis (j 718) II 340. (cj 721) II 559.
— Georg. Laur., Argentinensis (773) I 104.

(Klein) Georg. Lud., Argentinensis (767) I 65. (ph 767) I 444. (cph 767) I 508. (cphm 771) I 579. (th 772) I 693. (cj 779) II 653.
— Herm., Argentinensis (j 755) II 411.
— Joh. Dan., Argentinensis (ph 723) I 407.
— Joh. Dav., Argentinensis (ph 729) I 411. (cph 729) I 495. (cphm 734) I 569.
— Joh. Frid., Argentinensis (ph 693) I 382.
— Joh. Frid., Argentinensis (ph 729) I 411. (cphm 733) I 569.
— Joh. Frid., Argentinensis (792) I 202. (ph 792) I 459.
— Joh. Georg., Argentinensis (ph 693) I 382. (cph 693) I 485. (cphm 695) I 556.
— Joh. Georg., Argentinensis (ph 765) I 443. (th 771) I 692.
— Joh. Jac., Argentinensis (766) I 62. (m 766) II 97.
— Joh. Jac., Argentinensis (780) I 147. (ph 780) I 452.
— Joh. Mich., Argentinensis (780) I 152.
— Joan. Sim., Argentinensis (778) I 134. (j 778) II 465. (cj 779) II 653.
— Laur., Argentinensis (784) I 173. (j 784) II 480.
— Mart., Argentinensis (ph 665) I 356. (cph 665) I 477. (cphm 668) I 546.
— Joan. Conr., Babenhusanus (j 707) II 329.
— Carol. Franc. Nic., Decempagensis (789) I 197. (j 789) II 490.
— Joh. Henr., Erbaco - Odenwaldensis (m 760) II 84. (cm 763) II 176.
— Georg., Grunberga-Hassus (ph 641) I 313.
— Domin., Hessens. prope Sarburgum (cj 743) II 582.
— Ludov. Gottofr., Hohenl. Francus (m 736) II 48. (cm 737) II 161.
— Joh. Lud., Idsteiniensis (th 700) I 660.
— Carol. Frid., Colmariensis (773) I 101. (j 773) II 454.
— Frid., Colmariensis (ph 701) I 388.
— Georg. Laur., Colmarinus (j 773) II 455. (cj 775) II 643.
— Georg. Nic. Ign., Colmarinus (775) I 114. (cj 775) II 643.
— Georg. Nic. Ign., Colmariensis (j 754) II 408.
— Gotfr., Colmariensis (ph 704) I 390.
— Henr., Colmariensis (ph 707) I 394.
— Joach., Colmariensis (ph 689) I 380. (cphm 692) I 556.
— Nic., Colmariensis (th 744) I 680.
(Klein) Phil. Joach., Colmariensis (ph 679) I 373.
— Joh. Conr., Landaviensis (j 639) II 236.
— Joh. Lud., Landaviensis (ph 660) I 348.
— Henr., Lipsensis (j 649) II 247.
— Jerem., Lipsiensis (j 630) II 225.
— M. Joach., Lipsiensis (th 626) I 600.
— Leop. Christian., Münfelda-Palatinus (ph 675) I 371.
— Franc. Ant. Jos., Neovillanus (cj 764) II 615.
— Daniel, Nerolingensis (ph 658) I 344.
— Joh., Nordlingensis (ph 625) I 279.
— Joh., Nordlingensis (m 656) II 19.
— Joh. Christoph., Nördlingensis (j 713) II 336.
— Joh. Adam., Obermoth. Alsata (ph 742) I 422.
— Sigism., Regiomontanus Borussus (j 642) II 239.
— Conr., Rodenaviâ-Hassus (th 621) I 591.
— Mich. Jerem., Rodenaviâ-Hassus (th 621) I 591. (cphm 622) I 518.
— Christian., Rostochiensis (j 653) II 255.
— Jean Jacques, ex Sancto Joanne de Bassel (j 762) II 431. (cj 764) II 616.
— Joh. Jac., Schleiningensis Hungarus (ph 666) I 359.
— Joh., Stralsundâ-Pomeranus (th 652) I 620.
— Cunr. Christi., Wirtembergico-Stuttgardianus (m 760) II 85.
— Joh. Erasm., Sulzbaco-Moenanus (th 666) I 638.
— Franc. Jos., Uttenheimensis (j 748) II 396. (cj 750) II 592.
— Joh. Julian., Vormatiensis (j 632) II 230.
— Carol. Ant., Weissenburgensis (j 762) II 428. (cj 764) II 616.
— Franc. Guil., Weissenburgensis (j 746) II 392. (cj 748) II 586.
— Joh. Jac., Sebusiensis (ph 623) I 275.
Kleinclaus, Joan., Argentinensis (j 740) II 382. (cj 742) II 581.
— Joan. Chph., Lanserensis (j 708) II 330 (cj 710) II 549.
Kleinel, Phil. Henr., Gernspac. Durlac. Marchicus (ph 645) I 319.
Kleiner, Georg. Frid., Buxovillanus (ph 735) I 416.
Kleinknecht, Matth., Ulma-Suevus (j 729) II 360.
Kleinlogel, Joh. Carol., Argentinensis (th 627) I 600.

Kleinman, Mathias, Barrensis (ph 762) I 441. (cj 769) II 629.
Kleinpeter, Sebast., Argentinensis (j 746) II 392.
Kleinschmidt, Joh. Marpurg. Hassus (j 632) II 230.
— Joh. Georg. (d 717) I 208.
Cleissenius, M. Heinr., Riga-Livonus (th 653) I 621.
von Kleist, Christoph Georg, Pomeranus (j 702) II 326.
Kleitz, Joh. Jac., Argentinensis (ph 742) I 423.
— Joh. Jac., Argentinensis (777) I 132. (j 777) II 464.
— Jac., Fridelshemens. Alsatus (j 749) II 399.
Clemens, Christian., Arhusio-Danus (th 623) I 595.
— Rob. Adam., Erfordiâ-Thuring. (j 737) II 376.
— Georg. Leonh., Saraepontanus (ph 672) I 367.
— Phil., Saraepontanus (ph 631) I 296.
Clement, Nic., Baccarat (775) I 114. (j 775) II 459. (cj 777) II 648.
— Lud. Nic., Badovillanus (cj 771) II 635.
— Joan. Vincent., Parisiensis (j 734) II 370.
— Nic. Franc. Lud., Sandeodatensis (770) I 86. (j 770) II 448.
Cleminius, Joh. Balthas., Onoldo-Francus (j 707) II 330.
— Tobias Erasm., Uffenhemio Francus (j 685) II 311.
Clemm, Conr., Moeno Francofurt. (j 685) II 311.
— Joh. Godofr., Francofurtanum ad Moenum (j 685) II 311.
Klemstein, Caspar., Budissin. Lusatus (ph 643) I 316.
Klengell, Christi., Dresdâ-Misnicus (cj 652) II 510.
Klepfer, Joh. Dav., Canstadio Würtembergicus (m 743) II 56.
Clerc, Casp. Gabr., Palmensis (786) I 178. (m 786) II 118.
le Clerc, Charl. Theod., Colmariensis (789) I 195. (j 789) II 490.
— Franc. Ign., Colmariensis (783) I 164. (j 783) II 476.
le Clerc De Xaurey, Joan. Andr., Mediovilensis (j 764) II 435.
— Gabriel, Parisiensis (j 629) II 222.
Clerck, Phil. Ernest., Berolinensis (j 729) II 359.
de Clerff, Achatius, Vindobonensis (j 722) II 348.
(de Clerff) Carol. Frid., Vindobonensis (j 722) II 348.
de Clericis, Henr. Ant., Bellinzonensis (m 745) II 58.
Clericus natu maximus, Camill., Curiâ Rhaetus (j 724) II 349.
— Camill., natu minor, Churiâ-Rhaetus (j 724) II 349.
— Mart., Curiâ-Rhaetus (ph 725) I 408.
Klesch, Daniel, Iglavia-Hungarus (ph 644). I 319.
Cless, Joh. Abrah., Bienstadiensis Wedderavus (th 621) I 592.
— Joh. Conr., Francofurtensis (ph 668) I 361.
— Christi. Gottlieb, Rommelshusano-Suevus (m 762) II 88.
Clesse, Petr. Franc., ex Moranville (777) I 126. (j 777) II 462. (cj 777) II 649.
Kletschke, David Gottfr., Züllichia-Silesius (m 720) II 38.
Klett, Joh. Christi. Frid., Halensis (769) I 81. (th 769) I 691.
— Joh. Chph. Bened., Creilshemio-Francus (ph 731) I 413.
— Joh. Georg., Pappenheimensis (j 660) II 268.
— Joh. Henr, Bend., Onoldinus (j 727) II 356.
— Matth. Franc., Ulmensis (j 708) II 331.
Klette, Andr., Francohusan. Thuringus (j 656) II 261.
v. Klettenberg, Carol. Henr. Seiffart, Moeno-Francofurtanus (j 697) II 320.
Klevare, Joh., Lubecensis (j 647) II 245.
Kleyer, Melch., Nordlingensis (ph 627) I 286.
Kleynhoff, Christian. Frid., Indo-Batavus (785) I 176. (m 785) II 117.
Klick, Christi., Episcopivilla Alsatus (j 712) II 334.
— Georg. Chph., Episcopovillanus (ph 702) I 389.
— Joh. Chph., Meisenheimensis (cphm 706) I 561.
— Christian. Adolph., Tabernae-Montanus (j 745) II 390.
— Joh. Petr., Trabenâ-Mosellanus (th 674) I 646.
— Joh. Carol., Trarbacô-Mosellanus (j 715) II 338.
Klié, Franc. Gabriel, Egishemianus (j 706) II 329. (cj 708) II 549.
— (Kliee), Walth. Jos., Egishemius Alsata (j 678) II 302.

(Klié) Carol. Xaver., Colmariensis (j 719) II 344. (cj 721) II 559.
— Franc. Nic., Colmariensis (j 759) II 420. (cj 760) II 607.
Klimpke, Abrah., Fischbach-Hirschberg. Silesius (th 650) I 618.
Klimrath, Andr., Colmariensis (790) I 200. (ph 790) I 459. (m 791) II 122.
— Joh. Bapt., Colmariensis (j 749) II 398.
— Joh. Georg., Colmariens. (ph 742) I 423.
de Klinckowström, Leonhard., Suecus (763) I 38.
Kling, Theodoric., ex Haaselstein im Fuldischen (777) I 128. (m 777) II 109.
— Joh. Daniel., Ulmensis (ph 649) I 328.
Klingenbach, Joh. Mich., Argentinensis (ph 675) I 371.
Klingenbaur, Balth., Ulmensis (th 724) I 670.
Klingenbeck, Chph. Paul., Palatinus (th 627) I 601.
Klingenmeyer, Sebast., von Kentzingen i. Breisgau (d 782) I 264.
Klinger, Joh., Oelsnicensis Variscus (j 643) II 241.
— Georg., Sebastiani-Montanus Bohemus (th 626) I 599.
— Christoph., Sebastimont. Bohemus (ph 627) I 288.
— Salom., Windshemio-Francus (th 684) I 651.
Klingler, Joh. Marcell., Moeno-Francofurtensis (ph 665) I 357.
— Nic., Francofurtensis (ph 634) I 304 s. Klingling.
— Joh. Matthae., Ulmensis (th 715) I 667.
de Klinglin, Chph., Argentinensis (cj 708) II 548.
— Franc. Chph., Argentinensis (cj 737) II 576.
— Franc. Maria August., Argentinensis (j 761) II 426. (cj 761) II 610.
— Phil., Argentinensis (cj 752) II 595.
— Jos. Ign. Chph., Colmariensis (cj 759) II 604.
— Jac., d'Hattstatt (750) I 32.
— Joh. Jac., d'Hattstatt (cj 751) II 592.
— Franc. Jos., Selestadiensis (j 703) II 327. (cj 707) II 547.
— Chph., can. Colmar. (757) I 34.
— Chph. Honoratus (733) I 23.
— Phil. Xav. (750) I 32.
Klingling, Frid. Lud., Moeno-Francofurtanus (j 759) II 420. s. Klingler.
Klippe, Otto Henrich, Zellensis Hanoveranus (j 719) II 343.
Klippel, Jean Balthas., Pyrmontano-Westphalus (j 670) II 292.
a Klitzing, Andr. Theodor., Nobil. Marchicus (j 632) II 230.
Klitzschig, Ambros., Pyritzensis Pomeranus (th 628) I 601.
von Klizing, s. von Klitzing.
Klobe, Mich., Wittebergensis (j 645) II 243.
Klockherr, Gotthard., Neosoliensis Hungarus (ph 655) I 339.
Clodius, Joh. Chph., Jenensis (th 623) I 595.
Kloeber, Carol. Frid., Homburgo-Westphalus (j 727) II 355.
Kloeggel s. Klöggel.
Klöggel, Joh., Biberacensis (ph 648) I 327. (cphm 649) I 537.
— (Kloeggel), M. Ulr., Biberacensis (th 623) I 593.
Kloh, Joh., Wormatiensis (j 667) II 284.
Klöpffel, Joh. Christoff., Montbelgardensis (m 664) II 22.
Klöpffer, Phil. David, Halensis (ph 655) I 339.
— Hieronym., Waiblingensis (j 627) II 219.
Klopfleisch, M. Nic., Schoenstadio-Thuringus (th 670) I 644.
Klopper de Kloppersheim, Bartholdt, Petershag. Westphalus (j 656) II 261.
Klose, Conr., Durlacensis (m 736) II 48.
— Frid. Wilh., Durlacensis (m 719) II 37. (cm 724) II 155. (m 731) II 45.
— Frid. Samuel, Wurttemb. Stuttgardianus (m 761) II 86.
à Closen in Haydenburg, Georg. Ehrenricus, Tubingensis (ph 639) I 309.
— — Sigism. Adam., Eq. Silesius (j 648) II 246.
Closius, Georg., Mediâ-Transylvanus (th 665) I 637.
— Georg. Sam., Landeshut. Silesius (m 737) II 49.
— Melch., Sprotta-Silesius (th 652) I 619.
— Sigism., Vratislav. Silesius (m 643) II 15. (cm 649) II 132.
Closmann, Joan. Adam., Mannheimensis (m 740) II 53.
— Adam. Andr., Neudenaviensis (j 740) II 383.
Klosner, Cosmas Seb. Jos., Monac. Bojus (m 751) II 68.
Kloss, Paul., Varalliensis Hungarus (ph 670) I 364.

Clossaeus, Carol., Baudovillanus (ph 659) I 346.
Closterbauer, Adam, Augustanus (th 662) I 633. (cphm 664) I 544.
Klotz, Phil. Jac., Francofurtanus (j 631) II 229. s. Glotzcius.
— Christi. Philipp., Leiningensis (771) I 43.
Kloz, Joh. Ulr., Zeapolitanus (ph 685) I 377.
Klözel, Mich., Ratisbonensis (ph 631) I 296.
Cluba, Joh. Frid., Neustad. ad Orlam Misnicus (th 655) I 624.
Klövekorn, Joh., Osnabr. Westphalus (cj 665) II 518.
— Joh. Jac., Osnabrugensis (j 699) II 322.
Klug, Joh. Christi., Cracovia-Polonus (m 739) II 52. (cm 740) II 162.
— Tobias, Sorâ-Lusatus (m 630) II 11.
Klügel, Andr., Gruppensis-Bohemus (th 624) I 596.
Klum, Adam., Eltfeltens. in Moguntia (j 762) II 429.
Klumpf, Joh. Thom., Assenheim. Wetteravus (th 698) I 658.
Klunckart, Henr. Phil., Moguntinus (m 763) II 89.
Klüpffel, Joh. Jacob., Argentinensis (m 622) II 21.
Cluten, Joach. Ehrenfridt, Argentinensis (j 650) II 250.
Klutschareff, Basil., Moscovo-Russus 775) I 116. (m 775) II 106.
à Klüx, Wolf. Heinr., Eq. Lusatus (j 670) II 290.
Knackstet, Georg Christoph, Wolffenbüttel (j 700) II 325.
Knapius, Joh. Jac., Gedanensis (m 731) II 45.
Knapp, Isaac., Argentinensis (cph 622) I 462.
— Wolfg. Christoph., Bödigheimensis (ph 629) I 292.
— Georg. Dav., Episcopivill. Darmstattinus (ph 746) I 426.
— Joh., Cattossilicensis (m 670) II 24.
— Georg, aus Marne (d 771) I 262.
— Joh. Jac., Oehringensis (j 721) II 347.
— Joh. Frid., Schipffensis (ph 672) I 367.
— Joh. Phil., Sulzbergensis (cphm 623) I 520.
— Joh. Chph., Waldenburgâ-Hoenloicus (ph 678) I 372.
— Joh. Andr., Werthemia-Francus (th 670) I 644.
Knaup, Joh. Mich., Pappenheimensis (ph 664) I 356.
Knauss, Joh. Mich., von langen Kandel (788) I 193.
Knauth, Christi., Winningensis (m 763) II 89.
Knebel, Joh., Anspacensis (th 751) I 683.
— Joh., Francus (j 676) II 301.
Knebel à Catzenelnbogen, Joh. Egenolph. (ph 632) I 298.
Knebl, Franc. Matthias, Monacensis (m 721) II 38.
Knecht, Joh. Görg., de St. Goar (d 728) I 211.
— Joh. Cunr., Vormatiensis (ph 632) I 300.
Cnefelius, Phil. Carl., Odernheim i. d. Pfaltz (ch 786) I 255.
— Statius, Saltzwedelensis (j 626) II 215.
Kneipp, Jos. Ant., Hochemminganus Hercinianus (ph 747) I 428. (d 747) I 217.
Knell, Franc., Landaviensis (778) I 133. (m 778) II 110. (cm 784) II 195.
Kneller, Joh. Georg., Kirchenberg. Francus (j 623) II 206.
Kneppfler, Henr. Phil. Jos., Tabernensis (772) I 98. (j 772) II 452. (cj 774) II 640.
— J. P., Tabernensis (cj 704) II 546.
— Joh. Petr., Tabernensis (j 741) II 384. (cj 743) II 582.
— Joh. Petr., Tabernensis (776) I 123. (j 776) II 461. (cj 778) II 650.
— Lud., Tabernensis (766) I 62. (j 766) II 440. (cj 768: Melch. Lud. Phil.) II 628.
— Nic. Jos., Tabernensis (j 732) II 366. (cj 734) II 572.
von dem Knesebeck, Hempo August., Eq. Marchicus (j 685) II 309.
Cneulin, Jerem., Augustanus (ph 623) I 275.
— Joh. David., Neuffensis (ph 653) I 336.
Cneupel, Joh. Henr., Bipontinus (ph 628) I 289.
Kneusgen, Jo. Franc., Coloniensis (j 725) II 351.
Kneyl, Joh., Mediovilla-Württembergicus (ph 675) I 370.
Kneyelius, Joh. Phil., Riccovillanus (ph 699) I 386.
Kniebs, Phil., Argentinensis (ph 663) I 353. (cj 670) II 525.
de Kniggen, Frantz Heinr. Baron (717) I 15.
von der Knippenburgh, Joh., Clivensis (j 661) II 271.

(von der Knippenburgh) Justinian, Vesalo Clivensis (j 628) II 221. (cj 628) II 497.
Knipschildt, Phil., Medebachio-Westphalus (j 623) II 207. (cj 626) II 496.
Knispel, Frid. Carl, von Laubach (ch 780) I 244.
Knittel, Joh. Frid., Haarburgo-Oettinganus (m 756) II 77.
— Joh. Jac., Oettingensis (m 757) II 78.
v. Knobelsdorff, Maximil., Eq. Silesius (j 627) II 219.
Knobloch, Joan. Lud., Argentinensis (783) I 164. (j 783) II 476.
— Benjam., Jaurâ - Silesius (m 627) II 9.
de Knobloch, Phil. Marsil. Franc. Frid., Mogonus (j 687) II 314.
Knoche, Christi. Ernst., Anhaltinus (j 627) II 217.
— Lud. Joh., Anhaltinus (j 627) II 217.
Knochenhauer, Joachim., Treptoâ-Pomeranus (ph 649) I 330.
Knod, Joh. Franc., Anchorano-Mosellanus (th 712) I 665.
— Joh. Georg., Anchorano-Mosellanus (j 656) II 261.
— Joh. Petr. (ph 654) I 33. s. Knoodt, Knode.
Knode, Herm. Franc., Vormatiensis (j 722) II 348. s. Knoodt, Knod.
Knoder, Joh. Phil., Sebusiensis (ph 646) I 322. (cph 646) I 472.
Knoderer, Christi. Eman., Argentinensis (788) I 192. (ph. 788) I 458.
— Joh. Andr., Argentinensis (ph 628) I 288. (cph 628) I 465. (cphm 630) I 526.
— Joh. Andr., Agentinensis (ph 659) I 347. (cphm 662) I 543.
— Joh. Phil., Argentinensis (ph 633) I 301. (cph 633) I 468.
— Joh. Guil., ex Emmedingen March. Badensis (788) I 193.
Knodt, Henr., Lemgaviâ - Westphalus (th 655) I 623.
Knoerr, Jac. Frid., Argentinensis (ph 754) I 434. (cph 754) I 504. (cphm 759) I 576. s. Knörr.
Knoepffler, Dominic., Bitensis dioec. Metensis (780) I 146. (j 780) II 469. (cj 780) II 655.
Cnöffel, Andr., Budissâ-Lusatus (m 626) II 8. (cm 628) II 126.
Knogler, Joh. Sigism., Austrius (j 628) II 219.
— Joh. Christoph., Posoniensis Hungarus (ph 649) I 331.
Knoll, M. Mich., Aschensis (th 634) I 608.
— Chph. Frid., Burghaslaco-Francus (th 730) I 673.
— Joh. Ferd., Heilbronnensis (ph 718) I 404.
— Andr. Frid. Eberh., Montisbelgardensis (772) I 96. (j 772) II 452.
— Guil., Ulmensis (th 665) I 637.
— Franc. Hieronym., Villinganus Suevus (j 754) II 409. (cj 757) II 602.
Knolle, Frid., Lygio Silesius (m 737) II 50. (cm 637) II 161.
Knoller, Joan. Adam., Argentinensis (j 715) II 339.
Knoodt, Henr., Limburgensis (j 726) II 354. s. Knod, Knodt.
Knopff, Joh. Xav., Eschentzweillens. Alsata (774) I 109. (j 774) II 457. (cj 776) II 646.
Knör, Lud. Wilh., Badensis (m 703) II 32. s. Knörr, Knorr.
Knöringer, Joh. Ulr., Soeflingensis (ph 661) I 350.
Knorr, Balthas., Cellis-Lunaeburgicus (j 631) II 229.
— Georg. Phil., Licha-Wetteravus (th 685) I 653.
— Joh. Jac., Reutlingensis (ph 624) I 278.
— Joh., Roteburgo-Tuberanus (ph 650) 332.
Knörr, Joan. Adam., Marchio Badensis (d 699) I 206. s. Knoerr.
Knupfer, Petr. Regulat., Eching. Suevus (773) I 103.
Cnupffer, Georg., Neustadiensis Variscus (th 623) I 595.
Cnuppius, Burchard. August., Coswigâ Anhaltinus (j 680) II 303.
Knuth, M. Abrah., Augustanus (th 654) I 622.
Coatz, Jac., Schanfii-Rhaetus (ph 762) I 441.
Kob, Joh. Hier., Argentinensis (788) I 192.
— Joh. Dan., Argentinensis (ph 738) I 419. (cph 741) I 499.
— Wolfg., Hilperhus. Francus (ph 628) I 289.
— Joh. Dan., Lipsensis (j 726) II 353.
— (Cobius), Joh. Andr., Regiomont.-Francus (773) I 105. (m 773) II 104. (cm 776) II 186.
— Joh. Chph., Spirensis (ph 633) I 300.
Kobbeus, Henr. Sigfr., Marburgo-Hassus th 737) I 677.
Kobel, Nicol., Nördlingensis (ph 649) I 329. (th 662) I 633.

Köbel, Dav., Argentinensis (ph 636) I 308. (cphm 638) I 531.
Kobell, Seb. Frid., Cassellan. Hassus (j 641) II 237.
Kobelt, Joh. Frid., Argentinensis (781) I 153. (ph 781) I 453. (cm 789) II 198.
— Joh. Wilh., Argentinensis (785) I 174. (ph 785) I 455.
— Joh. Frid., Corcensis (ph 712) I 398.
— Christi. Lud., von Scherzheim i. Hanauischen (ch 787) I 257.
Cobenzl, Ludov. Comes, Bruxellensis (767) I 41.
Kober, Daniel, Buxovillanus (ph 624) I 277. (cphm 626/27) I 523.
— Laur., Engvill. Hanoicus (ph 632) I 298.
— Friedr. August, Lipsiensis (j 712) II 335.
— Jac., Neoburg. Palatinus (768) I 74. (m 768) II 98.
Köberer, Emeric., Suevo-Halensis (th 624) I 709.
— Mich., Suevo-Hallensis (th 624) I 596.
Kobold, Wilh. Carol. Christi., Saraepontanus (777) I 130. (j 777) II 463.
Coccius, Laur. Olas., Selandico-Danus (th 664) I 636. s. Koch.
Koch, Joh. Adam., Albishemio-Nassoicus (th 699) I 659.
— Franc. Jac., Alzea-Palatinus (m 636) II 13.
— Joh. Casp., Anchoranensis-Mosellanus (ph 680) I 374.
— Joh. Marx, Ancoranensis (ph 662) I 351. (cm 665) II 137.
— Joh. Nic., Anchorano-Mosellanus (ph 667) I 360. (cj 671) II 526.
— Daniel, Argentinensis (ph 633) I 301. (cphm 634/35) I 529.
— Joh. Dan., Argentinensis (776) I 120. (ph 776) I 450. (cph 777) I 512. (cphm 779) I 582. (th 782) I 696.
— Joh. Frid., Argentinensis (772) I 96. (ph 772) I 447.
— Joh. Heinr., Argentinensis (ph 705) I 392. (j 711) II 550.
— Joh. Henr., de Strasbourg (d 773) I 263.
— Joh. Phil. Argentinensis (ph 629) I 291. (cph 629) I 465. (cphm 631) I 527.
— Joh. Phil., Argentinensis (ph 670) I 364.
— Joh. Reinhard, Argentinensis (ph 711) I 398.
(Koch) Matthi., Argentinensis (ph 711) I 398.
— Phil., Aschaffenburgensis (j 745) II 390. (cj 752) II 594.
— Joh. Matthi., Augustanus (j 666) II 283.
— Andr., Berlinas (j 623) II 207.
— Carol. Georg., Birckenfeldensis (ph 695) I 383.
— Gerhard., Bremensis (j 628) II 220. (cj 628) II 497.
— Jac. Franc., Bruchsaliensis (j 735) II 372.
— Christophor. Lud., Butisbacensis (j 739) II 381.
— Nic. Gottlieb., Butisbacensis (j 736) II 372.
— Christi. Nic., Buxovillanus (ph 741) I 421.
— Chph. Wilh., Buxovillanus (ph 752) I 432. (cj 759) II 604.
— Conr. Reinhard., Buxovillanus (cj 759) II 605.
— Frid. Alb., Buxovillanus (ph 756) I 436.
— Joh. Frid. Achatius, Buxovillanus (ph 741) I 421. (cj 747) II 585.
— Joh. Reinhard., Buxovillanus (ph 753) I 433.
— Lud. Georg. Carol., Buxovillanus (ph 751) I 432.
— Mathias, Alsat. Caesarimontanus (j 747) II 394.
— M. Ant., Moeno-Francofurtensis (th 644) I 613.
— Joh. Joach., Hamburgensis (cj 686) II 536.
— Adam, von Hanau (ch 773) I 232.
— Joh. Casp., Hannoviensis (d 732) I 212.
— Joh. Casp., Haselbacensis Misnicus (th 722) I 670.
— Jos., Heidelbergensis (j 757) II 416.
— Joh. Sebast., Idsteina-Nassoicus (th 725) I 672.
— Joan. Christoph. Maximil., Boëmo Caadanensis (j 666) II 282.
— Joh. Albr., von Kirchberg an der Jagst im Hohenlohischen (d 767) I 223.
— Phil. Eberhard., Closterhaimbacensis prope Landavium (j 719) II 344. (cj 721) II 559.
— Joh. Guil., Crucenacensis (m 740) II 54.
— Dan. Aemil., Cussellano-Bipontinus (m 751) II 68. (cm 752) II 169.
— Frid. Wilh., von Limbach im Zweybrückischen (ch 772) I 229.

(Koch) Thom., Mediensis Saxo-Transylvanus (th 634) I 607.
— Mich., Mentzingensis (cphm 623) I 520. (th 624) I 708.
— Eberh., Niddensis (th 652) I 620.
— Joh. Frid., Norimbergensis (j 668) II 287.
— Jul. Aug., Osnabrugensis (775) I 113. (m 775) II 106.
— Martin., Pomeranus (j 654) II 257.
— Zachar., Pritzwaldensis Marchicus (th 652) I 620.
— Joh. Heinr., Ratisponensis (787) I 184.
— Heinr. Christi., Saarbrücken (787) I 186. (m 787) II 120.
— Just. Henr., Sangerhusâ Saxo (j 670) II 290.
— Joh. Henr., Scaphus. Helvetus (ph 632) I 298.
— Laur., Schleswiga-Holsatus (m 633) II 12.
— Joh. Nic., Schleusingensis (ph 656) I 341.
— Franc. Ant., Tabernensis (j 757) II 416.
— Joh. Petr., Trarbacho-Mossellanus (th 705) I 661.
— Joh. Jac., Ulmensis (ph 623) I 276.
— Joan. Henr., Mogono-Walluffius (j 750) II 400.
— David Jerem. Laur., Weiera-Cattimelibocensis (th 736) I 676.
— Sim. Lud., Rhen. Goarin. Weyerensis (ph 707) I 393.
— Abel, Westmanniâ-Suecus (th 652) I 620.
— Joh. Udalr., Wormatiensis (ph 625) I 280.
— Isaac., Ysenbourgensis (768) I 77. (m 768) II 99. (cm 770) II 182.
— Georg. Burckhard. (th 659) I 628.
— Heinr. (th 655) I 623.
— Jerem. Wentzel (d 700) I 206.
— Philipp (d 728) I 211.
s. Cocus *und* Coccius.
Koch de Wespach, Jos. Carol., Biberacensis (j 764) II 434.
von Koch, Ignat., Austriac. Viennensis (714) I 14.
Cochemius, Franc., Spirensis (j 699) II 322.
Kocher, Phil. Henr., Buxovillanus (th 757) I 685.
— Phil. Jac., Buxovillanus (th 742) I 679.
Köcher, Mich., Schnellrodâ-Thuringus (th 672) I 645.
Cochlearius, Seb., Longedibacensis Ysenburgicus (ph 664) I 355.
Köchling, Joh. Jodoc., Martismont. Westphalus (749) I 32.
von Köckritz, Hanss Casp., Silesius (j 652) II 253.
Cocour, Joan. Frid., Vicensis (j 751) II 403.
Cocus, Coquus, Casp., Custrino-Neomarchicus (m 616) II 3.
— Jerem., Tüngensis (ph 625) I 281.
s. Koch.
Koderhalt, Franc. Christi., Wormatiensis (ph 707) I 393.
Koebberlin, Jos., Wallerstein. Suevus (781) I 156. (j 781) II 473.
Koebel s. Köbel.
Koebelé, Franc. Ign., Selestadiensis (j 761) II 426. (cj 761) II 609.
Koeber, Christian. Fried., Geranus (j 731) II 364.
Köebler, Georg. Jac., Grunstadio-Palatinus (th 739) I 678.
Koechlin, Joh. Jac., Mulhuso-Helvetus (773) I 103. (m 773) II 104.
Koeferle, Franc. Jac. Balthasar., Zurzachiensis (j 738) II 380.
— Franc. Xaver., Zurzachiensis (m 732) II 46.
Koefferle s. Koeferle.
Koehler, Georg. Henr., Argentinensis (773) I 101. (ph 773) I 448. (th 778) I 695.
— Joh. Adam., Episcopiensis (j 762) II 431.
— Jean Bapt., Kientzheim Haut Rhin (791) I 202. (m 791) II 122.
— Ant., Mogontinus (773) I 106. (m 773) II 105.
— Joh. Mich., ex Laurentii Zimmerania Suevus (769) I 79.
— Bened. Simon Theodor., Onoldo-Francus (th 718) I 667.
— Joh. Frid., Rappoltsweiler (ch 783) I 249.
— Franc. Augustin., Rattiboria-Silesius (m 746) II 59.
— Joh. Carol. Alex., Spirensis (771) I 92. (m 771) II 102.
s. Köler, Koeler, Kohler.
Koelbener, Jos., Abbatiscellan. Helvetus (778) I 133. (m 778) II 111.
Koelderer, Joh. Georg., Memmingensis (m 744) II 57. (cm 747) II 166.
Koeler, Christian., Weissenburgo-Noricus (th 626) I 599.
s. Koehler, Köler.
Koella, Joh. Lud., Idsteniensis (th 700) I 660.

Koelreutter, Jos. Theoph., Nicro-Sulzensis (m 752) II 71.
Koempff, Franc., Limburg. ad Lahnam (m 762) II 89. s. Kaempff.
Koenig, Godofr. Eman., Argentinensis (776) I 120. (ph 776) I 450.
— (König) Christi. Albr., Buxovillanus (m 743) II 56.
— Frid. Jac., Buxovillanus (ph 694) I 383.
— Frid. Jac., Buxovillanus (ph 720) I 405.
— Joh. Christi., Buxovillanus (ph 733) I 415.
— Joh. Heinr., Buxovillanus (m 757) II 78.
— Joh. Phil., Buxovillanus (m 752) II 80. (cm 764) II 177.
— Joh. Reinhard., Buxovillanus (ph 728) I 410.
— Phil. Georg., Buxovillanus (ph 708) I 395.
— Sam. Frid., Hanoviensis *(Buxovillanus)* (m 738) II 51. (cm 742) II 163.
— Eman. Heinr., von Knittlingen (ch 786) I 255.
— Ign. Benj., Colmariensis (773) I 101. (j 773) II 454. (cj 775) II 641.
— Lud. Frid., Colmariensis (780) I 148. (j 780) II 470. (cj 782) II 660.
— Bartholom., Lindaviensis (j 669) II 287.
— Carol. Godofred., Magdeburgensis (j 736) II 373.
— (König), Petr., Molsheimensis (j 745) II 391. (cj 747) II 586.
— Joh. Frid., Pfaffenhoviensis (j 729) II 567.
— Joh. Reinhard., Sulzensis (775) I 114.
— Dav., Vinstingensis Westriacus (cphm 655) I 540.
— Ign. Franc., Weissenburgensis (j 755) II 410. (cj 756) II 600. s. König, Roi.
Koenigsdorffer, Georg. Henr., Altenburgensis (782) I 158.
Koepp, Joh. Frid., Wiesbadena-Nassoicus (782) I 160. (th 782) I 696.
Koerber, Georg Melchior, Isnacensis (j 687) II 313.
— Joh. Chph., Spirensis (ph 656) I 341. s. Cörber.
Koerdines, Joan. Ignat. Theodor., Monasteriensis (j 718) II 340.
Koerner, Joh. Japhet, Klingelbaco-Hassus (th 707) I 662. s. Körner.
Coesius, Joh. Wernh., Hasso Frischbonensis (th 655) I 623.
Koester, Hennig Nic., Bodenheimens. Bipontinus (j 736) II 372.
— Henr. Lud., Bodenheim. Bipontinus (th 727) I 672.
— Joh. Christi., Guntersblumensis (m 758) II 81.
— Joh. Dan., Obersaulheim. Palat. (ph 761) I 440.
— Sam. Eberh., Obersaulheim. Palat. (ph 761) I 440. (th 763) I 688.
— Frid. Theod., von Wöllstein (ch 775) I 235. s. Köster.
Koestlin, M. Carl Heinr., Brackenhem. Wirtembergicus (776) I 124. (m 776) II 109. s. Köstlin.
Koethen, Joh. Frid. Christian., Zerbst (771) I 92.
Koetzel, Joh. Mich., Dorlishemensis (ph 713) I 400.
Kögel, Jos. Ant. Mich., Augustanus Suevus (j 712) II 335.
Koggelmann (Hoggelmann), Jodoc., Lindav. Acronianus (780) I 146. (j 780) II 469.
Kögler, Joh. Georg, von Münchberg (d 731) I 212.
Cognac, Bern., aus Bündten (ch 783) I 250.
Cognel, Joh. Franc., Vicensis (cj 746) II 584.
— Maria Lud. Jos., Vicensis (782) I 159. (j 782) II 474. (cj 784) II 663.
Kohl, Joh. Frid., Argentinensis (ph 702) I 388.
— Joh. Godofr., Argentinensis (ph 736) I 417.
— Phil. Frid., Argentinensis (ph 732) I 414. (cphm 736) I 570.
— Georg., Hemmershemio-Francus (th 631) I 605.
— Dav. Jac., Weysel i. d. Paltz (ch 783) I 251.
— Ern. Henr., Wördâ-Hanoicus (ph 639) I 311.
Kohlbladt, Conr., Chilonio-Holsatus (j 668) II 286.
— Paul., Chilonio-Holsatus (j 668) II 286.
Köhle, Joh. Georg, Biberach (ch 785) I 253.
Kohler, Joh., Argentinensis (792) I 202. (ph 792) I 459. s. Koehler.
— Joh. Reinhard., Moeno-Francofortanus (ph 647) I 326.
— M. Matern., Sultzolohranus (m 615) II 2. (cm 622) II 124.
Köhler, Joh. Adam., Durlacensis (j 666) II 282.

(Köhler) Conr. Gregori, Monac. Boicus (m 728) II 43.
s. Koehler, Kohler, Köler.
Kohlermann, Joh. Frid. Wilh., Nassoicus (ph 761) I 439.
Kohlmeyer, Frid., Frisius (th 658) I 627.
Kohn, Joh. Laur., Onoldo-Francus (th 681) I 650.
Köhne gen. Jassky, Andr., Borussus (j 631) II 228.
Kohrdes, Marquard., Rensburgo-Holsatus (j 662) II 272.
de Coin s. Decoin.
Le Cointe, Joan. Bapt., Nemausensis (772) I 97. (j 772) II 452. (cj 774: Le Cointe de Marcillac) II 640.
Cointin, Joan. Nic., Metensis (j 741) II 385. (cj 743) II 582.
de Cointoux, Petr. Phil. Ant., Hagenoensis (j 748) II 396.
— Franc. Christophor. Steph. Ant., Lunevillanus (j 751) II 402.
— Petr. Phil. Georg. Ant., Lunevillanus (cj 749) II 590.
Coith, Christi. August., Scheibenbergâ-Saxo (m 732) II 46.
v. Kökkeritz, Hanss Adam, Misnicus (j 663) II 276.
Colander, Heinr., Weissenfelsa-Misn. (j 621) II 204.
Kolb (Kolbius), Abrah., Argentinensis (ph 706) I 393.
— Elias, Argentinensis (ph 635) I 306. (cph 635) I 468. (cphm 638) I 531.
— Georg. Frid., Argentinensis (ph 736) I 417.
— Jac., Argentinensis (ph 648) I 327.
— Jac. Frid., Argentinensis (ph 763) I 442. (cph 767) I 508. (cphm 768) I 578. (th 767) I 690.
— Joh., Argentinensis (ph 661) I 350.
— Joh. Christi., Argentinensis (783) I 164. (ph 783) I 454.
— Joh. Dan., Argentinensis (cm 703) II 148.
— Joh. Dan., Argentinensis (ph 722) I 407.
— Joh. Dan., Argentinensis (727) I 98. (ph 727) I 409. (cph 728) I 494. (cphm 731) I 569.
— Joh. Frid., Argentinensis (ph 746) I 427. (cph 747) I 501. (cphm 750) I 574.
— Joh. Frid., Argentinensis (ph 753) I 433.
— Joh. Jac., Argentinensis (ph 742) I 423.
— Joh. Jac. Lud., Argentinensis (j 766) II 620.
(Kolb) Joh. Joach., Argentinensis (cphm 695) I 557.
— Joh. Phil., Argentinensis (ph 717) I 403.
— Lud. Jac., Argentinensis (j 760) II 423.
— Phil. Jac., Argentinensis (ph 736) I 417.
— Wolffg. Adam., Bojorutho-Francus (j 647) II 244.
— Joh. Mich., Brocomagensis (ph 670) I 364.
— Joh. Gothofred., Gleibergensis Nassov. Sarbruckensis (j 621) II 203.
— Georg., Suevo-Hallensis (ph 642) I 315.
— Casp., Islebiensis (th 627) I 600.
— Petr., Moscov. Germanus (784) I 173. (m 784) II 117. (cm 788) II 197.
— Fried., Mutina Misnicus (j 632) II 230.
— Joh. Petr., Neostadiensis (ph 680) I 373.
— Georg., Noribergensis (ph 633) I 301.
— Alexand., Solisbac. Palatinus (ph 666) I 358.
— Joh. Balthas., Sultzbaco-Palatinus (j 663) II 27.
— Philipp. Casmir., Tabernensis (782) I 160.
— Albr. Daniel, von Ulm (ch 791) I 262.
— Phil. Herm., Weyersheim. Alsata (767) I 67. (cj 767) II 625.
— Phil. Herm., Weyersheimens. Alsata (j 747) II 395. (j 767) II 442.
— Phil. Maur., Veyershemensis (776) I 122. (j 776) II 461. (cj 778) II 651.
Kolbe, Carol. Godofred., Schoenecca-Misnicus (j 762) II 430.
Kölbener, Jos., aus Appenzell (ch 776) I 238.
Colberg, Daniel, Dantisco-Prussus (th 666) I 639.
Colbiörnsen, Hermann., Norwagus (761) I 37.
Colbrand, Nic., Hamburgensis (cj 670) II 525.
Colchen s. Lubin Colchen.
Kölderer, Georg. Kasimir., ab Höch (ph 646) I 323.
Coldorff, Petr., Hamburgensis (j 762) II 430.
Koler (Coler), Chph., Boleslâ-Silesius (j 624) II 208.
— Georg. Sigfrid., Noricus (ph 642) I 316.
— Paul. Sigism., Noricus (j 656) II 261.
— Joh. Mich., Rüsselsheimensis (ph 665) I 357.
s. Köler, Kohler, Koehler.

Cöler (Köler), Joh. Wolfg., Francus (ph 637) I 309.
— Ge. Phil., Colmberg. Francus (ph 634) I 303.
— Joh. Jac., Colmberg. Francus (ph 634) I 305.
— Heinr. Dieder., Lubecensis (j 662) II 273.
— Joh. Wilh., Stockhusanus-Hassus (th 670) I 643.
— M. Wilh., Tubingensis (th 649/50) I 617.
s. Koehler, Kohler, Köhler.
Colfon, a Deo-datus, Ceintreyensis Lotharingus (m 758) II 81.
Kolhaesz, Georg. Ern., Vratislaviensis (j 650) II 249.
Kolhans, Joh. Mart., Gota Thüringus (j 642) II 239.
Kolhard, Christi., Sylbic. Saxo (ph 624) I 278.
Kolheim, Joh. Jac., Argentinensis (ph 664) I 355.
Colignon s. Collignon.
Colin, Franc., Fontery (785) I 173. (j 785) II 480 (ex Fouleray Lotharingus).
— Charles Noel, Girancourt Lorraine (768) I 74. (m 768) II 98. (cm 771) II 183.
— Joh. Georg., Solodoranus (767) I 70.
Coliny (Colinus), Franc., Argentinensis (769) I 80. (j 769) II 447.
Colinus s. Coliny.
Kolkau, Joh., Dantiscanus (j 649) II 248.
Coll, Joh. Hugo, Confluus (j 706) II 328.
Kölla, Joh., Helv. Tigurinus (m 747) II 61.
— Joh. Castor, Zürich (m 758) II 80.
Collado, Petr., Genevensis (ph 625) I 279.
de Collalto, Vinciguerra Thomas Comes (727) I 20.
Collardé, Joan. Baptista Euseb., Tullensis (m 763) II 90.
de Collaucy, Joan. Bapt., Nancejanus (j 763) II 432.
Colle, Carol. Chrysogon., Lorquino-Metensis (776) I 125. (j 776) II 462. (cj 780) II 654.
— Petr., Lorquinensis (j 753) II 407. (cj 755) II 599.
— Petr. Clemens, Lorquinensis in Lotharingia (j 765) II 438. (cj 767) II 623.
— Petr. Eduard., Lorquinensis (774) I 108. (j 774) II 457. (cj 776) II 644.
— Petr. Nic., Lorquinensis (cj 742) II 581.
Kölle, Jac., Altenheimensis (ph 647) I 324. (cph 647) I 472. (cphm 649/50) I 537.
Kollenberger, Joh. Georg., Hailbronnensis (ph 645) I 321.
— Joh. Henr., Heilpronnensis (ph 632) I 299.
— Joh. Mich., Heilbronnensis (cphm 645) I 535.
— Joh. Phil., Heilbronnensis (ph 650) I 331.
Collenbusch, Joh. Peter, Wichlinghusa-Montanus (ph 747) I 428.
— Sam., Wichlinghusa-Montanus (m 747) II 61.
Koller, Leonhard, von Zürich (767) I 67. (m 767) II 97.
— Joh. Conr., Tiguro-Helvetus (m 745) II 58.
— Hans Conr., von Zürich (ch 774) I 233.
Köller, Joh. Sam., Francofurto-Marchicus (m 731) II 45.
— Clemens, von Westfalen (d 759) I 220.
Collet, Jos., Pragensis (m 719) II 37.
Collett, Johan, ex Norvegia (j 757) II 415.
Collignon, Nicol., Dieuzensis (770) I 89. (j 770) II 449. (cj 773: Bourgaltroffensis in dioec. Metensi) II 638.
— Joa. Mich., ex Lorquin Lotarinus (788) I 191. (j 788) II 488.
— Marc. Ant., Lorquin Metensis dioc. (766) I 59. (j 766) II 439.
— Mart., ex Ramberviller (j 750) II 401.
— Franc., Theonisvillanus (j 728) II 358. (cj 730) II 568.
Collin, Joh. Joach., von Homburg (ch 777) I 238.
— Franc., Metensis (j 759) II 420. (cj 760) II 607.
— Joan. Tussan., Mirecuranus (j 757) II 415.
— Carol., de Phalsbourg (j 764) II 435. (cj 766: Joan. Carol.) II 620.
Köllin, M. David, Ulmanus (th 640) I 610.
Collinet de Lasalle, Carol. Franc. Xav., Spinalensis (766) I 61. (j 766) II 440. (cj 768) II 626.
Collmarus, Joh. Mart., Sebusiensis (ph 663) I 354.
von Cölln, Justus Henr., Bucka-Hoyensis (th 660) I 630.
Köllner, Henr., Sachsen-Gotha (m 750) II 65.
Collot, F., de Bruyère en Lorraine (d 741) I 216.
Collyfer, Joh. Lud., Sancto Gallensis (j 622) II 205.

Kolman, Henr., Grayacensis (j 738) II 379. (cj 741) II 580.
— Henr. Ant., Graiaci ex comitatu Burgundiae (j 775) II 458. (cj 776) II 646.
Colmar, Joh., Longavillanus Lotharingus (d 744) I 216.
— Joh. Lud., Schaphusianus (ph 630) I 294.
Colmart, Joh., von dem Ort Aoise in der Champagne (d 717) I 209.
Colmas, Henr., Graysensis (775) I 113.
Colmer, Andr., Kircho Teccensis (j 712) II 334.
Cölmer, Gerard., Dantiscanus (j 648) II 246.
de Colmy s. Hollande de Colmy.
Colombot, Deicolus Petr., Grattery Comitatus Burgundiae (779) I 141. (j 779) II 467. (cj 780) II 655.
— Petr. Franc., Vesulanus (773) I 104. (j 773) II 455. (cj 775) II 642.
de Colommé, Anton. Steph., (Hagenoensis) (j 754) II 408. (cj 755) II 599.
de Kolossowsky, Ant., Kiowiensis (783) I 49.
— Nic. (783) I 49.
de Kolowrath, Franc. Ferd. Comes (736) I 24.
— Procop. Comes (739) I 26.
Cölsch, Guil., Goarin. Rhenanus (j 626) II 213.
Colson, Joh. Nicol., Decempagensis (787) I 187. (j 787) II 486.
— Joan., prbr. dioec. Metensis (j 763) II 431.
Coltzovius, Nicol., Rostochiensis (m 651) II 18. (cm 652) II 133.
Columon, Carol., Aquit. Gallus (ph 670) I 363.
Colzovius s. Coltzovius.
Komaromij, Joh. Petr., Sempronio-Hungarus (m 713) II 34.
Comelot, Joan. Jos., Nanceianus (j 762) II 428.
Comentzius, Mich. Ant., Landoensis (j 645) II 243.
— Joh. Jac., Lutranus (m 645) II 16.
Komenn, Jodoc., Argentinensis (cph 629) I 466. (cphm 633) I 528.
Commache, Pierre Jos. Stanisl. Guislain (767) I 64.
Comman, Joan. German, Hallens ex episcop. Basileensi (j 750: Comment) II 400. (j 751) II 593.
Commel, Joh. Martin., Schirsteinensis (ph 668) I 361.
Comment s. Comman.
Kommer, Chph., Spirensis (ph 628) I 289.
Commerstaedt, Carol. August., Eq. Saxonicus (721) I 17.
du Commun, Henri, de l'Isle en Flandre (775) I 118. (m 775) II 107. (cm 776) II 187.
Comun, Wilh., Argentinensis (779) I 140. (j 779) II 466.
Comte, Franc. Xav., Belfortensis (785) I 178. (m 785) II 118.
— Jean Pierre, Belfortensis (780) I 149. (m 780: Petr.) II 113.
Le Comte, Henr., Badonvillanus (cj 716) II 555.
de Condoidi, Grégor., Russie (769) I 42.
— Nicol., Russie (769) I 42.
Confortus, Joan. Dominic., de urbe Senensi (j 762) II 431.
Konig, Joh. Wenemar., Marco Herbedensis (cj 662) II 516.
— Josaphat, Ulmensis (j 647) II 245.
König, Georg. Matthi., Altdorffinus (th 638) I 610.
— Dan., Argentinensis (ph 627) I 285. (cph 627) I 464.
— Franc. Rud., Argentinensis (ph 645) I 321.
— Joh. Paul., Argentinensis (ph 650) I 333.
— Phil. Franc., Argentinensis (ph 638) I 309.
— Joh. Conr., Argentinensis (cphm 670) I 547.
— Sebast., Balbronnensis (cph 622) I 462. (cphm 623/24) I 520. (th 624) I 708.
— Joh. Phil. Lud., Mogonus Bensheim. (m 726) II 41.
— Nic., Helv.-Bernas (m 750) II 66.
— Friedlieb, Delitianus (j 750) II 401.
— Gothofr., Gedano-Borussus (th 679) I 649.
— Joh. Sigism., Gelhusanus (j 652) II 254.
— Jean, Glaris en Suisse (788) I 194. (m 788) II 121.
— Dietr. Wilh. Lud., Hanoviensis (ph 742) I 422.
— Georg., Hörtensis (ph 665) I 358.
— Joh., Hörtensis (ph 661) I 350.
— Joh. Jac., Hertensis (ph 651) I 334. (cph 652) I 474. (cphm 655) I 540.
— M. Joh. Christoph., Campidonensis (m 616) II 3.
— Casp., Creilshem. Francus (ph 624) I 277.
— Alb. Adam., Lützelsteinensis (ph 663) I 352. (cph 663) I 477. (cphm 666) I 545.
— Andr., Naumburg. Misnicus (m 666) II 23.

(König) Casp., Osthem. Francus (ph 630) I 293.
— Joh. Christi., Saxo-Gothanus (j 721) II 347.
— Georg. David, Suevo-Hallensis (ph 651) I 334.
— Joh., von Sultzbach (d 758) I 220. s. Koenig,
Conigliano, Jos. Ant., Argentinensis (cj 738) II 577.
— Joh. Chrisost. Franc. Salesius, Lunevillanus (j 765) II 437. (cj 766) II 622.
de Königsegg et Rotenfels, Jos. Comes (740) I 27.
de Königsfeld, Christi. Comes (741) I 28.
Königsmann, Robert., Argentinensis (cph 622) I 462. (cphm 649/50) I 537.
v. Königstein, F., Eq. Holsaticus (720) I 17.
— O., Eq. Holsaticus (720) I 17.
a Königstein s. Stubeckh a Königstein.
Konn (Khounius), Alphons., Ulmensis (ph 659) I 346. (cm 662) II 136.
Konow, Matthi., Hamburgensis (j 657) II 263. (cj 659) II 513.
— (Conou, Cunou) Simbert., Hamburgensis (th 656) I 625. (cj 661) II 516.
Conrad, Joh., Argentinensis (ph 752) I 432.
— Joh., Argentinensis (cm 778) II 188. (*der vorige?*)
— Joh. Claud., Argentinensis (775) II 115. (j 775) II 459. s. Conratt.
— Matthi., Ichenhemiensis (791) I 201. (ph 791) I 459.
— Nicol., Steinheimensis (ph 630) I 293.
— Leopold. Jos., Sopronio-Hungarus (777) I 132. (m 777) II 110. s. Cunrad.
Conradi, Joh. Frid., Bipontinus (ph 664) I 355.
— Joh. Ferd., Durlacensis (ph 704) I 390.
— Joh. Ferd., Bada-Durlaco-March. (j 728) II 358.
— Mich., Hernetzhemio-Francus (ph 633) I 301.
— Joh. Nic., Idstenio-Nassoicus (th 704) I 661.
— Joh., Kirnensis (ph 626) I 283.
— Joh., Nagy-Schenck Transylvanus (th 680) I 649.
— Dav. Arnold, Osteroda-Hannoveranus (m 736) II 49.
— Joh. Andr., Osteroda-Hannoveranus (m 720) II 37.
— Joh. Gothofr., Pferdingslebia-Thuringus (m 725) II 40.
(Conradi) Nic., Rhula-Thuringus (th 622) I 592.
— Joh. Georg., Schlitzensis (j 730) II 363.
— Joh. Casp., Steinoviensis Hanoico-Francus (ph 627) I 284. s. Cunradi.
Conradt, Joh. Mich., Heilbronnensis (th 656) I 625.
Conratt, Franc. Ernest., Argentinensis (j 741) II 384. s. Conrad.
Consbruch, Arnold., Bielefeldiâ-Westphalus (j 650) II 250.
— Joh. Frid, Stuttgardianus (m 757) II 79.
Constans, Joh. Car., Wolfiskirchio-Nassoicus (786) I 179. (th 786) I 698.
du Conte, Alex. Bernh., Colmariensis (j 746) II 392. (cj 747: Gerard. Alex. Xav.) II 586.
— Andr., Colmariensis (j 746) II 392. (cj 747: Andr. Sim.) II 586. s. Duconte.
le Conte, Henr. Frid., Ebroicensis (788) I 191. (j 788) II 488.
— Joh. Georg., Montbelgardensis (ph 692) I 382.
— Jos. Jerem., Montbelgardensis (ph 725) I 408.
— Leop. Frid., Montbelgardensis (j 727) II 357. (cm 731) II 158.
Contius, Mich., Brigâ-Silesius (m 685) II 28.
Convenance, Joan. Ignat., Samiellanus (j 682) II 306.
Koop, Justus Balthas., Moenofrancofurtanus (j 679) II 302.
Cöper, Georg., Bremâ-Saxo (j 645) II 243. (cj 645) II 506.
— Heinr., Bremensis (j 674) II 299.
— Joh., Bremensis (j 648) II 246. (cj 651) II 509.
Kopff, Andr., Hanoveranus (j 644) II 242.
— Franc. Mart, Selestadiensis (j 737) II 377. (cj 740) II 579.
— Joan. Ign., Selestadiensis Als. (j 703) II 327. (cj 703) II 546.
— Joan. Ign., Selestattensis (775) I 114. (j 775) II 459. (cj 777) II 648.
Kopiasch, Franc. Carol. (741) I 28.
Copin (Copia ?), Joh. Henr., Landaviensis (j 730) II 363.
— Joh. Lud., Landavia-Alsatus (th 751) I 683.
Köpke, Christian., Berolinensis Marchicus (ph 718) I 403.
Kopmann, Ant. Georg., Hildesiensis (j 715) II 339. (cj 718) II 556.

Copp, Joh. Henr., Argentinensis (ph 646) I 323. (cph 646) I 472.
Koppius, Nathanel Benjam., Gedanensis (j 671) II 294.
— Joh. Henr., Granichfeld. Thuringus (th 630) I 603.
Kopp, Xav. Ant., von Münster C. Luzern (ch 774) I 234.
— Joh. Ulr., Winckleriensis Palatinus (j 644) II 241.
— Joh. Adam., Ysenburgensis (j 724) II 350.
Köppel, Sebast., Noribergensis (m 622) II 6.
— Joh., Schauensteinensis (th 665) I 637.
Köppen, David, Oscania-Halberstadiensis (th 720) I 669.
— Wolffg., Schmidstorffio-Magdeburg. Saxo (th 660) I 630.
Coppensdorff, Joh., Landoviensis (ph 622) I 273.
Coquerille, Joa. Petr., Bellofortensis (768) I 76. (j 762) II 429. (j 768) II 445. (cj 769) II 630.
Coquus s. Cocus.
Cörber, Joh., Neapolit. Francus (ph 634) I 306.
— Joh. Georg., Rotenburgo-Tuberanus (ph 658) I 343. s. Koerber.
de Corberon, Nic., Metensis (j 706) II 328. (cj 707) II 548.
Kordenbusch, Georg. Frid., Norimbergensis (m 753) II 72.
— Joh. Paul., Noribergensis (ph 646) I 323.
Cordes, Joh. Jac., von Hamburg (d 770) I 225.
Cordier, Petr., Parey St. Ovain in Lotharingia (774) I 106. (j 774) II 456. (cj 774) II 640.
Koren, Pet. Friedr., Drontheim. Norwegus (770) I 88.
Korezki, Christoph Gottlob, à Dresde (j 747) II 393.
Korfey, Frid., Meckelburgensis (j 651) II 252.
Korff, Dideric., Ravensperg Westphalus (j 659) II 267.
de Korff, Nic. Ernest, Curonus (753) I 33.
— Frid. Wilh., Livonus (777) I 46.
— Henr. Baron (785) I 50.
Korffmann, Joh. Casp, Steinbockenhemio-Palatinus (th 712) I 665.
Corhumel, Ant., Erstein (787) I 184.
— Carol. Bernh., Ersteinensis (777) I 127. (j 777) II 462.
— Franc. Mich., Ersteinensis (j 730) II 363. (cj 733) II 571.
(Corhumel) Franc. Ign., Ersteinensis (773) I 101. (j 773) II 454. (cj 776) II 647.
— Franc. Sixt. Aloys. Ant., Ersteinensis (j 787) II 485. (cj 788) II 674.
— Gerard., Ersteinensis (780) I 147. (j 780) II 470.
— Joan. Sixt. Ign., ex Erstein (j 755) II 410. (cj 757) II 601.
Cori, Hans Ludov., Memmingensis (ph 627) I 286.
Kormart, Christoph., Lipsensis (j 670) II 292.
Korn, Conr. Ferdin., Durlacensis (j 746) II 392.
— Adolph. Jos., Germersheimensis (j 732) II 366.
Körnacher, Wilh., Suevofurto-Francus (j 657) II 263.
Kornbeck, Conr. Lud., Stuttgardianus (ph 761) I 440.
Corneffer, Petr., Onoldinus Francus (m 627) II 9.
— Wolffg., Streuffdorff. Francus (ph 626) I 282.
Corner, Joh., Kirchbergensis (th 627) I 601.
Körner, Joh., Coburgo-Francus (j 624) II 209.
— Joh. Bernhd., Wormatiensis (ph 625) I 280.
— Joh. Melch., Wormatiensis (ph 625) I 280. (cphm 630) I 586.
von Kornfail und Weinfelden, Ant. Friedr., Vienna Austriacus (673) I 6.
— Georg. Sigefrid., Eq. Austrius (j 665) II 280.
— Hector Ferdin., Austrius (j 665) II 281.
Kornmann, Dan., Argentinensis (ph 706) I 392. (cj 712) II 551.
— Joh. Frid., Argentinensis (ph 731) I 412.
— Matthi., Argentinensis (ph 637/38) I 309.
— Wilh., Argentinensis (ph 756) I 436.
— Matthi., Augustanus (cphm 639) I 531.
— Joh. Hartm., Francofurtensis (th 662) I 632.
— Bernh., Catto-Cassellanus (j 663) II 275.
Kornmaul, Joh., Vinariensis Thuringus (th 642) I 612.
Kornzweig, Joh. Jac. Reinhard., Palatinus (ph 711) I 397.
Correvon, Frid. Adam., Ebrodunensis (788) I 193. (j 788) II 489.

(Correvon, Corevon), Petr. Franc., Ebrodunensis Helvetus (785) I 175. (j 785) II 481.
Korthöber, Conr. Julius, Hannover (786) I 183. (m 786) II 119.
Corts, Petr. Wilh., Remscheida Montanus (m 755) II 76.
Corvinus, Franc. Henr., Argentinensis (773) I 104. (ph 773) I 448. (cm 780) II 191.
— Joh. Frid., Argentinensis (768) I 72. (ph 768) I 445. (cm 777) II 187.
— Phil. Jac., Argentinensis (768) I 76. (ph 768) I 445.
— Joh. Frid., Berolinensis (768) I 74. (m 768) II 98.
— Joh. Jac., Birckenfeldensis (ph 644) I 319.
— Joh. Eberh., Einbeca-Brunswig (m 655) II 19.
— Joh. Frid., Neo-Marchicus (m 725) II 40.
— Joh. Frid. Christi., Westerburgensis (m 745) II 58. (cm 749) II 167.
Koschkiel. Gerh., Samogithia-Polonus (j 663) II 276.
— Jac., Samoitia - Polonus (j 663) II 276.
Coschwitz, Godofr., Lauba-Lusatus (ph 643) I 317.
Kosmann, Charl. Phil., Neubreysach (788) I 193. (m 788) II 121.
— Jos., Neobrisacensis (789) I 199. (m 790) II 121.
— Franc. Xav., Neobrisacensis (788) I 135. (ph 788) I 452.
a Kospoth (Koszpott), Frid., Eq. Variscus (j 654) II 256.
— Joh., Borussus (j 623) II 207.
— Jos., Eq. Thuringus (j 623) II 207.
— Wilh., Eq. Variscus (j 654) 256.
Le Cosq s. Lecocq.
Cossa, Franc., Argentinensis (j 746) II 392. s. Cossée.
Cosse, Ant., de Picardie (d 747) I 217.
Cossée, Augustin. Franc. Xav., Argentinensis (785) I 175. (j 785) II 481. s. Cossa.
Costantzer, Franc. Jos., Castanacensis (ph 747) I 427.
Costel, André, de Kiritz (j 632) II 230.
Costenbader, Joan. Matthias, Tubingensis (m 755) II 76.
Koster, Wilh. Augustin., Amstelodamensis (m 765) II 94.
— Joh. Barthol., Noribergensis (j 629) II 222.
Köster (Koester), Henr. Laur., Ekelshemio-Palatinus (ph 694) I 383.
(Köster) Joh. Eman., Eckelshemio-Palatinus (th 741) I 679.
— Joh. Heinr., Ratzeburgensis (777) I 129. (m 777) II 109.
— Frid. Theod., Wöllsteinensis (775) I 119. (m 775) II 108. s. Koester.
Costes, Jos., Galliacensis ex Occitania (773) I 103. (j 773) II 455.
Köstlin, Tob., Esslingensis (cphm 701) I 559. s. Koestlin.
v. Koszpott s. Kospoth.
Cothmann, Nevelin Joh., Lemgoviâ-Westphalus (j 665) II 281.
Cotta, Quirin., Goldbachio-Thuringus (m 670) II 24.
— Joh., Wolffsberingensis Thuringus (cphm 622/23) I 519.
Cottler, Joh. Balth., Argentinensis (ph 632) I 299.
— Leonh., Argentinensis (ph 632) I 299. (cph 632) I 467. (cphm 634/35) I 529.
Cotto, Petr. Ant., Ueberlinganus (j 747) II 395. (j 756) II 413. (cj 756) II 600.
à Köttritz, August. Frider., Froburg-Misnicus (j 685) II 312.
v. Kottwitz, Carl Magnus, Eq. Silesius (j 627) II 219.
— Ernest. Heinr. (j 658) II 265.
— Fabian. Leonh., Silesius (j 655) II 260.
— Georg., Eq. Silesius (j 630) II 226.
Koubly s. Kubly.
Coudre, Jos., Colmariensis (784) I 171. (j 784) II 479.
Coulle, Carol., Metensis (cj 717) II 556.
Coulmann s. Culmann.
de Courcelle, Joan., Selestadianus (j 714) II 337. (cj 714) II 553.
de Coursillon, Jac. Isaac. Barthelemy, Bellofortensis (782) I 159. (j 782) II 474.
Courtois, Claude Nic., de Ravon aux bois en Lorraine (d 758) I 220.
— Claud. Nic., ex Remiremont (787) I 184. (j 787) II 484.
Courtot, Pierre Ant., Chatenois en haute Alsace (784) I 173. (j 784) II 480.
Des Coustures, Joh., Baudonvillensis (j 626) II 215.
Cowen, Henri, Anglois (d 759) I 221.
Coxhausen, Wolrad. Jordan., Juliacensis (m 673) II 25.
Koyen, Jac., Thoruno-Borussus (j 624) II 209.
Krabler, Mich., Noribergensis (ph 623) I 276.

Kracker, Chph., Weissenburgensis (ph 636) I 308.
a Krackewitz, Alexdr., Eq. Pomeranus (j 654) II 258.
Krackhart, Joh. Samuel, Rothenburgensis (m 762) II 87.
— Joh. Georg. Gottfr., Sugenheimensis (m 754) II 73. (m 754) II 74.
Craemer, Joh. Gottfr., Dresdensis (j 758) II 418.
— Joh. Phil., Weilmünstrensis Nassoicus (cphm 622/23) I 519.
s. Cramer, Krahmer, Kremer, Krämer.
Craener, Georg. Daniel, Rupisvillanus (ph 749) I 429.
Kraer, Georg. Ludw., Norimbergensis (th 672) I 645.
Kraeutler s. Kreutter.
Kraeutter, Phil. Jac., Argentinensis (771) I 91. (ph 771) I 447. s. Kreuter.
Krafft, Franc. Ant., Argentinensis (j 743) II 388.
— Franc. Dominic. Ignat., Argentinensis (773) I 106. (j 773) II 455. (cj 776) II 646.
— Georg., Argentinensis (cph 622) I 460. (cphm 624) I 521. (th 624) I 708.
— Jac. Henr., Argentinensis (ph 748) I 428. (cph 751) I 502.
— Joh. Henr., Argentinensis (ph 724) I 408.
— Nic., Argentinensis (ph 711) I 398.
— Marc. Adam., Eschenzvilerensis (j 740) II 382. (cj 741) II 580.
— (Craft), Joh., Moeno-Francofurtensis (j 699) II 323.
— Jos. Ign., Friburgensis (j 740) II 382.
— Otto, Hanoviensis (j 629) II 222.
— Wolffg. Reinhard., Hornbergensis (ph 647) I 326.
— Mich., Islebiensis (ph 625) I 279.
— Henr., Lautterbac. Hassus (ph 652) I 335.
— Joh., Noribergensis (m 630) II 11.
— Joh. Georg., Rothensis (j 662) II 273.
— Joh. Adam., Spirensis (th 658) I 627.
— Joh. Mich., Spirensis (ph 665) I 357.
— Joh. Conr., Ulmensis (j 652) II 253.
— Joh. Ulr., Ulmensis (j 698) II 320.
— Joh. Phil., Wormatiensis (j 751) II 404.
Krahmer, Martin., Ettling. in Baaden-Baaden (m 763) II 91. (cm 765) II 177.
s. Cramer, Krämer, Craemer, Kremer.
de Crailsheim, Carl Siegm. Baro (718) I 16.
Krais, Francisc. Sebast., Ueberlinganus (m 688) II 29.
Craloviz, Joh. Ernest., Posoniensis Hungarus (j 678) II 302.
Kramer (Cramer), Joh. Ulr., Argentinensis (ph 628) I 288.
— Paul., Bloefeldinus (ph 669) I 362.
— Joh., Hasso-Butisbacensis (j 722) II 348.
s. Kraemer, Cremer, Krämer.
— Joh. Georg, Byrutho-Francus (th 660) I 629.
— Daniel, Dantiscanus (th 657) I 626.
— Joh. Jac., Gelnhusanus (ph 644) I 319.
— Gabriel, Genevensis (m 662) II 21. (cm 664) II 137.
— Jac., Genevensis (j 668) II 286.
— Joh. Andr., Isnensis (ph 693) I 382.
— Joh. Val., Jugenheimensis (ph 631) I 298.
— Phil. Erasm., Jugenheimensis (ph 626) I 282.
— Godefr., Coloniensis (j 626) II 216.
— Joan. Nic., Coloniensis (j 751) II 403.
— Joh., Leuthenbergâ-Thuringus (j 648) II 247. (cj 650) II 508.
— Lambert. Arnold., Monasterio-Westphalus (m 722) II 39.
— Dan. Ludov., Nassovius (738) I 25.
— Joh. Petr., Nassovius (ph 652) I 335.
— Joh. Jac., Northusianus (ph 650) I 333.
— Joan. Godofr., Nordlingensis (m 765) II 95.
— Conr. Henr. Carol., Onolsbacens. Francus (j 761) II 426.
— M. Daniel, Pomeranus (th 630) I 603.
— Aug., Rastatt (ch 784) I 252.
— Joh., Ribnitzensis Megapolitanus (j 625) II 210.
— Phil., Sedino-Pomeranus (th 641) I 611. (cphm 642) I 533.
— Balthas. Gothofr., Servestâ-Anhaltinus (j 670) II 291.
— Joh. Henr., Suinfurt. Francus (th 664) I 635.
— Phil. Frid., Wisbadensis (ph 663) I 353.
— Jac., Zurich (776) I 121. (m 776) II 108.
s. Krämer, Craemer, Krahmer Kremer.
Cramer v. Clauspruch, Heinr. (j 631) II 229.
Crämer, Petr., Bonosdorffino-Transylvanus (ph 681) I 374.
— Georg., Tubingensis (th 621) I 592.
— Isaac., Ulmensis (ph 655) I 338. (cphm 657) I 541.

(Crämer) (Cramer) Joh., Ulmanus (th 687) I 654.
s. Cramer, Krahmer, Craemer, Kremer.
Kramp, Christian., Argentinensis (773) I 104. (ph 773) I 448. (cph 775) I 511. (cphm 779) I 582. (cm 785) II 196.
— Joh. Mich., Argentinensis (ph 730) I 412. (cph 732) I 495. (cphm 735) I 570.
Krampert, Georg. Bernard., Rimpacensis et Herbipolensis (j 759) II 422.
Kranch (Kranck), Joh. Jos., Dittwariensis archiep. Moguntini (783) I 164. (j 783) II 476.
Crantz, Joh. Conr., Feuchtwang-Francus (ph 645) I 321.
— Tobias, Gorlicio-Lusatus (j 630) II 227.
— Joh. Georg., Guntzenhusan-Francus (j 641) II 237.
— Frid. Magnus, Hannoviensis (ph 677) I 372.
— Joh. Ernest., Hanoviensis (j 684) II 307.
— Joh. Hier. Felix, Hanoviensis (ph 677) I 372. (cj 684) II 536.
— Leop. Christi., Hanoviensis (j 684) II 307.
— Joan. Casp., Hochgöfflanus Alsata (j 753) II 407.
— Joh. Matthae., Isnacens. Thuringus (m 633) II 12.
Krapf, Franz Jos., Mahlbergensis (772) I 100. (m 773) II 104.
Krapff, Joh. Valent., Argentinensis (ph 746) I 426. (cph 748) I 502. (cphm 750) I 574.
— Georg Rich., Spirensis (j 631) II 227.
— Georg. Christoph., Wormatiensis (ph 631) I 297.
— Jac. Wilh., Wormatiensis (ph 631) I 297.
Crato, Joh. Thom., Montano-Hombergensis (th 656) I 625.
— Joh. Adam., Rosbac. Wetteravus (ph 634) I 304.
Kratz (Kraz), Abrah., Argentinensis (ph 751) I 431. (cj 758) II 602.
— Joh., Argentinensis (ph 746) I 427. (cm 756) II 171.
— Joh. Argentinensis (784) I 169. (ph 784) I 455. (cm 792) II 199.
— Gottfr., von Unteröwisheim i. Württemberg (ch 773) I 232.
s. Kraz.
Kratzer, Joh., Gedano-Boruss. (j 641) II 238.
(Kratzer) Constant., Gedano-Prutenus (j 641) II 238.
— Theoph. Gabr., Weissenburgensis Noricus (th 660) I 630.
Cratzman, Georg. Hilmar, Luneburgicus (m 648) II 16.
Cratzmeyer, Franc. Ant., Argentinensis (j 732) II 366. (cj 735) II 573.
Kratzsch, Georg. Friedr., Roda Saxo (766) I 58.
Kräuchel, Joh., Argentinensis (cphm 640/41) I 532.
Kraucke, Joh., Argentoratensis (j 756) II 412.
Kraud, Melch., Noribergensis (th 647) I 615.
Crauel, Johan Friedr., Osterodâ-Saxo (j 657) II 263. (cj 657) II 512.
Krauendorff s. Frauendorff.
Kraus, Franc. Jos., Argentinensis (767) I 67. (ph 767) I 444. (cph 770) I 509. (cphm 771) I 579. (cj 774) II 641.
— Mart. Laur., Dorrlishemiensis (j 761) II 427.
— Joan. Ernest. Henr., Guelpherbytanus (j 758) II 418.
— Joh. Conr., Ravenspurgensis (ph 656) I 341.
— Joh. Phil., Ravenspurgensis (cj 663) II 517.
— Mich. Frid., Rotenburgo-Tub. Francus (ph 673) I 369.
— Joh. Leonard., (j 726) II 354.
s. Krauss.
Krause, J. C., Alslebiâ-Magdeburgensis (j 720) II 345.
— Benj., Dantiscanus (j 649) II 248.
— Hainric., Sprottâ-Silesius (j 623) II 207.
— Joh. Gottlieb, aus Pohlnischwartenberg (ch 782) I 248.
— Christian Andr., Saxo (783) I 163.
de Kraushaar, Jac., Hamburgensis (m 749) II 65. s. Krausshaar.
Krauss, Georg. Jac., Colmariensis (j 750) II 401. (cj 752) II 595.
— Jerem., Hala-Suevus (th 623) I 594. (th 624) I 709.
— Joh. Carl, Hoenloico-Oeringensis (779) I 145. (m 779) II 113.
— Lud., Rastadiensis (j 765) II 438.
s. Kraus.
— Joh. Georg (d 727) I 211.
Krausshaar, Joh. Daniel, W. W. (ph 672) I 367. s. Kraushaar.
Krauth, Joh. Balth., Argentinensis (ph 647) I 325.

(Krauth), Joh. Balth., Argentinensis (ph 676) I 371.
— Frid. Leop., Colmariensis (776) I 120. (j 776) II 460.
Kraut, Heninericus (m 752) II 69.
Kraz, Joh. Jac., Gochsheim. Würtembergicus (m 745) II 57. s. Kratz.
Krazeisen, Joh. Ludw., Zweybrücken (785) I 177. (m 786) II 119.
Krebs, Mich., Cüstrin. Marchicus (ph 633) I 302.
— Henr. Leonard., Monasterio Westphalus (j 698) II 321.
— Franc. Henr., Spirensis (j 667) II 285.
— Christian. Steph., Sinzhemio Palat. (m 761) II 86.
Crecelius, Joh., von Franckfurth a. Main (ch 787) II 256.
Kreckel, Joh. Adam, Grunstadio-Palatinus (th 739) I 678.
— Phil., Vangio (th 764) I 689.
Kreckler, Balthas., Leoberg. Silesius (m 649) II 17.
Crefelius, Aug., Hersfelda-Hassus (j 629) II 222.
Cregut, Jsrael, Neo Hanoviensis (m 729) II 43.
Kreichel, Elias, Argentinensis (ph 638) I 309. (cph 638) I 469.
Kreidenmann, Joh. Leonh., Esslingensis (j 629) II 223.
— Phil. Leonh., Esslingensis (j 706) II 328.
Kreidius, Joh. Hartm., Augusta-Vindelicus (th 678) I 648.
Kreiling, Joh., Osnabruggo-Westphalus (cphm 654) I 539.
Creisius, Joh., Zilschlacht Helvetus (766) I 55. (m 766) II 95.
Kreiss, Joh. Jac., Argentinensis (781) I 153. (ph 781) I 453. (th 785) I 698. s. Greis.
Creitte, Franc., Theodonisvillanus (cj 719) II 557.
Kreitzer, Claud. Franc., de Giromagny Alsata (j 765) II 436. (cj 766) II 622 s. Creutzer, Creuzer.
Crekow, Aegid. Benedict., Gedanensis (m 746) II 59.
Crell (Krell), Godefr., Elbingensis (j 630) II 225.
— Joh. Georg., Saxo Gothanus (j 687) II 313.
Krelle, Joan. Franc., Lutzelhausensis (j 758) II 419.
— Benedict., Martisburgô - Misnicus (j 652) II 252.
Kremer, Joh. Phil., Argentinensis (792) I 203.
— Georg. Frid., Pforzensis (th 625) I 598.
— Joh. Jac., Spirensis (j 627) II 216.
— Jac. Hartmann., Wormatiensis (j 687) II 313. (cj 688) II 539. s. Craemer, Krämer, Krahmer, Kremer.
— Joh. Seb. (ph 654) I 337.
Kremler, Aloys., Moguntinobreitenworbianus (788) I 194. (m 788) II 121.
Cremon, Reimar. Johan, Megapolitanus (j 629) II 223.
Kreppel, Joh. Phil., Kirburga-Nassovius (th 698) I 658.
Crepu, Matthae., Lugdunensis (j 757) II 414.
Kress (Cress), Georg. Albr., Anspacensis (ph 768) I 445.
— Sam., Argentinensis (ph 651) I 334.
— Joh. Georg., Hanoviensis (j 644) II 241.
— Georg. Albr., Crailsheim i. Marggraffthum Anspach (768) I 74.
— Joh. Chph., Megershemio-Francus (th 654) I 622.
Cress von Cressenstein, Chph., Norimbergensis (j 628) II 220.
— Chph. Carol., Noricus (j 761) II 428.
— Joh. Frid., Norimbergensis (j 658) II 266.
Cresse, Joh., Hamburgensis (th 685) I 652.
Kretschmann, Georg., Olsnitio-Variscus (th 628) I 602.
— Chph. Wilh., Saalfeldensis Saxo (th 715) I 666.
— Joh., Turnaviô-Francus (ph 663) I 353.
Kretschmar, Sigism., Wratislaviensis Silesius (j 666) II 283.
Krettler, Joseph., Ysnensis (ph 657) I 342.
Kreuchauff, Joh. Jac., Eisfeldâ-Francus (ph 647) I 325.
Kreuchel, Elias Bernhard., Neosoliensis Ungarus (ph 669) I 362. (cphm 672) I 548.
Kreuscher, Joh. Frid. (776) I 120. (ph 776) I 450. (cph 777) I 512. (cphm 779) I 582. (th 783) I 697.
Kreuter, Frid. Jac., Argentinensis (771) I 91. (ph 771) I 447. (cj 779) II 653.
Creutz, Ernest. Joh., Suevus (j 641) II 237.
de Creutz, Gustav. L. B., Suecus (670) I 5.
— Joh. L. B., Suecus (670) I 5.

Creutzauer, Joh. Christoph., Wormatiensis (m 635) II 13.
Creutzer (Kreutzer), Georg. Frid., Kirnensis (ph 690) I 380.
— Joh. Reich., Kirnensis Palat. (j 707) II 330.
— Wilh. Gustav, Neusaarwerdensis (ph 764) I 443. s. Creuzer, Kreitzer.
— Joh. Tobias, Zvingenbergensis (d 770) I 224.
von Kreuz, Georg., Eq. Misnicus (j 669) II 289.
Creuzbauer, Georg. Adam., Sulzburgo-Badensis (781) I 156. (m 781) II 114. (cm 784) II 196.
Creuzer, Henr. Wilh. Callstadiensis (j 764) II 434. s. Creutzer, Kreitzer.
Krewer, Bened., Dusseldorff (ch 784) I 252.
Kreysselle, Jean Bapt. Nic., ex arce Argentoratensi (789) I 197. (j 789) II 490.
Krezenthaller, Frid. Benj., Stuttgardiensis (d 724) I 210.
Krichbaum, Joh. Val., Wormatiensis (th 663) I 634.
Krieg, Franc., Hilpersau-Badensis (785) I 177. (m 785) II 118.
Krieger, Joh., Argentinensis (ph 744) I 424.
— Joh. Conr., Argentinensis (ph 739) I 420.
— Joh. Georg., Argentinensis (ph 706) I 392.
— Joh. Georg, Bajersdorf. Francus (ph 631) I 297.
— Christi. Gotthard., Erbacensis (j 718) II 342.
— Nic., Franckenthal. Palatinus (ph 714) I 400.
— Joh. Georg., Palatino-Gensingensis (th 743) I 680.
— Franc., Luxemburgensis (m 748) II 63.
Krimler, Sigism. Theophil., Norimbergensis (j 658) II 265.
Kripp, Francisc. Christophor., Toneschingensis (j 672) II 295.
Crivelli, Joan. Matheus, Montiscalerii (d 771) I 262.
Kröber, Jac. Sigism., Dresdâ-Misnicus (j 739) II 381.
Crocaeus, Frid., Gubenâ-Lusatus (ph 628) I 289.
Krock, Joh. Friedr., Petropolitanus (776) I 122. (m 776) II 108.
— (Kroock), Paul. Petr., Petropolitanus (783) I 49.
Kroell, Joh. Phil., Altstadiensis-Wetteravus (j 699) II 322.
Kroh, Joh. Phil., Argentinensis (795) I 204.
Krohn, Christi., Memel. Borussus (j 651) II 252.
— Joh. Godofr., Memel. Prussus (j 651) II 252.
Croina, Sigism. Anton., Tridentinus Tyrolensis (j 687) II 313.
la Croix s. Lacroix.
De Croix s. Decroix.
Croll, Georg. Herm., Tiffenbachius (j 664) II 278.
Kröller, Joh. Chph., Kirchberga-Hoenloicus (th 665) I 637.
Krolow, Joach., Luneburgensis (j 680) II 304.
Kromayer, Christi. Maur., Oberhoffensis (ph 713) I 399.
— Joh. Ern. Gotfr., Oberhoffensis (ph 718) I 404.
— Benj., Richovillanus (ph 746) I 426.
— Christian. Maurit., Super-Vinar. Thuringus (ph 679) I 373.
Cromer, Franc. Robert., Ensishemian. Alsata (j 762) II 428.
— Joan. Theodor., ex arce Ludoviceâ (j 751) II 403. (cj 753) II 596.
— Car. Jos., Sultzensis Alsata (j 741) II 384.
— Georg. Henr., Sulzensis (j 727) II 357.
— Franc., Tabernensis (j 765) II 438.
— Franc. Jos., Tabernensis (767) I 67. (j 767) II 442.
— Franc. Mart. Jac., Tabernensis (cj 767) II 624.
— Joh. Hubert., Tabernensis (769) I 82.
— Jos. Theodoric., Tabernensis (778) I 138. (j 778) II 466. (cj 782) II 660.
— (Kromer), Joan. Thomas, Waldwisensis Suevus (j 718) II 342.
Kromhausen, Gabr., Dantiscanus (j 640) II 237.
Cromm, Bernhard., Sangallensis (m 727) II 41.
Cron, Lud. Adolph., Hassô-Giessensis (ph 656) I 340.
— Joh. Christophor., Triburio-Rhenanus (m 712) II 34.
Kronauer, Joh. Henr., Helv.-Vitoduranus (m 760) II 84. (cm 762) II 175.
— Joh. Henr., Vitoduranus (m 732) II 46.
— Jonas, Winterthuranus (767) I 71.
Cronenbold, Phil. Jac. Henr., Erbacensis (th 754) I 684.
Croner, Joh. Frid., Argentinensis (773) I 102. (ph 773) I 448. (th 780) I 695.

Cronfeld, Lud., Halberstadensis (j 684) II 309.
a Cronstätten, Joh. Adolph. Steph., Francofurtensis (ph 649) I 329.
— Joh. Hier. Steph, Moeno-Francofurtensis (j 635) II 234.
— (Cronstetten), Matthae. Carol. Steff., Moeno-Francofurtanus (j 665) II 281.
Croock, Paul. Jacobi, Medioburgo-Zelandus (j 654) II 256.
Kroock s. Krock.
Kropffgans, Joh. Christophor., Ratisbonensis (j 728) II 359.
Crophius, Joh., Augustanus (ph 654) I 337. (cphm 656) I 540.
— Joh. Bapt., Augustanus (th 680) I 649.
Cropp, Joh. Henr., Hamburgensis (779) I 144. (m 779) II 112. (cm 781) II 192.
Kropper, Jos., Moguntinus (767) I 64. (j 767) II 441.
du Cros, Lugdunensis (m 655) II 19.
Crösmann, Phil. Petr., von Pfungstatt b. Darmstadt (ch 776) I 237.
Krottendorffer, Phil. Reinhard., Basileensis (ph 659) I 346.
Crousse, Anton. Nicol., Decempagensis (773) I 105. (j 773) II 455. (cj 775) II 643.
— Nicol. Ludov., de Dieuze (766: Garde Meten. dioc.) I 60. (j 766: de la Garde) II 438. (cj 768) II 626.
Crudy, Wilh., Erlangensis (m 750) II 65.
Krueg, Franc. Jos., Rappoltzwilanus (j 733) II 368. (cj 736) II 574. s. Krug.
Kruel, Carol. Lud., Minfeldensis (ph 711) I 397.
Krufft, Petr. Nic., Coloniensis (j 665) II 279.
Kruese, Detlef., Stadensis (j 667) II 284.
Krug, Phil. Frid., Argentoratensis (ph 764) I 442. (cph 767) I 508. (cphm 769) I 578. (th 768) I 691.
— Bened., Augusta-Vindelicus (ph 627) I 285. (cphm 627/28) I 524.
— Joh. Petr., Zwingenbergensis (ph 633) I 300. s. Krueg.
Krug de Nidda, Andr. Ludov., Nobilis Hassus (j 699) II 322.
— Joh. Reinhard. (j 648) II 245.
Krugmann, Joh. Henr., von Bochum i. d. Gfsch. Marck (ch 788) I 258.
Krügelstein, Joan. Paul. Frid., Gothano-Thuringus (m 759) II 83.
Kruger (Cruger), Joh. Petr., Fraburgensis (th 634) I 607.
(Kruger) M. Joh., Lubecensis (th 650) I 618.
— Joach., Pritzwald. Marchicus (ph 627) I 286.
Crüger (Krüger), Joach.-Ernest., Berlino Marchicus (j 679) II 303.
— Franc. Rudolph, Durlacensis (m 723) II 39.
— Joach. Fried., Kupp. Marchicus (j 655) II 259.
Krügner, Sam. Ernest., Dresdensis (m 718) II 36.
— Sam. Ernest., Dresdensis (m 730) II 44.
Krum, Mich., von Bahlingen i. Breisgau (ch 782) II 249.
Cruse, Franc., Lübecensis (j 699) II 322. s. Crusius.
Crusemarck, Georg., Pritzwald. Marchicus (j 658) II 265.
Crusius, Joh. Imman., Arnsteto-Thuringus (ph 644) I 318.
— Frid., Bremensis (j 667) II 285.
— Wolfgang., Erfurtensis (m 642) II 15.
— M. Joh. Heinr., Landshutta-Silesius (th 659) I 628.
— Joh. Osw., Ravenopolitanus (th 661) I 632.
— Joh. Phil., Ravenspurgensis (ph 658) I 344.
— Florian., Samogetâ-Lithuanus (m 616) II 3.
— Joh., Sudnicio-Silesius (th 623) I 595. s. Cruse.
Crützmächer, Adam, Falcoburgo Neo-Marchicus (ph 658) I 345.
— (Grützmächer) Samuel, Falckoburgensis Neomarchicus.
de Krzycki, de la Pologne (707) I 51.
Kub, Joh. Andr., Kyrnensis (th 707) I 663.
Cubach, Franc., Susatensis Westphalus (j 630) II 226.
— Herm., Susat. Guestphalus (j 630) II 226.
Kubas, Mart. Jac., Gedanensis (m 750) II 65.
Kubi, Georg., Spirensis (ph 646) I 323.
Kübler, Abrah., Argentinensis (ph 704) I 390. (cm 710) II 150.
— Franc., Selestadiensis (787) I 186. (j 787) II 486. (cj 788: Franc. Ant. Andr.) II 675.
— Joh. Andr., Villeranus Alsata (m 739) II 53. (cm 742) II 163.
— Nic., Weileranus (j 706) II 328. (cj 706) II 547.
Kublij (Koubly), Joh. Henr., Glaronensis (773) I 104. (m 733) II 104.

Küchler, M. Joh. Frid., Borna-Misnicus (th 712) I 665.
Kuck, Simon Petr., Moena-Francofurtanus (j 625) II 210.
— Simon Petr., Moeno-Francofurtanus (j 636) II 235. *(derselbe?)*.
Kückh, Georg. Dan., Argentoratensis (ph 751) I 431.
Kuckuk, Arn. Wilh., Hannoveranus (d 725) I 210.
Kuder, Georg. Lud., Brocomagensis (ph 736) I 417.
— Frid., Buxovillanus (779) I 140. (ph 779) I 452.
— Joh. Carl, Buxovillanus (ph 743) I 423.
Cudiot, Joan. Jos., ex Vandeléville in Lotharingia (j 757) II 417.
Küeffer, Ern. Henr., Argentinensis (ph 672) I 368.
— Joh., Argentinensis (ph 633) I 300. (cm 640) II 130.
— Joh. Alb., Argentinensis (ph 671) I 366.
— Wilh. Christi., Argentinensis (cm 672) II 140.
— M. Joh., Herrenberga-Württembergicus (th 686) I 654.
de Kueffer, Armand. Ant., praenobilis, cleric. dioec. Viennensis in Delphinato (j 735) II 371. (cj 735) II 573.
Kuehl, Joh. August., Rudolstadt (m 743) II 56.
Cueni, Franc. Jos., Lauffa-Raurac. (j 758) II 419. (cj 759) II 605.
Kuentz, Peter (d 770) I 224. s. Kuenz.
Küentzlin, Abraham., Winterthura-Helvetus (m 749) II 64.
— Henr., Vitoduro-Helvetus (m 736) II 49.
Kuenz, Balthas., Dornac. Helvetus (m 750) II 65. s. Kuentz.
Cuënotte, Claud. Franc. Xav., Argentinensis (j 750) II 402. (cj 755) II 598.
— Franc. August. Ferd., Argentinensis (ph 751) I 431. (cm 761) II 174.
Küetz, Lud., Palaeo-Sedinensis Pomer. (th 665) I 637.
Cueuellus, Joh., Hericuriâ-Montbelgardensis (ph 645) I 320.
Küff, Franz Lucas (d 727) I 211.
Kuffer, Franc. Jac., Emmendingensis (j 700) II 324.
Küffer, Elias, Bissenhemio-Brisgoicis (ph 693) I 382.
— Martin., Durlacensis (ph 653) I 336. s. Kieffer.
(Küffer) Erhard., Grötzingensis (ph 649) I 328. s. Kieffer.
Kuffler, Isaac., Coloniensis (m 629) II 10.
Küffler, Joh. Wilh., Vorchemio-Bambergensis (j 729) II 360.
Küfner, Joh. Frid., Curiensis (th 667) I 640.
Kügelgen, Theod. Adolph., Bonnensis (j 759) II 422.
Kugeleysen, Valent., Esslingensis (ph 629) I 292.
Kugelmann, Henr. Maxim., Heilbronnensis (m 765) II 94. (cm 767) II 179.
— Joh. Esaias, Michelstadiâ-Francus (j 658) II 266.
— Tobias, Spirensis (ph 625) I 280.
Kugler, Franc. Reinhard., Argentinensis (777) I 130. (ph 777) I 451. (cj 787) II 670.
— Frid. Reinhard., Argentinensis (776) I 120. (ph 776) I 450. (cj 785) II 668.
— Joh. Reinhard., Argentinensis (ph 739) I 419. (cj 749) II 589.
— Joh. Phil., Argentinensis (ph 677) I 371. (cph 677) I 480.
Kuhff, Abrah., Argentinensis (ph 717) I 403.
— Joh., Argentinensis (ph 741) I 422.
von der Kuhlen, Heinr. Otto, Eq. Bremensis (j 700) II 324.
Kuhlmann, Wilh. Fried., Spirensis (j 756) II 412.
Kühlenbrun s. Kylenbrun.
Kühlwein, Frid., Rupisvillanus (ph 743) I 424. (cj 751) II 592.
Kuhn (Khun), Joh., Argentinensis (ph 718) I 403.
— Joh. Casp., Argentinensis (ph 718) I 403.
— Joh. Ulr., Argentinensis (ph 655) I 338.
— Nicol. Rud., Bernensis (m 765) II 95.
— Franc. Ign., Ersteinensis (j 764) II 434. (cj 766) II 621.
— Franc. Lud., Ersteinensis (771) I 90. (j 771) II 450. (cj 771: Franc. Lud. Armand.) II 634.
— Joh. Adam., ex Erstein Als. (j 748) II 396. (cj 749: Joh. Adam Nic.) II 589.
— Joan. Alb., Ersteinensis (j 713) II 336. (cj 715) II 554.
— Franc. Jos. Aloys., de Massevaux (784) I 172. (j 784) II 480.
— Joh. Casp., Saraepontanus (cphm 676) I 549.
— Marc., Werthem. Francus (ph 640) I 312. s. Kühn, Khun.

Kühn, Joach., Gryphiswaldensis (th 673) I 646. (cphm 676) I 550.
— Joh. Guil. Frid., Jüterboc. Saxo (767) I 68.
— M. Andr., Dresdensis Misnicus (th 645) I 614.
— Jochim, von Orestin Pomeranus (j 626) II 214.
— Joan. Guil. Frid., Saxo (m 767) II 97.
Kühne, Chph., Dessaviensis Anhaltinus (th 652) I 620.
Kühner, Joh. Dan., Meinunga-Hennebergicus (m 670) II 24.
Cuhno, Joh. Helfric., Cassellan. Hassus (j 654) II 257.
Kuhorn, Jac. Frid., Spirensis (j 635) II 234.
— Ulr. Dan., Spirensis (ph 640) I 312.
van Cuilemborgh, H. Aemilius, Wageningâ-Gelrus (j 670) II 289.
Cuja, Theod. August., Dresdensis (j 757) II 415.
Külbrunn, Joh. Erhard., Spirensis (j 653) II 255.
— Joh. Carol., Spirensis (j 662) II 274.
— Joh. Jac., Spirensis (j 662) II 274.
s. Kylenbrun.
Culemann, Joh. Phil., von Detmold (ch 781) I 247.
Kullin, Joh. David, Lossensis (ph 641) I 313.
Culmann, Ch., Baumholderanus Palatinus (783) I 166.
— Carl Theod., von Berg i. Nassau-Saarbrückischen (ch 786) I 256.
— (Coulmann), Georg. Frid., Buxovillanus (772) I 99. (j 772) II 453.
— Joh. Frid., Buxovillanus (ph 741) I 422.
— Joh. Heinr., Lembacensis (ph 720) I 405.
— Joh. Jac., Sultzbacensis (ph 627) I 287.
— Phil. Chph., Sulziensis (ph 699) I 386.
Kulmus, Joan. Lud., Gedanensis (768) I 77. (m 768) II 99.
Kulpis, Joh. Georg., Alsfeldiâ-Hassus (ph 670) I 365.
Kümmel, Christian Adolph, Merseburgensis (j 751) II 403.
Kummer, Joh., Bleichenbach C. Bern (ch 773) I 232.
— Joh. Gabr., Pforzheimensis (ph 704) I 390.
— Frid. Adolph., Schwartzhusa-Gothanus (th 730) I 674.
— Martin., Zusato-Westphalus (m 672) II 25.
Cummerell, Joh. Dav., Argentinensis (ph 647) I 326. (cj 656) II 512.
Kummerling, Nic., Marcbreitensis Francus (th 661) I 631.
Kümmich, Christoph, Guil., Candernburg. Badensis (784) I 172. (ph 784) I 455.
Cumprecht, Sam., Labacensis Carniolus (cphm 621) I 518.
s. Gumprecht.
Kumpsthôff, Georg. Otto, Clivo-Wesalus (j 669) II 288.
Kunad, M. Gottfr. Polycarp., Servesta-Anhaltinus (m 732) II 46.
Künast, Phil. Lud., Argentinensis (ph 665) I 356.
Kunckel, Augustin., Mogonus (m 762) II 88.
— Jos., Mogonus (m 762) II 88.
Kundenreich, Chphr., Colbergensis (j 649) II 249.
Künemann, Joh. Chph., Magdeburgensis (786) I 181. (m 786) II 118.
v. Kunheim, Hans, Eq. Prutenus (j 627) II 217.
Cunier, Charles, Neuveville en Suisse (m 759) II 83.
— Petr. Nic., Neopolitanus (th 739) I 678.
Cunin, Joan. Bapt. Nicol., Vatimont. in Lotharingia (j 761) II 427. (cj 763) II 613.
de Kunitz, Georg. Christoph., L. B. (671) I 5.
— Kunitzius, Henr., N(obilis) Pr(ussus) (j 631) II 229.
Künizell s. Bücking.
Künne, Jac., Lipsiâ-Misnicus (th 670) I 643.
Künneken, Joh., Hildesiens. Saxo (th 629) II 223. (cj 632) II 500.
Cuno, Christi., Argentinensis (ph 704) I 391.
— Thomas, Neustadio-Silesius (j 624) II 208.
Cunou s. Konow.
Cunrad, Joh. Gottl., Sorâ-Lusatus (j 662) II 273.
— Christ., Vratislaviensis Silesius (m 629) II 10. s. Conrad.
Cunradi, Joach., Hamburgensis (j 629) II 222. (cj 630) II 499.
s. Conradi.
a Künsberg, Phil. Ant. L. B., Bambergensis (764) I 39.
— Valent. Georg. (j 633) II 232.
Kunsch a Breitenwald, Joh., Berolinensis (j 671) II 294.

Kunsemüller, Frid. Wilh., Detmold (ch 782) I 248.
Künstle, Joh. Georg., Gengenbacensis (ph 746) I 427.
— (Kynstle), Paul., Gengenbacensis (j 746) II 393.
Cuntz, Joh. Georg., Argentinensis (792) I 202. (ph 792) I 459.
s. Cuentz, Kunz.
Kuntze, Christian. Augustus, Lisnic. Misnicus (j 757) II 416. s. Kunzé.
Küntzel, Mich., Curiâ-Variscus (th 625) I 598.
Kuntzen, Wilh., Essen (788) I 194.
s. Kunzen.
Kuntzenbach, Esaias Statius, Darmstatinus (j 665) II 279.
Cuntzmann, Georg. Bartholom., Nicreminensis Palatinus (th 622) I 593.
— Joh. Phil. (ph 664) I 354.
Kunz, Frantz, Argentinensis (d 723) I 210.
— Joh. Jac., Ersingen C. Bern (ch 783) I 251.
Kunzé, Joh. Theophil., Argentinensis (788) I 190. (ph 788) I 457.
s. Kuntze, Kunz, Cuntz.
Kunzen, Joh. Adam, Eichsfeldianus (m 739) II 53. s. Kuntzen.
Künzler, Heinr., Appenzel (776) I 122.
Künzlin, Henr., Vitoduro-Helvetus (m 736) II 49.
Cuny, Ludov., Lunevillanus (776) I 122. (j 776) II 461. (cj 778) II 651.
Cuon, Joh., Kircho-Teccensis (ph 634) I 305. s. Kuhn, Khun.
Cuoni, Joh. Adam, von Röschnetz im Brundrutischen (d 770) I 226.
Küpf, Joh. Martin, Weissenburg-Noricus (ph 648) I 326.
Kupffer, Joh. Sigism., Martisburgensis Saxo (j 729) II 360.
Kupferschlager, Andr., Ambergâ-Palatinus (ph 622) I 273.
Kupfferschmitt, Joh. Ulr., Argentinensis (ph 655) I 339. (cphm 658) I 541.
— (Kupferschmidt), Joh. Balthas., Moeno-Francofurtanus (ph 648) I 327.
— Melch. Balthas., Moeno-Francofurtensis (j 656) II 262.
Kupitz, Erdmann, Sorav. Lusatus (m 718) II 36.
Curé-Lacroix, Jos. Alexius, Rambervillanus (777) I 132. (j 777) II 464.
Curic, Wilh., Ferretensis (cj 702) II 546.
Kurer, Joh. Georg., aus dem Steinthal von Berneck i. d. Schweiz (ch 774) I 233.
Curien, Petr., Lunevillanus (775) I 116. (j 775) II 459. (cj 777) II 649) III.
Kürn, Peter Otto, Hamburgensis (m 765. II 93.
Kurnnecker, Joan., ex Ortenau (j 625) II 210.
Kürner, Joan. G., Calvensis (j 625) II 212.
Curpper, Joh. Adolph., Francofurtanus (j 666) II 282.
Kürschner, Joan. Mich., Mechenrithensis Francus (m 758) II 81. (cm 759) II 173.
Curtius, Ferdin. Wilh., Bolckolucens. Silesius (m 719) II 36.
— Ferdin., Bonnensis (m 659) II 21.
— Sebast., Catto-Casellanus (ph 640/41) I 312.
— Wilh., von Maynz (d 773) I 263.
— Joan. Godefrid., ex Ducatu Montensi (j 731) II 365.
— Carol. Werner., Narva-Livonus (m 759) II 82.
— Joh. Jac., Reuttlingensis (j 641) II 237.
— Joh., Swobacensis (th 624) I 596.
Curtman, Hartman Paul, Alsfeld-OHessus (767) I 67. (m 767) II 97.
Kurtz, Wolffgang, Onoldi Francus (j 700) II 325.
Kurz, Jos. Leodeg., Beronensis (769) I 83. (m 769) II 101.
Kusnczoff, Simon, Russe (s 782) I 266.
Küss, Joh. Jac., Argentinensis (774) I 109. (ph 774) I 449. (cphm 779) I 582. (th 780) I 695.
Küssenacht s. Rüssenacht.
Kussler, Phil. Dav., Episcovillanus (th 759) I 686.
de Custine, Amand Louis François (781) I 48.
Küttel, Georg. Sam., Hungarus Günziens. (m 739) II 52. (cm 742) II 164.
Küttler, Joh. Christian., Dresdensis (ph 724) I 408.
Kutschereutter, Frid., Bresla Silesius (ph 627) I 285.
Kutter, Joan. Paul., Ravenspurgensis (m 762) II 87.
Cütter, Nic., Stolpâ-Pomeranus (j 658) II 259.
Cuvier, Daniel, Montbelgardensis (th 645) I 613.
— Jac. Christoph., Rupe-Blamontanus (776) I 123.
de Cuvry, Nicol. George, Metensis (j 733) II 369. (cj 734) II 573.
Kylenbrun, Christi. Joh. (j 652) II 253.
s. Külbrunn.
Kyper, Henr., Vesaliens. Cliviacus (m 742) II 55.
Kyttius, Joh., Tigurinus (ph 641) I 314.

L.

Laackmann s. Lackmann.
Laban, Georg Mart., Spandau in der Kuhrmarkt (793) I 203. (m 793) II 122.
Labere, Franç., de Morl'ars en Bearn (d 758) I 220.
Labersum, Matthi., Spirensis (ph 654) I 337. (cphm 655) I 540.
Labhard, Joh. Ulr., von Steckborn (ch 774) I 233.
Labiffe (La Biffe), Petr. Franc., Argentinensis (j 759) II 420.
— Petr. Franc., Argentinensis (778) I 133. (j 778) II 465. (cj 779) II 652.
Laborie, Petr. Franc. Xav., Argentinensis (j 757) II 417.
Lacapelle, Joh. Nic. Otto, Tabernensis (j 742) II 386.
— Petr., Tabernensis (735) II 371. (cj 735) II 574.
De Lachambre, Franc. Jos. Pierre, cler. Sandeodatensis (775) I 115. (j 775) II 459.
— Marcell. (Marcus) Deodat. Jos. Petr., Sanc Deodatensis (777) I 129. (j 777) II 463. (cj 781) II 657.
Lachausse, Augustin. Meinrad., Bruntrutanus (m 749) II 64. (cm 755) II 170.
— Beat. Ignat., Bruntrutanus Rauracus (m 745) II 58. (cm 746) II 165.
— Augustin. Meinrad. Ant., Argentinensis (781) I 155. (j 781) II 472. (cj 784) II 665.
— Frid. Heinr., Argentinensis (j 768) II 444.
— Ign., Argentinensis (766) I 58. (m 766) II 96. (cm 769) II 181.
— Joh. Conr. Frid. Heinr. Dominic., Argentinensis (768) I 73. (cj 770) II 632.
— Jos. Wilh., Argentinensis (772) I 100. (j 772) II 453.
— Paul. Franc. Stanisl., Argentinensis (786) I 181. (m 786) II 118.
Lächelein, Wolffg., Onoldo-Francus (th 668) I 641.
Lachenwitz, Christi. Fried., Giessensis (m 759) II 82.
Lacher, David, Argentinensis (ph 624) I 277. (cphm 626) I 523.
Lackh, Jos. Ign., Augustanus (j 738) II 377. (cj 740) II 579.
Lackmann, Ferdin., Liefland zu Riga (778) I 133. (m 778) II 111.
Lacolombiere, Jos. Frid., Argentinensis (j 746) II 392. (cj 749) II 588.
Lacombe, Franc. Ant., Argentinensis (790) I 200. (j 790) II 492. (cj 792: Franc. Ant. Thom.) II 679.
— Franç. Ant., Sarrebourgensis (j 763) II 432. (cj 765) II 617.
— Claud. Gabr., Saraeburgensis (j 759) II 420.
— Nic. Ant., Saarburgensis (j 750) II 401. (cj 752) II 595.
Lackorn, Georg., Suevo-Halensis (th 637) I 609.
— Jac., Suevo-Hallensis (ph 642) I 315.
— Joh. Frid., Hala-Suevus (j 680) II 303. (cj 683) II 535.
Lacoste, Hieron. Lud., Pforzheimensis (j 728) II 358.
Lacour, Dominic., Castromosellanus (j 756) II 413.
Lacretelle, Petr. Ludov., Metensis (770) I 86. (j 770) II 448. (cj 772) II 636.
Lacroix, Joan. Petr., Bellofortensis (771) I 95. (j 771) II 451. (cj 773) II 638.
— Lud., Hagenoensis (ph 761) I 439. (j 761) II 426.
— Jac. Jos. Aug., Colmarinus (788) I 192.
— Joh. Petr. Phil., de Laval (Lugdunensis) (766) I 58.
— Jac. Dominic., Metensis (cj 717) II 556.
Lademann, Christoph, Sternbergensis (th 631) I 604.
Ladislai, Georg., Transsylvanus (m 622) II 6.
Ladrague, Franc., Metensis (782) I 160. (j 782) II 475. (cj 784) II 665.
Laedermann s. Ledermann.
Laemmermann. Phil. Jac., Argentinensis (791) I 202. (ph 791) I 459.
Lafaye, Philibert., Neobrisacensis (j 760) II 424.
— Steph. Wilh., Neobrisacensis (780) I 151. (j 780) II 471.
a Lafferdes, Ludolf., Lunaeburgo - Saxo (j 630) II 227.
Lafermiere, Carol., Argentinensis (ph 759) I 438. (j 759) II 421.
— (Lafermier), Franc. Herm., Argentinensis (j 754) II 408. (cj 756) II 600.
Laflotte, Phil., ex Jetze (j 734) II 370.
Lafont, Carol. August., Dresdensis (cj 751) II 592.
Laffontaine, Carol., Biberacensis (774) I 111. (j 774) II 458. s. Lafontaine.
Lafontaine, Leop., aus Biberach (ch 777) I 239. s. Laffontaine.

Laforgue, Carol. Martin., Lunevillanus (778) I 138.
Lafrogne, Franc. Baltazar, Harbouey (786) I 179. (j 786) II 482. (cj 788) II 673.
— Sebast. Lud., ex Harbouey Lotharingus (789) I 198. (j 789) II 491.
Lagacherie Dublé, Carol. Ludov., Novicastri Helvetus (m 754) II 74.
De Lagarde, Lud., Selestadiensis (j 738) II 379.
Lägerflycht, W. N., Suec. Holmensis (j 685) II 309.
Lages, Henr. Carol., Guelpherb. Saxo (j 668) II 286.
Lagus, Simon, Regiomontanus Borussus (m 618) II 3.
Laheurte, Lucas, ex Menil in Lotharingia (768) I 75. (j 768) II 445.
Lahmann (Lochmann?), Joan. Domin., Landserensis (768) I 74. (j 768) II 445. (cj 770) II 631.
von der Lahr, Hier., Francofurtanus (j 699) II 323.
— Paul., Francofurtanus (m 718) II 36.
Laib, Joh. Georg., Zeapolitanus (m 673) II 25.
a Laimingen, Achatius, Stuttgardianus (ph 639) I 309.
Laister, Thom., Giengensis (ph 624) I 278.
Laius s. Ley.
Lajeunesse, Petr. Franc., Metensis (766) I 58. (j 766) II 439. (cj 767) II 625.
— Roman., Metensis (j 719) II 343. (cj 720) II 558.
Lakony, Andr. Ant., Moravus Dubanensis (j 724) II 349.
Lalaisse, Joan. Petr. Clemens Ignat., Occitanus ex urbe Tolosa (j 759) II 421. (cj 761) II 608.
La Lance, Mich., Corniensis (j 727) II 356. (cj 728) II 566.
Lallemand, Joan. Nepomuc., Hochemensis (j 758) II 417.
— Franc. Ant., Lixheimensis (cm 766) II 178.
— Joan. Nepom., Lixhemensis (cj 759) II 605.
— Marc. Nic., Lotharing. Lixhemiensis (j 756) II 413. (cj 764) II 615.
— Mich. Joan., Metensis (778) I 138. (j 778) II 466.
Lallevée, Dominic., Albimontanus (777) I 132. (m 777) II 110. (cm 780) II 191.
Lalment, Franc. Paul., Commerceio-Lotharingus (787) I 184. (j 787) II 484. (cj 788) II 674.
de Lama, Franc. Xaver., Oenipontano-Tyrolensis (j 738) II 379.
de Lamarche, Ulric., Auricâ-Frisius (j 649) II 248.
de Lamare, Joan. Nic., Badonvillensis (j 746) II 392. (cj 746) II 585.
Lamarine, Joan. Nic., Spinalensis (j 688) II 315.
de Lamberg et Sprinzenstein, Franc. Ant. Comes (727) I 20.
— — Jos. Comes (727) I 20.
Lamberger, Leop., Krambergensis Suevus (j 751) II 404.
— Caietan., Rotwilanus Suevus (j 748) II 397
— Jos Anton., Rotwilanus (j 743) II 388.
Lambert, Joan. Jos., Lauterburgensis (cj 773) II 638.
— Jos., Lauterburgensis (780) I 149. (m 780) II 113. (cm 782) II 193.
— Jos. Matthias, Lauterburgensis (786) I 180. (j 786) II 483. (cj 786) II 670.
— Lud., Lauterburgensis Als. (785) I 177. (m 785) II 118. (cm 786) II 197.
— Joan. Phil., Luciensis prope Metas (j 741) II 385.
— Lud., Saraludovicensis (j 718) II 340. (cj 719) II 557.
Lambmann, Casp., Moguntinus (m 741) II 54.
Lamboley, Joan. Bapt., ex loco Quers in comitatu Burgundiae (776) I 124. (j 776) II 461. (cj 778) II 649.
Lambrecht, Franc. Ant., Argentinensis (j 742) II 386. (cj 743) II 582.
Lamen, Anth., Francobergâ-Hassus (j 633) II 231.
Lamey, Aug. Guil., Argentinensis (788) I 192. (ph 788) I 457.
— Ern. Andr., Mannheimensis (783) I 167.
— (Lamejus), Andr., Monasteriensis (ph 744) I 425.
— Joh. Frid., Als. Monasteriensis (ph 758) I 437.
Lamm, Friedr. Adolph., Detmoldanus (m 763) II 89.
Lammleth, Joh., Nürtinga-Suevus (770) I 85.
Lamothe, Claud., Fauconcourt in Lotharingia (770) I 87. (j 770) II 448. (cj 771) II 635.
Lamott, Joan., Maintz (m 746) II 59.
Lamoureux, Jos., Trivilav. Burgundus (m 742) II 55.
— Lud., Selestadiensis (773) I 105. (j 773) II 455.

(Lamoureux) (L'Amoureux), Franc., Selestadiensis (m 730) II 44.
Lamp, Joh. Frid., Argentinensis (786) I 181. (ph 786) I 456. (th 792) I 700.
— J. Mich., Argentinensis (ph 717) I 403. (cph 717) I 492.
Lampe, Joh. Bodo, Chur (m 764) II 91.
— Phil. Adolph., Gedanensis (775) I 113. (m 775) II 106. (cm 775) II 186.
Lampert, Frid. Christi., Hanoicus (j 741) II 386.
Lamperti, Carol. Otto, Rejchenbaco-Sponhemicus (th 689) I 655.
Lançon, Nic., Metensis (780) I 149. (j 780) II 470. (cj 782) II 659.
— Nic. Franc., Metensis (j 713) II 336. (cj 714) II 552.
— de St. Catherine, Carol. Jos. Lud., Metensis (j 747) II 393. (cj 749) II 589.
von Lanckisch, Ehrenfridt, Zittaviâ-Lusatus (j 657) II 264. (cj 665) II 518.
— Joh. Henr., Zittavia-Lusatus (j 685) II 309.
— Sigism., Zitta-Lusatus (j 659) II 267.
Landbeck, Joh. Frid., Ingelfingensis (ph 669) I 363.
Landenberg, Jos. Euseb. Herm., Eq. Alsata (770) I 42.
de Landenberg s. de Breitten-Landenberg.
Lander, Franc. Ant., Oberehnhemensis (j 762) II 429. (cj 763) II 614.
— Joan. Jac., Oberehnheimensis Alsata (j 756) II 412.
Landerer, Joh. Ludw., Nattheim-Württembergensis (773) I 104. (m 773) II 104.
Landerstett, Franc. Henr. Jos., Friburg. Helvetus (m 722) II 38.
— Joan. Henr., Friburg. Helvetus (cm 722) II 154.
Landgraff, Johan Georg., Ilmensis Thuringus (j 642) II 239.
Landherr s. Sandherr.
Landius, Severin., Misnensis (m 612) II 1.
Landolt, Joan., Tigurinus (j 736) II 373.
— Joh. Casp., Tigurinus (m 727) II 41.
— Matthi., Helv. Tigurinus (m 745) II 58.
de Landsberg, Franc. Engelbert., L. B. Westphal. (759) I 38.
Landwing, Joan. Adam, Tugiensis (m 764) II 93.
— Joan. Lud., de Tugio Helvetus (j 742) II 387.
Lanfrey, Angel. Franc., Argentinensis (j 741) II 579.
— Ant. Maria, Argentinensis (770) I 89. (j 770) II 449.
— Ant. Henr., Argentinensis (j 753) II 407.
— Franc., Argentinensis (j 739) II 381.
— Jos. Ant., Argentinensis (j 754) II 408. (cj 756) II 599.
Lang, Ferd., Amberg. Palatinus (m 736) II 49.
— Henr. Sam., Argentinensis (771) I 93. (ph 771) I 447. (cph 773) I 510. (cphm 776) I 581.
— Joh. Casp., Argentinensis (ph 642) I 315. (cph 642) I 471.
— Joh. Dan., Argentinensis (ph 736) I 417. (cj 745) II 584.
— Joh. Dan., Argentinensis (ph 706) I 393.
— Joh. Frid., Argentinensis (ph 709) I 396.
— Joh. Henr., Argentinensis (ph 664) I 354.
— Joh. Henr., Argentinensis (ph 691) I 381.
— Joh. Phil., Augustanus (ph 625) I 281. (cphm 626/27) I 523.
— Joh. Petr., Babenhusa-Hanovicus (th 707) I 663.
— Christi. Octav., Blotzhemian. Als. (771) I 95. (m 771) II 103.
— Franc., Blotzheimensis (783) I 164. (j 783) II 476.
— Georg. Henr., Buxovillanus (ph 706) I 392.
— Joh. Georg., Biberacensis (j 644) II 242.
— Christian., Bipontin. - Steinhausensis (767) I 71. (j 767) II 443.
— Andr., Burgaviensis (th 669) I 643.
— Joh. Lud., Esslingensis (j 700) II 324.
— Tilemann., Feuerbacensis Marchicus (th 724) I 671.
— Godofr. Nic. Henr., Heilbronnensis (j 760) II 423. (cj 764) II 616.
— le jeune, Franc. Matthias (Matthaeus), Huningensis (787) I 185. (j 787) II 485. (cj 789) II 677.
— Valent., Colbergensis Pomeranus (th 624) I 596.
— Bern., Colmariensis (m 757) II 79.
— Joan. Casp., Coronacensis dioec. Bambergensis (j 729) II 362.
— Franc. Ambros., ex fano St. Ludovici (782) I 160. (j 782) II 474. (cj 784) II 665.

(Lang) Franc. Philipp. Jos., ex fano St. Ludovici (782) I 160. (j 782) II 474.
— Franc. Claud., ex Magnâ Kembs (j 745) II 390. (cj 747) II 586.
— Joh. Bernh., Mannheimensis (th 739) I 678.
— Joh. Henr., Massenhemio-Darmstadianus (th 709) I 664.
— Phil. Reinhard., Darmstat. Massenheimensis (th 707) I 662.
— Frid., Noribergensis (j 684) II 307.
— Georg. Chph., Norimbergensis (th 659) I 628.
— Joh. Jac., Regiomontan. Francus (th 634) I 607.
— Heinr., Römhilda-Francus (j 658) II 266.
— Franc. Ant., Spitzenbacensis Brisgoins (j 760) II 424.
— Joh. Casp., Suinfurtô-Francus (th 669) I 642.
— Joh. Mich., Ulmensis (j 691) II 318.
— Daniel Meno, Walloviensis (th 684) I 652.
— Ferd. Karl, Wertheimensis (m 763) II 90.
— Petr., Wormatiensis (m 632) II 12. (cm 638) II 129.
— Joh. Philibert, Ysnensis (j 655) II 259.
Langbein, August. Christoph., Dresdensis (m 745) II 58.
Lange, Christi., Borussus (j 655) II 259.
— Christi. Heinr., Geidertheimensis (ph 741) I 421. (th 741) I 679.
— (Lang), Frid. Theophil., Geuderthemio-Hanoicus (ph 746) I 421.
— Mich., Purimonte-Transylvanus (th 683) I 651.
Langelant, Comes de s. Ahlfeld.
Langen, Joh. Casp., Hannoveranus (j 658) II 266.
— Mich., Northeimensis Saxo (ph 673) I 369.
von Langen, Carol., Suevus ex Rotwila (775) I 112. (j 775) II 458.
Langenauer, Joach. Augustanus (m 621) II 6.
— Albert. Conr., Uffenheim. Francus (m 649) II 17.
Langenbacher, Andr., von Bombach (ch 785) I 254.
Langenbeck, Henr., Hamburgensis (j 630) II 225. (cj 631) II 499.
Langenmantel, Ant. Chph., Augustâ-Vindelicus (j 666) II 283.
Langerman, Laurent., Hamburgensis (j 646) II 244.
Langguth (Languth), Georg. Wilh., Betuleto-Sponhemicus (j 686) II 312.
— Carol. Huldric., Herrstein.-Sponhemicus (767) I 70.
— Joh. Georg. Wilh., Rudolst. Schwarzburgicus (778) I 136.
— Franc. Petr., Trarbacensis (th 707) I 662.
— Joh. Nicol., Trarbacensis (j 700) II 324.
Langhammer, Christi., Sil. Gryphimontanus (m 721) II 38.
Langhans, Georg. Leonard., Argentinensis (774) I 106. (j 774) II 456. (cj 776) II 645.
— Joan. Georg., Argentinensis (j 734) II 370. (cj 736) II 575.
— Jos. Herm., Argentinensis (j 730) II 362.
— Joh., Gebvilleranus Alsata (j 690) II 317.
Langerfeldt, Joh., Regiom. Borussus (j 654) II 257.
— Reinhold., Regiomontanus (j 644) II 241.
Langheinrich, Joh. Phil., Argentinensis (ph 739) I 420.
— Joh. Reinhard., Argentinensis (ph 732) I 414.
Langjar, Chphr. Jac., Welsens. Austriacus (j 631) II 228.
Langnickell, Adam., Goltbergâ-Silesius (j 625) II 212.
Langrötgers (Lang-Rottger), Arnold. Georg., Hattingâ-Guestphalus (j 666) II 282. (cj 667) II 520.
— Phil. Joh. Christophor., Mulhemio-Montanus (j 724) II 349.
Languth s. Langguth.
de Langwerth, J. E., Moguntinus (782) I 48.
— de Simmern, Georg. Chph., Moguntinus (ph 653) I 336.
Lanj, Elias, Bartphâ Ungarus (th 634) I 607.
Lanier, Jean Bapt., Colmariensis (775) I 119. (m 775) II 108.
de Lanne, Joan., Gallus ex prov. Novicensi (j 625) II 210.
Lanty, Christophor. Franc. Sebast., Tullanus (cj 762) II 611.
Lantz, Anton., Bienstat. Wedderavus (ph 625) I 279.
— Joh. Casp., Franckfurth a. Mayn (ch 780) I 244. s. Lanz.
Lantzkij, Joh. Benj., Swidnic. Silesius (m 729) II 44.

Lantzrein, Heinr., von Thun i. d. Schweiz (ch 774) I 234.
Lany, Nicol. Franc., Parisiensis (j 760) II 423.
Lanz, Joh. Dan., Argentinensis (787) I 185. (ph 787) I 457.
— Jac., von Herzogenbuchsee (d 770) I 226.
— Samuel, von Huttwil C. Bern (ch 778) I 241. s. Lantz.
Lanzer, Baro de s. Dheruart.
Lapicida, Wilh. Phil., Weilburgensis (th 652) I 620.
Laplume, Andr., Luxemburgensis (d 720) I 209.
Lapp, Benj., Moeno Francofurtanus (ph 659) I 346.
— Mart., Wingershemensis (j 746) II 392.
a Lapstein, Joachim., Nobil. Pomeranus (j 665) II 279.
Laquiante, Franc. Maria Lud. Nic. Joan. Thom. Aquin. Bruno, Argentinensis (j 774) II 456. (cj 779) II 653.
— Joan. Thom. Aquinas, Argentinensis (j 746) II 391. (cj 747) II 586.
— Jean Thom. Aquinas Nic. Carol., Argentinensis (774) I 107.
— Maria Jos. Monica Felix, Argentinensis (783) I 168. (j 783) II 477.
— Mich. Xav. Ign., Argentinensis (777) I 126. (j 777) II 462. (cj 779) II 653.
— Mich. Thom., Argentinensis (cj 751) II 592.
— Wilh. Ant. Bruno, Argentinensis (786) I 178. (j 786) II 482.
— Joan., Metensis (cj 717) II 555.
Larcher, Franc. Ant., Colmariensis (cj 730) II 568.
— Franc. Ant., Colmariensis (j 756) II 413. (cj 759) II 604.
— Franc. Theod., Colmariensis (767) I 71. (j 768) II 444.
— Franc. Xav., Colmariensis (j 747) II 394. (cj 749) II 588.
— Joan. Bapt., Colmariensis (j 756) II 413. (cj 758) II 603.
— Phil., Colmariensis (cj 723) II 561.
Larfeu, Claud. Domin. Seb., Barroducensis (785) I 176. (j 785) II 481. (cj 787) II 671.
Larizius, Joh., Argentinensis (ph 663) I 352. (cph 663) I 477. (cphm 668) I 546.
— Joh. Frid., Argentinensis (ph 661) I 350.
(Larizius) Rud., Argentinensis (ph 669) I 362.
— Sigism., Argentinensis (cph 657) I 475. (cphm 659) I 542.
— Joh. Sigism., Schwarzenfeld. Palatinus (ph 626) I 284. (cphm 628/29) I 525.
Laroche, Joan. Jac. Bern., Gebwilleranus (776) I 122. (j 776) II 461. (cj 778) II 650.
— Basil. Charol. Simon, Rambervillanus (cj 786) II 669.
— Basilius Charol. Simon, Lunevillanus (784) I 171. (j 784) II 479. (cj 786: Rambervillanus) II 669. s. La Roche.
Larsonneur, Lud. Aug., Versaliensis (788) I 193. (m 788) II 121.
Lartillion, Carol., Belsonacens. in Ducatu Luxenburgensis (768) I 77. (j 768) II 445.
de Lasabliere, Franc. Xav., Colmariensis (783) I 168. (j 783) II 477.
— Joan. Eleon., Colmariensis (781) I 155. (j 781) II 473.
Lasalle, Laurent. Maria, Metensis (775) I 116. (j 775) II 459.
— Laurent, Mont Dauphin en Dauphiné (779) I 144.
— Franc., Sarraludovicensis (j 739) II 380.
de Lasalle s. Collinet.
Laselle, Franc., ex Portieux (779) I 142. (j 779) II 467.
de Lasser, Adolf. Godefrid. Franc., Moguntinus (j 747) II 395.
— Joan. Rudolph., Moguntinus (j 727) II 357.
— Petr. Christi. Franc., Moguntinus (j 727) II 357.
de Lassberg (Lasberg, Lasperg), Carol. L. B., Suevus (j 753) II 406.
— Georg. Ernric. L. B. (665) I 3. (j 665) II 281.
Lassia, Joan. Jos., Argentinensis (j 751) II 404.
Lassollaye, Carol., Gernspacens. Marchio-Baadensis (j 760) II 423.
— Jos., Gernspacensis (j 762) II 430.
— (de la Sollaye), Franc., Gernspacensis (780) I 147. (j 780) II 470.
Lassore, Melch., Argentinensis (j 754) II 409.
Lassuse, Joan. Bapt., Sarreburgensis (779) I 142. (j 779) II 467. (cj 781) II 657.
Latomus, Vinc., Francofurtanus (j 621) II 204.

Latour, Franc. Hugo, Argentinensis (j 765) II 436. (cj 766) II 622.
Latour de Foyssac, Christian. Casimir., Phalsbourgensis (784) I 171. (j 784) II 479.
de Lattre s. Delâttre.
Laub, M. Georg., Augustanus (ph 645) I 321. (cphm 647) I 536. (th 654) I 622.
— Georg. Theod., Augustanus (ph 685) I 378.
Laubach s. Solms.
Laubegeois, Joh., Embdâ Friscus (j 665) II 281.
Laubenberger, Timoth., Reuttlingensis (th 648) I 615.
Laubender, Franc. Ant., Wetzlariensis (776) I 125. (j 776) II 462.
Lauber, Jos. Nicol., Soloduriensis (m 750) II 84.
Läuble, Phil. Jac., Gengenbacensis (cm 744) II 165.
de Laubrussel, Joan. Bapt. Domin. Hyacinth., Metensis (j 725) II 351. (cj 725) II 564.
Lauch, Otto, Sinning. Neuburgo Palatinus (ph 623) I 275.
Lauchart, Timoth., Mulhusinus Thuringus (j 625) II 210.
Lauckhard, Joh. Adam., Albanensis (th 741) I 679.
— Loudw. Casimir., Deciae Nassoicus (m 762) II 88.
— Joh. Jac., Reinemio-Hassus (778) I 134. (th 778) I 695.
— Christian. Frid. Theodor., Nassoico-Saaraepontanus (770) I 86. (j 770) II 448.
Laude, Joh. Jac., Montbelgardensis (ph 707) I 394.
Laudenbach, Mart., Suinfurto Francus (th 627) I 600.
Laudier, Petr. Franc., Parisinus (j 750) II 402.
Lauer, Joan. Adam., Dieburgens. ex dioec. Moguntina (j 759) II 421.
— Joh. Siegm., Nürenberg. (m 760) II 85. s. Lawer.
Lauff, Jac., Wanscheid Trevirensis (m 762) II 87.
von Lauffen, Jos. Henr., Lucerna-Helvetus (m 748) II 63. (cm 752) II 169.
Lauffer, Wilh., Stuttgardiensis (j 761) II 425.
— Joh. Jac., Tig.-Eglisavianus (m 740) II 54.
— Joh. Petter, Würtzburgensis (m 764) II 93. (cm 768) II 180.
Lauginger, Christian., Augusta-Vindelicus (j 685) II 311.
Lauk, Joh. Jac., Gelnhusanus (j 718) II 340.
Launay, Joan., Lunevillanus (j 757) II 414. (cj 766) II 621.
— Joan. Lunevillanus (766) I 58. (j 766) II 439.
(identisch mit dem vorigen?)
— Joan. Claud., Landaviensis (cj 708) II 549.
Laupper, Jac., Oberburg C. Bern (ch 776) I 237.
Lauprecht, Adolph Gottfr., Mühlhuso-Thuringus (772) I 96.
Laur, Carl Lebrecht, Dresdensis (m 763) II 89.
Laurendeau, Joan. Carol., Calviacensis (j 765) II 438.
Laurent, Lud., Albimontanus (j 750) II 400. (cj 751) II 593.
— Claud. Hilar., ex Mailleroncourt Burgundus (cm 773) II 184.
— Bernard, Plombier en Lorraine (m 763) II 90.
— Alexius Franc. Xaver., Romaricomontanus (771) I 95. (j 771) II 451. (cj 775) II 644.
— Franc., ex Tabernismontanis (787) I 187. (m 787) II 120. (cm 790: Franc. Erasm.). II 199.
— Franc. Ant., Vicensis (j 764) II 435. (cj 768) II 627.
— Henr. Nic., Vicensis (787) I 186. (j 787) II 486.
Laurentius, Joh., Danus (ph 628) I 290.
— Joh. Conr., Moeno-Francofurtanus (j 673) II 299.
— Joh. Heinr., Wratislaviensis (th 665) I 638.
Laurentzi, Leonh., Augusta-Vindelicus (ph 633) I 300. (cphm 634) I 529.
Laurer, Georg., Vienensis Austriacus (th 645) I 614.
de Laurier s. Delaurier.
Lautensack, Joh. Georg., Argentinensis (ph 672) I 368. s. Lauttersack.
Lautenschlager, Casp., Palat. Neoburgicus (th 624) I 596.
Lauterbach, Joh. Wilh., Gruito-Montensis (778) I 138.
— Wolf Adam, Hamburgensis (j 645) II 243.
— Wolffg. Adam, Tubingensis (j 684) II 308.
Lauth, Frid. Jac., Argentinensis (766) I 56. (ph 766) I 444. (th 772) I 692.

(Lauth) Joh. Dan., Argentinensis (ph 750) I 430.
— Joh. Frid., Argentinensis (j 747) II 394.
— Joh. Frid., Argentinensis (773) I 103. (ph 773) I 448. (cj 784) II 665.
— Joh. Georg., Argentinensis (ph 732) I 414. (cm 742) II 164.
— Joh. Jac., Argentinensis (ph 699) I 386.
— Joh. Jac., Argentinensis (ph 737) I 418. (cph 737) I 498. (cphm 742) I 571.
— Joh. Jac., Argentinensis (780) I 148. (ph 780) I 453. (j 785) II 481. (cj 787: Scharrachberghemiensis) II 671.
— Thom., Argentinensis (772) I 96. (ph 772) I 447. (cm 781) II 192.
— August., Husensis Holsatus (j 630) II 226.
de Lauthier, Domin. Nic., Bouchwaldt (j 753) II 407.
— Domin. Nic., Palatiopolitanus (cj 754) II 597.
de Lautiz, Casim. Phil., Eq. Brunswicensis (j 732) II 366.
— Jul. Henr., Eq. Brunswicensis (j 732) II 366.
Lautner, Georg., Siburgerus Transylvanus (th 659) I 629.
Lauttersack, Georg. Chph., Altorfino-Noricus (ph 641) I 313. s. Lautensack.
Lauty, Christophor. François (j 760) II 424.
Lautz, Joh. Seb., Darmstatinus (ph 663) I 353. (cphm 664) I 544.
— Elias Christoph., Wormatiensis (j 722) II 348. (cj 728) II 566.
— Phil. Jac., Wormatiensis (cj 720) II 558.
— Wilh. Frid., Wormatiensis (j 735) II 372. (cj 738) II 577.
Lauxius, Phil. Jac., Trarbacô-Mosellanus (ph 658) I 343.
Laval, Claud., Tullanus (785) I 176. (j 785) II 481.
Laveline, Franc. Chevalier, Lotharingus (j 772) II 453.
de Lavergne, Maxim. Henr., Parisiensis (cj 736) II 575.
Lawer, Phil. Theoder., Staudernheimensis (ph 642) I 314. s. Lauer.
Lawroff, Nic., Russus (780) I 149.
Laxdehn, Joh., Boruss. Balgensis (j 650) II 250.
Lay, Andr., Augustanus (m 624) II 7. (cm 629) II 126.
— Christi. Godfr., Augustanus (ph 625) I 280.
(Lay) Joh., Biberacensis (ph 647) I 325.
— Wolffg. Frid., Biberacensis (j 666) II 282.
de Laysela, L. B., s. Bonde.
Lazard, Joh., Aroensis Hungarus (ph 669) I 363.
Lazowsky, Maximil., Lunevillanus (766) I 59. (j 766) II 439. (cj 768) II 625.
Le Bel, Jos. Achill., Parisinus (788) I 194. (j 788) II 489. (cj 790) II 678.
Leberwurst, Thom., Ulmanus (th 661) I 631.
Lebetgern, Franc., Offenburgensis ex Brisgoia (j 758) II 419.
Leblanc, Anselm., Argentinensis (j 755) II 410.
Lebon s. Le Bon.
Lebrecht, Joh. (d 757) I 219.
Lebrun (Le Brun), Franc., Barisiensis Ducatus Liffolliensis (j 748) II 398.
— Jac. Phil., Gratianopolitanus (766) I 58. (j 766) II 439.
— Joan. Matthae., Metensis (j 744) II 388. (cj 747) II 586.
— dit Gilbert, Henry, Paris (779) I 142. (j 779) II 467.
Lebzelter, Thomas, Hafnius Danus (m 653) II 18.
de Léchaux, Petr. Jac., Bisuntinus (j 785) II 481.
Lechkoy, Demetrius, Petropolitanus (j 765) II 436.
Lechner, Melch., Bruggensis Boius (j 706) II 329.
— Joh. Mich., Suebo Halensis (m 627) II 9.
Le Clerc s. le Clerc.
Lecocq, Joan. Franc., Spinalensis (778) I 135. (j 778) II 465.
Lecoin, Carol. Nic. Willemin, Metensis (j 734) II 371.
Lecointe s. le Cointe.
Lecomte (Le Comte), Jac., Argentinensis (d 747) I 217.
— Thom. Lambert., Argentinensis (j 719) II 343. (cj 722) II 560.
— de Tours en Toureine (d 714) I 208.
Lecomte du Chatelot, Joan., ex Beaumont sur Vingeanne dioc. Divionensis, civis Parisiensis (787) I 184. (j 787) II 484.
Leconte s. Le Conte.
Lederer, Ernest. Frid., Esslingensis (j 680) II 304.
— Joh. Ernest., Eslingensis (m 652) II 18.
— Dominic., Graecensis (d 733) I 213.

(Lederer) Christi., Wittebergensis (j 661) II 271.
— Christi. Hartmann, Wittebergensis (j 664) II 277. (*derselbe?*)
Lederhoss, Jac., Argentinensis (ph 624) I 278. (cph 624) I 463. (cphm 626/27) I 523.
Lederlin, Joh., Argentinensis (768) I 73. (ph 768) I 445.
— Joh., Argentinensis (773) I 104. (ph 773) I 448.
— Joh. Henr., Argentinensis (ph 690) I 380. (cph 690) I 484. (cphm 692) I 555.
— Joh. Jac., Argentinensis (ph 758) I 437.
— Georg Mich., von Landau i. Elsass (ch 788) I 259.
Ledermann, Joh. Casp., Diemeringensis (ph 672) I 367. (cph 672) I 479. (cphm 674) I 549.
Leduc, Joan. Bapt. Franc., ex fano Sancti Deodati (771) I 91. (j 771) II 450. (cj 772) II 637.
Leduchat s. le Duchat.
Leegardus, Christi., Havnia-Danus (th 687) I 654.
— (Legardus), Christi. (m 651) II 18.
de Leerodt, Joh. Arn. Adrian. Comes (721) I 17.
van Leeuwen, Leonard, Gouda-Batavus (781) I 155. (m 781) II 114.
Lefebre (Lefebvre), Franc., Argentoratensis (j 755) II 410.
— Urban. Mich., Coenomanensis (j 745) II 390.
— Ant. Ign., Colmariensis (j 731) II 364. (cj 733) II 571.
— Franc. Jos. (Matthe.), Colmariensis (767) I 64. (j 767) II 441. (cj 767) II 624.
— Joan. Bapt. Jos., Colmariensis (j 752) II 404. (cj 755) II 598.
— Joan. Claud., Colmariensis (j 720) II 346. (cj 722) II 560.
— Joh. Frid., Mannheimensis (787) I 185.
— Joan. Henr., Metensis (j 713: Henr.) II 336. (cj 715) II 554.
— Nic. Jos., Metensis (cj 715) II 554.
— Franc. Xaver., Nanceianus (j 720) II 346.
— Jos., Tabernensis Als. (789) I 197. (j 789) II 491. s. le Fevre.
Leffort (Leffortius), Joh., Genevensis (j 628) II 220.
— (le Fort), Guil., Genevensis (m 750) II 65.
Legardus s. Leegardus.
Legauff, Joh., Bucoviens. Marchicus (j 683) II 306.
Leger, Nic., Virodunensis (ph 763) I 442.
Legotius (Le Gotius), Jonas, Novocomensis Helvetus (j 659) II 267.
Legoullon de Coin, Joan. Bapt., Metensis (j 733) II 368. s. Decoin.
Legrand, Joa. Bapt., de Paris (s 785) I 266.
Lehenmair, Ulr., Neoburg. Palatinus (j 623) II 494.
Lehle, Franc. Leonh., de Merspurg. (m 752) II 69.
Lehm, Joh. Georg., Rotenburgensis (ph 651) I 333.
Lehmann, Frid., Annaebergâ-Misnicus (j 663) II 276.
— Andr. Bernh., Budesynô-Lusatus (m 625) II 8.
— Joh. Christi., Budiss. Lusatus (ph 655) I 339.
— Joh., Budiss. Lusatus (m 620) II 4. 5.
— Jac., ex minore Franckenheim (780) I 151. (m 780) II 114.
— Christi., Ileburgo-Misnicus (j 664) II 278.
— Joh. Matthi., Creilshemio-Francus (th 669) I 642.
— Joh. Georg., Lösnicensis Misnicus (th 715) I 667.
— Bogislaff Siegfried, Stolpa Pomeranus (j 688) II 316.
— Georg., Stolpa-Pomeranus (j 624) II 495.
— Gustav Bogislaff, Stolpâ-Pomeranus (j 654) II 226. (cj 655) II 512.
— Carol., Trarbacensis (ph 664) I 356.
— Gotofr., Vratislav. Silesius (j 678) II 301. s. Löhmann.
Lehn, Joan. Georg., a Kislach (j 732) II 367.
à Lehndorff, Frid. Wilh., Nob. Boruss. (j 661) II 270.
Lehnemann, Joh., Moeno-Francofurtanus (th 698) I 658.
Lehner, Joh., von München (d 740) I 215.
— Georg., Nerolingensis (ph 661) I 349.
— Bartholom., Ratisbonensis (j 685) II 309.
— Joh., Ratisbonensis (m 648) II 17.
Lehninger, Joh. Aug. (763) I 38.
Lehnitz, Martin Friedr., Berolinensis (777) I 128.
Lehr, Aug., Annabergensis (779) I 144.
— Christi. Aug. Benj., Sehma Saxonicus (cm 783) II 194.
Leibach, Jos., von Wiese (?) am Bodensee (ch 778) I 240.

Leiberich, Joh. Mich., Hala-Suevus (th 746) I 681.
Leibfried, Phil. Henr., Buxovillanus (ph 748) I 429.
Leibheimer, Joh., Ulmanus (j 663) II 275.
Leibling (Leiblin), Phil. Jac., Badensis (ch 773) I 232. (775) I 117. (m 775) II 107.
Leichner, Eccard., Saltzung. Thuringus (ph 631) I 296.
Leickher, Isaac., Augustanus (j 649) II 248.
Leidenau, Christi., Verthemio-Francus (j 718) II 341.
Leiendecker, Joh. Justus, Trabensis (ph 662) I 351.
Leimgart (Leimgarden), Henr., Essenâ Guestphalus (j 656) II 262. (j 666) II 282. (cj 667) II 521.
de Leimmer, Jos., Styrus Graecensis (j 738) II 379.
Leinberg, Joh. (ch 776) I 238.
Leiner, Joh. Jac., Constantiensis (j 658) II 265.
Leining, Joh. Casp. Nic., Stadens. Wetteravus (j 725) II 353.
in Leiningen, Comes
— Carol. Frid. Wilh. (733) I 23.
— et Dachsburg, Carol. Lud. (717) I 15.
— — Ernest. Leop. (725) I 19.
— — Frid. Lud. Theod. (725) I 19.
— et Heidesheim, Christi. Carol. Reinhard. (707) I 12.
— — Joh. Lud. Wilh. (733) I 23.
— et Rixingen, Phil. Lud. (667) I 3.
— — Leop. Lud. (667) I 3.
— et Westerburg, Christi. Lud. Herim. (753) I 33.
Leininger, Ge. Frid., Buxovillanus (th 757) I 685.
— Joh. Guil., Wormatiensis (ph 631) I 297.
de Leininger, Maurit. Sigisfr. Baro (721) I 17.
Leinweber, Joh. Adam., Wertheimensis (ph 705) I 391.
— Theodoric. Laurent. (m 751) II 68.
Leipold, Wilh. Chph., Wertheim. Francus (th 685) I 652.
Leisler, Georg. Lud., Spirensis (th 681) I 650.
— Georg. Conr., Spirensis (ph 637) I 308.
Leisner, Joh. Valent., Noricus (j 699) II 323.
— Georg., Olsnensis Silesius (j 663) II 275.
Leiss, Joan. Lud., Argentinensis (j 749) II 400.
Leissler, Joh. Adam., Hanoviensis (m 751) II 69.
Leiter, Joh. Phil., Weisenburgensis (780) I 149. (m 780) II 113. (cm 784) II 196.
Leitersperger, Frid. Casim., Argentinensis (j 663) II 276.
— Jerem. Adam., Argentinensis (ph 706) I 393. (cm 712) II 150.
— Joh., Argentinensis (ph 715) I 401. (cj 722) II 560.
— (Leyttersperger), Joh. Ernest., Argentinensis (cj 625) II 495.
— Joh. Frid., Argentinensis (ph 726) I 409.
— Joh. Georg., Argentinensis (cphm 626) I 523.
— Joh. Phil., Argentinensis (ph 710) I 397. (cj 716) II 554.
— (Leyttersperger), Phil. Casp., Argentinensis (ph 688) I 380.
Leius, Joh. Bernh., Creilsheimensis (ph 642) I 315.
Lejeune, Franc. Lud., Lunivillanus ex Lotharingia (j 755) II 410. (cj 757) II 601.
Le Laboureur, Claud. Lud. Renat., Parisinus (j 688) II 316. (cj 689) II 540.
— Joan., Parisinus (cj 705) II 547.
— Joan. Augustin. Claud., Parisinus (cj 682) II 534.
Le Lièvre, Claud. Hugo, Parisinus (773) I 103.
Lemaire, Carol. Philib., Lunevillanus (770) I 85. (j 770) II 448. (cj 770) II 633.
— Joan. Stanisl., Lunevillanus (j 756) II 413.
— Jos., de Neubois au Conteban (d 768) I 223.
Lembcke, Franc. Christi., Argentinensis (cph 721) I 493.
— Franc. Christian., Durlacensis (ph 721) I 406. (cphm 725) I 567.
— Joh. Carol., Durlacensis (ph 744) I 425.
— Daniel, Gustrov. Meclenburgensis (j 679) II 302.
— Herm., Rostochiensis (j 644) II 242.
— Jac., Rostochiensis (j 669) II 289.
s. Lembke.
Lemineur s. Lemmeure.
Lemire s. Le Mire.
Lemke, Phil., Weissweil aus Baden-Durlach (ch 778) I 241. s. Lemcke.
Lemmens s. Lemmeure.
Lemmeure, Mathias, Lunevillanus (780) I 149. (j 780) II 470. (cj 782) II 660.
Lemoine (Le Moine), Steph. Nic. Gaspard, Parisinus (786) I 182. (j 786) II 484.

(Lemoine) (Lemoyne), Marc. Renat. Lud., Mediovicensis (767) I 69. (j 767) II 443.
Lemolt s. Le Molt.
Lemont, Charles (s 785) I 267.
Lemoser, Joh. Martin., Argentinensis (787) I 186. (j 787) II 486.
Lemp, Frid. Eberh., Argentinensis (782) I 158. (ph 782) I 454.
— Georg. Frid., Argentinensis (ph 737) I 418.
— Joh., Argentinensis (ph 745) I 425. (cj 752) II 595.
— Joh. Jac., Moeno-Francofurtanus (j 662) II 272.
— Joh. Henr., Montano-Hombergensis (th 657) I 625.
— Joh., Richovillanus (783) I 165.
Lempfrit, Jos., Lixhemiensis Lotharing. (786) I 183. (j 786) II 484. (cj 788) II 673.
— Petr., ex Fortalitio Ludovicaeo (j 759) II 422.
de Lemppenbach, Ant. Ferdin. Maria, Donau-Eshinganus (j 736) II 374.
Lendelbach, Joan. Petr., Corbacensis (j 740) II 383.
Lendenmann, Mich., C. Appenzell aus der Grub (ch 776) I 238.
v. Lendersheim, Ernst Heinr., Nob. Francus Onolzbacensis (j 654) II 257.
Lendorff, Joh. Frid., Hannoveranus (d 736) I 213.
Lenferdinck, Bernard., Monasterio-Westphalus (j 724) II 350.
Leng, Gottfr., von Sultz a. Neccar (ch 775) I 236.
von Lengerkenn, Georg, Holmiensis (ph 659) I 345.
Leninius, Jac., Perlemonto-Marchicus (th 660) I 629.
Lennzer, Andr., Augustanus (th 650) I 618.
Lenoir, Basil. Steph., urbis Joviniaci Campanensis (792) I 203. (m 792) II 122.
Lenter, Christi., Argentinensis (cph 697) I 486. (cphm: Leuter 699) I 558.
a Lenthe, Dieter. Christi. (j 653) II 256.
Lentz, Salom., Magdeburgensis (th 667) I 640.
— Joan. Franc. Ant., Mösskirchensis (j 722) II 348. (cj 723) II 562.
— Joh. Casp., Ratisbonensis (cj 651) II 509.
— Veit Phil., Vormatiensis (j 761) II 426. s. Lenz.
Lenz, Carol. Wilh., Argentinensis (783) I 167.
— (Lentz), Gottlob Frid., Argentinensis (ph 749) I 430.
— Joh. Dan., Argentinensis (776) I 123. (ph 776) I 450. (cphm 781) I 583. (th 783) I 697.
— (Lentz), Joh. Frid., Argentinensis (ph 712) I 399. (cph 714) I 490. (cphm 716) I 564.
— Joh. Frid., Argentoratensis (768) I 76. (ph 768) I 445.
— Jac. Mich. Reinhold, Dorpato-Livonus (774) I 109. (th 774) I 693.
— Henr., Dresdensis (j 664) II 278.
— Joh. Kilian (d 737) I 214.
s. Lentz.
Leo, Joh. Bernh., Margritensis Wilstermarsus (j 651) II 252.
— Aug. Frid. Christi., Gothanus (m 764) II 92.
— Henr. Wilh., Livonus (ph 657) I 342.
— Joh. Ignat., Rheinfeldå-Rauracus (m 718) II 36.
— Adam Dan., Salzungen (m 746) II 60.
— Joh. Bened., Saltzunga-Thuringus (ph 644) I 319.
— Franc. Martin., Sanoviensis Rauracus (j 744) II 389.
Leöblein s. Löblein.
Leonard, Jac., Dommartinensis Lotharingus (j 739) II 381.
Leonardi, Joh., Holm. Suecus (ph 659) I 345.
Leonhard, Arbog., Argentinensis (ph 672) I 368.
— Christi. Lud., Argentinensis (ph 744) I 424.
— Georg. Frid., Argentinensis (ph 698) I 385. (cph 698) I 486. (cphm 700) I 559.
— Georg. Mich., Argentinensis (ph 750) I 430. (cph 751) I 503.
— Joh. Frid., Argentinensis (ph 665) I 356. (cphm 669) I 547.
— Phil. Frid., Argentinensis (ph 744) I 425.
— Phil. Jac., Argentinensis (ph 703) I 389. (cph 703) I 487. (cphm 707) I 561.
— Phil. Godofr., e Comitatu Castellensi (ph 671) I 366.
— Matthae., Reichenbacensis Variscus (cphm 623) I 520. s. Leonhardt.
Leonhardi, Frantz Adolph, Mengeringhusa Waldeccus (j 739) II 382.
Leonhardt, Carol. Chph. Phil., Bada-Durlacensis (j 737) II 376.
s. Leonhard.

de Leonrodt, Alex. L. B., Francus (733) I 22.
Leontowytsch, Sawa, Petropolitanus (m 761) II 87. (cm 766) II 178.
Leopard, Joh. Frid., Argentinensis (ph 642) I 315. (cph 642) I 471.
— Joh. Georg., Argentinensis (th 624) I 707.
Leopold, Mich., Lubecensis (th 664) I 636.
— Georg., Palatinus (j 630) II 226.
— Joh. Georg. iun., Redbicio-Palatinus (th 660) I 630.
— Steph., Redbicio-Palatin. (ph 640) I 311.
— Joh. Dieter., Ulmensis (m 725) II 40.
Lepayeur (Lepayen), Dav. Carol., Metensis (j 759) II 421.
— G. L. Gaspar., Metensis (cj 722) II 560.
Lepechin, Joan., Petropolitanus (m 762) II 89. (cm 766) II 178.
Le Pelletier de la Houssaye de Signy, Claud. Felix, Parisinus (709) I 13. (j 709) II 332. (cj 711) II 550.
Lepicque, Ant. (d 701) I 206.
— Ant., Edimburgensis (774) I 109. (j 774) II 457. (cj 776) II 645.
Lepointe (?), Nic., Metensis (cj 728) II 566.
Lepoire, Andr., Bockenheimensis (789) I 197. (j 789) II 491.
Leppentin, Chph. Nicol., Hamburgensis (775) I 115. (m 775) II 106.
Lepper, Georg. Christi., Mulhemio-Montanus (th 751) I 683.
Legueux, Joan., Commercianus (775) I 115. (j 775) II 459.
Lerber, Sigism. Lud., Patr. Bernensis (j 743) II 388.
Lerch, Eberh. Joan. Franc., à Dürmstein (j 676) II 300.
— Chphor. Casimir., Moscov. Russus (774) I 110. (m 774) II 105.
Lerchenfelder, Joh. Frid., Ratisbonensis (j 631) II 227.
Leriche, Carol. Jos., Argentinensis (m 752) II 69.
— Georg. Claud., Argentinensis (771) I 93. (m 771) II 102.
— Joan. Bapt. Franc., Argentinensis (j 760) II 424.
— Joan. Bapt. Georg., Argentinensis (783) I 168. (j 783) II 477.
— Petr. Nic., Argentinensis (m 755) II 75. (cm 758) II 172.
— Zoenob., Argentinensis (m 754) II 74. (cm 759) II 173.
(Leriche) Joan. Bapt. Franc., Insulanus Flander (cj 764) II 615.
Lernur, Joh. Alb., Kyrnensis Hunnus (ph 665) I 357.
s. Liernur, Lirnur.
Leroux s. le Roux.
Leroy s. le Roy.
Leroyer s. le Royer.
Lerse, Frid., Argentinensis (ph 655) I 338. (cphm 657) I 541.
— Phil. Jac., Argentinensis (ph 726) I 409. (cj 735) II 573.
— Franc. Christi., Buxovilla-Alsata (770) I 86. (th 770) I 691.
Lersen, Ingwer Carsten, Holsatus (782) I 162.
Lersner, Henr. Lud., Moeno-Francofurtanus (ph 649) I 329.
— Hans Maxim., Moeno-Francofurtanus (j 667) II 285.
— Joh. Maxim., Moeno-Francofurtanus (j 699) II 324.
de — Georg. Aug., Moeno-Francofurtensis (j 725) II 352.
Lescresniez, Nic., Vicensis (j 748) II 395.
De Lescure, Laur. Nic., Metensis (j 757) II 416.
— Claud. Lud., Vicensis (j 731) II 365. (cj 732) II 570.
Leser, Joh., Ulmensis (th 626) I 599.
— Zimpert., Ulmensis (ph 656) I 341.
Leske, Joh. Phil., Trarbacensis (ph 725) I 408.
Lesner, Joh. Jac., von Thann C. Bern (ch 771) I 227.
de Lesseux de Lusse, Carol. Dominic. Bazelaire, Sandeodatensis (j 762) II 430. (cj 764) II 616.
— (de Lesseux), Marc. Sigisb. Ant. Bazelaire, Sandeodatensis (j 754) II 409. (cj 756) II 599.
Lessius, Georg., Hamburgensis (j 659) II 267. (cj 662) II 517.
Letschius, M. Joh. Chph., Monsterberga Silesius (th 660) I 630.
Lethmate, Gerh. Jodoc., Rhenensis Westphalus (j 664) II 277.
Lettow, Joan. Vorbeck, Polonus (j 651) II 251.
Letz, Thom., Treisen. Hassus (ph 625) I 280.
Leubel, Georg. Val., Ambergâ-Palatinus (th 634) I 608.
Leubrandt, Balthas. Chph., Argentinensis (ph 678) I 372. (cph 678) I 481.
— Joseph., Argentinensis (ph 626) I 283. (cph 626) I 464. (cphm 628/29) I 525.

(Leubrandt) Chph., Ropacensis (cph 654) I 474. (cphm 657) I 541.
Leucart, M. Andr., Augustanus (th 626) I 600.
Leuchsenring, Joh. Lud., ex Langen Candel-Alsata (m 750) II 66. (cm 753) II 169.
Leuchter, Joh. Georg., Triburiensis (ph 649) I 330.
Leuenberger, Joh., von Ursenbach (ch 787) I 256.
Leuffer, Joan., Alsata (cj 695) II 542.
— Joan. Ign. Franc., Benfeldensis (j 714) II 337. (cj 721) II 559.
Leun, Joh. Petr., Langengönsa (ph 645) I 321.
Leup, Joh. Reinhard., Darmstadinus (th 666) I 639.
Leupold, Heinr. Joh., Schleizâ-Variscus (j 680) II 304.
Leusler, Joh., Alsfeld. Hessus (th 649) I 616. (j 649) II 247.
— Joh., Alsfeldia-Hassus (j 626) II 215.
Leussler, Joh. Theoph., Carlsruhensis (774) I 110. (m 774) II 105. (cm 779) II 190.
Leutel dict. Roth, Joh. Jac., Argentinensis (ph 695) I 384. (cph 696) I 485. (cphm 698) I 557.
Leuter s. Lenter.
Leuthäusser, Joh. Dan., von Altenheim (d 761) I 221.
Leuther de Reuten, Joh. Frid., Brunswicensis (j 723) II 349.
Leuthner, Ant., Bojus (765) I 40.
Leutner, Jos., Ratisponensis (th 666) I 639.
Leutschafft, Andr., ex Mediass Saxo-Transylvanus (769) I 84. (th 769) I 691.
Leutwein, Christian. Phil., Wertheimensis-Francus (ph 670) I 363.
Leuziger, Joh. Jac., de Mollis ex Canton (m 764) II 92.
Levasseur, Ant. Lud., Saarburgensis (j 765) II 437. (cj 767) II 623.
— Franc., Sarburgensis (767) I 66. (j 767) II 442.
— Franc., Sarrburgensis (776) I 125. (j 776) II 462. (cj 776) II 647. s. le Vasseur.
Levavasseur, Ant., Parisinus (j 739) II 382. (cj 741) II 580.
— de Luxemont, Joan. Bapt., Parisinus (j 739) II 381. (cj 741) II 580.
Levayer, Joan. Carol., Tullensis (j 720) II 345.
— Joan. Mich., Tullensis (j 720) II 345. (cj 721) II 559.
Leveling, Henr. Palmatius Nepomuc., Trevirensis (m 762) II 88. (cm 764) II 176.
Levi, Paul, von Frankfurt (d 776) I 263.
Levrault, Franc. Laur. Xav., Argentinensis (778) I 138. (j 778) II 466. (cj 781) II 658.
— Lud. Carol., Argentinensis (780) I 151. (j 780) II 471. (cj 782) II 661.
à Lewaldt, Joh. Ernest., Eq. Borussus (j 685) II 309.
Lewe, Jean, de Landroff en Lorraine (d 750) I 218. s. Lewius.
de Lewetzow, Otto Sigesmund, Mecklenburg (772) I 97.
— Victor Christi., Mecklenburg (772) I 97.
Lewius, Christi., Lubecensis (j 651) II 251. s. Lewe.
Lex, Felix Gasp., Argentinensis (771) I 95. (j 771) II 451. (cj 777) II 648.
— Joh. Bapt., Argentinensis (774) I 108. (m 774) II 105.
— Jos. Anna, Argentinensis (j 764) II 435.
— Franc. Ign., Maurimonasteriensis (j 738) II 378.
— Joh. Dav, Oppenheimio-Palatinus (th 752) I 683.
Ley (Laius), Joh. Georg., Suinfurto-Francus (j 630) II 225. (cj 630) II 498.
— Joh. Phil., Suinfurto-Francus (j 687) II 314.
Leydecker, Joh. Dan., Argentinensis (ph 751) I 431.
von und zu der Leyen, Car. Casp., L. B. (684) I 8.
de Leykam, Frid. Franc. L. B., Wetzlariensis (776) I 46. (cj 778) II 652.
— Franc. L. B., Paderborna-Westphalus (776) I 46. (cj 778) II 651.
— Werner. L. B., Paderborna-Westphalus (778) I 407.
Leyonskiöldh, Axel. (662) I 2.
— Carl (662) I 3. s. Lohensschiold.
Leypold, Joh., Argentinensis (ph 744) I 424. (cph 744) I 500. (cphm 748) I 573.
— Joh. Dan., Argentinensis (ph 753) I 433.
Leyser, Phil. Emico, Bipontinus (j 731) II 363.
— Polycarp., Helmstadiensis (cj 722) II 560. (cm 722) II 153.

Leytinger, Paul., Entzesdorff., Austriacus (ph 627) I 287.
Leyttersperger s. Leitersperger.
Lezon, Silvest., Badonvillanus (cj 753) II 596.
L'holbach, Edesheim (j 727) II 357.
L'Hotte, Joan. Jos., Lorquinensis (771) I 95. (j 771) II 451. (cj 773) II 639.
Liabé, Dominic., Vicensis (j 733) II 369.
Liberdinus, Jo. Henr., Halberstadius (m 630) II 11.
Licht, Joh. Frid., Hafnia-Danus (776) I 121. (m 776) II 108. (cm 776: Wemmetofte Danus) II 187.
Lichtenberger, Andr., Argentinensis (cphm 681) I 551.
— Joh. Frid., Argentinensis (ph 758) I 437. (cph 761) I 506. (cphm 765) I 577. (th 763) I 688.
— (Liechtenberger), Joh. Phil., Argentinensis (ph 711) I 398.
— Phil. Chph., Hanoviensis (j 724) II 350.
— Joh., Katzenthalensis (j 718) II 340. (cj 718) II 556.
— Andr., Colmariensis (j 745) II 391.
— Georg. Wilh., Colmariensis (ph 703) I 389. (cphm 706) I 561.
— Georg Wilh., Colmariensis (cphm 739) I 571.
— Joan. Frid., Colmariensis (cm 741) II 163.
— Joh. Jac., Colmariensis (j 753) II 406.
— Georg. Chph., Lautereccensis (ph 666) I 360.
— Joh. Theodor., Meddersheimio-Palatinus (th 739) I 678.
— Joh. Christi., von Neunkirchen in Nassau-Saarbrücken (ch 770) I 227.
— Georg. Jos., Rappolshwiranus (j 734) II 370. (cj 738) II 577.
— Lud. Ant., Ripoldwillanus (cj 745) II 584.
— Lud. Greg., Rupisvillanus (777) I 127. (j 777) II 462. (cj 779) II 652.
— Joh. Adam., Sötterensis (ph 635) I 306.
— Lud. Ant. (j 741) II 385.
Lichtner, M. Joh. Chph., Gorlicio-Lusatus (th 649) I 616.
Licoé, Thomas (d 741) I 215.
Lider, Lud., Argentinensis (m 751) II 67. (j 758) II 419. (cj 760) II 608.
Lieb, Christ. Adam., aus dem Wirttenbergischen v. Dettingen unter Urach (m 756) II 77.
de Liebelitz, Baro s. Flemming.
Liebelius, Georg., Neukircha-Variscus (th 669) I 643.
a Liebenstein, Phil. Conr. (j 627) II 219.
Liebherr, Aloys, von Neutrauchburg i. Allgey (ch 789) I 260.
— Franc., ex Scheer Suevus (m 764) II 91.
— Wunib., Schrea-Suevus (m 765) II 95.
Liebingh, Thom. (d 726) I 210.
Liebitzsch, Benjam. Traugott, Ileburg-Misnicus (m 752) II 70.
Liebold, Joh. Frid., Argentinensis (774) I 109. (ph 774) I 449.
Liebstein, Joh. Heinr., Mietau (777) I 129. (m 777) II 109.
Liechstein s. Liechtstein.
Liechteisen, Joh. Elias, Argentinensis (ph 672) I 368.
— (Liechteysen), Sams., Argentinensis (ph 743) I 423.
— Elias, Collmariensis (j 654) II 257.
Liechtenauer, F. Jos., Offenbourg. (j 723) II 348.
Liechtenberger s. Lichtenberger.
Liechtenfelder, Jac., Augustanus (ph 624) I 277. (cphm 626/27) I 523.
Liechtensteyger, Joh. Barthol., Austriacus Linzensis (ph 626) I 282.
Liechtlé, Constant. Lud., Argentinensis (781) I 154.
— Franc. Jos. Ant., Argentinensis (776) I 122.
— Franc. Jos. Ant., Argentinensis (j 776) II 461. (cj 779) II 654.
— Jos. Wilh. Constant., Argentinensis (j 746) II 393. (cj 748) II 588.
— Lud. Constant., Argentinensis (j 781) II 472.
— Mich. Modestin., Argentinensis (781) I 154. (j 781) II 472.
Liechtstein, M. Georg. Phil., Moeno-Francofurtanus (th 629) I 602.
— (Liechstein), Hier. Achill., Francofurtensis (th 621) I 591.
Liethart (Liedhart), Jos. Ant., Thannensis (774) I 112. (j 774) II 458. (cj 776) II 646.
— Mich. Bern., Thannensis (768) I 78. (j 768) II 445.
Liedvogel, Joh. Adam., Culmbac. Francus (j 647) II 244.
Lienhard, Petr. Car., Argentinensis (c 728) II 566.
— Sebast., Eckbolsheinensis (j 759) II 420.
Lienhard (Lienhart), Franc. Lud. Ant., Mutzingensis (786) I 178. (j 786) II 482.

(Lienhard) Joan. Franc. Jos., Mutzigensis (790) I 201. (m 790) II 122.
— Phil., Mutzigensis (781) I 155. (j 781) II 472.
— Val. Phil., Mutzigensis (cj 786) II 669.
Liernur, Georg. Tilem., Trarbaco-Mosellanus (th 672) I 645.
— M. Chph. Adolph., Winningâ-Mosellanus (th 704) I 661
s. Lernur, Lirnur.
Lieschnig, Christoph. Friedr., Nürttingensis (m 752) II 70.
Liether, Matthae., Norimbergensis (th 632) I 605.
Lietzman, Joel Peter, Petro-Politanus (775) I 117. (m 775) II 107.
Lieuvenius, Nic. Petri, Gothâ Saxo (th 624) I 596.
Lievre, Joan. Bapt., Lauterburgensis (779) I 139. (j 779) II 446. (cj 781: Joh. Bapt. Ign. Val.) II 658.
— Joan. Jos., Lauterburgensis (769: Lievrette) I 80. (j 769) II 446.
Liezheim, Joh. Augustin., Windshemio-Francus (ph 671) I 367.
Ligneectus, Heinr., Berneccensis Marchicus (th 656) I 625.
Lilliehöck, Martin. L. B., Sueco-Gothus (680) I 7.
— Seredh. L. B., Sueco-Gothus (680) I 7.
de Lilien, Joan. Theod. Anton., Westphalus (j 729) II 361.
Lilius, Casp., Berlinas, Theol. Prof. in Acad. Regimont. (th 657) I 626. (th D. 658) I 702.
à Lillienströhm, Gustav., Suecus (j 664) II 277.
Limberg, Daniel, Heidelbergensis (m 736) II 48.
de Limburg s. Schenk de Limburg.
Limburger, Sam., Argentinensis (ph 701) I 387.
— (Lympurgicus), Joh. Chph., Buchowehrdanus Francus (th 670) I 643.
Limmer, Guilh., Neovillan. Alsata (781) I 156. (ph 781) I 454.
Limnaeus, Joh., Jenensis (j 627) II 219.
de Limpurg s. Schenk de Limburg.
a Linburg et Weirburg, L. B. s. Castel.
Linck, Jerem. Eberh., Argentinensis (cph 699) I 486. (cphm 701) I 559. (cj 708) II 548.
— Joh. Dan., Argentinensis (ph 736) I 417. (cph 736) I 497. (cphm 740) I 571. (cj 748) II 587.
(Linck) Georg. Gallus, Buxovilla-Hanoicus (j 674) II 299.
— M. Joh. Henr., Meiningensis (th 659) I 628.
— Joh. Hener. (m 754) II 75.
s. Linckh.
Lincke, Heinr. Rud., Silesius (ph 741) I 421.
Lincker, Joh. Lud., Francofurtensis (ph 622) I 273.
Linckh, Balth., Nerolingensis (th 668) I 640.
— Joh. Cunr., Nerolinganus (ph 661) I 350.
— Joh. Melch., Zeapolitanus (j 674) II 299. s. Linck.
Lindanus, Joh. Jac., Augustanus (cphm 628) I 525. (th 627) I 601.
Lindauer, Joh. Jac., Argentinensis (ph 745) I 425.
— Thom. Matthi., Durlacensis (ph 634) I 304.
— Zachar., Durlacensis (ph 665) I 358.
Linde, Georg. Andr., Brunovicensis (j 662) II 273.
— Joh. Burchard., Hannoveranus (m 739) II 52.
von Lindenaw, Eberh. (j 627) II 216.
Lindenberg, Joh. Dan., Riga Livonus (775) I 114. (m 775) II 106.
Lindener, Dav., Chemnitz. Misnicus (j 625) II 212.
— Joh., Freiburgens. Misnicus (j 633) II 232. (cj 638) II 502.
s. Lindner.
Lindengrün, Joh. Conr., Francofortensis (th 653/54) I 621.
Lindemann, Sebast. Burck., Durlacensis (ph 649) I 330.
— Sebast. Burck., Durlacensis (m 745) II 58.
— Georg. Wilh., Petropolitanus (779) I 143. (m 779) II 112.
— Andr., Revalia-Livonus (m 756) II 77.
Lindenman, Jerem., Sebusiensis (ph 666) I 359.
Lindenmeyer, Ignat., Lauffenburg. (m 750) II 65.
Lindenovius, Chphr., Danus (j 657) II 263.
— Laur., Danus (j 657) II 263.
— Otto, Danus (j 657) II 263.
Lindenspür, M. Georg. Lud., Stutgardianus (j 633) II 231.
Linder, Matthae., Ulmensis (ph 696) I 384.
von Lindern, Franc. Balth., Buxovillanus (cm 708) II 149.
Lindius s. Lindt.

Lindner, Joh., Eisfelda-Francus (ph 646) I 323.
— Levinus, Lauba-Lusatius (m 624) II 7.
— Gottofred., Saxo (j 684) II 308.
s. Lindener.
Lindt, Frid. Lud., Hasso Darmstattinus (ph 761) I 440.
— Phil. Conr., Lauffenseldâ-Hassus (th 708) I 663.
Lindwurm, Georg., Styra-Austriacus (th 631) I 604.
— (Lindtwurm), Urban., Stiriensis-Austr. (th 631) I 604.
Lingelsheim, Ludov., Heidelbergensis (j 637) II 235.
Lingier, Franc., Moguntinus (766) I 58.
Linnenborn, Wenceslaus, Pragensis (m 752) II 69.
de Linprunn, Dominique, Neofor. Bojus (j 757) II 417.
— Ant., Bavarus (ph 762) I 441.
Linsenbarth, David Sam., Bercâ-Thuringus (j 641) II 238.
Linsenmann, Felix, Böblingensis (j 627) II 218.
Lintner, Joan. Jac., Ungar. Schemnitz. (m 754) II 75.
Lintz, Franc. Jos., Treviranus (779) I 145. (m 780) II 113.
Lintzmann, Franc. Ignat., Pruntrutanus Rauracus (j 760) II 425. (cj 762) II 612.
Liomin, Georg. August., ex Sonvillier en Erguel (j 786) I 180. (j 786) II 483. (cj 786) II 669.
— Theod. Frid. Ludov., ex Sonvillier (784) I 172. (j 784) II 480. (cj 784) II 666.
Lionnet, Joh. Bapt., Amersweiher (775) I 113. (j 775) II 458. (cj 778) II 651.
— Chph., de Verdun (d 749) I 218.
Lipach, Daniel, Naumburgens. (j 687) II 313.
Liphart, Reinhold. Wilh., ex Livonia (764) I 39.
Lippart, Joh. Ge., Sensfeldensis (ph 632) I 300.
de Lippe, Victor Adolph., Paderbornensis (j 731) II 364.
Lippe, Lippiacus, Simon Henr. Comes (666) I 3.
Lippold, Melch., Mersburg. Misnicus (ph 632) I 300.
Lipsius, Joh. Mart., Kitting. Francus (j 624) II 208.
Lipstörp, Christoph., Lübecensis (m 658) II 20.
Lirnur, Joh. Chph. (ph 669) I 362.
s. Liernur, Lernur.
Lischj, Franc. Alexius, Seggingensis Rauracus (j 748) II 398.
List, Ernest. Joach., Baada-Durlacensis (m 728) II 43.
— Joh. Christi., Giessâ-Hassus (j 687) II 314.
— Ernest. Frid., Carolihesychensis (m 765) II 95.
— Joh. Georg., Lauterbaco-Riedeselicus (th 736) I 676.
— Carol. Benj., Manhemianus (th 747) I 681.
— Georg. Dieteric. Carol., Mannhem. Palatinus (776) I 120. (m 776) II 108.
— Joh. Georg., Pfullingensis (ph 634) I 305.
Listenmann (Listemann), Joh. Dan., Argentinensis (ph 752) I 432. (cph 754) I 504. (cphm 756) I 575.
— Joh. Nic., Argentoratensis (ph 743) I 424.
— Joh. Nic., Lützelsteinensis (ph 676) I 371.
à Litha, Tido Henr., Bremensis (j 634) II 233.
Litsch, Joh. Jac., Argentinensis (ph 744) I 424. (cph 744) I 500. (cphm 747) I 573.
Litaize, Franc. Jos., Oberberghemensis (781) I 157. (j 781) II 473.
Litorati, Georg., ex Schinck majori Transylvanus (ph 654) I 338.
Litzel, Georg., Ulmensis (th 718) I 568. (cphm 721) I 566. (Poet. L. 721) I 588.
— Joh., Ulma-Suev. (ph 709) I 396.
— Joh. Georg., Ulmensis (th 758) I 686.
Lix, Theobald., Argentinensis (ph 759) I 438. (cph 761) I 506. (th 764) I 689.
Lizel s. Litzel.
Löbbeke, Zachar., Tremoniâ-Westphalus (j 631) II 227. (cj 634) II 500.
Lobherr, Joh. Chph., Norimbergensis (th 669) I 643.
Löblein, Georg., Rotenburg. Tuberanus (ph 627) I 286.
— Joh. Georg., Roteburg. Francus (ph 670) I 365.
Lobstein, Carol. Frid., Argentinensis (771) I 91. (ph 771) I 447. (cj 776) II 647.
— Jac. Frid. Dan., Argentinensis (792) I 203. (ph 792) I 460.
— Joh. Dav., Argentinensis (ph 724) I 407.

(Lobstein) Joh. Frid., Argentinensis (ph 743) I 423.
— Joh. Frid., Argentinensis (ph 752) I 432. (cm 758) II 172.
— Joh. Jac., Argentinensis (m 758) II 81.
— Joh. Mich., Argentinensis (cphm 760) I 576.
— Joh. Phil., Argentinensis (ph 708) I 395. (cphm 711) I 563.
— Phil. Jac., Argentinensis (ph 765) I 443.
— Joh. Franc., Butisbacensis (795) I 204.
— Joh. Georg. Frid. Christi. Mart., Hasso-Giessensis (790) I 200. (ph 790) I 458. (m 793) II 122.
— Joh. Mich., Lampertheimensis (ph 755) I 455. (cph 757) I 504.
— Andr., Waslenheimensis (788) I 192.
Locamer, Ge. Christmann., Argentinensis (ph 639) I 310.
von der Lochau, Frid. Amand., Saxo (j 730) II 362.
Lochbiller, Joh. Casp., Memmingen (ch 781) I 246.
Locher, Frid. Lud., a Bipontino (m 763) II 91.
— Bonaventura, Frauenfelda-Helvetus (768) I 78. (j 768) II 446.
— Nic., von Hofli C. Bern (ch 778) I 241.
— Ulr., von Lützelflüh C. Bern (ch 783) I 251.
— Henr., Thuricensis (m 763) II 90.
— Joh. Georg., Thurico-Helv. (m 761) II 86.
— Frid., C. Bern von Wichtrach (ch 784) I 252.
Lochmann, Joh. Christi., Gubenâ-Lusat. (j 655) II 259.
— Jean, Pragensis (m 737) II 50.
s. Lahm an.
Lochner, Joh. Georg., Norimbergensis (j 699) II 322.
Lock, Franc. Xaver., Rheutensis Brisgoius (j 760) II 424.
Loder, Joh., Burgbernhem. Francus (ph 708) I 395.
Lodt, Joh. Jac., Ettlingensis (j 633) II 231.
Loebel, Jos. Ign., Spirensis (775) I 115. (j 775) II 459. (cj 778) II 651.
Loechner, Joh. Henr., Argentinensis (ph 759) I 438.
Loeder, Philip Casp., Walssdorff (m 753) II 72.
de Loeffelholz s. Löffelholz.
Loegel, Phil. Jac., Lichtenbergensis (ph 739) I 420.
Loën, Petr., Wimpin. Palatinus (ph 629) I 292.
Loener de Laurenbourg, C. F., Eq. Rhenanus (738) I 25.
Loersch, Joh. Mart., Dahlensis Alsata (m 760) II 84. (cm 762) II 175.
s. Lörsch.
de Loës, Jean Franç., d'Aigle en Suisse (769) I 80.
Loesch, Franc. Ign., Badensis (773) I 105.
Loeschenbrandt, Cornel., Argentinensis (ph 664) I 354. (cph 664) I 477. (cphm 667) I 546.
Loescher, Phil. Hartm., Argentinensis (cph 623) I 462.
— Nic. Frid., Hohenwielanus (ph 645) I 321.
Loewe, Joh. Carol., Warsaviensis (779) I 144.
de Loewenwolde, Ludov., Baro Livonus (771) I 43.
Löffel, Nic., Dambacensis (Marckolzheimensis) (cj 699) II 543.
Löffelholz (de), Jac. Wilh., Nürnbergensis (j 762) II 430.
— de Colberg, Georg. Sebast., Patr. Noricus (j 669) II 288.
— — Joh. Georg., Noricus (j 658) II 266.
— — Joh. Theoder., Patr. Nurnberg. (j 641) II 238.
— — et Malmspach, Joh. Sebast., Patr. Nurnberg. (700) I 11.
Loffet, Joh. Paul., Colmariensis (cphm 692) I 555.
— Joh. Paul., Colmariensis (m 736) II 48.
Löffler, M. Sim., Lipsiensis (th 655) I 624.
— Adam., Straubinganus Bavarus (j 715) II 338.
Loh, Joh., Elberfeld. Montanus (th 621) I 592.
von Loh, Chph. Jos., Argentoratensis (ph 665) I 358. (cj 674) II 529.
Lohe, Anton. Franc., Guelpherbytanus (j 681) II 305.
de Lohensschiold, O. C. (746) I 30.
s. Leyonskiöld.
Lohet, Joan. Frid., Stuttgardianus (j 627) II 218.
Lohkampff, Franc. Jac., Coloniensis (ch 782) I 248.
Löhmann, Casp. Julius, Mansfeldo-Brandenburgicus (j 708) II 331.
s. Lehmann.
Lohmüller, Joh. Henr., Buxovilla-Alsata (th 758) I 685.
Löhr, Georg. Mart., Friedbergensis Wetteravus (th 736) I 676.
— Joh. Wolffg., Gelnhusanus (ph 644) I 319.
Lohra, Clemens, Thalebien. Thuringus (ph 628) I 290.

Lohrer, Joh. Jac., Argentinensis (ph 701) I 388.
Loir, Ant., Parisinus (786) I 172. (j 784) II 479. (cj 785) II 667.
Lölgenius, Heribert., Coloniensis (j 665) II 280.
Lombard, Eleon. Carol., Argentinensis (j 742) II 387.
— Joan. Lud., Argentinensis (j 741) II 385. (cj 743) II 582.
— Claud. Ant., Dolanus Burgund. (787) I 184. (m 787) II 119.
— Jos., Dolanus Burgund. (787) I 187. (m 787) II 120.
de Lombeck, Jos. Clemens (j 742) II 387.
Loos, Franc. Ludov., Argentinensis (j 747) II 395. (cj 750) II 591.
Löper, Joach., Stargardiensis Pomeranus (th 649) I 617.
Lorentz, Andr. Ign. Anton., Altkirchensis Alsata (787) I 187. (j 787) II 486.
— Ign., Altkirchensis (789) I 195. (m 789) II 121.
— Bernard., Colmariensis (791) I 201. (j 791) II 492. s. Lorenz.
Lorenz, Joh. Dan., Argentinensis (ph 757) I 437. (th 763) I 688.
— Joh. Mich., Argentinensis (ph 706) I 392. (cphm 709) I 562. (Theol. D. 722) I 704.
— Joh. Mich., Argentinensis (ph 736) I 417. (cj 748) II 587.
— Sigism. Frid., Argentinensis (ph 741) I 421. (Theol. D. 756) I 705.
— Franc. Jos., (Hagenoensis) (j 765) II 436.
— Adam, Rappoltzwilleranus (m 726) II 41.
— Franc. Meinrad., Rupisvillanus (j 763) II 432. (cj 765) II 618.
— Joh. Ruppert., Wolffensis (ph 689) I 380. s. Lorentz.
Lorichius, Joh. Wilh., Windecc. Wetteravus (ph 625) I 280.
de Lorme s. Delorme.
Lörsch, Ge. Maur., Sebusiensis (ph 649) I 330. (cph 649/50) I 473. (cphm 652) I 538. s. Loersch.
Lorzius, Georg. Andr., Heldburgiaco-Francus (th 712) I 665.
Losche s. Loschge.
Löschenbrandt, Gabriel, Kauffbeiro-Algoicus (ph 647) I 325.
Löschenkoll, Joh. Erasm., Ratisponensis (j 666) II 283.
Löscher, Isaac., Neukirch. Variscus (th 630) I 603.
— Andr., von Planitz (j 654) II 256.
Loschge (Losche), Frid. Henr., Onoldinus (777) I 131. (m 777) II 110.
Lösel, M. Georg., Brandenburg. Borussus (th 631) I 604.
Löser, Wolff. Dan., Nobil. Saxo (j 652) II 253.
Loskanel, Joh. Conr., Amoeneburgens. (j 724) II 351.
Löslin s. Lösslin.
a Loss, Joach., Misnicus (j 633) II 231.
— Christian. Gottlob, Comes Saxo (747) I 30.
Lossius, Andr., Lommacio-Misnicus (th 668) I 640.
Lösslin, Bernh., Ichenheimensis (ph 635) I 306. (cph 635) I 468. (cphm 636) I 530.
Lotelius, Franc., Leoburg. Saxo (j 622) II 205.
Lother, Joh. Theod., Altzejensis (th 760) I 686.
Lotichius, Petr., Solit. Hanovico Francus (ph 626) I 284.
— Joh. Henr., Zwingenbergensis (th 666) I 639.
Lottinger, Louis Ludov. Dominic., Albimontanus (772) I 99. (j 772) II 453. (cj 777) II 649.
— Carol. Ant., Sarburgensis (780) I 150. (j 780) II 471. (cj 782) II 660.
— Ferdin. Emanuel, Sarburgensis (780) I 150. (j 780) II 471.
— Joh. Jos. Steph., Sarburgensis (780) I 150. (j 780) II 471. (cj 782) II 660.
Lotz, Joh. Heinr., Basel (ch 785) I 253.
— Ernest., Göttingensis (th 661) I 631.
— Burckh., Marpurg. Hassus (ph 632) I 300.
— Vitus, Sula-Henneberg. (th 662) I 633.
Louis, Joh. Christian., Lahr. Brisgoicus (775) I 112. (m 775) II 106.
— Lud., Tullensis (j 725) II 353. (cj 726) II 565.
— Petr., ex Vaudancourt (j 749) II 399.
Loupicky, Fred., Bernas (m 737) II 50.
Louvet, Andr., Thionville (d 755) I 219.
Lovaria, Bernh., d'Udine Venetus (ph 755) I 435.
de Löw, Franc. Carol. L. B., Eq. Wetterav. (737) I 25.
Löwen, Petr., Mogonus (j 761) II 426.
de *Löwenhaupt* (Lewenhaupt), Axell Joh., Suecus (700) I 11.
Lewenhaupt s. *Löwenhaupt.*
Lewenstern s. Rüdel a L.
de Löwenhielm, Charl. Axel Comte, offic. suédois (786) I 51.
— Gust. Charl. Fréd. Comte, offic. suéd. (786) I 51.

zu Löwenstein, Wertheim et Viernenburg, Heinr. Friedr. Graff (698) I 10.
a *Löwenstern* s. Rüdel a L.
Loy, Jos., Monach. Bavarus (786) I 182. (j 786) II 483.
Loyson, Christi., Argentoratensis (j 743) II 388. (cj 745) II 584.
— Aloys., Colmarinus (786) I 183. (j 786) II 484. (cj 789: Maria Ign. Aloys.) II 676.
— Christi. Ign., Colmariensis (cj 785) II 667.
— Franc. Ign., Colmariensis (783) I 167. (j 783) II 477.
— Franc. Phil. Sebast., Colmariensis (cj 742) II 581.
— Franc. Xav., Colmariensis (j 749) II 400. (cj 752) II 594.
— Sebast., Colmariensis (j 740) II 383.
— Jos., ex Walk Alsata (785) I 174. (j 785) II 480.
— Ant., Vingersheim Alsata (786) I 182. (j 786) II 483. (cj 789: Franc. Ant.) II 676.
— Christi., Wingersheimensis (cj 717) II 555.
— Joan. Carol., Vingersheim (783) I 166. (j 783) II 477. (cj 785) II 666.
— Joan. Laur., Wingershemensis Alsata (cj 700) II 544.
Lozbek, Joh. Georg., Weissenburgo-Francus (th 712) I 665.
— (Lozbequius), Georg, Weissepurgo-Noricus (j 672) II 295.
de Lub (?), Christi. Vitus Franc., Mogonus (j 726) II 354.
Lubin Colchen, Carol. Nic., Metensis (788) I 195. (j 788) II 489.
Lucae, Nic., Muhlbaco-Monasteriensis (ph 703) I 389.
— Nic., Richnô-Scephusiorum-Hungarus (th 678) I 648.
Luccovius, Mich., Fürstenwaldensis (j 623) II 206.
Lucius, Abrah. (th 727) I 672
— Andr., Geislingensis (ph 630) I 293.
— Frid., Montano-Hombergensis (cphm 667) I 546. (th 655) I 623.
— Phil. Jac., Kircheim. Nassoicus (ph 635) I 307.
— Georg. Phil., Mettenh. Palatinus (m 729) II 43.
— Joh. Matthae., Moguntinus (ph 662) I 352.
— Alb. Seb., Stuttgardianus (ph 634) I 304.
— Joh., Usingae Nassoicus (ph 626) I 284.
— Frid. Phil., Villae - Monasteriensis (th 698) I 658.
(Lucius) Georg. August., Wallendorf. Saxo (m 709) II 33. s. Lutz.
Luck, Georg. Gallus, Argentinensis (cj 656) II 512.
— Joh. Paul., Argentinensis (ph 648) I 326. (cphm 649/50) I 537.
— Nic. Frid., Argentinensis (ph 653) I 336.
— Phil. Gallus, Argentinensis (ph 675) I 371.
— Joh. Paul., Ingovillanus (ph 674) I 369.
Lückhaupt, Joh. Melch., Darmbstadinus (j 671) II 293.
Lüdeken, Arnold Christian, Hildisiensis (j 672) II 295. (cj 672) II 527.
— Ferdin., Hildesiensis (th 624) I 596.
Luder, Franc. Jos., Sembrancheriens. ex Helvetia (785) I 176. (j 785) II 481.
Luders, Christi., Malchin. Megapolitanus (m 740) II 53.
Lüders, Bernard., Monasteriensis Westphalus (787) I 187. (m 787) II 120.
— Joh. Henr., Hamburgensis (m 720) II 37. (cm 723) II 154.
Lüdi, Jos., von Heimerswill C. Bern (d 770) I 225. s. Lütj.
Lüdike, Joh., Borussus (j 624) II 208.
Ludimontanus, Nic,, Naumburgensis (th 621) I 591.
Ludinus, Mart., Brombacensis (ph 628) I 289.
— Mart., Haselâ-Marchicus (th 662) I 632.
— Joh., Marchico-Loerracensis (th 726) I 672.
Ludolphi, Just. Chph., Cammerforstensis Thuringus (th 626) I 599.
Ludovici, Christi., Budissina Lusatus (j 672) II 295.
— Joh. Ernst, Lichâ Solmejus (j 633) II 232.
— Valent., Nimisiâ - Bojem. (ph 628) I 289.
— Joh., Rathenoviensis March. (ph 681) I 375. s. Ludwig.
Ludovicus s. Ludwig.
Ludwig, Joh., Argentinensis (ph 763) I 442. (cph 767) I 508. (cphm 768) I 578. (th 768) I 691.
— Joh. Adam., Argentinensis (cph 668) I 478. (cphm 671) I 548.
— Georg. Sebast., Aschensis Varisc. (j 663) II 276.
— (Ludovicus), Buxtorfius (m 756) II 78.
— Jerem. Balth., Erffurtensis (th 648) I 615.

(Ludwig, Ludovicus) Nic., Lignizio-Sil. (j 626) II 215. (j 636) II 235. (*derselbe?*)
— Joan. Jac., Limbourg. (m 763) II 91.
— Christian. Frid., Lipsensis (780) I 150.
— Joh. Jac., Posoniens. Ungar. (ph 658) I 344.
— Joh. Frid., Sebusiensis (ph 704) I 390.
— Joh. Adam, Sesenheim (ph 703) I 389.
Lueccius s. Luecke.
Luecke, Christian., Niricio-Silesius (j 670) II 292.
— (Lueccius), Gregor., Altorffa-Noricus (m 617) II 3.
Lufft, Joh. Christian. (m 750) II 66.
— Joh., Lützelsteinensis (ph 665) I 356.
— Wilh., Lützelsteinensis (ph 642) I 316.
— Phil. Frid., Niederbronnensis (ph 742) I 422.
— Frid. Bernh., Oberbronn. Alsata (th 748) I 682.
— Frid. Carol., Oberbronnensis (769) I 80. (ph 769) I 446.
— Joh. Petr., Schillersdorffensis Hanoicus (ph 714) I 400. (cph 714) I 490. (cphm 716) I 565. (Theol. D. 734) I 705.
— Heinr., Sebusiensis (ph 661) I 350.
— Joh. Frid., Vinstingensis (ph 698) I 385.
Luger, Matthi., Augusta-Vindelicus (ph 651) I 333.
de Lugo, fils du Prince de Belgiojoso de Milan, Louis Antoine Comte (776) I 46. s. Est.
v. d. Lühe, Volrad August. (j 661) II 271.
Luhr, Joan. Georg., Friburg. Brisgojus (j 764) II 436.
Lullinus, Jac., Genevensis (th 669) I 643.
Lullus, Wilh., Rotemburgo-Tuberanus (th 621) I 591.
Lüls, Abrah., Heidelbergâ-Palatinus (j 699) II 323.
Lump, Adrian., Philippocastrensis (j 689) II 317.
Lundius, Zachar., Cimber (j 643) II 240.
Lund, Joh., Havnia-Danus (th 687) I 654.
— Chph., Havnia-Danus (th 687) I 654.
Lundinn, Joh. Jobst, Clausthal. Saxo (j 662) II 273.
Lundquist, Jonas, Carlscron in Schweden (d 728) I 211.
Lüneburg, Alex., Lubecensis (j 631) II 228.
— Alex., Lübecensis (j 662) II 273.
— Bernh. Gottlieb, Bartensteino-Prussus (th 738) I 677.
Lüneburgensis, dux, s. *Braunschweig*.
Lunefeld, Phil., Hannoveranus (th 721) I 670.
Lung, Joh. Phil., Argentinensis (ph 643) I 317. (cphm 645) I 535.
— Joh. Phil., Argentinensis (cphm 691) I 555.
— Abrah., Colmariensis (ph 736) I 417.
— Nic., Colmariensis (ph 736) I 417.
Lünglavius, Paul., Hilperhus. Francus (ph 633) I 301.
de Lupée, Joan. Franc., Lunevillanus (j 764) II 434.
Lupin, Joh. Sigism., Memmingensis (ph 654) I 337.
— Eitel Siegmund, Memmingensis (ph 624) I 277.
— (de) Frid., de Memmingen (789) I 198.
Lupus, Petr., Ursellis-Wedderavus (th 624) I 597. (th 624) I 709.
Lurtz, Joh., Weissenburgensis Noricus (th 626) I 600.
Lüscher, Joh. Jac., Hinderweil, C. Bern (788) I 192. (m 788) II 120.
Lustnauer, Georg. Frid., Esslingensis (ph 681) I 375.
Lüszow, Joh. Bernh., Rostockinensis (j 657) II 264.
Luther, Martin., Argentinensis (ph 762) I 441.
— Joh. Mich., Argentinensis (ph 700) I 387.
— Joh. Nic., Francofurtensis (ph 684) I 376.
Luther de Garbenfeld, Franc. Lud., Tabernensis (777) I 131. (j 777) II 464. (cj 779) II 653.
— Jos., Silesius Libnoviensis (j 736) II 374. (cm 744) II 164.
Lüthert, Cornel., Beronensis Helvetus (m 740) II 53.
Lütj, Joh. Ulr., von Signau C. Bern (ch 789) I 259. s. Lüdi.
Lütkemann, Joach., Demminensis Pomeranus (ph 629) I 292. (cphm 630/32) I 526.
Lütkens, M. Georg., Hamburgensis (th 685) I 653.
— Petr., Hamburgensis (j 627) II 217.
Lutsch, Joh., Sax. Transylvanus (ph 626) I 282.
a Lutsky, Joh. Abrah., Eques Polonus, (th 651) I 618.
Lutterloh, Joh., Lunaeburgensis (j 631) II 227.
von Lüttichau, George, Saxo (j 730) II 362.
Luttiger, Sylvan, von Zug (ch 777) I 238.
à Luttingshausen, Phil. Gerh., Kyrnensis ad Navam (j 639) II 236. (cj 640) II 503.

Luttringhausen, Henr. Georg., Bipontinus (ph 663) I 353.
— Cornel. Casp., Ubius (j 673) II 297.
Lutz, Joh. Georg., Argentinensis (ph 746) I 427. (cph 748) I 502. (cphm 750) I 574.
— Joh. Georg., Argentinensis (ph 764) I 443. (cph 767) I 508. (cphm 771) I 579. (th 768) I 691.
— Joh. Conr., Argentinensis (ph 712) I 398. (cph 712) I 490. (cphm 715) I 564.
— Mart., Augustanus (th 650) I 618.
— (Luz), Frid. Lud., Buxovilla-Hanoicus (ph 731) I 413.
— Joh. Adam., Buxovillanus (ph 739) I 420.
— Conr. Theodor., Forchtenberg. Hoenloicus (ph 631) I 295.
— Joh. Mart., Grabensis (ph 675) I 371.
— Mathias, Krauchenwislo-Suevus (784) I 171. (j 784) II 479.
— cogn. Caesar, Joh., Lindaviensis (ph 627) I 286. s. Lucius.
— Joh. Conr., von Reinegg i. Reinthal (ch 787) I 256.
de Lützerode, Franc. Frid. L. B. (730) I 22.
— Joh. Wilh. (730) I 22.
v. Lützow, Cordt, Eq. Megopolitanus (j 628) II 220.
Lux, Joh. Jac., Argentinensis (ph 746) I 426. (cph 747) I 501. (cphm 750) I 574.
— Joh. Phil., Argentinensis (ph 745) I 425. (cph 747) I 501. (cphm 750) I 574.
— Joh. Theob., Argentinensis (ph 745) I 425.
— Joh. Lud., Bischoffsheimensis (ph 693) I 382.
Luzius s. Lutz.
Lyche, Eric., Danus (j 622) II 205.
— Hilar., Danus (j 622) II 205.
de Lychtentall, Joan. Carol., Gamunda Carintus (j 714) II 337.
Lydi, Joan. Georg., Gebwillanus (767) I 65. (j 767) II 441. (cj 768) II 628.
von der Lyes, Joh., Bremensis (j 625) II 211.
Lympurgicus s. Limburger.
a Lynar, Frid. Ulr. Comes, Danus (760) I 36.
von Lynder, Theodor, Amersfortius (m 622) II 6.
Lyroth, Joh. Elias, Darmstadinus (j 748) II 398.
Lyser, M. Luc., Lipsiensis (th 642) I 612.
— Luc., Lipsiensis (*der vorige?*) (cj 659) II 514.

M.

Maag, Joh. Georg., Haga-Marchicus (th 666) I 638.
Maas, Franc. Ign., Hagenoensis (j 756) II 413. (cj 758) II 603.
— M. Hector Gottfr., Meclenburg. (th 679) I 648.
— Frid. Otto, Blankoburgo-Lüneburg. (m 665) II 23.
Macault, Joan. Bapt. Jac., Cabillonensis (774) I 111. (j 774) II 457.
Macco, Wolffg. Jac., Hoënloicus (ph 653) I 336.
Macht, Chph., Zeulenroda-Variscus (cphm 655) I 540.
Mack, Thom., Julio-Mogensis Suevus (j 753) II 407.
— Joh. Christi., Coburg. Francus (m 663) II 22. (cm 663) II 137.
— Casp., Creilshemio-Francus (th 670) I 643.
de Mackau de Hürtigheim, Lud. Eleonard. Chevalier, Argentinensis (744) I 29. (cj 756) II 599.
Mackfeld, Godofr., Lygio-Silesius (m 626) II 9.
Macleus (Maclaeus), Joh., Argentinensis (ph 629) I 293. (cm 637) II 129.
Macrinus, Joh., Berol. Marchicus (j 627) II 219.
Madamé, Ant., Colmariensis (cj 708) II 548.
— Franc. Jos., Colmariensis (j 757) II 416. (cj 759) II 604.
— Georg., Colmariensis (j 707) II 330.
— (Madaye) Joan. Franc., San-Manechildensis (788) I 52. (j 788) II 488: (Catalaunensis) (cj 789) II 675.
Mader, Jac. Chph., Argentinensis (j 660) II 514.
— Joh., Argentinensis (j 696) II 542.
— Joh. Frid., Argentinensis (ph 720) I 406.
— Joh. Reinhard., Argentinensis (ph 672) I 367.
— Paul., Argentinensis (ph 633) I 301. (cph 633) I 468. (cphm 637) I 531.
— Georg. Heinr., Oberbronnensis (j 734) II 370.
— Jos. Xaver., Helveto-Pfeffers (m 764) II 92.

(Mader) Joh. Nic., Ravenspurgensis (j 718) II 341.
— Ignat., Uberlingan. Acronianus (j 757) II 416.
— Joh. Franc. Udalr., Ueberlinganus (j 708) II 330.
— Franc. Carol., Yberling-Acronianus (j 727) II 356.
Madin, Joan. Bapt., Virdunensis (j 729) II 359. (cj 730) II 568.
Madlinger, Joh. Georg., Barrensis (782) I 160. (ph 782) I 454. (cph 786) I 515.
Maegerlin, Joh., Argentinensis (ph 658) I 343. (cphm 659) I 542.
Maerckel, Andr. Jos., Ratisponensis (ph 724) I 408.
— (Merckel) Jos., Ratisponensis. s. Merckel.
Maerklen, Joh., Herrenberg Württembergicus (766) I 60. (m 766) II 96. s. Mercklin, Merklein.
Mafioly, Joan. Petr., Ravonensis Lotharingus (770) I 88. (j 770) II 449. (cj 770) II 636.
Mager, M. Joh. Conr., Tubingensis (m 624) II 7.
Maghettus, Franc. Maria, Luganensis (ph 747) I 427.
Magirus, M. Joh., Hattingensis (m 616) II 3.
— M. Hier., Zellensis (th 688) I 655.
la Magnan, Jos., de Cherbourg (d 789) I 265.
Magnier, Georg. Chph. Ign., Argentinensis (j 779) II 467. (cj 781) II 656.
— Maria Ant., Belfortensis (780) I 145. (j 780) II 469. (cj 781: de Maison neuve) II 659.
Magnus, Joh. Anthon, Niehausen (778) I 137.
Magred, Joh. B., Laudenbach. (775) I 119.
Mahlius s. Mall.
Mahon, Stephen, offic. Anglais (788) I 52.
— Thomas, Gentilhomme Irland (787) I 51.
Mahr, Georg Philipp, Nass. Wiesbadensis (780) I 147. (m 780) II 113. (cm 781) II 192.
Mahrt, Joh. Ludw., Wetteranus (th 708) I 663.
Mahs, Martin., Petropol. Russus (769) I 82. (m 769) II 100. (cm 772) II 183.
Mahu, Petr. Franc., Nanceianus (j 752) II 405.
Maichanguez, Jos. Ant., Thannensis (cm 705) II 148.
Maier, Joh. Casp., Argentinensis (ph 650) I 334. (cph 650/51) I 474. (cphm 654) I 539.
— Joh. Valentin., Oettingâ-Suevus (m 626) II 8.
— Carol. Andr., Offenburgensis (j 755) II 411.
— Georg., Pripolitanus Francus (j 624) II 208.
— Petr., Pinopolitan. Francus (j 643) II 241.
— Petr., Pinopolitanus (j 673) II 297.
— M. Joh. Lud., Riethensis (th 634) I 608.
— Andr. Jac., Schwäbisch-Hall (788) I 194.
s. Majer, Mayer, Meier, Meyer, Meyger, Mair, Mayr, Marius.
Maierhofen zu Aulenbach s. Mairhoffen ab Aulenbach.
Mailfer, Jac., Gorziensis (j 727) II 356. (cj 727) II 565.
de Maillier (Demaillier), Carol. Petr., Lunevillanus (j 755) II 410. (cj 756) II 600.
— d'Angemont, Ant. Simon, Lunevillanus (j 755) II 411. (cj 757) II 601.
de Maillot, Beat. Martin., Ettenheimensis (j 741) II 385.
Mainer, Joh., Weissenfelsio-Misn. (j 626) II 214.
Maini, Cajetan., Mutinensis (d 755) I 219.
Mainoni, Jos. Ant., Argentinensis (782) I 160. (j 782) II 474.
Maij, Georg. Henr., Butisbacensis (ph 656) I 340.
— Joh. Georg., Butisbacensis Hassus (th 663) I 633.
Mailleron, Claud. Hilar. Laurent., Curiensis Burgundinus (m 765) II 93.
Maimbourg, Nic., Sandeodatensis (789) I 195. (j 789) II 489.
— Nicol., Coinche Lotharingus (786) I 179. (j 786) II 483.
Mair, Daniel, Augusta-Vindelicus (ph 649) I 330.
— Melchior, Nördlingensis (ph 648) I 327.
— Phil. Wolffg., Norimbergensis (ph 659) I 346.
— Wolfg. Wilh., Ulmensis (m 699) II 31. s. Mayr, Mayer etc.
Le Maire s. Lemaire.

Maire, Urban., ex Poutroye Alsata (767) I 66. (j 767) II 442.
— Joan. Claud., Vicensis (cj 725) II 563.
— Lud., Vicensis (j 727) II 357. (cj 729) II 567.
— Lud., Vicensis (j 731) II 364. (cj 732: Lud. Mathias) II 570.
— de Villars, Maria Phil. Sim. Xav., Vicensis (777) I 129. (j 777) II 463.
Mairhoffen (Maierhofen) ab Aulenbach, Franc. Lud. Chph. (j 740) II 383.
— dns. in Aulenbach et Hobach, L. B. de, Lothar. Franc. (730) I 21. s. de Mayerhoffen.
Maison s. Haus.
Maissel, Joh. Frid., Tubingensis (ph 634) I 305.
Maistre, Franc. Ignat. Pacificus, Bruntrutan. Rauracus (j 745) II 391.
— Ludov. Mich., Ottonisbourgensis (782) I 159. (j 782) II 474. (cj 784) II 663.
de Maitre, Joh. Herm., Arnsbergens. Westphalus (j 681) II 304.
Majer, Georg. Frid., Suevo-Halensis (ph 651) I 333.
— Georg. Nic., Hala-Suevus (j 748) II 397. s. Maier, Mayer.
— Paul. Georg., Castella-Francus (750) I 32.
— Adam., Ratisbonensis (j 645) II 243.
— Christoph. Thuringo-Erfurd. (m 627) II 9.
— Georg. Bartholom., Ulmo-Suevus (ph 699) I 386. s. Maier, Mayer.
Majeur, Dominic. Steph., Albimontanus (j 757) II 414. (j 759) II 604.
Major, Joh., Vienna Austriacus (j 643) II 239.
Majus, Georg. Frid., Hasso-Darmstadiensis (j 750) II 400.
— Joh. Christophor., Lipsiensis (m 728) II 43.
— Joh. Henr., Phorcensis (th 679) I 648.
Make, Nic., Hamburgensis (j 656) II 262.
Malacander, Christoph., Munderensis Saxo (th 621) I 592.
Malcorty, Carol. Stanisl., Lunevillanus (778) I 135. (ph 778) I 451.
Malcuit, Hubert., Removillanus (cj 722) II 560.
de Malécy, Franc. Jos., Strasbourg (779) I 144. (j 779) II 468.
— Lud. Jos., Argentinensis (cj 780) II 655.
Malek, Casp., Boëmus Choldiczensis (m 737) II 50.
Maler, Frid. Wilh., Badensis (cm 777) II 187.
— Henr. Wilh., Bada-Durlacensis (cj 673) II 528.
— Christi. Henr., Dinglingensis (ph 713) I 400.
— Joh. Wilh., Dinglingensis (m 702) II 32.
— Joh. Jac., Durlaco-Marchicus (ph 656) I 340.
— Joh. Jos., Durlachian. Marchicus (j 629) II 222.
— Friedr. Wilh., Bad. Carolsruha (775) I 119.
— Joh. Adam., Kindringâ-Marchicus (j 684) II 307.
— Jac. Ulr., Lohranus (ph 683) I 376.
— Heinr. Wilh., Oberkirchensis (ph 665) I 357.
— Ernest. Christian., Pforzheimensis (m 765) II 93.
— Henr. Sebastian., Bruntrutanus (j 699) II 323.
Malherbe, Joan. Franc., Metensis (cj 715) II 553.
— Petr. Carol., Metensis (j 734) II 371. (cj 735) II 574.
Malhorty, Carol. Stanisl., Lunevillanus (778) I 135. (ph 778) I 451.
Mall (Mallius), Christi. Reinhard., Kutzenhusanus (ph 753) I 433.
— Joh. Dan., Cutzenhusanus (th 750) I 682.
— (Mahlius), Joh. Frid., Kutzenhus. Als. (th 755) I 684.
— Joh. Henr., Kuzenhusa-Als. (th 759) I 686.
— Joh. Herm., Kuzenhusa-Als. (th 760) I 686.
Mallehard d'Hautecourt, Petr. Franc., Metensis (j 742) II 386. (cj 742) II 581.
Mallemant, Theodor. Wern. Jac., Arrenbergicus (j 714) II 337.
Malleolus, M. Bened., Argentinensis (m 618) II 3. 5. (cm 626) II 125.
Mallinckrodt, Arnoldt, Tremoniensis (j 669) II 288.
— Melch., Tremoniensis (ph 634) I 304.
Malphilatre, Armand. Gasto, Argentinensis (j 726) II 353. (cj 726) II 565.
— Lud. Gregor., Colmariens. (j 748) II 397. (cj 749) II 589.
Mals, Ernest., Hallensis (j 665) II 281.
Malsbach, Henr. Simon., Neowedanus (j 749) II 400.

Malsch, Joh. Fried., Gotha (m 763) II 89.
— Carl Daniel, Hernstadt Silesius (m 744) II 57.
van Malsen, Joh., Neomagus (786) I 181. (m 786) II 119.
Malté, Franc., de Narbonne (d 763) I 222.
Maltz, Christian., Landsberga Neo-Marchicus (j 688) II 316.
Maltzan (Malzan), Baro a Wartenberg et Penzelin, Wilhelm. (669) I 4.
Mancinus, Georg. Andr., Flensburgo Holsatus (j 670) II 292.
Manckel, Joh., Assenheimiâ-Wedderavus (j 634) II 233.
— Joh. Georg., Wetteravus Assenheimensis (j 677) II 301.
Mande, Joan. Thom. Urban., Heiligenstadensis (j 729) II 361.
von Mandelssloh, Statz. Victor, Eq. Brunswicensis (j 664) II 279.
Maneken, Nic., Livonus (j 641) II 237.
Mang, Ferdin., Babenhusanus Suevus (j 762) II 430.
Mangg, Joh. Reinhard., Austrius (th 642) I 612. (cphm 644) I 534.
Mangienne, Ant. Franc., Metensis (j 729) II 360. (cj 731) II 569.
Mangin, Alex., Bruieriensis (775) I 116. (j 775) II 459. (cj 777) II 648.
— Franc. Alex., Bruyères en Lorraine (782) I 161.
— Ugo Jos., ex Domaris Silvis apud Nancianum urbem Lotharingus (j 749) II 399.
— Steph., Metensis (ph 643) I 313. s. Mengin.
Mangolt, Georg., Auerbaco-Francus (th 649) I 617.
— Jac. Chph., Basilea Helvetus (m 763) II 91.
— Georg., Laichingensis (ph 634) I 306.
Maniguet, Franc. Steph., Castrosalinensis (773) I 102. (j 773) II 454. (cj 775) II 643.
Manisse, Franc. Nic., ex Sancti Petri Monte (j 745) II 390.
Manlius, Vit. Mich., Wonsideliâ-Variscus (th 646) I 614.
Mann, Phil. Jac., Argentinensis (ph 744) I 424.
— Phil. Jac, Argentinensis (ph 755) I 434. (cph 757) I 504. (cphm 759) I 576.
— Joach. Georg., Belgard. Saxo (th 662) I 633.
(Mann) Hier. Petr., Niederoda-Francofurtensis (ph 705) I 662. (ph 705) I 391.
a Manndorf, Joachim., Carinthiacus (j 621) II 203.
— Joh. Bartholom., Carinthiacus (j 621) II 203.
Mannenbach, Joan. Raymund., Weissenburgensis (cj 701) II 545.
Manner, Lud., Ambergâ-Palatinus (j 625) II 211.
— Guil., Lyncensis Austrius (m 613) II 2.
— Joh. Jac., Ulmensis (ph 645) I 320. cphm 645) I 535.
— Joh. Jac., Ulmensis (m 760) II 84.
Mannier, Joan. Jos., Molshemensis (j 703) II 327. (cj 705) II 547.
in Mansfeld, Joh. Georg., Comes ac Dominus (658) I 1.
Mantey, Reinhold., Regiomont. Borussus (j 655) II 259.
Mantz, Joh. Balthas., Vangio (ph 646) I 323.
— Hartman., Wormatiensis (ph 639) I 311.
Mappus, Alb., Argentinensis (ph 687) I 379.
— Georg. Frid., Argentinensis (ph 693) I 382. (cphm 696) I 557.
— Marc., Argentinensis (ph 649) I 330. (cphm 653) I 539. (cm 660) II 135.
— Marc., Argentinensis (ph 681) I 375. (cm 691) II 145.
Maquier, Georg. Christoph. Ignat., Argentinensis (779) I 142.
Marabail, Joh. Franc., Argentinensis (766) I 61. (j 766) II 440.
Marandet, Leop. Alex., Thannens. Alsata (786) I 178. (j 786) II 482. (cj 788) II 674.
Marbach (Marbachius), Bened. Henr., Argentinensis (ph 713) I 399.
— Bened. Henr., Argentinensis (j 757) II 414.
— Joh., Argentinensis (j 654) II 511.
— Joh. Jac., Argentinensis (ph 704) I 391. (cm 711) II 150.
— Joh. Phil., Argentinensis (ph 632) I 299. (cph 632) I 467. (cphm 634) I 529.
— Phil., Argentinensis (ph 707) I 393.
— Phil. Jac., Argentinensis (ph 741) I 421. (cm 749) II 167.
— Ulr., Argentinensis (j 676) II 530.
— Caspar, Lindaviensis (ph 656) I 340.
Marburger, Joh. Frid. (d 757) I 220.

Marcel, Carol. Franc. Xaver., Albimontanus (786) I 180. (j 786) II 483.
— Ant., ex fano Sti Quirini (771) I 92. (j 771) II 451. (cj 773) II 638.
— Claud., ex Sancto Quirino patria Metensis (j 726) II 353. (cj 730) II 568.
— Joan. Claud., ex Sancto Quirino (j 763) II 432.
Marcellin, Claud. Ant., ex Villecomte in ducatu Burgundiae (776) I 124. (j 776) II 461.
Marcellus, Ge. Henr., Babenhus. Hanoicus (ph 626) I 284.
Marchal, Mich. Dominic., Argentinensis (787) I 187. (j 787) II 486.
— Petr., Decempagen. Lotharingus (771) I 92. (j 771) II 451.
— Jos., Hagenoensis (774) I 107. (j 774) II 456. (cj 775: Lud. Jos.) II 644.
— Jean Jacq., Colmariensis (787) I 188. s. Mareschal.
— Franc. Jos., Lunevillanus (773) I 102. (j 773) II 454.
— Renat. Franc., Metensis (777) I 130. (j 777) II 463. (cj 779) II 652.
— Nicol. Jos., Montigny Lotharingus (780) I 148. (j 780) II 470. (cj 782) II 660.
— Joan. Franc., d'Onville près de Metz (771) I 91. (j 771) II 450.
— Nicol., ex Raon L'Etappe Lotharicus (766) I 55. (j 766) II 438.
— Franc. Jos., Selestadiensis (786) I 178. (j 786) II 482. (cj 786) II 669.
Marchand, Hubert., ex Billy-Virdunensis (m 750) II 66. (cm 754) II 170.
— Joan. Bapt., Lunevillanus (776) I 124. (cj 778) II 651.
— Melch., ex Rougegoutte Alsata (771) I 95. (j 771) II 451.
le Marchant, Laurent., Colmariensis (767) I 66. (j 767) II 442.
Marchfeld (Margfeld), Daniel Casim., Argentinensis (778) I 134. (ph 778) I 451.
Marchis, Sebast. Christoph., Lunevillanus (768) I 73. (j 768) II 444. (cj 769) II 628.
Marchtaler, Erhard., Ulmensis (ph 694) I 383.
a Marchwitz s. Sebysch a Marchwitz.
Marci, Georg., Lipsiâ-Misnicus (j 664) II 278.
— Joh. Chph., Lipsiensis (j 640) II 236. (cj 644) II 505.
(Marci) Joh. Jac., Cavapetrensis-Luxemburg (ph 729) I 411. (ph 731) I 413.
— Joh. Jac., Lommazensis Misnicus (ph 660) I 348.
Marck, Theodor., Altrippensis (j 751) II 404. s. Mark.
Marckmann, Dethlev, Holsatus (cj 661) II 515.
Marco, Lud. Roman., Argentinensis (cj 766) II 620.
— Franc. Jos. Leop., ex la Poutroye (ex Lapidaria via) (773) I 93. (j 773) II 451. (cj 774: Ant. Franc. Leop.) II 641.
— Ign., Poutroyensis (j 744) II 389. (cj 746: Phil. Ign.) II 585.
— Lud. Felix, de Paetrosavia (j 738) II 379. (cj 740) II 579.
— Lud. Felix Jos., la Poutroye (779) I 141. (j 779) II 467.
— Lud. Roman., (la Poutroye) (j 762) II 431.
de Marconnay (787) I 51.
Marconnet, Abrah., Mombelgardensis (ph 634) I 305.
Marconnot, Carol. Franc., La Chapelle sous chaux (772) I 95. (j 772) II 452.
Marcot, Lud., ex St. Jean D'Ormont Lotharingus (787) I 186. (j 787) II 486. (cj 789) II 677.
à Marenholtz, Ascanius Christophor., Lunaeburgicus (j 665) II 281.
Mareschal, Zenob. Steph., Argentinensis (j 763) II 431. (cj 766) II 622.
— Claud., Belfortensis (j 726: Moret) II 354. (cj 726) II 565.
— Georg. Phil., Bellofortensis (j 760) II 423.
— Maria Lud., Colmariensis (772) I 99. (j 772) II 453. (cj 775) II 642. s. Marchal.
Marescol, Vidus, Gallus (j 624) II 209.
Maret, Ant., Bienen. Helvetus (778) I 135. (m 778: Abraham) II 111.
de Maretz s. Desmaretz.
Marfels, Joan. Jac., Confluus (j 738) II 380.
Margfeld s. Marchfeld.
Marggraf, Wolfg., Barbyensis Saxo (ph 623) I 275.
— Georg., Liebstad. Misnicus (ph 627) I 288.
— Frid. Nicol., Mitavia-Curonus (m 749) II 65.
Margreten, F. L., Obervaz-Helvetus (780) I 150. (j 780) II 470.
Marheiniken, Joh. Phil., Argentinensis (cphm 701) I 559.

De Marimont, Stanisl. Maximil., Nancejanus (785) I 175. (j 785) II 481.
Marin, Otto Christophor., Rhenofelsa Catimelibocus (j 731) II 364.
Maringgele, Ant.. Rhenofeldensis Rauraco Austriacus (j 741) II 385.
Marionnell, Joan. Franc., Gorziensis (j 721) II 347. (cj 721) II 559.
— Joan. Ludov., Metensis (j 733) II 369.
Marioth, Joh. Christi. Simon., von Besungen bey Darmstadt (d 750) I 218.
Mariotti, Edmund., Parisiensis (ph 642) I 315.
Marissfelder, Joh. (th 652) I 619.
Marius, Joh., Bollensis (ph 625) I 280.
— Mich., Guntzenhusan. Altmülensis (th 621) I 592.
— Jakob., Hydrotheban. Francus (ph 626) I 283. s. Maier.
Mark, Joh. David, Hallensis Saxo (j 668) II 285. s. Marck.
Markgraf von Brandenburg s. Brandenburgensis.
Marlat, Joan. Petr., Lunévillanus (j 762) II 430.
Marly, Mathias Franc., Metensis (776) I 122. (j 776) II 461. (cj 778) II 650.
Marmé, Joh. Peter, von Dierdorf (s 780) I 266.
Marmod, Ludov. Augustin., Albimontanus (785) I 174. (j 785) II 480.
Marquair, Joh. Petr., Colmariensis (767) I 68. (j 767) II 442. (cj 770) II 631.
— Nic. Franc., ex Labroque Salmensis (782) I 159. (j 782: ex Celles Salmensis) II 475. (cj 783) II 663.
Marolff, Joh. Phil., St. Goar. Rhenanus (j 665) II 280. (cj 670) II 524.
de Marquart, Georg. Frid., Moeno-Francofurtanus (j 733) II 369.
(von) Marschalck, Georg. Aug. L. B., Bremensis (718) I 16.
Marschalk von Ostheim, Joh. Frid. Phil., Eq. Francus (j 739) II 381.
Marschall, Constantin. Christoph., Elbingensis (th 724) I 671.
(von) Marschall (Marschal), Ernest. Ludov., Equ. Francus (j 685) II 310.
— A. D. Comes (776) I 40.
Marschalle, Carol. Jos., Trevirensis (j 748) II 397.
Marsin, Nicol., Brouvillâ-Metensis (j 759) II 422. s. Martin.
Marsson, Joh. Gabr., Genevensis (ph 760) I 439.
Iarstaller, Guilh. Anton., Palatinus (j 661) II 271.
Iartel, Henr., Fagensis (772) I 98. (m 772) II 103.
Iartels, Franc. Lud., Westphalus ex Danckren (j 719) II 342.
Iartens, Henr., Hamburgensis (j 668) II 286. (cj 670) II 525.
Iartienssen, Carl Heinr., Mecklenburgensis (780) I 149. (m 780) II 113. (cm 782) II 193.
Iartigner, Nicol., Lausanensis (m 667) II 23.
Iartij, David, Glaronensis (m 751) II 68.
Iartin, Georg. Henr., Argentinensis (ph 716) I 402. (cph 716) I 491. (cphm 719) I 566.
– Jac. Abr., Argentinensis (785) I 174. (ph 785) I 455. (cph 786) I 515. (cphm 788) I 585.
– Phil. Henr., Argentinensis (ph 729) I 411. (cph 729) I 495.
– Joan., Bavarus (m 748) II 63.
– Georg. Frid., Berlenbacensis (776) I 120. (j 776) II 460. (cj 778) II 650.
– Nicol., Brouvillanus in Episcopatu Metensi (768) I 71. (j 768) II 444. (cj 768) II 626. s. Marsin.
– Dav., Erffurtensis (ph 640) I 311.
– Abrah., Genevensis (ph 670) I 363.
– Balth., Giengensis (th 743) I 680.
– Bartholom., Helv.-Glaronensis (m 730) II 44. (cm 730) II 157.
– Joh., Helv. Glaronensis (m 765) II 95.
– Casp., Glaronensis (m 739) II 52.
– Georg. Frid., Idsteiniensis (ph 695) I 384.
– Franc., Lausannâ-Helvetus (m 722) II 38.
– Frantz Henrich, Nafeltz (m 761) II 85.
– Claud. Alex. Carol., Parisinus (j 758) II 418.
– Petr. Andr., Parisiensis (j 715) II 339. (cj 717) II 555.
– Joh. Jac., Saaramundanus (771) I 94. (m 771) II 103. (cm 774) II 185.
– Joh. Nic., Saramundanus (785) I 174. (m 785) II 117.
– Franc. Nicol., Sandeodatensis (766) I 61. (j 766) II 440. (cj 768) II 626.
– Michel, de Toulouze en Languedoc (d 732) I 212.
Iartinez, Joan. Franc., ex Sermamagny prope Belfortum Als. (j 753) II 407. (cj 756) II 600.

(Martinez) Franc. Xav., Tabernensis (781) I 156. (j 781) II 473. (cj 783: Franc. Xav. Melch. Wilh.) II 662.
— Georg. Franc., Tabernensis Als. (787) I 186. (j 787) II 486.
— Wilh., Tabernensis (780) I 419. (j 780) II 470.
Martini, Joh. Justus, Alsfeldia-Hassus (ph 649) I 328.
— Frid. Laelius Arhusio-Danus (th 651) I 619.
— Christi. Heinr., Dresdensis (m 747) II 67.
— Nic., Holsatus (j 662) II 272.
— Seger. Jac., Lipstadio-Westphalus (ph 665) I 357.
— Jac., Lüneburg. Saxo (m 625) II 8.
— Matthi., Semproniensis Hungarus (ph 661) I 349.
— Joh. Sebast., Svinfurtho-Francus (j 648) II 245.
— Ludov. Günther., Wernigerod. Saxo (j 709) II 332.
— Joh. Ulr., Zeapolitanus (m 630) II 11.
De la Martinère, Joan. Victor. Leontius, Solodori in Helvetia natus (j 734) II 371.
Martinitz, Adolf. Henr., Holsatus (j 655) II 259. s. Martini.
Martinstein, Gabr., Wöllstein i. d. Pfalz (ch 774) I 234.
Martis, Anton., Denkingen. Suevus (770) I 87. (j 770) II 448.
Marton, Steph., Hung. Semproniensis (771) I 91. (m 771) II 102.
v. d. Marwitz, Zachris, Eq. Neomarchicus (j 625) II 212.
Marx, Godofr., Argentinensis (769) I 82. (ph 769) I 446. (cphm 770) I 510. (cphm 774) I 580. (th 774) I 693.
— Wilh. Lud., Lichtenbergensis (j 684) II 307.
— Joh. Frid., Meijsenheim. Palatinus (j 657) II 263.
— Joan., Noribergensis (j 670) II 290. (cj 673) II 528.
— Joh. Frid., Tabernaemontanus (j 728) II 359. (cj 730) II 568.
de — Felix Alex. Frid. Lud., Montetabernensis (cj 765) II 618.
— Carol. Lud. Franc., Weissenburgensis (784) I 169. (j 784) II 478. (cj 786) II 668.
Marxheimer, Joh. Bernh., Moeno-Francofurtanus (j 687) II 314.
— Joh. Hector, Moeno-Francofurtanus (j 631) II 229.
Marxius s. Marx.
De Masan, Casp. Simon, Hanoviensis (j 628) II 220.
Maschov, Nic., Greifswaldensis (th 649) I 616.
Maser, Theodor., Bernas (m 722) II 38.
de Maskowsky, Joh. Wilh., Hasso Darmstadinus (j 730) II 363.
Massatus, Joan. Bapt., Bretten. Palatinus (783) I 167. (m 783) II 116.
Masse, Severin. Matth., Danus (j 653) II 255.
de Massenbach, Lud. L. B. (768) I 42.
Massenet, Petr. Joh., Gravelotte Metensis dioc. (767) I 69.
Massigny (Masicgny), Carol. Franc. Ant., Colmariensis (790) I 199. (cj 790) II 677.
— Carol. Ant., Colmariensis (775) I 114. (j 775) II 459.
— (Massini), Jac. Alex., Colmariensis (782) I 162. (j 782) II 475. (cj 785) II 667.
Massini s. Massigny.
Masske, Dan. Frid., Argentinensis (783) I 166. (ph 783) I 455.
Massler, Marc. Ant., ex Augia divite Acronianus (j 718) II 341.
Masson, Quirin., Frasiensis-Lotharingus (781) I 157. (j 781) II 473.
— Seb., Montbelgardensis (ph 705) I 391.
— Ant. Jos., Phalseburgensis (783) I 164. (j 783) II 476.
— Joan. Andr., Rambervillano Lotharing. (786) I 182. (j 786) II 484.
— Franc., Tullanus (j 763) II 432. (cj 763) II 614.
(de) Massuirs, Leop. Joan. Marin., Oberberhemiensis (767) I 69. (j 767) II 443. (cj 769) II 629.
Massy, Jean, de Morges Helvetus (776) I 122. (m 776) II 108. (cm 778) II 189.
— Jac. Alex., Neocastrensis Lotharingus (788) I 191. (j 788) II 488.
— Stanisl., Neocastrensis Lotharingus (788) I 191. (j 788) II 488.
Matfeld, Joh. Lud., Saxo-Leoburgensis (j 720) II 346.
Math, Gerv., Brisacensis Brisgoius (m 741) II 54.
Mathels (Mathebs), Ant., Berghemiensis (781) I 152. (j 781) II 471.
Mathesius, Heinr., Forstâ-Lusatus (j 631) II 227.
— Joh., Lommazensis Misnicus (j 684) II 308.
Mathias, Joh., Weyersheim zum hochenturm (m 765) II 93.
s. Mathieu, Matthias.

Mathieu, Joan. Jac., Argentinensis (773) I 101. (j 773) II 454.
— Mart. Mich., Argentinensis (771) I 92. (j 771) II 450.
— Joh. Mich., Argentinensis (cj 774) II 640.
— Franc. Xaver, ex Baviller prope Bellofortum in Alsatia (781) I 154. (j 781) II 472. (cj 783) II 662.
— Alex. Andr., Colmariensis (j 736) II 373. (cj 738) II 577.
— Joan. Bapt., Colmariensis (786) I 181. (j 786) II 483.
— Joan. Georg., Colmariensis (cj 788) II 673.
— Mich., Colmariensis (j 763) II 432. (cj 768: Mich. Leonard.) II 626.
— Petr., Colmariensis (j 725) II 353. (cj 728) II 566.
— Petr. Franc., Colmariensis (j 746) II 392. (cj 748) II 587.
— Petr. Jos., Colmariensis (j 748) II 396. (cj 750) II 591.
— (Mathias) Anth., Sanctae Mariae ad fodinas (j 757) II 414. (cj 758) II 603.
— Laur., Lotharing. Spinalus (j 748) II 396. s. Mathias, Matthieu.
Mathis (Matthis), Joh. Conr., Argentinensis (ph 663) I 354. (cm 669) II 139.
— Gustav. Adolph., Decempagensis (777) I 130. (j 777) II 463. (cj 778) II 650.
— Nic. Lud., Decempagensis (773) I 104. (j 773) II 455. (cj 776) II 645.
— Joh. Ant. Laur. Jos., Ilingensis (790) I 199. (j 790) II 491.
— Joan. Franc., Lunevillanus (j 762) II 431.
— Carol. Alex. Claud., Nanceianus (j 763) II 433. (cj 765) II 618.
— Andr., Ribeauvillanus (j 774) II 456. s. Matthis.
Mathon, Guill., Avennensis in Hannonia (j 660) II 269.
Matiller, Godofred., Svidnicens. Silesius (j 739) II 380.
Mattei, Carol., Norimbergensis (778) I 47.
Matter, Georg. Eusebius, Pragensis (m 621) II 6.
Mattern, Joh. Petr., Spirensis (j 656) II 261.
Matthaei, Abrah., aus Barmen (d 770) I 225.
— Joh. Frid., aus Borna (j 741) II 384.
— Matthaeus, Damensis Pomeranus (ph 622) I 274.
Matthaeus, Joh. Chph., Argentinensis (ph 744) I 424. (cph 747) I 501. (cphm 748) I 573.
— Joh. Mart., Darmstadinus (m 738) II 51.
— Joh. Andr., Mediomontanus (791) I 201. (ph 791) I 459.
— Joh. Henr., Mediomontanus (787) I 187. (ph 787) I 457.
— Joh. Chph., Mittelberghemensis (781) I 155. (cj 789) II 676.
Matthiae, M. Jac., Hamburgensis (th 668) I 641.
— Joach. Henr., Holsatus (th 664) I 636.
Matthias, Joan., Gumpertzburgensis (j 724) II 350.
— Paul., Hafnia-Danus (j 656) II 261.
— Adam, Leintzweileriensis (m 752) II 70.
— Joh. Franc., Eisfeldiaco-Moguntinus (j 681) II 305. (cj 681) II 533.
Matthieu, Abraham., Neocomensis Helvetus (m 763) II 90. (cm 767) II 179. s. Mathieu.
Matthisen, Petr., Danus (j 662) II 272.
Matthis, Franc., ex Lotharingia Nonzevillanus (j 758) II 417. (cj 763) II 613. s. Mathis.
Matthys, Joh. Lud., von Seeberg C. Bern (ch 782) I 249.
Mattret, Lud., Biturix (j 711) II 333. (cj 714) II 553.
Mattsperger, M. Joh. Andr., Augustanus (th 657) I 626.
— Luc., Augustanus (m 615) II 2.
Matty, Joh. Franc., Pal. Oppenheimensis (774) I 111. (th 774) I 693.
Mau, Bernh., Sleswico-Holsatus (j 688) II 315.
— Thom., Slesvico-Holsatus (j 688) II 315.
de Mau Seigneur de trois Fontanes, Franc. Ernest. (j 728) II 359.
de Maubuisson, Ludov. Franc. petit (782) I 49.
Mauch, Joan. Lud., Suevus Wangensis (j 680) II 303.
de Mauchenheim dict. Bechtolsheim, Hartmann. L. B. (737) I 24.
Mauchet, Petr. Mich., Sandeodatensis (j 766) II 440.
Mauck, Joh., Erpacho-Fürstenau. (th 642) I 612.
Maujean, Petr., Metensis (j 743) II 388.
Maul, Joh. Daniel, Francofurtensis (ph 683) I 376.
— Joh. Georg., Onoldino-Francus (j 627) II 218.
— Joh., Schlaiza-Variscus (th 655) I 624.

Maull, Joh. Phil., von Castellaun (ch 785) I 254.
— Jac., Meursanus (774) I 109.
Maupinot, Joh. Ant., Argentinensis (j 748) II 397. (cj 750) II 591.
Maurer, Joh., Argentinensis (ph 695) I 383.
— Joh. Georg., Geildorffensis (th 657) I 626.
— Joh. Jac., Heilbronnensis (m 765) II 95.
— Georg Dan., von Kriegsfeld i. Churpfaltz (ch 771) I 228.
— J. Ph., von Kriegsfeldt in der Pfaltz (ch 772) I 229.
— Frid. Christi. Lud., Pirmasensis (801) I 204.
Maurice, Franc. Desider., Santdeodatensis Lotharingus (j 684) II 308. (cj 688) II 539. s. Morize.
Mauricque, Hugo, Mombelgardensis (th 639) I 610. s. Morize.
Mauritii, Chph., Grenzaco-Marchicus (ph 658) I 343.
— Christian., Steina-Marchicus (ph 701) I 388.
— Mart., Wolbacensis (ph 655) I 339. s. Moritz, Mauritius.
Mauritius, Jac., Beltzingâ-Saxo (j 629) II 223.
— Mich., Hetzellino-Transylvanus (th 650) I 618.
— Mart., Sultzbergensis March. (th 626) I 599. s. Mauritii, Moritz.
Maury, Franc., Argentinensis (j 728) II 359. (cj 737) II 576.
Maus, Joh. Wilh., Patersbergensis Hassus (th 707) I 663.
de Mausbach, Carol., Eq. Francus (j 699) II 323.
a Mauschwitz, Joh. Heinr. (j 625) II 212.
Mauselin (Mausselin), Bartholom., Ravenspurgo-Suevus (j 672) II 296. (cj 677) II 531.
Mautt, Joh. Frid., Petroburgo-Russus (m 759) II 82.
Maux, Franc., Landaviensis (j 712) II 334.
Max, Nicol., Trevirensis (j 741) II 384.
Maxant, Barthelemy, Lunévillanus (j 758) II 419.
Maximowitsch-Ambodik s. Ambódik.
May, Petr. Herm., Coloniensis (j 698) II 321. (cj 698) II 543. s. Mej, Mey.
Mayence, Jos., Giquevilensis (j 765) II 437.
— Joan. Jos., in pago Sancti Juliani Lotharing. (m 761) II 86.
Mayenfisch, Joh. Jac., ex Foro Tiberii Helvetus (m 719) II 37.
— Sebast. Ambros., Foro-Tyberiens. Helvetus (j 738) II 379.
Mayer, Joh. Bapt., Argentinensis (784) I 172. (j 784) II 479.
— Joh. Georg., Argentoratensis (d 761) I 221.
— Joh. Jac., Argentinensis (j 706) II 328.
— Joh. Jac., Argentinensis (ph 755) I 435.
— Joh. Mich., Argentinensis (775) I 118. (j 775) II 460. s. Maier, Meier, Meyer, Meyger.
— Carl. Ferd. Casp., Bilensis Marchicus (cm 722) II 154.
— Joh. Jac., Byrutho Francus (ph 659) I 347.
— Joh. Chph., Dielsperg. Palatinus (ph 628) I 289.
— Franc. Ferd. Laur., Friburgensis (m 739) II 53.
— Maximil. Theophil., Fürstenbergensis (778) I 136.
— Jac., Giengensis (ph 671) I 366.
— Joh. Phil., Suev. Halensis (ph 634) I 305. s. Majer, Maier.
— Frid., Heidelb. Palatinus (ph 628) I 289.
— Joan. Mich., Juliomagensis Suevus (j 718) II 341.
— Anton., Kehlanus (772) I 96. (j 772) II 452.
— Franc. Jos., Kisleggensis (j 752) II 404.
— Firmus Emanuel, Constantiensis (j 731) II 364.
— Simon Thaddaeus, Constantiensis (j 756) II 413.
— Conr. Mich., Creilshemio-Francus (th 663) I 635.
— Franc., Lipsiensis Misnicus (j 623) II 206.
— Gotfr., Lipsiensis (j 630) II 225.
— Jac., Lipsiensis (ph 632) I 298.
— Jac., Lipsiensis (j 664) II 278.
— Joh. Ehrenfried, Lipsiâ-Misnicus (j 680) II 303. (cj 683) II 535.
— Joh. Friedr., Lipsiensis (ph 668) I 361.
— Joh. Friedr., Memmingensis (m 763) II 89.
— (Maier), Sigism., Memmingensis (m 645) II 15.
— Phil., Schnirpflingensis (th 649) I 616.
— Imman., Ulmensis (th 626) I 599.

(Mayer) Joh. Conr., Ulmensis (ph 647) I 325. (cphm 649) I 537.
— Joh. Melch., Ulmensis (th 653) I 621.
— Mich., Ulmensis (ph 643) I 316.
— Mich. (Ulmensis?) (ph 650) I 332.
s. Majer.
— Ant., von Ungenhausen i. Schwaben (ch 771) I 228.
— Frantz Jac., Wattwyl i. Toggenburg (ch 785) I 253.
Joan. Bartholom., Wormatiensis (j 756) II 413. s. Maier, Majer.
— M. Joh. Georg. (th 683) I 651.
de Mayerbach, Joan. Lud. Phil. Carol., Jos., Ellinganus (j 734) II 371.
Mayerhofen zu Aulenbach s. Mairhoffen z. A.
de Mayerhoffen, Ant. Herm., Hinsensis (cj 763) II 433.
— Ant. Herm., Hinsensis (771) I 92. (cj 771) II 634.
s. Mairhoffen u. Mayerhoffer.
Mayerhoffer (Meyerhoffer), (de Meyerhoffer), Franz Leop., Tabernensis (j 760: Leop.) II 424. (cj 762) II 611.
— (de Mayerhoffen), Georg. Tabernensis (j 760) II 424. (cj 763: Joh. Georg. Jos.) II 614.
— Herm. Ant., Tabernensis (cj 722) II 560.
— Joh. Franc. Ernest., Tabernensis Als. (j 733) II 369. (cj 736: Franc. Ernest.) II 574.
— Joan. Georg., Tabernensis (j 726) II 354. (cj 727: Joan. Georg. Jos.) II 566.
— Joan. Leop., Tabernensis (j 733) II 369. (cj 737) II 575.
s. de Mayerhoffen, Maierhoffen.
Mayershoffen, Henr., ex Zella Ordonaviensis (768) I 78. (j 768) II 445.
Mayestötter, Joan. Herm., Spirensis (j 655) II 260.
Mayfisch à Kranichspurg (ph 638) I 309.
Mayger s. Meyger.
Mayntz, Joh. Jos., Linnichio-Juliacus (773) I 105. (m 773) II 105.
Mayr, Steph. Franc. Ant., de Silva Benedicta Suevus (j 724) II 351. (cj 725) II 563.
— Jos. Antoni Dominic., aus d. Hochfirstl. Stifft Kempten im Allgäu (m 751) II 68.
— Cajetan., Müllheim. Suevus (774) I 111. (j 774) II 458.
(Mayr) Tobias Gabriel, Norimbergensis (th 659) I 629.
— Joan. Baptist., Suevus Weissensteinens. (j 725) II 351.
s. Mair, Maier etc.
Maysinger, Joh. Casp. Caietan., Heligenbergensis (j 684) II 308.
Mayt, Joh. Nicol., Bourgaltroff. Lotharingus (770) I 88. (j 770) II 449.
Mcade s. Meade.
Meade, Robert., Gentilhomme Irlandois, (788) I 52.
Mechler, Joh. Mich., Spirensis (ph 639) I 310.
— Phil., Spirensis (j 625) II 212.
Meckel, Joan. Reinard., Nassovius (j 649) II 248.
— Joh. Georg., Wormatiensis (ph 706) I 393. (cj 714) II 552.
Meckel de Hembsbach, Phil. Friedr., Berolinensis (774) I 111. (m 774) II 105. (cm 776) II 186.
Meckow (Meckovius), Joch., Ascaniensis Saxo (j 627) II 218.
Mecuson, Julian., Landaviensis (d 768) I 224.
Mécusson, Joan. Georg. Bapt., Morhanensis (j 765) II 438.
— Phil. Guil., Morhanensis in Lotharingia (d 782) I 264.
St. Médard, Petr. Carol., Argentinensis (m 729) II 43.
de Medem, Joh. Frid., Mesotensis natus in Curlandia (777) I 46. (j 777) II 464.
Meder, Joh. Henr., Dillenberga. Nassovicus (m 760) II 85.
— Bernh., Rotenburgo-Tubarinus (th 640) I 610.
— Joh. Christl., Salzungensis Thuringus (th 721) I 669.
— Joh. Christoph., Thuringus (j 699) II 322.
— Joh. Wormatiensis (th 623) I 596.
Medicus, Joan. Mich., Rüdeshemius (m 762) II 87.
— Anton. Nicol., Sarburgensis (767) I 71. (j 768) II 443. (cj 772) II 636.
Medinger, Joh. Ludw., Backhnangensis (m 643) II 15.
Medler, Joh. Frid., Argentinensis (ph 640) I 311.
— Joh. Frid., Argentinensis (ph 675) I 370. (cj 685) II 536.
Meel, Joh. Henr., Argentinensis (cph 671/72) I 479. (cphm 674) I 549.
— Joh. Tob., Buxovilla-Hanoicus (ph 708) I 395. (cj 714) II 552.

(Meel) Joh. Henr., Landoensis (ph 703) I 389.
Meelführer, Joh. Samuel, Ohringensis (th 701) I 660.
— M. Joh. Chph., Onoldo-Francus (th 665) I 636.
Meerbost, Conr. Phil., Schatthusa Spirensis (th 631) I 605.
Meerbott, Anton., Kaltenwestheim. Württembergicus (ph 634) I 304.
van der Meere, D. Carol., Aldenardensis (786) I 182. (j 786) II 484.
Meerroth, Joh. Georg., Campidonensis (th 655) I 624.
Meerwein, Carol. Frid., Bada-Durlacensis (ph 760) I 439.
zur Megede, Lothar. Theod., Iserlohnio-Westfalus (j 658) II 266.
Mégnin, Leon. Frid., Montisbeligardensis (ph 756) I 436.
— Sam., Montbelgardensis (th 668) I 641.
Mehlem, Franc. Jos., Hagenoensis (j 726) II 355. (cj 727) II 566.
— Georg. Dan., Minnfeldensis Als. infer. (787) I 185. (j 787) II 485.
— Hubert. Jos., Tabernensis (j 762) II 611.
— Hubert. Jos., Werthensis (cj 722) II 561.
Mehlom, Jos., Pabirnensis (j 760) II 424.
ver Mehren, Mich., Lubecensis (th 683) I 651.
Mehrlin, Joh., Ulmensis (ph 670) I 364. (cphm 672) I 548.
Meiburg, Simon, Susatiensis Westphalus (j 621) II 204.
Meichsner, Georg. Wolffg., Roteburgo-Francus (ph 666) I 359.
Meienreis, Bartholom., Elbingensis (j 660) II 268.
— Mich., Borussus (j 655) II 258.
Meier, Joh. Bernh., Argentinensis (cph 622) I 462. (cphm 624) I 521. (th 624) I 708.
— Paul., Argentinensis (j 629) II 224.
— Christoph. Borussus (j 648) II 246.
— Henr., Bremensis (cj 670) II 525.
— Henr., Bremensis (j 701) II 326.
— Hermann., Bremensis (j 669) II 288.
— Aug. Wilh., Feldberge-Badensis (782) I 159. (th 782) I 696.
— Joh. Petr., Hamburgensis (m 736) II 49.
— Joh. Georg., Kircho-Teccensis (ph 634) I 305.
— Johannes, Lindaviensis (ph 764) I 443. (cm 770: Meyer) II 182.
(Meier) Franc., Spirensis (ph 648) I 327. s. Mejer, Meyer, Maier, Majer, Mayer, Mair, Mayr.
— Martin, Ulma-Suevus (ch 772) I 263.
Meincke, Joan. Henr., Hamburgensis (m 759) II 83.
Meinders, Franc., Bilfeldia-Westphalus (j 649) II 249. (cj 652) II 510.
— Herm. Adolph., Bilfeldia-Westphalus (j 684) II 308.
a — Frid., Westphalus (j 715) II 338.
a — Henr., Westphalns (j 715) II 338.
Meinel, Joh. Henr., Argentinensis (ph 758) I 437. (cj 765) II 618.
— Joh. Phil., Argentinensis (ph 765) I 443.
— Sam., Argentinensis (769) I 79. (ph 769) I 445.
Meiners, Herm., Livonus (j 648) II 247.
— Herm., Rigâ-Livonus (j 708) II 331.
Meinerzhagen, Isac, Coloniensis ad Rhenum (j 745) II 391.
— (de), Jean Engilbert., Coloniensis (j 685) II 309.
Meinong, Phil. Wilh., Erfurtensis (j 728) II 358.
Meirich, Elias, Laubâ-Lusatus (th 634) I 607.
v. Meisenbugk, Georg. Wilh., Eq. Hirsfeldiensis ex Hassia (j 684) II 308.
Meisner, Joh. Henr., Alsfeldia-Hassus (th 738) I 678. (j 746) II 391.
— Henr., Argentinensis (ph 661) I 349. (cphm 664) I 544.
— Joh. Matthae., Marburgensis (m 764) II 92.
— Joh., Stockholmensis (j 662) II 272.
— Christophor., Thorun. Borussus (m 628) II 10.
— Joh., Ulmensis (th 741) I 679.
— Joh. Georg., Wittebergensis (th 679) I 648.
Meiss, Samuel, Meiningensis (j 655) II 258.
Meister, Conr., Gebwillanus (784) I 170. (j 784) II 478. (cj 786) II 668.
Mej, M. Mich., Rigâ-Livonus (th 652) I 620. s. Mey.
Mejer, Joach. Frid., Berol. Marchicus (th 650) I 618.
— Christi., Bremensis (j 661) II 271.
— Petr., Lübecensis (j 652) II 254.
— Godschalc., Niheimens. Westphalus (j 627) II 497.
— Joh. Mart., Scaphusinus (m 764) II 92. s. Meyer.
— Godtschalc., Westphalus (j 626) II 216. s. Meier etc.

Melard, Jos., Metensis (cj 723) II 561.
Melas, Gerh. Henr., Bingenheimensis Wetteravus (th 693) I 656.
— Petr., Meschendorffino-Transylvanus (th 666) I 639.
Melbach, Theodor. Christi., Molhusâ-Thuringus (j 667) II 284.
Melchinger, Joh., Dünkelsbiel (778) I 136.
Melchior, Joh. Nic., Butisbacens. Hassus (j 670) II 290.
— Joh. Chph., Dornheimio-Hassus (th 730) I 673.
— Joan. Adam. Mich., Moeno-Francofurtanus (m 741) II 54.
— Caspar. Bernh., Giessensis-Hassus (j 670) II 290.
Melck, Joan. Wol., Bludeschensis (m 753) II 73.
a Melheim, Phil. Lud., Francofurtanus (ph 622) I 273.
Melhorn, Chphr., Monteregio-Prussus (j 643) II 240.
— Joh., Regiomont. Borussus (j 643) II 240.
Melin, Joan. Jac., Certignyvicensis (j 743) II 388.
Melissus, Casp., Gothâ-Thuringus (th 669) I 642.
Melizet, Pierre Francois, d'Orbe en Suisse C. de Berne (d 744) I 216.
de Mellen, M. Jac., Lubecensis (th 683) I 651.
— Franc. Jac., Lubecensis (cm 718) II 152.
Mellin, Chph. Jac., Campodunensis (766) I 59.
de Mellin, Christian. Theod., Westphalus (j 729) II 361.
Mellinger, Joh., Hameloa-Lüneburgensis (th 666) I 639.
— Joh. Chph., Spirensis (ph 628) I 289. (cphm 629/30) I 526.
Melni, Godofred., Brema-Saxo (m 726) II 41.
Melmer, Joan. Jac., Siegenensis (776) I 123.
a Melno Melnowsky, Paul. (j 622) II 205.
Melsheim, Franc. Ign., Hagenoensis (j 744) II 389. (cj 749) II 590.
Meltzer, Frantz. Carol., Petropolit. Russus (m 764) II 92. (cm 768) II 180.
Memeschier, Joh., Transylv. Saxo (th 659) I 629.
Memminger, Joh. Jac., Argentinensis (cph 697) I 486. (cphm 699) I 558.
Mena, Lud. Ant., Argentinensis (j 750) II 401. (cj 752) II 594.
(Mena) Lud., Metensis (j 706) II 328. (cj 708) II 548.
Menchoz, Raoul, Diviacensis Helvetus (m 772) II 103.
Mendel, Levin, Regiomontanus (775) I 117. (m 775) II 107. (cm 776) II 186.
Mendoche, Joh. Georg., Argentinensis (ph 745) I 426. (cj 748) II 587.
Mengaud, Ant. Xav, Bellofortensis (cj 781) II 657 (=Franc. Xav.).
— Franc. Xav., Bellofortensis (771) I 92. (j 771) II 451.
— Franc. Xav., Bellofortensis (778) I 135. (j 778) II 465.
— Nic. Jos., Bellofortensis (770) I 87. (cj 770) II 449.
von Mengden, Carl Ludwig Baron, Livonus (726) I 20.
Menges, Joh. Frid., Argentinensis (784) I 169. (ph 784) I 455. (th 789) I 699. (cph 786) I 515. (cphm 788) I 585.
Mengin, Nic. Vict., ex Etain (789) I 197. (j 789) II 491.
— Nicol. Anto., Lunevillanus (j 765) II 436. (cj 767) II 622. s. Mangin.
— Joh. Christoph., Palatinopolitanus (cj 724) II 563. s. Mangin.
Mengis, Jac. Mathias, Lucern. Helvetus (m 755) II 75.
Mengwein, Joh. Chphr., Ohrdruffiensis Thuringus (j 633) II 231.
— Joh. Chph., Saltzungensis (ph 644) I 319.
— Joh. Christoph., Tonnen. Thuringus (ph 631) I 297.
de Menil s. Dumenil.
Meniolle, Christian Valent., Landau (778) I 134. (j 778) II 465. (cj 781) II 659.
à Menlishoven, Joh. Hilarius, Württemberg (j 631) II 229.
Mennenga, Joh., Friso Orientalus (j 651) II 251.
Menoth, Joh. Henr., Montisbelgardensis (771) I 92. (j 771) II 451. (cj 775: Colmariensis) II 643.
Mensinga, Joh., Groningâ-Friso (j 663) II 274.
Mentel, Joh. Dan., Argentinensis (771) I 93. (ph 771) I 447. (cph 773) I 510. (cphm 776) I 581. (th 775) I 694.
Mentell, Henr., Holmiae Suecus (m 746) II 59.
Menthen, Valent. Phil., Freudenbergensis (j 699) II 322.

Mentzel, Chph. Frid., Berlinensis (ph 674) I 370.
— Phil., Martisburg. Misn. Saxo (j 698) II 320.
Mentzer, Balthas., Gissen. Hassus (ph 631) I 296.
— Lud., Gissensis Hassus (j 628) II 220.
de Mentzingen, Benjam. (j 673) II 297.
— Bernh. Frid., Eq. Suevus (j 724) II 350.
— Carol. Christi., Eq. Suevus (j 724) II 350.
— Christi. Ernest. L. B. (768) I 42.
— Ernest. Frid. (ph 634) I 306.
— Joh. Lud. (ph 634) I 306.
— Eberh. Frid., Noerdlingensis (j 736) II 374.
Mentzinger, Franc. Ignat., Moeskirch. Suevus (766) I 57. (m 766) II 95.
— (Menzinger), Maxim. Conr., Möskirch. Suevus (m 680) II 27. (cm 680) II 142.
Mentzler, Franc. Jac., Wetzlariensis (m 741) II 54. (cm 743) II 164.
— Georg., Wetzlariensis (m 749) II 64.
Menuretus, Joh., Gallus (th 665) I 637.
Menweeg, Franc. Jos. (Ant.), Colmariensis (j 733) II 369. (cj 735) II 573.
— Jac. (Joh.), Colmariensis (j 746) II 391. (cj 748) II 587.
— Jos. Jac. Balth., Cronweissenburgens. Alsata (j 706) II 328. (cj 707) II 548.
— Lud. Zenob., Weissenburgensis (j 711) II 333. (cj 713) II 551.
Menzer, Joh. Hartmann., Pfraunheimensis (ph 650) I 333.
von Menzingen s. Mentzingen.
Menzinger s. Mentzinger.
Menzler s. Mentzler.
Mercier, Jos., Baccarat (774) I 110. (j 774) II 457. (cj 775) II 643.
— Jos., Baccaratensis (790) I 200. (j 790) II 492.
— Jos. Nic., Bittensis (j 772) II 452. 637.
— Joseph. Nicol., Pfalzburgensis (766) I 56. (772) I 98.
— Wilh. Ludov., de Turre ad Sylum (781) I 152. (j 781) II 471.
Merck, Joh. Erhard., Argentinensis (ph 754) I 434. (cphm 761) I 576.
s. Mergius.
— Fr. Christian., Hass. Darmstatinus (m 756) II 78.
— Joh. Ant., Darmstadinus (776) I 123. (m 776) II 108.
— Joh., Suinfurthensis-Francus (j 643) II 240.
Merckh, Cunrad., Uracensis (ph 634) I 305.
Merk, Aloys. Silvest., Heiligenberg. Suevus (775) I 119. (j 775) II 460.
— (Merkhius), Dan., Ulmanus (ph 640) I 312.
— Joh. Chunr., Ulmano-Suev. (m 635) II 13.
— Paul. Ulr., Ulma-Suev. (j 663) II 274.
Merckel, Goth., Argentinensis (ph 715) I 402.
— Joh. Mich., Argentinensis (ph 673) I 369. (cphm 676) I 549.
— Joh Phil. Jac., Argentinensis (788) I 190. (ph 788) I 457.
s. Merquel.
— Joh. Herm., Foërfeldensis (j 712) II 335.
— Joh. Heinr., Plaviâ-Variscus (j 670) II 291.
— Rud. Chph., Smalkaldensis (ph 646) I 322. (cm 651) II 133.
s. Maerckel.
Merckelbach, Florent., Argentinensis (ph 632) I 298.
— Jac., Argentinensis (ph 632) I 298.
— Joh. Georg., Spirâ-Nemes (j 635) II 234.
— Gothofr., ex Guestphalis Zusatinus (j 624) II 210.
— Henr. Goswin., Susato-Westphalus (j 649) II 247.
de Mercklem, Christoph., Austriacus-Viennensis (j 739) II 381.
Mercklin, Christmann., Argentinensis (ph 668) I 360.
— Sebast., Hagenoënsis (cphm 634) I 528.
— Joh., Lavinganus (j 627) II 217.
— Theophil., Lauginga-Palatinus (m 627) II 127. (cm 631) II 127.
— Jac., Offvillâ-Hanoicus (cph 622) I 462. (th 624) I 709.
— Christoph. Barthol., Palatinus (m 613) II 2.
— Joh. Joachim., Windshemio-Francus (j 670) II 291.
s. Merklein, Maerklen.
Merer, Marc. Chph., August. Vindelicus (ph 685) I 378.
Mergenbaum, Joh. Mich., Moeno-Francofurtanus (th 725) I 671.
Mergiletus, Aug. Frid., Argentinensis (cm 701) II 147.
— Joh. Elias, Argentinensis (ph 689) I 380.
— Joh. Andr., Wiesenthal. Francus (j 656) II 260.

Mergius, Christi., Argentinensis (ph 648) I 326.
— Joh. Mart., Argentinensis (cphm 622) I 519. (th 624) I 707. s. Merck.
Merhart, Jos. Anton., Constantiens. Acronian. (j 719) II 344.
de Merhart à Bernegg, Franc. Xav. Henr. Fidel., Thengensis Hegoius (766) I 62. (j 766) II 400. (cj 768) II 627.
— Joh. Nepomuc., Thengensis (767) I 69. (j 767) II 443.
Merian, Sam., Basileensis (788) I 194.
— Zachar., Brandenburgensis (j 629) II 222.
— Joachim., Moeno-Francofurtensis (m 655) II 19.
— Remig., Moeno-Francofurtensis (j 684) II 308.
Merilhon, Joan. Bapt., Argentinensis (781) I 156. (j 781) II 473.
— Maria Joan. Bapt., Argentinensis (cj 783) II 662.
de Meris, Jos. Leop. Ant., Engensis Suevus (j 741) II 386.
Merkh s. Merk.
Merklein, Jos. Ant., Wallenstatensis Helv. (m 753) II 71. s. Mercklin.
Merle, Petr. Noach., Altonanus (769) I 83. (m 769) II 101.
Merlet, Franc. Jos., Marckdorfensis (j 729) II 361. (cj 732) II 570.
— Joan. Ant., Marckdorffensis Suevus (j 720) II 344.
Merlo, Herr zu, s. Winckelhausen.
de Mérode, Charles (774) I 45.
— d'Hoffalitze, Alex. Baron (762) I 37.
Merquel, Franc. Jos., Argentinens. Alsata (j 748) II 396. s. Merckel.
Merrhem, Joan. Engelbert., Coloniensis (j 747) II 395.
Mertens, Dionys., ex agro Bremensi (j 629) II 222.
— Joan. Carol., Bruxellensis (m 755) II 76. (cm 758) II 172.
— Franc., Bruxellensis (ph 752) I 440.
Mertz, Joh. Georg., Augustanus (ph 681) I 375.
— (Merz), Phil. Paul., Augustanus (th 719) I 668. (cphm 719) I 566.
— Joh. Christoph., Bonsidelia Variscus (j 688) II 316.
— Joh. Samuel Ignat., Herbipolensis (ph 685) I 378. s. Metz.
— Albert., Kirchbergens. Suevus (j 687) II 315.
— Balthas. Frid., Moguntinus (j 670) II 292.
(Mertz) Joh. Wilh., Moguntinus (j 670) II 292. s. Merz.
Mertzbach, Melch., Augusta-Vindelicus (cph 632) I 298. (cphm 634) I 529.
de Merveldt, Ferd. Theod. L. B., Westph. Monast. (699) I 11.
Merz, Franc. Ant., Ravenspurgensis (j 752) II 405.
— Chph. Frid., Rotenburg. ad Tubarim Francus (782) I 161. (m 782) II 115. (789) I 198. (cm 789) II 121
— Georg. Sam., Rotenburgo-Tuberanus (ph 647) I 326.
— Augustin., Schongav. Bojus (775) I 113. (m 775) II 106. s. Mertz.
de Merzenfeldt in Mertzwiller, Eman. Maximil. Richard. L. B., Franconicus (725) I 19.
Merzler, Joh. Bened., Annaebergensis Misnicus (th 682) I 651.
Mesch, Melch., Ulmensis (ph 627) I 286.
Mesler, Nazarius, Hirschornensis (j 749) II 399.
Mesling, Adolph., Altenanus Westphalus (th 653/54) I 621.
Mesmer, Franc. Xaver., Streisling. Suevus (m 746) II 59.
du Mesnil, Carol. Marcell., Nanceyanus (786) I 181. (j 786) II 483.
— Franc. Regnier, Remensis (cj 737) II 576.
Mesny, Joan. Jos., ex Sto. Firmino in Lotharingia (j 759) II 421.
Messerer, M. Joh. Melch., Hala-Suevus (th 661) I 632.
Messerlin, Joh., aus der Bollern C. Bern (ch 778) I 242.
Messerschmidt, Ludov. Caspar., Bipontinus (ph 641) I 313.
— Lud. Casp., Bipontinus (j 662) II 272.
— Petr., Pyricio-Pomeranus (th 628) I 602.
Messing, Joh. Henr., Isnaco-Thuringus (ph 699) I 387. (th 699) I 659.
— Joh. Jac. Frid., Buxovillanus (th 732) I 674.
— (Messingh), Joh. Theod., Vörda-Marcanus (th 665) I 638.
Messinger, Franc. Ant., Molshemii (j 747) II 394.
Messingk, Remig. Gerhard., Moeno-Francofurtensis (j 742) II 386.
de Messini, Henr., Moguntinus (m 741) II 54.
Mestrezat, Abrah., Genevas (j 670) II 292.
Methaius, Joan. Bapt., Stenacensis (j 762) II 431.

Mészaros, Franc., Coloca-Hungarus (783) I 166.
Μητροφάνης ὁ Κρισόπουλος, ὁ ἐκ Βεῤῥοιας τῆς Μακεδονίας (th 627) I 601.
Metgierus, Petr., Curiensis-Rhetus (th 623) I 595.
Mettauer, Jos., von Sultzbach (ch 777) I 238.
Metternach, Henr. Balth., Hornbacensis (th 633) I 606.
de Metternich, Damian. Emeric. L. B., ex Mullenarck (720) I 16.
— Winneburg, Clem. Comes (788) I 52.
— — Jos. Comes (788) I 52.
Matteyer, Nic. (d 740) I 215.
Mettler, Joh. Rud., Toggius Helvetus (m 755) II 76.
Metz, Joh., Argentinensis (ph 761) I 439.
— Joh. Ernest., Ettlingensis (j 670) II 291.
— Joh. Henr., Holmiensis (m 747) II 61.
— Franc. Ign., Kogenhemensis (780) I 146. (j 780) II 469. (cj 782) II 659.
— Joh. Chph., Oringa-Francus (th 633) I 606.
— Ern. Frid., Planigensis Palatinus (th 761) I 687.
— Paul., Planicensis (th 759) I 686.
— Joh. Matthias, Saraepontanus (j 635) II 234.
— Georg. Phil., Windeshemio-Palatinus (783) I 165. (th 784) I 697.
— Jac. Kilian., Wurceburgensis (j 737) II 377. s. Mez, Mertz.
Metzel, Henr. Vict., Marcklinershemio-Francus (ph 681) I 375.
Metzger, Ernest. Jos., Argentinensis (j 736) II 373. (cj 744) II 583.
— Joh. Dan., Argentinensis (ph 754) I 434. (cm 765) II 178. (cphm 761) I 576.
— (Messger), Joh. Georg., Argentinensis (ph 647) I 325.
— (Metzguer), Max. Xav., Argentinensis (j 732) II 367. (cj 738: Max. Herm.) II 577.
— M. Joh. Casp., Battenberga-Palatinus (th 699) I 659.
— Georg. Henr., Colmariensis (th 771) I 692.
— Georg. Ulr., Colmariensis (771) I 94.
— Joh. Georg., Colmariensis (ph 658/59) I 346. (ph 661) I 349. (cphm 664) I 545.
— Joh. Ulr., Colmar. Als. (m 745) II 58. (cm 747) II 166.
— Joh. Ulr., Colmariensis (771) I 90. (j 771) II 450. (cj 773) II 638.
(Metzger) Joan. Jac., Romanisvillan. Alsata (770) I 88. (j 770) II 449.
— Joh. Jac., Ruestensis (ph 746) I 426.
— Joh. Casps., Scaphusianus (m 742) II 56.
— Joh. Rud., von Schaffhausen (d 761) I 222.
— Frantz Jos., von Schliengen (ch 776) I 237.
— Joan. Chphr., Viennâ-Austriacus (j 625) II 210.
— (Mezger), Martin. Chphor., Vienna-Austriacus (m 645) II 16. (cm 651) II 133. s. Mezger.
Metzinger, Joan. Ant., Theonisvillanus (j 720) II 345. (cj 721) II 559.
Metzler, Joh. Wilh., Argentinensis (770) I 85. (ph 770) I 446.
— Ferd. Theodor., Franco-Braubergensis (j 656) II 261.
— Christian. Theod., Moeno-Francofurtensis (j 725) II 352.
— Joh. Wilh., Francofurtanus (cj 777) II 648. s. Mezler.
à Metzrad, Joh. Rudolph., Eq. Lus. Super. (j 685) II 309.
Metzsch, Bernh. Adolph., Misnicus (j 657) II 264.
Meuerer, Joh. Frid., Bockenheimensis (ph 630) I 295. s. Meurer.
Meuler, Joh., Schönfeld. Bohemicus (j 625) II 212.
Meurer, Henr., Hamburgensis (j 665) II 279. (cj 665) II 519.
— Phil. Jac., Hamburgensis (j 650) II 250.
— Wolffg., Hamburgensis (j 622) II 205.
— Pet. Jos., Coloniensis (790) I 201.
— Jac. Erhard., Wormatiensis (ph 646) I 323. s. Meuerer.
Meurmeister, Matthi., Pritzwald. Marchicus (ph 628) I 290.
a Meusbach, Georg. Alb., Eq. Thuringus (j 630) II 225.
Meüsel, Andr., Noribergensis (j 634) II 232.
Meusnier, Claud., ex Castro Theodorici (j 753) II 407. (cj 755) II 598.
Mevius, Aug. Augustin., Wittebergensis (j 662) II 273.
Mew, Bened., Phorcensis (ph 633) I 302.
Mey, Joh., Argentinensis (ph 673) I 359. (cph 673/74) I 480. (cphm 676) I 549. s. Mej, May.
Meybach, Georg., Spirensis (ph 635) I 307.
Meybusch, Gerhard., Essendiâ Guestphalus (j 665) II 279. (cj 666) II 520.
Meyenberg, Gerold., Bremgartensis Helvetus (j 746) II 392.

Meyer, Mathias Joseph., Agrippinas (771) I 91. (m 771) II 102.
— Andr., Argentinensis (ph 716) I 402. (cph 717) I 491. (cphm 719) I 566.
— Andr., Argentinensis (776) I 123. (ph 776) I 450.
— Dav., Argentinensis (ph 678) I 372. (cm 687) II 144.
— Joh., Argentinensis (ph 723) I 407.
— Joh. Frid., Argentinensis (ph 747) I 427.
— Joh. Georg., Argentinensis (ph 648) I 328. (cphm 650) I 537.
— Joh. Georg., Argentinensis (ph 660) I 348. (cphm 663) I 544.
— Joh. Henr., Argentinensis (ph 707) I 393. (cph 707) I 488. (cphm 710) I 562.
— Joh. Jac., Argentinensis (cph 622/23) I 462. (cphm 624/25) I 521.
— Martin., Argentinensis (ph 670) I 363.
— Matthae., Argentinensis (ph 633) I 303. (cm 645) II 131.
— Paul. Lud. Joh. Jos., Argentinensis (781) I 154. (j 786) II 669.
— Phil. Jac., Argentinensis (ph 756) I 436.
— Melch., Basileensis (th 761) I 687.
— Andr., Belgard. Pomeranus (j 655) II 259.
— Joh. Frid., Belgardiâ-Pomeranus (th 687) I 654.
— Joh. Frid., Bipontinus (j 701) II 326.
— Franc. Wilh., Bonnensis (ph 666) I 359. (j 666) II 283.
— Conr., Bremensis (cj 675) II 530.
— Nic., Bremensis (j 673) II 297.
— Balthasar, Brunsvicensis (j 667) II 285.
— Joh. Nic., Bubornensis Palatinus (th 693) I 656.
— Franc. Ant., Caesareomontanus (774) I 110. (m 774) II 105. (cm 777) II 188.
— Joan. Jos., Eichsfeldiaco-Dingelstadianus (j 757) II 415.
— Joh. Herm., Erbaco-Schönbergensis (j 679) II 302. (cj 679) II 532.
— Georg. Phil., Erfurtensis (j 700) II 325.
— Bened., aus Franckfurth a/Main (d 760) I 221.
— Jac., von Franckfurth a. Main (d 725) I 210.
— Emanuel, Goldberga-Silesius (th 719) I 668.
— Frantz Ant., aus Mähren zu Goldenstein (d 721) I 210.
(Meyer) Joh. Georg., Gottlieben-Schweiz (767) I 67. (m 767) II 97.
— Joh. Sigmund, Hannoveranus (768) I 77. (m 768) II 99.
— Daniel, Hildeshemiensis (774) I 45.
— Jos. Ant., Kleinendietwill obern Freienamts (ch 781) I 246.
— Franc. Wilh., Colmariensis (773) I 103. (j 773) II 455.
— Georg. Steph., Colmariensis (782) I 159. (cj 784) II 664.
— Joan., Colmariensis (j 739) II 381.
— Joh. Dav., Colmariensis (ph 748) I 428.
— M. Wolffg. Andr., Curiâ Francorum (m 698) II 31.
— Joh. Frid., Curiâ-Variscus (j 699) II 323.
— Joh. Nic., Curiâ-Variscus (j 699) II 323.
— M. Eustach., Lyncensis Austrius (m 617) II 3.
— M. Heinr., Lipsensis (th 647) I 615.
— Joan. Bapt., Marckolsheimensis (771) I 90. (j 771) II 450.
— Pierre, de Marvoux (777) I 130. (j 777) II 463.
— Franc. Ign., Monasteriens. ex valle Sti. Gregorii (j 764) II 436. (cj 768) II 628.
— Carol. Frid., Montisbelgardensis (767) I 65. (cj 770) II 632.
— Georg. Frid., Montisbelgardensis (774) I 108. (j 774) II 457. (cj 776) II 646.
— Joh. Georg., Montisbelgardensis (ph 757) I 436.
— Joh. Peter, Neubreysach (m 756) II 78.
— Joan. Philipp. Octavius, (Neo-)Brisacensis (772) I 100. (j 772) II 453.
— Jon. Jos., Nidermorschuirensis (j 718) II 340.
— (Mayer), Joan. Adam., Nidermorschweierensis (j 754) II 408.
— Joan. Bapt., Oberehnhemensis (j 721) II 347.
— Joh. Rud., Osnabrugensis (774) I 110. (cm 776) II 186.
— Ant. Bernh., Paderano-Westphalus (780) I 147. (j 780) II 470.
— Ferdin. Wilh., Paderanus in Westphalia (j 746) II 393.
— Joh., Pilgramsrutho-Variscus (th 729) I 673.
— Theodor., Pomeranus (j 627) II 219.
— Christi., Quakenbruga Westphalus (j 670) II 288. (cj 670) II 525.
— Franc., Scaphia-Helvetus (m 752) II 71.
s. Mejer.

(Meyer) Joh. Conr., von Schafhausen (ch 772) I 229.
— Franc. Ant., Tabernensis (j 744) II 389. (cj 746) II 584.
— Imman., Ulmensis (cphm 627) I 524.
— Joh. Erhard., Ulmensis (th 655) I 623.
— Joh. Guil., Ulm-Suev. (th 676) I 647.
— Mart., Ulmensis (777) I 127. (cm 777) II 188.
— Fried. Siegm., Warschau (m 760) II 84.
— Sebast., Eichsfeld. Westhusanus (778) I 138. (j 778) II 466.
— Joh. Conrad, Zürich (766) I 59. (m 766) II 96.
— Joh. Conrad., Helv. Tigurinus (m 738) II 51.
— Pierre, premier Interprête du Roi en Suisse (j 777) II 463.
s. Maier, Majer, Mayer, Mair, Mayr, Meier, Mejer, Meyher, Meyger.
de Meyerberg, Phil., Viennens. (j 737) II 375.
Meyerhofer, Georg. Christoph., Ratisbonensis (j 668) II 286.
Meyerhoffer, Joh. Dominic., Argentinensis (ph 688) I 380.
— Carol. Jos., Austriacus (m 749) II 64.
Meyfeld, Joh. Godofr., Coburgensis (m 728) II 42.
Meyfinck, Joh. (d 757) I 219.
Meyger (Mayger), Hilar., Argentinensis (ph 632) I 299. (cph 632) I 467. (cphm 634) I 529.
— Joh. Paul., Argentinensis (ph 626) I 284. (cph 626) I 464. (cphm 627/28) I 524.
— Joh. Ulr., Argentinensis (ph 642) I 314. (cph 641) I 470. (j 652) II 510. s. Meier, Meyer.
Meyher, Joh. Jac., Moeno-Francofurtanus (j 660) II 269. s. Meyer.
Meysahl, Tobias Anton., Oldenburgô-Frisius (j 699) II 322.
Mez (Mezius), Joh. Ern., Durlacensis (ph 634) I 306. s. Metz.
Mezger, Carol. Ludolph., Coloniensis (m 733) II 47.
— Ludov. Guilh., Solmensis (j 700) II 324. s. Metzger.
Mezin, Joan. Ant., Vicensis (773) I 102. (j 773) II 454.
— Joh. Claud. Mathias, Vicensis (j 761) II 427.
— Nic., Vicensis (j 733) II 369. (cj 735) II 574.
Mezler, Joh. Adam., Abstadia-Wirttembergicus (th 701) I 660.
(Mezler) Joan. Jac., Algojo-Engrazhovensis (j 731) II 364. s. Metzler.
Mezner, Abrah., Friberg. Misnicus (ph 631) I 297.
Michael, Mart., Bredlebiâ-Thuringus (ph 670) I 364.
— Joh. Mart., Moeno-Francofurtanus (th 670) I 644.
— Frid., Noribergensis (th 639) I 610.
— Franc., Redfinning. Neopalatinus (768) I 77.
— Gottfr. David, Sultz am Neckar (m 763) II 91.
— Joh. Conr., Ulmanus (th 686) I 653.
Michaelis, Joh., Argentinensis (ph 632) I 298. (cph 632) I 467.
— Christian. Frid., Goettingensis (775) I 117. (m 775) II 107. (cm 776) II 186.
— Mich., Holsatus (j 627) II 218.
— Phil. Jac., Idstenianus (th 707) I 663.
— Georg. Phil., Marburgensis (m 736) II 48.
— Ulrich Clemens, Stetinensis (j 646) II 244.
— Mich., ex Troïnne patria Luxemburgensis (769) I 80. (j 768) II 446.
— Christian Frid., Zittavia Lusatus (m 754) II 74.
von Michal, Daniel Caesar, Kehlensis (ph 733) I 415.
Michel, Joh., Argentinensis (ph 733) I 415. (cph 734) I 496. (cphm 737) I 570.
— Marc. Frid., de Augsburg (ch 777) I 238.
— Joan. Hyacinth. Claud., Avicensis (j 718) II 341.
— Franc., Bozomont. Lotharingus (j 760) II 423. (766) I 58. (j 766) II 439. (cj 766) II 621.
— Georg., Bullensis Helv. Friburgensis (m 722) II 39.
— Nicol., ex Cettes Tullensis (j 759) II 423.
— Charle, d'Epinal (773) I 101. (j 773) II 454.
— Franc. Ant., Ersteinensis (783) I 164. (cj 788) II 674.
— Joan. Bapt., Haberskirchensis Bojus (j 744) II 389.
— Jos. Nicol., Rambervill. Lotharingus (766) I 62. (j 766) II 440. (cj 768) II 626.
— Bernhard., Tabernaemontanus (769) I 82. (m 769) II 100.
— Claud. Franc., Vicensis (j 718) II 341. (cj 720) II 558.

(Michel) Franc. Nic., Vicensis (783) I 166. (j 783) II 477. (cj 785) II 666.
— Hyacinth., Vicensis (cj 741) II 580.
Michelang (d 757) I 219.
Michelant, Phil. Franc., Nanceianus (j 762) II 429. (cj 763) II 613.
Michelet, Jac. Mich., Argentoratensis (j 757) II 414. (cj 759) II 604.
— Abrah. Jos., Metensis (j 728) II 359. (cj 730) II 568.
— Franc. Ant., Metensis (j 728) II 358.
(de) Michelet, Jac. Nic., Colmariensis (cj 725) II 563.
— Joh. Petr. Mart., Colmariensis (769) I 84. (j 769) II 447.
— Joh. Petr. Mart., Colmariensis (778) I 134. (j 778) II 465.
— Maria Franc. Lud., Solodoranus (786) I 180. (j 786) II 483. (cj 787) II 672.
Michelis, Joh. Chph., Buxovillanus (ph 732) I 414.
Michels, Franc. Jacob., Argentinensis (769) I 81. (j 769) II 447. (cj 776) II 644.
— Jos. Ferd., Juliacensis (m 765) II 95. (cm 766) II 178.
— Jac., Limburg. dioc. Trevirensis (j 739) II 381. (cj 748) II 587.
— Florens Hilbrant, Susato-Westph. (j 670) II 290.
— Franc. Nic., Susato-Westph. (j 670) II 290.
— Joh., Susato-Westph. (j 680) II 303.
— Joh. Joach., Susatensis (j 649) II 247.
de Michels, Frantz, Westphalus (j 721) II 347.
Michon, Dominic., Fribourg. Brisgoius (m 770) II 101. (d 770) I 225.
Miculci, Augustin., Roteburgio-Lusatus (ph 644) I 318.
— Joh. Benj., Rotenburgo-Lusatus (ph 642) I 316.
— Theodor., Roteburgo-Lusatus (ph 642) I 315.
Miculius, Wolffg. Siegfr., Gorlicensis Lusatus (th 665) I 636.
Miczinski, Matthias Jacobaei, Hungarus (j 663) II 276.
Midart, Anton., Metensis (m 746) II 59.
Middendorff, Dietr. Wilh., Osnabrück (ch 778) I 240.
— Joh. Gottlieb, Osnabrück (ch 778) I 240.
Midius s. Nidius.
Mieg, Carol. Lud., Argentinensis (j 658) II 267.
(Mieg, Mueg), Franc. Xav. Val., Argentinensis (j 765) II 437. (cj 768) II 625.
— (Müeg), Georg. Frid., Argentinensis (j 675) II 530.
— Georg. Frid., Argentinensis (ph 627) I 288.
— (Müeg), Henr. Andr., Argentinensis (j 682) II 534.
— (Müeg), Joh. Carol., Argentinensis (ph 625) I 281. (j 643) II 504.
— Joh. Jac., Argentinensis (ph 622) I 274.
— Nic., Argentinensis (ph 623) I 276. (cph 623/24) I 463.
— Achilles, Basileensis (m 751) II 68.
— Carol., Basileensis (j 655) II 258.
— Leonh., von Basel (ch 788) I 258.
— Joh. Lud., Heidelbergensis (ph 626) I 282. (cj 634) II 500.
s. Mueg.
Miehle, Joh., Maintzer Hof (776) I 123. (m 776) II 108.
Mieling, Joh. Frid., Mülhusan. Francus (ph 681) I 375.
Mierch, Joan. Franc. Ant., Niederehnheimens. Alsata (j 762) II 430.
Mietz, Arnold. Petr., Confluentius (m 737) II 50.
Migy, Beat. Nepom., ex Sto. Ursicino Rauracus (j 764) II 435.
Milcke, Chph. (d 761) I 222.
Miler, Franc., Capellensis Lotharingus (780) I 147. (j 780) II 469.
Milet, Lud. Petr. Nicol., Metensis (769) I 80. (j 769) II 446. (cj 770) II 632.
— (Millet), Steph., Metensis (j 712) II 335. (cj 713) II 551.
Milhau, Joh. Ludov., Argentinensis (m 733) II 47. (cm 740) II 163.
Milich, Jo. Gottlieb, Svidnicens. Silesius (j 700) II 325.
Miller, Gabr., Augustanus (ph 623) I 275.
— Lud., Augusta-Vindelicus (ph 672) I 367. (cphm 673) I 548.
— Matthae., Augustanus (ph 623) I 275.
— Mich., Augusta-Vindelicus (th 626) I 599.
— Georg. Ulric., Lindavia-Acronianus (m 681) II 28.
— Gerhd. Andr., Ulma-Suevus (m 739) II 52. (cm 740) II 162.
— Joh. Jac., Ulmensis (th 724) I 671.
— Mich., Ulmensis (cphm 632) I 527. (th 632) I 605.
— Zachar., Ulmensis (ph 661) I 349.
s. Müller.
Millet s. Milet.

de Millet de Chevers, Claud. Leop. Ant., Nanceianus (785) I 177. (j 785) II 482. (cj 787) II 671.
Millot, Jac. Andr., Divionensis (782) I 160. (m 782) II 115.
de Millyet, Jean Franç. Ant. Jos., de la Lorraine (d 765) I 223.
v. Miltitz, Hans Const., Nobil. Misnicus (j 628) II 221.
— Heinr. Gebh., Misnicus (j 654) II 256.
Miltz, Joh. Leonh., Suinfurto Francus (j 665) II 279.
â Minckwitz, Georg. Frid., Eques Lusatus (j 668) II 286.
— Rudolph. Sigfriedt, Equ. Misnicus (j 664) II 279.
Minder, Joh. Phil., Wormatiensis (ph 708) I 395.
Minding, Gabriel, Stolpensis Pomeranus (m 662) II 21. (cm 664) II 137.
Minett, Joseph., Aybring. Francus (782) I 159. (j 782) II 474.
Mingius, Chphr. Anth., Silesius (j 643) II 241.
Millard (Millars), Franc. Xaver., Bruntrutan. Rauracus (m 750) II 66. (cm 751) II 168.
— Franc. Xaver., Pruntrut. Rauracus (782) I 161. (m 782) II 115. (cm 787) II 197.
Millars s. Millard.
Minier, Nic., ex Novillonpont Lotharingus (784) I 170. (j 784) II 478.
Minola, Joan. Petr. Carol. Ant. Franc., Lincensis (j 747) II 394.
Minoli, Kilian. Jac., Palatino-Mosbacensis (j 736) II 373.
Minor, Cornel., Hombergensis (ph 645) I 321.
— Joh., Suidnic. Silesius (ph 627) I 286.
Minus, Gerh., Lubecensis (th 680) I 649.
Mioë, Henr., Danus (j 656) II 262.
Miot, Franc. Jos., Selestadiensis (790) I 200. (j 790) II 492.
Mirdel s. Mürdel.
Le Mire, Martin, de Paris (d 759) I 221.
Mirg, Augustin., Erfort. Thuringus (th 652) I 620.
Misbach, Joh. Laurent., Marchicus (j 657) II 263.
Mischler, Sebast., Heppenheimensis ad strada montana (j 736) II 373.
Misler, Joh. Godofr., Hamburgensis (778) I 137. (j 778) II 465.
— Joh. Nic., Hamburgensis (778) I 137. (j 778) II 465.
Misselbach, Joh. Georg., von Tieffenthal i. d. Gfsch. Leiningen (ch 783) I 251.
Mistely, Nic., von Aeschi C. Solothurn (ch 788) I 257.
Mitallat, Paul, de Metz (d 738) I 214.
Mithobius, Hector, Böblinga-Württembergicus (th 652) I 620.
— Joh., Megapol. Raceburgensis (cm 663) II 137.
— Joh., Halberstadiensis (m 657) II 20.
Mitlman, Frantz Jos., von Wangen i. Allgäu (ch 780) I 244.
Mittelhäuser, Gunther., Singensis Thuringus (th 653) I 621.
Mittendorff, Philipp Wilhelm, Worms (769) I 82. (m 769) II 100.
Mitternacht, Christoph., Francofurtanus (th 660) I 629.
— Paul. Christi., Ger. Osterlandus (th 685) I 652.
Mitterstiller, Ignat., Viennensis (m 765) II 94.
Mittié, Carol., Nanceianus (m 751) II 69.
Mittlacher, Joh. Ernst, von Küppss aus Francken (j 654) II 257.
Mittnacht, Petr. Alb., Bartenstein. Franco (ph 656) I 341.
— Joh., Hilperhusanus Francus (th 626) I 599.
— Georg. Christian., Oringâ-Hoenloicus (ph 671) I 366.
— Christi. David, Richovillensis (ph 736) I 418.
— Dan., Richovillanus (ph 699) I 385.
— Joh. Nic., Richovillensis (ph 704) I 390.
— Joh. Chph., Rubeacensis (j 708) II 331.
Mitzius, Dan., Franckendahl. Pomeranus (ph 629) I 293.
Miville, Nic., Argentinensis (ph 759) I 438.
— Joh., Basileensis Helvetus (ch 783) I 251.
Moberg, M. Olaus, Sudermanno-Suecus (th 685) I 652.
Mochel, Joh. Jac., Thraenheimensis (775) I 115. (th 775) I 694. s. Mockel.
Mochinger, Joh., Dantiscanus (th 626) I 600.
— Jac., Thoroniensis Borussus (m 651) II 18. (cm 652) II 133.
Mock, Joh. Ulr., von Herisau (ch 777) I 240.
Mockel (Mockhel), Frid. Reichard., Argentinensis (ph 673) I 369.
— Joh. Casp., Argentinensis (ph 658/59) I 346. (cj 666) II 520.
— Joh. Chr., Argentinensis (ph 700) I 387.

(Mockel), J. F., Fridbergâ-Wetteravus (j 722) II 348.
— Chph. Jac., Hallensis (ph 645) I 320.
— August. Frid., Hallensis (ph 645) I 320. s. Mochel.
Mockhel s. Mockel.
Modeman, Theodor., Osnabrugo Westphalus (j 657) II 264.
Moderach, Georg., Budissâ-Lusatus (j 626) II 215.
Modes, Christi. Frid., Ernstthal i. Sachsen (ch 776) I 237.
Modlener, Othmar., Veldkirchensis (m 763) II 90.
Moebius, Tobias (j 632) II 230.
Moegling, Joh., Argentinensis (ph 691) I 381.
— Joh., Durlacensis (th 669) I 642.
— Joh. Georg., von Durlach (ch 777) I 239. s. Möglin, Mögling.
Moehrer, Joh. Jac., Argentinensis (ph 672) I 367.
Moellenthiel, Carol. Rudolph., Meisenhemio-Bipontinus (784) I 170. (m 784) II 117. (cm 785) II 196.
Moeller, Jac., Güstroa-Mecklenburg. (th 728) I 673.
— Joh. Christi., Zitta-Lusatus (j 658) II 265. (j 659) II 267.
— (Möller), Joh. Joach., Zittavia-Lusatus (j 669) II 289. s. Moller, Möller.
Moenninger, Hieron., Ratisbonensis (j 752) II 406.
Moerique, Joh. Gottlieb, Neostadt ad Tiliam. (m 757) II 80.
Moesch, Ignat., de Frick (787) I 186. (j 787) II 485.
Moessner, Phil., Argentinensis (ph 668) I 360.
Moetschel, Joh. Georg, Argentinensis (ph 706) I 392.
Moevus, Joan. Frid., auss der Stadt Buren im Hochstifft paderborn (j 758) II 418.
Mogg, Franc. Car., Argentinensis (790) I 199. (ph 790) I 458.
— Lud. Car., Argentinensis (788) I 190. (ph 788) I 457.
— Matthi. Ambros., Argentinensis (ph 753) I 433. (cj 763) II 613 (Moog).
— Henr. Frid., Colmariensis (j 671) II 293.
— Joh. Henr., Colmariensis (j 670) II 293.
— Matthi. Ambros., Colmariensis (j 671) II 293.
— Matthi. Ambros., Colmariensis (j 732) II 366. (cj 735) II 574. s. Moog.
Möglin, Nic., Tubingensis (m 617) II 3.
Mögling, Joh. Burckhard., Pfortzheimensis (m 678) II 27. s. Moeling.
v. Möhle, Wolff Jochim, Nobil. Neo-Marchicus (j 665) II 280.
Möhn, Joh. Ant., Limburgensis (d 733) I 213.
Mohnhaupt, Joh. Gottlieb, Halae (m 738) II 51.
Möhnle, Franc. Jos., Salemitanus (j 706) II 329.
Mohr, Joh. David, Argentinensis (770) I 88. (ph 770) I 446.
— Frid. Ant., Buxovillanus (j 764) II 434.
— Joh. Andr., Moeno-Francofurtanus (j 658) II 267.
— Joh. Arnold., Moeno-Francofordiensis (cj 663) II 517.
— Joh. Christi., Moeno-Francofordiensis (j 662) II 273.
— Joh. Conr., Moeno-Francofurtanus (ph 624) I 277.
— Joh. Georg., Griesheim Darmstatinus (766) I 56.
— Joan. Andr., Coloniensis (m 752) II 71.
— Frid. Georg., Onoldinus Francus (j 621) II 203.
— Joh. Phil. Wendelin, Petermeilensis Wetteravus (j 673) II 297.
— Christoph. Salomo, Sommerhusa-Francus (j 714) II 337.
— Wolffg., Suobaco-Francus (j 630) II 227.
— Lud. Achatius, Württ. Tubingensis (774) I 110. (th 774) I 693.
— Joh. Frid., Zwingenbergensis (770) I 85.
— Joh. Phil. (d 735) I 213.
de Mohr, Franc. Xav. Casp., Rastadiensis (j 745) II 391.
Le Moine s. Lemoine.
Moissonnier, Jac., Bellofortensis (782) I 160. (j 782) II 475.
Molan, Casp. Henr., Vechtâ-Westphalus (j 699) II 322.
Molanus, Gerh. Wolt., Hamelensis (th 657) I 627.
Moler, Rodolph., Groningensis (j 659) II 267.
Molié, Joh. Georg., Erlangensis (m 734) II 47.
Molitor, Joh. Lud. Fried., Caesaris Luthrensis (m 740) II 54.
— dictus Schirner, Franc., Elvacensis Suevus (j 760) II 425
— Franc. Adolph., Gerspacensis (j 657) II 264.
— Georg., Glasehaus. Moguntinus (ph 626) I 282.

(Molitor) Phil. Jac., Grunstadiensis (ph 623) I 274.
— Franc. Vratislaus, Mogonus (j 700) II 324.
— Joh. Casp., Mosbacens. Nassoicus (j 684) II 307.
— Joh. Reinhard., Mosbacens. Nassoicus (j 684) II 307.
— Christian. Phil., Niederstettensis (j 749) II 400.
— Joh. Henr., Weinhemio-Pal. (ph 729) I 411. s. Müller.
Moll, Georg. Wilh., Argentinensis (ph 733) I 414.
— Alex. Petr., Eschentzweiler Alsata (787) I 185. (j 787) II 485.
— Joh. Jac. Ant., Colmariensis (786) I 183. (j 786) II 484. (cj 788) II 673.
— Joh. Guil., Coloniensis (781) I 152.
— Christian. Jac., Otingensis (ph 651) I 334.
— Joh. Jac., Oetinga-Rhaetus (ph 649) I 331.
— Petr., Witstochiensis Marchiacus (ph 638) I 309. (th 643) I 613.
Möllenbrock, Valent. Andr., Erfurtensis (ph 641) I 313.
Mollenhauer, Ant., aus Schladen i. Hildesheimischen (ch 776) I 236.
Moller, Wigand., Gorlicio-Lusatus (j 648) II 246.
— von Mollerstein, Wigand., Görlicio-Lusatus (j 685) II 311.
— Joan. Nic., Lünensis Marco-Guestphalus (j 662) II 273. (cj 663) II 517.
— Heinr., Hafniensis Danus (ph 650) I 331.
— Hieron. Hartwig, Hamburgensis (j 665) II 279.
— Joh., Hamburgensis (j 629) II 223.
— Petr., Insterburg. Borussus (th 651) I 619.
— Georg. Jac., Saraepontanus (th 624) I 709.
— Wencesl., Silesius (ph 653) I 336. s. Moeller, Möller.
Möller, Joh. Sebastian., Lipsiensis (j 670) II 292.
— Conr. Joach., Lunaeburg. Saxo (j 629) II 224.
— Joh. Georg., Marburg. Hassus (j 722) II 347.
— M. Daniel Guil., Posoniensis Hungarus (th 664) I 636.
— Georg., Regiomontanus (j 648) II 246.
— Georg. Theodoric., Spirensis (j 657) II 264.
(Möller) Petr., Steinavianus Hanovicus (j 634) II 233.
— Frid., Wetzflariensis (m 724) II 39. s. Moeller, Moller.
Möllerstein, Georg. Christian., Osthemio-Francus (th 652) I 620.
Mollinger, Ernest. Frid., Argentinensis (ph 661) I 349.
— Ernest. Frid., Argentinensis (ph 724) I 408.
— Franc. Rud., Argentinensis (cj 701) II 545.
— Franc. Rud., Argentinensis (ph 724) I 407. (cj 734) II 572.
— Jac. Frid., Argentinensis (ph 728) I 410. (cj 736) II 575.
— Phil. Jos., Argentinensis (ph 664) I 354.
— Phil. Christophor., Ratisbonensis (j 752) II 405.
— Ernest. Frid., Sultzberga-Marchicus (j 630) II 225. (cj 636) II 501.
— Jos. Petr., Turlaco-Marchicus (ph 630) I 294.
Möllner, Chilian., Schleusingensis (ph 626) I 282.
Mollweyden, Georg. Andr., aus dem Hannoverischen (d 727) I 211.
à Molsheim, Joh. Sam., Argentinensis (ph 665) I 356. s. Moltzheim.
Le Molt, Henr. Lud., ex Marchia in Lotharingia (789) I 198.
Molter, Chph. Frid. Valent., Badensis (778) I 134. (th 778) I 695.
— Joh. Justus, de Saxe (m 750) II 67. s. Molther.
Molthau, Joh. Georg., Gottingâ-Saxo (j 698) II 320.
— (Molthan), Conr., Göttingensis (th 665) I 638.
Molther, Phil. Heinr., Buxovilla-Hanoicus (ph 731) I 413.
— Joh. Frid., Imsheimio-Hanoicus (ph 718) I 404. s. Molter, Multer.
Moltkenius, Joh., Haffnia-Danus (th 658) I 627.
Moltzbruck, Arnold., Markanus (j 658) II 266.
a Moltzheim, Joh. Mart. (ph 720) I 405.
Molventer, Marc., Ulmensis (th 655) I 623.
Mölzer, Franz, St. Poltten Austria (m 747) II 60.
Mom, Henr., Düsseldorpiensis (j 660) II 268.
Momy, Jac. Jos., Argentinensis (784) I 171. (j 784) II 479. (cj 787) II 671.
Monachus, Heinr. Christian., Waldenburgensis (ph 664) I 355.

(Monachus) Daniel. Wetteris Hessus (th 623) I 592. s. Mönch, Münch.
Monavius, Frid., Vratislaviensis Silesius (m 616) II 3.
Mönch, Joh. Christi., Zittav. Lusatus (j 714) II 337. s. Münch, Monachus.
Monet, Georg., Genevensis (j 681) II 305.
— Petr. Franc., ex oppido Nanci in Sabaudia (786) I 183. (j 786) II 484. (cj 788) II 673.
de Monglas, Maria Car., Parisiensis (cj 785) II 667. (782: Montglas de Souvignarner) I 161.
Moninger, Casp. Joh., Gunzenhusâ-Francus (th 669) I 642.
Monjé, Joan. Jac., Vesal. Cliviacus (785) I 176. (m 785) II 117.
Monnié, Jac., Gronnensis Alsata (j 701) II 326.
Monnier, Petr. Jos., Cunelierensis prope Belfort (784) I 170. (m 785) II 117.
Monnin, Georg. Petr. Jos., Pfird (767) I 66. (j 767) II 442.
— Georg. Petr. Jos., Ferrettensis (j 777) II 463. (cj 777) II 649.
du Mont s. Dumont.
Montaigu, Joan. Jos. Steph., ex Deneuvre prope Baccaram ex praefectura Lunevillana (782) I 162. (j 782) II 475. (cj 784) II 664.
de Montalto, Nic., Laxensis Griso-Rhaetus (ph 747) I 428.
Montanus, Joh. Aug., Nissensis (m 744) II 57.
de Montcarville, Jac. Rob., Parisinus (j 754) II 409. (cj 756) II 600.
Montfort, Cornel., Mogonus (m 726) II 41.
— Jos., de Valencienne (d 738) I 214.
de Montheys, Steph., civis Sedunens. in Valesia (j 752) II 404.
Montigny, Stanisl. Maria, Lunevillanus (782) I 162. (j 782) II 475. (cj 784) II 665.
de Montigny, Carol., Methensis (j 622) II 205.
— natu major, Carl Joh. Wilh., Luxemburgensis (j 728) II 359.
— natu minor, Georg. Frid. Aug., Luxemburgensis (j 728) II 359.
Montjoye, Guil., Anglus (730) I 22.
— Franc. Sigism. Joh. Bapt., ex Hirsingen (752) I 33.
de Montlaur, Ludov., ex arce Ludovicea (773) I 104. (j 773) II 455.
de Montlong, Franc. Ign. (al. Valent. Ign.), ex Noailles, archipraefect. in Strasberg (786) I 178. (j 760: Salmanswilanus) II 423. (j 786: Valent. Ign., natus in Zell prope Harmersbach, archipraefect. i. Strasberg) II 482. (cj 786: Valent. Ign.) II 668.
de Montmollin, Dav. Franc., Neocomensis (m 743) II 56.
— Jonas, Neocomensis (j 663) II 276.
Moog, Georg. Daniel, Trarbaco-Mosell. (th 757) I 685. s. Mogg.
Moraschus, Hieron., Papiensis (m 623) II 7.
Morbo, Casp., Inticensis Tyrolensis (j 687) II 315.
Moreau de Mulseau, Paul, Aurelianensis (788) I 190. (m 788) II 120.
Morel, Joh. Chph. Leodeg., Buxovillanus (787) I 189. (j 787) II 487. (cj 789) II 677.
— Joh., von Bischweiller i. untern Elsass (ch 779) I 244.
— Joan. Anton. Carol., Decempagensis (773) I 103. (j 773) II 455. (cj 775) II 643.
— Gabr., Colmariensis (785) I 174. (m 785) II 117. (cm 787) II 197.
— Anton., Lugdunensis (j 738) II 379.
— Georg. Lud., Montisbelgardensis (ph 764) I 443.
— Jac. Chph., Montisbelgardensis (783) I 166. (m 783) II 116. (cm 787) II 197.
— Joh., Montisbelgardensis (th 735) I 676.
— Adrien, Saint Simphorien en Normandie (m 765) II 94.
— Gabr., Sarraludovicensis (m 757) II 80.
Morgenbesser, Joh. Godofr., Wratislaviensis (766) I 62. (m 766) II 96.
Morhardt, Joh. Georg., Argentinensis (ph 751) I 431. (cph 754) I 503. (cphm 757) I 575. s. Murhardt.
— Joh. Frid. Lebrecht, von Birmasenz (ch 780) I 245.
— David, Suevo-Halensis (m 628) II 10.
Morin de Villeray, Franc., Metensis (j 718) II 341.
Moris, Laur., Argentinensis (777) I 127. (j 777) II 462.
Moritz, Bartholom., von Chur aus Graubüudten (m 754) II 73.
— Georg. Nicol., Erbenheimens. prope Moguntiam (j 747) II 393.
— Joan. Frid., Moeno-Francofurtensis (778) I 137. (cj 781) II 656.
— Godefr., Mannheimensis (767) I 66.
— Marc. Jos., Trevirensis (m 764) II 92.
— Franc. Renat., Westhoffensis (j 754) II 409. (cj 756) II 600.
s. Mauritii, Mauritius, Moriz.

Moriz (Mauricius), Henr. Phil., Wormatiensis (j 731) II 365. (cj 737) II 576.
— Joan. Frid., Vormaciensis (j 736) II 372. s. Mauritius, Moritz.
Morize fils, Jos., Belfort (789) I 196. (j 789) II 490. s. Maurice.
Mörlin, Joh. Matthae., Heylbronnensis (th 662) I 633.
Morrien, Joan. Henr., Meppena Westphalus (j 749) II 399.
Mormet, Bendix, von Colenbach C. Bern (ch 775) I 239.
Morsackh, Joh. Casp., Hayingensis Suevus (th 672) I 645.
Morsaeus, Rotger. Theodor., Marco-Guestphalus (j 669) II 288.
de Morsie condict. Riccard, Joan. Adolph., ex Episcopatu Osnabrug. (j 720) II 345.
Morstaller, Valentin., Argentinensis (ph 629) I 291.
Morstatt, Joh., Argentinensis (m 761) II 86.
— Joh. Heinr., Argentinensis (m 761) II 86.
— Joh., Durlacensis (ph 695) I 383.
— (Morstadius), Christi. Henr., Lohranus (ph 707) I 394.
— Jac. Frid., Lahranus (ph 751) I 432.
— Joh., Lahra-Nassoicus (ph 670) I 363.
— Joh., Lahra-Brisgoius (ph 730) I 412.
— Joh. Christi., Lahranus (ph 738) I 419.
de Morzin, Carol. Joseph. Comes, Prag. Bohem. (741) I 28.
— Joseph. Franc. (741) I 28.
Mosansky, David, Borussus (j 725) II 352.
Mosch, Joh. Gebhard, Saraepontantanus (ph 625) I 280.
— Joh. Leonh., Saraepontanus (j 631) II 229.
— Tobias, Saraepontanus (ph 630) I 294.
— Mich., Woerda-Batavus (th 664) I 635.
Möschel, Joh., Suobacensis (ph 644) I 318. (th 647) I 614.
Moscherosch, Joh. Jac., Argentinensis (ph 675) I 370. (cphm 677) I 550.
— Quirin., Wilstadio-Hanoicus (cph 645) I 472.
— Sam., Argentinensis (ph 703) I 389. (cphm 706) I 561.
— Ern. Bugisl., Vinstingensis (cph 654) I 474. (cphm 656: Argentinensis) I 540.
— Joh. Mich., Wilstadiensis Hanoicus (cphm 623/24) I 520.
— Quirin., Wilstadio-Hanoicus (ph 645) I 320.
Moser, Christi., Argentinensis (ph 718) I 403. (cph 718) I 492. (cphm 721) I 566.
— Christi., Argentinensis (ph 758) I 437. (cph 761) I 506. (cphm 765) I 577. (th 763) I 688.
— Joh. Henr., Argentinensis (ph 712) I 399.
— Alex., Bienensis (771) I 90. (m 771) II 102.
— Frid. Ant., Buxovillanus (cj 765) II 618.
— Sigism. Bened., Carinthiacus (j 646) II 244.
— Joan. Sigism., Lincensis (j 649) II 248.
— Joh. Conr., Nördlingensis (th 660) I 630.
— Jos. Ant., Obernhemiensis Suevus (j 754) II 409. s. Mosser.
Moses, Joh. Henr., Argentinensis (ph 712) I 399.
— Joh. Lud., Heintzenbergensis Nassovius (th 720) I 669.
— Joh. Phil., Palatino-Bipont. Hundemiensis (th 732) I 674.
Mosetter, Jac., Willeranus (m 756) II 77. s. Mosseder.
Moslehner, Mich. Joan., Ungarus Schemnicensis (j 631) II 228.
Mosmann, Jos. Landelin., Schrombergensis (j 758) II 417.
Möslinger, Paul. Chph., de Medio Killing Austriacus (th 652) I 620.
Mösniger, Ulr., Sulbacensis (th 623) I 594.
Mosseder, Franc. Rud., Argentinensis (ph 752) I 432. (cph 754) I 504. (cphm 756) I 575.
— Georg. Frid., Argentinensis (792) I 203. (ph 792) I 459.
— Joh. Christi., Argentinensis (787) I 185. (ph 787) I 457.
— Joh. Frid., Argentinensis (ph 732) I 414. (cm 741) II 163.
— Joh. Frid., Argentinensis (767) I 65. (ph 767) I 444. (cm 775) II 186.
— Joh. Georg., Argentinensis (ph 704) I 390.
— Joh. Jac., Argentinensis (ph 680) I 373. (cm 691) II 145.
— Joh. Marc., Argentinensis (cj 709) II 549.
— Joh. Theob., Argentinensis (ph 687) I 379.
Mosser, Anton., Landaviensis (m 759) II 82. s. Moser.
Moter, Joh., Rossdorffiensis (ph 665) I 358.
Moth, Rud., Chilon. Holsatus (j 661) II 270.

Motsch, Phil. Frid., Durlacensis (th 707) I 662.
— Hieron. Laurent., Vienn. Austrius (j 631) II 229.
de la Motte, Henr. Jac., Gedanensis (m 736) II 49. (cm 737) II 161.
Mottet, Joh., Friburg. Helvetus (m 763) II 89.
Motz, Christi. Nic., Hasso-Cassellanus (m 718) II 36.
— (Mozius), Chunr., Dorndorffensis (ph 642) I 314.
de Mougé s. Demougé.
Mougeot, Philibert. Petr. Ferdin., Argentinensis (j 741) II 384.
— Nic. Franc., ex principatu Salmensi (782) I 160.
Mouhat, Joan. Jac. (cj 788) II 674.
Mouillesaux, Joh. Bapt. Nic. Ign., Argentinensis (767) I 66. (j 767) II 442. (cj 771) II 633.
Mourant, Franc., de Tarbe en Bigorre (d 749) I 217.
de Mouravieff, Nicol., St. Petersbourg (783) I 49.
Mourer, Vict. Nic., Alberswilleranus (780) I 146. (j 780) II 469. (cj 787) II 670.
— Nicol., Saaralbensis (767) I 67. (j 767) II 442.
Mourot, Joh. Nicol., Demruptens. Lotharingus (m 746) II 59. 61.
Moutet, Ant., Delemontan. Raurac. (739) I 26.
Mouton, Anton., Phalsbourg. (773) I 105. (j 773) II 455.
— Nicol., Phalsburgensis (786) I 180. (j 786) II 483.
Möws, Chph. (d 727) I 211.
Moyaux, Nicol. Jos., Tullensis (j 761) II 427.
Mozius s. Motz.
Muck, Georg. Lud., Ippenheimensis (ph 672) I 367.
— Herm. Joh., Oldenburgensis (j 753) II 406.
— Jac., Ratisponensis (th 623) I 595.
Muderer, Joh. Mich., Argentinensis (785) I 177. (ph 785) I 456.
Mudrach, Ferd., Vratislaviensis (j 648) II 245.
Müeg, Wilh. Andr., Selestadiensis (j 729) II 360. (cj 731) II 569.
— Georg. Frid., Spirensis (j 669) II 287. (cj 670) II 526. s. Mieg.
de Muehlen, Franc. Christi. Elias, Kindenheimensis Palatinus (j 763) II 432.
Muess, M. Andreas, Steinacensis (j 683) II 306.
Müettinger, Franc. Anton. Bernh., Offenburg. (m 731) II 45.
Muffel, Hieronym. Guil., Noribergensis (j 666) II 284.
v. der Muglen, Joh., Corbachio-Waldeccus (j 673) II 297.
Muhl, Joh. Balthas., Moeno-Francofurtensis (ph 654) I 338.
— Joh. Sebast., Moeno-Francofurtensis (766) I 57. (th 766) I 690.
in der Mühl, Joh., Amsoldingen (m 760) II 85.
Mühlberger, Franc. Henr., Sebusiensis (ph 707) I 394.
— Phil., Weissenburgensis (ph 628) I 288. s. Mülberger.
Muhle, Jochim, Hamburgensis (j 628) II 219.
Mühle, Joh. Christian, Lipsiensis (j 729) II 359.
de Mühlental s. Haumüller.
Mühlfridel, Christi., Halensis Saxo (th 657) I 626.
Mühlhausen, Georg. Frid., Thalfango-Hunnus (th 680) I 649.
Mühlpfort, Joh. Justin., Jenensis (j 670) II 291. (cj 671) II 526.
Mükenfelder, Joan. Mich., Zeithernensis (j 755) II 410.
Mülberger, Christi., Argentinensis (ph 758) I 437. (cj 766) II 621.
— Georg. Frid., Argentinensis (ph 731) I 412. (cph 732) I 496. (cphm 735) I 570.
— Joh. Dan., Argentoratensis (ph 722) I 407.
— Joh. Henr., Argentinensis (ph 715) I 402.
— Henr. Wilh., Spirensis (ph 732) I 414.
— Joh. Casp., Trarbaco-Mosellanus (j 693) II 319. s. Mühlberger.
Müldener, Joh. Christi., Dresdâ-Misn. (j 684) II 307.
Mulenius, Joh., Danus (j 643) II 240.
— Joh. Claud., Danus (th 650) I 618.
Mülhauser, Nic., Longosalissanus Thuringus (th 655) I 624.
Mülheuser, Phil. Henr., Neostadio-Palatinus (ph 663) I 353.
— Joh. Petr., Tabernaemontanus (th 623) I 594.
â Müllenheim, Joh. Reinhard. (j 630) II 225.
— (de Mülnheim), Jac. Frid., Equ. Alsata (j 759) II 420.
— Ernest., Lohranus (ph 628) I 288.

(à Müllenheim, à Mülnheim), Georg. Heinr., Ruppisvillanus (ph 667) I 360.
Mülich, Joh., Windshemio-Francus (ph 650) I 332.
Müllegg, Joh. Chph., Noribergensis (ph 632) I 300.
Müller, Franc. Leonhard., Agrippinas (m 755) II 75.
— Abrah., Argentinensis (ph 660) I 348. (cphm 663) I 544.
— David, Argentinensis (ph 639) I 309.
— Franc. Jos., Argentinensis (j 773) II 455.
— Frid. Wilh., Argentinensis (ph 747) I 428. (cph 748) I 502. (cphm 753) I 575.
— Georg. Ign., Argentinensis (j 762) II 612.
— Joh., Argentinensis (ph 633) I 301.
— Joh. Adam, Argentinensis (ph 751) I 431.
— Joh. Bernh., Argentinensis (j 660) II 268.
— Joh. Chrysost. Ludov., Argentinensis (769) I 83. (j 769) II 447.
— Joh. Dan., Argentinensis (770) I 85. (ph 770) I 446.
— Joh. Dan., Argentinensis (781) I 153. (ph 781) I 453.
— Joh. Gotfr., Argentinensis (773) I 101. (ph 773) I 448. (cph 773) I 511. (cphm 779) I 582.
— Joh. Petr., Argentinensis (ph 715) I 401. (cphm 719) I 566.
— Joh. Phil., Argentinensis (ph 738) I 419. (cph 741) I 499. (cphm 742) I 572.
— Joh. Theodoric., Argentinensis (cph 622) I 462.
— Phil. Jac., Argentinensis (ph 746) I 426. (cph 747) I 501. (cphm 750) I 574. (Th. D. 779) I 706.
— Joh., von Äschi, Bernergebiet (ch 772) I 229.
— Joh., Augustensis (ph 651) I 333.
— Joh. Bapt. Beat. Jac. Chph., Bartenheimensis (j 758) II 417. (cj 759) II 605.
— M. Joh. Heinr., Basileensis (j 725) II 351.
— Joh. Wendelin., Berchagiensis Francus (j 684) II 307.
— Christian., Berolinensis Marchicus (j 668) II 287. (cj 670) II 524.
— Andr., Bleichrôda-Cheruscus (j 626) II 215.
— Christi., von Boltigen C. Bern (ch 787) I 257.
(Müller) Jac., Bremensis (j 723) II 349.
— Joan. Felix, Hasso-Darmstadianus (m 763) II 90.
— Jeremias, Ebermergens (ph 642) I 315.
— Franc. Ant. Jos., Epficensis (cj 718) II 556.
— Georg. Ign., Epfichiensis (j 719) II 343. (cj 721) II 559.
— Joh. Chrysost., Epffhigiensis (cj 723) II 561. s. Colmar.
— Georg. Guil. Carol., Erbaco-Francus (781) I 156. (m 781) II 114. (cm 782) II 193.
— Jac., Flaachanus Tigurinus (th 757) I 685.
— Joan. Conr., Flaacho-Tigurinus (m 762) II 87.
— Franc., Moeno-Francofurtanus (m 757) II 80.
— Frid. Ludov., Francofordiensis (j 684) II 307.
— Hier. Frid., Moeno-Francofurtanus (ph 658) I 344.
— Joh., Moeno-Francofurtensis (ph 662) I 352.
— Joh. Jac., Moeno-Francofurtanus (j 658) II 266.
— Joh. Sigism., Moenofrancofurtanus (766) I 60. (m 766) II 96. (cm 768) II 180.
— Joh. Valent., Moeno-Francofurtanus (779) I 143.
— Joh. Gualth., Francus (ph 685) I 378.
— Franc., Fuldensis (780) I 151. (m 780) II 114.
— Joh., Gertovillanus (769) I 79. (ph 769) I 445. (cph 770) I 510. (cphm 773) I 580. (th 774) I 693.
— Jo. Balth., Giengensis (j 700) II 325.
— M. Daniel Helvic., Giessensis (th 693) I 656.
— Joh. Nic., Giessensis (j 711) II 333.
— Volrad. Casim., Giessensis (766) I 60. (m 766) II 96.
— Joh. Andr., de Gothe (m 763) II 90.
— Wilh., Göttingensis (th 667) I 640.
— Christian. Frid., Grumbac. Bipontinus (778) I 135. (m 778) II 111.
— Wolffg. Matthae., Gunsensis Hungarus (th 649) I 616.
— M. Joh., Hallensis Saxo (th 679) I 648.
— Lud. Dav., Halensis (j 655) II 259.
— Herm., Hamburgensis (j 627) II 217.
— Martin., Hamburgensis (j 650) II 250.
— Vincent, Hamburgensis (j 626) II 214. (j 627) II 217.
— Joh. Andr. Lud., Hanoviensis (m 727) II 42. (cm 731) II 158.

(Müller) Joan. Frid., Heidelbergensis (j 738) II 380.
— Sebastian, Hilpoltstein - Palatinus (j 630) II 227.
— Simon, Hilpolsteinio-Palatinus (th 626) I 599.
— Joh. Sigisfrid., Hoenloicus (m 678) II 27.
— Franc. Jos., Colmariensis (j 745) II 390. (cj 747) II 585.
— Franc. Lud., Colmariensis (j 741) II 385. (cj 743) II 582.
(de) — Franc. Xav. Jos., Colmariensis (j 765) II 437. (cj 768) II 625.
— Joh. Chrysost., Colmariensis (j 721) II 347. s. Epfig.
— Jos. Ant., Colmariensis (j 735) II 371. (cj 736) II 574.
— Rud., Honst(eina?) Misn. (j 627) II 218.
— Tobias, Hornberg. Francus (ph 680) I 374.
— Joh. Theod., Idsteniensis Nassoicus (j 698) II 320.
— Salom. Rud., Ileburg. Misnicus (j 661) II 271.
— M. Joh. Joach., Ilsfeldensis Württembergicus (th 622) I 593.
— Heinr., Inkirch. Helvetus (m 754) II 74.
— Peter, Jütlandia - Danus (771) I 92. (m 771) II 102.
— Joh. Lud., Kittinga-Francus (j 624) II 208.
— Mart. Casp., Culmbacho - Francus (j 658) II 265.
— Carol. Frid., Lahranus (j 747) II 394.
— Georg. Carol., Lohranus (ph 711) I 398.
— Jac. Wilh., Lahra Nassoicus (784) I 173.
— Conr., Leutenbergâ-Thyrigeta (th 646) I 614.
— Heinr., Lenzburg Berner Gebiets (m 757) II 78.
— Eberh. Albert., Leolidâno-Suevus (j 699) II 324.
— Joh. Frid., Lichtenaviensis (ph 739) I 420.
— Joh. Chph., Lichtenaviensis (ph 739) I 420.
— Cunr., Lindaviensis (ph 652) I 335.
— Dan., Lindaviensis (ph 695) I 384.
— Joh., Lindaviensis (th 661) I 631. (ph 664) I 355.
— Joh. Ulr., Lindaviensis (m 651) II 18 (cm 653) II 134.
— Matthi., Lindavia-Bodamicus (th 693) I 656.
(Müller) Joh., von Lindau (d 785) I 264.
— Andr. Gotfr., Lübecensis (j 663) II 275.
— M. Jac., Lübecensis (th 647) I 615.
— Tobias, Luccâ Misnicus (ph 646) I 323.
— Joh., Megerkingensis (th 641) I 611.
— Joseph. Sebast., Molsheimensis (772) I 100. (m 772) II 104. (cm 775) II 185.
— Theobald., Monasteriensis (ph 666) I 358. (cphm 667: Monasterio-Alsat.) I 546.
— Joan. Bapt., Neoburg. Brisgoicus (m 751) II 69.
— Simeon, von Neunkirch C. Schaffhausen (ch 783) I 251.
— Joh. Chph., Noribergensis (ph 644) I 319.
— M. Just. Jac., Noribergensis (th 665) I 637.
— Godofr. Wilh., Numburgo-Misnicus (m 730) II 44. (cm 731) II 158.
— Alb. David, Oehringa-Hoenloicus (th 721) I 669.
— Gottfr., Oringanus (ph 650) I 332.
— Mich., Oeringensis Hoenloicus (th 634) I 607.
— Frid., Ötinganus (th 641) I 611.
— Georg. Wilh., Otinganus Rhetus (th 633) I 606.
— (Molitor), Franc. Wilh., Oettingensis Rhetus (j 688) II 315.
— Joh. Hener., Palatinus (m 739) II 52.
— Wilh. Christi., Pfedershemio-Bipontinus (j 663) II 274.
— Lud. Heinr., Pirmacensis (ph 706) I 393.
— Georg. Eric., Posonio-Ungar. (j 662) II 274.
— Eberh., Quedlinburg. Saxo (j 657) II 263.
— Andr., Rudolphopolitanus (j 643) II 240.
— Marc., Sangallo-Helvetus (ph 657) I 342.
— Gebhard., Saranus (ph 632) I 299.
— Joh. Christian, Saxo-Meiningensis (j 719) II 343. (cj 719) II 557.
— Bartholom. Lud., Selestadiensis (783) I 167. (j 783) II 477. (cj 784) II 664.
— J. Mich., Spirensis (j 751) II 403.
— Bartholom., Streidfordinó - Transylv. (ph 655) I 338.
— Christi., Sueten. Marchicus (ph 629) I 292.
— Vitus, Suimbach. Noricus (th 671) I 645.

(Müller) Joh. Casp., Helv. Tigurinus (th 692) I 656.
— Joh. Jac., Helv.-Tuggius (m 740) II 54.
— Chph., Ulmensis (ph 626) I 284. (cphm 627/28) I 524.
— Dav., Ulmensis (ph 646) I 322.
— Joh. Balth., Ulmensis (th 685) I 652.
— Joh. Bartholom., Ulmensis (ph 653) I 336. (cphm 654) I 539.
— Joh. Jac., Ulmanus (ph 658) I 344. (cphm 661) I 543.
— Joh. Jac., Ulmensis (th 688) I 655.
— Joh. Petr., Ulmo-Suev. (ph 684) I 377.
— Lud., Ulmensis (th 702) I 661.
— M. Melch., Ulmensis (th 623) I 594.
— Mich., Ulmensis (ph 644) I 318. (cphm 645) I 535.
— Rud., Ulmanus (th 651) I 618.
— Sebast., Ulmensis (ph 656) I 340. (cphm 658) I 542.
— Vit., Ulmensis (th 713) I 666.
— (Miller), Joh. Georg., Uracensis (m 630) II 11. (cm 631) II 127.
— (Myller), Henr., Uraco-Württemberg. (j 667) II 284.
— Joh. Nic., Uraco-Wurttemberg. (j 633) II 231.
— Nic., Uracensis (ph 634) I 305.
— Joh. Conr., Weissenhemiensis (th 756) I 684.
— Andr., Wesen i. d. Schweiz (786) I 183. (m 786) II 119.
— Fried. Gottlieb, Saxo-Vinariensis (m 742) II 55. (cm 743) II 164.
— Carl, von Wiesbaden (ch 788) I 257.
— Christi. Mart., Wingersheimens. (774) I 106. (j 774) II 456.
— Joh., Winshemio-Francus (ph 641) I 313.
— Martin., Wittebergensis Saxo (ph 623) I 276. (cph 623/24) I 463.
— Joh. Mattheus, Wormatiensis (j 721) II 346.
— Mich., Wüestensax. Francus (th 624) I 710. (ph 625) I 281.
— Adelric. Engelbert., Wylensis Helv. (j 747) II 395.
— Gallus Ant., Wylensis Helv. (m 736) II 48. (cm 736) II 160.
— Georg. Andr., Wylensis Helv. (j 765) II 437.
— Georg. Heinr., Zeapolitanus (ph 732) I 414.
— Joh. Rud., Helv. Zoffingensis (m 760) II 85.
— Gottfried (j 726) II 354.
— Joh. Chph. (757) I 35.
— Phil. Carl. (j 687) II 315.
s. Molitor, Miller, Myller.
de Müller, Frid., Danus (765) I 40.
— Georg. Ign., (j 760) II 424.
Müller à Berneck, Joh. Frid., Schneebergensis Misnicus (j 667) II 285.
Muller de Wohlheimer (!), Mannheimensis (m 736) II 49.
Müllner, Joach., Noricus (th 669) I 643.
— Joh. Chph., Viennensis (ph 636) I 308.
Mulnier, Nic., Vicensis (j 737) II 375. (cj 738) II 577.
de Mulseau s. Moreau.
Mulstroh s. ab Olmissen.
Multer, Joh., Königsbacensis (767) I 70. s. Molter, Molther.
Multz, Jac., Landaugensis (j 732) II 367. (cj 734) II 573.
Mulzer, Carol. Frid., Bambergensis (j 751) II 403.
Mümbster, Johannes, Confluentinus (ph 631) I 295.
Mumenthaler, Joh. Georg., von Bern (m 753) II 72.
— Frid., von Langenthal C. Bern (ch 791) I 261.
Mummius, Sam., Bischvillanus (ph 622) I 274.
Mumprecht, Joh. Sigmundt, Lauinganus (ph 631) I 295.
Müncerus s. Münzer.
Münch, Phil. Jac., Argentinensis (766) I 56. (ph 766) I 444. (cphm 772) I 580.
— (Monachus), Gerhard., Moeno-Francofurtensis (th 630) I 603.
— Joh. Gerhard., Moeno-Francofurtanus (th 670) I 644.
— (Munch), Clamor Crato, Vesta-Recklinghusa-Westphalus (j 686) II 313.
— Joh. Ge., Zwolensis (789) I 197. (m 789) II 121.
s. Monachus, Mönch.
de Münchhausen, Carol. Ant. Phil. Baro (688) I 10.
— Hilmer, Brunsvicensis (j 657) II 264.
— Börries Frid., Cassellanus (774) I 45.
— Frid. Lud., Saxo (774) I 45.
de Munchingen, Carol. Gustav., Wurtembergens. (j 737) II 375.
Münchmayr (Münchmeyer), Joh., Ulmensis (th 632) I 605. (cphm 636) I 530.
Munck, Joh. Paul., Meiningensis (th 661) I 631.
— (Munk), Joh. Nic., Suhlanus (th 711) I 664.
— Frid. Lud., Teichela-Schwarzburg. (m 746) II 60.
Münck, Conr. Ant., Bruntrutanus (cj 728) II 566.

(Münck) Joh. Chph., Bruntrutanus (j 676) II 301.
— Franc. Jos. Ign., Guebvillanus (j 713) II 336. (cj 715) II 554.
— Joan. Franc. Xav., Gebwilleranus (j 748) II 397. (cj 750: Joan. Franc. Ant.) II 590.
— Jos. Ant., Guebwillanus (j 752) II 406. (cj 754) II 597.
— Sebast., Knöringens. Alsata (j 748) II 398. (cm 754) II 170.
de Münck, Franc. Jos., Colmariensis (j 760) II 424. (cj 762) II 611.
— Ign. Chph. L. B., Colmariensis (783) I 49. (j 783) II 476. (cj 784) II 666.
Mund, Jerem., Megasommerdan. Thuringus (th 630) I 604.
Münden, Joh., Hamburgensis (j 641) II 237.
Münderer, Joh. Chph., Wimpinensis (ph 642) I 316. (cphm 645) I 535.
Mündler, Joh., Gundelfingâ-Palat. (ph 628) I 290. (cphm 629) I 525.
— Daniel, Ulmâ-Suevus (ph 680) I 374.
Mündschigg, Samuel, Tübingensis (ph 655) I 339.
Mundtbach, Joh. Ulr., Nördlingensis (j 688) II 316.
Munier, Franc., de Sancta Maria ad fodinas (789) I 196. (j 789) II 490.
Munierpugin, Joh. Bapt., Gerbevillensis (787) I 186. (j 787) II 486 (Munier Pugin).
Munk s. Munck.
Münner, Joh. Christoph., Moeno-Francofurtensis (m 697) II 31.
a Münnich, Burch. Chph. Comes, ex Livonia (764) I 39.
— Lud. Ant. Comes, ex Livonia (764) I 39.
Munsch, Jos. Theob., Rubeacensis (783) I 165. (j 783) II 477. (cj 787) II 670.
Munschbach, Joh. Adam (j 712) II 335.
Münster, Henr. Lud., Heilbronnensis (ph 681) I 374.
— Joh. Eberh., Heilbronnensis (j 660) II 268.
— Joh. Joach., Hailbronnensis (ph 645) I 321.
— Joh. Lud., Heilbronnensis (th 655) I 624.
— Joh. Frid., Öringa-Hoenloicus (ph 625) I 280. (m 626) II 9.
— M. Joh. Lud., Oeringa-Hoenloicus (m 623) II 7. (cm 626) II 125.
— Gerh. Eric., Minda-Guestphalus (j 663) II 275.
(Münster) Henr., Mindâ-Guestphalus (j 661) II 271. (cj 664) II 517.
de Münster, Dav., Dresdensis (j 629) II 224.
— Georg., Dresdensis Misn. (j 662) II 272.
Müntz, Jos., Ettenhusa-Hoenloicus (ph 660) I 348. (cphm 672) I 548.
— Joh. Matthae., Moeno-Francofurtanus (ph 649) I 329. s. Munzius.
Muntzenberg, Samuel (d 789) I 265.
Müntzer, Georg Henrich, Saraepontanus (m 759) II 82. s. Münzer.
Münz s. Müntz.
Münzer, Paul., Silesius (m 615) II 2. s. Müntzer.
Münzenberg s. Solms.
Munzius, Jac., Wurtenb. Altdorffensis (j 666) II 282. s. Müntz.
de Muralt, Gerold. Henr., Tigurinus (j 746) II 392.
— Joh., Helv. Tigurinus (m 748) II 62.
Murchis s. Marchis.
Mürdel (Mirdel), Georg., Ulmensis (cphm 642) I 533. (th 642) I 612.
— Joh. Casp., Ulmanus (cphm 664) I 545. (th 663) I 633.
— Joh. Wolfg., Ulmensis (ph 652) I 335.
— Val., Ulmensis (ph 658) I 344. (cphm 660) I 542.
Murhardt, Conr. Henr., Hassus (j 642) II 239. s. Morhardt.
Murmann, Joh. Jac., Buxovillanus (ph 699) I 386.
— Joan. Mich., Coronacensis (j 665) II 279.
Murr, Joh. Phil., Solenhofensis (ph 647) I 324.
de Murr, Christophor. Gottlib., Noribergensis (j 757) II 414.
Murus, Joh. Reinhard., Epsteinensis (ph 650) I 332.
Murzac, Nic., Metensis (j 727) II 356. (cj 728) II 566.
Musch, Joh., von Scheer i. Schwaben (ch 776) I 237.
Muschkay, Clemens, Durlaco Marchicus (j 663) II 275.
— (Mushckay), Joh. Jon., Durlacensis (ph 666) I 359.
Musculus, Joh. Carol., Allenbacensis (ph 691) I 381.
— Joh. Petr., Allenbaco-Sponhemicus (j 680) II 303.
— Joh. Casp., Argentinensis (ph 749) I 430.
— Burchard., Ingvilla-Hanoicus (ph 632) I 298. (cphm 634/35) I 529.

(Musculus) Georg. Wilh., Betuletanus (th 654) I 622.
— Bartholom., Osnabr. Guestphalus (j 684) II 309.
— Georg., Rittershofensis Hanoicus (th 624) I 709.
— Joh. Henr., Spirensis (ph 632) I 298.
— Bened., Schafsteta-Thuringus (ch 655) I 624.
— Joh. Balth., Weissenburgensis (m 738) II 51. (m 741) II 54.
Musmehl, Georg., Noricus (ph 668) I 361.
Muspach, Nic., Basileensis (th 708) I 663.
Musser, Herm., Moeno-Francofurtanus (ph 624) I 278. (cph 625) I 463. (cphm 626/27) I 523.
Müssiggang, Joh., Sittanus (m 663) II 22.
Mussinan, Luc., von München (ch 776) I 236.
Müssing, Joan. Nicol., Moguntinus (j 658) II 266.
Mussmann, Joh. Jonas, Argentinensis (ph 735) I 416. (cphm 739) I 571.
Mustinger, Joh. Casp., Argentinensis (m 709) II 34. (cm 712) II 151.
Muth, Joh. Hartm., Friedberga-Wetteravus (th 687) I 654.
Müthel, Ernst, von Meclenburg (d 758) I 220.
Muthreich, M. Mart., Berolinensis (th 634) I 607.
Mutler, Joh. Dan., Neostad. ad Hardam (j 721) II 346.
de Mutschelnitz, Ernest. Frid., Eq. Silesius (j 715) II 339.
Mützel, Euchar., Nordlinganus (ph 662) I 351.
Mutzenbecher, Matthi., Hamburgensis (j 713) II 336.
Mylich, Joh. Georg., Alstet. Thuringus (j 688) II 315.
Mylonius, Thom., Arosia-Suecus (ph 634) I 304.
Mylius, Georg., Ciza-Misnicus (ph 628) I 289.
— Joh. Chph., Durlacensis (cph 650) I 333.
— Andr., Freyensehna-Solmejus (ph 652) I 335.
— Herm., Friso (j 631) II 229.
— Barthol. Wolffg., Saxo Corona-Transylvanus (m 761) II 86.
— Joh. Guil., Lahrensis (790) I 200. (m 790) II 121. (cm 792) II 199.
— Joh., Laubacensis (j 657) II 263.
— Jac., Memmingensis (ph 661) I 350.
— Salom., Memmingensis (ph 669) I 363.
— Joh. Frid., Sula-Hennebergicus (ph 652) I 336.
Myller, Joh. Christian., Austriacus (th 643) I 612. s. Müller.
Myot, J. Franc., de Raincourt en Franche comté (d 707) I 207.
Mytanus, Georg., Rhaetus (j 733) II 370.

N.

Nabock, Petr., Budissinensis (j 626) II 214.
Nachtrab, Abdias, Suobaco-Francus (ph 680) I 374.
Nacke, Theod. Balthas., von Erfurdt (j 691) II 318. (cj 692) II 541.
— Franc. Wilh. Ign., Monasterio-Westphalus (m 758) II 82.
Nadal, Joan. Bapt., Colmariensis (j 757) II 415. (cj 759) II 604.
— Nic. Laur., Colmariensis (781) I 155. (j 781) II 473.
— Joh. Jac., Metensis (j 740) II 382. (cj 741) II 580.
Naef (Näfius), Henr., Tigurinus (m 744) II 56.
— Joh. Jac., Helvetio-Tigurinus (m 761) II 85. s. Neef, Neff.
Näf s. Naef.
Näff, Joh. Casp., von Haussen C. Zürch (ch 776) I 237.
Nagel (Nagelius), Abrah., Argentinensis (ph 709) I 396. (j 714) II 552.
— Dan., Argentinensis (ph 625) I 279. (cph 625) I 464. (cphm 626) I 523.
— Dan., Argentinensis (ph 664) I 354. (cphm 666) I 546.
— Joh. Jos., Argentinensis (770) I 86. (j 770) II 448.
— Sam., Argentinensis (ph 705) I 391. (cphm 711) I 562.
— Sebast., Argentinensis (ph 640/41) I 312.
— Joh. Ludov., Berolinensis (781) I 153. (m 781) II 114.
— Joh., Bremensis Saxo (j 629) II 223.
— Jac. Gisebert., Esslingensis (j 699) II 323.
— Wilh. Lud., Esslingensis (m 755) II 76.
— David, Hohensteinensis Boruss. (j 631) II 228.
— Joan. Frid., Neustadiensis (j 759) II 421.
— Phil. Jac., Rodavia-Alsata (ph 746) I 426. (cm 761) II 173.
— Joh., Rotenburgo-Tuberanus (th 626) I 600. (cphm 629) I 526.
— Joh. Thom., W. F. (th 668) I 641.
— Valent., Wittlich i. Trierischen (ch 782) I 248.

de Nagell, Joh. Herm. Sigism. Baro, Gelro-Batavus (750) I 32.
Nagengast, Jos., Wurzacensis Suevus (772) I 100. (j 772) II 453.
Nagler, Henric. August., Kelbrâ-Rudolstadiensis (j 719) II 342.
Näht, Petrus, Amberg. Bojo-Palatinus (m 753) II 71.
Nansé, Joh. Jac., Altkirchensis (j 719) II 344.
— Joh. Petr. Ant., Altkirch. Als. (j 754) II 409. (cj 756) II 600.
— Xav., Altkirchensis (j 765) II 436. (cj 767) II 623.
— Joh. Nepomuc., Ferettensis (774) I 108. (j 774) II 457.
Narcy, Claud. Franc., Niocastrensis (j 729) II 360.
Nardin, Carol. Christoph., Montisbelgardensis (ph 693) I 382.
— M. Samuel, Mombelgardensis (th 623) I 594.
— Stephan., Montbelgardensis (j 706) II 328.
— Joh. Jac., Richovillanus (ph 761) I 440.
de Narischkin, Paul (785) I 50.
Nasçois, Claud., Metensis (j 731) II 363. (cj 732) II 570.
Nasemann, M. Joh. Phil., Kirchheyna-Hassus (th 678) I 648.
Nassall, Georg. Ignat., Nieder-Riedensis Suevus (j 761) II 428. (cj 764) II 616.
Nassau (Nassovia)
Nassoviae, Carol. Princeps (730) I 22.
— Wilh. Heinr. Princeps (730) I 22.
— -Saarbrück, Georg. Aug. Sam. Comes in (679) I 7.
— -Weilburg, Carl Wilh. Frid. Prinz zu (789) I 52.
Nassauer s. Nassovius.
Nasser, Bartholom., Schleswic. Holsatus (th 661) I 631.
— Frid., Slesvicensis (j 656) II 260. (cj 659) II 514.
Nassovius, Chphr., Suebosiensis Silesius (j 629) II 223.
Nathorst, Joh. Theoph., Silesius (m 747) II 61.
de Natoli, Ant. Marchio, Siculus (748) I 31.
Nauheimer, Franc. Leonard., Mogonus (m 755) II 76.
de Navarre, Franc., Metensis (j 714) II 337. (cj 714) II 552.
Nazius, Georg., Regiomont. Francus (ph 650) I 332.
Neander, Samuel, Francofurt. Marchicus (j 623) II 207.
(Neander) Christophor., Neapolit. Silesius (m 622) II 6. (cm 622) II 124.
— Jac., Gustrov. Megapolitanus (th 621) I 592.
— Jac., Pyritzensis Pomeranus (j 650) II 249.
— Joh., Pyriziâ-Pomeranus (j 651) II 251.
— Wolffg., Vratislaviensis (m 617) II 3.
Nebel, Franc. Xav., Apiacensis (772) I 97. (j 772) II 452. (cj 777) II 648.
— Daniel Wilh., Heidelbergensis (m 758) II 80.
— Joh. Georg., Lichensis Wetteravus (th 670) I 643.
— Daniel, Lichtenst. Misnicus (j 669) II 287.
— Wilh. Bernh., Marburgensis (m 718) II 36.
— Phil. Franc., Mogonus (j 708) II 330. (cj 708) II 548.
— Chph. Ludov., Nidda Hassus (m 759) II 83.
— Christophor., Rüdesheimens. (j 727) II 357.
Nebelthaw, Bernh., Bremensis (m 639) II 14.
Neckermann, Georg., Spirensis (j 732) II 366.
Zur Nedden, Adolph. Frid., Schwerino-Megapolitanus (cj 672) II 527.
de Nedelinsky Meletzky, Georg., Russie (769) I 42.
Neef, Franc. Ant., Altkirchensis (j 698) II 321. (cj 701) II 545.
— Franc. Ign., Buxovillanus (j 732: Colmariensis) II 366. (cj 733) II 571.
Nees, Joh. Elisa Henr., Erpacensis-Francus (th 736) I 676.
Nefen, Arnold. Christophor., Halb(erstad.) Saxo (j 660) II 269. (cj 661) II 515.
Neff, Joh., Altenstetten (Rheinthal) (781) I 154. (m 781) II 114.
— Christi. Frid., Argentinensis (ph 761) I 439. s. Näf, Neef.
Negelein, Gustav. Phil., Norimbergensis (m 745) II 58.
Negelin, Chph., Richovillanus (ph 648) I 327. (cph 648) I 473. (cphm 651) I 538.
— Joh. Matthae., Richovillanus (cphm 636) I 530.
— Marc. Heinr., Stuttgardianus (ph 670) I 364. s. Neglin.
Negendanck, Hans Albr., Meckelburger (j 629) II 224.

(Negendanck) Detlev., Nobil. Megapolitanus (j 653) II 255.
— Ulr., Nobil. Megapolitanus (j 660) II 269.
Neglin, Joh. Matthae., Ansoltzheimensis (ph 633) I 301. (cph 633) I 467. s. Negelin.
Nehring, Joh. Christophor., Pfollendorfo-Thuring. (j 669) II 288. (cj 669) II 523.
— Joh. Cyriac., Pfollendorffo-Thuring. (j 668) II 287.
Neidhart, M., Asc(anius) (j 625) II 211.
— Joan. Frid., Wertheim. Francus (m 737) II 50.
— Joh. Mich., Wertheimensis (j 704) II 327. s. Neuthard.
de Neipperg, Frid. Wilh. L. B. (717) I 15.
— (a Neypperg), Lud. Ernest. (j 663) II 275.
Nelling, Joh. Christi., Hamburgensis (m 752) II 69.
Nelson, Hendrix, from London (d 789) I 265.
Nemenich, Joh. Henr., Mihla-Nassoicus (j 708) II 331.
De la Nencais, Joan. Claud., Metensis (j 732) II 366. (cj 734) II 571.
Nenter, Joh. Frid., Argentinensis (ph 761) I 439.
— Georg. Phil., Gelnhusanus (m 702) II 32. (cm 704) II 148.
Neobolus, Jos. Jac., Austr. Vegglapontanus (j 626) II 214. (cphm 627) I 523.
Neret, Franc., Castrosalinensis (j 761) II 427. (cj 763) II 614.
Nerlich, Joh., Phorcensis (cph 622) I 462. (cphm 623/24) I 520. (th 624) I 708.
Nes, Joachim, Gustroviensis (j 625) II 210.
Nesen, Joh. Wilh., Zittav. Lusatus (j 669) II 289.
Neser, Jerem., Rotenburgo-Tuberanus (ph 623) I 275. (th 624) I 597.
— Georg., Weigenheim. Francus (ph 626) I 285.
Nesler, Georg. Ern., Butisbaco-Hassus (th 736) I 676.
— Ern. Lud., Lichtenaviensis Hanoicus (th 764) I 689.
Nessel, Dan., Argentinensis (ph 632) I 298. (cph 632) I 467. (cphm 633/34) I 528.
— Chph. Ant. Ferd. Rosus, Selestadiensis (cj 745) II 584.
(Nessel) Sebast., ex Sultzmatt (776) I 123. (j 776) II 461. (cj 778) II 650.
— Sebast., Sultzmattensis Als. (j 733) II 369.
— Chph. Ant. Ferd., Sultzmattensis (j 742) II 386.
— Petr. Jos., ex Soulzmatt (j 754) II 408.
de Nesselrode, Joseph. Adam. Comes (738) I 25.
— et Reichenstein, F. B. A. Comes (718) I 16.
— — Franc. Wilh. Comes (721) I 17.
a Nessen, Joan., Lübecensis (j 624) II 210.
Nessenthaler, Joh. Elias, aus Augspurg (d 748) I 217.
Nessmann, Joh., Noribergensis (j 631) II 229.
Nestler, Joan. Georg., Saxo Gothanus (766) I 61. (m 766) II 96.
— Joan., Weilerstadianus (j 747) II 393.
Nestlin, Georg. Frid., Argentoratensis (ph 752) I 433.
a Netz, Chphr., Eq. Silesius (j 624) II 209.
Netzel, Joan. Andr., Suevo-Gamundian. (m 759) II 83.
Neu, Joh. Georg., Onoldo-Francus (th 655) I 623. (th 659) I 628.
Neubauer, Joh. Georg., Argentinensis (cm 706) II 148.
— Joan. Ernest., Giessensis (766) I 60. (m 766) II 96.
— Maurit., Sedinô-Pomeranus (j 661) II 271.
Neubeck, Jos. Urban., Kirrweilerensis (cj 738) II 577. (*vgl. Urban.*)
— Georg. Henr., Coronae-Weissenburgensis (j 735) II 372. (cj 737) II 575.
— Henr. Wilh. Jos. Urban., Weissenburgensis (778) I 135. (cj 781: Lauterburgensis) II 657.
— Joan. Georg. Jos., Weissenburgensis (777) I 129.
— Urban., Weissenburgensis (j 737) II 375. (= *Jos. Urban.?*)
— (de Neubecq), Franc. Jos., Weissenburgensis (782) I 158. (j 782) II 474. (cj 784: Lauterburgensis) II 664.
— Joan. Bapt. Jos. Urb., Lauterburgensis (785) I 176. (j 785) II 481.
— Joan. Georg. Jos., Lauterburgensis (j 779) II 466. (cj 779) II 652.
Neubert, Georg., Geltersheimensis Francus (th 644) I 613.

(Neubert) Georg. Erhard., Stefftâ-Francus (ph 650) I 332.
Neubich, Joh. Jac., Werthemiâ-Francus (m 720) II 37.
Neubronner ab Eisenburg, Alb., Ulmensis (j 705) II 328.
— — Dan. (j 642) II 339.
— Alb. Dan., Ulmensis (j 672) II 296.
— Franc. Dan., Patr. Ulmensis (j 719) II 342.
— Joh. Jac., Ulmensis (j 664) II 278.
— Marc. Tobias, Patr. Ulmensis (j 724) II 349.
— Marc. Tobias, Ulmensis (j 649) II 247. (cj 654) II 511.
Neucrantz s. Neukrantz.
Neukrantz, Mich., Rostochiensis Megapolitanus (m 630) II 11. (cm 632) II 127.
— Paul., Rostochiensis (m 629) II 10.
Neudorff, Adam, Silesius (j 626) II 213.
Neuenhahn, August, Ratisbonensis (j 758) II 418.
de Neuenstein, Franc. Frid. (j 713) II 335.
— Frid. Ant. Maxim., Argentinensis, Eq. Alsatus (785) I 50. (j 785) II 482.
— Leop., Argentinensis, Eq. Alsatus (785) I 50. (j 785) II 481.
Neuffer, Chph. Theoph., Donaueschingensis (ph 759) I 438.
de Neufville, Jac. Fried., Moeno-Francofurtanus (m 751) II 68. s. Neuville.
— Ant. Bienvenu, Surain en Bresse dioc. de Lyon (d 734) I 213.
Neuhaus, Alex. Franc., Bienna-Helvetus (m 765) II 95. (cm 768) II 180.
— Joh. Rodolph., Helv. Biennensis (cm 726) II 156.
— Herm., Hervordiâ-Westphalus (j 655) II 258. s. Neuhauss.
Neuhauser s. Neuheuser.
Neuhauss, Hier. Ulr., Francofurtensis (th 621) I 591.
— Ant. Günth., Oldenburgens. Frisius (j 625) II 495. s. Neuhaus.
Neuheuser, Dionys., Stuttgardianus (ph 634) I 306.
— (Neuhauser), Samuel, Stuttgardianus (j 642) II 239. s. Neuhusius.
Neuhoff, Steffan, Marcowestphalus (j 626) II 213.
Neuhusius, Joh. Rud., Helv. Bernas (m 725) II 40. s. Neuheuser.
Neukum, G. M., Schafìhusa-Helvetus (m 742) II 55.
— Joh. Casp., Scaphusianus (j 656) II 260.
Neumann, Andr., Gartz-Pomeranus (ph 625) I 281. (cph 626) I 464.
— Georg., Gorlic. Lusatus (j 632) II 230.
— Joan. Wolter., Coloniensis (j 714) II 337.
— Chph., Luccâ-Lusatus (j 660) II 268.
— Joh. Frid. Guil., Viennâ-Austrius (j 676) II 300.
de Neuman, Baron Albert, aus Hungarn (788) I 191.
— Baron Heinr., aus Hungarn (788) I 191.
Neumayr, Mathias, Uttingensis Boius (j 706) II 329.
Neumeister, Nic., Eferding. Austrius (th 630) I 603.
de Neumillen, Aloys., Hettingensis (781) I 152. (j 781) II 471.
Neurat, Joh. Jac. (j 787) II 486.
Neurath, Phil. Dan., Wormatiensis (j 733) II 369.
Neuser s. Neser.
Neustädter, Michael, Saxo-Transylvanus (m 761) II 86.
Neustoeckel, Georg Fridr., Argentinensis (ph 725) I 408.
Neuthard, Jerem., Memmingensis (ph 665) I 358.
— Petr., Memmingensis (ph 670) I 363. s. Neidhart.
Neuville, Petr. Jos., Argentinensis (j 735) II 372. (cj 737) II 576. s. de Neufville.
— Jean François (d 757) I 219.
Neuwerth, Henr., Revalia Livon. (j 656) II 261.
Neuz, Gotfr. Heinr., Argentinensis (th 746) I 681.
— (Neuzius), Heinr., Flina-Heilbronnensis (th 721) I 669.
— (Neuzius), Christi. Petr., Rappoltivillanus (ph 751) I 432.
de Neveu, Franc. Xav. L. B. (769) I 42.
— de Windtschlée (= *Windschläg*), Franc. Mich., Friburgensis Brisgoius (j 666) II 282. (cj 668) II 522.
Nevius (Neu?), Joach. Christi., Onoldo-Francus (j 628) II 221.
Newmann s. Neumann.
Neydeck, Joh., Silesius (j 626) II 213.
Neydecker, M. Joh. Georg., Durlacensis (th 738) I 677.
a Neypperg s. de Neipperg.
Nibel, Phil., Michelstadiensis (th 623) I 596.
Nicaeus, Abrah., Crosnâ-Silesius (j 665) II 281.
Nicannée, Firmin, de Paris (j 765) II 436.

Nicart, Franc. Jos., Argentoratensis (j 731) II 365. (cj 733) II 571.
— Franc. Jos., Argentinensis (j 759) II 421.
— Joh. Phil., Argentinensis (j 755) II 411.
Nichell, Joan. Petr. Ignat., Cassellae Moguntinus (m 763) II 90.
Nicius, Fried. Ehrenhold, Gorlicio-Lusat. (cm 720) II 153.
Niclav, Joan. Petr., Trevirensis (j 747) II 393.
Nico, Petr., Verelius (j 649) II 249.
Nicola, Franc. Ant., von Ernoltzheim (ch 782) I 249.
Nicolai, Georg., Argentinensis (ph 635) I 306. (cph 635) I 468. (cphm 637) I 531.
— Henr. Alb., Argentinensis (ph 714) I 401. (cm 725) II 155.
— Lud. Christi., Argentinensis (ph 718) I 403. (cj 727) II 565.
— (Nicolay), Lud. Henr., Argentinensis (ph 751) I 432. (cj 759) II 605.
— Phil. Henr., Argentinensis (cph 642) I 471.
— Joh. Ph., de Dotzheim (m 764) II 92.
— Heinr., Gutmanshusan. Thuringus (m 675) II 26.
— Joh. Sebast., Nassoico - Idsteniensis (j 736) II 575.
— M. Adam Laur., Lübecensis (th 668) I 642.
— Henr., Lübecensis (m 674) II 26. (cm 675) II 141.
— Nic. Casp., Lünâ-Westphalus (th 677) I 647.
— Joh., Luxemburgicus (ph 662) I 351.
— Joh. Mart., von Neustatt an der Linde (d 717) I 209.
— Joh. Conr., Usinga-Nassoicus (j 763) II 432.
— Gothofr., Vratisl. Silesius (j 628) II 221.
Nicolaj, Theod., Hamburgensis (j 630) II 225. (j 630) II 498.
— Joh., Magdeburgens. (j 625) II 215. (cj 625) II 496.
Nicolas, Pierre, Richicourt le chateau (m 747) II 61.
Nicolle, Jean (d 701) I 206.
— Joan. Franc., Lunevillanus (767) I 65. (j 767) II 441.
— Henr., ex Chenumenil Lotharingus (j 763) II 432. (cj 763) II 614.
Nicollet, Jac. Ludov., Rupellanus (770) I 89. (j 770) II 449.
Nidermayer, Georg. Jos., Breubergensis (j 738) II 378.
Nidinger, Georg., e Bozonisvillâ Lotharingus (775) I 119. (j 775) II 460. (cj 776) II 646.
Nidius, Bartholom., Hennebergianus (ph 623) I 275. (th 624) I 597.
v. Niebelschütz, Hans Wolff, Eq. Siles. (j 666) II 283.
— Sigism. Ernest., Silesius (j 630) II 225.
Niegolewsky, Andr., Nob. Polonus (j 631) II 229.
Nieke, Ernst Frid., Arctop. Silesius (j 685) II 310.
Niemann, Joan. Heinr., Hasaluna Westphalus (m 756) II 77.
Niemand, Hieron., M-Francofurtanus (m 674) II 26. (cm 676) II 141.
Niemeier, Joh. Christian., Hannoveranus (j 674) II 299.
Niereau, Fabien, Bayonne (787) I 185. (j 787) II 485.
Nieremberger, Georg. Jac., Ratisponensis (777) I 127. (m 777) II 109. (cm 779) II 190.
Nierer, Phil. Mich., Wertheim. Francus (th 658) I 628.
Nies, Benj., Moeno-Francofurtanus (m 672) II 25. (cm 673) II 140. s. Niess.
Nischel, Israel, Augusta-Vindelicus (ph 627) I 285. (cphm 627) I 524.
Niess, Eberhard. Anthon., Giessensis (j 665) II 279.
— Joh., von Weinsperg i. Württemberg (d 726) I 210. s. Nies.
Niethammer, Joh., Argentinensis (ph 727) I 410.
— Joh., Argentinensis (ph 762) I 441. (cph 763) I 507. (cphm 768) I 578. (cj 776) II 647.
— Elias, Phorcensis (ph 642) I 315.
Nietzschius, Andr., Budissinâ - Lusatus (j 626) II 213. (cm 631) II 127.
Nieulandinus s. a Brederode.
de Nieuwenhoue, Gasp. Charles, Antuerpianus (j 657) II 264.
Nigrin, Joh. Georg., Argentinensis (ph 747) I 427.
— Matthae., Bliscastellanus (th 622) I 593.
— Christi. Wladisl., Lesnensis Polonus (th 663) I 634.
— Georg. Adam., Montbelgardensis (th 707) I 663.
— Joh. Dan. (ph 757) I 436.
Nikisius, Godofr., Schwidnic. Silesius (j 626) II 213. (cj 626) II 496.
Nimsgardt, Dan., Gedan. Borussus (j 655) II 260.

Nimsgern, Laur., von Freybuss in Lothringen (d 770) I 226.
Ningler, Joh. Wilh., Idsteniensis (th 695) I 657.
— Georg Adam, Weinburgensis (ph 724) I 408.
— Georg. Henr., Werthensis (j 759) II 421.
— Frid. Ern., Westhov. Alsata (773) I 106.
— Frid. Lud., Westhoffensis (766) I 60.
Ninmer, Jac., Stolpa-Pomeranus (j 646) II 244.
Nipp, Jos., Hechingensis (783) I 163. (ph 783) I 454.
— Christoph., Mednoâ-Borussus (j 666) II 283.
Nireau Despuyeaux, Guilh. Fabian., de Sta Maria dioec. Acquensis prope Bayonam (cj 788) II 674.
Niset, Wilh., Aquisgranensis (j 673) II 297. (cj 675) II 529.
Nissel, M. Georg., Norimbergensis (th 672) I 645.
Nissler, M. Guil., Ulmanus (th 681) I 650.
de Nitschwitz, Balthas. Heinr., Eq. Saxonicus (j 688) II 316.
Nitzschmann, Joan. Georg., Dresdensis Saxo (j 758) II 418.
Nivet de la Briere, Nic. Benjam., Novillaeus ex Lignis prope Aureliam (j 761) II 426. (d 783) I 264 (*derselbe?*)
Nivoy, Franc. Ferd., Metensis (j 734) II 371. (cj 735) II 574.
Noblat, Franc., Beffortensis (j 730) II 363. (cj 732: Franc. Bernardin.) II 570.
— Franc., Belfortensis (768) I 73. (j 768) II 444. (cj 770) II 631.
— Franc. Nic., Giromaniensis (j 765) II 437. (cj 767) II 622.
Nöckh, M. Andr., Carniolus Labacensis (j 621) II 203.
Noderer, Joh. Christoph. (th 623) I 595.
— Joh. Leonh., Esslingensis (ph 622) I 274.
Noebling, Ludw. Frid., Rudolst. Schwartzburgicus (m 725) II 40.
Noedel, Joh. Gottlob., Argentinensis (ph 746) I 426. (cph 747) I 501.
Noël, Jean, de Lunéville (j 759) II 422.
— Georg., de St. Marie aux mines (ch 771) I 227.
— Joan. Bapt., Romaricomontanus (784) I 168. (j 784) II 478.
— Nic. Paul. Adrian., Romaricomontanus (789) I 199. (j 789) I 491.
de Noel ab Angenstein, Joan. Mich., ex Holzheim dioc. Basileensis (j 758) II 419.
— Joan. Mich. (767) I 37. (j 767) II 442. (cj 767) II 624.
Noellner, Georg. Lud., Buxovillanus (781) I 156. (m 781) II 114.
— Joh. Bartholom., Buxovillanus (ph 739) I 420.
— Joh. Frid., Buxovillanus (ph 734) I 416.
— Joh. Frid., Buxovillanus (th 706) I 662.
Noesselt, Joh. Aug., Hallensis Magdeburg. (788) I 192.
Noest, Gerard., Ultrajectensis (ph 671) I 365.
Noethig, Nicol., Mogonus (775) I 117. (m 775) II 107.
Noetinger (Nötinger), Franc. Jos., Argentinensis (779) I 140. (j 779) II 466. (cj 780) II 654.
Noettinger, Sam. Frid., Berno-Helvetus (m 746) II 59. (cm 747) II 165.
Noey, Henr., Embrica Clivensis (j 643) II 241.
Nogengast s. Nagengast.
Noiwak, Ant. (d 727) I 211.
Nolde, J. Wendelin, Maynz (ch 779) I 243.
Nolden, Adam Phil., Corbach. Waldeccus (j 688) II 316.
Noldner, Joh., Wratisl. Silesius (j 632) II 230.
Nolet, Henr., Castillionensis prope Dombos (792) I 202.
Noll, Franc. Jos., Selestadiensis (j 765) II 438. (cj 768) II 627.
Nöll, Joh. Phil., Usinga-Nassovius (th 700) I 660.
Nöllner, Joh., Wolfskellensis (ph 632) I 300.
Nolung, Joh., Bleicheroda-Thuringus (cphm 622) I 519.
Nonnenmann, Joh., Argentinensis (ph 763). I 442. (cph 767) I 508. (cphm 768) I 578. (cm 771) II 182.
Nonweiler, Conr. Christi. Bened., Ebertsheimensis (766) I 60. (m 766) II 96.
Nopp, Ludov., Rastadiensis (776) I 125. (j 776) II 462.
— Joh., Using. Nassovius (ph 632) I 299.
Nordeck, Dan. Frid., S. Goarinus (j 643) II 240.
de Nordecken à Rabenaw, Conr. Benedict. (j 732) II 368.
— Phil. Henr. (j 687) II 313.
Nordmann, Joh. Petr., Moenofrancofurtanus (m 757) II 79. (cm 757) II 171.

Nörinberger, Joh., Wetteravus (ph 624) I 277.
— Petr. Matth., Wedderavus (j 624) II 208. s. Nürnberger.
Nornberger, Joh. Gunther, Brunsvicensis (j 685) II 309. s. Nürnberger.
Nose, Carol. Wilh., Brunovicensis (775) I 114. (m 775) II 106. (cm 777) II 187.
Nossig, Daniel, Lauba-Lusatus (ph 633) I 302.
Nostemberger, Marq., Augustanus (j 624) II 209.
Noswitz, Johann Christian., Lipsiâ-Misnicus (j 668) II 286.
a Nostitz, Casp. Chphr., Lusatus (j 661) II 271.
— Georg. Wolfr., Eq. Lusatus (j 629) II 222.
— Frid. Lud., Onoldinus (747) I 30.
— Adam, Eq. Silesius (j 660) II 269.
— Leonh., Eq. Silesius (j 630) II 226.
— Otto, Eq. Silesius (j 626) II 214.
— et Jaenckendorff, Maurit. Ferd. Gottlob. L. B. (737) I 24.
Nostwiz, Gregor., Lubaviâ-Lusatus (ph 631) I 297.
Noth, Franc. Ant., Achenheimensis (786) I 178. (j 786) II 482. (cj 788) II 673.
Nothard, Wilh., Heidelbergensis (th 651) I 618.
Nöthen, Henr. Jos., Coloniensis (ch 785) I 253.
Nothnagel, Joh., Heinrichs-Henneberga-Francus (th 651) I 619. (cphm 654) I 539. s. Notnagel.
Nothwang, Joh. Phil. Adam, Heilbronnensis (j 763) II 433.
Nötinger s. Noetinger, Noettinger.
Notnagel, Joh. Chph., Durlacensis (ph 676) I 371.
— Christi., Durlaco-Marchicus (j 687) II 314. s. Nothnagel.
Nottebom, Joh., Lippia-Westphalus (th 661) I 631.
Notter, Joh. Frid., Argentinensis (ph 742) I 423.
— Joh. Georg., Argentinensis (th 624) I 707. (Theol. D. 631) I 701.
— Joh. Georg., Argentinensis (ph 707) I 394. (cm 714) II 151.
— Joh. Georg., Argentinensis (cphm 740) I 571 (*vgl. Barrensis*).
— Joh. Jac., Argentinensis (771) I 90. (ph 771) I 447.
— Joh. Georg., Barrensis (ph 736) I 417.
— Joh. Fried., Landaviensis (cm 748) II 166.
Notthafft a Hohenberg, Joh. Erasm., Suevus (j 656) II 262.
Nöttinger s. Noettinger.
Noyal, Franc., Metensis (m 726) II 41.
Nuber, Christoph. Frid., Schorndorffensis Würtenbergicus (m 753) II 72.
— Joh. Chph., von Khorndorf i. Württemberg (ch 782) I 248.
— Joh. Georg., Ulmensis (ph 656) I 341.
Nübling, Mart., Ulmensis (ph 694) I 383.
— Theod. Ulr., Ulmensis (j 725) II 353.
de Nuce, Carol. Emanuel, patric. Valesius (766) I 41.
Nudinus, Carol. Frid., Pforzhemio-Durlacensis (j 737) II 375.
Nueffer, Athan. (s 773) I 266.
Nun, Simon, Michelstadio-Ottosylvanus (j 635) II 234. (cj 635) II 501.
— Nicol., Windshem. Francus (ph 633) I 300. s. Nunn.
Nungesser, Georg. Henr., Bickenbacensis Viae-Montanus (th 681) I 650.
— M. Joh. Chph., Bickenbach. Viaemontanus (th 665) I 637.
Nunn, Joh. Mich., Moguntinus (m 763) II 89. s. Nun.
Nürnberger, Balth., Argentinensis (cphm 623/24) I 521. s. Nörinberger.
Nusch, Joh., Rotenburgo-Tuberanus (ph 654) I 337.
— Joh. Mich., Rotenburgo-Francus (ph 658) I 343.
Nusche, Joh., Memmingâ - Suevus (770) I 85. (m 770) II 101. (cm 772) II 183.
— Joh. Fridr., Memmingensis (m 738) II 51. (cm 740) II 162.
Nuss, Joh. Phil., Argentinensis (ph 706) I 392.
Nüsslein, Tobias, Ulmensis (ph 655) I 339.
— (Nüsslin), Wolffg., Ulmanus (ph 642) I 314.
Nüzel, Gabriel, Noribergensis (j 645) II 242.
Nyberg, Carol. Joh., Reval. Estonus (782) I 158. (m 782) II 115.
— Petr. Joh., Revalia-Livonus (th 733) I 675.

O.

Obellianne, Petr. Phil., Metensis (j 719) II 343.
Ober, Joh. Henr., Argentinensis (ph 760) I 439. (cj 774) II 641.
Oberdorffer, Alex., Argentinensis (ph 705) I 391. (cph 706) I 488.

Oberdörffer, Joh. Adam., Rödelsheim. Wetteravus (th 660) I 630.
Oberg, Henr. Otto, Uffleniensis Westphalus (j 754) II 256.
Oberhauser, Joh. Jac., Argentinensis (ph 633) I 301. (cph 633) I 467. (cphm 634/35) I 529.
Oberheu, Joh. Andr., Ehrenbourg Gfschft. Hoya (769) I 82. (m 769) II 100.
ab Oberkirch, Phil. Chph., Nob. Alsata (ph 720) I 405.
Oberle, Constantin., Kippenbach (ch 773) I 232.
— Georg., Selestadiensisis (784) I 173.
Oberlend, Gabr., Sarbourgensis (j 760) II 423.
Oberlin, Georg. Jerem., Argentinensis (786) I 181. (ph 786) I 456.
— Jerem. Frid., Argentinensis (789) I 196. (ph 789) I 458.
— Jerem. Jac., Argentinensis (ph 750) I 431. (cph 751) I 503. (cphm 756) I 575.
— Joh. Frid., Argentinensis (ph 756) I 436. (cph 757) I 505. (cphm 761) I 576. (th 763) I 688.
— Joh. Franc., Argentinensis (ph 719) I 405.
— Joh. Georg., Argentinensis (ph 718) I 404. (cph 719) I 492. (cphm 721) I 566.
— Lud. Frid., Argentinensis (787) I 187. (ph 787) I 457.
— Phil. Henr., Argentinensis (780) I 149. (ph 780) I 453.
— Georg. Adolph., Benfeldensis Alsata (m 762) II 25.
— Joh. Theob., Benfeldensis (cj 676) II 530.
— Casp. Henr., Hagenoensis (m 748) II 63. (cm 752) II 169.
— Petr. Jos., Hagenoensis (m 762) II 88. (cm 766) II 178.
— Andr., Marckolsheimensis (j 748) II 398.
— Franc. Nic., Molsheimensis (m 711) II 34.
— Heinr. Ign., Oberenhemensis (779) I 141. (j 779) II 467. (cj 783: Val. Leop. Ign. Heinr.) II 661.
— Jos. Ant., Sargans (785) I 178. (j 785) II 482.
de Oberlin ab Mittersbac, Jos. Leopold., Rastattensis (j 702) II 327.
Obermayer, Joan. Barth., Argentinensis (j 738) II 379.
— Joan. Leonh., Wembdinganus (j 742) II 386.
(Obermayer, Obermayr) Jos. Ant., Wemdingensis Bojus (m 756) II 77.
Obermüller, Ernest. Frid., Baado-Durlacensis (j 765) II 438.
— Frid. Christi., Durlacensis (th 763) I 687.
— Carl Gottl., gebürtig von Carlsruh (j 763) II 432.
— Joh. Jac., Langenburgo-Hoenloicus (ph 650) I 332.
Oberndorffer, Jos., Staingadensis Bavarus (j 759) II 422.
Oberreich, Melch., Budstad. Thuringus (ph 627) I 286.
— Sam., Budstad., Thyrigeta (ph 625) I 279.
Oberrieder, Franc. Xav. (Chph.), Colmariensis (j 764) II 435. (cj 767) II 624.
Oberteuffer, Joh. Georg., Helv.-Herisavius (768) I 74. (m 768) II 98. (cm 770) II 182.
Oberzeller, Joh. Casp., Zeapolitanus (ph 642) I 315.
Oblankowsky s. Blankowsky.
Obmann, Christi., Diessbach Cant. Bern (769) I 83. (m 769) II 101.
Obrecht, Elias, Argentinensis (ph 666) I 360.
— Georg., Argentinensis (ph 632) I 299.
— Henr., Argentinensis (ph 627) I 287.
— Tobias, Argentinensis (ph 631) I 297.
— Ulr., Argentinensis (ph 661) I 350. (cj 667) II 521.
Obschlag, Daniel (d 698) I 206. (j 698) II 320.
Ockenfues, Petr., Novo-Domensis (m 756) II 78.
Ockerschhausen, Joseph., Transylvanus (ph 658) I 344.
Odehin, Jac., Trojes (j 720) II 345.
Odhelius, Eric., Suecus (th 651) I 618. s. Edhelus.
Odenwald, Alex. Frid., Mannhemio-Palatin., (ph 754) I 434.
Odile, Carol. Franc., Mediovilensis (j 737) II 374.
Oeckermann, Joh. Henr., Bremensis (m 763) II 90.
Oeder, Esaias Jos., Noribergensis (ph 681) I 375.
Oehler, Joh., von Leutzingen Gfsch. Büren C. Bern (ch 775) I 236. s. Oeler.
Oehlmecker, Joh. Jac., Stuttgardianus (m 759) II 82.
Oehme, Casp. Dan., Dresdens. (m 764) II 93.
Oeler, Chph., Breitenbornensis Misnicus (th 656) I 625.

(Oeler) Conr., Lindaviensis (ph 625) I 281.
— Joh. Ulr., Lindaviensis (ph 658) I 344. (cm 663) II 136.
s. Oehler.
Oelbaf, Petr., Prutenus (j 628) II 221.
— Georg., Ulmensis (ph 646) I 322.
Oelhafen à Schölenbach, Gabr., Patr. Noribergensis (j 627) II 216.
— Tobias, Patr. Norimbergensis (j 621) II 204.
Oelinger, Abrah., Argentinensis (ph 688) I 380. (cph 689) I 484. (cphm 691) I 555.
— Joh. Dan., Argentinensis (ph 705) I 392.
— Jo. Fr., Argentinensis (ph 700) I 387.
— Joh. Frid., Argentinensis (ph 669) I 362. (cphm 671) I 548.
— Joh. Jac., Argentinensis (ph 666) I 360. (cph 667) I 478.
— Joh. Jac., Argentinensis (ph 705) I 392.
Oelmeyer, Joh. Bernh., Stuttgardianus (th 688) I 655.
Oelsperger, Joh. Steph., Ratisbonensis (j 681) II 304.
Oelssen, Frid. Joh., Eq. Curonus (761) I 37.
Oertel, Joh., Argentinensis (cm 671) II 139.
— Joh. Christi., Argentinensis (ph 757) I 436. (cph 763) I 507. (cphm 765) I 576. (th 763) I 688.
— Phil., Argentinensis (ph 643) I 317. (cphm 644/45) I 535.
— Sigism. Christian., Hof i. Vogtland (778) I 136. (m 778) II 111.
— (Ortel), Wolffg. Adam., Variscus (ph 635) I 307.
de Oertel, Frid. Carol., Lipsiensis (j 757) II 416.
Oerthling, Sam. Gust., Rostochiensis (m 759) II 82.
ab Oertzen, Victor Sigism., Eq. Megapolitanus (j 670) II 292.
Oeser, Joh. Heinr. Balth., Giessensis (ch 779) I 242.
Oesinger (Esinger), Ad. Frid., Argentinensis (ph 715) I 402.
— Carol. Frid., Argentinensis (779) I 140. (ph 779) I 452.
— Dan., Argentinensis (ph 651) I 334.
— Franc., Argentinensis (ph 703) I 389. (cj 711) II 550.
— Franc. Dan., Argentinensis (777) I 127. (ph 777) I 450. (cj 786) II 668.
— Joh. Frid., Argentinensis (ph 674) I 370. (cj 683) II 535.
(Oesinger) Joh. Frid., Argentinensis (ph 740) I 421. (cj 748) II 588.
— Joh. Frid., Argentinensis (766) I 56. (ph 757) I 437. (j 766) II 439.
— Joh. Jac., Argentinensis (cph 688) I 483. (cphm 690) I 554.
— Phil. Jac., Argentinensis (ph 721) I 406.
— Phil. Jac., Argentinensis (ph 755) I 434.
Oesler, Christoph. Otto, Stetino-Pomeranus (m 634) II 12.
— Phil., Stetinensis (j 634) II 232.
Oeste, Joan. Balthas., Marburgens. Hassus (cj 729) II 567.
— Franc. Lud. Casim., von Bingen (ch 783) I 251.
Oesterling, Tobias, Halensis Saxo (th 623) I 595.
Oestringer, Georg. Ern., Rupisvillanus (ph 685) I 378.
Oetinger, Heinr. Reinhard., Wirtembergensis (ph 754) I 434.
Oettel, Joh. Jac., Argentinensis (768) I 72. (ph 768) I 445. (cph 770) I 509. (cphm 772) I 580. (th 772) I 693.
Oettgen, Gottfrid. Wolffg., Erpela-Coloniensis (783) I 163.
ab Oettingen, Baldern et Soetern, Franc. Lud. Comes (728) I 20.
— Wallerstein, Crato Ernest. Comes (766) I 41.
— — Franc. Lud. Comes (766) I 41.
— — Herr in Spielberg, Schwendi u. Achstetten, Jos. Xav. Graf in (715) I 14.
Oexel s. Taurinus.
Oexlin, Joh. Jac., Giengensis (j 713) II 336.
Offelin, Georg., Schwobacensis (j 622) II 204.
Offenhauser, Joh. Leonh., Gungenhusan. Francus (th 660) I 630.
Offterdinger, Georg. Theophil., Wurtb. Pahlingensis (m 757) II 80.
Oger, Joh. Valent., Münchhuss. Alsata (777) I 128.
d'Ogicuskij, Dimitriy, Rutenus (783) I 166.
Ogle, Nathanael, Northumberland Anglus (787) I 187.
Öheim, Sebast., Lipsiensis (th 649) I 617.
Ohlhoff, Andr., Wolffenbüttel (m 737) II 50.
Ohlmann, Jos., Argentinensis (769) I 81. (j 769) II 447. (cj 774) II 639.
ab Ohsterwick, Henr., Embrica - Clivus (j 670) II 292.

Olbrecht, Marc., von Kurtzen Hilchenbach i. obern Thurgau (ch 782) I 248.
Olden, M. Henr., Hamburgensis (th 649) I 617.
Oldenbrock, Joh., Brunsvigâ-Saxo (j 658) II 265.
d'Oldershausen, Burchard Anthon Frid., nobil. Hannoveranus (j 729) II 361.
Olearius, M. Joh. Andreas, Halâ-Saxo (th 662) I 633.
— M. Joh. August., Hallensis Saxo (th 667) I 640.
— M. Joh. Gotfr., Halâ-Sax. (th 657) I 626. (th 662) I 633.
— M. Joh. Christi., Hallensis Saxo (th 670) I 643.
— M. Tilemann., von Hall (th 623) I 595.
Olenschlager, Joan. Dan., Moeno-Francofurtanus (cj 736) II 574.
Öler s. Oeler.
Olff, Joh. Georg., Suanheimensis (th 718) I 668.
Olffenius, Joh. Adam, Quackenb. Westphalus (j 698) I 320.
Olinda, Matth., Geldrus (j 669) II 289.
Olitzsch, Theod., Hamburgensis (m 670) II 24.
Olivier, Joan. Franc. Rousseau, ex Dieuze (j 758) II 419. (cj 760) II 606.
— Jos. Domin., Lunevillanus (776) I 124. (j 776) II 461. (cj 778) II 651.
— Phil., von Mannheim (d 732) I 212.
ab Olmissen dict. Mulstroh, Phil. Arnold., Coloniensis (j 666) II 282.
ab Olnhausen, Frid. Hiskias, Hoenloicus (th 671) I 644.
— Joh. Henr., Langenburgius (ph 672) I 367.
— Vollrath Georg, Limburg. Francus (j 722) II 348.
— Georg. Gabr., Mainharttensis (ph 625) I 282.
— Carl, Weinsberg in dem Württembergischen (m 761) II 86.
— Joh. Ernest. (751) I 33.
Olpert, Joh., Heilbronnensis (ph 665) I 357.
Olry, Jean Franç. Ant., Andlaviensis (789) I 195. (j 789) II 489.
— Joh. Franc., Argentoratensis (j 752) II 406. (cj 762) II 611.
— Jos. Ant., Gernbachensis (m 748) II 63.
— Deodat., Metensis (cj 723) II 561.
— Jos. Nic., Tullensis (j 732) II 367. (cj 733) II 571.
— Petr., Tullanus (j 749) II 400. (cj 750) II 592.
Olthoff, Joh., Gryphisw. Pomeranus (th 652) I 620.
Omeis, Joh. Mich., Coburgensis (th 720) I 669.
ab Omphal, Conrad. Jac., Marco-Westphalus (j 665) II 281.
Onule, Joan. Nic., ex Horbourg (j 748) II 397.
Opala, M. Adam., Bicinâ-Silesius (m 619) II 3. 5.
Opffermann, Franc. Christophor., Eichsfeldiaco-Heiligenstadianus (j 762) II 429. s. Oppermann.
Ophoff, Phil. Christi., Butisbaco-Wetteravus (th 662) I 633.
Opitz (Opitius), Tobias, Budissa-Lusatus (ph 673) I 368.
Oppel, Joh. Dav., Eq. Misnicus (j 654) II 256.
von Oppenbusch, M. Mich., Amstelodamensis (th 658) I 627.
Oppenheimer, Adolph., Moguntinus (j 673) II 298.
Oppermann, Phil. Reinhard., Buxovillanus (th 759) I 686.
— Georg., Nassau-Dietz (ch 776) I 237.
— Lud. Carol., Lichtenbergensis Hanoicus (783) I 164. s. Opffermann.
Opser, Carol., Constantien. Acronianus (773) I 105.
Orlow, Joan., Moscovo-Russus (775) I 116. (m 775) II 107.
Ormi, Christoffel, S. H. Bosch (786) I 181. (m 786) II 119.
de Örnfeld, Henr. Theodor. L. B., Suecus (737) I 24.
Orschoff, Emeric., Westphalus (j 664) II 277.
Orsel, Jean, S. Auban en Dauphiné (772) I 98. (j 772) II 453.
Orsett, Nicol., Mirecurianus (m 748) II 64.
D'Orsner s. Dorsner.
Ortel s. Oertel.
ab Ortenburg, Adolph. Ferdin. Comes, Ortenburgo-Bavarus (771) I 90.
Ortenburger, Daniel, Efferdingensis Austrius (m 614) II 2.
Orth, Frid. Phil., Babenhusanus (j 671) II 294.
— Georg. Frid., Brocomag. Hanoicus (ph 674) I 369. (cj 680) II 533.
— Joh. Phil., Brocomagensis (ph 632) I 298.
— Heinr., Heilbronnensis (ph 675) I 371.
— (Ortt), Phil. Lud., Hailbrunnensis (ph 641) I 314.
— Joh. Jac., Homberga-Wetteravus (ph 678) I 372.

(Orth) Joh. Nic. (ph 665) I 358.
Orthmann, Franc. Jos., Eisenharz-Suevus (ph 762) I 441.
— Joh. Christi., Saxo Thuringus (d 710) I 207.
Ortlieb, David, Rappoltivillanus (791) I 202.
Ory, Bern., de Paris (d 713) I 207.
Oschwald s. Oswald.
Oseretskowsky s. Oseroff.
Oseroff, Nic., Russo-Petropolitanus (775) I 115. (m 775) II 106. (cm 777: Oseretskowsky) II 188.
Osiander, Joh. Christoph., Adelbergensis (m 623) II 7.
— Fried. Benj., Kircho-Tecc. (779) I 141.
Ossell, Georg. Ant. Jos., Weissenburgensis (j 763) II 433.
Osswald s. Oswald.
ab Ostein, Franc. Wolffg. L. B. (714) I 14.
— Lothar. Joh. Hugo L. B. (714) I 14.
de Osten, Adolph. Siegfr., Danus Hafniensis (752) I 33.
v. d. Osten, Christi. Günther, Megapolitanus (j 658) II 265.
— Henningk, Nobil. Pomeranus (j 626) II 215.
ab Osterberg, Baro, s. Geyer.
Osterburg, Joh. Chph., Magdeb. Halensis (th 739) I 679.
ab Osterhausen, Ernest. Abrah., Eq. Sax. Misnicus (729) I 21. (j 729) II 362.
Osterling, Ernest. Christi., Stetino-Pomeranns (j 664) II 278.
Osterman, Reinhart., Mülheimensis (ph 626) I 282.
— Franc. Jos., Tabernis Alsata (776) I 121. (j 776) II 461. (cj 778) II 651.
Osterriedt, Jerem. Eberh., Argentinensis (ph 752) I 432.
— Joh., Argentinensis (th 624) I 709.
— Joh. Dan., Argentinensis (ph 720) I 405. (cph 720) I 492. (Poës. P. P. cj 734) II 572.
— Joh. Mich., Argentinensis (ph 749) I 429. (cj 758) II 602.
Osterdag, Joh. Phil., Epsteno-Igstadiensis Hassus (th 715) I 667.
Ostertag, Mathias, Altkirchensis Alsata (m 726) II 41. (cm 729) II 157.
— Adolph. Georg., Argentinensis (784) I 170.
— Hier., Augusta-Vindelicorum (th 656) I 624.
— Joh. Bapt., Bruntrutanus (766) I 60. (m 766) II 96.
(Ostertag) Georg. Adolph., Dirmenach. Alsata (m 761) II 87. (cm 763) II 175.
— Isaac., Cleburgensis (ph 623) I 278.
Osthaus, Jos., aus Hildesheim (786) I 183. (j 786) II 484.
Oswald, Andr., Argentinensis (ph 659) I 347.
— Joan., Montisbeligardensis (m 624) II 7. (cm 624) II 124.
— Chph., Scaphusia-Helvet. (ph 625) I 279.
— Franc., Scaphusianus (ph 652) I 335.
— Joh. Hulder., Schaphusiensis (772) I 99. (m 772) II 103.
— Joh. Martin, von C. Schaffhausen (d 782) I 264. (ch 782) I 249.
— Joh., Petr., Weilburgensis (j 736) II 372.
— Joh. Steph., Wormatiensis (ph 624) I 278. (cj 633) II 500.
— Valent., Vormatiensis (ph 629) I 292.
Otho, Joh. Jac., Halâ-Coccharicus (ph 648) I 327.
— Jul. Franc., Suevo-Halensis (ph 681) I 375.
— Car. Henr., Richovillanus (ph 695) I 384. s. Ottho, Otto.
Ott, Joh. Dan., Argentinensis (773) I 101. (ph 773) I 448. (th 778) I 695.
— Joh. Georg., Argentinensis s. Otto.
— Joh. Mich., Argentinensis (ph 732) I 413. (cph 732) I 496. (cphm 735) I 570.
— Joh. Mich., Argentinensis (766) I 56. (ph 766) I 444. (cj 775) II 642. s. Otto.
— Petr., Helv. Tigurinus (m 725) II 40.
— Joh. Andr., Zeapolitanus (ph 687) I 379.
ab Ott, Andr., Nobil. Griso (j 725) II 352.
de Otten, Joh. Frid. Casp. Valent. L. B., Ratisbonensis (723) I 18.
— Frid. Carol. L. B., Ratisbonensis (719) I 16.
Ottenthal, Casp., ducat. Juliacensis (781) I 157. (j 781) II 473.
Otter, Helmicus Canuti, Haffniâ-Danus (ph 655) I 339.
— Christi., Ragnetensis (ph 631) I 297.
Ötter, Sebast., Auricoronensis (ph 628) I 290.
— Ulr., Auricoronensis (ph 628) I 290.
Otterbein, Joh. Dav., Argentinensis (ph 712) I 399.
ab Otthera, Phil. Wilh., Giessensis (ph 629) I 291.
— Joh. Jac., Cronenbergâ-Montanus (j 628) II 221.

Ottho, Joh. Henr., Spirensis (ph 657) I 342. s. Otho, Otto.
Ottlandt, Zachar., Sprottâ-Silesius (ph 650) I 333
Ottmann, Isaac., Argentinensis (ph 731) I 413. (cm 738) I 161.
— Isaac., Argentinensis (ph 761) I 439. (cm 770) II 181.
Otto, Joh. Laur., Ambergâ-Palatinus (j 635) II 234.
— Frid., Argentinensis (ph 633) I 301. (cphm 634) I 529. (cj 640) II 503.
— Georg. Henr., Argentinensis (771) I 93. (ph 771) I 447. (cph 773) I 510. (cphm 776) I 581. (cj 781) II 657.
— (Ott), Joh. Georg., Argentinensis (ph 670) I 373. (cm 688) II 144.
— (Ott), Joh. Georg., Argentinensis (ph 745) I 425. (cph 747) I 501.
— Joh. Mich., Argentinensis (ph 765) I 443.
— Joh. Seb., Argentinensis (ph 700) I 387. (cphm 704) I 560.
— Phil. Jac., Argentinensis (769) I 82. (ph 769) I 446. s. Ott.
— Frid. Reinhard., Buxovilla-Hanoicus (j 672) II 295. (cj 680) II 533.
— Phil. Jac., Buxovillanus (ph 675) I 371.
— Joh. Chph., Hasso-Darmstatinus (ph 738) I 419.
— Christian Friedr., Detting. ad Teccam (779) I 142.
— Georg., Gorlicensis Lusatus (th 662) I 632.
— Christi. Frid., Grosmilka Misnicus (m 757) II 79.
— Joh. Georg., Halensis (th 662) I 633.
— David, Hamburgensis (j 686) II 312.
— Carol. Sebast., Korcka-Hanoicus (ph 762) I 441.
— Joh. Lud., Korcka-Hanoicus (ph 759) I 438.
— Just. Jac., Korcka-Hanoicus (ph 765) I 443.
— Ludw. Wilh., Korka-Hanoicus (769) I 79. (ph 769) I 445. (cj 777) II 647.
— Gothofr. Christian., Lichtenavia-Hanoicus (j 687) II 315.
— Georg. Adam., Münchbergensis (th 681) I 650.
— Joh. Conr., Scaphusiensis (ph 747) I 428.
— Georg. Christi., Sti. Goari-Husano-Hassus (m 737) II 50. (cm 738) II 161.
(Otto) Joh., St. Goarino-Nastadiensis (th 712) I 665.
— Georg., Verbensis Marchicus (j 625) II 210.
— Frid. Carol., von Steinau a. d. Strasse (ch 783) I 250.
— Chph., Ulmensis (th 755) I 684.
— Dan. Dav., Ulmensis (ph 656) I 341.
— Joh. Adam., Ulmensis (ph 658) I 345. (cphm 660) I 542.
— Joh. Andr., Ulmanus (ph 627) I 287. (cphm 629) I 525.
— Joh. Conr., Ulmensis (j 721) II 346.
— Joh. Jac., Ulmensis (th 724) I 670.
— Joh. Paul., Ulmensis (cphm 629) I 525.
— Joh. Sebast., Ulmensis (j 625) II 212.
— Joh. Sebast., Ulmensis (m 660) II 21. (cm 664) II 137.
— Joh. Sebast., Ulmensis (ph 687) I 379.
— Marc., Ulmensis (cj 629) II 498. s. Otho, Ottho.
Otto s. a Bielfeld.
Oubril, Paul., Petropolitanus (787) I 51.
— Petr., Moscoviensis (791) I 53.
de Ow, Franc. Jos., Bavarus (699) I 11.
— Jos. Willibald, Eq. Suevus (766) I 41.
Oxenstierna L. B. in Ecka, Achatius (674) I 6.
Ozga, Abbas Alexius (766) I 41.

P.

de Paar, J. Wenceslaus Comes, Viennensis (738) I 25.
Paarmann, Petr. Mich., Lubecensis (771) I 92. (m 771) II 102. (cm 772) II 183. s. Parmann.
Pabensis s. Bamberg.
Paber, Joach. August. Andr., Soteropegus (ph 685) I 377.
Pabst, Martin., Alzai-Palatinus (ph 656) I 341.
Paccot, Joh. Bernh., Trarbacensis (ph 645) I 321.
— Otto Melch., Tronobacensis (ph 638) I 309.
de Pachner, Jos. Bernard. L. B., Manhemio-Palatinus (j 759) II 422.
Pack, Joh. Dan., Argentinensis (ph 756) I 435.
— Phil. Frid., Langstatinus (j 712) II 335.
Packmann, Georg. Frid., Heilbronnensis (ph 664) I 355.
von Packmohr, Julius Friedr., Nobil. Prussus (j 654) II 257.
Padavvin, Carol. Ant., Rastadiens. (j 742) II 387.

Padox, Joan. Franc., Castro Mosellanus in Lotharingia (j 752) II 405.
Paesler, Joh. Gottlieb, Altstadt Waldenburg Schoenburgicus (th 725) I 671.
Paetzold, Joseph., Lengerfeldensis Variscus (ph 650) I 332. s. Pezold.
Paganinus, Jos., Bellinzonensis in Elvetia (j 753) II 406.
Pagels, David Gottlob, Rugia Suecus (776) I 121. (m 776) II 108.
Pagenkop, Joach., Neo Treptoâ-Pomeranus (th 641) I 611.
Pagny, Joan. Claud., Friburgensis (cj 761) II 608.
— Joan. Claud., ex Maizières (j 757) II 416.
— Joan. Eustach., ex Maizières (777) I 127. (j 777) II 463.
Pahl, Joh. Frid., Argentinensis (cphm 670) I 547.
— Constantin., Gedanensis (j 656) II 262.
Pahlen, Frid., Soldinensis Neomarchicus (ph 649) I 329.
von Pahlen, Arendt Diedrich Baro, Livonus (725) I 19.
Le Paige, Carol. Erhard., Eq. ex Thonis in ducatu Barensi (cj 724) II 563.
Le Paige de Dommartin, Jos. Sebast., Darneio-Lotharingus (j 764) II 435. (cj 766) II 620.
— Claud. Thom., Darneyensis (cj 720) II 558.
Paillet, Henr., Montbelgardensis (j 641) II 238.
Palatinus, Jos., Leutschovia-Hungarus (770) I 87. (th 770) I 691.
Palenius, Joh., Regismont. Marchicus (th 625) I 598.
Pallas, Joan. Dieteric., Tabernensis Als. (m 753) II 71. (cm 757) II 171.
— Joh. Jac. Wilh., Tabernensis (j 713) II 336. (cj 719) II 557.
— (Palla), P., Tabernensis (cj 683) II 535.
Pallisch, Joh. Casp., Kobbersdorff. Hungarus (ph 668) I 361.
Pallot, François Xavier, de Colmar (j 748) II 396.
Palm, Joh., Saxo Brunswicensis (j 686) II 312.
— Joh. Frid., Calbe i. d. Altemark (ch 779) I 243.
— Joan. Alb., Hamburgensis (m 759) II 83.
— Phil. Sigism., Schorndorf. Wirtbergicus (m 751) II 68.
de Palm, Christi. Henr. L. B., Vindobon. Austr. (759) I 35.
Palumbus, Benj., Suecus (th 655) I 623.
—Sigfr., Suecus (ph 634) I 306.
Pambius, Christoph., Dantiscanus (th 663) I 635.
Pancko, Christi., Navenâ-Marchicus (ph 633) I 302.
Pancug, Georg. Frid., Heilbronnensis (j 674) II 299. (cj 680) II 532.
— Georg. Henr., Wimpinensis (j 645) II 243. (cj 650) II 508.
Pankaldi, Petr. Franc., Asconensis Venatus (d 768) I 223.
Pannach, Joan. Gottlob, Budissa-Lusatus (m 736) II 49.
Pannifex, Joh., Lohranus (cph 681) I 481. (cphm 682) I 552.
Pantaleon, Carol. Dominic. (j 712) II 335. (cj 713) II 552.
Pantrion, Jac. Christi., Argentinensis (ph 710) I 397.
— Joh. Jac., Argentinensis (ph 643) I 317. (cph 643) I 471. (cphm 647) I 536.
Pantzer, Joh. Adolf., Argentinensis (ph 624) I 278. (cphm 626) I 523.
— Joh. Georg., Ciza-Misnicus (ph 670) I 365. s. Panzer.
Pantzhafius, M. Joh. Georg., Uracensis (th 649/50) I 617.
Panzer, Frid., Arzbergâ-Variscus (th 642) I 612.
— Fridr. Theophil., Sulzbacensis (m 751) II 68. s. Pantzer.
Pape, Joh. Christoph., Stadensis (th 671: Joh. — *derselbe?*) I 645. (j 672) II 295. (cj 678) II 531.
Papelier, Eberh., Rupisvillensis (m 680) II 27. (cm 684) II 143.
(de) Papelier, Christi. Dav., Argentinensis (ph 763) I 442. (cj 771) II 634.
— (Pappelier), Joh., Argentinensis (ph 740) I 421.
— Joh. Dav., Argentinensis (ph 732) I 414. (cj 738) II 577.
— Joh. Frid., Argentinensis (767) I 65. (ph 767) I 444.
Papen, Theod. Christian., Werlensis (j 688) II 315.
— Joh. Frid., Wildunga-Waldeccus (j 753) II 406.
Papigny, Claud. Eleazar. Ozias, Colmariensis (j 734) II 371. (cj 737) II 576.
— Matthi., Colmariensis (j 775) II 458. (779) I 112.
Papius, Joh. Ludov., Regiomont. Borussus (m 624) II 7.
Pappelier s. Papelier.
in Pappenheim, Frid. Ernest. Comes (716) I 15.

Pappus de Rauhenzelle, Ant. L. B. (777) I 46. (j 777) II 464.
— de Rauhenzelle à Trazberg, Joan. Andr. (j 683) II 307.
Paradis, Lud., Colmariensis (j 718) II 341.
— Franc., Weissenburgensis (j 710) II 332. (cj 711) II 550.
Paraeus, Gall., Francosteniensis Silesius (th 623) I 592.
Paravicini s. Schulthess.
Pardiellan, Joan. Bapt., Landaviensis (j 761) II 427. (cj 763) II 613.
Paricius, Sigism., Vratislaviensis (th 627) I 601.
Parent, Mich., Sarlouis (774) I 111. (m 774) II 105.
Parinot, Jean Bapt., de Schirmeck (j 758) II 418.
Pâris, Bened. Jos., Rambervillensis (784) I 168. (j 784) II 478.
Parisot, Claud. Nicol., Dieuzensis (769) I 84. (j 769) II 447. (cj 771) II 635.
— Ludov., Plombières Lotharingus (786) I 181. (m 786) II 119.
Parmann, Joan. Georg., Heidelbergensis (j 655) II 260.
— Nicol., Praga-Bohemus (m 615) II 2. s. Paarmann.
Parmentier, Franc., Albimontanus (j 753) II 406. (cj 753) II 596. (cj 762) II 611.
— Carol. Jos., Lunevillanus (784) I 171. (j 784) II 479. (cj 786) II 669.
— Franc., Lunevilla natus (j 759) II 420)
— Nic. Franc., Lunevillanus (784) I 171. (j 784) II 479. (cj 786) II 669.
Parrant s. Parent.
Parrot, Joh. Jac., Moeno-Francofurtanus (m 747) II 60.
— Jonas, Francofurtanus (775) I 117. (m 775) II 107.
— Wolffg. Georg., Moeno-Francofurtanus (m 731) II 45. (cm 733) II 158.
— Carol. Chph., Montisbelgardensis (ph 748) I 429.
— Carol. Chph., Montisbelgardensis (776) I 120. (j 776) II 460.
Pascher, Joh. Adolph., Argentinensis (cph 624) I 463.
Pasquay, Petr., Moeno-Francofurtanus (m 744) II 56.
Passavant, Daniel, Basiliensis (m 747) II 60.
— Franc., Basileensis (j 627) II 216.
— Nic., Basileensis (ph 640) I 312.
Passel, Georg., Olsnâ-Silesius (j 629) II 222.
Pastoir, Frid., Heidelbergensis (th 623) I 595.
Pastorius, Joh. Mart., Argentinensis (ph 734) I 416.
— Franc. Daniel, Sommerhusano-Francus (ph 670) I 364.
de Pataschitz, Alex. Ant. Baro (717) I 15.
Patée, African., Metensis (j 713) II 336. (cj 715) II 553.
— (Pattée), Leodeg., Metensis (j 725) II 352. (cj 726) II 564.
Patot, Augustin., Decempagensis (784) I 168. (j 784) II 478.
Patrick, Phil. Henr., Argentinensis (ph 763) I 442. (cph 767) I 508. (cphm 768) I 578. (th 767) I 690.
— Dan. Frid., Trarbaco-Sponhemicus (j 680) II 303.
— Georg. Dan., Trarbacensis (j 644) II 242.
— Georg. Frid., Trarbaco-Mosellanus (ph 674) I 370.
— Joh. Chph., Trarbacensis (j 670) II 290. (cj 672) II 295.
— Joh. Henr. (*Trarbacensis: vgl. Matrikel der deutschen Nation zu Orléans*) (j 629) II 222.
Pattberg, Arn. Henr., Nikroelsanus (780) I 150. (j 780) II 471.
Pattée s. Patée.
Paty, Georg. Franc. C., Horbensis Suevus (j 728) II 358.
Patz, Joh. Phil., Usingo-Nassoicus (ph 626) I 284.
Pauelssen, Reinhold., Gedano-Borussus (m 627) II 9.
Paul, Joh. David, Altkirchâ Sundgojus (j 672) II 295.
— Carol. Ant., Augustanus (775) I 118. (m 775) II 108. (cm 777) II 188.
— Jos. Ant., Augustanus Suevus (j 737) II 375. s. Pauli.
— Carol. Ferd., Bado-Durlacensis (j 707) II 330.
— Joh. Christi, Durlaco-March. (j 707) II 329.
— Joh. Ludv., Moeno-Francofurtanus (j 648) II 247.
— Joh., Gorckovien. Bohemus (ph 630) I 293.
— Broder., Husensis Holsatus (j 624) II 210.
— Joh., Castrosylvanus Cimbria Danus (th 627) I 601.
— Frid., Landoviensis (m 734) II 47.
— Henr. Otto, Landoviensis (766) I 58. (m 766) II 96.
— Gottlieb, Lauba-Lusatus (j 680) II 303.

(Pauli) Jac., Norimbergensis (j 688) II 316.
— M. Joh. Eberh., Oettisheimensis (th 634) I 608.
— M. Joh. Adam., Weilpurg. Nassoicus (th 633) I 606.
— Joh. August., Wendelstenio-Palatinus (ph 651) I 334.
s. Paulli, Paul, Paulj.
de Pauli, Henr., Gedanensis Borussus (j 645) II 243.
Paulin, Leonard., natus Rochefortiae in Comitatu Burgundiae (j 751) II 404.
Paulinus, Joh., Lubenavia-Lusatus (th 680) I 649.
Paulitz (Paulitzius), Christi., Budissin. Lusatus (m 626) II 8.
a Paulitz, Joan. Gottlieb, Marieburg. Borussus (m 749) II 65.
Paulj, Carol. Erhard., Schopfa Marchicus (j 674) II 300. s. Pauli.
Paulli, Simon, Argentinensis (ph 680) I 374. s. Pauli.
Paumgarden s. Baumgarten.
de Paumgarten Frauenstein, Jos. Comes (773) I 44.
Paumgartner à Paumgarten, Georg. Chph., Patr. August. et Noricus (j 631) II 228.
Paur, Jonas, Viennensis (j 627) II 217.
Pausch, Otto, Kirnensis (th 624) I 597.
Pawel, Frid., Heidelbergensis (j 628) II 220.
Payen, Joan. Bapt., Metensis (j 735) II 372. (cj 736: Corniensis) II 575.
— Claud., Molshemiensis (j 703) II 327.
Payen Du Bois, Jos. Thom., Vicensis (cj 717) II 556.
Payen de Montmor, Franc. Ant., Argentinensis (j 764) II 434. (cj 766) II 620.
— (Payen), Joan. Nic., Argentinensis (j 734) II 371.
— Nic. Ant., Argentinensis (j 738) II 379. (cj 740) II 579.
— Jac. Nic. Xav., Waslenhemensis (770) I 84. (j 770) II 447. (cj 771) II 635.
le Payen, Dan. Carol., Metensis (cj 761) II 609.
Payerimhoff, Joan. Nepom. Franc., ex Landser (j 755) II 411. (cj 758) II 602. s. Peyer im Hof.
Paykull, Henr., Livonus (j 660) II 269.
Pecher, Franc., Ratisbonensis (777) I 132. (j 777) II 464.
Pechin s. Perhin.
a Pechman, Adolph. Joseph. L. B. (715) I 14.
v. d. Pechte, Albert., Hamburgensis (j 626) II 212.
Peck, Christi., Dresdensis (m 614) II 2.
Peckei, Diederich, aus Hannover (d 763) I 222.
Pegelous, Dan., Brandenburgicus (770) I 89.
Peil, Petr. Conr., Stollberga-Juliacus (770) I 88. (m 770) II 101.
— (Peill), Arnold., Embrica-Cliviac. (j 649) II 247.
Peine, Gottlieb Bernhard, Hildesheim. (m 747) II 60.
Peiper, Christoph., Laubâ-Lusatus (ph 631) I 296.
Peippel, Joan. Henr. Nic., Ratisponensis (m 768) II 98.
Peireaud, Ant. Zenob., Hagenoensis (j 712) II 335.
Peirol, Phil. Jac. Ign., Colmariensis (j 764) II 436.
Peissel, Frid. Ludolph., Ottendorpio-Misnicus (767) I 68. (m 767) II 98.
Peithman, Wilh. Lud., Osnabr. Westphalus (j 731) II 365.
Pejer s. Peyer.
Pelargus, Joh., Francof. Marchicus (m 616) II 3.
Pelé, Pierre (d 698) I 206.
Peletier, Joh. Jac., Montisbelgardensis (ph 669) I 363.
— Leop. Georg., Montisbelgardensis (ph 697) I 384.
Pelicanus, Christian., Teschinensis Silesius (th 657) I 627.
— Daniel, Troppavia-Silesius (m 617) II 3.
Pelizaeus, Joh. Bend., Rittberga Westphalus (m 757) II 79. (m 758) II 172.
Pellicerus, Adolph., Holsatus (j 625) II 210.
de Pelsern, Joan. Leonard., Austriaco-Viennensis (j 739) II 380.
Peltzer, Arnold., Hattnegâ-Westphalus (j 660) II 269.
Pelzer, Joh. Math., Dulcimontano-Mosellanus (th 730) I 674.
à Pemberg in Edling et Zerlach, Joh. Carol., Nobil. Styrus Graecensis (j 631) II 227.
Pendorff, Jac., Cizensis Misnicus (j 673) II 298.
Penius, Joh. Jac., Argentinensis (ph 634) I 303. (cph 634) I 468.
Penshorn, Dav., Hamburgensis (j 630) II 225.
a Pentzig, Wigand. Adolph., Lusatus (j 655) II 258.

a Penzelin, Baro, s. Malzan.
Perbal, Franc., ex Baillieux Lotheringus (j 745) II 390.
Perdricius s. Perdrix.
Perdrix (Perdricius), Joh. Georg., Montbelgardensis (ph 645) I 321.
— Joh. Nic., Montbelgardensis (j 679) II 303.
— Joh. Urban., Montbelgardensis (j 727) II 357.
— Leonh., Mombelgardensis (ph 634) I 305.
— Leop. Frid., Montisbelgardensis (j 681) II 305.
Perfues, Jac. Christoph., Suevus (j 684) II 307.
Pergaud, Jac. Aug., de lisle sur le dous (!) dioc. de Besançon (d 765) I 223.
Perger, Joh. Frider., Ratisponensis (m 634) II 13.
— Petr., Ratisbonensis (j 647) II 245. s. Berger.
de Perglas, Ant. Baro, Bohemus (766) I 41.
Perhin, Frid. Christian., Montbelgardensis (777) I 127. (j 777) II 463.
Perin, Carol. Franc., Lunévillanus (778) I 138. (j 778) II 466. (cj 780) II 654.
— Claud. Franc., Metensis (770) I 86. (j 770) II 448. (cj 773) II 638.
— (Perrin), Jac., Metensis (j 760) II 423. (cj 761) II 608.
— Nic., ex Reherez Brouvillanus (777) I 126. (j 777) II 462. s. Perrin.
Periné, Claud. Franc., Castromozellanus dioc. Tullensis (j 751) II 403.
Peristerius, Wencesl., Gutteno-Bohemus (m 612) II 1.
de Perkenthin, Hinr. Dietrich Baro, Megapolitanus (718) I 16.
Perkins, Georg., Anglus Londinensis (m 626) II 9.
Perlet, Georg. Frid., Dürckheimensis (th 764) I 689.
Perlowitz, Andr., Batthensis Hungarus (j 627) II 217.
Pernot, Joan. Nic. Ferdin., Romaricomontanus (770) I 88. (j 770) II 449. (cj 772) II 637.
Perot, (Jac.) Aloys. Casim., Argentoratensis (784) I 172. (j 784) II 479. (cj 788) II 673.
Perregaux, Frid., de Neuchatel (775) I 116. (m 775) II 107.
Perrelet, David, Neocomensis (766) I 61. (m 766) II 96. (cm 770) II 182.
Perreon, Jul. Frid., Montbelgardensis (th 622) I 593.
Perressue, Joh. Petr., Montispessulanus (787) I 184.
Perrin (Petin?), Lud. Augustin., Argentinensis (j 765) II 437. (cj 768) II 627.
— Petr. Augustin., Argentinensis (j 721) II 347. (cj 723) II 561. s. Perin.
Perrin de Brichambeau, Steph. Athanas., Nanceianus (cj 724) II 562.
Perrollar, Jean Maurice, de Gravin en Savoye (ch 781) I 246.
Perrottey, Joa. Bapt., ex Freiz (788) I 190. (j 788) II 488. (cj 789: ex Plainfaing) II 676.
— (Perrottin), Joa. Bapt., Fraiziensis Lotharingus (j 761) II 428. (cj 762) II 612.
Perry, Joan. Franc., Schirmeckensis (j 713) II 336. (cj 715) II 553.
— Petr., Schirmeckensis (j 718) II 340. (cj 721) II 559.
Persbaecher, Phil. Nicol., Babenhusanus (ph 633) I 300.
Perthes, Joh. Just., Erffurtensis (m 725) II 40.
Pertsch, Steph. Casp., Barutho-Francus (m 685) II 28. (cm 685) II 143.
Peschier, Carol. Ant., Genevensis (m 759) II 83.
de Pesing s. Huser de Pesing.
Pestaluz, Caesar Maria, Vienensis (j 669) II 289.
— Steph., Vienna Austrius (cj 662) II 517.
De Pestaluzzi, Hercul., Curia Rhaetus (j 752) II 404.
Pestel, Jean, Rinthela-Westphalus (th 680) I 649.
Pestell, Dav., Mindensis (j 635) II 234.
de Petenegg, Ant. Jac., Styrus Graecensis (j 720) II 345.
Peter, Jac. Jos., Ensishemianus in sup. Alsatia (789) I 198. (j 789) II 491.
Petermend, Ant., Hericurianus (ph 660) I 348.
Peters, Joach., Lubecensis (j 642) II 239.
Petersen, Magn., Danus (789) I 198.
— M. Joh., Ditmarsus (th 657) I 626.
— Joach., Hamburgensis (j 637) II 225. (cj 637) II 502.
— Dithmar., Lubecensis (th 623) I 592.
— Phil. Henr. Gerh., Tabernae-Montano-Bipontinus (771) I 94. (m 771) II 102. (cm 772) II 183.
Petersohn, Carol. Frid., Carolsruhanus (772) I 101. (th 772) I 693.

a Peterswaldau, Abrah., Silesius (j 626) II 213.
Petin s. Perrin.
Petit, Joh. Ant., Argentinensis (789) I 195. (j 789) II 490.
— Petr. Nic., Argentinensis (j 758) II 418.
Petitbon, Joan. Bapt., Decempagensis (781) I 155. (j 781) II 472. (cj 783) II 662.
— Nic. Carol., Decempagensis (775) I 115. (j 775) II 459. (cj 777) II 648 (Nic. Franc.).
Petitmaitre, Joh. Petr., Neostadiensis (m 757) II 78.
— Louis, d'Yverdon (m 759) II 83.
Petitpierre, Joh. Bapt. Henr., Neobrisacensis (787) I 187. (j 787) II 486. (cj 788) II 674.
a Petkow, Andr., Prussus (j 655) II 258.
Petra-fontan., Joh., Danus (m 622) II 6.
Petrement, Joan. Bapt., Metensis (cj 724) II 562.
Petrer, Nicol. Daniel, Nanceianus (m 753) II 71.
Petretti, Mich. Phil., Germersheim. Palatinus (m 758) II 82.
Petri, Joh. Frid., Durlacensis Marchicus (th 732) I 674.
— Joh. Casp., Fridberg. Wetteravus (ph 670) I 364. (cphm 673) I 549.
— Joh. Georg., Wetterav. Fridbergensis (th 713) I 665.
— Joh. Gerh., Friedberga - Wetteravus (th 695) I 657.
— Joh. Thom., Fridberga-Wetteravus (th 697) I 658.
— Georg. Henr., Giessensis Hassus (th 664) I 635.
— Conr., Meckesheimensis Palatinus (773) I 104. (ch 773) I 231. (m 773) II 104. (cm 774) II 185.
— Gotfr. Christian., Offweilano-Hanoicus (ph 732) I 414.
— Theochar., Rhandrusiensis Danus (th 631) I 604.
Petrini, Frantz, von Berlin (d 767) I 223.
de Petrischeff, Stephan., Petropolitanus (770) I 87.
Petrosil, Joh. Mich., Wormatiensis (j 746) II 392.
Petrus, Joan, Besançon (m 746) II 60. s. Pierre.
Petrys, Joan. Rener., de Ferrot Alsata (j 686) II 312.
Petsch, Joh. Lud., Palatino-Grunstadiensis (j 739) II 381.
— Joh. Christmann., Spirensis (ph 652) I 335.
Petschke, Matthae., Budissinâ - Lusatus (j 626) II 216.
Pettenkover, Joh. Daniel, Geinsheimensis (ph 661) I 349.
— Georg. Lud., Wormatiensis (ph 665) I 357. (cm 671) II 139.
Petter, Joh. Rudolph., Retterschen Tigurinus (780) I 147. (m 780) II 113.
Petters, Jos. Felix, Argentinensis (787) I 188. (j 787) II 486.
Pettmann, D. Ph. B., Moeno-Francofurtanus (m 751) II 69.
Pettmesser, Franc. Jos., Argentinensis (773) I 103. (cj 775) II 644.
— Jos. Henr., Argentinensis (cj 751) II 593.
— Andr., Weyersheimensis (j 738) II 378. (cj 740) II 579.
— Franc. Ant., Weyersheimensis (j 743) II 388.
— Joan. Phil., Weyershemensis (j 730) II 363. (cj 733) II 571.
— Jos. Henr., Weyersheimensis (cj 714) II 553.
Petz, Pius, Norimbergensis (j 643) II 240.
— Joan. Phil. Ant., Schoenfelda-Schwarzenberg. (m 747) II 61.
Petzel s. Pezel.
Petzold, Joh. Andr., Norimbergensis (ph 631) I 296. s. Paetzold, Pezold.
de Pexonne, Louis (771) I 43.
Peyer, Alex., Scaphusio-Helvetus (j 651) II 252.
— Balthas., Scaphusa-Helvetus (th 725) I 671.
— Bernhard., de Schaffhouse (j 729) II 359.
— Christoph. Franc., Scaphusia-Helvetus (j 757) II 414.
— Joh., Schaffhusianus (th 621) I 592.
— Joh. Andr., Scaphusia-Helvetus (ph 625) I 281.
— Joh. Conr., Scaphusianus (j 724) II 350.
— Joh. Frid., Chaphusia-Helvetus (j 633) II 232.
— Joh. Jac., Scaphusianus (ph 685) I 377.
— Joh. Jac., Scaphusanus (m 722) II 39.
— Joh. Jac., von Schaffhausen (j 738) II 378.
— Joh. Jac., Schaffhausensis (766) I 59.
— Joh. Jac., Schafusiensis (779) I 143. (m 779) II 112.
— Joh. Ludov., Scaphusia-Helv. (j 633) II 231.
— Joh. Ludov., Schaffusiensis (ph 660) I 348.
— Salomon, Scaphuso-Helv. (m 754) II 74.

(Peyer) Tobias, Scaphusianus (ph 641) I 313.
— im Hof, Bernh. Schaffusiensis (j 757) II 416.
— — Didacus, Schafusiensis (cj 739) II 581.
— — Joh., Scaphusianus (ph 645) I 322.
— — Joh. Conr., Schaffusiensis (j 751) II 403.
— — Joh. Jac., Scaphusia-Helv. (cj 726) II 353.
— — Joh. Jac., Schaffhausen (j 756) II 413.
— — Joh. Hulderic., Scaphusianus (ph 645) I 322. s. Payerimhoff.
Peyrater, Georg. Heinr., Heilbronnensis (j 661) II 271.
Pezel, Georg. Adam., Argentinensis (ph 742) I 422. (cj 751) II 593.
— (Petzel), Joh. Godofr., Argentinensis (788) I 192. (ph 788) I 457.
— Joh. Ern., Engavillâ-Alsata (th 712) I 665.
— Jac., Wonsidelia-Variscus (th 668) II 641. (cphm 671) I 547.
Pezold, Chph., Lengenfeldensis Variscus (th 667) I 640. (m 667) II 224.
Pezoldt, Carl Siegmund (j 661) II 270.
Pezzi, Franc., Genevensis (782) I 160. (j 782) II 474.
Pfaehler, Joh., Argentinensis (ph 732) I 414.
— Joh. Godofr., Argentinensis (ph 728) I 410. (cm 734) II 159.
— Joh. Godofr., Argentinensis (ph 765) I 443. (cm 774) II 184.
— Joh. Godofr., Argentinensis (792) I 202. (ph 792) I 459.
— Joh. Jac., Argentoratensis (cphm 699) I 558.
— Phil. Frid., Argentinensis (773) I 101. (ph 773) I 448. (cm 783) II 195.
— Gottlieb Frid., von Unterweisach i. Württ. (ch 791) I 261.
Pfaff, Nicol. Sever., Arnsteto-Thuringus (ph 645) I 321.
— Eberhard. Dieteric., Darmstadinus (j 731) II 364.
— Joh. Casp., Petrovillanus (th 693) I 656.
— Joh. Andr., Spirensis (ph 627) I 286. (cphm 628/29) I 525.
— M. Joh. Wilh., Uracensis (th 634) I 608.
Pfaffenberg, Georg., Franckfurth a. Mayn (ch 780) I 245.
Pfäfflin, Joh. Henr., Reuttlingensis (th 669) I 642.
— Joh. Casp., de Reuttlingue (j 662) II 272.
Pfaffreutter, Georg. Adam., Ratisponensis (j 657) II 263.
— Hier., Ratisponensis (j 661) II 271.
— Joh. Casp., Ratisbonensis (j 688) II 316.
— Joh. Salom., Ratisbonensis (th 654) I 622.
Pfältzer, Guil., Osnabr. Guestphalus (j 624) II 209.
Pfalz, Phil. Petr., Wormatia-Palatinus (ph 756) I 435.
Pfalzer (Pfalzel), Joh., Argentinensis (781) I 158. (ph 782) I 454.
Pfalzgraf bei Rhein (Comes Palatini Rheni),
— Adolf. Joh. iunior (680) I 7.
— Dux Bavariae et Comes Veldentiae, Aug. Leop. (677) I 6.
— Dux Bavariae, Comes Veldentiae, Sponhemii et Rappoltstenii, Dominus in Hohenack etc., Christi. III (684) I 8.
Pfanner, Balthas., Mannheimensis (j 740) II 383.
— Mich., Vienn. Austrius (ph 630) I 293.
Pfannmüller, Joh. Wilh., Darmstadinus (j 666) II 283.
Pfarrius, Wilh., von Meissenheim (ch 777) I 238.
Pfau, Bernh. Chphr., Anhaltinus (j 657) II 263.
Pfaudt, Joh. Phil., Noribergensis (ph 640) I 312.
Pfauth, Joh. Frid., Argentinensis (771) I 93. (ph 771) I 447. (th 778) I 695.
— Phil. Jac., Argentinensis (770) I 88. (ph 770) I 446.
Pfeffel, M. Joh. Conr., Augustanus (th 659) I 628.
— Joh. Frid., Augustanus (ph 691) I 381.
— Christi. Frid., Colmar. Alsata (ph 742) I 422.
— Theoph. (Gottlieb) Conr. Aug., Colmariensis (789) I 198. (j 789) II 491.
— Joh. Christoph., Mundinga-Marchicus (ph 702) I 388.
— Lud. Aug., Ratisbonensis (777) I 129. (j 777) II 463.
— Christian. Hubert., Versaliensis (781) I 155. (j 781: Argentinensis) II 473. (cj 784) II 665.
Pfeffer, Georg. Phil., Laubaco Solmensis (776) I 122. (m 776) II 108.
— Henr., Obrentorf. Bremensis (ph 629) I 293.

Pfeffinger, Dan., Argentinensis (ph 677) I 371. (Poet. L. 680) I 587. (Theol. D. 705) I 704. (cphm 680) I 551.
— Dan., Argentinensis (ph 704) I 390.
— Dan., Argentinensis (ph 720) I 405.
— Joh., Argentinensis (ph 743) I 423. (cm 751) II 168.
— Joh., Argentinensis (772) I 96. (ph 772) I 447. (cm 783) II 194.
— Joh. Dan., Argentinensis (ph 693) I 382.
— Joh. Frid., Argentinensis (ph 683) I 376.
— Joh. Frid., Argentinensis (ph 718) I 403. (cj 726) II 564.
— Phil. Jac., Argentinensis (781) I 153. (ph 781) I 453. (cj 791) II 678.
Pfeiff, Daniel, Sedinensis (th 646) I 614.
Pfeiffer, Joh., Argentinensis (791) I 202. (ph 791) I 459.
— Joh. Jac., Argentinensis (791) I 202. (ph 791) I 459.
— Gabr., Bernburanus Allgojus (j 700) II 325.
— Joh. Mart., Moenofrancofurtanus (ph 659) I 346.
— Bernard., Hagenoensis (767) I 69. (j 767) II 443. (cj 771: Bern. Norbert.) II 633.
— Franc. Jos., Hagenoensis (783) I 164. (j 783) II 476.
— Georg. Theophil., Jagsthusanus (th 726) I 672.
— Joh. Melch., Coburgo-Francus (ph 646) I 323.
— Joh. Casp., Nassoicus (j 687) II 313.
— Joh. Bernh., Saraepont. Westriac. (ph 666) I 359.
— Joh. Phil., Saraepontanus (j 664) II 277.
— Andr., von Scharrach Bergen (ch 777) I 239.
— Johan Frid., Stuttgardianus (m 750) II 66.
Pfeil, Joh. Chph., Argentinensis (ph 650) I 333.
— Leo, Argentinensis (ph 673) I 368.
— Joh., Bingenheimensis Wetteravus (th 663) I 634.
— Joh. Casp., Gundelfinga-Brisgoius (th 624) I 593. 709.
— Joh. Wolffg., Gundelfingâ-Brisgoius (cj 632) II 500.
a Pfeil, Sigism. Ludov., Silesius (j 652) II 253.
Pfeilsticker, Adam., Nicro-Lauffensis (j 634) II 233.
Pfender, Joh. Adam., Pfaffenhovensis (ph 691) I 381.
Pfendler, Gotthard., Sigersdorfio-Lusatus (ph 644) I 318.
Pfenning, Jac., Mariaeburgensis Prussus (j 652) II 254.
— Joan. Ignat. Georg., Mergentheimensis (j 755) II 411.
— M. Ulr., Reutlingensis (th 662) I 632.
Pfenninger, Joh. Casp., von Stäffen a. Zürichsee (ch 780) I 245.
Pfetscheit, Petr., Lunenburgensis (ph 666) I 359.
Pfieninger, Joh. Conr., Tubingensis (ph 625) I 280.
Pfiffer s. Pfyffer.
Pfingsten, Joh. Herm., Stuttgardi Wirtembergensis (776) I 120. (j 776) II 460.
Pfintzing, Georg., Norimbergensis (j 621) II 204.
— vom Henffenfeldt, Carol., N(oribergensis) (j 629) II 223.
Pfinzing s. Pfintzing.
Pfinzinger, Christoph. Guil., Noricus (ph 642) I 316.
Pfirmann, Andr., Woertheimens. Alsata (781) I 154. (j 781) II 472. (cj 785) II 667.
Pfister, Joh. Jac., von Greiffensee C. Zürich (ch 779) I 243.
— M. Salom., Heydenhemio-Württembergicus (th 712) I 665.
— Joh. Georg., Rotenburgo-Tuberanus (ph 623) I 275. (th 624) I 597.
— Joh. Casp., Suevophordo-Francus (j 654) II 257.
Pfisterer, Joh. Georg., Rotenburgo Tuber. (j 637) II 235.
Pfitzer, Joh. Phil., Nassa-Sareponto-Westriacus (ph 626) I 283. (cm 634) II 128.
— Matthi., Saraeponto-Nassoicus (ph 630) I 294. s. Pfizer.
Pfitzinger, Joh. Adam, aus dem frhrl. Berlingischen Ort Hüngheimb (ch 776) I 237.
— Joh. Conr., Niederbronnensis (787) I 188.
Pfizer, Joh. Nicol., Noribergensis (m 658) II 20. (cm 659) II 135. s. Pfitzer.
Pflaum, Joh. Dan., Argentinensis (ph 703) I 390.
Pfleger, Joh., Augustanus (ph 653) I 336.
Pfléguer, Jean Henry, Aroviensis (778) I 137. (m 778) II 111.
Pfleiderer, Joh. Jac., Kircho-Teccensis (768) I 76. (m 768) II 99.
Pflieger, Franc. Ant., d'Altkirch (773) I 101. (j 773) II 454. (cj 775) II 642.

Pflug, Andr. Frid., Baruthinus (m 756) II 77.
— Andr. Gotthard Frid., von Wezlar (ch 783) I 251.
Pflüger, Joh. Petr., Buxovilla-Hanoicus (ph 663) I 353. (cphm 666) I 545.
— Joh. Sam., Buxovillanus (ph 694) I 383.
— Georg., Ersingâ-Ulmanus (th 632) I 605.
— Joh., Trakhenburg. Styrus (ph 626) I 283. s. Pfluoger.
Pflugfelder, Phil. Jac., Düsseldorpiensis (792) I 203. (m 792) II 122. (cm 792) II 200.
(von) Pflugk, Alex., Eq. Misnicus (j 630) II 225.
— Damian. (j 621) II 204.
Pfluoger, Ursus Jos., Solodoranus (m 736) II 49. s. Pflüger.
Pfordt (Porta), Marcus, Augusta-Vindelicus (ph 632) I 299. (cphm 634) I 529.
Pfotenhauer, Nic., Ihnensis Thuringus (j 624) II 209.
Pfretzschner, Nic., Olsnitio-Variscus (cphm 622) I 519. (Poet. L. 622) I 586.
Pfreumder, Joh. Christoph., Egrâ-Bohemus (ph 622) I 273.
Pfundt, Joh. Ludw., Argentinensis (ph 713) I 400.
Pfyffer ab Altishoffen, Aloys., Lucernas Helvetus (770) I 87. (j 770) II 448.
— de Wyher, Conr. Leontius, Lucern. Helvetus (774) I 106.
Pheulpin, Felix (s 785) I 267.
Philbert, Franc. Ant., Tabernensis (j 738) II 378. (cj 741) II 579.
Philgus, M. Balthas., Campidonensis (th 623) I 594.
— Balthas., Lindaviensis (ph 650) I 333.
— Joh. Jac, Wisbadia-Nassovius (m 746) II 60.
Philipert s. Scherer.
Philippi, Isaac., Argentinensis (772) I 98. (ph 772) I 448.
— Andr., Bocnem. Saxo (ph 633) I 302.
— Mart., Hetturiensis Transylvanus (th 664) I 636.
— Christi., Henr., Lunaeburgensis (j 685) II 310.
Philipson, Bernh. Jos., Monasterio-Guestphalus (j 725) II 352.
à Phingsthorn, Constantin., Coloniensis (j 668) II 285.
Phoenius, Ulr. Adam., Stadio Wetteravus (j 669) II 289.
Phrysius, Martin., Wolffgangheim. Richovillanus (ph 622) I 274.
Pibault, Michael, de St. Amand en Bourbonnais (777) I 126. (m 777) II 109. (cm 779) II 190.
Picard, Nic. Jos., Metensis (j 741) II 385. (cj 742) II 581.
— Steph. Jos., Metensis (j 741) II 385. (cj 742) II 581.
Piccard, Joh. Ge., Argentinensis (ph 648) I 326.
Piccart, Joa. Andr., Swinfurto-Francus (th 641) I 611. (cphm 642/43) I 533. (Th. D. 653) I 702.
— Wolfg. Jac., Suinfurto-Francus (j 644) II 242. (cj 649) II 507. s. Biccart.
Piccot, Joan. Mart., Langen-Candelanus (772) I 100. (j 772) II 453. (cj 774) II 640.
Pichler, Sigism., Esslingensis (ph 661) I 350.
— Wolfg., Esslingensis (ph 656) I 341.
— Sigism., Grieskirchâ-Austriacus (th 623) I 595. (cphm 626) I 522.
— Joan. Fred., Ludovicoburgensis (779) I 139. (m 779) II 111. (cm 781) II 192.
— Aloys., ex valle Zillerana Salzburgens. (783) I 167. (j 783) II 477.
Pick, Ant. Remig., Argentinensis (j 714) II 337. (cj 715) II 554.
— Georg. Frid., Argentinensis (793) I 203. (ph 793) I 460.
— Herm. Franc., Argentinensis (j 708) II 331. (cj 714) II 553.
Pickhard, Joh. Wilh., Montensis (ch 774) I 234.
Pictetus, Andr., Genevensis (j 626) II 214.
Picquant, Sebast. Alexi., Thiacuriensis (j 760) II 423. (cj 761) II 608.
Picquet, Franc. Jos., ex Alba groeca (cj 752) II 594.
Pidot, Franc. Xav., Levoncourt-Alsata (781) I 153. (j 781) II 472.
Piehl, David. Herm., Hamburgensis (780) I 147. (j 780) II 470.
Pielnhuber, Joh., Hemmavio-Neoburgio-Palatinus (j 638) II 236.
— Wolfg., Hemmaviensis Palatinus (j 633) II 231.
Pierer, Georg. Petr., Ratisponensis (m 665) II 53. (cm 669) II 139.
Pierrard, Car. Christoph., Vinstingensis (j 754) II 408. (cj 755) II 599.
Pierre, Jean Franç. Blaise, Gyacensis (772) I 99. (j 772) II 453.
— Joan. Franc., de Jouy Metensis (cj 720) II 558.
— Claud. Nic., Castrosalinensis Lotharingus (j 765) II 437.

(Pierre) Augustin. Lud. Mich., Colmariensis (766: Bierre) I 57. (j 766) II 439. (cj 768) II 626.
— Franc. Jos. Ant., Colmariensis (777) I 128. (j 777) II 463. (cj 780) II 655.
— Jac. Franc. Xav. Mich., Colmariensis (773) I 101. (j 773) II 454. (cj 775) II 643.
— Jac., Virdunensis (j 721) II 346. (cj 722) II 560. s. Petrus.
Pierron, Joh. Lud., Albimontanus (789) I 198. (m 789) II 121.
— Joan. Georg., Bettwillanus (769) I 81. (j 769) II 447. (cj 772) II 636.
— Carol. Aug., Dieuzensis (j 740) II 382. (cj 742) II 581.
— Carol. Augustin., Decempagensis (775) I 115. (j 775) II 459. (cj 777) II 649.
— Nic., Metensis (cj 716) II 555.
— Jos. Dominic. Sebast., Sarburgensis (772) I 96. (j 772) II 452.
— Joh., Tabernensis (772) I 96.
— Jos., Viler la Montagne Lotharingus (782) I 158. (j 782) II 474. (cj 784) II 666.
Pierson, Joan. Jos., Lunevillanus (777) I 128. (j 777) II 463.
Pietton, Franc., ex Creutzwald. (j 733) II 369.
Pigar, Car., Bruxellensis (cj 722) II 560.
Piler, Joh. Cunr., Rothensis (ph 625) I 280.
— Nic., Rothensis (ph 625) I 280.
Pilger, Erhard., Heidelbergensis (ph 672) I 367.
Pilgram, Jerem., Noribergensis (j 645) II 242.
Pillement, Nic., natus Tulli Leucorum (j 749) II 398. (cj 750) II 592.
Pillinger, Nic., Argentinensis (th 663) I 635.
de Pimodan de Montreville, Joan. Nic., Metensis (cj 724) II 562.
Pimpelius, Andr., Oberehnhemensis (m 693) II 30. (cm 698) II 146.
Pin, (Jac.) Ignat., Argentinensis (j 738) II 379. (cj 747) II 586.
— Lud. Renat. Paul. Jos., Argentinensis (j 724) II 350. (cj 726) II 565.
— Paul. Mich., Argentinensis (j 730) II 363.
Du Pin, Claud., Eques Castrorodulphus in Ducatu Bituricensi (j 731) II 569.
Pinckesius, Zachar., Weissenburgo-Noricus (ph 669) I 362.
Pinzierus, Lud., Marpurgensis (ph 634) I 304.
Pipani, Franc., Posonio-Hungarus (785) I 178. (m 785) II 118.
Piper, Frid., Spandoviens. Marchia-Brandeburgensis (j 660) II 269. (j 670) II 290.
Pirch, Gregor., Dantisco-Borussus (j 623) II 205.
Pirckenstock, Mich., Salmbacensis (j 755) II 411.
Pirscher, Christoph., Cellichiensis Silesius (th 623) I 595.
— Melch., Neostadiensis Silesius (j 669) II 288.
Pisany, Lud. Franc., Avenionensis (j 751) II 404.
Piscator, M. Joh. Vit., Neustadensis Bavarus (th 651) I 618.
— Christian., Tabernaemontanus (th 621) I 591. s. Fischer.
Pistor, Paul., Esslingensis (ph 659) I 345.
— Phil. Frid., Moeno-Francofurtanus (j 698) II 321.
— Christian. Frid., Württ. Stuttgardianus (m 723) II 39. (cm 726) II 156.
Pistoris, Joh. Phil., Moeno-Francofurtanus (m 680) II 27.
Pistorius, Joh., Arnstadensis Tyringus (m 645) II 16.
— Melch., Augustanus (ph 634) I 304.
— Georg. Chph., Dürnhemio-Palatinus (th 695) I 657.
— Marc. Jos., Gengenbacensis (j 686) II 312.
— Joh. Frid. Vollrath., Hoenloicus (j 728) II 358.
— Joh. Nic., Mörchingensis (ph 639) I 310.
— Georg. Guil., Naila-Variscus (th 656) I 625.
— Phil. Lud., Wormatiensis (j 665) II 282.
— Joan. Martin. (j 680) II 304.
Piton, Joh. Henr., Argentinensis (ph 734) I 415.
— Joh. Jac., Argentoratensis (d 749) I 218.
— Joh. Henr., Mannhemio-Palatinus (th 764) I 689.
Pitoux, Joan. Basil., ex Bourdonnay dioec. Metensis (774: ex fano S. Nicolai Lotharingus) I 109. (j 774) II 457. (cj 776) II 645.
Pitzler, Herm. Andr., Friedberga-Wetteravus (j 737) II 375.
Pivollot, Franc. Petr., Argentinensis (j 754) II 409.
Plaicher, Alex., Grossensachsenheimensis Palatinus (m 764) II 91.
Planck, Leon. Sam., Palat. Ambergensis (d 715) I 208.

(Planck) Jac. Paul., Argentinensis (ph 633) I 303.
Planer, Matthae., Byruthinus (ph 642) I 316.
— Joh. Andr., Esslingensis (m 648) II 16. (cm 650) II 132.
— Georg. Andr., Heidenheim. Würtemberg. (m 736) II 48. (cm 737) II 160.
— Ignat., Stuelingens. Suevus (j 687) II 314.
a Planta, Andr., de Wildenberg Rhaetus (j 733) II 370.
— Frid. Meinrad, de Vildenberg (735) I 23.
— Joh., Rhaetus (j 739) II 382.
— Joh., Süss in Grauenpündten (m 755) II 76.
Plantz, Joh. Reinh. Melch., Kirtorff-Darmstadtinus (m 763) II 90.
Plappert, Christoph. Petr., Wormatiensis (ph 704) I 390.
— Leop., Wormatiensis (ph 674) I 370.
— Joh. Hartm. (d 715) I 208.
Plarr (Plarrius), Joh. Frid., Argentinensis (ph 737) I 418.
— Joh. Mich., Argentinensis (ph 740) I 421.
— Joh. Phil., Argentinensis (ph 745) I 425. (cj 758) II 602.
— Fridr. Franc. (ph 757) I 437.
a Plassenberg, Georg. Guil. L. B., Baruthinus (j 726) II 355.
Plassiard, Joh. Jos., Lunevillanus (782) I 159. (j 782) II 474. (cj 784) II 663.
Plate, Joh., von Assell (j 670) II 293.
von Platen, Wilken, Rugianus (j 625) II 211.
Plater jun., Felix, Basiliensis (m 660) II 21.
Platner, Joh. Zach., Chemnic. Misnicus (m 718) II 36.
Plato alias Wild, Georg. Theophil., Ratisbonensis (m 729) II 43.
Plattensteiner, Joh. Christophor., a Nürnberg (j 748) II 397.
Platz, Hieronym., Augustanus (m 623) II 7.
— Georg. Mich., Wertheimensis (th 712) I 665.
— Phil. Jac., Wertheimensis (ph 699) I 387.
— Joh. Paul., Wormatiensis (j 659) II 267.
Platzheim s. Blatzheim.
Plavia (Plauen), domin. in, s. Reuss.
Plech, Joh. Gabr., Ambergensis (ph 625) I 280.
du Plein Baron de Cerdignan, Charles Guy. Gerard (685) I 50.
Pleis, Hieronym., Dransfeldensis (ph 629) I 292.
de Plettenberg, Ferd. Christoph. Albert. L. B. (699) I 11.
— Franc. Arnold. L. B., Ratisbonensis (737) I 25.
Plettlin, Leonh., Ulmensis (ph 623) I 274. (cphm 624) I 521. (th 624) I 708.
Pletz, Theod. Frid., Oppenhemio-Palatinus (j 628) II 221.
Plicard, Joan. Nic., Metensis (cj 729) II 567.
Plierue, Joan. Petr., Metensis (j 763) II 432.
Plocius, Dav., Ascaniensis Saxo (j 630) II 226.
Plöger, Joh. Chph., Bilefeldia-Westphalus (j 679) II 302.
de Plomann, Joh. Laur., Petropolitanus (773) I 44.
Plonnies, Frid., Lübecensis (j 627) II 216.
(von) Plotho Frh. zu Engelmünster, Edler Herr, Fried. (600) I 11.
— Werner Siegfried (725) I 19.
— Frid. August., Magdeburg. (725) I 19.
Plötzlinger, Albert., Truppaco-Culmbacensis (ph 641) I 313.
Plugner, Lud., Budingen (m 746) II 60.
Plumetter, Daniel, de Payerne C. Bern (ch 786) I 255.
Plumex, Ludov., Vallesianus (769) I 84.
Plumius, Frid. Claudii, Danus (th 666) I 639.
— Joh. Claudii, Hafnia-Danus (th 655) I 623.
von Podewils (Pudewels), Otto G., Nobilis Prussus (j 625) II 212.
Poelken, Christoph., Hannoveranus (th 720) I 669.
a Poelnitz s. a Pölnitz.
Poepple, Phil. Jos., ex Insula S. Ruperti (772) I 98. (ph 772) I 448.
Poerner, Christi. Maurit., Roppenheimensis (ph 694) I 383.
Poërson, Franc. Valent., Vicensis (j 742) II 386. (cj 743) II 582.
— Franc. Valent., ex episcopatu Metensi Vicensis (j 750) II 401. (cj 752) II 595.
Pogner, Joh. Otto, Sittendorff. Austriacus (ph 641) I 313. s. Bogner.
de Pogwisch s. Powisch.
Pohl, Joh. Ehrenfried, Lipsiensis (772) I 99.
— M. Chph., Vratislaviensis (th 659) I 629.

Pohlman, Henr., Hamburgensis (j 657) II 263. (cj 659) II 513.
Poincelot, Carol., Tullensis (j 727) II 356. (cj 729) II 567.
Poinsignon, Lud. Ign., Hagenoensis (785) I 176. (j 785) II 481.
Poirot, Franc. Jos., Argentinensis (cj 747) II 586.
— Franc. Jos., Ensishemianus (cj 716) II 555.
— Phil. Jac. Ign., Colmariensis (cj 765) II 619.
— Jos., Labasse Lotharingus (780) I 145. (j 780) II 469.
— Jos., Nanceianus (j 729) II 361.
— Franc. Jos., Wasslenheimensis (j 745) II 391.
— Franc. Xav., Wasselenhemensis (j 763) II 431. (cj 763) II 613.
Poitevin, Jean Adam Pierre, Viennensis (788) I 192. (j 788) II 488.
Pök, Joh. Ludov., Ulmensis (ph 658) I 344. (cj 662) II 516.
— (Pöckh), Laur., Ulmensis (j 672) II 295. s. Boeckh.
Pol, Dominic., Herga Metensis (m 771) II 103.
Polch, Joh. Jac., Argentinensis (ph 748) I 428.
Polcke, M. Franc., Wratislav. Silesius (th 670) I 644.
Polemann, Petr., Stetinensis (j 642) II 239.
Polenoff, Alexius, Petropolitanus (ph 762) I 441.
å Polentz, Adam. Rudolph., Eq. Misnicus (j 670) II 292.
— Hanss Christoff, Lusatus (j 629) II 222.
Polherga, Dominic., Metensis (771) I 94. (m 771: Pol Herga) II 103.
Pollich, Joh., Badensis (m 727) II 42
— Joh. Adam., Caesareae-Lutrensis (cm 763) II 176. s. Bollich.
Pollinger, Jac., Ellwangen (m 763) II 90.
Pollmann, Eman. Theodor Hindrich, Bourgensis (m 758) II 81.
— Joh. Maurit., Libberhusa-Neostadiensis (th 721) I 670.
Polner, Zachar., Bresla-Silesius (m 631) II 11.
a Pölnitz (Poelnitz), Frid. Franc. Joh. L. B. (748) I 31.
— Joh. Maurit. L. B. (662) I 2.
— Wilh. Lud. L. B. (662) I 2.
— Lud. Ernest., Misnicus (j 661) II 270.
v. Polssnitz, Georg., Eq. Silesius (j 649) II 248.
— Sigmundt, Silesius (j 627) II 217.
de Polt, Charles Baron, de Gratz en Styrie (753) I 33.
de Poltoratzky, Alexandre, St. Petersbourg (784) I 49.
Poltzgenhagen, Georg., Colberga-Pomeranus (ph 624) I 278. (cphm 626) I 523.
— Laur., Colberga-Pomeranus (ph 627) I 285.
Polus, Thimoth., Leostadiô-Misnicus (th 623) I 594.
Pömer, Alb., Noricus (j 621) II 204.
— Georg. Chph., Noribergensis (j 643) II 241.
Pompejus, M. Nic., Lus. Golsensis (th 630) I 604.
Ponatius, Andr., Zanovia Pomeranus (j 658) II 265.
Poncelet, Michael, Luxemburgensis (738) I 25.
— Claud., Metensis (780) I 152. (j 780) II 471.
Poncin, Joan. Franc., ex Haraucourt prope Marsalium in Lotharingia (773) I 106. (j 773) II 455. (cj 775) II 642.
Pönlin, Joh. Georg., Norimbergensis (m 626) II 9.
Ponnier, Charol. Christoph., Montisbeligardensis (768) I 78. (j 768) II 446. (cj 772) II 637.
— Joh. Georg., Montisbelgardensis (ph 762) I 441. (th 763: Blamontanus et Montisbellicardensis) I 688. (j 763) II 432. (cj 766) II 621.
— Steph., Mombelgardensis (ph 627) I 287.
Pontanus, David, Namsla-Silesius (m 655) II 19. s. Brück.
Ponthier, Sam., Augusta-Vindelicus (ph 640/41) I 312. (cph 641) I 470. (cphm 644) I 534.
Pontinus, Gabriel, Holmiâ-Suecus (th 681) II 305.
— Samuel, Holmia-Suecus (th 681) I 650.
Ponyrka, Dionys., Ukrano-Russus (775) I 115. (m 775) II 106. (cm 780) II 191.
Poorten, Matthias, Revaliâ-Livonus (j 660) II 269.
Popp, Georg. Carol. Frid. Ferdin., Argentinensis (778) I 133. (ph 778) I 451. (cj 782) II 659.
— Joanes Adam., Augustanus (m 760) II 83.
— Georg. Carol. Ferdin., Jaxthusa-Francus (j 742) II 581.
— Joh., Coburgensis (j 684) II 308.

(Popp), Joh. Valent., Suinfurto-Francus (ph 684) I 376.
Poppe, Joh. Christian., Sundensis Pomeranus (759) I 36.
Poppert, Joh. Bapt., St. Gallen (766) I 59.
Porlitz, Samuel, Bregâ-Silesius (j 629) II 223.
Porregaux s. Perregaux.
Porssius, Dominic., Francofurtanus (j 634) II 233.
Porta, Marc. Ant., Lausannensis et Cullianensis (j 749) II 398. s. Pfordt.
Portenbach, M. Jerem., Augustensis (th 623) I 593.
Porters, Franc. Wilh., Dusselanus (j 753) II 406.
de la Porthe, Franc., Bellofortensis (j 737) II 375.
— Franc. Xav., Bellofortensis (776) I 120. (j 776) II 460. (cj 776: Ign. Franc. Xav.) II 645.
Portmann, Gabr., Berno-Helvetus (m 746) II 59.
Portner, Joh. Alb., Ratisponensis (ph 646) I 322.
Portzel, M. Jac., Lindaviensis (th 699) I 659.
— Jac. Frid., Lindaviensis (th 733) I 675.
Poschart, Casp., Lobensteinensis Variscus (th 630) I 603.
Poselger, Israel, Elbinga Polono-Prussus (j 761) II 426.
de Poser, Joh. Maurit., Eq. Silesius (j 631) II 227.
Possel, Joach., Rostochiensis (th 627) I 601.
Posselt, Ern. Lud., Durlacensis (782) I 162. (j 783) II 476. (cj 783) II 662.
— Chph., Navenâ-Marchicus (th 663) I 634.
Post, Joh., Hamburgensis (th 666) I 638. s. Posth.
Postel, Franc. Jos., Benfeldensis (j 759) II 420. (cj 765) II 436.
a Poster, Wolffg. Casp., Eq. Silesius (j 655) II 259.
Posth, Ludov. Phil., Nassau. Idsteinensis (j 678) II 302. s. Post.
Poteratius, Timoth., Rubrimontio Helvetus (ph 622) I 274.
Poth, Franc. Ignat. Phil., Constant. Acronianus (m 750) II 66.
Pothier, Joh. Judoc., Argentinensis (787) I 187. (cj 787) II 486. s. Pottier.
Potitor, Henr., Mastricht Belga (775) I 112. (j 775) II 458.
Potot, Joan. Eustach., ex Maizières (j 751) II 403. (cj 753) II 595.
— Joan. Nic. Franc., ex Maizières (cj 749) II 589.
— Nic. Maria Deodat., Metensis (787) I 185. (j 787) II 485. (cj 789) II 676.
a Pottelsbergh, Joh. Heinr., Suinfurtensis (ph 669) I 361.
v. Potthausen, Hans Casper, Holsatus (j 661) II 271.
Pottier de Mancourt, Ant. Franc. Fortunat., Metensis (781) I 156. (j 781) II 473. (cj 782) II 661. s. Pothier.
Pouart, Carol., Bitschensis (ph 667) I 360.
Poucelet s. Poncelet.
Pouchet, Joh., Rothomag. Gallus (ph 630) I 293.
Poujol, Louis, de Belfort (788) I 191. (j 788) II 488.
— Petr., Belfortensis (j 731) II 365. (cj 732) II 570.
— Petr. Jos., Bellofortensis (786) I 180. (j 786) II 483. (cj 788) II 673.
Pous, Lud. Ign., ex Forte Ludoviciano (j 739) II 382. (cj 741) II 580. s. Poux.
Poutayne, Claud., Commercianus (780) I 149. (j 780) II 470.
Poutets, Joan. Henr., Metensis (cj 719) II 557.
Poux, Aemilian., Dolanus (770) I 89. (j 770) II 449.
— Aemilian., ex Jouhe Burgondus (cj 771) II 633. s. Pous.
Powisch, Detleff, Eq. Holsatus (j 625) II 211.
Pracht, Leop. Theod., Lud. Phil., Bipontinus (j 740) II 383.
Pradel, Nic., Spinalus Lotharingus (j 762) II 431.
Praefectus, Jac., Belticensis Saxo (th 623) I 593.
Praetorius, Nicol., Budiss. Lusatus (ph 633) I 302.
— Frid., Graboënsis Megapolitanus (j 626) II 215.
— Joach., Stetinensis (j 642) II 238.
— Herrm. Georg. (j 698) II 320.
Prändtl, Joh. Adam., Viennensis (j 649) II 248.
Prange, Joan. Jos., Werlensis natione Westphal. (j 756) II 412. (cj 758) II 603.
Prasch, Joh. Lud., Ratisponensis (j 656) II 260.
Praschell, Joh. Chph., Esslingensis (ph 660) I 347.

Prat, Franc. Jos., Argentinensis (791) I 201. (j 791) II 492.
Praun, Jac., Campidon. Suevus (m 736) II 49.
— Tobias Sebast., Lindaviâ-Acronianus (j 684) II 307. s. Braun.
Praz, Jos. Augustin. Joan. Bapt. Rich., Bisuntinus (j 762) II 430. (cj 763) II 614.
de Preen, Claus Joach., Eq. Megapolit. (761) I 37.
— Laur., Megapolitanus (j 660) II 268.
Pregitzer, M. Joh. Ulr., Tübingensis (th 633) I 606.
— M. Joh. Ulr., Tübingensis (j 666) II 282.
Preibisius, Joh. Jac., Gorlic. Lusatus (j 699) II 322.
— (Preibisch), Joh., Lipsiensis Misnicus (j 666) II 282.
Preinning, Joh. Andr., Semproniens. Hungarus (j 648) II 246.
Prem, Petr. Wilh., Wormatiensis (ph 632) I 300.
Premia, Estienne, de Paris (d 732) I 212.
Prengkenhoff, Joh. Frid., Hall. Saxo (j 665) II 280. (cj 665) II 519.
Pressius, Joh., Oppavinus (th 624) I 597.
Prestel, Joh. Wilh., Heilbronnensis (ph 694) I 383.
de Pretlack, Ernest. Christian., Eq. Darmstatinus (ph 721) I 406.
Pretre, Carol. Henr., d'Erguel dép. de l'évêque de Bâle (m 765) II 95.
Preu, Joh. Jac., Effringa-Marchicus (th 737) I 677.
— Jac. Bernard., Noricus (m 760) II 85.
— Jac. Frid., Pfortzheim. (m 758) II 80.
— Joh. Christoph., Weidena Palatinus (j 688) II 316.
— Georg., Weissenburgo - Noricus (ph 650) I 332.
— Joh. Chph., Weissenburgo - Noricus 657) I 626.
Preyer, Chph., Cleybizia-Lusatus (th 624) I 709. (th 625) I 598.
— Dan., Cleibicensis Lusatus (ph 624) I 277.
— Joh. Diter., Wimpinensis (ph 662) I 351.
de Preuser, Jac. Lud. Frid., ex Holsatia (763) I 38.
Preusser, Joh. Godofr., Argentinensis (ph 728) I 411.
— M. Joh., Wittebergensis (th 659) I 628.
Preussner, Joh. Volkmar (d 729) I 211.
Preysinger, Phil. Jac., Warthusan. Suevus (766) I 61.
Pribolet, Charl. Godefroy, Neufchatel (769) I 83. (j 769) II 447.
Pricelius, Ant. Phil., Brunswicensis (782) I 160. (ch 781) I 247. (m 782) II 115.
Priesmayr, Alb. Frid., Onoldino-Francus (ph 647) I 324.
Priester, Wolffg. Heinr., Creilshem. Francus (th 634) I 607. (cphm 635) I 529.
— Joh. Cunr., Onoldinus (ph 635/36) I 307.
Prickel, Georg., Ratisbonensis (m 628) II 10.
Pringsauf, Joh. Ulr., Augustanus (ph 645) I 321. (cphm 645) I 535.
— Tob., Augusta-Vindelicus (ph 649) I 329.
Printz, Joh. Alb., Budissinus (j 663) II 274.
— Frid., Leucopetrâ-Misnicus (j 673) II 297.
Prinz, Jac., Ettlingensis (j 761) II 428.
Prior, Joh. Georg., Moeno-Francofurtanus (j 667) II 284.
— Joh. Phil., Moeno-Francofurtanus (j 655) II 279.
— Joh. Phil., Moeno-Francofurtanus (cj 671) II 526.
— Thom., Francofurtanus (j 656) II 261.
Priser, Joh. Henr., Neovil. Alsata (j 724) II 350.
de Pritwitz s. Prittwitz.
von Prittwitz, Joach., Nobil. Silesius (j 628) II 220.
— Joh. Maurit., Eq. Polono-Silesius (j 685) II 310.
— Leonh. Jarosl., Eq. Polono-Silesius (j 685) II 310.
Privé, Joan., Sammanechildoeus Campanus (cj 706) II 547.
Proband, Heinr. Christi., von Arnstadt i. Thüringen (ch 788) I 258.
Probiger, Georg. Conr., Swinfurt. Francus (m 625) II 8.
Probst, Valent., Rouffach (777) I 126. (j 777) II 462.
— Joh. Franc. Ign., Straubingâ-Bojus (m 755) II 76. (cm 758) II 173.
— Franc. Melch., Thannensis (785) I 174.
Pröbst, Tobias, Noribergensis (j 635) II 234.
Procopp, Xaver., Renchensis (772) I 96. (j 772) II 452.
Procquez, Carol. Jos., Nanceianus (767) I 64. (j 767) II 441. (cj 768) II 627.
Procureur, Car. Franc., Burgomontanus Lotharus (m 746) II 59.

Prodtmann, Joh. Leonhard., Noricus (j 699) II 322.
Proesamle, Joh. Frid., Argentinensis (776) I 120. (ph 776) I 450. (cph 777: Broesamle) I 512. (cphm 779) I 582.
Proite, Dan., Dantiscanus (j 650) II 249.
Prölaeus, Barthold., Stolpa - Pomeranus (j 651) II 252.
a Prömock, Georg. Frid., Prussus (j 661) II 271.
Pronnacher, Petr. Maximi., Bruchsaliensis (j 763) II 433.
Pronsal, Laur., Argentinensis (j 756) II 414.
— Sebast., Lunevillanus (776) I 125. (j 776) II 462. (cj 778) II 651.
Propheter, Andr., Spirensis (th 696) I 657.
Proquez s. Procquez.
a Prösing in Stein et Sonnegg, Joh. Rud. L. B., Austriacus (688) I 10.
Prössel, Joh. Jul., Andreasbergensis (ph 685) I 378.
Protasoff, Alex., Petropolitanus (m 755) II 76. (m 762) II 89. (cm 763) II 176.
Prott, Christi., Oldenburgensis (j 629) II 223.
Protten, Dan., Goettingensis (j 661) II 270.
Provin, Jos. Rich., Lunevillanus (774) I 110. (m 774) II 105.
Prox, Joh. Henr., Argentinensis (777) I 126. (ph 777) I 450. (th 783) I 697. (cph 782) I 513. (cphm 784) I 583.
Prouvé, Joan. Jos., Decempagensis (769) I 84. (j 769) II 447. (cj 771) II 634.
— Joan. Nic., Dieuzensis (780) I 145. (j 780) II 469.
de Provencheres s. Dolmaire.
Prückner, Georg. Jac., Suinfurtensis (j 633) II 232.
Prudhomme, Jac. Augustin., Colmariensis (787) I 187. (j 787) II 486.
Prudon, Joan. German. Nicol., ex Hall sub episc. Basiliensi (j 747) II 395.
Prueschenck, Petr. Heinr., Solisbaco-Palatinus (ph 668) I 361.
Prummer, Joh., Memmingensis (ph 645) I 320.
Prunenmayer, Franc. Ant., Neoburg. Palatinus (m 738) II 50.
Prunner, Joh. Leonh., Ulmensis (ph 649) I 328.
a Prussinck, Detleff. Joh. Adolph., Holsatus (j 669) II 288.
Puchala, Paul., Nimet-Lyptscha Hungarus (j 664) II 279.
Pucher, Joh. Mich. (d 761) I 221.
Püchler, Joh. Val., Argentinensis (ph 627) I 287. (cph 627) I 465.
— Franc., Ratisbonensis (j 633) II 231.
Puchner, Nathanael, Crosnâ-Silesius (j 625) II 210.
de Pückler, Frid. Philipp. Carol. Comes (758) I 35.
— Joh. Wencesl. L. B. (660) I 2.
a Pudewels s. von Podewils.
Puecher, Joh., Tubingâ-Wurtembergicus (m 623) II 7. s. Pucher.
a Pühel, Joh. Leonh., Nobil. Variscus (j 670) II 291.
Pühler, Marc., Norimbergensis (ph 655) I 339.
Puhlmann, Christi. Gottlieb, Franckfurd an der Oder (j 736) II 373.
Puille, Lud., Parisiensis (788) I 191. (j 788) II 488.
Puiseur, Phil., Nancejanus (j 749) II 398. (cj 751) II 592.
Pulian, Joh. Phil., Argentinensis (ph 678) I 372. (cj 685) II 536. s. Bullian.
Pulmann, Christi., Prussus (j 662) II 273.
— Burch., Soldinensis Neomarchicus (cph 624/25) I 463.
Pumpe, Joach., Hamburgensis (j 644) II 241.
Pürckhauer, Georg. Hieronym., Tuberano Francus (j 685) II 310.
Purgold, Joh. Frid., Moscoviensis (785) I 176. (m 785) II 117.
Purmann, Bernh. Theoph., Vratisl. Siles. (m 718) II 36. s. Puzmann.
Pusch, Joh., Gryphiswald. Pomeranus (j 627) II 217.
Puschell, Joh. Frid., Hallensis Saxo (j 711) II 333.
Puschmann, David, Boleslavia-Silesius (th 624) I 597.
Putensenius, Jac., Hamburgensis (j 681) II 305.
Putscher, Gottfr., Lipsensis (j 661) II 271.
Putschius, Eman., Hamburgensis (j 624) II 208. (cj 624) II 495.
Pütter, Nic., Stralsundia-Pommeranus (j 702) II 326.
Puttlitz, s. Gans.
Püttmann, Franc. Joach., Hildesiensis (780) I 149. (m 780) II 113. (cm 785) II 196.

du Puy, de Loches en Tourraine (d 699) I 206.
Puzmann (Purmann), Joan. Nepom., Edelstett. Suev. (780) I 151. (j 780) II 471. s. Purmann.
Pyl, Theodor., Gryphiswaldia-Pomeranus (m 739) II 52.
Pyrmont et Tonna, Comes, s. Waldeck.
Pyrot, Hubert., ex Lotharingia Lignivillanus (779: ex Lotharingia dioc. Sandeodatensis) I 141. (j 779) II 467.

Q.

Quanz, Joh. Petr., Durlacensis (j 661) II 271.
— Joh. Petr., Wisbadiâ-Nassoicus (th 635) I 608.
Quassey de Maublan, Jean Franc., de Leuxeul en Franche Comté (d 738) I 214.
Quednau, Andr., Elbinga Polono-Prussus (j 761) II 426.
Queffemme, Franc. Jos., Argentinensis (j 772) II 452.
— Franc. Ant., Colmariensis (cj 725) II 563.
— Franc. Ant., Colmariensis (cj 763) II 433. (cj 765) II 618.
— Franc. Jos., Colmariensis (772) I 96.
— Franc. Jos., Colmariensis (784) I 171. (j 784) II 479.
— Franc. Lud., Colmariensis (cj 784) II 665.
— Joan. Bapt., Colmariensis (cj 725) II 563.
Queitzel, Tobias, Budissâ-Lusatus (th 652) I 620.
Quel, Jac., Isnaco-Thuringus (th 657) I 626.
Quellain, Xav., Dellanus (775) I 113. (j 775) II 458. (cj 776: Franc. Xav.) II 646.
Queller s. Keller.
Quignet Dutaillis, Franc. Ant. Melchior, de Sarbourg (788) I 192. (m 788) II 120.
Quiqueré, Joan. Andreas, Bruntrutanus (j 707) II 330.
Quitteines, Phil., Pragensis (m 754) II 74.
Quodtelius, Balth., Rhetus (m 665) II 23.

R.

Raab, Joh. Chph., Dinckelsbül-Suevus (j 634) II 233.
— Achatius, Onoldinus (th 633) I 606.
de Raab, Menrad. Vinc., Katzenstein-Suevus (j 725) II 351.
Rabenius, Olavus, Upsalia Suecus (j 757) II 415.
Rabi, Joh. Chph., Oringensis (ph 652) I 335.
Rabin de la Chapelle, Gabr., du fort Louis (j 749) II 398. (cj 754) II 597.
de Rabours, Gedeon, Genevensis (m 733) II 47.
Rabuat, Franc. Petr., Metensis (j 734) II 370. (cj 735) II 574.
Rabus, Aug. Fried., Emmendinga Durlac. (ph 721) I 493. (cphm 723) I 567.
— Joan. Frid. Christoph., Rauschenbergensis ex Marchionatu Bayreuthensi (j 738) II 378.
— Gothofr., Rotenburgo-Tuberanus (ph 648) I 327.
— Joh. Wolffg., Ulmensis (th 624) I 709.
Racenet, Ant. Jos., ex Moffans Burgundus (776) I 122. (j 776) II 461. (cj 776) II 647.
de Rache, Joh. Joseph., Baro Silesius (723) I 18.
Rachel, Maurit., Dresdensis (m 730) II 44.
Radauer, Christoph., Ratisponensis (ph 629) I 292.
Rademacher, Henr. Ludolph., Embricâ-Clivensis (j 669) II 288.
— Gotfr. Balthas. (th 720) I 669.
à Radenhausen, Adalbert. L. B., Amoeneburgensis (j 732) II 368.
Radès, Anton., Lunevillanus (774) I 110. (j 774) II 457.
— Julian., Lunevillanus (775) I 115. (j 775) II 459. (cj 780) II 654.
Radius, Joh. Ulr., Lindaviensis (ph 707) I 394.
— Casim. Henr., Rappoltivillanus (j 741) II 384. (cj 745) II 584.
Radmann, Joh. Seb., Württembergicus (ph 664) I 355.
Radovius, Georg., Borussus (j 661) II 269.
Raebel, Georg, Sueco-Pomer. ex Sundia (776) I 125. (m 776) II 109.
de Raesfeldt, Gust. Joh. Christi., im Elsas gebürt. (732) I 22. s. von Rasfeldt.
Raesler, Franc. Jos., Molshemensis Als. (d 747) I 217.
Ragué, Jos. Ant., Bruntrut. Rauracus (780) I 148. (j 780) II 470.
— Petr. Nic., Bruntruto-Rauracus (m 746) II 59.

Rahn, Joh. Conr., Thurico-Helvetus (m 757) II 79.
— Joh. Henr., Helv. Tigurinus (m 728) II 42.
Räidel, Abrah., Sempron. Hungarus (ph 662) I 351.
Raiffeisen, Joh. Jos., Suevô-Halensis (j 639) II 236.
Raiflin, Bernard., Offenburgensis (j 621) II 204.
Rainer, Justus Frid. Christi., Hasso-Darmstadt (m 746) II 59.
Rainssant, Carol., Lunevillanus (778) I 138. (j 778) II 466. (cj 780) II 654.
Raiser, Vinc., Saxo (j 664) II 277.
Raisin, Rud. Jerem., Montisbeligardensis (m 750) II 65.
(de) Ralamb, Claes Gustaf Baro, Suecus (727) I 20.
Ram, Steph., Marna-Dithmarsus (m 649) II 17. (cm 651) II 133.
Rambert, Jos. Andr., de Sallernes en Provence (d 755) I 219.
Rambonnet de Neuville, Frid., Berolinensis (j 704) II 327.
Ramdohr, Joh. Dan., Lennepensis (m 754) II 73.
Rame, Joan. Lud., Argentoratensis (j 749) II 399. (cj 750) II 591.
Rameau, Pierre (d 709) I 207.
Ramelow, Matthias, Primisl. Marchicus (m 639) II 14.
de Ramez, Petr., Leodiensis (j 652) II 254.
Raminger, Chph., Windshem. Francus (ph 641) I 314.
Ramm, Joach., Riga-Livonus (782) I 161. (m 782) II 115.
Ramond, Lud. Franc. Elisabetha, Argentinensis (j 775) II 460. (cj 777) II 647.
Rampacher, Georg. Rud., Gundelshemianus Pal. (ph 628) I 290.
— Lud. Christoph., Heilbronnensis (j 657) II 263.
de Rampffen, Joan. Christoph. Alb., Noricus Egrensis (j 687) II 313.
Ramsay, Joh., Londinensis (785) I 175. (ph 785) I 456.
Ramsperger, Sam., de Bâle (ch 774) I 234.
Ramus, Joh. Conr., Noricus (ph 645) I 321.
— Joh., Saraepontanus (ph 630) I 295.
v. Randow, Hans Casp., Silesius (j 653) II 256.
de Ranfftlhoven, Ferd. Guil., Austriac. Lincensis (j 657) II 264.
Rang, Bernh. Heinr., Argentinensis (ph 744) I 424.
— Phil. Christi., Argentinensis (ph 730) I 412. (cj 742) II 581.
— Phil. Lud., Argentinensis (ph 751) I 431. (cj 763) II 612.
— Paul., Stargardia-Pomeranus (j 639) II 236.
Rangen, Franz Christian. Friedr., Sachsenhaus. i. Waldeck (777) I 131. (j 777) II 464.
Ranisius, M. Daniel (th 671) I 645.
Rannacher, Adam., Jenâ-Thuringus (ph 623) I 275. (th 624) I 596.
Ransier, Henr. Jac. Bened., Landaviensis (777) I 129. (j 777) II 463.
Rantz, Laur. Valent., Ungershemian. Alsata (777) I 132. (j 777) II 464.
(a) Rantzow, Breida, Eq. Holsatus (j 627) II 216.
— Franc., Holsatus (j 625) II 211.
— Heinr., Holsatus (j 627) II 216. (j 631) II 229.
— Canut. (j 656) II 261.
— Sigfr., Holsatus (j 625) II 210.
Raoul, Joh. Mich., Argentinensis (j 765) II 437.
Rapé, Jos. Ant., Landishutano-Bavarus (j 754) II 408.
Rapinat, Jac., Fischbacensis (cj 776) II 644.
— Ant., Weissemburgensis (776) I 121. (j 776) II 461. (cj 778) II 650.
— Jac., Weissenburgensis (774) I 108. (j 774) II 457.
Rapp, Joh. Reinhard., Ahlevillano-Alsatus (ph 739) I 419.
— Joh. Georg., Alsata (761) I 37.
s. Joh. Georg. Rapp, Obermagstatensis Alsata.
— Joh., Argentinensis (ph 748) I 428.
— Phil. Adam., Argentinensis (cph 683) I 482. (cphm 687) I 553.
— Georg. Jac., Argentinensis (cphm 681) I 551.
— Joh. Phil., Durlacensis (ph 701) I 388. (cphm 707) I 561.
— Joh. Henr., Lichtenavius (ph 649) I 328. (cph 649) I 473. (cphm 651) I 538. (Poet. L. 652) I 586.
— Joan. Georg., Alsata Obermagstattensis (m 756) II 77.
s. Joh. Georg. Rapp, Alsata.
— Joh. Godofr., Rittersh(offensis) Hanoicus (ph 729) I 411.
— Joh., Roederensis (ph 717) I 403. (cphm 721) I 567.
— Franc., Sessenheimensis (ph 720) I 405.

(Rapp) Frid. Jac., Wittenweirensis (776) I 124. (m 776) II 109. (cm 777) II 187.
— Gotfr. Heinr., Woerthensis (ph 706) I 393.
Rappold, Godofr. Christian., Lips. Misnicus (j 688) II 315.
Rappolstenii, Comes. s. *Pfalzgraf b. Rhein.*
Rasch, Christian. Samuel, Pohlen-Leopolensis (781) I 153. (m 781) II 114.
Rascher, Joh. Simeon, Curien. Rhaetus (773) I 102.
Raschkius, Godofr., Reichenbachio-Sil. (j 642) II 239.
— Henr., Reichenbach. Elysius (ph 630) I 295.
v. Rasfeldt, Richard, Clivo-Vesaliensis (j 665) II 279. s. von Raesfeldt.
Rasmussen, Henr., Rippensis in Juttlandia (j 702) II 326.
Rason, Joh. Jac., Argentinensis (ph 762) I 441.
Rasoris, Mart., Moenofrancofurtensis (j 635) II 234. (cj 643) II 504
de Rasoumowsky, Andre Comte, Russie (765) I 430.
— Pierre Comte (765) I 40.
— Pierre Comte (790) I 53.
Rasp, Joh. Andr., Argentinensis (ph 746) I 426.
— Joh. Georg., Argentinensis (ph 735) I 416.
— Joh. Phil., Argentinensis (ph 684) I 376. (cph 684/85) I 482. (cphm 688) I 554.
— Casp., Argentinensis (cphm 655) I 540.
de Rassler, Henr. Baro, Weittenburgensis (775) I 45.
— Joh. Baro (747) I 30.
— Jos. Baro (747) I 30.
Rassow, Balthasar Wilh., Megopolitanus (658) II 265.
Rath, Joseph., Nicro-Talfinganus (ph 634) I 305.
de Rathsamhausen,
— Joan. Lud., Argentinensis (j 745) II 391.
— Leop. Samson, Nobil. Als. (ph 716) I 402.
— ab Ehenweyer, Franz Lud. (ph 684) I 377.
— — Henr. Jac. (ph 684) I 377.
— — Lud. Samson, Nobil. Als. (j 760) II 424.
— — Wilh. Reinhard., Nobil. Als. (ph 720) I 405.
— — Wolffg. Chrph. (ph 714) I 401.
(de Rathsamhausen)
— zum Stein, Eberh. Frid., Als. (ph 649) I 328.
Ratz (Raz), Joh. Dan., Argentinensis (ph 713) I 399.
— Joach., Argentinensis (ph 701) I 388. (cph 701) I 487. (cphm 705) I 561.
de Ratzenried, Carol. Anton. (737) I 25.
— Franc. L. B., aus der Reichenau (768) I 78.
— Joh. Phil. Jos., Nobilis Algojus (737) I 25. (j 737) II 377.
Ratzmann, Joh. Casp., Leobergensis (th 625) I 598.
Rau, Joh. Pet., von Franckfurt a. Mayn (ch 787) I 256.
— Joh. Petr., Hausensis (th 715) I 667.
— Ant. Jos., Longo-Schwalbacensis (787) I 184. (j 787) II 484. (cj 788) II 674.
— (Raw), Dav., Ulmâ-Suevus (j 642) II 238.
— Dav., Ulmensis (ph 669) I 362. (cj 674) II 529.
— Joh. Jac., Ulmensis (j 684) II 308.
— Marc., Ulmensis (m 725) II 40.
— Matthae., Ulmâ-Suevus (th 679) I 649. (cphm 680) I 551.
— Theod. Aug., Ulmensis (m 718) II 36.
— Bernh., Uracensis (m 732) II 46.
— Christophor. Frid., Württembergensis (j 763) II 431. s. Rauh.
Rauber, Franc. Jos., ex fort Louis Alsatiae (789) I 195. (j 789) II 489.
Räuber s. Reuber.
Rauch, Andr., Argentinensis (cphm 622. 623) I 519.
— Dan., Argentinensis (ph 646) I 323. (cph 646) I 472. s. Rausch.
— Nic. Chphr., Arnstadio-Thuring. (j 631) II 227.
— Xav., von Gugenheim i. Elsass (ch 789) I 259.
— Joh. Gerog., Nider Wilstadiensis (th 662) I 633.
— Frid. Ludov., Albert., Nassoico-Ottovillanus (m 757) II 79. (cm 758) II 172.
— Joh. Conr., Ulmensis (j 699) II 322.
— Joh. Petr., aus der Wetteraw (j 673) II 298.
â Rauchenberg, Ferd., in Hanfelden Styrus (j 651) II 251.
Rauchpar, Jerem., Rotenburgens. Tuberanus (j 666) II 283.
— Joh. Jac., Roteburg. Fr. (j 644) II 241.
Rauck, Joh. Mich., Creilsheimensis (th 681) I 650.

Rauh, Joh. Dan. Cornel., Fechenheim. Hanoic. (775) I 116. (m 775) II 107. s. Rau.
Rauhenzelle s. Pappus.
Raumburger, Anton., Moeno-Francofurtensis (j 665) II 281. (cj 667) II 521.
— Joh. Frid., Francofurtanus (th 672) I 645.
— Nicol., Helenopolitanus (ph 641) I 314.
de Rauner, Joh. Chph., Augustanus (j 757) II 416.
— Joh. Thom., Augustanus (j 749) II 399.
Raupp, Joh. Jac., Argentinensis (ph 661) I 349. (cphm 664) I 544.
Rausch, Frid. Dan., Argentinensis (789) I 198. (ph 789) I 458. s. Rauch.
— Mich. Timoth., Bischovillensis (ph 748) I 429.
— Joh. Casp., Ostheim-Francus (m 666) II 23.
Rauscheplatt, Joh. Frid., Gotting. Saxo (j 661) II 271.
— Jon. Herr., Göttingensis (j 664) II 278.
Rauscher, Joh. Georg., Argentinensis (ph 714) I 401.
— Lud. Phil., Argentinensis (785) I 174. (ph 785) I 455. (cph 786) I 515. (cphm 788) I 585. (th 789) I 699.
— Joh. Christoph., Viennens. Austrius (j 645) II 243. (cj 652) II 510.
Rauschke, Georg. A., Eq. Borussus (j 622) II 205.
de Rautenberg (Rutenberg), Joh. Christoph., Eq. Curland. (763) I 38.
Rautenstrauch, Joh. Lud., Argentinensis (769) I 82. (ph 769) I 446. (cphm 774) I 580. (th 774) I 693.
Rauth, Wilh., Lubecensis (ph 642) I 316.
Rautter, Franc. Anton., Moesskirchensis Suevus (788) I 191. (j 788) II 488. (cj 790: Danubio-Eschingensis) II 677.
v. Ravendorff, Diderich Wilh., Osnaburga-Westphalus (j 671) II 294.
Ravenstein, Joan. Martin. Carol., Bipontinus (m 763) II 89. (cm 764) II 176.
— Joan. Frid., Dresdensis (m 736) II 48. (cm 738) II 161.
Rayger, Carol., Posonio-Hungarus (m 662) II 21. cm 667) II 138.
Rayber, Franc. Joh. Bapt., Colmariensis (767) I 67. (j 767) II 442. (cj 770: Largensis) II 631.
— Ferdin., Viennensis Austrius (ph 649) I 330. (cm 655) II 134.
— Wilh., Viennensis Austrius (ph 649) I 330.
Raynal, Petr., Argentinensis (j 755) II 410.
Rayot, Joh. Georg., Waldersbachensis (j 751) II 402.
a Raysko Rayski, Christoph., Polonus (ph 622) I 273.
— Stanisl., Polonus (ph 622) I 273.
Raz s. Ratz.
Rebanier, Fr. Xav., Selestadiensis (j 754) II 409. (cj 758) II 603.
Rebelin, Georg., Ulmensis (ph 654) I 337.
— (Röbelin), Georg., Ulmensis (ph 681) I 375.
— (Rebelen), Joh. Georg., Ulmensis (ph 652) I 335.
— Matthae., Ulmensis (ph 656) I 341. (cphm 658) I 542.
— (Rebelen), M. Guil., Ulmensis (th 679) I 648.
Reber, Joh. Heinr., Helveto-Mulhusinus (j 722) II 347.
— Georg. Jac., Suinfurt. Francus (ph 649) I 330.
Rebhan, Joh., Argentinensis (ph 699) I 386.
— Joh., Argentinensis (ph 673) I 368.
— Joh. Frid., Argentinensis (ph 680) I 373.
— Joh. Frid., Argentinensis (ph 751) I 431.
— Joh. Mich., Argentinensis (ph 669) I 362. (cph 669) I 478. (cphm 676) I 550.
— Joh. Chph., Isnaco-Thuringus (ph 641) I 313. (cphm 642/43) I 533.
— Joh. Nic., Isnacô-Thuringus (th 635) I 609.
— Joh. Christian., Coburgo-Francus (th 658) I 628.
— Gabriel, Oelsnitiae-Variscus (j 670) II 290.
— Joh., Romheldâ-Francus (j 630) II 226. (cj 637) II 502.
Rebhuen, Frid., Golnovio-Pomeranus (j 625) II 496. s. Rephun.
Reble, Marc. Jos., St. Blasianus Hercynianus (j 718) II 340.
Rebstock (Rebstokh), Joh. Conr., Argentinensis (th 658) I 627.
— Joh. Jac., Landaviensis (ph 648) I 326. (cj 662) II 516.
— Joh. Marcell., Lützelsteinensis (ph 684) I 376. (cph 684) I 482. (cphm 688) I 554.
— Joh. Jac., Suevo-Wirttembergicus (th 630) I 603.
Reccius, Joh., Goslariensis (j 652) II 253.

de Rechberg, Vit. Ernest. Baro (737) I 25.
Rechberger, Ant., Viennensis (m 750) II 67.
Rechlinger a Leder, Joh. Ulric., Augustanus (j 623) II 206.
Rechmann, Petr., Coloniensis (j 664) II 277.
Recht, Joan. Petr., ex oppido Reulandt, Ducatus Luxembourgens. (cj 743) II 582.
de Rechtenstain, Franc., Suevus (j 686) II 312.
von der Reck (a Reck, de Reck),
— Christi. Theophil., Ratisbonensis (768) I 71. (j 768) II 444.
— Frid. Herm., Nobil. Neo-Marchicus (j 723) II 348.
— Gerh., ex Witten (j 685) II 310.
— Herm. Theod., ex Vesta Recklinghausen (j 658) II 266.
— Joh., Westphalus (j 626) II 215.
— Matthi., Westphalus (j 621) II 204.
— Dns in Scheppen et Bergen, Dynasta in Witten, Mordio (663) I 3. (cj 663) II 517.
Recke, Petr., Benthemico-Velthausensis Westphalus (j 649) II 248.
Reckop, Frid. Carol., Argentinensis (769) I 79. (ph 769) I 445.
Redari a Ratenfeldt, Georg. Carol., nobilis Austriacus (ph 642) I 316.
Redecker, Heinr. Rudolph., Osnabr. Westphalus (j 653) II 255. (cj 654) II 511.
Redeker s. Redecker.
de Reden, Frid. Wilh. L. B., Eq. Hanoveranus (726) I 20.
de Reding, Xavier Baron, de Frauenfeld (787) I 188. (cj 788: Franc. Xav. Ant.) II 675.
Redslob, Franc. Henr., Argentinensis (785) I 175. (ph 785) I 456. (th 792) I 700.
— Joh. Jac., Argentinensis (ph 681) I 374. (cph 681) I 481. (cphm 683) I 552.
— Joh. Jac., Argentinensis (ph 761) I 439. (cph 763) I 507. (cphm 768) I 578. (th 767) I 690.
— (Retsloff), Joh. Lud., Argentinensis (ph 756) I 436. (cph 757) I 505. (cphm 761) I 576.
— Phil. Frid., Argentinensis (ph 759) I 438. (th 764) I 689.
— Phil. Jac., Argentinensis (ph 741) I 422.
— Phil. Jac., Argentinensis (771) I 91. (ph 771) I 447. (th 775) I 694. (cphm 776) I 581.
Redwitzer, Joh. Heinr., Franco Montan. Byruthinus (ph 635) I 306.
Redwiz, Joh. Frid., Argentinensis (ph 660) I 348.
Reeb, Joh. Petr., Argentinensis (ph 666) I 360.
— Martin., Argentinensis (cphm 673) I 548.
Reebmann, Frid., Argentinensis (ph 745) I 425. (cm 753) II 169.
Reech, Joh. Christi., Argentinensis (ph 702) I 389.
— Theodor. Ant. Xav., Colmarinus (769) I 80. (j 769) II 446.
Reegg, Conr., Juliomagen. Suevus (775) I 113. (j 775) II 458.
Reen, Anton., Coloniensis (j 750) II 401.
Reetz, Joh. Lud. Xav., Decempagensis Lotharingus (787) I 187. (j 787) II 486.
de Regemorte, Franc. Jos., cler. Argentinensis (j 733) II 369. (cj 734) II 572.
— Natal., Argentinensis (cj 716) II 554.
— Joan. Dionys., Landaviensis (cj 716) II 554.
Regenmann, Joh. Lud., Bremensis (m 732) II 46.
Régeot, Petr. Ant., Saarburgensis (781) I 155. (j 781) II 472.
— Petr. Ant., Sarburgensis (787) I 186. (cj 787) II 672. (*Derselbe?*)
Regis, Pierre, de Verone d'Italie (d 748) I 217.
Regley, Louis Crisost., de Ricey le bas dioc. de Langres (Lingonensis) en Bourgogne (789) I 196. 199. (j 789) II 490.
Régnard, Carol. Christoph., Finstingensis (780) I 152. (j 780) II 471. (cj 786) II 669.
Regnaudot, Joan. Claud. Franc., Vesulanus (j 762) II 431.
Regnault, Lud. Andr., Argentinensis (770) I 89. (j 770) II 449.
Regnier, Claud. Ambros., Albimontanus (j 763) II 433. (cj 765) II 618.
— Carol. Petr. Domin., Metensis (786) I 180. (j 786) II 483. (cj 788) II 673.
— Franc., Metensis (j 737) II 376.
— d'Araincourt, Joan. Andr., Metensis (j 755) II 411. (cj 759) II 605.
— — Simon, Metensis (j 744) II 389. (cj 745) II 584.
Regulus agnom. Villinger, Joh., Ulmensis (cj 674) II 529.
— Joh. Frid., Ulmanus (m 620) II 4. 5.
— Joh. Georg., Ulmensis (m 633) II 12. (cm 635) II 128.

Rehbold, M. Matthi., Trig. (th 649/50) I 617.
Rehfeld (Rehfeldius), August. Theob., Buxovillanus (th 729) I 673.
— Franc. Carol. Lud., Buxovillanus (j 732) II 366.
— Franc. Phil., Buxovillanus (th 764) I 689.
— Joh. Frid., Buxov. Hanoicus (j 725) II 352. (cj 728) II 567.
— Phil. Lud., Buxovillanus (th 757) I 685.
— August. Christian., Hallensis Saxo (cj 696) II 542.
— Joh. Henr., Imshemio-Alsata (ph 761) I 440.
Rehm (Remus), Joh. Joach., Argentinensis (ph 650) I 333. (cj 660) II 515.
— Phil. Jac., Argentinensis (ph 684) I 376. (cj 692) II 541.
— Phil. Jac., Argentinensis (ph 714) I 401. (cj 725) II 564.
— Ant. Phil., Herbipolensis (j 701) II 326. s. Rhem.
Rehnlin, Gothofr. Clemens, Oettingensis (j 641) II 237.
Rehnschioldt, Joh., Nobil. Suecus (ph 665) I 357.
Rehwendt, Joh. Sam., Halae-Magdeburg. (th 765) I 690. (766) I 59.
de Reibeld, Jac. Frid. Jos., Mannheimensis (cj 764) II 616.
à Reibnitz, Joh. Chphr., Silesius (j 657) II 263.
v. Reiboldt, Adam Erdmann, Eq. Variscus (j 666) II 283.
Reibstahl, Volckmar. Barthold., Gräffenhönich. Saxo (ph 641) I 314.
Reich, Jos., Bruchsaliensis (785) I 177. (m 785) II 118.
— Jac. Christoph, Holsatus (j 673) II 297.
— Joach., Holsatus (j 673) II 297.
— Joh. Chph., aus Kleinschmalkalden (ch 786) I 254.
— Eman., Alsata-Tabernensis (j 646) II 244.
— Joan. Walth., Tabernensis (j 671) II 294.
Reich de Platz, Joh. Phil. L. B. (711) I 13.
— Joh. Phil. Baro (Benfeldensis) (cj 740) II 579.
— Jos. Zenob. Baro, Argentinensis (j 720) II 345. (cj 722) II 560.
— de Reichenstein, Franc., Leimensis (738) I 25.
— — Joh. Chph. Lud. (j 706) II 329.
Reichard, Mart. Aug. Jos., Alzejanus Palatinus (j 760) II 425.
(Reichard) Joh. Henr., Bechthemio-Palatinus (th 736) I 676.
— Joh. Valent., Darmstadinus Cattimalibocensis (th 653) I 621.
— Georg. Gottfr., Heilbronnensis (m 753) II 71. (cm 755) II 170.
— Joh. Mart., Heilbronnensis (m 729) II 43. (cm 734) II 159.
— Georg. Andr., Rappoltivillanus (ph 761) I 440.
— Mich., Rendeburgo-Misnicus (ph 670) I 364.
— Joh. Georg., ex insula Ruperti (ph 746) I 426. (cph 748) I 502.
— Joh. Adolph., Wisbadensis Nassovius (j 669) II 289.
Reichardt, Joh. Andr., Argentinensis (776) I 120. (ph 776) I 450. (th 778) I 695.
— (Reichard), Joh. Phil., Argentinensis (ph 660) I 374. (j 667) II 521.
— Mich., Argentinensis (ph 626) I 284. (cph 626) I 464. (cphm 629) I 525.
— Paul., Argentinensis (ph 642) I 315.
— Phil. Jac., Argentinensis (ph 688) I 380. (j 698) II 543.
— Joh. Georg., Argentinensis (cphm 750) I 574.
— Georg., Steinbach-Onoldinus (th 656) I 625.
Reichart, Joach. Frid., Grossenhanio-Saxo (ph 743) I 422.
Reiche, M. Joh., Lubecensis (th 679) I 648.
Reichel, Jac. Dan., Altenburgicus (j 761) II 427.
— Traugott, Camenz-Lusatus (j 732) II 367.
von Reichell, Adam Wentzell, Silesius (j 649) II 248.
Reichelt, Jul., Argentinensis (cphm 659) I 542.
Reichenbach, Jerem. Frid., Canstadiensis (m 747) II 62.
— Joh. Frid., Cantstadiensis (m 747) II 62.
Reichenman s. Rickenmann.
Reichhatt (Reichhaft), Bartholom., Memmingensis (ph 624) I 277. (th 624) I 708. (cphm 624/25) I 521.
Reichelm, Joh. Justus, Eimbeccensis Saxo (ph 672) I 368.
Reichhelm, Christi. Frid., Hallens. Saxo (j 667) II 285. (cj 667) II 521.
— Sigism. Siegfried, e Saxonia Hallensis (j 643) II 241. (cj 645) II 505.
Reichhold, Frid. Wilh., von Eberbach i. d. Pfalz (ch 773) I 231.

Reichlen, Joh. Sebast., Ulmensis (ph 719) I 404.
de Reichlin de Meldegg, Carol. L. B., Gundelfingensis Suevus (730) I 21.
— Franc. Conr. Hugo, Wasseralfingensis Suevus (731) I 22.
Reichmann, Jos., Bürgel. Misnicus (ph 630) I 294.
— Godefr., Dillaeburgo-Nassovius (j 650) II 249. (cj 651) II 509.
— Joh. Aug., Dillenburga-Nassavius (cj 728) II 566.
Reichmüller, Jos. Joh., aus Prag (d 755) I 219.
Reichshöffer, Joh. Melchior, Rotenburg. Francus (j 672) II 294.
s. Richshoffer.
Reichstätter, Joh. Ant., Siles. Vratislaviensis (j 719) II 343. (cj 722) II 560.
Reichstetter, Dominic. Jac. Chph., Guebvillanus (j 765) II 437.
— Joan. Franc. Ant., Guebvillanus (j 755) II 411. (cj 757) II 601.
— Joh. Christi., Colmariensis (j 725) II 351. (cj 726) II 565.
— Joh. Remig. Guilh., Colmariensis (j 729) II 360. (cj 731) II 569.
— Val., Colmariens. Alsata (cj 690) II 317.
Reier, Wolfg., Cygneus Misnicus (ph 642) I 316.
Reif (Reiff), Math. Jos., Cochemio-Treviranus (780) I 151. (m 780) II 114.
Reiffert, Franc. Jac., Oestrichius ex Rhingaviâ (j 737) II 375.
Reiffinger, C. M. B., Dilinganus Suevus (m 753) II 71.
Reiffschneider, Georg Louis, Wittgenstein (m 750) II 66.
Reiffsteck, Jean Bapt., d'Olungen (785) I 177. (j 785) II 482. (cj 786) II 671.
Reiffstein, Joh. Frid., Hass. Landgravii a Consiliis (760) I 36.
Reigner, Beat., Berna-Helvetus (th 730) I 674.
— Jac. Franc., ex Viviaco sub dominatione Bernensi (m 752) II 69.
Reignier s. Regnier.
de Reilly, Daniel, Ireland Carrickmakros (786) I 183. (m 786) II 119.
Reimann, Joh. Georg., Nörlingensis (th 660) I 629.
— Chphr., Jaurâ-Silesius (j 624) II 209.
— Casp., Strelâ-Silesius (ph 649) I 329.
— Joh., Silesius (ph 623) I 275.
s. Reymann.
— Georg. (j 633) II 232.
Reimari, Joh., Gartzen. Pomeranus (ph 631) I 295.
Reimarus, Nic., Lübecensis (th 663) I 634.
Reimbolt, Anton., Batzendorffensis (j 746) II 392.
Reimboth s. Reinboth.
Reimers, Justus Wilh., Riga-Livonus (j 742) II 386.
Rein s. Rhein.
de Reinach, Franc. Wilh. Ign. Baro (720) I 17. (cj 721) II 560.
— Franc. Ant., Eq. Als. (773) I 44.
— Jos., Froeningensis Alsata (j 752) II 404. (cj 752) II 595.
Reinbold, Joh. Henr., Argentinensis (ph 759) I 438.
— Joh. Phil., Argentinensis (ph 730) I 412.
— Joh. Phil., Argentinensis (ph 759) I 438. (cph 761) I 506. (cphm 765) I 577. (th 764) I 689.
— Joh. Phil., Argentinensis (768) I 76. (cj 776) II 646.
— Joh. Phil., Bischoffheimensis Hanoicus (j 676) II 300.
— Phil. Eberh., Heylbronnensis (th 664) I 635.
— Valent., Rastadiensis (769) I 80. (j 769) II 447.
— Franc. Domin., Rubeacensis (j 698) II 321.
— Jac. Herm., Rubeacensis (j 698) II 321.
Reinboldt, Herm. Adolph., Tabernensis Alsata (j 660) II 268.
Reinboth, M. Henr., Holsatus (th 668) I 640.
— (Reimboth), Frid., Slesvicensis (j 668) II 285.
Reincke, Bernd Fried., Sueda-Pomeranus (j 759) II 422.
Reindel, Thomas, Eychstettensis Franco (m 753) II 72.
Reineck, Andr. Henr., Brandenburg. (m 736) II 49.
— Frid. Ludw. (j 726) II 354.
Reineccius, Andr., Cöslinô-Pomeranus (th 663) I 633.
s. Rineccius, Rienecker, Reinecker.
Reinecker, Rud., Ladenburgensis (j 741) II 384. s. Rienecker.
Reinegger s. Rienecker.
Reiner, Franc. Jac. Rochus, Argentinensis (780) I 146. (j 780) II 469. (cj 784) II 664.
— Joh. Chph., Argentinensis (j 733) II 369. (cj 735) II 573.
de Reiner, Carol. Phil., Dussellanus (j 739) II 380.

Reinhard, Athanas., Augustensis (th 654) I 622.
— Phil. Georg., Buxovillanus (th 733) I 675.
— Joh., Hilpershusa - Francus (th 665) I 636. (cphm 668) I 546.
— Ernest., Catto-Cassellanus (j 643) II 240.
— Joh. Heinr., Lichtenaviensis (th 738) I 678.
— Martin. Andr., Magdalâ - Thuringus (ph 663) I 354.
— Georg. Frid., Thenninga - Marchicus (ph 743) I 424. (cm 747) II 166.
— Phil. Ign., Thuringhemianus (j 764) II 434. (cj 766) II 620.
— Phil. Lud., Usinga-Nassoicus (th 715) I 667.
Reinhardt, Joh. Frid., Berolinens. Marchicus (j 673) II 298.
— Joh. Gregor., Schorndorff. (j 627) II 218.
— Joh. Georg., Stutgardianus (d 752) I 218.
— Joh. Jac., Stuttgardianus (j 628) II 219.
— Joh. Wilh., Stuttgardianus (780) I 150. (m 780) II 113.
Reinhold, Joh. Herm., Iserlohnensis (th 667) I 640.
— Sam. Abrah., Mettmann prope Düsseldorff (767) I 65. (m 767) II 97. (cm 769) II 181. s. Reinold.
Reinick, Joh. Eilhard., Gedanensis (cm 736) II 160.
Reinig, Joh. Andr., Magdeburgensis (m 737) II 50.
— Conr., Paderbornensis (m 752) II 70.
Reinigk, Nicol., Marpurgensis Hassus (j 632) II 230. (cj 633) II 500.
Reinmann, David, Oettinga-Rhaetus (th 680) I 650.
— Joh. Chph., Variscus Rawiziensis (th 660) I 631.
Reinoehl, Lud. Eberh., Isnensis (j 711) II 333.
— Joh. David, Stuttgardianus (th 726) I 672.
Reinold (Reinoldt), Joh. Georg., Argentinensis (ph 628) I 290. (cph 628) I 465. s. Reinhold.
von Reinstett, Victor. Amad. Baron (759) I 36.
Reinstorp, Hieron., Hamburgensis (j 684) II 307. (cj 687) II 538.
Reinwald, Lud. Phil., St. Juliano-Palatinus (th 729) I 673.
Reinwaldt, Joh. Chph., Ulmensis (ph 694) I 383. (cphm 696) I 557.
Reis, Franc. Theob., Argentinensis (j 699) II 323. (cj 701) II 545.
— Joh. Frid., Argentinensis (ph 764) I 442. (th 768) I 691.
— Wilh. Ant., Argentinensis (j 708) II 331. (cm 713) II 151.
(*derselbe?*)
— Wolffg. Henr., Hammelburgensis (j 733) II 369.
— Carol. Caspar., ex urbe Conflua (767) I 70.
— Joan. Ant., Lauterburgensis (775) I 118. (j 775) II 459.
— Franc. Ant., Zwifalt. Suevus (m 736) II 49. s. Reiss, Reys.
de Reisach, L. B. (753) I 33.
Reisch, Christian., Hunnavillanus-Alsata (ph 733) I 415.
Reischert de Hartberg, Jos. Ant., Viennae Austriae (j 712) II 334.
Reiseisen s. Reisseissen.
Reisel s. Reissel.
Reisenleiter, Joh. Heinr. Paul., Noricus (j 699) II 322.
Reiser, Ant., Augustanus (ph 646) I 323.
— Phil. Ant., Augusta-Vindelicus (ph 672) I 367.
s. Reisser, Reyser.
Reiset, Humbert. Nic., Chavanensis (cj 711) II 550.
— Jac., Colmariensis (788) I 194. (j 788) II 489. (cj 790: Jaques Louis Etienne) II 677.
— Joan. Jac., Colmariensis (j 748) II 397. (cj 750) II 592.
— Claud., praefectus in Mortreux insuperiori Alsatia (j 687) II 313. (cj 687) II 537.
Reiss, Joh. Hieron., Babenhusanus (j 716) II 339.
— Joh. Dan., Sickenhofiensis (j 720) II 345.
— Georg., Weissweilensis (cphm 621) I 518. s. Reis, Reys.
Reisseissen, Franc., Argentinensis (ph 649) I 328.
— (Reiseisen), Franc., Argentinensis (j 686) II 537.
— Franc. Dan., Argentinensis (787) I 185. (ph 787) I 457.
— Joh. Carol., Argentinensis (cph 623) I 462. (cphm 626) I 523.
— Joh. Dan., Argentinensis (ph 630) I 295. (cph 630) I 466.
— Joh. Dan., Argentinensis (ph 711) I 397. (cm 720) II 153.
— Joh. Dan., Argentinensis (ph 749) I 430. (j 761) II 609.
— Joh. Franc., Argentinensis (ph 704) I 391. (j 711) II 550.

(Reisseissen) Joh. Georg., Argentinensis (j 734) II 370.
— Joh. Jac., Argentinensis (j 690) II 540.
Reissel, David, Hirschbergâ-Silesius (ph 642) I 315.
— Salom., Hirshbergensis (ph 645) I 321.
Reissenbach, Joan. Phil., Wormatiensis (j 738) II 378.
de Reissenbach, Joan. Bernard. Jos. Georg., Neuhoffiens. Alsata (780) I 47. (j 780) II 470. (cj 783) II 662.
Reisser, Joh. Bapt., Thannensis (781) I 157. (m 781) II 115.
s. Reysser, Reiser.
Reiswitz L. B. a Kadersin,
— Georg (667) I 4.
— Georg. Frid. (667) I 4.
— Heinr., Eq. Silesius (j 629) II 224.
Reith, Andr., Argentinensis (772) I 96. (ph 772) I 447. (cph 775) I 511. (cphm 776) I 581. (th 777) I 694.
Reitlinger, Joh. Jac., Argentinensis (ph 758) I 437. (cph 761) I 506. (cphm 765) I 577. (th 763) I 688.
Reitmeyer, Georg., Allerhemio-Rhetus (m 671) II 25.
Reiz, Joan. Steph., Salemitanus Suevus (j 751) II 403.
— Cyprian., Ulmensis (ph 699) I 386.
Relling, Joan. Chrysosto., Veldkirchens. Rhaeto-Austriacus (j 760) II 424.
Rem, Georg. Phil., Nordlingensis (j 678) II 302.
— Franc. Ant. Erasm., Rosenhemensis (j 754) II 408. (cj 756) II 600.
Rembold, Jac., Augustanus (j 627) II 218.
(de) Remchingen, Ern. Lud., Eq. Su-(evus) (ph 636) I 308.
Remele (Aemele?), Joh. Petr. (740) I 27.
Remeni, Joh., Ungar. Turocio-Haj. (ph 657) I 341.
Remmelin, Joh. Anastasius, Ulmensis (ph 644) I 318.
Remmer, Joh. Otto, Gleibergensis Nassov. (j 633) II 232.
Remond, Joh. Mich., Argentinensis (793) I 203.
Remus s. Rehm, Rem.
Remy, Aloys. Maxim., Argentinensis (792) I 202. (j 792) II 492.
— Joh. Jac. Phil. Chph., Ensishemianus (788) I 189. (j 788) II 487.
— Nic., Metensis (789) I 197. (j 789) II 491.
— Jean Thom. (s 788) I 267.
Renard, Franc. Ant., Molshemiensis (779) I 140. (j 779) II 466.
Renaud, Dominic., Mirecuriensis (779) I 139. (j 779) II 466.
s. Renauld, Renaut.
Renaudin, Ant., ex fortalicio Ludoviceo (m 747) II 62.
— Franc. Ant. Lud., Vezelensis (776) I 120. (m 776) II 108. (cm 780) II 190.
Renauld, Jac. Anselm., ex Castro Warsbergensi Lotharing. (771) I 91. (j 771) II 450. (cj 772) II 637.
— Joan. Casp., e castro Warspergensi (776) I 120. (j 776) II 460.
— Joan. Georg., Warsbergensis Lotharing. (776) I 120. (j 776) II 461. (cj 777) II 649.
Renault, Franc. Jos., Nanceianus (787) I 187. (j 787) II 486.
Renaut, Barthelemy, de la verrerie de Bacarat (788) I 191. (j 788) II 488. (cj 790: Barthol. Isid.) II 678.
— Joan. Nicol., Lunevillanus (768) I 75. (j 768) II 445. (cj 770) II 631.
Rencker, Frid. Lud., Giessensis Hassus (m 726) II 41.
— Georg. Burckhard., Lorensis-Hassus (ph 649) I 329.
— Joh. Ernest., Lhorensis-Hassus (j 649) II 248.
— Reinhard. Wilh., Lohrensis (ph 649) I 331.
René, Petr. Franc., Argentinensis (j 743) II 388. (cj 747) II 585.
Reng, Georg., Amberga-Palatinus (th 629) I 602.
Renger, Christoph. Heinr., Rotenburgo-Tuberanus (ph 643) I 318.
— Georg. Simon, Rotenburgo-Tuber. (ph 647) I 325.
— Joh. Christoph., Rotenburga-Francus (ph 671) I 366.
— Joh. Dan., Rothenburgo ad Tubarim (j 698) II 321.
— Joh. Frid., Rotenburg. Fr. (ph 672) I 368.
— Joh. Lud., Rotenburgo-Tuberanus (th 634) I 607.
— Nic., Rotenburgo-Francus (ph 673) I 369.
— Reichard., Spirensis (ph 629) I 291.
— Joh. Andr., Windsh. Francus (ph 658) I 343.
Rengguer, Jos. Ant., Altkirchensis Alsata (Pruntruntanus Rauracensis) (j 752) II 405. (cj 754) II 597.

Rennepage, Joh. Georg., Gedanensis (th 674) I 647.
von der Rennen, Frid. Phil., Landaviensis (ph 743) I 424.
— Joh. Phil., Homburg. ad montes (ph 709) I 396.
Rennenkampff, Georg. Phil., Argentinensis (j 624) II 208.
von Rennenkampff, Carl Frid., Esthland (773) I 104.
Renner, Hieronym., Argentinensis (ph 626) I 282. (cph 626) I 464.
— Hieronym. iun., Argentinensis (ph 668) I 361.
— Joh. Conr., Argentinensis (ph 713) I 399.
— Joh. Gotfr., Argentinensis (ph 716) I 402.
— Joh. Ludov., Belsenbergensis-Hoenloicus (ph 658) I 344.
— Joh. Frid., Giessensis (j 670) II 291.
— Henr., Heilbronnensis (ph 670) I 364.
— Mich., Schesburgensis Transylv. (th 668) I 640.
Renninger, M. Marcus, Schorndorffensis (th 634) I 608.
Renter, Franc. Sebast., Ettenhemiens. Brigoicus (775) I 118. (j 775) II 459. s. Nenter.
Rentlac, Peter. Paul., Monachiensis (j 758) II 417.
Rentz, Samuel Andr., Kippenhemia-Brisgoicus (th 760) I 686. s. Renz.
Rentzler, Georg. Ern., Spirensis (ph 635) I 307. s. Renzler.
Renuart, Charles, de Lyon (d 732) I 212.
Renz, Frid., Augustanus (ph 634) I 303.
— Christi. Andr., Blesheimensis (ph 701) I 388. (cphm 705) I 561.
— Henr. Chph., Blesheimensis (ph 701) I 388.
— Frid. Henr., Herrenthierbacensis Hoenloicus (ph 660) I 348.
— Joh., Isnènsis (m 681) II 27.
— Joh. Casp., Ratisponensis (ph 646) I 322.
— Joh. Chph., Rotenburgo-Tuberanus
— Abel, Ulmensis (ph 647) I 326. s. Rentz.
Renzler, Jac. Casim., Wertheimensis (ph 713) I 400. s. Rentzler.
De Repas, Joa., Domartignus Parisiensis (m 665) II 22.
Rephun, Joh. Chph., Göpmansböhl Francus (j 641) II 237. s. Rebhuen.
a Rephun, Georg. Lud. Godofred, Servesta-Anhalt. (766) I 41.
Repner, Joh. Georg., Heidensheimensis (th 633) I 606.
Repp, Daniel, Argentinensis (ph 629) I 292.
Reppenhagen, Otto Nic., Suerino-Megapolitanus (j 657) II 263.
Repsius, Joh. Wilh., Meinunga-Franco-Hennenbergicus (j 656) II 262.
de Requin, Matthae. Sebast., Saraludovicensis (j 724) II 350. (cj 725) II 564.
Resch, Martin., Bodenheimensis (j 762) II 431.
— Ernest. Frid., Buxovillanus (th 757) I 685.
— Phil. Henr. Herm., Buxovillanus (ph 756) I 435.
— Georg. Fridr., Freystad. Hanoicus (ph 723) I 407.
— Phil. Reinhard., Freystadiensis Hanoicus (ph 715) I 402. (cph 716) I 491. (cphm 719) I 567.
— Joh. Georg., Sempronio-Hungarus (ph 664) I 356.
— Franc. Jos. Ant., Türckemensis (773) I 105. (j 773) II 455. (cj 775) II 642.
— Franc. Heinr., Turckemianus (cj 717) II 556.
— Joan. Franc., Turckemiensis (767) I 69. (j 767) II 443. (cj 769) II 629.
— Matthae., Ulmensis (ph 645) I 320.
Reschengeder à Schlachteckh, Joh. Jac., aus der Pfaltz (j 663) II 275.
Rese, Gebh., Wunstorpia-Brunswicensis (th 653) I 621.
Respinger, Joh. Henr., Basiliensis (m 734) II 47.
— Joh. Henr. (m 764) II 92.
Resplandin, Joh. Petr., Heilbronnensis (m 752) II 70.
Retberg s. Rettberg.
Rethel, Andr., Zitta-Lusatus (j 663) II 276.
Retsloff s. Redslob
Rettberg (Retberg), Joh. Heinr., Cellensis Saxo (j 660: Iltenâ-Lunaeburgicus) II 268. (cj 666) II 519.
Retteler, Paul., Dirdorf. (ph 627) I 284.
Retzer, Daniel, Tubingensis (m 623) II 7. s. Rezer.
Reu, Tobias, Weerdâ-Noricus (th 651) I 619. s. Reuh, Rheu.
Reubell, Franc. Xav., Colmariensis (j 756) II 412. (cj 758) II 602.
— Joan. Franc., Còlmariensis (j 764) II 434. (cj 766) II 620.
— Lud. Phil., Colmariensis (770) I 86. (j 770) II 448.

Reuber, Joh. Frid., Argentinensis (ph 706) I 392. (cphm 709) I 562.
— Joh. Petr., Argentinensis (ph 700) I 387. (cph 701) I 487. (cphm 704) I 560.
Reuchlin, Andr. Franc., Argentinensis (m 742) II 56.
— Frid., Argentinensis (ph 642) I 315. (cph 642) I 471. (cphm 645) I 535.
— Frid., Argentinensis (ph 676) I 371. (cph 676) I 480. (cphm 679) I 550.
— Frid. Jac., (Gerstheimensis), Theol. P. P. Arg. (ph 710) I 397. (cph 711) I 489. (cphm 713) I 564. (Theol. D. 731) I 705.
— Joh., Argentinensis (m 726) II 41.
— Joh. Casp., Argentinensis (ph 728) I 410. (cph 728) I 495. (cphm 731) I 569. (Theol. D. 744) I 705.
— Phil., Argentinensis (cph 647/48) I 473.
Reuh, Joh. Leonh., Norimbergensis (cphm 650) I 537.
s. Reu, Rheu.
Reule, Georg. Frid., Argentinensis (780) I 146. (ph 780) I 452.
Reus (Reusius), Joh. Casp., Buxovillanus (ph 660) I 348.
— Joh. Heinr., Buxovillanus (ph 626) I 283. (cphm 628/29) I 525.
— Joh. Lud., Neovillanus (ph 628) I 288. (cph 628) I 465.
Reuss, Carl Ludov. Wilh., Durkhemio-Leiningensis (775) I 119. (cm 776) II 187.
— Alb. Conr., Dörtebac. Francus (ph 623) I 276.
— D. Aug. Christian., Holsato-Rendsburgius (778) I 136.
— Joh. Nic., Spirensis (ph 654) I 337.
— Christian Gottl., Stuttgardt (m 762) II 88.
Reuss und Plauen, Herr in Greiz u. s. w., Graf von (Comes Ruthenus, Dominus a Plavia, Dynasta in Greiz etc.)
— Heinr. IV iun. (668) I 4.
— Heinr. XXVI (699) I 11.
— Heinr. V (772) I 18.
Reusch, Joh., Selestadiensis (cj 731) II 569.
Reusner, Joh. Henr., Argentinensis (774) I 107. (ph 774) I 449. (th 780) I 695.
— Joh. Phil., Argentinensis (ph 626) I 282. (cphm 627) I 524.
Reussner (Reusner), Joh. Conr., Lichtenoä-Hanoicus (ph 635/36) I 307. (cph 636) I 469. (cphm 638) I 531.
(Reussner), Joh. Jac., Lichtenavia-Hanoicus (ph 645) I 320.
— Joh. Jac., Liechtenavia-Hanoic. (cj 759) II 514. (*der vorige?*)
Reuter, Joh. Georg., Daela Saynanus (m 727) II 42.
— Joh. Conr., Nassoico-Castellanus (th 732) I 675.
— Phil. Gothofred., Usingâ-Nassovius (j 674) II 299.
— Wilh. Henr., Usingensis Nassov. (m 754) II 73.
Reutern, Magnus Giesebrecht, Livonus (771) I 43.
Reuthe, Joh., Ulmensis (ph 654) I 337.
Reuther, Carl Heinr., von St. Goar bey Hessen Reinfels (ch 790) I 261.
— Frid. Lud., Saraepontanus (m 752) II 70.
— (Reutter), Georg. Andr., Saraeponto-Westriacus (ph 653) I 336.
— (Reuther), Joh. Heinr., von Saarbrücken (ch 775) I 236.
Reutter, Abrah., Argentinensis (cph 621) I 461. (th 621) I 592. (cphm 624) I 521. (cth 624) I 708.
— Georg., Argentinensis (ph 626) I 282. (cph 626) I 464. (cphm 628/29) I 525.
— Joan. Theobald., Mogonus (j 756) II 413.
— Frider., Ottingensis (ph 633) I 301.
— Franc. Ant., Ristissensis Suevus (j 746) II 393.
s. Reuther.
Reuttiner, Salomon, Sangallensis (m 628) II 10.
de Reuttner de Weyl, Carol. Caspar., Alsata (771) I 43. (j 771) II 451.
Reveilhas, Petr., e loco Fons cancellatae provinc. Petrocoriensis (788) I 190. (m 788) II 120.
Reventlauw, Christi., Holsatus (j 656) II 261.
Reverdy, Joa. Maria, Lugdunensis (789) I 197.
Revers, Franc., Moravus Brunensis (m 752) II 70.
Revoire, Ennemond., Gratianopolitanus (j 750) II 402.
— Jos., Gratianopolitanus (j 750) II 400.
Rey, Leonard. Christoph., Dammerkirch. Alsata (781) I 155. (j 781) II 473. (cj 785) II 667.
— Franc. Jos., Vallonensis Helvetus (j 754) II 408.
Reybel, Joh. Jac., Argentinensis (ph 739) I 420.
Reyer, Joh. Conr., Eckersh. Hanovius (th 660) I 629.

Reyger, Mich., Bonostorffiô-Transylvanus (ph 664) I 354.
— Godofr., Borussus (j 662) II 273.
— Godofr., Gedanensis (j 729) II 359.
— Sigism., Gedanensis (j 729) II 359.
Reymann, Joh., Haldburgensis Saxo (th 666) I 639.
— Mich. Jos., Rapperschwil-Helvetus (m 745) II 57. s. Reimann.
Reynaud, Guil., de Guithermenue (j 756) II 414.
Reys, Carol., Oberenheimensis Alsata (770) I 87. (j 770) II 448. (cj 773: Carol. Mathe.) II 638.
— (Reis), Joh. (Bapt.), Ober Ehnheimensis (j 765) II 438. (cj 768) II 626. s. Reis, Reiss.
Reysch, Joh. Jac., Vienn. Austriacus (ph 649) I 331.
Reyser, Joh., Argentinensis (ph 678) I 372. (cph 678) I 481.
— (Reisser), Joh. Jac., Argentinensis (ph 681) I 374.
— Daniel, Marckbretta-Francus (ph 650) I 331. s. Reiser, Reisser.
Reythius, Petr., Curiensis (m 727) II 42.
Rezer, Joh. Chphr., (j 627) II 217. s. Retzer.
Rhala, Joh., Frisius (j 652) II 253.
(a) Rham, J. C. W., Brunsvicensis (766) I 41.
Rhavus, Joach., Soltquell. Marchicus (th 623) I 595.
à Rheden, Deth., Bremâ-Saxo (j 701) II 326.
— Eberh., Bremensis (j 628) II 220. (cj 628) II 497.
— Josias, B(remensis) S(axo) (j 676) II 301.
Rhein, Joh. Dan., Argentinensis (778) I 136. (ph 778) I 452.
— (Rein), Joh. Dav., Argentinensis (cm 681) II 142.
— Joh. Mich., Argentinensis (Schiltigheimensis) (ph 734) I 416. (cph 736) I 497.
— Jonath., Argentinensis (ph 744) I 425. (cph 744) I 500. (cphm 748) I 573.
— Sim. Godfr., Argentinensis (786: (Schiltigheimensis) I 179. (ph 786) I 456 (cph 786) I 515. (th 792) I 700.
— P. M., Joh. Ad., Moeno-Francofurtanus (th 669) I 643.
Rheiner, Hieron., Augustanus (j 631) II 228.
Rheinberger, Joh. Theoph., Emmendinga-Marchicus (th 737) I 677.
(Rheinberger) Joh. Sam., ex Gundelfinga Bada-Durlac. (ch 772) I 228.
de Rheinfelden s. Truchsess de Rheinfelden.
Rheinlaender, Jac., Kyrnensis Palatinus (th 642) I 611.
— Jac. Frid., ex fano St. Mariae (775) I 119. (m 775) II 108. (cm 781) II 192.
Rheintaller, Paul., Vienna-Austrius (th 644) I 613.
Rheinwald, Joh. Carl Christian, Selz i. Els. (779) I 141. (j 779) II 467.
— Joh. Ludov. Christian., Tabern. Montanus (776) I 121.
Rhelin, Joh., Schammbacco-Noricus (ph 641) I 313. (cphm 644) I 534.
Rhem, Daniel, Lindaviensis (ph 652) I 335. s. Rehm.
Rhenisch, David, Vratislav. Silesius (j 623) II 206.
Rhese, Joh. Fried., Einbeck im Hannoverischen (m 763) I 91.
Rhesus, Nic., Osterwiga-Saxo (j 662) II 272.
Rhetius, Johan Friedr., Brandenburgiae (j 657) II 264.
Rheu, Andr., Silesius (ph 653) I 336. s. Reu, Reuh.
Rhihel, Petr., Saxo-Transylvanus (th 626) I 599.
— Simon Joh., Cibinio-Transylvanus (j 654) II 257.
Rhode, Joh., Bremensis (j 701) II 326.
Rhodé, Henr. Frid., Coloniensi-Brilonensis (j 737) II 375.
Rhodius, Henr. Christian., Erbenheimensis (j 752) II 405.
— Andr., Haffnia-Danus (th 652) I 620.
— Baggo Petri, Cimber-Danus (th 650) I 618.
— Franc. Ant., Mariaevallensis (m 733) II 47. (cm 734) II 159.
— Phil. Franc., Moguntinus (j 761) II 428.
— Joh., Rügenwald. Pomeranus (ph 670) I 365.
— Joh. Godofr., Schweickhusanus (ph 669) I 363.
Rhoelius, Gust. Henr., Ebernburgensis (ph 685) I 378.
Rhoner, Joh. Andr., Argentinensis (ph 679) I 373.
Rhörich, Georg., Scholtinô-Transylvanus (ph 664) I 354. s. Roehrich.
Rhost, Andr., Martispurg. Misnicus (th 642) I 611.
— Joh. Chph., Martispurg. Misnicus (ph 669) I 362.

(Rhost) Bernh. Winariensis (ph 646) I 324.
Rhotelius, Joh., Gryphenberga-Pomeranus (th 657) I 626.
Rhott, Heinr., Gedan. Borussus (j 671) II 294.
Ribat, Jul. Caesar, Paedemontanus (m 616) II 3.
Ribbeck, Gabr., Teltoviensis Marchicus (th 628) I 602.
Ribe, Carol. Frid., Suecus Holmiae (m 730) II 44.
Riber, Franc. Ant., Blodelshem. Alsata (j 762) II 430. (cj 765) II 619.
Ricard, Joseph. Frid., Argentinensis (769) I 81. (j 769) II 447. (cj 773) II 638.
Riccard s. de Morsie.
Riccius, Frantz Carl, Benthemio-Westphalus (j 732) II 367.
— Joh. Franc., Benthemio-Westphalus (j 689) II 317.
— Petr. Marcell., Benthemio-Westphalus (cj 702) II 546
— Sebast. Jos., Hassal-Lunaeus. Guestphalus (j 721) II 346.
— Franc. Christian., Northornâ-Westphalus (j 719) II 342. (cj 721) II 559.
Richard, Franc. Ambros., Argentinensis (j 753) II 407. (cj 755) II 599.
— Gabr. Franc. Hug. Erasm., Argentinensis (cj 768) II 625.
— Petr. Jos., Argentinensis (j 754) II 410. s. Ricard.
— Paul., Hatt. Holsatus (th 668) I 641 s. Richardi.
— Carol. Ant., Lunevillensis (789) I 196. (j 789) II 490.
— Jac., Memmingensis (th 662) I 632.
— Leop. Gasp., Montbelgardensis (ph 738) I 419.
— Nicol., Romaricomontanus (769) I 80. (j 769) II 447. (cj 771) II 634.
— Romaric. Ambros., Romaricomontanus (772) I 99. (j 772) II 453. (cj 777) II 648.
— Franc., Sarburgensis (766) I 58. (j 766) II 439.
— Vinc. Sultzensis (j 754) II 407. s. Richart.
Richardi, Otto, Holsatus (ph 670) I 364. s. Richard.
Richart, Franc. Ant., Colmariensis (767) I 67. (cj 769: Franc. Ant. Theob.) II 628.
— Franc. Ant. Jos. Felix, Colmariensis (784) I 169. (j 784) II 478). (cj 785: Jos. Fel. Ant.) II 667.
(Richart) Franc. Xav., Colmariensis (772) I 98. (j 772) II 453. (cj 775: Franc. Xav. Ant. Val.) II 642.
— Joan. Bapt., Colmariensis (j 737) II 375. (cj 739) II 578.
— Jos. Fel. Ant., Colmariensis, vgl. Franc. Ant. Jos. Fel. s. Richard.
Riche, Joan. Dan., Argentinensis (j 734) II 370. s. Reich.
Richel, Joh. Daniel, Hanovicus (j 668) II 285.
— Phil. Lud., Ratisbonensis (j 633) II 231.
Richenberg, Chph., Wurzensis (ph 671) I 366.
Richer, Franc. Sigibert., Castrosalinensis (j 761) II 427. (cj 763) II 613.
— Georg. Sigismund., Norinbergensis (j 667) II 284.
Richier, Petr., Vicensis (j 762) II 429.
Richou, Lud. Jos., Thoarcensis apud Pictavos (773) I 104. (j 773) II 455. (cj 776) II 644.
Richshoffer, Joh. Chph., (*Argentinensis?*) (ph 671) I 366.
— Joh. Dan., (*Argentinensis?*) (ph 698) I 385.
— Joh. Dan., Argentinensis (784) I 171. (ph 784) I 455.
— Joh. Franc., Argentinensis (ph 680) I 373.
— Joh. Jac., Argentinensis (cj 713) II 551.
— Joh. Jac. Chph., Argentinensis (j 754) II 409. (cj 757) II 601.
— Joh. Joach., Argentinensis (ph 663) I 353. (cj 669) II 523.
— (u. Reichshoffer), Phil. Frid., Argentinensis (771) I 93. (ph 771) I 447.
— Phil. Frid., Argentinensis (789) I 198. (ph 789) I 458. s. Reichshöffer.
Richter, Joh., Altenburg. Misnicus (j 669) II 287.
— Jac., Basel (m 757) II 79.
— Christi. Gottlieb, Brega-Silesius (m 738) II 51.
— Andr., Budesina-Lusatus (j 661) II 271.
— Joh., Budissin.-Lusatus (j 646) II 244.
— Joh. Christoph., Dressde en Saxe (782) I 162. (m 782) II 116.
— Joh. Gottfried, Gubena-Lusatus (m 720) II 37.
— Joh. Mart., Pirna-Misnicus (th 661) I 632.
— Georg. Sigism., Regiomont.-Borussus (779) I 143. (m 783) II 116. (cm 783) II 194.
— Joh. Henr., Rhodâ-Waldeccus (th 713) I 666.

(Richter) Gottlob Fried., Rossvinensis Misnicus (780) I 150. (m 780) II 113.
— Joh. Godofr., Wernigerodanus (790) I 200.
Rickenbach, Jos. Menrad. Franc. Helv. Suitensis ex Arth. (m 750) II 66.
Ricklin, Jac., Dammerkirchensis, Alsata (771) I 92. (j 771) II 451. (cj 775) II 642.
Rickenmann, Felix Heinr., Rapperswilanus Helvetus (768) I 78. (m 768) II 99.
— (Reichenman), Joan. Henr., Raperswil. Helvetus (m 747) II 62.
Ridder, Joh. Aug., Annaberg. Misnicus (766) I 61. (m 766) II 96.
de Ridder, J. H., Ultrajectensis (766) I 41.
Ridejoy, Alex., Anglois (d 699) I 206.
Ridt, Joh. Phil., Argentinensis (cph 622) I 462.
— (Rith), Joh. Phil., Argentinensis (j 750) II 402. s. Riedt.
Riebe, Christoph. Frid., Posoniensis (m 751) II 68.
Riebel, Mich., Argentinensis (ph 642) I 315).
Riebestahl, Christian. Wilh., Argentinensis (ph 787) I 185. 457.
Rieck, Christian. Ernest., Argentinensis (j 676) II 300.
Riecke, Ludov. Henr., Stutgardianus (m 751) II 68.
de Ried, Franc. Carol., Durbachensis (j 731) II 365.
Riedel a Löwenstern s. Rüdel a. L.
Riedeman, M. Nic., (th 639) I 610.
Rieden, Joan. Jac., Bissingensis (j 706) II 328. (cj 706) II 547.
— Chph. Ant., Colmariensis (768) I 73. (j 768) II 444.
— Joan. Jac. Jos., Colmariensis (j 764) II 434. (cj 766) II 620.
— Jac. Chph., Hattenheimens. Alsata (j 735) II 372. (cj 736) II 575.
Rieder, Joh. Jac., Argentinensis (793) I 203.
Riederer, M. Christoph., Norimbergensis (th 665) I 638.
de Riedheim, Alex. L. B., d' Harthausen (740) I 27.
— Maxim. Xav., d' Harthausen (740) I 27.
— Mr., Eichstett en Franconie (787) I 188.
Riedinger, Franc., Offenburgensis (j 673) II 298.
Riedl, Petr., Jos., Mogonus (768) I 77. (m 768) II 99.
— Joh. Lud. (d 747) I 217.
Riedle, Joh. Georg., Argentinensis (ph 733) I 415.
— Joh. Jac., Argentinensis (m 731) II 45. s. Riedlin.
Riedlin, Frid., Argentinensis (780) I 147. (ph 780) I 452.
— Joh. Georg., Argentinensis (ph 757) I 436. s. Riedle.
— Mich., Tubingensis (th 626) I 600.
— Joh. Georg., Ulmensis (th 718) I 668.
— Vit., Ulmensis (ph 646) I 324. (cm 652) II 134.
Riedmüller, Paul., Cambopalatinus (th 623) I 594.
Riedner, M. Joh. Ulr., Norimbergensis (th 666) I 639.
Riedt, Georg. Bernh., Heilbronnensis (j 661) II 271. (cj 664) II 518.
— Joh. Fried., Heilbronnensis (j 696) II 319.
— Joh. Henr. Godofr., Heilbronnensis (th 685) I 653. s. Ridt.
Rieff, Martin., Mogonus (769) I 80.
— Petr. Lud., Landserensis (784) I 170. (j 784) II 479.
— Jos. Jac., Uberlinganus Acronianus (j (764) II 436. s. Riff.
Rieffel, Franc. Jos., de Andlau (768) I 74. (m 768) II 98.
— Franc. Jos., Tabernensis (j 764) II 434.
Riegel, Sebast., Norimbergensis (th 634) I 606.
Rieger, Georg. Christi., Argentinensis (ph 698) I 385. (cph 698) I 486.
— Anton., Colmariensis (ph 650) I 332. s. Riegger.
— Melchior, aus dem Durlachischen (m 763) II 89.
— Georg., Norimbergensis (th 663) I 635.
Riegert, Franz Jos., Oberberckheim (ch 775) I 235.
Riegg, Xaver., Obrenhemensis (791) I 201. (m 791) II 122.
Riegger, Joh. Jac., Colmariensis (ph 685) I 377. s. Rieger.
Rieggerd, Joh. Carl, Candern im Durlachischen (m 765) II 93.
Rihelius s. Riehl.
Rieher, Franc. Ant., Friburgens. Brisgoius (j 688) II 316.
Riehl (Rihelius, Rühelius), Joan. Godefr., Argentoratensis (j 764) II 435.
— Joh. Henr., Argentoratensis (ph 738) I 419.

(Riehl, Rihelius, Rühelius) Joh. Mart., Argentinensis (ph 753) I 433.
— Joh. Phil., Argentinensis (ph 704) I 391.
— Joh. Theob., Argentinensis (ph 665) I 358. (cph 666) I 477. (cphm 669) I 547.
— M. Josias, Argentinensis (cphm 621) I 518. (cj 620) II 498.
— Theob., Argentinensis (ph 635) I 306.
— Joh. Gothofr., Meistrazheimensis (cj 765) II 617.
— Jos., Wilgothemiensis (788) I 191. (j 788) II 488.
Riehle, Joh., Moeno-Francofurtanus (769) I 79.
— Matthae., Liechtenavius (ph 646) I 322.
Riehm, Joh. Phil., Argentinensis (ph 672) I 368. (cph 672/23) I 479.
— Phil. Conr., Wormatiensis (ph 631) I 297. s. Riem.
Riel, Joh. Frid., Hagenoensis (ph 627) I 285. s. Riehl.
Riem, M. Joh., Norimbergensis (th 628) I 602. s. Riehm.
Riemer, Joh. Godfr., Jenensis (j 648) II 247.
Riemschneider, Joh. Gunther, Northusanus Cheruscus (m 625) II 8.
Rineccius, Gabr., Schönenberg. Hunnus (ph 622) I 273.
s. Reineccius, Reinecker, Rienecker.
Rienecker, Franc. Ant., Gengenbacensis (j 765) II 438. s. Reinecker.
— Franc. Joseph., Offenburgensis (766) I 62. (j 766) II 440.
— Franc. Carol. Mich., Offenburgensis (j 732) II 367.
Riepenhaussen, Cyriac., Gotting. Saxo (j 652) II 253.
Ries, Joh., Argentinensis (ph 699) I 386.
— Joh. Casimir., Moeno-Francofurtanus (ph 685) I 377.
— (Riess), Joh. Casimir, Moeno-Francofurtanus (j 661) II 270.
s. Riese.
— Fried. Wilh., Hohensolmensis (j 738) II 379.
— (Riese), Gregor, Cassellano-Hassus (j 664) II 277. (cj 667) II 521.
— (Risius), Georg. Phil., Rotenburgo-Tuberanus (th 649) I 616.
— Joh. Christoff., Stuttgardianus (j 658) II 266.
Riesch, Bartholom., Lindaviensis (th 731) I 674.
— Bonaventura, Lindaviensis (th 718) I 668.
(Riesch) Conr., Lindaviensis (ph 681) I 375.
Riese, Frid. Jac., Moeno-Francofurtanus (777) I 130. (m 777) II 110.
s. Ries.
Riesius s. Ries.
Riess, Joh. Heinr., Spirensis (ph 706) I 393.
Riester, Franc. Jos., Ersteinensis (j 758) II 417.
Rieter de Kornburg, Paul. Adebert., Cornburga-Fr. (j 630) II 224.
— Paul. Alb. (j 655) II 258.
Rietmann, Ulr., Lindaviensis (m 619) II 4. 5.
— Georg. Chph., Waldenburg. Hoenloicus (ph 634) I 304.
Riff, Joh. Daniel, Argentinensis (ph 749) I 429. (cph 751) I 502. (cphm 753) I 575. s. Rieff.
Riffenach, Joh. Petr., Otterbacensis (ph 707) I 393.
Rigelmann, Joh. Jac. Wilh., Bucho-Moosanus (j 718) II 340.
Rigen, Nic., Lindaviensis (th 680) I 649.
Rihelius s. Riehl.
Riis, Mathi. (d 757) I 219.
Rima, Joh. Christi., Meisenheimensis Bipontinus (th 731) I 674.
— Henr. Jac., Trarbacensis (ph 661) I 350.
Rimbach, Joh., Argentinensis (cph 697) I 486. (cphm 700) I 559.
— Joh. Balth., Argentinensis (ph 658) I 343. (cph 658) I 475. (cphm 661) I 543.
— Joh. Phil., Argentinensis (ph 731) I 412. (cph 732) I 496.
Rimpler, Georg., Leisnic. Misnicus (j 660) II 268.
— Casp., Suidnic. Silesius (j 628) II 221.
Rinchler, Wolfg., Lindaviensis (ph 643) I 316.
de Rinck a Baldenstein, Jos. Wilh. L. B. (771) I 43.
Rinckh, Georg., Türckheimensis (ph 643) I 316. s. Rink.
Rindenschwender, Joan., Gaggenaviensis (773) I 101. (j 773) II 454.
Rinder, Jacob. Andr., Moscow. Russus (770) I 87. (cm 777) II 188.
Ring, Dominic., Argentinensis (ph 656) I 341.
— Frid. Dominic., Argentinensis (ph 741) I 421. (cph 741) I 499. (cphm 744) I 572.
— Georg., Drefurdensis Thuringus (m 627) II 10. (cm 631) II 137.

(Ring), Niclas Carl, Mitovia-Curlandus (th 705) I 662.
Ringelsdörffer, Joh. Jac., Moeno-Franco (th 669) I 642.
Ringelstein, M. Joh. Adolph., Argentinensis (m 617) II 3.
Ringenberg, Franc. Engelbert., Ludinghusio-Westphalus (j 719) II 343.
Ringer, Chph., Noribergensis (th 707) I 662. s. Ringger.
Ringge, Joh., Tigurinus (773) I 106.
Ringger, Jac., Diessensis (769) I 84. (m 769) II 101. s. Ringer.
van Ringh, Anton., Groninganus (778) I 135. (m 778) II 111.
Ringhorbel, Joh. Anth., Gelhusanus (m 753) II 72.
Ringier, Em. Rud., Tobiniensis (m 733) II 47.
Rink, Mich., Amstaettâ-Ulmanus (ph 647) I 325.
— Georg. Marc., Ulmanus (th 719) I 668. s. Rinckh.
Rippel, M. Joh. Henr. (m 734) II 47.
Riquet, Joan. Petr., Colmariensis (j 745) II 390. (cj 747) II 586.
Ris s. Tis.
Risbrik, Broder., Danus (ph 666) I 359.
— Otto, Danus (j 666) II 283.
Risch, Joan. Mich., Argentinensis (j 725) II 351. (cj 727) II 565.
— Pius Carol., Arnstadiensis Thuringus (th 715) I 667.
— Franc., Mommenhemensis (j 730) II 362.
Rischius, Joh., Langwis. Thuringus (m 612) II 1.
Rischkius, Christian. Lud., Berolinensis (ph 729) I 411.
Rischmann, Franc. Jos., Dammerkirchensis Alsata (770) I 86. (j 770) II 448. (cj 772) II 636.
— Leon. Rud. Jos. Armand., Damerkirch Alsata (772) I 98. (j 772) II 452. (cj 776) II 646.
Risius s. Ries.
Risler, Jac., Helv. Müllhusinus (m 750) II 66. (cm 753) II 169.
— Joh. Jac., Mulhausinus (m 762) II 88. (cm 765) II 178.
— Josua, Mulhusinus (774) I 109.
— Petr., Mulhusino - Sundgaviensis (ph 729) I 411. (cm 733) II 158.
Rismeyer, Henr., Mindens. Westphalus (j 631) II 229.
Riss, Joh. Conr., Argentinensis (772) I 95. (ph 772) I 447. (cm 780) II 191.
Rissen, D. Franc. Christi., Paderanus (j 741) II 385.
Rist, Franc. Xav., Königseggwaldensis (j 758) II 419.
— Cosman. Damian., Weissenburgensis (789) I 198. (m 789) II 121.
Riston, Dominic., Chaligniensis Lotharingus (j 727) II 355. (cj 727) II 565.
Ritschart, Mich., von Oberhofen C. Bern (ch 777) I 239.
Rittberg, Andr., Hartheim. Francus (ph 630) I 294.
Rittelmeyer, Joh. Georg., Ingovillanus (ph 711) I 398.
Ritter, Gerh. Heinr., Argentinensis (776) I 123. (ph 776) I 450. (cph 777) I 512. (cphm 779) I 582. (th 783) I 697.
— Joh. Lud., Argentinensis (ph 764) I 443. (cph 767) I 508. (cphm 771) I 579. (th 768) I 691.
— Joh. Jac., Helv.-Bernas (m 737) II 50.
— Matthi., Bonazellensis Suevus (ph 717) I 403.
— Gregor., Hemelsbergâ-Thuringus (th 624) I 597.
— Franc. Jos., Huninganus Alsata (783) I 163. (j 783) II 476. (cj 784) II 665.
— Balth., Moeno-Francofurtanus (ph 625) I 279.
— Joh. Balth., Moeno - Francofurtensis (th 663) I 635.
— Joh. Balth., Francofurtensis (th 695) I 657.
— Christi., Moeno-Francofurtensis (j 708) II 331.
— Joh., Hallensis Saxo (th 672) I 645.
— Georg., Lubecensis (th 664) I 635.
— Joh., Lubecensis (j 644) II 241.
— Sigismund., Nordlingâ - Rhaetus (m 615) II 2.
— Joh., Ringavus (j 740) II 383.
— Joh. Leonh., Ratisponensis (th 660) I 631.
Ritterhelm, Gust. Adolph., Suecus (j 673) II 298.
— Hans Isaac, Suecus (j 673) II 298.
Rittershusius, Adam. Frid., Francus (j 668) II 285.
— Conr. Burckh., Wertheimensis Francus (j 647) II 244.
Ritterspacher, Joh. Phil., Kertzenhemio-Nassovius (th 747) I 681.
— Joh. Phil., Palatinus (777) I 126.
Rittner, Joh. Ernest., Argentinensis (ph 747) I 428.
Ritzer, Joan. Mich. (j 760) II 424.
Ritzschel, Georg., Deutzkana-Bohem. (ph 633) I 300.

du Rivalle, Jos., Metensis (j 764) II 434.
de la Rive, Joh. Jac., Genevensis (j 661) II 270.
de Riwa (Riva), Domin. et Comes Mauensee, Ant. Maria, Luganensis (738) I 25.
— Franc. Xav., Luganensis (747) I 31.
de Rixingen (Rixour), Comes, s. Ahlfeld.
in Rixingen, Comes, s. Leiningen.
Rizius, Christi., Budiss. Lusatus (j 669) II 289.
— Mart., Budiss. Lusatus (j 669) II 289.
Robatel de Noreuz (Nareaz), Nic. Laurent., Friburgensis in Helvetia (776) I 125. (j 776) II 462.
Röbelin s. Rebelin.
Röber, Matthi., Turoczensis - Hungarus (ph 665) I 357.
Robert, Martin. Jos., Landaviensis (j 736) II 374.
— Jac., e Lunevillano (j 755) II 410.
— Henr., Metensis (cj 700) II 544.
Robertinus, Joh., Salfeldius Borussus (th 621) I 592.
— Robert., Salfeldiensis Borussus (j 628) II 221.
Robin, P. Casimir., Faulcomont. Lotharingus (785) I 174. (j 785) II 480.
Robin de Born, Joan. Eleon. Vinc., Valcomontanus (783) I 165. (j 783) II 476. (cj 784) II 666.
Robinet, Jean Jos., Nancy (788) I 192. (j 788) II 488.
Röbken, Joh. Georg, von Ulm (d 731) I 212.
Rocca, Steph., Genevensis (ph 673) I 368.
Rochatte, Christi. Ant., Bitens. Lotharingus (787) I 185. (j 787) II 485.
La Roche, Andr., Basileensis (778) I 139.
— Joh. Frid. Mart., Gothanus (778) I 136. (m 778) II 111. (cm 779) II 189. s. Laroche.
Rochereuil, Bourgeois (785) I 51.
de Rocque (Roque), Nic., Argentinensis (j 730) II 363. (cj 733) II 571.
— Lud. Franc. Xav., Colmariensis (769) I 79. (j 769) II 446. (cj 770) II 632.
Rochser, Zachar., Schemnicio-Hungarus (th 655) I 624.
Rodecker, Franc. Carol. Ant., Friburg. Brisgoius (m 736) II 49.
— Jos. Ant. Lambert., Friburgensis Brisgoius (m 756) II 78.
Rödel, Joh. Lud., Dürckheimensis (th 621) I 592.
a Rodenberg, Justin., Clivo-Vesaliensis (j 673) II 299.
(a Rodenberg) Matthi., Vesalia Clivensis (j 665) II 280.
Rodenberger, Joh. Frid., Nassoico-Saraepontanus (m 759) II 83. (cm 762) II 175.
Rodenrod, Phil. Emich., Weilleranus Hunnus (ph 665) I 357.
a Rodenstein, Adam. (ph 626) I 283.
— Georg. Otto (ph 626) I 283.
Röder, Joach., Lubecensis (j 643) II 241.
— Wilh., von Mayntz (ch 779) I 243.
— Valent., Schmalcaldensis (j 653) II 255.
Röder a Diersberg, Carol., Durlacensis (ph 641) I 313.
— Joh. Phil. Wilh., Hanoviensis (j 725) II 352.
Röderer s. Roederer.
Rodner, Leonh., Amberga Palatinus (ph 622) II 274.
Rodolphus s. a Valle Transversa.
Rodrian, Frid. Theodor., Monsheimensis (th 741) I 679.
— Georg. Nic., Monshemio - Palatinus
de Rodt, Franc. Ign. Conr. L. B. (723) I 18.
— Marq. Rud., Busmanshausensis (j 666) II 282.
— Marq. Georg. Frid. L. B. (723) I 18.
— Rud. Theoder., Busmanshausensis (j 666) II 282.
Rodtschied, Joh. Henr., Hanoviens. (j 672) II 295. (cj 675) II 530.
Roeber, Frid. August., Dresdensis (786) I 180. (m 786) II 118. (cm 787) II 197.
Roecklinger, Joh. Joach., Argentinensis (ph 708) I 395. (cphm 712) I 563.
de Roeder a Thiersberg s. de Röder a Diersberg.
Roederer (Röderer), Frid. Jac., Argentinensis (766) I 56. (ph 766) I 444.
— Godofr., Argentinensis (ph 704) I 390. (cphm 708) I 562.
— Jac. Conr., Argentinensis (ph 732) I 414.
— Joh., Argentinensis (ph 723) I 407. (cph 723) I 493. (cphm 726) I 568.
— Joh. Benj., Argentinensis (778) I 136. (ph 778) I 452.
— Joh. Carol., Argentinensis (792) I 202. (ph 792) I 459.
— Joh. Christmann., Argentinensis (ph 758) I 437.
— Joh. Dav., Argentinensis (770) I 85. (ph 770) I 446. (cph 770) I 510. (cphm 774) I 580.

(Roederer) Joh. Dav., Argentinensis (785) I 174. (ph 785) I 455. (cph 786) I 515. (cphm 788) I 585.
— Joh. Frid., Argentinensis (ph 736) I 407.
— Joh. Frid., Argentinensis (780) I 149. (ph 780) I 453. (cph 786) I 515. (cphm 788) I 585. (cj 744) II 583.
— Joh. Georg., Argentinensis (ph 687) I 379. (cphm 694) I 556.
— Joh. Georg., Argentinensis (ph 691) I 381. (*der vorige?*)
— Joh. Georg., Argentinensis (ph 740) I 420. (cm 750) II 168.
— Joh. Georg., Argentinensis (766) I 56. (ph 766) I 444.
— Joh. Godofr., Argentinensis (766) I 56. (ph 766) I 444. (cph 767) I 508. (cphm 771) I 579. (th 771) I 692.
— Joh. Jac., Argentinensis (ph 699) I 386. (cm 710) II 150.
— Joh. Lud., Argentinensis (th 774) I 693.
— Joh. Mich., Argentinensis (ph 755) I 434. (cm 768) II 180.
— Joh. Mich., Argentinensis (787) I 187. (ph 787) I 457.
— Phil. Jac., Argentinensis (781) I 155. (ph 781) I 454.
— Phil. Sebast., Argentinensis (ph 695) I 383.
— Petr. Franc., Metensis (777) I 127. (j 777) II 463. (cj 779: Jos. Franc.) II 652.
— Petr. Ludov., Metensis (769) I 82. (j 769) II 447. (cj 771) II 634.
— Petr. Lud., Vicensis (j 729) II 360. (cj 731) II 569.
Roegner (Rögner), Georg. Gotfr., Argentinensis (770) I 88. (ph 770) I 446.
— Georg. Lud., Argentinensis (ph 665) I 358. (cph 666) I 477. (cphm 668) I 546.
— Joh. Dan., Argentinensis (ph 709) I 396.
Roehm, Joh. Conr., Moeno-Francofurtensis (766) I 60. (th 766) I 690.
Roehrich (Röhrich), Jac. Christian., Argentinensis (782) I 160. (ph 782) I 454. (cph 786) I 515. (cphm 788) I 585. (th 788) I 698.
s. Rohrig, Rörig, Rhörig.
Roelen, Petr. Franc., Coloniensis (j 747) II 395.
Roëlius, Joach., Julino-Pomeranus (ph 649) I 331.
Roemer (Römer), Carol., Argentinensis (ph 643) I 317. (cj 650) II 508.
(Roemer), Joh. Jac., Argentinensis (ph 687) I 379.
— Frid. Henr., Argentinensis (ph 731) I 412.
— Joh. Thom., Argentinensis (ph 731) I 412.
— Peter Caspar, Lennepensis (778) I 137.
Roemmich, Christi. Adam., Neostadiensis Palatinus (ph 699) I 386.
Roerdantz, Heinric., Parch. Megapolitanus (ph 631) I 297.
Roesch, Joh., Argentinensis (ph 735) I 417. (cph 736) I 497.
— Matthi., Argentinensis (ph 687) I 379. (cj 700) II 544.
— Paul., Rotenburgo-Tuberanus (th 657) I 626.
Roeser, Justin., Mergenthemensis (783) I 167. (m 783) II 116.
Roesler, Fried., de Spira (ch 773) I 230.
Roessel, Joh. Christi., Argentinensis (ph 758) I 437. (ph 761) I 506. (cphm 765) I 577. (th 763) I 688.
— Joh. Frid., Argentinensis (ph 765) I 443. (th 771) I 692.
— Georg. Ludv., Fürstenaviensis (j 660) II 269.
Roesslein, Andr., Moscoviensis (779) I 143. (m 779) II 112. (cm 783) II 195.
— Fridr., Moscoviensis (779) I 143. (m 779) II 112. (cm 783) II 194.
Roetlin s. Röttlin.
Roettel, Franc. Ign., Molshemensis (766) I 61. (m 766) II 96. (cm 770) II 181.
Rogalskij, Gottfr. Anthon., Tuppaviensis (m 743) II 56.
Rogatsch, Joan. Ferdin., Hungar. (j 759) II 422.
Roger, Joseph., Argentoratensis (ph 755) I 434.
— Georg. Wilh., ex arce Ludoviceâ (j 757) II 417. (cj 761) II 610.
— Carol., Lunevillanus (d 768) I 223. (774) I 108. (j 774) II 457.
— D., de Lunéville en Lorraine (d 759) I 220.
— Jos., de Luneville (d 763) I 222.
— Sebast., de Luneville (d 762) I 222.
— Franc. Lud., Coronae-Weissenburgensis (j 761) II 427.
— Georg. Jos., Weissenburgensis (m 731) II 45. (cm 734) II 159.
Rogg, Placid. Jos., Frauenfeld. Thurgovius (784) I 173. (j 784) II 480.
a Roggenbach, Franc. Conr. Wilh. Ant., Nobil. Als. (j 712) II 335.

(a Roggenbach) Adam. Maria L. B., Bruntrutanus (767) I 41.
Roggenburger, Leonhardt, aus dem Durlachischen v. Büggingen (m 751) II 69.
Rögner, Joh. Bernh., Dresdensis (j 661) II 270. s. Roegner.
Roh, Joh. Jac., Lauffenburg. Rauracus (j 670) II 291.
Rohde, Joh. Georg., Hannoveranus (m 739) II 52.
Roherer, Nic., aus Chabelisacher aus C. Bern (ch 772) I 230.
Röhling, Heinr. Jac. Martin., Zweybrücken (ch 787) I 256.
Röhm (Röm), Joh. Phil., Onoldino-Francus (j 650) II 249.
— Joh. Achat., Onoldo-Francus (ph 639) I 310.
Rohmer, Franc. Tobias, Argentinensis (ph 749) I 429. s. Rohner.
— Franc. Lud. (d 746) I 216.
Röhn, Georg. Bernh., Ohrdruvio-Thuringus (th 698) I 658.
Rohncke, Franc. Carol. (764) I 39.
Rohner, Joh. Reinhard., Argentinensis (cph 679) I 481. s. Rohmer.
Rohr, Dan., Argentinensis (ph 658) I 345. (cphm 661) I 543.
— Georg. Lud., Moeno-Francofortensis (j 737) II 376.
— Joh. Georg., aus Willershausen (d 729) I 211.
à Rohr, Joh. Georg., Eq. Silesius (j 630) II 227.
Röhrborn, Joh. Matthi., Biberach (m 762) II 88.
Röhrich s. Roehrich.
Rohrig, Leonard., Wormatiensis (j 755) II 411. s. Roehrich, Rörig.
Roht s. Roth.
Rokkenbach, Joh. Conr., Heilbronnensis (j 657) II 264. (cj 660) II 515.
Rokoch, Franc. Phil., Mogonus (j 666) II 282. (cj 668) II 522.
Rölingk, Sigism., Dresdâ-Misnicus (j 626) II 214.
Rolle, Joh. Claud., Argentinensis (j 734) II 370. (cj 736) II 574.
— Joh. Georg. Wilh., Sarbruck (786) I 183. (j 786) II 484 (von Ottveiler).
Rollenberger, Joh. Mich., Heilbronnensis (ph 643) I 317.
Roller, Jac. Georg., von Knittlingen i. Württ. (ph 645) I 318.
— Jac. Christi., Pforzhemio-Badensis (ch 779) I 242.
— Christi., von Pforzheim (ch 787) II 256. (*derselbe?*)
Rollius, Joh., Ladenburg. Palatinus (j 627) II 216.
Rollmann, Petr. Wilh., Solitariensis (ch 776) I 237.
Rollwagen, Franc. Frid., Argentinensis (792) I 203. (ph 792) I 460.
— Georg Fridr., Brisacus (j 674) II 299.
— Jac. Frid., Brisacensis (ph 664) I 355. (cj 670) II 525.
— Georg. Frid., Gernspac. Marchicus (ph 630) I 294.
— Wolffg. Everh. Gernspacensis (j 648) II 245.
— Joh. Frid., Hala Suevus (ph 708) I 395. (cph 709) I 489. (cphm 712) I 563.
Rolly, Jac., Theodonisvillanus (772) I 97. (j 772) II 452. (cj 773) II 639.
Röm s. Röhm.
Roman, Franc. Ant., Selestadiensis (j 761) II 426.
von Roman, Phil. Ludw. L. B., Würtemberg. (764) I 38.
Romanus s. Römer.
Romatetus, Carol., e Gallia Bayonensis (m 626) II 8. (cm 626) II 125.
Romberg, Casp., Regiomonti - Borussus (j 673) II 299.
Romer, Franc. Carl., Constantz (m 754) II 75.
Römer (Romanus), Carl, Cygneâ-Misn. (j 679) II 302.
— Joh. Tomas, Francofurtanus (j 708) II 331.
— Herm., Hilpoltstein. Noric. (ph 639) I 310.
— J. Carl, Eques Misn. (j 688) II 316.
— Sixt. Wilh., Naumburgensis (th 623) I 593.
— Joh. Phil., Saxonicus (j 675) II 300.
— M. Eberh., Sindelfingensis (th 634) I 608.
— Gabriel, Zweibrücken (769) I 81. s. Roemer.
Romeron(d), Claud. Franc., Veracens. in Comitatu Burgundiae (779) I 145. (j 779) II 468. (cj 781) II 657.
Romig, Joh. Jos., Suevo-Halensis (j 648) II 246.
— Jos. Henr., Suevo-Hallensis (j 680) II 303.
Romius, Joh. Georg., Nidernthalensis Hoenloicus (ph 650) I 333.
Römling, Erich Georg, Zellâ-Lunaeburgicus (j 652) II 253.
Rommel, Conr., Schnirpflingensis (ph 628) I 290.

(Rommel) Petr., Schnirpfflingensis (th 630) I 603.
Romswinckell, Joh. Herm., Ubius (th 657) I 626.
Ronca, Jos. Ant., Lucernsis Helv. (776) I 124. (ph 776) I 450.
Ronden, Joan. Mich., Zillisheimensis Alsata (j 685) II 310. (cj 687) II 538.
Rondouin, Jos. Edmund., Argentinensis II 432.
Rönigle, Joh. Matthi., Tyrolensis (th 669) I 643.
Ronnenberger, Joh. Petr., Hamburgensis (j 673) II 298.
Ronno, Georg. Joh., Danus (ph 650) I 333.
— Canut., Ronnoviensis Blechingor. Danus (th 656) I 625.
Roos, Joh. Phil., Pallat. Crucenacensis (m 732) II 46.
— Frid. Carol., Korka - Hanoic. (778) I 134. (ph 778) I 451.
— Frid. Carol., Lichtenaviensis (ph 742) I 422.
Roppolt, Andr., Longadentzlingen Marchicus (ph 646) I 324.
Roque s. Rocque.
Roquier, Nic. Romarius, Romaricomontanus (j 708) II 331. (cj 708) II 509.
Rorbacher, M. Joan., Brettanus (m 641) II 15.
Rordorf, Chphor., Helv. Thuricensis (m 763) II 91.
Rorer, Jean, de Dern, von Chapplisacher (m 765) II 94.
— Menrad., Delmensingensis Suevus (j 724) II 349.
Rörer, Joach. (j 635) II 234.
— Joh. Christi., Rudolstad. Thuring. (j 669) II 289.
Rörig, Joan. Mich. (727) I 20. s. Roehrig, Rohrig.
Rorscheidt, Joh. Casp., Lipsensis (j 623) II 206.
Rosa, Joh. Georg., Buxovillanus (ph 669) I 362. s. Rosius.
— Daniel, Ingovillanus (ph 622) I 276. (cphm 626/27) I 523.
— Phil., Ingovilla - Hanoicus (ph 630) I 294.
— Frid., Lipsiensis (j 637) II 228.
— Christi. Lud., Onold.-Francus (m 720) II 37. (cm 723) II 155.
— Joh. Sam., Onoldo - Francus (j 681) II 305.
— Joh. Ulr., Phorcensis (ph 642) I 315.
de Rosa, Joan. Carol., Moravus (j 719) II 343.
Rosbecker, Georg. Just. Lud., Wetteranus Hass. (th 653/54) I 621. (j 653) II 256.
Rosbecher, Henr., Spira-Nemes (ph 634) I 303. (cj 642) II 504.
Rösch, Matthi., Barrensis (ph 660) I 347. (cphm 662: Barrensis Argentin.) I 543.
— Joh. Thomas, Malterdinga-Marchicus (ph 665) I 356.
— Franc. Xav., Phoerrichensis prope Vinea (d 770) I 226.
— Hans Georg. (d 739) I 214.
Roschet, Joh. Andr., Basel (ch 775) I 236.
Rose, Nic., Erffurtensis (th 670) I 644.
— Carol. Henr., Rupovillanus (ph 741) I 421. (cm 758) II 172.
— Leonh., Sachen. (j 700) II 324.
— Godefr., Wratislav-Silesius (m 746) II 60.
Rosé, Jos. Ant. Carol., Leymensis (788) I 189. (j 788) II 487.
Rösel, Joan. Franc., Argentinensis (j 755) II 411. s. Röslin.
— Joh., Norimbergensis (j 627) II 218.
Roselt, Joh. Gottlieb, Saxo - Ducalis Altenburgicus (th 755) I 684.
Rosely, Mathias, de Giromagny en haute Alsace (776) I 122. (j 776) II 460. 61.
de Rosen, Otto Gust. L. B., Livonus (771) I 43.
Rosenbach, Joan., Palatino-Billekamensis (j 695) II 319.
— Zachar., Butzbachensis (m 614) II 2.
Rosenberg, Joh. Carol., Argentinensis (m 616) II 3. (cm 621) II 123.
— Joh. Georg., Argentinensis (cj 622) II 494.
— Joh. Albert., Dantiscanus (j 670) II 292.
de Rosenberg, Joach. Seivert, Bistrius Transilvanus (m 749) II 64.
— Joh. Rud. Rosaris, Silesius (j 658) II 265.
— Bernh., Suecus (j 669) II 288.
— Carol. Jos. Comes (714) I 14.
Rosenfeld, Wilh., von Reval aus Liefland (d 777) I 263.
— Joh., Holmia Suecus (j 663) II 274.
Rosenhagen, Justus Fried., Hannoveranus (j 729) II 361.
— Joh., Nordhusa-Thuringus (th 670) I 643.
Rosenhand, Daniel Nicol., Nobil. Sueco-Pomeranus (j 670) II 292. (cj 672) II 527.

de Rosenhane, Georg., Baro Suecus (669) I 5.
Rosenstiel, Joh. Henr., Buxovillanus (ph 735) I 416.
— Lud. Nic., Buxovillanus (771) I 90 (m 771) II 102. (cm 775) II 185.
— Fried. Phil., Mieteshemio-Alsata (770) I 85. (ph 770) I 446.
— Henr. Carol., Mieteshemensis Alsata (769) I 79. (ph 769) I 445. (cj 772) II 637.
Rosenstock, J. Jac., Tigurino-Helvetus (m 752) II 70.
Rosenthal, Heinr. Aug., Burghammerus Variscus (j 764) II 435.
— Jos., Viennens. Austriacus (j 761) II 427.
Rosenzweig, Joh. Chph., Argentinensis (cj 695) II 542.
— Joh. Frid., Argentinensis (ph 734) I 415.
— Joh. Jac., Argentinensis (ph 648) I 327.
Roser, Cornel., Argentinensis (ph 707) I 394.
— Joh., Argentinensis (ph 668) I 360. (cphm 670) I 547.
— Joh. Frid., Argentinensis (ph 743) I 424.
— Joh. Leonh., Argentinensis (770) I 88. (ph 770) I 446. (cphm 776) I 581. (th 775) I 694.
— Laur., Argentinensis (ph 653) I 336. (cphm 655) I 540.
— Jul., Argentinensis (ph 734) I 415.
— Phil., Argentinensis (ph 679) I 373.
— Jerem., Neuburg. ad Gabretam (j 648) II 247.
— Joan., Neoburgensis (j 668) II 287.
Röser, Joh. Chph., Cünzelsaviâ-Francus (th 670) I 644.
— Andr., Hilperhusanus Francus (th 624) I 709.
de Rosier s. Derozier.
Rosius, Jo. Henr. Christi., Buxovill. (th 737) I 677. s. Rosa.
Roskampff, Christoph., Elbingâ-Prussus (j 699) II 323.
Rosler, Guil. Ern. Burc., Saxo-Coburgensis (th 723) I 670.
Rösler, Laur., Francostena - Silesius (m 628) II 10.
— Joh. Jac., Suev. Hallensis (ph 627) I 286.
— Jac., Lipsiensis (th 671) I 645.
— Alb. Chph., Franco-Saxenfluranus (ph 630) I 293.
Röslin, Joh., Argentinensis (ph 649/50) I 331. s. Rösel.

Rosman, Ant. Franc., Lunevillanus (j 759) II 420. (cj 760) II 607.
— Maximin. Henr., Lunevillanus (772) I 97. (j 772) II 452. (cj 774) II 640.
Rosmeisel, Joh. Thom., Ehenvillanus (ph 712) I 398.
Rosner, Joan. Georg., Baruthinus (m 752) II 70.
Ross, Jos. Wilh., Rudolst. Schwarzburgicus (749) I 31.
— Mich., Sandheimensis (ph 713) I 400. (cph 714) I 490. (cphm 716) I 565.
Rossbecher s. Rosbecher.
Rosse, Hugo Jos., de Givet notre Dame en Hainault (779) I 420. (j 779) II 467.
Rossée, Joan. Franc. Philibert., Bellofortensis (767) I 64. (j 767) II 441. (cj 769) II 628.
Rossel, Theodor., Cavapetrensis (j 745) II 390.
— Joh. Nic., Idstenio-Nassoicus (ph 630) I 294.
— Joh. Tobias, Idstenio-Nassoic. (th 670) I 644.
— Dav. Nicol., Montisbelgardensis (ph 712) I 398. (cj 716) II 554.
— Georg. Frid. Jos., Montisbelgardensis (786) I 180. (j 786) II 483.
— Joh. Nicol., Montisbelligardensis (cm 754) II 170.
— Leop. Iman., Montbelgardensis (ph 718) I 404.
Rosselet, Carol. Sam., Helv. Bernas (m 760) II 85.
— Joh. Fridr., Helv. Bernas (j 760) II 424. s. Rousselet.
a Rossenfoldoro, Frid. Bernh. (j 629) II 222.
Rösser, Franc., aus dem Maintzischen (m 747) II 61.
de Rosset de Rochefort, Anth. Eman., Lausannensis (m 724) II 39.
Rossignol, Ludov., Sarburgensis (779) I 144. (j 779) II 468.
— Nic. Jos., Saarburgensis (j 735) II 372. (cj 738) II 577.
Rosskopff, Joh. Frid., Nymburgo-Mar-
Rösslein, Alex., Petropolitanus (768) I 75.
chicus (ph 679) I 373.
— Joh., Petropolitanus (m 765) II 94.
Rössler, Gotfr., Bregâ Sil. (m 630) II 11.
— Henr., Briga Silesius (j 625) II 212. (cj 625) II 496.
— Godofr., Custrinensis (th 718) I 668.
a Rossler, Just. Frid., Hannover (j 662) II 274.

Rost, Carl Sigmund, Norimbergensis (j 708) II 331.
— Joh. Carol., Noribergensis (m 715) II 35.
Rosteuscher (Roszeucher), Christi., Dantiscanus (j 644) II 241.
— (Rostheuser), Wendelin., Hilperhusan. Francus (th 624) I 710.
— Joh. Georg., Rotenburgo-Francus (ph 670) I 365.
Rota, Heinr., Hollandus (j 622) II 205.
de Rotberg, Joh. Frid. Christoph. L. B. (742) I 28.
— Leop., Eq. Brisgojus (ph 721) I 406.
— Bernh., Rheinweilâ-Brisgojus (ph 655) I 339.
Rotedichius, Theoderic., Stendal. Marchicus (th 627) I 601.
Rötenbeck, Joh., Norimbergensis (m 626) II 9.
Rotenberg, Georg., Gedanensis (j 666) II 284.
Rotenflue, Caspar, Unterwalden - Stans (786) I 182. (m 786) II 119.
Rotgers, Cornel., Groningo-Friso (j 652) II 254.
Roth, Christi. Deocar., Argentinensis (790) I 200. (ph 790) I 459.
— Joh., Argentinensis (ph 673) I 369. (cph 673/74) I 480.
— Joh. Carol., Argentinensis (ph 648) I 326. (cphm 651) I 538.
— Joh. Georg., Argentinensis (ph 627) I 287. (cph 627) I 465.
— Joh. Henr., Argentinensis (ph 632) I 298.
— Joh. Jac., Argentinensis (ph 739) I 420. (cm 748) II 166.
— Phil. Jac., Argentinensis (742) I 175. (ph 742) I 423.
— Phil. Jac., Argentinensis (ph 785) I 456.
— Jean Conr., Baruthensis (m 748) II 63.
— Steph., Bistricio-Transylvanus (ph 673) I 369.
— Maurit., Buxovillanus (ph 734) I 416.
— Laur., Dürrenbacensis (j 750) II 402.
— Math. Bernh., de Erfurth (m 755) II 75.
— Jac., Moeno-Francofurtanus (th 714) I 666.
— Franc. Jos. Ign., Hagenoënsis (j 740) II 382. (cj 743) II 582.
— Franc. Leonh., Heilbronnensis (th 729) I 673.
— (Rotth), Joh., Klein Schenckinus Transylvanus (ph 654) I 338.
— Simon, Kischenkensis Transylvanus (th 650) I 618.
(Roth) Phil. Reinhard., Langenbacensis Nassovius (ph 674) I 370.
— Lud., Lavingâ-Palatinus (m 628) II 10.
— Joh., Marburg in Hessen (m 753) II 71.
— Nicol., Neofano Variscus (j 684) II 308.
— Georg., Prosdorffensis Transylvanus (th 683) I 651.
— Phil. Henr., Reichenbacensis (th 666) I 639.
— Franc. Georg., Reichenvillensis (j 711) II 333. (cj 712) II 551.
— Henr., Röthenbaco-Noricus (ph 706) I 392.
— Isidor. Jos., Saramundanus (775) I 114. (j 775) II 459. (cj 776) II 645.
— Rosin Fried., Schwabach (m 761) 86.
— Joh. Andr., Sulzburgo-Palatinus (j 685 II 311.
— Franc. Jos., Sulzmattensis Alsata (767) I 64. (j 767) II 441. (cj 768) II 627.
— Joh., Ulmensis (th 641) I 611. (cphm 642) I 532.
— Joh. Jac., Ulmensis (j 629) II 223.
— Joh. Paul., Ulmanus (th 676) I 647. (cphm 677) I 550.
— Leo, Ulmensis (j 626) II 214.
— Leo Eberhd., Ulmensis (j 624) II 209.
— Georg., Waldenburgo-Hoenloicus (ph 645) I 321. (th 645) I 614.
— Franc. Chph., Alsata Weillerensis (j 687) II 314. (cj 688) II 539.
— Jac. Frid. Albert., Nordgav. Weissenburgicus (784) I 171. (ph 784) I 455. (cm 791) II 199.
— Joh. Andr., Wormatiensis (j 674) II 299.
— Christi., Ziegenruck-Variscus (j 630) II 225.
Roth s. Leutel.
Röth, Joh. Thom, Fridberga-Wetteravus (cphm 657) I 541.
de Roth, Frid. Guil., Eq. Saxonicus (j 757) II 416.
— Adam Phil., Eq. Silesius (j 685) II 310.
Roth de Schreckenstein, Franc. Anton., Immendingensis Suevus (j 739) II 380.
— Jos. Maria, Immendingensis Suevus (j 739) II 380.
— Jos. Anton. Euseb., Suevus (j 699) II 322.
Rothe, Jac. Aug., Walsrode im Hannöverschen (ch 772) I 231.
Rothenberger, Georg. Christi., von Büdingen (s 773) I 266.
— Hartmann., Mogonus (ch 771) I 228.

Rothenbieger s. Rothenberger.
Rothfuchs, Franc. Theob., Alsata Selestadiensis (j 674) II 299.
— Franc. Theob., Alsata-Andlaviensis (cj 687) II 539. (*derselbe?*)
Rothaus, Joh. Ant., Elberveldensis (m 760) II 84.
Rothhausen, Georg., Regiom. Prutenus (j 665) II 282.
Rothjacob, Franc. Georg. Lud., Hagenoensis (j 758) II 418. (cj 760: Altstadianus) II 606.
— Theodor., Hagenoensis (j 784) II 479. (cj 787: Theod. Robert.) II 671.
— Franc. Georg., Werthensis (j 729) II 360. (cj 731) II 569.
Röthlein, Isaac., Kittingensis Francus (th 662) I 633.
Rothman, Jac. Gabr., Smolandia Suecus (m 748) II 63.
— Joh. Lud., Wexionia-Suecus (m 753) II 73.
Rothovius, Abrah., Nycopensis (j 634) II 233.
Rotich, M. Sigism., Ratisponensis (th 655) I 624.
a Rindfleisch, Heinr., Eq. Lusatus (ph 625) I 279.
Rötler, Vitus, Heydenensis Palatis (ph 633) I 302.
Rotrou de Lasalle, Ant., Parisiensis (j 738) II 378.
Rotsch, Joh. Dan., Saraepontanus (ph 706) I 393.
Rotstein, Joh. Wolffg., Hilperhusanus (th 659) I 628.
Rott, Joh. Mich., Hunspach Zweybrücken (768) I 77. (m 768) II 99.
Rottenbach, Sam., Sarae-Bockenheimensis (ph 649) I 330. (cph 650) I 473. (cphm 652) I 538.
— Joh. Jac., Grötzingensis (th 663) I 634.
Rottengatter, Joh. Jac., Ulmensis (ph 649) I 328.
Rötter, Matthae., Onoldinus (ph 664) I 355.
Röttinger, Joh., Baldenheimensis (780) I 146. (m 780) II 113.
Rottler, Joh. Petr., Argentinensis (766) I 56. (ph 766) I 444. (th 771) I 692.
Röttlin (Rötlin), Andr., Colmariensis (ph 687) I 379.
— Emanuel, Colmariensis (j 679) II 302.
— (Roetlin), Emanuel, Colmariâ-Als. (ph 714) I 400. (cj 719) II 557.
— Emanuel, von Colmar (j 754) II 408.
— Joh. Mich., Colmariensis (ph 637) I 308.
(Röttlin), Sam., Colmariensis (ph 642) I 315.
— Matthi., Richovillanus (ph 634) I 303.
von Rottorff, Georg. Gust., Forchtenbergensis (j 700) II 324.
Rottschütz, Mich., Schlaviâ-Pomeranus (j 656) II 261.
Rottwaldt, Joach., Frideberga-Silesius (j 625) II 210.
à Rotulinsky, Georg. Maurit. L. B., Silesius (j 630) II 227.
— Maurit., Silesius (j 628) II 220.
Roucelle s. Roussel.
Rouch, Franc. Jos., Marchico-Badensis (j 746) II 392.
de Roudliansky, Alexi Baron (784) I 50.
Roulet, Dan. Henr., Neocomensis (768) I 72.
Rouly, Laur., Regnievel-Lotharingus (768) I 72. (m 768) II 98. (cm 771) II 182.
Rouman, Jochim, Northeimens. Saxo (j 684) II 307.
Rousseau, Jean Jaques, de Strasbourg (d 738) I 214.
Roussel, Jaques, d'Auxonne dioc. de Besançon (776) I 122. (m 776) II 108. (cm 779) II 189.
— Franc. Augustin., Bellofortensis (775) I 119. (j 775) II 460. (cj 777) II 648.
— Etienne, de Lille en Flandre (d 773) I 263.
— Joan. Joseph. Alexius, Spinalus Lothar. (769) I 80. (j 769) II 446. (cj 771) II 634.
— Petr. Jos. Alexius, Spinalensis (777) I 132. (j 777) II 464.
de Roussel, Joan. Bapt., Versaliensis (775) I 114. (j 775) II 459. (cj 776) II 646.
Rousselet à Charpillot, Carol. Eman., Patr. Bernas (j 741) II 385. (cj 742) II 581.
— Sam. Amad., Patr. Bernensis (m 741) II 54.
Rousselot, Joan. Ant., Monbellanus (cj 734) II 573.
— Franc. Desid. Augustin., Vicensis (j 765) II 437.
— Lud. Franc. Justin., Vicensis (774) I 107. (j 774) II 456. (cj 775) II 643.
Roussy, Jos. Lud., Biberacensis (m 747) II 61. (cm 749) II 168.
— Franc. Chph., Bruchsaliensis (787) I 188.

Le Roux, Joan. Jac., Argentinensis (780) I 152. (j 780) II 471. (cj 785) II 667.
— Lud. Franc. Herm., Argentinensis (788) I 189. (j 788) II 487.
Röver, Joach., Hamburgensis (cj 635) II 501.
Rowland s. Hill.
de Roxas et Vierro, Jos. Maria, Eq. Toletanus (783) I 49.
Roy, Petr. Franc., Burgundus Bisuntinus (m 655) II 19.
— Joan. Jac., Delemontanus (j 747) II 395. (cj 750) II 592.
— Bartholom., Delensis Als. (j 777) II 464.
— Bartholom., Weissenburgensis (777) I 131. s. Koenig.
Le Roy, Sixt. German., de Brunoy (d 740) I 215.
— Joan. Bapt., Sedanensis (j 738) II 378. (cj 739) II 578.
Royer, Joan. Chrysost., Bellofortensis (778) I 135. (j 778) II 465. (cj 780) II 655.
— Jos., Phalzbourgensis (cj 785) II 667.
le Royer, Jac. Ant., Genevensis (782) I 161. (m 782) II 115.
Rozat, Joan., ex Magnière en Lorraine (j 762) II 429.
Roze, Alexius, Decempag. Lotharingus (779) I 139.
Rozier, Franc., Gerbevillan. Lothar. (767) I 63. (j 767) II 441. s. Ruzier.
de Rozier s. Derozier.
Roziere, Franc. Phil., S. Diez Lorraine (768) I 74. (j 768) II 445. (cj 770) II 630.
Rozieres, Joa. Bapt., Argentinensis (788) I 193. (j 788) II 489.
Ruault, Franc. Xav., Monacensis Boius (ch 777) I 238.
Rube, Joh. Melch., Hasso-Darmstadinus (766) I 55. (m 766) II 95.
Rubin, Joan. Bapt., ex fano S. Hypoliti (782) I 162. (j 782) II 475. (cj 784) II 664.
— Joan. Franc. Jos., St. Hypolite (779) I 140. (j 779) II 466.
Rubinus, Jac., Bernensis (m 709) II 33.
Rübner, Andr., Uffenhemensis Francus (m 668) II 24.
Rübsamen, Phil. Jac., Argentinensis (780) I 147. (ph 780) I 452.
Ruch, Joh. Jac., Adersbac. Palatinus (778) I 138.
Ruck (Ruckus), Joh. Casp., Basiliensis (ph 623) I 276. (cph 623) I 463. (cphm 625/26) I 522.
Rück, Christian. Samuel, Geudertheimensis (ph 724) I 408.
Rücker, Joh. Georg., Aschaffenburgensis (ph 649) I 328.
— Joh. Tobias, Strensensis (th 701) I 660.
— Joan. Petr., Wertheimensis (j 706) II 328.
— Christian. Frid., Windshemio-Francus (j 711) II 333. s. Rueckherr.
Ruckhaber, Christian Daniel, Bischoffsheim i. Hanauischen (786) I 179.
Ruckstuhl, Bened., von St. Urban C. Luzern (ch 789) I 260.
— Jac. Marius, Lucernensis ex Villa St. Urbani (m 752) II 70.
— Jos., St. Urban Helvetus (775) I 116. (m 775: e Fano Sti Urbani Helvetus) II 107. (cm 780) II 191.
Rucky, Helias, Ucranorussus (779) I 145. (m 779) II 112. (cm 781) II 192.
Rudbeck, Paul. Joh., Suecus (j 652) II 254.
Rüde, Elias Aug., Budissinensis (m 755) II 75.
Rudeloff, Petr., Potsdamia-Marchicus (th 644) I 613.
Rüdell a Levenstern, Eduard., Silesius (j 663) II 276.
Rüder, Christi., Lipsiensis (j 624) II 208.
— Christi., Lipsiensis (j 661) II 269.
— Frid. August., Utino-Holsatus (782) I 162.
Rüdiger, Frid. Chph., Siliciensis Hassus (ph 652) I 335.
— Georg., Scheibenberga - Misnicus (th 659) I 629.
— Daniel Lud., Tubingensis (781) I 156. (m 781) II 114.
— Joh. Bapt., Werthemio Francus (ph 625) I 280.
Rüdinger, Joh. Casimir., Saraepontanus (ph 649) I 330.
— Joh. Jos., Suev. Halensis (ph 634) I 304.
Rudler, Joan. Bapt. Christian. Jos., ex valle St. Amarini (780) I 146. (j 780) II 469. (cj 781) II 658.
— Franc. Xav. Ant., Gebwilleranus (782) I 162. (j 782) II 475. (cj 784) II 664.
— Joan. Bapt., Gebwileranus (771) I 94. (j 771) II 451. (cj 773) II 639.
Rudolff, Joh., von Zurzach (ch 776) I 237.
Rudolph, Joh. Phil., Argentinensis (ph 712) I 398.
— Joach., Ditmarsus Brunopolitanus (th 626) I 600.

(Rudolph), Georg., Dresdensis (j 660) II 268. (cj 661) II 516.
— Heinr. Andr., Göttingensis Brunsvigus (ph 669) I 363.
— Wilh., Isennac. Thuringus (j 685) II 310.
— Joh. Phil. Jul., Marpurgensis (766) I 60. (m 766) II 96.
— Nic., Pripolit. Francus (ph 627) I 286.
Rudolphi, Joan. Albr., Doneschinganus (j 731) II 365.
— Chphr., Erffurt. Tyrigeta (j 635/36) II 235.
Rudovius, Christoph., Ribnitz. Megapolitanus (ph 631) I 297.
Rudrauff, Joh., Giessensis (j 681) II 304.
Rüdt, Joh. Ludov., Langenburgo-Francus (j 685) II 310.
Rüeber, Ant., Ulmensis (m 617) II 3. 5.
Rueckherr, Dan., Rotenburgo-Francus (th 624) I 596. (th 624) I 709. s. Rücker.
Ruedter, Carol., Casselensis (m 759) II 83.
Rueff, Jos., Gros-Glogau (m 747) II 60.
— Joh. Andr., Stuttgardianus (778) I 136. (m 778) II 111. s. Ruff.
— Joh. Laur. (d 714) I 208.
Rueffer, Erasm., Noricus (ph 628) I 290.
Rueg, Vitus, Rotenburgo-Tuberanus (ph 646) I 322.
Rüelin, M. Joh. Val., Calwensis (th 667) I 640.
Rüemensperger, Joh. Jac., von Comburg aus Frankhen (j 699) II 323.
Ruepp, Jean Jos., Helv. Bremgartensis (780) I 150.
Rueppreeht s. Rupprecht.
Rues, Frid., Neostadiensis (ph 642) I 314.
Rues (Rus), Joh. Jac., Argentinensis (ph 704) I 390. (cph 704) I 488. (cphm 708) I 562.
a Ruest, Phil., Eq. Alsata (j 630) II 225.
Ruetter, Philipp. Jacob., Cappel a. Rhein (769) I 82. (m 769) II 100.
Ruff, Joh., Argentinensis (ph 714) I 401. s. Rueff.
— (Ruffius), Jos. Georg., Otinganus (th 641) I 611.
Ruffener, Bened., von Buchsee b. Bern (ch 779) I 243.
zen Ruffinen, Eman., Wallis (j 763) II 431.
Rüfflin, Mich., Nordlingâ-Rhetus (ph 629) I 291.
Rüger, Georg. Christi., Argentinensis (cphm 701) I 559.
(Rüger) Joh. Phil., Moeno-Francofurtanus (j 642) II 238.
— Heinr. Lud., Tabernae-Montanus (th 745) I 681.
Rühelius, Joh. Bapt., Fessenheimensis (cph 635) I 468.
— Theob., Fessenheimensis (cphm 635) I 531 s. Rühl, Riehl, Ruhle.
Ruher, Franc. Dionis., Nanceianus (j 752) II 406.
Rühfel, Carol. Lud., Brocomagensis (ph 750) I 430.
— Christi. Adolph., Wilstadiensis (j 737) II 375.
Ruhl, Phil. Jac., Argentinensis (ph 751) I 431.
— Joh. Nic., Fuldensis (j 700) II 325.
Rühl, Joh. Adam., Macro-Schwalbacensis (th 701) I 660. (j 707) II 329.
— Phil. Christoph., Macro-Schwalbaco-Hassus (th 723) I 670.
Ruhland, Adam. Wilh., Saxo-Jenensis (ph 749) I 430. s. Ruland, Rulant.
Ruhle, Joh., Francofortensis ad Moenum (m 769) II 100.
— Jac. Frid., Vormatiensis (ph 647) I 325.
— (Rühelius), Joh., Wormatiensis (j 622) II 205.
— (Ruhl), Phil. Jac., Vormatiensis (ph 730) I 411.
Rühle, Rudolph., Minda Westphal. (j 715) II 338.
— Joh. Christian., Spirensis (773) I 102. (j 773) II 454.
de Rühle, Frid. Lud., Eq. Wurtemberg. (j 737) II 376.
Rühlin, Joh. Godofr., Argentinensis (772) I 96. (ph 772) I 447. (th 778) I 694. (cph 773) I 511. (cphm 776) I 581.
Ruland, Joh. Frid., Argentinensis (ph 691) I 381. (cphm 694) I 556.
— Joh. Steph., Ratisbonensis (m 626) II 9. (cm 629) II 126.
— Joh., Ulmensis (cj 729) II 567.
— (Ruhland), Marc. Phil., Ulmensis (772) I 96. (m 772) II 103. (cm 774) II 185. s. Ruhland, Rulant, Rulland.
Rulant, Rutger., Hamburgensis (j 642) II 238. (cj 646) II 506.
Rulger, David, Eccartimont. Thuring. (j 623) II 207.
Rulland, Mich., Metensis (j 727) II 356. (cj 728) II 566.
Rullmann, Joh. Adam, Darmstadiensis (m 742) II 55.

(Rullmann), Joh. Wilh., Francofurtanus (ph 711) I 397.
Rülov, Frid., Perleberga-Marchicus (j 685) II 310.
Rumbaum, Joh. Wilh., Festenberg Schlesien (m 753) II 72.
Rümelin, Georg. Ulr., Esslingensis (j 673) II 298. (cj 673) II 528.
— Joan. Ulr., Tübingensis (j 642) II 239.
— Paul. Jac., Tübingensis (j 642) II 239.
— Georg. Chph., aus dem Hzgt. Württemberg (d 770) I 225.
Rumetsch, Franc. David, Spirensis (ph 662) I 352.
— Franc. Jac., Spirensis (j 635) II 234.
— Joh. Chph., Spirensis (ph 648) I 327.
Rumler, Achil. Pyrmin., Augustanus (m 623) II 6.
Rümmeli, Paul., Zellens. Rauracus (j 748) II 398.
Rump, Leonh., Ulmensis (th 631) I 604.
Rumpaeus, Henr., Luna-Guestphalus (th 666) I 638.
Rumpel, Joh. Georg., Argentinensis (ph 671) I 366. (cphm 674) I 549.
Rumpff, Emanuel, Basel, Schweitz. (m 755) II 75.
— Marc., Hamburgensis (th 646) I 614.
Rumpler, Jos. Ant., Argentinensis (j 759) II 420.
— Jos. Salom., Argentinensis (j 746) II 435. (cj 772) II 636.
— Bernard., Oberehnheimensis (782) I 162. (j 782) II 475. (cj 784) II 665.
— Henr. Ign., Oberenhemensis (j 723) II 348. (cj 729) II 567.
— Franc. Ant., (cj 721) II 347.
— (Rompler), Franc. Mathi., Selestadiensis (j 741) II 384. (cj 743) II 582.
— (Rompler), Henr., Selestattensis (781 I 155. (j 781: Henr. Joan. Nepom. Thom. Aquinas) II 573. (cj 784) II 664.
— M. Joh., Zeapolitanus (j 628) II 221.
Runckel, Adm., Fridberg. Wedderavus (j 628) II 222.
Runge, Joh. Abrh., Misnensis (j 626) II 214.
— (Rungius), Conr., Weissenb. Noricus (ph 624) I 277.
Rungenhagen, Benj., Custrino-Neo-Marchicus (m 726) II 41.
Rungius s. Runge.
Rungs, Blas., Colmariensis (770) I 85. (j 770) II 448. (cj 773: Georg. Conr. Blas.) II 639.
Runke, Jos. Lebrecht, ex Marchia nova (764) I 40.
Runkel, Dav., Hanau (d 736) I 213.
Ruoff, Tobias, Memmingensis (ph 651) I 333. s. Rueff.
(a) Ruoff, Christoph., Schorndorffensis Würtemberg. (m 623) II 7. (m 664) II 22. (cm 626) II 125.
— Christoph., Wurtemberga-Schorndorffensis (cm 664) II 137.
Ruosch, Mathias, Jac., Raunoviensis Suevus (cj 700) II 544.
Ruperti, Joh. Jac., Weyheren-Westriac. (ph 624) I 277.
Ruopp (Ruop), Joh. Frid., Argentinensis (cph 689) I 484. (cphm 692) I 556. (Poet. L. 692) I 588.
— Nic., Argentinensis (ph 643) I 317. (cph 643) I 471.
— (Ruop), Sam., Argentinensis (ph 673) I 368. (cphm 676) I 549.
Rupp, Joh. Phil., Darmstattinus (th 659) I 629.
— Joh. Erhard., Idsteinensis (ph 713) I 400.
— Joh. Christi., Nassoico-Saraepontanus (th 762) I 687.
— Adam. Bernh., Treuchtlinga-Francus (ph 681) I 375.
Ruppel, Theoder., Butisbac. Wetteravus (ph 633) I 301.
— Georg. Phil., Grünstadiensis (th 728) I 673.
Rupperig, Joh., ex valle Gueblingensi (ch 773) I 231.
Ruppert, Gerh. Peter, aus Nassau-Usingen aus Wiesbaden (d 788) I 265.
Rupprecht, Joh. Christoph., Moeno-Francofurtensis (j 736) II 374.
— (Ruepprecht), Joh. Thom., Memming. Suevus (j 679) II 302.
— Joan. Narciss., Ulmensis (j 750) II 400.
Rus s. Rues.
Rusca, Anton., Lorain (j 750) II 401.
Rüssenacht, Pet., C. Bern von Hassli b. Burgdorf (ch 784) I 252.
Rust, Just. Mauric., Hannoveranus (j 657) II 264.
Rutenberg s. Rautenberg.
Ruth, Ernest. Salentin., Luxembourgensis (j 678) II 301.
de Ruth, Elias Jac. Bernard., Mutzigensis (776) I 120. (j 776) II 460. (cj 777) II 649.
— Franc. Ant., Mutzigensis (769) I 79. (j 769) II 446.
Ruthe, Eric. Adolph., Salmensis (j 713) II 336.

de Ruthe, Eberh. Ant., Argentinensis (j 708) II 331. (cj 711) II 550.
— Franc. Jos. Bernh., Argentinensis (j 740) II 382. (cj 742) II 580.
Ruthenus s. Reuss.
Rütschmann, Jos., Thüngen Schwartzenberg.
Rüttiman, Heinr., Sempach C. Lucern (ch 785) I 253.
Rützhaub, Joh. Frid., Bleckeda-Hannoveranus (j 731) II 364.
Rutzky s. Rucky.
Ruyer, Charles, de Lunéville (j 759) II 422.
Ruzier, Joh. Franc., Sarrawelensis (cj 723) II 561 s. Rozier.
Rycz, Alex., Varsoviensis-Polonus (778) I 135.
Ryhiner, Joh. Henr., Basiliensis (m 752) II 70.

S.

Saal, Just. Henr., Friburg. Thuringus (753) I 33. s. Sahl.
Saalfeld, Joh. Henr. Carl, Darmstadinus (766) I 59. (m 766) II 96.
— Christi. Quirin., Darmstadino-Modaviensis (j 729) II 361. s. Sahlfeldt.
Saalmann, Jac., Breckerfeldensis Guestphalus (m 667) II 23. (cm 668) II 138.
Saalmuller, Joh. Andr., Bado-Durlacensis (th 741) I 679.
Sabell, B. Petr., Hamburgensis (th 661) I 631.
Du Sable s. Dusable.
Saccius s. Sack.
Sacer, Raphaël, Numburgens. Misnicus (j 671) II 293.
Sachs, Alb. Maurit., Argentinensis (768) I 78. (ph 768) I 445.
— Chph. Melch., Argentinensis (ph 669) I 363. (cj 673) II 528.
— Dav. Lud., Argentinensis (ph 748) I 429. (cm 758) II 173.
— Franc., Argentinensis (ph 698) I 385. (cj 706) II 547.
— Franc. Jac., Argentinensis (ph 729) I 411. (cm 738) II 161.
— Georg. Jac., Argentinensis (ph 711) I 397.
— Joh. Frid., Argentinensis (ph 733) I 415. (cj 741) II 579.
— Joh. Jac., Argentinensis (ph 703) I 389. (cm 709) II 149.
(Sachs). Joh. Ulr., Argentinensis (ph 701) I 391.
— Ern. Henr., Durlacensis (771: Caroliruhensis) I 94. (th 771) I 692.
— Franc. Jac., Durckhemio-Palatin. (j 733) II 369.
— M. Phil. Jac., Vratislav. Silesius (m 649) II 17.
— (Saxo), Joh., Ulmensis (ph 651) I 333.
— Mich., Ulmensis (ph 639) I 310. (cphm 640) I 532.
— Joh. Phil., Woertha-Hanoicus (ph729) I 411.
Sachse, Joh. Heinr. Aug., Jena (ch 781) I 247.
Sachsen (Saxoniae).
— Christian., Dux (669) I 4.
— Frid., Dux (664) I 3.
— Henr., Dux (669) I 4.
(Sachsen)-Coburg-Meiningen. (Dux Saxon., Princeps Haeredit. Coburgo Meining.)
— Joseph. Bernhard. (721) I 17.
(Sachsen)-Hildburghausen. (Princeps Sax. Hilburgensis).
— Ludovic. Frider. (726) I 19.
Sachsensche, Franc. Adolph., Luna-Guestphalus (j 713) II 336. (cj 774) II 552.
Sack (Saccius), Valent. Petr., Kintzingâ-Francus (j 637) II 235.
— Jodoc. Frid., Mindâ-Westphalus (j 663) II 275.
— Joh. Christi., Mindâ-Westphalus (j663) II 275.
— Everh. Gustav., Northornâ Westphalus (j 698) II 321.
de Sack, Joh. Oswald., Eq. Silesius (j 715) II 338.
von Sacken, Carl Frh., Curland (741) I 28.
Sackenreiter, Joh. Christi., Plobsheimensis (ph 702) I 388.
— Joh. Chph., Rotenburgo-Tuberanus (th 672) I 645.
Sadjer, David, Bremen (784) I 171. (m 784) I 117.
Sadoul, Joh. Bapt., Argentinensis (ph 749) I 429. (cj 752) II 594.
— Joh. Mart. Lud., Argentinensis (781) I 157. (j 781) II 473). (cj 783) II 663.
Saemonoff, Andr. (s 784) I 266.
Saenger, Joh. Phil., Argentinensis (ph 703) I 390. (cph 704) I 488.
— Joh. Lud., Heilbronnensis (th 730) I 674.
Sagittarius s. Schütz, Schutze, Schütte.

Sahl, Frid. Ant., Haaslach. in fale Kinzingano (sic) (776) I 124. s. Saal.
von Sählenthal, Eberh. Frhr., aus Wienn (709) I 13.
Sahler, Chr. Fr., Argentinensis (ph 749) I 430.
— Phil. Jac., Argentinensis (ph 758) I 437. (cj 765) II 619.
— Carol. Frid., Montbelgardensis (786) I 182. (m 786) II 119.
— (Saler) Georg. Dav., Montisbelgardensis (ph 737) I 418.
— Frid. Theobald., Pforzheimensis (j 708) II 331. (cj 712) II 550.
— Lazar. Christian., Wehra-Austriacus (ph 719) I 404. (cj 728) II 566.
Sahlfelder, Steph., Winsh. Lusatus (th 625) I 598. s. Salvelder.
Sahlfeldt, Georg. Phil., Durlacensis (j 688) II 316. s. Saalfeld.
Sailer, Carl Abrah., von Pferscheym zu Erckham (ph 644) I 356.
— Phil. Jac., Leofanensis (j 700) II 325.
— Leonh., Ulmensis (ph 676) I 371.
Sainctlo, Franc. Xav., Selestadiensis (m 748) II 63.
— Henr., Selestianus (cj 702) II 546.
— F. (S.?), Selestadiensis (j 686) II 312. (cj 686) II 537.
— Joan., Selestadiensis Als. (m 703) II 32. (cm 704) II 148.
— Joan. Gamal., Selestadiensis (cj 717) II 555.
— Joan., consul civit. Selestadiensis (cj 687) II 538.
— Petr., Selestadiensis (j 682) II 306. (cj 684) II 536.
de Saint Blaise, Mich., Metensis (j 721) II 347. (cj 722) II 560.
— Mich., Metensis (ph) 681) I 374.
de Saintchallier, Nic. Comes, Metensis (j 725: Nic. Robin) II 353. (cj 726) II 564.
de Saintefoy, Petr. Claud. Maximilian. Radix, Parisiensis (j 759) II 420.
de Saint Gerans, Alexis Semonin, de Bezançon (783) I 168. (j 783) II 477.
de Saint Hilaire, Henr. Franc., Metensis (j 733) II 368.
de Saint Jory, Lud. Rustainus, Metensis (cj 715) II 554.
de Saint Mihiel, Joan. Bapt., Harvens. Lotharingus (j 748) II 398. (cj 751) II 593.
— Carol. Justus, Craonnensis (778) I 138. (j 778) II 466. (cj 780) II 654.
Saladin, August., Vormatiâ-Vangio (ph 629) I 292. (cm 634) II 128.
Salatii, Ant., Offonisburgensis (j 700) II 324. (cj 707: Franc. Ant.) II 548.
— Franc. Ant., Offonisburgensis (j 737) II 376.
— Franc. Mich., Offonburgensis (j 737) II 376.
Salazard, Ant. Simon. Joan., Pfirtensis (j 748) II 397.
— Franc. Ant. Simon, Pfirdt (767) I 67. (j 767: Petr. Franc. Ant. Simon) II 624.
Salbach, Frid. Christ., Mannheimensis (m 742) II 55.
Saler, s. Sahler.
Saleus, Joan., Genevensis (j 672) II 295.
Salicé, Jac. Bonaventura, Nassau Siegen (m 762) II 88.
Salins, Nicol. Alex., Versaliensis (773) I 101. (j 773) II 454.
a Salis, Bened., Augustanus (ph 670) I 364.
— Casmir., Clavennensis (ph 622) I 273.
— Andr., Curiensis (j 731) II 364.
— Friedr., Soglio-Rhaetus (j 759) II 422.
— Frid. Ant., Rhaetus (j 670) II 293.
— Hercul., Rhaetus (j 670) II 293.
— Hercul., Tagstein im Bundter Land (773) I 105.
— Rud., Rhaetus (j 670) II 293.
— Rud., Curiensis (j 731) II 364.
(de Salis)-Seevis, Joh. Ulr., Malans in Rhaetia (792) I 202.
La Salle s. Lasalle.
Salleneuve, Jac. Claud., Mozomiensis in Campania (780) I 150. (m 780: Messomum in Campania) II 113. (cm 781) II 192.
de Sallet, Jos., ex urbe Morchiâ in Lotharingia (j 701) II 325.
Sallin, Petr. Wilh., Lutreâ-Palatinus (j 695) II 319.
de Salm, Franc. Comes (741) I 28.
— Leop. Comes (716) I 15.
— et Reifferscheid, Aug. Eugen. Comes (728) I 20.
Salmon, Georg., Ravonensis (j 741) II 384. (cj 742) II 580.
Salomon, Georg., Frid., Argentinensis (ph 734) I 416. (cph 736) I 497. (cphm 739) I 571.
— Joan. Sebast., Brisacensis (j 708) II 330. (cj 709) II 549.
— Nic., Brisacensis (j 713) II 336. (cj 714) II 553.
— Frid., Holsato-Rensburgensis (j 669) II 288.

de Salomon, Franc. Sebast., Colmariensis (j 777) II 463. (cj 779: Franc. Xav. Seb.) II 652.
— Ign. Steph., Colmariensis (760) I 36. (j 760) II 424. (cj 762) II 610.
— Ioan. Bapt., Colmariensis (j 732) II 367. (cj 734) II 573.
— Joan. Bapt. Sebast., Colmariensis(777) I 128.
— Lud. Dagob., Colmariensis (769) I 80. (j 769) II 447. (cj 772) II 636.
— Petr. Nic., Colmariensis (j 760) II 423. (cj 760) II 607.
Salser, Joh. Adam., Culmbaco - Francus (m 630) II 11.
a Saltz, Abrah. Ern., Eq. Superioris Lusatiae (j 663) II 275.
Saltzmann, Balth. Frid., Argentinensis (ph 627) I 287. (cphm 632) I 527. (Theol. D. 643) I 702.
— Balth. Frid., Argentinensis (ph 660) I 348. (cphm 664) I 544.
— Balth. Frid., Argentinensis (ph 701) I 388. (cj 711) II 550.
— Dan., Argentinensis (ph 668) I 360.
— Franc. Bened., Argentinensis (j 729) II 360.
— Frid., Argentinensis (ph 706) I 392. (cj 712) II 550.
— Frid. Jac., Argentinensis (776) I 120. (ph 776) I 450.
— Frid. Rud., Argentinensis (ph 765) I 443. (th 768) I 691. (cj 772) II 637.
— Jac., Argentinensis (ph 702) I 389.
— Joh., Argentinensis (ph 665) I 356. (m 676) II 26. (cm 683) II 143.
— Joh., Argentoratensis (cj 671) II 526.
— Joh., Argentinensis (ph 695) I 383. (cm 705) II 148.
— Joh., Argentinensis (ph 735) I 416. (cj 742) II 581.
— Joh., Dan., Argentinensis (ph 704) I 391. (cm 710) II 150.
— Joh. Dan., Argentinensis (ph 725) I 409. (cj 735) II 573.
— Joh. Dan., Argentinensis (ph 737) I 418. (cj 747) II 585.
— Joh. Dan, Argentinensis (ph 747) I 427.
— Joh. Gottfr., Argentinensis (ph 726) I 409. (cm 736) II 160.
— Joh. Jac., Argentinensis (ph 670) I 364. (cj 679) II 532.
— Joh. Jac., Argentinensis (cphm 636) I 530.
— Joh. Phil., Argentinensis (ph 673) I 368. (cphm 676) I 549.
— Joh. Rud., Argentinensis (ph 627) I 287. (cm 637) II 129. (cphm 631) I 527.
(Saltzmann), Joh. Rud., Argentinensis, (ph 666) I 360. (cj 674) II 529.
— Joh. Rud., Argentinensis (ph 930) I 412.
— Lud., Argentinensis (ph 663) I 353. (cm 671) II 139.
— Phil. Jac, Argentinensis (ph 699) I 386. (cphm 703) I 560.
— Rud., Argentinensis (ph 658) I 345. (cj 665) II 519.
— Tobias, Argentinensis (ph 712) I 399.
— Joh. Jac., Rupispoletan. Alsata (ph 636) I 308.
— Joh. Rud., Rupispoletanus Alsata (ph 636) I 308.
— Joh. Godofr., Saxo-Merseburgensis (th 712) I 665. s. Salzmann.
Salvator, Franc., de Mées en Provence (d 746) I 216.
Salvelder, Georg. Chph., Rotenburg. Francus (ph 662) I 351.
— Joh. Georg., Rotenburgo-Francus (ph 654) I 337. s. Sahlfelder.
Salzer, Joh. Chph., Durlacensis (th 765) I 689.
— Hier. Petr., Durlacensis (m 754) II 73. s. Sulzer.
Salzmann, Bernard., Lucern. Helvetus(783) I 166. (m 783) II 116.
— Joh. Theodor., Salvifontanus (ph 743) I 424. (cj 748) II 587. s. Saltzmann.
Samesius, Phil. Ern., Hoingå-Wetteravus (j 660) II 269.
— Wilh. Otto, Honingen - Wetteravus (ph 625) I 280.
Samoïlow, Daniel, ex parva Russia Zcernigowiensis (776) I 124. (m 776: Samoilowitz) II 109.
Samson, Herm., Livonus (j 642) II 239).
— Henr., Virdunensis (cj 732) II 570.
— Joan. Bapt., Virdunensis (j 719) II 344.
— Nic., Virdunensis (j 718) II 341. (cj 719) II 557.
zum Sande, Frid. Ant., Monasteriensis (m 728) II 43.
Sander, Ant., Augustanus Suevus (j 761) II 426.
— Frid. Lud., aus Bodenfelde im Hannovrischen (ch 772) I 229.
— Peter, Isnaco Thuringus (j 663) II 274.
— Christi., Köndringo-Durlacus (m 765) II 93.
— Jac. Frid., Koendringa-Marchicus (m 748) II 63.

(Sander) Joh. Mich., Koendringensis (m 754) II 74.
— Nic. Christi., Köndringa-Durlacus (th 739) I 678.
Sanders, Fridr., von Berlin (d 787) I 265.
Sandhaas, Franc. Maurit., Wolffacensis (j 740) II 383.
Sandhagen, Joh. Gabr., Borckholthusa-Westphalus (th 683) I 651.
Sandherr (Santherus), Andr., Colmariensis (ph 628) I 290.
— Andr., Colmariensis (j 740) II 382. (cj 745) II 584.
— Andr., Colmariensis (ph 758) I 437. (cj 761) II 608.
— Nic. Frid., Colmariensis (789) I 199. (j 789) II 491.
— Joh. Mathi., Colmariensis (790) I 199. (j 790) 491.
de Sandherr, Jos. Bened., Wiblinganus Suevus (j 767) II 441.
— Joan. Meinrad., Wiblingensis Suevus (j 750) II 401.
— Jos.Udalr.Bened., Wiblingensis Suevus (767) I 63.
Sandner, Joh. Chr., Neykirchensis (ph 669) I 363.
Sandrart, Joh., Argentinensis (ph 674) I 370.
Sänftleben, Casp., Boleslâ-Siles. (j 624) II 208.
Sanguszko, fils du Palatin de Voilhinie, Vladislas Prince (784) I 50.
Sanner, Joh. Andr., Wertheimia-Francus (th 737) I 677.
Sanwaldt, Wolffg. Casp., Suevo-Halensis (ph 641) I 313.
Saracenus, Joh., Genevensis (m 631) II 11.
— Joh. Ant. (ph 632) I 298.
Sarbourg, Franc. Ign., Molshemensis (j 752) II 405.
Sare, Jos., Strasbourg (775) I 113. (j 775) II 458. (cj 780) II 654.
Sarselle, Ant., Beinheimio-Alsato (767) I 64. (j 767) II 443. (cj 773) II 638.
Sartor, Dan., Augustanus (ph 628) I 289.
— (Sartorius), Dan., Augustanus (ph 656) I 341.
— Tob., Augustanus (ph 627) I 285. (cphm 627) I 524.
— M. Joh., Leomontanus (th 635) I 608.
Sartori, Joan. Chrysostom., Endinganus Brisgoicus (m 764) II 92.
— Franc. Sebast. Xav., Ettenheimensis (j 760) II 424. (cj 763) II 614.
Sartorius, Joh. Heinr., Baumholderanus (th 621) I 592.
(Sartorius), Christoph. Frider., Dresdensis (m 733) II 47.
— Christoph. Frid., Dresdensis. (769) I 83. (m 769) II 100).
— Frid. Severin., Dresdensis (ph 733) I 415.
— Joh. Thom., Francofurtensis (j 679) II 302.
— Joh. Carol., Gernspacensis (j 684) II 309.
— Franc. Sebast., Hannhoffensis ex episcopatu Spirensi (j 759) II 422.
— Franc. Simon, Hanhoffensis (j 744) II 389.
— Joh. Jos. Mich., Cocherstettensis (j 724) II 350.
— Joh. Tob., Landaviensis (ph 695) I 383. (cphm 698) I 557.
— Joh. Casp., Marburgensis (ph 661) I 350.
— Jos. Frid. Joan., Oettinganus Rhoetus (j 713) II 336.
— Joh., Regiomontanus Francus (th 643) I 612.
— Raban., Spirensis (th 659) I 629.
— Joh., Ulmensis (ph 634) I 305.
— Joh. Dan., Wetteravus(-nus?) (ph 663) II 353.
de Sass, Jac., Fionia - Odinensis (767) I 66.
— Ernest. Frid. L. B., Curonus (775) I 45.
Satler, Joh., Leutenberg. Thuringus (ph 644) I 318.
Sattler, Joh. Balth., Argentinensis (ph 670) I 364.
— Carol., Badensis (m 736) II 49.
— Chr., Episc(opivillanus) (ph 710) I 397.
— Joh. Jac, Mittelhusanus (ph 661) I 349. (cphm 664) I 544.
— Joh. Bernh., Stuttgard. Württembergicus (j 687) II 314)
— Joh. Lud., Stuttgardiauus (ph 647) I 325. (cj 656) II 512.
— Joh. Phil., Stuttgardianus (ph 643) I 318. (cph 643) I 471.
— Joh. Lud., Ulmanus (th 700) I 659.
— Joh. Casp., Westriacus (ph 635/36) I 307.
Sator, Henr., Diessensis (769) I 84.
Saubert, Adolf, Norimbergensis (th 652) I 620.
Sauc s. Saur.
Saucerotte, Jos. Vict., Lunevillensis (791) I 292. (m 791) II 122.
— Ludov. Sebast., Lunevillensis (788) I 193. (m 788) II 121. (cm 790) II 198.
la Sauche, Henry, Parisiensis (ph 644) I 354.

Sauer, Joach. Matthae., Hamburgensis (j 687) II 314.
— Joh. Mich., Rothensis (ph 688) I 379. s. Saur.
— Comes ab et in Anckenstein, Franc. Jos. (727) I 20.
Saugenfinger, Joh., Nerolinga-Rhetus (ph 643) I 317. (cphm 645) I 535.
Saugy, Joh. Lud., ex de Fournex C. Bern (ch 780) I 244.
Saul, Philipp Peter, Durlacensis (772) I 99.
— Magnus, Tenstadio-Thuringus (ph 662) I 351. (cj 666) II 520.
Sauler, Hieron., Nerolingensis (ph 658) I 344.
— Joh. Casp., Nördlingensis (ph 681) I 375.
Saulnier, Hyeron., Lotharing. ex Gyrancourt (780) I 148. (j 780) II 470.
Saulius, Phil. Petr., Carlsruhensis (m 772) II 103.
Saupe, Fridr. Gottlob, Dresdensis (m 729) II 43.
Saur, Joh. Daniel, Argentinensis (ph 735) I 416. (cj 744) II 583.
— Georg. Andr., Esslingensis (j 630) II 226. s. Daur.
— Christoph., Moeno-Francofurtanus (th 658) I 628.
— Joh. Abr., Francofurtensis (j 656) II 262.
— Nicol., Nasso-Sarapontauus (ph 628) I 290.
— (Sauc?), Joh. Jac., Parisiensis (ph 731) I 412. (j 736) II 372. (cj 736) II 575. s. Saur.
Sauriget, Jean Joseph, Vicensis (j 763) II 432.
à Saurma, Albert., Eq. Silesius (j 631) II 228.
— Sebald., Eq. Silesius (j 631) II 228.
Saurweitt, Joh. Cunr., Ulmensis (cph 626) I 284. (cphm 628) I 525.
de Saussage, Ant. Lud., Parisiensis (783) I 166. (j 783) II 477.
de Saussure, Ant., Lausannensis (ph 662) I 351.
Sauter, Jonas, Binsdorffensis Suevus (j 732) II 368.
— M. Andr., Ulmensis (m 616) II 3.
— Joh. Petr. (m 753) II 73.
Sautier, Andr., Ensishemianus (cj 723) II 562.
— Franc. Ign., Ensishemianus (j 750) II 400.
Sautter, Sam., Augustanus (ph 627) I 287.
Sauttermaister, Augustin. Carol., Rottenburgensis (j 706) II 329.
Sauttersheim, Carol. Ign., Badensis (j 765) II 436.
Sauveur, Ant., Vicensis (j 759) II 422.
Savagerij, Ferdin., Austriac. Viennensis (m 751) II 68.
Savagnier, Franc. Joan. Jos., Lauterburgensis (j 762) II 431. (cj 764) II 615.
Savary, Franc. Petr., Friburg. Helvetus (772) I 97. (m 772) II 103. (cm 773) II 184.
de Savigny, Phil. Herm., Kirchemio-Palatinus (j 718) II 341.
Sax, Joh. Melch., Diessenhoffensis (m 662) II 21. (cm 664) II 137.
— Joh. Melch., Norimbergensis (j 647) II 244. (cj 649) II 508.
de Saxe, François Xavier Joseph, Chevalier (785) I 50.
à Saxen, Wilh. Lud., Nasso-Saraepontanus (j 635/36) II 235.
Saxer, Joan. Leon. Melch., Selestadiensis (j 755) II 410. (cj 758) II 603.
Saxo, Mich., Freywaldensis March. (cphm 621) I 518. s. Sachs.
Sayn et Wittgenstein, Burggraf zu Kirchberg, Graf zu (Comes de Sayn et Wittgenstein Burggravius de Kirchberg).
— Ern. August. Lud. (688) I 10.
— Frid. Ernst (728) I 21.
— Georg. Aug. (736) I 24.
— Christi. Lud. Casim. (752) I 33.
Scaerr, Joh., Argentinensis (779) I 140. (ph 779) I 452.
à Scall, Melch. Wilh., Silesius (j 656) II 262.
Scaramizza, Ign., Bellagio in Italo (!) (m 763) II 89.
Sceferus s. Scheffer.
Schaaf, Joh. Andr., Argentinensis (ph 729) I 411. (cj 736) 575.
— Joh. Dan., Argentinensis (767) I 68. (ph 767) I 444.
— Joh. Dan., Argentinensis (789) I 198. (ph 789) I 458.
— Joh. Frid., Argentinensis (ph 715) I 401.
— Joh. Joach., Argentinensis (ph 762) I 440. (cph. 763) I 507. (cphm 768) I 578. (th 766) I 690.
— Luc., Argentinensis (j 762) II 430.
Schaal, Joh. Jac., von Herzogenbuchsee (ch 771) I 228.
— Franc. Ign., Selestadiensis (768) I 71. (j 768) II 444.
Schaar, Joh. Christi. Dittrich, Ohrdruf-Thuringus (j 661) II 270.
Schab, Joh. Georg., Nassoicus (th 707) I 663.

Schabeth, Joan. Bapt., Buchhorn. Acronianus (771) I 95. (j 771) II 451.
Schacher, Hartm., Lipsiensis (th 632) I 605.
Schacht, D. Wilh. Adolph, Dillenburg (776) I 124.
— Georg., Holsatus (j 661) II 271.
a Schachten, Werner., Cattus (j 664) II 277.
Schad, Joh. Dan., Argentinensis (ph 682) I 375. (cphm 685) I 553.
— Phil., Geraviâ Darmstadinus (th 670) I 644.
— Joh. Valentin., Homburg. Hassus (m 671) II 25.
— Joh., Kirnensis (th 666) I 639.
— Georg. Wilh., Huno-Merxheimensis (ph 662) I 352.
— Christi. Erhard., Nob. Suevus (j 660) II 269.
— Dan., Ulmensis (j 629) II 222.
— Hier., Ulmensis (j 623) II 206.
— Joh. Jac. jun., Ulmensis (j 645) II 243.
— Theod., Ulmensis (ph 623) I 275.
Schad a Mittelbiberach, Erhard. (j 687) II 314.
— — Gotthard. Dan., Patr. Ulmensis (j 747) II 394.
— — Henr. Frid., Nobil. Suevus (769) I 84.
— — Joh. Ulr., Ulma-Suevus (j 720) II 345.
— — in Warthausen et Hasch (Asch), Joh. Frid. (686) I 9. (j 686) II 312.
Schadaeus, Oseas, Argentinensis (ph 630) I 295. (cph 630) I 466.
— Georg. Frid., Hallerndorfio-Francus (th 624) I 709.
— Jac., Meininga-Francus (th 647) I 615).
de Schade ex Ahausen, Henr. Chph. L. B., Westphalus (749) I 32.
Schadeloock, Joan. Sigism., Noribergensis (771) I 92. (m 771) II 102.
Schadt, Jos. Henr., Öttinganus Rhoetus (j 713) II 335.
v. Schadt, Joh. Adolph., Moeno Francofurtensis (j 685) II 311.
Schadt de Liebenfeldt, Jos. Maria Enseb., Wurzachensis Suevus (j 718) II 341.
Schädtler, Frid. Georg., Hannoveranus (m 728) II 42. s. Schedler.
Schaefer, Joh. Ant., Arnstadiensis (m 747) II 61.
— Joh. Frid., Laubaco-Wetteravus (j 722) II 348.
s. Schaeffer, Schäfer, Schäffer, Schaffer, Scheffer.
Schaeff, Joh., Argentinensis (ph 719) I 405. (cph 720) I 492. (cphm 723) I 567.
(Schaeff), Joh. Chph., Argentinensis (ph 674) I 370. (cphm 680) I 551.
— Joh. Dan., Argentinensis (ph 750) I 430. (cph 751) I 503. (cphm 756) I 575.
— Joh. Frid., Argentinensis (484) I 169. (ph 784) I 455.
— Joh. Jac., Argentinensis (787) I 187. (ph 787) I 457.
— Phil. Jac., Argentinensis (ph 722) I 407. (cph 722) I 493.
— Phil. Jac., Argentinensis (ph 760) I 438. (th 764) I 689.
Schaeffel, Joh. Georg. Frid., Wasslenheimensis (ph 752) I 432.
Schaeffer, Joh. Casp. Jac., Andlaviensis (j 773) II 455. (cj 775) II 644.
— Joh. Jac., Andlaviensis (703) I 104.
— Phil. Ant., Andlaviensis (772) I 95. (j 772) II 452. (cj 774) II 639.
— Godofr., Argentinensis (ph 714) I 401.
— Joh. Balth., Argentinensis (ph 655) I 340.
— Joh. Frid., Argentinensis (ph 745) I I 425. (cph 747) I 501. (cj 759) II 604.
— Balthas. Arnold., Assenheimensis (m 751) II 69.
— (Schoeffer), Franc. Jos. Mich., Benfeldensis (785) I 175. (j 785) II 481.
— Christi. Heinr., Berlenburg. Wittgensteinensis (786) I 181. (m 786) II 119.
— Joh. Carol. Christian., Boffshemio-Francus (779) I 141. (m 779) II 112. (cm 782) II 194.
— Jac., Campidonensis (ph 685) I 378.
— (Scheffer), Remund., Campidonensis (j 668) II 286.
— (u. Scheffer), Joh. Phil., Campidonensis (j 666) II 282). (cj 670) II 525.
— Joh. Phil., Campidonensis (j 693) II 318.
— Joan., Cassellan. prope Moguntiam (j 733) II 368.
— Joh. Nic., Darmstatinus (th 703) I 661.
— Joan. Rich., Ebersheim. Alsata (j 759) II 421. (cj 761) II 609.
— Franc. Lud., Hadamariens. Nassoicus (j 755) II 411.
— Joh. Dan., Landaviensis (j 690) II 317.
— Christi. Jac., Lipsiensis (j 720) II 346.
— Joan., Norimbergensis (784) I 172.
— Jac. Christi., Ratisbonensis (772) I 98. (m 772) II 193. (cm 774) II 184.
— Joh. Ulr. Gottfr., Ratisbonensis (775) I 117.
— (Scheffer), Christoph. Lud., Ratisbonensis (j 688) II 316.

(Schaeffer), Joh. Jac., Rosenberga-Franconus (781) I 156.
— Joh. Jac., Stuttg. Wirtenbergensis (m 724) II 39. (cm 724) II 155.
— Joh. Rud., Stuttgardiensis (ph 727) I 410.
Schäeffer, Ign., ex Wantzenau (j 747) II 394.
— Phil., Wantzenaviensis (j 714) II 337. s. Schaefer, Schäffer, Schäfer, Schaffer, Scheffer.
Schaeffler (Scheffler), Chph. Fried., Backnanga-Würtembergicus (775) I 114. (m 775) II 106.
— (Schäffler), Wilh. Frid., von Backnang i. Württ. (ch 790) I 260.
Schael, Christi. Lud., Hasso-Hanoicus (ph 748) I 429.
— Phil. Jac., Wörth (m 763) II 89.
Schaerer, M. Jac., Waiblingensis (m 625) II 8.
de Schaesberg, Joann. Wilh. (714) I 14.
Schaetzel, Joh. Dan., Argentinensis (789) I 196. (ph 789) I 458.
Schaevenius, Joh., Marsbergensis Westphalus (th 633) I 606.
Schaezler, Wilh. Fried., Onoldinus (m 745) II 57.
Schäfer, Chph. Laur., Onold. Francus (th 660) I 630.
Schäffer, Joan. Jos., Bilinganus Suevus (m 750) II 66.
— Christoph. Daniel, Halae-Saxo (j 676) II 301.
— Christi., Sorâ-Lusatus (th 648) I 615.
— Carol. Christian., Stralesund. (m 761) II 87.
— M. Joh. Adam., Vangio (th 658) I 628.
Schaffer, Simeon, de Arrau C. Bern (ch 773) I 230. s. Schaffner.
— Jac., Bockenhemensis (771) I 92. (m 771) II 102. (cm 774) II 185.
— Joan. Herm., Osnabrugens. Westphalus (j 665) II 281.
— Joh. Jac., Rosenbergensis (m 781) II 115. s. Schäfer, Schaefer, Schäffer, Schaeffer, Scheffer, Schoeffer.
Schaffhauser, Joh. Georg., von Ebersheimmünster (ch 777) I 238.
Schaffiz, Joh. Georg., Nerolingensis (j 671) II 293.
Schaffner, Gabriel, Aroviensis (770) I 85. (m 770) II 101. s. Schaffer.
— Joh. Adam., Hoenl. Michelbacensis (ph 633) I 301.
— Joan. Christoph., Meisenheim. (m 737) II 50.
(Schaffner), Phil. Casimir., Meisenhemio-Bipont. (783) I 167. (m 783) II 116.
— Joh. Chph. (d 701) I 206.
Schaffonsky, Athanas., ex parva Russia (m 762) II 87. (cm 763) II 176.
Schafonsky s. Schaffonsky.
Schaidhauff, Chph., Walseensis Austriacus (ph 629) I 292.
Schainckherl, Daniel, Vienna-Austriacus (m 649) II 17.
Schalch, Joh. Georg., Scaphusianus (ph (ph 626) I 282.
Schall, Joh. Jac., Argentinensis (ph 659) I 347. (cphm 662) I 543.
— Joh. Sam., Argentinensis (ph 737) I 418.
— Carol. Frid., Heilbronnensis (ch 791) I 261.
— Heinr. Wilh., Strümpffelbachensis Wurtemberg. (d 760) I 226. (m 770) II 101.
de Schall, Clem. August. (j 742) II 387.
Schaller, Casp., Argentinensis (cph 623) I 462. (cphm 626) I 523.
— Jac., Argentinensis (cphm 622/23) I 519. (th 624) I 707. (Theol. D. 633) I 702.
— Wolfg., Argentinensis (ph 629) I 291. (cph 629) I 465. (cphm 631) I 527.
— Joh. Jac., Buxovillanus (ph 753) I 433.
— Joan. Frid., Neolitho-Hohenloicus (j 696) II 319.
— Georg., ex Superiori Fölnitz Variscus (j 675) II 300.
— Phil. Wolffg., ex Episcopatu Argentinensi, Valff. (j 687) II 313. (cj 687) II 538.
— Joan. Frid., Werthemio-Francus (j 729) II 362.
— Joh. Phil. Bonav.., Wertheimensis (m 760) II 84. (cm 761) II 174.
— Franc. de Paula (m 740) II 54.
Schallesius, Sam., Argentinensis (ph 633) I 301. (cphm 635) I 529.
Schaltenbrand, Jac. Frid., Biennâ-Helvetus (782) I 160. (m 782) II 115.
Schambach, Jean Adam (j 760) II 425.
Schamel, Joh. Adam., Wonsidelô-Variscus (ph 669) I 362.
Schamroth, Justin., Norimbergensis (j 684) II 308.
Schan, Petr., Eschbacensis Alsata (j 765) II 438.
— Petr., Eschbacensis Alsata (780) I 149. (j 780) II 470. (cj 780) II 655.
Schanz, Joan. Fidelis, Mösskirchens. Suevus (j 751) II 404.
Schanzenbach, Mich., Lingolsheimensis (774) I 110. (j 774) II 457.

Schappeler, Matthi., Ulmensis (ph 634) I 305. (cphm 636) I 530.
Schapper, Frid. Georg., Nasso-Sonnenbergensis (th 687) I 655.
Schapperlin, Joh. Mart., Nebringensis (ph 634) I 306.
Schar, Eiler, Holsatus (ph 640) I 311.
— Casp., Lipsiensis (j 679) II 303.
Schärer, Jac., von Melchnauw C. Bern (ch 779) I 244. s. Schärrer, Scherer.
Scharf, M. Joh. Frid., Wittenbergensis (th 663) I 635.
Scharffenberger, Joh., Meininga-Henneberg. Francus (th 631) I 604. (cphm 633) I 528.
Scharlacken, Conr. Mathias, Stada-Bremensis (m 727) II 42.
Scharlapaur, Benjam., Colmariensis (ph 735) I 416.
— Georg., Colmarinus Alsatus (j 710) II 332.
— Georg. Jac., Pottendorffio-Austriacus (j 644) II 242.
— Georg., Alsatiâ Richovillanus (j 679) II 302. (cj 682) II 534.
Scharpff, Joh. Henr., Bambergensis (j 699) II 323.
Schärrer, Joh. Jac., Toggenburg bey Neu St. Johann (ch 778) I 242. s. Schärer, Scherrer.
Scharten, Gottlieb, aus Oelss i. Schlesien (ch 780) I 245. (786) I 182. (m 786) II 119.
Schattenmann, Franc. Christophor., Landaviens. Alsatus (j 748) II 396. (cj 753) II 596.
— Herm. Phil., Landaviensis (j 728) II 358. (cj 729) II 567.
— Joh. Jac., Landaviensis (ph 650) I 332.
Schatz, Joh., Argentinensis (ph 727) I 410. (cj 734) II 572.
— Joh. Christ., Argentinensis (ph 750) I 431.
— Joh. Frid., Argentinensis (ph 713) I 399. (cph 714) I 490. (cphm 716) I 565.
— Joh. Frid., Argentinensis (ph 750) I 431.
— Joh. Henr., Argentinensis (ph 640/41) I 312. (cj 652) I 510.
— Joh. Jac., Argentinensis (j 676) II 300.
— Joh. Jac., Argentinensis (ph 706) I 392. (cph 706) I 488. (cphm 709) I 562.
— Joh. Jac., Argentinensis (ph 713) I 400. (j 724) II 350.
— Joh. Jac., Argentinensis (ph 740) I 421. (cph 741) I 499.
(Schatz), Martin, Mainz (m 742) II 55.
— Joh. Carol., Trarbacensis (ph 738) I 419.
Schaub, Joh., Leuttendorff. H. (ph 647) I 326.
— Chph., Vormatiensis (ph 625) I 280. (cphm 627/28) I 524.
Schaubert, Joan. Phil., Norimbergensis (m 763) II 90.
Schauer, Peter, von Saarbrücken (ch 790) I 261.
Schauffenbuel, Franc. Jos., Zurzachensis (775) I 118. (m 775) II 107. (cm 783: Foro-Pfteriensis Helvetus II 195.
Schaum, Joh. Phil. Heinr. (th 747) I 681.
— Casp., Gedanens. Borussus (j 631) II 228.
Schaumann, Laur., Barutho-Francus (ph 658) I 344.
Sehaumas, Joh. Jos., Sultzensis prope Weissenburgum (j 750) II 401. (cj 752) II 594.
Schaumberg, Joan. Jac., Spirensis (j 664) II 277.
a Schauwenbourg, Ant. Jos. L. B. (j 724) II 350.
— (Schauenburg), Baron (762) I 37.
Schazmann, D. H. D., Friedberg i. d. Wetterau (783) I 163.
Schech, Gotthard., Ulmensis (ph 652) I 335.
— Joh. Jac., Ulmensis (ph 645) I 321.
Schechtle, Joh. Georg., Brisaco-Brisgoius (th 666) 638.
Scheck, Franc. Xav., Andlaviensis (j 755) II 410.
— Petr., Rendelensis Wedderavus (th 621) I 592. s. Schegk.
Scheddelius, Phil., Argentinensis (ph 626) I 284.
Schedele, Phil. Benitius, Vöringanus Suevus (j 764) II 436.
Schedius, Franc. Theod., Dresd. Misnicus (j 688) II 316.
— Melchior Heinr., Misnicus (j 656) II 260.
Schedler, Joh. Georg., Heilbrunnensis (j 629) II 223. s. Schädtler.
Scheele, Balthas., Nobil. Pomeranus (j 652) II 254.
Scheer, Christoph., Francosteina-Silesius (j 624) II 209.
Scheerer, Joh. Casp., Hornbergensis (m 752) II 69. s. Scherer.
Schefer, Georg. Bernh., Darmstadinus Cattimelibocensis (th 653) I 621.
— Georg. Lud., Eisenberg. Palatinus (th 736) I 676.

(Schefer), Joh., Grüninga Wetteravus (j 719) II 343.
— (Sceferus), Christi. Frid., Ladaviensis (j 715) II 339.
— Joh. Dan., Landaviensis (j 690) II 317. vgl. Schaeffer
— Phil. Jac., Landaviensis (j 719) II 342.
— Georg. Chphr., Rotenburg. Francus (j 656) II 262.
s. Schäfer, Schäffer, Schaefer, Schaeffer, Scheffer, Schoeffer.
Scheffer (Schefer), Christi. Frid., Argentinensis (ph 762) I 441.
— Joh., Argentinensis (cph 638) I 469.
— Joh., Argentinensis (ph 739) I 419.
— Joh. Dan., Argentinensis (cphm 698) I 558.
— Joh. Godofr., Argentinensis (786) I 180. (ph 786) I 456.
— (Schäffer), Joh. Leonh., Argentinensis (ph 633) I 302. (cph 633) I 468.
— Phil. Dan., Argentinensis (ph 735) I 416. (cph 736) I 497.
— Joh. Christoph, Dinckelsbühlâ-Suevus (j 700) II 324.
— Guil. Ernest., Moeno-Francofurtensis (m 623) II 7. (cm 623) II 124.
— Sebast., Moeno-Francofurtensis(ph648) I 327.
— Joh., Abraham., Grumbacensis (j 668) II 286.
— Reinhardt, Cassellanus (j 663) II 275.
— Joh. Gottofr., Kirchheim-Nassovius (j 622) II 205.
— Joh. Frid., Lützelsteinensis (775) I 114. (cj 782) II 659.
— Barthold, Mengringhusio-Waldecus (m 641) II 14.
— Franc. Jos., Obernheim (m 744) II 56.
— Joach., Vinaria Thuringus (j 660) II 268. s. Schöffer.
Scheffler, Joh., Vratislav. Silesius (m 643) II 15.
Scheffmacher, Mich. Oswald., Kientzhemio Alsata (j 683) II 306. (cj 687) II 538.
Scheffold, Joan. Franc. Jos., Marckdorff-Acronianus (770) I 85. (781) I 133. (j 781) II 472. (cj 781) II 656. (*derselbe?*)
Scheffstos, Franc., Vienn-Austrius (769) I 84.
Schegge, Joan. Mich., Mazopolitanus (j 689) II 317.
Schegk, Phil. Jac., Weissenburgo-Noricus (j 686) II 312. s. Scheck.
Scheib, Cornel., Lautereccensis (th 672) I 645.
— Wolfg. Christoph., Neostadiensis a. d. Aysch. Franco (j 670) II 291.
Scheibel, Georg. Frid., Argentinensis (ph 748) I 428. (cph 748) I 502. (cphm 753) I 574. s. Scheibler.
— Joan. Georg., Obermoerllensis Moguntinus (m 743) II 56.
Scheiblaeus, Bartholom., Moeno-Francofurtensis (ph 631) I 296.
Scheibler, Samuel, Argentinensis (ph 631) I 296. s. Scheibel.
Scheid (Scheidius), Balth., Argentinensis (cphm 632/33) I 527. (Th. D. 644) I 702.
— Balth., Argentinensis (ph 670) I 365.
— Franc. Walth., Argentinensis (j 670) II 290.
— Joh. Gotfr., Argentinensis (ph 747) I 428. (cj 756) II 599.
— Joh. Frid., Argentinensis (ph 674) I 369. (cph 674) I 480. (cphm 678) I 550.
— Joh. Val., Argentinensis (cphm 669) I 546. (cm 676) II 141.
— Leop. Phil. Franc., Argentinensis (j 670) II 290.
— Nic. Phil., Argentinensis (m 612) II 1.
— Carol. Theodor. Godofr., Catovic. ad Roeram (783) I 163.
— Car. Henr., Durlacensis (ph 700) I 387.
— Joan. Frid., Francofurtensis ad Moenum (cj 719) II 557.
— Sigism. Frid., Landaviensis (ph 633) I 303.
— Georg. Frid., Pfedelbaco-Hoënloicus (ph 712) I 399. (cj 721) II 559.
— Joh. Gottfr., Pfedelbaco-Hoenloicus (cm 725) II 155.
— Christi. Lud., Waldenburgo-Hohenloicus (j 730) II 363.
Scheidemantell, Jac. Wolffg., Schleusingensis (ph 648) I 327. (cphm 650) I 537.
— Georg. Balthas. (ph 671) I 366.
Scheidler, Carl Joh. Reinh., Carolsruhensis (780) I 151. (m 780) II 114.
Scheiffelin, Joh. Sigism., Ulmensis (ph 699) I 386.
— (Scheiffeler), Laur., Ulmensis (j 664) II 278.
Schein, Gregor., Petropolitanus (ph 761) I 440.
— Joh., Petropolitanus (ph 761) I 440.
Scheinemann, Henr., Stuttgardianus (j 727) II 356.
Scheinhardt, Joh. Theoph., Hala-Suevus (m 761) II 85. (cm 762) II 175.
Scheir, Joan. Bapt., Molshemensis (j 751) II 402. (cj 753) II 596.

Scheitel, Franc. Carol., Fegersheim. Alsata (780) I 150. (j 780) II 471.
— Sebast., Molshemensis (j 672) II 295.
— Ign. Enseb., Selestadiensis (j 702) II 326. (cj 706) II 547.
de Scheither, Georg. Henr., Osnabruggensis (ph 754) I 434.
Scheittenberger, Frantz, von Wien (d 759) I 220.
Schelderup, Petr., Norwegus (th 668) I 641.
Schele, Joh., Hamburgensis (cj 674) II 529.
— Georg., Meldorpio-Ditmarsers (j 626) II 214.
Scheler, Andr., Memminganus (ph 628) I 288.
Schelhas, Christi. Zachar., Onoldinus (747) I 30.
Schelhase, Georg. Steph., Coburgo-Francus (j 633) II 232.
Schelhass, Paul. Andr., Esslingensis (j 729) II 361.
— Ulric. Frid. Justin., Wezlariensis (j 719) II 343.
Schelkens, Joh., Moeno-Francofurtensis (j 655) II 259).
Schell, Joh. Jac., Argentinensis (ph 645) I 320.
— Joh. Jac., Argentinensis (ph 714) I 401.
— Joh. Jodoc., Argentinensis (ph 640/41) I 312. (cph 641) I 470. cphm 642) I 533.
— Joh. Phil., Argentinensis (ph 679) I 373. s. Schoell.
— Achat., Onoldo-Francus (j 629) II 222.
— Georg., Onoldo-Francus (j 629) II 224.
de Schell, August. Frid. Guil., Monachrodianus (j 736) II 374.
Schelleberger, Nathaniel, Thoruno Prussus (j 661) II 270.
de Schellenberg, Joh. Jac. L. B. (672) I 6.
— Baro in Kislegg, Franc. Chph., Alsata (673) I 6.
— — Joh. Frid., (688) I 4.
— Dominus in Hausen vor Wald, Neuenburg et Dachheim, Joan. Jos. Ant. (j 771) II 451. (772) I 44.
Schellenberger, Joh., Neowiedensis (ph 734) I 416.
Scheller, Frid. Godofr., Tautenburgens. Thuringus (j 668) II 286.
— Joh. Joach., Windshemio Francus (j 661) 271.
Schelling, Imman., Ulmensis (th 649) I 616.
von Schelm, von Bergen im Hessen Hanauischen, Reinhardt Fried. (j 748) II 396.
Scheltz, Joh. Christian., Memel (676) I 122.
Schemp, Matthae., Augustanus (ph 623) I 275.
Schenaitre, Louis (s 784) I 266. (ch 784) I 252.
Schenck, Frid. Jac., Argentinensis (ph 739) I 420. (cph 741) I 499. (cphm 742) I 572.
— Joan. Georg. Jos., Argentinensis (cj 749) II 589.
— Joh. Henr., Argentinensis (ph 649) I 330. (cph 649) I 473. (cphm 956) I 541.
— Jos., Argentinensis (j 748) II 396.
— Joh. Phil., Bada-Durlacensis (j 728) II 359.
— (Tilemann), Arnold., Bremensis (m 737) II 50.
— J. Adolph, Nassau-Siegen (m 758) II 80.
— Chph. Henr., Kircho-Teccensis (ph 755) I 435.
— Georg Balthas., Neuhof. Francus (j 683) II 306.
— Joh. Wolffg., Suinfurto-Francus (th 679) I 648.
— Franc. Jos., Veldkirchensis Rhaetus (j 699) II 322. s. Schenk.
Schenckbecher Franc. Ant., Argentinensis (j 760) II 423. (cj 765) II 618.
— Georg., Argentinensis (m 755) II 76. (cm 760: Joh. Georg.) II 173.
— Lud., Oberehnheimensis (780) I 151. (j 780) II 471. (cj 785) II 666.
— Math., Oberenhemensis (771) I 92. (j 771) II 451.
Schenckel, Laur. Georg., Belgardo-Pomeranus (m 718) II 36.
Schenckell, Carol., Episcopien. ad Tubarim (767) I 70.
Schendel, Gabr., Gedanensis (m 725) II 40. (cm 726) II 156.
Schening, Georg., Pyric. Pomeranus (ph 628) I 289.
Schenk de Geyern, Phil. Alb. Ern. (714) I 14.
— — Erh. Lud. Ern. (714) I 14.
— de Limpurg, S. R. I. Pincerna haered. et Semper Liber, Phil. Alb. (662) I 2.
— — Wilh. Henr. (668) I 4.
— a Schmidtburg, Lud. Wolfg. Jos. (739) I 26.
— von Stauffenberg, Jos. Phil. Franc. L. B. (716) I 15.
— — Lothar. Phil. Lud. Hartm, L. B. (716) I 15. s. Stauffenberg.
— a Winterstätten, Ernest. (j 630) II 225.

de Schenckeren, Carol. L. B. (736) I 24.
— Lothar. L. B. (736) I 24.
Schenkinnck, Henr. Herm. Nobil. dioc. Monasteriensis (j 665) II 280.
de Schenckle, Joan. Constantin., Hornensis ex Helvetia (j 739) II 380.
Schepel, Mart., Wismariensis (th 649) I 616.
Scheppelin, Ant., Colmariensis (j 733) II 369. (cj 735: Ant. Jac. Jos.) II 574.
— Fidelis Jac., Pruntrutanus (786) I 183. (m 786) II 119. (cm 790) II 199.
— Ant., Brisacensis (j 706) II 28.
— Joan. Jac., Brisacensis (j 697) II 320. (cj 701) II 545.
— Jos. Ign., Brisacensis (j 718) II 340.
— Franc. Jos., Ensishemianus (cj 684) II 536.
Scherb, Andr., Argentinensis (ph 732) I 414.
— (Scherbius), Georg., Episcopicell. Helvetus (m 726) II 41.
— Melch., Episcopicella-Helvetus (m 732) II 46.
— (Scherbius), Mich., Colmariensis (j 629) II 224.
Scherbaum, Jos., Argentinensis (ph 639) I 310.
— Joh., Durlacensis (cj 670) II 526.
— Joh. Jac., Grotzing. Marchius (ph 634) I 304.
— Joh., Hauinga-Marchicus (ph 665) I 358.
Scherbius s. Scherb.
Scherding, Joh. Pet., von Bischweyler ch 779) I 244.
Scherer, Frid. Christi., Argentinensis (ph 762) I 441.
— Joh. Bened., Argentinensis (ph 756) I 435. (cph 757) I 505. (cphm 760) I 576.
— Joh. Frid., Argentinensis (ph 718) I 404. (cph 719) I 492. (cphm 723) I 567.
— Joh. Frid., Argentinensis (cph 686) I 483.
— Joh. Jodoc., Argentinensis (ph 645) I 320. (cph 645) I 472. (cphm 647/48) I 536.
— al. Philipert, Gabr., Basilensis (th 657) I 626.
— Joh. Frid., Friesenheimensis (cphm 689) I 554.
— Daniel, von Lahr (j 675) II 300. (cj 681) II 533).
— Joh. Xav., C. Luzern (ch 774) I 234. s. Schärer, Schärrer.
(Scherer), Christ. Arend, Magdeburgensis (m 731) II 45. (cm 737) II 160.
— Gotthard Frid., Petropolitanus (785) I 175. (ph 785) I 456.
— Andr. Jos., Bohoemus Pragensis (m 751) II 67.
— Joh. Chph., Thuringus (j 627) II 218.
— Daniel, Ulmensis (ph 656) I 341.
— Sebast. Ant., Ulmensis (j 684) II 307.
— Mich., Vargulensis (j 632) II 230.
— Aug., Weissenburgensis (m 754) II 75.
— Joh. Adam., Wormatiensis (m 763) II 90. s. Scheerer.
de Scherer in Hohencreizberg, Joan. Isaac Bruno, Ratisbonensis (j 679) II 303.
Scheringer, Georg., Posonio-Hungar. (ph 664) I 354.
Schermar, Hieron., Ulmensis (j 649) II 247.
— (Schemer), Joh. Georg., Ulmensis (th 706) I 662.
— Paul., Ulmensis (ph 623) I 276.
Schernberger, Joh. Casp., Spirensis (ph 626) I 282.
Scherpff, Joh., Kloppenheim. Nassovius (ph 632) I 298.
— Matthae., Sultzberga-Marchic. (m 670) II 24. (cm 676) II 141.
Scherr, Georg Heinr. (d 736) I 213.
Scherrer, Christ., Toggius Helvetus (m 761) II 85. s. Schärrer.
— Phil. Pancrat., Wilensis Helvetus (m 763) II 91.
de Scherrich, Bernh. Gordian., Wangen. Algoj. (768) I 71.
Schertz s. Scherz.
Scherz (Scherzius), Joh. Frid., Argentinensis (ph 731) I 412. (cj 739) II 578.
— Joh. Georg., Argentinensis (cph 692) I 484. (cphm 695) I 556. (Poet. Laur. 696) I 588. (cj 700) II 544.
— Joh. Georg., Argentinensis (ph 728) I 410. (cj 735) II 574.
— Joh. Jac., Argentinensis (ph 704) I 391. (cj 712) II 551.
— (Schertz), Joh. Thom., Argentinensis (ph 720) I 405.
Scherzer, Chph., Onoldo-Francus (j 664) II 277. (cj 665) II 518.
Schetla, Andr. Chph., Wetzflariensis (th 732) I 675.
Scheu, Joh. Georg., Rotenburgo-Tuberanus (ph 660) I 348.
Scheuber, Joh., Norimbergensis (th 764) I 688.
Scheubler, Joh., Argentinensis (ph 672) I 367.

(Scheubler), Joh. Jac., Argentinensis (ph 701) I 388. (cj 709) II 549.
— Joh. Paul., Argentinensis (ph 661) I 350. (cj 667) II 521.
— Samuel, Argentinensis (cphm 634) I 529.
Scheuchzer, J. Jac., Tigurino Helvetus (m 752) II 70.
Scheuermann, Godofr., Tuttlingensis (m 752) II 70. s. Scheurmann.
Scheurer, Eman., Sunthoff-Alsata (ph 694) I 382.
— Georg., Norimbergensis (th 668) I 641.
Scheuring, Joh., Argentinensis (ph 629) I 292. (cph 630) I 466. (cphm 632) I 527.
— Joh., Argentinensis (ph 664) I 355.
Scheurl, Georg, Noricus (j 621) II 204.
— Christoph. Wilh., Norimbergensis (j 631) II 229.
— a Dattersdorff, Carol., Patr. Nurnberg. (j 669) II 289.
Scheurmann, Joh., Suevo-Halensis (th659) I 628. s. Scheuermann.
Scheus, Heribert., Urdingensis (m 751) II 68.
Schevius, Petr. Laur., Cimber (j 662) II 272.
Scheyfelin, M. Joh. Jac., Memmingensis (th 664) I 636.
Scheyrer, Jos., von Leuzingen, C. Bern (ch 788) I 258.
Schick, Ant., Riedensis Suevus (j 740) II 383.
— Joh. Georg., Wetzlariensis (782) I 159. (m 782) II 115.
Schickart, Joh. Sebast., Stutgard. Würtembergicus (m 670) II 24. (cm 670) II 139.
— Christi. Frid. (m 740) II 53. s. Schickhard.
Schicke, Joh. Christian., Northusanus (ph 685) I 377.
Schickfuss, Joh. Georg., Olsna Silesius (j 654) II 256.
Schickhard, Aegid., Nassoicus (j 626) II 214. s. Schickart.
Schidius, Sigism., Norimbergensis (th 641) I 611.
Schiebe, Aug. David., Argentinensis (795) I 204.
Schielé, Alex. Bened. Jac., Amerschwyrensis (771) I 90. (j 771) II 450).
— Alex. Bened. Jac., Amerschwyrianus (779) I 144. (j 779) II 468. (cj 780) II 655.
— Franc. Xav., Ammerschvirianus (779) I 143. (j 779) II 468. (cj 782) II 659.
(Schielé), Joh. Jac., Ammerschwyranus (cj 740) II 579.
— Joh. Jac., Ammerschwiranus (j 743) II 388. (cj 745) II 584. *(der vorige?)*
— Jac. Jos., Ammerschwiranus (cj 778) II 651.
— Marc. Ign., Ammerswiranus (j 745) II 390. (cj 746) II 585.
— Anton., Mühringensis è Silva Hercynia (j 744) II 389.
— Joan. Bapt., Wintzenhemianus (774: Staehle) I 111. (j 774) II 458.
de Schielé, Joan. Jac. Jos., Colmariensis (776) I 123. (j 776) II 461.
Schielenus, Jac, Ulmensis (ph 652) I 335.
Schiemer, Abrah., Thurnaviensis (ph 647) I 325.
— Joh. Bartholom., Thurnavio-Francus (th 677) I 647.
Schierholtz, Joh. Ern., Osterroda-Cheruscus (th 661) I 631.
— Joh. Bartholom., Wetzflariensis (th 718) I 668.
Schiess, Jos. Thadaeus, Immenstatensis Algoius (j 700) II 325.
Schietter, Joh. Christoph., Streuffdorffensis Francus (m 681) II 27.
Schifer, Alex., Freyling. Austriacus (ph 627) I 287.
von Schifer und von Sonderndorff, Joh. Joseph. Jul. Baron (716) I 15.
Schiffmann, Adam., Argentinensis (ph 640) I 311.
— Joh. Adam., Argentinensis (ph 662) I 352. (cj 669) II 524.
— Joh. Georg., Phorzensis (ph 649) I 329.
Schifius, Heinr., Wartenberg. Bojohemus (ph 633) I 300.
Schild, Joh. Frid., Buxovillanus (ph 742) I 423.
— Frid. Christian., Diershemianus (782) I 158. (ph 782) I 454.
— Joh. Phil., Moeno-Francofurtensis (th 676) I 647.
— Joh. Petr., Hohe Weiselanus Wedderavus (ph 633) I 301.
Schilder, Joh., Pegav. Misnicus (th 665) I 636.
de Schilder, Franc. Frid. L. B., Clivensis (762) I 37.
Schildknecht, Joach. Frid., Slesvicensis (j 762) II 430.
Schile, Hieron., Moeno-Francofurtensis (j 643) II 240.
— Jodoc. Phil., Moeno-Francofurtensis (ph 649) I 330.
Schilfart, Joh. Leonh., Weissenburgensis Noricus (ph 665) I 357.

Schilher, Abrah., Argentinensis (cph 697) I 486. (cphm 699) I 558.
— Joh. Georg., Argentinensis (ph 626) I 282. (cphm 627) I 524.
— Joh. Georg., Argentinensis (ph 662) I 352. (cph 662) I 476. (cphm 665) I 545.
Schill, Ernest. Christian. Benjam., Dresdensis (782) I 158.
— Joh. Henr., Durlaco-Marchicus (j 632) II 230. (cj 638) II 502.
Schillenius, Sim. Matthaeus, Weickerheimensis (ph 632) I 298.
Schiller, Edmund., Hildesiensis (j 759) II 422.
— Joh. Lud., Rotenburgensis (ph 661) I 350.
Schilling, Andr., Argentinensis (m 612) II 1. 5. (cm 621) II 123.
— Andr., Argentinensis (ph 646) I 323. (cphm 647/48) I 536. (cm 652) II 133.
— Florent., Argentinensis (cm 629) II 126.
— Frid., Argentinensis (j 668) II 286. (cj 673) II 528.
— Joh., Argentinensis (ph 640/41) I 312. (cph 641) I 470. (cphm 643) I 534. (cm 649) II 132.
— Joh. Georg., von Bickingen (d 743) I 216.
— Andr., Burweiller prope Landavianus (784) I 173. (m 785) II 117. (cm 791) II 199.
— Thom. Ant., Hammelburgensis (j 733) II 369.
— Joh. Mich., Ilmenaviens. Hennebergicus (ph 644) I 319.
— Bernhard., Northusanus (ph 631) I 296.
— Conr., Wimpinas (th 626) 599.
Schillinger, Martin., Amerschweyrensis (m 763) II 89.
— Franc. Henr. Jos., Tabernensis (j 718) II 341. (cj 722) II 561.
— Ign. Jos., Tabernensis (788) I 190. (j 788) II 488.
— Joan. Ant., Tabernensis (j 738) II 378.
— Joan. Chph., Tabernensis (j 698) II 320.
— Joan. Jac., Tabernensis (cj 719) II 557.
— Jos. Otto, Tabernensis (j 752) II 404. (cj 761: Jos. Ant. Otto) II 609.
— Otto Jos., Tabernensis Alsata (j 725) II 351.
Schilter, Joh., Lipsiensis (j 626) II 215.
Schim, Ant., Neobrisacensis (785) I 174. (m 785) II 117. (cm 787: Franc. Ant.) II 197.
Schimmer, Joh. Reinhard., Buxovillanus (ph 733) I 415.
— Christi., Obermodernensis (ph 703) I 389.
Schimper, Joh. Conr., Bipont.-Cusellanus (m 748) II 64.
Schimpf, Joh., Weissellensis (ph 651) I 334.
Schinckel, Conrad., Lübecensis (j 632) II 230.
a Schinckell, Bernh., Eq. Silesius (j 628) II 222.
Schindler, Aegid., Glarus (768) I 76.
— Joach., Helv. Glaronensis (m 765) II 94.
Schintz, Martin. Frid., Berolinensis (m 777) II 109.
Schippel, Johan, Wormatiensis (m 666) II 23.
— Joh. Christoph., Wormatiensis (ph 625) I 280.
Schirmann, Chph., Basileensis (th 748) I 682. s. Schirmann.
Schirmer, Franc. Ant., Colmariensis (cj 786) II 668. (vgl. Theob. Ant.)
— Joh. Bapt., Colmariensis (768) I 76. (j 768) II 445. (cj 771) II 633.
— Theob. Ant., Colmariensis (784) I 169. (j 784) II 478. (vgl. Franc. Ant.)
— Franc. Jos., ex majori Kembs (769) I 84. (j 769) II 447. (cj 771) II 634.
— Franc. Xav., ex majori Kembs (776) I 124. (m 776) II 109.
— Domin., Landserensis (j 765) II 437. (cj 765) II 619.
— Joh. Lud., Landzerensis (j 759) II 421. (cj 761) II 609.
— Joh. Lud., Marcobrettâ-Francus (j 631) II 227.
Schirner, s. Molitor.
Schirrmann, Franc. Jos., Offonisburgensis (770) I 85. s. Schirmann.
Schirt, Joan. Nepom. Conr., Uberlinganus Acronian. (j 761) II 427.
Schirzl, Joan. Erhard., Räncambens. (j 759) II 422.
a Schkopp, Carol. Frid. (661) II 269.
de Schlabbrendorff, Joach. Frid., Marchicus (j 657) II 264.
à Schlachteckh, s. Reschengeder a Schlachteckh.
Schlachter, Dav., Augusta-Vindelicorum (ph 625) I 280. (cphm 627/28) I 524.
Schlachtmann, Dav., Argentinensis (ph 674) I 369. (cph 674) I 480. (cphm 676) I 549.
Schlaff, Joh. Frid., Hasso-Darmstattinus (j 731) II 365.

Schlaggritzi, Frantz Ant., Arbon i. Thurgau (767) I 67. (m 767) II 97.
Schlaicher, Dan., Saltzung. Thuringus (j 633) II 232. s. Schleicher.
Schlann, Theod., Osnabrugo Westphalus (j 663) II 275.
Schlappitzj s. Schlaggritzi.
Schlarhoff, Balthasar, Wormatiensis (j 661) II 270.
— Joh. Joach., Wormatiensis (m 634) II 13.
Schlaticovius, Joach., Gryphishagiensis Pomer. (cph 621) I 461. (th 621) I 592.
Schlecht, Joh. Jac., Argentinensis (ph 739) I 420.
Schlechta, Joan. Theod., Boëmus Neo-Boleslav. (m 748) II 63.
Schlectius, Joh. Jac., Basiliensis (m 730) II 44.
Schleder, Phil., Francofurtensis (ph 668) I 361.
Schlegelmilch, Joh., Schleusingensis-Saxo-Henneberg. (ph 633) I 302 (cphm 634) I 528.
Schleich, Jac., Danubiostettensis (ph 643) I 316.
Schleicher, Sigism., Ulmensis (j 626) II 213.
Schleidanus, Ern., Senfeldensis (ph 632) I 299.
Schleiermacher, Joh. Georg., Alsfeldia-Hassus (th 685) I 653. s. Schleyermacher.
Schleininger, Franc. Ant., Clingnoviensis (773) I 102. (j 773) II 454.
a Schleinitz, Joh. (j 621) II 204.
— Wolffg. Theodoric. (j 621) II 204.
Schleiss, Phil. Ferdin., ex valle Kinzingana Haslacensis (j 718) II 341.
Schlemmer, Joh. Casp., Bipont. Westriacus (ph 626) I 283.
— Joh. Phil., Bipontinus (j 622) II 273.
— Jos., Bliescastellanus (778) I 138. (m 778) II 111. (cm 781) II 192.
— Joan. Georg., Hanoico-Wetteravus (j 715) II 338.
Schlemüller, Wilh., Regiomont. Prussus (ph 671) I 367.
Schlemp, Georg., Weissenburgensis (ph 631) I 296. (cph 631) I 466.
Schlenacker (Schleenacker), Lud., Argentinensis (ph 657) I 342. (cphm 660: Joh. Lud.) I 542.
Schlenkher, Georg Frdel., Villingen (ch 773) I 230.
Schlereth, Franc. Anton., Fuldensis (m 756) II 78.
de Schleus s. de Schleys.
Schleusing, Jac. Hieron., Dresdensis Misnicus (j 656) II 262.
v. Schlewitz s. a Schliwitz.
Schley, Joh. Steph., Landaviensis (ph 662) I 351.
Schleyermacher, Joh. Daniel, Nieder-Wildungen i. Waldeck (m 753) II 71. s. Schleiermacher.
de Schleys (Schleus), Jos. L. B., Suevus (737) I 26.
— Augustin. L. B., de Berghaubten (744) I 29.
Schlibnigk, Mich., Carniol. Labacensis (ph 625) I 280.
Schlicher, Joh. Petr., Altavillanus (j 725) II 353.
Schlichter, Joan. Georg., Rottenburg. ad Niccar. Suevus (m 748) II 64.
Schlichtin de Schlichtinsfeld, Franc. Ant., Altorfensis Suevus (j 723) II 348.
— — Joan. Bapt., Altorfensis Suevus (j 723) II 348.
— — Franc. Jos., Weingartensis Suevus (j 727) II 356.
— — Joan. Bapt., Weingartensis Suevus (cj 725) II 564.
— — Joan. Franc. Ant., Weingartensis Suevus (j 725) II 564.
Schlichting, Valent. Christian., Uffenheimensis (769) I 82. (m 769) II 100.
Schlick, Joan. Georg., Argentinensis (j 759) II 423. (cj 761) II 609.
— Martius Louis, von Strasbourg (ch 790) I 261.
— Ferd., Bonnensis (j 657) II 264.
— Joh. Aegid., Bonnensis (j 660) II 269.
— Franc. Xav., Colmariensis (j761) II 427.
— Franc. Xav., Colmariensis (769) I 83. (j 769) II 447. (cj 769) II 630.
— Ant., Fischbachens. Alsata (j 737) II 737. (cj 739) II 578.
Schlieff, Ludov., Dantiscanus (j 652) II 253.
Schlingwolff, Joh. Balth., Gelhusa-Wetteravus (ph 641) I 314. (cj 648) II 507.
Schlipp, Henr. Jos., Bingensis (j 756) II 414.
— Henr. Gottlob, Leucopetrensis (ch 775) II 235.
Schlipstein, Georg., Bielfeldiâ-Westphalus (j 667) II 284.
— Thom., Hervordâ-Westphalus (j 631) II 229. (cj 631) II 499.
Schlisselfelder s. Schlüsselfelder.
a Schlitz dict. Goertz, Eustach. Comes (755) I 34.
à Schliwitz, Adam., Silesius (j 627) II 217.
Schloezer, Phil. Conr., Buxovillanus (th 743) I 680. s. Schlözer.

Schloss, Dan., Thoruno-Pruthenus (m 726) II 41. (cm 726) II 156.
Schlossberger, Conr., Esslingensis (j 624) II 209.
— Heinr., Esslingensis (j 624) II 209.
Schlosser, Franc. Rud., Ammerschvirens. Alsata (j 709) II 332. (cj 712) II 551.
— Franc. Bartholom., Argentinensis (ph 746) I 427. (cj 751) II 593.
— Joh., Elpenroda Hassus (ph 632) I 300.
— Joan. Rud., Ensishemian. Alsata Superior (cj 687) II 539.
— Joh. Wilh. Frid., Geomunda Westerburgicus (j 726) II 354.
— Franc. Henr., Mazopolitanus Alsata (j 742) II 386. (cj 744) II 583.
— Franc. Petr., Mazopolitanus (j 744) II 389. (cj 745) II 584.
— Franc. Xav. Rud., Mazopolitanus (j 751) II 403. (cj 753) II 596.
— Ge. Lud., Saraepontanâ-Nassoicus (ph 663) I 354.
— Phil., Saraepontanus (ph 631) I 296.
— Joh. Matthias, Vinstingensis (ph 642) I 315.
— Joh. Frid., Wehennâ-Nassoicus (th 718) I 668.
Schlottner, Joh., Fridberg. Wedderavus (j 621) II 203.
Schlözer, Dorothea, Goettingensis (787) I 187.
— Joh. Georg., Oringensis (ph 658) I 343.
— Steph., Oringensis (ph 657) I 342. s. Schloezer.
Schlüber, Augustin. Meinolph., Paderanus (j 727) II 357.
Schlugbelius, Joach., Soltquellâ-Marchicus (j 624) II 209.
Schlumpf, Isaac, St. Gallen (766) I 58.
— Joh. Leonh., Sangallensis (m 728) II 42.
— Joh. Beda, Toggenburgensis (787) I 188. (j 787) II 487.
Schlüsselfelder (Schlisselfelder), Adam. Rudolf., Norimbergensis (j 648) II 245.
— (a Schlüsselfeldt), Georg. Carol. N. (j 629) II 223.
a Schlüsselfeldt s. Schlüsselfelder.
Schlüter, Joh. Melch., Gellh. Nassovius (ph 672) I 368.
de Schmaeger, Joh. Nepom. Ant., Fridbergens. Bavarus (j 746) II 392.
Schmalkalder, Georg. Frid., Durlacensis (j 630) II 224.
— Joh. Jac., Durlacensis (m 630) II 11.
(Schmalkalder), Joh. Theoder., Suevo-Halensis (ph 643) I 317.
— Joh. Dan., Veldentinus Mosellanus (j 648) II 246.
Schmall, Benj., von Giessen (ch 777) I 239.
Schmallwasser, Joh. Lud., Ottovillensis (m 760) II 84.
Schmaltz, Joh. Gottfr., Erffurtens. Thuring. (cj 672) II 527.
— Joh. Phil., Scheydensis (767) I 66. (j 767) II 442.
— Joh. Phil. Jos., Scheidensis (786) I 183. (j 786) II 484. (cj 789) II 676.
Schmalz, Petr., Zellensis Variscus (th 631) I 605.
Schmauss, Joh. Frid., Landaviensis (ph 659) I 345.
— Joh. Jac., Landaviensis (j 707) II 330.
Schmautz, Joan., Offonisburgensis (j 706) II 328.
Schmedden, Joh. Wirick, Bochumia Marcanus (j 688) II 316.
Schmedes, Joh. Matthi., Mannheim.-Palat. (m 729) II 43.
Schmedicken, M. Paul., Hamburgensis (th 665) I 638.
Schmelcher, Joan. Georg., Boius (j 706) II 329.
v. Schmelingk, Jochim Henning (j 627) II 216.
Schmeltzer, Franc. Jos., Bliscastellensis (j 721) II 347.
— Georg Mich., Gengenbach (m 750). II 65.
— Franc. Sigebert., Gerolseggensis (j 742) II 387. s. Schmelzer.
Schmelzel, Joh. Mich., Bavar. Berngaviensis (j 736) II 374.
Schmelzer, Lud. Christ., Burweileranus (j 754) II 409. s. Schmeltzer.
de Schmerling, Maxim. Carol., Austriac. Viennens. (739) II 380.
Schmid, Joh., Argentinensis (cphm 668) I 546.
— Carl, Arolsen i. Waldeckschen (789) I 196.
— Georg., Bolheimensis (ph 647) I 324.
— Melch., Brunswic. Saxo (th 622) I 632.
— Henr. Guil., Buxovillanus (j 733) II 368.
— Joh. Petr., von Ellwangen (d 731) I 212.
— Joh. Heinr., Esslingensis (ph 698) I 385.
— Petr. Melch., Fuldensis (j 764) II 435.
— Georg. Casp., Hanoviensis (ph 674) I 369.
— Joh., Hilperhusanus Francus (ph 644) I 319.

(Schmid), Chph., Hutzdorffensis-Francus (ph 663) I 353.
— Joh. Maurit., Jenensis (j 700) II 325.
— Frid. Wilh., Kirchoteccensis (th 732) I 675.
— Marc. Frid., Coburg. Francus (th 718) I 667.
— Jac. Ignat., Constatiensis (j 764) II 433.
— Berend, Custrino-Marchicus (j 680) II 303.
— Joan., de Lauenstein, Moravus Olomucensis (j 757) II 414.
— Thadaeus, Leuthkirchensis (j 751) II 404.
— Joh. Casp., Littopolitanus (m 730) II 44.
— Joh. Conr., Helv.-Lithopolitanus (m 737) II 50.
— Joh. Georg., Lithopolitano-Helvetus (m 752) II 71.
— Joh. Georg., Helv. Lithopolitanus (779) I 145. (m 779) II 113. (cm 781) II 193.
— Val., Mariakirch (m 765) II 93.
— Franc., Memminga-Suevus (th 713) I 666.
— Joh., Moerspurgensis (j 744) II 389.
— M. Joh., Neidling. Württembergicus (th 746) I 681.
— Christian. Dav., Richovillanus (766) I 57. (th 766) I 690.
— Joh. Georg, Stein a. Rhein (ch 777) I 239.
— Joh. Herm., Theisbergensis (th 710) I 664.
— Joh. Sebast., Theisbergensis (ph 705) I 392.
— Christian. Lud., Trarbaco-Mosellanus (ph 701) I 388.
— Jos. Ant., Tyrolensis (j 725) II 352.
— Georg. Ulr., Ulmensis (ph 650) I 332
— Joh. Henr., Ulmensis (m 731) II 45.
— Mich., Ulmanus (th 651) I 618.
— Franc. Ant., Villinganus (ph 685) I 378.
— Matthae, Landelin., Villinganus Suevus (765) I 40.
— Wilh. Christian., Winnendensis (ph 668) I 360.
— Joh. Rudolph., Wisbadensis (j 701) II 326.
— Joh. Adam., Wormatiensis (ph 656) I 340.
— Emman. (m 688) II 29.
s. Schmidt, Schmitt.
Schmid Baro ab Herzenberg, Hannibal Ehrenreich (678) I 7.
Schmid de Schmidsfelden, Franc. Jos. Ant., Eisenbacens. Suevus (767) I 63. (j 767) II 441. (cj 768) II 626.
de Schmid, Joan. Martin., Tieffenbacens. Palatin. (j 738) II 379.
— Jos. Maria, Ziemetzhusanus sup. Austriae Suevus (m 750) II 67.
de Schmidberg, Dominus in Lehren, Steinsfeld et Adersbach, Frid. Bernh., Eq. Suevus (j 720) II 345.
s. de Schmidtberg.
Schmideknecht, Joh. Frid., Gothanus (m 725) II 40.
Schmiden, Henr., Slesvicensis (j 648) II 246. s. de Schmieden.
Schmidjan, Hermann., Monasterio Westph. (772) I 97). (m 772) II 103.
Schmidlin, Lud., Ensishemianus (j 758) II 419. (cj 761) II 610.
— Henr. Guil., Stutgardianus (775) I 114.
— Dav. Ulr. (j 683) II 306.
de Schmidlin, Franc. L. B. (719) I 16.
Schmidt, Andr., Argentinensis (ph 702) I 389.
— Jerem., Argentinensis (ph 710) I 397. (ph 711) I 489.
— Joh., Argentinensis (ph 640) I 311. (cph 640) I 470. (cphm 642/43) I 533.
— Joh., Argentinensis (ph 710) I 397. (cphm 714) I 564.
— Joh., Argentinensis (cphm 673) I 548.
s. Schmid.
— Joh., Argentinensis (ph 745) I 425.
— Joh. Adam., Argentinensis (ph 682) I 375. (cphm 685) I 552.
— Joh. Jac., Argentinensis (ph 648) I 326.
— Joh. Jac., Argentinensis (779) I 142. (ph 779) I 452. (th 785) I 698.
— Joh. Jac., Argentoratensis (787) I 185. ph (787) I 457.
— Joh. Melch., Argentinensis (j 705) II 546.
— Joh. Phil., Argentinensis (ph 632) I 299.
— Joh. Phil., Argentinensis (ph 675) I 370.
— Joh. Ulr., Argentinensis (cj 676) II 530.
— Mart., Argentinensis (cphm 622) I 519. (th 624) I 707.
— Mart., Argentinensis (cph 652) I 474. (cphm 654) I 539.
— Matthae., Argentinensis (ph 661) I 349.
— Paul., Argentinensis (m 620) II 4. 5.

(Schmidt), Paul., Argentinensis (*identisch mit dem vorigen?*) (cphm 622/23) I 519. (th 624) I 707.
— Phil. Jac., Argentinensis (ph 748) I 429. (cph 748) I 502. (cphm 753) I 574.
— Sebast., Argentinensis (ph 730) I 412.
— Sebast. (Lampertheimensis), Theol. P. P. Arg. (Theol. D. 654) I 702.
— Joh. Andr., Argentinensis (ph 726) I 409.
— Joh. Carol., Argentinensis (ph 643) I 318.
— Joh. Dan., Argentinensis (ph 727) I 410. (cj 734) II 573.
— Joh. Frid., Argentinensis (ph 653) I 336.
— Joh. Frid., Argentinensis (ph 742) I 422. (cph 744) I 500. (cphm 746) I 573.
— (Schmidius), Joh. Frid., Argentinensis (ph 658) I 344.
— Joh. Georg., Argentinensis (ph 380) I 690.
— M. Georg., Augustanus (th 623) I 594.
— Daniel, Bopfingensis (th 660) I 630.
— M. Joh., Budissinus Lusat., Theol. Prof. (Theol. Doctor 623) I 701.
— Joh. Conr., Buxovillanus (th 757) I 685.
— Joh. Wilh., Buxovillanus (th 755) I 684. s. Schmid.
— Baptista, Byruthinus (m 732) II 46.
— Jac., Cimbrico-Danus (m 764) II 91.
— Guilh. Theoph., Hasso-Darmstad. (778) I 135. (ph 778) I 451.
— (Schmid), Joh. Dan., Darmstatensis (ph 648) I 328.
— Joh. Mich., Durlac., Marchicus (j 728) II 358.
— Joan., Elbinga-Polono-Prussus (j 761) II 426.
— Georg. Adam., Ettenhusa-Hoenloicus (th 667) I 640.
— Joh. Georg., Moeno-Francofurtanus (th 716) I 667.
— Joh. Henr., Friedbergensis (768) I 74.
— Joh. Christian., Giessensis (769) I 83.
— Joh. Ernest., Giessensis (769) I 83. (m 769) II 100.
— Joh., Haderslebiā-Holsatus (j 661) II 271.
— Georg., Hailbronnensis (ph 625) I 279.
— Joh. Heinr., Hamburgensis (j 684) II 308.
— Otto, Harburgensis (th 623) I 595.
— Phil. Frid., Heydelbergensis (j 763) II 433.
(Schmidt), Joh. Lud., Kirchheimensis (ph 661) I 349.
— Hannibal Wilhelm, Coburg. Francus (ph 645) I 321. s. Schmid.
— Ge. Adam., Cregling. Tubarinus (ph 634) I 304.
— Joh., Crennensis Marchicus (m 653) II 18.
— Frid., Kyrnensis (ph 690) I 380.
— Seb., Lampertheimensis (ph 635) I 306. (cph 635) I 468.
— Henr., Lubecensis (j 630) II 225.
— Joh. Christi., Magdeburgensis (m 731) II 45.
— Joh. Jac., Magdeburgensis (m 721) II 38.
— Georg. Ludov., Montisbelgardensis (j 721) II 347.
— Andr., Mulhusio-Thuringus (ph 645) I 321.
— Andr., Mulhusa-Thuringus (th 671) I 644.
— Joh., Nordlingensis (th 661: Schmid) I 632. (cphm 664) I 544. (Poet. L. 664) I 587.
— Marcell. Frid., Nördlingensis (m 687) II 29.
— Hieron., Norimbergensis (j 647) II 245.
— Mich., Noribergensis (th 628) I 602.
— Wilh., Norimbergensis (j 624) II 207.
— Joh. Christi., Oldenburgensis (j 757) II 415. vgl. (j 757) II 414.
— Joh. Georg., Osthemio-Francus (j 652) II 254.
— Georg., Plaviā-Variscus (th 670) I 643.
— Frid. Lud., Rapoldivill. Alsata (th 742) I 680.
— Wilh. Dan., Rappoltivillanus (ph 753) I 433.
— Christi., Rostock. Megapolitanus (m 653) II 18.
— Thom., Rostochiensis (653) II 255.
— Joh. Frid., Rotenbacho-Francus (th 687) I 654.
— Franc. Ant., Ruestanus (ch 788) I 258.
— Jos. Carol., ex Sancto Albino (782) I 163. (j 782) II 475. (cj 786) II 668.
— Joh. Jul., Schleusunga-Francus (th 737) I 677.
— Elias Henr., Schwinfurtho-Francus (m 729) II 43.
— Joh. Chph., Swinfurto-Francus (m 720) II 37.
— Christian., Sedino-Pomeranus (th 656) I 624. (j 666) II 283.
— Joh. Henr., Stammhemianus prope Friedbergam (th 772) I 692.
— Melchior, Stein am Rhein (m 754) II 73.

(Schmidt), Carol., Suecus (ph 651) I 333.
— Georg., Thorunensis (j 651) II 251.
— Andr., Trübenbaco-Francus (ph 665) I 357.
— Joh. Georg., Usnensis (ph 655) I 339.
— Balth., Vratislaviensis Silesius (j 624) II 209.
— Dan., Vratislaviensis (j 624) II 209.
— Godefr., Vratislaviensis Silesius (j 624) II 209.
— Adam., Wasslenheimensis (ph 632) I 298. (cph 632) I 467). (cphm 633: Wasslenheimio-Argentinensis) I 528.
— Joh. Matthias, Weissenburg am Sand (769) I 82. (m 769) II 100.
— Conr., Weissenburga-Noricus (j 631) II 228.
— Joh. Conr., Winterhusa Francus (j 669) II 288.
— Joh., Wippinga - Wirtenbergensis (cphm 625/26) I 522. (th 624: Faber) I 596.
— Casp., Wolffio-Mosellanus (th 687) I 654.
— (Schmid), Joh. Nic., Wolffio-Mosell. (j 721) II 347.
— Cornel., Wördtensis Hanoicus (j 624) II 207.
— Joh. Bartholom., Wormatiensis (cphm 623) I 520.
— Joh. Christi., von Zweybrücken (ch 783) I 251.
Schmidtbauer, Joan. Georg., Bambergensis (j 747) II 394.
de Schmidtberg, Aug., Eq. Suevus (ph 670) I 364.
— Joh. Chph., Nobilis Rhenanus (j 633) II 231. s. de Schmidberg.
a Schmidtburg s. Schenck a Schmidtburg.
Schmidtmeyer, Joh. Jac., Argentinensis (ph 711) I 397. (cphm 715) I 564.
Schmiedelin, Conr., Itzehoa-Holsatus (m 650) II 17. (cm 650) II 132.
Schmieden, Carol. Frid., Nob. Prussus (j 662) II 273. s. Schmiden.
— Joh. Ern., Borussus (j 656) II 261.
de Schmieden, Georg. Henr. Joh., Slesvicensis (j 729) II 362. s. Schmiden.
Schmiedt, Nic., Adorf. Variscus (ph 630) I 295.
— Daniel, Gedanensis (th 684) I 652.
— Paul., Zellens. Francus (j 666) II 282.
Schmigd, Joh. Bapt., Neostadiensis Palat. (778) I 137.
Schmirber, Ant., Echensweil. Rauracus (j 751) II 404.
Schmirler, Georg. Mauritius, Ölsnitio-Variscus (ph 665) I 357.
Schmit, Anton., Feuerbac. Wetteravus (ph 641) I 313.
— Carol., Vezeliacus (782) I 159. (j 782) II 474.
Schmitt, Joh. Andr., von Hamm a. d. Grfsch. Hachenburg (ch 774) I 233.
— Tobias Ferd., Herbipolensis (j 719) II 343.
— Jean Mich., Herlesheim-Alsata (766) I 56.
— Wilh., Maykammeranus dioc. Spirensis (j 763) I 431.
Schmittborn, Joh. Phil., Saraepontanus (ph 630) I 294.
Schmittwintter, Andr. Christi., Coburgo-Francus (j 644) II 241.
Schmitz, Hubert., Coburgensis (j 741) II 384.
— Christi., Schönbergensis ex Episc. Trevir. (ch 772) I 229.
— Melch., Varaliensis Scepusius (th 626) I 599.
de Schmitz, Franc. Herm., Hildesheimens. (j 756) II 413.
Schmöger, Joh. Casp., Stephershusa-Francus (ph 649) I 329.
Schmohl, Joh. Christian., Anhalt-Zerbst (777) I 132.
Schmoll, Joh. Fridr., Anchoranus (ph 655) I 339.
Schmoutzinger s. Schmutzinger.
Schmucker, Abrah., Colmariensis (ph 658/59) I 346. (cphm 664) I 544.
Schmückius, Joh. Wilh., Saranus (j 631) II 229.
Schmutz, Christi., Argentinensis (ph 648) I 326. (cph 648) I 473.
— (Schmüz), Joh., Argentinensis (ph 739) I 420. (cph 741) I 499. (cphm 742) I 572.
— Phil. Lud., Argentinensis (775) I 113. (ph 775) I 449. (cj 785) II 666.
— Joh. Andr., Nonnevillanus (cph 689) I 484. (cphm 691) I 555.
— Frid. Lud., Ottowillanus (ph 724) I 407. s. Schmuz.
Schmutzer, Joh. Christi., Wratislaviensis Silesius (ph 737) I 419.
Schmuz, Franc. Jos., Mondingan. Suevus (781) I 157. (j 781) II 473 (Hondingano-Firstenbergensis). s. Schmutz.
Schmuzinger, Joh. Jac., Arov. Bernas (m 745) II 57.

(Schmuzinger), Heinr., Arofiensis (m 754) II 74.
— (Schmoutzinger), Jean. Henr., d'Arau (ph 725) I 408.
Schnabel, Georg. Wolffg., Anspacensis (th 724) I 671.
— Wolfg. Wilh., Fabrimolâ-Palatin. (m 628) II 10.
Schnauffer, Joh. Wilh., aus Durlach (ch 783) I 250. (785) I 173.
Schnebli, Dominic., Badensis Helvetus (775) I 116. (m 775) II 107. (cm 780: Dominic. Xav.) II 191.
— (Schneblin), Franc. Aloys., Badensis Helvetus (787) I 186.
Schneckenbach, Hans Jacob, Suevus Halensis (ph 644) I 319.
Schnecker, Joh. Sebast., Hilperhusanus (ph 670) I 364. s. Schnekker.
Schneckhlin, Gallus, Ulmensis (ph 642) I 315.
Schnederman, Daniel, Bremensis (j 658) II 266. (cj 660) II 514.
Schnee, Joh., Meininga-Henneberg. Francus (th 631) I 605. (cphm 633) I 528.
Schneegans, Joh. Petr., Crucenaco-Palatinus (th 694) I 656.
Schneewlj, Joh. Heinr., von Stein am Rhein (m 751) II 68.
Schneib, Franc., Trarbacensis (j 646) II 243.
Schneid, Joh. Melch., Nördlingensis (ph 684) I 376.
— Jos., Rastadiensis (777) I 131. (m 777) II 110. (cm 780) II 191.
Schneider, Chrph. Henr., von Alsentz i. d. Pfaltz (ch 772) I 230.
— Adam., Argentinensis (ph 627) I 288. (cph 627) 465.
— Carol. Frid., Argentinensis (ph 744) I 424.
— Joh. Casp., Argentinensis (ph 645) I 320. (cph 645) I 472.
— Joh. Dav., Argentinensis (ph 711) I 398. (cph 712) I 490. (cphm 715) I 564.
— Joh. Jac., Argentinensis (ph 698) I 385. (cph 698) I 486. (cphm 700) I 559.
— Joh. Jac., Argentinensis (ph 630) I 294. (cph 630) I 466. cphm 633) I 528.
— Joh. Lud., Argentinensis (ph 668) I 361. (cphm 672) I 548.
— Joh. Mich., Argentinensis (791) I 202. (ph 791) I 459.
— Joh. Heinr., Argentinensis (cphm 680) I 551.
(Schneider), Joh. Chph., Babenhusanus (j 707) II 329.
— Ern. Henr., Rug. Bergensis (ph 708) I 395.
— Franc. Jos., Boerschensis (j 748) II 397.
— Christoph., Dieuze (766) I 56. (j 766) II 439.
— Nic., Decempagensis (785) I 176. (j 785) II 481. (cj 787) II 671.
— Joh. Daniel, Dresdensis (th 671) I 645.
— Hieron. Moeno-Francofurtanus (j 669) II 287. (cj 669) II 524.
— Joh., Moeno-Francofurtensis (ph 698) I 385.
— Ant., Gelnhusanus (th 663) I 634.
— Friedr. Ephraim, Jacobstadt-Curland (777) I 130. (m 777) II 110.
— J. P. Leopold., Coblentz (m 765) II 93.
— Henr. Augustin., Coronamontanus (j 644) II 241.
— Joan. Gottlob, Sax. Misnicus (773) I 103.
— Dan., Colmariensis (ph 785) I 377.
— Emanuel, Colmariensis (ph 650) I 332.
— Georg. Ulr., Colmariensis (773) I 105.
— Joh. Henr., Colmariensis (ph 671) I 365. (cphm 673) I 548.
— Joh. Jac., Colmariensis (768) I 78. (j 768) II 446. (cj 772: Jac.) II 637.
— Samuel, Lysach Canton Bern (m 761) II 86.
— Jos. Franc., Marlenheimensis (770) I 87. (ph 770) I 446. (cj 772) II 636.
— Franc. Jos., Molsheimensis (j 726) II 355. (cj 728) II 566.
— Joh. Heinr., Nassovicus-Weilburgensis (m 755) II 75.
— Joh. Henr., Oberhoffensis (ph 703) I 389. (cph 703) I 487. (cphm 706) I 561.
— Luc., Onoldo-Francus (j 660) II 268.
— Franc. Jos., Rubeacensis (j 736) II 374. (cj 738) II 577.
— Joan. Bapt. Donat., Rubeacensis (787) I 188. (j 787) II 487. (cj 789) II 677.
— Lud. Benj., Ruffacensis (786) I 179. (j 786) II 482. (cj 788) II 674.
— Samuel, Scheibenbergâ-Misnicus (ph 645) I 321.
— Petr., Schmidfeldio-Hennebergicus (th 650) I 618.
— Abdias, Schwabacensis (ph 669) I 362.
— Joh. Carol., Spirensis (ph 664) I 355.

(Schneider), Joan. Abdias, Ulmensis (j 733) II 369.
— Franc. Mathias, von Zell (ch 779) I 242.
— Eman. (m 756) II 77.
s. Schneyder, Schenaitre.
Schneiders, Matthi., Croeviranus (775) I 119. (m 775) II 108.
Schneidewindt, Joh. Jac., Francofortensis ad Moen. (ch 772) I 228.
Schneidmann, Joh. Phil., Kehlensis (ph 733) I 415.
— Joh. Georg., Kehlensis (ph 733) I 415.
— Joh. Jac., Kehlanus (ph 743) I 423.
Schneiter, Frid., Argentinensis (786) I 181. (ph 786) I 456. (cj 792) II 679.
— Joh. Godofr., Argentinensis (776) I 123. (ph 776) I 450. (cm 787) II 197.
Schnekker, Joh. Dan., Hannoveranus (774) I 111. (m 774) II 105.
— Justus Daniel, Hildesiensis Saxo (j 702) II 326. s. Schnecker.
Schnell, Petr., Argentinensis (ph 670) I 365. (cph 671) I 479. (cphm 673) I 548.
— Chrt. Chunr., Dresdâ Misnicus (j 626) II 213.
— Joh., Moeno-Francofurtensis (ph 673) I 368.
— Georg., Lindaviensis (th 621) I 592.
— Joh. Georg., Manheimensis (th 737) I 677.
Schneller, Dav. Andr., Argentinensis (ph 739) I 420.
— Georg. Frid., Argentinensis (777) I 131. (ph 777) I 451.
Schnepff, Christoph. Frid., Stuttgardianus (m 727) II 41.
— Ernest. Frid., Stutgardianus (j 699) II 322.
Schneringer, Joh. Georg., Gambsheimian. Alsata (cj 723) II 562.
Schnerr, Joh. Frid., Saxo-Rochlicensis (th 714) I 666.
Schnerrer, Jac., Noribergensis (j 626) II 214.
Schnetter, Joh. Seb., Silusianus (ph 663) I 353.
Schneuber, Joh. Chph., Argentinensis (d 767) I 223.
— Joh. Matthi., Mülhemio-Brisgoicus (ph 637) I 305. (cphm 637) I 531.
Schneyder, Joan. Laurent., Memmingensis (j 661) II 270.
— Ant., Ohlungensis (784) I 170. (j 784) 478. s. Schneider.
Schneyff, Hans Georg., Rottenburg an der Tauber (j 624) II 209.
Schnider, Andr., von Christwill C. Bern (ch 772) I 229.
Schnieber, Chph., Ligio-Silesius (th 621) I 591. (cphm 623/24) I 521. (th 624) I 708.
Schniepper, Aloys., Lucernas (786) I 181. (m 786) II 118.
Schnitter, Joh. Christian., Zittavia-Lusatus (m 713) II 35.
Schnitzer, Ern. Lodovic., Darmstadt. (m 748) II 62.
Schnitzler, Joh. Jac., Argentinensis (ph 648) I 326. (cph 648) I 473. (cphm 650) I 537.
Schnizlin, Christ. Heinr., Weimershem. Anspac. (784) I 171.
Schnock, Joh. Ant., Viennensis (II 719) II 37.
Schnorr, Zachar., Schnebergensis Misn. (th 657) I 626.
Schnorrenbergh, Jac., Deurensis Juliacensis (j 661) II 270. (cj 661) II 515.
Schober, Frid. Mathae., Meinung. Hennenbergicus (j 628) II 219.
— Joh. Frid., Moenobernâ-Francus (j 665) II 281.
— Georg Etien, de Sickershausen en Franconie (ch 781) I 246.
— Joh. Gerard., Sinnsthall (?) (th 643) I 612.
— Joh., Spirensis (j 631) II 228.
Schöberlin, Joh. Conr., Uracensis (ph 634) I 305.
Schobinger, Bartol., Sangallensis (m 631) II 12.
— Barthol., Sangallensis (m 737) II 49.
— Dav. Chph., Sangallensis (m 748) II 64.
— Jerem., Sancto-Gallensis (m 645) II 16.
Schödel, Mart., Posonio Hungar. (j 627) II 217.
Schoder, Ferdin. Adam, Noribergensis (m 729) II 43.
Schoeck, Joh. Georg., Hoffenheimensis (ch 778) I 241.
Schoedler, Joh. Joach., Argentinensis (ph 651) I 334.
— Andr., Neslovia Toggius (m 756) II 78.
Schoeffer s. Schaeffer.
Schoell, Christi. Gottlieb, Argentinensis (ph 749) I 429.
— Joh. Chph., Argentinensis (ph 711) I 398.
— Joh. Chph., Argentinensis (ph 745) I 425.
— Lud. Wilh., Argentinensis (ph 765) I 443.

(Schoell), Theob. Frid., Argentinensis (ph 735) I 416. (cj 743) II 582. s. Schell.
— Joh. Henr., Buxovilla Hanoicus (cj 708) II 548.
— Maxim. Samson Frid., Saraepontanus (781: Harskircha Saraepontanus) I 153. (ph 781) I 453. (cj 790) II 678.
Schoen, Matthi., Argentinensis (ph 724) I 408.
— Georg. Frid., Dürckheim an der Hardt (th 762) I 687.
— Jos. Franc., Tabernensis (773) I 106. (j 773) II 456. (cj 775) II 643.
Schoenauer, Joh. Michael., Spirensis (j 668) II 286.
Schoene (Schöne), Arn., Bremensis (j 650) II 250. (cj 651) II 509.
— Herm., Bremensis (j 650) II 250. (cj 651) II 509.
— Christi., Bremensis (cj 649) II 507.
— Meimar, Bremensis (cj 649) II 507.
a Schoeneheck, Joh. Theod., Bremensis (j 624) II 207.
Schoenemann, Joh. Carl Lud., Greovillanus (ch 780) I 244.
Schoenfeld, Joh. Phil., Argentinensis (ph 758) I 437. (cph 761) I 506.
Schoenhaupt, Joh. Christian., Argentinensis (782) I 158. (ph 782) I 454.
Schoeni, Joh. Georg., Argentinensis (ph 717) I 403. (cphm 720) I 566.
Schoenlaub, Joh. Carol., ex Hagenbach (j 762) II 430. (cj 765: Joh. Lud. Carol.) II 617.
— Joh. Tob., Landaviensis (ph 724) I 408.
Sehoenlen, Ferd. Frid., von Neuenburg (ch 774) I 233.
Schoenwalter, Joh. Gotlieb, Buttstad (m 726) II 41.
Schoepff, Joh. Heinr., Argentinensis (ph 701) I 387.
— Ludov. August., Kochendorff. (776) I 123. (m 776) II 108. (cm 778) II 189.
Schoepfflin, Bernh. Phil., Basiliensis (ph 721) I 406.
— Franc. Christi. Theoph., Emmendinga-Marchicus (ph 749) I 429.
— Joh. Christi. Theoph., Emmendinga-Marchicus (ph 749) I 429.
— Joh. Frid., Durlacensis (ph 719) I 405.
— Joh. Daniel, Sulzburgensis (th 711) I 664.
Schoere, Christi. Guil., Magdeburgensis (772) I 95. (th 772) I 692.
Schoettel s. Schöttel.
Schoetteringk s Schröttering.
Schöffer, Barthold., Waldeco-Westphalus (cm 645) II 131. s. Scheffer.
Scholaeus, Adam., Ribnitz. Megapol. (th 631) I 605.
Scholer, Franc. Joseph., Huningensis (768) I 72. (j 768) II 444.
— Franc. Joseph., natus in majori Huninga (j 799) I 467. (cj 780: Jos.) II 655. (*der vorige?*)
Schöler, Frid., Gedanensis (m 732) II 46.
— Wilh. Ernest., Romberga Montan. (m 736) II 48.
Scholl, Andr., Argentinensis (cj 621) II 493.
— Conr., Argentinensis (j 761) II 425.
— Constantin., Argentinensis (ph 647) I 324.
— Frid. Salom., Helv. Bienensis (m 733) II 47. 370.
— Joh. Theodoric., Heylbronnensis (ph 661) I 349.
— Froben. Franc. Jos., Hüffingensis (j 698) II 321.
— Ignat. Franc. Jos., Lauffenburgens. (j 737) II 376.
Schöll, Jo. Henr. Euch. Herm., Francofurtensis (j 739) II 382.
Scholtz, Georg., Hirschberg., Silesius (ph 718) I 404.
Schonmarz, Henr. Hartard., Heidelbergensis (j 712) II 334.
— Joh. Franc., Heidelbergensis (j 708) II 331.
Schön, M. Andr., Augustanus (th 624) I 597.
— M. Dav., Augustanus (th 624) I 597.
— Jac., Gorlic. Lusatus (m 650) II 17.
— Casp. Frid., Stargardiensis (m 736) II 49.
de Schönaich, Joh. Georg. L. B. (679) I 7.
ab Schönbergk, Hans Georg, Misniae (j 628) II 221. s. von Schönburg.
Schönborn, Valent., Budissâ-Lusatus (j 627) II 218.
Schönbrunn, Joan. Casp. Jodoc., Tugiens. Helv. (m 745) II 58.
von Schönburg, Georg Albert Herr (686) I 9.
— Joh. Casp. Herr (688) I 10. s. ab Schönbergk.
Schonck, Dan., Hamburgensis (j 628) II 221.
Schöne, Joh. Mich., Kochenensis (ph 727) I 410. s. Schoene.
Schonecker, Joannes Bapt., Metensis (m 736) II 49.

Schönenberger, Jos., von Kirchberg Gfsch. Toggenburg (ch 781) I 246.
Schöner, Justus Frid., Svinfurtensis (j 641) II 237. (cj 642) II 504.
— Joh. Georg., Urshemio-Francus (ph 664) I 355.
a Schönfeld (a Schonfeldt) Ern. Dieter. (j 626) II 214.
— Joh. Hilmar. Adolf., Eq. Saxonicus (763) I 38.
— Joh. Erasm., Eq. Misnicus (j 626) II 214.
— Wolff. Cbph. (j 626) II 214.
Schönhaar, Christian. Theophil., Unter-Türckheim. - Württembergicus (m 731) II 45.
Schönhausen, Carol., Stendal. Vetero Marchicus (j 646) II 244.
Schöningk, Heinr., Erphordiensis Thur. (th 621) I 591.
Schönkindt, Joan. Hieron., Ehingenus (j 729) II 362.
Schönmann, Simon, Crucenacensis (ph 763) I 442.
von Schönstett, Joh. Andr., Egranus (j 648) II 245.
Schönwaldt, Andr., Waltenheimensis Hanoic. (cphm 623/24) I 520. (th 624) I 708.
— Joh. Reinhard., Waltenheim. (ph 626) I 284.
Schopff. Joh. Phil., Argentinensis (ph 628) I 288. (cph 628) I 465.
Schopp, Franc. Jos., Wallerstein Suevus (766) I 61. (m 766) II 96.
— Conr. (ph 628) I 289.
Schopper, M. Andr. Lud., Onoldinus Francus (j 621) II 493.
Schöpperlin, Joh. Melch., Nerolinganus (ph 670) I 364.
— Wilh. Frid., Nordlinganus (ph 685) I 377.
a Schoppingk, Philipp., Eq. Curlandiae (768) I 78.
Schor, Joh. Heinr., Steinen. Marchicus (ph 626) I 283. s. Schorr.
Schoris, Godofr., Sebnitzio-Misnicus (th 697) I 659.
Schorr, Eman., Augustanus (ph 633) I 301.
— Christoph., Memmingensis (m 639) II 14.
— Phil., Memmingensis (th 641) I 611.
— Joh. Rupert., Ratisbonensis (j 688) II 316.
— Carl Friedr., von Meissen i. Sachsen (ch 772) I 228. s. Schor.
Schorr dict. Drolberger, Joh. Kirchahornensis (th 642) I 612.
Schorr ab Hasel, Joh. Phil., Argentinensis (ph 665) I 358.
— Joh. Dan., Bipontinus (ph 662) I 352.
— Henr., Wor(matiensis) (j 671) II 294.
Schösser, Frid., Gryphisberga-Silesius (th 626) I 599.
à Schoten, Thomas, Revalia-Livonus (j 685) II 310.
Schott, Franc. Ant. Lud., Argentinensis (j 762) II 428.
— Joh. Guilh. Frid., Bipontinus (ph 743) I 424.
— Joh. Henr., Bipontinus (j 628) II 221.
— Georg. Andr., Bücholdiensis Herbipolitanus (j 738) I 378.
— Joh. Adam., Francofurtensis (ph 674) I 369.
— Gerard., Hamburgensis (j 688) II 285.
— Georg. Ludw., Idsteinensis (779) I 143.
— Joh. Gregor., Idstenio Nassoicus (j 693) II 318.
— Ant., Als. Colmariensis (j 661) II 271. (cj 661) II 516.
— Ant., Colmariensis (j 681) II 305.
— Joh. Heinr., Colmariensis (ph 625) I 280.
— Georg. Adam., Meininga-Henneberg. Fr. (j 631) II 228. (cphm 633) I 528.
— Joh. Adam., Mülbacensis (cphm 665) I 545.
— Joh. Petr., Numburgensis (ph 622) I 274.
— Anselm. Gerard., Thuringius-Scharfensteinensis (j 729) II 362.
— Jo. Christian., Sundhusanus (ph 700) I 387.
Schöttel, Joh. Carol., Argentinensis (ph 658/59) I 345. (cph 659) I 475. (cphm 662) I 543. (Poet. L. 662) I 587.
— Joh. Dan., Argentinensis (ph 649) I 328.
— Joh. Frid., Argentinensis (ph 649) I 330.
— (Schoettel), Joh. Phil., Argentinensis (ph 708) I 395.
— (Schoettel), Joh. Phil., Argentinensis (ph 739) I 420. (cph 741) I 499. (cphm 742) I 572.
— Frid., Argentinensis (cphm 622) I 519.
Schottenius, Joh. Georg., Mülhusa-Thuringus (j 677) II 301. s. Schütte.
Schouls, Frid., Hannoveranus (774) I 109.
Schoumlianskoy s. Schumlanskoy.
Schoupp, Joan. Phil., Lahno Limburgensis (j 710) II 332.
Schow, Christian., Hafnia-Danus (766) I 57.

Schrader, Joh. Rud., Brunswicensis (m 725) II 40.
— Henr., Gedan. Prussus (j 676) II 301.
— M. August., Saxo-Halensis (th 667) I 640.
— M. Chph., Halâ-Saxo (th 668) I 641.
— Paul. Christi., Hamburgensis (th 721) I 670.
Schraff, Gr. Fr., Nass. Dillenburg (776) I 123.
— Joh. Phil., Dillenburg. Nassovius (ch 779) I 242. (781) I 153.
Schrag, Frid., Argentinensis (ph 662) I 351. (cj 669) II 523.
— Georg. Adolph., Argentinensis (ph 666) I 359.
— Joh., Argentinensis (ph 660) I 347.
— Joh., Argentinensis (ph 694) I 382.
— Joh. Adam., Argentinensis (ph 631) I 295. (cj 642) II 504.
Schragen, Joan. Petr., Spirensis (j 736) II 373.
Schragmüller, Joh. Nic., Argentinensis (j 663) II 276.
— Joh. Conr., Grünstadiensis Vangio (ph 624) I 277. (cphm 627) I 524.
— Christoph., Marpurgensis (m657) II 20.
— Joh. Jac., Mosbach. Palatinus (j 623) II 212.
— Joh. Phil., Mosbach. Palatinus (j 634) II 233. (cj 636) II 502.
Schraidt, Phil. Christian., Hanoviensis (769) I 82. (m 769) II 100.
Schramm, Fabian, von Grünstadt (j 626) II 214.
— Chph., Lippâ-Bohemus (th 630) I 603.
Schranck, Joh. Frid., Mospacensis Palatinus (j 646) II 244.
Schranckenmüller, Joh. Dav., Argentinensis (ph 721) I 406. (cph 721) I 493. (cph 725) I 567.
— Joh. Georg., Argentinensis (cph 696) I 485. (cphm 698) I 558.
— Joh. Mich., Argentinensis (ph 698) I 385. (cphm 701) I 559.
Schratzenberger, Johan., Germano-Lothar. ex Maxstatt. (m 751) II 68.
Schrautt, Chphr., Obertirheim Francus (j 644) II 241.
Schreck, Christoph. Jac., Lauffa-Noricus (m 753) II 73.
— Georg. Phil., Gothanus (m 751) II 68.
Schreckenberger, Joh. Jac., Barrensis (cph 687) I 483.
— Joh. Petr., Sebusiensis (ph 649) I 330. (cm 658) II 135.
Schreiber, Heinr. Gerh., Byrutho-Franc. (j 659) II 267.
— Samuel, Modra-Ungarus (j 631) II 228.
(Schreiber), Ern. Carol., Smalcaldensis (768) I 76. (m 768) II 99.
Schreier, Joh. Chph., Neovillanus (ph 624) I 278. (cph 624) I 463. (cphm 626) I 522. s Schreyer.
Schreiner, Joh., Altenmarcktensis Styrus (j 625) II 211.
— Eman., Altstadia-Wetteravus (j 695) II 319.
— Phil. Helfr., Alstad. Wetteravus (th 694) I 657.
— Joh. Christ., Beblenheim im Obern Elsass (m 757) II 79.
— Joh. Christi., von Beblenheim (ch 777) I 240.
— Joh. Henr., Francofurtensis (j 718) II 340.
— Joh. Christi., Kindenheimensis (th 763) I 687.
— Aegid. Helfric., Sebusio Als. (th 727) I 672.
— Georg. Wilh., Sebusiensis (th 736) I 676.
Schrempf, Joh. Leonh., aus Bayren im Dultzkirchen (ch 782) I 248.
Schreyer, Frid. Hartm., Argentinensis (ph 653) I 336.
— Joh. Florian., Argentinensis (ph 632) I 299.
— Joh. George, Dresden (m 763) II 89.
— Johan. Evang., Immenstatt. Algojus (m 757) II 78.
— Georg. Phil. Albert., Langenburgo-Francus (j 685) II 310.
s. Schreier.
Schrickel, Joan. Frid., Carolsruhensis (773) I 102. (m 773) II 104.
— Joh., Hilperhusanus Francus (j 626) II 213. (cj 626) II 496.
Schrimpf, Joh., Posoniensis Hungarus (j 653) II 255.
Schröck, Joh. Frid., Altorphio Noricus (th 623) I 596.
Schröckher, Joan. Georg., Tyrolensis (j 764) II 435.
Schrod, Franc. Jos. Mich., Mergentheimensis (j 755) II 411.
Schrodberg, Petr., Dantiscanus (th 622) I 593.
Schröder, Nathan., Borussus (j 662) II 273.
— Joan. Samuel, Dantisco-Borussus (j 735) II 372. s. de Schroeder.
— Joh. Christoph, Gelnhusanus (j 708) II 331.
— M. Mart., Gustrovio-Meckelb. (th 654) I 622.
— Christi., Hamburgensis (m 736) II 48.
— Henr., Hamburgensis (j 642) II 238. (cj 644) II 505

(Schröder), Franc. Andr., Isenhemens. (j 764) II 434
— Phil., Nasso Saraepontanus (ph 637) I 308.
— Hartwic., Perlebergensis March. (th 655) I 623.
s. Schrödter, Schroeder, Schröter.
Schrödter, Christi. Dieter., Danneb. Lunaeburgicus (j 670) II 293.
Schroeder, Joh. Christian., Buxovillanus (ph 735) I 416.
— Carol., Forbach. (771) I 95. (j 771) II 451.
— Andr. Godofr., Norimbergensis (ph 731) I 413.
s. Schröder, Schröter, Schroeter.
de Schroeder, Benj. Gottlieb, Gedanensis (m 740) II 53.
— Christi. Hartm., Gedanensis (j 725) II 352.
— Sim. Frid., Gedanensis (j 724) II 350. s. Schröder.
Schroeter, August Wilh, aus dem Holsteinischen (j 761) II 427.
— Joh. Conrad., Saxo-Isenacensis (j 726) II 354.
— Henr. Rud., Palaeogotteranus Saxo (789) I 197.
— Georg, Albert, Wormatiensis (782) I 163. (m 782) II 116.
s. Schroeder, Schröder, Schröter.
Schroetter, Joh. Dan., Argentinensis (790) I 200. (ph 790) I 459.
— Joh. Mich., Argentinensis (773) I 104. (ph 773) I 448.
de Schroetter, August., Lithuanus (j 728) II 359.
Schroll, Joh. Conr., Schoenbergensis (782) I 161. (m 782) II 115.
Schromm, Georg. Frid., Creilshemio-Francus (th 680) I 649. s. Schumm.
Schropp, Joan. Georg., Argentinensis (770) I 86. (m 770) I 101.
— Joh. Jac., Vaihingâ-Wirtembergicus (j 623) II 206.
Schröter, Joh., Bleichrodâ-Cheruscus (ph 643) I 317.
— Theodor., Dalenburga-Lunaeb. (j 630) II 225.
— Joh. Balthas., Gothanus (j 673) II 297.
— Joh. David., Meiningâ-Hennebergicus (j 673) II 298.
— (Schroeter), Joh. Georg., Meininga-Francus (j 742) II 386.
s. Schröder, Schroeder, Schroeter.
de Schrötern, Joh. Ernest., Wisbadensis (j 726) II 354.
Schröttering, Albert., Hamburgensis (j 652) II 253.
(Schröttering), Georg., Hamburgensis (m 755) II 75.
de (Schröttering), Martin Wolder, Hamburgensis (j 713) II 336.
Schröttlin, Joh., Augustanus (ph 647) I 326.
Schrumpff, Frid. Lud., Buxovillanus (ph 751) I 431.
— Joh., Crucenacensis (784) I 170. (th 785) I 697.
— Joh., Phil., Wormatiensis (th 721) I 669.
Schubbaeus, Joh. Henr., Babenhusa-Hanoicus (ph 629) I 291. (cphm 631) I 527.
— Georg. Wolffg., Babenhusanus (ph 629) I 291. (cphm 632/33) I 527.
Schübel, Frid., Langenfeldo-Francus (m 711) II 34.
Schubert, Paul., Iglâ-Moravus (j 641) II 238.
Schuberth, Anton., Siles. Patecoviensis (j 736) II 374.
Schübler, Joh. Dan., Argentinensis (ph 705) I 391.
— Joh. Dan., Argentinensis (j 741) II 580.
— Joh. Dan., Argentinensis (ph 764) I 443.
— Joh. Franc., Argentinensis (ph 723) I 407.
— Joh. Leonh., Argentinensis (ph 762) I 441. (j 771) II 635.
— Paul. Frid., Argentinensis (ph 728) I 410.
— Paul. Frid., Argentinensis (ph 762) I 440.
— Sam., Argentinensis (cph 630/31) I 466.
— Sam., Argentinensis (ph 691) I 381.
Schüblin, Joh. Dav., Suevo-Hallensis (j 699) II 322.
— (Schübelin), Joh. Sixt., Hallâ-Suevus (ph 649) I 328. (cphm 651) I 538.
Schuch, Bernh. George, Hamburgensis (m 760) II 85.
— Jac. Frid., Landaviensis (769) I 79. (ph 769) I 445. (cph 770) I 509. (th 772) I 693. (cphm 773) I 580.
— Joh. Frid., Landaviensis (ph 741) I 422. (cph 741) I 499. (cphm 744) I 572.
— Joh. Conrad., Nassovio-Weilburgo-Miehlensis (j 719) II 342.
s. Schuech.
Schuchard, Phil. Lud., Darmstadinus (m 742) II 55.
Schuchmann, M. Joh. Chph., Augustanus (th 626) I 600.
— Joh., Neostadiensis (ph 681) I 375.

Schuech, Jos. Carol., Villinganus Suevus (j 757) II 416. s. Schuch.
Schueler, Laur., Friburg. Helv. (m 740) II 54. s. Schuler, Schüller.
Schuemacher s. Schumacher.
Schuermann, Benthemico-Westphalus (j 732) II 366.
von der Schulenburg (Schullenburgk), Albert. Comes, Eq. Saxonicus (758) I 35.
— Albrecht, Eq. Misnicus (j 626) II 214.
— Carol., Eq. Magdeburgensis (j 720) II 345.
— Frid., Belgera-Misnicus (j 666) II 283.
— Georg. Adolph. L. B. (726) I 19.
— Heinr. Joach. (j 627) II 218.
— Joach. Joh. G., Eq. Halberstadensis (j 625) II 211.
Schuler, Georg., Bistricio-Transylvanus (th 664) I 636.
— Petr., Cibiniô-Transylvanus (th 670) I 644.
— Petr., Mediensis Transylvanus (th 661) I 632.
— Joh., Rothens. Noricus (ph 646) I 322. s. Schueler, Schüller.
de Schulin, Frid. Lud. Comes, Danus (765) I 40.
Schülin, Georg Ernst, Onoldino-Francus (ph 679) I 372. (cphm 686) I 553.
— Joh. Nic., Onoldo-Francus (ph 679) I 373.
Schüller, Tobias, Glacio-Silesius (j 627) II 217.
— Simon, Sarosino-Transylvanus (ph 658) I 343. s. Schuler.
Schulmeister, Joh. Buxovillanus (th 743) I 680.
— Joan. Nic., Hagenoensis (j 706) II 329. (cj 708) II 548.
— Joh. Gottfr., Lichtenaviensis (th 743) I 680.
— R. Heinr., Lichtenav. Hanovicus (771) I 93.
Schulrichtt, Frid. Jul., Braunsvicensis (j 647) II 244.
Schult, Zachar., Sobiewollâ Prussus (j 649) II 249.
Schulte, Andr., Hamburgensis (m 656) II 19.
— Joh., Hamburgensis (j 642) II 239.
— Frid., Herrnstadiensis Silesius (j 669) II 288.
— Thobias, Saganô - Silesius (m 630) II 11.
— (Scultetus), Erasm., Soltquellensis Marchicus (j 631) II 228.
— (Scultetus), M. Joh. Frid., Torgavia Misnicus (th 658) I 627.
— (Schultetus), Dan., Treptov. Pomeranus (cphm 648) I 536. (th 648) I 615.
von Schulten, Carol. Wilh., Equ. Bremensis (j 719) II 342.
Schultes, Conr., Coburg. Francus (ph 626) I 282.
— Joh. Wolffg., Swinfurt. Francus (j 664) II 277.
Schultetus s. Schulte, Schultze, Schulze, Schultz, Schulz, Schulthes, Schultheiss.
Schultheis, Wolffg. Jac., Noribergensis (j 662) I 274.
— Phil. Adam. (764) I 39.
Schultheiss, Chph. Frid., aus d. Württ. in Wildberg (ch 786) I 255.
Schulthes de Sinndering, Erasmus, Uberlinganus (j 760) II 425.
Schulthess, Paravicini, Tigurinus (768) I 76.
— Salom., Tigurinus (m 760) II 84.
Schultz, Joh. Georg., Dautiscanus (th 660) I 630.
— Joh. Sigism., Gedanensis (j 725) II 352.
— Christi., Dresdensis (j 631) II 228.
— Matthae., Glacensis Silesius (j 629) II 224.
— Georg. Wilh., Herbornâ - Nassoicus (j 698) II 321.
— Joh. Nic., Herxheimensis (j 748) II 396. s. Schulz.
— Abrah. Edmund., Lauterburgensis (j 765) II 437.
— Carol. Ant., Lauterburgensis (772) I 97. (j 772) II 452.
— Lud., Revalia-Livonus (th 674) I 646.
— Joh. Georg., Spirensis (th 757) I 685.
— Phil., Stetin. Pomeran. (cj 650) II 509.
— Joh. Val., Weissenburga-Noric. (th 673) I 646.
s. Schulz, Schultze, Schulze, Schulte, Schultheiss, Schulthess.
Schultze, Joh. Gottlieb (750) N.
— Carol.. Gedano Borussus (j 650) II 268.
— Joh. Georg., Hamburgensis (779) I 141. (m 779) II 112. (cm 779) II 190.
— (Scultetus), Adalb., Luneburg-Saxo (j 626) II 214.
— Joh., Lunaeburg. Saxo (j 630) II 224.
— Joh. Freder., Stadanus (j 672) II 296.
— Henr., Tremoniâ-Westphalus (j 670) II 290. s. Schulz, Schulze, Schultz, Schulthess, Schultheiss.
Schulz, Carl, von Bahlingen (ch 776) I 237.
— Joh. Ludov. Adolph., Hesso-Darmstatinus (777) I 129. (j 777) II 463.

(Schulz), Joh. Godofr., Gorlicensis (th 758) I 685.
— (Schultetus), Barthold. Hieronym., Hamburgensis (j 674) II 299). (cj 674) II 529.
— (Schultetus), M. Dan. Severin., Hamburgensis (th 670) I 643.
— (Schultz), M. Sam., Hamburgensis (th 658) I 628.
— Christi., Hexheim b. Landau (788) I 193. s. Schultz.
— Joh. Wilh., Ilmnaviens. Thuringus (j 727) II 355.
— F. Jos., Cuppenhem. Badensis (786) I 180. (m 786) II 218.
— Joh. Christian., Scheinbachensis (Steinbach?) (ph 719) I 405).
— (Scultetus), Joh., Ulmensis (ph 646) I 322.
Schulze, J. E. Ferdin., Saxo Germanus (786) I 182. (m 786) II 119.
Schulzer, Georg. Frid., à Thalheim (ph 635) I 307.
Schum, Henr., Langwisa-Thuringus (ph 623) I 275. (th 624) I 709. 597. s. Schumm.
Schumacher, Joh. Conr., Hamburgensis (m 764) II 92.
— Joh. Dan., Colmariensis (ph 707) I 394. (Poet. L. 710) I 588. (cphm 711) I 561.
— (Schuemacher), Franc. Augustin., MösskirchensisSuevus(j 741) II 384.
— Joh. Val., Türckheimensis (ph 625) I 282.
— Joh., Ulmensis (cphm) 669) I 547.
— Franc. Wilh., Waldeccus (m 777) II 110.
Schumachers, Joh. Justus, Flechtorff-Waldeccus (j 727) II 356.
— Conr. Henr., Corbac. Waldeccensis (j 663) II 275.
Schuman, Georg. Chph., Argentinensis (ph 645) I 320. (cph 645) I 472.
— Andr. Nicodem., Thuring. Arnstetensis (ph 643) I 317.
— Frid., Brigâ-Silesius (j 631) II 228.
— Chph., Dantiscanus (j 625) II 210.
— Gabr., Gedanensis (II 651) II 251.
— Joach. Gottlieb, Dantiscanus (j 733) II 370.
— Salom., Gedanensis (j 652) II 253.
— Joh. Gottlob, Fiensted. Brandenburg. (j 726) II 354.
— Balth. Georg., Gunzenhusâ-Fr. (th 669) I 642.
Schumlanskoy, Alexand., Poltaworuss. (778) I 135. (m 778) II 111. (cm 782) II 194.
(Schumlanskoy), Paul., Poltaworussus (784) I 172. (m 784) II 117. (cm 788) II 198.
Schumm, Joh., Creilshemio-Francus (j 625) II 211. s. Schromm, Schum.
Schunck, Phil. Jac., Nastadia Rhenanus (j 669) II 289.
Schüpbach, Christen, von Bieglen b. Bern (ch 775) I 235.
— Joh., Stäffisburg, C. Bern (m 765) II 94.
— Joh., de Groshochsteten, C. Bern (ch 784) I 252.
— Joh. Peter, von Gross Höchstetten C. Bern (ch 784) I 252.
— Peter, von Grosshöchstetten (ch 775) I 236.
Schüpp, Dav., von Biglen, C. Bern (ch 786) I 255.
Schuppart, Joh. Frid., Halâ-Suev. (th 669) I 642.
Schupparth, Frid. Henr., Michelbacensis Hoenloicus (th 634) I 607.
Schürer, Frid. Lud., Argentinensis (778) I 134. (ph 778) I 451. (cm 788) II 198.
— Jac. Lud., Argentinensis (ph 748) I 428. (cm 758) II 172.
— Joh. Gerh., Argentinensis (788) I 192. (ph 788) I 458.
— Joh. Jac., Argentinensis (ph 718) I 403. (cm 726) II 156.
— Joh. Georg., Zitt. Lusatus (j 665) II 281.
Schurger, Andr., Noriberg. (j 621) II 203.
Schurich, Joh. Christi., Zittâ-Lus. (ph 633) I 302.
Schürstab, Georg. Guolfgang., Norimbergensis (j 713) II 335.
Schurter, Franc. Jos., ex Walk Alsata (780) I 152. (j 780) II 471. (cj 782) II 661.
Schusler, Conr., Rauschenbergâ-Hass. (ph 641) I 314.
— Steph., Rauschenbergâ-Hess. (th 641) I 611.
Schüssau, Joh. Dan., Esslingensis (th 703) I 661.
Schuster, Joan. Mart., Argentinensis (j 748) II 398. (cj 755) II 598.
— Georg. Frid., Moeno-Francofurtanus (j 686) II 312.
— Georg. Frid., Hal. Suevus (ph 687) I 379.
— Georg Conrad, Lipsiensis (j 672) II 295.
— Georg., Memmingens. (cj 655) II 512.
— Joh. Jac., Memmingensis (m 656) II 19. (cm 658) II 135.

(Schuster), Mich., Memmingensis (cphm 669) I 547.
Schutt, Conr., Moeno-Francofurtanus (th 645) I 613.
Schutte, Joh. Georg., Mulhusino-Thuringus (j 644) II 242. s. Schottenius.
Schütte, Henr., Bremensis (j 650) II 250. (cj 653) II 511.
— Joh. Bernh., Monasteriensis (m 728) II 43.
— Henning., Suecus (th 649/50) I 617.
Schüttwürffel, Joh. Leonh., von Marckbreit aus dem Schwartzenbergischen (ch 783) I 250.
Schütz, Hanss Albr., Güstrov. Meckelburgensis (j 655) II 258.
— Phil., Heilbronnensis (ph 625) I 279. (cj 632) II 500.
— Joh., Heilbronnensis (ph 626) I 283.
— Laur., Holbingensis Austrasiacus (m 623) II 7. (cm 623) II 124.
— Joh. Ludov., Holmia-Suecus (j 663) II 276. s. Schutzer.
— Joh. Andr., Cassellanus Hassus (j 666) II 284.
— Benjam., Lipsia-Misnicus (j 656) II 261. (cj 658) II 513.
— Peter, von Lützelflüh, C. Bern (ch 790) I 261.
— (Schüz). Joh., Jur. Lic., Memminga-Suevus (j 700) II 325.
— Joh. Bartholom., Trarbaco-Mosellanus (ph 667) I 360.
— Georg. Jac., Noricus (j 643) II 240.
— Georg. Andr., Osthemiâ-Francus (j 656) II 260.
— Joh. Wendel., Russheimensis (ph 668) I 361.
— Ignat, Conrad. Everhard., Spirensis (j 673) II 297.
— Benj., Weissenfels-Misnicus (j 627) II 217. s. Sagittarius.
— Guil. Theophil., Wirtembergicus (th 754) I 684.
Schütz à Pfeilstadt, F. Jos. Theobald. Ehrhard., Bruntrutanus (j 693) II 318.
Schütze, Nic., Rostochiensis (j 628) II 221.
Schutzer, Hermann, Stochholmiensis (m 739) II 52.
— Joh. Chph., Stockholmiensis (m 737) II 50. s. Schütz.
Schuwart, Georg., Augustanus (th 655) I 623.
Schüz, Schuz s. Schütz.
Schwab, Andr.. Andlavia-Alsata (j 735) II 371. (cj 736) II 575.
— Joan. Adam, Kentzinganus (j 726) II 353.
(Schwab) (Suevus), Joh. Jac., Lindaviensis (cphm 626/27) I 523.
— Joh. Sam., Marckbreita-Francus (th 680) I 649.
— (Suevus), Bernh., Rotenburg Tuberanus (m 613) II 2.
— (Suevus), Georg. Lud., Spirensis (ph 636) I 308.
— Joh. Petr., Staudernheimensis (ph 656) I 340.
— Christi., Austriacus Vienensis (m 752) II 69.
Schwabe, Joh. Gotlob, Dessau (780) I 148.
Schwabenhausen, Andr. Georg., Stadtworbianus (j 758) II 418.
Schwaeer, Henning., Cracossiens. Lusatus (ph 644) I 318.
Schwäger, Mich., Noricus (ph 627) I 288.
Schwahn, Joh. Conr., Lichtenberg-Darmst. (785) I 177. (m 785) II 118.
Schwaiger, Andr., Augustanus (ph 627) I 286. (cphm 628) I 525.
Schwaigern, Carol., Monacens. Bavarus (j 759) II 421.
Schwaikhofer, Casp. Ignat. (j 726) II 354. (m 726) II 41.
Schwalb, M. Alex., Culm(bach.) Francus (th 657) I 626.
— Andr., Culmbacensis Francus (j 647) II 244.
— Laur., Culmbacensis (j 648) II 246.
Schwalbach, Lud., Rastadiensis (j 761) II 426.
Schwalch, Chphr. Frd., Pomeranus (j 626) II 213.
Schwallenberg, Henr., Pomeranus (j 625) II 212.
Schwan, Steph., Uracensis (ph 684) 376.
Schwaner, Joh. Daniel., Bessunga-Hassus (th 685) I 653.
Schwanfelder, Joh. Leonh., Argentinensis (ph 743) I 423.
— Phil. Ferd., Berolinensis (774) I 109.
v. Schwanitz, Chph. Gottlob (j 663) II 275.
Schwankhardt, Joh., Spirensis (m 751) II 67.
— Joh. Daniel, Speyer (782) I 161. (m 782) II 115.
Schwartz, Joh., Argentinensis (ph 759) I 433.
— Joh. Dan., Argentinensis (786) I 180. (m 786) II 118.
— Joh. Frid., Argentinensis (ph 748) I 429.
— Mich., Argentinensis (ph 734) I 415. (cph 736) I 497. (cphm 939) I 571.
— Joh. Phil., Argentinensis (ph 702) I 389. (cphm 706) I 561.
— Balthas. Gotfred., Auben. Francus (ph 632) I 299.

(Schwartz), Joan. Bapt. Georg. Franc. Xaver., Brigantinus Acronianus (m 753) II 72.
— Rud. Gottofred, Carolsruhensis (m 754) II 74. (cm 755) II 170.
— Dav. Phil., Casselanus (m 744) II 56.
— Joh. Casp., Creilshemio-Francus (ph 662) I 350.
— Simon Petr., Etlinganus (j 672) II 296.
— Carol., Gernsbac. Badensis (767) I 64. (j 767) II 441.
— M. Andr., Hamburgensis (j 645) II 243.
— Phil. Wilh., Hardenbergâ-Montanus (j 655) II 258.
— Joh. Carol., Hungarus (m 763) II 91.
— Joh. Mich., Possoniensis Hungar. (m 723) II 39.
— Joh Bapt., Landserensis (767) I 69. (j 767) II 443. (cj 769) II 629.
— Joan. Jos. Felix, Landserensis (776) I 123. (j 776) II 461. (cj 781) II 657.
— Balthas., Lobensteinensis Varisca (th 672) I 645.
— Joh. Mich., Redbizio-Francus (m 736) II 49. (cm 738) II 161.
— Joh. Georg., Regiom. Borussus (j 669) II 288.
— Mathae. Henr., ex episcopatu Spirensi (j 759) II 422.
— Josua, Stolpensis Pomeranus (th 659) I 629.
— Marc. Chph., Ulmanus (th 660) I 630.
— Heinr., Uracensis (ph 634) I 306.
— Sebast., Waslenheimensis (ph 690) I 380. (cph 690) I 484. (cphm 691) I 555. s. Schwarz.
Schwartzbach, Godofr., Lauba - Lusatus (j 690) II 249.
Schwartzburgi - Rudolstadt, Joan. Frid. Princeps (738) I 25.
Schwartze, Joh. Theophil., Buttstadio-Vinariensis (769) I 83. (m 769) II 100.
— Ferdin. Clem., Heldrunga-Thuringus (j 756) II 413.
Schwartzerdt (Schwarzert), Georg., Sebusiensis (ph 634) I 304. (cj 641) II 504.
Schwartzkopf, Joh. Wilh., Coburg. Francus (j 671) II 294.
— Casp., Megapolitano Rostochiens. (j 656) II 260. (cj 656) II 512.
Schwarz, Joan. Carol., Badensis (j 690) II 318.
— Joan. Elogius, Badensis (j 690) II 317.
— (Schwartz), Joh. Mich., Marchio Badensis (j 655) II 259. s. Schwartz.
Schwarzbaur, Joan. Bernard., Ochenhusanus (j 757) II 417.
Schwarzett, Joh. Paul., Argentinensis (ph 708) I 395.
Schwartzloss, Hieron. Casp., Coburgo-Francus (j 624) II 209.
Schwartzrucker, Jac. Frid., Argentinensis (767) I 68. (ph 767) I 445.
Schwayhoffer, Joan. Ant., Frislingens. Suevus (j 737) II 377.
Schwebel, Joh. Frid., Argentinensis (ph 702) I 389.
— (Suebelius), Joh. Gerh., Bipontinus (j 636) II 235.
— Vincent. Udalr., Moeno-Francofurtanus (ph 685) I 377.
— Joh. Nicol., Stadeccensis (j 626) II 214.
Sehweder, Joh., Cöslino-Pomeranus (j 629) II 222. (cj 629) II 498.
— Joh. Matth., Rostochiensis Megapolitanus (j 713) II 335. s. Treder.
Schwegrichen, Joh. Chph., Misnensis (th 663) I 634.
Schweickard (Schweikard), Jac., Argentinensis (ph 707) I 394. (cph 707) I 489. (cphm 711) I 563.
— Jac., Argentinensis (ph 751) I 431. (cph 754) I 503. (cphm 756) I 575.
— Theophil., Argentinensis (ph 757) I 436. (cph 757) I 505. (cphm 765) I 576. s. Schweickhard, Schweyckhardt.
Schweicker, Joh. Conr., Stutgardianus (j 655: Schweigger) II 258. (cj 666) II 520.
— David, Suevo-Halensis (ph 646) I 323.
Schweickhard, Christi. Lud., Carolihesycheo Bada-Durlacensis (m 765) II 95. (m 768) II 180.
— Joh., Esslinganus (ph 622) I 274. s. Schweickard, Schweyckkardt.
Schweiger, Jac. Carniolanus (j 621) II 204.
Schweigerdt, Joan. Jos., Bambergensis (m 750) II 66.
Schweigger, M. Joh. Chph., Onoldo-Francus (th 666) I 639. s. Schweicker.
Schweighaeuser, Georg. Frid., Argentinensis (794) I 204.
— Jac. Frid., Argentinensis (780) I 146. (ph 780) I 452. (cm 789) II 198.
— Joh., Argentinensis (ph 755) I 434.
— Joh., Argentinensis (768) I 72. (ph 768) I 445.
— Joh., Argentinensis (cphm 767) I 577. (th 772) I 693.
— Joh. Dan., Argentinensis (j 744) II 389.

(Schweighaeuser), Joh. Mich., Argentinensis (ph 765) I 443. (th 771) I 692.
— Jos., Hagenoensis, civis Argentinensis (j 742) II 387.
— Joh. Frid., Argentinensis (ph 751) I 432.
— (Schweyckheuser), Joh. Georg., Argentinensis (ph 704) I 390. (cphm 708) I 562.
— Joh. Godofr., Argentinensis (788) I 192. (ph 788) I 458. (j 791) II 492.
— Joh. Jac., Argentinensis (ph 747) I 427.
— Joh. Mich., Argentinensis (ph 726) I 409.
— Joh. Mich. (j 742) II 387.
Schweighardt, Joh., St. Petersburg (ch 784) I 252.
Schweikard s. Schweickard.
von Schweinichen, Georg Frantz, Eq. Silesius (j 624) II 208.
— Joh., Silesius (j 627) II 217.
a Schweinitz, Frid. (j 664) II 278.
— Georg. Herm. (j 664) II 278.
— Heinr., Silesius (j 626) II 213.
— Joh. Chph., Eq. Silesius (j 628) II 221.
— Joh. Chph., Silesius (j 661) II 270. (j 664) II 278.
— Melch. Frid. (j 664) II 278.
Schweisguth, Fr. Ign., ex fano Sti Johannis Als. inf. (787) I 184. (j 787) II 484.
— Joh. Bapt., ex fano Sti Johannis prope Dorleshemium (786) I 179. (j 786) II 482.
— Joan. Theod., ex fano Sti Johannis (772) I 96. (j 772) II 452.
— Frid. Petr. Ern., Molshemensis (789) I 195. (j 789) II 490.
Schweitzer, Joh. Jac., Argentinensis (cph 687) I 483. (cphm 690) I 554.
— (Schweizer), Joh. Mart., Argentinensis (ph 669) I 362.
— (Schweizer), Joh. Mart., Argentinensis (j 747) II 392. (cj 754) II 598.
— Joh. Mich., Argentinensis (ph 663) I 352. (cphm 665) I 545.
— Petr. Lud., Argentinensis (j 755) II 411. (cj 759) II 605.
— Abrah., Bregâ-Silesius (th 650) I 618.
— Jos., Ferratanus (j 703) II 327. (cj 703) II 546.
— Joh. Nic., Moeno-Francofurtanus (ph 652) I 336.
— (Schwitzer), Steph., Moeno-Francofurtensis (th 630) I 603.
— Benedict. Bernard., Rhenoviensis Helv. (m 765) II 94.
s. Schweizer, Schwyzer.
Schweizer, Phil. Jacob., Nürttingensis (768) I 75.
— Joh. Georg., Oringâ-Hohenloicus (ph 641) I 314.
s. Schweitzer, Schwyzer.
Schwellengrebel, Joh., Stetinens. Pomeranus (j 670) II 292.
Schwencke, Joh. Andr. (s 783) I 266.
Schwendimann, Petr. Jos., Solodoranus (775) I 117. (m 775) II 107. (cm 780) II 190.
Schwendler, Joh. Nic., Erlavia-Hennebergicus (j 739) II 381.
Schwendt, Franc. Jos. Steph., Argentinensis (j 763) II 432.
— Franc. Nic., Argentinensis (j 718) II 339. (cj 720) II 558.
— Georg. Laur., Argentinensis (j 733) II 368. (cj 740) II 579.
— Ign. Remig. Jerem., Argentinensis (j 719) II 343.
— Lud. Xav., Argentinensis (768) I 71. (j 768) II 444. (cj 769) II 629.
— Steph. Franc. Jos., Argentinensis (cj 765) II 619.
— Joan. Nic., Dambacensis (j 710) II 333. (cj 711) II 550.
— Franc. Ign., Hagenoënsis (j 764) II 434.
— David, Hala-Suevus (j 634) II 233.
— Georg., Weissenburgensis (785) I 175. (j 785) II 481.
Schwengk, Joh. Georg., Dürckheimensis (ph 652) I 335.
— Jonas, Thuringus (th 626) I 599.
Schwengsfeuer, Christi. Carol., Episcopovillanus (ph 699) I 386.
Schwenter, M. Jac., Altorphensis (th 652) I 619.
— Just. Joh., Altorpffinus (ph 663) I 352.
Schwerdt, Joh. Ernest., Argentinensis (ph 694) I 382. (cj 701) II 545.
— Frid. Adam., Heilbronnensis (ph 720) I 405.
von Schwerin, Hanss Georg, Pomeranus (j 651) II 251.
— Adolph. Ludwig, Comes Suecus (782) I 48.
— Fred., Comte (782) I 48.
Schwers, Frid. Joh. Gottlieb, Chiloniensis (771) I 92. (m 771) II 102.
Schwertelius, Casp., Coburg-Francus (j 661) II 270.
Schwertzig, Joh. Nic., Argentinensis (ph 633) I 303. (cph 633) I 468.
Schwertmann, Paul., Suinfurto-Francus (j 630) II 227.
Schwertman, Arnold., Westphalus (m 662) II 21.

Schweyckhardt, Joh. Bapt., Schörzingen. (769) I 84. (m 769) II 101.
s. Schweickard, Schweickhard.
Schweyckheuser s. Schweighaeuser.
Schwilge, Theodor. Sigism., Ulmensis (th 712) I 665.
Schwilgué, Franc. Bernard., Thannensis (cj 705) II 547.
— Jos. Ant., Thannensis (cj 708) II 548.
— Mich. Bern., Thannensis (cj 697) II 543.
de Schwilgué, Franc. Ign., Colmariensis (j 737) II 376.
Schwilk, Joh. Jac., Stuttgardianus (j 680) II 304.
Schwind, Carol. Sigism., Auenheimio-Hanoicus (ph 731) I 413.
— Frid. Lud., aus Freystätt (ch 775) I 234.
— Jos. Reinhard., Willstadiensis (ph 740) I 421.
— Carol. Adam., Ziza-Hanoicus (ph 760) I 438. s. Schwindt.
Schwindel, Joh. Georg., Amberga-Palatinus (th 631) I 604.
— Joh. Jac., Stutgardianus (j 628) II 220. (cj 629) II 498.
Schwindratzheim, Joh. Jac., Pfaffenhovensis (ph 655) I 340.
Schwindt, Joh., Wormatiensis (th 666) I 639. s. Schwind.
Schwing, Jac. Chph., Argentinensis (ph 745) I 425.
— Joh. Frid., Argentinensis (777) I 126. (ph 777) I 450. (cphm 781) I 583. (th 783) I 697.
— Joh. Jac., Argentinensis (ph 764) I 443. (th 768) I 691. (cj 774) II 640.
— Joh. Mart., Argentinensis (ph 761) I 439. (cph 763) I 507.
Schwingdenhammer, Henr. Ferd., Ferretensis (783) I 164. (j 783) II 476.
— Joan. Phil. Petr., Wintzenheimensis (784) I 169. (j 784) II 478.
Schwingschärle, Joh. Georg., Noribergensis (j 627) II 218.
Schwitzer s. Schweitzer.
Schwobentha, Jos. Frid., Bruchsaliensis (j 753) II 406.
Schwopius, Joh. Bapt., Brigâ-Silesius (ph 627) I 286.
Schwyzer, Joh. Jac., Helvet. Tigurinus (m 634) II 13. s. Schweitzer.
Schyrman, Daniel, de Soleur (m 762) II 88.
Scipio, Henr., Norda Frisius (j 671) II 293. s. Campo.
Scotti de Spadyn s. de Spadyn.
Scottus, Flamin., Parmensis (j 651) II 251.
Scriba, Phil., Völa-Hassus (th 720) I 669.
Scribonius, Paul., Suinfurtensis Francus (ph 650) I 332.
Scultetus s. Schulte, Schultze, Schultz. Schulz, Schulthess, Schultheiss.
Scuvenius, Martin., Hafnia Danus (j 652) II 254.
Sebastian, Aug. Ern., Heidelbergensis (d 770) I 224.
— Jos. Andr., Pragensis (m 753) II 71.
Sebiz (Sebizius), Joh. Alb., Argentinensis (cm 640) II 130.
— Joh. Alb., Argentinensis (ph 677) I 372.
— Joh. Georg., Argentinensis (m 708) II 33. (cm 709) II 149.
— Joh. Paul., Argentinensis (ph 675) I 370. (cm 685) II 143.
— Melch., Argentinensis (ph 679) I 373. (cm 688) II 144.
— Melch., Argentinensis (ph 715) I 402.
— Paul., Argentinensis (ph 640/41) I 312. (cm 652) II 133.
— Georg., Strelâ-Silesius (ph 645) I 319. s. Sebysch.
Sebrodt, Joh. Georg., Moeno-Francofurtanus (j 660) II 268.
Sebysch, Albr., Silesius (j 628) II 225.
— a Marchwitz, Adam., Eq. Silesius (j 626) II 215. s. Sebiz.
de Séchaux, Petr. Jac., Bisuntinus (785) I 176. (j 785) II 481.
de Seckendorff, Carol. Lud. L. B. (740) I 27.
— Christoph. Alb. L. B. (768) I 42.
— Vit. Lud., Franconicus (j 642) II 239.
Secretan, Vict., Lausanne (788) I 194. (ch 788) I 259.
— Joan. Petr., de Lausanne (m 750) II 67.
Seebach, Joh. Ant., Nass. Idstenius (ph 711) I 397.
de Seebach, Engelbert. L. B. (677) I 6.
Seebalthover, Hannibal Adolph., Fryburgensis (j 683) II 307.
Seefried, Georg. Christian., Onoldo-Francus (th 681) I 650.
Seelbach, Petr. Phil. Adolph. Alex. Balth., Sigena-Nassoicus (m 744) II 57.
Seele, Wilh., Bremensis (783) I 164. (m 783) II 116.
de Seelen, Fried. August., Lipsiensis (j 743) II 388.
Seelig s. Selig.
Seelmann, Joh. Laur., Coburgo-Francus (th 685) I 652.

Seelmatter, Sam., Helv.-Tobinianus (cm 721) II 153.
Seeman, Dominic. Mich., Hagenoviensis (767) I 66. (j 767) II 442.
Seep, Adam., Ulmensis (cphm 626/27) I 523. (th 626) I 599.
de Seethal, Joan. Nepom., Offenburgensis (j 762) II 431.
Sega, Joh. Heinr., Salzensis Thuringus (ph 656) II 260.
Segebada, Christoffer, Nob. Pomeranus (j 626) II 215.
Seger, Joh., Hamburg. Saxo (th 629) I 602.
Segnitz, Gottlob Aug., Loebavia Lusatus (m 753) II 71.
— Joh. Gotttob, Loebaviensis Hexapolitanus (m 726) II 41.
Segniz Heredit. in Unfeldt et Smalfelden, Georg. Christoph., Suevofordia Francus (j 737) II 377.
Segret, Petr., Argentinensis (j 755) II 410. (cj 758) II 603.
— Pierre, Divionensis (j 738) II 379.
Seher, Joh. Phil., Kedartensis (th 701) I 660.
Sehrwerth, Franc. Lud., Wylensis Helvetus (m 707) II 33.
Seidel, Joh., Boleslavia-Silesius (m 619) II 3. 5.
— Georg. Adam., Lichtenbergensis Variscus (th 681) I 650. (cphm 685) I 553.
— Joh. Frid., Zittâ - Lusatus (ph 644) I 319.
— Joh. Gotthelff, Zschopav. Misnicus (j 732) II 368. s. Seidell.
Seidelin, Frider. Claudii, Falstria-Danus (m 754) II 79.
Seidell, Joach. Ernst, Berolinensis (j 657) II 264.
— Joh., Lipsiensis (j 634) II 233. s. Seidel.
à Seidewitz, Damianus (j 633) II 232.
Seidenbourg, Joan. Petr., Confluus (m 762) II 87.
Seidler, Gervas. Frid., Bantzenheimensis (767) I 70.
Seifart, Joh. Mart., Leutenbergâ-Schwarzburgicus (ph 670) I 364.
Seiffart, Remig., Klettenbergensis (m 720) II 37. s. Seiffert.
Seiferheld s. Seufferheldt.
Seiff, Joseph. Anton., Kempten (m 763) II 90.
— Joh. Georg., Spirensis (ph 732) I 414.
Seiffert, Joh. Erasmus, Moeno-Francofurtanus (ph 649) I 329. s. Seiffart.
Seiler, Dan., Argentinensis (cphm 621) I 518.
— Mich., Argentinensis (ph 628) I 290). s. Seyler.
— Abel, Basileensis (th 712) I 665. s. Seyler.
Seiller, David Salom., Helveto-Aroënsis (m 759) II 83.
— Joh. Lud., Engvill. Hanoicus (ph 632) I 298.
— Franc. Jos., Selestadiensis (j 741) II 384. s. Seiler.
de Seilern, Christian. Comes (737) I 24.
— Joh. Frid. L. B., Heidelberga-Palat. (699) I 11.
Seip, Martin Adam, Darmstatinus (j 686) II 311.
— Salentin. Just., Darmstatensis (th 682) I 651.
Seippel, Joh. Chph., Butisbacensis (th 739) I 678.
— Joh. Heinr. Nic., Ratisbonensis (768) I 73.
Seitz, Joseph., Hala-Suev. (ph 634) I 304. (cphm 636) I 530.
— Henr., Cassela-Hassus (j 627) II 218.
— Joh. Georg., Kirchheimensis (th 621) J 592.
— Joan. Steph. Ign., Marckolshemensis (j 748) II 398. (cj 751) II 593.
— Xav., Marckolsheimensis (ph 750) I 430.
— Andr., Mudacensis (m 759) II 83.
— Ignat. Sebast., Pedepontanus Bojus (j 748) II 397.
— Johan Mich., Reineg in Rhinthall in der Schweitz (m 753) II 72.
— Jac., Reithensis (ph 639) I 310.
— Joh. Georg., Vangio (th 624) I 709.
— Augustin, Zweybrücken (786) I 179. (ph 786) I 456. s. Seitz, Seytz.
Seiz, Ernst Henr., Hannoveranus (m 739) II 52.
— Joan., Heidelbergensis (j 715) II 339.
— Joh. Mich., Hirschhornensis (ph 650) I 331.
— David, Ulmensis (ph 696) I 384.
— Joh., Ulmensis (ph 649) I 330. s. Seiz, Seytz.
Selb, Joan. Nepomuc. Mich., Dilinganus Suevus (m 753) II 71.
Selbman, Jacob., Waldeburgo-Misn. (ph 626) I 284.
Selcerus s. Selzer.
Selig, Joh. Jac., Moeno-Francofurtanus (th 698) I 658.
— (Seelig), Phil. Christi., Moeno-Frrncofurtanus (th 724) I 670.
— Paul., Milhusinus Thuringus (j 625) II 210.

Sell, Joh. Jac., Palaeo-Leiningensis (ph 650) I 332. (j 657) II 264. (j 663) II 276.
— Joh. Jac., Leiningensis (j 699) II 289.
Selle, Adryen, de Mastrecht (d 741) I 215.
Sellinger, Joh. Frid., Argentinensis (cph 629) I 466.
Sellius, Frid., Julino-Pomeranus (th 639) I 610. (cphm 642) I 533.
Selmer, Nic., Stralsundia-Pomer. (j 652) II 254.
Selperth, Georg. Matthi., Ratisponensis (j 712) II 335.
Seltzam, Georg Gottfr., von Neckersulm (ch 775) I 235.
Seltzer s. Selzer.
Selzam, Jos., Silesius Wratislaviensis (d 736) I 213.
Selzer (Seltzer), Joh. Dan., Argentinensis (766) I 56. (ph 766) I 444.
— (Selcerus), Joh. Dav., Buchsovillanus (th 668) I 630.
Sembder, Mart., Laubâ-Lusat. (th 627) I 600.
Semmler, Joh., Frid., Argentinensis (ph 749) I 430.
Semmlin, Christi., Ulmensis (ph 647) I 324. s. Sesslin.
Semonin de St. Gerans, Alexis, de Besançon (783) I 168). (j 783) II 477. (cj 785: Alex. Mathurinus ... e monte Sti Justini Comit. Burgundiae) II 667.
Senault, Claud. Carol. Theophil., Bisuntinus (d 777) I 263.
Senckenberg, Joh. Hartmann., Friedberg. Wedderavus (m 672) II 25. (cm 676) II 141.
Senequier, Henr., Abollonensis (772) I 97. (j 772) II 452.
Senfft, Joh. Christoph. (j 726) II 354.
Senftleben s. Sänftleben.
Senger, Ign., von Wolxheim (ch 775) I 235.
de Senger, Erhard. Joan. Fridolin., Seggingensis Rauracus (j 740) II 383.
de Senkenberg, Renat. Leop. Christian. Carol. Baro, Vindobonensis (771) I 43.
Senn, Rochus Ant., Badensis Helvetus (m 765) II 94.
— Benedict., Clengnensis (ph 747) I 427.
Senner, Gregor., Ravenspurgo-Algoicus (j 623) II 206. (cj 624) II 495.
Sennert, M. Andr., Witebergensis (th 634) I 607.
Senoeg, Carol., Virdunensis (j 715) II 553.
Sensenschmidt, Joh. Georg., Argentinensis (ph 624) I 278.
— Nic., Argentinensis (ch 624) I 278.
Seraffond, Franc., Colmariensis (j 720) II 346.
— Franc. Jac., Colmariensis (j 759) II 421. (cj 763) II 613.
— Franc. Christian., Morchwirensis (cj 723) II 561.
(*identisch mit Franc. S. Colmariensis?*)
Serenus, Marc., Lucernensis (j 753) II 406.
Serig, Jac. Ant., Coloniensis (m 772) II 103.
Serin, Jac. Anton., Boloniensis (772) I 95.
Serisier, Augustin., Turonensis (783) I 166. (j 783) II 477.
Serp, Joh., Budissâ-Lusatus (th 663) I 634.
de Serpes, Louis Materne, Strassburgensis (785) I 174. (ph 785) I 455.
Serva, Joh. Franc. Leodeg., Dieuzensis (j 763) II 432. (cj 764) II 617.
Sesslin, Jodoc. Chph., Ulmensis (ph 647) I 324. s. Semmlin.
Settele, Joh. Christoph., Ratisponensis (m 672) II 25.
— Joh. Tobias, Ratisponensis (ph 670) I 364.
Settelin, Jos. Ant., Biberacensis Suevus (j 700) II 325.
Settingen, Carol. Franc., Austriacus Neostadiensis (j 670) II 290.
Seubert, Joh. Jac., Durlacensis (m 621) II 6. (cm 635) II 128.
— Joh. Mart., Durlacensis (ph 647) I 324.
— Ludov. Rudolph., Maulbronna-Wirtembergicus (m 754) II 74.
Seucmeunier, Joh. Phil., Adelmansfeldensis (m 765) I 94.
Seufferheldt, Georg. Andr., Halâ-Suevus (th 712) I 665.
— Georg., Halâ-Suevus (ph 641) I 314.
— Georg. Frid., Suevo-Halensis (j 635) II 234.
— Joh. Dav., Halâ-Suevus (th 664) II 636.
— (Seiferheld) Joh. Frid., Halla-Suevus (777) I 128. (m 777) II 109. (cm 779) II 190.
— Joh. Lud., Suevo-Hallensis (th 680) I 649.
Seufert, Mart., Plaviâ-Variscus (ph 628) I 288. (th 633) I 606.
— Joh. Henr., Spirensis (th 668) I 642.
— Joh. Henr., Spirensis (ph 699) I 385.
Seuffardt s. Seufert.
Seuffert, Georg. Frid., Argentinensis (ph 740) I 420.
— Joh. Chph., Argentinensis (ph 701) I 388. (cphm 705) I 561.

(Seuffert), Georg. Frid., Colmariensis (ph 745) I 425. (j 745) II 390. s. Siffert.
— Franc. Xav., Wirceburgensis (781) I 152. (j 781) II 471.
Seuling, Joh. Reinhard., Rheno-Grabensis (ph 644) I 318.
Seusing, Joh., Sulâ-Francus (ph 630) I 294.
Sevelenberg, Joh., Lign. Silesius (m 626) II 8.
Severini, Heinr., Hattingâ-Westphalus (j 643) II 240.
— Petr. (j 671) II 294.
Sextus, Joh., Elnbog. Bohemus (ph 634) I 305.
Seyberth, Joh. Phil., Walsdorfiensis (j 718) II 340.
Seybold, Joh. Phil., Argentinensis (d 765) I 223.
— Georg. Frid., Suevo-Halensis (ph 670) I 364.
— Joh. Georg., Halâ-Suevus (j 637) I 308.
Seyboth, Joh. Frid. David, Halae-Suevus (j 779) I 139. (j 779) II 466.
de Seyboltsdorff (Freyen Seyboltstorff), Carol. Comes, Hesso-Cassellanus (725) I 19.
— Franc. Wilh. Lud. Comes, Hesso-Cassellanus (725) I 19.
Seydel, Joh., Argentinensis (cphm 669) I 547.
Seydenbaenner, Abrah. Wolfg., Wormatiensis (th 680) I 649. (j 680) II 304.
— Joh. Frid., Wormatiensis (ph 641) I 314.
— Joh. Frid., Wormatia-Vangio (j 672) II 295.
— Joh. Phil., Wormatiensis (j 631) II 228.
Seyer, Joh., Rottaviensis (m 617) II 3.
Seyffarth, Joh. Georg., Ratisponensis (th 681) I 650.
Seyffert, Sigism., Vratisl. Silesius (j 643) II 240.
Seyfhab, Thom., von Obernzenn in Francken (d 751) I 218.
Seyfried, Joh., Lindaviensis (ph 652) I 335.
— Christian., Memmingensis (ph 654) I 337.
— Jona, Memmingensis (ph 635) I 307.
— M. Matthaeus, Norimbergensis (th 654) I 622.
— Franc. Xav. (d 747) I 217.
Seyfriedt, Paul. Gregor., Gorlic. Lusatus (j 668) II 287.
— Samuel, Wolckensteinio-Misnicus (ph 644) I 319.
Seyler, Joh. Carol., Argentinensis (ph 757) I 436.
— Joh. Frid., Argentinensis (ph 750) I 431.
— Joh., Argentinensis (cphm 701) I 559. s. Seiler.
— Abel Jac. Gerh., Hannoveranus (777) I 131. (m 777) II 110.
— Joh. Frid., von Keyssers Lauttern (d 740) I 215.
Seytz, Georg., Schüpffensis Francus (th 625) I 598. s. Seitz, Seiz.
Sibenhaar, Joh. Sam., Onoldino-Fr. (j 626) II 214.
Siber, David, Suevo-Halensis (th 651) I 619.
— Petr., Themarâ-Hennebergicus (th 634) I 607.
Sibinck, Wilh., Tonninga-Cimber (j 720) II 345.
Sibour, Christoph., Stuttgardianus (j 695) II 319. (cj 703) II 546.
Sibrandt, Henrich, Rostochiensis (j 634) II 233. (cj 635) II 501.
— Joan., Rostochiensis (j 659) II 267.
Sicard, Jos., d'Antibe (d 750) I 218.
— Nic., Car., Argentinensis (cj 783) II 663.
Sicherer, M. Frid., Kochendorffensis (th 631) I 604.
— Joh. Adam., Wimpinensis (th 660) I 631.
Sichert, Anton., Lauffen. Noricus (ph 633) I 300.
de Sickingen, Ferdin. Christoph. (733) I 23.
— Joh. Jac. (733) I 23.
Sickinghe, Joh., Batavus (j 663) II 274.
— Petr., Batavus (j 663) II 274.
Sidel, Franc. Arnold., Oberehnheimensis (766) I 62. (j 766) II 440.
Sido, Casp., Argentinensis (j 748) II 396. (cj 749) II 590.
Siebenlist, Lud. Wilh., von Sozbach i. Isenburgischen (ch 781) I 246.
Siebert, Joh. Godofr., Darmstad. Hassus (m 758) II 82.
— Nic. Maxim., Moeno-Francofurtanus (th 751) I 683.
Siebs, Eibe Joh., Bremen. (j 726) II 355.
Siedtman, Georg., Stettinensis (j 627) II 218.
Siefart, Joh. George, Cruciburgensis (m 718) II 36.
Siefertt, Mich., Elbing. Prussus (j 654) II 257.
Siegfrid (Sigfrid, Sigfridt), Joh., Argentinensis (ph 651) I 334. (cph 652) I 474. (cphm 654) I 539.

(Siegfried), Joh. Dan., Argentinensis (ph 760) I 439. (cph 763) I 507. (cphm 765) I 577. (th 764) I 689.
— Joh. Georg., Argentinensis (ph 751) I 431.
— Joh. Jac., Argentinensis (ph 659) I 347.
— Joh. Lud., Florstadt i. d. Wetterau (ch 776) I 236.
Siegler s. Sigler.
Siegmann,, Jul. Wilh., Minda Westphalus (m 699) II 31.
Siemerling, Christian, Megapolitanus (m 747) II 61.
— Otto Frid., Megapolitanus (783) I 167.
de Sierstorpff, Franc. Theodor Baro (753) I 33.
Siess, Joh., Ulmensis (773) I 102. (m 773) II 104. s. Süess.
Siffert, Franc. Xav., Colmariensis (j 745) II 391. (cj 747) II 585. s. Seuffert.
Siffdius, Tobias, Musnâ-Transylvanus (j 660) II 269.
— (Sifftius), Georg., Schwicherio-Transylvanus (ph 658) I 343.
Sigfried s. Siegfried.
Sigismundi, Adam., Altae-Myllen-Borussus (ph 627) I 287. s. Sigmundi.
Sigler, Joh. Adam., Argentinensis (ph 658) I 343.
— Joh. Adolph., Lichtenaviensis (ph 649) I 328.
— Joh. Reinhard., Lichtenoensis (ph 623) I 276.
Sigmundi, Joh., Rothenburgo-Tuberan. (ph 641) I 313. s. Sigismundi.
Sigwart, Joh. Dav., Tubingensis (768) I 75. (m 768) II 98.
— M. Joh. Georg., Tubingensis (th 639) I 610.
Sigwarth, Joh. Jac., von St. Blasi (d 770) I 226.
— Jos. Ant., Mammeren Helv. (768) I 74. (m 768) II 98.
Silber, Jac. Gottlieb, Elbingensis (767) I 65. (m 767) II 97.
— Joh. Christ., Elbingensis (j 761) II 426.
Silberling, Joh. Jos., Argentinensis (ph 742) I 423. (cm 749) II 167.
— Maximil. Jos., Lauderburgensis (774) I 111. (m 774) II 106. (cm 780) II 191.
Silbermann, Joh. Heinr., Argentinensis (786) I 180. (ph 786) I 456.
— Gottfr., von Freiberg in Meisen (d 705) I 207.
— Christoph., Wittebergensis (j 627) II 219.
Silberrad, Elias, Argentinensis (ph 731) I 412. (cph 732) I 496.
(Silberrad), Elias, Argentinensis (ph 701) I 387. (cphm 704) I 560. (Theol. D. 715) I 704.
— Elias, Argentinensis (ph 704) I 390.
— Franc. Henr., Argentinensis (ph 765) I 443.
— Jerem. Eberh., Argentinensis (ph 735) I 416.
— Joh. Mart., Argentinensis (ph 721) I 406. (cj 730) II 568.
— Joh. Paul., Argentinensis (cphm 689) I 554.
— Joh. Sam., Argentinensis (ph 705) I 391. (cm 710) II 150.
— Joh. Sam., Argentinensis (ph 741) I 422. (cph 741) I 499.
— Joh. Sam., Argentinensis (ph 762) I 441. (cj 771) II 635.
— Mart., Argentinensis (ph 679) I 374.
— Sam., Argentinensis (ph 646) I 322.
— Sam., Argentinensis (ph 666) I 360. (cphm 670) I 547.
— Sam., Argentinensis (ph 674) I 370. (cphm 677) I 550.
— Sam., Argentinensis (ph 729) I 411. (cj 735) II 573.
— Joh. Paul., von Lahr (ch 777) I 239.
Siles, Joh., Cibinio-Transylvanus (th 665) I 637.
Siltzer, Joh. Frid., von Münckheim b. schwäb. Hall (ch 781) I 247.
Simmer s. Limmer.
Simmeslin, Joh., Ratisponensis (j 623) II 206.
Simminger, Phil. Jos. Ant., Argentinensis (ph 741) I 422.
— Mich. Herrmann., ex fano Sti. Leonardi ad quercum (777) I 126. (j 777) II 462.
Simon, Absal., Argentinensis (ph 653) I 336.
— Georg. Henr., Argentinensis (788) I 190. (ph 788) I 457.
— Joh. Christi., Argentinensis (ph 693) I 382.
— Joh. Frid., Argentinensis (ph 695) I 384.
— Joh. Frid., Argentinensis (766) I 59. (ph 766) I 444. (cph 770) I 509. (cphm 771) I 579. (th 771) I 692.
— Joh. Petr., Argentinensis (ph 743) I 424.
— Franc. Bern., ex Bonhomme (j 753) II 407. (cj 754) II 597.
— Franc. Jos., ex pago dict. Bonhomme vallis Orbeyiensis (j 762) II 428.
— Jos., Dammerkirchensis (cj 706) II 547.
— Joh. Gottlob, Dresdensis (m 750) II 66.

(Simon), Gebh. Frid., von Grunbach i. Württemberg (ch 781) I 246.
— Franc., Hamburgensis (cphm 660) I 542.
— Joh. Henr., Hamburgensis (th 663) I 634. (cj 667) II 520.
— Theod., Hochstätt i. d. Pfalz (ch 786) I 256.
— Nic., Castrosalinensis (775) I 113. (j 775) II 458.
— Georg., Kimnachvillan. ad Navam (769) I 78.
— Joh., Kyrna-Palatinus (j 726) II 355.
— Phil., Kirnensis (ph 645) I 319.
— Nic. Sebast., Colmariensis (j 764) II 435. (cj 770) II 630.
— Joan. Bapt., Leodegariens. Rauracus (j 725) II 353. (cj 729) II 567.
— Mart., Maestricht (ch 779) I 243.
— Gabr., Metensis (788) I 193. (j 788) II 489. (cj 789) II 676.
— M. Anton., Ortranto-Misnicus (m 670) II 24.
— Georg. Chph., Orttranto-Misnicus (th 663) I 635.
— Joan. Franc., Parisinus (m 760) II 84.
— Joan. Steph. Jos., ex Sancto Brixio Rauracus (j 741) II 385.
— Claudius, S. Deodatensis (766) I 58. (j 766) II 439. (cj 767) II 622.
— Jos. Alex., Sandeodatensis (777) I 127. (j 777) II 463. (cj 779) II 653.
— Benj. Jos., Selestadiensis (785) I 173. (j 785) II 480.
— Joan. Xav., Selestadiensis (j 758) II 419.
— Joh. Paul., Zeltingensis (775) I 119. (m 775) II 108.
Simonnaire, Joan. Mich., Argentinensis (j 730) II 362.
— Franc. Xav., Molsheimensis (784) I 169. (j 784) II 478.
Simonet, Jos. Andr., Castrosalinensis (768) I 73. (j 768) II 444. (cj 770) II 630. s. Simonnet.
Simonis, Jac. Henr. Paulli fil., in Acad. Hafniensi Prof. (m 664) II 22.
Simonius, Jac. Wendel., Tubingensis (m 709) II 33.
Simonnet, Lud. Ant., ex Pargney la blanche coste Lotharingus (774) I 110. (j 774) II 457. (cj 776) II 645.
— Jaqu., de Paris (j 716) II 339. s. Simonet.
Simottel, Joh. Petr., Colmariensis (780) I 148. (j 780) II 470.
(Simottel), Lud. Ign., Colmariensis (j 757) II 415. (cj 759) II 605.
— Petr. Sebast., Colmariensis (j 729) II 360. (cj 732) II 570.
— Phil. Lud., Colmariensis (j 736) II 374. (cj 739) II 578.
Sine, Jac., von Kyrn (d 708) I 207.
Sing, David, Ulmensis (ph 651) I 333.
Singer, Leonh., von Stein am Rhein (ch 774) I 233. (cm 777) II 188.
Singeisen, Theobald., Riechensis (783) I 166.
— Joh. Godofr., Spirensis (th 655) I 623.
Singeling, Albert., Cellis-Lynenburg (j 670) II 291.
Singmann, Lud. Dan., Sangerhusan. Thuring. (th 720) I 669.
Sinn, Joh. Bernh., Kettenheim. Palatinus (775) I 112.
Sinolt gen. Schütz, Joh. Helwig, Giessensis (j 632) II 230.
— Joh. Helwig, Hassus (j 643) II 240. (*der vorige?*)
— Chph. Phil., Onoldo Francus (j 715) II 339.
— Georg. Guil., Onoldo Francus (j 715) II 339.
a Sintzendorf (Sinzendorf), Carol. Lud. Comes (671) I 5.
Sintzius, Joh., Belgardensis Pomeranus (j 624) II 208. (cj 624) II 495.
Sipple, Joan. Bapt., Wangensis Algoius (771) I 93. (m 771) II 102.
Siricius, Joh., Lubecensis (j 649) II 248.
Sirpes, Franc., Hervord. Westphalus (j 654) II 257.
Sissenbach, Val., Vratislaviensis (j 660) II 268.
Sithman, Henr., Lunaeburgicus (j 628) II 220.
Sittich s. Sittig.
Sittig, Georg., Schleusinga-Francus (ph 643) I 316. (cphm 649) I 536.
— Joh., Schleusingensis (ph 664) I 355.
— Valent., Schleusinga-Francus (ph 648) I 327. (cphm 652) I 538).
Sivers, Georg., Hamburgensis (th 650) I 618.
Sixti, Georg., Schäsburg. Transylvanus (ph 685) I 377.
Skavronsky, Paul. Comes (774) I 45.
von Sckölen, Joach. Gottfrid (j 721) II 346.
Skuttczky, Ant. Franc. Melch., Florentinus (d 748) I 217.
Skytte, Joh. L. B. Suecus (670) I 5.
— L. B. de Duderhaf, Jac. (666) I 3.
Slerocky, Alex., Nob. Polon. (j 631) II 229.

Slüter, Joh., Hamburgensis (j 642) II 238. (cj 642) II 504.
Smederer, Joh., Besing-Palatinus (ph 650) I 332.
Smendt, Janus, Bretten-Palatinus (ph 637) I 308.
Smidt, Christoph. Aug., Holsatus (j 725) II 352.
Smiedius, Bernh. Lud., Rodensis Palatinus (th 760) s 686.
Smoller, Joh. Christian., Ysnaco-Thuringus (th 660) I 630.
Sneyling, Joh., Bremensis (th 623) I 594.
Snour, Henr., aus Coppenhagen (d 761) I 221.
Socinus, Joh. Jac., Argentinensis (ph 629) I 293.
— Abel, Basileensis (m 748) II 64.
Socquette, Nic. Franc. (j 723) II 349.
Soeder, Joh. Conr., Grunstadiensis (th 741) I 679.
Soëtefleisch, Petr.-Ern., Hildesheim (j 648) II 245.
Soehne, Henr. Wilh., Landoënsis (ph 708) I 394.
Sohlberg, Claudius, Suevus (m 738) II 51.
Sohler, Joh. Bapt., Saushemianus (777) I 131. (m 777) II 110. (cm 778) II 189. s. Soller.
— Ernest. Ant., Trevirensis (j 708) II 331.
Sohn, Johan Wilh., Nassovius (j 629) II 223.
Söhner, Frid., Heilbronnensis (ph 635/36) I 307.
Söhngen, Ant., aus d. Churmäntzischen von Königstein (ch 777) I 239.
Sokoloff, Nicetas, Russ. Petropolitanus (775) I 115. (m 775) II 106. (cm 776) II 186.
Soldan, Frid. Christi., Giessa-Hassus (653) I 33. (761) I 37.
— M. Christi. Moritz, Weymaria-Hass. (th 663) I 634.
— Christoph., Weymaria-Hass. (th 663) I 634. (cphm 663) I 544.
— Joh. Phil., Weymaria-Hass. (th 663) I 634, (cphm 663) I 544.
Söldner, M. Mich., Schletavia-Misnicus (j 624) II 210.
Soley, Joh., Londinensis (775) I 116. (j 775) II 459.
Solf, Joan. Jos., Wetzlariensis (775) I 114. (j 775) II 458. (cj 777) II 647.
Solger, Joh. Georg. Christi., aus Coburg i. Sachsen (ch 788) I 258.
— Joh. Carol., Stebenâ-Variscus (j 688) II 316.
Soller, Joan. Bapt., Saraludoviensis (m 742) II 56. s. Sohler.
Sollfleis, M. Martin., Esslingensis (m 618) II 3.
Sölling, Joh., Bochumia Westphalus (j 659) II 267.
de Solms, C. C. Comes (742) I 28.
— Wilh. Carol. Lud. (720) I 17.
— Laubach, Dominus in Münzenberg et Wildenfels, Frid. Ern. (687) I 9.
— — Carol. Otto (687) I 9.
— — Henr. Wilh. (687) I 9.
Soltow, Bernh., Schleswigâ-Holsatus (j 631) II 229.
— (Soltovius), Bernh. Balthas., Rostochiensis (j 649) II 249. (cj 650) II 509.
de Som, Octavius Henr., Hamburgensis (cj 719) II 557.
de Sombreuil, Natalis Jos., Parisiensis (j 711) II 333. (cj 712) II 551.
Sommer, Ferdin. Maxim., Büdingensis (m 755) II 75.
— Joh. Henr., Hannoveranus (m 737) II 50.
— Joh. Jac., Ravenburgensis (ph 671) I 366.
— Fried., Pilsa-Borussus (j 672) II 296.
— Joh. Phil., Usingâ-Nassoicus (j 725) II 353.
de Sommerau, G., Nobil. ex Hassia (j 699) II 323.
de Sommerfeldt, Carol. Christi., Eq. Thuringus (j 669) II 289.
Sommerhardt, Joh. Georg., Heilbrunnensis (ph 658) I 343.
Sommervogel, Franc. Xav., Argentinensis (766) I 58. (j 766) II 439. (cj 775) II 641.
— Joh. Maxim., Argentinensis (j 761) II 427. (cj 763) II 613.
— Maxim. Jos., Argentinensis (787) I 186. (j 787) II 486. (cj 789) II 677.
von Sonderndorff, Baron s. von Schifer.
Sonderss hausser, Joh. Carol., Moeno-Francofurtanus (th 654) I 622.
Sonnenberg, Joh. Friedr. Albert (784) I 50.
Sonner, M. Joan. Mich., Elzachensis Brisgoius (j 646) II 244.
Sonnholtz, Jos., Viennensis (m 750) II 67.
de Sonnini, Carol. Hubert., Lunovillanus (j 765) II 437.
— Carol. Sigisbert. Nic., Lunevillanus (767) I 64. (j 767) II 441. (cj 768) II 628.
(*der vorige?*)

Sonntag, Joh. Frid., Buxovillanus (ph 746) I 426.
— Maur., Buxovillanus (th 752) I 683.
— Engelhard., Durlacensis (ph 660) I 348.
— Frid., Baada-Durlacensis (j 728) II 359. (cj 730) II 568.
— Phil., Bada-Durlacensis (ph 729) I 411.
— Guil. Engelh., Loeraco-Badensis (781) I 154. (th 781) I 696.
— Henr., Ravenberg (778) I 138. (j 778) II 466. s. Sontag.
in Sonsvelt, L. B. s. Wittenhorst.
Sontag, Joan. Mich., Hagenoënsis (j 718) II 340. (cj 719) II 557.
— Felix Ant., Obernée (785) I 173. (j 785) II 480.
— Ign., Oberehnhemensis (785) I 174. (j 785) II 480. (cj 787: Jos. Ign.) II 670.
— Joh. Theob., Oberehnhemensis (768) I 73. (j 768) I 444.
— Joh. Theob., Oberenheimensis (785) I 174. (j 785) II 480. (cj 787) II 670.
— Mar. Jos. Anto. Franc. de Paula, Stotzhemensis Alsata (j 759) II 422. s. Sonntag.
Sopper, Joh. Georg., Argentinensis (ph 658/59) I 346. (cph 659) I 476.
Sorge, Samuel (j 636) II 235.
Sorgius, Joh. Henr., Buxovillanus (ph 738) I 419. (th 748) I 682.
de Sorjo, Giovanni, di Roma (d 733) I 213.
Sosterius, Mart., Transylvanus (ph 685) I 378.
Sourd, Adolph. Jos., Germersheim. (j 728) II 359.
Soufflet D'ossel, Franc. Gabriel, Sarburgensis (cj 715) II 554.
Sourel, Albert. Wilh. Ant. (j 734) II 371.
Souteine, Joh. Samuel., Breckenheimio-Darmstatt. (m 749) II 65.
Spach, Isr., Argentinensis (ph 640/41) I 312. (cph 641) I 470. (cphm 642/43) I 533.
— Christi. Frid., Buxovillanus (783) I 164.
— Frid. Wilh., Buxovillanus (ph 707) I 393.
— Joh. Georg., Buxovillanus (ph 727) I 409.
— Joh. Jos., Buxovillanus (d 770) I 224.
— Joh. Nic., Buxovillanus (m 760) II 84. (cm 761) II 174.
— Joh. Reinhard., Buxovillanus (th 755) I 684.
— Phil. Jac., Buxovillanus (ph 748) I 429.
(Spach), Joh. Reinhart, von Obermothern (ch 790) I 261.
de Spadyn, Stefan. Scotti, Venetus (m 751) II 69.
Spaeth (Spalth), Jac., Argentinensis (ph 640/41) I 312. (cph 641) I 470.
— Joh., Argentinensis (ph 639) I 310. (cph 639) I 470. (cphm 640/41) I 532.
— Joh. Frid., Argentinensis (ph 743) I 424. (cph 747) I 501.
— Joh. Steph., Argentinensis (ph 708) I 395. (cph 709) I 489.
— Steph., Argentinensis (ph 642) I 314. s. Späth.
Spahn, Joan. Henr., Molshemensis (cj 686) II 537.
Span, Sigism., Hauenstein. Bohemus (j 625) II 212.
Spanius, Jac., Helv. Bernensis (th 627) I 601.
Spalth s. Spaeth.
Spangenberg, Joh. Mich., Argentinensis (ph 662) I 352. s. Spangenberger.
— Christi., Mundensis (j 655) II 258.
Spangenberger, Steph., Argentinensis (ph 659) I 347. s. Spangenberg.
Spanheimer, Joh. Just., Schottensis Hassus (th 666) I 638.
Spalter, Joh. Balthas., Vilseckcensis Palatinus (j 630) II 227.
Sparr, Joh. Casp., Moeno-Francofurtanus (cm 673) II 140.
— (Spaer), Joh. Georg., Moeno-Francofurtanus (j 645) II 242.
de Sparr, Baro Suecus, Achat. (669) I 4.
— Benedict. (669) I 4.
Späth, Joh. Georg., Nordlingensis (ph 681) I 375.
— (Spet), Balthas., Nördlingensis (ph 664) I 318. s. Spaeth.
Specht, Joh., Argentinensis (ph 716) I 402. (cph 716) I 491. (cphm 719) I 566.
— Chph. Ant., Brunsvicensis (th 699) I 659.
— Joh., Durlacensis (th 691) I 656. (cphm 692) I 555.
— Georg. Frid., Lauterbacensis (j 711) II 333.
— Joan. Ant., Koenigheimensis (j 750) II 402.
— Joh., Ysna-Algojus (th 660) I 630.
— Joh. Chph., Isna-Suevus (th 729) I 673.
— Joh. Heinr., Isnensis (th 699) I 659. (cphm 700) I 559.

Speccer, Tob., Argentinensis (Theol. D. 721) I 701.
Speck, Joh. Nic., Idsteinensis (th 687) I 654.
— Joh. Georg., Tugiensis (774) I 106. (m 774) II 105.
— Georg. Phil., Wormatiensis (th 720) I 669.
Speckhahn, Bernh., Bremensis (j 651) II 251.
— Statius, Bremensis (j 665) II 280.
Specmann, Wilh., Hamburgensis (th 623) I 594. (th 624) I 709.
— Ludolph., Harburgensis (ph 628) I 288.
Specner, Georg. Caspar, Curia-Variscus (m 630) II 11.
Spee, Anton., de Scheer Suevus (774) I 107.
Speicher, Georg., Confluus (j 763) II 433.
Speidel, Joh. Leonh., Stutgardianus (j 645) II 243.
— Joan., Wilh., Stuttgardianus (j 634) II 233.
— Joh. Gottfr., Württembergicus Weinspergensis (j 712) II 334.
Speidl, Georg, Frid., Styrus (j 626) II 215.
— Sigism. Frid., Styrus (j 626) II 215.
Speirman, Henr. Anthon., Brunsvicensis (j 677) II 301.
— Just., Hannovera-Brunsvicensis (j 677) II 301. (cj 678) II 531.
— Ant., Corbach. Waldecc. (j 633) II 232.
— Henr., Corbachiensis Waldecc. (j 629) II 223. (cj 630) II 499.
— Henr. Ant., Corbachio - Waldeccus (cj 678) II 531.
Speisser, Joan. Bapt., Heiterensis (783) I 166. (j 783) II 477. (cj 784) II 666.
— Franc. Jos., Rapperwillanus (j 747) II 393. (cj 749) II 588.
Speltacher, Ant., Oringensis (ph 661) I 349.
Spend, Frid., Danus (j 681) II 305.
Spener, Joh. Jac., Moeno-Francofurtanus (cj 722) II 560.
— Georg. Frid., Rupispoletanus (ph 655) I 338.
— Georg. Wilh., Rupisvilla-Alsat. (ph 665) I 358. (cj 677) II 531.
— Joh. Mich., Rupisvillanus (ph 662) I 351. (cph 662) I 476. (cphm 664) I 545.
— Phil. Jac., Rappolsvilla-Alsatus (ph 648) I 327. (cphm 653) I 539. (Theol. D. 663) I 703.
— Joh. Matheus, Stutgardiens. (j 675) II 300.
Spengler, Nic., Neofano-Variscus. (ph 627) I 285. (cph 627) I 464. (cphm 629) I 525.
— Joh. Julian., Wormatiensis (ph 646) I 324.
Spens L. B. de Brecholm, Jac. (671) I 5.
Spenst, Wilh., Frideb. Neomarchicus (th 738) I 678.
Sperl, Joh. Christoph. Leonh., Vohenstruso-Palatinus (j 700) II 325.
Sperlin. Mich., Senstett., Albucho-Würtembergicus (ph 626) I 282.
Sperling, Joh. Jacobi fil., Danus (th 654) I 622.
Spert, Franc. Jos., Baadensis (j 757) II 417.
Spet s. Späth.
de Speth a Schülzburg, Franc. Anton. Tiber. L. B. (729) I 21.
Spett, Egidius, Augustanus (th 624) I 597.
— (Speth), Joh. Petr., Augusta-Vind. (th 680) I 649.
Speyer, Joh. Valent., Crucenaco-Palatinus (th 730) I 674.
Speyrer, Phil. Henr., Philippobolitanus (!) (j 751) II 402.
von Speyr, Frantz, von Bustel (d 789) I 265.
Spiegel zum Driesenberg, Adolph Werner Heinr., Baron (779) I 47.
— Ern. Lud., Paderbornensis (j 727) II 355.
Spiegelberg, Franc., Vechta-Westphalus (772) I 99. (m 772) II 104.
Spiegler, Georg. Jos., Altorffens. ad vineas (j 748) II 396. (cj 749) II 590.
Spielmann, Chph., Argentinensis (ph 663) I 352.
— Frid., Argentinensis (ph 689) I 380.
— Frid., Argentinensis (793) I 203.
— Jac. Reinbold., Argentinensis (cm 748) II 166.
— Joh., Argentinensis (ph 689) I 380.
— Joh. Carol., Argentinensis (ph 727) I 410. (cj 735) II 573.
— Joh. Chph., Argentinensis (ph 691) I 381.
— Joh. Ernest., Argentinensis (cj 702) II 545.
— Joh. Jac., Argentinensis (ph 761) I 440. (cm 769) II 181.
— Lud., Argentinensis (ph 762) I 441. (cj 772) II 637.
— Joh. Ern., Buxovillanus (ph 689) I 380.
Spies, Dan., Argentinensis (ph 661) I 349.
Spiess, Jac., Lipsiensis (j 661) II 270.
Spilhiler, Hier., Stuttgardianus (ph 634) I 306.

Spiller, Gottlob Ehrenfried, Lommazschiensis (m 744) II 57.
— Joh. Gottfr., Lommatzsch-Misn. (m 736) II 49.
Spindler, Joh. Rudolf., Erfurtinus (ph 643) I 316.
— Nic., Sonnebergensis-Francus (ph 665) I 357.
— Georg. Gotfrid., Sonthemio-Lympurgicus (ph 670) I 365.
— Christoph., Vienna-Austriacus (j 627) II 217.
— Paul., Vienna-Austriacus (m 627) II 9.
Spinola, Gerard., Genuensis (ph 662) I 352.
Spittler, Franc. Henr., Weissenburgensis (ph 631) I 296.
Spitz, Domin., Epffingens. Alsata (j 758) II 418. (cj 760) II 606.
— Franc. Xav., Colmariensis (782) I 163. (j 782) II 475.
— Petr. Xav., Colmariensis (cj 785) II 667. (= *der vorige?*)
— Franc. Xav., natus Selestadii in Alsatia (j 754) II 407. (cj 754) II 597.
Spitzer, Georg. Chph., Heilbronnensis (ph 699) I 386.
Spitznasz, Phil. Lud., Magdeb. Saxo (j 626) II 215.
Spizel, Theophil., Augustanus (th 660) I 631.
Spizwech, Dan., Oringensis (th 631) I 604.
Spleisius s. Spleiss.
Spleiss, Steph., Diessenhofianus (ph 641) I 313.
— Christoph., Scaphusa-Helvetus (ph 625) I 279.
— Jac. Ludov., Scapusianus (ph 626) I 282.
— Matthae., Schaphus. Helvetus (j 737) II 376.
— M. Joh., Ulmensis (th 627) I 601.
— Jac., Ulmensis (ph 627) I 286.
Spölin, Joh. Georg., Heilbronnensis (j 662) II 273. (cj 673) II 528.
— Joh. Lud., Heilbronnensis (ph 658) I 344.
— Joh. Mich., Heilbronnensis (ph 678) I 365.
Spoenlin, Eberh. Christian., Marpac. Würtembergius (772) I 100. (m 772) II 104.
Spoerlin, M. Andr., Basileensis (m 722) II 38.
— Joh. Henr., Mulhusinus (j 760) II 425.
Spohr, Carol. Henr., Waltershusa-Hildes. (780) I 147.
Spoltman, Theodor., Werdâ Guestphalus (j 665) II 281.
Spon, Joh. Franc., Argentinensis (cj 716) II 555.
de — Franc. Nic., Argentinensis (cj 753) II 596.
— Martin., Butisbacensis Wetteravius (j 673) II 297.
— Paul., Feuerbacensis (ph 647) I 325.
de Spon Comes a Forbach, Franc. Nic. L. B. (752) I 33.
Sponemer, Joh. Petr., Weiburgensis (ph 701) I 388.
Sponhemii, Comes. *s. Pfalzgraf b. Rhein.*
Spoor, Fridr., Argentinensis (ph 629) I 292.
— Joh. Frid., Argentinensis (ph 691) I 381.
— Joh. Frid., Argentinensis (ph 761) I 439.
— Phil. Frid., Buxovilla-Alsata (th 763) I 688.
à Spor, Joh. Chphr., Dresdensis (j 634) II 233.
Sporer, Matthi., Tronnensis Tyroliensis (th 662) I 634.
Spörij, Joh. Rud., Tigurinus (m 747) II 61.
Spörken, M. Henning., Hildesheim. Saxo (th 658) I 628.
Spradler, Zarachias, Nordlingensis (th 640) I 610.
Spranger, Georg., Hersbrucensis (th 659) I 629.
Spraul, Georg. Franc. Lud., Willeranus (j 759) II 421. (cj 761) II 609.
von Spreckelsen, Herm., Hamburgensis (j 662) II 272. (cj 664) II 518.
— Joh. Heinr., Hamburgensis (j 715) II 338.
— Paul., Slesvicensis-Holsatus (th 652) I 620.
Sprenger, Vict. August., Gersbacensis ex Marchion. Badabadensi (766) I 57. (th 766) I 690.
— Ernestus, Lichâ-Wetteravus (j 625) II 211.
— Joh. Frid., Orthruvio-Thuringus (th 684) I 651.
— Joh. Andr., Stuttgardianus (m 736) II 48.
Spresius, Joh., Themar. Hennebergicus (ph 644) I 319.
Spring, Joh. Petr., Geisenheimensis (m 753) II 72.
Springer, Christi., W. S. (j 658) II 266.
Springhardt, Joh. Jac., Vayhing. Württ. (774) I 109. (ch 774) I 233. (m 774) II 105.

Springmann, Matthae., Lübena - Lusatus (ph 627) I 286.
Springmeier, Chphr., Cassell. Hassus (j 641) II 237.
Springsfeldt, Heinr. Georg., Thuringus (j 656) II 261.
— Wolfg. Christoph., Thuringus (j 656) II 261.
de Staader, Sebast., Königseckwaldensis (j 763) II 432.
— Alexand., Gallus ex prov. Novicensi (j 625) II 210.
de Stadern, Joan. Bapt. Thomas, Suevus (j 729) II 359.
— (d'Staader), Joh. Georg. Jac. Sebast., Warthusanus Suevus (j 727) II 357.
de Stackelberg, Livonus, L. B.
— Bernhard. Gustav. (750) I 32.
— Gustave Comte (782) I 48.
— Otto Comte (782) I 48.
Stackler, Franc. Andr., ex Meyenheim in Superiori Alsatia (779) I 143. (j 779) II 468.
Stadel, Fr. Jos., Rottenburgensis (j 755) II 411.
Städel s. Staedel.
a Stadion, Joh. Philipp., (j 672) II 295.
— et Tannhausen, Hug. Joan. Phil. Comes (739) I 26.
Stadler, Jac. Werner. Georg., Herbipolens. (j 745) II 390.
— Joh. Georg., Noribergensis (cphm 654) I 540.
Stadtmann, Frid., Sebusiensis (ch 780) I 245. (785) I 175. (m 785) II 117. (cm 785) II 196. s. Stattmann.
Staedel, Abrah., Argentinensis (ph 699) I 385. (cj 709) II 549.
— Franc. Henr., Argentinensis (ph 720) I 405. (cj 732) II 570.
— (Stedel), Joh., Argentinensis (ph 632) I 298.
— Joh., Argentinensis (ph 753) I 433.
— Joh. Bapt., Argentinensis (ph 687) I 379.
— (Stedel), Joh. Chph., Argentinensis ph 672) I 367.
— Joh. Dan., Argentinensis (777) I 131. (ph 777) I 451.
— Joh. Frid., Argentinensis (cm 694) II 146.
— Joh. Frid., Argentinensis (777) I 131. (ph 777) I 451.
— Joh. Lud., Argentinensis (ph 684) I 376.
— Jos. (Val.), Colmariensis (cj 725) II 563.
(Staedel), Joan. Bapt., Colmariensis (j 759) II 421. (cj 760) II 607.
— Joan. Bapt., Sultzmatt. (j 703) II 327. (cj 703) II 546.
Staeger, Andr., Toggius (j 736) II 373.
Staehelin (Stehelin), Jos., Argentinensis (ph 709) I 396. (cj 713) II 552.
— (Stehelinus), Bened., Basileensis (m 719) II 36.
— Joh. Rodolph., Basileensis (m 745) II 58.
— Joh. Chphr., Wallheimensis Württ. (j 642) II 239. s. Stehelin.
Staehlin s. Stehelin.
Stäffer, Joh. Conr. (d 726) I 210.
v. Staffhorst, Ernst Joh., Hannoveranus (j 730) II 362.
Stahelius s. Stahl.
Stahl, Joh., Argentinensis (780) I 148. (ph 780) I 453. (cj 788) II 675.
— Phil. Frid., Argentinensis (792) I 203. (cph 793) I 460.
— (Stahelius), Joh. Georg., Bipontinus (ph 632) I 299.
— Adam., Bruchsaliensis (777) I 128.
— Guil. Casimir, Moeno-Francofurtanus (j 667) II 285.
— Joh. Conr., Homberga-Montanus (j 674) II 300.
— Joh. Phil., Homberga - Montanus (j 674) II 299.
— Joh. Balth., Homberga - Montanus (j 674) II 300.
— Frid. Wilh., Hombergâ-Montanus (j 670) II 290.
— Jerem. Frid., Mullhemio - Badensis (781: Durlacensis) I 154. (th 781) I 696.
— Leon. Leop., Gamundia Suevorum (j 744) II 389. (cj 747) II 585.
— Joh., Schleswico - Holsatus (j 685) II 309.
— Lazar., Viennensis Austr. (ph 639) I 310. (cphm 639) I 531.
— Franc. Ignat. (ph 725) I 408.
Staehle s. Schielé.
Staiger, Ant. Valent., Ettlinga-Badensis (ch 772) I 228.
— Dan., Ulmensis (ph 647) I 325. (cphm 649/50) I 537.
— (Steiger), Joh. Georg., Ulmensis (ph 649) I 331. s. Steiger.
Staimer, Sebast., von Rothweil (ch 790) I 260.
Staimle, Abrah., Kippenheimensis Brisg. (cphm 625/26) I 522.
Stain, Sebast., Weissenburgo - Noricus (th 626) I 599. s. Stein.

Staindl, Joan. Carol., Austriacus (j 643) II 240.
Stainer, Joh., Oedenburgo Hungarus (j 628) II 220.
Stainhauser, Joh. Thomas, München (m 744) II 57.
Stainlin, Abrah., Kuppenheimensis (cph 622) I 462.
Stalarm, Axel. (j 652) II 254.
Stalburger, Joh. Christoph., Moeno-Francofurtanus (j 671) II 294.
— Joh. Dan., Moeno-Francofurtanus (cj 671) II 526.
— Joh. Hier., Moeno-Francofurtanus (j 650) II 250.
— Phil. Ludo., Francofurtanus (j 650) II 250.
Stalp, Bened., Durlacensis (ph 633) I 300.
— Conr., Iringano - Marchicus (ph 629) I 291. (cphm 629) I 526.
— Joh. Ge., Sebusiensis (ph 656) I 340.
Stamberg, Henr. Jos. (764) I 39.
Stamler, Joan. Leonh., Augustâ-Vindelicus (j 633) II 231.
— Joh. Henrich, Friso Orientalis (j 655) II 259.
— Georg. Henr., Saxo-Gothanus (m 753) II 71.
— Alb., Ulmensis (j 649) II 247. s. Stammler.
Stamm, Maxim., Darmstadinus (j 724) II 350.
— Balth., Gissâ-Cattus (j 631) II 228.
— Jerem. Dan., Giessâ-Hassus (j 626) II 213.
— Jac., Homberg. Wedderavus (ph 634) I 303.
— Joh. Chphr., Spirensis (j 645) II 242.
Stammell, Joh. Gerh., Crichingensis (782) I 163. (m 782) II 116. (cm 785) II 196.
Stammen, Mertin, von Schleitheim bei Schaffhausen (ch 779) I 243.
Stammler, Joh. Georg., Memmingensis (ph 663) I 353.
— Joh. Petr., Memmingensis (m 663) II 12. s. Stamler.
Stampe, Henr. Jani, Danus (th 666) I 639.
Stampeel, Nicol., Hamburgensis (j 698) II 320.
Stang, Joh., Suev. Hallensis (ph 627) I 288.
Stangardius, Christian., Danus (m 627) II 9.
de Stangen, Carl. Guil., Gentilhome de Saxen (725) I 19.
Staphorst, Andr., Hamburgensis (j 673) II 298. (cj 674) II 529.
— Henr., Hamburgensis (th 645) I 613.
Starck, Joh. Jac., Argentinensis (776) I 120. (ph 776) I 450.
— Leop. Bernh., Dielkirch (d 727) I 211.
— Joh., Moeno-Francofurtanus (th 660) I 630.
— Joh. Balth., Moeno - Francofurtanus (ph 683) I 376. (cphm 686) I 553.
— Phil. Jac., Francofurtensis (ph 695) I 383.
— Leonard, ex Neo-Palatinatu Hattenhusanus (m 763) II 89.
— Joh. Georg, Homburg an der Marck (ch 784) I 252.
— Nicol., Neukirch. Variscus (ph 645) I 321.
— Joh. Balth., Norimbergensis (th 724) I 671.
— Joh. Jac., Noribergensis (ph 634) I 306.
— Joan. Bonifac., Steinfeldens. Alsata (j 736) II 372. (cj 737) II 576
— Joh. Conr., Werthemiâ-Francus (j 649) II 248.
Starcke, Joh. Carl (d 738) I 214.
von Starschedell, Henrich, Eq. Misnicus (j 622) II 204.
Stätter, Joh. Jac., Idstenio-Nassoicus (j 686) II 312.
— (Stetter), Joh. Phil., Idstenio-Nassoicus (m 683) II 28. s. Stetter.
Stattmann (Stadmann), Georg. David, Suevo-Halensis (ph 647) I 326.
— (Stadtmann), Georg. Frid., Hallensis Suevus (m 756) II 78.
— Joh. Jac., Suevo-Halensis (ph 674) I 370. (cphm 677) I 550.
— Jos., Suevo-Hallensis (ph 636) I 308.
— Joh. Burckh., Heibronnensis (th 631) I 604. s. Stadtmann.
Staub, Carl, Coblenz (ch 785) I 254.
— Joh. Georg. Balthas., Hanoviensis (th 744) I 680.
— Andr., von Thalweil a. Zürichsee (ch 780) I 245.
Stauber, Joh. Georg., Lauterbacensis Hassus (j 667) II 285.
— Christi. Carol. Theoph., Marckirchensis (ph 757) I 436. (cph 758: Argentinensis) I 505.
— Georg. Frid., Rupisvilla-Alsata (ph 724) I 407. (cph 724) I 494. (cphm 727) I 568.
— Frid. Chphr., Spirensis (j 630) II 227.
Stauch, Aegid., Lauensteinensis Thuringus (j 671) II 293.
Staud, Joh., Chph., Beruthô (j 666) II 283. (cj 669) II 522.
Staudacher, Casp., Boius (j 626) II 215.

(Staudacher), Joan. Laur., Confluentinus (j 732) II 367.
— Imman., Onoldo-Francus (j 699) II 322. (cj 700) II 544.
Staudenbauer, Christian., Crucenacensis (j 740) II 383.
Staudenheimer, Ant., Mogonus (m 739) II 51.
Stauder, Franc. Ant., Dornbüranus Rhaetus (j 761) II 428. (cj 763) II 614.
Staudner, Gottfried, Greiffenbergâ-Silesius (j 671) II 294.
Staudt, Joh. Hector, Gunzenhausensis (ph 648) I 327.
— Joh. Balthas., Rotenburg. Tuberanus (j 648) II 246.
— (de), Phil. Christoph., Rotenburg. Francus (m 747) II 61. (cm 749) II 167. s. Staude.
— Matth., Zeapolitanus (j 662) II 273. s. Staud.
Staudte à Roth, Joh. Leonh., Onoldinus (m 746) II 60. s. Staudt.
de Stauffenberg, Ant., Suevus (752) I 33.
— Joh. Franc., Suevus (772) I 33. s. Schenk v. Stauffenberg.
Stauffer, Jac. Frid., de Berne (788) I 194.
Stauffer ab Untrach, Joh. Ferdin., Austriacus (j 673) II 298.
Stauss, Christ., von Mannheim (ch 771) I 228.
Stebenhaber, Georg. Ludv., Memmingensis (j 660) II 269.
— Melch. Egloff., Memmingensis (j 660) II 269.
Stecher, Dav., Mittweidan. Misnicus (ph 630) I 293.
— Conr. Balthas., Rotenburgo-Tuberanus (ph 648) I 327.
Stecher à Sebenitz, Joh. Melch., Boëmus Pontensis (j 676) II 301.
Steck, Abrah., Bernas Helv. (m 754) II 74. (cm 757) II 171.
— Joh. Rodolph., Patr. Bernensis (j 741) II 385.
Stecker, Carol. Frid., Waldeccensis (ph 762) I 442.
à Steckhoffen, Carol. Fessoldus, Dourlac. Emmending. (j 687) II 314.
Stecki, Charles Comte, de la Pologne (787) I 51.
Stecll, Joh. Mich., Erfurtensis (j 718) II 342.
Steding, Erhard., Brunswicensis (m 654) II 19.
Stedel s. Staedel.
Steeb, M. Joh. Christoph., Marpac. Würtembergicus (m 663) II 22.
(Steeb), Joh. Mich., Marpac. Würtembergicus (m 667) II 23.
Steeg, Joh. Mich., Landaviensis (m 750) II 67.
Steegmayer, Frid., Maxim., Stutgardianus (m 724) II 40. (cm 725) II 156.
— Joh. Ferd., Wimmenthal ap. Heilbronn (ch 780) I 245.
Steffan, Franc. Xav., Colmariensis (770) I 89. (j 770) II 449.
— Joan. Bapt., Colmariensis (j 763) II 432:
— (Stephan), Joan. Jac., Colmariensis (768) I 73. (j 768) II 444. (cj 769) II 630.
Steger, Johan Valentin, Lichtensteig aus dem Toggenburg (m 759) II 82.
— Thom., Lipsiensis (th 647) I 615.
de Steger, Franc. Jos., Stielingens. Suevus (j 737) II 377.
Stegerer, Joan. Andr., Tyrolensis Brunopolens. (j 718) II 340.
— Fridolin., Helv. Glaron. (767) I 65. (m 767) II 97.
Stegmann, David, Memmingensis (m 615) II 2.
— Joh., Ulmensis (ph 640) I 312. (cphm 642) I 532.
Stegmecker, Joan (789). I 53.
Stehelin, Joh., Memmingensis (ph 661) I 350.
— (Staehlin), Joh., Memmingensis (m 751) II 67. s. Staehelin.
Stehle, Franc., Binsdorffensis Suevus (m 753) II 73.
Stehlinger, Isaac., Kauffburanus (j 660) II 269.
Steib, Joh. Ern., Pforzheimensis (th 724) I 671.
Steiber, Leonh., Suabaco-Francus (th 623) I 593.
Steiger, Franc. Chr., Thannensis (j 707) II 330.
— Joan. Chph., Thannensis Alsata (cj 687) II 539. s. Staiger.
Steigertahl, Joh. Georg., Rhoda-Luneburgicus (th 660) I 631.
Stein, Joh. Frid., Argentinensis (ph 746) I 427.
— Joh. Laur., Argentinensis (ph 720) I 405.
— Joh. Adam., Benhusa Nassovicus (j 720) II 345.
— Abrah., Eblebio-Thuringus (ph 640) I 311. (ph 642/43: Holtzthalebio-Thuringus) I 533.
— Matthae., Francosteinensis Silesius (m 626) II 9.
— Benedict., Fuldensis (m 747) II 62. (cm 749) II 167.

(Stein) (Stain), Gottofr. Lud., Geildorffa Lympurgicus (j 648) II 247. (cj 653) II 511.
— Georg. Wilh., Cassellis Hassus (m 760) II 84.
— Joan. Bapt., Colmariensis (j 731) II 365. (cj 733) II 571.
— Ant., ex Leymen (Laymen) in marchionatu Badensi (790) I 199. (m 790) II 121.
— Luc., Lubecensis (th 644) I 613.
— Joh. Theobald., Rosbacensis (ph 644) I 318.
— Valent., Rostochiensis (th 655) I 623.
— Joh. Chph., Rüsselsheimensis (ph 652) I 336.
— Edmund., Stettfeldensis (ph 741) I 422.
— Godofred., Torgaviâ-Misnicus (m 686) II 29.
— Frid., Weitlinga-Marchicus (th 673) I 646.
— Jul. Henr. (d 742) I 216.
de Stein, Erdmann Baron (679) I 7.
— (Stain), Wilh Lud. L. B. (717) I 15.
— Gottlob Ernst Josias Frid., Eq. Thuringus (749) I 31.
— Heinr., Pomeranus (j 663) II 276.
vom Stein, Carol., Francus (j 649) II 249.
— Lorentz, Francus (j 649) II 249.
— Philib. Freiherr (687) II 249.
— Frid. Lud. L. B., Nassovius (766) I 41.
— Lud. Gotfr. L. B., Rhenanus (780) I 47.
Steinauer, M. Joh. Guil., Numburg. Misnicus (th 738) I 678.
v. Steinbach, Wolfg., Eq. Boëmus (j 628) II 221.
Steinbock, Daniel, Heylbronnensis (ph 660) I 349.
Steinbrenner, Ernest. Chph., Episcopovillanus (784) I 173. (m 784) II 117. (cm 784) II 196.
— Joh. Mich., Wasslenheimensis (ph 748) I 428.
— Joh., Wasslenheim (ch 778) I 241.
Steinbrüchel, Joh. Jac., Lentzburgô-Bernas (m 741) II 54.
— (Stein Bruchell), Joh. Heinr., aus dem Canton Schweiz von Tholweill (d 770) I 225.
— Joh. Heinr., de Cant. Zürich (m 748) II 62.
Steindel, Joh. Paul., Eybachensis (ph 654) I 337.
Steinegger, Joh. Ant., ex Lachen Helv. (ch 780) I 245.
— Joh. Heinr., von Zoffingen C. Bern (ch 788) I 258.
von den Steinen, Samuel, Herzogthum Bergen (m 760) II 83.
Steiner, Joh. Dan., Argentinensis (ph 763) I 442. (cph 767) I 508. (cphm 768) I 578. (th 768) I 691.
— Joh. Gottfr., Argentinensis (790) I 200. (ph 790) I 459.
— Joh. Mich., Argentinensis (775) I 113. (ph 775) I 449. (cph 775) I 511. (cphm 779) I 582.
— Joan. Frid. Bernard., Eychstadianus Francus (j 759) II 420.
— Jac., Haynensis (j 747) II 394.
— Joh. Lud., Heilbrunnensis (ph 626) I 284. (th 626) I 600.
— M. Joh., Sleizâ - Variscus (th 654) I 622.
— Jac., Vithoduranus (m 758) II 80.
— Joh. Georg., Vitoduro-Helv. (m 755) II 75.
— Joh. Georg., Winterthur (790) I 200. (m 790) II 122.
Steinhart, Carol. Frid., Gedanensis (j 724) II 350.
Steinhauer, Ant., ex Ehlingen Satrapiae Signiacensis ducatus Juliacensis (j 729) II 361.
Steinhauser, J. Georg., Walseensis (m 759) II 83.
Steinheil, Georg. Alb., Buxovilla-Hanoicus (ph 675) I 370. (cj 683) II 535.
— G. Engelh., Buxovilla - Hanoicus (j 626) II 214.
— Joh. Frid., Buxovillanus (ph 660) I 348.
— Joh. Georg., Buxovilla-Hanoicus (j 626) II 214.
— Joh. Wilh., Buxovillanus (ph 681) I 374.
— Phil. Reinhard., Buxovillanus (ph 693) I 382.
— Joh. Frid., Geildorff. Francus (ph 712) I 399.
— Vollrath Eberh. Gottfr., Gaildorffensis (ph 710) I 396.
— Phil. Jac., Heideshemio-Palatinus (th 724) I 671.
— Christi. Carol. Alb., Rappoltivillanus (ph 758) I 437.
— Christi. Reinhard., Rupisvillanus (ph 727) I 409.
— Frid. Alb., Rupisvilla-Alsata (ph 728) I 411.
— Phil. Lud., Rappoltivillanus (ph 761) I 440.
— Phil. Frid., Rudenhusa-Francus (ph 720) I 406.
Steinhof, Chphr., Pinnebergâ - Holsatus (j 650) II 250.

Steinhofer, M. Daniel, Erbstettensis (th 634) I 608.
Steinichen, Christi. Frid., de Deuxponts (ch 776) I 236.
Steinicher, Joh., Argentinensis (m 619) II 4. 5. (cm 624) II 124. (cm 626) II 125.
— Joh. Gottfried Ludov., Sardorf. Hess. Darmst. (m 747) II 61.
Steiniger, Joh. Gabr., Zörbigensis Mim. (th 684) I 652.
Steinius s. Stein.
Steinkull de Wetternau, Jos., Viennensis (771) I 94. (j 771) II 451.
Steinlein, Joh. Wilh., Weissenburg. Noricus (th 660) I 630.
Steinlin, Georg. Frid., Neolithanus-Hoenloicus (th 674) I 646.
— (Steinlein), Georg. Frid., Pfedelbaco-Hoenloicus (ph 647) I 325.
Steinmann, Jos. Ant., Riedling. Suevus (m 750) II 66. (cm 750) II 168.
— Jac., Rostochio-Megapolitanus (j 625) II 211.
— Heinr., von Ürzlikon C. Zürich (ch 775) I 235.
Steinmetz, Joh. Jac., Argentinensis (766) I 59. (ph 766) I 444.
— Franc. Petr., Friburgensis (j 750) II 402.
— Matthias, Teteichen Lotharingus (766) I 56. (j 766) II 438.
— Joh. Steph., Windshemio-Francus (ph 649) I 330.
Steinmeyer, Euchar. Henr., Hervordià Westphal. (j 688) II 315.
— Georg. Frid., Weissenburgensis-Alsatus (ph 755) I 435. (cm 762) II 174.
Steinweg, Arn., Azela-Ducat. Bremensis (cphm 654) I 539.
Steinwich, Joh., Hamburgensis (cj 622) II 494.
Steiss s. a Gornetz.
Steitz, August. Henr., Engers (774) I 112. (j 774) II 458.
Steiz, Jos. Joh., Tyrolensis (776) I 122. (m 776) II 108.
Stella, Jerem., Augustanus (m 613) II 2.
Stellwag, Chph. David, Suevo-Halensis (ph 671) I 366.
— Joh. Bened., Suevo-Halensis (ph 639) I 310.
— Chph., Rothenburgensis (ph 668) I 361.
— Joh. Georg., Winshemio-Francus (ph 641) I 313. (j 641) II 238.
— Joh. Georg., Winshemio-Francus (j 680) II 304.
(Stellwag), Joh. Matthae., Winshemio-Francus (ph 670) I 364.
Stelz, Joh. Christian., Argentinensis (778) I 136.
Steman, M. Just. Valent., Hamburgensis (th 652) I 620.
Stemler, Matthi., Moeno-Francofurtensis (ph 624) I 277.
— Paul., Plavia-Varicus (j 624) II 209.
— Joh. Jac., Spirensis (ph 635) I 307. (cj 642) II 504.
Stemlin, Elias Sebast., Durlacensis (th 663) I 633.
Stempel, Joh. Martin., Argentinensis (ph 749) I 429. (cph 751) I 503. (cphm 753) I 575.
Stempler, Phil. Lodov., Ratisbonensis (j 628) II 220.
Stenbock, Comes in Bogesund, Joh. Gabr. (658) I 1. (j 658) II 267.
— Magnus, Livonus (769) I 42.
Stengel, Georg. Lud., Birckenfeldensis Francus (th 625) I 598.
— Georg. Chph., Kemnathensis (ph 646) I 323.
— Paul., Noribergensis (j 666) II 268.
— Georg. Chph., Suevus (th 679) I 648.
— Joh., Ulma-Suevus (ph 684) I 377. (cphm 687) I 553.
von Stengel, Georg Ant., Kronweissenburg (783) I 165. (j 783) II 476.
— Franc., Palatinus (j 764) II 434.
Stenger, Joh. Georg., Buxovillanus (ph 713) I 400.
— Caspar Adam, Erfurt. Thuringus (j 670) II 290.
— Joh. Melch., Erfurtensis (th 658) I 628.
Stenglin, Joh. Wilh., Argentinensis (j 749) II 398.
— Marc., Augusta-Vindelicus (ph 629) I 291.
— Dan., Campidonensis (ph 626) I 283.
— Joh. Chph., Campidonensis (ph 631) I 296.
Stephan s. Steffan.
Stephani, Joan. Adolph., Badensis (j 723) II 348.
— Mich., Banensis Pomeranus (ph 628) I 289.
— Joh. Ulr., Bipontinus (th 675) I 647.
— Jac., Nassovius (th 628) I 602.
— Guilh., Nassovius (ph 628) I 290.
— M. Joh. Carol., Norimbergensis (th 645) I 613.
Stepsius, Christian., Neostad. Thuringus (ph 651) I 333.
Stern, Joh. Conr., Moeno-Francofurtanus (th 624) I 708. (th 625) I 598.

de Stern, Carol. Werner., Mogonus (j 754) II 409.
de Sternberg, Conr. Wilh. Comes, Siles. Wratislaviensis (725) I 18.
s. v. Ungern-Sternberg.
Sternberger, M. Gottfr., Sittavia-Lusatus (th 657) I 627.
— Joh. Henr., Zittâ-Lusatus (cphm 655) I 540.
de Sternegg, Ant. Ernest., S. R. I. Eq., ex Styria (j 737) II 376.
— Leop. Franc., S. R. I. Eq., ex Styria (j 737) II 376.
a Stetten, Alb., Augustanus (j 757) II 416.
— David, Augustanus (ph 652) I 335.
— Paul., Augustanus (ph 659) I 345.
— Paul., Christi., Augustanus (j 732) II 366.
— Joh. Hier., Francofurtensis (j 669) II 288. (cj 669) II 523.
— Joh. Phil., Moeno-Francofurtensis (j 670) II 290.
Stetter, Joh. Conr., Francofurtanus (ph 652) I 335.
— Melch., Ulmensis (ph 637) I 309.
s. Stätter.
Stettler, Joh., C. Bern (ch 774) I 233.
Stettner, Joh. Jac., Flaxland - Onsbach-Francus (th 682) I 651.
— Joh. Bapt., Austriacus (j 645) II 243.
— Paul., Viennensis (j 626) II 213.
Stettner a Grabenhof, Joh. Georg., Austriacus (j 655) II 258.
— Joh. Gottfr., Eq. Austriacus (j 684) II 308.
— Joh. Wilh., Austriacus (j 655) II 258.
Steudel, Joh., Argentinensis (ph 701) I 387.
Steudner, Balth., Augustanus (th 673) I 646.
— Esaias, Augustanus (ph 639) I 310. (cphm 639) I 531.
— Joh., Augustanus (ph 642) I 314. (cphm 642) I 533.
Steuernagel, Joh. Phil. Heinr., Buxovillanus (th 758) I 685.
s. Steyrnagel.
Steuerwald, Georg. Aug., Wolffenbüttel. (m 733) II 47.
Steuer, Joan. Georg., Ratisbonensis (j 624) II 209.
Steus, Engelbert. Ferd., Muckensturm. (m 729) II 44.
Stevelinus, Christi., Gryphisw. Pomeranus (ph 631) I 296.
Steyer, Heinr. Wilh. (d 763) I 222.
Steyrer, Hieron., Noribergensis (ph 626) I 284.
Steyrnagel, Joh. Georg., Sebusiensis (ph 658) I 344. s. Steuernagel.
Steyss s. a Gornetz.
Stiber, Frid., Onoldino-Francus (ph 643) I 317.
Stich, Georg., Egra-Bohemus (ph 632) I 299.
Sticher, Georg., Spirensis (ph 644) I 319.
Stiebar a Buttenheimb, Georg. Pancr. (j 654) II 257.
Stiebelius, Joh. Chph., Creglingensis (th 674) I 646.
Stieber, Joan. Ulr., Spirensis (j 622) II 205.
— Ulr. Heinr., Spirensis (ph 650) I 332.
Stiefel, Tobias, Longosaliss. Thuringus. (ph 641) I 313. s. Stifel.
Stiegelmann, Joh. Valentin., Argentinensis (ph 651) I 334. (cphm 654) I 539.
Stiegler (Stigler), Joh., Argentinensis (ph 657) I 342. (cphm 661) I 543.
— Joh. Lud., Argentinensis (ph 695) I 383.
— Joh. Phil., Argentinensis (ph 695) I 384. (cphm 698) I 559.
— Sam., Argentinensis (cm 680) II 142.
— Laur., Argentinensis (cphm 700) I 559.
s. Stigler.
Stiehler, Benjam., Sebusiensis (ph 753) I 433.
— Casp., Weissenburgensis (ph 754) I 434.
— Joh. Adolph., Sebusiensis (766) I 55.
— Phil. Frid., Sebusiensis (th 764) I 688.
Stierle, Joh. Georg. Adam., Sinsheimen. Palatinus (ph 714) I 401.
— Joan. Franc. Jos. (j 762) II 430.
Stierlenz, Joh. Frid., Cantstadiensis (m 757) II 79.
Stierling, Andr., Argentoratensis (j 760) II 425.
Stifel, Joh. Jac., Mulhusianus (th 758) I 686.
— Joh. Jac., Mulhusinus (d 744) I 216.
s. Stiefel.
Stigler, Jac., Noribergensis (ph 633) I 300.
s. Stiegler.
Stigzel, M. Laur., Suecus (th 634) I 607.
Stiler, Timoth., Wolgast. Pomeranus (j 652) II 254. (cj 652) II 510.
Stinmann, Franc. Sebastian, Juliomag. Suevus (m 750) II 67.
Stindt, Matthi., Freiburg. (m 736) II 49.
Stipitius, Chph., Argentinensis (m 615) II 2.
Stipplini, Georg. Godofrid., Nicrosulmensis (j 713) II 336.
Stirn, Georg. Chph., Noribergensis (ph 632) I 300.

(Stirn), Aug. Ferdin. (j 686) II 311.
Stirnemann, Paul. Nic. Carol., Ensishemianus (j 756) II 412.
Stisser, M. Chilian., Hallâ-Saxo (th 668) I 641.
— M. Wolfg. Melch., Hala Saxo (th 657) I 626.
v. Stiten, Conrad, Lubecensis (j 672) II 295.
Stobaeus, Kilian., Suecus (m 757) II 79.
Stober, Joh. Adam., Staffortheo - Durlacensis (th 765) I 689.
Stöberlin, M. Paul., Noribergensis (m 622) II 6.
Stock, Joh. Dan., Argentinensis (ph 758) I 437.
— Franc. Henr., Bensheimensis (m 763) II 90.
— Joh. Frid., Bockenheimensis (ph 632) I 300.
— Joh. Mich., Rotenburgo - Tuberanus (th 672) I 645.
— (Stoggius) Heinr., Rotenburgo-Tuberanus (ph 645) I 321.
Stockar, Heinr., Scaphusianus (ph 641) I 313.
— Joh., Scaphusa-Helv. (ph 642) I 315.
— Joh. Frid., Scaphusa-Helv. (ph 639) I 310.
— Joh. Jac., Scaphusa - Helv. (ph 632) I 298.
— zu Neufarn, Franc., Schaffhusanus (776) I 123. (j 776) II 461.
— — Georg., Schaffhusianus (j 622) II 272.
Stöckel, Joh., Bisvillanus (ph 629) I 293.
Stocker s. Stockar.
Stöcker, Joh. Frid. Karl, Herbsen i. Waldeck (777) I 131. (j 777) II 464.
Stockhar s. Stockar.
Stockhausen, Joh. Frid., Gladenbaco-Hassus (th 738) I 677.
a Stockheim, Frid. Wilh. (ph 629) I 292.
— Joh. Eberhard. (ph 629) I 292.
Stockheimer, Sebald., Alcejan. Palatinus (ph 622) I 274.
Stöckhle, Joach., Suevus Stetensis (ph 741) I 422.
Stöcklein, Jac. Frid., von Gondelsheim b. Durlach (ch 788) I 259.
Stocklöwe, Godofr., Vratisl. Silesius (m 658) II 20.
Stockmajer s. Stockmejer.
Stockmejer, M. Chph., Frid., Stuttgardianus (th 726) I 672.
— (Stockmajer), Joh. Frid., Stuttgardianus (j 726) II 353.
Stodert, M. Hadrian., Dantiscanus (th 623) I 594.
— Adrian. (j 652) II 254.
Stoeber, Christi. Theoph., Argentoratensis (802) I 204.
— Dan. Ehrenfried, Argentinensis (794) I 204.
— Elias, Argentinensis (ph 695) I 384. (cphm 698) I 558.
— Elias, Argentinensis (ph 733) I 414. (cph 734) I 496. (cphm 737) I 570.
— Elias, Argentinensis (770) I 85. (ph 770) I 446. (cj 777) II 649.
— Ernest. Henr., Argentinensis (ph 738) I 419. (cph 741) I 499. (cphm 742) I 572.
— Joh. Dan., Argentinensis (ph 763) I 442.
— Joh. Sebast., Argentinensis (ph 685) I 378. (cphm 688) I 554.
Stoecklin, David, Ulmensis (th 698) I 658.
Stoer, Theophil, Leuthkirchensis (m 761) II 86. (cm 764) II 176.
— Leonh., Norimbergensis (ph 645) I 321.
— Georg., Suinschoroianus Francus (th 627) I 600.
— Joach. Chph., Windshemio - Francus (ph 642) I 316.
— Melch., Winshemio-Francus (th 639) I 610. s. Stör.
Stoere, Georg. August., Monasteriensis (j 764) II 434.
Stoesser (Stösser), Gothofr., Argentinensis (ph 651) I 334. (cj 659) II 514.
— Joh. Godofr., Argentinensis (ph 697) I 385. (cm 698) II 146.
— Joh. Godofr., Argentinensis (ph 724) I 407. (cj 732) II 570.
— Joh. Rud., Argentinensis (ph 729) I 411. (cj 736) II 574.
— Joh. Godofred., Carolsruhensis (767) I 66. (j 767) II 442. (cj 768) II 627.
— Phil. Rud., Carolsruhensis (770) I 86. (j 770) II 448. (cj 771) II 635.
Stöferman, Conr. Wilh., Westphalus (j 668) II 285.
Stoffel, Georg. Frid., Herecuriano-Montbelgardensis (m 647) II 16.
— Jac., Hericuria-Montisbeligardinus (ph 641) I 313. (j 648) II 246.
Stofflius s. Stoffel.
Stoggius s. Stock.
von Stökken, Joh. Gerh., Argentinensis (ph 722) I 406. (cj 730) II 568.
— Joh. Gerh., Argentinensis (ph 690) I 380.
— Gerh., Rendsburgo-Holsatus (j 662) II 272.
— Friedr. Gerard, aus Holstein (j 688) II 316.

de Stolberg, Ferd. Comes (787) I 51.
— Henr. Aug. Comes (715) I 14.
— Joh. Wilh. Chph. Comes (768) I 42.
— - Gedern, Carol. Henr. Comes (778) I 46.
— - Wernigerode, Constantin. Comes (790) I 53.
Stolch, Thom., Ulmensis (th 680) I 649.
Stoll, Georg. Christi., Argentinensis (ph 741) I 421.
— Hieron., Argentinensis (ph 631) I 295. (cph 631) I 466.
— (de Stoll), Joan. Aloys. Chph., Argentinensis Alsata (j 727) II 357.
— Joh. Georg., Argentinensis (ph 629) I 292. (cph 629) I 466. (cphm 632) I 527.
— Canut., Ertzingensis Schwartzenberg. (767) I 69. (m 767) II 98.
— Maxim., Erzinga-Schwartzenbergensis (769) I 79. (m 769) II 100.
— Henr. Chphr., Göttingâ Saxo (j 643) II 240.
— Christi. Frid., Ludovicopolitano Wirtenbergicus (m 752) II 70.
— Joh. Ern., Neostadiensis Württembergicus (ch 773) I 230.
— Franc. Jos., Nussbacensis (j 765) II 436.
— Joh. Sigism. Theoph., Ratisbonensis (m 756) II 77. (cm 760) II 173.
— Georg. Dav., Ravensburgensis (j 660) II 268.
— Lud. Joach., Rupisvilla-Alsata (cphm 685) I 552.
— Anastas., Sebusiensis (ph 635) I 307.
— David (m 651) II 18.
Stolle, Joach., Garziâ-Pomeranus (th 634) I 607.
— Joh. Bernh., Neostadio-Westphalus (782) I 160. (m 782) II 115.
— Georg Balthas., Suevofurtensis (m 760) II 85.
— Joh. Paul., Stadhagensis-Schaumburgicus (th 713) I 666.
Stolt, Christ. Rud., Rostoch. Megapolitanus (j 732) II 366.
— Petr., Rostochiensis (j 681) II 304.
Stoltenberg, Dav. Heinr., Lubecensis (773) I 102. (m 773) II 104.
Stolterfoht, Joh., Lubecensis (j 650) II 250.
Stölting, Joh. Adam., Planic. Palat. (ph 704) I 390.
Stoltz, Frid., von Bühl Markgr. Baden-Baden (ch 772) I 229.
— Joh. Wilh., Herbstlebiensis (j 665) II 279.
— Dav., Selestadiensis (ch 772) I 230. s. Stolz.
a Stoltz, Carol., N. S. (j 629) II 223.
Stöltzlin s. Stölzlin.
Stolz (Stoltz), Joh. Christi., Argentinensis (ph 778) I 452. (th 785) I 697. (cph 782) I 513. (cphm 784) I 584.
— Ign., Bühlens. ex Marchionatu Badens. (781) I 152. (j 781) II 471. s. Stoltz.
Stölzlin, Bonif., Ulmensis (th 626) I 599. (cphm 627) I 524.
— Dav., Ulmensis (cphm 654) I 539.
de Stoppani, l'Abbé Alexandre, de Milan (776) I 46.
Stoppanus, Jos. Maria, Italus (j 743) II 387.
Stör, Chph., Marckobreitensis - Francus (th 669) I 642. s. Stoer.
Storchfeldt, Joan. Anton., Morbellanus (j 733) II 370.
Storck, Joh. Frid., Argentinensis (ph 646) I 322.
— Joh. Frid., Argentinensis (ph 673) I 369.
— Joh. Petr., Argentinensis (ph 645) I 320.
— Joh. Petr., Argentinensis (ph 666) I 360. (cphm 670) I 547.
— Joh. Theoderic., Argentinensis (ph 674) I 369. (cph 674) I 480. (cphm 677) I 550.
— Joh. Jac., Grünstadiensis (ph 630) I 294.
— Lud. Casim., Grünstadiensis Vangio (ph 628) I 289.
— Joh. Frid., Lohranus (ph 711) I 398.
— Joh. Albert, Osnabrug. Westphalus (j 671) II 294.
Storck a Claus, Matthae., Nobil. Austricus (j 645) II 243.
Storcker, Paul., Drachenbergensis Siles. (th 624) I 596. (th 624) I 709.
Storm, Joh., Fridbergâ-Wetteravus (j 701) II 325.
Storr, Joh., Argentinensis (ph 664) I 354. (cphm 666) I 546.
— Joh. Dan., Argentinensis (766) I 59. (ph 766) I 444. (cj 774) II 639.
— Joh. Frid., Argentinensis (ph 733) I 415. (cph 734) I 496. (cphm 737) I 570.
— Joh. Jac., Argentinensis (ph 747) I 427. (cph 748) I 502. (cphm 753) I 575. (th 753) I 683.
— Joh. Phil., Moeno - Francofurtanus (cphm 686) I 553.
Störr (Storr), Theophil. Conrad. Christian., Stuttgardianus (768) I 76. (m 768) II 99.

Storren, Henr., Hildesheim. Saxo (j 630) II 227.
— Just. Henning., Hildesiensis (j 629) II 224.
Stos, Joan. Leon., Mariae-Vallensis (j 668) II 287.
Stosch, Frid. Wilh., Cliviensis (ph 671) I 367.
— Joh. Christoph., Colon. March. (ph 671) I 367.
— Henr. Sigism., Custrin-Neo-Marchic. (m 721) II 38. (cm 722) II 154.
à Stosch, Casp., Eq. Silesius (j 630) II 226.
Stöser, Joh., Silesius (j 624) II 208.
von Stössel, Valentin. Alex., Silesius (j 652) II 253.
Stösser s. Stoesser.
Stosser, Ulr., Oringâ-Hoenloicus (ph 659) I 346.
Stosserr, Udalr., Augusta-Vindelicus (ph 627) I 285. (cphm 627/28) I 524.
Stotz, Frid., Durlac. Marchicus (ph 625) I 281.
— Joh. Thom., Durlaco-Marchicus (ph 625) I 281.
Stotz, Joh. Frid., Buxovillanus (ph 669) I 361.
— Joh. Thom., Rupisvillanus (ph 669) I 361.
Stouhlen, Petr., Tabernensis (788) I 189. s. Stuhlen.
Stoupffel s. Stupffel.
Stourm, African. Augustin., Vicensis (cj 747) II 585.
— Paul. Nic., Vicensis (j 741) II 385. (cj 743) II 582.
— Paul. Nic., Vicensis (774) I 108. (j 774) II 456. (cj 775) II 644. s. Sturm.
Stourny, Joan. Maurit., Fribourgens. Helvetus (j 755) II 410.
Stoya, Caspar, Lipsiensis (j 622) II 205.
Stoz, Joh. Mich., Mannhemio-Palatinus (ch 785) I 253.
— Joh. Michael, Ratisbonensis (j 671) II 294.
von der Straass, Joh. Frid., Argentinensis (ph 646) I 322. (cphm 647/48) I 536.
a Strachwitz, Chphr., Silesius (j 626) II 213.
Strack, Franc. Simon, Dürckheim Palatinus (m 748) II 62.
— Henr., Moeno-Kelsterbacensis (j 663) II 276.
— Joh. Chph., Langensis Triquernas (th 663) I 635. (cphm 664) I 545.
— Joh. Phil., Mega-Buseccanus (th 646) I 614.
(Strack), Joh. Wilh. Lud., Megabusecca-Hassus (j 737) II 375.
— Joh. Conr., Zwingenberga - Stratae-montanus (m 665) II 23.
Straehler, Joh. Gottofr., Tubingensis (ch 785) I 253.
Strahlborn, Christi., Livonus (j 647) II 245.
Strantz, Frid., Bambergensis (776) I 123. (m 776) II 109.
Stras, Joh. Matthias, Allerhemensis (ph 656) I 341.
— Joh., Anchoranensis (ph 680) I 374.
— Georg. Frid., Argentinensis (ph 755) I 435.
— Joh., Argentinensis (ph 706) I 392. (cph 706) I 488. (cphm 709) 562.
Strasser, Franc. Carol., Austriacus Viennensis (d 730) I 212.
— Joach., Wangens. Suevus (j 738) II 577.
— Joach., Weingartensis Suevus (j 737) II 376.
Strateman, Rud., Cellensis Saxo (th 637) I 609.
Straub, Joh., Argentinensis (ph 632) I 298. (cph 632) I 467.
— Jos. Ant., Argentinensis (j 764) II 435.
— Casp., Leipheimio-Ulmanus (Poet. L. 622/23) I 586. (ph 623) I 275. (cphm 624/25) I 521.
— Joh. Nic., Roteburgo-Tuberanus (ph 663) I 354.
Straube, Herm., Mundensis Saxo (j 661) II 270.
— Just. Bartold., Gotting. Saxo (j 661) II 270.
Straus, Joh., Gedanensis (th 684) I 652.
— Christoph. Sebast., Mergentheimensis Franco (j 701) II 326.
— Damian. Frid., Mergentheimensis Franco (j 701) II 326.
— Michael, Rotenb. Tuberanus (ph 649) I 329.
— Conr., Wittebergâ Saxo (j 666) II 520.
Strauss, Georg. Jac., Argentinensis (ph 628) I 288. (cph 628) I 465. (cphm 629) I 526.
— Joh. Bernh., Argentinensis (ph 741) I 422.
— Joh. Dan., Argentinensis (789) I 197. (ph 789) I 458.
— Joh. Frid., Argentinensis (ph 743) I 423. (cph 743) I 500. (cphm 746) I 573.
— Joh. Matthae., Argentinensis (ph 658) I 345. (cph 658) I 475. (cphm 661) I 543.
de Strauss, Joan. Frid. Carol., Moguntinus (j 764) II 435.

Strebel, Joan. Lud., Eystadio-Francus (j 727) II 357.
— Laur. Frid., Gunzenhusanus (j 648) II 246.
— Joh. Frid., Onoldino-Francus (ph 642) I 316.
Strech, M. Ant., Giessa-Hassus (th 675) I 647.
Strecius, Joh. Nic., Trorbaco-Mosellanus (ph 685) I 378.
Strecker, Joan. Phil., Buxovilla-Alsatus (j 729) II 361.
— Christoph., Eisfeldiacus (j 757) II 417.
— Adolph., Mülhusino-Thuringa (j 652) II 253.
Streger, Paul., Regis mont. Marchicus (th 629) I 602.
Streicher, Joan. Theob., Argentinensis (j 741) II 385. (cj 745) II 584.
— Franc. Xav. Theob., Landaviensis (j 755) II 411. (cj 757) II 601.
— Matthi., Landaviensis (j 760) II 425. (cj 761) II 609.
— Franc. Jos., Molshemensis (767) I 66. (j 767) II 442. (cj 769) II 628.
— Felix Xav., Molshemensis (768) I 78. (j 768) II 446.
— Lud. Bern., Molshemensis (782) I 163. (j 782) II 476.
— Joan. Theob., Ober-Ehenheimensis (j 719) II 342. (cj 720) II 558.
— Leonard., Oberenheimensis (j 745) II 391.
— Mathi. Ign., Oberenheimensis (j 751) II 402.
— Franc. Ign., Selestadiensis (777) I 126. (j 777) II 462. (cj 781) II 657.
— Ferd., Ulmensis (ph 698) I 385.
Streid, Mart. Aegid., Saxo Transylv. (ph 669) I 361.
Streiff a Lauenstein, Heinr. Ernest., Argentinensis (ph 655) I 339.
— — Otto Eberh., Bockenheimensis (j 630) II 227.
Strein, Martin., Zellensis Bojus (ph 665) I 356.
Streissel, Georg. Chph., Thermo-Carolinus Bohemus (ph 629) I 291. (cphm 631/32) I 527.
Streit, Georg. Jos., Spirensis (j 721) II 347.
Streiter, Joh. Hulderich., Spirensis (m 616) II 3.
Streithoff, Joh. Jac., Francoberg. Hassus (ph 704) I 390.
— Joh. Wilh., Francoberga-Hassus (j 700) II 325. (th 700) I 661.
Strelau, Wolffg. Frid., Hung. Oedenburgicus (j 660) II 269.
Strelen, Joh. Lud., Uhrwylla-Alsatus (ph 727) I 410.
Strelin (Strelen, Strele, Strölin, Strölein, Ströhlin, Strölen), Alex., Ulmensis (ph 694) I 383.
— Eric., Ulmensis (th 740) I 679.
— Joh., Ulmanus (th 623) I 595. (cphm 625) I 522.
— Joh., Ulmensis (ph 658) I 344.
— Joh. Bened., Ulmensis (ph 646) I 322.
— Joh. Frid., Ulmensis (th 712) I 665.
— Joh. Jac., Ulmanus (th 662) I 633.
— Joh. Jac., Ulmensis (cphm 701) I 559.
— Joh. Ulr., Ulmensis (th 718) I 667.
— Petr., Ulmensis (ph 633) I 301. (cphm 635) I 529.
— Sim. Ant., Ulmensis (j 705) II 328.
— Gottfr. Chph., Öttingensis (j 662) II 273.
Streng, Joh. Caspar., Francofurtanus ad Moenum (769) I 81. (m 769) II 100.
— Arnold., Herbipolensis (j 669) II 289.
Strenge, August. Guil., Hildesiensis (j 752) II 405.
— Mich. Frid., Petropolitanus (789) I 198. (m 789) II 121.
Strentius, Franc. Nic., Buxovillanus (ph 749) I 430.
Strenzel, Joh. Godefrid., Heilbronnensis (j 761) II 426.
Streuber, Joh. Carl, von Büdesheim Gfsch. Leiningen Dürckheim (ch 775) I 236.
— Joh. Jac., Rüssingensis in Palat. (th 758) I 685.
Strevike, Joach., Hamburgensis (j 662) II 272. (cj 664) II 518.
Strichtt, Gotthard., Suevus (j 654) II 257.
Strider, Jos., Mengerskirchensis (j 733) II 368.
Striedbeck, Joh., Argentinensis (ph 752) I 433.
— Joh. Jac., Argentinensis (775) I 116. (ph 775) I 449.
— Joh., von Frankfurt (d 731) I 212.
Striegel, Joh. Petr., Creilshemensis (th 666) I 638.
— Georg. Wilh., Zwencaviâ-Misnicus (th 664) I 635.
Strikker (Strickker), Henr., Argentinensis (ph 738) I 419. (cph 741) I 499. (cphm 742) I 571.
Strintz, Dan., Argentinensis (ph 622) I 277.
— Joh., Argentinensis (cph 639) I 469. (cphm 642) I 533.

(Strintz) (Strinz), Joh., Argentinensis (ph 699) I 386.
Stritter, Joh. Mich., Schierstenio-Nassoicus (th 728) I 673.
Strittinger, Joan. Thom., Frankenthalensis (j 752) II 404.
Stro, Joannes Casp., Westrias (m 613) II 1.
Strobandt, Henr., Prussus (ph 676) I 371.
Strobel, Joh. Val., Argentinensis (ph 664) I 354.
— Tobi., Gernspacensis (ph 625) I 279.
— Frantz Jos., von Kisslegg i. Algey (ch 780) I 244.
— Steph. Jos., Sennhemianus (j 762) II 430. (cj 766) II 620.
— Joh., Sennensis (j 708) II 331.
— Georg., Stregâ-Silesius (th 629) I 603.
— Joh. Conr., Wehenna-Nassoicus (j 725) II 353.
— Aug. Benj. Frid. (766) I 40.
Ströbl, Joh. Bernh., Sulzbacô - Palatinus (j 661) II 271.
Strobelberger, Joh. Sigism., Ratisponensis (ph 646) I 324.
Strodtbeck, Joh. Jac., von Brakenheim i. Württemberg (ch 775) I 234.
Stroehlin, Franc. Henr., Argentinensis (ph 740) I 420.
— (Stroehlen), Joh. Dan., Argentinensis (787) I 185. (ph 787) I 457.
— (Stroelin), Joh. Frid., Argentinensis (ph 723) I 407.
— Joh. Godofr., Argentinensis (ph 740) I 421. (cm 749) II 167.
— Joh. Reinbold., Argentinensis (ph 742) I 423.
— Lud. Henr., Bischemius Hanoicus (780) I 151. (ph 780) I 453.
Ströelin, Joh. Ant., Ratisponensis (ph 673) I 369.
Stroessner, Georg. Chph., Ascha-Variscus (j 683) II 306.
Stroganoff, Greg., St. Petersbourg (785) I 50.
Stroh, Joh. Jac., Fritzlariensis (j 634) II 233.
Strohecker, Joh., Argentinensis (cph 622) I 461.
Strohée, Lud. Joseph., Argentinensis (769) I 79. (j 769) II 446.
Strohl, Joh. Dan., Argentinensis (772) I 96. (ph 772) I 447. (th 777) I 694.
— Phil., Argentinensis (ph 668) I 361. (cphm 670) I 547.
— Dan., Brocomagensis (ph 738) I 419.
(Strohl), Phil. Jac., Brocomagensis (ph 712) I 399.
Strohm, Joh. Carol., Argentinensis (ph 670) I 365.
— Tobias Henr., Mensfeldensis Nassovius (th 681) I 650.
— (Strom), Phil. Sim., Mensfeldensis Nassov. (ph 671) I 366.
— Joh. Carol., Müntzfeldeâ-Nassov. (th 687) I 654.
Strölin, Joh. Mich., Zeapolitanus (ph 667) I 360.
s. Ströhlin, Strelin.
Strom, Joh. Balth., Covilla-Westriacus (ph 634) I 303.
— Just., Bilfeldiâ-Westphalus (j 648) II 245.
Stromajer, Mich., Weiden. Palatinus (ph 627) I 285. s. Stromeyer.
v. Strombeck, Heinr., Brunsviensis (j 665) II 279.
Stromer von Reichenbach, Ulmann., Noribergensis (j 663) II 275.
Stromeyer, Jac. Lud., Argentinensis (779) I 140. (ph 779) I 452.
— Carol. Lud., Ulmanus (ph 659) I 346. (cphm 661) I 543.
— Dan., Ulmensis (cphm 660) I 542.
— (Stromarius), Dav., Ulmanus (ph 633) I 303. (cphm 634) I 529.
— Dav., Ulmensis (ph 658) I 343.
— Wolffg. Frid., Ulmensis (th 706) I 662. s. Stromajer.
Strott, Carl Wilh., aus Lieben in Niederschlesien (d 779) I 264.
Strotz, Joa. Bapt. Alex., Bellofortensis (788) I 195. (j 788) II 489.
Stroza, Joh. Jac., Fritzlariensis (ph 628) I 289.
Struve, Henri, Lausanne (777) I 132.
Struvius, Georg. Gottlob, Jenensis (cj 688) II 539.
Struck, Joh. (d 763) I 222.
â Strzelâ, Jarislaus, Eq. Silesius (j 631) II 228.
Stuart, Petr., Dantiscanus Boruss. (cm 736) II 160.
Stubeckh a Königstein, Georg. Sebast., Moravus (j 645) II 243.
— — Phil. Carol., Moravus (j 645) II 243.
a Stubenberg, Haereditarius Styriae Pincerna, Adolph. Wilh. (685) I 9.
a Stubenvoll, Joh. Chphr., Nob. Austrius (j 654) II 257.
Stuber, Gideon Eman., Argentinensis (777) I 130. (ph 777) I 451. (cph 777) I 512.
— Joh., Argentinensis (ph 732) I 414.

(Stuber), Joh. Georg., Argentinensis (ph 736) I 417.
— Joh. Mich., Argentinensis (ph 701) I 388.
— Laur. Deocar., Argentinensis (ph 784) I 169. (ph 784) I 455.
— Sam. Frid., Argentinensis (770) I 85. (ph 770) I 446. (th 774) I 693.
— Franc., Gengenbacensis (j 746) II 393.
— Joh. Phil., Kirchheimensis Bolandus (th 747) I 681.
— Georg., Ulmensis (cphm 646/47) I 536.
Stübler, Joh. Petr., Darmstatinus (ph 663) I 353. (cphm 664) I 545.
Stuck, Joh. Just., Helmstad. Brunsvicensis (j 652) II 252.
Stuckradt, Joh. Sigism., Schmalkaldensis Hass. (ph 655) I 339.
Stückelberger, Joan. Jac., Carlsruhensis (776) I 123. (m 776) II 108. (cm 780) II 191.
Stucky, Joh., de Rotenbach, Canton Bern (m 765) II 95.
Studer, Nic., Thunensis (m 759) II 83.
a Studnitz, Adam. Wencesl., Silesius (j 658) II 265.
Stuhlen (Stouhlen), Franc. Jos., Molshemensis (j 757) II 416. (cj 759) II 604.
— Joan., Molsheimensis (cj 703) II 546.
— Joan. Petr. Luc., Molsheimensis (j 753) II 406. (cj 755) II 598.
— Petr., Molshemensis (j 726) II 353.
Stühlen, Joan. Bapt. Udalr., Oberhus. Suev. (771) I 94. (j 771) II 451.
— Joan. Nepom., Oberhusan. Suevus (771) I 94. (j 771) II 451.
Stullein, Joh. Casp., Coburgensis (th 658) I 627.
Stülpner, Joh., Luckau Misn. (j 624) II 208.
Stulz, Ign., Sedunensis ex Vallesia (774) I 110. (m 774) II 105.
— Jac., ex Seduno Vallesius in Helv. (ch 785) I 254.
— Jac. Franc., Helv. ex Subsylvania (m 737) II 49.
— (Stülz), Petr. Jos., von Underwalden (d 770) I 226.
Stumm, Joh. Heinr., Aschaffenburg (ch 773) I 232.
Stumpff, Georg. Abrah., Gundershoffensis (ph 746) I 426.
— Guil. Frid., Guntershofensis (ph 713) I 400.
— Joh. Balth., Heilbronnensis (th 669) I 642.
— Ernest. Frid., Oberbronnensis (ph 746) I 426.
(Stumpff), Wigand. Gerhard., Oberbronnensis (ph 746) I 426.
— Mich., Oberenhemiensis (j 742) II 387.
— Mich., Oberneheimiensis (783) I 166. (j 783) II 477.
Stupanus, Emanuel, Argentinensis (ph 633) I 303.
— Joh. Nic., Argentinensis (ph 629) I 293.
Stupfer, Carl Frid., de Mullheim (ch 773) I 230. s. Stupffer.
Stupffel, Joh., Marlenheimensls (777) I 131.
— Ign., Mutzingensis (771) I 90. (j 771) II 450.
— Jac., Mutzigensis Als. (m 750) II 66.
— Joan. Petr., Mutzingensis (j 753) II 407. (cj 754) II 597.
— Ant., Tabernensis (787) I 186. (j 787) II 486.
— Joh. Petr., Tabernensis (774) I 110. (j 774) II 457. (cj 776) II 644.
Stupffer, Joh. Jac., Landgraviatus (m 747) II 60. s. Stupfer.
Stuppanus, Joh. Baptista, Rhoetus (m 639) II 14.
Stürenburg, E., Auricâ-Frisius (m 743) II 56.
Sturm, Joan. Christian., Lubbena-Lusatus (771) I 91. (m 771) II 102. (cm 773) II 184.
— Chph. Bernh., ex Monasterio Vallis Gregorianae Alsatae (th 764) I 689.
— Joan. Mart., Tubingensis (j 639) II 236.
— Gerh. Balthas., Vesaliensis (j 665) II 281.
— Joh., Musnâ - Transylvanus (ph 663) I 353.
Sturtz, Phil. Henr., Hanauensis (j 665) II 279.
Sturz, David, Glaucha-Misnicus (th 632) I 605.
Stürzlingk, Sam., Lipsiensis (th 634) I 606.
Stüttger, Pet. Frid., Nassau Dillenburg (ch 783) I 250.
Stutz, Joan. Ern., Flonheim. Palatinus (770) I 89. (j 770) II 449.
— Joan. Helfr., Flonheimensis Palat. (th 715) I 666.
— Joh. Laur., Crehangiâ-Westriac. (ph 669) I 362.
— Elias, Monaster. Alsata (ph 758) I 437.
— Carol. Laur., Nassovico-Saaraepontanus (j 730) II 362.
— Joh. Laur., Sarae-Westriacus (ph 631) I 296.
— Joh. Phil., Saraepontanus (ph 632) I 299. (cphm 638) I 531.

(Stutz), Georg. Frid., Pallatinus (ph 648) I 327. s. Stüz.
Stüve, Jac., Gedanensis (th 686) I 653.
Stüz, Jos., de Gamundia-Suevus (d 770) I 224. s. Stutz.
Styx, Martin Ernst, Riga-Livonus (782) I 160.
— Joh., Ulmensis (ph 645) I 319.
Suantenius, Chph., Güstrovio-Meckelnburgicus (th 650) I 618.
Suard, Nicol. Carol., Argentinensis (j 780) II 470.
Suebel, Claus, Suecus (j 653) II 255.
Suebelius s. Schwebel.
Süess, Joh. Phil., Argentinensis (ph 652) I 335. (cphm 656) I 541.
— Simeon, Argentinensis (th 624) I 708.
— Mich., Offwilla-Hanoicus (cphm 624) I 521. s. Siess.
Süesskind, Joh. Jac., Vayhingensis (ph 634) I 305.
Suevus s. Schwab.
Sulser, Burck., Atzmohmensis e(m 760) II 85.
— Carol., Augusta-Vindelicus (j 649) II 247.
— Hier. Petr., Carlsruhensis (cm 763) II 175.
— Frid. Gabr., Saxo-Gothanus (769) I 83. (m 769) II 100.
— Henr., Helv. Vitoduran. (m 752) II 70.
— Job., Vitodurano-Helv. (771) I 91.
— Joh. Casp., Helv. Vitoduranus (m 739) II 52. (cm 740) II 162.
— Joh. Georg., Winterthur (766) I 59.
— Joh. Henr., Vitoduranus (m 754) II 74.
— Joh. Rud., Vitodurano-Helv. (m 771) II 102.
Sünder, Conr., Moeno-Francofurtanus (th 658) I 628.
Sünderhauff, Mart., Olsnitio-Variscus (th 655) I 623.
Sundhofer, Paul. Carl. (d 705) I 207.
Suobada, Bernard., Rastadiensis (777) I 94. (m 771) II 102.
Supp, Adam., Berstadia-Wetteravus (ph 664) I 355.
Sureau, Ezechias, Turgoniensis Hollandus (m 661) II 21.
de Surgenstein (Syrgenstein), Joh. German. L. B. Wasseralfing. ex princip. Elwac., (761) I 36.
Surius, Mich., Cibiniensis Transylvanus (th 664) I 636.
Surland, Conr. Jul., Hamburgensis (j 715) II 338. (cj 717) II 556.
Surlaulin, Frantz Damian, Badensis (m 741) II 54.
Surleau, Joh. Chph., Montbelgardensis (ph 755) I 435.
— Joh. Georg., Montbelgardensis (776) I 122. (j 776) II 461.
de Sury, Balthas. Amantius, Solodoranus (767) I 70.
Suse, Franc. Frid., Argentinensis (j 706) II 329.
Süss, Abrah., Leutkirchensis (th 656) I 625.
Süssenbach, Christoph., Hirschberg Silesius (m 720) II 38.
de Sussmann, Joan. Mich., Mannheimensis (j 755) II 411.
Suter, J. J., Zoffingensis (ch 773) I 231. s. Sutter.
Sutermeistre, Lud., Rotenburgensis (m 756) II 77.
— Heinr., von Zofingen (ch 790) I 260.
Sutfeldt, Joan. Christoph., Osnabrugensis (j 675) II 300.
Sutor, Theophil., Augusta-Vindelicus (ph 624) I 278. (cphm 624/25) I 521.
— Jos. Ant. Conr. Anselm., Bachhauptens. Suevus (775) I 118. (j 775) II 460. (cj 777) II 648.
— Georg., Memmingensis (j 650) II 249.
— Mich., Memmingensis (ph 645) I 320.
Sutorius, Paul., Kirschevillanus (j 755) II 411.
— Joh. Sigism., Lambachio-Noricus (th 631) I 605.
— Valent., Römhildâ-Francus (ph 655) I 338. (cphm 657) I 541.
a Sütphen, M. Jerem., Dresdensis (th 667) I 640.
Sutter, Jos. Augustin., Appenzellensis Helvetus (ph 737) I 418.
— Joh. Matthis, C. Luzern (ch 773) I 232. s. Suter, Sutor.
Svantenius, Chph., Mecklenburgensis (cphm 653) I 539.
Swechten, Matthae., Tangermund. Marchicus (ph 628) I 290.
Sweiger, Franc. Chph., Hungarus (ph 660) I 348.
Swem, Herm., Clivo-Wesaliensis (m 633) II 12.
de Swogkowa s. Capaun.
Sybel, Joh. Chunr., Kelzerbacensis (ph 642) I 314.
a Syburch, Just. Wolffg., Magdeburg Sax. (th 641) II 611.
Syburg, Joh., Coloniensis (th 661) I 632.
Sydler, Franc. Ant., Pleisckweileranus ex Palatinatu (j 729) II 361.
Sylm, Christ. Frid., Berolinensis (th 733) I 675.

Sylvanus, Samuel, Coronâ-Transylvanus (th 668) I 641.
Sylvius, Georg., Hamburgensis (cj 624) II 495.
— Joan. Theophil., Saxonus sive Lusatus (j 759) II 420.
Syndenus, Bernhd. Lud., Hügelsheimensis (ph 635) I 307.
Synzius, Jac., Unter Yckelhemius (cj 621) II 493.
Syord, Clarus, Anneciensis (j 739) II 382. (cj 740) II 579.
— Joan. Maria, Annecicensis (j 732: Sabaudus) II 367. (cj 733) II 571. (d 736) I 213.
Syrgenstein s. Surgenstein.
Syroth, Emeran., Ratisbonensis (j 631) II 227.
Szelleczky, Jac., Posoniens. Ungarus (j 648) II 247. (cj 651) II 509.
Szirmay, Emeric., de Zirma - Bessenyö Hungarus (j 725) II 352.
Szitkey, Stephan., Cassoviâ-Ungarus (ph 633) I 302.
Sztoika, Sigism. Ant., Szaladiensis Ungarus (j 727) II 356. (cj 727) II 565.

T.

Tabor, Tobias Otto, Argentinensis (ph 649) I 330.
— Joh. Otto, Budesina Lusat. (j 626) II 214. (cj 631) II 499.
— Henr., Moeno - Francofurtanus (775) I 117. (m 775) II 107.
Tabouillot, Chretien, Metz (768) I 75.
Taddel, Sim., Rostoch. Megapolitanus (th 757) I 626. (cphm 659) I 542.
Tafinger, Chphr. Jac., Esslingensis (j 659) II 267.
Tagius, Joh. Balthas., Werthemianus Francus (m 630) II 11.
Taglang, Joh. Jac., Aug. Vindelicus (ph 641) I 313. (cphm 642) I 532.
— Joh. Bernhard., Bipontinus (m 629) II 10.
Taiclet (Taidet), Joh. Petr., Delanus Alsata (j 700) II 325. (cj 700) II 544.
— Petr. Franc., Delanus (j 709) II 332. (cj 711) II 550.
Taidet s. Taiclet.
de Tailfumyr, Carol. Franc. Deod., Metensis (cj 724) II 562.
— Dufrenel, Lud. Henr. Hyac., Metensis (cj 724) II 562.
Taillard, P. (cj 715) II 554.
Tailleur, Joan. Franc. Conr., Bozonisvillanus (Tholey) (785) I 176.
— Joan. Franc. Conr., ex Tholey in Lotharingia (j 785) II 481.
Talffard, Jac., Montisbelgardensis (ph 629) I 291.
Talientschger, Gabr., Noribergensis (j 666) II 283.
Tamoigne, Michael, Parisiensis (771) I 93. (m 771) II 102.
Tanaut, Jos., Castromosellanus (779) I 145. (j 779) II 468.
Tannebergk. Melch., Friberg. Misnicus (j 625) II 211.
Tanner, Gottl. Frid., Appenzell (m 755) II 76.
— Joh. Jac., von Arau C. Bern (ph 775) I 235.
— Georg. Chphr., Egranus (j 648) II 245.
— Joh. Frid., Heilbronnensis (j 685) II 310.
— Joh. Jac., St. Gallen (768) I 75. (m 768) II 98. (cm 770) II 182.
— Bartholom., Schopffhemio-Marchicus (ph 730) I 412.
— Sebast., Schopffhemia - Marchicus (j 704) II 327.
Tantzos, Georg Joa., Hungarus Teutopronensis (790) I 199. (m 790) II 121.
de Tarade, Henr. Isidor., Argentinensis (j 703) II 327.
Taraillon, Jos., Lunevillanus (j 737) II 377.
Tarusello, Jos., Frankenthal Palatinus (774) I 111. (m 774) II 105.
Taub, Carol. Frid., Berwangen (777) I 130. (ph 777) I 451.
Taube, Bernh. (j 661) II 270.
Tauber, Georg. Ludov., Suinfurtensis-Francus (ph 671) I 367.
— Joh. Mich., Suinfurto-Francus (j 669) II 287.
Taubmann, Christi., Wittebergensis (j 627) II 216.
Taüer, Petr., St. Gallen (ch 779) I 243.
Tauffkircher, Daniel, Stirensis Austriac. (j 626) II 216.
Taufrer, M. Tobias, Labacensis Carniolanus (m 615) II 2.
Taurean, Hilaron, Ehinganus Suevus (j 757) II 416.
Taurinus, Franc. Guil., Hohenloicus (j 754) II 408.
— M. Joh. Conr., Oringâ - Francus (th 651) I 618.
— Joh. Theoder., Oringâ-Hoenloicus (th 633) I 606.

Tausent, Maurit. Lud., Gundelshemiensis (th 762) I 687.
Taush, Jos., Hallens. Tyrolens. (j 749) II 400.
Tautt, David, Dantiscanus-Borussus. (m 623) II 6.
— Frid., Dantisco-Borussus (j 657) II 264.
— Tobias, Dantiscan.-Borussus (j 623) II 206.
Tavernier, Franc., Moguntinus (j 753) II 406.
Taylor, Wm, Exmouth (d 778) I 263.
van Tcylingen, Johan, Hagaecomitanus (j 627) II 217.
Tebbart s. Thebart.
Tegeder, Joh., Osnabruga-Westphalus (th 649) I 617 (cphm 650) I 537.
Telles d'a Costa, Jos. Eman., Parisinus (j 741) II 384.
Telonius, Joh., Malesicensis Bohemus (th 634) I 607.
Tentzel, Joh. Christi., Francohusa Thuringus (j 668) II 287.
Terechowsky, Martin., Urania-Russus (770) I 87. (cm 774) II 185.
Terne, Cornel., Amstelodamensis (778) I 135.
Ternell, Joh. Andr., Stockholm. Suecus (m 753) II 71.
Terrhelle, Casp. Ludw., Munster Westphalus (m 750) II 67.
de Tersmedem, Aug., Suecus (782) I 48.
Teschemacher, Joh., Elberfelda-Montanus (j 654) II 257.
Téseur, Petr., Metensis (790) I 201. (m 791) II 122.
Testu, Franc. Xav., Belofortensis (j 737) II 375. (cj 738) II 577.
Tetsch, Joh., Bescoviensis Marchicus (th 631) I 604.
— Chphr., Regiomont. Borussus (j 648) II 246.
de Tettenbach, Guil. Adolph. Comes (679) I 7.
— Joh. Ernest. Comes (679) I 7.
— Franc. Sebast., Passaviensis (714) I 14.
Teubel, Matthae., Byrutho-Francus (th 649) I 617.
Teucher, Joh. Chph., von Wienn (d 770) I 225.
Teuerling s. Deuerling.
Teuffel, Joh. Georg., Heilbronnensis (ph 643) I 307.
— Joh. Georg., Heilbronnensis (ph 666) I 359.
— Sigm. Jac., von Tuttlingen i. Württemberg (ch 781) I 246.
— Joh. Chph. (d 721) I 209.
Textor, Henr. Frid., Heidelbergensis (j 715) II 338.
— Joh. Sigfr. Christi., Hohenloico-Francus (ph 663) I 353.
— Joh. Franc., Carlsruhensis (m 753) II 71.
— Andr. Dietr., Corcyra-Danus (th 657) I 626.
— Joh., Lindaviensis (ph 625) I 281.
— Joh. Wolffg., Neolitho-Hoenloicus (ph 655) I 339. (cj 663) II 517.
— Salom. Zimpert., Hoenloicus (ph 659) I 346.
— Hier. Chph., Wimpinensis (ph 650) I 333.
— Joh. Wilh., Wormatiensis (cphm 692) I 556.
Teubel, Carol., Rottwillanus (j 759) II 423.
Thaler, Ign. Carol., Mazopolitanus (789) I 197. (j 789) II 491.
— Carl Ign. (m 750) II 67.
Thalheim, Christi. Gabr. Georg., Guelpherbytano-Brunswicensis (769) I 82. (m 769) II 100.
Thalwentzel, Joh. Georg., Bipontinus (j 666) II 283.
de Thammen, Joh. Frid. L. B., Pomeranus (723) I 18.
Thannbacher, Joh., Argentinensis (ph 710) I 397. (cphm: Thunnbacher) I 564.
Thannberger, Joan. Michel, Blotzheimensis (777) I 126. (j 777) II 462.
— Franc. Joan. Bapt. Leodeg., Colmariensis (781) I 156. (j 781) II 473. (cj 784) II 664.
— Lud. Maria Jos. Clem. Alex., Colmariensis (787) I 184. (j 787) II 485, (cj 788) II 674.
zur Thannen, Joan. Jac., Fryburgensis Helvetus (j 708) II 330.
Thanner, Joh. Adam, Redvizia-Variscus (cj 685) II 536.
Thaten, Ant. Alb., Sondershusanus (th 698) I 658.
Thaumeisen, Carol. Fidelis Ferd., Raperschwil. Helvetus (m 747) II 62.
Thebart, Georg. Lud., Ulmensis (ph 646) I 322.
— Joh. Frid., Ulmensis (ph 643) I 317.
— (Tebhart) Sebast. Magn., Ulmensis (ph 644) I 318.
Thebesius, Joan. Ehrenfred., Hirschberg Silesius (m 740) II 53.
— Georg., Lignitiens. Silesius (j 655) II 259. (cj 660) II 514.
— Joh. Gotfr., Ligniciensis (j 655) II 259.
Theinius, Joh., Hilperhusan. Francus (th 626) I 599. (cphm 627/28) I 524.

Theinlaeus, Heinr., Culmbaco - Francus (j 625) II 211.
Thelin, Gabr., Suecus (j 700) II 324.
Theun, Joh. Georg., Argentinensis (ph 700) I 387. (cm 708) II 149.
— Joh. Alb., Oeringensis (d 770) I 225.
Theobald, Petr., Baccharacensis (j 740) II 383.
Theodorus, Berna-Helv. (cm 726) II 156.
— Joh., Lygio-Silesius (j 624) II 207.
Theophilus, Palamedes, Calben. Palaeomarchicus (ph 627) I 286.
Therel, Ernest. Joh., Wernigerodâ-Cheruscus (j 682) II 306.
Theriet, Thom., Lotharingus (th 623) I 595. s. Thiriet, Tiriet.
Theseus, Andr.. Bolesla-Silesius (ph 623) I 275.
Thetoricus, Jac., Kyppenheimensis (ph 630) I 294.
Theurer, Joh., Argentinensis (cphm 697) I 557.
— Joh. Phil., Argentinensis (ph 682) I 375. *(der vorige?)*
Theus, Jean Jacq., Brest en Bretagne (d 716) I 208.
(de) Thevenot, Carol. Urban., Montbelgardensis (j 727) II 357.
— Georg., Montbelgardensis (j 639) II 236.
— Joh., Montbelgardensis (ph 642) I 315.
— Joh. Petr., Montbelgardensis (j 664) II 277.
— Joh. Frid., Montisbelgardensis (ph 623) I 274.
Thêvot, Jean David, Messy balliage de Payerne C. Bern (769) I 79.
Thewis, Rutger., Duisburg. Cliviacus (th 622) I 593.
Thibaut, Frid. Wilh., Eimbeccens. Hannoveranus (m 741) II 54.
Thiébaut, Jac., Argentinensis (j 758) II 418.
— (Thiebauld), Franc. Xav., Colmariensis (783) I 164. (j 783) II 476.
— Jean Georg., Colmariensis (773) I 105.
— Hyacinth., Nanceianus (j 720) II 346.
— Claud., ex valle Sti Deodati (j 756) II 412. (cj 757) II 601.
Thiebert, Jos. Thom., ex St. Boingt Lorraine (787) I 188. (j 787) II 487.
Thiederich, Peter Dan., von Jehna aus Düringen (j 633) II 231.
Thiel, Georg. Petr., Idsteinensis (th 701) I 660.
Thielen, Joh. Petr., Aquensis (th 655) I 623.
— Nic., Moeno Francofurtanus (cj 671) II 526.
Thielens, Joh. Christi., Heydelbergensis (j 733) II 368.
de Thielle, Petr. Henr., Montisbelgardensis (j 729) II 361. (cj 733) II 571.
Thiels, Joh. Andr., Mommenhemio-Palatinus (th 725) I 671.
Thielsius, Joh. Petr., Burg-Schwalbacco-Nassoicus (th 693) I 656.
Thieme, Matthae., Wittgendorffio-Cizensis (th 696) I 657.
Thiereckh, Mart. Jos., Schippellens. Wallachus (j 760) II 425.
Thiergart, Aegidius, Sigeno - Nassovius (m 622) II 6.
Thieringer, Joh. Laur. Jac., Hala-Suevus (m 757) II 80. (cm 758) II 172.
Thierion, Franç. Jos., de Verneuil, natif de Vinarville (Champagne) (776) I 121. (m 776) II 108.
Thierit, Joan. Claud., Vicensis (j 653) II 255.
— Joan. Deodat., Vicensis (j 713) II 336.
— Nic., Vicensis (766) I 56. (j 766) II 438.
Thiery, Charle Valentin, Roserianus (780) I 152. (j 780) II 471.
Thierry, Joan. Bapt., ex Hagondange dioec. Metensis (779) I 144. (j 779) II 468. (cj 782) II 661.
— Joh. Mich., Mulhusinus-Alsata (m 761) II 86. (cm 764) II 176.
— Nic., Mulhusinus (774) I 108. (j 774) II 456. (cj 776) II 646.
Thilemann, Joh. Zachar., Hasso - Darmstattinus (m 714) II 35. (cm 715) II 152.
Thillius, Dan. Gothofr., Posonico-Hungarus (j 685) II 311.
Thilo, Georg. Melch., Thuringus (cj 649) II 508.
de Thionville, Carol. Dominic. Jos., ex Erize St. Dizier (772) I 100. (j 772) II 453.
Thiriet, Franc., Lunevillanus (784) I 171. (j 784) II 479. (cj 786) II 669. s. Theriet, Tiriet.
Thirion, Jean Claude, de Buissoncourt Lotharingus (771) I 93. (j 771) II 451.
— Franc., Metensis (j 713) II 335. (cj 713) II 551.
— de Bévoy, Lud. Franc., Metensis (789) I 195. (j 789) sI 490. (cj 790) II 678.
— Anton., Morhangia-Lotharingus (776) I 125. (j 776) II 462. (cj 778) II 651.
— Joan. Franc., Morhangiensis (783) I 165. (j 783) II 476.

(Thirion), Joan. Lud. Phil., Morhangiensis (783) I 165. (j 783) II 476.
— Alex. Ant., Rambervillanus (786) I 180. (j786) II 483. (cj 788) II 673.
Thirius, Joh. Jac., Hilpoltsteinensis (ph 633) I 302.
Thöler, Joh. Georg., Plaviâ-Variscus (j 665) II 281.
Thollaeus, Joan. Franc., Cambergensis (j 710) II 332.
— Ignat., Spirensis (j 754) II 408.
Tholozan, Maria Steph., Argentinensis (775) I 118. (j 775) II 460. (cj 778) II 651.
— de Cezanne, Maria Honorat. Dagobert., Argentinensis (787) I 188. (j 787) II 487. (cj 788) II 675.
Thom, Ernest., Giessensis (j 736) II 374.
— Georg., Giessensis (781) I 157.
Thomae, Georg., Bistricio-Transylv. (ph 658) I 343.
— Joh. Christ., Nassovic. Usingensis (th 754) I 684.
— Andr., Wilstriensis Holsatus (j 640) II 237.
Thoman, Dav. Ernest., Augustanus (j725) II 352.
— Claud. Carol., Ingershemiensis (j 718) II 341. (cj 720) II 558.
— Jos., Ingershemiensis (j 708) II 330. (cj 710) II 549.
— Jac. Ernest., Landaviensis (ph 649) I 329.
— Dav., Lindaugiensis Arconian. (j 642) II 239. (cj 650) II 508.
— Jac. Ernest., Lindaviensis (j 653) II 256. (cj 660) II 515.
Thomas, Paul., Argentinensis (cphm 622) I 519.
— Phil., Argentinensis (ph 624) I 278.
— Conr., Bitensis (j 751) II 404.
— Abrah., Glacensis (th 625) I 598.
— Nic., Glacensis (j 625) 211.
— Franc. Nic., Metensis (cj 723) II 561.
— Jos., Mutzingensis (j 762) II 429.
— Joh., Noribergensis (ph 624) I 277.
— Joan. Bapt., de Pange Metensis (j 736) II 373.
— Jos., Schirmeckensis (cj 764) II 616.
— Jean, de Toul (d 762) I 222.
Thomassin, Mich., Bellofortensis (j 774) I 108. (j 774) II 456. (cj 775) II 643.
— Ant., Lotharingus (j 710) II 333.
Thomsen, Christ. Frid., Sleswigia-Holsatus (j 693) II 318. (cj 693) II 541.
Thon, Georg. Nic, Isennacensis (th 664) I 635.
Thonelier, Phil., Vicensis (789) I 199. (j 789) II 491.
Thönen, Joh., Reutigen, C. Bern (788) I 193.
Thoner, Frid., Isna - Ulmensis (ph 625) I 280. (cphm 626) I 522.
Thonnet, Jean Francois, Neuchatel Suisse (m 756) II 77.
Thoré, August. de, Brunstatt (782) I 162. (j 782) II 475. (cj 785: Alex. August.) II 667.
Thorel, Jos., Metensis (j 715) II 339. (cj 717) II 555.
Thorlacius, Theodor., Hola-Islandus (ph 666) I 358.
Thorwesten, Casp. Lud, Paderborna Westphalus (j 700) II 324. (cj 700) II 544.
Thottius, Ottho, Equ. Danus (j 724) II 351.
Thouvenel, Carol. Franc., Romaricomontanus (789) I 199. (j 789) II 491.
Thouvenin, Georg. Franc., Castromoselanus (m 755) II 76.
— Franc., Saarburgensis (j 752) II 404. (cj 753) II 596.
— Leop., Lunevillanus (784) I 171. (j 784) II 479. (cj 786) II 668.
Thuault de (ex) Grandville, Franc., Argentinensis (788) I 193. (j 788) II 489.
Thum, Joh. Godofr., Botwarensis Wirtembergicus (m 647) II 16.
Thum de Neuburg, Carol. L. B., Eq. Suevus (737) I 24. (j 737) II 375.
— — Lud. Frid., in Königen (j 651) II 252.
v. Thumbshirn, Wolf Cunrath, Eq. Misnicus (j 628) II 221.
v. Thümen, Eustach., Eq. Marchicus (j 654) II 256.
Thumser, Georg. Christoph., Curiâ-Variscus (m 630) II 11.
de Thun, Otto Henr. L. B., Pomer. Suec. (769) I 42.
Thünemann, Theodor., Lübecensis (th 650) I 618.
Thumer, Sigism., Austriacus (j 652) II 253.
a Thüngen, Joh. Frid., Eq. Franconicus (j 661) II 271.
— Lud. Henr. Wilh., Equ. Franconicus (747) I 30.
Thunnbacher s. Thannbacher.
Thuransky, Thom. Ant., Thurocio-Hungarus (ph 670) I 365.
Thurillot, Theobald., Bellofortensis (776) I 122. (j 776) II 461.
Thüring, Mart., Ruppinensis Marchicus (th 673) I 646.

Thurman, Casp., Rostochiensis (j 658) II 266.
Thürmann, Andr., Argentinensis (ph 651) I 334.
— Joh. Frid., Episcopovill. Hanoicus (ph 721) I 406.
— Georg. Ign., Colmariensis (767) I 68. (j 767) II 443.
— Georg. Andr., Sulzensis (ph 675) I 371. (cph 675/76) I 480. (cphm 678) I 550.
de Thurn et Taxis, Maximil. Comes (761) I 37.
— et Valsassina, Franc. Chph. Ign. (j 758) II 417.
— — Franc. Xav. Bernh. Georg. Jos. Ant. (j 758) II 417.
Thurneisen, Emanuel, Basileensis (ph 764) I 442.
— (Thurnysius), J. J., Basileensis (m 748) II 64.
— (Thurneysen), Joh. Jac., Basileensis (775) I 116. (m 775) II 107.
Thürninger (Dürninger), Bartholom., Colmariensis (m 635) II 13.
— Joh., Collmariensis (m 681) II 28.
du Thuyt, Mathias, Parisiensis (j 628) II 220.
Thyebout s. Thiébout.
Thygesen, Thycho Casp., Danus (j 764) II 433.
Thylmann, Tob. Nic., Idsten. Nassoicus (ph 626) I 283.
Tiel, Wilh., Münster in Westphalen (m 761) II 85.
Tielich, Georg., Lauba-Lusatus (th 650) I 617.
Tiemann, Joh., Piltensis Curland. (j 630) II 226.
von Tiesenhausen, Carl Otto, Livonus (j 757) II 416.
Tiess, Joh. Ernest., Berolinensis (ph 731) I 413.
— Joh. Christi. Frid., Berolinensis (j 746) II 392.
Tileman, Arn. s. Schenck.
Tilemann, Joh. Balthas., Lipsia-Misnicus (j 672) II 295.
Tilenius, Joh. Melch., Giessensis (th 662) I 633.
Tilesius, Martin., Hirschbergâ-Silesius (j 623) II 207.
— Melch., Hirschbergâ-Silesins (j 633) II 301.
— Adolph. Godofred., Mülhusâ-Thuringus (j 687) II 314.
Tilger, Conr., Ulmensis (cph 623) I 276. (cph 623/24) I 463. (cphm 625) I 522.
a Tilia, Justus, Delphensis (th 650) I 617.
Tiller, Jos., Boëmus Horazdowitz. (m 748) II 63.
Tillheim, Nevelin., Lippiaco Westphalus (j 668) II 286.
Tillmann, Joh., Werthemiâ-Francus (ph 630) I 295.
Tilly, Jgn. Laur., Pileae in Palatin. Cracov. (785) I 174. (m 785) II 117.
Tilmann, Ern. Georg., Lichen. Wetteravus (ph 633) I 300.
— Hartmann., Viennensis (ph 668) I 361.
— Franc. Wilh., Westphalus (759) I 36.
Timaeus, M. Joh. Ant., Saxo (j 657) II 263.
Timmermann, Georg. Bastian, Hamburgensis (777) I 131.
Tinchant, Joh. Nic. Mich., Argentinensis (787) I 186. (m 787) II 120. (cm 789) II 198.
Tinctor, Vit. Conr., Heideccensis Neopalatinus (th 645) I 614.
Tinot s. Finot.
Tinot, Philipp. Ferd. Vict., Landav. Alsata (782) I 163.
Tins, Georg., Göttingensis (th 691) I 656.
Tiran, Jos., Cabilonensis (j 756) II 413.
Tiriet, Joan., Sarraludovicensis (j 719) II 343. (cj 720) II 558. s. Thiriet, Theriet.
Tirlong, Jos., Argentinensis (ph 760) I 439. (th 764) I 689.
Tis, Ant., Mediovicensis (775) I 113. (j 775) II 458. (cj 777) II 648.
Tischler, Matthi., Transylvanus (ph 658) I 344.
Tisserant, Dominic. Franc., ex St. Dié (788) I 190. (j 788) II 488. (cj 790) II 678.
— Franc., Sanc-deo-datensis (j 752) II 406.
— Gabr. Franc., Sancdeodatensis (777) I 133. (j 778) II 464. (cj 779) II 653.
— Jean. Bapt., de Rembervillers (791) I 201. (j 791) II 492.
— Jos. Augustin., Rambervillanus (771) I 94. (j 771) II 451. (cj 773) II 638.
— Norbert., Rambervill. Lotharingus (766: Biarvillanus) I 63. (j 766) II 441. (cj 767) II 623.
Tissot, Jac. Phil., Wintzenhemiensis (j 741) II 384. (cj 742) II 581.
— Franc. Ant., Wintzenhemiensis (j 737) II 375. (cj 739: Joan. Franc. Ant.) II 578.

de Tissot, Petr., Colmariensis (j 765) II 436. (cj 767: Petr. Erasm.) II 624.
Titelius, Henr. Frid., Alsatus e Fano Divae Mariae Virginis (th 741) I 679.
— Clem., Iglov. Ungarus (th 669) I 642.
Titius, Chph., Bernstadiensis Silesius (th 629) I 602.
Titon, Gabriel., Dolanus (781) I 155. (m 781) II 114. (cm 784) II 195.
Titot, Jos. Frider., ex Comitatu Montisbelgardensi (j 721) II 347.
— Jos. Jerem., Montisbelgardensis (j 703) II 327.
Tobing, Henr., Halâ Saxo (j 626) II 214. (cj 627) II 496.
Töbing, Franc., Lunaeburg. Saxo (j 623) II 205.
— Ludolph., Lunaeburg-Saxo (j 623) II 207.
— (de), Ludolph. Henr., Luneburgicus (j 724) II 349.
Tobler, Joan. Henr., Tigurinus (m 751) II 68.
— Joh. Jac., Tigurinus (ch 770) I 227.
— Joh. Rud., Tigurinus (th 729) I 673.
Toczler, Carol., Nobil. Hungarus (j 725) II 352.
Toel, Ant., Oldenburgensis (j 754) II 409.
Toffin, Joan. Franc. Mathias, Sircensis (cj 719) II 557.
Toggenburger, Joh. Conr., Marthala-Tigurinus (785) I 177. (m 785) II 118.
— Joh. Ulr., Marthala-Tigurinus (m 752) II 71. (m 760) II 84. (cm 760) II 173.
Tolicke, Eberhard., Osnaburg. Westphalus (j 630) II 224.
Toll, Joh. Frid., Göttingensis (m 752) II 69.
Toller, Joan. Nicolai, Christianiensis (j 656) II 261.
a Tollet, Comes s. Jörger.
Tolnay, Franc., Nobil. Hungaric. (j 673) II 296.
de Tolstoy, Alex., St. Petersbourg (783) I 49.
Tomaeus, Joan., Randrusio-Danus (j 641) II 237.
Tommanus, Joh. Henr., Helv. Tigurinus (m 709) II 33.
Tondorff, Christoph. Bernardt, Monasterio Westphalus (j 673) II 297.
Tonnaire, Jos., ex Harbourg dioc. Tullensis (j 744) II 389. (cj 746) II 585.
Tonnelier, Carol., Picardus (ph 653) I 336.
Tonner, Cyriac., Salisunda-Thuringus (th 666) I 639.
Tonsberg, Freder. Andreae, Norwegus (th 662) I 633.
Tonsor, Joh. Gotthard., Assenheimensis (ph 709) I 395.
— Joh. Phil., Assenheimensis (j 709) II 332.
— Frid., Loerracen. Marchicus (ph 631) I 295.
— Joh. Ludov., Offenbac. apud Landaviam (m 759) II 82.
— Joh. Phil. Offenbach (m 753) II 72.
Tonsorius, Georg. Godefr., Sindlingâ-Hoenloicus (ph 661) I 349.
de Torck, Joh. Theodor., ex Nordheringen (j 724) II 351.
Torkenius, Theodor., Minda Westphalus (th 667) I 640.
Törnehielm, Mart., Suecus Holmensis (j 685) II 309.
de Torrente, Anton., Valesianus Sedunensis (j 735) II 372.
— Joan. Maurit. Nicol., Walesius (j 758) II 419.
a Törring (Terring) in Jettenbach, Clem. August. Comes (746) I 29.
— in Seefeld, Maximil. Cajetan. Comes (687) I 10.
von Tottleben, Wolff Sigmundt, Thuringus (j 649) II 248.
Toubillon, Joan. Simon, Poncensis (j 748) II 396. (cj 749) II 590.
Toublant, Franc. Conr., Finstingensis (780) I 152. (j 780) II 471. (cj 782) II 661.
Toulippe, Joan. Jac., Argentinensis (j 764) II 434.
Tourny, Bernard., Phalsoburgensis (j 725) II 352. (cj 727) II 565.
de Tous, Fréd. Comte (788) I 52.
— H. Elie Chlier (788) I 52.
Toussaint, Franc. Jos., de Dieuze (ph 737) I 419.
— Joan. Georg., ex Wisembach (777) I 128. (j 777) II 463.
Traber, Jac. Christ., Harburg. ex Suevia (780) I 149. (m 780) II 113.
Trachot, Joan. Nicol., Sancdeodatensis (j 745) II 391.
Tradel, Georg. Joach., Spirensis (ph 625) I 281.
Träiner, Matthae., Hamburgensis (j 649) II 247.
Traiteur, Adam., Maykameranus Palatin. (j 728) II 358.

Tralles, Imman. Gotthold, Wratislaviensis (m 746) II 59.
Trampler, Joach., Ottoschwanda - Durlacensis (th 757) I 685.
Trangus, David, Odorinensis Hungarus (ph 685) I 378.
Tranius, Laurent. Christiani, Danus (ph 642) 315.
— Severin. Andreae, Danus (th 631) I 604.
Trapp, Joh. Bernh., Heilbronnensis (ph 666) I 359.
— Joh. Frid., Mittelheimensis (ph 665) I 356.
Trapp à Trappensee, Joh. Lud. (j 665) II 281.
Traub, Tob., Sebusiensis (ph 661) I 350.
in Trauchberg, Comes s. Fridberg.
Traun, Phil. Henr., von Bieberich (ch 773) I 231.
Traupell, Carol., Bensheimensis (j 731) II 364.
Trausch, Paul., Corona-Transylvanus (th 672) I 645.
de Trautmannsdorff (Trautmonsdorff), Carol. Comes (740) I 27.
Trautt, Joh. Jac., Rothensis (ph 632) I 299.
Trautwein, Matheus, Alpirspacensis Würtembergicus (ch 779) I 242.
— Joh. Chph., Seebachensis Thuringus (j 656) II 261.
Travella, Bernh. Ant., Maykammer-Palatinus (767) I 64. (j 767) II 441.
de Travers, Joh. Vict. L. B., Griso-Rhaetus (750) I 32.
Trawitz, Frid. Lud., Argentinensis (785) I 174. (ph 785) I 455.
— Georg. Dan., Argentinensis (ph 745) I 425. s. Drabitz.
Treder, Joach., Cusslin. Pomeranus (th 627) I 601.
— Joh. Jac., Stetino-Pomeranus (m 631) II 11. s. Schweder.
Traxler, Ant. Ign. Dominic., Gebwilensis (m 757) II 79.
Trebbin, Val., Stetin. Pomeranus (ph 627) I 286.
Trécourt, Joan. Bapt. Lud., Bullonens. (787) I 184. (j 787) II 485.
Trefurt, Joh., Menterodâ-Thuringus (ph 659) I 347. (cm 668) II 138.
Treiber, Phil. Daniel, Landaviensis (ph 694) I 383.
Treitlin, Georg., Ulmensis (j 635) II 234.
Treitlinger, Franc. Lud., Argentinensis (769) I 81. (ph 769) I 448. (cj 776) II 644.
(Treitlinger), Joh. Christi., Argentinensis (ph 731) I 412. (cj 737) II 575.
— Joh. Christi., Argentinensis (775) I 113. (ph 775) I 449. (cj 783) II 662.
— Joh. Lud., Argentinensis (ph 736) I 417. (cj 743) II 582.
— Joh. Christi., Landaviensis (ph 691) I 381. (cph 692) I 484. (cphm 694) I 556.
— Joh. Martin., Sebusiensis (ph 663) I 353.
de Treitorrens, Phil., Ebrodunensis (m 758) II 81.
Trelwinger, Carol. Erasm., Altdorffinus (th 665) I 637.
Tremelius, Joh. Bartholom., Palatino-Mannhemianus (m 762) II 89. (cm 764) II 177.
— Joh. Conr., Manhemio-Palatinus (773) I 101. (m 773) II 104.
de la Tremoille, Louis Stanislas Chlier (785) I 50.
Trenner (Frenner?), Georg. Sebast., Carolopolita (j 700) II 324. (cj 701) II 545.
Trensdorff s. Frensdorff.
Trentaeus, Adolph., Unnâ - Westphalus (j 659) II 267. (cj 660) II 515.
Treu, Joh. Georg., Heilsbronnensis Francus (th 624) I 710. (th 625) I 598.
Treubler, Joh., Rotenburg. Francus (m 615) II 2.
Treudel, Ioh. Hieron., Moeno Francofurtensis (j 649) II 249. (cj 654) II 511. s. Treuttel.
Treuding, Paul., Argentinensis (ph 631) I 296.
Treuttel, Joh. Georg. (ph 757) I 437. s. Treudel.
de Tryden, Christoph. Frid. Levin., Dresdensis (j 761) II 427.
Triack, Melch., Limburgensis (j 726) II 354.
Tribolet s. Pribolet.
Tribouillard, Franc. (d 699) I 206.
Tribulanus, Joh., Brega-Silesius (th 629) I 603.
Triebert, Joh. Jac., Assenheim. Wetteravus (ph 695) I 384.
Trier, Joh. Christoph., Themarâ-Hennebergensis (j 670) II 291.
— Joh. Frid., Themarâ-Hennebergensis (j 670) II 291.
— Joh. Frid., Meiningâ-Hennebergicus (cj 680) II 532.
(*identisch mit dem vorigen?*)
Trinius, Joh., Sacrobustô-Betuletanus (th 703) I 661.

Triponnez, Andr., Bruntrutanus (772) I 100. (j 772) II 453.
Tritschler, Theoph. Alb., Esslingensis (ph 750) I 430.
Trodt s. Trott.
Troeltsch, Georg. Thom. Christoph., Franco-Weissenburgicus (j 725) II 353.
Trogmayr, Joan. Th., Sempron. Hungarus (m 750) II 66.
Troll, Joh., Vitodurano-Helvetus (775) I 115. (m 775) II 106. (cm 779) II 189.
Trombert, Petr. Amadeus, Argentinensis (j 770) II 449. (cj 773) II 638.
— Andr. Laur., Tabernensis (784) I 170.
Tromer, Dan. Andr., Argentoratensis (cphm 662) I 543.
— Jerem., Argentinensis (ph 666) I 360. (cj 676) II 530.
— Jerem. Chph., Argentinensis (ph 663) I 352.
— Joh. Paul., Argentinensis (ph 714) I 401.
— Joh. Paul,, Argentinensis (ph 755) I 434.
— Dan. Andr., Barrensis (ph 659) I 347. (cph 660) I 476.
Trommer, Jean Frid., de Dürmstein (j 720) II 344.
Trompette, Franc., Vicensis (j 734) II 370. (cj 736) II 575.
Troncin, Jos., de Besançon (d 783) I 264.
Trönelius, Elias, Monacensis (th 652) I 620.
Trost, Joh. Jac., Ulmensis (ph 626) I 284.
Troost, Engelbert., Elberfeldensis (770) I 87.
Trostel, Joh. Georg., Pfortzheimensis (th 763) I 688.
Trotczys, Zach. (d 727) I 211.
Trott, Joh. Conr., Hafniensis (m 758) II 81.
— Joh. Georg., Schleusingensis (ph 656) I 341.
— Nicol. Salom., Schleusingā-Hennebergicus (j 665) II 279.
Trotz, Christian., Thoruno-Borussus (m 739) II 52. (cm 740) II 162.
Trousson, Joan., Confluus (j 733) II 369.
Troxel, Jos. Alexius, Molsheimensis (j 761) II 426.
Truchsess de Rheinfelden, Eberh. Henr. Baro, Rappolswilanus (747) I 30. (cj 749) II 589.
Trueb, Godofr. Sigism. (j 670) II 291.
Truf, Joh. Ernest., Pomeranus (j 653) II 255.
Trump, Joh., Rotenburgensis (th 627) I 600.
Trumper, Mich., Eschenberg. Thuringus (ph 625) I 281.
Trumpy, J. Heinr., ex Glarona (m 777) II 110. (777) I 129.
Trütt, Felix, ex castello Argentinensi (793) I 203.
(de) Trützschler, Carol. Lud., Eq. Saxonicus (j 737) II 376.
Trygophorus, Joh. Nic., Wildungā-Waldeccus (th 670) I 644.
Trzcinski, André, Polonus (780) I 151. (cm 782) II 193.
Tschaen, Franc. Jos., Rubeac. Alsata (783) I 167. (m 783) II 116. (m 791) II 122.
a Tschammer, Frid. Oswald., Silesius (j 658) II 265.
Tschann, Gallus, Bruntrut. Rauracus (746) I 29.
Tscharner, Samuel, Bernensis (ph 662) I 351.
— Joh. Rud., Helv. Bernas (j 662) II 272
Tschirnesius, Frid., Gorlicio-Lusatus (m 615) II 2.
a Tschirnhaus, Georg. Frid., (j 664) II 278.
Tschudi, Fridolin. Franc., Glaronensis (m 756) II 77.
— Joh. Jac., Helveto-Glaronensis (ch 788) I 257.
— Joh. Chph., Helveto-Glaron. (m 737) II 50.
— Joh. Petr., Glaron. Helv. (m 725) II 40.
— Nic., Canton Glarus von Schwanden (m 762) II 88.
Tschumi, Joh., Wulffisberg. Bernergebiets (m 755) II 76.
Tübel, Christian Gottlieb, von Wolffsberg aus der Grafschaft Stolberg (j 751) II 402.
Tucher, Carol., Norimbergensis (j 672) II 295.
— Joh. Cristoph., Norimbergensis (j 646) II 243.
— Joh. Sebast., Noribergensis (j 645) II 242.
— Phil. Jac., Noribergensis (j 645) II 242.
— Sebald., Patr. Noricus (j 630) II 224.
— Steph., Norimbergensis (j 646) II 244.
— Tobias, Norimbergensis (j 646) II 244.
Tuchfaerber, Joh. Georg., Argentinensis (772) I 99. (j 772) II 453.
Tuchmacher, Joh., Bela-Scep. Transylvanus (th 656) I 625.
Tuckermann, Petr., Lennepa-Montanus (th 656) I 625.

Tuefferd, Petr., Montbelgardensis (ph 627) I 286. (cph 627) I 465. (cphm 628) I 525.
— Leonh., Montisbelgardensis (ph 662) I 351.
— Petr., Montisbelgardensis (ph 665) I 357.
Tulla, Frid. Wilh., Bada-Durlacensis (th 764) I 688.
Tünander, Nic., Suecus (th 658) I 628.
Tuncker, Joh. Alb., Pyrbaumensis Palatinus (th 624) I 596. (j 624) II 207.
Tullius, Joh., Brugensis (m 758) II 81.
Tungell, Carol., Suecus (j 650) II 250.
Tungreau, Joh. Cristoph., Culmbaco Francus (j 681) II 305.
a Tungris Guil., Antwerpianus (j 657) II 264.
Tüntzeck, Frid., Lipsiensis (j 625) II 210.
Türcke, Anton Johan, Hannover. Saxo (j 668) II 286.
de Türckheim, Bernh. Frid., Argentinensis (766) I 56. (ph 766) I 444.
— Frid. Guil., Argentinensis (802) I 204.
— Joh., Argentinensis (ph 762) I 441. (cj 771) II 634.
— Joh. Christian., Colmariensis (778) I 133. (ph 778) II 451. (th 778) II 695.
— Joh. Georg., Colmariensis (th 740) I 679.
Turnherr, Joh. Heinr., von Weinfelden aus dem Thurgäu (d 770) I 224.
Turriot, Joan. Theob., ex Chevremont prope Bellofortum (776) I 122. (j 776) II 461. (cj 777) II 649.
Tüscher, Joh., Limbach Amts Fraubrunnen (768) I 74. (m 768) II 98.
Tusco, Frid., Reichenberg. Bohemus (ph 660) I 347.
Tusneius, Lud. Vict. Duns, Nanceya (786) I 180. (j 786: Lud. Victor) II 483.
Tussanus, Joan. Petrus, Vallot-Bellovacus (m 762) II 87.
Tutius, Mart., Kissenckino Transylvanus (m 681) II 27.
Tutzendaller, Joh. Chphr., Poson. Ungarus (j 652) II 253.
Tux, Carol. Sigism., Olsnensis Silesius (j 737) II 377.

U.

Übelaker, Georg. Joan., Marispurg. Acronianus (m 761) II 86.
Ubelgun, Joh. Gerhardt, Hattnegischer (j 685) II 310.
Uberli, Jos., C. Luzern (ch 789) I 259.
Uckelin, Phil., Heilbronnensis (ph 628) I 290. (cphm 629) I 525.
v. Udterodt, Hans Curt, Eq. Thuringus (j 625) II 211.
Uebersaal, Phil. Lud., Argentinensis (788) I 189. (j 788) II 487. (cj 788) II 675.
de Uechtritz, Carol. Gottlieb, Eq. Lusatus (j 754) II 408.
de Uffel, Henr. August., Eq. Saxon. (j 732) II 366.
Uffelmann, Ant., von Kirchtimcke i. Hzgt. Bremen (ch 772) I 230.
Uffenbach, Achilles, Moeno-Francofurtanus (j 629) II 222.
— Joh., Moeno-Francofurtanus (m 630) II 11.
— Joh. Christoph., Moeno-Francofurtanus (j 666) II 282. (cj 667) II 521.
— Joh. Jac., Moeno-Francofurtanus (j 673) II 298.
(von) — Joh. Frid., Moeno-Francofurtanus (712) I 13. (cj 714) II 553.
— — Wilh. (j 713) II 335.
Uhl, Joan. Georg., Ulma-Suevus (j 707) II 329.
Uhlaborg s. Gyllenstierna.
Uhland, Gotthold Eman. Jac., Tubingensis (779) I 144. (m 779) II 112.
Uhle, Matthi., Noribergensis (ph 634) I 303.
— Mich., Nurnbergensis (j 641) II 238.
Uhnsorg, Joh. Leonh., Noribergensis (ph 626) I 284.
Uhrweiller, Franc. Paul., Traenheimensis Alsata (j 748) II 396.
Ulich, Carl Enoch August, von Dresden (ch 771) I 228.
Ullmann, Joh., Argentinensis (ph 658) I 345. (cphm 661) I 543.
— Joh. Dan., Argentinensis (ph 736) I 407. (cj 742) II 581.
— Joh. Frid., Argentinensis (ph 701) I 388. s. Ulmann.
de Ulm, Joh. Constant. L. B. (669) I 4.
— in Erbach, Ant. Wilh. Henr. L. B. (707) I 12.
— — Franc. Ant. Euchar. L. B. (698) I 11.
— — Joh. Nepom. L. B. (772) I 44.
— — Carol. Jos. L. B., Rottenburgensis ad Niccarum (733) I 24.
— — et Günzburg, Ant. L. B. (767) I 41.
— — — Jos. L. B. (767) I 42.
Ulmann, Balth., Bopfingensis (th 624) I 595.
— Joh. Conr., Nasso-Idsten. (ph 630) I 293. s. Ullmann.

Ulmer, Joh. Mich., von Möhringen Reichstadt Esslingischer Herrschaft (ch 781) I 246.
— Joh. Georg., Stefftâ-Francus (j 654) II 257.
— Guilelm. (th 625) I 598.
Ulot, Balthas., Lichtenbergensis-Hassus (m 630) II 11. (cm 632) II 127.
Ulrich, Warmund., Ambergâ - Palatinus (j 633) II 232.
— Dav., Ammerschwyrens. (j 759) II 420.
— Andr., Argentinensis (776) I 123. (ph 776) I 450.
— Joh. Bernh., Argentinensis (ph 751) I 432. (cm 771) II 183.
— Joh. Dan., Argentinensis (ph 701) I 388. (cph 701) I 487. (cphm 705) I 561.
— Joh. Dan., Argentinensis (ph 739) I 420.
— Joh. Dan., Argentinensis (771) I 93. (ph 771) I 447.
— Joh. Jac., Argentinensis (ph 751) I 432. s. Ulrici.
— Franc., Eichstadens. Francus (774) I 112. (m 774) II 106.
— Wilh., Fridberg. Wetteravus (ph 649) I 331.
— Cornel., von Hanau (d 729) I 211.
— Anthon, de Cleve (j 725) II 351.
— Tobias, Pappenheim (ph 639) I 309.
— Gregor., Riga-Livonus (th 656) I 624.
— Herbert, Rigensis (j 656) II 260.
— Joh. Georg., Rupisvillanus (ph 753) I 433.
— Joh. Carl, aus Schwerin (ch 783) I 249.
Ulrichs, Joh. Friedr., aus dem Herzogt. Celle a Dorffmarck (m 751) II 67.
Ulrici, Joh., Argentinensis (ph 666) I 360. (cphm 671) I 547.
— Joh. Carol., Argentinensis (ph 662) I 351. (cph 662) I 476.
— Anshelm., Bodersweierensis Hanoicus (ph 626) I 284. (cph 626) I 464. (cphm 628/29) I 525.
— Joh. Carol., Buxovillano-Hanoicus (ph 697) I 384.
— Dan., Liechtenaviensis (ph 640/41) I 312. (cph 641) I 470.
— Joh., Lichtenoa - Hanoicus (ph 628) I 289.
— Phil., Lichtenaviensis (ph 640) I 311. (cph 640) I 470.
— Paul., Daitinga-Palatinus (cphm 622) I 519. (th 624) I 707.
Ulsamer, Jac. Aquilin. Christoph., Ebracensis (j 747) II 394.
(Ulsamer), Adam Ignat., Nicrosulmensis (766) I 61. (j 766) II 440.
Umbach, M. Jonas, Augustanus (th 624) I 596. 707.
Umber, Guil., Francus (j 626) II 213.
Umbscheiden, F. A., Meissenhemio Bipont. (m 762) II 88.
Ummenhofer, Franc. Xav. Dionys., Villinganus Suevus (m 748) II 63.
Unfrit, Felix, von Surburg (ch 773) I 231.
— Ign., von Surburg (ch 782) I 249.
Ungelter de Deissenhausen. Wolffg. Jac. (j 685) II 311.
— L. B. de Deissenhausen, Wolffg. Jac. Adam. Ant. Ferd. Jos. (718) I 16.
Unger, Petr., Brandeb. Marchicus (j 670) II 292.
— Joh. Georg., Langenfeldensis (m 755) II 76.
— Joh., de Schliz (ch 778) I 241.
Ungerer, Joh., Baada-Durlacensis (m 750) II 67.
ab Ungern-Sternberg, Carol. Gustav. Baro (784) I 171.
— — Franc. Wilh. Robert (j 726) II 354.
— — Fabian. Reinhold. (784) I 171. s. von Sternberg.
Unkraut, Anton., Paderbornensis (769) I 80. (j 769) II 446.
Unold, Joseph. (772) I 44.
Unselt, Dan., Argentinensis (ph 652) I 335. (cphm 654) I 540.
— Joh., Argentinensis (ph 728) I 410.
— Joh., Argentinensis (ph 760) I 438. (cph 761) I 506. (th 764) I 689.
— Joh. Dan., Argentinensis (ph 723) I 407.
— Joh. Dan., Argentinensis (ph 748) I 429.
— Joh. Phil., Argentinensis (cphm 691) I 555.
ab Unruh, Sigism., Eq. Silesius (j 624) II 209.
Unsin, Joh. Jac., Argentinensis (790) I 199. (ph 790) I 458.
Unwirde, Christian., Sprottâ Silesius (j 631) II 228.
— Abrah., Silesius (j 632) II 230.
Uphoff, Bernh., Emdâ - Frisius (th 653) I 621.
Urbano, Joan. Bapt., Mogonus (j 759) II 422.
Urbanus, Abrah., Düsseldorp. Montensis (j 672) II 295. (cj 674) II 528.
Ursenbach, Joh., Helv. Bernensis ex Heimiswil (788) I 192. (ch 786) I 255.
Ursinus, Joh., Argentinensis (ph 649) I 330. (cj 660) II 515.
— Phil. Carol., Argentinensis (ph 700) I 387.

(Ursinus), Joh. Jac., Bönnigheimensis (ph 649) I 328.
— Wolffg., Schlaggenwaldo-Bohemus (ph 623) I 275. (th 624) I 709.
— Georg. Phil., Hanoviensis (ph 662) I 350.
— Georg. Henr., Spirensis (th 666) I 638.
— Joh. Henr., Spirensis (ph 626) I 282.
— Joh. Petr., Spirensis (th 646) I 614.
— Joh. Valent., Werheimensis (ph 668) I 361.
— Carol. Joh., Wiburgensis (772) I 97. (m 772) II 103.
Useus, Tobias, Soranus Lusatus (ph 627) I 287. (cphm 629) I 525.
Ustrich, Joan. Nepom. Car. Ant. Augustin., Waestendorffensis (cj 751) II 592.
Utendoerffer, Georg. Christi., Schmalkaldensis (772) I 99. (m 772) II 104. (cm 773) II 184.
Utfall, Jac. Petr. de, Gothoburg. Suecus (775) I 116.
— Joh. de, Gothoburg-Suecus (775) I 116.
Utilie, Jos. Greg., Oberkirch (th 772) I 229.
von Utterodt, Georg. Frider., Darmstadtinus (j 702) II 326.
— Joh. Georg., Darmstadtinus (j 702) II 326.
Utz, Bened., Noribergensis (ph 632) I 300.
— Joh. Maximus, Oettinganus Rhaetus (d 715) I 208.
— Ge. Frid., Rotenburg. Tuberanus (ph 639) I 311.
von Üxküll, Frid. Emich Johann Freiherr (738) I 25.
— Hans Georg, Livland (764) I 39.
Uzuber, Andr., Rothenbuchensis (j 751) II 403.

V.

Vagedes s. Vugedes.
Vagius, Nic., Buxovillanus (m 612) II 1.
Vahle, Ant. Casp., Paderbornensis (779) I 141. (m 779) II 112.
Vaillant, Lud., Monturanus Lotharingus (767) I 65. (j 767) II 441.
Vaillant, Claud. Bened., Metensis (780) I 148. (j 780) II 470. (cj 781) II 657.
Vake, Harder., Flensburg. Holsatus (j 625) II 211.
de Valcour, Joh. Henr. Ferd., Chavanotensis (cj 717) II 555.
Valentin, Wilh. Christ., Argentinensis (m 742) II 56.
(Valentin), Nic., Badonvillanus Lotharingus (767) I 64. (j 767) II 441. (cj 767) II 623.
— Carol. Steph., Philippopolitanus (j 765: Colmariensis) II 436. (cj 765) II 619.
a Valle Transversa, H. Joh. Rodolph. (747) I 30.
Vallet, Ant. B., Neufchateau en Lorraine (779) I 142. (j 779) II 467.
— G., de Neufchateau en Lorraine (779) I 142. (j 779) II 469.
Vallet des Bares, Joh., Montisbelgardensis (ph 663) I 353.
— Jos. Fred., Montisbelgardensis (j 754) II 407.
Vançon, Nic., ex Bella fontaine Lotharingus (j 765) II 438. (cj 767) II 622.
Vanesson, Ant., Saraludovicensis (j 723) II 348. (cj 724) II 562.
— Hubert., Saraludovicensis (j 724) II 350. (cj 726) II 565.
Vanier, Franc., Roserianus ad Salinas (j 756) II 412. (cj 757) II 601.
Vannot, François, Brisacensis (j 749) II 400.
Vanotti, Jos., Uberlinganus Acronianus (767) I 66. (j 767) II 442.
Vansittart, Georg. Henry, Esqre de Londres, (784) I 50.
Varin, Joan., ex Grange in Lotharingia (j 763) II 431.
Varinot, Franc. Ant., Haguenoensis (784) I 170. (j 784) II 478.
Varnbüler, Joh. Ernest., Brocomago-Hanovicus (cj 657) II 513.
— Ulr., Stutgard.-Würtenbergicus (m 619) II 3.
— Joh., Ulmensis (j 641) II 239.
— Joh. Jac., Ulmensis (j 645) II 243.
— Leo, Ulmensis (ph 643) I 317.
— Ulr. Frid., Waiblingensis (m 752) II 71.
Varnhagen, Andr. Jac., Düssellanus (775) I 118. (m 775) II 107.
— Henr., Landavio-Alsatus (j 713) II 336. (cj 719) II 557.
Varus, Henr., Jenensis (j 629) II 224.
— Wolffg., Jenâ-Thuringus (m 638) II 14.
Vasmar, Franc., Hamburgensis (j 672) II 294. (cj 673) II 528.
— Barthold. Joh., Lunaeburgensis (j 661) II 272.
Le Vasseur de Veaucourt, Joan. Franc., Martincuriensis (cj 731) II 569.
— de Vaucourt de Maudre de Martincourt, Jac. Carol., Metensis (j 764) II 435. s. Levasseur

Vattenmiller, Joh., Crimnicensis Misnicus (th 627) I 601.
de Vau, Bernhard., Clivo-Vesalus (j 668) II 286.
Vaudin, Franc. Nic. Maur., Argentinensis (j 750) II 401. (cj 753) II 596.
de — Maur., Argentinensis (j 712) II 334. (cj 713) II 552.
Vaudrepol, Jac., Metensis (m 732) II 46.
Vaultrin, Jos., Tullensis (j 761) II 427. (cj 763) II 613.
de la Vaulx, Joh. Guil., Belga Luxembourgensis (d 714) I 208.
Vaupel, Joh. Adam., Gemund. Hessus (767) I 67.
Vauthier, Joan. Bapt., ex Moyemont (779) I 143. (j 779) II 468.
Vautrin, Carol., Gerbevillensis - Lotharingus (787) I 186. (j 787) II 485.
— Jos., Lotharingo-Lunevillanus (j 761) II 426.
— Franc. Jos., Spinalus (j 737) II 377. (cj 746) II 584.
de Vaye, Joan., Grassiensis in provincia (m 756) II 77.
Vayedes, Christi. Frid., Coesfeldiâ Guestphalus (j 725) II 352. s. Vugedes.
de Vayole s. Fayole.
Veconda (*Seconda?*), Jos. Ant., Ravensburgensis (m 751) II 69.
Vedders, Carol. Frid., Gedanensis (j 680) II 304.
Vegesack, Nic., Hamburgensis (j 670) II 292.
Veiel, Elias, Ulmensis (ph 655) I 338. (cphm 657) I 541. (Th. D. 664) I 703.
— Elias, Ulmensis (j 724) II 350. (cj 724) II 563.
Veillon, Joan. Franc., Helveto-Bernensis (j 762) II 430.
Veil, Joh., Creilsheimensis (ph 669) I 363.
Veith, Mich., Stralsund. Pomeranus (j 654) II 257.
van den Velde, Cornel., Hanovia Wetteravus (cj 695) II 542.
— Joan. Jac., Hanoviensis (m 740) II 53.
— Joh. Petr., Hannovianus (th 664) I 635.
van den Velden, Isaac. Frid., Moeno-Francofurtanus (j 727) II 355.
Veldentiae, Comes s. *Pfalzgraf b. Rhein.*
Vellerius, Jac., Suecus (th 662) I 633.
Vellejus, Georg. Lagonis, Cimber (th 662) I 633.
Vellentin, Jac., Dantiscanus (j 648) II 246.
de Velo, D. Franc. Vicentinus (776) I 121.
Velser s. Welser.
de Veltheim, Frid. Achatz, Eq. Misn. (758) I 35.
— Alex., Magdeburgensis (j 729) II 359.
Veltmann, Joh. Phil., Osnabrugo Guestphalus (j 725) II 352.
Venator, Balthas., Wingartensis Palatinus (j 624) II 208.
Vendel de Hayange s. Wendel de H.
Vendling s. Wendling.
de Vene, Jac. Cornel., Fürthensis (j 673) II 297.
— Maur. Hieronym., Fürthensis (j 673) II 297.
Venediger, Joh. Wolfg., Ratisbonensis (j 647) II 244. (cj 652) II 510.
de Venningen, Carol. Philipp. (746) I 30.
Ventache, Joh., Gallus (j 653) II 255.
Ventrillon, Gasp., Bellofortensis (769) I 82. (j 769) II 447. (cj 771) II 634.
Veöreös, Laur., Modrensis Hungarus (j 651) II 251.
Verbert, Norbert., Amstelodamensis (th 654) I 622.
Verbezius, Alex., Ulmensis (m 631) II 12. (cm 635) II 128.
Verdeil, Pierre, Lausanne (788) I 192.
Verdun, Joan. Jac. Maria, Lugdunensis (cj 759) II 604.
Vergenius, Joh. Georg., Spirensis (j 655) II 258.
de Vergini, Joh. Dan., Conitzio-Borussus (j 733) II 370. (cj 750: Vergin) II 400. (d 757: Vergin) I 219.
de La Vergne s. de Lavergne.
Veringen, Joan. Lubert., Osnabrugo-Westphalus (j 660) II 269.
— Joan. Frid., Hagenoënsis Alsata (j 685) II 309.
Verlet, Jac., Lunevillanus (786) I 181. (j 786) II 483.
Verneur, Jos., Bellofortensis (790) I 199. (j 790) II 491.
Vernerus, Joh. Nic., Mombelgardensis (ph 637) I 309.
Vernié, Joan. Franc., Belfortensis (j 706) II 329. (cj 707) II 548.
Vernier, Dominic., de Celle dans la Principauté de Salm (d 758) I 220.
— Petr. Franc., Colmariensis (j 700) II 324.
— Joan. Bapt., Metensis (m 764) II 92.
du Vernoy s. Duvernoy.
de Verny, Gabr. Ant., Herzingensis (j 763) II 433. (cj 766) II 621.
Véron, Amat. Lud., Parisiensis (772) I 100. (j 772) II 453.
Verpy, Jos. Nic. Guil., Sarburgensis (j 740) II 383.

Verreguis, Joh., Osnabrugensis (j 658) II 266.
de Versen s. de Fersen.
Vertier, M. Virdunensis (cj 724) II 563.
Vesenbeccus s. Wesenbeck.
Vesling, Paul., Amstelodamensis (th 666) I 638.
Vessalius, Paul. Christoph., Montbelgardensis (ph 650) I 332.
Vesterling, Christoph. Jul., Hannoveranus (m 737) II 50.
Vetochnikoffe, Jean, Petersbourg (768) I 76.
Vette, Joan. Andr., Cibinio Transilvanus (m 737) II 50.
Vetter, Phil. Jac., Argentinensis (ph 716) I 402. (cph 717) I 491. (cphm 720) I 566.
— Joh. Georg., Suevus Dünckelsbühlensis (j 675) II 300.
— Joh., Graecensis Styrus (j 630) II 225.
— Franc. Jos., Krautergershemensis (j 761) II 427.
— Franc. Xav., Molshemensis (j 758) II 419.
— God., Mülhausen (793) I 203. (m 793) II 122.
Vettori, Federigo Pierio, di Fiorenza (ph 666) I 359.
Veuillemenot, Joh. Georg., Montbelgardensis (j 693) II 318.
— Joh., Montisbelgardensis (j 658) II 265.
Vezzi, Co. Jos., Nobil. Venetus (721) I 17.
Viceli, Joan. Bapt., Tyrolensis (j 751) II 403.
Vicentius, Joan. Claud., ex insula Belligerii (773) I 102. (j 773) II 454.
Victor s. Tusneius.
Vidal, Franc. Xaver., Landaviensis (780) I 146. (j 780) II 469.
Vidua, Lud., Argentinensis (768) I 74. (ph 768) I 445. (cj 774) II 639.
Vieillefon, Joh. Wilh., Durckheimio-Palatinus (j 728) II 358.
Vielheier, Dan., Heidelbergensis (th 623) I 594.
Vielsen, Georg., Holsatus (j 656) II 260.
Vieregge, Valent., Eq. March. (j 625) II 211.
Vierling, Franc. Henr., Argentinensis (766) I 59. (ph 766) I 444. (cph 770) I 509. (cphm 771) I 579. (th 772) I 692.
— Lud. Frid., Argentinensis (779) I 142. (ph 779) I 452. (cph 782) I 514. (cphm 784) I 584.
de Viermundt (Virmundt, Virmont), ex Nessen, Ambr. Franc. Frid. Christi. L. B., Coloniensis (699) I 11.
(de Viermundt) ex Nessen, Jos. Ernest. Damian. Comes (725) I 29.
Vierordt, Ern. Jac., March. Baden. Carolsruhensis (782) I 161. (m 782) II 115.
von Vietinghoff, Burch. Christoph. L. B., Rigensis Livonus (784) I 49.
— Otto Ernst, Livonus (775) I 45.
Vietor, Joh. Adam, Anchorano-Mosellanus (th 694) I 656.
— Joh. Dan., Darmstattinus (th 665) I 638.
— Caspar., Dortmundâ-Westphalus (m 627) II 9.
— M. Joh., Gottelavio-Rhenanus (th 665) I 638.
— Joh. Henr., Rheno-Goldlaviensis (th 665) I 638.
— Frid. Guilh., Schirstein. Rhenanus (ph 624) I 277. s. Wietor.
Vieusseux, Gaspard. (768) I 75.
Vigelius, Joh. Christi., Assindiensis (ch 783) I 251.
— Joh. Georg., Büdingâ Wetteravus (j 676) II 300.
— Joh. Georg., Fridberg. Wetteravus (j 652) II 253.
— Joan. Lud. Christi., Crainfeldensis (m 758) II 81.
Vigera, Joh. Justus, Argentinensis (ph 725) I 408. (cph 725) I 494.
— Phil. Dan., Schweighusa-Alsatus (ph 719) II 405.
De Vigier, Franc., Solodorensis (j 762) II 428.
Vigius, M. Petr., Suecus (j 634) II 233.
de Vigneron, Ludov. Franc. Salesius, Nanceianus (779) I 143. (j 779) II 468.
Vignoli, Joh., Senensis (770) I 88.
Vignon, Jos. Augustin., Metensis (j 711) II 334. (cj 712) II 551.
— Petr., Vicensis (773) I 102. (j 773) II 454. (cj 776) II 644.
Vilenne, Joan, ex Soumagne patria Leodiensi (m 757) II 79.
Vilizius, Joh., Brandenburgo-Marchicus (th 626) I 599. (cphm 627) I 524.
Villard, Franc. Ant., Colmariensis (776) I 121. (j 776) II 461.
— Joan. Franc. Xav., Colmariensis (773) I 103. (j 773) II 454. (cj 774) II 641.
Villeroy, Nicol., Metensis (779) I 142. (j 779) II 468.
de Villers, Franc. Xav. Frid., Lunevillanus (j 762) II 428.
— Joan. Guil., Selestadiensis (767) I 63. (j 767) II 441. (cj 769) II 630.

Villesavoye, Jos., Bambergensis (779) I 142. (j 779) II 467. (cj 781) II 658.
Villinger, M. Salomon, Tubingensis (th 634) I 608.
Villinger s. Regulus.
de Villons, Joh., Metensis (ph 719) I 404.
Vilman, Joan. Bapt., Weissenburgensis (j 739) II 381. (cj 742) II 580.
de Vilmant, Georg. Gerard., Monstrolensis (cj 700) II 544.
Vilmeder, Philip-Henrich, Cassellanu-Hassus (j 679) II 302.
Vincens, Christi., Silesius (j 655) II 260.
Vincent, Quirin, Tullanus (775) I 114. (j 775) II 458. (cj 777) II 648.
Vincentius, Joa. Claud., in insula Belligeri natus (Castrosalinensis) (773) I 102. (j 773: Joannes) II 454.
de Vincke (Vinck), Ant., Isernlohnio-Guestphalus (j 649) II 247.
— Ern. Baro (786) I 51.
Vinckher, Petr. Carol., Vienn. Austrius (ph 632) I 300.
Viné, Jos., Villeranus (788) I 189. (j 788) II 487.
Vinther, Ernest. Fridr., Durlacensis (ph 669) I 362.
— Phil. Jac., Durlaco-Marchicus (cj 670) II 525. (cm 677) II 141.
— Joh. Ulr., Etlingâ-Badensis (th 623) I 594.
— Phil. Jac., Ettlinga-Badensis (th 623) I 594.
— Phil. Jac., Ettlingensis (ph 663) I 353.
Vinthub, Eric., Brunschwig. (j 630) II 227.
Violand, Petr., Brisac. Brisgoius (776) I 121.
— Petr., Brisacens. Brisgoius (j 776) II 461.
— Just. Gervas., Neobrisacensis (j 762) II 430. (cj 764) II 615.
de Violäth, Franc. Ant., Heidelberg. Palatinus (701) I 11.
Virianus, Jac., Soltquellensis Marchicus (th 655) I 623.
Virmond, Joh. Henr., Waldboeckelhem. Palatinus (m 748) II 63.
Virnhaber, Joh. Frid., Suevo-Halensis (j 665) II 279.
Virotus, Abrah., Montisbelgardensis (ph 625) I 281.
— Alex., Montisbelgardensis (j 625) II 211.
Vischer, M. Christi. Frid., Stuttgardiensis (th 719) I 668.
— Georg., Waldenburgensis (j 622) II 204.
Vissaulx, Bernh., Helv. Moratensis (782) I 160. (m 782) II 115.
Vith, Joh. Jac., Scaphusiensis (ph 652) I 335.
Vithosius, Joh. Casp., Camentio-Lusatus (th 650) I 617.
Vitriarius, Joh. Ant., Oppenhemiâ-Palatinus (th 669) I 642.
— Phil. Reinhard., Oppenheimâ-Palatinus (ph 664) I 355. (cj 672) II 527.
Vitrii, Joh. Carol., von Hagenau (d 761) I 221.
Vitzthum von Eckstätt (Vicedominus ab Ecksted), Christoph. (j 652) II 253.
— Frid. Wilh. (j 652) II 253.
— Georg. Henr. (j 627) II 218.
Vivenot, Joh. Lud., Commercianus Lotharingus (787) I 186. (j 787) II 485.
Viville, Claud. Phil., Metensis (789) I 197. (j 789) II 490.
von Vloto s. Flotow.
Voche, Franc. Jos. Ign., Rubeacens. Alsata (766) I 61. (j 766) II 440. (cj 768) II 627.
— Heinr. Jos. Ant., Sennhemiensis (769) I 81. (j 769) II 447.
Voelckner, Aug. Herm., Petropolitanus (780) I 147. (m 780) II 113. (cm 784) II 196.
Voepel, Mich., Bromskirch. Hassus (th 633) I 606.
Vogdt, Matthi., Augustanus (j 723) II 349. s. Vogt.
Vöge, Joan., Brem. Saxo (j 624) II 208.
Vogel, Georg. Dan., Argentoratensis (ph 754) I 434.
— Jul. Frid., Argentinensis (j 750) II 401. (cj 757) II 601.
— Jac., Augustâ-Vindelicorum (th 642) I 612. (cphm 642) I 533.
— Salomon, Dantisco-Prussus (j 642) II 238.
— Ign., Ensishemianus (j 738) II 379.
— Joh. Sophonias, Halla-Suevus (788) I 193.
— Martin., Hamburgensis (th 654) I 622.
— Joan. Petr., Heidelbergensis (771) I 93.
— Henr., Licha-Solmejus (ph 652) I 335.
— Joh. Georg, von Lörrach i. Baden-Durlachischen (ch 782) I 249.
— Adolph. Frid., Lubecensis (772) I 99.
— Jac. Leonh., Lübecensis (m 715) II 35.
— Joh. Georg., Norimbergensis (772) I 96. (m 772) II 103.
— Joan. Theodor., Oxovio Francus (769) I 79. (m 769) II 99.

(Vogel), Frid., de Pfaffenhoffen (ch 784) I 252.
— Franc. Ant., Rappoltzwilanus (j 712) II 335. (cj 715) II 553.
— (Voguel), Jac., Selestadiens. (780) I 146. (j 780) II 469.
— Joan. Georg., ex Sto. Hyppolito (j 723) II 348.
— Matthae., Ulm (ch 776) I 237. (ch 783) I 251.
— G. M. L., Westerburgo Leiningensis (765) I 54.
Vogelbache, Gregor., Selestadiens. Alsata (j 672) II 296.
Vögele, Jos., Fiessens. Algoius (j 746) II 392.
Vogelmann, Joh. Alb., Francus (th 687) I 654.
— Joh. Conr., Halensis (th 655) I 624.
— Jos. Leop., Mogonus (m 757) II 79. (cm 758) II 172.
— Joh. Ulr., Saraepontanus (th 736) I 677.
Vogelweith (Vogelweid), Petr. Maurit. Ign., Mutzingensis (789) I 196. (j 789) II 490.
Vogl, Jos. Anton., Reittensis Tyrolensis (m 756) II 78.
Vogler, Franc. Ant., Argentinensis (j 715) II 339. (cj 718) II 556.
— Joh. Balth., Argentinensis (ph 635/36) I 307. (cph 635/36) I 469. (cphm 639) I 531.
— Joh. Ern., Isnacensis (j 655) I 259.
— Jac., Numburgensis (j 668) II 286.
— M. Joh. Casp., Spirensis (cj 631) II 500.
— Jean. Ueberlinganus (m 750) II 66.
Vogt, Joh. Daniel, Argentinensis (ph 737) I 418.
— Joh. Georg., Güttingensis (766) I 59. (m 766) II 96.
— Phil. Jac., ex Fortalitio Kehlensi (j 762) II 429.
— Andr., Steinbaco-Baadensis (j 749) II 400.
— Franc. Dominic., Steinbagio-Badensis (j 730) II 362.
— Matthi., Tremoniensis (th 659) I 629.
— Joh. Chph., Wormatiensis (ph 668) I 361.
— Joh. Martin., Wormatiensis (j 646) II 243. s. Vogdt, Voigt.
Vogt v. Hunolstein s. v. Hunolstein.
Vogt de Veteri Summerau S. R. I. Eques L. Baro de Pasberg Dominus in Leubolz Hersfeld et Grienenberg, D. Joan. Jos. Ignat., Paspergensis Algoius (j 732) II 368.
de Vogten, Phil. Ernest. Baro, Silesius (718) I 15.
Vogtherr, Joh. Georg., Gunzenhusa-Francus (th 671) I 644.
Vögtlin, Joan. Lud., Ensishemianus (cj 684) II 536.
— (Voytlin), Franc. Lud., Colmariensis (j 719) II 344. (cj 722) II 560.
— Joan. Lud., Collmariensis (j 682) II 306.
Vogtmann, Joh. Lud., Rotenburgo-Tuberanus (ph 669) I 362.
Voguel s. Vogel.
a Vohenstein, Phil. Godefr., Adelmansfeldensis (j 650) II 250.
Voigt, Joan. Lud., Blanckenburgo-Schwartzburgius (j 719) II 342.
— Salomon, Dresda-Misnicus (j 680) II 303.
— Chph., Isnaco-Thuringius (th 634) I 608.
— Petr., Rendsburgô-Holsatus (j 635) II 234. (cj 635) II 501.
— Joan. Jos., Ungar. Posoniensis (m 750) II 66. s. Vogt.
Voirhaye, Franc. Jac., Tabernens. Alsata (cj 737) II 575.
Voisard, Jean Ign., Colmarinus (789) I 195. (j 789) II 489.
Voit, Georg., Camentio-Lusatus (ph 647) I 326.
— Carol. Frid., Carlsruhensis (m 760) II 84.
— Georg. Conr., Lohranus (ph 677) I 372.
— Georg., Opffingensis Marchicus (ph 689) I 380. (cphm 692) I 555. s. Vogt, Voigt, Voytt.
de Voit, Frantz Carl Baro (727) I 20.
Voit de Rieneck, Joann Christoph., Eq. Francus Herbipolensis (j 685) II 309.
Voland, Constantin., Angerburgensis Prussus (th 660) I 630.
Volcamer, Georg. Chphr., Patr. Norimbergensis (j 632) II 230.
— Georg. Chphr., Patr. Noricus (j 669) II 289.
Volck, Dan., Argentinensis (ph 715) I 402.
— Phil., Buzbacens. Wetteravus (j 633) II 232. (cj 635) II 501.
— Chph. Frid., Pfullingen i. Württ. (ch 786) I 254.
— Joh., Underschipffensis (m 626) II 9.
Volckardt, Christi. Aug., Görlitz Sachsen (m 755) II 76.
— Joh. Jac., von Niderglatt C. Zürich (cfi 788) I 258.
Volcker, Joh. Phil., Mensfeldensis (th 716) I 667.

Völcker, Jo. Chph., Arnstadio-Thuring. (j 725) II 352.
— Georg. Lud., Rotenburgensis ad Tubarim (ph 665) I 358.
Volckmann, Casp., Lipsiensis (j 633) II 231.
— Joh. Franc. Jos. Ant., Mannheimensis (j 740) II 383.
Volckmar, Heinr., Lipsiensis Misn. (j 643) II 240.
— Joh. Christian., Wizenhusan. Hassus (cj 669) II 524.
— Joh. Ernst, Utessa Holsatus (j 693) II 318.
Volckmer, Georg Phil., Odagsen (777) I 129. (m 777) II 109.
— Joh. Frid., Odagsen (777) I 129. (m 777) II 109.
Volde. Chph., Francostenio-Silesius (th 631) I 604.
Volhard, Joh. Lud., Darmstatinus (th 665) I 637. s. Vollhard.
Vollbarth, Joh. Frid. Christi., von Baderborn (ch 788) I 257.
Vollhard, Joh. Henr., Fridberga-Wetteravus (ph 661) I 349.
— (Vollhardt), Joh. Jerem., Fridberg. Wetteravus (ph 649) I 329. (cm 654) II 134. s. Volhard.
Vollherbst, Franc., Argentinensis (j 757) II 414.
Volmar, Joh. Adam., Argentinensis (ph 624) I 278.
— Joh. Jac., Hönheim. Alsata. (m 738) II 51.
— Georg. Frid., Tubingensis (j 660) II 268.
Vollmar, Georg., von Marburg (ch 777) I 238.
— Frid., Mombelgardensis (th 646) I 614.
— Joh. Georg, Montbelgardensis (ph 645) I 320.
— Joh. Theob., Ottovillanus (ph 661) I 349.
— Joh. Wilh., Roetlensis (m 761) II 87. (cm 764) II 177.
Volmerange, Joan. Franc., Metensis (771) I 91. (j 771) II 450.
Volsche, Arnold., Pomeranus (j 626) II 214.
Volswets, Andr. Matthi., Clausthal. (cm 667) II 138.
Voltz, Joh. Jac., Darmstatinus (j 672) II 296.
Voltz ab Altenaw, Heinr. Theodoric. (ph 651) I 334.
Vomsen, Everhard., Danus (ph 666) I 359.
Vonihr, Jos. Ant., Lagsheimens. Suevus (j 750) II 401.
Voquet, Franc., de Craincourt sur Seille en Lorraine (j 777) II 463.
Vorbeck s. Lettow.
Vorberg, Georg. Sigism., Lauba - Lusatus (j 644) II 242.
— Godofr., Zittav. Lusatus (ph 633) I 302.
Vormwaldt, Eric., Hannoverâ-Brunswigius (m 630) II 11.
de Vorstat, Armand. Carol., Hagenoensis (j 712) II 335.
Vorster, Bened., Disshovensis Helvetus (m 755) II 76.
de Vorster, Wern. Henr., Bambergensis (j 726) II 354.
— Carol. Ant., Mogonus (j 726) II 354.
Vörtmajr, Chphr., Stada - Saxo (j 629) II 222.
Vos, Volcard, Hollandus (m 646) II 16.
Vosgien, Franc. Salesius, Spinalens. (785) I 177. (cj 785) II 482. (cj 787) II 671.
Voss, Henr., Amstelo-Batavus (th 666) I 638.
— Samuel, Nob. Meckelburgicus (th 655) I 624.
— Balduin., Ravenspergo - Westphalus (j 659) II 267.
à Voss, Goswin. Frid., Eq. Marcanus (j 670) II 290.
— Joh. Theodor., Marcanus (j 669) II 288.
— Ludolph. Conr., Eq. Marcanus (j 670) II 290.
Vossenhol, Adrian., Hamburgensis (m 613) II 1.
Vossold, Michael, Oberhussen bey Weissenhorn (m 757) II 78.
Vötterle, Franc. Ant., August. Suevus (m 742) II 55.
Voulau, Claudius, Parisiensis (ph 670) I 363.
Vournard, François, Courtelary au Val de St. Ymier (768) I 77. (m 768) II 99.
Voytlin s. Vögtlin.
Voytt, Joh. Wolffg., Stutgardianus (j 630) II 225. s. Voit.
de Vrints (Vrintz), Alex., Bremensis (785) I 50.
de Vrints de Treuenfeld, A. Eug. (761) I 37.
Vschöwicius, Joh., Polon. Podlasensis (ph 642) I 316.
Vuard, Ant. Domin., Selestadiensis (j 740) II 383.
Vugedes, Franc. Arnold., Westphalus (j 731) II 365.
Vuillaume, Mediovicensis (j 718) II 340.
Vuillers, s. Willers.

Vulpius, Angelophil., Brombaco-Marchicus (ph 742) I 423.
— Joh. Christoph., Lohranus (ph 707) I 393.
Vulpizi, Joan. Georg., Aschoviensis Austriacus (j 658) II 265.
Vultejus, Herm., Hassus (j 656) II 262,
— Wilh. Cassella-Hassus (j 670) II 292.
Vulturius, Gregor., Francostenâ-Silesius (th 624) I 597.

W.

Wachholler, Joh. Petr., Butzbachensis (ph 654) I 337.
Wachlatsch, Joh., Novisalio-Hungarus (th 674) I 646.
Wachmann, Joh., Bremens. Saxo (j 622) II 205. (cj 628) II 497.
— M. Conr., Riga-Livonus (j 622) II 205.
Wachsmann, Andr., Birthalbino-Transylvanus (ph 655) I 338.
— Joh., Saxo-Transylvanus (m 761) II 86.
Wachschlager, Georg., Borussus (j 670) II 291.
de Wachtendonck et Germensel, Hermann. Adrian., Clivensis (684) I 8.
Wachter, Georg., Argentinensis (767) I 65. (ph 767) I 444.
— (a Wachter), Thom., Argentinensis (ph 746) I 426.
— Georg., Memmingensis (th 635) I 609.
— Jac., Memmingensis (ph 664) I 355.
Wächter, Franc. Carol., Gröninga-Würtembergicus (cj 700) II 544.
Wacker, Wolfg. Jac., Hamburgensis (th 670) I 644.
— Joh. Michael, Werthemio-Francus. (m 648) II 17. (cm 650) II 132.
Wackerwaldt, Joh. Jac., Moeno-Francofurtanus (j 672) II 295.
Wackerzap, Franc. Richard. Jos., Hagenoensis (j 762) II 428.
Wacks, Gottlob. Maurit. Christi., Heilbronnensis (ph 736) I 418.
Waegner, Franc. Carol. (m 753) II 72. s. Wägner.
Waelsch, Chph., Berolsheim. Noricus (ph 669) I 362.
Waelterle, Joan. Petr., Heimsbrunnensis (777) I 128. (j 777) II 463. (cj 779) II 653.
Waetzius, Anton., Haynoviensis (th 626) I 599.
van der Waeyen, Joh., Amstelodamensis (th 660) I 629.
Wagemann, Franc. Carol., Weingartensis (m 737) II 50.
— Ign., Weingartensis (769) I 84. (m 769) II 101. s. Wagenmann.
Wagener s. Wagner.
Wagenmann, Georg Eberh., Stuttgardianus (776) I 123.
— Joh. Bernh., Stuttgart (ch 777) I 238. s. Wagemann.
Wagenseil, Joh. Jac., Kauffbyranus (ph 707) I 393.
— Melch. Matthias, Kauffbyra-Suevus (ph 699) I 386.
— Andr., Leofanensis (ph 668) I 361.
Waggin, Joan., Argentinensis (j 761) II 427.
Wagner Bernh., Argentinensis (ph 673) I 358. (cphm 676) I 549. (Theol. D. 696) I 703.
— Carol. Frid., Argentinensis (ph 725) I 409. (cj 736) II 574.
— Frid., Argentinensis (ph 656) I 340.
— Georg., Argentinensis (ph 719) I 404.
— Henr. Leop., Argentinensis (ph 761) I 439. (cph 763) I 507. (cj 776) II 646.
— Isaac. Bernh., Argentinensis (ph 712) I 398. (cphm 716) I 565.
— Joh., Argentinensis (ph 712) I 398. (cphm 716) I 565.
— Joh. Andr. Argentinensis (ph 715) I 402. (cph 716) I 491. (cphm 719) I 566.
— Joh. Dan., Argentinensis (784) I 169. (ph 784) I 455. (cph 786) I 515. (cphm 788) I 585.
— Joh. Mich., Argentinensis (ph 719) I 405.
— Chph. Phil., Augustanus (th 718) I 668.
— Georg. Wolffg., Bahlingensis (j 709) II 332.
— M. Joh. Henr., Berckâ-Thuringus (th 683) I 651.
— (Wagener), Joh. Jacob., Bliscastellanus (766) I 62 (j 766) II 440.
— Franc., Broicha ad Ruram Montan. (777) I 131. (j 777) II 464.
— Joan. Wilh., Montan. Burgensis (776) I 125. (m 776) II 109. (cm 778) II 188.
— Joh., Buxovillanus (ph 690) I 380.
— Mathae., Buxovillanus (ph 685) I 376.
— Joh. Phil., Eisenberga-Palatinus (th 747) I 681.
— Chph. Adam., Emmendingensis ex regione Bada-Durlacensi (th 763) I 688.

(Wagner), Eberh. Frid., Esslingensis (j 726) II 354.
— Joh. Conr., Francofurtensis (th 715) I 666.
— Joh. Chph., Francohusa-Thuring. (th 728) I 673.
— Bernh. Jac., Ginsheim-Rhenanus (ph 669) I 362.
— Georg. Marc., Halensis (ph 664) I 355.
— Joh. Sebast., Saxo-Hennebergicus (th 719) I 668.
— Joh. Jac., Homburgensis (ph 726) I 409.
— Joh. Adam., Idsteina-Nassoicus (th 736) I 676.
— Joh. Georg., Calv. Würtembergicus (m 749) II 64.
— Sebast. Albert., Crailsheimens.-Francus (j 643) II 240.
— Joh. Andr., Landaviensis (ph 708) I 394.
— Elias, Lauba-Lusatus (ph 643) I 317.
— Georg. Phil., Lichensis Wetteravus (j 709) II 332.
— Herm., Lützelsteinensis (ph 727) I 410.
— Franc. Wilh., Mogonus (j 720) II 344.
— Franc. Bartholom., Mosellanus (cphm 662) I 543.
— Joh. Seb., Pfaffenhovensis (ph 708) I 395.
— Wilh. Conr., Rauuillanus (ph 741) I 421.
— Joh. Jac., Schlaviensis Pomeranus (ph 718) I 403.
— Joh. Henrich, Schwartzburgicus (j 672) II 296.
— Franc., Solodoranus (j 750) II 401.
— Valent. Henr., Stadensis (776) I 122. (m 776) II 108.
— Carol. Henr. Joachim., Stattworbianus (j 732) II 367.
— Joh. Dan., Stadtwormensis (j 738) II 380.
— Joh. Conr., de Steinau Hanoviensis (ch 772) I 229.
— Petr., Teckino-Transylvanus (th 665) I 636.
— Joh., Theningensis (ph 625) I 279.
— Chph., Ulmensis (ph 664) I 355. (cphm 666) I 546.
— Herm., Ulmensis (ph 694) I 383. (cphm 695) I 557.
— Joh. Ludw., Ulmensis (ph 649) I 330.
— Joh. Mart., Ulmanus (th 656) I 624.
— Joach. Alb., Waldenburgo-Hoenloicus (th 668) I 641.
(Wagner), Joh. Jac., Woerthensis (ph 762) I 441.
— Theophil., Wratislaviâ-Silesius (j 670) II 291.
— Christophor., Zittaviâ-Lusatus (j 638) II 236. (cj 639) II 503.
— de Frommenhausen, Ludwig Benign. Fidelis, Steinhacensis (j 757) II 416.
Wägner, Joh. Ehrh., Kirchheim. (m 728) II 42. s. Waegner.
Wahl, Carl, Berolinensis (m 730) II 44.
— Joh., Waldeccus (th 651) I 619.
— Joh. Georg., Nobil. Borussus (j 667) II 284.
de Wahl, Franc. Xaver. Comes (740) I 27.
Wahnschaft, Carol. Henr., Megapolitanus (775) I 117. (m 775) II 107. (cm 777: ex Gustrovia) II 187.
Wahrendorff, Joh. Ludov., Lignicensis (m 726) II 41.
Waith, Bernard., Hackenhemio-Palatinus (j 741) II 384.
— Joan. Bernard., Palatinus (m 761) II 86.
Waitz, Aug. Christi., Schmalcaldia-Hassus (776) I 123.
Walch, Georg, Frid., Argentinensis (ph 751) I 431. (cph 754) I 503. (cphm 756) I 575.
— Hieronym., Göppingâ-Würtembergicus (m 650) II 17.
Walck, Joan. Petr. Jos., Handschuheim-Palatinus (m 742) II 55.
Walcker, Petr. (d 733) I 213.
Walckmühl, Conr., Hammoniensis Marco-Westphalus (j 658) II 265.
de Walcourt, Henr. Sebast. Mart., ex Martinsburg (j 747) II 394. (cj 750) II 591.
— Jos. Ant. Georg. (750) I 32.
— Martin. Baro, Martinsburgensis (747) I 30. s. de Valcourt.
de Waldbott (Walpott), Joh. Jac. L. B. ex Bornheim (709) I 13.
— in Bassenheim, Joseph. Comes, Wetzlariensis (785) I 50.
in Waldburg, domin., s. Fridberg.
a Waldeck, Pyrmont et Tonna.
— Frid. Comes (679) I 7.
— Henr. Wolrad. (679) I 7.
Waldeisen (Waldeisius), Georg. Andr., Wimpinas (ph 628) I 290.
— Joh. Elias, Wimpinas (ph 631) I 296.
— Joh. Jac., Wimpinas (ph 625) I 280.
Waldenarius s. Waldner.
de Waldkirch, Beat. Wilh., Scaffhusiensis (j 765) II 437.

(de Waldkirch), Bernhardin., von Schaffhausen (j 738) II 378.
— David., de Sahaffhouse (j 729) II 359.
— Joh., Scaphusianus (ph 627) I 287.
— Joh. Christoph., Schaffhusianus (j 650) II 268.
— Joh. Leop., Scafhusianus (ph 658) I 344.
à Waldkirch, Christoph. Jac., Nobil. Suevus (j 684) II 308.
— Joh. Georg. (ph 684) I 376.
Waldlauber, Joh. Henr., Gaurshemia-Vangio (ph 628) I 289.
Waldmann, Joh. Godofr., Suevo-Halensis (ph 651) I 334.
— Joh. Mich., Rotenburgo - Tuberanus (ph 671) I 366.
Waldner de Freundstein.
— Kraffto, Eq. Alsatus (767) I 42.
— Godofr., Eq. Alsatus (770) I 43.
Waldschmid, M. Bernh., Moeno-Francofurtanus (th 630) I 604.
— Phil. Jac., Moeno-Francofurtanus (m 661) II 21.
Waldschmidt, Christoph., Waldeccus (j 668) II 286.
— Joh. Phil., Wildungâ-Waldeccus (j 685) II 311.
— Tilem., Wildungâ-Waldeccus (j 669) II 288.
Waldschmitt, Joh. Henr., Rodheimiâ Wetteravus (j 674) II 299. (cj 674) II 529.
Waldt, Gustav. Maximil., Noribergensis (m 662) II 22.
Waldtorff, Andr., aus Mümpelgard (d 714) I 208.
de Waldvogel, Jos. Ant., Oberdorf in Schwaben (780) I 151.
Waler, Joh. Lud., Barrensis (ph 638) I 309.
Wallacher, Franc. Lud., Moeno-Francofurtanus (th 729) I 673.
Wallborn, Andr., Andlaviensis (j 739) II 381. (cj 741) II 580.
a Wallenrodt, Christoph. (667) I 3.
Wallfisch, Joan., Austriacus Viennensis (j 737) II 375.
à Wallhausen, Herm. Frid. (j 653) II 256.
Walliser, Joh. Frid., Esslingensis (ph 698) I 385. (cphm 699) I 558. (Poet. L. 699) I 588.
Wallmenich, Godefr., Mogonus (774) I 107. (j 774) II 456.
de Wallmoden, Bened. Carol., Nob. Hildesiensis (j 681) II 305.
Wallstorff, Phil. Aug., Bernburgensis (m 758) II 81.
Walrab, Joh. Gerh., Moeno-Francofurtanus (ph 649) I 329.
Walter, Jac., Argentinensis (ph 709) I 396.
— Joh., Argentinensis (ph 698) I 385
— Joh., Argentinensis (791) I 202. (ph 791) I 459.
— Joh. Frid., Argentinensis (ph 722) I 407.
— Joh. Frid., Argentinensis (ph 734) I 416.
— Joh. Godofr., Argentinensis (ph 764) I 443. (cph 767) I 508. (cphm 771) I 579. (cj 774) I 641.
— Joh. Jac., Argentinensis (cphm 712) I 563.
— Joh. Wilh., Durlaco-Pforcensis (ph 672) I 368. (cph 672/73) I 479.
— Franc. Mart., Ersteinensis (j 781) II 472.
— Christoph., Laubâ-Lusatus (ph 631) I 296.
— Herm. Joan., Riga (777) I 129. (m 777) II 109.
Waltersperger, Balthas., Argentinensis (j 762) II 429.
Walthan, Adam., Hagenoensis (cphm 624) I 520. (th 624) I 708.
Walther, Elias, Arnstadiâ-Thuringus (j 662) II 273.
— Georg. Frid., Buxovillanus (ph 707) I 393. (cphm 710) I 562.
— Phil. Heinr., Buxovillanus (ph 713) I 399.
— Joh. Mich., Buxovillanus (ph 748) I 428.
— Dan. Sebald, Austriacus Eques (j 687) II 314.
— Joh. Adam., Eq. Austriacus (j 687) II 314.
— Joh. Christi., von Eckardsweyer (ch 777) I 238.
— Joh. Carol., Francofordiensis (ph 683) I 376.
— Joh., Hamburgensis (j 648) II 245. (cj 653) II 511.
— Carol. Jac., Hanoviensis (m 760) II 84.
— Joh. Elias, Hasso-Darmstadtin. (j 724) II 349.
— Christi., Hirschberga Silesius (j 643) II 240.
— Phil. Jac., Hoertensis Alsata (m 746) II 60. (cm 748: Neovilla Als.) II 166.
— Noah, Calvensis Wirtembergicus (m 623) II 7. (cm 625) II 124.
— Frid. Wilh., Kirchheilingâ-Thuringus (j 712) II 335.
— Elias Wilh., Longa-Salz. Thuringus (j 685) II 310.

(Walther), Justus Samuel, Reval. Esthonus (772) I 98.
— Dauid Christoph, Rotenburgo Francus (j 666) II 283.
— Georg. Dav., Rotenburgo-Francus (j 662) II 273.
— Gust. Martin., Rotenburgo - Francus (j 685) II 310.
— Joh. Christoph., Rotenburgo-Francus (j 656) II 261.
— Joh. Georg., Rotoburgo - Tuberanus (ph 622) I 274.
— Georg. Frid., Willstadio - Hanoicus (ph 737) I 418.
— Franc. Jos., Wingensis (786) I 181. (j 786) II 483. (cj 787) II 670.
— Chph. Phil., Vormatiensis (th 759) I 686.
— Joh. Jac., Vormatiensis (ph 648) I 327.
— Joh. Wilh., Wormatiensis (ph 646) I 323.
— Phil., Wormatiensis (ph 647) I 324.
— Daniel, Wratislaviensis (th 621) I 592.
— Leonh., Wratislav. Silesius (j 630) II 224.
— Joh., Zitta-Lusatus (j 627) II 218. s. Walter.
Walthieri, Petr., Churien. Rhaetus (770) I 85. (m 770) II 101.
Waltz, Tobias, Kircho-Teccensis (ph 634) I 306.
— Joh. Leonh., Obernbreitensis Francus (ph 642) I 315.
— Joh. Leonh., Vila-Durlaco-Marchicus (th 712) I 665.
— Tobias, Wila-Marchicus (th 684) I 651. s. Walz.
Walz, Christl. Frid., Bada - Durlacensis (j 749) II 399.
— Franc. Henr., Löraco-Badensis (780) I 150. (m 780) II 113. (cm 783) II 194.
— Joh. Leonh., Maulburgo - Marchicus (th 735) I 676.
— Tobias Gottlieb, Maulburgo - Marchicus (j 738) II 378.
— Joh., Ratisbonensis (j 643) II 240.
— Christl. Frid., Stoutgardianus (m 750) II 67. s. Waltz.
Wammischer, Joseph., Buchs. Subsylvanus (766) I 57. (m 766) II 95.
Wandalinus, Braebern., Danus (th 658) I 627.
— J. Joh., Danus (th 648) I 618.
Wandaloffsky, Joh. Theoph., Vratisl. Silesius (m 744) II 57.
Wandling, Godofr., Haderslebia-Holsatus (j 657) II 263.
a Wangen, Dominus in Gerolsteck am Wasichen, Franc. Dominic., Baro Alsaticus (669) I 4.
Wanger, Jos. Alex., Badensis-Helvetus (m 722) II 39.
Wangkheim, Christl., Gotha - Thuringus (j 669) II 288.
Wanner, Joh. Berthold., Argentinensis (ph 739) I 420.
— Franc. Xav., Benfeldensis Alsata (m 745) II 58. (cm 746) II 165.
Wanslebius, Joh. Volcmar., Erfurtensis (th 668) I 641.
Wanstradt, Joh. Arn., von Osnabruck (ch 774) I 233.
Wanzel, Henr., Francoberga-Hassus (th 694) I 656.
de Warendorp, Bruno, Lubecensis (j 652) II 253.
Warichius, Joh. Casp., Homburgensis (th 623) I 594.
Warings, Jos., Manhemio-Palatinus (j 764) II 435.
Warmius, Jacob. Paul., Waldenburgensis (ph 624) I 277.
Warnawa, Elias (ph 671) I 366.
Warnberger, Phil., Augustanus (ph 627) I 287.
Warnecke, Ernst Georg, Osnabrück (775) I 113. (m 775) II 106.
de Wartenberg Comes, Berolinensis.
— Carol. (722) I 17.
— Wilh. Ant. (722) I 17.
a Wartenberg, Baro s. Maltzan.
Wartman, Bern., San-Gallensis Helvetus (m 763) II 90.
a Wasabourg L. B. de Wibyholm, Gustav Adolff Comes (668) I 4.
Waser, Joh. Felix, Tigurinus (782) I 159.
— Joh. Jac., Tigurinus (m 761) II 86. (m 764) II 92. (cm 767) II 179. (*derselbe?*)
Wathausen, Jost Moritz, Brunovicensis (j 655) II 258.
Watrangius, Isaac., Suecus (th 656) I 624.
Watronville, Fr., de Pintheuille (cj 720) II 558.
Watsonius, Christl., Stolpâ - Pomeranus (th 659) I 629.
Watt, Franc. Lud., Biennensis (m 756) II 77.
Wayss, Joan. Jac., Lynzensis Austrius (j 624) II 208.
— Petr., Lynzensis Austriacus (ph 625) I 280.
Weber, Frid., Argentinensis (ph 671) I 366.
— Georg. Frid., Argentinensis (ph 752) I 433. (Theol. D. 773) I 705.

(Weber), Georg. Frid., Paedag. Colleg. Wilh. (cphm 770) I 579. (*der vorige?*)
— Joh. Conr., Argentinensis (ph 631) I 296. (cph 631) I 466. (cphm 632/33) I 527. (Poet. L. 632/33) I 586.
— Joh. Frid., Argentinensis (ph 711) I 397. (cph 711) I 490. (cphm 714) I 564.
— Joh. Mart., Argentinensis (ph 740) I 421.
— Joh. Phil., Argentinensis (ph 702) I 388.
— Sam. Reinhard., Argentinensis (ph 762) I 441. (cph 763) I 507. (cphm 768) I 578. (cj 770) II 632.
— Phil. Heinr., Augustanus (ph 639) I 310. (cphm 639) I 531.
— Joh. Carol., Berolinensis (m 765) II 95.
— Jac. Andr., Biettighemio-Wurttemb. (m 758) II 81.
— Adolph. Joh., Bipontinus (j 665) II 282.
— Mart., Bonosdorffensis Transylv. (th 681) I 650.
— Joh. Wilh., Franckfurtanus (m 753) II 73.
— Joh. Bened. sen., de Genève (ch 779) I 242.
— Jos. Hier., Hala-Suevus (ph 678) I 372.
— Joh. Godofr., Halberstadiensis (th 719) I 668.
— Joh. Tobias, Nass. Idsteniensis (th 634) I 606.
— Joh. Jac., Isnensis (th 657) I 627.
— Joh. Wilh., Ysnensis (ph 661) I 350.
— Matthi., Colmariensis (j 672) II 296.
— Joan. Wilh., Coloniensis (j 718) II 340.
— Joh. Sigism., Landaviensis (th 726) I 672.
— Joh. Lud., Lindaviensis (776) I 122. (m 776) II 108. (cm 778) II 189.
— Christi. Heinr., Longosalissanus Thüring. (m 670) II 24.
— Mich., Mayntz (ch 775) I 234.
— Jos. Anton., Mengensis Suevus (j 737) II 377.
— Christian. Theoph., Microbottwar. (m 748) II 62.
— Joan., Moguntinus (j 745) II 391.
— Sigismund., Nördlingensis (ph 656) I 340.
— Franc. Jos., Oberkirchensis (j 726) II 355.
— Joh., Ohrdruviensis Thur. (th 660) I 630.
— Laur. Frid., Onoldinus (j 623) II 207.
(Weber), Wilh., Palatinus (th 626) I 599.
— Daniel, Pforzensis (th 655) I 624.
— Andr., Pfulgriesheimensis (ph 704) I 391. (cph 704) I 488. (cphm 708) I 562.
— Reinhard Leopold, Rappoltivillanus (778) I 136. (ph 778) I 452.
— Joh. Georg, von Rottenburg C. Luzern (ch 775) I 236.
— Chph. Phil., Rotenburgo-Tuberanus (ph 666) I 359.
— Joh. Paul., Spirâ-Nemes (ph 646) I 323.
— Joh. Petr., Svinfurtho Francus (j 648) II 245.
— Franc., Villeranus (790) I 200. (j 790) II 491.
— Georg. Balthas., Wormatiensis (ph 653) I 336. s. Weber.
Webersky, Frid., Vratislaviensis (j 651) II 252.
Weeber, Thom., Veldkirchensis Reto-Austriae. (j 764) II 435. s. Weber.
Wechsler, Joh. Jac., Nordlingens. (j 681) II 305.
Wecker, Joh., Meissenheim (m 761) II 85.
Wecman, Georg., Cammerforstensis Thuringus (th 626) I 599.
Wedderkopff, Gabr., Holsatus (th 663) I 634.
— (Weddercop), Frid. Aug., Eq. Holsatus (774) I 45.
Wedeke, Carol. Frid., Regiomontanus (786) I 179.
Wedekind, Jos., Fuldensis J. (j 760) II 425.
de Wedel, Laurentz. Georg., Eq. Pomeranus (j 724) II 350.
Wedemann, Andr., Erffurtensis (th 641) I 611.
Wedemeyer, Conr., Brunsvigius (j 624) II 208.
Wedemhoff, Gothardt, Lübecensis (j 672) II 295.
— Henr., Lubecensis (j 637) II 235.
— Hartwig., Lubecensis (j 672) II 295.
Wedenberg, Adolph Friedr., Stockholmiensis (775) I 115. (m 775) II 106.
Wegelin, Joh. Phil., Argentinensis (ph 741) I 421.
— M. Georg., Augustanus (th 626) I 600.
— Joh. Casp., Augustanus (m 623) II 7. (cm 626) II 125.
— Joh. Reinhard., Augustanus (th 653) I 621.
— Joh. Wolffg., Augustanus (th 648) I 615.

(Wegelin), Josua, Augustâ-Vind. (th 623) I 594. (th 624) I 709.
— M. Matthi., Augustanus (th 626) I 600.
— Phil. Ernest., Brocomag. (cj 797) II 548.
— Christi. Ern., Buscovilla-Als. (j 760) II 423.
— Dav., Buxovillanus (ph 664) I 355. (cphm 671) I 548.
— Georg. Conr., Buxovillanus (ph 752) I 432. (cm 758) II 172.
— Joh. Frid. (*Buxovillanus*) (ph 655) I 339.
— Joh. Georg., Buxovillanus (ph 662) I 351. (cphm 670) I 547.
— Joh. Jac., Buxovillanus (ph 669) I 362.
— Joh. Reinhard., Buxovillanus (ph 718) I 404.
— Phil. Dav., Buxovillanus (j 702) II 327.
— Joh. Georg., Diessenhofio-Helv. (m 720) II 37. (cm 722) II 154.
— Joh. Chph., Lindaviensis (ph 669) I 362.
— Adrian., Helv. Sangallensis (777) I 131. (m 777) II 110. (cm 779) II 189.
— Chph., Helv. Sangallensis (775) I 117. (m 775) II 107. (cm 778) II 189.
— Sylvest. Samuel, Sangallensis (m 724) II 40. (cm 728) II 157.
— Sylvest. Samuel, Sangallensis (m 765) II 95.
Weeg, Georg Heinr., Darmstadinus (th 749) I 682.
Weehsung, Joan. Mich., Mannhemio-Palatinus (m 754) I 74.
Wegbecker, Franc. Ant., Blodelshemensis (j 740) II 382. (cj 742) II 581.
— Joh. Jac., Blodelshemensis (m 747) II 60. (cm 749) II 167.
Wegehaus, Joh. Conr., Alsfeldia Hassus (m 725) II 40.
Wegener, Joh., Rostoch. Megapol. (ph 630) I 294. (j 630) II 225.
— Nic., Pritzwald. Marchicus (ph 627) I 287.
s. Wegner, Waegner, Wägner.
Weghaubt, Matthi., Durlacensis (th 709) I 664.
— Wilh. Frid., Durlacensis (j 759) II 420.
Wegleiter, M. Chph., Norimbergensis (th 680) I 651.
Wegler, Phil. Jac., Gernspacensis (ph 673) I 369.
Wegner, Jac. Norbert., Silesius Herrenstadiens. (j 737) II 377.
s. Wegener, Waegner, Wägner.
— Chph., Regiomontanus (j 631) II 230.
(Wegner), Dan., Prussus (j 651) II 251.
— Henr., Regiomonte Prussus (j 670) II 290.
— Joh., Nobilis Borussus (j 645) II 243.
a Wehenberg, Rupert. Joseph., Friburgensis (j 676) II 301.
Wehlau (Fehlau), Georg., Dantiscanus (th 646) I 614.
Wehner, Joh., Argentinensis (ph 655) I 338. (cph 655) I 475. (cphm 657: Joh. Bernh.) I 541.
— Joan. Henr., ex patria Trevirensi ex Neuroth (j 712) II 334.
Wehrbeck s. Werbeck.
Wehrlen, Joh. Phil., Argentinensis (777) I 130. (ph 777) I 451. (th 784) I 697.
Wehrlin, Joh., Norico-Francus (j 666) II 283.
— Joh. Heinr., von Schaffhausen (ch 778) I 240.
de et in Weichs, Joh. Frid. Jos., ex Roesberg (725) I 19.
Weichselfelder, M. Joh. Mich., Huttenhemio-Francus (th 746) I 681.
Weicker, Gust. Sigism. Bremensis (j 666) II 284.
— Joan. Adam., Moguntinus (j 663) II 275.
Weickersreuter, Joh. Phil., Esslingensis (j 699) II 322.
Weickhard, Joh. Godofr., Doerrenbacensis (ph 685) I 378.
— Casp., Meinunga-Hennebergicus (ph 648) I 327.
Weidenbach, Conr. Andr., Landwerhagensis Brunswigius (ph 662) I 352.
Weidenkopff s. Weydenkopff.
Weidenmann, Joh. Phil., Argentinensis (ph 691) I 381. (cph 692) I 484. (cphm 694) I 556.
— Joh. Frid., Saraepontanus (ph 718) I 403.
Weidknecht, Joach. Gabr., Ratisponensis (j 669) II 288.
— Joh. Georg., Rotaviensis (ph 758) I 437. s. Weydknecht.
Weidler, Joh., ex Misnia Weissenfels. (m 641) II 15. (cm 642) II 130.
Weidlich, Paul., Plaviâ Variscus (j 672) II 295.
Weidlin s. Weinlin.
Weidmann, Franc. Jos., Molsheimensis (j 708) II 330. (cj 713) II 551.
— Joh. Rud., von Niederwenningen C. Zürich (ch 786) I 255.
— Georg. Heinr., Spirensis (ph 673) I 368.
Weidner, Carol. Vit., Episcopio-Mogonus (m 755) II 76.

(Weidner), Petr., Etzellino-Transylvanus (th 680) I 649.
— Dieteric., a Capite bonae Spei (768) I 76. (m 768) II 99.
— Joh. Chph., Schleizensis (th 687) I 654.
Weiel, Aug. Henr., Wittgenstein. (m 750) II 67.
Weienmair, Joh. Leonh., Augustanus (j 626) II 215.
Weier, Christi., Regiomont. Boruss. (j 642) II 239.
— Georg. Peter, Rigensis (769) I 81. (m 769) II 100. (cm 772) II 183.
Weigand, Jac., Episcop. Tuberanus (ph 761) I 440.
— Mich., Moeno-Francofurtanus (th 657) I 626.
Weigandt, Joh., Cassel Hassus (j 658) II 265.
Weigel, Jac., Hangenstein-Moravus (ph 662) I 351.
— Andr. Wolfg. Ratisbonensis (ch 783) I 250.
— Joh. Vratislav. Silesius (ph 629) I 293.
Weigel s. Wiegel.
Weigen, Josias, Argentinensis (m 729) II 43.
Weigl, Caspar Gotthold, Zullichaviensis (m 757) II 79.
Weihenmayer, Balthas., Schorndorffensis (ph 634) I 306.
— Elias, Ulma Suevus (j 718) II 340.
Weiler, Joh., Argentinensis (774) I 107. (ph 774) I 449. (cj 783) II 266.
— Joh. Frid., Argentinensis (ph 757) I 457. (cm 768) II 180.
— Phil. Jac., Gernspacensis (cj 681) II 533.
— Franc., Mannhemiens. (j 760) II 425.
— Phil. Chph., Spirensis (ph 647) I 325.
— M. Joh. Mich., Weinsbergensis (th 634) I 608.
Weiman, Henr., Kyritz-Misnicus (th 657) I 626.
Weimar, Joh., Langenaviensis (ph 645) I 319.
— Jac. Ernest., Wertheimensis (ph 642) I 315.
Weimer, Stanisl. Xav., Woerthensis (780) I 146. (j 780) II 469.
Weinart, Christi. Ernst, Dohna i. Sachsen (ch 779) I 242.
a Weinbeer, Henr., Borussus (j 641) II 238.
Weinberger, M. Theodoric., Noribergensis (th 655) I 623.
Weinbladt, Joh., Suecus (j 634) II 233.
Weinborn, Ant. Coelestin., Selestadiens. (j 765) II 437.
Weinemmer, Carol. Franc., Colmariensis (j 733) II 370. (cj 735) II 574.
— Dan. Luc., Colmariensis (769) I 79. (j 769) II 446. (cj 770) II 632.
— Matthi. Ant., Colmariensis (j 733) II 370. (cj 735) II 574.
— Matthi. Dan., Colmariensis (j 756) II 413. (cj 758 : Joh. Matthi. Dan.) II 603.
— M. Dan. Lucas, Molshemensis (j 695) II 319. (cj 697) II 543.
— Herm., Oberberghemianus (j 731) II 364.
— Dan. Lucas Herm., Oberbrunnensis (cj 772) II 636.
— Franc. Ant., Oberbronnensis (779) I 83. (j 769) II 447. (cj 771) II 634.
— Ant. Mathias, de Schelestat (j 761) II 426. (cj 762: Mathi. Florent. Ant.) II 612.
— Dan. Luc. Jeros. (Mycronym.), Selestadiensis (770) I 87. (j 770) II 448.
— Georg. Dan., Selestadiensis (cj 725) II 564.
von Weinfelden, Herr s. Kornfeil.
Weingard, Georg. Val., Rubeacens. Alsata (786) I 183. (j 786) II 484.
Weingaertner, Chph. Jos., Wirceburgensis (d 740) I 215.
Weingärtner, Franc., Trarbacensis (ph 645) I 320.
Weinhage, Joh., Marco-Unnensis (j 652) II 254.
Weinhagen, Joh. Balthasar, Dinslacko Clivensis (m 760) II 84.
Weinhardt, Jos., in Martinszehl (ch 787) I 256.
Weinhart, Leonh., Herschaft Fronburg de Westernach i. Schwaben (ch 785) I 253.
Weinheimer, Joh. Adam, Spirensis (ph 668) I 360.
Weinich, Joh. Mich., Halâ-Suevus (ph 639) I 310.
Weininger, Joh. Bern., Durlac. March. (ph 656) I 341.
— Joh. Phil., Durlavensis (th 665) I 636.
— Joh. Frid., Durlacensis (ph 647) I 324.
Weinlin, Joh. Casp., Leutkirchensis (th 660) I 630.

(Weinlin), Joh. Christoph. Rotenburgo-Tuberanus. (m 653) II 18.
— Joh. Conr., Rotenburgo-Tuberanus (ph 645) I 320.
— Mich., Rotenburgo-Tuberanus (th 647) I 615.
Weinmann, Paul., Gardelegia Paleomarchicus (th 712) I 665.
— Joh. Casp., Heilbronnensis (ph 635) I 307.
— Joh. Georg., Heilprunnennsis (j 624) II 207.
— Joh. Georg., Ingovillano-Alsata (ph 741) I 422.
— Joh. Georg., Reitlingensis (m 761) II 87.
Weinrich, Joh., Bonsidelio-Variscus (th 628) I 601.
Weisrock, Ign., Schlettstadt (ch 781) I 247.
Weinschreyer, Valer., Mundelsheimâ-Wurttembergicis (j 628) II 221.
Weinum, Andr., Wiersheim-Alsata (m 761) II 86.
Weirach, Christian, Silesius (j 664) II 279.
— Daniel, Silesius (j 664) II 279.
Weis, Nic., Badensis (773) I 102.
— Joh. Georg., Brisacensis (cj 705) II 546.
— Prothas., Brisacensis Brisgoiae (j 747) II 395.
— Bened., Huningensis (ph 750) I 431. (j 754) II 407. (cj 755 : Joh. Jac. Bened.) II 598.
— Joan. Jac., Huningensis (j 715) II 339. (cj 723) II 561.
— Phil. Jac., Huninganus (784) I 168. (j 784) II 478.
— Andr., Mulberg-Misnicus (ph 649) I 329.
— Franc. Jos., Neoburgens. Brisgoius (j 732) II 367.
— Nic., Rastadiensis (m 773) II 104. (cm 773) II 184. s. Weiss.
Weisbrod, Lud. Christoph.. Palatino-Germersheim (j 693) II 318.
Weiskirch, Joh., Schaesburgo-Transylvanus (ph 737) I 418.
Weismann, Casp. Sam., Erlangensis (767) I 68. (m 767) II 97.
— Joh. Frid., Neostadt ad Ayscham (m 730) II 44.
— Ernest., Weierburgo-Austr. (ph 658) I 343. (cj 662) II 516.
Weisner, Franc. Jos., Argentinensis (j 715) II 338.
Weiss, Joh. Christian., Altdorfensis (776) I 124.
(Weiss), Georg Frid., Argentinensis (779) I 140. (ph 779) I 452. (th 785) I 697. (cph 782) I 513. (cphm 784) I 584.
— Joh. Dan., Argentinensis (781) I 153. (ph 781) I 453. (th 786) I 698. (cph 782) I 514. (cphm 785/86) I 584.
— Joh. Jac., Argentinensis (ph 639) I 310. (cph 639) I 470 (cphm 642) I 532.
— M. Joh., Augusta-Vindelicorum (th 653) I 621.
— Leonh., Augustâ-Vindelicorum (j 645) II 243.
— Franc. Ign., Diebolsheimensis (j 737) II 375. (cj 737) II 576.
— Jean Ant., Diebolshemensis (j 763) II 432.
— Ferd., von Fegersheim (ch 783) I 249.
— Franc., Carolino-Therm. Bohemus (m 730) II 44.
— Joh. Christi., Curia Variscus (m 738) II 51.
— Ern. Frid., Kurnbacensis (m 745) II 58.
— Christi. Gottlieb, von Neuffen i. Württ. (ch 779) I 243.
— Joh. Casp., Spirensis (ph 683) I 376.
— M. Godofr., Thorunio-Borussus (th 685) I 652.
— Tobias Frid., Vaihinga Wurthenbergicus (j 714) II 337. s. Weis.
a Weiss, Jac., Gedanensis (j 728) II 358.
Weissbecker, Bernh., Gelnhusan. (j 642) II 238
Weissboeck, Joh. Jac., Ratisbonensis (j 727) II 356.
Weissel, Theophil, von Eberstadt i. d. Wetterau (ch 775) I 235.
— Joh. Phil., Hanoviensis (647) II 245.
— Chph., Wienna-Austrius (th 673) I 646.
Weissenbach, Franc. Jac., Bremgartensis (ch 773) I 232. (774) I 111. (m 774) II 106.
— Petr., Lauterburgensis (783) I 164. (j 783) II 476. (cj 785) II 666.
Weissenberger, Joh. Jac., Riehen b. Basel (ch 779) I 244.
Weissenborn, Daniel, Cygnea-Misnicus (j 680) II 304.
Weissenbruch, Henr. Christi., Engellroda-Hassus (th 724) I 671.
— Joh. Herm., Haesn. Saynensis (th 695) I 657.
Weissenmüller, Joh. Alb., Riedbachio-Hoenloicus (ph 657) I 342.
s. Weissmüller.

Weissensee, M. Joh. Jac., Haidenheimensis (th 649/50) I 617.
— Petr., Coburgo-Francus (m 626) II 8.
Weisser, Joh. Christoph., Waiblingâ-Würtembergicus (m 713) II 34. (cm 715) II 152.
— Georg., Waiblingensis (ph 634) I 305.
Weissinger, Joh. Georg., Durlacensis (ch 779) I 243.
Weissmann s. Weismann.
Weissmantel, Joh. Melch., Erfurdiâ-Thuring. (j 661) II 270.
Weissmüller, M. Sigism. Ferdin., Onoldo-Francus (th 719) I 668.
s. Weissenmüller.
Weisstandt, Ulr., Isnensis (ph 623) I 276.
Weistius, Joh., Goldbergensis Silesius (th 621) I 591.
Weitmann, Joan., Christoph. (j 667) II 285.
Weitnauer, Joh. Adelbert., Basileensis (m 640) II 14.
de Weittersheim, Carol. Eugen., Eq. Alsatas (j 732) II 366.
Weitz, Joh., Gotha-Thuringus (th 626) I 599.
— Joh. Heinr., Landaviensis (th 737) I 677.
— Joh. Dan., Schobensis Hassus (th 666) I 639.
Weitzel, Joh. Phil., Darmsdatinus (j 646) II 244.
— Joan. Phil., Darmsdatinus (j 700) II 324.
— Johan Reinhard, WertheimensisFrancus (j 665) II 279. s. Weizel.
Weize, Johann Martin, Oschitio-Misnicus (j 668) II 286.
Weizel, Phil., Bingensis (784) I 170. (m 784) II 116.
— Balthas., Lautrebourgensis (j 765) II 438. s. Weitzel.
Welcker, Henr. Wilh., Butisbacus (ph 718) I 404.
— Joh. Jac., Cubanus Palatinus (j 700) II 324.
— Franc. Ant., Rheno-Tabernensis (j 764) II 435. (cj 766) II 620.
— Franc. Petr., Tabernensis ad Rhenum (j 727) II 356.
Welder, Jos. Beatus, Rixhemianus (j 698) II 320.
Welle, Wilh., Rheinfeldensis (j 736) II 374.
Weller, M. Georg., Lindavia-Acronianus (th 665) I 637.
Welligen, Casp., Hannov. Brunsvigius (j 673) II 296.
Wellter, Georg. Frid., Hallensis Sueviae (j 720) II 346.
— Georg. Frid., Suevo-Hallensis (j 738) II 378.
Welper, Eberhd., Argentinensis (ph 662) I 352.
— Joh. Bern., Durlacensis (ph 743) I 424.
— Godofr. Adolph., Baada-Durlacensis (780) I 150. (m 780) II 113.
Welsch, Christi., Argentinensis (ph 708) I 395. (cph 709) I 489.
— Joh. Conr., Argentinensis (ph 655) I 338.
— Georg. Hieron., Augustanus (m 642) II 15.
— Jos., von Düsseldorf (ch 773) I 231. (775) I 112.
— Albert Eberhard, Lipsiensis (j 688) II 315.
— Joh. Melchior, Nerolingensis (m 656) II 20.
— Bernh., Norimbergensis (cphm 698) I 557.
— M. Hieron., Stuttgardianus (th 688) I 655.
(a) Welser, Dan., Patrit. Augustanus (j 655) II 259. (cj 659) II 514.
— Hier. Ant., Augustanus (j 643) II 240.
— (Velser) Joh. Henr., Patr. Augustanus (ph 641) I 313.
— Sebald, Noricus (j 627) II 217.
— Marc. Chphr., Ulmensis (j 654) II 257.
— a, Marc. Theodos. L. B. (715) I 14.
de Welsperg, Prömös et Langenstein, Carol. Dionys., Hegoius (733) I 23.
Weltė, Dominic., Sultzensis Als. superioris (785) I 176. (j 785) II 481. (cj 786) II 668.
Welters, Gerh., Clivopolitanus (j 656) II 261.
Welthamer, M. Frid., Norimbergensis (th 633) I 606.
Welther, Joh., Saxo Transylvanus (ph 659) I 347).
Welti, Joh. Henr., Tigurinus (m 741) II 54. (cm 744) II 165.
Welty, Joh., Cerciaco-Helvetus (781) I 156. (m 781) II 114.
— Joh. Hulder., Cerciaco-Helvetus (790) I 200. (m 790) II 121.
Weltz, Carol. Frid., Rhoda-Durlacensis (j 751) II 402. s. Welz.
a Weltz, Dominus in Eberstein, Franc. L. B. (j 652) II 254.
— — et Spiegelfelt, Franc. Raimund (684) I 8.
Welz (Weltz), Joh. David, Buggingâ-Marchicus (ph 665) I 356.

(Welz), Otto Frid., Buggingâ-Marchicus (ph 659) I 346.
— Jac. Nic. Constantiensis Acronianus (j 718) II 341. s. Weltz.
Wencelius s. Wenzel.
Wencker, Dan., Argentinensis (ph 685) I 377. (cm 694) II 146.
— Jac., Argentinensis (ph 651) I 334.
— Jac., Argentinensis (cj 691) II 541.
— Jac., Argentinensis (ph 712) I 398. (cj 719) II 557.
— Jac., Argentinensis (ph 745) I 425. (cj 753) II 596.
— Joh., Argentinensis (ph 717) I 403.
— August., Neroling. Suevus (m 733) II 47. (cm 735) II 160.
— Christi., Nordlingensis (m 741) II 54. (cm 743) II 164.
— Christoph. Nic., Nerolinganus (m 728) II 42. (cm 730) II 157.
— Daniel, Nerolinganus (ph 714) I 400.
Wend, Joh. Henr. Phil., Grünstadiensis (th 736) I 677. s. Wendt.
Wende, Joh., Fraustadia-Silesius (j 629) II 223.
Wendel (Wendelius), Andr., Bahnen. Pomeranus (ph 631) I 295.
— Sebast., Francofurtensis (j 644) II 242.
— Franc. Adam., Franco-Neubrunnensis (j 750) II 401.
Wendel de Hayange, Carol., Metensis (j 727) II 356. (cj 727) II 565.
— — Joan. Bapt., Wolmeringensis (j 720) II 345. (cj 721) II 559.
Wendler, Joh. Christoph., Ratisbonensis (j 663) II 275. (cj 667) II 522.
— Sigism., Viennensis (j 624) II 208.
Wendling, Joh. Georg., Ensisheimianus (789) I 196. (j 789) II 490. (cj 791) II 679.
— Joh. Franc. Jos., Goemarensis (767) I 70. (j 767). II 443. (cj 768) II 625.
— Carol. Xav. Ign., Landserensis (cj 784) II 663.
— (Vendling) Franc. Ign., Landserensis (782) I 159 (*der vorige?*)
— Mich. Xav. Ant., Landserensis (784) I 169. (j 784) II 478.
Wendt, Chph., Lubecensis (th 679) I 648.
— Matthae., Stargardiâ-Pomeranus (j 669) II 287. (cj 669) II 524.
— Petr., Stetino-Pomeranus (th 648) I 615. s. Wend.
Wenekebach, Frid. Lud., von Nymburg Durlacensis (d 770) I 224.
Weng, Christi. Henr., Augustan. Vindelicorum (j 731) II 365.
(Weng), Georg Fried., Nerolingensis (j 671) II 293.
Wenger, Lud., Acherensis (j 742) II 386.
— Lud. Wilh., Acherensis (j 731) II 365.
— Joan. Carol., Gernspacensis (j 711) II 333.
— Melch., Hala-Suevus (j 634) II 232.
— Melch., Halâ-Suevus (th 663) I 637.
— Carol., Offenburgensis (775) I 112. (j 775) II 458.
Wenmaring, Joh. Bernhard., Mannhemio-Palatinus (d 770) I 226. (775) I 117. (m 775) II 107.
Wennckers, Joh. Wilh., Cleve (ch 782) I 248.
Wenndriet, Georg. Guil., Thuringus (j 762) II 429.
Wenning, Joan., Doerfflensis-Baruthinus (d 788) I 265.
Wensinger, Phil. Jul., Palat. Crucenacensis (m 724) II 39.
— Phil. Jul., Palatinatus (th 708) I 663
Wentenius, Joh., Lüdenscheidâ-Westph. (ph 627) I 286.
Wentz, Christi. Frid., Baadensis (m 786) II 119.
— Joh., Darmstat. (ph 633) I 300.
— Christian. Frid., Carolsruhensis (786) I 182.
— Martin, von Steinbach (ch 791) I 262.
Wentzel, Joh. Maurit., Francofurtensis (ph 652) I 335.
— Phil. Henr., ex Niderbrechen Trevirensis (d 771) I 262.
— Georg., Transylvanus (ph 679) I 373. s. Wenzel.
a Wentzky, Georg., Eq. Silesius (j 624) II 208.
Wenzel, Joh. Amand., Heningensis (ph 629) I 293.
— Jos. Franc., Mogonus (m 755) II 76.
— Gottfr. Traugott, Saxo (d 785) I 264.
— (Wencelius) Christi., Smölna-Misnicus (ph 633) I 302.
— (Wencelius), Petr., Wormatiensis (th 639) I 610. s. Wentzel.
Wenzelkubrer, M. Joh., Marpacho Württ. (j 633) II 231.
Wepefer s. Wepfer.
Wepfer, Joh., Klettgowensis (m 656) II 19.
— Joh. Jac., Schaphusa-Helvetus (m 639) II 14.
— Just. Jac., Schaffhusanus (j 724) II 350.
Werbeck, Dan., Argentinensis (ph 626) I 282. (cphm 627/28) I 524.

(Werbeck), (Wehrbeck), Joh. Dietr., Argentinensis (ph 701) I 388.
— Joh. Jac., Argentinensis (ph 655) I 340.
— Joh. Petr., Argentinensis (ph 640/41) I 312. (cph 641) I 470.
Werce, Claud., ex Lützelstein (j 763) II 433.
Werckmeister, Jac., Ruppin. March. (ph 637) I 309.
a Werdenstein in Delmessingen, Joan. Christoph., Suevus (j 686) II 312.
Werdmüller, Ant., Tigurinus (m 762) II 88.
à Werdt, Gabr., Helv. Bernas (j 764) II 435.
Werel, Jac. Rud., Delensis (j 686) II 313.
à Werle, Joh., Lubecensis (j 628) II 221.
Werlhof, Joh., Lubecensis (j 681) II 305.
Werloschnig de et in Berenberg, Ambr., Viennensis Austr. (m 726) II 41.
Wermann, Joh., Geithensis Misnicus (j 663) II 276.
Wermelskirchen, Henr., Emda-Frisius Orientalis (j 622) II 204. (cj 622) II 494.
de Wermenton, Louis Sigismond, de Paris (j 761) II 426.
Wern, Jac., Biberacensis (ph 634) I 303.
Wernborner, Joh. Christi., Alzeymio-Palatinus (m 728) II 42.
— Frid. Lud., Jugenheimensis (th 686) I 653.
Werné, Joh. Henr., Apiacens.-Alsata (j 707) II 330. (cj 709) II 549.
— Alex. Nic., Tabernensis (j 747) II 394.
— Jos. Ant., Tabernensis (cj 737) II 576.
Werne, C. Ph., Osnabrugensis (m 752) II 71.
— Henr. Phil., Osnabrugensis (783) I 167.
Werner, Franc., Argentinensis (ph 655) I 338. (cphm 657) I 541.
— Joh. Dav., Argentinensis (ph 655) I 339.
— Joh. Frid., Argentinensis (j 665) II 280.
— Joh. Frid., Argentinensis (767) I 65. (ph 767) I 444. (cph 767) I 508. (cphm 771) I 579. (th 772) I 692.
— Joh. Georg., Argentinensis (ph 631) I 297. (cph 631) I 467. (cphm 633) I 528.
— Joh. Jac., Argentinensis (ph 761) I 440.
(Werner), Joh., Lotharing-Bicensis (ph 624) I 278. (th 624) I 597.
— Paul., Birtehalb-Transylv. (ph 663) I 352.
— Joh. Dan., Braubacensis Hasso-Darmst. (th 699) I 659.
— Joh. Val., Braubacensis (j 705) II 328.
— Joh. Georg., Hoffgeismara Hasso-Casselanus (m 751) II 69.
— Joh. Frid. Dan., Cattimeliboco-Darmstad. (j 728) II 358.
— Jac., Catto Cassellanus (th 625) I 597.
— David, Suev. Halensis (ph 637) I 308.
— Joh. Chph., Heilbronnensis (cphm 621) I 518.
— Joh. Chph., Heilbronnensis (cph 650) I 332.
— Tilo Andr., Mundensis (j 670) II 293.
— Ferdinand., Olomucensis Moravus. (m 655) II 19.
— Simon Joh., Oppenheimensis (th 747) I 681.
— Ludov. Fridemann., Rupertovillan. (j 718) II 341.
— Maurit., Spirensis (ph 625) I 281.
— Joh. Casp., Suevophordia-Fr. (j 641) II 237.
— Franc. Lud., Turckheimensis (j 756) II 412.
— Georg. Leo Petr., Thüringheimensis (779) I 141. (j 779) II 467. (cj 781) II 658.
— Jos. Gregor., Turckeimensiss (j 755) II 410. (cj 756) II 600.
— Lud. Claud. Franc. Ant., Turckhemianus (cj 766) II 621.
— Joh. Christoph., Vayhingensis (m 725) II 40.
— Just., Weimar (j 661) II 270.
— Joh. Frid., Zeapolitanus (th 720) I 669. s. Wernher.
— cogn. Bóltz, Phil. Georg., (j 635) II 234.
Werneri, Joh. Dav., Schweickhusanus (ph 627) I 287.
— Joh. Jac., Schweickhusanus (ph 625) I 279.
Wernerth, Joh., Streitfurto-Transylv. (th 656) I 625.
Wernher, Joh. Wilh., Bipontinus (784) I 169. (j 784) II 478.
— Joan. Conr., Offenburgensis (j 633) II 231. s. Werner.
Wernickaw, Joh. Casp., Offonisburgensis (j 735) II 371.
Wernicke, G. Th. (j 730) II 362.
Wernigk, Phil. Frid., von Bosenbach i. Zweybrückischen (ch 788) I 257.
Werningsdorff, Severin., Mulhusio-Thuring. (j 642) II 238.

Werniory, Jac. Blas., Alberschewilleranus (766: Sarburgensis) I 56. (j 766) II 438. (cj 767) II 624.
Wernitius, Joh. Jac. (j 664) II 277.
Wernlein, Joh. Conr., Rotenburgo-Tuberanus (ph 645) I 320.
s. Weidlin, Weinlin.
Wernlin, Joh. Jac. Conr., Wetzflariensis (767) I 65.
Wernzinck, Franc. Wilh., Mogonus (m 758) II 81.
Werris, Franc. Bernard., Novesiens. Coloniensis (j 746) II 392.
Wersing, Lud. Franc., Suanheimensis (th 715) I 666.
Wertheim, Graf zu s. Löwenstein.
Werther, Franc. Ant., Monacensis (m 750) II 66.
— Frid. Wilh., Pyrgo-Beichling. Saxo (th 715) I 667.
— Bonaventura, Stetino - Pomeranus (j 629) II 222.
de Werthern, Christoph. (j 631) II 229.
— Gottlob, Thuringus (662) I 2. (j 661) II 271.
— Theodoric (j 631) II 229.
— Wolffg. (j 631) II 229.
Weselovius, Christoph. (j 665) II 281.
Wesenbeck (Wesenbecius), Joh. Cunr., Ulmano-Suevus (ph 642: Augustanus) I 314. (cphm 644) I 534.
de Wesenbeck, F. W. (j 673) II 297.
Wesener, Alb., Argentinensis (ph 642) I 314.
— Joh. Carol., Argentinensis (cphm 621) I 508.
— Joh. Phil., Argentinensis (ph 693) I 382.
— Phil. Alb., Argentinensis (ph 658) I 345. (cj 665) II 519.
— Casp. Tileman, Hallensis Saxo (j 661) II 270. (cj 661) II 516.
Wesenfeld, Conr., Francof. - Marchicus (m 730) II 44.
Wessel, Joh. Nicol., Batav. ex Java (m 752) II 69.
Wesselius, Gerhard., Bremensis (j 667) II 285.
— Elias, Bolesl. Silesius (ph 623) I 275.
Wesserer, Joh., Augusta-Vindelicorum (ph 649) I 330. (cphm 650) I 537.
Westendorf, Joh. Christoph, Wismariensis (771) I 93. (m 771) II 102.
Westerfeld, Joh. Henr., Argentinensis (ph 658/59) I 345.
— Joh. Marcell., Buxovillanus (ph 627) I 284. (cphm 629/30) I 526. (Theol. D. 643) I 702.
— Jodoc. Heinr., Coronaemontan. Wetteravus (ph 625) I 279. (cphm 626/27) I 523.
Westerkam, Joan. Henr., Hackelhemensis (j 740) II 383.
Westercamp, Petr. Lud. Domin., Lauterburgensis (785) I 175. (j 785) II 481. (cj 787) II 672.
de Westerholt, Alexand. Baron, Bavar. (781) I 48.
Westermann, Benjam., Argentoratensis (ph 756) I 436.
— Phil. Frid., Dorrenbach. Gutenbergensis (ph 731) I 413.
— Franc. Jos., Molsheimensis (777) I 132. (j 777) II 464. (cj 778) II 651.
— Ign. Lud., Selestadiensis (j 765) II 437. (cj 767) II 625.
Westhoff, Rutger., Iserlohnensis (th 667) I 640. (cm 668) II 138.
Westken, Bernh., Lubecensis (j 646) II 244.
Westman, Olaus, Gothoburg. Suecus (775) I 116.
Westphall, Hieron. Wilh. Chph., Brunswicensis (m 759) II 82.
— Joachim., Budissinensis Lusatus (j 653) II 255.
— Georg. Reinhard., Imbheimensis Hanoicus (th 721) I 669.
— Jac., Neobrandenburg. Megapolitanus (j 627) II 218.
Wetken, Reinhold., Hamburgensis (cj 659) II 513.
de Wettberg, Otto Christoph., Curonus (764) I 39.
Wetter, Just., Osnabrugensis (j 651) II 252.
— Wilh. Frid., Osnabrugensis Westphalus (j 625) II 210.
— Joh., Helv.-Herisaviensis (m 719) II 37.
— Josua, Sangallo-Helvetus (j 642) II 239.
Wettläuffer, Joh. Henr., Göppinganus (th 660) I 631.
Wetzel, Carol. Frid., Argentinensis (776) I 59.
— Dan., Argentinensis (j 651) II 251.
— Gottofr., Argentinensis (ph 746) I 427.
— Joh. Georg., Argentinensis (ph 626) I 284. (cph 626) I 464. (cphm 630) I 526.
— Joh. Georg., Argentinensis (ph 732) I 414.
— Eman., Bruga Helvetus (m 728) II 43.
— Eugen. Alex., Bruxellensis Belga (j 670) II 293.
— Franc. Joan., Bruxellensis Belga (j 670) II 293.

(Wetzel), Peter Paul, Horb am Neckar (m 756) II 77.
— Joh. Frid., Colmariensis (ph 752) I 432.
— Nic., von Liestal (ch 772) I 229. s. Wezel.
Wevee, Leop., Meinertzhagensis Westphalus (th 656) I 625.
Wevitzer, Jac., Stralsundâ-Pomeranus (j 648) II 246.
Wex, Joh. Chphr., Altenburgensis (j 648) II 247.
Wey, Joan. Frider., Juliomagensis Suevus (j 701) II 325.
Weyd, Claud., Neovillanus (767) I 69. (j 767) II 443.
Weydacher, Joh., Wormatiensis (ph 645) I 321.
Weydenkopf, Joh. Ludov., Spirâ-Nemes (j 684) II 308.
— Joh. Petr., Spirensis (ph 680) I 374.
— Joh. Ulr., Spirensis (ph 650) I 332.
— Joh. Wilh. (j 637) II 235.
Weydknecht, Phil. Carol., Argentinensis (ph 752) I 432.
— Joan. Mich. (j 739) II 382. s. Weidknecht, Weyknecht.
Weydtman, M. Eman., Basileensis (th 643) I 613.
Weyel, Joh. Andr., Argentinensis (cphm 660) I 542.
— Joh. Dan., Argentinensis (ph 708) I 395.
— Joh. Frid., Argentinensis (cph 697) I 486. (cphm 699) I 558.
Weyer, Lud., Hallensis Saxo (j 670) II 292.
— Heinr., Livonus (j 650) II 250.
de Weyers, Amand. L. B., Fuldensis (764) I 39.
Weygand, Carol. Jac., Wimpfensis (ch 787) I 257.
Weyher, Joh. Frid., Argentinensis (772) I 98. (ph 772) I 448.
Weyknecht, Joh. Ulr., Spirensis (j 684) II 308. s. Weydknecht.
Weyland, Friedr. Leop., Buxovillanus (766) I 63. (m 766) II 97. (cm 771) II 182.
— Georg. Leop., Seebaco-Hanov. (m 736) II 48.
— Joh. Car., Seebaco-Hanoviensis (j 736) II 373. (cj 741) II 580.
Weylandt, Joh. Wilh., Westfalen (ch 784) I 252.
Weymann, Chph. Erhard., Ulmensis (th 724) I 670.
Weys, Chphr., Halâ-Saxo (j 652) II 253.
Wezel, Jac. Rudolph., Delensis (cj 687) II 538.
(Wezel), Phil. Heinr., Ingovillanus (ph 750) I 430.
— Joh. Christi., Schlaiza Variscus (j 676) II 300. s. Wetzel.
Wibel, Georg. Bernh., Durlacensis (ph 642) I 315.
— Joh. Frid., Suevo-Halensis (cj 667) II 521.
— Jos. Bernh., Hala-Suevus (ph 671) I 366.
— Joh. Georg., Hoenloicus (th 685) I 653.
— Joh. Lud., Hoenloico-Francus (j 718) II 340.
— Joh. David, Hohenloicus Kirchbergâ (j 685) II 311.
— Joh. David, Phorcensis (ph 659) I 347.
— Joh. Frid., Phorca-March. (th 663) I 634.
— Theophil., Phorcensis (ph 651) I 334.
— Georg. Daniel, Weickersheim. (m 765) II 93. (cm 768) II 180.
Wibius, Simon, Danus (m 627) II 9. s. Wiebe.
Wibner, Franc. Jul. Phil., Groeninga-Limburgic. (j 687) II 314.
Wiborg, Peder, aus Dänemark (769) I 81.
de Wibyholm, L. B. s. Wasabourg.
Wichard, Franc., Argentinensis (m 744) II 57.
Wichert, Carol., Preusch-Holland. Brandenburg. Prussus (m 745) II 57.
Wichmann, Joach., Hamburgensis (j 642) II 239.
— Joach., a Neoweda (j 625) II 210.
— (Wichmand), Barthold., Nicopia Falstror. Danus (m 748) II 63. s. Wiechmann.
Wichtius, Joh., Usingensis Nassov. (th 642) I 611.
— Joh. Bernh., Usingae-Wetterav. (j 698) II 321.
Wicka, Carol. Georg. Ignat., Delemontanus (j 733) II 370.
— (a) Felix Aloys. Jos. Conr., Delemontan. Raurasus (j 732) II 367.
a Wickeden, Joh. (j 651) II 251.
— Thom. Heinr. (Lubecensis) (j 651) II 251.
a Wickersheim, Joh. Adam., Resensis (j 654) II 257.
Wickh, Dav., Ulmanus (j 626) II 213.
Wid, Joh. Jac., Lohra-Brisgojus (ph 627) I 285. (cph 627) I 464. s. Widt.
Widber, Johan., Sitta-Lusatus (m 614) II 2.
Widder, Joh. Adam., Vangio Neuhusian. (j 623) II 206. s. Wider, Wieder.
Widderhold, Georg, Fridberg. Wedderavus (ph 633) I 302. s. Wiederholdt.

Widekin, Godefrid., Paderbornensis (777) I 130. (m 777) II 110.
Wideman, Georg. Sebast., Augustanus (m 626) II 8. (cm 630) II 127.
— Joh.Georg., Esslingensis (ph 634) I 305.
— Christi., Gorlitz. Lusatus (j 670) II 290. (cj 670) II 525.
— G., Gorlicensis Lusatus (j 625) II 211.
— Joh. Henr., Monasteriensis ex valle Gregor. (ph 751) I 432.
— senior, Joh. Leonh., Monasteriensis (ph 668) I 361.
— Joh. Jac., Neustadio-Palatinus (j 663) II 276. (cj 680) II 532.
— Georg. Wilh., Nordlingensis (ph 647) I 326.
— Georg. Wilh., Nerolingensis (j 684) II 307.
— Christian. August., Plav. Varisc. (j 718) II 340.
— Heinr. Lud., Thrüdingensis (j 649) II 248.
— Joh. Rud., a Trüdingen (ph 660) I 347.
— Matthae., Ulmanus (j 641) II 237.
— Seb., Weidenstettâ-Ulmanus (th 623) I 596. (cphm 625) I 522.
s. Widmann, Wiedmann, Widenmann.
Widemeyer, Joh., Rochlizio-Misnicus (j 629) II 223. s. Widmajer.
Widenma, Jos. Anton., Marckdorffens. Suevus (j 723) II 349.
Widenmann, Jos. Fidel., Dillingan. Suevus (766) I 63. (j 766) II 441.
Widnmann, Jos. Valent. Vincent., Wallerstein. Suev. (766) I 62. (j 766) II 440. s. Widmann, Widemann, Wiedmann.
Wider, Georg. Eric., Austriacus (th 653) I 621.
— Abrah., Köppacensis Austrius (j 643) II 240.
— Mathias, Koppacensis Austrius (j 644) II 241.
— Phil. Ernric., Köppacensis Austrius (th 643) I 612.
— Joh., Onoldo-Francus (j 699) II 324.
— Jac. Eric., Ratisbonensis (j 687) II 314.
— Matthae., Ratisponensis (j 718) II 341. s. Widder, Wieder.
Widerspach (Wiederspach, Widersbach), Franc., Pfirtensis ex Songavia (j 699) II 322. (cj 699) II 543.
— Franc. Georg. Ant. Ferdin., Pfirtensis Alsata (j 753) II 406.
— Joh. Erhard., Pfirtensis ex Songavia (j 699) II 322. (cj 700) II 544.
— Franc. Jos. Ign., Ferrettensis (cj 767) II 624.
de Widersbach (Widerspach), Franc. Jos. Ign., (Landserensis) (767) I 66. (j 767) II 442.
— Georg. Franc. Xav. Jos., Lanzerensis (779) I 141. (j 779) II 467. (cj 781) II 656.
Widerspohn, Zachar. (d 726) I 211.
Widholtz, Dan., Augustanus (m 619) II 4. (m 621) II 5.
— Jerem., Augustanus (m 612) II 1.
— Joh. Ulr., Augustanus (ph 646) I 323. (cm 651) II 133.
Widmann, Xaver., Buchaviensis Suevus (787) I 188. (j 788) II 674.
— Paul., Chambo Palatinus (ph 625) I 281.
— Joh., Geislinga - Ulmanus (ph 624) I 277 (cphm 625/26) I 522.
— Joh. Petr., Suevo-Halensis (ph 655) I 339.
— M. Joh., Lauschensis (th 712) I 665.
— Joh., Neostadiensis ad Aisam (th 666) I 639.
— Joh. Wilh., Noribergensis (m 712) II 34.
— Joh. Wilh., Noribergensis (m 746) II 60.
— Achilles Ulr., Oringâ-Francus (j 623) II 206.
— Georg. Sigism., Ratisbonensis (cj 624) II 495.
— Joh. Abrah., Ratisponensis (j 655) II 259.
— Ge. Frid., Weickerscheimensis (ph 622) I 274.
— Phil. Elias, Wertheim. Francus (ph 651) I 133.
s. Widemann, Widenmann, Wiedmann.
de Widmann, Leopold. L. B., Vindobonensis (739) I 26.
Widmajer, Franc. Xav., Rottenburgensis Suevus (j 741) II 384. s. Widemeyer.
Widmer, Joh., Altnov. Helvetus (m 746) II 59.
— Joan. Georg., Helv. Lucernas (m 750) II 66.
— Jac. Ant., Waldkyrchensis Helvet. (788) I 191. (m 788) II 190.
Widow, Conr., Hamburgensis (j 710) II 332. (cj 713) II 552.
— Conr., Hamburgensis (j 748) II 396.
Widt (Wiedt), Joh. Dan., Argentinensis (ph 623) I 276.
— Joh. Dan., Argentinensis (ph 657) I 342. (cm 662) II 136.
— Joh. Frid. Jac., Argentinensis (ph 632) I 299.

(Widt), Joh. Reinhart., Argentinensis (ph 625) I 275. (cm 637) II 129.
— Wolffg. Dan., Argentinensis (ph 736) I 417. (ph 736) I 497. (cphm 740) I 571. (cj 745) II 583.
— Frid. Jac., Offendorffensis (ph 658) I 345. (cj 667: Alsatus) II 521.
— Phil. Dav., Rüdenhusâ-Francus (j 726) II 354.
Wiebe, Carol. Freder., Suecus Carolicronae natus (m 757) II 79. s. Wibius.
Wieber, Adam Wilh., Marisfeldâ-Hennebergicus (th 651) I 619.
Wiebers, Melch., Dantisco-Boruss. (j 622) II 205.
Wiechmann, Joh. Phil. Conr., Hannoveranus (m 738) II 51. s. Wichmann.
a Wied, Dominus de Runckel et Isenburg, Comes.
— Carol. (780) I 48.
— Christian. Ludov. (788) I 52.
— Frid. Ludov. (786) I 51.
— Joh. Frid. Alex. (725) I 19.
Wiedmann, Daniel, Argentoratensis (ph 738) I 419. (cph 741) I 499. (cphm 742: Joh. Dan.) I 572. s. Widmann, Wiedemann.
Wiedenfeldt, Just. Nicol., Hannoveranus (m 739) II 52.
Wieder, Georg., Dantiscanus (j 649) II 248. s. Widder, Wider.
— Daniel, Elbing. (ph 634) I 305.
Wiederholdt, Joan. Guilh., Dillaeburg. Nassav. (cj 728) II 567. s. Widderhold.
Wiedt s. Widt.
Wiegandt, Petr., Isnacensis Thuringus. (j 664) II 279. s. Wigandt.
Wiegel (Weigel), Joh. Phil., Argentinensis (ph 753) I 433. (cph 754) I 504. (cphm 759) I 576. (cj 769) II 629.
Wieger, Frid., Argentinensis (ph 665) I 356. (cj 673) II 528.
— Joh., Argentinensis (ph 704) I 391. (cj 712) II 551.
— Joh.. Argentinensis (ph 753) I 433.
— Joh. Frid., Argentinensis (ph 745) I 425. (cj 754) II 597.
— Lud. Carol., Darmstadiensis (j 735) II 372.
— Frc. Frid., Francofurtensis (ph 725) I 409.
— Joh. Jac., Landaviensis (j 635) II 235. (cj 646) II 506.
Wieland, Dan. Henr., Argentinensis (ph 690) I 381.
— Jac., Augustanus (ph 648) I 327.
(Wieland), Joh., Löhra-Ulmanus (th 650) I 618. s. Wiland.
— Joh. Carol., Posonio-Hungarus (m 742) II 55. s. Wielandt.
Wielandt, Carol. Frid., Durlacensis (ph 740) I 421.
— Lud. Henr., Durlac. Pforzhem. (781) I 156. (m 781: Badensis Pforzhemio) II 114.
— Joh. Adam., Rheinfeldensis (ph 741) I 422.
— Joh. Henr., Richovillanus (ph 708) I 395.
— (Wieland), Joh. Henr., Richovillanus (j 641) II 237. (cj 647) II 506. s. Wieland.
Wieling, Wilh. Adrian., Hagae Comitum (788) I 191. (j 788) II 488.
Wiener, Alex., Hasso-Darmstatinus (m 764) II 93.
Wieninger, Ignat., Bojus Innerzellensis (j 748) II 398.
— Maxim., Ratisbonensis (j 759) II 422.
Wierdtenberger, Jos., von Wolfach (ch 788) I 257.
Wiese, Benj., Hamburgensis (j 648) II 245.
Wiesmar, Joh. Balth., Giessensis (th 665) I 638.
Wiest, Joh. Henr., Holsatus (785) I 50.
Wiethaw, Mich., Biberacensis (th 647) I 614.
Wietor, Thom., Bonosdorffino-Transylv. (th 665) I 637. s. Vietor.
Wigandt, Franc. Ant. Eckenbert., Herbipolensis (j 699) II 322. (cj 701) II 545.
Wigand, Christi. Mart., Smalcaldensis (m 721) II 38. (cm 722) II 154. s. Wiegandt.
Wight, Aloys., Badensis (j 768) II 443.
Wiland, Joh., Bäumerstatt. Ulmanus (th 629) I 602. s. Wieland.
Wilberding, Christi. Wessel., Monasteriensis (776) I 125.
Wilborn, Joh., Argentinensis (ph 717) I 403.
Wilbrecht, Abraham, Haffniensis (m 761) II 85.
Wilcke (Wilckius), Georg. Wilh., Coburgô Francus (j 670) II 290.
Wilcken, Jac. Anton., Dusselanus (772) I 99. (m 772) II 103.
— Egbert., Friso (th 623) I 595.
Wilckens, Joh. Phil., Hess. Darmstadt (766) I 64.
— Christian. Henr., Nass. Sarepontanus (775) I 113. (m 775) II 106. (cm 777) II 188.
— Joach., Tychopoli-Holsatus (m 731) II 45. s. Wilkens.

Wild (Wildt), Joh. Mich., Argentinensis (ph 729) I 411. (cphm 734) I 569.
— Joh. Mich., Argentinensis (769) I 81. (ph 769) I 446. (cph 770) I 510. (cphm 774) I 580.
— Joh. Phil., Argentinensis (ph 728) I 410.
— Joh. Ulr., Argentinensis (ph 658) I 343. (cphm 659) I 542.
— Adam., Durlacensis (th 670) I 643.
— M. Adam., Durlacensis (th 698) I 658.
— Joh. Jac., Durlacensis (ph 653) I 336.
— Joh. Christoph., Goerlicensis (771) I 91. (m 771) II 102.
— Joh. Georg., Heilbronnensis (th 725) I 671.
— Carol. Frid., Colmariensis (j 757) II 414.
— Joh. Godefr., Mietersholzensis (773) I 101. (ph 773) I 448. (cj 781) II 659.
— David, Montisbelgardensis (th 668) I 641.
— Jul. Frid., Montbelgardensis (ph 694) I 383.
— Thom., Neofano - Variscus (th 624) I 709.
— Joach., Neotreptoa Pomeranus (ph629) I 292.
— Gottfriedt, Plaviensis Variscus (j 662) II 273.
— Esaias Paul., Ratisbonensis (j 680) II 303.
— Sebast,, St. Gallen (788) I 192. (d 788) I 265.
— Joh., Theningensis (th 707) I 663.
— Joh. Rud., Ulmensis (cphm 621) I 518. (th 624) I 707.
— Joh. Bernh., Wimpinens. (ph 634) I 303. (cj 641) II 504.
Wild s. Plato.
Wild- und Rheingrafen (Comites Silvestres et Rheni).
— Carol. Lud. Phil. (692) I 10.
— Frid. Phil. (664) I 3.
— Joh. Phil. (739) I 36.
— Dynasta Comitat. Püttling., Joh. Frid. (742) I 28.
Wildberger, Joh., von Neunkirch C. Schaffhausen (ch 783) I 251.
Wildenfels s. Solms.
von Wildensheim, Baron (747) I 30.
Wilderich, Joh. Georg., Argentinensis (788) I 190.
Wildermett, Frid., Bienensis - Helvetus (783) I 168. (j 783) II 477.
— Sigism. Henr., Biennensis - Helvetus (784) I 170. (j 784) II 479.
Wildermuth, Frid. Wilh., Argentinensis (ph 731) I 412.
— Joh. Henr., Argentinensis (ph 759) I 438.
— Joh. Theob., Argentinensis (ph 731) I 412.
Wildmaister, Joh. Georg., Suinfurto-Francus (j 664) II 278.
Wilhelm, Joh. Georg., Argentinensis (ph 705) I 391. (cm 713) II 151.
— Lud., Argentinensis (789) I 195. (j 789) II 490.
— M. Matthi., Augustanus (th 625) I 598. (th 627) I 601.
— Jos, Badonvillarensis (d 747) I 217.
— Franc. Ant., Blienschwilleran. (j 729) II 567. (cj 738) II 378.
— Joh., Brisacensis (d 715) I 208.
— Maurit, Lud., Buxovillanus (m 765) II 93.
— Franc. Joe. Matthias, Ensishemianus ex Alsatia superiori (j 743) II 388.
— Joh. Nic., Fuldensis (j 759) II 420.
— Joan. Nicol., Fuldensis (771) I 93. (cj 771) II 635.
— Franc. Jos., Issenhemianus (782) I 160. (j 782) II 475.
— Joan. Theob., Isenheimensis (j 750) II 402.
— (Guilhelmus) iun., Joh., Landoënsis (cphm 625/26) I 522.
— Alb., Lippiensis Westphalus (j 650) II 250.
— Jos., Mazopolitanus (778) I 133. (j 778) II 464. (cj 779: Conr. Jos. Ant.) II 653.
— Petr, Mazopolitanus (766) I 63. (j 766) II 441. (cj 768: Petr. Franc.) II 627.
— Anton., Mergentheimensis (771) I 94. (m 771) II 102.
— Mich., Regiomont. Borussus (th 624) I 596.
— Jerem., Ulmanus (ph 658) I 343.
— Joh., Ulmensis (ph 647) I 324.
— (Guilelmi), Sylvest., Ulmensis (j 626) II 212. (cj 628) II 497.
— Georg. Henr., de Würtzbourg-Franco (j 699) II 322.
Wilhelmj, Carol., Boemus Pragensis (j 754) II 409.
Wilimann, Jos. Ant. Henr., Rothenburgensis Lucerinus (m 761) II 86.
Wilkens, Nicol., Hamburgensis (j 699) II 322.
— Joh., Holsatus (j 673) II 298.
s. Wilckens.

Will, Carol. Borom., ex Baccharat i. Lotharingia (771) I 94. (m 771) II 102. (cm 774) II 185.
— Jac., de Bassing en Lorraine (ch 781) I 247.
— Paul., Norimbergensis (ph 631) I 297. (cphm 633) I 528.
s. Wille, Willius.
Willareth, Bernh. Fried., Münzesheim Cant. Breusgau (m 750) II 65.
Wille, Joach., Atrivio-Variscus (th 630) I 603.
— Ant., Bavarus (782) I 159.
— Georg., aus Herborn (ch 773) I 231.
s. Willius.
Willebrand, Georg, Revalia. Livonus (j 663) II 276.
Willem, Joan. Chph., Molshemensis (cj 711) II 550.
Willemann, Joan. Petr. Roman., Argentinensis (j 734) II 370. (cj 737) II 576.
— Laur., Argentinensis (j 706) II 329.
— Franc. Xav. Theob., Sultzensis ex infer. Alsatia (cj 718) II 556.
— Joan. Jac., Thannensis (j 648) II 247.
Willemin, Richard., Brundrutanus (j 743) II 388.
Willemssenn, Joh. Rud., Monaster. Westphalus (m 736) II 49.
Willer, Mart., Silesius (j 626) II 214.
Willermin, Franc., Vicensis (766) I 57. (j 766) II 439. (cj 771) II 633.
Willers, Joh., Hamburgensis (j 624) II 207.
— Joach. Christoph., Spirensis (ph 625) I 282.
— Joach. Lud., Spirensis (j 639) II 236.
Willet, Georg., Ratisponensis (th 655) I 622.
Willich, Joh. Julius, Goettingensis (773) I 104.
— Godfr., Hamburgensis (th 658) I 627.
— Chph. Frid., Hamburgensis (m 634) II 13. (cm 635) II 128.
Willig, Joh. Georg., Lohra-Brisgoj. (cphm 680) I 551.
— Franc. Balth., Ravenspurg. Suevus (766) I 56.
Willigmann, Joan. Bapt. Severin., Langenargensis Acronianus (j 732) II 367.
Willin, Joan. Petr., Belfortensis (j 686) II 312. (cj 686) II 537.
Willius, Joh., Elbinga-Borussus (th 633) I 606.
— Bartholom., Moeno-Francofurtensis (j 630) II 226.
— Joh. Valent., Moeno-Francofurtensis (m 633) II 12. (cm 640) II 130.
(Willius), Christian., Coldic. Misnicus (th 641) I 611.
— Emanuel, Colmariensis (ph 671) I 365. (j 677) II 301.
— Joh. Val., Colmariensis (cm 671) II 139.
— Joh. Mich., Landaviensis (ph 645) I 320.
— Nic., Mulhusino-Helvetus (m 732) II 46.
— Vict., Oberfeld. Saxo (ph 626) I 282.
— M. Casp. Cunr., Smalcaldia-Francus (th 645) I 613.
— Christi., Smalcaldia-Francus (cphm 643) I 534.
— Joh. Frid., Smalkaldensis (ph 646) I 322. s. Will, Wille, Wyllius.
Willy, Conr., Helvetô-Abbatiscellan. Câsâ. (cm 744) II 164.
Wilpert, Georg. Frid., Megapolitanus (m 731) II 45.
Wilssdorff, Joh. Dav., von Weinheim a. d. Bergstrass (ch 780) I 244.
Wilstach, Herm., Westphalus (j 663) II 276.
Wilstag, Johan Stephan, Corbac. Gualdeccus (j 670) II 291.
Wilstius, Bertr. Casp., Hattnegensis (th 658) I 628. (cphm 662) I 543.
Wiltmeister, Anton. Melchior, Neoforensis (m 739) II 52.
Wilwesheim (Wilvisheim), Georg. Frid., Argentinensis (ph 655) I 340.
— Joh. Dan., Argentinensis (ph 644) I 319. (cm 652) II 133.
— Joh. Casp., Hagenoensis (ph 628) I 288.
Wimpff, Joan. Georg., Argentinensis (j 707) II 330. (cj 709) II 549.
— Joh. Georg., Selestadianus (j 673) II 298.
Wimpffen (Wimpff), Joh. Sebast., Hagenoicus (j 696) II 319.
— Lud. Carol., Hagenoensis (j 746) II 392. (cj 749) II 589.
— Joan. Jos. Leop., Colmariensis (j 756) II 413. (cj 758) II 602.
De Wimpffen, Petr. Christi., Minfeldens. Alsata (j 742) II 386.
— Stanisl. Lud., Minfeldensis (j 738) II 379. (cj 741) II 579.
Winand, H. Aubert., Luxemburg. (738) I 25.
Winat, Joan., Albimontanus (m 747) II 60.
de Winckelhausen, Carol. Phil. Comes (738) I 25.
— Herr zu Merlo, Phil. Wilh. Frhr. (673) I 6.

Winckler, Theophil. Frid., Argentinensis (786) I 179. (ph 786) I 456. (th 792) I 700.
— Paul, Glogovia-Silesius (j 653) II 256.
— Joh. Lud., Hamburgensis (j 715) II 338. (cj 718) II 556.
— Joh. Mart., Hamburgensis (j 715) II 338. (cj 719) II 557.
— Frid., Lobaviâ-Lusatus (j 653) II 255.
— M. Tobias, Norimbergensis (th 671) I 645.
— Phil. Jac., Viennensis Austrius (ph 652) I 335. (cphm 654) I 539.
— Mart. (m 739) II 52.
de Winckhler, Jos. Ant., Hohenbalderens. Rhaetus (777) I 127. (j 777) II 463.
Wind, Oligerus, Danus (j 643) II 240.
Windeccer, Phil. Engelbert., Moeno-Francofurtensis (j 655) II 259.
Windenius, Joh. Georg., Argentinensis (cph 676/77) I 480.
— Joh. Jac., Argentinensis (cph 686) I 483. (cphm 690) 554,
— Joh. Georg., Sarae - Bockenheimensis (ph 649) I 330. (cph 649/50) I 473. (cphm 652) I 538.
— Joh. Jac., Sigenensis (th 624) I 709.
Windhesel, Jac. Ern., Eschenoviensis Noricus (th 634) I 607.
Windholtz, Georg. Chph., Argentinensis (ph 657) I 342.
Windisch, Paul., Geithan. Misnicus (ph 649) I 328.
— Joh. Godofr., Posoniensis (ph 673) I 369.
Winer, Michael, Waldoffio-Hennebergicus (ph 644) I 319.
Winheim, Joh. Albert., Moeno-Francofurtensis (j 673) II 296.
— Joh. Phil., Moeno-Francofurtensis (j 673) II 296.
Winistörcher, Varus, von Heinrichsweill C. Sollothurn (ch 770) I 228.
Winkler (Wincler), Christian., Goldbergensis Silesius (th 621) I 591.
— Adolph Bernhard, Lipsiensis (m 747) II 62.
— Georg., Lipsiensis (j 632) II 230.
— Joh. Bened., Lubecensis (j 651) II 252.
— J. David, Wetzlariensis (778) I 139. (m 779) II 111. s. Winckler.
Winling, Joh. Casp., Hochfeldensis (j 758) II 418. (cj 763) II 614.
Winsheimer, Joh. Henr., Darmstatinus (th 657) I 626.
Winsius, Nic., Sedinens. Pomeranus (j 625) II 212. (cj 626) II 496.
Winstman, Eric., Hamburgensis (j 624) II 210.
Winter, Joh. Laur, Altstadiens. Wetteravus (j 697) II 320.
— Phil. Jac., Argentinensis (771) I 90. (ph 771) I 446.
— Sim., Argentinensis (ph 733) I 415.
— Sim., Argentinensis (772) I 96. (ph 772) I 447.
— Dan. Andr., Argentinensis (786) I 180. (ph 786) I 456.
— Joh., Argentinensis (ph 669) I 362.
— Joh. Chph., Argentinensis (cph 699) I 486. (cphm 701) I 559.
— Joh. Franc., Argentinensis (ph 712) I 398. (cj 721) II 559.
— Joh. Lud., Argentinensis (ph 728) I 411. (cj 736) II 575.
— Phil. Christi., Argentinensis (ph 709) I 396.
— Phil. Reinhard., Boffzheimensis (ph 707) I 394.
— Joh. Georg., Hessus (ph 747) I 428.
— Joan. Valent., Landaviensis (j 750) II 400.
— Wern. Christi., Oberhoffensis Alsata (776) I 123. (ph 776) I 450.
— Petrus, Raceburgensis Mecklenburg. (j 713) II 336.
— Christian. Carol., Richovillanus (788) I 190. (ph 788) I 457. (j 788) II 488.
— Joh. Petr., Rotenburgensis (ph 651) I 333.
— Petr., Triburiensis (th 667) I 640.
— Jean Mathias, Trier (ch 787) I 256.
— Joh. Chph., Wormatiensis (ph 634) I 304.
Winterbach, Joh. Bernh., Rotenburgo-Tuberanus (ph 647) I 325.
Wintergerst, Balth., Argentinensis (ph 655) I 338. (cph 655) I 475. (cphm 658) I 541.
— M. Balthas., Augustanus (th 627) I 600.
Winterhalter, Jac., Simonswaldensis (m 763) II 90.
Winters, Theodor. Ant., Borken - Westphalus (774) I 111. (m 774) II 106.
de Winterstätten s. Schenk de Winterstätten.
Wintgens, Henricus, Dusburgo Clivus (j 669) II 289.
a Wintheimb, Herm., Hannoveranus (j 654) II 256.
Winther, Joh. Nic., Danus (m 725) II 40.
Winzgerodt, Joh. Christi., Eichsfeldensis (j 698) II 320.
Wipf, Bened., Schaffhus. Helvetus (778) I 138.

(Wipf), Joh. Casp., Scaphusa-Helvetus (m 753) II 72.
Wipper, Franc. Anton., Richovillanus (j 740) II 383. (cj 742) II 581.
— Franc.Lud.,Ricovillanus(j752) II 406.
— Sim. Henr., Ricovillanus (j 750) II 402.
Wippermann, Joh., Lemgoviensis Westphalus (j 621) II 204.
— Frid. Otto, Schaumburg. Guestphalus (j 714) II 337.
— Libor. Wilh., Schaumburg. Westphalus (j 685) II 309.
Wiprecht, Heinr. Constantin., Lipsiâ-Misnicus (j 688) II 316.
Wirth, Pet. Nic., Erbacensis in Rhingavia (ch 776) I 237.
— Joh. Georg., Göttingen (ch 778) I 240.
— Barthold., Leostein.Saxo(ph672) I 368.
— Franc. Carol., Liechtensteig. Helv. (m 742) II 55.
— (Würth), Franc. Jos., Liechtensteigâ-Helv. (j 765) II 437.
— M. Polycarp., Lipsiensis (j 631) II 230.
— Ant., Rheno-Saxovius (j 709) II 332.
— Jos. Martin, Tigurinus (m 756) II 77.
— Joseph Ant., Toggius Helv. (m 757) II 78.
— Georg. Phil., Ulmensis (ph 715) I 402.
s. Würth.
Wirtzell, Joh. Georg., Francofurtensis (th 660) I 630.
Wirwatz, Just. Andr., Moeno-Francofurtensis (ph 687) I 379.
Wirz, Joan. Jos., Lucernensis (785) I 175. (m 785) II 117.
— Jos. Ignat., de Rudenz Helvetus Subsylvanus (j 765) II 436.
Wiscler a Güldenbronn, Joan. Maxim., Moeno-Francofurtanus (j 655) II 260.
Wiser, Joh. Ludov., Tigurinus (m 757) II 79.
Wiskemann, Joh. Jac., Mogon. Lohranus (775) I 117. (m 775) II 107.
Wisman, Henr., Marcanus (th 665) I 637.
Wismüller, Casp., Augusta-Vindelicorum (ph 644) I 319.
Wisner, Joh. Henr., Silesius (j 655) II 259.
Wissel, Joachim, Guelferbitanus (j 655) II 260. (cj 656) II 512.
de Wissenbach, Georg. Henr., Birsteinâ-Isenburgicus (j 722) II 347.
Wismann, Georg. Christoph., Wormatiensis (j 707) II 330.
Wist, Seb., Nerolinganus (th 661) I 632.
— Joh. Jac., Nerolinganus (th 661) I 632.
Witgenstein, Wiric. Gulielm., e Marco-Guest. Bochum. (cj 666) II 520.
Withut, Valentin, Hildesiensis Saxo (j 659) II 267. (cj 660) II 515.
Witmann, Joh., Pragenus (th 624) I 597.
Witriarius, Georg., Solnensis Hungar. (th 626) I 599.
Witsch, Jos. Ant., Offonisburgensis (j 757) II 416.
— Xaver., Offonisburgensis (j 765) II 438.
Witschel, Christi., Gotha Thuringus (j 669) II 289.
Witstoch, Adam., Banoâ-Pomeranus (ph 629) I 692.
Witte, Hect. Wilh., Francofurtensis (ph 693) I 382.
— Nic., Hamburgensis (th 670) I 643.
— Georg., Reval-Livonus (j 648) II 246.
— Henning., Rigâ Livonus (th 663) I 635.
a Witte s. Frümel.
de Wittenhorst, Dorming in Sonsvelt.
— Frid. Wilh. Baro (668) I 4.
Witter, Joh. Jac., Argentinensis (ph 708) I 395 (cphm 711) I 563.
Witthauer, Joh. Paul., Schleusingensis (ph 670) I 363.
Witthenius, Matthi. Ernest., Marco-Halverensis (th 637) I 609.
Wittich, Joh. Georg., Hasso Crumstadinus (j 741) II 384.
— Georg., Lygio-Siles (j 627) II 218.
— Christi., Misnicus (j 657) II 263.
— Heinr., Pegav. Misnicus (ph 650) I 332.
— Christi. August, Rugenwald. Pomeranus (j 674) II 299.
— Anthon., Storndorf. Hassus (ph 668) I 360.
— a Taupadel, Tobias, Bregâ-Silesius (j 649) II 249.
Wittkophe, Jean Chretien, Holmiensis (m 758) II 81.
Wittlinsbach, Franc. Ant., Adenau i. Kölnischen (782) I 159.
Wittmann, Joh. Andr., Argentinensis (767) I 65. (ph 767) I 444. (cph 767) I 508.
— Joh. Jac. Argentinensis (ph 724) I 407. (cj 742) II 570.
— Joh. Jac., Argentinensis (ph 761) I 439.
Wittweck, Mich., Gedanensis (m 746) II 59.
Wittwer, Joh Conr., Norimbergensis (m 742) II 55.
— Phil. Lud., Norimbergensis (772) I 98. (m 772) II 103. (cm 774) II 184.

Witz, David Nic., Argentinensis (ph 731) I 413.
— Joh. Georg., Ulmensis (th 631) I 605.
Witzel, Joh. Casp., Moeno-Francofurtensis (m 673/4) II 26. (cm 676) II 141.
— Joh. Lud., Francofordiensis ad Moenum (m 645) II 16. (cm 651) II 133.
Witzendorff, Franc., Lunaeburgensis (j 627) II 219.
von Witzleben, Joh. Casimir, Nob. Francus (j 629) II 223.
— Frideman Lud., Eq. Thuring. (j 625) II 211.
Wicztzlinus, Alex., Colmariensis (ph 625) I 279.
Wix, Lud., von Holzen Bado-Durlacensis (d 770) I 224.
— Frid. Wilh., Carlsruhensis (783) I 167. (th 783) I 697.
Wixius, Joh. Henr., Colmariensis (j 685) II 309.
Woborsky, Zacharias, Hungarus (ph 657) I 342.
Wochennawer, Joh. Georg., Heidenheim Wurtenbergicus (ph 623) I 276.
Wocher d'Oberlohn, Carol., Ravenspurgensis (766) I 62.
Wodniansky de Wildfeld, Wencesl. (741) I 28.
Woelcker, Georg. Carol., Noribergensis (j 679) II 302.
— (Wölcker) Lazar. Carol., Norimbergensis (j 715) II 338.
Woelffing, Jac. Heinr., Taefferroth Wirtembergicus (m 742) II 55.
Woelffinger s. Wölffinger.
Woelfflinger, Joan. Valent., Weyerenemensis (779) I 140. (j 779) II 467.
Wogau, Melch., Hallensis Saxo (j 627) II 218.
Wogesser, Joh. Phil., Argentinensis (cph 637/38) I 469).
Wogs, Phil. Jac., Westriacus (j 629) II 224.
Wohlfart (Wolfarth), Laur., Argentinensis (ph 645) I 320.
— Mart., Argentinensis (784) I 171.
— Matthi., Argentinensis (cph 622) I 460.
— Georg. Balthas., Suinfurtensis Francus (m 631) II 11. s. Wolfart.
Wohlgemuth, Augustin, de Berche (773) I 106. (j 773) II 455.
Wöhner, Joh. Casp., Coburg. Francus (ph 649) I 330.
Wohrt, Henr. Bernh., Paderborn. Westphal. (j 684) II 308.
Woirhaye, Carol., Metensis (j 762) II 431.
Wölcker s. Woelcker.
Wolckringer, Dionys., Theonisvillanus (cj 723) II 562.
— Joan., Thionisvillanus (j 727) II 357. (cj 728) II 566.
Wolders, Joh. Henr., Lautherecka-Pal. (j 624) II 209.
Wöldike, Jerem., Hafnia-Danus (ph 762) I 441.
Woler, Hamburgensis (j 668) II 285.
Wolf, Frid., Hel. Bernensis (772) I 100. (m 772) II 104.
— Chph.. Donâ-Misnicus (ph 639) I 310.
— Georg. Frid., Ingelfinga-Hoenloic. (ph 681) I 375.
— Joh. Laur., Ipsheimensis (j 667) II 284.
— Hermann., Ohrdruv. Thuringus (ph 633) I 300.
— Joan. Leonh., Schwabacensis (771) I 94. (m 771) II 103.
— Herm., Schwabhusa-Thuring. (cphm 633/34) I 528.
— Otto Theodor., Palatinus Turckheimensis (j 712) II 335. s. Wolff.
Wolfart, Carol. Christoph. Hanoviensis (m 742) II 55.
— Chph. Joach., Neo-Hanoviensis (m 724) II 39.
— Joh., Ulmensis (th 732) I 675.
— Mart., Ulmanus (th 665) I 637.
— Phil. Mart., Ulmensis (th 714) I 666.
— Joh., Vratislaviensis (ph 645) I 321.
— Georg., Werdâ-Misnicus (ph 643) I 317. s. Wohlfart, Wolfart.
Wolff, (Wolf), Frid., Argentinensis (cph 637/38) I 469.
— Joh., Argentinensis (ph 759) I 438. (cph 761) I 506. (cphm 765) I 577 (th 764) I 689.
— Joh. Dan., Argentinensis (ph 691) I 381. (cphm 694) I 556.
— Joh. Dan., Argentinensis (781) I 155. (ph 781) I 453. (th 788) I 698.
— Joh. Jac., Argentinensis (783) I 164. (ph 783) I 454. (cphm 788) I 585. (th 789) I 699.
— Joh. Mich., Argentinensis (ph 722) I 407. (j 726) II 354. (cj 726) II 565.
— August. Badensis (779) I 144. (j 779) II 468.
— Franc. Carol., Baadensis (p 758) II 81.
— Franc. Georg., Marchio-Badensis (m 721) II 38. (cm 722) II 154.
— (Wolf) Joh. Georg., Bada-Durlacensis (th 754) I 684.

(Wolff), Joan. Adam., ex villa Dudonis prope Spiram (cj 779) II 653.
— Joh. Just., Eberstatinus ad radices viae Montanae (cphm 665) I 545 (th 664) I 636.
— Jac. Gottfr., von Emmendingen (d 770) I 227.
— Joh. Gottofr., Eschenbaco-Noricus (m 762) II 87.
— Joh., Moeno-Francfurtensis (m 630) II 11. (cm 633) II 128.
— George Christi., Freiberg-Misnicus (j 730) II 363.
— Chphr., Götting. Saxô-Brunswigus (cm 661) II 136.
— Joh. Samuel, Kazwango-Francus (ph 677) I 371.
— Gerh. Jerem., Coldingâ-Danus (th 651) I 619.
— Joh. Jerem., Coldingâ-Danus (th 651) I 619.
— Joh. Georg, Lunaeburgensis (j 665) II 279. (cj 665) II 518.
— Jac., Marburg. Hass. (779) I 141. (cm 782) II 193. (cm 782) II 193.
— Heynemann, Marburgo-Hass. (784) I 170. (m 784) II 116.
— Jean Georg, Montisbelgardensis (j 757) II 414. (cj 761) II 610.
— Casp., Nagy-Schenkensis Transylv. (ph 663) I 353.
— Mich. Albert., Neoforo ex Palatinatu sup. (j 700) II 324.
— Joh. Georg., Nordlingensis (ph 647) I 325.
— Guil., Noribergensis (th 684) I 652.
— Franc. Leopold., Rastadiensis (m 752) II 69. (cm 753) II 169.
— Lud., Badeno-Rastadiensis (777) I 131. (m 777) II 110. (cm 781) II 191.
— Ant., Specbachensis Alsata (781) I 132. (m 789) II 114.
— Joh., a Sponheim (ph 625) I 281.
— Joh., Suckersh. Francus (j 627) II 217.
— Joh. Wilh., aus Thüngen (d 747) I 217.
— Martin., Transylvanus (ph 657) I 342.
— Joh. Jac., Turico-Helvatus (m 752) II 69.
— (Wolph) Joh. Casp., Helv. Tigurinus (m 670) II 24.
— Martin. Jos., Viand. Luxemburg (768) I 72. (j 768) II 444. (cj 768) II 627.
— Jos. Alexius Maurit., Wallesius (j 758) II 419.
— Joh., Ulmensis (ph 650) I 332.
— Joh., Ulmensis (th 714) I 666.
(Wolff), Laz., Ulmanus (ph 695) I 384.
— Simon, Westphalus, (m 660) II 21.
— Joh. Balth., Wisbaden-Nassov. (th 709) I 664.
— Joan. Wilh., Wormatiensis (770) I 88. s. Wolf.
Wolffart, Chph. Phil., Culmbaco-Francus (j 653) II 255. s. Wohlfart Wolffart.
in Wolffegg, Joh. Maria, Comes (679) I 7.
Wolffenschildt, Joach., Livonus (j 649) II 248.
Wolffer, Joh., Badensis (j 762) II 429.
— Sim., Sessolsheimens. (j 754) II 409. (cj 756) II 600.
Wölffinger, Ferdin. Con., Idsteina-Nossoicus (769) I 79. (ph 769) I 445.
Wölfflin, Bernh., Saraepontanus (j 634) II 232.
— Matthi., Saraepontanus (ph 629) I 291.
Wolfgang, Nic., Goarino-Hassus (j 633) II 230.
Wolfram, Joh. Petr., Alcea-Palatinus (ph 664) I 356. (cj 670) II 524.
— Joh Herm., Steinselan. Westriacus (ph 629) I 291.
— Joh. Jac., Steinselanus (ph 629) I 291.
— Frid., Vinstinga-Westriac. (ph 623) I 275. (th 624) I 709.
— Joh. Chph., Vinstinga - Westriacus (cphm 623/24) I 521. (th 624) I 708.
Wolfrumb, Joh. Sam., Mönchbergâ-Variscus (th 626) I 600.
— Georg., Monachomontanus Variscus (ph 627) I 285.
Wolhat, Georg. Mathias, Slesvicensis (th 752) I 683.
Wolherr, Frid., Rigensis (775) I 117. (m 775) II 107. (cm 783) II 194.
— Ulr. Heinr., Rigensis Livonus (779) I 143. (m 779) II 112.
Wölkk, Adam., Nördlingensis (th 652) I 620.
Wollaib, M. Marc., Ulmensis (th 666) I 639.
Wollbrett (Wolbret).
— Franc., Tabernensis Alsata (j 705) II 328. (cj 705) II 547.
— Franc. Georg., Tabernensis (j 762) II 430.
— Franc., Ign., Tabernensis (j 739) II 381. (cj 741) II 580.
— Hubert. Jos., Tabernensis (773) I 101. (j 773) II 453. (cj 773) II 639.
— Lud. Hubert., Tabernensis (780) I 149. (j 780) II 470.

Wollebius, Daniel, Basileensis (th 713) I 665.
— Dan., Basileensis (779) I 143. (m 779) II 112.
Wollenberger, Joh. Albert., Mariacastrensis Franco (j 688) II 315.
Wollenweber, Justus, Lohra-Brisgoius (cphm 623) I 520. (th 624) I 708.
— Jac. Phil., Reichenbacensis (ph 649) I 331 (cph 650) I 473. (cphm 653) I 539.
Wollstaetter, Ernest., Mogonus (j 747) II 393.
a Wöllwarth, Sebast. (715) I 14.
— et Laubach, Lud. Wilh. Christoph. (739) I 26.
Wolphius s. Wolff.
Wolpman, Frid., Bremensis (j 646) II 243. (cj 647) II 506.
— Joh. Frid., Hamburgensis (768) I 76. (m 768) II 99.
Wolsleben, Joh. Paul., Saraepont. Westriacus (ph 628) I 288.
Wolter, Henric., Husensis Holsatus (j 642) II 239.
Womrath, Frid. Henr., Hasso-Cassellanus (ph 750) I 431.
Wonger s. Wenger.
Wonner, Mich., Verdino-Transylvanus (th 681) I 650.
Wood, John Sullivan, officier Anglois (788) I 52.
Woog, Andr., Molsheimensis (779) I 140. (j 779) II 466.
— Phil., Molsheimensis (783) I 168. (j 783) II 477.
— Phil. Andr., Molshemensis (789) I 197. (cj 789) II 676.
Wordenhoff, Henr., Hamburgensis (j 625) II 212.
Worf, Adam., Spirensis (773) I 104.
Wormbser, Joh. Sigfr., Butisbacensis (ph 647) I 325.
— Joh. Petr., Catto Marpurgensis (m 641) II 15.
— Just. Eric., Marpurgensis Hassus (m 639) II 14.
Wornsmann, Lud., Moguntinus (j 738) II 378.
de Woronzow, Comte Larion de S. Petersbourg (770) I 43.
de Wrangel V. Z. W., Carol. Magnus Upsaliensis (748) I 31.
de Wrede, Henr. Ernest. Wilh., Weinheimens. e Palatinatu Eq. Francus (j 727) II 356.
Wreden, Henr., Adelebiensis Saxo-Brunswig. (j 634) II 233.
Wretman, Lud. Henr., Argentinensis (781) I 155.
Wriedt, Fried., Osiliensis Arensburgo Livonus. (m 650) II 17.
Wulf, Dethlev., Holsatus (ph 640) I 311.
Wulfradt, Hermnn, Pomeranus (j 649) II 248.
Wulfwenstierna, Gustav, Suecus (j 736) II 374.
Wunderer, Andr., Argentinensis (774) I 109. (ph 774) I 449. (th 780) I 695.
— Joh. Jac., Argentinensis (ph 742) I 422.
Wunderlich, M. Samuel, Marbaccho-Württembergicus (th 634) I 608.
— Fried. Phil., Neolitho-Hohenloicus (j 673) II 298.
— Paul., Tribellensis Lusatus (th 627) I 601.
Wünsch, Christi. Ulr., von Bergen auf der Insel Rügen (ch 773) I 231.
Wünschemeier, Joh. Georg., Wassertrüdingensis (ph 663) I 353.
Wurffbain, Joh. Augustin., Noribergensis (m 744) II 57.
— Joh. Gabriel, Norimbergensis (j 668) II 286.
— Joh. Hieron., Norimbergensis (j 643) II 240.
— Sigism. Ludov., Noribergensis (j 670) II 293.
Würffel, Jerem., Fridlandensis Silesius (m 624) II 7.
Wurmer, Jos., Keiserstuelensis (j 699) II 323.
Wurmser a Vendenheim.
— Dagobert. (ph 642) 314.
— Jac. Reinhard., Eq. Alsatus (ph 721) I 406.
Wurster, Joh. Jac., Stuttgart (ch 774) I 233.
Wurstner, Joh. Carol. Alex., Ludovicopolitanus (m 754) II 73.
Wurstschmidt, Joh. Christi. Allendorphensis ad salinas Hessiac. (j 631) II 228.
Würtenberger, Joh. Christoph, Hoechsta-Breubergensis (j 715) II 338.
— Henr. Lud. Christi., (m 750) II 66.
Würth, Franc. Ant., Landstuhl (m 758) II 81.
— Matthae., Ratisponensis (j 661) II 271.
— Arnold., Saraepontanus (ph 630) I 294.
— Joh., von Stuhlingen (ch 791) I 262. s. Wirth.
Wurtziger, Henr. Gottlob, Sittav. Lusatus (j 685) II 309.

Würtz, Franc. Frid., Argentinensis (ph 670) I 365. (cj 679) II 532.
— Georg. Chph., Argentinensis (767) I 65. (ph 767) I 444. (cm 777) II 188.
— Joh., Argentinensis (ph 735) I 417.
— Joh. Dan., Argentinensis (ph 649) I 328.
— Joh. Godofr., Argentinensis (787) I 184.
— Joh. Paul., Argentinensis (ph 716) I 402. (cph 716) I 491. (cphm 719) I 566.
— Allex. Paul, Bretten. Pallatinus (m 750) II 66.
— Joh., Darmstatinus (ph 719) I 405.
— Fr. Ant., Steinbacensis (j 741) II 384.
de Würz a Rudenz, Joan. Nepom. Thaddaeus Fidelis L. B., Arbon i. Thurgovia (784) I 168. (j 784) II 478.
Wüst, Andr. Aug. Henr., Hala-Suevus (m 765) II 94. (th 770) I 691.
— Joh. Henr., Suevo-Hallensis (th 685) I 653.
— Joh., Ulmano-Suevus (ph 642) I 314.
Wüstenberg, Jac. Henr., Westphalus (m 729) II 43.
— Joh. Petr., Westphalus (m 728) II 42.
Wüstendorffer, Petr., Leutterhusan.-Francus (ph 634) I 304.
Wusthof, Arn., Guestphalus (th 685) I 652.
Wüstner, Georg. Godefr., Manheim (m 748) II 63.
Wuth, Christian. Frid., Nass. Decensis (778) I 136. (m 778) II 111.
Wutky, Joannes, Grossweigelsdorffio-Oelsnico-Silesius (th 750) I 682.
Wuttich, Joh., Ramstein. Austriacus (ph 627) I 288.
de Wyl, Franc. Jos., Subsilv. Sarnensis (782) I 161. (m 782) II 115.
de Wylich, Adolph., Clivensis (j 664) II 277.
Wyllius, Conr., Casaneus (m 741) II 55.
v. Wymar zu Martzmirth, Peter Constantin (j 671) II 294.
Wynen, Jac., Lobitho Clivensis (j 671) II 294.
Wyseman, Felix Joseph., Uznachia-Hev. (769) I 83. (m 769) II 101.
Wyss, Joh. Rodolph., Helveto-Bernensis (j 751) II 403.
— Rud. Frid., Bernas-Helv. (782) I 160. (j 782) II 474.
Wyttenbach, Sam., Helv. Bernas (m 725) II 40.
— Abrah., (th 727) I 672.

Y.

Yelin, Heinr. Godofr.. Hoenloico-Francus (th 748) I 682.
— Jac., Campidon. Algoicus (ph 626) I 284.
Ysenburg s. Isenburg.
Yves Jac. Phil., Colmariensis (768) I 78. (j 768) II 446. (cj 771: Phil.) II 633.
— Jos. Reginald., Colmariensis (780) I 147. (j 780) II 469. (j 785) II 667.

Z.

a Zabern, Joh. Dan., Argentinensis (ph 765) I 443. (cph 767) I 508. (cphm 771) I 579. (th 771) I 692.
— Joh. Georg., Argentinensis (ph 750) I 431. (cph 751) I 503. (cphm 756) I 575.
— Joh. Gotfr., Argentinensis (ph 753) I 433.
— Joh. Jac., Argentinensis (ph 754) I 434. (cphm 760) I 576. (cj 765) II 619.
— Joh. Sebast., Argentinensis (ph 757) I 436. (th 763) I 688.
— Theodorus, Blaesheimensis (788) I 190. (ph 788) I 457.
Zäch s. Zech.
Zachariae, Joh. Dav., Argentinensis (ph 660) I 347.
— Dav., Sedino-Pomeranus (th 634) I 607.
— Dav., Sedino-Pomeranus (cphm 654) I 539.
Zacharias, Joh. Ant., Gedan. Prussus (j 685) II 310.
Zachmann, Joh. Guilh., Turlaco-Marchicus (ph 630) I 294.
Zäcz, Jos. Carol., Suit. Helvetus (779) I 143. (m 779) II 112.
Zaengerle, Franc. Aloys., Isolen. Tyrolensis (785) I 175.
— Franc. Jos., Kirchberg. Suevus (785) I 177. (j 785) II 482.
Zaepffel, Franc. Ant., Argentinensis (j 743) II 388.
— Franc. Henr. Mathi., Argentinensis (787) I 186. (j 787) II 486. (cj 789: Mutzingensis) II 677.
— Franc. Xav., Argentinensis (785) I 175. (j 785) II 481.
— Joh. Nic., Argentinensis (cj 729) II 567.

(Zaepffel), Joh. Nic., Argentinensis (j 755) II 410. (cj 759) II 604.
— Lud., Argentinensis (j 761) II 427. (cj 765) II 618.
— Mathi. Nic., Argentinensis (j 747) II 393. (cj 749) II 589.
— Ant., Dambacensis (j 710) II 333. (cj 711) II 550.
— Franc. Ant., Dambacensis (j 749) II 399. (cj 753) II 595.
— Joan. Thom., Dambachensis (778) I 139. (j 778) II 466. (cj 789) II 676.
— Nic., Dambacensis (cj 699) II 543.
— Franc. Mathias, Rubeacensis (j 738) II 379. (cj 742) II 581.
— Ign., Selestadiensis (766) I 55. (j 766) II 438. (cj 768 : Xav. Ign.) II 625.
— Joan. Bapt., Selestadiensis (781) I 154. (j 781) II 472.
Zahn, Christian., Annaebergensis (th 665) I 637.
— Joh. Berhard., Duderstatensis (m 743) II 56.
— Wilh. Christi., Hombergensis Montanus (th 665) I 637.
— Joh. Mich., von Mannheim (ch 776) I 237.
— Joh. Wilh. (ph 650) I 333.
Zaigelius, Franc. Ant., Gebwillera-Alsatus (cj 703) II 546.
— Joan. Udalr. Thom., Guebwilleranus (j 714) II 337. (cj 714) II 553.
Zaiguelius, Franc. Ant., Colmariensis (j 744) II 389. (cj 747) II 585.
— Jos. Alex., Colmariensis (772) I 100. (j 772) II 453. (cj 775) II 643.
(de) — Maria Jac. Lud., Colmariensis (787) I 184. (j 787) II 484.
Zainer, Joh., Suabaco-Francus (cphm 627) I 524. (th 627) I 601.
Zanckel, Joh., Lohrensis (ph 665) I 358.
Zandt, Joh., Durlaco-Marchicus (j 629) II 223.
— Joh. Jac., Durlacensis (th 723) I 670.
— Mart., Durlacensis (ph 634) I 305.
— Joh. Mart., Emmendinga-March. (ph 649) I 328. (cph 650) I 473. (cphm 652) I 538.
— Frid. Wilh., Loeraco-Baadensis (776) I 121. (th 776) I 694.
— Joh. Jos., Müllheim Bad. Durlach. (769) I 81. (m 769) II 100.
— Joh. Erh., March. Roetelanus (th 662) I 632.
Zanger, Steph., Medicensis Transylvanus (th 665) I 637.
Zängl, Joh. Jac., Styrus Graecensis (ph 663) I 354.
Zangmeister, Joh. Lud. Reinh., Bada-Durlacensis (j 760) II 425.
— Joh. Casp., Hala-Saxo (th 650) I 618.
Zapff, Georg., Roteburgo-Tuberanus (ph 644) I 319. (cphm 647/48) I 536.
— Joh., Rotenburgo-Tuberanus (ph 641) I 313.
Zauer, Christoph., Wormatiensis (ph 707) I 394.
Zech (Zäch), Bernh., Augustanus (j 638) II 246.
— a Deibach, Joh. Wolfg., Patr. Augustanus (687) I 9.
— Joh., Lavinganus (j 626) II 213.
— Joan. Ignat., Meringens. Boius (j 726) II 355.
— Frid., Ulmensis (ph 650) I 332.
— Joh., Ulmensis (th 658) I 627. (cphm 660) I 542.
— Joh. Dav., Ulmensis (j 676) II 301. (cj 681) II 533.
— Franc. Jos., Weissenburgensis (785) I 175. (j 785) II 481.
— M. Phil. Eberh., Wurtembergensis (th 724) I 671.
Zechendorffer, Joan., Hartensteinensis Bohemus (m 614) II 2.
Zechmayr, Georg. Nicol., Gravenwerthensis Palatin. (782) I 49.
Zeckel, Jac., Musnâ - Transylvanus (ph 663) I 353.
von Zedlitz, Casp. Otto (j 725) II 351.
— Zedlitz, Conr. Theophil. (j 725) II 351.
— Joh. Georg., Silesius (j 626) II 213.
— Ladisl., Eq. Silesius (j 625) II 210.
de Zedwitz, Petr. Eman. L. B., Bohemus (771) I 43.
Zeeb, Joh. Alb., Maulbronna-Württembergicus (th 731) I 674.
Zeender, Sigm. Gabr., Bernas (ph 762) I 441.
Zetschy, M. Elias, Borna-Misnicus (j 621) II 204. (cj 622) II 494.
Zéewald, Martin. J., Bohem. Pragensis (775) I 115. (j 775) II 459.
Zegowitz, Nic. Lud., ex arce Argentoratensi (787) I 170. (j 784) II 478. (cj 787) II 672.
Zehentmayer, Joh., Montisbeligardensis (th 635) I 608.
Zehetner, Joh. Ernric., Ratisponensis (j 653) II 256.
de Zehmen, Joh. Sebast. L. B. (714) I 14.
Zeichart, Joh. Casp., Arterensis Thuringus (j 684) II 307.
Zeidler, Elias, Augustanus (ph 648) I 327.
— Caspar., Budiss. - Lusatus (ph 626) I 283.

(Zeidler), M. Henr. Basil., Budissa-Lusatus (th 668) I 641.
— Conr., Erlang. Francus (ph 709) I 396.
— Joh., Lobaviâ-Lusatus (m 649) II 17.
— M. Theodor., Pressatô-Palatinus (th 631) I 604.
Zeiger, Andr., Neusazens. ex Archiepisc. Moguntinensi (j 761) II 428.
Zeigermann, Joh. Andr., Hilperhusa-Francus (j 665) II 279.
Zeiler, Joh. Jac., Ravenspurgensis (th 653) I 621.
Zeiller, Xaver., Oettingensis Suevus (m 764) II 93.
— Martin., Styrus (j 628) II 218.
Zeisler, Joh. Casp., Cizens. Misn. (cj 657) II 513.
Zeis (Zeyss), Joh. Dan., Argentinensis (783) I 164. (ph 783) I 454. (cj 790) II 678.
— Joh. Dav., Argentinensis (cj 703) II 546.
— Joh. Godofr., Argentinensis (ph 725) I 409.
— Joh. Nic., Argentinensis (j 752) II 405.
— Xav., Argentinensis (j 764) II 435.
— Jos., Lunevillensis (786) I 183. (j 786) II 484. s. Zeys, Zeyss.
Zeiss, Bernh., Lindau (m 760) II 84.
— Joh. Christi., Nassacho-Francus (j 722) II 348. s. Zeys, Zeyss.
Zeissig, Samuel, Altenburgô-Misnicus (j 666) II 283.
Zeissolff s. Zeyssolff.
Zeleske, Georg., Pomeranus (j 657) II 263.
Zell, Dan., Moeno-Francofurtanus (ph 668) I 360. (cj 672) II 527.
— Joan. Petr., ex Rijoll Trevirensis (m 748) II 62.
— (Cellius), Johan-Erhart, Tubingensis (m 625) II 8.
— (Cellius), Joh. Anastas., Wilspacensis (ph 670) I 363.
— (Cellius), Joh. Jac., Wittenbergicus (ph 672) I 368.
Zeller, Nic. Thom., Argentinensis (j 757) II 417.
— Ulric., Herrenbergâ-Würtenbergicus (m 712) II 34.
— M. Hier., Campidonensis (th 650) I 617.
— Franc. Xav., Landserensis Alsata (j 752) II 404.
— Joh., Prigantinus (ph 762) I 441.
— Joh. Ulric., Würtembergia-Rothfeld. (j 639) II 236. (cj 643) II 505.
— Christoph. Matthae., Tubingensis (767) I 69. (m 767) II 98.
Zelter, Joh. Jac., Argentinensis (ph 699) I 385. (cph 699) I 486. (cphm 702) I 560.
Zeltner, Gustav Georg, Altdorffinus. (m 739) II 52.
Zemp, Jos., C. Luzern (ch 789) I 259.
Zenaeus, Augustin (d 727) I 211.
Zenck, Aegid. Adam., Spirensis (j 670) II 291.
— Marc., Spirensis (j 670) II 291. (cj 672) II 527. s. Zinck.
Zendt s. Zandt.
Zenger, Alb. Otto, Betulano-Sponhemic. (j 630) II 224.
— Matthae., Mompelgardensis (th 624) I 595.
Zenner, Joh. Balthas., von Offterdingen i. Württemberg (d 765) I 223.
Zentgraff (Zentgravius), Frid. Alb., Argentinensis (ph 704) I 391. (cj 712) II 551.
— Joh. Gothofr., Argentinensis (ph 736) I 417.
— Joh. Joach., Argentinensis (ph 659) I 347. (Theol. D. 676) I 703. (cphm 662) I 543.
— Joh. Joach., Argentinensis (ph 695) I 384. (cphm 699) I 558.
— Joh. Joach., Argentinensis (ph 723) I 407. (cphm 731) I 569.
— Joh. Melch., Argentinensis (ph 708) I 394. (cm 715) II 152.
— Joh. Mich., Argentinensis (ph 698) I 385. (cj 708) II 548.
— Joh. Mich., Argentinensis (ph 733) I 415. (cph 734) I 496. (cphm 737) I 570.
— Joh. Phil., Argentinensis (ph 737) I 418. (cph 737) I 498. (cphm 742) I 571.
— Franc. Reinhard., Buxovillanus (ph 756) I 435.
Zernecke, Dan. Andr., Gedanensis (766) I 60. (j 766) II 439.
— Joan. Samuel, Thorun. Borussus (j 739) II 381.
v. Zettritz s. Czettritz.
Zetzke, Jac., Dantiscanus (th 627) I 601.
Zetzner, Lazar., Argentinensis (ph 629) I 293.
Zeune, Joh. Gottlob, Dresdensis (j 718) II 341.
Zeys, Joh., Gothanus (j 725) II 352.
— Joh. Jac., Hernbergensis (th 625) I 598.
Zeyss, Joh. Phil., Hanoico-Bergensis (j 713) II 336.
— Joh. Volpert., Bergensis (j 718) II 340.
— Volp. Christi., Brocomagus (ph 753) I 433.

(Zeyss), (Zeyssius, Zeiss), Frid. Carol., Buxovillanus (ph 748) I 429.
— Georg. Christi., Buxovillâ - Hanoicus (j 679) II 302.
— Phil. Chph., Buxovillanus (ph 678) I 372. s. Zeis, Zeiss.
Zeyssolff (Zeissolff), Joh. Dan., Argentinensis (cph 716) I 491. (cphm 719) I 566.
— Joh. Dan., Argentinensis (ph 745) I 402.
— Joh. Franc., Argentinensis (ph 690) I 380.
— Joh. Frid., Argentinensis (ph 742) I 423.
— Joh. Godofr., Argentinensis (ph 735) I 416.
— Joh. Godofr., Argentinensis (787) I 187. (ph 787) I 457.
— Joh. Jac., Argentinensis (ph 629) I 293.
— Joh. Jac., Argentinensis (ph 671) I 367.
Zibelin, Franc. Jos., Thannensis (j 749) II 398. (cj 749) II 589.
Ziebell, Georg. Friedr., Pasewalk Pommern (767) I 64.
Ziegenhagen, Dan. Theophil., Argentinensis (767) I 65. (ph 767) I 444.
Ziegenhirt, Joh. Georg., Braunvicensis (j 687) II 313.
Ziegenhorn, Christoph., Mitaviae-Curonus (j 762) II 428.
Ziegenmeyer, Henr. Maurit., Hannoveranus (j 725) II 351.
— Georg. Henr., Burg. Wedela Lunaeburg. (j 660) II 268.
Zieger, Frid. Chphr., Zittâ-Lusatus (cm 720) II 153.
Ziegler, Chph., Argentinensis (ph 670) I 365.
— Joh. Georg., Argentinensis (cph 697) I 486.
— Joh. Paul., Argentinensis (ph 646) I 322. (cphm 647/48) I 536.
— Joh. Georg. Wilh., Bada-Durlacensis (th 764) I 689.
— Joh. Ernest. Wilh., Erffurthensis (j 736) II 374. (cj 737) II 576.
— Georg., Kittinga - Francus (ph 645) I 319.
— Joh. Paul., Colmariensis (ph 683) I 376. (cph 683) I 482. (cphm 686) I 553.
— Joan. Paulus, Lauffa-Noricus (m 746) II 60.
— Christi. Salomon, Franco-Marckeinersheimensis (th 750) I 682.
— M. Joh. Andr., Noribergensis (th 652) I 620.
— Georg., Ratisponensis (ph 646) I 323.
(Ziegler), Joh. Balth., Richovillanus (ph 713) I 400.
— Franc., Scaphusanus (m 726) II 41.
— Joh. Chph., Scaphusâ-Helv. (ph 666) I 359.
— Joh. Conr., Scaphusianus (ph 645) I 320.
— Joh. Felix., Scaphusianus (j 656) II 260.
de — Franc., Scaphusianus (j 759) II 422.
— — Joh., Scaphusa-Helv. (j 763) II 433.
— — Joh. Jac., nobilis Scaphusianus (ph 664) I 356.
— — Joh. Jac., Schaffuso-Helv. (m 752) II 70.
— — Joh. Jac., Schaphusa-Helv. (768) I 77. (m 768) II 99.
— Joh. Vitus, Schmalcaldia-Francus (th 661) I 631.
— Hieronym., Spirensis (j 644) II 242. (cj 644) II 505.
— Joh. Jac., Steinnaccensis (ph 623) I 276. (cph 623/24) I 462.
— Paul. Chphr., Thyrigeta (j 642) II 239.
— Vit. Henr., Franco - Summerhusanus (th 641) I 611.
— Beat., Tigurensis (j 736) II 373.
— Joh. Heinr., Tigurino - Helvetus (m 764) II 92.
— Chph., Ulmensis (ph 644) I 318. (cphm 645) I 535.
— Thom., Ulmensis (ph 635) I 307.
— Joh. Rodolph., Helv. Vitoduranus (775) I 115. (m 775) II 106.
— Jac., Winterthura - Helvetus (m 749) II 64.
— Joh. Jac. (m 750) II 67.
s. Joh. Jac. Ziegler, Scaphusiensis.
Ziehen, Phil. Sigism., Gelhusâ-Wetteravus (m 753) II 71.
Ziehne, M. Joh. Casp., Nordhusanus (th 670) I 643.
Ziel, Joh. Phil., Cronbergensis (th 658) I 628.
Ziemetshusius, Joh. Wilh., Heilsbronnensis (ph 640/41) I 312.
Zienner, Joh., von Hylpoltstein (j 627) II 216.
Zier, Joh. Nic., Fridberga - Wedderavus (m 668) II 24.
Zieritz, Bernh. Frid., Cüstrinensis (th 667) I 640.
Zierlin, Joh. Bapt., Rotenburgensis (th 640) I 610.
— Joh. Wolffg., Rotenburgo-Tuberanus (ph 669) I 362.
de Zierotin, Mich. Comes, Silesius (738) I 25.
Ziersen, Christoph. Magn., Grosenhag. Pomeranus (m 745) II 58.

Zigel, Joh. Casp., Argentinensis (ph 718) I 404.
Zigenmeyer s. Ziegenmeyer.
Zileking, Heinr. Christi., Wettinâ-Saxo (j 679) II 302.
Zill, Joh., Nagy Seckensis Transylvanus (j 660) II 269.
de Zillerberg, Carol. Maria, Ratisbonensis (j 741) II 384.
Ziller, Jos., Salisburgens. (j 719) II 342.
— Joh. Wilh., Saltzungensis (th 705) I 662.
Zillert, Chph., Ulmensis (th 687) I 654. (cphm 688) I 554.
Zillesen (Zillesius), Caspar., Wolffio-Mosellanus (ph 651) I 334.
Zillinger, Georg. Godofr., Vienna-Austrius (m 645) II 16.
Zimmer, Sam., von Arburg (ch 774) I 235.
— Georg. Frid., Argentinensis (778) I 134. (ph 778) I 451. (cj 786) II 670.
— Joh. Frid., Argentinensis (ph 751) I 431.
— Joh. Jac., Argentinensis (782) I 161. (ph 782) I 454. (cj 791) II 679.
— Joh. Georg, Emmendingen Baaden (m 754) II 73.
— Joh., Laubac. Solmejus (ph 633) I 302.
Zimmermann, Georg. Frid., Argentinensis (ph 710) I 397.
— W., Helv. - Brugensis (cm 777) II 188.
— Matthi., Epperiesino-Ungar. (th 644) I 613. (cphm 645) I 535.
— Frid. Conr., Gothanus (th 715) I 667.
— Joh. Just., Hameliâ-Brunsv. (j 662) II 274.
— Joh. Conr., Heinsheimensis (ph 685) I 377.
— Joh. Jac., Helvetus (774) I 111. (m 774: U.?) II 105.
— Matthi., Corbac. Waldecc. (th 660) I 629. (th 665) I 636.
— Peter, von Lintz (j 680) II 303.
— Joh. Gottl., Lipsiensis Misnicus (j 718) II 341.
— Helffreich, von Mülheim a. Rhein (ch 772) I 229.
— Andr., Hel. Tigurinus (m 728) II 43.
— Conr., Tigurinus (m 753) II 72.
— Joh. Lud. Jac., Wetzlariensis (ch 782) I 248.
— Julius Eric., Wolferbytanus (j 656) II 262.
de Zimmermann, Joh. Georg, Eq. Livonus (j 742) II 387.
Zinck, Joh. Jos., Flanensis Helvetus (ph 747) I 428.
— Remig. Haman., Moeno Francofurtanus (th 641) I 611. (cphm 646) I 535.
— Georg. Chphr., Meinunga-Hennebergic. (m 671) II 25. (cm 671) II 139.
— Georg, Nordlingensis (ph 657) I 342.
— Chphor., Norimbergensis (m 759) II 82.
— Georg., Rotach. Francus (j 660) II 268.
— Joh., Schleusingensis (th 630) I 603.
— Salom., Schleusinga-Fr.-Hennebergicus (ph 629) I 292. (j 637) II 235.
— Joh. Marcell., Schwindratzhemensis (ph 687) I 379. (cph 688) I 483. (cphm 690) I 555.
— Sim. Christi., Schwindratzhemensis (ph 687) I 379.
— Georg. Carol., Spirensis (j 688) II 315. s. Zenck.
— Joh. Carol., Stuttgardiensis (j 730) II 363. s. Zink.
Zindel, Joa. Franc. Ant., Sarganens. Helvetus (j 733) II 368.
Zink, Joh. Gottfr., Bouxovillanus (ch 774) I 233. s. Zinck.
Zinn, Joh. Chph., Cadolzburgensis (th 698) I 658.
— Franc. Godofr., Onoldinus (788) I 194.
— Joh. Balthasar., Oringâ Hoenloicus (m 627) II 9.
Zinnck s. Zinck.
Zinninger, Jos. Dav., Argentinensis (772) I 100. (j 772) II 453.
Zinsner, Joh., Argentinensis (ph 679) I 373.
— Joh. Andr., Roppenheimensis (ph 709) I 396.
— Christi. Maur. Roppenheim (ph 694) I 383.
a Zinzendorff et Pottendorff.
— Frid. Christi. Comes (717) I 15.
Zipff, Joh. Jac., Argentinensis (ph 727) I 410.
— Stephan., Klingenmünster Palatinus (783) I 167. (m 783) II 116.
Zipfer, Helmhard., Vien. Austriacus (ph 627) I 288.
Zippel, M. Joh. Phil., Cattimeliboco-Baerstadensis (th 699) I 659.
Zipper, Franc. Mart., ab Argentina (j 687) II 313.
Zipper ab Angerstein, Franc. Mart., Ferretensis (cj 687) II 538. (*der vorige?*)

Zipperlen, Georg. Andr., von Deufringen i. Württ. (ch 785) I 254.
Zirckel, Joh. Mart., Hungensis Wedderavus (ph 622) I 274.
Zirckler, Joh. Con., ex Lauterbach Franco (768) I 77. (j 768) II 445.
Zirrfus, Henric. Adam., Heidelbergensis (j 724) II 351.
Zisenis, Joh., Hannov. Brunsvigius (j 628) II 222.
Zisich (Zisig), Aug., Argentinensis (ph 693) I 382. (cph 694) I 485 (cphm 696) I 557.
Zittelin, M. Joan. Mich., Argentinensis (cphm 621) I 518. (cm 628) II 126.
Zitterich, Joh., Stettensis Francus (ph 658) I 343.
Zitzenser, Joan. Dan., Argentinensis (782) I 162. (j 782) II 475.
Zobel, Adolf, Augusta - Vindelicorum (j 649) II 247.
— Joh., Bremensis (j 670) II 291.
— Nic., Bremensis (j 645) II 242.
— Joh. Adam. Simon, Furthensis (779) I 145. (m 779) II 113.
— Melchior, Goldbergâ-Silesius (ph 642) I 316.
— Martin., Goldbergâ-Silesius (j 625) II 212.
— Joh. Adam. Frid., Heilbronnensis (m 750) II 66. (cm 751) II 168.
— Francisc., Leobergensis Saxo (th 622) I 593.
— Joh. Jacob., Wimpinensis (j 626) II 213.
de Zobel, Joh. Phil., Baro (763) I 38.
Zoepffe, Joh. Frid., Königstein - Misnicus (j 672) II 296.
Zoller, Franc. Casp., Argentinensis (ph 676) I 371.
— Georg. Frid., Ingelfingensis (ph 641) I 314.
— Phil., Ingelfingensis (ph 647) I 326.
— Joh. Werner., Memmingensis (ph 669) I 363.
— Joan. Chph., Tabernensis Alsata (j 664) II 279. s. de Zollern.
— Bartholom., Ulmensis (th 738) I 678.
— Joh., Ulmensis (th 713) I 666.
— Joh. Georg., Ulmensis (th 627) I 601. (cphm 627) I 524.
de Zollern, Carol. Jos., (cj 707) II 548.
— Joan. Ign., Tabernensis (cj 706) II 547. s. Zoller.
Zollikofer, Lud., von Hertingen (ch 791) I 262.
— Georg. Joach., St. Gallensis (789) I 198. (m 789) II 121.
— David, Sangallo-Helvetus (m 680) II 27.
(Zollikoffer), Joh. Georg., St. Gallensis-Altenklingen (768) I 75. (j 768) II 445. (cj 770) II 631.
— Joh. Franc., von St. Gallen (ch 791) I 261.
— Maximil. Honor., Vinnensis (m 655) II 19. (cm 663) II 137.
Zollmann, Joh. Georg., Brocomago-Treboc. (th 649) I 616.
— Joh. Georg. Lud., Geilenkircha-Hoenloicus (ph 673) I 369.
— Joan. Lud., Hoënloicus (j 680) II 303.
— Joh., Waldenburgo - Hoenloic. (ph 624) I 278. (cphm 624/25) I 521.
Zolner, M. Joh. Georg., Noribergensis (th 672) I 645.
Zölner, Joh. Chph., Meissenheimensis (th 655) I 624.
— Joh. Henrich, Schmalcaldensis (j 647) II 244.
Zopfj, Esajas, Helv.-Glaronensis (m 765) II 94.
Zorer, Lud. Georg., Neoburg. Palatinus (j 631) II 228.
— Conr. Christoph., Ratisbonensis (j 688) II 316.
— Sigism. Ludov., Württingensis (j 644) II 241.
Zorn, Joh. Sebast. Melch., Comburgensis (774) I 106. (cj 774) II 641.
— Georg. Frid., Wormatiensis (cphm 623) I 520.
— Joh. Daniel, Wormatiensis (ph 647) I 326.
— Joh. Gulielm., (ph 626) I 283.
Zorn de Bulach.
— Carol. Ferd., Eq. Als. (ph 712) I 399.
— Franc. Lud., Argentinensis (ph 673) I 368.
— Franc. Matern. (Osthausanus) (j 673) II 299.
— Franc. Matern., Osthausanus (j 756) II 412.
Zorn de Plobsheim (Blopsheim, Plopsheim).
— Georg. Theodoric., (ph 635) I 306.
— Lud. Henr., (ph 651) I 334.
— Frid. August., Dantiscanus (ph 727) I 410.
Zottmann, Christoph., Joach., Ratisbonensis (733) II 368.
Zouiew, Basil., Russo-Petropolitanus (776) I 122.
Zradus, Joh. Burckh., Pforcensis (th 624) I 709.
Zschaesy, Melchior, Vien.-Austriacus (m 625) II 8. (cm 628) II 126.

Zschamke, Joh. George, Rochlic. Misnicus (j 729) II 361.
Zuanelli, Ant., de Tusculano in dictione Veneta (d 783) I 264.
de Zuanna, Joh. Wilh., Semproniô-Hungarus (j 672) II 296.
Zuber, Christi., Moscovia-Russus (768) I 75. (m 768) II 98. (cm 770) II 182.
Zuberbuhler, Joan. Georg., (m 764) II 92.
Zucker, Joh. Andr., Unterschlauersbach (d 750) I 218.
Zückwolff, Joh. Burckh., Durlacensis (j 680) 304.
— Phil. Jac., Heilbronnensis (th 631) I 604.
— Dan., Stuttgardiensis (th 654) I 622.
Zum Broich, Balth. Conr., Marco-Unnâ-Westphalus (cj 700) II 544.
Zumdam, Georg. Phil., Moena-Francofurtanus (th 668) I 641.
Zumstaeg, Thom., Ottrotthemensis ex Alsatiâ (j 750) II 400.
Zumwald, Gabriel, Freiburg i. d. Schweiz (773) I 105. (ch 773) I 232. (m 773) II 105.
Zunner, Joh. Nic., Norimbergensis (j 626) II 213.
Zürcher, Jac. Bonifac., Tugien. Helvetus (771) I 90. (ph 771) I 146.
Zusmer, Georg. Andr., Carinthius-Claudiforanus. (m 672) II 25.
— Joh. Adam., Carinthius-Claudiforanus (j 672) II 296.
Zuterus s. Zuttger.
Zuther, Petr., Rummelsburg. Pomeranus (th 651) I 619.
Zuttger (Zuterus), Zachar., Neo-March. Falkenburgensis (ph 623) I 295. (th 624) I 708.
de Zuylen de Nyevelt, Franc. Xav., gentilhomme flammand (788) I 194. (j 788) II 489.
Zweiffel, David., Hallens. Suev. (ph 623) I 276.
— Zweifel, Sam., Sunthausensis (ph 629) I 291. (cph 629) I 466.
— Zweifell, Joh. Sim., Rockstetensis Thüring. (j 664) II 278.
s. Zweyffel.
Zweigel, Frid. Jac., Oberhoffensis Hanoicus (ph 735) I 416.
— Phil. Chph., Oberhoffensis Hanoicus (ph 738) I 419.
Zweybrücker, Joh., Landaviensis (ph 662) I 352.
Zweiffel, Jos. Ignat., Schönizensis Helv. (ph 747) I 428. s. Zweiffel.
Zweystrengh, Barthold., Hamburgensis (j 630) II 226.
— Eberh., Hamburgensis (j 630) II 224.
Zwez, Wilh. Henr. Frid., Isenacensis (787) I 187. (m 787) II 120.
Zwick, Fridolin., Glaronensis (769) I 83. (m 769) II 100. (cm 771) II 182.
— Fridolin., Clarus (788) I 191.
— Joh. Henr., Glaronensis (m 754) II 74.
— Joh. Melch., Glarus (m 765) II 94.
— Casp. Glareanus (j 754) II 408.
Zwickler, Joh., Thorun. Borussus (th 623) I 595.
Zwinger, Joh., Basileensis (th 714) I 401.
— Joh. Rodolph., Basileensis (m 709) II 33.
— Frid., Episcocellanus Helvetus (m 760) II 84.
— Gustav Phil., Nürnbergensis (m 756) II 78.
Zwingl Huldericus, Tigir.-Helvetus (m 746) II 59.
Zysius, Henr., Hamburgensis (m 626) II 8.
Zythopaeus s. Brawer.

ORTSREGISTER.

I.

Nach dem Geburtsort.

Aachen (Aquisgranensis, Aquensis) pr. Rheinprovinz.
ab Asten. Cappels. Dahmen. Ernon. Godders. Niset.

Aalborg (Alburgo-Danus, Alburgius-Danus) Dänemark, Jütland, am Liimfjord.
Benzonius (2).

Aalen (Aalen), württ. Jagstkreis, OA. Aalen.
Bezler.

Aarau (Arovio-Helv., Aroviensis, d'Arau, Arofiensis, Helveto-Aroënsis, Arau K. Bern), schwz. Kant. Aargau.
Huntziker. Imhoof. Pfléguer. Schaffner. Schmutzinger (3). Seiller.

Aarberg (Arberg-Bern.), schwz. Kant. Bern.
Daschlj. Gohl (2).

Aarburg (Aropolitanus), schwz. Kant. Aargau.
Caracanico. Zimmer.

Aarhuus (Arhusio-Danus) Dänemark, Jütland, a. Kattegat.
Clemens. Martini.

Aarwangen (Aarwangen C. Bern) schwz. Kant. Bern, Bz. Aarwangen.
Egger (2).

Abbatiscellanus s. Appenzell.

Abbeville (Abbavillanus), franz. Dép. Somme.
de Baupré.

Abollonensis s. Avallon.

Abstatt (Abstadia-Wirttemberg), württ. Neckarkr., OA. Heilbronn.
Mezler.

Achern (Acherensis), bad. Kr. Baden.
Bick. Wenger (2).

Achenheim (Achenheimensis), Bz. UElsass, Ldkr. Strassburg.
Noth.

Achum (Achuma-Bremensis), Schaumb.-Lippe, LdrA. Bückeburg-Arensburg.
Ecks.

Adelberg (Adelbergensis), württ. Jagstkr., OA. Schorndorf.
Capeller. Osiander.

Adelebsen (Adelebiensis Saxo-Brunswigius), pr. Rgb. Hildesheim, Kr. Eimbeck.
Wreden.

Adelmannsfelden (Adelmansfeldensis), württ. Jagstkr., OA. Aalen.
Seucmeunier. von Vohenstein.

Adelsheim (Franco-Adelsheimensis, Adelsheim. Francus), bad. Kr. Mosbach, am Odenwald.
Gsell (2). Götz.

Adenau (Adenau im Kölnischen), pr. Rgb. Coblenz.
Wittlinsbach.

Adersbach (Adersbacensis Palat.), bad. Kr. Heidelberg, A. Sinsheim.
Ruch.

Adorf (Adorfensis Variscus), sächs. KrH. Zwickau.
Götz. Hendel. Hörant. Schmiedt.

Aelen s. Aigle.

Aemilianus Thuringus s. Ammelstedt.

Aeschi (von Äschi Bernergebiet), schwz. Kant. Bern, Bz. Fruttigen.
Müller.

Aeschi und Gallishof (von Aeschi Kanton Solothurn), schwz. Kant. Solothurn, Bz. Buchegg-Kriegstetten.
Mistely.

Affaltrach (Affaltracensis), württ. Neckarkreis, OA. Weinsberg.
Bachmann.

Ägeri, Egeri (Ober-, Unter-) (Aegeriensis-Helv.), schwz. Kant. Zug.
Hess.
Agrippinas s. Köln.
Ahlevillanus s. Ollweiler.
Ahusensis Francus s. Auhausen.
Aichach (Aichachensis Bojus), bayr. Rgb. Oberbayern, BzA. Aichach.
Hueber.
Aigle en Suisse, Aelen (d'Aigle en Suisse, Aquila Bernensis), schwz. Kant. Waadt.
Baunaz. de Loës.
Ailbergius Suecus.
Erici.
Ailringen (Aylringensis Franc.), württ. Jagstkr., OA. Künzelsau.
Minett.
Aingeray (Aingerensis in dioec. Tullensi), frz. Dép. Meurthe.
Briquelot.
Air-la-Ville (Ayreville-Genevensis), schwz. Kant. Genf.
Fabricius.
Aix-les Bains (Aquitanus Gallus, Aque. Sext. Gall., Aquaesextiensis), frz. Dép. Savoie, arr. Chambéry.
Columon. Jauffret.
Aken (Aquensis, Aquensis Saxo), pr. Rgb. Magdeburg, Kr. Kalbe.
Heidiccius. Thielen.
Alançon s. Alençon.
Alb, Herrenalb (Albensis Württ.), württ. Schwarzwaldkr., OA. Neuenburg.
Grosslin (Grässlin).
Alba groeca s. Belgrad.
Albanensis s. Alben.
Albaugiensis s. Weisenau.
Alben? (Albanensis), Bz. Lothringen, Kr. Metz.
Lauckhart.
Albersweiler (Albrecheviller in comitatu Dagsburgensi, Alberswiller, Alberschewiller, Alberswillanus, Albercheviileranus), Bz. Lothr., Kr. Saarburg.
Fonterieux. Jordy. Mourer. Werniory (s. Colmar).
Albesdorf (Albestroff Lotharing.), Bz. Lothr., Kr. Château-Salins.
Claude (s. Novéant).
Albi (ex Albi, Albigensis), frz. Dep. Tarn.
Bouillon (2).
Albimontanus s. Blamont.
Albisheim (Albisheimensis, Albishemio-Nassoic.), bayr. Rgb. Pfalz, BzA. Kirchheim-Bolanden.
Gümbel. Koch.
Albrecheviller s. Albersweiler.
Alburgo-Danus s. Aalborg.
Alceano-Palat. s. Alzey.
Aldenardensis s. Audenarde.
Aldenbergensis s. Altenberg.
Aldenburgensis s. Altenburg.
Alençon (d'Alançon), frz. Dép. Orne, a. d. Sarthe.
de la Bernardière.
Alff (Alffio Trevirensis), pr. Rheinpr., Rgb. Trier.
Frauzem.
Algäu (Algoius), südwestl. Teil des bayr. Rgb. Schwaben nebst den angrenzenden Teilen Württembergs.
de Ratzenriedt (2).
Allenbach (Allenbaco-Sponhemicus), pr. Rgb. Trier, Kr. Bernkastel.
Musculus (2).
Allendorf (Allendorphensis ad Salinas Hassiacas), pr. Rgb. Kassel, Kr. Witzenhausen.
Grau. Wurstschmidt.
Allerheim (Allerhemia-Rhaetus), bayr. Rgb. Schwaben, BA. Nördlingen.
Reitmeyer.
Allerheim (Allerheimensis Francus, Allerhemensis), bayr. Rgb. UFranken, BA. Ochsenfurt.
Becker. Stras.
Allevard (natif d'Allevard en Dauphiné), frz. Dép. Isère.
Darbon.
Alnetensis s. Aulnois.
Allstedt (Alstettensis Thuring.), S.-Weimar, Kr. Weimar.
Mylich.
Alpirsbach (Alpirspacensis), württ. Schwarzwaldkr., OA. Oberndorf.
Hiemer. Trautwein.
Alsenz (Alsentz i. d. Pfalz), bayr. Rheinpfalz, BzA. Kaiserslautern.
Schneider.
Alsfeld (Alsfeldensis, Alsfeldia-Cattus, Alsfeldia-Hassus), hess. Prov. Oberhessen.
Bücking gen. Künizell. Curtmann. Gebhard. Hasselbach (2). Heidelbach. Kulpis. Leusler (3). Martini. Meisner. Schleiermacher. Wegehaus.
Alsheim (Alzheimensis), welches? (hess. Prov. Rheinhessen?, bayr. Rheinpfalz?).
Fröauff.
Alsleben (Alslebiâ-Magdeburg.), pr. Rgb. Merseburg.
Krause.
Alstadianus s. Altenstadt.
Altae-Myltenus (Mülsen?).
Sigismundi.

Altavillanus s. Eltville.
Alt-Breisach s. Breisach.
Altdorf-Weingarten (Altorffensis ad vineas), württ. Donaukr., OA. Ravensburg.
Spiegler.
Altdorf (Altdorffensis, Altdorfinus), welches?
Agricola. Bernbeckh. Bihl. Deinlein. Elrichmann. Fichtner. Heybach. Kindel. König. Schwenter (2). Trelwinger. Weiss. Zeltner. s. Altorf.
Altdorf (Altorphio-Noricus, Altorffensis Noricus, Altorfino-Norimbergensis), bayr. Rgb. Mittelfranken, BzA. Nürnberg.
Baier (2). Bruns. Dietelmair. Lauttersack. Lueccius. Schröck.
Altdorf (Altorfensis Suevus, Wurtenberg. Altdorffensis), welches? (württemb. Schwarzwaldkreis?, württ. Neckarkreis?).
Munz. Schlichtig de Schlictensfelden (2).
Alteckendorf (Eckendorffiensis-Hanoicus), Bz. UElsass, Ldkr. Strassburg.
Ehrenpfort (2).
Alteich (Niederaltaichensis Bojus), bayr. Rgb. NBayern, BzA. Deggendorf.
Dalhover.
Altena (Altenanus Westph., Altena-Guestph.), pr. Rgb. Arnsberg.
Dallaus. Goecken. Mesling.
Altenberg (Aldenbergensis Misn., Vetermontanus Misn.), sächs. KrH. Dresden, AH. Dippoldiswalde.
Heerklotz. Kempff.
Altenburg (Altenburgensis), welches?
Agricola. Baenckwitz. Koenigsdorffer. Reichel. Wex.
Altenburg (Aldenburgensis Misn., Altenburg. Misn., Altenburgo-Misn., Saxo-Ducalis Altenburgicus), Hptst. d. Hzgt. Sachsen-A.
Backstro. Biching. de Broke. Clauder. Förster (2). Hezzer. Hoppe. Richter. Roselt. Zeissig.
Altengottern (Palaeogotteranus Saxo), pr. Prov. Sachsen, Rgb. Erfurt, Kr. Langensalza.
Schroeter.
Altenheim (Altenhemensis), welches? (Bz. UElsass, Kr. Zabern?, bad. Kr. Offenburg?).
Kölle. Leuthäusser.
Altenklingen (von Altenklingen von St. Gallen), schwz. K. Thurgau b. Weinfelten.
Zollikofer.
Altenmarkt (Altenmarcktensis, Altenmarktensis Styrus), welches? (6 Ortschaften dieses Namens in Steiermark).
Hünerwolff. Schreiner.
Altenstadt (Alstadianus, Altenstadiensis), Bz. UElsass, Kr. Weissenburg.
Jäger. Rothjacob (s. Hagenau).
Altenstadt s. Altstadt.
Altenstein (Altenstenio-Francus), bayr. Rgb. Unterfranken, BzA. Ebern.
Hoffmann.
Altenstetten s. Altstätten.
Altheim (Altheimio-Ulm.), württ. Donaukr., OA. Biberach.
Bajer. Glöckler. Junginger.
Altkirch (Altkirchensis Alsata, Altchirensis), Bz. OElsass, Kr. Altkirch.
Bächlin. Clavé. Démougé. Dordet de Neuville (2). Glück. Houer. Lorentz (2). Nansé (3). Neef. Ostertag. Paul. Pflieger. Rennguer.
Altleiningen (Palaeo-Leiningensis), bayr. Rgb. Pfalz, BzA. Frankenthal.
Sell.
Altmark (ex veteri Marchia-Brandenburg.), ältester T. der Mark Brandenburg, links der Elbe, heute T. des pr. Rgb. Magdeburg.
de Alvensleben. s. Brandenburg.
Alt-Münsterol, Montreux-Château (Montreux in superiori Alsatia, Monstrolensis), Bz. OElsass, Kr. Altkirch.
Reiser. de Vilmant.
Altnau (Altnovia Helv.), schwz. Kant. Thurgau, Bz. Kreuzlingen.
Widmer.
Altona (Altonanus, Altonaviensis), pr. Rgb. Schleswig.
Behn. Merle.
Altorf (Altorfio-Uraniae), schwz. Kant. Uri.
Gally. s. Altdorf.
Altorffensis ad vineas s. Altdorf-Weingarten.
Altrip (Altrippensis), Bz. Lothringen, Kr. Forbach.
Marck.
Altsohl, Zólyom (Weterisoliensis), Freist. in Ungarn, Kom. Sohl.
Huditius.
Altstadt (Altstadiensis-Wetteravus), pr. Rgb. Wiesbaden.
Kroell. Schreiner (2). Winter.
Altstadt-Waldenburg (Altstadt Waldenburg-Schoenburgicus), sächs. KrH. Zwickau.
Paesler.

Altstätten (Altenstetten i. Rheinth., Helv. Altstettensis), schwz. Kant. St. Gallen, Bz. Oberrheinthal.
Aichmüller. Neff.
Alt-Stettin s. Stettin.
Alzey (Alceano-Palat., Altzea-Pal., Altzejensis, Alzejanus Pal., Alzeymio-Pal.), hess. Prov. Rheinhessen.
Beck. Ehrmann. Koch. Lother. Pabst. Reichard. Stockheimer. Wernborner. Wolfram.
Alzheimensis s. Alsheim.
Amberg (Amberga-Pal., Amberga-Bojo-Pal.), bayr. Rgb. Oberpfalz.
Beutel (2). Böhamb. Buchfelder. Clain. Fleischmann. Geiger. Jezt. Kupferschlager. Lang. Leubel. Manner. Näht. Otto. Planck. Plech. Reng. Rodner. Schwindel. Ulrich.
Ambianus s. Amiens.
Amerdingen (Amerdinganus Suev.), bayr. Rgb. Schwaben.
Heisler.
Amersfoort (Amersfortius), holl. Prov. Utrecht.
van Lynder.
Amiens (Ambianus), frz. Dép. Somme.
Chaulay.
Ammelstaedt (Aemilianus Thuring.), S.-Altenburg, Kr. Kahla.
Becker.
Ammerschweier (Ammerschwirensis, Ammerschwiranus, Amersweiher), Bz. OElsass, Kr. Rappoltsweiler.
Carré de Baudouin. Geiger (4). Hamberger (3). Lionnet. Schielé (7). Schillinger. Schlosser. Ulrich.
Amöneburg (Amoenoburgensis), pr. Rgb. Kassel.
Braun. Breitenstein. Loskanel. a Radenhausen.
Amorbach (Amorbacensis), bayr. Rgb. Unterfranken, BA. Miltenberg.
Büchler.
Amsoldingen (Amsoldingen), schwz. Kant. Bern, Bz. Thun.
Fischer. in der Mühl.
Amstaetten (Amstaetta-Ulm.), württ. Donaukr., OA. Geislingen.
Rink.
Amsterdam (Amstelodamo-Batav., Amstelodamensis), holl. Prov. Nordholland.
Born. Castalerensis. le Famars. de Geer. Glaser. Haen. Hopffer. Huyberts. Iselin. Koster. von Oppenbusch. Terne. Verbert. Vesling. Voss. van der Waeyen.
Anchoranensis s. Enkirch.
Andegaviensis s. Angers.
Andlau (Andlaviensis), Bz. UElsass, Kr. Schlettstadt.
Arbogast. Fischer. Geiger (2). Gnifing. Guntz. Haan. Keppler. Olry. Rieffel. Rothfuchs. Schaeffer (3). Scheck. Schwab. Wallborn. s. Schlettstadt.
Andolsheim (Ansoltzheimensis), Bz. OElsass, Kr. Colmar.
Neglinus.
Andreasberg (Andreasbergensis), pr. Rgb. Hildesheim, Kr. Zellerfeld.
Prössel.
Anes oder Anet, deutsch Ins (d'Annet C. Bern), schwz. Kant. Bern, Bz. Erlach.
Gatschet.
Angerburg (Angerburgo-Boruss.), pr. Rgb. Gumbinnen.
Anderson. Voland.
Angerin (Angerin), russ. Gouvern. Kurland, an der Anger.
Bozarus.
Angers (Andegaviensis), frz. Dép. Maine-Loire.
Decosse.
Anglus s. England.
Anhalt (Anhaltinus), Fürstentum.
Herdesianus (Hardesheimb), Knoche (2). Pfau.
Anklam (Anclamo-Pom., Anclam i. Schwedisch Pommern), pr. Rgb. Stettin.
Dilherr (2). Grabow.
Annaberg (Annaemontô-Misnicus, Annaebergâ-Misn., Annaebergensis Misn.), sächs. KrH. Zwickau.
Graumer. Lehmann. Lehr. Merzler. Ridder. Zahn.
Annaemontô-Misn. s. Annaberg.
Annaevillanus s. Annweiler.
Annecy (Annecicensis, Anneciensis, d'Annecy), frz. Dép. Haute-Savoie.
Syord (3).
Annet s. Anes.
Ansbach (Onolzpach, Onoldinus, Onoldino-Fr., Onoldo-Francus, Onolsbacens.-Fr., ex Onoldinis, Anspacensis), bayr. Rgb. Mittelfranken.
Albrecht. Appold. Ayrer (2). Backhaus. Barabo. Baumgartner. Beck. Bentz. Biber. Cammerer (2). Cleminius. Corneffer. Cramer. Diepoldt. Eberlein. Eckart. Egeloff. Enckelmann. Feuerlein. Förster. Friedel. Greifert (3). Griessmayr. Hoenlein. Hänfling. Harrsch. Haupt. Henrici (2). Herrnschmid (2). Hornung. Hüller. Junius (2). Kechelen. Kehrer.

Kern (3). Klett. Knebel. Koehler. Kohn. Kress. Kurz. Lächelein. von Lendersheim. Loschge. Maul. Meelfuhrer. Mohr. Nevius (Neu?). Neu. Priesmayr. Priester. Raab. Röhm (2). Rosa (2). Rötter. Schäfer. Schaezler. Schell (2). Schelhas. Scherzer. Schnabel. Schneider. Schopper. Schülin (2). Schweigger. Seefried. Sibenhaar. Sinold dict. Schütz (2). Staudacher. Staudte. Stiber. Strebel. Weber. Weissmüller. Wider. Zinn.

Ansoltzheimensis s. Andolsheim.

Antibes (d'Antibe), frz. Dép. Alpes-maritimes.
Sicard.

Antwerpen (Antwerpensis), belg. Prov. Antwerpen.
de Nieuwenhove. a Tungris.

Annweiler (Annweiler b. Zweybrücken, Annae-Villa Bipont., Annwilensis, Annaevillanus), bayr. Rgb. Pfalz, BzA. Bergzabern.
Diehl. Foltz. Halbmeyer. Heusch.

Apolda (Appoldensis), S.-Weimar, Kr. Weimar.
Christian.

Appenweier (Appenwyrensis), bad. Kr. Offenburg.
Bruder (2).

Appenzell (Abbatiscellanus, Appenzell-Helv., Helvetô-Abbatiscellan. casa), schwz. Kant. Appenzell.
Honnerlag. Hürler. Koelbener. Kölbener. Künzler. Sutter. Tanner.

Appiacensis s. Epfig.
Appoldensis s. Apolda.
Aprimonasteriensis s. Ebersmünster.
Aquaesextiensis s. Aix.
Aquensis s. Aachen.
Aquensis s. Aken.
Aquila-Bernensis s. Aigle.
Aquisgranensis s. Aachen.
Aquitanus s. Aix.

Arberg (Arberg), bayr. Rgb. Mittelfranken, BzA. Feuchtwangen.
Kehrvand.

Arberg-Bern s. Aarberg.

Arbon (Arbon i. Thurgau, Arbonensis in Thurgovia), schwz. Kant. Thurgau.
de Buchenberg. Schlaggritzi. Würz a Rudenz.

Arctopolitanus Siles. s. Bernstadt.

Arensberg (Arensbergensis, Arrenbergicus), pr. Rgb. Magdeburg.
Flöcker. Mallemant.

Arensburg (Arensburgo-Livonus, Osiliensis Arensburgo-Liv.), russ. Gouvern. Livland.
de Dellingshausen. Wriedt.

Argimontanus-Gallus s. Montargis.
Arhusio-Danus s. Aarhus.

Arlesheim (Arlesheimensis), schwz. Kant. Basselland.
Fischer. Gigaudet. Haus. Hegginger.

Arnsberg (Arnsbergensis Westph.), pr. Prov. Westfalen.
de Maitre.

Arnstadt (Arnstadiensis Thuring., Arnsteto-Thur., Arnstadiensis), Schwarzburg-Sondershausen, Oberherrschaft Arnstadt.
Crusius. Dobel. Dornfeld. Eisenburgk. Fischer. Hartmann. Heinold. Pfaff. Pistorius. Proband. Rauch. Risch. Schaefer. Schumann. Völcker. Walther.

Aroënsis s. Aarau.
Aroensis Hungarus s. Arva-Váralja.
Arofiensis s. Aarau.

Arolsen (Arolsa-Waldeccus), Fürstent. Waldeck.
Frensdorff. Schmid.

Aropolitanus s. Aarburg.
Arosiensis s. Westeräs.
Aroviensis-Helv. s. Aarau.
Arrenbergicus s. Arensberg.
Artensis s. Arth.

Artern (Arterensis Thuring.), pr. Rgb. Merseburg.
Flemming. Zeichart.

Arth (Artensis, Arto-Suitensis Helv., Helv. Suitensis ex Arth), schwz. Kant. Schwyz.
Hoenlein. Kamer. Rickenbach. Zatz.

Artzenhemiensis s. Arzenheim.

Arva-Váralja (Arvensis Hungar.), ungar. Komit. Arva, Bz. Alsó-Kubin.
Lazard.

Arzberg (Arzbergâ-Variscus), bayr. Rgb. Oberfranken, BzA. Wunsiedel.
Panzer.

Arzenheim (Artzhemiensis Alsata), Bz. OElsass, Kr. Colmar.
Eger.

Ascaniensis s. Aschersleben.

Asch (Ascha-Variscus, Aschensis, Aschensis varisc.), böhm. Bz.-Hptm. Asch.
Knoll. Ludwig. Stroessner.

Aschach (Aschoviensis Austriacus), OÖstreich, welches? (BzH. Wels?, BzH. Steyr?).
Vulpizi.

Aschaffenburg (Aschaffenburgensis), bayr. Rgb. Unterfranken.
Bauer. Jaeger. Klauss. Koch. Rücker. Stumm.
Aschersleben (Ascaniensis, Ascanus, Ascaniensis-Saxo), pr. Rgb. Magdeburg.
Eckler. Hirthes. Itter. Meckow. Neidhartt. Plocius.
Äschi s. Aeschi.
Aschoviensis s. Aschach.
Asconensis Venetus?
Pankaldi.
Assel (von Assel, Azela ducatus Bremensis), pr. Rgb. Stade, Kr. Kehdingen.
Plate. Steinweg.
Asselfingen (Asselfingensis), württ. Donaukr., OA. Ulm.
Bauer.
Assenheim (Assenheimensis Wetterav.), hess. Prov. OHessen, Kr. Friedberg.
Klumpf. Manckel (2). Schaeffer. Tonsor (2). Triebert.
Atrivio-Variscus s. Schwarzenbach.
Attiswyl (Attisyl C. Bern), schwz. Kant. Bern, Ldschft. Bipp.
Gugelmann.
Aub (Aubensis-Francus), bayr. Rgb. Unterfranken.
Armknecht (2). Schwartz.
Audenarde (Aldenardensis), Belgien.
van der Meere.
Auenheim (Auenheimensis), Bz. UElsass, Kr. Hagenau.
Fasco (s. Strassburg).
Auenheim (Auenheimensis Hanoic.), bad. Kr. Offenburg, A. Kehl.
Alberti. Engelbach. Hamesius. Schwind.
Auerbach (Auerbaco-Francus), bayr. Rgb. Mittelfranken.
Mangolt.
Aufenau (Auffenaviensis), pr. Rgb. Kassel, Kr. Gelnhausen.
Caspari.
Aufhausen (Aufhusano-Ulmensis), württ. Donaukr., OA. Geisslingen.
Bührlen.
ex Augia divite Acronianus s. Reichenau.
Augsburg (Augustanus, Augusta-Vindelicorum), bayr. Rgb. Schwaben.
Aichel. Albeck. Albert (2). Amman (2). Arnold. Bach. Bader. Bantzer. Bardeller. Baumeister. Baur. Bavarus. Bechler. Beck (3). Beer (3). Berblinger. Berckmyller. de Bingen. Bock. Boxbarter. Brand. Brencker. Brenn. Brenner. Brettschneider. Brosser. Brueder. Bürck. Bürglin. Cadensky. de Carl a Mühlbach. Christ. Christeiner. Christellius. Closterbauer. Cneulin. Crophius (2). Danckenmair. Danner. Deisch (3). Eberle. Eckhardt (2). Ehinger (2). Ehrhardt (2). Eschenlohr. Faber (2). Finsternacher. Fischer (3). Forster. Fussenegger. Garb (4). Geisselbrunner. Gensler (2). Gigelmarius. Goebel (3). Hainhofer. Hamman. Hark. Hass. Heckel (2). Hein. Heyden. von Hinrichsen. Hentschel. Herwart (2). Heyss. Hiller. Hirschbach. Hirschvogel. Höchstatter (2). Hoerlin. Hoeschel (3). Hofer. Hopfer. Hörmann. Hüller. Imhoff. Jenisch (2). Jung. Karg. Keller. Kern. Kienle. Knuth. Koch. Kögel. Kornmann. Kreidius. Krug. Lackh. Lang. Langenauer. Langenmantel. Laub (2). Lauginger. Laurentius. Lay. Leickher. Lennzer. Leucart. Lichtenfelder. Lindanus. Luger. Lutz. Mair. Mattsperger (2). Merer. Mertz (2). Mertzbach. Michel. Miller (4). Müller. Nesselthaler. Nieschel. Nostemberger. Ostertag. Paul (2). Pauli. Paumgartner. Pfeffel (2). Pfleger. Pfordt. Pistorius. Platz. Pontier. Popp. Portenbach. Pringsauff (2). de Rauner (2). Rechlinger. Reinhard. Reiser (2). Rembold. Renz. Rheiner. Rumler. a Salis. Sander. Sartor (3). Sautter. Schremp. Schlachter. Schmidt. Schön (2). Schorer. Schröttlin. Schuckmann. Schuwart. Schwaiger. Spett (2). Spitzel. Stamler. Stella. Stenglin. a Stetten (4). Steudner (3). Stosser. Sulzer. Sutor. Taglang. Thomann. Umbach. Vogel. Vogt. Vötterle. Wagner. Warnberger. Weber. Wegelin (6). Weienmair. Weiss (2). Welsch. Welser (3). Weng. Wesenbeck. Wesserer. Wideman. Widholtz (3). Wieland. Wilhelm. Wintergerst. Wismüller. Zech (2). Zeidler. Zobel.
Augustodunensis s. Autun.
Auhausen (Ahusensis Francus), bayr. Rgb. Schwaben, BzA. Nördlingen.
Hüttlinger.
Aulendorf (Aulendorffensis Suev.), württ. OA. Waldsee.
Keller (s. Königsegg).
Aulnois, Aulnois-sur-Seille (Alnetensis Lotharingus), frz. Dép. Meurthe.
Jacob.

Augny (l'Augny-Metensis), Bz. Lothr., Ldkr. Metz.
Durand.
Aurelianensis s. Orléans.
Aurich (Aurica-Frisius), pr. Rgb. Aurich.
Arens. Holthusius. de Lamarche. Stürenburg.
Auricoronensis s. Gold-Kronach.
Aurimontanus s. Goldberg.
Austi (Boemus Austensis), böhm. BzH. Deutschbrod, Gbz. Humpoletz.
Kazy.
Austriacus s. Oesterreich.
Autun (Augustodunensis), frz. Dép. Saône-Loire.
Humbelot.
Auxonne (Auxonnensis in Burgundia, d'Auxonne dioc. de Besançon), frz. Dép. Côte-d'Or (Burgund).
Gaudin. Roussel.
Avallon (Abollonensis, Daballonensis), frz. Dép. Yonne (Burgund).
Senequier.
Avenches, Wiflisburg (C. Berne Balliage d'Avanches, Wulfisberg Bernergebiet), schwz. Kant. Waadt.
Christinaz. Tschumi.
Avenionensis s. Avignon.
Avesnes (Avennensis in Hannonia), frz. Dép. Nord.
Mathon.
Avignon (Avenionensis, Avignionensis), frz. Dép. Vaucluse.
de Causan. Détrepin. Gonnet. Pisany.
Avise (Avise in der Champagne, Avicensis).
Colmart. Michel.
Aybringensis s. Ailringen.
Ayrevillensis s. Air-la-Ville.
Azela s. Assel.

Baadensis s. Baden.
Babenhausen (Babenhusanus), welches?
Engelbach. Grünwald. Hoffherber. Klein. Orth. Persbaecher. Reiss. Schneider. Schubbaeus (2).
Babenhausen (Babenhusa-Hanoviensis, Babenhusa-Hanoicus), hess. Prov. Starkenburg, Kr. Dieburg.
Dickhaut. Geisler. Lang. Marcellus.
Babenhausen (Babenhusa-Suevus), bayr. Rgb. Schwaben, BzA. Illertissen, an der Günz.
Mang.
Baccarat (ex Baccarat Lotharing., Baccaratensis, de la verrerie de Bacarat), frz. Dép. Meurthe-et-Moselle, arr. Lunéville.
Ancel (2). Briott. Clement. Divuët. Mercier (2). Renaut. Will.

Bacharach (Baccharacensis), pr. Rgb. Coblenz, Kr. St. Goar.
Hesert. Theobald.
Bachhaupten (Bachhauptensis Suev.), pr. Hohenzollern, OA. Ostrach.
Sutor.
Backnang (Backnangensis, Backnang-Württ.), württ. Neckarkr., OA. Backnang.
Bauer. Georgii. Medinger. Schaeffler (2).
Baden (Badensis, Baadensis), Grossherzogt. Baden.
Bartholmess. Braun. Dilg (3). Drach. Eichrodt. Glyckher. Knör. Kreuzbauer. Leibling. Loesch. Molter. Pollich. Sattler. Sauttersheim. Spert. Stephani. Surlaulin. Weis. Welper. Wentz. Wight. Wolffer.
Baden-Baden (Badeno-Badensis), bad. Kr. Baden.
de Beaunen a Schönbach. Dürfeldt (2). Haug.
Baden-Durlach (Baada-Durlacensis, Bada-Durlaco-Marchias, Marchio-Badensis, ex marchionatu Badensi superiore, Badena-Marchicus), ehemalige Markgrafschaft im heutigen Grossherzogt. Baden.
Brombach (2). Bürcklin. Conradi. Doederlin. Eisenlohr (2). Föckler. Gerig. Gmelin. Grasser. Grossholtz. Hagner. Hauber. Hess. Hitzig (2). Kauffmann. Knörr. Leonhardt. Leiblin. Maler (2). Meerwein. Obermüller. Saalmüller. Schnauffer. Schwartz (3). Tulla. Vierordt. Wolf. Wolff (3). Ziegler.
Baden i. d. Schweiz (Baada-Helv., Badensis-Helv., Baden-Helv., Badensis-Ergoicus), schwz. Kant. Aargau.
Baldinger (2). Dorer (5). Falck. Schnebli (2). Senn. Wanger.
Badenheim (Badenheimensis Bipontin.), hess. Prov. Rheinhessen, Kr. Alzey.
Koester.
Badenweiler (Badenweilensis Durlaco-March., Badovillanus, Badovillanus), bad. Kr. Lörrach, A. Müllheim.
Ebel. Gmelin (4).
Baderborn s. Paderborn.
Badonviller (Baudonvillarus, Baudovillanus Lotharing., Badonvillanus, Badonvillanus in Principatu Salmensi, Badonvilla-Lothar.), frz. Dép. Meurthe-et-Moselle, arr. Lunéville.
le Bon (Lebon) (2). Brazy. Clement. Clossaeus. le Comte. des

Coustures. Day. Demetz. Dhannusius. Gaillard. Gerard. Gillius. de Lamare (Delamare). Lezon. Valentin. Wilhelm.
Badovillanus s. Badenweiler.
Baeropolitanus s. Bernstatt.
Baerstadensis s. Bärstadt.
Bahlingen s. Balingen.
Bahn (Banensis Pom., Banoa-Pom., Bahnensis Pom.), pr. Rgb. Stettin, Kr. Greiffenhagen.
Stephani. Wendel. Witstoch.
Baiersdorf (Bajersdorf - Francus), bayr. Rgb. Mittelfranken, BzA. Erlangen.
Krieger.
Bailleux s. Baslieux.
Balbronn (Balbronnensis), Bz. UElsass, Kr. Molsheim.
König.
Baldenheim (Baldenheimensis), Bz. UElsass, Kr. Schlettstadt.
Hebenstreit. Röttinger.
Baldern (Balderensis Suevus, Hohenbalderensis Rhaetus), württ. Jagstkr., OA. Neresheim; dabei Schloss Hohenbaldern.
Bouthillier. de Winckhler.
Baldersheim (Baldersheimensis), bayr. Rgb. Unterfranken, BzA. Ochsenfurt.
Fritsch.
Balga (Balgensis Boruss.), pr. Rgb. Königsberg, Kr. Heiligenbeil.
Laxdehn.
Balgensis Boruss. s. Balga.
Balingen (Bahlingensis, Württ. Pahlingensis), württ. Schwarzwaldkr.
Camerer. Kaufmann. Krum. Offterdinger. Schulz. Wagner.
Balsovillensis s. Bolsenheim.
Balsthal (Bolstall Sollenthurn.), schwz. Kant. Solothurn, A. Balsthal.
von Burg.
Balzheim (Balzheimensis Suev.), württ. Donaukr., OA. Laupheim.
Dürr.
Bamberg (Bambergensis), bayr. Rgb. Oberfranken.
Bandorff. Ditterich. Faber. Gotthard. Horschelt. Hümmer. de Künsberg. Mulzer. Scharpff. Schmidtbauer. Schweigerdt. Strantz. Villesavoye. de Vorster.
Banensis s. Bahn.
Bantzenheim (Bantzenheimensis), Bz. OElsass, Kr. Mülhausen.
Seidler.
Barby (Barbyensis Saxo), pr. Rgb. Magdeburg, Kr. Kalbe.
Marggraf.
Bäretschweil, Bärentschwyl (Bärenschwiell C. Zürich), schwz. Kant. Zürich.
Hürliman.
Bargteheide (Barchteheida - Hols.), pr. Rgb. Schleswig, Kr. Stormarn.
Aepinus (2).
Barisiensis ducatus s. Liffol.
Bar-le-Duc (Barroducensis, Barroducaeus), frz. Dép. Meuse.
Delamorre de Sarouvières. Demarne. de Fleury. Garaudé (Guraudé). Larfeu.
Barmen (Barmen), pr. Rgb. Düsseldorf.
Matthaei.
Barr (Barrensis), Bz. UEls., K. Schlettstadt.
Brenner. Chalert (4). Hering. Kayser (2). Kleinmann. Madlinger. Notter. Rösch. Schreckenberger. Tromer. Waler.
Barroducensis s. Bar-le-Duc.
Bärstadt (Cattimeliboco - Baerstadensis), pr. Rgb. Wiesbaden, Untertaunuskr.
Zippel.
Bartenheim (Bartenheimianus Suntgav., Bartenheim. Alsata), Bz. OElsass, Kr. Mülhausen.
Depinay. Hertzog. Müller (3).
Bartenstein (Bartensteinensis Franco), württ. Jagstkr., OA. Gerabronn.
Mittnacht.
Bartenstein (Bartensteino-Pruss.), pr. Rgb. Königsberg, Kr. Friedland.
Lüneburg.
Bartfeld, Bartfa (Bartphâ-Pannon.), ung. Com. Sáros.
Eckel. Lanj.
Barutho-Francus, Baruthinus s. Bayreuth.
Barver (Barverensis), pr. Rgb. Hannover, Kr. Diepholz.
Gruelmann.
Basel (Basiliensis, e dioec. Episcop. Basiliensis, Basilea-Helv., Basel Schweitz), schwz. Kant. Basel-Stadt.
Battier. Bernouilli. Brunner. Burcard. Buxtorf (2). de la Chenal. Decker. Deucher (2). Dienast. Dietschin. Eccius. Enderlin. Fesch (2). Hagenbach. Harder (2). Harscher. Heitz. Herport. Hess (2). Heussler. Huber. Hummel (Joly de Morey). Karger. Krottendorffer. Laroche. Lotz. Mangoldt. Merian. Meyer. Mieg (3). Miville. Müller. Muspach. Passavant (3). Plater. Ramsperger. Respinger. Richter. Roschet. Ruck. Rumpff. Ryhiner. Scherer al. Philipert. Schirmann Schlectius. Schoepflin. Seiler. Socinus. Spoerlin. Staehelin (2).

Thurneysen (3). Weitnauer. Weydtman. Wollebius. Zwinger (2).

Baslieux (Baillieux Lothar.), frz. Dép. Meurthe-et-Moselle, arr. Briey.
Perbal.

Bassing s. Bessingen.

Batavia (Indo-Batavus), Niederl. Insel Java.
Kleyhhoff.

Batta, Batta Szazholom (Batthensis Hung.), ung. Com. Weissenburg, Bz. Rátz-Almás.
Perlowitz.

Battenberg (Battenberga-Palat.), bayr. Rheinpfalz, BzA. Frankenthal.
Metzger.

Batzendorf (Batzendorffensis), Bz. UElsass, Kr. Hagenau.
Arbogast. Reimbolt.

Baudonvillanus s. Badonviller.

Bäumerstattensis s. Beimerstetten.

Baumholder (Baumholderensis, Baumholderanus Pal. Bipont.), pr. Rgb. Trier, Kr. St.-Wendel.
Culmann. Eichern. Jegenius. Sartorius.

Bautzen, Budissin (Budissina-Lus., Lusatius Budissinus, Budissâ-Lus.), sächs. KrH., in der Oberlausitz.
Berringer. Biccius. Cnöffel. Grallius. Heinrich. Höffichen. Hübsch (2). Jancke. Kiel. Kieslingk. Klemstein. Lehmann (3). Ludovici. Moderach. Nabock. Nietzschius. Opitz. Paulitz. Pannach. Petschke. Praetorius. Printz. Queitzel. Richter (2). Rizius (2). Rüde. Schmidt. Schönborn. Serp. Tabor. Westphal. Zeidler (2).

Bavilliers (ex Baviller prope Bellofortum in Alsatia, Bavillier in Alsatia), frz. Dép. Territoire-de-Belfort, arr. Belfort.
Matthieu.

Bayern (Bavarus, Bavaria), Königreich Bayern.
Brunwiser. de Giell. Heininger. ab Honstein. de Linprunn. de Ow (2). de Westerholt. Wille.

Bayonne (e Gallia Bayonensis), Hptst. des frz. Dép. Basse-Pyrénées.
Nireau. Romatetus.

Bayreuth (Byrutho-Francus, Barutho-Fr., Bajorutho Fr., Baruthino-Fr., Baruthinus, Bojo-Ruthinus), Hptst. des bayr. Rgb. OFranken u. des BzA. Bayreuth.
Böckel. Cramer. Christ. Deuerling. Dobenecker. Fleischer. Franck. Gemeinhard. Genck. Glaser. Göring. Keck. Kolb. Mayer. Pertsch. Pflug. Planer. a Plassenberg. Rosner. Roth. Schaumann. Schmidt. Schreiber. Staud. Teubel. Teuerling (s. Deuerling).

Bayrisch-Zell, Margarethenzell (Zellensis Bojus), bayr. Rgb. Oberbayern, BzA. Miesbach.
Strein.

Bazenheid (Bazemheim. Helv., Bazemheid.-Helv.), schwz. Kant. Sankt Gallen.
Enz.

Beauchery (ex insula Belligerii), frz. Dép. Seine-et-Marne, arr. Provins.
Vincentius (s. Châteausalins).

Beaufremont (Metensis sub Belfremonte Lotharingus), frz. Dép. Vosges, arr. Neufchâteau.
Jacob (s. Alnet).

Beaumont-sur-Vingeanne (Beaumont sur Vingeanne dioc. Divionensis), frz. Dép. Côte-d'Or, arr. Dijon.
Lecomte du Chatelot.

Beaune (Belnensis Gallus), frz. Dép. Côte-d'Or.
Florietus. Durcy d'Harnoncour.

Beauvais (Vallot-Bellovacus), frz. Dép. Oise, arr. Beauvais.
Tussanus.

Bebelnheim (Beblenheim im obern Elsass), Bz. OElsass, Kr. Rappoltsweiler.
Binder. Bopp. Schreiner (2).

Bechtheim (Bechtheimensis Pal.), hess. Prov. Rheinhessen, Kr. Worms.
Reichard.

Beckingen (Bickingen), pr. Rgb. Trier.
Schilling.

Beerwango-Palat. s. Berwangen.

Beeskow (Bescoviensis March.), pr. Rgb. Potsdam, Kr. Beeskow-Storkow.
Tetsch.

Behrenburg. Herbipolensis.
Baur.

Behringen (Beringa-Henneberg.), Schwarzburg-Sondershausen, Bz. Arnstalt.
Franken.

Beichlingen (Pyrgo-Beichlingensis Saxo), Df. u. Schloss, pr. Rgb. Merseburg, Kr. Eckartsberga.
Werther.

Beimerstetten (Bäumerstatt. Ulmanus), württ. Donaukr., OA. Ulm.
Wiland.

Beinheim (Beinheimensis), Bz. UElsass, Kr. Weissenburg.
Anselm. Sarselle.
Beizkofen (Beizkoffensis Suev.), württ. Donaukr., OA. Saulgau.
Bauknecht.
Bela (Belensis, Bela-Scep.-Transylv.), Siebenbürgen, Bz. Udvarhely.
Greb. Tuchmacher.
Belfort (Bellofortensis, Belfortensis), frz. Territoire de Belfort.
Antonin (3). Barthélémy. Berard. Besançon. de Billace. Bletry. Boillot. Borneque. Bourquenot. Brassigny. Caillet. Chagué. Chardoillet (3). Clavé. Clavey. Comte (2). Coquerille. de Coursillon. Degé (2). Donsieux. Douzé. de Ferrier. Genty (3). Grandidier. Grosjean. Hann (Haun). Heroux. Hurst. Jersé (2). Jobert. Keller. Lacroix. Magnier. Mareschal. Mengaud (4). Moissonier. Morize. Noblat (2). de la Porthe(2). Poujol(3). Rossée. Roussel. Royer. Strotz. Testu. Thomassin. Thurillot. Verneur. Vernié. Ventrillon. Willin.
sub Belfremonte s. Beaufremont.
Belgard (Belgardensis Pom., Belgard. Sax., Belgardiâ-Pom.), pr. Rgb. Köslin.
Mann. Meyer. Schenkel. Sintzius.
Belgern (Belgern. Misn.), pr. Rgb. Merseburg, Kr. Torgau.
de Schulenburg.
Belgien (Belga).
a Fraipont.
Belgiojoso (de Belgiojoso), ital. Prov. u. Distr. Pavia.
de Lugo.
Belgrad, Griechisch-Weissenburg, (ex Alba groeca), Serbien.
Picquet.
Bellagio (Bellagio in Italo), ital. Prov. u. Distr. Como.
Scaramizza.
Belle fontaine (ex Belle fontaine Lothar.), frz. Dép. Vosges, arr. Remiremont.
Vançon.
Bellheim (ex Bellheim), bayr. Rheinpfalz, BzA. Germersheim.
Greff.
Belligerii s. Beauchéry.
Bellinzona (Bellinzonensis, Bellinzonensis in Elvetia), schwz. Kant. Tessin.
de Clericis. Chicherius. Paganinus.
Bellofortensis s. Belfort.
Bellovacus s. Beauvais.
Belnensis Gallus s. Beaune.
Belsenberg (Belsenbergensis Hoenloic.), württ. Jagstkr., OA. Künzelsau.
Renner.
Belzig (Belzigensis Saxo, Belzingensis Saxo, Belticensis Saxo), pr. Rgb. Potsdam, Kr. Zauch-Belzig.
Fügmann. Mauritius. Praefectus.
Benedicta-Silva s. Silva Benedicta.
Beneschau (Bohem. Beneschoviensis), welches? (Böhmen, a. d. Iser; Böhmen, b. Kaplitz).
Frantzoss.
Benfeld (Benfeldensis), Bz. UElsass, Kr. Erstein.
Arbogast. Bender. Carl. Deville. Fries. Herrenberger (4). Kieffer (2). Leuffer. Oberlin (2). Postel. Schaeffer. Wanner.
Bennewitz (Benwiz.-Thuring.), pr. Rgb. Merseburg, Kr. Torgau.
Erdtmann.
Bennhausen (Benhusa-Nassov.), bayr. Rheinpfalz, BzA. Kirchheimbolanden.
Stein.
Bensheim (Bensheimensis, Mogonus Bensheimensis), hess. Prov. Starkenburg.
Duchschärer. König. Stock. Traupell.
Bentheim (Benthemio-Westph.), pr. Rgb. Osnabrück, Kr. Lingen.
Riccius (3). Schuermann.
Berchagiensis s. Berga.
Berche s. Berig.
Berchensis s. Börsch.
Berg (Berg i. Nassau-Saarbr.), Bz. UElsass, Kr. Zabern.
Culmann.
Berg (ex Ducatu Montensi, aus d. Herzogtum Bergen, du duché de Berg, Montanus.), vormals Herzogt., jetzt Teil der pr. Rheinprovinz.
Curtius. Gesser. Hartmann. Heyger. Isingh. Pickhard. von den Steinen.
Berka (Berchagiensis-Francus), S.-Weimar, VBz. Eisenach.
Müller.
Bergen (von Bergen im Hessen-Hanauischen, Hanoico-Bergensis), pr. Rgb. Kassel.
v. Schelm von Bergen. Zeyss.
Bergen (Berga ex insula Rugia, Bergâ-Rugianus), Insel Rügen, pr. Rgb. Stralsund.
Darmer. Gravius (Grau). Schneider. Wünsch.
Bergen (Berga-Norwegus), Norwegen, am Vaagfjord.
Garmann.

Bergheim (Berckhemensis, Bergenhemianus, Oberberghemensis, Oberberckeimens.), Bz. OEls., Kr. Rappoltsweiler.
Bourste (2). Duverger. Fuchs. Kentzinger (2). Kien. Litaize. Massuirs. Mathels. Riegert. Weinemmer.

Berghausen (Berghusa Bada-Durlac.), bad. Kr. Karlsruhe, A. Durlach.
Eppelin.

Bergzabern (Tabernae-Montanus, Bergzabern, Tabernae-Montano-Bipont., Monte-Tabernensis), bayr. Rheinpfalz, BzA. Bergzabern.
Atzenhover. Bruch. Demarse. Heimel. Keller. Klick. Laurent. (de) Marx (2). Michel. Mulheuser. Petersen (2). Piscator. Rheinwald. Rüger.

Berig? (de Berche), Bz. Lothringen, Kr. Forbach.
Wohlgemuth.

Beringa-Henneb. s. Behringen.

Berka a. d. Werra (Bercka-Vierranus), S.-Weimar, Kr. u. Bz. Eisenach.
Boehme.

Berka a. d. Ilm? (Bercâ-Thuring.), S.-Weimar, VBz. Weimar.
Linsenbarth. Wagner.

Berlebeck (Berlebacensis, Berlenbacensis), Fürstent. Lippe, A. Detmold.
Beuerlin (2). Martin.

Berleburg (Berlenburg-Wittgensteinens.), pr. Rgb. Arnsberg, Kr. Wittgenstein.
Abresch. Schaeffer.

Berlens (ex Berlens Friburg. Helv.), schwz. Kant. Freiburg, Bz. Glane.
Escuyer.

Berlin (Berolinensis Marchicus, Neo Berolinô-March., Berlinas Coloniensis Marchicus).
Albert. Bechtold. Beckerhinn. Berchlmann. Brand. Bremer. Cassebohm. Chemnitz. Clerck. Corvinus. Crüger. Fehr. Fibich. Fischer. Flies. Geritz. Greiffenpfeil. Henningsen. Ideler. Köpke. Kunsch a Breitenwald. Lehnitz. Lilius. Macrinus. Meckel de Hembsbach. Mejer. Mentzel. Müller. Muthreich. Nagel. Petrini. Rambonnet de Neuville. Reinhardt. Rischkius. Sanders. Schintz. Schwanfelder. Seidell. Stosch (Coloniens. March.). Sylm. Tiess (2). Wahl. de Wartenberg (2). Weber.

Berlingen (Berlingen), welches? (schwz. Kant. Thurgau?, im Rgb. Trier?, im lothr. Kr. Saarburg?).
Kern.

Bern (Bernensis, Helv. Bernas, du cant. de Berne, von Bern aus der Schweiz), schwz. Kant. Bern.
Alibert. ab Auenstein. Bachmann. Bay (2). Bentely (2). Berchtold. Brunner. Bertscheus. Bieri. d'Ernest. Fasnacht. Fischer. Franck. Furer. Gaudard. Ghevot. Gravisset. Gryff. a Greyers. Hartmann. Heffliger. Heuchoz. Herzog. Hophius. Hubacher. Ingerlehner. Isenschmid. Jucker. König. Kuhn. Lerber. Loupicky. Maser. Mumenthaler. Neuhusius. Noettinger. Portmann. Reigner. Ritter. Rosselet. Rousselet à Charpillot. Rubinus. Spanius. Stauffer. Steck. Stettler. Theodorus. Tscharner (2). Veillon. a Werdt. Wolf. Wyss (2). Wyttenbach. Zeender.

Bernbeuern (Bernburanus Allgojus), bayr. Rgb. Oberbayern, BzA. Schongau.
Pfeiffer.

Bernburg (Bernburgensis Anhaltin.), Hzgt. Anhalt, a. d. Saale.
Herdesianus. Wallstorff.

Berneck (Berneccensis March.), bayr. Rgb. Oberfranken.
Lignectus.

Berneck (aus dem Steinthal von Berneck i. d. Schweiz), schwz. Kant. Sankt Gallen, Bz. Unterrheinthal.
Kurer.

Berngau (Bavar. Berngaviensis), bayr. Rgb. Oberpfalz, BzA. Neumarkt.
Schmelzel.

Bernloch (von Bernloch in Württemberg), württ. Donaukr., OA. Münsingen.
Boesbier.

Bernstadt (Arctop[olis] Siles., Bernstadiensis Siles.), pr. Rgb. Breslau, Kr. Öls.
Nieke. Titius.

Bernstatt (Baeropolitanus Würtemberg.), württ. Donaukr., OA. Ulm.
Baldenhoffer.

Beröa, Berrhoea (*ἐκ Βεῤῥοίας τῆς Μακεδονίας*), Macedonische Landschaft Emathia.
Μητροφάνης ὁ Κριτόπουλος.

Beroldsheim (Berolsheimensis Noricus, Beroltzheim. Palat.), bayr. Rgb. Mittelfranken, BzA. Gunzenhausen.
Griesmair. Waelsch.

Beronensis Helv. s. Münster.

Berre (Berrensis dioecesanus Arelatensis, Berrensis in Gallo-provincia), frz. Dép. Bouches-du-Rhône, arr. Aix.
Aurran.

Berschemianus s. Börsch.
Bersensis s. Börsch.
Berstadt (Berstadia Wetterav.), hess. Prov. Oberhessen, Kr. Büdingen.
Supp.
Beruviensis s. Brouville.
Berwangen (Beerwango-Palatinus), bad. Kr. Heidelberg, A. Eppingen.
Dizinger. Taub.
Besançon (Bisuntinus, Vesuntinus, civis Besuntinus in Burgundia), frz. Dép. Doubs, arr. Besançon.
Allard. Billecart. Chiflet (2). Darles. François. de St. Gerans. Guerin. Petrus. Praz. Roy. de Séchaux. Senault. Troncin
Bescoviensis s. Beeskow.
Besenyö (Zirma-Besenyö-Hungarus), ung. Kom. Somogy, Bz. Nagy-Atad.
Szirmay.
Besing. Palatinus.
Smederer. s. Bissingen.
Bessingen, frz. Bassin (de Bassing en Lorraine), Bz. Lothringen, Kr. Château-Salins.
Will.
Bessungen (Bessunga-Hassus), hess. Prov. Starkenburg, Kr. Darmstadt.
Marioth. Schwanen.
Bethania-Siles. s. Beuthen.
Bettenhausen (Bettenhusa-Hennebergicus), S.-Meiningen, Kr. Meiningen.
Amthor.
Bettweiler (Bettwillanus), Bz. UElsas, Kr. Zabern.
Pierron.
Betulano-Sponhemicus s. Birkenfeld.
Betuloeo-Bohem. s. Birkau.
Beuthen (Beuthenâ - Silesius, Bethania-Sil.), welches?
Ammenius.
Biarvillanus s. Diarville.
Biberach (Biberacensis, Biberaco-Suev., Bibaricensis), württ. Donaukr., OA. Biberach.
Böringer. Braendlin. Gutermann (2). Hilbert. Hiller. Klöggel (2). Koch de Wespach. Laffontaine (2). Lang. Lay (2). Röhrborn. Roussy. Settelin. Wern. Wiethaw.
Biberach (welches?
Köhle.
Biberbach (Marktbiberbacensis Suev.), bayr. Rgb. Schwaben, BzA. Wertingen.
Bayr.
Bicinio-Siles. s. Pitschen.
Bickenbach (Bickenbacensis Viae-Montan.), hess. Prov. Starkenburg, Kr. Bensheim.
Nungesser (2).
Bickensohl (Bickensolio - March.), bad. Kr. Freiburg, A. Breisach.
Geissler.
Bickingen s. Beckingen.
Bidencopia s. Biedenkopf.
Bieberich (Bieberich), pr. Rgb. Wiesbaden.
Traun.
Biebermühle (Fabrimolâ-Palatinus), bayr. Rheinpfalz, BzA. Pirmasens.
Schnabel.
Biedenkopf (Bidencopia Hassiae), pr. Rgb. Kassel, Kr. Hersfeld.
Grosmann.
Bieglen s. Biglen.
Biel, Bienne (Bienensis Helv., Bienna-Helv.), schwz. Kant. Bern.
Dachselhofer. Maret. Moser. Neuhaus (2). Schaltenbrand. Scholl. Watt. Wildermett (2).
Bielefeld (Bielefeldia-Westph., Bielfeldia-Ravensburgicus), pr. Rgb. Minden.
Consbruch. Düker. Hersheman. Meinders. Plöger. Schlipstein. Strom.
Biembach s. Bimbach.
Bienensis s. Biel.
Bienstadiensis Wedderav. s. Bönstadt.
Bierstadt (Nass. Birstadiensis, Bierstadio-Nassov.), pr. Rgb. u. Ldkr. Wiesbaden.
Grusemann. Kayser.
Bietigheim (Bieticanus-Württ., Büttigkheimensis, Biettighemio-Württ.), württ. Neckarkr., OA. Besigheim.
Adelgehr. Gress. Weber.
Biglen (Biglen, Bieglen C. Bern), schwz. Kant. Bern, Bz. Konolfingen.
Glaser. Schüpbach. Schüpp.
Bihlensis s. Bühl.
Bildstein s. Sachsen-Coburg-Meiningen.
Bilinganus s. Bühlingen.
Billekamensis s. Billigheim.
Billy, Billy-sous-Mangiennes (Billyaco-Virdun., ex Billy-Vird.), frz. Dép. Meuse, arr. Montmédy.
Marchand.
Billigheim (Palatino-Billekamensis, Billighemii et ex Palatinatu minori), bayr. Rheinpfalz, BzA. Bergzabern.
Gotzendörffer. Rosenbach.
Bimbach (Ober-, Unter-) (Biembach i. d. Gfsch. Hochenberg), pr. Rgb. Kassel, Kr. Fulda.
Gissberti.

Bimbach (Binbachensis Francus), bayr. Rgb. Unterfranken, BzA. Gerolzhofen.
Engelhart (2).

Binarville (de Verneuille natif, de Binarville en Champagne), frz. Dép. Marne, arr. St.-Ménehould.
Thierion.

Bingen (Bingensis), hess. Prov. Rheinhessen, Kr. Bingen.
Enslin. Oeste. Pfraunbam. Schlipp. Weizel.

Bingenheim (Bingenheimensis Wetterav.), hess. Prov. Oberhessen, Kr. Büdingen.
Melas. Pfeil.

Binsdorf (Binsdorffensis Suev.), württ. Schwarzwaldkr., OA. Sulz.
Sauter. Stehle.

Binzen (Binza-March.), bad. Kr. Lörrach, A. Lörrach.
Butler. Fecht.

Bipontinus s. Zweibrücken.

Birkau (Betuloeo - Bohem.), welches? (Böhmen, BzH. Klattau?, Böhmen, BzH. Przestitz?).
Galli.

Birkenfeld(Betulano-Sponhemic., Birckenfeldensis, Betuletanus), oldenburg. Fürstent. Birkenfeld.
Corvinus. Eisenschmidt. Faber (4). Hauff (2). Kelner. Koch. Langguth. Musculus. Stengel. Zenger.
s. Sacrobusto-Betuletanus.

Birstadia s. Bierstadt.

Birstein (Birsteinensis, Birsteinâ-Isenburg), pr. Rgb. Kassel, Kr. Gelnhausen.
de Dungern. de Wissenbach.

Birthälm (Birthalbino Transylv., Birtehalb. Transylv.), Siebenbürgen, Stuhl Mediasch.
Wachsmann. Werner.

Bischheim (Bischemio-Palat.), bayr. Rheinpfalz, BzA. Kirchheimbolanden.
Hell.

Bischheim (Bischemio - Hanoicus), Bz. UElsass, Kr. Strassburg (Ld.).
Stroehlin.

Bischofsheim(Bischoffheim.Creichgovius), bad. Kr. Heidelberg, A. Sinsheim.
Hauschl.

Bischofsheim (Rhein-) (Bischoffshemio-Hanoicus), bad. Kr. Offenburg, A. Kehl.
Alberti. Reinbold. Ruckhaber.

Bischofsheim (Bischoffsheimensis), Bz. UElsass, Kr. Molsheim.
Haug. Lux.

Bischofsheim (Bischoffheimensis Franc., Episcopia-Mogonus), welches? (bayr. Rgb. Unterfranken oder B., hess. Prov. Starkenburg).
Christ. Weidner.

Bischofszell (Episthobi Zellensis), welches?
Bridler.

Bischofszell (Helv. Episcopicellanus, Episcopicellanus-Helv.), schwz. Kant. Thurgau.
Daller. Ferber. Scherbius. Zwinger.

Bischweiler (Bischweyler, Bischvillensis, Bischvillanus, Bisvillanus, Episcopiensis, Episcopivillanus, Episcopivilla-Alsatus, Episcopivilla-Darmstattinus, Episcopovilla-Hanoicus, Episcopivilla-Rhenanus), Bz. UElsass, Kr. Hagenau.
Becker. Burckard. Embser. Emmerich. Engelbach (3). Franz. Haenel. Jouncker. Kessler. Klick (2). Knapp. Koehler. Kussler. Morell. Mumm. Rausch. Sattler. Scherding. Schwengsfeuer. Steinbrenner. Stökkel. Thürmann.

Bissenhemio-Brisgoius s. Büsisheim.

Bissingen (Bissingensis), welches?
Rieden.

Bistritz (Bistricio - Transylv., Pistricio-Transylv., Bistriciensis Transylv.), Hptst. des Bistritz-Nassoder Comit.
Bedaeus. Decani. Grau. Heilmann. Keinthel. de Rosenberg. Roth. Schuler. Thomae.

Bisuntinus s. Besançon.

Bisvillanus s. Bischweiler.

Bitsch (ex castro Bitsch, Bitensis, Lotharing. Bicensis), Bz. Lothringen, Kr. Saargemünd.
de Bombelles. Broc. Helfflinger. Knoepffler. Mercier. Pouart. Rochatte. Thomas. Werner.

Bitschweiler (Bitschviller Alsata), Bz. OElsass, Kr. Thann.
Borneque. Clad.

Bittweil, Bitschwyl (Bittwyl), schwz. Kant. Bern, Bz. Fraubrunnen.
Åby.

Bituricensis s. Bourges.

Bitzfeld (Bitzfeldiâ-Wirtt.), württ. Neckarkreis, OA. Weinsberg.
Herkel.

Blabyrensis, Blabyro-Suev. s. Blaubeuern.

Blâmont (de Blamont en Lorraine, Albimontan. Lotharing., Rupe-Blamont.), frz. Dép. Meurthe-et-Moselle.
Barthel. Berger. Chippel. Cuvier. Fromental (4). Grandidier. Guise. Klein. Lallevée. Laurent. Lot-

tinger. Majeur. Marcel. Marmod. Parmentier. Pierron. Ponnier. Regnier. Winat.

Blankenburg a. Harz (Blanckenburgensis Saxo, Blankoburgo-Lüneburg.), Herzogt. Braunschweig.
Bremer. Fincke. Maass.

Blankenburg i. Schwarzburg. (Blanckenburgo-Schwartzburgius),Schwarzburg-Rudolstadt, LdrA. Rudolstadt.
Voigt.

Bläsheim (Bleshemensis, Blaesheimensis), Bz. UElsass, Kr. Erstein.
Renz. a Zabern.

Blaubeuren (Blabyrensis, de Blabyra-Suev., Blauifontanus, Pabirensis), württ. Donaukr., OA. Bl.
Bilcher (2). Eisenuedt. Mehlom (?).

Bleckede (Bleckeda-Hannov.), pr. Rgb. u. Kr. Lüneburg.
Rützhaubt.

Bleichenbach (Bleichenbach C. Bern), schwz. Kant. Bern, Bz. Arwangen.
Kummer.

Bleicherode (Bleichrodâ-Cheruscus, Bleicheroda-Thuringus), pr. Rgb. Erfurt, Kr. Hohenstein.
Müller. Nolung. Schröter.

Bleidenstadt (Bleidenstadio - Nassoicus, Bleidenstatiensis), pr. Rgb. Wiesbaden, Untertaunuskr.
Brühl. d'Hoen (2).

Blesheimensis s. Blaesheim.

Blienschweiler (Blienschwilleranus), Bz. UElsass, Kr. Schlettstadt.
Wilhelm.

Blieskastel (Blieskastellanus, Bliscastellanus), bayr. Rheinpfalz, BzA. Zweibrücken.
Brixius. Nigrinus. Schlemmer. Schmeltzer. .Wagener.

Blodelsheim (Blodelsheimensis Alsata), Bz. OElsass, Kr. Gebweiler.
Brodhag. Biber. Wegbecker (2).

Blofeld (Bloefeldinus), hess. Prov. Oberhessen, Kr. Büdingen.
Cramer.

Blomberg s. Blumberg.

Blondefontaine (Blondefontaine), frz. Dép. Haute-Saône, arr. Vesoul.
Bouvenot.

Blotzheim (Blotzhemianus), Bz. OElsass, Kr. Mülhausen.
Hertzog. Lang (2). Thannberger.

Bludentz (Bludenz, Bludentino - Austr., Bludentinus-Rhaetus, Bludeschensis), BzH. i. österr. Vorarlberg.
Bardoldt. Bitschnau. Derons. Melck.

Blumberg (aus Blomberg aus dem Fürstenbergischen), bad. Kr. Offenburg, A. Donaueschingen.
Gebhardt.

Bobenhausen (Bobenhusa-Hassus), hess. Prov. Oberhessen, Kr. Büdingen (oder B. ebd., Kr. Schotten).
Ebel.

Böblingen (Boeblingensis, Boblingensis, Böblinga-Württemb.), württ.OA.-Stdt. i. Neckarkr.
Betz. Eisentruckher. Linsenmann. Mithobius.

Bochum (Bochumia-Marcanus, Bochumia-Westph., Bochum in der Grafschaft Mark), pr. Rgb. Arnsberg.
Krugmann. Schmedden. Sölling. Witgenstein.

Bockenem (Bocnem. Saxo), pr. Rgb. Hildesheim.
Philippi.

Bodenfelde (Bodenfelde i. Hannovrischen), pr. Rgb. Hildesheim, Kr. Einbeck.
Sander.

Bodenheim (Bodenheimensis), hess. Prov. Rheinhessen, Kr. Oppenheim.
Abegg. Resch.

Bodersweier (Bodersweierensis Hanoicus), bad. Kr. Offenburg, A. Kehl.
Ulrici.

Bödigheim (Bödigheimensis), bad. Kr. Mosbach, A. Buchen.
Knapp.

Boeblingensis s. Böblingen.

Boerschensis s. Börsch.

Boezinga s. Bötzingen.

Bofsheim (Boffshemio-Francus), bad. Kr. Mosbach, A. Adelsheim.
Schaeffer.

Böhmen (Bohemus, Bojemus, Bojus).
a Bock. Capaun. Dresell. Egerman. Fenck. Heydelberger. Leuthner. de Perglas. Schmelcher. Staudacher. de Steinbach. de Swogkowa (s. Capaun). de Zedwitz.

Böhmenkirch (Böhmenkirchensis-Suev.), württ. Donaukr., OA. Geislingen.
Burr (2).

Boitzenburg (Boitzenburgensis), welches? (Mecklenburg - Schwerin?, pr. Rgb. Potsdam?).
Dittmar.

Bojemus, Bojus s. Böhmen.

Bojorutho-Fr., Bojo-Ruthinus s. Bayreuth.

Bolchen, Boulay (Bolagiensis in Lotharingia, Bolagiensis dioec. Metensis), Bz. Lothringen, Kr. Bolchen.
Houillon.

Bolckolucensis s. Bolkenhain.
Boleren (aus der Bollern C. Bern), Bauernhof in d. Pfarr. Thieracheren, Kant. Bern.
Messerlin.
Boleslavia-Siles. s. Bunzlau.
Bolheim (Bolheimensis), württ. Jagstkr., OA. Heidenheim.
Schmid.
Bolkenhain (Bolckolucensis Sil.), pr. Rgb. Liegnitz.
Curtius.
Boll (Bollensis), welches?
Marius.
Boll s. Bulle.
Bollène (Bollenensis), frz. Dép. Vaucluse, arr. Orange.
Gonnet.
Bollweiler (Bollweileranus), Bz. OElsass, Kr. Gebweiler.
Jacquot.
Boloniensis s. Boulogne.
Bolsenheim (Balsovillensis), Bz. UElsass, Kr. Erstein.
Brungart.
Bolstall s. Balsthal.
Boltigen (Boltigen C. Bern), schwz. Kant. Bern, Bz. Obersimmenthal.
Jutzeler. Müller.
Bombach (Bombach), bad. Kr. Freiburg, A. Emmendingen.
Langenbacher.
Bonazellensis s. Gutenzell.
Bonhomme s. Diedolshausen.
Bonn (Bonnensis), pr. Rgb. Köln.
Bequerer. Brouder. Curtius. Ferro. Flörcken. Fonson. Kelss. Kügelgen. Meyer. Schlick (2).
Bönnigheim (Bönnigkheimensis Zabergoius, Bönnigkeimensis), württemb. Neckarkr., OA. Besigheim.
Beher. Huzelin. Kauffmann. Ursinus.
Bonosdorffino-Transylvanus.
Crämer. Reyger. Weber. Wiëtor.
Bönstadt (Bönstadt, Bienstadiensis Wedderav.), hess. Prov. Oberhessen, Kr. Friedberg.
Cless. Feist. Fischer. Lantz.
Boofzheim (Boffzeimensis), Bz. UElsass, Kr. Erstein.
Winter.
Bopfingen (Bopffingensis, Bopfingå Rheto-Suev.), württ. Jagstkr., OA. Neresheim.
Brunner. Eckher. Herrenschmidt. Schmidt. Ulmann.
Boppard (Poppardiensis, Boppardio-Confl., Boppardius), pr. Rg. Coblenz.
Baumgarten. Gewehr.
Bordeaux (Burdigalensis), frz. Dép. Gironde.
Desainpere.
Borgholzhausen (Borckholthusa-Westph.), pr. Rgb. Minden, Kr. Halle i. W.
Sandhagen.
Borken (Borken-Westphalus), pr. Rgb. Münster.
Winters.
Borkow (Borckoviensis Bohem.), böhm. BzH. u. Gbz. Semil.
Pauli.
Borna (Borna-Misn.), sächs. KrH. Leipzig.
Barthel. Küchler. Matthaei. Zeetschy.
Bornheim (Bornheimensis), welches? (bayr. Rheinpfalz, BzA. Landau oder pr. Rgb. Wiesbaden, Kr. Frankfurt a. M.).
Fliedner. de Waldbott.
Börsch (Bersensis, Berchensis, Berschemianus, Boerschensis, Berche), Bz. UElsass, Kr. Molsheim.
Bartmann (4). Schneider. Wohlgemuth.
Bosenbach (Bosenbach i. Zweybr.), bayr. Pfalz, BzA. Kusel.
Wernigk.
Bossendorfensis s. Busendorf.
Bostel? (Bustel), pr. Rgb. Lüneburg.
von Speyr.
Bottwar (Gross-) (Bottwariensis, Botwarensis Wirtemb.), württ. Neckarkr., OA. Marbach.
Esenwein. Thum.
— (Klein-) (Microbottwariensis), württ.
Weber.
Bötzingen (Boezinga-Durlac.), bad. Kr. Freiburg, A. Emmendingen.
Enderlin.
Bouchwald s. Buchwald.
Bouillon (Bulloneus, Bullonaeus), welches? (frz. Dép. Manche?, belg. Prov. Luxemburg?).
Castilhon. Chauchet. Trecourt.
Boulay s. Bolchen.
Boulogne (Boloniensis), frz. Dép. Pas-de-Calais.
Serin.
Bourdonnay (Bourdonnay dioec. Metensis), Bz. Lothringen, Kr. Château-Salins.
Pitoux (s. Saint Nicolas).
Bourg-en-Bressse (de la ville de Bourg en Bresse), frz. Dép. Ain, arr. Bourg.
Burband.
Bourgaltorf (Bourgaltorffensis in ditione Metensi), frz. Dép. Meurthe-et-Moselle.
Collignon. Mayt.

Bourgensis s. Burg.
Bourges (Bituricensis, Biturix), frz. Dép. Cher.
Briquet. Mattret.
Bozomotanus s. Busenberg.
Bozonisvillanus s. Busenberg.
Brabant (Brabantus Transmosanus ex provinc. Hertzogenradana), ehemal. Herzogtum in Belgien; Herzogenrat im pr. Rgb. u. Ldkr. Aachen.
Dauzenberg. Goessen.
Brackenheim (Brackenheimâ -Würtemb.), württemb. Neckarkreis, OA. Brackenheim.
Andler (2). Koestlin. Strodtbeck.
Bramstedt (Bramsteda-Holsatus), pr. Rgb. Schleswig.
Butenschoen.
Brandenburg (Brandeburgicus, March. Brandeburg., Prignitz-March. Brandeburg., Eq. Marchicus, Uckero-March., Brandenburg. Borussus).
Berbich. Berckmann. von Börne. Döring. Gans L. B. de Putlitz. von Greiffenberg (2). Hasius (Hase). Jahn. Lösel. Marchio Brandenburgensis. Merian. Pegelous. Reineck. Rhetius. Unger. Vilizius. s. Altmark.
Braubach (Braubaco-Rhenanus, Braubachiâ-Rhen., Braubaco-Darmstatinus), pr. Rgb. Wiesbaden, Kr. St. Goarshausen.
Bruckmann. Fischer. Gran. Werner (2).
Braunfels (Braunfelsius Solmensis), pr. Rgb. Coblenz, Kr. Wetzlar.
Hiltmann.
Braunschweig (Brunsvigus Saxo, Hannoverâ-Brunswigus, Brunswicensis, Braunschweig, Bronswic, Bronopolitan. Hannov. Brunopolitanus), Herzogt. Braunschweig.
Ackenhusen. Altroggen. Avemann. Beck. de Blum. Böhme. Bullenius. von Dam (2). Dohausen. Dux Brunsvicensis. Eisserle. de Forstenburg. Fullekrusius. Gosky. Grundschutz. Harbicht. Hintze. Höffel. Hoffmeister. Hugo. Kasten. de Lautitz (2). Leuther de Reuten. Linde. von Mandelsloh. Meyer. de Münchhausen. Nornberger. Nose. Oldenbrock. Palm. Pricelius (2). Rham. Rudolph. Schmid. Schrader. Schulricht. Specht. Speirmann (2). Steding. von Strombeck. Vinthub. Vormwaldt. Wathausen. Wedemeyer. Welligen. Westphall. Ziegenhirt. Zisenis.
Brauweiler (Brouvilla-Metensis, ex Reheren Brouvillanus), Bz. Lothringen, Kr. Saarburg.
Marsin. Perin (s. Rackringen).
Breckenheim (Breckenheimio - Darmstatinus), pr. Rgb. u. Ldkr. Wiesbaden.
Souteine.
Breckerfeldt (Breckerfeld. Guestphal., Breckerfelda - Marcanus), pr. Rgb. Arnsberg, Ldkr. Hagen.
Gruter. Saalmann.
Bredà (Breda - Brabant.), niederl. Prov. Nord-Brabant.
Georgius.
Bredlebiâ-Thuringus.
Michael.
Brega-Siles. s. Brieg.
Bregenz (Brigantinus, e Silva Brigantina, Brigantinus Acronianus), österr. Vorarlberg.
Fez. Pappus a Trazberg. Schwartz. Zeller.
Breisach (Brisacensis), welches?
Bourdier. Cesar. Chauffour. Ertlin. Favier. Gilg. Holdt. Kosmann (2). Rollwagen (2). Salomon (2). Scheppelin (3). Vannott. Wilhelm.
Breisach (Alt-) (Brisacensis, Brisacensis Brisgojus, Brisaco-Brisg.), bad. Kr. Freiburg.
Boisgautier (2). Brognard. Brunck (2). Demougé. Huguin. Math. Rollwager. Schechtle. Violand (2). Weiss (2).
Breisgau (Brisgojus), Ldschft. i. Baden. de Khornritter ab Ehrenhahn. de Rotberg.
Breitenbach (Breitenbachio, Breittenbachio-Thuring.), welches?
Eberhardi. Heilandt.
Breitenborn (Breitenbornensis Misn.), sächs. KrH. Leipzig, AH. Rochlitz.
Oeler.
Breitenworbis (Moguntinobreitenworbianus, Moguntino Breitenworbianus), pr. Rgb. Erfurt, Kr. Worbis.
Kremler (Gremler).
Bremen (Bremensis, Saxo-Bremanus, ex agro Bremensi).
Asbrand. von Aschen. Baltzers. Bass. von Bentheimb. a Berchem. Bischoff. Bödeken. de Borstell. Broiell. Budde. von Büren. Coch. Cöper (3). Crusius. Edenus. Edzarts. am Ende. Fölckers. Fürsen. Gondeln. Götze. Hake (2). Herde. Hollmann. Hudemann. Hoyer. Hüneken. Hüpeden. Hürcker. Jencke. von der Kuhlen. a Litha.

von der Lyes. a Marschalck. Meier (3). Mejer. Meyer (2). Melm. Mertens. Müller. Nagel. Nebelthaw. Oeckermann. Regenmann. a Rheden (2). Rhode. Sadjer. Schenck. Schnederman. Schoene. a Schoeneheck. von Schulten. Schütte. Seele. Siebs. 'Sneyling. Speckhahn (2). Tileman (s. Schenck). Vöge. Vrints. Weicker. Wesselius. Wolpmann. Zobell (2).

Bremen (Brema-Suevus), württ. Donaukr., OA. Saulgau.
Althammer.

Bremgarten (Bremgartensis Helvetus, Bremgarte en Suisse), schwz. Kant. Aargau od. schwz. Kant. Bern.
Brunner. Buechel. Honegger. Meyenberg. Ruepp. Weissenbach (2).

Brensbach (Brenspacensis), hess. Prov. Starkenburg, Kr. Dieburg.
Born.

Bresch? (Breschemensis), pr. Rgb. Potsdam, Kr. Westpriegnitz.
Barthmann.

Breslau (Wratislaviensis, Vratislav. Sil., Bresla-Sil.), pr. Rgb. Breslau.
Acoluthus. Albert. Blanc. Bresler. Brusky. Burckhardt. Closius. Cunrad. Dobenecker. Döring (2). Ebenn. von Ehrlich. Elsner. Feldner. Fentzl. Forster. Freudenberg. Frey. Fuhrmann. Fürst. Gottschalck. Grosser. Hartmann. Haubt. Hempel. de Hennin. Henseli. Herford. Hermann. Hoffmann. Holtzbecher. Huhn (2). Jaeckel (2). John. Kolhaesz. Kretschmar. Kutschenreutter. Laurentius. Lehmann. Monavius. Morgenbesser. Mudrach. Neander. Nicolai. Noldner. Paricius. Pohlius. Polcke. Polner. Purmann. Reichstätter. Rhenisch. Rose. Sachs. Scheffler. Schmidt (3). Schmutzer. Selzam. Seyffert. Sissenbach. de Sternberg. Stocklöwe. Tralles. Wagner. Walther (2). Wandaloffsky. Webersky. Weigel. Wolfahrt.

Bréssancour (ex Bresancour in Episcopatu Basil.), schwz. Kant. Bern, Bz. Pruntrut.
Docour.

La Bresse (Bressiensis Lotharing.), frz. Dép. Vosges, arr. Remiremont.
Claudel.

Brest (Brest en Bretagne), frz. Dép. Finistère.
Theus.

Bretten (Brettâ-Palat., Bretten-Pal.), bad. Kr. Karlsruhe.
Blaessius. Massatus. Rorbacher. Smendt. Würz.

Bretzfeld (Bretsfeldensis Bareutensis), württ. Neckarkr., OA. Weinsberg.
Heunich.

Bries, Bretzno Banya (Brisnâ-Pannonius), Bz. i. Ungarn, Kom. Sohl.
Faschko (2). Gracza.

Breuberg (Breubergensis, Breubergensis-Francus), Bergschloss bei Höchst in der hessischen Provinz Starkenburg.
Metzler. Nidermayer.

Brieg (Bregâ-Sil., Briga-Sil., Brigensis-Sil.). pr. Rgb. Breslau.
Beuer. Contius. Hoffmann. Kirsten. Porlitz. Richter. Rössler (2). Schumann. Schweitzer. Schwopius. Tribulanus. Wittich a Taupadel.

Breuschwickersheim (Breuschwickersheimensis), Bz. UElsass, Kr. Strassburg (Ld.).
Bürckel.

Brigantinus s. Bregenz.

Brilon (Briloniensis, Coloniensis-Brilonensis), pr. Rgb. Arnsberg.
Janni. Rhodé.

Brin (Brinvilla - Lotharing.), frz. Dép. Meurthe-et-Moselle, arr. Nancy.
Horry de Morveau.

Brisacensis s. Breisach.

Brisgojus s. Breisgau.

Brisnâ-Pannon. s. Bries.

Bristol (Bristol), England.
Gosse.

Brocomagensis s. Brumath.

Broggingen (Brogginga-March.), bad. Kr. Freiburg, A. Emmendingen.
Flaxland.

Broich (Broicha ad Ruram Montano), pr. Rgb. Düsseldorf, Kr. Mülheim a. d. Ruhr.
Wagner.

Brombach (Brombaco-March.), bad. Kr. Lörrach, A. Lörrach.
Ludinus. Vulpius.

Bromskirchen (Bromskirch. Hassus), pr. Rgb. Wiesbaden, Kr. Biedenkopf.
Voepel.

Bronopolitanus s. Braunschweig.

Brouvillanus s. Brauweiler.

Brouville? (Beruviensis Lotharing.), frz. Dép. Meurthe.
Kenens.

Bruchsal (Bruchsaliensis, Bruchsalianus, Bruxellensis), bad. Kr. Karlsruhe.
Brandmajer. Cobenzl. Dedell. Dopff.

Erbs. Heyer. Koch. Mertens (2). Pigar. Pronnacher. Reich. Roussy. Schobentha. Stahl.
Brugg (Brugensis, Bruga-Helv.), schwz. Kant. Aargau.
de Bailly. Füchslin (2). Hemman. Tullius. Wetzel. Zimmermann.
Brumath (Brocomagensis, Brocomago-Hanoicus, Brocomago-Trebocus, Brumatensis), Bz. UElsass, Ldkr. Strassburg.
Amman. Andreae. Borchers. Brunck. Emmerich. Heinold. Kolb. Kuder. Orth (2). Rühfel. Strohl (2). Varnbüler. Wegelin. Zeyss. Zollmann.
Bruneck (Tyrolensis Brunopolensis), Tirol, i. Pusterthal.
Stegerer.
Brunfelsio-Solmensis s. Braunfels.
Brünn (Moravo-Brunensis), Mähren.
Revers.
Brunopolensis s. Bruneck.
Brunoy (de Brunoy), frz. Dép. Seine-et-Oise, arr. Corbeil.
Le Roy.
Brunsrode (Gross- u. Klein-) (Brunsroda-Thuring.), Braunschweig, Kr. Braunschweig.
Bohemus.
Brunstatt (Brunstattensis), Bz. OElsass, Kr. Mülhausen.
Thoré.
Brunswigus, Brunsvicensis s. Braunschweig.
Bruntrutanus s. Pruntrut.
Brüssel (Bruxellensis, Bruxellensis Belga), Belgien.
de Gavre. Wetzel (2).
Brussweiler s. Buchsweiler.
Brutenus s. Preussen.
Bruxellensis s. Bruchsal, Brüssel.
Bruyères (Bruyeres-Lothar., Bruyères en Lorraine), frz. Dép. Vosges, arr. Epinal.
Balland. Collot. Desfontaines. Doridaut de Rambaville. Didiergeorge. Georgel. George (2). Mangin (2).
Bublitz (Bublicio-Pomer.), pr. Rgb. Köslin.
Bleccerus.
Buborn (Bubornensis Palat.), pr. Rgb. Trier, Kr. St. Wendel.
Mayer.
Buchau (Buchaviensis Suevus), württ. Donaukr., OA. Riedlingen.
Buzorini. Scheffold, Widmann.
Buchen (Fagensis), welches? (Baden?, Bayern?, Schweiz?).
Martel.
Buchhorn, Friedrichshafen (Buchhornensis Acronianus), württ. Donaukr., OA. Tettnang, am Bodensee.
Schabeth.
Bucho-Moosanus.
Rigelmann.
Bucho-Siliziensis.
Blumius.
Bucho-Wehrdanus Francus.
Limburger.
Büchold (Bucholdiensis Herbipolitanus), bayr. Rgb. Unterfranken, BzA. Karlstadt.
Beygers. Schott.
Buchs (Buchsensis Subsylv.), es giebt 4 Orte dieses Namens i. d. Schweiz, jedoch keinen i. Kant. Unterwalden.
Wammischer.
Buchsdorf (Buxtorfius), welches? (österr. Schles., BzH. Freiwaldau?, Buxtrup, pr. Prov. Westpfalen, Rgb. Münster, Ldkr. Münster?).
Ludovicus.
Buchsee, Münchenbuchsee (Buchsee bei Bern), schwz. Kant. Bern, Bz. Fraubrunnen od. Herzogenbuchsee, Kant. Bern, Bz. Wangen.
Ruffener.
Buchsweiler (Buxovillanus, Buxovillensis, Buxovilla-Als., Buesvillanus, Buscovillensis, Brussweiler, Buxovilla-Hanoicus), Bz. UElsass, Kr. Zabern.
Albertus. Amman (3). Artopoeus. Aulber (3). Bader (2). Barth (4). a Berckheim (2). Bernard. Berre. Berus. Besnard. Binninger. Bolchert. Bornagius (2). Brief. a Buch. Busch. Carsten. Dauth. Debus. Doerbaum. Ehrenpfort. Ehrmann. Ellenberger. Engelbach (2). Exter (?). Fasco (2). Flach. Fritz. Führnstein (2). Geiger (2). Gerhardi. Germinger. Geyling ab Altheim. Goetz (2). Gottsmann. Grapp. Greiner. Hamman. Hauser. Helmstetter (2). Hemmetus. Herrmann. Hertzog. Hessert. Hoeffel. Jorius. Kamm. Kampmann. Kern (4). de Kirchheim. Kleiner. Kober. Koch (7). Kocher (2). Koenig (9). Kuder (2). Culmann (2). Lang. Leininger. Leibfried. Lersé. Linck. v. Lindern. Lohmüller. Lutz (2). Meel (2). Messing. Michelis. Mohr. Morel. Moser. Murmann. Neef. Noellner. (3). Oppermann. Otto (2). Pflüger

(2). Rehfeld (5). Reinhard. Resch (2). Reuss (2). Rosa. Rosenstiel (2). Rosius. Roth. Schaller. Schild. Schimmer. Schloezer. Schmid. Schmidt (2). Schoell. Schroeder. Schrumpff. Schulmeister. Selzer. Sonntag (2). Sorgius. Spach (7). Spielmann. Spoor. Steinheil (6). Stenger. Steuernagel. Stolz. Strecker. Strentius. Ulrici. Vagius. Wagner (2). Walther (3). Wegelin (8). Westerfeld. Weyland. Wilhelm. Zeyss (3). Zentgraff. Zink.

Buchwald (Bouchwaldt), welches?
de Lauthier.

Buchy (de Buchy Metensis), Bz. Lothringen, Metz (Ld.).
Goussaud.

Bückeburg (Bückeburgensis), Fürstentum Schaumburg-Lippe.
Kettliger.

Bücken (Bucka-Hoyensis), pr. Rgb. Hannover, Kr. Hoya.
von Cölln.

Buckow (Bucoviensis Marchic.), welches? (pr. Rgb. Frankfurt od. Rgb. Potsdam?).
Legauff.

Buckten (von Buckten C. Basel), schwz. Kant. Baselland, Bz. Sissach.
Buser.

Büdesheim (Büdesheimensis, Büdesheim i. d. Gfsch. Leiningen), hess. Prov. Rheinhessen, Kr. Bingen.
Engelbach. Streuber.

Büdingen (Isenburgico-Budingensis, Budingensis Ysenburgicus, Büdingâ-Wetterav.), hess. Prov. Oberhessen.
Brandt. Brenner. Plugner. Rothenberger. Sommer. Vigelius.

Budissâ-Lusat. s. Bautzen.

Budstadiensis s. Buttstädt.

Buesvillanus s. Buchsweiler.

Buggingen (Bugginga-Durlac., Büggingen, Bugginga-March.), bad. Kr. Lörrach, A. Müllheim.
Fürderer. Roggenburger. Welz (2).

Bühl (Bühlensis, Bihlensis Baadensis, Bühlensis ex Marchionatu Badensi), bad. Kr. Baden.
Eberhard. d'Harraut. Mayer. Stolz (2).

Bühl (Bühl-Öttingensis), bayr. Rgb. Schwaben, BzA. Nördlingen.
Helwig.

Bühlingen (Bilinganus Suev.), württ. Schwarzwaldkr., OA. Rottweil.
Schäffer.

Buissoncourt (Buissoncourt in Lotharingia), frz. Dép. Meurthe-et-Moselle.
Thirion.

Bülach (Bulacho-Tigurinus), schwz. Kant. Zürich.
Brunner.

Bulle, Boll (Bullensis Helv. Friburgensis), schwz. Kant. Freiburg, an der Saane.
Michel.

Büllesheim (Gross-, Klein-) (Bülleshemio-Coloniensis), pr. Rgb. Köln, Kr. Rheinbach.
de Bourscheidt.

Bulloneus s. Bouillon.

Bünden s. Graubündten.

Bunzlau (Boleslaviâ-Silesius, Boleslâ-Siles., Boleslaviensis-Sil.), pr. Rgb. Liegnitz.
Behrnauer. Coler. Engmann. Giettius. Kirchner. Puschmann. Sänftleben. Seidel. Theseus. Wesselius.

Burbach (Burbac. Nassovius), pr. Rgb. Trier, Kr. Saarbrücken.
Fuchs.

Burckheimensis s. Burgheim.

Burdigalensis s. Bordeaux.

Büren (Buren im Hochstifft Paderborn), pr. Rgb. Minden.
Moevus.

Burg a. d. Wupper (Montan. Burgensis), pr. Rgb. Düsseldorf, Kr. Lennep.
Wagner.

Burg (Burgensis), welches?
Gumpertz. Pollmann.

Burgau (Burgaviensis), welches? (Bayern?, S.-Weimar?, Steiermark?).
Lang.

Burgbernheim (Burckbernheimensis-Fr.), bayr. Rgb. Mittelfranken, BzA. Uffenheim.
Baur. Deuerling. Loder.

Burgdorf (Castrovillano-Bernensis), schwz. Kant. Bern, Bz. Burgdorf.
Grimm.

Bürgel i. Thür. (Bürgel. Misn.), S.-Weimar, VBz. Apolda.
Reichmann.

Burgfelden (?) (Pruckafeldensis Austrius), Bz. OElsass, Kr. Mülhausen.
Graff.

Burghammer (Burghammer. Varisc.), pr. Rgb. Liegnitz, Kr. Hoyerswerda.
Rosenthal.

Burghaslach (Burghaslaco-Francus), bayr. Rgb. Mittelfranken, BzA. Steinfeld.
Knoll.

Burgheim (Burckheimensis), welches? (Bayern, Baden, UElsass?).
Chasseur.
Burgomontanus s. Mensberg.
Burg-Schwalbacensis s. Schwalbach.
Burgund (Burgundius).
Huot.
Burgwedel (Burg. Wedela Lunaeburg.), pr. Rgb. Lüneburg, Kr. Celle.
Zigenmeyer.
Burkhardtsdorf (Burkardsdorfio Misn.), sächs. KrH. Zwickau, AH. Oelsnitz.
Canzler.
Burnhaupten (Nieder- oder Ober-) (Burnhaubtensis Als.), Bz. OElsass, Kr. Thann.
Bitsch (2).
Burrweiler (Burweiller prope Landav., comit. Leyensis), bayr. Rgb. Pfalz, BzA. Landau.
George. Schilling. Schmelzer.
Burtenbach (Burtenbach b. Augsburg), bayr. Rgb. Schwaben, BzA. Günzburg.
Glöckler.
Buscovillensis s. Buchsweiler.
Busenberg (Bozomont. Lotharing.), bayr. Rgb. Pfalz, BzA. Pirmasenz.
Michel.
Busendorf, Bouzonville (Bozonisvillanus ex Lotharingia, Bouzovillanus, Bossendorfensis, Buzonisvillanus, Bouxonisvillanus), Bz. Lothringen, Kr. Bolchen.
Adam. Albert (4). Altmayer. Bernard. Henry. Nidinger. Tailleur.
Büsisheim? (Bissenhemio-Brisg.), Ödung im Breisgau, in der Nähe von Breisach.
Küffer.
Bussang (Bussang in Lotharingia), frz. Dép. Vosges, arr. Remiremont.
Dubois.
Bussmannshausen (Busmanshausensis), württ. Donaukr., OA. Laupheim.
de Rodt (2).
Bustel s. Bostel.
Butisbacensis s. Butzbach.
Butjadingen (Butjadia - Frisius), Oldenburg. Amt.
Hannekenius. Hersenius.
Büttigkheimensis s. Bietigheim.
Buttstädt (Buttstadiensis Tyrigeta, Buttstadio-Vinariensis), S.-Weimar, Bz. Apolda.
Gemitius. Obereich (2). Schoenwalter. Schwartze.
Butzbach (Hasso - Butisbacensis, Butisbaco-Wetterav.), hess. Prov. Oberhessen, Kr. Friedberg.
Cramer. Dieterich (2). Fabricius. Fischer. Gebhard. Grynaeus. Haberkorn. Heintzenberger (2). Hess. Hoenig (2). Koch (2). Lobstein. May (2). Melchior. Nesler. Ophoff. Rosenbach. Ruppel. Seippel. Spon. Volck. Wachholler. Welcker. Wormbser.
Buxovillanus s. Buchsweiler.
Buxtehude (Buxtehudâ-Bremensis), pr. Rgb. Stade.
Froichen.
Buxtorfius s. Buchsdorf.
Byrutho-Francus s. Bayreuth.

Caesareo-Lutrensis s. Kaiserslautern.
Caesareomontanus s. Kaisersberg.
Ceintrey (Centreyensis Lotharing.), frz. Dép. Meurthe.
Colfon.
Celle (Cellensis-Saxo, Cella-Luneburgensis, Zellensis-Hannoveran., Cellis-Lunaeburg.), pr. Rgb. Lüneburg.
Behrens. Eichfeld. Fischer. Gedeman. v. Hasberg. Klippe. Knorr. Rettberg. Römling. Sigeling. Stratemann.
Celle? Zell? (Cellius) welches?
Anastasius.
Celles, Celles-sur-Plaine (ex Celles in principatu Salmensi), frz. Dép. Vosges, arr. St. Dié.
Marquaire. Vernier.
Celles Tullensis.
Michel.
Cellin (Cellichiensis Siles.), pr. Rgb. Oppeln, Kr. Neustadt.
Pirscher.
Centreyensis s. Ceintrey.
Cerciaco-Helv. s. Zurzach.
Certignyvicensis s. Silbernachen
Cervimontanus s. Hirschberg.
Chabelisacher s. Kappelisacker.
Chagny (ex Chagny Burgundur), frz. Dép. Saône-et-Loire, arr. Châlons.
Jam.
Chaligny (Chalignyensis Lothar.), frz. Dép. Meurthe.
Riston.
Châlons sur Marne (Cathalaunensis, Châlons en Champagne), frz. Dép. Marne.
de la Jeunesse. Madaye.
Châlons-sur-Saône (Cabillonensis), frz. Dép. Saône-et-Loire, arr. Châlons.
Macault. Tiran.

Cham (Cambo-Palat.), bayr. Rgb. Oberpfalz, BzA. Cham.
Eccius. Höltzel. Widmann.
Cham, Chaam (Tugio-Chamensis Helv.), schwz. Kant. Zug.
Baumgartner.
Chambéry (ex urbe Chambery in Sabaudia), frz. Dép. Savoie, arr. Chambéry.
Delasale.
Champagne (de Champagne), frz. Landschaft.
Desrosiers.
Champagny (Champagney en Bourgogne) frz. Dép. Haute-Saône, arr. Lure.
de Dier.
Champenoise (la Champenois), frz. Dép. Indre, arr. Issoudun.
Germon.
la Chappelle-aux-bois (La Chapelle aux bois Lotharingus), frz. Dép. Moselle.
Jeandin.
la Chappelle-sous-Chaux, deutsch Kappeltscha (La Chapelle sous Chaux prope Bellefurtum), frz. Territ. de Belfort, arr. Giromagny.
Marconnot.
Charmoilles, deutsch Kalmis (de Charmoille en Franche Comté). schwz. Kant. Bern, Bz. Porrentruy.
Charmoillaux.
Chartres (de Chartres en Beauce, Carnutensis), frz. Dép. Eure-et-Loir, arr. Chartres.
Berny. Huet.
Château-sur-Moselle, Châtel-sur-Moselle (Castromosellanus in Loth., Castromozellanus dioc. Tullensis), frz. Dép. Vosges, arr. Épinal.
Lacour. Padox. Periné. Tanaut. Thouvenin.
Châteauneuf (de Chateauneuve) welches?
Beaujouan.
Châteauroux (Castrorodulphus in ducatu Bituricensis), frz. Dép. Indre, arr. Châteauroux.
du Pin.
Château-Salins (Castrosalinensis Lotharingus, Castrosaliensis, ex Castello ad Salinas, Chateau Salins), Bz. Lothringen, Kr. Château-Salins.
Anthoine. Bazoille (2). Desmaretz (2). Grandidier. Hainglaise. de Humbert. Maniguet. Neret. Pierre. Richer. Simon. Simonet. (Vincentius s. Belligerii).
Chatenois s. Kestenholtz.
Châtillon - les - Dombes (Castillionensis prope Dombos), frz. Dép. Ain. arr. Trévoux.
Nolet.
Châtillon-sur-Indre (Castillonensis ad Inderim in dioec. Bituricensis, Chatillon sur Indre en Berry), frz. Dép. Indre, arr. Châteauroux.
Gaillard. Gaudon.
Châtillon-sur-Saône (Castellionensis ad Soniam), frz. Dép. Vosges, arr. Neufchâteau.
Delaharpe.
Châtillon (Castilonensis) welches?
Daurillot.
Chaumont (Calvomontanus en Basigny), frz. Dép. Haute-Marne, arr. Chaumont, a. d. Marne.
de Fidière.
Chavanne? Chavannes? (Chavanensis), welches?
Reiset.
Chavanod (Chavanotensis), frz. Dép. Haute-Savoie, arr. Annecy.
de Valcour.
Chemnitz (Chemnitiô-Misn., Chemnicio-Bohem.) sächs. Kr. H. Zwickau, AH. Chemnitz.
Beck. Hungerus. Lindener. Platner.
Chenumenil s. Xermaménil.
Cherbourg (Cherbourg), frz. Dép. La Manche, arr. Cherbourg.
La Magnan.
Chèvremont, deutsch Geissenberg (ex Chevremont prope Bellofortum) territ. de Belfort.
Turillot.
Chiavenna (Clavenensis), ital. Prov. und Distr. Sondrio.
a Salis.
Chiloniensis s. Kiel.
Chongio-Danus.
Erasmi.
Christiania s. Kristiania.
Chur in Graubünden (Curiensis Rhaetus, Chur aus Grison, Chur, Curiensis Burgundinus), schwz. Kant. Graubünden.
Abiss. Bavierius. Bilger. Clericus(3). Frey. Grest. Hemmius, Hosang(2). Lampe. Metgierus. Mailleron. Moritz. de Pestaluzzi. Rascher. a Salis (5). Walthieri.
Cibinio-Transylv. s. Hermannstadt.
Cimber s. Dänemark.
Cizensis s. Zeitz.
Coenomanensis s. le Mans.
Cycneo-, Cygnea-, Misn. s. Zwickau.

Czernichow (ex parva Russia Czernigo-wiensis, Zcernigoviensis Ucrainensis), öster. Galizien, BzH. Krakau.
Borkowsky. Sainoïlow.
Czidnensis Transylvanus.
Heilgius.

Daballonensis s. Avallon.
Daber (Daberâ-Pomeran.) pr. Rgb. Stettin.
Horn.
Dachstein (Dachsteinensis Als.) Bz. UElsass, Kr. Molsheim.
Herrenberger (2).
Daela s. Dahlen.
Daenemark (Danus, Cimber, Jütland-Danus, Cimbrico-Danus).
Anchersen. Altewelth. Badstuber Baldslof. Bang. Bilde. Bille. Charius. Dur (2). Dyssel. Einar. Falck. Finckenhagen. Fossius (2). Friis. Frisius. Gruner. de Guldencrone. Högh. Holck. Holm (s. Fünen). von Holsten. Huas. Jersinus. Jonae. Ivarides. Laurentius. Lundius. Lyche (2). a Lynar. Masse. Matthiesen. Mioë. Mulenius. Müller. de Müller. Petersen. Petrafontanus. Plumius. Rhodius. Risbrik (2). Ronno. Schevius. Schmidt. de Schulin. Spend. Sperling. Stampe. Stangardius. Thottius. Thyggesen. Tranius (2). Vellejus. Vomsen. Wandalinus. Wibius. Wind. Winther.
Dagsburg (Dagsburgensis) Bz. Lothringen Kr. Saarburg.
Mourer.
Dahlen (Daela-Saynanus) pr. Rbz. Wiesbaden, Kr. Unterwesterwald.
Reuter.
Dahlenburg (Dalenburga-Lunaeburg), pr. Rgb. und Kr. Lüneburg.
Schröter.
Dahlenheim (Dahlenheim) Bz. UElsass, Kr. Molsheim, C. Wasselnheim.
Barth.
Dahlensis s. Thal.
Dahn (Danensis) bayr. Rgb. Pfalz, Bz. A. Pirmasenz.
Hentzerling.
Daiting (Daitinga-Palatinus) bayr. Rgb. Schwaben, Bz. A. Donauwörth.
Ulrici.
Dalenburga s. Dahlenburg.
Dambach (Dambacensis) Bz. UElsass, Kr. Schlettstadt. od. Bz. UElsass, Kr. Hagenau.
Andlauer. Jaeger. Schwendt. Zaepffel (4).
Damen (Damensis Pomeran.) pr. Rgb. Cöslin, Kr. Belgard.
Brülow. Matthaei.
Dammartin (D.-en-Goëlle oder D.-sous-Tigeaux)(Domartignus-Parisiensis) frz. Dép. Seine-et Marne.
De Repas.
Dammerkirch (ex Dammerkirch superioris Alsatiae), Bz. OElsass, Kr. Altkirch.
Henning. Rey. Ricklin. Rischmann (2). Simon.
Dangoltzheim (Dangolsheimensis) Bz. U-Elsass, Kr. Molsheim.
Eggs.
Dankersen (ex Danckren Westph.), pr. Rgb. u. Kr. Minden.
Martels.
Dannenberg (Danneberg-Lüneburgicus), Rgb. Lüneburg.
Schrödter.
Danzig (Gdanensis. Gedanensis, Gedanensis Polonus, Gedanensis Borussus, Dantiscanus), pr. Prov. Westpreussen.
Anders. Barth. Bauer. Bergmann. Berndt. Blanck. Blumberg. von Bobart. von Bodeck. Borckmann. Brandis (2). Dilger (2). Erler. Ferber (2). Fischer. Freimuth. Giese (2). Gottwald. Gregorius. Grischow. Guthmann. Haderschlieff. Harders. Heller. Heysseus. Hollwel. Horn. zur Horst. Huwaert. Hüttfeldt. Ibischer. Junker. Kade. Casch. Knapius. Colberg. Cölmer. Kolkau. König. Koppius. Cramer. Kratzer. (2). Crause. Crekow. Kromhausen. Kubas. Culmus. Lampe. Mochinger. de la Motte. Nimsgardt. Pahl. Pambius. de Pauli. Pauelssen. Pirck. Proite. Reinick. Rennepage. Reyger (2). Rhott. Rosenberg. Roszeucher. Rotenberg. Schaum. Schendel. Schlief. Schmiedt. Schöler. Schrader. Schrodberg. Schröder. de Schroeder (3). Schultz (2). Schultze. Schumann (3). Steinhart. Stodert (2). Straus. Stuart. Stüve. Tautt (3). Vedders. Vellentin. Vogel. Wehlau. a Weiss. Wiebers. Wieder. Wittweck. Zacharias. Zernecke. Zetzke. Zorn de Plobsheim.
Darmstadt (Darmstatinus, Darmstadinus, Hasso-Darmstatinus, Darmstadinens.), Grhz. Hessen, Pr. Starkenburg.
Bietsch (2). Bader. Blumenau. de Bobenhausen. Büchner. Dieffenbach, Dietz (2). Dippel. Draud. Drey-

eichen. Eckelmann. Ellenberger. Engelhard (2). Engeln. Fabricius. Filgus. Fischer. Freund. Friderich. Fronik. Gilmer. Golze. Gocz, Goebel. Hach. Hammes. Hanitzsch. Hesse (2). Hoffmann. Hörnicaeus. Imler. Jung. Kalenbach. Keipf. Kiehm. Klann. Kuntzenbach. Lautz. Leup. Lindt. Lückhaupt. Lyroth. Majus. de Maskowsky. Matthaeus. Merck (2). Müller. Otto. Pfannmüller. Pfaff. de Pretlack. Rainer. Reichard. Rube. Rullmann. Rupp. Saalfeld. Schaefer. Schefer. Schlaff. Schmidt. Schnitzer. Schuchard. Schulz. Seip (2). Siebert. Stamm. Stübler. Thilemann. von Utterodt. Volhard. Voltz. Walther. Weeg. Werner. Weitzel (2). Wentz. Wieger. Wiener. Wilckens. Würz. Winsheimer.

Darney (Darneyo-Lotharingus), frz. Dép. Vosges, arr. Mirecourt, a. d. Saône.
Huiet. Le Paige (2).

Daroviensis-Bernas s. Aar.

Dauernheim (Dauernheim. Wetteravius), hess. Prov. Oberhessen, Kr. Büdingen.
Draudt.

Daugendorf (Daugendorffensis), württ. Donaukr., OA. Riedlingen.
Bemetzrieder.

Dauphiné (Delphinensis), ehemalige franz. Provinz, zwischen Rhône, Provence u. Alpen.
Charvet.

Decempagensis s. Dieuze.

Deciensis s. Dietz.

Degernau, Tegernau (Degernavia-March.) bad. Kr. und A. Waldshut.
Heckel.

Deggendorf (Tegopagensis ex Bavaria inferiori), bayr. Rgb. Niederbayern, BzA. Deggendorf.
Jobst.

Dehlingen (Delinga-Westriacus), Bz. U-Elsass, Kr. Zabern, C. Saar-Union.
Gratianus.

Deidesheim (Deydeshamensis, Deidesheimensis Palatin.), bayr. Rgb. Pfalz, BzA. Neustadt a. d. H.
Brandner. Kein.

Deisenhausen (Deissenhaussensis), bayr. Rgb. Schwaben, BzA. Krumbach.
Ungelter.

Delemontanus s. Delsberg.

Delft (Delphensis), niederl. Provinz Südholland.
a Tilia.

Delinganus s. Dehlingen.

Delitzsch (Deliciensis Saxo, Delitianus) pr. Rgb. Merseburg.
Friedel. König.

Delle (Dellanus, ex Delle in superiore Alsatia, Delensis), frz. Territ. Belfort.
Barrois. Belin. Chardoillet (s. Belfort). Quellain. Roy. Taidot. Wezel.

Dellmensingen (Delmensingensis Suevus), württ. Donaukreis, OA. Laupheim.
Grienewald. Rorer. a Werdenstein.

Delme (Delmensis), Bz. Lothringen, Kr. Château-Salins.
Bardou du Hamel (s. Metz).

Delphinensis s. Dauphiné.

Delsberg, Delémont (Delemontanus, Delemontanus Rauracus), schwz. Kant. Bern.
Bajol. Helg. Moutet. Roy. (a) Wicka.

Demmin (Demmin. Pomeran., ex Brandenburck ex Demmin). pr. Rgb. Stettin.
Düvier. Lütkemann.

Demruptensis s. Ranrupt.

Deneuvre (ex Deneuvre prope Baccaram ex praefectura Lunevillana), frz. Dép. Meurthe-et-Moselle, Arr. Lunéville.
Montaigu.

Denkingen(DenkingensisSuevus)welches? (württ.Schwarzwaldkr.,.OA. Spaichingen. Bad. Kr. Konstanz, A. Pfullendorf?)
Martis.

Dentzlingen (Longadentzlingen, Langendenzlingen in Baden-Durlach), bad. Kr. Freiburg, A. Emmendingen.
Hoyer. Roppolt.

Derpatensis s. Dorpat.

Dessau (Dessaviensis Anhaltinus, Dessa-Anhaltinus), Hzgt. Anhalt.
Kindscher. Kühne. Schwabe.

Dessenheim (Dessenhemianus), Bz. O-Elsass, Kr. Colmar.
Geiger (2).

Detmold (Detmoldâ Westphalus, Detmoldanus), Frstt. Lippe.
Calen. Culemann. Kunsemüller. Lamm.

Dettingen unter Teck (Dettingen ad Teccam, Dettingâ-Schlossbergensis), württ. Donaukreis, OA. Kirchheim.
Biehler. Otto.

Dettingen an der Enns (aus dem Württenbergischen von Dettingen), württ. Schwarzwaldkr. OA. Urach.
Lieb.

Dettweiler (Dettweyler), Bz. UElsass, Kr. Zabern.
Huth.
Deufringen (Deufringen Württemberg), württ. Nekarkr., OA. Böblingen.
Zipperlen.
Deurensis s. Düren.
Deutschkahn (Deutzkana-Bohem), Böhmen BzH. Aussig.
Ritzschsel.
Diarville (Diarvillanus), frz. Dép. Meurthe.
Tisserand (s. Rambervilliers).
Didenheim (Didenhemianus Alsata), Bz. OElsass, Kr. Mülhausen.
Clavé.
Diebolsheim (Dibolsheimensis), Bz. U-Elsass, Kr. Schlettstadt.
Weiss.
Dieburg (Dieburgensis ex dioec. Moguntina), hess. Prov. Starkenburg, Kr. Dieburg.
Lauer.
Diedenhofen (Thionville, Theonisvillanus, Theodonisvillanus, ex dioec. Metensi Theodoricus-Villanus), Bz. Lothringen, Kr. Diedenhofen.
André. Bernard. Buquet. Elminger, Fourot (Hourot). Ham. Jacomel de Bienassise. Castrophe. Collignon. Creitte. Louvet. Metzinger. Rolly. Wolckringer.
Diedolshausen (Bonhomme in superiori Alsatia, pagus dict. Bonhomme vallis Orbeyiensis), Bz. OElsass, Kr. Rappoltsweiler.
Demaugeat. Simon (2).
Dieffenbronnensis s. Tiefenbronn.
Dielkirchen (Dielkirch) bayr. Rgb. Pfalz, Bz.A. Kirchheimbolanden.
Starck.
Diemeringen (Diemeringensis, Dümmeringensis, Dimmringensis), Bz. UElsass, Kr. Zabern.
Hochheimer. Hoppe. Junk. Keifflin (3). Ledermann.
Dierdorf (Dierdorf, Dirdorfensis), pr. Rgb. Coblenz, Kr. Neuwied.
Abel. Freytag. Jung. Marme. Retteler.
Diersheim (Dierhemensis, Diershemianus), bad. Kr. Offenburg, A. Kork.
Schild (2).
Dieskau (de Diescau Saxo), pr. Rgb. Merseburg, Saalkreis.
Geisler.
Diessbach (Diessbach Cant. Bern) schwz. Kant. Bern, Bz. Neuenstadt.
Obman.
Diessen (Diessensis) welches? (bayr. Rgb. OBayern, BzA. Landsberg? pr. Rgb. Sigmaringen, OA. Haigerloch?).
Ringger. Sator.
Diessenhofen (Diesenhofen in d. Schweiz, Diessenhoffianus, Diessenhofio-Helvetus), schwz. Kant. Thurgau.
Brunner (2). Eply (Epplin) (2). Sax. Spleissius. Vorster. Wegelin.
Dietenheim (Dietenhemensis Suevus), württ. Donaukreis, OA. Laupheim.
Ersing.
Dieuze (Dieuze, Decempagensis, Decempagensis Lotharing. Bz. Lothringen, Kr. Château-Salins.
Adam. Busselot. Decker. Gironcourt. Guyon. Houpert. Hun (2). Husson. Klein. Collignon. Colson. Crousse. (2). Marchal. Mathis (2). Morel. Olivier. Parisot. Patot. Petitbon. (2). Pierron (2). Prouvé (2). Reez. Roze. Schneider (2). Serva. Toussainct.
Diez (Nass. Deciensis, Deciae-Nassoic.), pr. Rgb. Wiesbaden, Unterlahnkreis.
Bender. Chabrand. Lauckhard. Wuth.
Dijon (Divionensis) frz. Dép. Côte-d'or.
Millot. Segret.
Dillenburg (Dillaeburg. Nassav., Dillenburgensis), pr. Rgb. Wiesbaden.
Clamberg. Daum. Dilthey. Fritze. Meder. Reichmann (2). Schacht. Schraff (3). Wiederholdt.
Dillingen (Dillinganus Suevus, Dillingensis Suevus), bayr. Rgb. Schwaben, BzA. Dillingen.
Baur. Brey. Reiffinger. Selb. Widenmann.
Dilsberg (Dielsperg. Palat.), bad. Kr. und A. Heidelberg.
Mayer.
Dimmen (ex Dimmen Pommerol. i. e. Pomeraniae).
Düvier.
Dimmringensis s. Diemeringen.
Dingelstedt (Eichsfeldiaco-Dingelstadianus) pr. Rgb. Erfurt, Kr. Heiligenstadt.
Gross. Meyer.
Dinglingen (Dinglingensis), bad. Kr. Offenburg, A. Lahr.
Boch. Maler (2).
Dinkelsbühl (Dinckelpilensis, Zeapolitanus, Dünckelspielensis, Dinckelsbülensis Suevus), bayr. Rgb. Mittel-Franken, Bz. Dinkelsbühl.
Augenstein. Baumgartner. Beckh. Bosch (2). Busch. Franck. Ham-

berger. Kern. Kloz. Laib. Linckh. Martin. Melchinger. Müller. Oberzeller. Ott. Raab. Rumpler. Scheffer. Staudt. Strölin. Vetter. Werner.

Dinslaken (Dinslacke-Clivensis) pr. Rgb. Düsseldorf, Kr. Mülheim a. d. R.
Weinhager.

Dippigheim s. Düppigheim.

Dirmenach s. Dürmenach.

Dirmstein (Durmsteinensis, a Dürmstein) bayr. Rgb. Pfalz, BzA. Frankenthal.
Fraisius. Lerch. Trommer.

Dithmarschen (Ditmarsus), holst. Landschaft, pr. Prov. Schleswig-Holstein.
Boëthius. Petersen. Ram.

Dittwar (Dittwariensis archiepiscopatus Moguntini), Bad. Kr. Mosbach, A. Tauberbischofsheim.
Kranch.

Diviacensis apud Bernates in Helvetia.
Henchoz.

Divionensis s. Dijon.

Doerfflensis s. Dörfleins.

Döggingen (Doegginganus Hercinianus), bad. Kr. Villingen, A. Donaueschingen.
Frey.

Dohna (Donâ-Misn. Dohna in Sachsen), sächs. KrH. Dresden, AH. Pirna.
Weinart. Wolf.

Dôle (Dolanus, Dolanus Burgundus), frz. Dép. Jura, arr. Dôle.
Bounder. Brunet. Lombard(2). Poux. Titon.

Domartignus s. Dammartin.

Dommartin-au-Bois (ex Dommartin, Domartinensis ex Lotharingia, ex Domaris Silvis prope Nancianum), frz. Dép. Vosges, arr. Fpinal.
Baret. Leonard. Mangin.

Dompaire oder Dompierre? (Dompey, Dompey-Loth.)
Petitbon.

Domptail (ex Domptaille), frz. Dép. Vosges, Arr. Épinal.
Bajol.

Donâ-Misn. s. Dohna.

Donaueschingen (Donau Eshinganus, Toneschingensis, Donaueschingensis, Danubio-Eschinganus Suevus), bad. Kr. Villingen, A. Donaueschingen.
Grecht. Kripp. de Lemppenbach. Neuffer. Rautter. (s. Messkirch). Rudolphi.

Donaustetten (Danubiostettensis), württ. Donaukr., OA. Laupheim.
Schleich.

Donauwörth (Danubio Werdanus) bayr. Rgb. Schwaben.
Bauderl (2). Deuring. Freymann.

Donnstetten (Uraco-Donstettensis), württ. Schwarzwaldkr., OA. Urach.
Glück.

Dörfleins (Doerfflensis Baruthinus), bayr. Rgb. Oberfranken, BzA. Bamberg II.
Wenning.

Dorfmark (aus dem Herzogt. Celle a Dorffmarck), pr. Rgb. Lüneburg, Kr. Fallingbostel.
Ulrichs.

Dorlisheim (Dorlishemensis), Bz. UElsass, Kr. Molsheim.
Baumann. Gross. Koetzel. Krauss.

Dörmingensis Westriacus.
Kauffmann.

Dornach (Dornacensis Helv.), Bz. OElsass, Kr. Mülhausen.
Kuenz.

Dornbirn (Dorenbiranus Rhaeto-Austriacus), östr. Vorarlberg, BzH. Feldkirch.
Stauder.

Dorndorff (Dorndorffensis), welches? (6 Orte dieses Namens).
Mozius.

Dornheim (Dornheimio-Hass.), hess. Pr. Starkenburg, Kr. Gross-Gerau.
Melchior.

Dorpat (Livonus Derpatensis, Dorpato-Livonus), russ. Gouv. Livland.
Arnoldi. Lenz.

Dörrebach (Dorrenbach-Guttenberg, Doerrenbacensis), pr. Rgb. Coblenz, Kr. Kreuznach.
Westermann. Weickhard.

Dorsten (Recklinhusio Westphal. Dorstensis), pr. Rgb. Münster, Kr. Recklinghausen.
Esken. (s. Recklinghausen).

Dörtebacensis s. Dörzbach.

Dortmund (Tremoniâ-Westph., Tremoniensis, Dortmundâ-Westph.), pr. Rgb. Arnsberg.
Brawer. Beurhuss. v. d. Brincke. Bröckelmann. Diepffhaus. Degingk (4). Dressing. Emphychovius. Gerlinghauss. Haselfoug (?). Heidtfeld. Heilingh. Hemmer. Himmelreich. Hoë. Hopmann. Löbbecke. Mallinckrodt(2). Schultze. Viëtor. Vogt.

Dorweiler, Dorvillers (Orvillanus), Bez. Lothringen, Kr. Bolchen.
Claude. (s. Novéant).

Dörzbach (Dörtebac. Francus), württ. Jagstkr., OA. Künzelsau.
Reuss.

Dossenheim (von Dossenheim) welches? (Bz. UElsass, Kr. Zabern? Kr. Strassburg? oder bad. Kr. Heidelberg?).
Janer.
Dotzheim (Dotzheimensis), pr. Rgb. u. Kr. Wiesbaden.
Nicolai.
Drachenbergensis s. Trachenberg.
Drachenburg(TrakhenburgStyrus),steierm. BzH. Rann.
Pflüger.
Dracomontanus s. Trachenberg.
Dransfeld (Dransfeldensis), pr. Rgb. Hildesheim, Kr. Göttingen.
Pleis.
Drebach, Drebach, Misn.), sächs. KrH. Zwickau, AH. Marienberg.
Boerner.
Drefurdensis s. Treffurt.
Dresden (Dresdensis. Dresda - Misn.), Sachsen.
Albert. d'Atout. Birnbaum. Berisch. Büttner. de Carlowitz. Charron. Craemer. Cuja. Demiani. ô Feral. Fickler. Findekeller (3). Freiesleben. Ganz. Geissler. Gmelin. Hering. Herzog. Holzapfel. Horrer. Hübner. Jahn. Klengell. Korezki. Kröber. Krügner (2). Kühn. Küttler. Lafont. Langbein. Laur. Lenz. Martini. Müldener. de Münster. (2). Nitzschmann. Oehme. Peck. Rachel. Ravenstein. Richter. Röber. Rögner. Rölingk. Rudolph. Sartorius (3). Saupe. Schill. Schedius. Schleusing. Schneider. Schnell. Schreyer. Schultz. Simon. a Spor. a Sütphen. de Treyden. Ulich. Voigt. Zeune.
Driesen (Dreisnensis Neomarchicus, Drisen en Brandebourg), pr. Rgb. Frankfurt a. O., Kr. Friedeberg.
Bugdhan. Josephe.
Drontheim, Trondhjem (Drontheimensis Norweg.) Norwegen.
Koren.
Drossen (Drosnensis March.), pr. Rgb. Frankfurt, Kr. Weststernberg.
Henrici.
Druisheim (Drusianus Rhaetus), bayr. Rgb. Schwaben, BzA. Donauwörth.
Gasner.
Drussweiler (Drussweiler Amt Bergzabern), bayr. Rgb. Pfalz, BzA. Bergzabern.
Exter.
Druye (Druuinensis), frz. Dép. Indre-et Loire, arr. Tours.
Goury de Champgrand.
Duban (Moravus Dubanensis), Mähren. BzH. Prossnitz.
Lakony.
Dublin (Dublin), Irland.
Hutchinson.
Duclair (ex Duclerc in ducatu Normanniae), frz. Dép. Seine-Inférieure, arr. Rouen.
Grandidier.
Dudenhofen (ex villa Dudonis prope Spiram), bayr. Rgb. Pfalz, BzA. Speyer.
Wolff.
Duderstadt (Duderstadianus, Duderstad-Eisfeldianus, Duderstad-Saxo), pr. Rgb. Hildesheim, Kr. Osterode.
Barckefeldt. Gudenus. Helman. Hertwig. Zahn.
Dühren (Dürnheimensis, Dürnhemio-Palatinus, a Duhrn prope Seinsheim), bad. Kr. Heidelberg, A. Sinsheim.
von Berg (2). Pistorius.
Duisburg (Duisburgo-Clivensis, Dusburgo-Clivus), pr. Rgb. Düsseldof.
Bergh. Keller. Thewis. Wintgens.
Dulcimontanns s. Dusemond.
Dümmeringensis s. Diemeringen.
Dünckelspielensis s. Dinkelsbühl.
Dünschede (Dünschedenâ-Westph.), pr. Rgb. Arnsberg, Kr. Olpe.
Boggen.
Düppigheim (ex Dippigheim Alsata), Bz. UElsass, Kr. Erstein.
Baruch.
Düren (Deurensis, ex Deuern Juliacensis, Düren), pr. Rgb. Aachen.
Mögling. Schnorrenbergh.
Dürkastel (Durkastrensis), Bz. Lothringen, Kr. Château-Salins.
ab Hunolstein.
Dürmenach (Dirmenach in Alsatia superiore), Bz. OElsass, Kr. Altkirch.
Ostertag.
Dürkheim (Türckheimensis Palat., Dürckheimensis, Durchhemio-Leiningensis, Durckhemio-Palatinus, Dürckheim an der Hardt), bayr. Rgb. Pfalz, BzA. Neustadt.
Brünner. Ebel. German. Perlet. Reuss. Rödel. Sachs. Schoen. Schwengk. Strack. Vieillefon. Wolf.
Durlach (Durlacensis, Baada-Durlacensis), bad. Kr. Karlsruhe, oder die alte Markgrafschaft Baden-Durlach.
Algejer. Arnold. Bader. Beyer. Biest. Bleidorn. Blum. Boch (4). Böltzerr. Bürcklin (3). Dachtler (2). Dages. Deimling. Dillius. Drexel. Dürplatz. Eichrodt. Fesel (2).

Föeckler. Friderich. Friesenegger. Geibel. Gyser. Halbusch. Heilbrunner (2). Heinzmann. Hemmeling. Henninger. Hertzog. Hettlag. Hipler dict. a Fischbach. Hitzig. Jaysius(?). Jung. Junghans. Kestler. Kieffer, Killenbach. Kircher. Klose (2). Köhler. Conradi. Korn. Krüger. Küffer. Lembke (2). Lindauer. (2). Lindemann (2). List. Maler(2). Mezius. Moegling. Mollinger. Morstadt. Motsch. Muschkay (2). Mylius. Neydecker. Notnagel (2). Obermüller. Pauli (2). Petri. Posselt. Quanz. Rapp. de Riedt. Rieger. Röder a Diersberg. Rouch. Sachs. Sahlfeldt. Salzer (Sulzer). Saul. Scheid. Scheidler. Schenck. Scherbaum. Schill. Schmalkalder (2). Schmidt. Schnaufter. Schoepflin. Seubert (2). Sonntag (3). Specht. Stahl. Stalp. Stemlin. Stotz (2). Ungerer. Vinther (2). Walter. Waltz. Weghaubt (2). Weininger (4). Welper (2). Weltz. Wiebel. Wielandt. Wild. Zachmann. Zangmeister. Zandt (3). Zückwolf.

Dürmstein s. Dirmstein.

Dürnheimensis s. Dühren.

Dürrenbach(Dürrenbacensis), Bz. UElsass, Kr. Weissenburg.
Roth.

Dusemond (Dulcimontano-Mosellanus), pr. Rgb. Trier, Kr. Berncastel.
Pelzer.

Düsseldorf (Dusseldorpiensis, Düssella-Montanus, Düssellanus, Palat. Dusselanus), pr. Rgb. Düsseldorf.
Bachta. Daniels. Haass (2). Herman. Hettermann. Krewer. Mom. Pflugfelder. Porters. de Reiner. Urbanus. Varnhagen. Welsch (2). Wilcken.

Ebeleben (Eblebio-Thuringus), Schwarzburg-Sondershausen, Unterherrschaft, in der Gold. Au.
Steinius (s. Holzthalleben).

Eberbach (Eberbach i. d. Pfalz), bad. Kr. Mosbach, A. Eberbach.
Reichhold.

Ebermannstadt(Ebermanstadianus), bayr. Rgb. Oberfranken, BzA. Ebermannstadt.
Stern.

Ebermergen (Ebermergensis), bayr. Rgb. Schwaben, BA. Donauwörth.
Herlen. Müller.

Ebernburg (Ebernburgensis), bayr. Rgb. Pfalz, BzA. Kirchheimbolanden.
Rhoelius.

Ebersmünster (Ebersheimmünster, Aprimonasteriens., Ebertshemiens., Ebershemio - Alsata), Bz. UElsass, Kr. Schlettstadt.
Beck. Nonweiler. Schaeffer. Schaffhauser.

Eberstadt (Eberstatinus ad radices viae Montanae, Eberstatinus ad viam montanam), hess. Prov. Starkenburg, Kr. Darmstadt.
Wolff.

Eberstadt (Eberstadt i. d. Wetterau), hess. Prov. Oberhessen, Kr. Giessen.
Weissel.

Eberstat (Eberstatt i. Württ.), württemb. Neckarkr., OA. Weinsberg.
Freytag.

Ebertshemiensis s. Ebersmünster.

Ebingen (Ebingensis), württ. Schwarzwaldkr., OA. Balingen.
Frey.

Ebrach (Ebracensis), bayr. Rgb. Oberfranken, BzA. Bamberg.
Ulsamer.

Ebrodunensis s. Ifferten.

Ebroicensis s. Evreux.

Echallensis s. Eschallens.

Echingensis s. Ehingen.

Eckartsberga (Eccartimontanus Thuring.), pr. Rgb. Merseburg, Kr. Eckartsberga.
Rulger.

Eckartsweier (Eckardsweyer), bad. Kr. Offenburg, A. Kork.
Walther.

Eckbolsheim (Eckbolshemensis), Bz. UElsass, Kr. Strassburg (Ld.).
Jung. Lienhart. Westerfeld.

Eckelsheim (Eckelshemio-Palat.), hess. Prov. Rheinhessen, Kr. Alzey.
Köster (2).

Eckendorffiensis s. Alteckendorf.

Eckwälden (Eckwälden im Württ.), württ. Donaukr., OA. Kirchheim.
Geiger.

Eckweiler (Eckwilla-Hunnus), pr. Rgb. Coblenz, Kr. Kreuznach.
Faber.

Eckwersheim (Eckershemio - Hanovius), Bz. UElsass, Kr. Strassburg (Ld.).
Reyer.

Edelstetten (Edelstettensis Suevus), bayr. Rgb. Schwaben, BzA. Krumbach.
Puzmann (Purmann).

Edesheim (Edesheim), bayr. Rgb. Pfalz, BzA. Landau.
l'Holbach.
Edinburgh (Edinburgensis, Edinbourg), Schottland.
Alexander. Lepicq.
Efferding, Eferding (EfferdingensisAustr.), Oberösterr., Bz. Wels.
Hasenloff. Neumeister. Ortenburger.
Efringen (Effringa-March.), bad. Kr. und A. Lörrach.
Gaupp. Preu.
Eger (Egra-Bohemus, Egrennus, Noricus-Egrensis), BzH. in Böhmen.
Brunner. Erbenius a Schönerben. Friselius (2). vom Hof. Kempff. Pfreumder. de Rampffen. v. Schönstett. Stich. Tanner.
Egeri s. Ägeri.
Eggenwyl (Egenweill C. Bern), schwz. Kant. Aargau, Bz. Bremgarten.
Jenne.
Egisheim (Egisheimensis Alsata, Egisheimianus), Bz. OElsass, Kr. Colmar.
Anselm. Boll. Hurst. Klie (2).
Eglisau (Tigur. Eglisavianus), schwz. Kant. Zürich, Bz. Bülach.
Lauffer.
Eglofs (Egloff. Algoicus), württ. Donaukreis, OA. Wangen.
de Henzler.
Ehingen (Echingensis Suev., Ehingenus, EhinganusSuev.), welches? (Württemberg?. bayr. Schwaben?).
Birkner. Boog. Knupfer. Schönkindt. Taurean.
Ehlingen (ex Ehlingen Satrapiae Signiacensis ducatus Juliacensis), pr. Rgb. Coblenz, Kr. Ahrweiler.
Steinhauer.
Ehnweyer (Ehenvillanus), Bz. UElsass, Kr. Schlettstadt.
Rosmeisel.
Ehrenburg (Ehrenbourg Grafschaft Hoya), pr. Rgb. Hannover, Kr. Diepholz.
Ehriwill C. Bärn.
Schneider.
Eichsfeld (Eichsfeldianus, Eichsfeldensis, Eichsfeldiacus, Eichsfeldiaco-Moguntinus), Hochland i. d. pr. Provinzen Sachsen u. Hannover (ehemals zum Kf. Mainz gehörig).
Busch. Faupell. Gundermann. Hagen. Kunzen. Mathias. Strecker. Winzgerodt.
vgl. Dingelstedt, Heiligenstadt.
Eichstädt (Eustettensis Francus, Eichstettensis, Eichstett en Franconi, Eychstadianus Francus, Eystadio-Francus), bayr. Rgb. Mittelfranken, BzA. Eichstädt.
de Battis. Brodthag. Reindel. de Riedheim. Steiner. Strebel. Ulrich.
Eiderstedt (Eiderostadia-Holsatus), Halbinsel an der Westküste von Schleswig, zwischen der Eidermündung und dem Meerbusen Heverstrom, jetzt Kreis des pr. Rgb. Schleswig, Kreisstadt Tönning.
Haucke.
Eilenstedt (Eylenstad. Saxo), pr. Rgb. Magdeburg, Kr. Oschersleben.
Gumonerd.
Eilinganus s. Oberailingen.
Eimeldingen (Eimeldingensis Marchicus), bad. Kr. u. A. Lörrach.
Biermann (s. Rötteln).
Einbeck, Eimbeck (Einbeck in Hannover, Einbeca-Brunswig., Einbeccens.Saxo), pr. Rgb. Hildesheim, Kr. Einbeck.
Corvinus. Rhese. Reichelm. Thibaut.
Einsiedeln (Einsiedlensis, de Einsidlen Helv., von Mariae Einsiedlen), schwz. Kant. Schwyz.
Birchler. Bodenmüller. Kälin (2).
Eisenach (Isennacensis, Isenaco-Thuringus, Isnacensis, Saxo - Isenacensis, Ysnaco-Thuringus), S.-Weimar, a. d. Hörsel.
Avemann. Bajer. Bhön. Erich. Gebhardt. Graius. Harress. Hauck. Heller. Heydenreich. Herbart. Herrwarth. Hombracht. Klei. Koerber. Crans. Messing. Quel. Rebhan (2). Rudolph. Sander. Schroeter. Smoller. Thon. Vogler. Voigt. Wiegandt. Zwez.
Eisenbach (Eisenbacensis Suevus, Eisenbach im Algoy), württ. Donaukr., OA. Tettnang.
Schmid de Schmidsfelden.
Eisenberg (Eisenbergensis Palatinus), bayr. Rgb. Pfalz, BzA. Kirchheim-Bolanden.
Schefer. Wagner.
Eisenberg (Eisenbergensis Saxo, Eisenbergâ-Osterlandus), S.-Altenburg, Bz. Roda.
Albert. Freiesleben.
Eisenharz (Eisenharz. Suevus), württ. Donaukr., OA. Wangen.
Orthmann.
Eisfeld (Eisfeldiâ-Francus), S.-Meiningen, Kr. Hildburghausen.
Bartenstein. Dressel. Kreuchauff. Lindner.

Eisleben (Islebiensis), pr. Rgb. Merseburg, Kr. Eisleben.
Hoeltzel. Colb. Krafft.

Elberfeld (Elberfeldensis, Elberfelda-Montanus, Elberveldensis), pr. Rgb. Düsseldorf.
Hengstenberg. Keusenhof. Loh. Rothaus. Teschemacher. Troost.

Elbing (Elbingensis, Elbingensis Borussus, Elbinga-Polono-Borussus), pr. Rgb. Danzig.
Braun. Feyerabend. Crell. Hesse. Hopp. Horn. Jungschultz. Marschall. Meienreis. Poselger. Quednau. Roskampff. Schmidt. Siefertt. Silber (2). Wieder. Willius.

Elbogen, Elnbogen (Elnbogen-Bohemus, Cubitensis), böhm. Bz. Falkenau, a. d. Eger.
Bruno. Draconides. Fröbel. Hilling. Sextus.

Ellerstadt (Ellerstadiensis - Palatinus), bayr. Rgb. Pfalz, BzA. Neustadt.
Kallius.

Ellingen (Ellinganus Francus), bayr. Rgb. Mittelfranken, BzA. Weissenburg.
Geiger. de Mayerbach.

Ellmendingen (Ellmendingensis), bad. Kr. Karlsruhe, A. Pforzheim.
Dittler.

Ellrich (Ellricensis), pr. Rgb. Erfurt, Kr. Nordhausen.
Hesse.

Ellwangen (Ellwangen, Elvacensis Suevus), württ. Jagstkr., OA. Ellwangen.
v. Adelmann. Becherer. Molitor. Pollinger. Schmid.

Elpenrod (Elpenroda-Hassus), hess. Prov. Oberhessen, Kr. Alsfeld.
Schlosser.

Elsterberg (Elsterbergensis Misn.), sächs. KrH. Zwickau, AH. Plauen, a. d. Elster.
Herold.

Eltersdorf (Eltersdorffensis Noricus), bayr. Rgb. Mittelfranken, BzA. Erlangen.
Banker.

Eltfeldensis s. Eltville.

Eltville, Elfeld (Altavillanus, Altovilla-Nassoicus, Altenvillanus, Eltfeltensis in Moguntia, Altovillensis Nassov.), pr. Rgb. Wiesbaden, Kr. Rheingau.
Anthoni. Bartels. Dhuesius. Hauth. Klum. Schlicher.

Elysius s. Schlesien.

Elzach (Elzachensis Brisgoius), bad. Kr. Freiburg, A. Waldkirch.
Sonner.

Elzpach s. Oelsbach.

Emden (Embdanus, Embdensis Frisius orientalis, Embdâ-Frisius), pr. Rgb. Aurich.
Hoppe. Jörgius. Laubegeois. Uphoff. Wermelskirchen.

Emmendingen (Emmendinga-March., Emmendingâ-Brisg., Emmendinga-Bad. Durlacensis, Marchicus Emmendingensis), bad. Kr. Freiburg i. Br., A. Emmendingen.
Brothag (3). Eccard. Fürderer. Knoderer. Kuffer. Rabus. Rheinberger. Schoepflin (2). a Steckhoffen. Wagner. Wolff. Zandt. Zimmer.

Emmerich (Embricensis, Gemmericensis-Rhenanus, Embrica Clivus), pr. Rgb. Düsseldorf, Kr. Rees.
Euphradi. Hecker. Noey. ab Ohsterwick. Peill. Rademacher.

Endingen (Endinganus Brisgoicus), bad. Kr. Freiburg, A. Emmendingen.
Sartori.

Engelrod (Engelroda Hassus), hess. Prov. Oberhessen, Kr. Lauterbach.
Weissenbruch.

Engen (Engensis Suevus), bad. Kr. Konstanz, A. Engen.
de Meris.

Engerazhofen (Algojo Engrazhovensis), württ. Donaukr., OA. Leutkirch.
Mezler.

Engers (d'Engers Trevirensis), pr. Rgb. Coblenz, Kr. Neuwied.
Steitz.

England (Anglus, Anglicus, Angligenus, Anglais, Anglois).
Chaloner. Cowen. de Dash. Despare. Drake. Mahon (s. Irland). Montjoye. Ridejoy. Soley. Vansittart (London). Wood.

Engweiler (Engvilleranus Hanoicus), Bz. UElsass, Kr. Hagenau.
Kober.

Eningen (von Eningen Uracher Oberambt), württ. Schwarzwaldkr., OA. Reutlingen.
Eytel.

Enkirch (Enckircha-Mosellanus, Anchorano-Mosell., Anchoranensis-Mosell., Anchoranus), pr. Rgb. Coblenz, Kr. Zell a. d. Mosel.
Goldmann. Hargart (2). Knod (3). Koch (3). Schmoll. Strasius. Vietor.

Ensisheim (Ensisheimensis, Ensishemianus ex superior. Als.), Bz. OElsass, Kr. Gebweiler.

Abbé (3). Bailly. Cromer. Foltzen. George. Huguin (2). Peter. Poirot. Remy. Scheppelin. Sautier (2). Schlosser. Schmidlin. Stirnemann. Vogel. Vögtlin. Wendling. Wilhelm.
Enzersdorf (Entzesdorff. Austriacus), Niederösterreich, BzH. Mistelbach.
Leytinger.
Enzheim (Entzheim), Bz. UElsass, Kr. Erstein.
Humann.
Eperies (Epperiensis - Ungarus), ungar. Comitat Sáros.
Zimmermann.
Epfig (Epffingensis Als., Appiacensis, Epficensis, Epfichiensis, Epffhigiensis), Bz. UElsass, Kr. Schlettstadt.
Jaeger (3). Müller (3). Nebel. Spitz. Werné.
Épinal (Spinalensis, Spinalensis Lotharing., Spinalus), frz. Dép. Vosges, arr. Épinal.
le Begue de Girmondt. Bruges. Cablé. Charpillet. Collinet de Lasalle. Damance. Derozier. Drouin. Febvrel. Feutet. Hennequin. Lamarine. Lecocq. Mathieu. Michel. Pradel. Roussel (2). Vautrin. Vosgien.
Epischobi (!) Zellensis, Episcopicellanus s. Bischofszell.
Episcopiensis ad Tubarim s. Tauberbischofsheim.
Episcopivillanus s. Bischofsweiler.
Episcopio-Mogonus s. Bischofsheim.
Eppingen (Eppinga - Palat.), bad. Kr. Heidelberg, A. Eppingen.
Doertzenbacher. Kaussmüller.
Eppstein (Epsteinensis, Epsteno-Igstadiensis Hassus), pr. Rgb. Wiesbaden, Kr. Obertaunus.
Murus. Osterdag.
Erbach i. Odenwald (Erpacensis Otthosylvanus, Erbaco - Francus, Erbaco-Odenwaldensis, Erpacho-Fürstenav.), hess. Prov. Starkenburg.
Bertsch. Billing. Greineisen. Hagius. Heinsius. Klein. Krieger. Cronenbold. Mauck (Fürstenau), Meyer (Schönberg). Müller. Nees.
Erbach (Erbacensis i. Ringavia), pr. Rgb. Wiesbaden.
Wirth.
Erbach (Erbacensis Suevus), württ. Donaukr., OA. Ehingen.
v. Ulm
Erbenheim (Erbenheimensis prope Moguntiam), pr. Rgb. u. Kr. Wiesbaden.
Moritz. Rhodius.
Erbstetten (Erbstettensis), württ. Neckarkreis, OA. Marbach.
Steinhofer.
Erdmannshausen (von Erdmanhausen), württ. Neckarkr., OA. Marbach.
Bockshammer.
Erfurt (Thuringo-Erfordensis, Erffurtensis, Erphordianus, Erffurt. Tyrigeta. Erphurdiâ-Thuringus), pr. Rgb. Erfurt.
Arendt. Bader. Batzeus. Becker. Berger. de Bonhorst. Brandt (2). Geisler. Hebestreit. Hellbach. Hoffmann (2). Hopelius. Justi. Katzauer. Clemens. Crusius. Ludwig. Majer. Martin. Meinong. Meyer. Mirg. Möllenbrock. Nacke. Perthes. Rose. Roth. Rudolphi. Schöningk. Schmaltz. Spindler. Stecll. Stenger (2). Wanslebius. Wedemann. Weissmantel. Ziegler.
Erguel (d'Erguel dép. de l'évêque de Bâle), alt. Name des St. Imerthals im schwz. Kant. Bern, Bz. Courtelary.
Pretre.
Érize-St.-Dizier (ex Erize St. Dizier), frz. Dép. Meuse, arr. Bar-le-Duc.
de Thionville.
Erkheim (Pferscheym zu Erckham), bayr. Rgb. Schwaben, BzA. Memmingen.
Sailer.
Erlangen (Erlangensis, Erlangensis Francus), bayr. Rgb. Mittelfranken, BzA. Erlangen.
Bestendorff. Fleischmann. Crudy. Molié. Weismann. Zeidler.
Erlau (Erlavia-Hennebergicus), pr. Rgb. Erfurt, Kr. Schleusingen.
Schwendler.
Erlenbach (Erlenbach, ex Erlebach), welches? (Baden? Bayern? Schweiz?).
Bauer. de Hillersem.
Ermatingen (Ermatinganus Helvetus), schwz. Kant. Thurgau, Bz. Kreuzlingen.
Amman.
Ernolsheim (Ernoltzheimensis Hanoicus), Bz. UElsass, Kr. Zabern.
Engelbach. Haslauer. Nicola.
Ernstthal (Ernstthal i. Sachsen), sächs. KrH. Zwickau, AH. Glauchau.
Modes.
Erpel (Erpela-Coloniensis), pr. Rgb. Coblenz, Kr. Neuwied.
Oettgen.
Ersigen (Ersingen C. Bern), schwz. Kant. Bern, Bz. Burgdorf.
Kunz.

Ersingen (Ersingâ-Ulmanus, Ersinga-Suev.), württ. Donaukr., OA. Ehingen.
Hess. Pflüger.

Erzingen (Erzinga-Schwarzenbergensis), welches? (bad. Kr. Waldshut? württ. Schwarzwaldkr.?).
Stoll (2).

Erstein (Ersteinensis Als., Ersteinianus), Bz. UElsass, Kr. Erstein.
Bach. Bengel. Corhumel (7). Funck. Hugard. Kuhn (4). Michel. Riester. Walter.

Échallens, deutsch Tscherlitz (Echallensis Helv.), schwz. Kant. Waadt, Bz. Echallens.
Gottofrey.

Eschbach (Eschbacensis Als.), welches? (Bz. OElsass, Kr. Colmar?, Bz. UElsass, Kr. Weissenburg?).
Rapinat. Schan. Schlick.

Eschenau (Eschnauensis Noricus, Eschenoviensis Noricus), bayr. Rgb. Oberfranken, BzA. Bayreuth).
Finck. Windhesel.

Eschenbach (Eschenbaco-Noricus, Eschebachiensis), bayr. Rgb. Oberpfalz, BzA. Eschenbach.
de Frisensee.

Eschenbergen (Eschenberg. Thuringus), S.-Gotha, LdrA. Gotha.
Trumper.

Eschenzweiler (Eschentzwileranus Alsata, Eschenzweiler. Rauracus), Bz. OElsass, Kr. Mülhausen.
Gortzmann. Knopff. Krafft. Moll. Schmirber.

Essen (Essendiensis, Essendia-Westph., Essensis, Essenâ-Westph., Assindiensis-Westph.), pr. Rgb. Düsseldorf, Kr. Essen.
Beckmann. a Bielfeld al. Otto. Bruning. Devens. v. Galen. Hoffmann. de Hunten. Huyssen. Kielmann. Kuntzen. Leimgart. Meybusch. Vigelius.

Esslingen (Esslingensis, Esslingâ-Suevus), württ. Neckarkr., OA. Esslingen.
Ayrer. Bardili. Beyerlin. Binckhiser. Bojus. Bonz (2). Bozenhardt. Bullinger. Burcard. de Burgermeister. Daniel. Datt. Daur (s. Saur.). Dickh. Eckher. Eckhert (*derselbe Name?*). Engler. Euchner. Fenn (2). Fleiner. Godelmann. Gruoner. Günther (2). Harsch. Hauff. Hecklin. Hencke. Hofmann. Hugo. Caspar (3). Köstlin. Kreidenmann (2). Kugeleysen. Lang. Lederer (2). Lustnauer. Nagel (2). Noderer. Planer. Pichler (2). Pistor. Praschell. Rümelin. Saur (s. Daur). Schelhass. Schlossberger (2). Schmid. Schüssau. Schweickhard. Sollfleis. Tafinger. Tritschler. Wagner. Walliser. Weickersreuter. Widemann.

Esthland (Esthland), russ. Gouvernement.
Helffrich. v. Rennenkampff.

Etaples (Stabulensis), frz. Dép. Pas-de-Calais, arr. Montreuil.
Charpentier.

Etival (Stivagiensis), frz. Dép. Vosges, arr. St. Dié.
Haxo.

Ettenhausen (Ettenhusa-Hoenloic.), württ. Jagstkr., OA. Künzelsau.
Münz. Schmidt.

Ettenheim (Ettenheimensis), bad. Kr. Freiburg, A. Ettenheim.
Enderle. ab Endingen. de Maillot. Renter. Sartori (Satory).

Ettenheimmünster (von Ettenheim Münster), bad. Kr. Freiburg, A. Ettenheim.
Brüchig.

Ettiswyl (Ettiswyl im C. Luzern), schwz. Kant. Luzern, Bz. Willisau.
Kilchmann.

Ettlingen (Ettlingâ-Marchicus, Ettlingensis, Ettlingen in Baaden-Baaden), bad. Kr. Karlsruhe, A. Ettlingen.
Heintzmann. Hoffmann. Krahmer. Lodt. Metz. Prinz. Schwartz. Staiger. Vinther (3).

Etzellino-Transylvanus s. Hecse.

Euskirchen (Euskirchio-Juliacensis), pr. Rgb. Köln, Kr. Euskirchen.
Billigs.

Eustettensis s. Eichstädt.

Eutendorf (Euttendorffa-Lympurg.), württ. Jagstkr., OA. Gaildorf.
Beeg.

Eutin (Eutinensis, Uthino-Holsatus), oldenb. Frstth. Lübeck.
Brotellius. Drevenstedt. Rüder.

Evreux (Ebroicensis), frz. Dép. Eure, arr. Evreux.
de Bordeaux. le Conte.

Exmouth (Exmouth), engl. Gfsch. Devon.
Taylor.

Eyb (Eyba-Francus), bayr. Rgb. Mittelfranken, BzA. Ansbach.
Beer.

Eybach (Eybachensis), württ. Donaukr., OA. Geislingen.
Steindel.

Fabrimolâ-Palat. s. Biebermühle.

Fagensis s. Buchen.

Falkenberg (Falckoburgensis Neomarchicus), pr. Rgb. Frankfurt, Kr. Luckau.
Crützmächer. Killmann. Zuttger.
Falkenberg i. Lothringen, Faulquemont (Valcomontanus, Faulcomontanus Lotharing. Montefalconis), Bz. Lothringen, Kr. Bolchen.
Debanné. Robin de Born.
Falkenberg in Schlesien (Falckoberg. Siles.), welches? (Rgb. Liegnitz? Rgb. Oppeln? Rgb. Breslau?).
Groëlius.
Falkenstein (Neobambergâ - Falckensteinus), bayr. Rgb. Oberpfalz, BzA. Roding.
Hüenerer.
Falkenstein (Falcosteinensis), welches?
Foecler.
Falster (Falstria-Danus), dän. Insel im Baltischen Meer, ö. von Laaland.
Seidelin.
Fanum Sti Hypoliti s. Sankt Pilt.
Fanum Sti Johannis s. Sankt Johann.
Fanum Sti Ludovici s. Sankt Ludwig.
Fanum Sti Nicolai s. Saint-Nicolas.
Fanum Sti Remigii s. Saint-Rémy.
Farrâ in Picardia oriundus.
Douce.
Fauconcourt (ex Fauconcourt in Lotharingia), frz. Dép. Aisne, arr. Laon.
Lamothe.
Fauerbach (Feuerbacensis Wetterav.), hess. Prov. Oberhessen, Kr. Friedberg.
Schmit.
Faulquemont s. Falkenberg.
Fechenheim (Fechenheima-Hanoicus), pr. Rgb. Kassel, Kr. Hanau.
Rauh.
Fegersheim (Fegersheim. Alsata), Bz. UElsass, Kr. Erstein.
Scheitel. Weiss.
Fehmarn (Femar. Holsatus), Insel i. d. Ostsee, pr. Rgb. Schleswig, Kr. Oldenburg.
Gloxin.
Felda (Felda-Hassus), Nebenfl. d. Fulda, hess. Prov. Oberhessen.
Engelbach.
Feldberg i. Baden (Feldberga-Badensis), bad. Kr. Lörrach, A. Müllheim.
Meier.
Feldkirch (Veldkirchensis Rhaetus, Veldkirchensis - Rhaeto - Austriacus), östr. Vorarlberg, BzH. Feldkirch.
Gehring (2). Godt. Gugger de Staudach (2). Modlener. Relling. Schenck. Weeber.
Felisvallensis s. Katzenthal.
Felldorf (Felldorffensis Suevus), württ. Schwarzwaldkr., OA. Horb.
Baur.
Femaria-Hols. s. Fehmarn.
Fels, La Rochette? (Cavapetrensis Luxemburgicus), lux. Distr. Luxemburg, C. Mersch.
Marci. Rossel.
Ferretanus s. Pfirt.
Ferrot s. Pfirt.
Ferthofen (Ferthof. Suevus), bayr. Rgb. Schwaben, BzA. Memmingen.
Kalchgraber.
Fessenheim (Fessenheimensis, ex Fessenheim. Als.), Bz. OElsass, Kr. Gebweiler, oder Bz. UElsass, Kr. Strassburg (Ld.).
Groell. Hauswald. Heimbourger. Rühelius.
Festenberg (Festenberg Schlesien), pr. Rgb. Breslau, Kr. Wartenberg.
Rumbaum.
Feuchtwangen (Feuchtwang - Francus), bayr. Rgb. Mittelfranken, BzA. Feuchtwangen.
Crantz.
Feuerbach (Feuerbacensis March.) bad. Kr. u. A. Lörach.
Lang.
Feuerbach (Feuerbacensis) welches? (württ. Neckarkr? bayr. Rgb. Unterfranken?)
Spon.
Fienstädt (Fiensted. Brandenburg.), pr. Rgb. Merseburg, Seekr. Mansfeld.
Schumann.
Fiessensis s. Füssen.
Filcâ-Hungar. s. Fülek.
Finningen (Finningensis Neopalatin., Redfinning. Neopalatinus), bayr. Rgb. Schwaben (BzA. Neuulm? od. BzA. Dillingen?).
Beckh. Michael.
Finstingen (Finstingensis, ex Finstingen in Lothringen, Finstinensis, Pfingtingensis, Vinstingensis Westriacus), Bz. Lothringen. Kr. Saarburg.
Bernard. Bricka. d'Elvert. Kallhayt. Koenig. Lufft. Moscherosch. Pierrard. Régnard. Schlosser. Toublant. Wolfram (2).
Fiorenza s. Florenz.
Fischbacensis s. Eschbach.
Fischbach (Fischbach-Hirschberg. Siles.), pr. Rgb. Liegnitz, Kr. Hirschberg.
Klimpke.

Flaach (Flaachanus Tigurinus, Flaacho-Tigurinus), schwz. Kant. Zürich, Bz. Andelfingen.
Müller (2).
Flachslanden(Flaxland-Onsbach-Francus) bayr. Rgb. Mittelfranken, BzA. Ansbach.
Stettner.
Flammand s. Flandern.
Flandern (Flammand).
de Zuylen.
Flanensis s. Flums.
Flaxland s. Flachslanden.
la Flèche (de la Flèche en Anjou), frz. Dép. Sarthe, arr. la Flèche.
Florent.
Flechtdorf (Flechtorff-Waldeccus) Waldeck, Kr. Eisenberg, AG. Corbach.
Schumachers.
Fleckenstein (Baronatus Fleckensteinianus), Ehemalige Herrschaft im U-Elsass (im heutigen Kr. Weissenburg).
(Kestler: s. Durlach).
Flehingen (Flehingen-Palatinus), bad. Kr. Karlsruhe, A. Bretten.
Bamer.
Fleims-Thal (Flemmensis Tridentinus), in Tirol, BzH. Cavalese, von dem Avisio durchströmt.
Joanellius.
Flein (Fleinensis Suevus, Flina-Heilbronnensis), württ. Neckarkr., OA. Heilbronn.
Dibold. Neuzius.
Flenopolitanus. s. Flensburg.
Flensburg (Flenopolit. Holsatus, Flensburgo-Holsatus, Flensburgensis Cimber), pr. Prov. Schlesw.-Holstein, Rgb. Schleswig.
Boyssen. Breckling (2). Grimmenstein. Henckel. Holländer. Jessen. Mancinus. Vake.
Flinensis s. Flein.
Flonheim (Flonheimensis Palatinus), hess. Prov. Rheinhessen, Kr. Alzey,
Stutz (2).
Florac (Floracensis), frz. Dép. Lozère, arr. Florac.
Bourdon de Lalance.
Flörchingen (ex Folchling-Lotharing.), Bz. Lothringen, Kr. Diedenhofen.
Edel.
Florenz (di Fiorenza, Florentinus), ital. Prov. Florenz.
Vettori. Skutczky.
Florstadt (Nieder-) (Florstadt i. d. Wetterau), hess. Prov. Oberhessen, Kr. Friedberg.
Siegfried.

Flums (Flumensis Helv.), schwz. Kant. St. Gallen, Bz. Sargans.
Good. Zinck.
Foërfeldensis s. Fürfeld.
Folchling s. Flörchingen.
Fons cancellatae provinciae Petrocoriens. s. Périgord.
Fontana (Fontana-Commensis), Italien. welches?
Calvi.
Fonteny (Fontery, ex Fouleray Lotharingus), Bz. Lothringen, Kr. Château-Salins cf. Foulcrey.
Colin.
Forbach (Forbacensis), welches? Bz. Lothringen? bad. Kr. Baden?
de Humbert. Schroeder.
Forchheim (Vorchemio - Bambergensis, Vorchemius), bayr. Rgb. Oberfranken, BzA. Forchheim an der Regnitz.
Igel. Küffler.
Forchheim (Forchheim-Marchio-Baadensis), Karlsruhe, A. Ettlingen.
Betz.
Forchtenberg (Forchtenbergensis Hoenloicus), württ. Jagstkreis, OA. Oehringen.
Kern. Lutz. v. Rottorff.
Forez (Seguzianus), Ldschft. i. Frankreich.
Desfourneaux.
Foro-Piteriensis s. Kaiserstuhl.
Foro-Tyberiensis s. Kaiserstuhl.
Forst in der Lausitz (Forstâ-Lusatus), pr. Rgb. Frankfurt, Kr. Sorau.
Mathesius.
Forstfeld (Vorsfeldensis), Bz. UElsass, Kr. Hagenau.
Dedekind.
Fort-Louis (ex arce Ludoviciana, ex arce Ludovicea, ex fortalitio Ludoviciano, du Fort Louis, Fortalitio Ludovicaeus, Fortalizius), Bz. UElsass, Kr. Hagenau.
d'Aumont. de Bellefond. Bennat. Bouché (2). Cromer. Dittler. Dorsner. Fabert. Guerbart. Jannesson. D'Jouarre. Lempfrit. Montlaur. Pous. Rabin de Lachapelle.Rauber. Renaudin. Roger.
Fouchères en Bretagne.
Furon.
Foulcrey (ex Fouleray-Lotharingus) cf. Fonteny, Bz. Lothringen, Kr. Saarburg.
Colin.
Founex (de Fournex C. Bern), schwz. Kant. Waadlandt, Bz. Nyon.
Saugy.

Fraemersheim s. Framersheim.

Fraimbois (de Fraimbois de Luneville, ex Frambois Lotharingiae), frz. Dép. Meurthe-et-Moselle arr. Lunéville.
Cherier. Georgeat.

Fraize (ex Freiz, Frasiensis Lotharing. Fraisiensis Lotharing), frz. Dép. Vosges, arr. St-Dié.
Masson. Perrottey (2).

Framersheim (Fraemersheimensis), hess. Prov. Rheinhessen, Kr. Alzey.
Chelius.

Franken (Francus, Franco Noricus, Tuberano-Francus, Moeno-Franco).
Baumgartner (2). v. Bleichenbach. Bothmar. a Boyneburgk. Büttner. Diepoldt. ab Ebersbergk dict. a Weyhers. de Egloffstein. Eichler de Auritz. de Entzberg. ab Erffa. Eysel. de Falckenhausen. Faust. de Forstern. de Gemmingen. Girsner. de Giech (2). a Guttenberg. Hartlaub. ab Hendrich. v. Hettersdorff (2). Hertwig. Hieronymi. Hoffmann. Jost. Kirchmajer. Knebel. Cöler. de Leonrodt. Marschal. Marschalk v. Ostheim. de Mausbach. de Merzenfeldt in Mertzwiller. Müller. Pürckhauer. Ringelsdörffer. Rittershusius. a Seckendorff. v. Stein (2). a Thüngen (2). Umber. Vogelmann. v. Witzleben. Ziegler.

Frankenberg (Francomontan. Byruth.), bayr. Rgb. Oberfranken, BzA. Kulmbach.
Redwitzer.

— i. Hessen (Francobergensis Hassiae, Francoberg. Hassus), pr. Rgb. Kassel, Kr. Frankenberg.
Blum. Lamen. Streithoff (2). Wanzel.

Frankenhausen (Francohusan. Thuring.), Schwarzburg-Rudolstadt, Unterherrschaft.
Botticher. Detzschel. Klette. Tentzel. Wagner.

Frankenheim (ex minore Franckenheim). welches? (bayr. Rgb. Unterfranken? bayr. Rgb. Mittelfranken?)
Lehmann.

Frankenstein (Francostenio - Silesius, Francostenâ-Silesius), pr. Rgb. Breslau, Kr. Frankenstein.
Berner. Ering. Guldner. Hopp. Paraeus. Rösler. Scheer. Stein. Volde. Vulturius.

Frankenthal (Francodalensis Palatinus, Franckenthaliensis), bayr. Rgb. Pfalz, BzA. Frankenthal.
Florquinus. Foerster. Hirschfeld. Krieger. Mitzius. Strittinger. Tarusello.

Frankfurt a. Main (Francofordiensis, Francofurtanus, Moeno-Francofurtan., Francofordiensis ad Moenum), pr. Rgb. Wiesbaden.
(Abbas). Adami. (Allmacher). Ammericus. (Apffelstatt). Appelius (2). Arthusius (2). Auer. Authaeus (2). Bachmann. Barckhaus. de Barckhausen. de Bauer. Baumann. Baur. Behaghel. (Behrends). Benckher. Bender (4). (Beuerle). Biccart. Bidner (2). v. d. Birghelen. v. Bodeck. Boehler. (Bonn) (2). Born. Braun (3). Braunman. Brücher. Bruder (3). Buch. Büchel. Buttmann. Büttner. Christ. Crecelius. Dancker. (Dauber). Defessere. (Degenhardt). Dein. Dieffenbach (3). Dornheck. Du Fay. Eberhardt. (Egenn). Eichelman. (Eichler). Emmel. Engelmann. Epstein. Ettling. Eybinger. Faber. (Faust). (Feiner). Fichard (2). Fischer (2). (Forth). Franck. Friderici. Gaekelin. Geiser. Gerlach (3). Gilg (2). Gladbach. v. Glauburg (3). Glock. Goethe (2). Golditz. Goulet. Grambs (3). Grammann. (Greiss). Gryphius. a Güldenbronn (s. Wiscler). Gump. a Günterode. (Hamel). Hardt. (Hardert). Hass. de Heimbach. Henrici (3). Hermann. Heeser (s. Helmstädt). Hessberger. Hettler. Hetzler (2). Heuchelin. (Heus). Hiller. Hochstatt. Hoffmann. Hofmann. Holtzhausen. de Holtzhausen (8). Humbracht (2). Hupka (2). Huss. Itter. Jan. Janson. Job. Jormann. zum Jungen. a Carben. Caspari. (Castor). Kelner (2). Kernig. Keyl (2). Kirsch. Kisner (2). Claudi (3). (Claus). (Cless). Klingler (2). Klingling. Clemm (2). v. Klettenberg. (Klotz). Koch. Kohler. Koop. (Kornmann). Crafft. a Cronstätten (3). Kuck (2). Kupferschmidt (2). (Curpper). von der Lahr (2). Lantz. Lapp. (Latomus). Laurentius. Lehnemann. Lemp. Lersner (4). Levi. Liechtstein (2). (Lincker). (Lindengrün). (Luther). de Marquart. Marxheimer (2). (Maul). Melchior. (a Melheim). Mergenbaum. Merian (2).

Messingk. Metzler (2). Meyer (2). Meyher. Michael. (Mitternacht). Mohr (4). Moritz. Muhl (2). Müller (7). Münch (2). Münner. Müntz. Musser. (Neuhaus). de Neufville. Niemand. Nies. Nordmann. Olenschlager. Parrot (3). Pasquay. Pauli. Pfaffenberg. Pfeiffer. Pistor. Pistoris. Prior (4). Pettmann. Rasoris. Rau. Raumburger (2). Rhein. Rhiele. Ries (2). Riese. Ritter (4). Rhoem. Rohr. (Römer). Roth. Rüger. Ruhle. (Rullmann). Rupprecht. (Sartorius). Saur (2). v. Schadt. Scheffer (2). Scheiblaeus. Scheid. Schelkens. Schild. Schile (2). (Schleden). Schmid. Schneider (2). Schneidewindt. Schnell. (Schöll). (Schott). (Schreiner). Schuster. Schutt. Schwebel. Schweitzer (2). Sebrodt. Seiffert. Selig (2). Siebert. Sondersshausen. Sparr (2). Spener. Stahl. Stalburger (4). Starck (3). Stemler. Stern. v. Stetten (2). Stetter. Storr. Streng. Striedbeck. Sünder. Tabor. Thielen. Treudel. Uffenbach (5). von den Velden. Wackerwaldt. (Wagner). Waldschmid (2). Wallacher. Walrab. (Walther). (Weber). Weigand. (Wendel). (Wentzel). (Wieger). Willius (2). Windeccer. Winheim (2). (Wirtzell). Wirwatz. Wiscler à Güldenbronn. Witzel (2). (Witte). Wolff. Zell. Zinck. Zumdam.

Frankfurt a. Oder (Francofurt. Marchicus, Franckfurd an der Oder), pr. Rgb. Frankfurt a. O.
a Bergen. Köller. Neander. Pelargus. Puhlmann. Wesenfeld.

Frankreich (Gallus).
d'Heruart. de Lanne. Marescol. Menuretus. Ventache. de St . . .

Frasiensis s. Fraize.

Frauenfeld (Frauenfeldensis, Frauenfelda-Helvetus, Frauenfeld. Thurgoviensis, Gynopedianus Helv.), schwz. Kant. Thurgau, Bz. Frauenfeld.
Dummelin. Locher. de Reding. Rogg.

Fraustadt (Fraustadia-Silesius), pr. Rgb. Posen, Kr. Fraustadt.
Wende.

Frederiksstadt (Fridericksstadio - Nortweg.), St. a. d. SO-Küste von Norwegen, A. Smaalenene.
Andersson.

Freiberg i. Sachsen (Freyberga-Saxo, Freibergensis Misn.), sächs. KrH. Dresden.
Biener. Herrmann. Lindener. Mezner. Silbermann. Tannebergk. Wolff.

Freiburg (Freiburgensis), welches?
Burgknecht. Castillon. Krafft. Mayer. Pagny. Seebalthover. Steinmiz. Stindt. a Wehenberg. Zumwald.

Freiburg i. Breisgau (Friburgensis Brisgoius), Baden.
de Beyer. Blanc. Blauw (3). Blazer. Gaeser. Helbling. Hildebrandt. Luhr. Michon. Neveu de Windschlée. Rieher. Rodecker (2).

Freiburg (ex Fribourg jurisdictionis Metensis, ex episcopatu Metensi Friburgensis), Bz. Lothringen, Kr. Saarburg, C. Rixingen.
Anthoine.

Freiburg i. Üchtland, Fribourg (Freiburg i. Uchtland, Friburgensis Helvetus, Freiburg i. d. Schweiz, Liberomontanus in Principatu Bruntrutano), schwz. Kant. Fribourg.
Amman. Appentzel. Bonnemaire. Butty. Escuyer. de Fegely. Gasser (2). Girard. Gottrau. Jython. Landerstett (2). Mottet. Rohatel. Savary. Schueler. Stourny. zur Thannen. zum Wald.

Freiburg a. d. Unstrut, Freyburg a. d. U. (Friburgo Thuring.), pr. Rgb. Merseburg, Kr. Querfurt.
Forstenauer. Saal.

Freibuss (Freybuss in Lothringen), Bz. Lothringen, Kr. Forbach.
Nimsgern.

Freien Seen (Freyensehna-Solmejus), hess. Prov. Oberhessen, Kr. Schotten.
Mylius.

Freihung (Frejungensis ex districtu Passaviensi), bayr. Rgb. Oberpfalz, BzA. Amberg.
Frisch.

Freiling (Freylingensis Austrius), Ober-Oesterreich, BzH. Linz.
Schifer.

Freinsheim (Freinsheimensis), bayr. Rgb. Pfalz, BzA. Neustadt a. d. Haardt.
Christiani.

Freisbach (Freispacensis), bayr. Rgb. Pfalz, BzA. Germersheim.
Böhl.

Freisoytensis s. Friesoythe.

Freistadt (Freystadt in Schlesien, Freistadiensis Silesius), pr. Rgb. Liegnitz, Kr. Freistadt.
Bythner. Grossmann. Helwig.

Freistett (Neu-, Alt-) (Freystettensis, Freystad. Hanoicus), bad. Kr. Offenburg, A. Kork.
Kirchner. Resch (2).
Freiwalde (Freywaldensis March.), pr. Rgb. Frankfurt a. O., Kr. Luckau.
Saxo.
Freiz s. Fraize.
Frejungensis s. Freihung.
Freudenberg (Freudenbergens.), welches?
Menthen.
Freudenstadt (Freudenstattensis), württ. Schwarzwaldkr., OA. Freudenstadt.
Glaser. Hoph.
Freyensehna s. Freien Seen.
Freys Wyl s. Friesweil.
Frick (de Frick), schwz. Kant. Aargau, Bz. Laufenburg.
Moësch (2).
Frickenhausen (Frickenhusanus Würtemberg.), württ. Schwarzwaldkr., OA. Nürtingen.
Hess.
Fridelsheimensis s. Friedolsheim.
Fridlandus s. Friedland.
Friedberg (Fridberg. Bavarus, Fridbergensis Bavarus), bayr. Rgb. Oberbayern, BzA. Friedberg.
Adler. de Schmaeger.
Friedberg i. d. Wetterau (Friedbergensis Wetteravus), hess. Prov. Oberhessen, Kr. Friedberg, in der Wetterau.
Arnold. Bechstadt (2). Bausch. Bender (2). Bischoff. Bitzler. Engel. Engelmann. Fabricius. Grunelius. Haass. Hardt. Harra. Henrici (2). Huth (3). John. Löhr. Mockel. Muth (Huth?). Petri (4). Pitzler. Röth. Runckel. Schazmann. Schlottner. (Schmidt). Senckenberg. Storm. Ulrich. Vigelius. Vollhard (2). Widderhold. Zier.
Friedberg (Friedberg), welches?
Fritz.
Friedeberg (Fridbergâ-Silesius) welches? (östr. Schlesien?, Friedeberg a. d. Queiss?).
Emericus. Exner. Rottwaldt.
Friedeberg (Frideberg. Marchicus, Friedeberg. Neomarchicus), pr. Rgb. Frankfurt a. O., Kr. Friedeberg.
Friderici. Spenst.
Friedland (Fridlandensis Silesius) welches? (in Oberschlesien?, Rgb. Breslau?).
Würffel.
Friedolsheim (Fridelsheimensis Als.), Bz. UElsass, Kr. Strassburg (Ld.).
Cleitz.
Friedrichshafen s. Buchhorn.
Friesenheim (Frisenheimensis), Bz. UElsass, Kr. Erstein.
Scherer.
Friesheim (Frisheimensis Suevus), bayr. Rgb. Oberpfalz, BzA. Regensburg.
Gerstner.
Friesland (West-) (Frisius occidentalis), Niederlande.
von Groeuenstins. Huber.
Friesland (Ost-) (Frisius, Frisius orientalis, Friso), pr. Prov. Hannover.
Dietlieb. Hane. de Haninga. Kerher. Kohlmeyer. Mennenga. Mylius. Rhala. Stamler. Wilcken.
Friesoythe (Freisoytensis Westph.), oldenburg. LG. Oldenburg, an der Soeste.
Hildebrandi.
Friesweil (von Freys Wyl C. Bern), schwz. Kant. Bern, Bz. Aarberg.
Hess.
Frischborn (Hasso Frischbonensis), hess. Prov. Oberhessen, Kr. Lauterbach.
Coesius.
Frisenheimensis s. Friesenheim.
Frisheim s. Friesheim.
Fristingen (Fristingensis Suevus), bayr. Rgb. Schwaben, BzA. Dillingen.
Schwayhoffer.
Fritzlar (Fritzlarensis), pr. Rgb. Kassel, Kr. Fritzlar.
Hoecker. Stroh. Stroza.
Froeningensis s. Fröningen.
Frohburg (Froburgensis Misn.), sächs. KrH. Leipzig, AH. Borna.
a Köttritz. Krüger.
Fröningen (Froeningensis Als.), Bz. OElsass, Kr. Altkirch.
de Reinach.
Fröschweiler (Ranovillensis), Bz. UElsass, Kr. Weissenburg.
Eckard.
Fulda (Fuldensis), pr. Rgb. Kassel.
de Droste (2). Gerlach (3). Grau. Hahn. Heller. Müller. Ruhl. Schlereth. Schmid. Stein. Wedekind. de Weyers. Wilhelm (2).
Fülek (Fülckre Ungar., Filcâ-Scephusiorum Hungar.), ung. Com. Neograd.
Bertoti. Bornagius.
Fumay (Fumaiensis, Fumaciensis dioec. Leodiensis), frz. Dép. Ardennes, arr. Rocroy, a. d. Maas.
Gerard.
Fünen, Fyen (Danus ex Insula Fyonia, Fionia-Danus), dän. Insel.
Bischerodius. Holm (s. Dänemark).

Fürfeld (Foërfeldensis-Palatinus), hess. Prov. Rheinhessen, Kr. Alzey.
Jungk. Merckel.
Fürstenau (Furstenoviensis, Erpacho-Fürstenau), Schl. i. hess. Prov. Starkenburg, Kr. Erbach.
Drughorn. Mauck. Roessel.
Fürstenberg (Fürstenbergensis), welches?
Mayer.
Fürstenwalde (Fürstenwaldensis), welches? (pr. Rgb. Frankfurt a. O.?, pr. Rgb. Königsberg?, Sachsen?, Böhmen?).
Luccovius.
Fürstenwerder (Fürstenwerdâ-Marchiacus), pr. Rgb. Potsdam, Kr. Prenzlau.
Barth.
Fürth (Fürtho-Francus, Fürtho-Suevus (!), Fürthensis), bayr. Rgb. Mittelfranken, BzA. Fürth.
Enckelmann. Fränckel. de Vene (2). Zobel.
Füssen (Fiessensis Algoius), bayr. Rgb. Schwaben, BzA. Füssen.
Vögele.
Fyonia s. Fünen.

Gaggenau (Gaggenaviensis), bad. Kr. Baden, A. Rastatt.
Rindenschwender.
Gaildorf (Geildorfâ-Limpurgensis, Gailndorffensis Francus, Geildorffensis), württ. Jagstkr.
Ackermann. Feh. Gaerttner (2). Maurer. Stein (2). Steinheil (2).
Gailenkirchen (Geilenkirchâ-Hoenloic.), württ. Jagstkr., OA. Hall.
Zollmann.
Gaillac (Galliacensis ex Occitania), frz. Dép. Tarn, arr. Gaillac, i. Languedoc.
Costes.
Gallipoli (Gallipolitanus, Callipoli in Romania), Rumelien, Türkei.
Bulgari.
Gallopolitanus s. Hahnstätten.
Galtensis Transylvanus.
Huldreich.
Gammertingen (Gamertingensis Suevus), pr. Rgb. Sigmaringen, OA. Gammertingen.
Clavell.
Gamsheim (Gamshemio-Nassoicus, Gambsheimian. Als.), Bz. UElsass, Kr. Strassburg (Ld.).
Eichel. Schneringer.
Gamundia s. Gmünd.
Gamundianus-Suevus s. Schwäbisch-Gmünd.

Gardelegen (Gardelegensis, Gardelegia Palaeomarchicus), pr. Rgb. Magdeburg, Kr. Gardelegen.
Gosky. Weinmann.
Gars (Garsensis Bojus), bayr. Rgb. Oberbayern, BzA. Wasserburg.
Enzensperger.
Gärtringen (Gärtringen i. Württ.), württ. Schwarzwaldkreis, OA. Herrenberg.
Ensslin.
Gartz (Gartzensis Pomeranus, Garziâ-Pomeranus), welches? (G. a. d. Oder, Kr. Randow? od. G., Kr. Usedom-Wollin?, Garz auf Rügen?).
Flügel. Güther (Gütter). Newmann. Reimari. Stolle.
Gaster (ex Gaster in Helvetia, Gaster Helvetensis), Ldschft u. Bz. im schwz. Kant. St. Gallen.
Gmier.
Gaulsheim (Gaurshem. Vangio), hess. Prov. Rheinhessen, Kr. Bingen.
Waldlauber.
Gaye? (Gyacensis), frz. Dép. Marne, arr. Epernay.
Pierre (s. Paris).
Gdanensis, Gedanensis s. Danzig.
Gebesee (Gebesee i. Thüringen), pr. Rgb. Erfurt, Kr. Weissensee.
Jüncke.
Geblingen (ex valle Gueblingensi), Bz. Lothringen, Kr. Forbach oder G. im Kr. Château-Salins.
Rupperig.
Gebweiler (Guebvillanus., Guebviller., Gebvilleranus Als.), Bz. OElsass, Kr. Gebweiler.
Bach. Beninger. Jacquet. Jaecklin. Kempff ab Angreth. Langhans. Laroche. Lydi. Meister. Münck (3). Reichstetter (2). Rudler (2). Traxler. Zaigelius (2).
Gedern (Stolberga-Gedernensis), hess. Prov. Oberhessen, Kr. Schotten.
Bernhard. Haertel.
Gehren (Gehren), welches?
Jahn.
Geidertheimensis s. Geudertheim.
Geildorffensis s. Gaildorf.
Geilenkircha s. Gailenkirchen.
Geinsheim (Geinsheimensis), bayr. Rgb. Pfalz, BzA. Neustadt a. d. H.
Pettenkover.
Geisenheim (Mogono-Geisenheimensis), pr. Rgb. Wiesbaden.
Fritz. Spring.
Geislingen (Ulm. Geislingensis, Geislinga-Ulmanus), württ. Donaukr., OA. Geislingen.

Burgmeister. Dietz (s. Ulm). Kessler. Lucius. Widmann.

Geismar (Geismaria-Brunsvigus), pr. Rgb. Hildesheim, Kr. Göttingen.
Grussenberg.

Geismar (Geismaria Hassus), pr. Rgb. Kassel, Kr. Fritzlar oder G. im Kr. Frankenberg.
Horstmann.

Geissenberg s. Chèvremont.

Geithain (Geithensis Misn., Geithanus Misn.), sächs. KrH. Leipzig, AH. Borna.
Wermann. Windisch.

Geldern (Geldrus), niederl. Prov. Gelderland od. pr. Kr. Geldern.
ab Eerde. Olinda.

Geldersheim (Geltersheimensis Fr.), bayr. Rgb. Unterfranken, BzA. Schweinfurt.
Neubert.

Gellh. Nassovius.
Schlüter. s. Gelnhausen.

Gelnhausen (Gelnhusanus, Gelhausa-Montensis, Gelhusa-Wetterav.), pr. Rgb. Kassel.
Bader. Gelhausen. Geyer. Kees. König. Cramer. Lauk. Löhr. Nenter. Ringhorbel. Schlingwolff. Schneider. Schröder. Weissbecker. Ziehen. s. Gellh. Nassovius.

Gelro-Batavus s. Holland.

Geltersheim s. Geldersheim.

Gemar (Gemarensis Als., Goemarensis), Bz. OElsass, Kr. Rappoltsweiler.
Wendling.

Gemmericensis s. Emmerich.

Gemmingen (Gemmingensis, GemmingA-Craichgoius), bad. Kr. Heidelberg, A. Eppingen.
Bader. Graeter.

Gemünden auf d. Westerwald (Geomunda-Westerburg.), pr. Rgb. Wiesbaden, Oberwesterwaldkr.
Schlosser.

Gemünden (Gemundan. Hassus), pr. Rgb. Kassel, Kr. Frankenberg.
Vaupel.

Genf, Genève (Genevensis, Genevensis Allobrox), schwz. Kant. Genf.
Bonetus. Butini. Cambriacus. Chabreus. Chenodus. Chovetus. Collado. Cramer (2). a Domonova. Gallatinus (2). Grenusius. Gringalletus. Gualterius. Leffortius (2). Lullinus. Marsson. Martinus. Mestrezat. Monetus. Peschier. Pictetus. de Rabours. de la Rive. Rocca. le Royer. Saleus. Saracenus. Vieusseux. Weber.

Gengenbach (Gengenbacensis), bad. Kr. u. A. Offenburg.
Bach (2). Bender. Dornblüeth (4). Jüngling. Caibel. Keim. Künstle (2). Läuble. Pistorius. Rienecker. Schmeltzer. Stuber.

Gensingen (Palatino-Gensingensis), hess. Prov. Rheinhessen, K. Bingen.
Krieger.

Geomunda s. Gemünden.

Gent, Gand (van Gent), belg. Prov. Ostflandern.
Deyer du Sus. Granier.

Genua (Genuensis), ital. Prov. Genua.
Pezzi. Spinola.

Gera (Geranus, Ger. Osterlandus, Gerae natus), Hptst. von Reuss-Schleiz.
Freund. Held. Kroeber. Mitternacht.

Gérardmer (Gerardimarinus-Lothar.), frz. Dép. Vosges, arr. St. Dié.
Gregoire.

Geravia s. Grossgesau.

Gerbeviller (Gerbevillanensis, Gerbevillanus, Gerbevillensis Lotharingus, Gerbeviller en Lorraine), frz. Dép. Meurthe-et-Moselle, arr. Lunéville.
d'Arnajon. Didillon. Ferry (2). Galland. Henri (2). Jaquot. Munierpugin. Rozier. Vautrin.

Gereuth (Neubois au Contban) i. Weilerthal (Comte-Ban, weil dieser Teil des Weilerthales ehemals den Grafen von Woerd gehört hatte), Kr. Schlettstadt.
Le Maire.

Gerlicensis s. Görlitz.

Germersheim (Germersheimio-Palatinus), bayr. Rgb. Pfalz.
Ehrmann. Hoffmann. Korn. Petretti. Sourd. Weisbrod.

Gernsbach (Gernspacensis, Gernspac. Durlaco - March., Gernsbac. Badensis), bad. Kr. Baden, A. Rastatt.
Dreuttel. Kast. Keil. Kleinel. de Lassolaye (3). Molitor. Olry. Rollwagen (2). Sartorius. Schwartz. Sprenger. Strobel. Wegler. Weiler. Wenger.

Geroldseck (Gerolseggensis), Weiler i. d. Gem. Schönberg, bad. Kr. Offenburg.
Schmeltzer.

Gersdorffensis s. Görsdorf.

Gerstetten (Gerstättensis), württ. Jagstkr., OA. Heidenheim.
Honold (2).

Gerstheim (Gerstheimensis), Bz. UElsass, Kr. Erstein.
Becker. Busch. Reuchlin (s. Strassburg).

Gertweiler (Gertovillanus), Bz. UElsass, Kr. Schlettstadt.
Müller.
Gesecke (Geseka-Westph., Gesekensis), pr. Rgb. Arnsberg, Kr. Lippstadt.
Adami. Brandt.
Gest.
Aurivillius.
Geudertheim (Geudertheimensis Hanoicus, Geidertheimensis), Bz. UElsass, Kr. Strassburg (Ld.).
Gerber. de Gottesheim (3). Heintz. Lange (2). Rück.
Gevrey oder Gevray-Chambertin (Gevriensis ex ducatu Burgundiae), frz. Dép. Côte-d'Or, arr. Dijon.
Firtet.
Geyern (a Geyern), bayr. Rgb. Mittelfranken, BzA. Weissenburg.
Hassfurt.
Gicq (le)? (Giquevilensis), frz. Dép. Charente-Infér., arr. St. Jean-d'Angely.
Mayence.
Giengen (Giengensis, Giengâ-Suev.), württ. Jagstkr.
Beckh. Faber. Gerold. Honold (6). Jaegerschmid (2). Laister. Martin. Mayer. Müller. Oexlin.
Giessen (Giessensis, Gissa Hassus), hess. Prov. Oberhessen, Kr. Giessen.
Alefeld. Arnoldi. Baumer. Berlii. Borngesser. Bredhauer. Dischbein. Dorn. Frech. Gambs. Gillemer. Hertius. Hoeck. Hoefer. Horst. (von) Kitzel (2). Cron. Lachenwitz. List. Lobstein. Melchior. Mentzer (2). Müller (3). Neubauer. Niess. Oeser. ab Otthera. Petri. Rencker. Renner. Rudrauff. Schmall. Schmidt (2). Sinolt gen. Schütz. Soldan. Stamm (2). Strech. Thom. Tilenius. Wiesmar.
Gilstein s. Gültstein.
Ginsheim (Ginsheimensis Rhenanus), hess. Prov. Starkenburg, Kr. Grossgerau.
Wagner.
Ginsheimensis s. Kientzheim.
Giromagny (Giromagniensis, de Giromagny Hautte Alsace), frz. Dép. Haut-Rhin, arr. Belfort.
Ecoffet. Jaquerez. Kreitzer. Noblat. Rosely.
Gironcourt (Girancourt Lorraine, Girancourt Lotharing.), frz. Dép. Vosges, arr. Neufchâteau.
Colin. Saulnier.
Gitschin, Jičin (Gizinensis Bohemus), BzH. in Böhmen.
de Hübler.
Givet (Givet en Hainault), frz. Dép. Ardennes, arr. Rocroy.
Rosse.
Gizinensis s. Gitschin.
Gladenbach (Gladenbaco-Hasso-Darmstad.), pr. Rgb. Wiesbaden, Kr. Biedenkopf.
Diel. Stockhausen.
Glarus (Glaronensis Helv., Glarus, Glaris en Suisse, ex Glarona), schwz. K. Glarus.
Burger. Gallati. Gilly. Jenny. Iseli. König. Kubly. Martij. Martin (3). Schindler (2). Stegerer. Tschudi (5). Trumpy. Zopfi. Zwick (5).
Glasehausen (Glasehausen-Moguntinus), pr. Rgb. Erfurt, Kr. Heiligenstadt.
Molitor.
Glatz (Glacensis, Glacio-Silesius), pr. Rgb. Breslau, Kr. Glatz.
Schulcz. Schüller. Thomas (2).
Glauchau (Glauchensis, Glaucha-Misn.), sächs. KrH. Zwickau, AH. Glauchau.
Biessdorff. Haarbach. Sturz.
Gleiberg (Gleibergensis Nassovius), pr. Rgb. Coblenz, Kr. Wetzlar.
Kolb. Remmer.
Gleichenstein (Gleichensteinensis), Domaine i. preuss. Rgb. Erfurt, Kr. Mühlhausen.
Jordans.
Gleisweiler (Gleisweilleran. Palatinus), bayr. Rgb. Pfalz, BzA. Landau.
Fleischbein.
Glogau (Gros-Glogau, Glogoviâ-Siles., Glogâ-Siles.), pr. Rgb. Liegnitz.
Gryphius. Calisius (2). Kerger. Rueff. Winckler.
Glogau, Ober-Glogau (Glogov. Sup. Siles.), pr. Rgb. Oppeln.
Berger.
Glückstadt (Glückstadio-Holsatus, Tychopoli-Holsatus), pr. Rgb. Schleswig.
Arend. Bertram. Claussen. Wilckens.
Gmünd i. Kärnthen (Gamunda-Carinthius), Kärnthen, BzH. Spittal.
de Lychtentall.
Gmünd s. Schwäbisch-Gmünd.
Gnetzhemio-Francus.
Frisius.
Gochsen (Gochsheimensis Württ.), württ. Neckarkr., OA. Neckarsulm.
Kraz.
Gochsheim (Gochsheimensis, Gochtzheim), bad. Kr. Karlsruhe, A. Bretten.
Daemon. Hockh. Kraz.
Goddelau (Gottelavio-Rhenan., Rheno-Goldlaviens.), hess. Prov. Starkenburg, Kr. Grossgerau.
Vietor (3).

Goemarensis s. Gemarensis.
Goeppinga s. Göppingen.
Goldbach (Goldbachio-Thuringus), S.-Coburg, A. Gotha.
Cotta.
Goldberg-Haynau (Aurimontan. Silesius, Aurimontio-Siles., Goltbergâ-Siles.), pr. Rgb. Liegnitz, Kr. Goldberg.
Hallonius. Hillinger. Langnickell. Meyer. Weistius. Wincler. Zobel (2).
Goldenstein (aus Mähren zu Goldenstein), mähr. BzH. Schönberg, BzG. Altstadt.
Meyer.
Goldhausen (Golthausen), Waldeck, Kr. Eisenberg.
Bahl.
Goldingen (Goldingensis Curonus), russ. Gouv. Kurland.
Gamper.
Gold-Kronach (Auricoronensis), bayr. Rgb. Oberfranken, BzA. Berneck.
Oetter (2).
Gollnow (Golnovio-Pomer.), pr. Rgb. Stettin, Kr. Naugard.
Rebhuen.
Golssen (Lusato-Golsensis), pr. Rgb. Frankfurt, Kr. Luckau.
Pompejus.
Gomaringen (Gomaringensis), württemb. Schwarzwaldkr., OA. Reutlingen.
Graether.
Gondelsheim (Gondelsheim b. Durlach), bad. Kr. Karlsruhe, A. Bretten.
Stöcklein.
Gondreville (Gondesweiler in Westravia), frz. Dép. Moselle, arr. Toul.
de Feignies.
Göppingen (Goeppinga-Württembergicus, Göppingensis Württ.), württ. Donaukreis, OA. Göppingen.
Brodhag. Gaâb. Härlin. Jung. Casper. Kepler. Walch. Wettläuffer.
Göppmannsbühl (Göpmansböhl-Francus), bayr. Rgb. Oberpfalz, BzA. Kemnath.
Rephun.
Görlitz (Gorlicio-Lusatus, Gorlicensis Lus., Gerlicensis, Goerlicio-Siles.), pr. Rgb. Liegnitz.
Bärthelman. Büttner. Dreher. Förster (3). Frosch. Garbe. Gehler (3). Hahn. Hegnitzius. Held (2). Kiessling. Crantz. Lichtner. Miculius. Moller v. Mollerstein (2). Neuman. Nicius. Otto. Preibisius. Schön. Schulz. Seyfriedt. Tschirnesius. Volckardt. Widemann (2). Wild.
Görsdorf (Gersdorffinô-Hanoicus), Bz. UElsass, Kr. Weissenburg.
Esch.
Gorze (Gorziensis), Bz. Lothringen, Metz (Ld.).
Mailfer. Marionnell.
Goseck (Goseka-Misn.), pr. Rgb. Merseburg, Kr. Querfurt.
Francke.
Goslar (Goslariensis), pr. Rgb. Hildesheim, Kr. Liebenburg.
Reccius.
Gotenburg, Göteborg (de Gothenborg, Gothoburgensis Suecus, Suevo-Gotlandus), Hptst. der schwed. Prov. Göteborg.
de Celsing. Drysander. Ellon. Gettesius (2). Utfall (2). Westman.
Gotha (Gothâ-Thuring., Saxo-Gothanus), S.-Coburg-Gotha.
Abesser. Bachoffen von Echt. Bodinus. Breithaupt. Brockhagen. Buchner. Buttstaedt. Donellus. Dürfeld-Eckhardi (Eccart) (3). Erhart. Eichrodt (2). Glass. Grunewaldt. Gürgi-Hoeffel. von Hoff. Kiesewetter. Kirsten. Calmberg. Kolhans. Köllner. König. Krell. Krügelstein. La Roche. Leo. Lieuvenius. Malsch. Melissus. Müller. Nestler. Schmiedeknecht. Schrek. Schröter. Stamler. Sulzer. Wangkheim. Weitz. Witschel. Zeys. Zimmermann.
Gottelavia s. Goddelau.
Göttingen (Göttingensis, Gottinga-Hannover., Göttingâ-Brunswigus, Göttingensis Saxo), pr. Rgb. Hildesheim, Kr. Göttingen.
Alzenheim. Barthold. Böninck. von Bonn. Brandes. Griesenberg (Grussenberg) (2). Grünhögel. Hampe. Heitfeld. Helmold. Hilgart. Lotz. Michaelis. Molthau. Müller. Protten. Rauscheplatt (2). Riepenhaussen. Rudolph. Schlözer. Stoll. Straube. Tins. Toll. Willich. Wirth. Wolff.
Gottlieben (Gottlieben-Schweiz), schwz. Kant. Thurgau, a. Bodensee.
Meyer.
Gouda (Gouda-Batavus), niederl. Prov. S.-Holland.
van Leeuwen.
Graben (Grabensis, Rheno-Grabensis), welches?
Lutz. Seuling.
Grabow in Mecklenburg (Graboënsis Megapolitanus), Mecklenb.-Schwerin, a. d. Elde.
Praetorius.

Graecensis s. Graz.
Gräfenhainichen (Graeffenhayna - Saxo, Gräffenhönichen Saxo), pr. Rgb. Merseburg, Kr. Bitterfeld.
Berthold. Reibstahl.
Gräfensteinberg (Graefensteinbergensis-Francus), bayr. Rgb. Mittelfranken, BzA. Gunzenhausen.
Kern.
Grafenwöhr (Gravenwerthensis Palatinus), bayr. Rgb. Oberpfalz, BzA. Eschenbach.
Zechmayr.
Grais (le?) (Graysensis), frz. Dép. Orne, arr. Argentan.
Colmas.
Grandecour, Grandecuriensis dioec. Virdunensis.
de Bouteille.
Grandpré (Grandiprato - Campanus), frz. Dép. Ardennes, arr. Vouziers.
Jacoumasse de Vivier.
Grandvillars (Grandvillards), frz. Territ. Belfort.
Bruat.
Grange (de la Grange, ex Grange in Lotharingia), frz. Dép. Meurthe, C. Rosières-aux-Salines.
Gorné. Varin.
Granichfeld s. Kranichfeld.
Graslitz (Greslicensis Bohemus, Greslitio-Bohemus), BzH. in Böhmen.
Brendel. Götzel. Heseling.
Grasse (Grassiensis in provincia), französisches Dép. Alpes-maritimes, arr. Grasse.
de Vaye.
Gratianopolis s. Grénoble.
Grattery comitatus Burgundiae.
Colombot.
Graubünden (Griso, Rhaetus, ex Rhaetia oriundus, Bünden), schwz. Kanton Graubünden.
de Albertiny. Bovius. Cognac. Guler de Weinegg et Aspermont. Hemmi. Mytanus. ab Ott. Planta de Wildenberg (2). Quotelius. Stuppanus. de Travers.
Grave (Gravensis Belgius, Gravensis in Belgio foeder.), niederl. Prov. Nordbrabant.
Arentz.
Gravelotte (Gravelotte Metensis dioec.), Bz. Lothringen, Metz (Ld.).
Massenet.
s'Gravenhage s. Haag.
Gravin en Savoye.
Perrollar.

Gray (Grayacensis, Graiaci ex comitatu Burgundiae), frz. Dép. Haute-Saône, arr. Gray.
Kolman (2).
Graysensis s. Grais.
Graz (Gracensis, Graecensis Styrus), Hptst. d. Hzgt. Steiermark.
ab Herberstein. de Catharin. Lederer. de Leimmer. de Petenegg. de Pemberg. de Polt. Vetter. Zängl.
Grebenstein (Grebensteinensis Hassus), pr. Rgb. Kassel, Kr. Hofgeismar.
Dolaeus.
Gregorio-Monasteriensis s. Münster im Elsass.
Greierz s. Gruyères.
Greifenberg (Greiffenberg. Pomer.), pr. Rgb. Stettin, Kr. Greifenberg.
Christiani. Hopp. Rhotelius.
Greifenberg (Siles. Gryphimontanus, Gryphisbergâ-Sil., Greiffenbergâ-Sil.), pr. Rgb. Liegnitz, Kr. Löwenberg.
Langhammer. Schösser. Staudner.
Greifenhagen (Gryphishagiensis Pomer., Gryphenhagensis Pomer.), pr. Rgb. Stettin.
Kemp. Schlaticovius.
Greifensee (Greiffensee i. Cant. Zürich), schwz. Kant. Zürich.
Pfister.
Greifswald (Gripswaldensis Pomer., Gryphiswald. Pomer., Greifswaldensis), pr. Rgb. Stralsund.
Bidenweg. Erich. Gerdessen (2). Christiani. Kühn. Maschov. Olthoff. Pusch. Pyl. Stevelinus.
Grénoble (Gratianopolitanus), frz. Dép. Isère, arr. Grénoble.
Charpit. Gaillard de Lavalette. Lebrun. Revoire (2).
Grenzach (Grenzaco - Marchicus, Crenz. Durlacensis), bad. Kr. u. A. Lörrach.
Hitzig (2). Mauritii.
Greovillanus s. Gressweiler.
Greslicensis s. Graslitz.
Gressweiler (Greovillanus, Gressweiller), Bz. UElsass, Kr. Molsheim.
Herrenschneider. Justenius. Schoenemann.
Greussen (Greusensis Thuring.), Schwarzburg - Sondershausen, Kr. Sondershausen.
Herr.
Grieningen s. Grüningen.
Griesbach (Griesbach - Als.), welches? (Bz. UElsass, Kr. Hagenau oder Bz. UElsass, Kr. Zabern oder Bz. OElsass, Kr. Colmar).
Amsler.

Griesheim (Griesheimensis), welches? Bz. UElsass, Kr. Molsheim oder Bz. UElsass, Kr. Strassburg?).
Anthing.
Griesheim (Griesheimensis Hasso-Darmstatinus, Griesheim. Darmstat.), hess. Prov. Starkenburg, Kr. Darmstadt.
Gravelius. Mohr.
Grieskirchen (Grieskirch-Austr.), Ober-Oesterreich, BzH. Wels.
Pichler.
Grieth (Gruito-Montensis), pr. Rgb. Düsseldorf, Kr. Cleve.
Lauterbach.
Griso s. Graubünden.
Groningen, Gröningen (Gröningensis Frisius, Groninganus, Groningâ-Frisius), Hptst. d. niederl. Prov. Groningen.
Entes. Christophori. Celos. Mensinga. Moler. van Ringh. Rotgers.
Gröningen (Gröninga-Limpurgicus, Gröninga-Würtembergicus), württ. Jagstkr., OA. Crailsheim.
Gärtner. Wächter. Wibner.
Gröningen s. Kloster-Gröningen.
Grosne, Welschen-Grüne (Gronnensis Alsata), frz. Bz. Belfort, C. Delle.
Monnié.
Gross-Aitingen (Grossaitingensis-Suevus, Grosseitingensis), bayr. Rgb. Schwaben, BzA. Augsburg.
de Bally (2).
Gross-Bieberau (Megabiberacensis-Otto-sylvanus), hess. Prov. Starkenburg, Kr. Dieburg.
Hach.
Gross-Bottwar s. Bottwar.
Gross-Buseck (Mega-Buseccanus, Mega-busecca Hassus), hess. Prov. Oberhessen, Kr. Giessen.
Strack (2).
Grossengottern (Mega-Gotter Thuringus), pr. Rgb. Erfurt, Kr. Langensalza.
Kesse.
Grossenhagen (Grosenhagen. Pomer.), pr. Rgb. Stettin.
Ziersen.
Grossenhain (Grossenhanio-Saxo, Hanâ-Misnicus), sächs. KrH. Dresden.
Bose. Reichart.
Grossgerau (Geraviâ-Darmstadinus), hess. Prov. Starkenburg, Kr. Grossgerau.
Schad.
Grosshartmannsdorf (Megaselirandropago-Misn.), sächs. KrH. Dresden, AH. Freiberg.
Groessel.
Gross-Höchstetten s. Höchstetten.
Grossleinungen (Grossleinunga-Saxo), pr. Rgb. Merseburg, Gebirgskr. Mansfeld.
Bischoff.
Grossmilkau (Grossmilka-Misn.), sächs. KrH. Leipzig, AH. Rochlitz.
Otto.
Grossreken (ex Majori Reekum in Westphalia), pr Rgb. Münster, Kr. Borken.
Berghaus.
Gross-Sachsenheim (Grossensachsenheimensis Palatinus), württ. Neckarkr., OA. Vaihingen.
Plaicher.
Grossschenk, Nagy-Sink (ex Schinck majori, Nagy-Schenckensis Transylvanus), ung. Kom. Nagy-Küküllö, Bz. Szent-Agota.
Kessler. Conradi. Litorati. Wolff. Zill.
Grossstrehlitz (Mega-Strelitzensis Siles.), pr. Rgb. Oppeln.
Baumann.
Gross-Umstadt s. Umstadt.
Grossweigelsdorffensis s. Weigelsdorf.
Grosszigethanus s. Szigeth.
Grötzingen (Grotzingensis Marchicus), bad. Kr. Karlsruhe, A. Durlach.
Scherbaum.
Grötzingen (Grötzingensis), welches? (bad. A. Durlach?, württ. OA. Ehingen?, württ. OA. Nürtingen?).
Küffer. Rottenbach.
Grub (C. Appenzell aus der Grub), schwz. Kant. Appenzell, Bz. vor der Sitter.
Lendemann.
Gruito-Montensis s. Grieth.
Grumbach (Grumbacensis, Grumbacensis Palatin., Grumbacensis Bipontinus), pr. Rgb. Trier, Kr. St. Wendel.
Apiarius. Hildenbrand. Juncker. Müller. Scheffer.
Grunbach (Grunbach i. Württ.), württ. Jagstkr., OA. Schorndorf.
Simon.
Grünberg i. Schlesien (Grunebergensis, Grünbergensis Silesius, von Grünberg Siles., Grünbergâ-Silesius), pr. Rgb. Liegnitz, Kr. Grünberg.
Becker. Briccius. Günther. Jociscus.
Grünberg i. Hessen (Grunberga-Hassus), hess. Prov. Oberhessen, Kr. Giessen.
Cellarius. Hinn. Klein.
Grundweiler (Grundweileranus, Grundwillanus), Bz. Lothringen, Kr. Saargemünd.
Gros.

Grüningen (Grieningen), bad. Kr. u. A. Villingen.
de Hornstein.

Grüningen i. Oberhessen (Grüninga-Wetteravus), hess. Prov. Oberhessen, Kr. Giessen.
Schefer.

Grünstadt (Grünstadio-Palatinus, Palatino-Grünstadiensis, Grünstadiens. Vangio), bayr. Rgb. Pfalz, BzA. Frankenthal.
Bergmann. Debus. Gerlach. Heintzenberg. Hengelheid. Jacobi. Koebler. Kreckel. Molitor. Petsch. Ruppel. Schragmüller. Schramm. Soeder. Storck (2). Wend.

Gruppai (Nieder-) (Gruppensis-Bohemus), Böhmen, BzH. Münchengrätz.
Klügel.

Gruyères, Greierz (de Grueria Friburg-Helv.), schwz. Kant. Freiburg, a. d. Saane.
Castella.

Gryphismontanus s. Greifenberg.

Gryphishagiensis s. Greifshagen.

Gryphiswalda s. Greifswald.

Gryphorinus Silesius.
Ager (Alger).

Guben (Gubenâ-Lusatus), pr. Rgb. Frankfurt, Kr. Guben.
Brescius. Habrischius. Hess. Hoffmann. Crocaeus. Lochmann. Richter.

Gudensberg (Gudensberg. Hassus), pr. Rgb. Kassel, Kr. Fritzlar.
Briede.

Gueblingensis s. Geblingen.

Guebvillanus s. Gebweiler.

Guelpherbytanus s. Wolfenbüttel.

Gugenheim (Gugenhemensis), Bz. UElsass, Kr. Strassburg (Ld.).
Kirsch. Rauch.

Guise (Guise), frz. Dép. Aisne, arr. Vervins, a. d. Oise.
Josset.

Guithermenue.
Reygnaud.

Gültstein (Gilstein Württ.), württ. Schwarzwaldkr., OA. Herrenberg.
Graetter.

Gumbsheim (Gumshemio-Nassoicus), hess. Prov. Rheinhessen, Kr. Alzey.
Eichel.

Gumpersberg (Gumpertzburgensis), hess. Prov. Starkenburg, Kr. Erbach.
Matthias.

Gundelfingen (Gundelfinga - Brisgoius, Gundelfingen Bada-Durlacensis), bad. Kr. u. A. Freiburg.
Pfeil (2). Rheinberger.

Gundelfingen (Gundelfingâ - Palatinus), Gundelfingâ - Suevus), bayr. Rgb. Schwaben, BzA. Dillingen.
Brencker. Degeler. Heckel. Mündler. de Reichlin de Meldegg.

Gundelsheim (Gundelsheimensis), welches?
Hartmann. Hoffmann.

Gundelsheim (Gundelshemio - Francus), welches? (bayr. Rgb. Oberfranken?, bayr. Rgb. Mittelfranken?).
Döderlein.

Gundelsheim (Gundelshemio-Palatinus), württ. Neckarkr., OA. Neckarsulm.
Rampacher.

Gündersblum s. Guntersblum.

Gundershofen (Gundershoffensis Als.), Bz. UElsass, Kr. Hagenau.
Diemer. Kappler. Stumpf.

Gundelsheim (Gundelsheimensis), Bz. OElsass, Kr. Gebweiler.
Hoffmann. Tausent.

Güns (Hungaro - Günziensis, Gunsensis Hungar., Gynsiensis), ung. Com. Vas (Eisenburg).
Bien. Keublinger. Küttel. Müller.

Gunstett (Gunstettensis), Bz. UElsass, Kr. Weissenburg.
Hatt.

Guntersblum (Gündersbluma - Leiningensis), hess. Prov. Rheinhessen, Kr. Oppenheim.
Dietzsch. Koester.

Gunzenhausen (Gunzenhusa-Francus, Gunzenhusanus Altmülensis), bayr. Rgb. Mittelfranken, BzA. Gunzenhausen.
Braun. Deuerlein. Eberlein. Ernst. Fenckh. Firnhaber. Goldmeyer. Hertlin. Krantz. Marius. Moninger. Offenhauser. Schumann. Staudt. Strebel. Vogtherr.

Güstrow (Gustrovio - Meckelburgensis, Gustrovio-Megapolitanus, Gustroviensis), Mecklenb.-Schwerin, Wend. Kr.
Arnoldi. Gerdes. Hagemeister. Haltermann. Hartmann (2). Lembke. Moeller. Neander. Nes. Schröder. Schütz. Suantenius. Wahnschaft.

Gutenzell (Bonazellensis Suevus), württ. Donaukr., OA. Biberach.
Ritter.

Guthmannshausen (Gutmanshusan. Thuring.), S.-Weimar, VwBz. Apolda.
Nicolai.

Guttenbrunn? (Gutteno-Bohemus), böhm. BzH. Neuhaus, Gbz. Neubistritz.
Peristerius.

Güttingen (Güttingens.), welches? (schwz. Kant. Thurgau, Bz. Gottlieben, oder bad. Kr. u. A. Konstanz?).
Vogt.
Gyacensis s. Gaye.
Gynopedianus s. Frauenfeld.

Haag (S'Haage, Haga-Batavus, S. H. Bosch, Hagaecomitum, Hagensis, Hago Comitanus), Hptst. von Holland.
Andreae. a Brederode. van der Ess. Cappel. Ormi. van Tcylingen. Wieling.
Haagen (Haga-March.), welches? (bad. Kr. u. A. Lörrach, oder Haage, Rgb. Potsdam, Kr. Westhavelland?).
Maag.
Haaselacensis s. Haslach.
Haaselstein s. Haselstein.
Haaslach s. Haslach.
Haberskirch (Haberskirchensis Bojus), welches? (bayr. Rgb. Oberbayern, BzA. Friedberg, oder Haberskirchen i. bayr. Rgb. Niederbayern, BzA. Dingolfing?).
Michel.
Habsheim (Habshemianus Alsata), Bz. UElsass, Kr. Mülhausen.
Billig (2).
Hachenbachensis s. Hagenbachensis.
Hachenburg (Hachenburgo-Saynanus), pr. Rgb. Wiesbaden, Oberwesterwaldkr.
Avemann. Emminghaus. Grün (2).
Hackenheim (Hackenhemio-Palatinus, Hackelhemensis), hess. Prov. Rheinhessen, Kr. Alzey.
Waith. Westerkam.
Hadamar (Nassovio-Hadamariensis), pr. Rgb. Wiesbaden, Oberlahnkreis.
Gattinger. Schaeffer.
Hadeln (Hadelensis), ehemal. Ldschft., jetzt Kreis i. pr. Rgb. Stade, Landratsamt in Otterndorf.
Becker. s. Otterndorf.
Hadersleben (Hatterlevia-Danus, Haderslebiâ-Holsatus), pr. Rgb. Schleswig.
Dreyer. Richard (Hatt. Holsatus). Schmidt. Wandling.
Hafnia-Danus s. Kopenhagen.
Haga s. Haag.
Haga-March. s. Haagen.
Hagenau (Hagenoensis, Hagenoeus, Hagenoicus), Bz. UElsass, Kr. Hagenau.
Anstett. Arnold (2). d'Audet. Ballet. Barth. Beck. Benke. Bitsch. Böhm. Bronn. a Cassel. Clamer. deCointoux. Deis (4). Fuchs. Gaerdner. de Gaill. Galland (3). Gambs. Gerber. Gossèt. Greiner (2). Grommelius. Hager. Hannong. de Hasselt. Helderich. Hoffmann (2). Jacquet. Jersé. Kayser. Keller. de Collomé. Lacroix. Lorenz. Maas. Marchal. Mehlem Melsheim. Mercklin. Oberlin (2). Peireaud. Pfeiffer (2). Poinsignon. Riel. Ronden. Roth. Rothjacob (2) (s. Altstadt). Schulmeister. Schwendt. Seeman. Sontag. Varinot. Veringen. Vitrii. de Vorstat. Wackerzap. Walthan. Wilwesheim. Wimpffen (2).
Hagenbach (Hagenbachensis, Hachenbachensis Als.), Bz. OElsass, Kr. Altkirch.
Gasser. Schoenlaub.
Hagenbach (Hagenbaco-Palatinus, ex Hagenbach), bayr. Rgb. Pfalz, BzA. Germersheim.
Geickes.
Hagiolithanus s. Heiligenstein.
Hagnau (Hagnoensis prope Constantiam), bad. Kr. Konstanz, Bz. Ueberlingen.
Gseller.
Hagodange s. Hayingen.
Hahn (Hanensis Nassoicus), pr. Rgb. Wiesbaden.
Dörbaum.
Hahnstätten? (Gallopolitanus), pr. Rgb. Wiesbaden, Unterlahnkr.
Baumgartner.
Haibach (Heidbacensis Francus), bayr. Rgb. Unterfranken, BzA. Aschaffenburg.
Gans.
Hailbronnensis s. Heilbronn.
Hala-Suevus s. Schwäbisch-Hall.
Halberstadt (Halberstadensis Saxo, Oscania Halberstadiensis, Halberstadius), pr. Rgb. Magdeburg.
Alsleben. Benoit. Bonekampf. Breitschwerdt. Ebeling. Gundermann. Haag. Cronfeld. Köppen. Liberdinus. Mithobius. Nefen. von der Schullenburgk. Weber.
Haldburgensis Saxo s. Heldburgensis.
Haldenbergstetta s. Haltenbergstetten.
Halenbacensis s. Salenbach.
Hall i. Tirol (Hallensis Tyrolensis), Tirol, BzH. Innsbruck.
Becker. Taush.
Halland, Halmstad (Hallando-Danus), Län in Schweden, Küstenstrich längs dem Kattegat.
Guntzow.
Hallau (Unter-, Ober-) (Hallensis Rauracus, Hallensis ex episcopatu Basileensi),

schwz. Kant. Schaffhausen, Bz. Unter- bzw. Oberklettgau.
Comman (Comment). Prudon.
Halle a. S. (Hallensis Saxo, Hala-Magdeburgensis, Halis Saxo, e Saxonia Halensis), pr. Rgb. Merseburg.
Aconius. Boehmer. Breuning. Decker. Dörffel. Dürfeld. Freytag. Frommann. Göbell. Goldstein. Heiler. Heller. Hoffmann. Hohendorff. John. Cangiter. Mark. Mühlfridel. Müller. Noesselt. Oesterling. Olearius (5). Osterburg. Prengkenhoff. Puschell. Rehfeld. Rehwendt. Reichhelm. Ritter. Schäffer. Schrader (2). Stisser (2). Tobing. Wesener. Weyer. Weys. Wogau. Zangmeister.
Halle, Hall, (Hallensis), welches?.
Bohs. Burckhardt. Eisenmann (2). Juncker. Klett. Klöpffer. Mals. Mockel. Mohnhaupt. Müller. Otto. Vogelmann. Wagner.
Hallensis Rauracus s. Hallau.
Hallerndorf? (Hallendorfio - Francus), bayr. Rgb. Oberfranken, BzA. Forchheim.
Schadaeus.
Haltenbergstetten (Haltenbergstettensis Francus, Haldenbergstettâ - Francus), württ. Jagstkr., OA. Gerabronn.
Baufein. Donner. Dreher. Gostenhover (2).
Haltern (Halternn in Westphalen), pr. Rgb. Münster, Kr. Krefeld.
Asbeck.
Haltingen (Haltinga - Durlacensis), bad. Kr. u. A. Lörrach.
Gros.
Halver (Marco - Halverensis), pr. Rgb. Arnsberg, Kr. Altena.
Witthenius.
Hambach (Hambacensis), welches? (UElsass, Kr. Zabern?, Lothr., Kr. Saargemünd?, bayr. Rheinpfalz? etc.).
Ferber.
Hamburg (Hamburgensis, Hamburgensis Saxo), freie Hansestadt.
Amsinck. Anckelmann. Archenberg. Battus. Becker. Bister (2). Bock. Böckel. Bolten. Bonhof. de Bostell. tho Buehren. Büsch. de Chaufepié. Daurer. Dobbeler (2). Docemius. de Doubler. Drainus. Dresky. Edzardus. von Eitzen. Elers. Erhard. Erlenkamp (2). Eyss. Ester. Festing. Feustel. Freitag. Freude. Friderici. Frise. Frobenius. Gödersen. Gödtkens. von Golts. Götz. Grave (3). Greve. Hagemann. Hambrock. Hardkopf. Hartzwich. Heldt. Here. Hertius. Hesterberg (2). Höckenkamp. Hoëfft. Hoffmann. Hornbostell. Hulsebusch. Jencquel. Johansmann. Juncker. Jung. de Campe (vom Kampen) (2). Kampe. Carpfer. Kellinghusen. Kichler. Koch. Colbrand. Coldorff. Konow (2). Cordes. de Kraushaar. Cresse. Cropp. Cunradi. Kürn. Langenbeck. Langermann. Lauterbach. Leppentin. Lessius. Lüders. Lütkens (2). Make. Martens. Matthiae. Meier. Meincke. Meurer (3). Misler (2). Moller (2). Muhle. Muller. Müller (2). Münden. Mutzenbecher. Nelling. Nicolaj. Olden. Olitzsch. Otto. Palm. v. d. Pechte. Penshorn. Petersen. Piehl. Pohlmann. Post. Pumpe. Putensenius. Putschius. Reinstorp. Ronnenberger. Röver. Rulant. Rumpff. Sabell. Sauer. Schele. Schmediken. Schmidt. Schonck. Schott. Schrader. Schröder (2). Schötteringk (3). Schuch. Schulte (2). Schultz (Schulz) (3). Schultze. Schumacher. Schwartz. Seger. Simon (2). Sivers. Slüter. de Som. Specmann. von Spreckelsen (2). Stampel. Staphorst (2). Steinwich. Steman. Strewike. Surland. Sylvius. Timmermann. Träiner. Vasmar. Vegesack. Vogel. Vossenhol. Wacker. Walther. Wetken. Wichmann. Widow (2). Wiese. Wilkens. Willerss. Willich (2). Winckler (2). Winstman. Witte. Woler. Wolpmann. Wordenhoff. Zysius. Zweystrengh (2).
Hameln (Hameloa-Lüneburg., Hameliâ-Brunsvicensis, Hamelensis), pr. Rgb. Hannover.
Mollinger. Molanus. Zimmermann.
Hamm (Hammoniensis Marco-Westphalus, Hammona Marco - Westphalus), pr. Rgb. Arnsberg.
Andreae. Walckmühl.
Hamm a. d. Sieg (Hamm a. d. Gfschft. Hachenburg), pr. Rgb. Coblenz, Kr. Altenkirchen i. Westerwald; Hachenburg i. Westerwald, früher Hauptort der Gfschft. Sayn.
Schmitt.
Hammelburg (Hammelburgensis), bayr. Rgb. Unterfranken, BzA. Hammelburg.
Hornung. Reis. Schilling.
Hammoniensis s. Hamm.

Hanau (Hanoviensis, Hanau, Hanovia Wetterav., Hanoicus, Hasso-Hanoicus), pr. Rgb. Kassel.
Adami. Appel. Balde. Berg. Blech. Brent. Diehle. Engelhard. Fauerbach. Freymuth (2). Geneff. Gucklin. Heraeus. Herpffer (2). Hestermann. Jassby. Jobius. Joeckell. Caussius. Klauhold. Koch (2). König. Crafft. Crantz (4). Cress. Lampert. Leissler. Liechtenberger. de Masan. Müller. Richel. de Röder a Thiersberg. Rodtschiedt. Runkel. Schael. Schmid. Schraidt. Staub. Sturtz. Ulrich. Ursinus. van dei Velde. Walther. Weissel.

Hanauerland (Neo-Hanoicus, Neo-Hanoviensis), ehemalige Grafschaft Hanau-Lichtenberg (Elsass u. Baden).
Gaertner. Cregut. Wolfart.

Handschusheim (Handschuheimensis Palatinus), bad. Kr. und A. Heidelberg.
Walck.

Hanensis s. Hahn.

Hangenstein (Hangensteinensis Moravus), Mähren, BzH. Römerstadt.
Weigel.

Hanhofen (Hannhoffensis ex episcopatu Spirensi), bad. Rgb. Pfalz, BzA. Speier.
Sartorius (2).

Hannover (Hannoveranus, Hannovera-Brunsvigius, Hannoverâ-Brunsvigus Saxo, Hannoverensis), pr. Prov. Hannover.
Bremer. Bullaeus. de Bülow (2). Bünting (2). Engelbrecht. Freudenhammer. de Goetz. Guckenberger. Guizettin. Heimann (2). Hofmeister. Holenstein. Hölling. Hoop. Hopffener. Jacobi. Jassoy. de Campen. Kopff. Korthöber. Kuckuk. Langen. Lendorff. Linde. Lunefeld. Meyer. Mollweyden. Niemeier. d'Oldershausen. Peckei. Poelken. de Reden. Rohde. Rosenhagen. a Rossler. Rust. Schädtler. Schnekker. Schouls. Seiz. Seyler. Sommer. a Staffhorst. Türcke. van den Velde. Vesterling. Wiechmann. Wiedenfeldt. a Wintheimb. Ziegenmeyer.

Haraucourt (ex Haraucourt Lotharingus, ex Haraucourt prope Marsalium in Lotharingia), frz. Dép. Meurthe-et-Moselle, arr. Nancy.
Poncin.

Harbke (Harpekâ-Saxo), pr. Rgb. Magdeburg, Kr. Neuhaldensleben.
Hoyschardt.

Harboué (Harovensis ex Lotharingia, ex Harveto in Lotharingia, Harbouey en Lorraine, Harvensis Lotharingus, ex Horboué dioc. Tullensis), frz. Dép. Meurthe-et-Moselle, arr. Lunéville, C. Blamont.
Felix. Harmann. Lafrogne (2). Lonnaire. Saint Mihiel.

Harburg (Haarburgo-Oettingensis, Harburgo-Suevus, Harburg. ex Suevia), bayr. Rgb. Schwaben, BzA. Donauwörth; Besitz des Fürsten Oettingen-Wallerstein.
Knittel. Traber.

Harburg (Harburgensis), welches? (pr. Ldkr. Lüneburg?, bayr. Rgb. Schwaben?, bayr. Rgb. Niederbayern?).
Schmidt. Specman.

Hardenberg (Hardenbergâ-Montanus), pr. Rgb. Düsseldorf, Kr. Mettmann.
Schwartz.

Hardheim (Hartheim im Würzburgischen, Hartheimensis Francus), bad. Kr. Mosbach, A. Buchen.
de Halbritter. Rittberg.

Harol (ex Harol in Lotharingia), frz. Dép. Vosges, arr. Mirecourt.
Derazey.

Harovensis s. Harboué.

Harpeka s. Harbke.

Harskirchen (Harskircha Saraepontanus), Bz. UElsass, Kr. Zabern.
Schoell (s. Saraepontanus).

Hartenstein (Hartensteinensis Bohemus), bayr. Oberpfalz, BzA. Hersbruck?
Zechendorffer.

Harthausen (d'Harthausen), welches? (Württemberg?, Bayern?, Hohenzollern?).
de Riedheim (2).

Hartheim s. Hardheim.

Harvetum s. Harboué.

Haselbach (Haselbacensis Misnicus), welches? (S.-Altenburg?, sächs. KrH. Zwickau?).
Koch.

Haselstein (ex Haaselstein im Fuldischen), pr. Rgb. Kassel, Kr. Hünfeld.
Kling.

Haselünne (Hasaluna-Westphalus, aus Haselunni im Hochstift Münster in Westphalen), pr. Rgb. Osnabrück, Kr. Meppen.
Bertzi. Niemann.

Hasfeldensis s. Hassfelden.

Haslach (Haselâ-Marchicus, Haselano-March.), bad. Kr. Offenburg, A. Wolfach.
Hug. Ludinus.

Haslach (Haaslacensis), welches? (Elsass?, Baden?).
Gebele. Hamlele. Holl. Schorrius.
Haslach (ex valle Kynzingana Haslacensis, Haaslach Furstenbergensis, Haaslach in principatu Fürstenbergensi, Haaslach in fale (!) Kinzingano (!)), bad. Kr. Offenburg, A. Wolfach.
Hornstein. Sahl. Schleiss.
Hasli (Hassli b. Burgdorf C. Bern, Oberhasle C. Bern), schwz. Kant. Bern, Bz. Burgdorf.
von Bergen. Rüssenacht.
Hassfelden (Hasfeldensis ad Suevorum Halam finitimus), württ. Jagstkr., OA. Hall.
Halberger.
Hassleben (Haslebio-Thuringus), S.-Weimar, VwBz. Weimar.
Kalhard.
Hatten (Hatta-Alsata, Hattenheimensis Alsata, Hatteno-Hanoicus), Bz. UElsass, Kr. Weissenburg.
Bisch. Deuerling. Hartmann (2). Kampman. Kissel. Rieden.
Hattenhausen (ex Neo-Palatinatu Hattenhusanus), bayr. Rgb. Oberpfalz, BzA. Beilngries.
Starck.
Hattenhofen (Hattenhovensis), welches? (Württemberg?, bayr. Rgb. Oberbayern?, oder Hattenhof, pr. Rgb. Kassel?).
Hausch.
Hatterslevia s. Hadersleben.
Hattingen (Hattneganus, Hattingen Westphal., Hattnega-Marcanus, Hattinga-Marcanus, Hattnegischer, Marco-Hattneganus), pr. Rgb. Arnsberg, Kr. Bochum.
Bisten. Errelmann. Kielmann. Langrötgers. Magirus. Peltzer. Severini. Ubelgun. Wilstius.
Hattstatt (Hatstadiensis), Bz. OElsass, Kr. Gebweiler.
Baccara. Biechy. Daheville.
Haudonviller, Croismare (ex Craon, Craonnensis, Craonensis Lotharingus, Craonensis prope Lunevillam en Lotharingia), frz. Dép. Meurthe, arr. Lunéville.
Houillon. de St. Mihiel.
Hauenstein (Hauensteinensis Bohemus), böhm. Kr. Eger, Bz. Joachimsthal.
Span.
Hauingen (Hauwinganus, Hauinga-Marchicus), bad. Kr. u. A. Lörrach.
Drexel. Flachsland. Scherbaum.

Haunsheim (Haunsheimensis, Haunsheimensis in Palatinatu super.), bayr. Rgb. Schwaben, BzA. Dillingen ?.
Geuder. Kissling.
Hausach (Hausacensis), bad. Kr. Offenburg, A. Wolfach.
Glick.
Hausen (Haussensis, Hausensis), welches?
Euler. Rau.
Hausen (von Haussen C. Zürich), schwz. Kant. Zürich, Bz. Affoltern.
Hausen vor Wald (Hausen vor Wald), bad. Kr. Villingen, A. Donaueschingen.
de Schellenberg.
Havelberg (Havelbergensis March.), pr. Rgb. Potsdam.
Dämnitius.
Haydenburgensis s. Heidenburg.
Hayingen, Hayange (de Hayange Metensis, ex Hagodange dioec. Metensis), Bezirk Lothringen, Kreis Diedenhofen.
Thierry. Vendel.
Hayingen (Hayingensis Suevus), württ. Donaukr., OA. Münsingen.
Morsackh.
Hayn?, Hayna?, Hayne? (Haynensis).
Steiner.
Haynau (Haynoviensis Siles., Haynovia-Siles., Haynoviensis), pr. Rgb. Liegnitz, Kr. Goldberg.
Kertschmar. Hancke. Waetzius.
Haynsburg (Haynsburgo-Misnicus), pr. Rgb. Merseburg, Kr. Zeitz.
Helborn.
Hechingen (Hechingensis, Hechinganus Suevus), pr. Rgb. Sigmaringen, OA. Hechingen.
Baratti. Egler. Nipp.
Hecse? (Etzellino-Transylvanus, Hetzellino-Transylvanus), ung. Com. Bars, Bz. Arangos-Marót.
Mauritius. Weidner.
Hedelf[ingen] (Hedelf. Wirtembergicus), württ. Neckarkr., OA. Cannstadt.
Breining.
Hegau (Hegoius), Landschaft in Baden.
de Welsperg.
Hegenheim (Hegenhemianus), Bz. OElsass, Kr. Mülhausen.
Bacher.
Heidbacensis s. Haibach.
Heideck (Heideccensis Neopalatinus), bayr. Rgb. Oberpfalz, BzA. Hilpoltstein.
Tinctor.

Heidelberg (Heydelbergensis, Heidelberg. Palatinus), bad. Kr. Heidelberg.
Altmann. Angerius. Becker. Breitenstein. Eisenmenger. Engel. Faber. Frey. Glöckner. Hahn. Hanmüller. Hemelius. Heuss. Heydlauff. Hoffmann. Jörger. Keck. Kieffer. Koch. Limberg. Lingelsheim. Lüls. Mayer. Mieg. Müller. Nebel. Nothard. Parmann. Pastoir. Pawel. Pilger. Schmidt. Schommars (2). Sebastian. de Seilern. Seiz. Textor. Thielens. Vielheier. de Violäth. Vogel. Zirrfus.
Heidenberg (Haydenburgensis Silesius), pr. Rgb. Breslau, Kr. Neurode.
Heidenheim (Heydenheim. Württemberg. ad Brentam, Heidenheimensis, Heidensheimensis, Haidenheim a. d. Brenz), württ. Jagstkr., OA. Heidenheim.
Beuttel. Bost. Braun. Eberhardt. Jung. Pfister. Planer. Repner. Weissensee. Wochennawer.
Heidesheim (Heidesheimio Comitatu Leiningensi, Heideshemio - Palatinus), hess. Prov. Rheinhessen, Kr. Bingen.
Barthold. Comes in Leiningen (2). Hochheimer. Steinheil.
Heilbronn (Heilbronnensis, Heilbronnensis Suevus, Salvifontanus, Soteriopeganus, Soteropegus), württ. Neckarkreis, OA. Heilbronn.
Aff. Beyer. Dautel. Dibold. Dieterich. Dreyspring (3). Eckestein. Eft. Eisenmenger. Feyerabend (3). Flaxland (2). Frisch. Fromolt. Füger (Fieger) (2). Geiling. Glandorp (4). Gleich. Gmelin. Goetz (2). Grünwald. Hartmann. Haug (2). Hausihl. Herrmann. Heyd. Hoffmann. Hollenbach (2). Hornmold. Hörscher. Hunneshagen. Irnsinger. Isler. Kaller (s. Keller). Cantzler. Kaufmann. Kellius. Keller. Knoll. Kollenberger (4). Conradt. Kugelmann. Lang. Maurer. Mörlin. Münster (4). Nothwang. Olpert. Orth (2). Paber. Packmann. Pancug. Peyrater. Prestel. Rampacher. Reichard (2). Reinbold. Renner. Resplaudin. Riedt (3). Rokkenbauch. Rollenberger. Roth. Saenger. Sagittarius. Saltzmann. Schall. Schedler. Schmidt. Scholl. Schütz. Schwerdt. Söhner. Sommerhardt. Spitzer. Spölin (3). Stattmann. Steinbock. Steiner. Strenzel. Stumpff. Tanner. Teuffel (2). Trapp. Uckelin. Wacks. Weinmann (2). Werner (2). Wild. Zobel. Zückwolff.
Heiligenberg (Heligenbergensis, Heiligenbergensis Suevus), bad. Kr. Konstanz, A. Pfullendorf.
Maysinger. Merk.
Heiligenstadt (Heligenstadianus, Heiligenstadiensis, Heiligenstadianus Eichsfeldiacus), pr. Rgb. Erfurt.
Agricola. Gudenus. Hagen. Mande. Opffermann.
Heiligenstein (Hagiolithanus), Bz. UElsass, Kr. Schlettstadt.
Goepp.
Heilsbronn (Heilsbronnensis Francus), bayr. Rgb. Mittelfranken, BzA. Ansbach.
Treu. Ziemetshusius.
Heimiswyl (Helv. Bernensis ex Heimiswil, von Himissweil C. Bern), schwz. Kant. Bern, Bz. Burgdorf.
Lüdi. Ursenbach.
Heimsbrunn (Heimsprunnensis, Heimsprunnaeus), Bz. OElsass, Kr. Mülhausen.
Waelterle.
Heinrichs (Heinrichs - Henneberga - Francus), pr. Rgb. Erfurt, Kr. Schleusingen.
Nothnagel.
Heinrichswyl (Heinrichsweill C. Solothurn), schwz. Kant. Solothurn, Bz. Buchegg-Kriegstetten.
Winistörcher.
Heinsheim (Heinsheimensis), bad. Kr. u. A. Mosbach.
Zimmermann.
Heinzenberg (Heintzenbergensis Nassovius), pr. Prov. Hessen-Nassau, Rgb. Wiesbaden, Obertaunuskr.
Moses.
Heiteren (Heiteren), Bz. OElsass, Kr. Colmar.
Heitersheim (Heitershemiensis Brisgoius), bad. Kr. Freiburg, A. Staufen.
Cheilli.
Heldburg (Heldburgensis Francus, Heldburgiaco-Francus), S.-Meiningen, Kr. Hildburghausen.
Gülden. Lorzius. Reymann.
Heldenfingen (Heldenfingo-Wirttemb.), württ. Jagstkr., OA. Heidenheim.
Blossius.
Heldrungen (Heldrunga-Thuringus), pr. Rgb. Merseburg, Kr. Eckartsberga.
Schwartze.

Helenopolitanus s. Helmstadt.
Helinaestadensis s. Heiligenstadt.
Hellenbring s. Hellbrügge.
Hellbrügge (ex Hellenbring Montensis), pr. Rgb. Arnsberg, Kr. Bochum.
ab Horst.
Helmstedt (Helmaestadio - Brunsvigus, Helenopolitanus, Helmstadiensis), Braunschweig, Kr. Helmstedt.
Berckelmann. Heeser (s. Frankfurt). Cappel. Leyser. Raumburger. Stuck.
Heltau, Nagy-Disznod (Heltâ-Transylvanus), ung. Com. Szeben.
Grolmayer. Keyser.
Helvetus s. Schweiz.
Hemau (Hemmaviensis Palatinus, Hemmavio-Neoburgio-Palatin.), bayr. Rgb. OPfalz, BzA. Parsberg.
Pielnhuber (2).
Hemelsberga-Thuringus.
Ritter.
Hemeringen (Kemmeringanus - Lothar.), Bz. Lothringen, Kr. Bolchen.
Baur.
Hemmaviensis s. Hemau.
Hemmerden (Hemmerden), pr. Rgb. Düsseldorf, Kr. Grevenbroich.
Kauhlen.
Hemmersbach (Hemmersbach), pr. Rgb. Köln, Kr. Bergheim.
Harnisch.
Hemmersheim (Hemmershemio-Francus), bayr. Rgb. Mittelfranken, BzA. Uffenheim.
Heningensis s. Henningen.
Henneberg (Hennenberga - Meinunga-Francus), S.-Meiningen, Kr. Meiningen.
Glümper. Hoffmann. Nidius (Midius ?).
Henningen (Heningensis), pr. Rgb. Magdeburg, Kr. Salzwedel.
Wenzel.
Heppenheim (Heppenheimensis ad strada montana), hess. Prov. Starkenburg, Kr. Heppenheim.
Mischler.
Herbede (Ost- u. West-) (Marco-Herbedensis), pr. Rgb. Arnsberg, Kr. Bochum.
Konig.
Herbipolensis s. Würzburg.
Herborn (Herborna-Nassovius), pr. Rgb. Wiesbaden, Dillkreis.
Hoffmann. Schultz. Wille.
Herbrechtingen (Herbrechtingo-Württemberg.), württ. Jagstkr., OA. Heidenheim.
Erhardi.

Herbsen (aus Herbsen im Waldeckischen), Waldeck, Kr. Twiste.
Stöcker.
Herbsleben (Herbstlebiensis), S.-Coburg-Gotha, LdrA. Gotha.
Stoltz.
Herbstein (Herbersteinianus), hess. Prov. Oberhessen, Kr. Lauterbach.
Cramer (vgl. Leutenberg).
Herdecke (Herdeccâ-Marcanus), pr. Rgb. Arnsberg, Kr. Hagen.
Kallenius.
Herdwangen (Herdwangensis), bad. Kr. Konstanz, A. Pfullendorf.
Harsch.
Herford (Herfordiensis, Herfordiâ-Westphalus), pr. Rgb. Minden, Kr. Herford.
Bergmann. Neuhaus. Schliepstein. Sirpes. Steinmeyer.
Héricourt (Hericurianus, Hericuria-Montbelgardensis), frz. Dép. Haute-Saône, arr. Lure.
Barbauld. Carmien (2). Jacquin. Cueuellus. Petermend. Stoffel. du Vernoy.
Herisau (Herisoviensis, Helv. Herisaviensis, Herrisau Cant. Appenzell), schwz. Kant. Appenzell, Bz. Hinterland.
Grob. Mock. Oberteuffer. Wetter.
Herlisheim (Herlesheimensis Als.), welches? (Bz. UElsass, Kr. Hagenau, oder Bz. OElsass, Kr. Colmar?).
Fyda. Schmitt.
Hermannstadt, Nagy-Szeben (Cibinio-Transylvanus, Cibiniensis Transylvanus), ung. Com. Szeben im Siebenbürger Sachsenland.
Andreae. Bachner. Bordau. Brenner. Gründesch. Herrmann. Rhihelius. Schuler. Siles. Surius. Vette.
Herméville (Hermevillanus, d'Hernieville près Verdun, d'Herméville), frz. Dép. Meuse, arr. Verdun.
Brodelet (2).
Hernbergensis s. Herrenberg.
Hernetzheim s. Herrnsheim.
Hernstadia s. Herrnstadt.
Herpelmont (ex Herpelmont Lotarus), frz. Dép. Vosges, arr. St. Dié.
Babet.
Herrenalb s. Alb.
Herrenberg (Herrenbergensis, Herrenberga-Wurtemberg., Hernbergensis), württ. Schwarzwaldkr., OA. Herrenberg.
Frey. Kueffer. Maerklen. Zeller. Zeys.

Herrenthierbach (Herrenthierbacensis Hoenloicus), württ. Jagstkr., OA. Gerabronn.
Renz.
Herrnsheim (Herrnsheim bei Worms), hess. Prov. Rheinhessen, Kr. Worms.
Dacker.
Herrnsheim (Hernetzhemio-Franc.), bayr. Rgb. UFranken, BzA. Kitzingen.
Conradi.
Herrnstadt (Hernstad. Silesius), pr. Rgb. Breslau, Kr. Guhrau.
Malsch. Scultetus. Wegner.
Herrstein (Herrstein-Sponhem., Hersteinensis, Herrsteinio-Hunnus, Hersteinensis Mosell.), oldenb. Frst. Birkenfeld, AG. Oberstein.
Christophori. Gabel. Hautt (2). Langguth.
Hersbruck (Hersprucensis, Hersbrucensis), bayr. Rgb. Mittelfranken, BzA. Hersbruck.
Dürsch. Spranger.
Hersfeld (Hersfeldensis Hassus), pr. Rgb. Kassel, Kr. Hersfeld.
Beza. Crefelius. v. Meisenbugk.
Hertensis s. Hördt.
Hertingen (Hertingen), bad. Kr. u. A. Lörrach.
Zollikofer.
Hertzogenradana s. Brabant.
Herxheim (Herxheimensis), bayr. Rgb. Pfalz, BzA. Landau.
Schultz.
Herzingensis s. Hirsingen.
Herzogenbuchsee (Hertzogenbuchsee, Herzogenbuchsee), schwz. K. Bern, Bz. Wangen.
Lanz. Schaal.
Hessen (Hassus).
a Bardeleben. v. Breydenbach gen. Breydenstain. Caussenius. de Dörnberg. Gerstenberger. ab Hertingshaussen. Hombergk zu Schenklengsfeld. Keudel. Krug von Nidda (2). Murhardt. Reinigk. Sinolt gen. Schütz. de Sommerau. Vultejus. Winter.
Hessen (Hessensis prope Sarburgum), Bz. Lothringen, Kr. Saarburg.
Klein.
Hessigheim (Hessigheimensis Wirtemb.), württ. Neckarkr. OA. Besigheim.
Haug.
Hessweil s. Kesswil.
Hettingen (Hettingensis), welches? (bad. Kr. Mosbach?, pr. Rgb. Sigmaringen?).
de Neumiller.
Hettstädt, Hettstedt (Hetstadiens. Mannsfeldicus), pr. Rgb. Merseburg, Mansfelder Gebirgskr.
Hofmann.
Hetur, Marienburg (Hetturiensis Transylvanus), ung. Kom. Kis-Küküllö, Bz. Erzsebetvaros.
Philippi.
Hetzellino-Transylvanus s. Hecse.
Heydenensis Palatis.
Rötler.
Hiertzbergensis s. Hirschberg.
Hildburghausen (Hildburghusa-Francus), S.-Meiningen, Kr. Hildburghausen.
Hoeffel.
Hildesheim (Hildesiensis, Hildesiensis Saxo, Hildesheimensis, Hildesiâ-Saxo), pr. Rgb. Hildesheim.
Abel. Albrecht. Amelung. Behrens. Blum (2). Bolmann. Booke. Ebling. Engelcken. Evers. Freylinger. vom Hagen. Hannemann. Heldt. Herecker. Hilpert. Hoffmeister. Kalckhoff. Kopmann. Künneken. Lüdeken (2). Meyer. Osthaus. Peine. Püttmann. Schiller. de Schmitz. Schnekker. Soëtefleisch. Spörken. Storren (2). Strenge. de Wallmoden. Withut.
Hilpertsau (Hilpersau-Badensis), bad. Kr. Baden, A. Rastatt.
Krieg.
Hilpertshausen (Hilperhusanus Francus, Hilperhusâ-Franc.), bayr. Rgb. Unterfranken, BzA. Würzburg.
Agricola. Bantz. Bejer. Ebenretter. Hendrich. Carolus (2). Kob. Lünglavius. Mittnacht. Reinhard. Röser. Rostheuser. Rotstein. Schmid. Schnecker. Schrickell. Theinius. Zeigermann.
Hilpoltstein (Hilpoltsteinensis Palatinus, Hilpoltsteinio-Noricus), bayr. Rgb. Mittelfranken, BzA. Hilpoltstein.
Dillmann. Müller (2). Römer. Thirius. Zienner.
Hilterfingen (Hilterfingen C. Bern).
Berger.
Himissweil s. Heimiswyl.
Himontanus s. Schneeberg.
Hinderweil s. Hinterwyl.
Hinnrsall (Sinnsthal?).
Schober.
Hinsensis, Hinsvillanus s. Hinsweiler.
Hinter-Tannen s. Tannen.
Hinterwyl? (Hinderweil C. Bern), schwz. Kant. Aargau, Bz. Zofingen.
Lüscher.
Hintterlacken s. Interlaken.

Hinzweiler (Hinsensis, Hinsvillanus Bipontinus), bayr. Rgb. Pfalz, BzA. Kusel.
Gervinus. de Mayerhoffen (2).
Hirbelensis s Hürbel.
Hirschberg (Hiertzbergensis Saxo), welches? (sächs. KrH. Dresden, AH. Freiberg?, oder Reuss j. L.?).
Boldaeus.
Hirschberg in Schlesien (Hirschbergâ-Silesius, Cervimontanus Silesius), pr. Rgb. Liegnitz, Kr. Hirschberg.
Hofmann. Hybner. Carisius. Reissel (2). Scholtz. Süssenbach. Thebesius. Tilesius (2). Walther.
Hirschhorn (Hirschornensis, Hirschhornensis), welches? (hess. Prov. Starkenburg, Kr. Heppenheim?, oder bayr. Rgb. Pfalz, BzA. Kaiserslautern?).
Mesler. Seiz.
Hirsingen (Hirsingan. Als., Hirsingensis, Herzingensis), Bz. OElsass, Kr. Altkirch.
Faibvre. Hell (3). Montjoye. de Verny.
Hischingen s. Hittingen.
Hittingen (Hischingen im Turgau), schwz. Kant. Thurgau, Bz. Tobel.
Heiner.
Hittnau (Unter-) (von Unterhitnau C. Zürich), schwz. Kant. Zürich, Bz. Pfäffikon.
Boshart.
Höch (ab Höch). welches? (Salzburg, BzA. St. Johann?, oder Steiermark?).
Kölderer.
Hochemmingen (Hochemminganus Hercinianus), bad. Kr. Villingen, A. Donaueschingen.
Kneipp.
Hochen-Schambach s. Hohenschambach.
Hochfelden (Hochfeldensis), Bz. UElsass, Kr. Strassburg (Ld.).
Arth. Winling.
Hochgöfftanus s. Hohengöft.
Hochheim (Hochemensis), welches? (im Rgb. Wiesbaden?, Rgb. Erfurt?, hess. Prov. Rheinhessen?).
Lallemand.
Höchst (Hoechsta-Breubergensis), hess. Prov. Starkenburg, Kr. Erbach.
Würtemberger. s. Breuberg.
Höchst (Hoechstensis), welches?
Foerg. de Günderode (2).
Hochstätten (Höchstadianus Palatinus, Hochstätten i. d. Pfaltz), bayr. Rgb. Pfalz, BzA. Kirchheimbolanden.
Heyn. Simon.
Höchstetten (Gross-) (von Gros Hochsteten im C. Bern), schwz. Kant. Bern, Bz. Thun?).
Houeter. Schüpbach (4).
Hochweisel (Hohe Weiselanus Weddravus), hess. Prov. Oberhessen, Kr. Friedberg.
Schild.
Hoechsta s. Höchst.
Hoenazenhemensis s. Hohenatzenheim.
Hoënsarto-Hala-Sueviae.
Hetzelt.
Hoertensis s. Hördt.
Hof (Hofio-Variscus, Hof im Vogtland, Curia-Varisc., Curiâ-Baruthinus, Curia-Francorum, Curiensis Variscus), bayr. Rgb. Oberfranken, BzA. Hof.
Beyer. Burger. Döring. Hegenberger. Jahreis. Joerdens (2). Jodizer. Kaiser. Küntzel. Meyer (3). Oertel. Specner. Thumser. Weiss.
Hofen (Hofli i. C. Bern), mehrere Weiler u. ein Dörfchen Hofen im Kant. Bern.
Locher.
Hoffenheim (Hoffenheimensis, Hoffheimensis), bad. Kr. Heidelberg, A. Sinsheim.
Boller. Dauer. Schoeck.
Hofgeismar (Hoffgeismara Hasso-Casselanus), pr. Rgb. Kassel, Kr. Hofgeismar.
Werner.
Hohenatzenheim (Hoenazenhemensis, Atzmohemensis), Bz. UElsass, Kr. Strassburg (Ld.).
Brand. Sulser.
Hohenbaldern s. Baldern.
Hohengöft (Hochgöfftanus Als.), Bz. UElsass, Kr. Zabern.
Krantz.
Hohenlohe (Hohenloicus, Hohenlohensis, Hohenloico-Francus), ehem. Fürstentum in Franken.
Agricola. Braun. Engelhardt. Freund. Greys. Haass. Keller. Klein. Macco. Müller. ab Olnhausen. Pistorius. Taurinus. Textor. Wibel (2). Yelin. Zollmann.
Hohenschambach (ëx Hochen-Schambach), bayr. Rgb. Oberpfalz, BzA. Parsberg.
Bayer.
Hohensolms (Hohensolmensis), pr. Rgb. Coblenz, Kr. Wetzlar.
Riesius.
Hohenstein (Hohensteinensis Borussus), pr. Rgb. Königsberg, Kr. Osterode.
Nagel.

Hohentwiel (Hohenwielanus), württ. Schwarzwaldkr., OA. Tuttlingen.
Loescher.
Hohnstein (Honst. Misn.), sächs. KrH. Dresden, AH. Pirna (oder Hohenstein i. d. sächs. KrH. Zwickau, AH. Glauchau).
Müller.
Hoingâ-Wedderav. s. Hungen.
Holar (Hola-Islandus), Ort auf der N-Küste Islands, NO von Hofstadir.
Thorlacius.
Holbinga-Austrasiacus.
Schütz.
Holland (Transissal. Batavus, Batavus Gelro-Batavus, Hollandus).
de Heiden. van Hogendorp. de Hompesch-Heiden. Hoppen. de Nagell. Rota. Sickinghe (2). Vos.
Höllstein (Hölstein C. Basel), schwz. K. Baselland, Bz. Waldenburg.
Gruner.
Holmia-Suecus s. Stockholm.
Holsatus s. Holstein.
Holstein (Holsatus).
von Ahlefeld (5). von Baudissin. Baug. Begkern. von Brömbsen. Bruchtorff (2). Bruggeman. von Buchwald (2). Danckwerth. Comes a Dernath. Egardi. Esmarus. Friese (2). Gerritz. Gloxin. Gölke. Hanszen (2). von Hatten (2). Hecklawer (2). Heister. Henning. Hesse. Heubel. Hollender. Princeps Holsatiae. Jessen. Carstens. Keilau. von Königstein. Lersen. Marckmann. Martini. Martinitz. Matthiae. Merle. Michaelis. Nasser. Pellicerus. von Potthausen. von Pogwisch. Preuser. von Prussinck. von Rantzow (4). Reich (2). Reinboth. Richardi. von Reventlow. Schacht. Schaz. Schroeter. Smidt. von Stökken. Vielsen. Wedderkopff (2). Wiest. Wilkens. Wulf.
vgl. Schleswig und Schleswig-Holstein.
Holzen (ex Holzheim dioc. Basileensis, von Holzen Bado-Durlacensis), bad. Kr. Lörrach.
de Noel ab Angenstein. Wix.
Holzhausen (Holzhusa-Wetteravus), hess. Prov. Oberhessen, Kr. Friedberg.
Hoeck.
Holzkirch (Holzkirchâ-Ulmanus), württ. Donaukr., OA. Ulm.
Franckh.
Holzminden (Holtzmundâ-Brunsvicensis), Braunschw., Kr. Holzminden a. d. W.
Bullenius.
Holzthalleben (Holtzthalebio-Thuringus), Schwarzburg-Sondershausen, LdrA. Sondershausen.
Steinius (s. Ebeleben).
Homberg (Hombergensis Hassus, Hombergensis), pr. Rgb. Kassel (welches?).
Amelung. Minor. Schad.
s. Homburg.
Homberg a. d. Ohm (Homburgensis ad Ohmam), hess. Prov. Oberhessen, Kr. Alsfeld.
Deegen.
Hombruch (im) (Homburgi ad Marcam, Homburg an der Marck, Homburgo-Westphal.), pr. Rgb. Arnsberg, Kr. Dortmund.
Doeler. Kloeber. Starck.
Homburg von der Höhe (Homburgensis, Hombergensis ad montes, Montano-Hombergensis, Hombergâ Wetterav.), pr. Rgb. Wiesbaden, am Taunus.
Huhn. Kelsch. Kirchhoff. Crato. Lempius. Lucius. Orth. von der Rennen. Schad. Stahl (4). Stamm. Wagner. Warichius. Zahn.
s. Hamberg.
Homburg an der Mark, aus der Herrschaft.
Starck.
Homburg (Homburg), welches?.
Collin.
Hönheim (Hönheimensis Alsata), Bz. UElsass, Kr. Strassburg.
Volmar.
Honingen Wedderav. s. Hungen.
Honsteina-Misn. s. Hohnstein.
Hopfgarten (Hopfgartensis Salisburgensis), Tirol, BzH. Lienz, BzG. Windischmatrei (oder BzG. Kitzbühel).
Daller.
Horažd'ovic (Boëmus Horazdowitz), Böhmen, BzH. Strakonitz.
Tiller.
Horb (Horbensis Suevus, Horb am Neckar), württ. Schwarzwaldkr., OA. Horb.
Paty. Wetzel.
Horburg (Horbourg), Bz. OElsass, Kr. Colmar.
Onule.
Horchheim (Horchemius), hess. Prov. Rheinhessen, Kr. Worms.
Enckerig.
Hörde (Hörde), pr. Rgb. Arnsberg, Kr. Dortmund.
Droste.
Hördt (Hörtensis, Hoertensis, Hertensis), Bz. UElsass, Kr. Strassburg.
Hohl. König. Walther.

Horgen (ex Helvetia Horgen), schwz. Kant. Zürich, Bz. Horgen.
Hünius.
Hörgertshausen (Hörgertshusanus Bojus), bayr. Rgb. Oberbayern, BzA. Freising.
Fischer.
Horkheim (Horckensis), württ. Neckarkreis, OA. Heilbronn (oder Horka? welches?).
Exter.
Horn (Austriaco-Horneus), Niederösterreich, BzH. Horn.
Himmelbaur.
Horn (Hornensis ex Helvetia), schwz. Kant. Thurgau, Bz. Arbon.
de Schenkle.
Hornbach (Hornbacensis), welches? (bayr. Rgb. Pfalz?, bad. Kr. Mosbach?, hess. Kr. Heppenheim?).
Dimroth. Metternach.
Hornberg (Hornberg), welches?.
Hasch.
Hornberg (Hornbergâ - Württemberg.), welches? (württ. Jagstkr. od. württ. Schwarzwaldkr.?).
Adam. Krafft. Scheerer.
Hornberg (Hornbergensis Francus), württ. Jagstkr., OA. Gerabronn.
Müller.
Horten? (Orthunga-Danus), Seestadt bei Kristiania in Norwegen.
Claudii.
Höxter (Huxariensis Westph. ad Visurgim), pr. Rgb. Minden, Kr. Höxter.
Einhorst.
Hoya (Hoyâ-Saxo), ehemal. Grfsch., jetzt Kr. in pr. Lddr. Hannover.
Brinckmeyer (Brincmarius).
Hoyerswerda (Hoyerswerda Saxo), pr. Rgb. Liegnitz.
Ehrenhaus.
Hüfingen (von Hüffingen i. Fürstenbergischen, Hüffingensis), bad. Kr. Villingen, A. Donaueschingen.
Härle. Scholl.
Hügelheim (Hügelheim i. Badischen), bad. Kr. Lörrach, A. Müllheim.
Haff.
Hügelsheim (Hügelsheimensis), bad. Kr. Baden, A. Rastatt.
Syndenus.
Huisberden (Huisberden-Clivensis), pr. Rgb. Düsseldorf, Kr. Cleve.
Arntz.
Hülchrath (Hulchradius), pr. Rgb. Düsseldorf, Kr. Grevenbroich.
Hogius.
Hunaweier (Hunavillanus Alsata, Hunowylleranus), Bz. OElsass, Kr. Rappoltsweiler.
Brauer. Greiner. Harder. Reisch.
Hundheim (Hundheimensis Palatinus, Palatino-Bipont. Hundemiensis), bayr. Rgb. Pfalz, BzA. Kusel.
Hahn. Moses.
Hungen (Hungensis Wedderavus, Hoingâ-Wetteravus, Honingen-Wetteravus), hess. Prov. Oberhessen, Kr. Giessen.
Samesius (2). Zirckel.
Hüngheim (aus d. frh. Berlingischen Ort Hüngheimb), bad. Kr. Mosbach, A. Adelsheim.
Pfitzinger.
Hüningen (Huningue, Huningensis, ex majore Huninga), Bz. OElsass, Kr. Mülhausen.
Augé. Baur. Blanchard (3). Bourgeois. Canel. Chevrier (2). Guthaux. Higi. Jadart (2). Lang. Ritter. Scholer. Weis (3).
Hunspach (Hunspach Zweybr.), Bz. UElsass, Kr. Weissenburg.
Rott.
Hünxe (Hunxâ-Clivicus), pr. Rgb. Düsseldorf, Kr. Mülheim.
Bönneken.
Hürbel (de Hürbl, Hirbelensis Suevus), württ. Donaukr., OA. Biberach.
Albrecht. de Freyberg.
Hürtigheim (Hürtigheim im untern Elsass), Bz. UElsass, Kr. Strassburg.
Eyerich.
Husum (Husensis Holsatus, Husio-Holsatus), pr. Rgb. Schleswig, Kr. Husum.
Danckwerth (2). Gravelius. Lauth. Pauli. Wolter.
Hüsten-Freiheit (von Hüsten i. Westphalen), pr. Rgb. u. Kr. Arnsberg.
Ellerbeck.
Hüttendorf (Hüttendorffensis Als.), Bz. UElsass, Kr. Hagenau.
Garnier.
Huttenheim (Huttenhemio-Francus), bad. Kr. Karlsruhe, A. Bruchsal.
Weichselfelder.
Huttwyl (Huttwil C. Bern, von Huthweill, C. Bern), schwz. Kant. Bern, Bz. Trachsewald.
Fiechter. Lanz.
Hutzdorf (Hutzdorffensis Francus), hess. Prov. Oberhessen, Kr. Lauterbach.
Schmid.
Huxariensis s. Höchster.
Hydrothebanus Francus.
Marius.

Ibbenmoos (Ibenmoos C. Luzern), schwz. Kant. Luzern, Bz. Hochdorf.
Bucher (2).
Ichenheim (Ichenheimensis), bad. Kr. Offenburg, A. Lahr.
Conrad. Lösslin.
Ickelheim (Unter Yckelhemianus), bayr. Rgb. Mittelfranken, BzA. Uffenheim.
Synzius.
Idstein (Idsteinio-Nassoicus, Nassoico-Idsteniensis, Idstenianus, Trinifanensis Idstenio-Nassovius), pr. Rgb. Wiesbaden, Untertaunuskr.
Amburger. Bauschmid. Beck. Bein. Beuerbach. Bund. Christ. Elwerth (2). Groius. Holler. Ibel. Jäger. a Joss. Klein. Koch. Koella. Conradi. Martin. Michaelis. Müller. Nicolai. Ningler. Posth. Rossel (2). Rupp. Schott. Seebach. Speck. Stetter (Stätter). Thiel. Thylmann. Ulmann. Wagner. Weber. Woelffinger.
Ifferten, Yverdon (d'Yverdon, Ebrodunensis, Ebrodunensis Helv.), schwz. Kant. Waadt, Bz. Yverdon.
Correvon (2). Petitmaître. de Treitorren.
Iglau (Iglâ-Moravus, Iglovio-Ungarus), Mähren, BzH. Iglau.
Klesch. Schubert. Titelius.
Ihleburg (Ileburgensis Misnicus), pr. Rgb. Magdeburg, Kr. Jerichow.
Lehmann. Liebitzsch. Müller.
Ihringen (Iringano-Marchicus), bad. Kr. Freiburg, A. Breisach.
Stalp.
Illertissen (Illertissa-Suevus), bayr. Rgb. Schwaben, BzA. Illertissen.
Bosch.
Illhäusern, Bz. UElsass, Kr. Rappoltsweiler.
Farny.
Illingen (Illingen bei Maulbronn), württ. Neckarkr., OA. Maulbronn.
Eitel. Mathis.
Ilmenau (Ilmenâ-Schwartzburgo-Thuringus, Ilmano-Schwartzburgicus, Ilmenoïtano-Hennenbergicus, Ilmensis Thuringus, Ilmenaviensis Hennebergicus), S.-Weimar, VwB. Weimar.
Brömelius. Cellarius. Graner. Landgraff. Schilling. Schulz.
Ilsfeld (Ilsfeldensis Württembergicus), württ. Neckarkr., OA. Besigheim.
Müller.
Ilten (Iltenâ-Lunaeburgicus), pr. Rgb. Lüneburg, Kr. Celle.
Retberg (s. Celle).
Imbsheim (Imbsheimensis Hanoicus), Bz. UElsass, Kr. Zabern.
Molther. Rehfeldt. Westphal.
Immendingen (Immendingensis Suevus), bad. Kr. Konstanz, A. Engen.
Roth de Schreckenstein (2).
Immenstaad (Immenstaad a. Bodensee), bad. Kr. Konstanz, A. Ueberlingen.
Ganter.
Immenstadt (Imenstatt in Suevia, Imenstatt. Algoicus, Immenstadt im Algäu), bayr. Rgb. Schwaben, BzA. Sonthofen.
Beck. Bettrich (s. Isny). de Bruggere. Epplen (2). Furner. Heim. Hiemer (s. Kempten). Schiess. Schreyer.
Inchenhofen (Inchenhof. Bojus), bayr. Rgb. Oberbayern, BzA. Aichach.
Baldauf.
Indwillerensis s. Willer.
Ingelfingen (Ingelfingensis), württ. Jagstkreis, OA. Künzelsau.
Landbeck. Wolf. Zoller (2).
Ingelheim (Ober-) (Ingelheimio-Palatinus, Oberingelheimensis, Ober-Ingelheim in der Kurpfalz), hess. Prov. Rheinhessen, Kr. Bingen.
Biebesheimer. Buschbaum. Grass. Hell.
Ingersheim (Ingershemiensis), Bz. OElsass, Kr. Rappoltsweiler.
Herrenberger. Thoman (2).
Ingolstadt (Ingolstatt), bayr. Rgb. Oberbayern, BzA. Ingolstadt.
Kaltenbrunner.
Ingweiler (Ingovilla Hanoicus, Ingwillarensis; Kober), Bz. UElsass, Kr. Zabern.
Bader. Bolchert. Geiger (2). Kampmann (2). Luck. Musculus. Pezelius. Rittelmeyer. Rosa (2). Seiller. Weinmann. Wetzel.
Inkirchen (Inkirchensis Helvetus).
Müller.
Innernzell (Innerzellensis Bojus), bayr. Rgb. Niederbayern, BzA. Grafenau.
Wieninger.
Innichen (Inticensis Tyrolensis), Tirol, BzH. Lienz, BzG. Sillian.
Morbo.
Innsbruck (Oenipontanus Tyrolensis), Tirol, BzH. Innsbruck.
Kinigl. de Lama.
Ins s. Anes.
Insmingen (Insmingensis, Insmingen in Lotharingia), Bz. Lothringen, Kr. Château-Salins.
Bienfait.

Insterburg (Insterburga-Borussus), pr. Rgb. Gumbinnen, Kr. Insterburg.
Gross. Moller.
Insula Sti Ruperti s. Ruprechtsau.
Insulensis s. Lille.
Interlaken (von Hintterlacken C. Bern), schwz. Kant. Bern, Bz. Interlaken.
Blatter.
Inticensis s. Innichen.
Ippesheimensis s. Jepsheim
Irland (Irlandensis).
Cahill. Mahon. Meade. ô Reilly.
Iringano-March. s. Ihringen.
Irmenach (Irmenacensis Mosell.), pr. Rgb. Coblenz, Kr. Zell a. d. Mosel.
Apiarius.
Iselsberg (Isolensis Tyrolensis), Tirol, BzH. Lienz.
Zaengerle.
Isenburg (Isenburgicus, Isenburgensis, Ysenburg), pr. Rgb. Coblenz, Kr. Neuwied, Stammsitz der Fürsten u. Grafen v. I. — Standesherrschaft in d. hess. Prov. Starkenburg u. Oberhessen.
Carl. Khomeuser. Koch. Kopp. Comes de Isenburg (4).
Isenheim (Isenheimensis, Issenheimensis Als.), Bz. OElsass, Kr. Gebweiler.
Erhard. Gast. Schröder. Wilhelm (2).
Isennacensis s. Eisenach.
Iserlohn (Iserlohnio-Westphalus), pr. Rgb. Arnsberg, Kr. Iserlohn.
Faber. Khamaccer. zur Megede. Reinhold. von Vinck. Westhoff.
Islebiensis s. Eisleben.
Isle-sur-le-Doubs (de Lisle sur le dous(!) dioc. de Besançon), frz. Dép. Doubs, arr. Beaume-les-Dames.
Pergaud.
Isny (Ysnensis, Isnensis, Ysna-Algojus, Isna-Suevus, Isna-Ulmensis), württ. Donaukr., OA. Wangen.
Berckmann. Bettrich. Cramer. Krettler. Schmidt. Lang. Reinoehl. Renz. Specht (3). Weber (2). Thoner. Weisstandt.
Isolensis s. Iselsberg.
Issenheimensis s. Isenheim.
Italien (Italus).
Stoppanus.
Ittlingen (Itlinga-Palatinus), bad. Kr. Heidelberg, A. Eppingen.
vom Berg.
Itzehoe (Itzehoa-Holsatus), pr. Rgb. Schleswig, Kr. Steinburg.
Schmiedelin.
Iznang (Itznangensis Suevus), bad. Kr. u. A. Konstanz.
Keller.

Jägerndorf (Carnovia-Silesius), pr. Rgb. Breslau, Kr. Brieg.
Buckisius.
Jägerndorff (Jägerndorffensis Silesius), Österr.-Schlesien, BzH. Jägerndorff.
Heinsius.
Jagsthausen (Jagsthusanus, Jaxthusa-Francus), württ. Neckarkr., OA. Neckarsulm.
Pfeiffer. Popp.
Jauer (Jaurâ-Silesius), pr. Rgb. Liegnitz, Kr. Jauer.
Knobloch. Reiman.
Jaurinum s. Raab.
Java (Batavus ex Java), niederl. Insel i. Ostindien.
Wessel.
Jaxthusanus s. Jagsthausen.
Jeanménil (Jeanmenil jurisdiction de Remberviller en Lorraine), frz. Dép. Vosges, arr. Epinal.
Fournier (s. Rambervillier).
Jebshemiensis s. Jepsheim.
Jeetze (Jetze), pr. Rgb. Magdeburg, Kr. Salzwedel.
Laflotte.
Jekoffensis s. Jettkofen.
Jena (Jenensis, Jenâ-Thuringus, Saxo-Jenensis, von Jehna auss Düringen), S.-Weimar, VwBz. Apolda.
Foman. Gerhard. Hallbauer. Hamberger. Hortleder. Kelner. Clodius. Mühlpfort. Pfotenhauer. Rannacher. Riemer. Ruhland. Sachse (1). Schmid. Struvius. Thiederich. Varus (2).
Jepsheim (Jebshemiensis Alsata), Ipsheimensis, Ippesheimensis), Bz. OElsass, Kr. Colmar.
Birckel. Erichson. Muck. Wolf.
Jettkofen (Jekoffensis Suevus, Jetkoffensis Suevus), württ. Donaukr., OA. Saulgau.
Duelli (2).
Jetze s. Jeetze.
Jever (Jeverâ-Frisius), Oldenburg. Amt.
Focken. Hanneken.
Joachimsthal (Vallis Joachimica-Bohemiae), Böhmen, BzH. Joachimsthal.
Horn.
Jockgrim (Jockgrim), bayr. Rgb. Pfalz, BzA. Germersheim.
Joachim.
Jöhlingen (Jöhlingensis), bad. Kr. Karlsruhe, A. Durlach.
Gilg.

Joinvillier (ex Jovisvilla in Campania, Campanus e loco Joinvillier, Jovivillensis, urbis Joviniaci Campanensis), frz. Dép. Haute-Marne, arr. Wassy.
Boulland. Drouin de Vasois. Lenoir.
Jouhe (ex Jouhe Burgondus), frz. Dép. Jura, arr. Dôle.
Poux.
Jouy-aux-Arches (de Jouy Metensis), Bz. Lothringen, Kr. Metz.
Pierre.
Jovisvilla s. Joinville.
Jugenheim (Jugenhemio-Darmstadinus), hess. Prov. Starkenburg, Kr. Bensheim.
Bangert. Draud. Cramer (2). Wernborner.
Jülich (Juliacensis), pr. Rgb. Aachen, Kr. Jülich.
de Burscheidt. de Frens. Grambusch. Heydendall. ab Hompesch. Ottenthal.
Julino-Pomer. s. Wollin.
Juliomagensis, Juliomogensis Suevus s. Pfullendorf.
Jung-Bunzlau (Boëmus Neo-Boleslaviensis), Böhmen, Kr. Jung-Bunzlau.
Schlechta.
Jussy (de Jussy Metensis), Bz. Lothringen, Kr. Metz.
Bertrand.
Jussey (ex Jussey comitatus Burgundiae), frz. Dép. Haute-Saône, arr. Vesoul.
Annecquin.
Jüterbog (Jüterbocensis Saxo), pr. Rgb. Potsdam, Kr. Jüterbog.
Kühn.
Jütland (Jütlandia Danus, Jutia-Danus), Dänemark, Halbinsel.
Fridsk. Müller.

Kaaden (Boëmo-Caadensis), Bzst. i. nordwestl. Böhmen a. d. Eger.
Koch.
Cabillonensis s. Châlons-sur-Saône.
Cadolzburg (Cadolzburgensis), bayr. Rgb. Mittelfranken, BzA. Fürth.
Zinn.
Cadonviller s. Landonvillers.
Kahla (Cala-Thuringus), S.-Altenburg, Bz. Roda.
Brandorff.
Kaiserslautern (Lutro Caesarea Palatinus, Caesareo-Lutrensis, Lutrea-Palatinus, Luderensis, Lutranus), bayr. Rgb. Pfalz.
Bollich. Brassigny. Fleon. Fliessen. Comentzius. Molitor. Sallin. Seyler.
Kaiserstuhl (Foro-Tyberiensis Helv., Kaiserstuelensis), St. a. Rhein, schwz. Kant. Aargau, Bz. Zurzach.
Mayenfisch. Schauffenbuel. Wurmer.
Kalbe (Calbe in der Altmark, Calbensis Saxo, Calbensis Palaeo-Marchicus), pr. Rgb. Magdeburg, Kr. Kalbe.
Deutschbein. Heidhausen. Palm. Theophilus.
Callipoli s. Gallipoli.
Kallstadt (Callstadiensis), bayr. Rgb. Pfalz, BzA. Neustadt a. H.
Creuzer.
Calmar (Calmaria-Suecus), St. auf dem schwed. Eiland Quarnholmen.
Ernestius.
Kalmis s. Charmoilles.
Kallnach? (Colenbach (?) C. Bern), schwz. Kant. Bern, Bz. Aarberg.
Mormet.
Kaltennordheim (Calten Northeimensis Thuringus), S.-Weimar, Kr. Dermbach.
Ackermann.
Kaltenwesten (Kaltenwestheimens. Wirttembergicus), württ. Neckarkr., OA. Besigheim.
Meerbott.
Calvi (Calviacensis), frz. Insel Corsica.
Gueullette. Laureudeau.
Calvomontanus s. Chaumont.
Calw (Calvensis, Calvensis Württ.), württ. Schwarzwaldkreis, OA. Calw.
Büchsenstein. Ergetzinger. Kürner. Rüelin. Wagner. Walther.
Camberg (Cambergensis), pr. Rgb. Wiesbaden, Untertaunuskreis.
Thollaeus.
Kamenz (Camenz-Lusatus), sächs. KrH. Bautzen.
Reichel. Vithosius. Voit.
Cammerforst (Cammerforstensis Thuringus), pr. Rgb. Erfurt, Kr. Langensalza.
Ludolphus. Wecman.
Campidonensis s. Kempten.
Kandau (Candav. Curonus), russ. Gouv. Curland.
Hollenhagen.
Kandel, Langenkandel (ex Candel Alsata, ex Langen-Candel Alsata), bayr. Rgb. Pfalz, BzA. Germersheim.
Anthon. Knauss. Leuchsenring. Piccot.
Kandern (Candern im Durlachischen, Canderā-March., Candoracensis-Marchicus), bad. Kr. Lörrach, A. Lörrach.
Biggerd. Bischoft. Blum. Hippocephalus.

Candernburgensis.
Kümmich.
Kannawurf (Cannawulffensis Saxo), pr. Rgb. Merseburg, Kr. Eckartsberga.
Besser.
Cannstadt (Canstatta-Wirt., Cantstadiensis, Canstadio-Württ.), württ. Neckarkreis, OA. Cannstadt.
Braun. Caspart. Elvert. Geiger. Heller. Klepfer. Reichenbach. Stierlenz.
Cantherus Suecus.
Bartholdi.
Cap der guten Hoffnung (a Capite Bonae Spei), Cape-Town, Kapstadt, brit. Kapcolonie in Südafrika.
Weidner.
Cap-Haïtien früher Cap français (Americanus ex Cap françois), St. auf der N-Küste der Insel Haïti.
Dugué.
Kapellen (Cappel a. Rhein), pr. Rgb. Coblenz, Ldkr. Coblenz.
Ruetter.
Cappel (Capellensis Lotharingus, Lotharingus ex Cappel), Bz. Lothringen, Kr. Forbach.
Miler.
Kappelisacker (Chabelisacher C. Bern), schwz. Kant. u. Bz. Bern.
Roherer.
Kappeltscha s. La-Chapelle-sous-Chaux.
Carcassonne (Carcassonnensis), frz. Dép. Aude.
Fabre.
Carignan (ex Carignan), frz. Dép. Ardennen.
Genin de Vadelincourt.
Karlsbad (Carolo-Thermensis, Thermo-Carolinus Bohemus), Böhmen.
Gottfriedt. Streissel. Weiss.
Karlskrona (Caroli Coronae Suecus, Carlscron in Schweden), Schweden.
Ferberi. Lundquist. Wiebe.
Karlsruhe (Carlsruha-Badensis, Carolihesychensis, Carolsruhensis), Baden, Hptst. d. Grossh. Baden.
Baer. Bartholmess. Boehm. Creuzbauer. Fellmett. Foeckler (2). Freudenreich. Goering (2). Herbst. Hirschfeld. Hitzig. Leussler. List. Maler. Obermüller. Petersohn. Sachs. Saulins. Scheidler. Schrickel. Schwartz. Schweickhard. Stoesser (2). Stückelberger. Sulzer. Textor. Vierordt. Voit. Wentz. Wix.
Karlstadt (Carolivillanus, Carolopolita), bayr. Rgb. Unterfranken.
Anselm. Höffling. Trenner.
Carniolanus s. Krain.
Carnovia-Silesius s. Jägerndorf.
Kärnthen (Charintiacus).
ab Ernau (2). ab Haslingen. a Manndorf. Moser.
Carnutensis s. Chartres.
Carolihesychensis s. Karlsruhe.
Carolopolita, Carolivillanus s. Karlstadt.
Carolo-Thermensis s. Karlsbad.
Carrickmacross (Ireland Carrickmakross), Irland, Prov. Ulster, Gfsch. Monaghan.
de Reilly.
Kasan (Casaneus), Hptst. d. russ. Gouv. Kasan.
Wyllius.
Kaschau, Kassa (Cassoviâ-Ungarus), Ungarn, Kom. Abauy-Torna.
Szitkey.
Kassel (Cassella-Hassus, Hasso-Cassellanus, Catto-Cassiliensis, Cattus), pr. Prov. Hessen-Nassau.
Beckmann. Boeltge. Boclonius. Bourdon. Bucher. Buch. Cuhno. Curtzius. Dalwig. Deinhard. Doler. Duising. Frölich. Geyso. Goeddaeus. Hartmann (3). Hein (2). Huber. Joster. Jungmann. Keil. Kinnss. Kobell. Kornmann. Motz. Münchhausen (1). Reinhard. Ries. Ruedter. a Schachten. Scheffer. Schütz. Schwartz. Seitz. Seyboltstorff (2). Stein. Springmeier. Vilmeder. Vultejus. Weigandt. Werner. Womrath.
Cassoviâ-Ungar. s. Kaschau.
Castanetensis s. Kestenholtz.
Kastanienbaum (Castanacensis), schwz. Kant. Luzern oder Kestenholz im UElsass?
Costantzer.
Kastel (Nassoico-Castellanus, Castellensis, Cassellanus prope Moguntiam, Cassellae Moguntinus), hess. Prov. Rheinhessen, Kr. Mainz.
Engelhard. Nichell. Reuter. Schaeffer.
Kastell (e Comitatu Castellensi, Castella-Francus), bayr. Rgb. UFranken, BzA. Gerolzhofen.
Leonhard. Majer.
Castellaun (Castellaun), pr. Rgb. Coblenz, Kr. Simmern.
Maull.
Castellum ad Salinas s. Château-Salins.
Castillionensis, Castellionensis s. Châtillon.
Castres (Castrensis), 3 Orte dieses Namens i. Frankreich (Dép. Tarn, Dép. Gironde, Dép. Aisne).
de Fontenai.

Castromosellanus s. Château-sur-Moselle.
Castrorodulphus s. Châteauroux.
Castrosalinensis s. Château-Salins.
Castrosylvanus Cimbria Danus.
Pauli.
Castrovillanus s. Burgdorf.
Castrum Theodorici (ex castro Theodorici).
Meusnier.
Cathalaunensis s. Châlons.
Catovicensis s. Kettwig.
Cattimelibocensis s. Katzenellenbogen.
Cattus Siliciensis s. Silixen.
Katzenellenbogen (Cattimelibocensis), pr. Rgb. Wiesbaden, Unterlahnkreis.
Grusemann.
Katzenthal (Felisvallensis, Katzenthalensis), Bz. OElsass, Kr. Rappoltsweiler.
Lichtenberger.
Katzenstein (Katzensteinensis Suevus), württ. Jagstkr., OA. Neresheim.
de Raab.
Katzwang (Kazwango-Francus), bayr. Rgb. Mittelfranken, BzA. Schwabach.
Baurithelius. Wolff.
Caub (Cubanus Palatinus), pr. Rgb. Wiesbaden, Kr. Rheingau.
Welcker.
Kaubenheim (Kauchenheimensis), bayr. Rgb. Mittelfranken, BzA. Uffenheim.
Doerbaum.
Kaufbeuern (Kauffbeiro-Algoicus, Kauffburanus), bayr. Rgb. Schwaben, BzA. Kaufbeuern.
Bronnenmüller. Friese. Löschenbrandt. Stehlinger. Wagenseil (2).
Cavapetrensis s. Fels.
Kaysersberg (Caesareomontanus, Caesarimontanus Als., Kaysersberg), Bz. OElsass, Kr. Rappoltsweiler.
Bombard. Boussée. de Broussey. Faller. Geiger. Goudart. Hirsinger. Hüffel. Jaegle. Koch. Meyer.
Keddarter-Hof (Kedartensis), pr. Rgb. Coblenz, Kr. Meisenheim.
Seher.
Kehdingen (Kedingâ-Bremensis), Marschlandschaft i. preuss. Rgb. Stade.
Glaucke.
Kehl (Kehlensis Brisgojus, Kehlanus, ex Fortalitio Kehlensi), bad. Kr. Offenburg, A. Kehl.
Bauer. Bergmann. Gros (2). Handschue. Mayer. v. Michael. Schneidmann (3). Vogt.
Kehmeliensis s. Kemlitz.
Kelbra (Kelbrâ-Rudolstadiensis), pr. Rgb. Merseburg.
Nagler.
Kelsterbach (Moeno-Kelsterbacensis, Kelzerbacensis), hess. Prov. Starkenburg, Kr. Grossgerau.
Strack. Sybel.
Kembs (Gross-) (ex maiori Kembs, ex magna Kembs), Bz. OElsass, Kr. Mülhausen.
Heitz. Lang. Schirmer (2).
Kemlitz (Kehmeliensis), welches? (Kr. Jüterbog?, Kr. Luckau?).
Dieffenbach.
Kemmeringanus s. Hemeringen.
Kemnath (Kemnathensis, Chemnato-Pal.), bayr. Rgb. Oberpfalz, BzA. Kemnath.
Baumann. Stengel.
Kempen (Kempensis), pr. Rheinprovinz, Rgb. Düsseldorf, Kr. Kempen.
Fecher.
Kempenich (de Kempenich), pr. Rgb. Coblenz, Kr. Adenau.
Eltz.
Kempten (Campidonensis, Campidona-Suev., Campidonensis-Algojus, Campodunensis, Kempten, aus dem hochfirstl. Stifft Kempten im Allgäu), bayr. Rgb. Schwaben, BzA. Kempten.
Ast. Braun. Christmann. Daumiller. Fischer. Fretscher. Haeringer. Hiemer (s. Immenstad). König. Mayr. Meeroth. Mellin?. Philgus. Schaeffer (4). Seiff. Stenglin. Yelin. Zeller.
Kenzingen (Kenzingensis Brisgojus, Kentzinganus), bad. Kr. Freiburg, OA. Emmendingen.
Beck. Klingenmeyer. Schwab.
Kernenried (Kernenried C. Bern), schwz. Kant. Bern, Bz. Burgdorf.
Aeberhard.
Kerns (Kernsensis Subsilvan. Helvetus), schwz. Kant. Unterwalden.
Buecher. de Flué.
Kerzenheim (Kertzenhemio-Nassovius), bayr. Rgb. Pfalz, BzA. Kirchheimbolanden.
Brüstenbach. Ritterspacher.
Kesswil (Kessweill aus dem C. Schweitz), schwz. Kant. Thurgau, Kr. Arbon.
Bär. Bähr.
Kestenholtz (Castanetensis, Chatenois en haute (!) Alsace, Köstenholz Als.), Bz. UElsass, Kr. Schlettstadt.
Ballet. Courtot. Gräff.
Kettenheim (Kettenheim. Pal.), hess. Prov. Rheinhessen, Kr. Alzey.
Sinn.
Kettwig (Catovicensis adRoeram), pr. Rgb. Düsseldorf, Kr. Essen, a. d. Ruhr.
Scheid.

Kiel (Chiloniensis, Chilonio-Hols., Kielo-niensis, Chilo-Hols.), pr. Rgb. Schleswig.
Blech. Boëtius. de Debbern (2). Gerlach. Henning. Kohlbladt (2). Moth. Schwers.

Kientzheim (Kientzheimensis, Kiens-hemianus, Ginsheimensis, Küntz-hemianus, Kientzheim Haut Rhin, Koenigsheimensis), Bz. OElsass, Kr. Rappoltsweiler, oder Kinzheim, Bz. UElsass, Kr. Schlettstadt.
de Bois. Gautier. Burger. Chauffour (2). Fries. Fritsch. Fronhoffer (3). Koehler. Scheffmacher. Specht.

Kieritzsch (Kyritz. Misn., deKiritz), sächs. KrH. Leipzig, AH. Borna.
Costel. Weiman.

Kieselbronn (Kisselbrunnensis), bad. Kr. Karlsruhe, A. Pforzheim.
Franck.

Kijew (Kiowiensis), Hptst. des russ. Gouv. Kijew.
Kolossowsky (2).

Kindenheim (Kindenheimensis Palat.), bayr. Rgb. Pfalz, BzA. Frankenthal.
de Muehlen. Schreiner.

Kindringensis s. Köndringen.

Kintzheim s. Kientzheim.

Kiowiensis s. Kijew.

Kippelbach (Kippenbach), pr. Rgb. Kassel, Kr. Hersfeld.
Oberle.

Kippenheim (Kippenheimensis Brisg., Kyppenheimensis), bad. Kr. Freiburg, A. Ettenheim.
Rentz. Stainle. Thetoricus.

Kirburg (Kirburg. Nassov.), pr. Rgb. Wiesbaden, Oberwesterwaldkr.
Bausch. Kreppel.

Kirchahorn (Kirchahorn), bayr. Rgb. Oberfranken, BzA. Pegnitz.
Schorr dict. Drolberger.

Kirchberg a. d. Jagst, (Kirchberga-Hoen-loicus, Kirchenberg. Francus, Kirchberg a. d. Jagst im Hoenlohischen), württ. Jagstkr., OA. Gerabronn.
Kneller. Koch. Kröller. Wibel.

Kirchberg (Kilchberganus, Kirchbergensis, Kirbergensis), welches?
Bürcker. Hoehler. Corner.

Kirchberg a. d. Iller (Kirchbergensis Suevus), württ. Donaukr., OA Biberach.
Mertz. Zaengerle.

Kirchberg (Kirchberg Gfsch. Toggenburg), schwz. Kant. St. Gallen, Bz. Alttoggenburg.
Schönenberger.

Kirchdorf (Kirchdorfensis Algoius), bayr. Rgb. Schwaben, BzA. Mindelheim.
Betrich.

Kirchen (Kirchensis Marchicus), bad. Kr. u. A. Lörrach.
Agricola.

Kirchhain (Kirchheyna-Hassus), pr. Rgb. Kassel, Kr. Kirchhain.
Nasemann.

Kirchheilingen (Kirchheilingâ-Thuring.), pr. Rgb. Erfurt, Kr. Langensalza.
Walther.

Kirchheim (Kirchheimensis), welches?
Giesen. Schmidt. Seitz. Wägner.

Kirchheim (Kirchheim. Wirt.), welches?
Eisselen. Haecker.

Kirchheim-Bolanden (Kircheimensis Nassoicus, Kirchheim-Boll., Kirchemio-Palat.), bayr. Rgb. Pfalz, BzA. Kirchheim-B.
Graeser. Grizen. Lucius. Scheffer. de Savigny. Stuber.

Kirchheim unter Teck (Kircho-Teccensis, Kirchhemiensis ad Teccam), württemberg. Donaukr., OA. Kirchheim u. T.
Colmer. Cuon. Duvernoy. Gros. Jaeger. Meier. Osiander. Pfleiderer. Schenck. Schmidt. Waltz.

Kirchtimke (Kirchtimcke Hzgt. Bremen), pr. Rgb. Stade, Kr. Zeven.
Uffelmann.

Kirn (Kirnensis, Kyrnensis, Kirnensis Palat., Kyrnensis Hunnus, Kyrnensis Mosellanus, Kyrnensis ad Navam), pr. Rgb. Coblenz, Kr. Kirn.
Conradi. Creutzer (2). Diether. Dyster. Faber. Imhoff. Jungk. Kub. Lernur. a Luttringhausen. Pausch. Rheinlaender. Schad. Schmidt. Simon (2). Sine.

Kirschweiler (Kirschvillanus), oldenburg. Fürstent. Birkenfeld, Brgm. Oberstein.
Sutorius.

Kirweiler (Kirrovillanus), welches? (Bz. UElsass, Kr. Zabern, oder Bz. Lothringen, Kr. Forbach?).
Bader. Neubeck.

Kirtorf (Kyrtorffensis Hassus, Kirtorff Darmstadinus), hess. Prov. Oberhessen, Kr. Alsfeld.
Dietrich. Plantz.

Kisschelckensis s. Kleinschelken.

Kisselbrunnensis s. Kieselbronn.

Kissenckino-Transylv. s. Kleinschenck.

Kisslau (Kislach), bad. Kr. Bruchsal.
Lehn.

Kisslegg (Kisleggensis Algoicus, Kislegg im Algey), württ. Donaukr., OA. Wangen.
Geist. Mayer. Strobel. a Schellenberg.
Kitzingen oder Kissingen (Kittingensis-Francus, Kittinga-Fr., Kitzingensis), bayr. Rgb. UFranken.
Assum. Eyselius. Gelchsheimer. Gredt (2). Hertlein. Hochstater. Keferlohr. Lipsius. Müller. Röthlein. Sack. Ziegler.
Klagenfurt (Claudiforanus-Carinth., Clagenfurtensis), Kärnthen.
de Aicholt. de Galler. Zusner (2).
Clausthal (Clausthal. Saxo), pr. Rgb. Hildesheim, Kr. Zellerfeld.
Dellestett. Lundinn. Volswerts.
Claustrogrüningensis s. Kloster-Gröningen.
Clavenensis s. Chiavenna.
Kleeburg (Cleeburg, Kleeburg), Bz. U-Elsass, Kr. Weissenburg.
Brisset. Fleyschbein. Ostertag.
Kleindietwiel (Kleinen dietwill obern Freienamts), schwz. Kant. Bern, Bz. Aarwangen.
Meyer.
Cleinich (Cleinichiensis), pr. Rgb. Trier, Kr. Berncastel.
Beuerlin.
Kleinschelken, Kis-Selyk (Kissehelckensis Transylv.), ung. Kom. Grosskockelburg, Bz. Bólyaberethalom.
Eyberstorff.
Kleinschenk, Kis-Sink (Kissenckino-Transylv., Kischenkensis-Transylv., Klein Schenckinus-Transylv.), Ungarn, Kom. Grosskockelburg, Bz. Szent-Agota.
Roth (2). Tutius.
Kleinschmalkalden (Kleinschmalkalden), welches? (pr. Rgb. Kassel oder S.-Coburg-Gotha?).
Reich.
Klengen (Clengnensis), bad. Kr. Villingen, A. Villingen.
Senn.
Clesentennensis.
George.
Clettenberg (Klettenbergensis), pr. Rgb. Erfurt, Kr. Nordhausen.
Seiffart.
Klettgau (Klettgowensis), ehemal. Landgrafschaft, zwischen Rhein u. Wutach, heute teils zu Baden (Kr. Waldshut), teils zum schwz. Kanton Schaffhausen gehörig.
Wepfer.
Cleve (Cliviensis, Clivensis, Clivus, Clivopolitanus), pr. Rgb. Düsseldorf, Kr. Cleve.
a Diest. de Forell. Gezelschap. Janssen. Keller. a Knippenberg. de Schilder. Stosch. Ulrich. de Wachtendonck et Germensel. Welters. de Wylich. Wennckers.
Clévecy (ex Clevecy dioec. S. Deodati).
Houssemond (s. St. Dié).
Klingelbach (Klingelbaco-Hassus), pr. Rgb. Wiesbaden, Untertaunuskr.
Koerner.
Klingenmünster (Clingen-Monasteriensis, Klingenmünster Palat.), bayr. Rgb. Pfalz, BzA. Bergzabern.
Guerdan (2). Zipff.
Klingnau (Clingnov.), schwz. Kant. Aargau, Bz. Zurzach.
Schleiniger.
Clivopolitanus s. Cleve.
Clöden (Clödensis-Saxo), pr. Rgb. Merseburg, Kr. Schweinitz.
Furmann.
Kloppenheim (Kloppenheim. Nassov.), pr. Rgb. u. Kr. Wiesbaden.
Scherpff.
Kloster-Gröningen (Gröningen, Claustrogrüninga-Halberstat.), pr. Rgb. Magdeburg, Kr. Oschersleben.
Balhorn.
Closterhaimbacensis prope Landavium.
Avril. Koch.
Clotten (Clottensis Trevirensis), pr. Rgb. Coblenz, Kr. Cochem.
Antoni.
Knielingen (Knilingensis), bad. Kr. Karlsruhe, A. Karlsruhe.
Haisch.
Knittlingen (Knittlinga-Wirtembergicus), württ. Neckarkr., OA. Maulbronn.
Dillenius. Koenig. Roller.
Knonau (Knonau C. Zürich), schwz. Kant. Zürich, Bz. Affoltern.
Frick.
Knöringen (Knöringensis Alsata), Bz. OElsass, Kr. Mülhausen.
Münck.
Kobersdorf (Kobberstorff. Hungarus, Koberstorfensis Hungarus), ungar. Kom., Bz. u. Gbz. Oedenburg.
Gartner. Pallisch.
Kobershain (Kobershaynensis), pr. Rgb. Merseburg, Kr. Torgau.
Hähnel.
Coblenz (Confluus, Confluendinus, Confluentinus, Coblentz), pr. Rheinpvov.
de Boom. Coll. Ehard. Foelix. Grauert. Hack. Heuffs. Högg.

v. Kerpen (2). Marfels. Mietz. Mümbster. Schneider. Seidenbourg. Speicher. Staub. Staudacher. Trousson.
Koburg (Coburgensis, Coburgô-Franco, Coburgensis Francus), Hptst. des Hzgt. S.-Coburg-Gotha.
Amling (2). Born. Breutheupt. Büner. Büttner. Caroli. Doppo. Dümblin. Eichler. Faber. Fraunholz. Frommann. Hauck (2). Hebener. Hönn. Hübner (2). Körner. Mack. Meyfeld. Omeis. Pfeiffer. Popp. Rebhan. Schelhase. Schmittwintter. Schmid. Schmidt. Schmitz. Schultes. Schwartzkopf. Schwartzloss. Schwertelius. Seelmann. Solger. Stullein. Weissensee. Wilckius. Wöhner.
Cochem (Cochemio-Trevirensis), pr. Rgb. Coblenz, Kr. Cochem.
Reiff (Reiss?).
Kochen (Kochenensis), württ. Jagstkr., OA. Aalen.
Schöne.
Kochendorf (Kochendorffensis), württ. Neckarkr., OA. Neckarsulm.
Schroepff. Sicherer.
Kocherstetten (Cocherstettensis), württ. Jagstkr., OA. Künzelsau.
Sartorius.
Koenigsheimensis s. Kientzheim.
Coesfeld (Coesfeldiâ Guestphal.), pr. Rgb. Münster, Kr. Coesfeld.
Vayedes.
Kogenheim (Kogenhemensis), Bz. UElsass, Kr. Erstein.
Metz.
Coinches (Coinche Lotharing.), frz. Dép. Vosges, arr. St. Dié.
Maimbourg.
Coiviller (Covilla-Westr.), frz. Dép. Meurthe.
Strom.
Colberg (Colbergâ-Pomeranus), pr. Rgb. Cöslin, Kr. Colberg.
Engver. Frisius. Gutzmer. Hanov. Heidemann (2). Henningi. Jaschius. (2). Kundenreich. Lang. Poltzgenhagen (2).
Kolbingen (Colbingensis Suevus), württ. Schwarzwaldkr., OA. Tuttlingen.
Buel.
Colditz (Coldicensis Misn., Boëmus Choldicensis), sächs. KrH. Leipzig, AH. Grimma.
Carpzovius. Felgenhauer. Malek. Willius.
Colenbach s. Kallnach.
Colmberg (Colmberg. Francus), bayr. Rgb. Mittelfranken, BzA. Ansbach.
Cöler (2).
Cölln a. d. Spree s. Berlin.
Colmar (Colmariensis, Colmaria-Alsatus), Bz. OElsass, Kr. Colmar.
Adam (2). d'Aigrefeuille. Albert. Antoine. d'Anthes (2). Baccara (3). Bacheberlin. Baer. Baillee. Barth (3). Bartmann. Beck (2). Bentz. Besner (2). Besson. Bich. Biéchy. Binder (2). Birckel (2). Birr (2). de Boisgautier (2). Boug. Bourst (2). Braun. Brendlé. Brucker. Brueder (3). Bruges. Brunet de Lanville. Buob. Burger (2). Caillet. Callot (5). Calmet. de Cambefort. Chauffour (6). Chayron. le Clerc (2). Coudre. du Conte (3). Dagon de Lacontrie. Danzas (2). Debs. Decker. Delort (2). Demouge. Demoulin. Derozier (2). (de) Diederich. Disberger. Divoux. Dounat (Donnat). Dornberger. Dors. Dreux. Drouineau. Duboys. Dupont. Dürninger. Edlinger Eggerlé. de Elvert. de Fayole de Louvigny. le Febure. Fellmann. Feriet. Fiess (2). de Fontaine. Freytag. Gay. Gerard (2). Gloxin (4). Gobel (2). de Gognat. Goeckhlé. Goeckhlin (3). de Golbéry (5). Goll. Gottekien. Graff (2). Guillier. Guyot (3). Hann. Hardee. Haussmann. Haxo. Herr. Hertebrodt. (Hertzog). Hirsinger. Hochstetter (2). Horner (2). Hugeny (2). Hugget. Hürt (3). Husson. Hylle. Jacquot. Joly de Morey. Joner (2). Kastner. Klein (10). Klie. Klimrath (3). de Klinglin. Koenig (2). Krauss. Krauth. Lacroix. Lang. Lanier. Larcher (6). Lasablière (2). Lefebvre (4). Lichtenberger (5). Liechteisen. Loffet (2). Lorentz. Loyson (6). Lung (2). Madamé (3). Malphilatre. Marchal. le Marchant. Mareschal. Marquair. Massigny (3). Mathieu (7). Menoth. Menweeg (2). Metzger (5). Meyer (4). Michelet (3). Mogg (4). Moll. Morel. Müller (5). Münck (2). Nadal (2). Neef. Oberrieder. Pallot. Paradis. Papigny (2). Peirol. Pfeffel (2). Pierre (3). Poirot. Prudhomme. Queffemme (6). Rayber. Reech. Reichstetter (3). Reiset (2). Reubell (3). Richart (5). Rieden (2). Rieger. Riegger. Riquet. de Roque. Rött-

lin (6). Rungs. de Salomon (6). Sandherr (5). Scharlapaur (2). Scheppelin. Scherb. de Schielé. Schirmer (3). Schlick (2). Schmucker. Schneider (6). Schott (3). Schwilgué. Seraffond (2). Seuffert. Siffert. Simon. Simottel (4). Spitz (2). Städel (2). Steffan (3). Stein. Thannberger (2). Thiebaut (2). Thurman. Thürninger. de Tissot. de Türckheim (2). Valentin. Vernier. Villard (2). Vögtlin (2). Voisard. Weber. Weinemmer (4). Wetzel. Wicztzlinus. Wild. Willius (2). Wimpffer. Wixius. Yves (2). Zaiguelius (3). Ziegler.
Köln (Coloniensis, Agrippinas, Ubius, Coloniens. ad Rhenum), pr. Rheinprov.
Becker. Bilstein. Böthen. Bosseler. Brewer. de Büllingen (2). Dahlen. Delboel. Dierna. Doerner. a Dullaeus (2). Dulman. ab Elburgh. Engels. a Falckenberg. Froberg. Haas. Hambloch. Hattingen. Hoefer. Hoven. Jäger. Kneusgen. Kramer (2). Krufft. Kuffler. Lölgenius. Lohkampff. Luttringhausen. May. de Meinerzhagen (2). Merrhem. Meurer. Meyer. Mezger. Mohr. Moll. Müller. Nöthen. Neuman. ab Olmissen. a Phingsthorn. Rechmann. Reen. Roelen. Romswinckell. Serig. Syburg. Viermundt (2). Weber.
Colombes (de Colombe), welches?
Jollinier.
Coloniensis Marchicus s. Berlin.
Kolos? (Coloca-Hungarus), Com. in Ungarn, St. ebenda.
Mészaros.
Comburg (Comburg i. Franckhen, Comburgensis Francus), ehem. reichsunmittelb. Ritterstift i. württ. Jagstkr., OA. Hall.
Rüemensperger. Zorn.
Comivallo-Thuringus.
Heynold.
Commercy (Commercianus, Commercian. Lotharing., Commercianus Tullensis Episcopatus), frz. Dép. Meuse, arr. Commercy.
Braconnot. de Fontaine. Lalment. Lequeux. Poutayne. Vivenot.
Como (Comensis, Como-Milanensis), ital. Prov. Como.
Alteria. Fontana.
Köndringen (Köndringa - Durlacensis, Kindringâ-Marchicus), bad. Kr. Freiburg, A. Emmendingen.
Deimling. Maler. Sander (4).
Conflua urbs s. Conz.
Confluentinus s. Coblenz.
Köngen (in Königen), Schloss i. württ. Jagstkr., OA. Esslingen.
Thumm a Neuburg.
Königheim (Königheimensis ad Tuberam), bad. Kr. Mosbach, A. Tauberbischofsheim.
Hellmuth. Specht.
Königstein a. Taunus (Königstein i. Churmäntzischen), pr. Rgb. Wiesbaden, Obertaunuskreis.
Söhngen.
Königsbach (Königsbacensis), welches? (Baden?, bayr. Rheinpfalz?).
Königsbach (Koenigsbaco-Durlacensis), bad. Kr. Karlsruhe, A. Durlach.
Gockel. Multer.
Königsberg (Regiomontanus), welches?
Garand. Gerth. Gillmeister. Groffey. Mendel. Möller. Wedeke.
Königsberg i. Franken (Regiomontanus-Francus), Sachsen-Coburg, LdrA. Coburg.
Goëllner. Hetzel. Kob. Lang. Nazius. Sartorius.
Königsberg i. d. Neumark (Regiomont. Marchicus Brand., Regismont. Marchicus), pr. Rgb. Frankfurt a. O.
Beyer. Palenius. Streger.
Königsberg in Preussen (Regiomontano-Borussus, Regiomonte-Prussus), pr. Rgb. Königsberg.
Bartsch. Behm. Bormann. Beckher. Derschau (4). Drochstadt. Eychler. Fabritius. Falck. Friess. Frise. Güttig. Henckel. Heydewaldt. Hornestell. Jering. Kersten. Klein. Lagus. Langerfeldt (2). Mantey. Melhorn. Papius. Richter. Romberg. Rothhausen. Schlemüller. Schwartz. Tetsch. Wegner (4). Weier. Wilhelm.
Königsbrück (Regiopontanus-Lus.), sächs. KrH. Bautzen, AH. Kamenz.
Hermann.
Königseggwald (Königseckwaldensis), württ. Donaukr., OA. Saulgau.
Rist. de Staader.
Königssee (Königsseensis Thuringus, Registagno-Thuring.), Schwarzburg-Rudolstadt, a. d. Rinne.
Hartmann.
Königstein (Königstein. Misn.), sächs. KrH. Dresden, AH. Pirna.
Zoepffe.
Conitz (Conitzio-Borussus), pr. Rgb. Marienwerder.
de Vergini.

Constadt (Constadiensis-Siles.), pr. Rgb. Oppeln.
Flottwell.

Konstanz (Constanciensis, Constantiensis Acronianus), bad. Kr. Konstanz, am Bodensee.
de Beroldingen. Bonfeldt. Burckhart. Caesar. Eberlin. Eisenegger. Hammer. Horer. Leiner. Merhart. Opser. Poth. Romer. Schmid. Weltz.

Conz (e regione Trevirensi ex urbe Conflua), pr. Rgb. u. Kr. Trier.
Reis.

Kopenhagen, Kjöbenhavn (Haffniensis, Hafniâ-Danus, Havniensis, Haunia-Danus, Coppenhagen), Hptst. des Kgr. Dänemark, auf der Insel Seeland.
Berger. Brochmand. Burchard. Clausen. Daemen. Dalhusen. Dreessen. Edinger. Faedder. Frisius. Fleischer (2). Haesebert. Harder. Hegerfeldt. Hoier. Holstein. Hopner. Jacobi. Johannis. Lebzelter. Leegardus. Licht. Lund (2). Matthias. Moller. Moltkenius. de Osten. Otter. Plumius. Rhodius. Schow. Scuvenius. Simonis. Snour. Trott. Wilbrecht. Wöldike.

Köppach (Köppacensis Austr.), Oberösterreich, BzH. Vöcklabruck, BzG. Schwannenstadt.
Wider (3).

Cor . . . . Thuringus.
Berg.

Corbach (Corbacensis Waldeccus), Frstt. Waldeck, Kr. Eisenberg.
Butterwegk. Gunther. Lendelbach. v. d. Muglen. Nolden. Schumachers. Speirmann (4). Wilstag. Zimmermann.

Corcyra-Danus s. Korsör.

Kork (Korcka-Hanoicus, von Korck, Corcensis), bad. Kr. Offenburg, A. Kork.
Bassy. Kobelt. Otto (4). Roos.

Kornburg (Cornburgâ-Francus), bayr. Rgb. Mittelfranken, BzA. Schwabach.
Rieter (2).

Corny (Corniensis), Bz. Lothringen, Kr. Metz, a. d. Mosel.
La Lance. Payen.

Coronacensis s. Kronach.

Coronaemontanus s. Cronberg.

Corseaux (Corsaux ditionis Bernensis), schwz. Kant. Waadt, Bz. Vevay.
Forney.

Corsica (Corsicanus), pr. Rgb. Frankfurt a. O., Kr. Oststernberg.
Kayser.

Korsör (Corcyra-Danus), dän. Insel Seeland.
Textor.

Cosel (Silesius ex Cosel), pr. Rgb. u. Kr. Breslau.
Heilbrunn.

Koselau? (Coslebio-Scleswic.), pr. Rgb. Schleswig, Kr. Oldenburg.
Burchardi.

Cöslin (Cöslino-Pomer., Cusslin. Pomer.), pr. Rgb. Cöslin.
Berner. Reineccius. Schweder. Treder.

Köstenholz s. Kestenholz.

Coswig (Coswigâ-Anhaltinus), anhalt. Kr. Zerbst.
Cnuppius.

Köthen (Anhaltino-Cothenensis, Koethen. Servesta), anhalt. Kr. Köthen.
Christian. Jansen.

Courtelary (Courtelary au Val de St. Imier), schwz. Kant. Bern, i. St. Immer-Thal.
Vournard.

Covilla s. Coiviller.

Crailsheim (Creilsheimius, Creilshemiô-Francus, Creilsheim in Marggrafsthum Anspach), württ. Jagstkr., OA. Crailsheim.
Arnschwang. Balbierer. Baumann. Beer (2). Blaufelder. Bumüller. Egenthaler. Fiecht. Geyer. Geyer a Gibelstatt. Hoffmann. Hornberger. Hornung. Kern. Klett. König. Kress. Lehmann. Leius. Mack. Mayer. Priester. Rauck. Schromm. Schumm. Schwartz. Strigel. Veit. Wagner.

Krain (Carniolanus), östr. Kronland.
Schweiger.

Craincourt (Craincourt sur Seille en Lorraine), Bz. Lothringen, Kr. Château-Salins, C. Delme.
Bogu. Voquet.

Crainfeld (Crainfeldensis), hess. Prov. Oberhessen, Kr. Lauterbach.
Vigelius.

Krakau (Cracovia-Polon., in universitate Cracoviensi), östr. Galizien.
Klug. (de Czochron s. Srzódka). Trzcinski.

Krambergensis Suevus.
Lamberger.

Kranichfeld (Granichfeld. Thuring.), S.-Meiningen, Kr. Saalfeld.
Coppius.

Craonensis Lotharing. s. Haudonviller.
Krauchenwies (Krauchenwisio-Suev.), pr. Rgb. u. OA. Sigmaringen.
Lutz.
Krautergersheim (Krautergershemensis), Bz. UElsass, Kr. Erstein.
Ades (Attes). Vetter.
Krauthem (ex Krautem prope Theonisvillam), Luxemburg, Kant. Esch.
Heynen.
Cravant (de Cravant proche Chinon en Touraine), frz. Dép. Indre-et-Loire, arr. Chinon.
Duval.
Crazossiensis Lusatus.
Schwaeer. s. Crossen.
Creglingen (Creglingensis-Francus, Creglingensis-Tuberan.), württ. Jagstkr., OA. Mergentheim.
Engelsüsius. Schmidt. Stibelius.
Créhangia-Westriac. s. Kriechingen.
Kreibitz (Creibiziâ-Lusatus), böhm. BzH. Rumburg, Gbz. Warnsdorf.
Preuer (2).
Creilsheimensis s. Crailsheim.
Cremmen (Cremnensis March.), pr. Rgb. Potsdam, Kr. Osthavelland.
Schmidt.
Crenzacum s. Grenzach.
Creuzburg (Cruciburgo-Thuring., Cruciburgensis), S.-Weimar, VBz. Eisenach.
Hoffrock. Siefart.
Kreuznach (Crucenacensis, Crucenacensis Palatin.), pr. Rgb. Coblenz, Kr. Kreuznach.
Billner. Buhl. Eglinger. Engels. Geneff. Geyer. Gladbach. Koch. Roos. Schneegans. Schönmann. Schrumpff. Speyer. Staudenbauer. Wensinger.
Kreuzwald (Creutzwaldensis), Bz. Lothringen, Kr. Bolchen, C. Busendorf.
Pietton.
Kriechingen (Crichingensis, ex comitatu Crichingensi, Créhangia-Westriacus), Bz. Lothringen, Kr. Bolchen, C. Falkenberg.
Goullon. Stammell. Stutz.
Kriegsfeld (Kriegsfeldt i. d. Pfaltz), bayr. Rgb. Pfalz, BzA. Kirchheimbolanden.
Maurer (2).
Crimnitz (Crimnicensis Misn.), pr. Rgb. Frankfurt, Kr. Calau.
Vattenmiller.
Kristiania (Christianiensis), Hptst. d. Kgr. Norwegen.
Poller.
Croeviranus s. Cröv.
Kronach (Coronacensis e dioec. Bamberg., Coronacensis), bayr. Rgb. Oberfranken, BzA. Kronach.
Lang. Murmann.
Cronberg (Coronaemontanus, Coronaemontanus Wetterav., Cronbergensis), pr. Rgb. u. Kr. Wiesbaden.
Fay. Gauss. Schneider. Westerfeldt. Ziel.
Kronburg (Cronburg. Suevus), bayr. Rgb. Schwaben, BzA. Memmingen.
Doddel.
Kronenberg (ex Palatinatu Coronae), bayr. Rgb. Rheinpfalz, A. Lauterecken.
Fugmann.
Cronenberg (Cronenbergâ-Montanus), pr. Rgb. Düsseldorf, Kr. Mettmann.
ab Otthera.
Cronheim (Cronheimensis Francus), bayr. Rgb. Mittelfranken, BzA. Gunzenhausen.
Boecler.
Kronstadt (Coronâ-Transylvanus), Siebenbürgen.
Francisci (2). Greissingh. Henning. Mylius. Sylvanus. Trausch.
Cronweissenburgensis s. Weissenburg i. Elsass.
Crossen (Crosnâ-Siles.), pr. Rgb. Frankfurt a. O.
Bohlovius. Bojanus. Faber. Hoschkius. Nicaeus. Puchner.
Crossen (Crosnensis), welches?
Boltzman.
Cröv (Croeff, Croeviranus), pr. Rgb. Trier, Kr. Wittlich.
Schneiders.
Crucenacensis s. Kreuznach.
Cruciburgensis s. Creuzburg.
Crumpa (Crumpaviensis Misn.), pr. Rgb. Merseburg, Kr. Querfurt.
Hacke.
Crumstadt (Hasso-Crumstadinus), hess. Prov. Starkenburg, Kr. Gr.-Gerau.
Wittich.
Cubanus Palat. s. Caub.
Cubitensis s. Elbogen.
Kuenheim (Kuhnheimensis), Bz. OElsass, Kr. Colmar, C. Andolsheim.
Aufschlager.
Kulmbach (Culmbaco-Francus, Culmbacensis), bayr. Rgb. Oberfranken, BzA. Kulmbach.
Benckendorff. Blechschmid. Dobenecker. Dorsch. Dressler. Etlinger. Feyerabendt. Frischmann. Frosch (2). Gretschmann. Hartmann. Hoffmann. Horn. Liedvogel. Müller.

Salser. Schwalb (3). Theinlaeus. Tungreau. Wolffart.

Cunelière, Löffeldorf (Cunelierensis prope Belfort, Cunelière en haute Alsace), frz. Territ. Belfort, C. Fontaine.
Monnier.

Küntzhemianus s. Kientzheim.

Künzelsau (Cünzelsaviensis Hoenloicus, Cüntzelsaviensis Hohenloico-Franc.), württ. Jagstkreis, OA. Künzelsau.
Aulber. Baumann (2). Bellaux. Hirsch. Hyso. Kern. Röser.

Kuppenheim (Cuppenheim. Badensis, Kuppenheim. Marchicus), bad. Kr. Baden, A. Rastatt.
Crüger. Herrmann. Schultz. Stainlin.

Küps (von Kütpss aus Franken), bayr. Rgb. Oberfranken, BzA. Kronach.
Mittlacher.

Curbitzia-Lusatus.
Hübner.

Curia Varisc. s. Hof.

Curiensis, welches? (Chur?, Hof?).
Bracinius. Hiob. Küfner. Reythius. s. Chur.

Curland (Curonus, aus Curland, Curo-Livonus, natus in Curlandia s. Livonus).
v. Behr (5). Berntheussel. de Bockum. Blumenthal. v. d. Brincken. de Fircks (2). Fraser. Graeven. ab Hartlauw. v. Holtey. ab Howen. Hypperich. de Korff (3). de Medem. de Oelssen. de Rautenberg. de Sacken. de Sass. a Schoppingk. de Wettberg.

Kürnbach (Kurnbacensis), welches? (bad. Kr. Karlsruhe, BzA. Bretten oder hess. Kr. Wimpfen?).
Weiss.

Kurtatsch (Curtetsch, Curtatsch comit. Tridentini), Tirol, BzH. Bozen, BzG. Kaltern.
Bertholdi.

Kutzenhausen (Kuzenhusa-Als., Cutzenhusanus), Bz. UElsass, Kr. Weissenburg.
Aulber. Bergmann. Mall (5).

Kurzen-Rikenbach (von Kurtzen Rikenbach i. obern Thurgau), schwz. Kant. Thurgau, Bz. Gottlieben.
Olbrecht.

Kusel (Cussellano-Bipont.), bayr. Rheinpfalz, BzA. Kusel.
Glaser. Koch. Schimper.

Küssnacht (Küsnacensis Tigurinus), schwz. Kant. Zürich, Bz. Meilen.
Ebell.

Küstrin (Custrino-March., Custrinensis, Custrino-Neomarch.), pr. Rgb. Frankfurt a. O.
Bruno. Crebs. Fromhold. Koch (Coquus). Rungenhagen. Rössler. Schmid. Stosch. Zieritz.

Kuzenhusanus s. Kutzenhausen.

Kyrnensis s. Kirn.

Laax (Laxensis Griso-Rhaetus), schwz. Kant. Graubünden, Bz. Glenner.
de Montalto.

Labacensis s. Laibach.

Labasse (Labasse Lotharing.).
Poirot.

Labroque s. Vorbruck.

Lachen (Lachensis Helvetus), welches? (Kant. Schwyz? Kant. Appenzell? Kant. Sankt Gallen?).
Diethelm. Steinegger.

Ladbergen (Ladbergen-Tecklenburgens.), pr. Rgb. Münster, Kr. Tecklenburg.
Erpenbeck.

Ladenburg (Ladenburgo-Palatinus, Ladenburgensis), bad. Kr. u. A. Mannheim, am Neckar.
Carius. Reinecker. Rollius.

Lahr (Priscovio-Lahrensis, Lohra-Marchicus, Lohranus, Lahra-Nassovicus, Lahra-Badensis, ex Brisgovia-Lahrensis, Nassoico-Lohranus, von Lahr), bad. Kr. Offenburg, A. Lahr.
Baum. Blum. Deimling (2). Gerhard. Gropper. Caroli. Kesselmeyer. Louis. Marstatt (5). Müller. Scherer. Silberrad. Wid. Willig. Wollenweber.

Lahr, Lohr (Lahrensis, Lohrensis, Lahranus, Lohranus), welches?
Baur. Boch. Fürderer. Griesbach. Maler. Müller (2). Mylius. Pannifex. Storck. Voit. Vulpius. Zanckel.

Laibach (Labacensis Carniolanus), Krain, an der Laibach.
Bochorizhius. Cumprecht. Nöckh. Schlibnigk. Taufrer.

Laichingen (Laichingensis). württ. Donaukreis, OA. Münsingen.
Manngoldt.

Lambach (Lambachio-Noricus), Steiermark, BzH. Bruck a. d. Mur.
Sutorius.

Lambsheim (von Lambsheim), bayr. Rgb. Pfalz, BzA. Frankenthal.
Jost.

Lampertheim (Lampertheimensis), Bz. UElsass, Kr. Strassburg (Ld.).
Barth (3). Diringer. Lobstein. Schmidt.

Landau (Landaviensis, Landavia-Alsatus, Landoensis, Landaugensis. Landau im Elsass), bayr. Rgb. Pfalz.
Adolay. Arnold. Barotzy. Beck. Bentabole (2). Blampain. Blanchard. Bruch. Burggraff (2). Copin (Copia). Deck. Dolhofen (7). Domergue. Dornich (2). Dubois (2). Duclos. Dumont. Eichhorn. Engel. Engelhard. Euler. Eysenmann. Foell. Frölich. Gaupp. George (2). Halbmeyer (3). Herrmann. Hitschler. Jaquinot. Jean. Le Jeune. Jörg. Junior. Keller. Kesselmeyer. Kinsselbach. Klein (2). Knell. Comentzius. Coppensdorff. Lauray. Lederlin. Maux. Mecusson. Menoille. Meel. Mosser. Multz. Notter. Pardiellan. Pauli (2). Ransier. Rebstock. de Regemorte. von der Rennen. Robert. Sartorius. Schattenmann (3). Schefer (3). Schaeffer. Schmauss (2). Schuch (2). Scheid. Schley. Schwab (Suevus). Schoenlaub. Soehne. Steeg. Streicher (2). Thomann. Tinot. Treiber. Treitlinger. Varnhagen. Vidal. Wagner. Weber. Weitz. Wieger. Wilhelm. Willius. Winter. Zweybrücker.
Landdorff s. Landonvillers u. Landorf.
Landeshut (Landeshut. Silesius, Landshutta-Silesius), pr. Rgb. Liegnitz, Kr. ebenda.
Klosius. Crusius.
Landgraben? (Landgraviatus), schwz. Kant. Bern.
Stupffer.
Landonvillers, Landdorff (Landonviller-Lotharing.), Bz. Lothringen, Kreis Metz.
Valentin.
Landorf (Landroff en Lorraine), Bz. Lothringen, Kr. Forbach.
Lewe.
Landsberg a. d. Warthe (Landsberga-Neo-Marchicus), pr. Rgb. Frankfurt a. O., Kr. Landsberg.
Maltz.
Landser (Landsehr, Lanserensis, Landseranus), Bz. OElsass, Kr. Mülhausen.
Deck. Goetzmann (4). Kessler. Kleinclaus. Lahmann (Lochmann?). Payerimhoff. Rieff. Schirmer (2). Schwartz (2). Wendling (3). Widersbach (2). Zeller.
Landshut (Landishutano-Bavarus), bayr. Rgb. Niederbayern, BzA. Landshut.
Buecher. Rapé.
Landshut (Landshut C. Bern), schwz. Kant. Bern, Bz. Fraubrunnen.
Haas.
Landstuhl (Landstuhl), bayr. Rgb. Pfalz. BzA. Homburg.
Würth.
Landwehrhagen (Landwerhagensis Brunswigius), pr. Rgb. Hildesheim, Kr. Münden.
Weidenbach.
Langd, Langatte (Langatte), Bz. Lothringen, Kr. Saarburg.
Finck.
Langen (Langensis Tryquernas Darmstad., Langensis Tryquernate), hess. Provinz Starkenburg, Kr. Gross-Gerau.
Hansius. Strack.
Langenargen (Langenargensis Acronianus), württ. Donaukr., OA. Tettnang, am Bodensee.
Willigmann.
Langenau (Langenaviensis), welches?
Weimar.
Langenbach (Langenbacensis Nassovius), pr. Rgb. Wiesbaden (welches?).
Roth.
Langenburg (Langenburgo-Hoenloicus, Langenburgensis, Langenburgius, Langenburgo-Francus), württ. Jagstkreis, OA. Gerabronn.
Assum. Birndümpfel. Dietzel. Fischer. Haffner. Obermüller. ab Olnhausen. Rüdt. Schreyer.
Langendentzlingen s. Dentzlingen.
Langendiebach (Longedibacensis Ysenburgicus), pr. Rgb. Kassel, Kr. Hanau.
Cochlearius.
Langenfeld (Langenfelda-Francus), bayr. Rgb. Mittelfranken, BzA. Scheinfeld.
Schübel.
Langenfeld (Langenfeldensis), welches?
Unger. s. Lengenfeld.
Langenkandel s. Kandel.
Langensalza (Longo Salissâ Thuringus, Longosalissanus Thuringus, Longosalzensis Thuringus), pr. Rgb. Erfurt, Kr. Langensalza.
Gerlach. Höpffner. Klauwel. Mülhauser. Stiefel. Walther. Weber.
Langenschwalbach (Longo-Schwalbacensis, Macro-Schwalbaco-Hassus, Longaquensis, Macro-Schwalbacensis), pr. Rgb. Wiesbaden, Untertaunuskreis.
Forst. Rau. Rühl.
Langenthal (Langenthal C. Bern), schwz. Kant. Bern, Bz. Aarwangen.
Mummenthaller.

Langewiesen (Langwisa-Thur.), Schwarzburg-Sondershausen, LdrA. Gehren, a. d. Ilm.
Rischius. Schum.

Langgöns (Langengönsa), hess. Prov. Oberhessen, Kr. Giessen.
Leun.

Langnau (Langenaw-Bernas, von Langenau C. Bern), schwz. Kant. Bern, Bz. Signau.
Baum. Bierri.

Langres (Lingonensis), frz. Dép. Haute-Marne, arr. Langres.
de Froideau. Gaucher.

Langstadt (Langstatinus), hess. Prov. Starkenburg, Kr. Dieburg.
Pack.

Lannion (de Lannion en Basse Bretagne), frz. Dép. Côtes-du-Nord, arr. Lannion.
Dumerdy.

Lanserensis s. Land.

Lapidaria via s. Schnierlach.

Largensis s. Largitzen.

Largitzen (Largensis), Bz. OElsass, Kr. Altkirch.
Rayber (s. Colmar).

Laubach i. Württ. (a Laubach), württ. Donaukr., OA. Biberach.
de Woellwarth.

Laubach (Laubacô-Solmejus, Laubacensis, Laubacô - Solmensis, Laubacô-Wetteravus, Comes in Solms-Laubach), hess. Prov. Oberhessen, Kr. Schotten.
Beuthler. Both. Comites (3). Graff. Hager. Henrici. Heus. Hölcker. Jost. Knispel. Metzger. Mylius. Pfeffer. Schaefer. Zimmer.

Lauban (Laubâ-Lusatus), pr. Rgb. Liegnitz, Kr. Lauban.
Albinus. Bartsch (2). Ehrentraut. Geldner. Hoffmann (2). Kirchoff. Kirsten. Coschwitz. Lindner. Meirich. Nossig. Pauli. Peiper. Schwartzbach. Semder. Tielich. Vorberg. Wagener. Walter.

Laucha (Laucha-Thuringus), pr. Rgb. Merseburg, Kr. Querfurt.
Jenisch.

Lauchröden (Lauchröden im Sachsen-Eisenachischen), S.-Weimar, VwBz. Eisenach.
Jericho.

Laudenbach (Laudenbach), welches? (bad. Kr. Mannheim?, oder bayr. Rgb. Unterfranken?).
Magred.

Lauenburg a. d. Elbe (Leobergensis Saxo, Saxo-Leoburgensis, Leoburgo-Saxo), pr. Herzogtum Lauenburg, a. d. Elbe.
Elers. Lotelius. Matfeld. Zobel.

Lauenstein a. d. Loquitz (Lauensteinensis Thuringus), bayr. Rgb. Oberfranken, BzA. Kronach, a. d. Loquitz i. Thüringerwald.
Stauch.

Lauf (Lauffensis Noricus, Lauffâ-Noricus), bayr. Rgb. Mittelfranken, BzA. Hersbruck.
Heerdegen. Hofmann. Schreck. Sichert. Ziegler.

Laufenburg (Lauffenburgô - Rauracus, Lauffâ-Rauracus, Lauffenburgensis), schwz. Kant. Aargau, Bz. Laufenburg.
Baumgartner. Eckart. Hartmann. Cueni. Lindenmeyer. Roh. Scholl.

Laufenselten (Lauffenseldâ-Hassus), pr. Rgb. Wiesbaden, Untertaunuskr.
Lindius.

Lauffen am Neckar (Nicro-Lauffensis, Lauffen am Neckar), württ. Neckarkreis, OA. Besigheim.
Eckhardt. Pfeilsticker.

Lauffen (Lauffen i. Württemberg), welches? (L. am Neckar?, L. i. Schwarzwaldkr., OA. Rottweil?, od. Laufen a. Kocher i. Jagstkreis?, Laufen i. Schwarzwaldkr., OA. Balingen?).
Hochstetter.

Lauffen (von Lauffen), welches?
Günttert.

Laugnalo-Bernensis.
Bierri.

Lauingen (Lauinganus, Lauinganus Palatinus), bayr. Rgb. Schwaben, BzA. Dillingen.
Bejer. Cellarius. Glotzeis (2). Graff. Hilcemer. Merclin (2). Mumprecht. Roth. Zech.

Laupheim (Laupheimensis Suevus), württ. Donaukr., OA. Laupheim.
Vonihr.

Laurentii Zimmerania s. Lorenzenzimmern.

Lausanne (Lausannensis, Lausannâ-Helvetus, Lausanne C. Bern), schwz. Kant. Waadt, a. Genfersee.
d'Apples. Martigner. Martin. Porta. de Rossel de Rochefort. de Saussure. Secretan (3). Struve. Verdeil.

Lauscha (Lauschensis), S.-Meiningen, Kr. Sonneberg.
Widmann.

Lausitz (aus Laussenz?, Lusatus, Gersnus sive Lusatus).
v. Bünau. v. Döbschütz. v. Saxo-

dorff (4). Haas. Hammer. v. Haugwitz. v. Hoberg. v. Klüx. v. Metzrad. v. Minckwitz. v. Nostitz (2). v. Pentzig. v. Polentz. v. Rindfleisch. v. Saltz. Sylvius. v. Uechtritz.

Lauterbach (Lauterbacensis), welches? Bender. Hirschfeld. Specht.

Lauterbach in Sachsen (Lauterbacensis Misnicus), welches? (es giebt 5 dieses Namens in Sachsen). Gebhardi.

Lauterbach (Lauterbaco-Hassus, Lauterbaco-Riedeselius), hess. Prov. Oberhessen, am Vogelsberg. Felsing. Fischer (2). Habicht. Hagelgans. Crafft. List. Stauber.

Lauterbach (Lauterbach-Franco), bayr. Rgb. Mittelfranken, BzA. Rotenburg a. d. Tauber (oder bayr. Rgb. Oberfranken, BzA. Rehau?). Zirckler.

Lauterbach (Lotterbach C. Bern), schwz. Kant. Bern, Bz. Bern. Andries.

Lauterburg (de Lauterburg Spirensis, Lauterburgensis, Lauterburg Als.), Bz. UElsass, Kr. Weissenburg. Albreit. Duval. Heinz. Hemerle. Horrer (3). Lambert (4). Lievre (2). (de) Neubeck (4). Savagnier. Schultz (2). Silberling. Weissenbach. Westercamp. Weizel.

Lauterecken (Lautereccensis, Lautterecká-Palatinus), bayr. Rgb. Pfalz, BzA. Kusel. Liechtenberger. Scheib. Wolters.

Laval (Laval), frz. Dép. Mayenne, arr. Laval. (Lacroix s. Lyon).

Laveline (Lavelinensis Lotharingus), frz. Dép. Vosges, arr. St. Dié. Chevalier.

Laxensis s. Laax.

Laymensis s. Leimen.

Leberau (Leprahensis Als.), Bz. OElsass, Kr. Rappoltsweiler. Brulon.

Leeder (Leeder in Schwaben), bayr. Rgb. Schwaben, BzA. Kaufbeuern. Frueholz.

Legau (Leg. Aug. Palatinus, Lego. Aug. Palat.), bayr. Rgb. Schwaben, Bz. Memmingen. Erythraeus.

Legelshurst (Legelshurst in Hanau-Lichtenberg), bad. pr. Offenburg, A. Kork. Alberti.

Lehe (Lehe an der Weser, Herzogtum Bremen), pr. Rgb. Stade. Hanckes.

Lehr (Löhra Ulmanus), württ. Donaukr., OA. Ulm. Wieland.

Lehrensteinsfeld (Löhrensteinsfeldensis, in Lehren Steinsfeld), württ. Neckarkreis, OA. Weinsberg. Ehrberg. de Schmidberg.

Leimbach (Leimbach-Marchicus), bad. Kr. Freiburg, A. Staufen. Kersten.

Leimen (Leymensis), Bz. OElsass, Kr. Mülhausen. Delers. Rosé. Reich de Reichenstein.

Leimen (ex Laymen in marchionatu Badensi, Laymen-Badensis), bad. Kr. u. A. Heidelberg. Stein.

Leiningen (Leiningensis), welches? (pr. Rgb. Coblenz?, lothr. Kr. Château-Salins?). Klotz. Reuss. Sell.

Leinstetten (Leinstetten), württ. Schwarzwaldkr., OA. Sulz a. N. Gschwind.

Leinsweiler (Leintzweileriensis), bayr. Rheinpfalz, BzA. Landau. Matthias.

Leipa (Böhmisch), von der Böhmischen Leipe, Kr. u. BzAst. i. Böhmen. Czerni.

Leipheim (Leipheimia-Ulmanus, Leipheimensis Suevus), bayr. Rgb. Schwaben, Bz. Günzburg. Boch. Franck. Straub.

Leipzig (Lipsiensis, Lipsiensis Misnicus, Lipsensis, LipsiA-Misnicus), Sachsen. Apel. Barth. Barwasser. Berlich. Bex. Bierling. Bohn. Born (2). Bose (3). Brinckmann. Dicelius. Diettrich. Drochssler. Eichhorn. Frankenstein. Fries. Gabriel. Geier. Grünewald. Gulmann. Hanmann. Harrer. Harttramft. Harnisch. Hebenstreit. Heinrici. Helffrich. Henitz. Hertzog. Hezzer. Ilgen. Ittig (2). Jacobi. John (3). Calmbergk. Carpzov. Kayser. Kersten. Klein (2). Kob. Kober. Kormart. Künne. Löffler. Ludwig. Lyser (2). Majus. Marci (2). Mayer (6). Meyer. Möller. Mühle. Noswitz. Öheim. de Oertel. Pohl. Preibisch. Putscher. Rappold. Rohrscheidt. Rosa. Rösler. Rüder (2). Schacher. Schaeffer. Schar. Schilter. Schuster. Schütz.

de Seelen. Seidell. Spiess. Steger. Stoya. Stürzlingk. Tilemann. Tünzeck. Volckman. Volckmar. Welsch. Winckler (2). Wiprecht. Wirth. Zimmermann.

Leisnig (Lisnicensis Misnicus), sächs. KrH. Leipzig, AH. Döbeln.
Kuntze. Rimpler.

Lembach (Lembacensis), Bz. UElsass, Kr. Weissenburg.
Culmann.

Lembach (Leopolensis in Polonia, Pohlen-Leopolensis), östr. Galizien.
Rasch.

Lemförde (Lemföerde im Hannovrischen), pr. Rgb. Hannover, Kr. Diepholz.
Barth.

Lemgo (Lemgo-Westphal., Lemgoviensis, Lemgovià-Westph.), Lippe-Detmold, A. Brake.
Kayser. Knodtt. Cothmann. Wippermann.

Lendsiedel (Lendsidelensis), württ. Jagstkreis, OA. Gerabronn.
Baur (2). Drechsler.

Lengenfeld im Vogtland (Lengenfelda-Variscus), sächs. KrH. Zwickau, AH. Auerbach.
Kemp. Pezold.

Lengenfeld (Lengenfeldensis Palatinus), bayr. Rgb. Oberpfalz, BzA. Tirschenreuth.
Biner.

Lenkersheim (Lenckershemio-Francus), bayr. Rgb. Mittelfranken, BzA. Uffenheim.
Esper.

Lennep (Lennepâ-Montanus, Lennepensis), pr. Rgb. Düsseldorf, Kr. Lennep.
Becker. Bernsau. Holterhoff. Ramdohr. Roemer. Tuckermann.

Lenzburg (Lentzburgô-Bernas), schwz. Kant. Aargau, Bz. Lenzburg.
Heussler. Müller. Steinbrüchel.

Leobergensis-Saxo, Leoburgo-Saxo s. Lauenburg u. Löwenberg.

Leodiensis s. Lüttich.

Leofanensis s. Leutkirch.

Leolidanus s. Löwenstein.

Leonberg (Leomontano-Wirtembergicus, Leomontanus), württ. Neckarkr., OA. Leonberg.
Carl. Sartor.

Leopolensis s. Lemberg.

Leostadio-Misnicus.
Polus.

Leosteinensis Saxo.
Wirth.

Leprahensis s. Leberau.

Lesno (Leszno-Polonus, Lesnensis-Polonus), pr. Rgb. Marienwerder, Kr. Konitz.
Arnold (2). Buer. Nigrinus.

Lesse (ex Lesseux Lotharingus), Bz. Lothringen, Kr. Château-Salins.
Durain.

Letraye in Lotharingia.
Deslon.

Leucopetraeus s. Weissenfels.

Leutenberg (Leutenbergâ-Thuringus, Leutenbergâ-Thyrigeta, Leutenbergâ-Schwarzburgicus), Schwarzburg-Rudolstadt, LdrA. Rudolstadt.
Cramer. Müller. Satler. Seifart.

Leutendorf (Leuttendorff H.), bayr. Rgb. Oberfranken, BzA. Wunsiedel.
Schaub.

Leutershausen (Leuttershusano-Francus, Leuttersusanus), bayr. Rgb. Mittelfranken, BzA. Ansbach.
Feurel. Wüstendorffer.

Leutkirch (Leutkirchensis, Leofanensis, Leofano-Algojus), württ. Donaukr., OA. Leutkirch.
Agricola. Barth. Heider. Sailer. Schmid. Stoer. Süss. Wagenseil. Weinlin.

Leutschach (Leutschachio-Stirus), Steiermark, BzH. Leibnitz.
Graff.

Leutschau, Löcse (Leutschoviâ-Hungarus, Leutschoviensis, Leutschoviâ-Pannonius), ungar. Kom. Zips.
Busaeus. Gotschj. Hirschhorn. Palatinus.

Leuttendorffensis s. Leutendorf.

Leuttershausen s. Leutershausen.

Leuxeul s. Luxeuil.

Leuzenbronn (Leuzenbrunnensis), bayr. Rgb. Mittelfranken, BzA. Rothenburg a. T.
Hoffmann.

Leuzingen (Leutzigen Gfsch. Büren C. Bern, Leuzingen C. Bern), schwz. Kant. Bern, Bz. Büren.
Oehler. Scheyrer.

Levoncour s. Luffendorf.

Leyden (Lugdunum Batavorum), niederl. Prov. Südholland, a. alt. Rhein.
ab Hoogeveen.

Leymensis s. Leimen.

Libberhusa-Neostadiensis.
Pollmann.

Libenoviensis s. Liebenau.

Lich (Lichensis Wetteravus, Lichâ-Solmejus, Lichensis ad Wedderim), hess. Prov. Oberhessen, Kr. Giessen.
Diel. Ebennauw. Engel. Graeff.

Greiff. Hanenfels (Honfels). Hensel. Kallius. Knorr. Ludovici. Nebel. Sprenger. Tilmann. Vogel. Wagner.
Lichnau (Lichenavensis), pr. Rgb. Marienwerder, Kr. Konitz.
Cammerarius.
Lichtenau (Lichtenauensis, Lichtenaviensis Hanoicus, Lichtenaviâ-Hanoicus), bad. Kr. Offenburg, A. Kehl.
Dietrich. Müller (2). Nesler. Otto. Rapp. Reinhard. Reussner (3). Riehle. Roos. Schulmeister (2). Sigler. Ulrici (2).
Lichtenberg (Lichtenbergensis Hanoïc., Darmstädtisches Oberamt Lichtenberg, Lichtenbergensis-Hassus), Bz. UElsass, Kr. Zabern.
Loegel. Marx. Oppermann. Schwahn. Ulot.
Lichtenberg (Lichtenbergâ-Variscus), bayr. Rgb. Oberfranken, BzA. Naila.
Seidel.
Lichtensteig (Liechtensteigâ-Helvetius, Lichtensteig aus Toggenburg), schwz. Kant. St. Gallen, Bz. Neutoggenburg.
Steger. Wirth.
Lichtenstein (Lichtenst. Misnicus), sächs. KrH. Zwickau, AH. Glauchau.
Nebel.
Lichtenthal (Lichtenthalensis, ex Valle Lucida in Marchionatu Baadensi), bad. Kr. u. A. Baden.
Glyckheer (2).
Liebau (ex Lieben in Niederschlesien), pr. Rgb. Liegnitz.
Strott.
Liebenau in Schlesien (Silesius Liebenoviensis), pr. Rgb. Breslau, Kr. Münsterberg.
Luther de Garbenfeld.
Liebenstein (Liebensteinensis), welches?
Donner.
Liebstadt (Liebstad. Misn.), sächs. KrH. Dresden, AH. Pirna.
Binder. Marggraf.
Liegnitz (Lignitzio-Silesius, Ligio-Siles.), pr. Prov. Schlesien.
Baudisius. Czepke. Dewerdeck. Eberth. Eichorn. Engelhard. Erasmus. Griederich. Hallmann. Heusler. Hölich. Keppler. Knolle. Ludwig. Mackfeld. Schnieber. Sevelenberg. Thebesius (2). Theodorus. Wahrendorff. Wittich.
Liesthal (Helv. Lucivallensis, von Liechstahl C. Basel), schwz. Kant. Baselland.
Bohny. Heinimann. Wetzel.
Liffol-le-Grand (Barisiensis ducatus Lieffoliensis, Liffoliensis ex Barisiensi ducatu), frz. Dép. Vosges (oder Liffol-le-Petit i. frz. Dép. Haute-Marne).
le Brun. Gerardin.
Ligio-Silesius s. Liegnitz.
Lignéville (Lignivillanus ex Lotharingia, ex Lotharingia dioc. Sandeodatensis), frz. Dép. Vosges, arr. Mirecourt.
Pyrot.
Lille, fläm. Ryssel (Insulensis in Flandria, de l'Isle en Flandre, Insulanus Flander.), frz. Dép. Nord.
Berne. du Commun. Guillemet (s. Troyes). Leriche. Roussel.
Limbach (Limbach im Zweybrückischen), bayr. Rgb. Pfalz, BzA. Homburg.
Koch.
Limbach (Limbach Amts Fraubrunnen), schwz. Kant. Bern, Bz. Fraubrunn).
Hepp. Tüscher.
Limburg (Limpurgensis, Limburgensis), welches?
Burckhard. Huppen. Kirschbaum. Knoodt. Ludwig. Möhn. Triach.
Limburg an der Lahn (Limburgensis ad Lahnam, Lahno-Limburgensis, Limburgensis dioc. Trevirensis), pr. Rgb. Wiesbaden, Unterlahnkreis.
Keil. Koempff. Michels. Schoupp.
Limpurg (Limburgensis Francus, ex Comitatu Limburgensi), ehemal. Grafschaft im württ. Jagstkreis.
Fronmüller (s. Mittelfischach). Hauck. de Olnhausen. dns Limpurgi.
Lincensis s. Linz.
Lindau am Bodensee (Lindaviensis, Lindavia-Acronianus, Lindavia-Bodamicus, Lindaugiensis), bayr. Rgb. Schwaben, am Bodensee.
Bartenstein. Bauser. Beuther (3). Deller. Eccolt. Eckhart (2). Enderlin. Fels (3). Fend. Feuerstein. Frauer. Gaupp (2). Gsell. Hager (2). Hebenstreitt. Heider (3). Hermann. Hünling. Hursich. Ilinus. Jacob. Käss (3). Koenig. Lutz. Marbach. Meier. Miller. Müller (6). Oeler (2). Philgus. Portzel (2). Praun. Radius. Rhem. Rinchler. Riesch (3). Rietmann. Rigen. Schnell. Seyfried. Textor. Thoman (2). Weber. Wegelin. Weller. Zeiss.
Lingonensis s. Langres.
Linnich (Linnichio-Juliacensis), pr. Rgb. Aachen, Kr. Jülich.
Mayntz.

Linvillanus s. Lünevillanus.
Linz (Lincensis Austriacus), Oberösterreich.
Auer. Gumpelzheimer. Lichtensteyger. Manner. Meyer. de Ranfftlhoven. Wayss (2).
Linz a. Rhein (Lyncensis ad Rhenum), pr. Rgb. Coblenz, Kr. Neuwied.
Enbaven.
Linz (Lincensis, von Lintz), welches?
Funcke. Minola. Moser. Zimmermann.
Lippa (Lippâ-Bohemus), Mähren, BzA. Holleschau.
Biner. Schramm.
Lippe (Lippiensis - Westphal., Lippiâ-Westph.), Schaumburg-Lippe.
Budaeus. Lippe. Nettebom. Tillhenn. Wilhelm.
Lippstadt (Lipstadio-Westphal.), pr. Rgb. Arnsberg, Kr. Lippstadt.
Martini.
Lipsiensis s. Leipzig.
Liptingen (Liptingensis ex Episcopatu Constantiensi), bad. Kr. Konstanz, A. Stockach.
Gassner.
Lisle s. Isle.
Lisnicensis s. Leisnig.
Lissach (Lysach Canton Bern), schwz. Kant. Bern, Bz. Burgdorf.
Schneider.
Lithauen (Lithuanus), vormals zu Polen, jetzt zu Russland und Preussen gehörig.
de Schroetter.
Littopolitanus s. Stein.
Livland (Livonus, Livino-Russus, ex Livonia), russ. Gouvernement, eine der Ostseeprovinzen.
Abel. ab Albedyll. Bähr. Berens de Rautenfeldt (2). de Berg. Bergmann. de Brockhausen. de Brewern. de Bulmenney. von Dunte (3). Engelhardt. de Fischer. Friedrichs. von Gerngross. Leo. Lindenberg. Liphart. de Loewenwolde. Maneken. von Mengden. Meiners. a Münnich (2). von Pahlen. Paykull. Reutern. de Rosen. Samson. de Stackelberg (3). de Stenbock (2). Strahlborn. von Tiesenhausen. von Üxküll (2). von Vietinghoff (2). Weyer. Wolffenschildt. de Zimmermann.
Lixheim (Lixhemiensis, Lotharing. Lixhemiensis), Bz. Lothringen, Kr. Saarburg.
Elwert. Lallemand (3). Lempfrit.
Liza-Hanoicus.
Schwind.
Löbau (Lobaviâ-Lusatus, Loebaviensis Hexapolitanus), sächs. KrH. Bautzen, AH. Löbau.
Nostwiz. Segniz (2), Winckler. Zeidler.
Lobenstein (Lobensteinensis, Lobensteinâ-Variscus), Reuss j. L., LdrA. Schleiz.
Bauer. Deuerling. Fiedler. Gruner. Hauff (Heuff). Poschart. Schwartz.
Lobith (Lobitho-Clivensis), niederl. Prov. Gelderland, b. Arnheim.
Wynen.
Loburg (Loburg. Saxo), pr. Rgb. Magdeburg, Kr. Jerichow.
Böldicke.
Locarno (Locarnensis), ital. Prov. Novara, Distr. Varallo.
Franzonus.
Loches (de Loches en Touraine), frz. Dép. Indre-et-Loire, arr. Loches.
du Puy.
Löchgau (von Löchgau i. Württ., Löchgoviensis), württ. Neckarkr., OA. Besigheim.
Ditterli. Gassner.
Löchigheimensis.
Imlin.
Le Locle (Le Locle Suisse, Locle dans le Comté de Neufchatel), schwz. Kant. Neufchâtel, Bz. Le Locle.
Huguenin (s. Neufchâtel).
Loebaviensis s. Löbau.
Loerracensis s. Lörrach.
Loetzbeurensis s. Lötzbeuern.
Löffeldorf s. Cunelière.
Lohr (Mogonus-Lohranus), bayr. Rgb. Unterfranken, BzA. Lohr.
Wiskemann.
Lohr (Lohranus Lützelsteinensis), Bz. Lothringen, Kr. Château-Salins.
Hermann.
Lohra (Lhorensis Hassus), pr. Rgb. Kassel, Kr. Marburg.
Rencker (3).
Löhra-Ulmanus s. Lehr.
Lohranus s. Lahr.
Löhrensteinsfeldensis s. Lehrensteinsfeld.
Lommatzsch (Lommaziensis Misnicus, Lommacio-Misn., Lommazschiensis, Lommatzsch-Misnicus), sächs. KrH. Dresden, AH. Meissen.
Assmann. Lossius. Marci. Mathesius. Spiller (2).
London (Londinensis, Anglus Londinensis, de Londres), England.
Desfontaines. Nelson. Perkins. Ramsay. Soley. Vansittart.

Longaquensis s. Langenschwalbach.
Longeville (Longavillanus Lotharingus), welches? (Kr. Metz?, oder frz. Dép. Meuse?).
Colmar.
Longosalissanus s. Langensalza.
Lonnerstadt (Lohnerstattensis Francus), bayr. Rgb. Oberfranken, BzA. Höchstadt a. Aisch.
Fronmüller.
Lorch (von gloster Lorch aus dem Wirtemberger Land), württ. Jagstkr., OA. Welzheim, a. d. Rems.
Greiner.
Lörchingen, Lorquin (Lorgivinensis prope Sarreburgum, Lorquino-Metensis), Bz. Lothringen, Kr. Saarburg.
Draux (Braux?). Celle (5). Collignon (2). de Heille (2). L'Hotte.
Lorenzen (von Sanct Lorenzen im Nassau-Saarbrückischen), Bz. UElsass, Kr. Zabern.
Fischer.
Lorenzenzimmern (ex Laurentii Zimmerania Suevus), württ. Jagstkr., OA. Hall a. K.
Koehler.
Lorette (prieur de Lorette), frz. Dép. Loire.
Baillard.
Lorgivinensis s. Lörchingen.
Lorquino-Metensis s. Lörchingen.
Lorstein.
Furck.
Lörrach (Loerraco Badensis, Loeraco-Durlacensis, Marchico-Loerracensis), bad. Kr. Lörrach, A. Lörrach.
Boegner. Brodhag. Fügner. Gaupp. Herbster. Hoyer. Ihringer. Ludinus. Sonntag. Tonsor. Walz. Zandt.
Lössnig?, Lössnitz? (Lösnicensis Misnicus).
Lehmann.
Losse?, Lossen? (Lossensis).
Kullin.
Lothringen (Lotharingus).
Barrois. Bonavoine. de Chaumont de Mareil. Gerard. Hainglaise. Hasson. Laveline. de Millyet. Rusca (?). Theriet. Thomassin.
Lötzbeuern (Loetzbeura-Sponhem.), pr. Rgb. Coblenz, Kr. Zell a. Mosel.
Brachius.
Löwenberg (Leobergensis Silesius), pr. Rgb. Liegnitz, Kr. Löwenberg, a. Bober.
Fliegel. Gifler. Kreckler.
Löwenberg?, Leonberg? (Leobergensis), welches?
Ratzmann.
Löwenstein i. Württemberg (Leolidano-Suevus), württ. Nackarkr., OA. Weinsberg.
Müller.
Lübbecke (Lübbecke i. Frstt. Minden), pr. Rgb. Minden, Kr. Lübbecke.
Harbrand.
Lübben (Lubbena-Lusatus, Lubenensis Lusatus), pr. Rgb. Frankfurt a. O., Kr. Lübben.
Godofredi. Hoffmann. Springmann. Sturm.
Lübbenau (Lubenavia-Lusatus), pr. Rgb. Frankfurt a. O., Kr. Calau.
Paulinus.
Lübeck (Lübecensis, Lubeca Saxo).
Baleman. Banert. Boekell. Borgehl. Brauer. Brett. Brömse (3). Büneckau (2). de Dassel. Eckhorst. Engenhagen. Erasmi. le Fevre. Finxius. (2). Fischer. Friese. Frost. Gerdes. Gloxin. Grünnwald. Hausmann. Haveland. Carstens (3). Kirchman. Kirchring (2). Klevore. Köler. Cruger. Cruse. Leopold. Lewins. Lipstörp. Lüneburg (2). Mejer. de Mellen (2). ver Mehren. Minus. Müller (2). a Nessen. Nicolai (2). Paarmann. Peters. Petersen. Plonnies. Rauth. Reiche. Reimarus. Ritter (2). Röder. Schinckel. Schmidt. Siricius. Stein. v. Stiten. Stoltenberg. Stolterfoht. Thünemann. Vogel (2). de Warendorp. Wedemhoff (3). Wendt. a Werle. Werlhof. Westken. Wickeden. Wincler.
Lübergensis.
von Bothmer.
Lucensis Misn. s. Luckau.
Lucernensis s. Luzern.
Lucey (Luciensis prope Metas), frz. Dép. Meurthe-et-Moselle, arr. Toul.
Lambert.
Lüchsfeldiacus Steinbacensis.
Herbcke.
Lucida vallis s. Lichtenthal.
Lucivallensis Helv. s. Liesthal.
Luckau (Luc. Misnicus, Luccâ-Misnicus, Luccâ-Lusatus, Luchoviensis Saxo, Lucensis Misn.), pr. Rgb. Frankfurt a. O., oder Luchau i. Sächs., KrH. Dresden.
Heinrici. Honawer. Müller. Neumann. Stülpner.
Lüdenscheid (Lüdenscheidâ-Westphalus, Lüdenscheda-Marcanus), pr. Rgb. Arnsberg, Kr. Altena.
Bercken. Wentelius.

Luderensis s. Kaiserslautern.

Lüdinghausen (Ludinghusio-Westphalus), pr. Rgb. Münster, Kreis Lüdinghausen.
Ringenberg.

Ludoviciana, ex arce s. Fort-Louis.

Ludovicopolitanus s. Ludwigsburg.

Ludres (de Ludre en Lorraine), frz. Dép. Meurthe-et-Moselle, arr. Nancy.
Bastien.

Ludwigsburg (Ludovicoburgensis, Ludovicopolitanus, Ludovicopolus, Ludovico - Burgensis, Ludovicopolitano Wirtemberg., Ludwigsburg i. Württ.), württ. Neckarkreis, OA. Ludwigsburg.
Breyer. Himmelreich. Pichler. Stoll. Wurstner.

Luffendorf, Welschen-Luffendorf, Levoncourt (Levoncour superioris Alsatiae), Bz. OElsass, Kr. Altkirch.
Hubler. Pidot.

Lugano (Luganensis), schwz. Kant. Tessin.
Frasca. Maghettus. Riwa (2).

Lugdunensis s. Lyon.

Lugdunum Bat. s. Leyden.

Lund (Lundensis), schwed. Län Malmöhus.
Fossius.

Lundaviensis s. Kandau.

Lüneburg (Luneburgensis, Lunaeburgensis, Luneburgensis Saxo, Lüneburgicus, aus dem Lüneburgischen), pr. Prov. Hannover.
de Adelepsen. Anderten. Ausfeldt. Backmeister. Behr (2). Behrens. Bertram. Biel. Brasch. Braunschweig. Breiger. de Bülow (2). de Dassel (3). a Dietmersen. Diethmar. Ebeling. Ficke. Grote. Heckenberg. Kalm. Cratzmann. Krolow. a Lafferdes. Lutterloh. a Marenholtz. Martini. Möller. Pfetscheit. Philippi. Schultze. Sithman. Töbing (3). Vasmar. Witzendorff. Wolff.

Lünen (Lünensis Marco-Guestphalus, Lünâ-Westphalus, Lunâ-Marcanus), pr. Rgb. Arnsberg, Ldkr. Dortmund.
Altstedius. Kettering. Moller. Nicolai. Riccius. Rumpaeus. Sachsensche.

Lunéville (Lunevillanus, Linvillanus, ex Lunevilla in Lotharingia, Lunevillae Lotharingus, de Lunéville), frz. Dép. Meurthe-et-Moselle, arr. Lunéville.
Adam. André (2). Aubert. Auvrest. Bastien (?). Bernard. Bernardel. Billecard. Bourguignon (2). Boyé. Bussenne de Bathlement. Chappelier. Chedville. Chenal. Chippel (2). Claudel (Claudet). de Cointoux. Conigliano. Cuny. Curien. Cyfflé. Demaillier (s. de Maillier). Descombes (vgl. Strassburg). Dubois. Dumont. Duvivier. Febvrel (4). Fébué. Ferry. Fromental (vgl. Blamont). Gay (2). George. Georgeat (2). Girardet. Grandmougin. Henry. Hugard. Hurtevin dict. Montauban (2). Jankowitz. Jeandidier (2). Jouglas. Laforgue. Laroche (vgl. Ramberviller). Launay (2). Lazowsky. Lejeune. Lemmeure (Lemmens, Lemineur). de Maillier (2). de Lupée. Malhorty. Marchal. Marchand. Marchis (Murchis). Marlat. Mathis. Maxant. Mengin. Montigny. Nicoll. Noël. Olivier. Parmentier (3). Perin. Pierson. Plassiard. Pronsal. Radès (2). Rainssant. Renaut. Richard. Robert. Roger (5). Rosman (2). Ruyer. Saucerotte (2). Saussay. de Sonnini (Jonnini? 2). Taraillon. Thiriet. Thouvenin. Vautrin. Verlet. de Villers. Zeis.

Lusatus s. Lausitz.

Lüttich, Liège (Leodiensis), belg. Prov. Lüttich.
Berto. Disfarus. George (s. Verviers). de Ramez.

Lutrea-Palatin. s. Kaiserslautern.

Lützelburg (Luzelburgensis), Bz. Lothringen, Kr. Saarburg.
Houdovart.

Lützelflüh (Lützelflüh C. Bern), schwz. Kant. Bern, Bz. Trachselwald.
Locher. Schütz.

Lützelhausen (Lutzelhausensis), Bz. UElsass, Kr. Molsheim.
Krelle.

Lützelstein (Lützelsteinensis Als., Lützelsteinensis), Bz. UElsass, Kreis Zabern.
Berre. Beyer. Faber. Fendrich. Glaser. König. Listemann Lufft (2). Rebstock. Scheffer. Wagner. Werce.

Luxemburg (Luxemburgensis, Belga Luxemburgensis), Grossherzogtum Luxemburg.
Busch. Erntzen. de Camer. Carame. Kirsch. Krieger. Laplume. de Montigny (2). Nicolai. Poncelet. Ruth. Winand. de la Vaulx.

Luxeuil (de Leuxeul en Franche Comté, Luxoviensis), frz. Dép. Haute-Sâone, arr. Lure.
Denicourt. Quassey de Maublan.

Luzern (Lucernensis Helvetus, Lucernensis ex Berona), schwz. Kanton Luzern.
Baumgarten. Gilly. Heffliger. Hertzog. Jost. Keller (2). von Lauffen. Mengis. Pfyffer ab Altishoffen. Pfiffer de Wyher. Ronca. Ruckstuhl (vgl. St. Urban). Salzmann. Scherer. Serenus. Sutter. Uberli. Widmer. Wirz. Zemp.
Lyncensis s. Linz.
Lyon (Lugdunensis), frz. Dép. Rhône.
de Beaussier. Chaine. Crepu. Delattre. Deverdun. Gratto. de Harry. du Cros. Lacroix. Morel. Renuart. Reverdy. Verdun.
Lysach s. Lissach.

Maastricht, Maestricht (Mastricht Belga, Trajectensis ad Mosam, Trajectinus, Mastrecht, Maestricht), niederl. Prov. Limburg.
Haenen. Issac. Potitor. Selle. Simon.
Mabeuge s. Maubeuge.
Mâcon (Matisconensis), frz. Dép. Saône-et-Loire, a. d. Saône.
de la Forest.
Macro-Schwalbacensis s. Langenschwalbach.
Magdala (Magdalâ-Thuringus), S.-Weimar, VwBz. Weimar.
Reinhard.
Magdeburg (Magdeburgensis Saxo, Parthenopolitanus Saxo), pr. Rgb. Magdeburg.
Becker. Blumenleer. Bossert. Brauns. Baumgarten. Frank. Grützmann. Hartmann. Hausmann. Heimbürger. Hoestmann. Hojer. Katte. Katzenberg. Koenig. Künemann. Lentz. Nicolai. v. Plotho. Reinig. Scherer. Schoere. v. d. Schulenburg. Spitznas. v. Syburch. v. Veltheim.
Magnières (ex Magnières in Lotharingia), frz. Dép. Meurthe-et-Moselle, arr. Lunéville.
Brunel. Rozat.
Mahlberg (Mahlberga-Brisgoius, Malbergensis), bad. Kr. Freiburg, A. Ettenheim.
Anthon. Büttner. Fernbach. Krapf.
Mähren (Moraviâ, Moravus).
Bauer. Christlieb. de Rosa. Stubeckh a Königstein (2).
Maiche (ex pago Maiche in Burgundia), frz. Dép. Doubs, arr. Montbéliard.
des Chéral.
Maikammer (Maycammera-Spirensis, Maykameranus Palatinus), bayr. Rgb. Pfalz, BzA. Landau.
Frison. Schmitt. Traiteur. Travella.
Mailand (de Milan, Mediolanensis), Italien.
de Belgiojoso (s. de Lugo und d'Est). Caccini. Carnaghi. de Stoppani.
Mailleroncourt (ex Mailleroncourt Burgundus), frz. Dép. Haute-Saône, arr. Lure.
Laurent.
Mainbernheim (Moenobernensis Francus, Moenobernâ-Francus, Maynbernheimensis), bayr. Rgb. Unterfranken, BzA. Kitzingen.
Führer. Jeger (3). Schober.
Mainhardt (Mainharttensis, Meinhartto-Hoenloicus), württ. Neckarkr., OA. Weinsberg.
Gruber. ab Olnhausen.
Mainz (Mogonus, Moguntinensis, Moguntinus, aus dem Maintzischen, Maguntinus, Mayntz), hess. Prov. Rheinhessen.
Aul. Boost. Bottinger. Buchmann. Burckhartt. Döring. Dilthey. Eckart. Emmerich. Gautier. Gebhard. Gedult de Jungenfeld. Gett. Grimmeisen. Groshans. Hardegen. Hartenkeil. Hertwich. Hessler. Hoegell. v. Hörnigk (2). Jung. Kellebach. de Kleber. Klunckart. de Knobloch. Koehler. Curtius. Lambmann. Langwerth von Simmern (2). von Lasser (3). Lingier. Löwen. de Lub. Lucius. Mertz (2). de Messini. Miehle. Molitor. Montfort. Müssing. Nauheimer. Nebel. Noethig. Nolde. Nun. Oppenheimer. Reutter. Rhodius. Riedl. Rieff. Rodenberger. Rokoch. Röder. Rösser. Schatz. Staudenheimer. de Stern. de Strauss. Tavernier. Urbano. Vogelman. Vorster. Wagner. Wallmenich. Weber (2). Weicker. Wenzell. Wernzinck. Wollstaetter. Wornsmann.
Maizières (Maizières), welches?
Pagny (2). Potot (2).
Malans (Malans in Rhaetia, Malantio-Rhaetus), schwz. Kant. Graubünden, Bz. Unterlandquart.
Boner. v. Salis-Seewis.
Malbergensis s. Mahlberg.
Malbodinus s. Maubeuge.
Malchin (Malchino-Megapolitanus), Mecklenburg-Schwerin, Wend. Kreis.
Fabricius. Luders.

Maleč (Malesicensis Bohemus), Böhmen, BzH. Chotěboř.
Telonius.
Malterdingen (Malterdinga - Marchicus, Malterdingensis, von Malterdingen aus dem Hochbergischen), bad. Kr. Freiburg, A. Emmendingen.
Biermann. Herbst. Rösch.
Malzéville (de Malzeville près Nancy en Lorraine), frz. Dép. Meurthe, arr. Nancy.
Dupont.
Mammern (ex Mammeren Helv.), schwz. Kant. Thurgau, Bz. Steckborn, am Untersee.
Sigwarth.
Mandach (Mandacensis), schwz. Kant. Aargau, Bz. Brugg.
Christ.
Mannheim (Mannheimensis, Manhemensis Palatinus, Mannhemio-Palatinus), bad. Kr. u. A. Mannheim.
Baader. Baud (2). Brunn. Brunow. Cammasse. de Fonterieux. Götz. Gertana. Grodel. Haag. Haumüller de Mühlenthal (2). Jübert. Jundini. de Castell. Kermann. Clossmann. Lamey. Lang. Lefebre. List (2). Moritz. Müller de Wohlheimer. Odenwald. Olivier. de Pachner. Pfanner. Piton. de Reibeld. Salbach. Schmedes. Schnell. Stauss. Stoz. de Sussmann. Tremelius (2). Volckmann. Warings. Weehsung. Weiler. Wenmaring. Wüstner. Zahn.
le Mans (Coenomanensis), frz. Dép. Sarthe, arr. le Mans.
Lefevbre.
Mansfeld (Mansfeldo - Brandenburgicus), pr. Rgb. Potsdam, Kr. Westpriegnitz.
Löhmann.
Mansfeld (Mansfeldensis), pr. Rgb. Merseburg, Mansfelder Gebirgskreis.
Hochschild. Comes in Mansfeld.
Mappach (Mappacensis March.), bad. Kr. u. A. Lörrach.
Heckel.
Marbach (Marpaco - Wurttembergicus), württ. Neckarkr., OA. Marbach.
Hafner. Spoenlin. Steeb (2). Wenzelkubrer. Wunderlich.
Marburg (Marburgensis, Marburgensis Hassus, Marburgâ-Cattus), pr. Rgb. Kassel, Kr. Marburg.
Borellus. Braun. Busch. Daxbach. Goclenius. Hartmann. Hampel. Happel. Hofmann. Hoffmann. Horst. Kirchain. Kleinschmidt. Kobbeus. Lotz. Meisner. Michaelis. Möller. Nebel. Oeste. Pinzierus. Reinigk. Roth. Rudolph. Sartorius. Schragmüller. Vollmar. Wolff. Wormbser (2).
Marcerlbacensis s. Markterlbach.
Marchicus s. Brandenburg u. Mark.
Marckbretta-Francus s. Marktbreit.
Marckolsheim (Marckolshemiensis), Bz. UElsass, Kr. Schlettstadt.
Jägy. Meyer. Oberlin. Seitz (2).
Marcktinersheim s. Markteinersheim.
Margarethen (Margritensis Wilstermarsus), pr. Rgb. Schleswig, Kr. Steinburg, AG. Wilster (i. d. Wilstermarsch).
Leo.
Mariaecastrensis s. Mariastein.
Mariaemontanus s. Marienberg.
Mariae-Insulanus s. Marienwerder.
Mariaevallensis s. Marienthal.
Mariastein (Mariaecastrensis Franco), bayr. Rgb. Mittelfranken, BzA. Eichstätt.
Wollenberger.
Marienberg (Mariaemontano-Misn.), sächs. KrH. Zwickau, AH. Marienberg.
Eberhard.
Marienburg (Marienburgensis Borussus, Mariaeburga-Prussus), pr. Rgb. Danzig, a. d. Nogat.
Gerwin. v. Paulitz. Pfenning.
Marienthal (Mariaevallensis), welches?
Gassenfoydt. Rhodius. Stos.
Marienwerder (S. Mariae-Insulanus), pr. Rgb. Marienwerder.
Dressler.
Marisburgensis s. Meersburg.
Marivaux (de Marvoux), Schl. u. Hof, Bz. Lothringen, Ldkr. Metz, Cant. Vigy.
Meyer.
Mark (Eq. Marchicus, Marchicus), pr. Prov. Brandenburg.
v. Arnim. Berlocher. v. Bredow (2). v. Brunne. v. Burgstorff. Gebhard. v. Klitzing. Misbach. von Schlabbrendorff. v. Thümen. von Vieregge.
Mark (Marcowestphalus, Eq. Marcanus, Marco-Guestphalus), ehem. Grafschaft, jetzt Teil der preuss. Provinz Westfalen.
Freitag. Frencking. Grolmann. Holtzbrinck. Hymmen. Morsaeus. Neuhoff. v. Omphal. v. Voss (3). Wisman.
Mark-Burg-Bernheim s. Burgbernheim.

Markdorf (Marckdorffensis Acronianus, Marckdorffensis Suevus), bad. Kr. Konstanz, A. Ueberlingen.
de Gosser. Merlat (2). Scheffold. Widenma.
Markgröningen (Markgröningensis), württ. Neckarkr., OA. Ludwigsburg.
Eninger.
Markirch (Sanc-Mariensis ad fodinas Lothar., ex fano Stae Mariae ad fodinas, Markirchensis, ex Santa Mariana, St. Marie aux Mines, Sanmariensis), Bz. OElsass, Kr. Rappoltsweiler.
Doyen. Drouel. Dubois. Ferrend. Ficher. Gerardin. Hachette. Jaquemin. Jacquot. Mathias (Mathieu). Munier. Noël. Rheinlaender. Schmid (Stauber s. Strassburg). Titelius.
Marktbiberbacensis s. Biberbach.
Marktbreit (Marcbreitensis Franc., Marckbretta-Fr., Marcobrettâ-Fr., Marckbreita-Fr., Marckbreit im Schwartzenbergischen), bayr. Rgb. Unterfranken, BzA. Kitzingen.
Kummerling. Keyser. Schirmer. Schüttwürfel. Schwab. Stör.
Markteinersheim (Marckteinersheimensis, Marcktinershemio-Francus), bayr. Rgb. Mittelfranken, BzA. Scheinfeld.
Metzel. Ziegler.
Markterlbach (Marcerlbacensis, Marckelbach), bayr. Rgb. Mittelfranken, BzA. Neustadt.
Enckelmann.
Marklissa (Margliss. Lusatus), pr. Rgb. Liegnitz, Kr. Lauban.
Arndt.
Marlaeus s. Marlenheim.
Marle (Marlaeus, Marle en Picardie), frz. Dép. Aisne, arr. Laon.
Bourbier.
Marlenheim (Marlaeus, Marlenhemensis), Bz. UElsass, Kr. Molsheim.
Brosius (3). Moltzbruck. Schneider. Stupffel.
Marmoutier s. Maursmünster.
Marne (Marna-Dithmarsus), pr. Rgb. Schleswig, Kr. Süderdithmarschen.
Knapp. Ram.
Marpacensis s. Marbach.
Marsal (Marsaliensis Lotharingius), Bz. Lothringen, Kr. Château-Salins.
Etienne (2). Geury (Genry).
Marsberg od. Stadtberge (Martismontano-Westphalus, Marsbergensis Westphalus), pr. Rgb. Arnsberg, Kr. Brilon.
Bilstein. Köchling. Schaevenius.
Marthalen (Marthala-Tigurinus), schwz. Kant. Zürich, Bz. Andelfingen.
Toggenburger (2).
Martincourt (ex Martinsburg, Martincuriensis), Schl. u. Hof, Bz. Lothringen, Kr. Château-Salins.
le Vasseur de Veaucourt. de Walcourt (*identisch?*).
Martinszell (Martinszehl), bayr. Rgb. Schwaben, BzA. Kempten.
Weinhardt.
Martisburgensis s. Merseburg.
Martismontanus s. Marsberg.
Marvaux s. Marivaux.
Masfeldiâ-, Marisfeldâ-Hassus.
Hanewacker. Wieber.
Masmünster (Masomonasteriensis, de Massevaux), Bz. OElsass, Kr. Thann.
Anthes. Kuhn.
Masomonasteriensis s. Masmünster.
Massenheim (Massenhemio-Darmstadinus), hess. Prov. Oberhessen, Kr. Vilbel.
Beltzer. Lang (2).
Massevaux s. Masmünster.
Mastricht s. Maastricht.
Matisconensis s. Mâcon.
Mattstetten (de Matstet Schweitz), schwz. Kant. Bern, Bz. Fraubrunnen.
Im.
Matzenheim (Mazopolitanus, Matzenheimensis), Bz. UElsass, Kr. Erstein.
Bechelé (2). Callot. Gerard (3). Jungermann. Kauffmann. Schlegge. Schlosser (3). Thaler. Wilhelm (2).
Maubeuge (Malbodinus, ex Maubeuge, de Mabeuge), frz. Dép. Nord, arr. Maubeuge.
Keck.
Mauidorf C. Zürich.
Hasler.
Maulbronn (Maulbronna-Wirtemberg.), württ. Neckarkr., OA. Maulbronn.
Seubert. Zeeb.
Maulburg (Maulburgo-Marchicus, Maulburgo-Baada-Durlacensis), bad. Kr. Lörrach, A. Schopfheim.
Bohm. Walz (2).
Maurimonasteriensis s. Maursmünster.
Maursmünster (Maurimonasteriensis, Marmoutier), Bz. UElsass, Kr. Zabern.
de Bigot de St. Quentin. Delaurier. Dreher. Kerp. Hügi. Lex.
Maxstadt (Germano-Lotharingus ex Maxstatt), Bz. Lothringen, Kr. Forbach.
Schratzenberger.
Maycammeranus s. Maikammer.
Mayen (Majano-Trevirensis), pr. Rgb. Coblenz, Kr. Mayen.
d'Haussell. Henrio.

Mazopolitanus s. Matzenheim.
Mechenried (Mechenrithensis Francus), bayr. Rgb. Unterfranken, BzA. Hassfurt.
Kürschner.
Meckesheim (Meckesheimensis Palat.), bad. Kr. u. A. Heidelberg.
Petri.
Mecklenburg (Eq. Megapolitanus, Meckelburgicus).
v. Barner. Barss. Eggers. Flügge. v. Getel. Gerdes. Clatten. de Clausenheim. Korfey. Cremon. v. Lewetzow (2). v. Lützow. Maas. Martiensen. Müthel. Negendank (3). v. Oertzen. v. d. Osten. von Perkentin. v. Preen (2). Rassow. Siemerling (2). Svantenius. (v.)Voss. Wahnschaft. Wölpert.
Meddersheim (Meddersheimio - Palatin.), pr. Rgb. Coblenz, Kr. Meisenheim.
Lichtenberger.
Medebach (Medebachio - Westphal.), pr. Rgb. Arnsberg, Kr. Brilon.
Knipschildt.
Medenau (Mednoä-Borussus), pr. Rgb. Königsberg, Kr. Fischhausen.
Nipp.
Mediasch, Medgyes (Mediä-Transylvanus, Mediensis Saxo-Transylv., ex Mediass Saxo-Transylv., Medicensis-Transylv.), ung. siebenbürg. Kom. Gross-Kokel.
Closius. Koch. Leutschafft. Schuler. Zanger.
Medioburgo-Zelandus s. Middelburg.
Medio-Killing s. Mitter-Killing.
Mediolanensis s. Mailand.
Mediomontanus s. Mittelbergheim.
Mediovicensis s. Moyenvic.
Mediovilensis, Mediovilla s. Mittelweier.
Mediovilla-Württ. s. Mittelstadt.
Mednoa-Borussus s. Medenau.
Medow (Medoviensis Pomer.), pr. Rgb. Stettin, Kr. Anklam.
Gerschow.
Medzibor, Mittelwalde (Medzibohr in Schlesien), pr. Rgb. Breslau, Kr. Poln.-Wartenberg.
Hegner.
Meersburg, Mörsburg (Marisburgensis, Marsburgensis Acronianus, de Merspurg, Marisburgensis Acronianus), bad. Kr. Konstanz, A. Ueberlingen.
Bischoff. Enroth. Henzler. Lehle. Übelacker.
Mées (les) (de Mées en Provence), frz. Dép. Basses-Alpes, arr. Digne.
Salvator.
Megabiberacensis s. Gross-Bieberau.
Mega-Buseccanus s. Gross-Buseck.
Mega-Gotter s. Grossengottern.
Megapolitanus s. Mecklenburg.
Megaselirandropago-Misn. s. Grosshartmannsdorf.
Megasommerdanus s. Sömmerda.
Mega-Strelitzensis s. Grossstrehlitz.
Megerkingensis.
Müller.
Megershemio-Franc. s. Obermögersheim.
Meienheim (Meyenheim in superiori Alsatia), Bz. OElsass, Kr. Gebweiler.
Stackler.
Meindorffensis s. Meinsdorf.
Meinerzhagen (Meinertzhagensis Westphalus), pr. Rgb. Arnsberg, Kr. Altena.
Wevee.
Meinhartto-Hoenloicus s. Mainhardt.
Meiningen (Meiningensis, Meinungensis, Meinunga-Hennebergicus, Meinungensis-Francus, Saxo-Meiningensis), Hzgt. S.-Meiningen.
Anthing. Baumbach. Erck. Gesbich. Götz. Grumbach. Heim. Hoffmann. Hübner. Kühner. Linck. Müller. Meiss. Munck. Repsius. Schadaeus. Scharffenberger. Schnee. Schober. Schott. Schröter (2). Trier. Weickhard. Zinck (s. Linck).
Meinsdorf (Meindorffensis), oldenb. Frst. Lübeck, AG. Eutin.
Fietz.
Meisenheim (Meysenhemio-Palat., Meysenheimensis, Majsenheimio-Bipontinus), pr. Rgb. Coblenz, Kr. Meisenheim.
de Botzheim. Deckher. Defsloch. Glaser. Hien. Hoffmann. Holtzberger (2). Kirchner. Kirst. Klick. Marx. Moellenthiel. Pfarrius. Rima. Schaffner (2). Umbscheiden. Welcker. Zölner.
Meissen (Eq. Misnicus, Misniacus, Saxo-Misnicus, Misnensis), sächs. KrH. Dresden.
von Atzendorff. von Berbisdorff. von Bünau. von Einsidel (3). Ermel. Fleischer. von Friesen. Goetz. Haacke. von Helldorf (2). Hund. Jahn. von Kökkeritz. von Kreuz. Land. von Loss. Metzsch. von Miltitz. von Minckwitz. von Oppel. von Osterhausen. von Pflugk. von Poelnitz. von Polentz. Römer. Runge. Schedius. Schneider. von Schönbergk. von Schonfeldt. Schorr. Schwegrichen. von der Schulenburgk. von Starschedel. von Tumbshirn. von Veltheim.

Meistratzheim (Meistrazheimensis), Bz. UElsass, Kr. Erstein.
Riehl.
Melchnau (Melchnauw C. Bern), schwz. Kant. Bern, Bz. Aarwangen.
Schärer.
Meldorf (Meldorpio-Ditmarsus), pr. Rgb. Schleswig, Kr. Süderdithmarschen.
Schele.
Melle (Mella-Osnabrugensis Westphal.), pr. Rgb. Osnabrück, Kr. Melle.
Balcke (s. Osnabrück).
Mellingen (Mellinga-Helvetus), schwz. Kant. Aargau, Bz. Baden.
Hueber.
Melodunensis s. Melun.
Melun (Melodun.), frz. Dép. Seine-et-Marne.
Jacquinot.
Memel (Memelensis Borussus), pr. Rgb. Königsberg, Kr. Memel.
Krohn (2). Scheltz.
Memmingen (Memmingensis, Memminga-Suevus), bayr. Rgb. Schwaben, BzA. Memmingen.
Albert. Baur. Bödenknecht. Bilgram. Brandmüller. Eben. Echholt. Ehrhart (5). Ellmer. Funck (6). Hainzel. Hail. Heiss. Hermann (4). Hommel. Jenisch (4). Kleiber. Koelderer. Cori. Lupin (3). Lochbiller. Mayer (2). Mylius (2). Neuthard (2). Nusche (2). Prummer. Reichhatt. Richard. Rupprecht. Ruoff. Scheler. Scheyfelin. Schmid. Schneyder (s. Ravensburg). Schorer (2). Schuster (3). Schütz. Seyfried. Stehelin (2). Stammler (2). Stebenhaber (2). Stegmann. Sutor. Wachter (2). Zoller.
Mengen (Mengensis Suev.), wütt. Donaukreis, OA. Saulgau.
Bauer. Weber.
Mengeringhausen (Mengeringhusa-Waldeccus), Waldeck, Kr. Twiste.
Leonhardi. Scheffer.
Mengerskirchen (Mengerskirchensis), pr. Rgb. Wiesbaden, Oberlahnkreis.
Strider.
Ménil (Menil in Lotharingia), welches?
Laheurte.
Mensberg, Monsburg (Burgomontanus Lotharus), ehemalige lothringische Herrschaft, heute luxemburgisch.
Procureur.
Mensfelden (Mensfeldensis, Mensfeldio-Trevirensis, Mensfeldensis Nassovius, Müntzfeldensis Nassoicus), pr. Rgb. Wiesbaden, Unterlahnkreis.
Bonhard. Strohm (2). Volcker.
Menteroda (Menterodâ-Thuringus), Sachsen-Coburg-Gotha, LdrA. Gotha.
Trefurt.
Menzingen (Mentzingensis), bad. Kr. Karlsruhe, A. Bretten.
Koch.
Menzingen (Menzinganus C. Zug), schwz. Kant. Zug.
Elsener.
Meppen (Meppena-Westphal.), pr. Rgb. Osnabrück, Kr. Meppen.
Morrien.
Mergentheim (Mergentheimensis Franc.), württemb. Jagstkreis, OA. Mergentheim.
Gavisati. Greis. Pfenning. Roeser. Schrod. Straus (2). Wilhelm.
Mering (Meringensis Bojus), bayr. Rgb. Oberbayern, BzA. Friedberg.
Zech.
Merkendorf (Merckendorffensis Francus), bayr. Rgb. Oberfranken, BzA. Bamberg.
Dürr.
Mermuth (ex Mermuth in Palatinatu inferiori), pr. Rgb. Coblenz, Kr. St. Goar.
Christ.
Merseburg (Martisburgo-Misn., Martisburgensis Misnicus, Martisburgensis, Martisburgensis Misn. Saxo, Mersburgensis Saxo), pr. Prov. Sachsen.
Berger. Buxbaum. Fritzsch. Götz. Hübner. Kemnau. Krelle. Kümmel. Kupffer. Lippold. Mentzel. Rhost (2). Saltzmann.
Merxheim (Merxheimio-Hunnus, Huno-Merxheimensis), pr. Rgb. Coblenz, Kr. Meisenheim.
Burlaeus. Fresenius (2). ab Hunolstein. Schad.
Mesotensis s. Mitau.
Messkirch (Moeskirchensis, Mösskirchensis Suev.), bad. Kr. Konstanz, A. Messkirch.
Baur (2). Becker. Diring. Epplin. Lentz. Mentzinger (2). Rautter. Schanz. Schumacher.
Messomum s. Mouzon.
Messy s. Missy.
Metensis s. Metz.
Mettenh(eim) (Mettenh. Palatinus), hess. Prov. Rheinhessen, Kr. Worms.
Lucius.
Mettmann (Mettmanensis, Mettmann prope Düsseldorf), pr. Rgb. Düsseldorf, Kr. Mettmann.
Reinhold.

Metz (Metensis, de Metz, Gallo-Metensis), Bz. Lothringen.
Alexander. Aubert. Aubertin (2). d'Aubuotin. Bachellius. Bancelin. Bardou du Hamel. Barot. Barte. le Baume. Bauquel. Belianne. Belquienne. Berger. Bertin. Bertrand (4). Besser (2). de Blair. Bodart (2). Bonnard. Bonneau (2). de Borny. Bouchotte. Bourdelot. Boutier. Braconnier. Brandebourg de Leovillée. Bréton. Bruchotte. de Chapouilly. Chandellier. Charpentier. Charuël (2). Chautan. Chazelles. de Chelincourt. de Christal. Ciron. Cointin. (Colchen s. Lubin Colchen). Collin. (de Colmy s. Hollande de Colmy). Colson. de Corberon. Coulle. de Cuvry. Darancy. Daurange. Decoin. Dedon. de Dommartin conte de Fontenay. Delarry. Deutsche. Dubalay. Dubuat. le Duchat (6). Dufresne. Dumenil. Dumoulin. de Dupré. Durand. Durand d'Augny (2). Durand de Crepy. Emmery (3). Evrard (2). Fagnier. Faure de Fayole. Favre. Feriet. Feriet de Mondelange. Ferry. Finot. Fourcault. Fournerie dictus Juville. François. Friarduce. Gabriel. Gand Delarry. Garnier. George. Gerard. Gerardin. Goullet. Germain. Grandejean (2). Grassot. de Grosieux. Gourdain (4). Goussard (2). Guelle. Guyot. Grinsard. Guerrier. Harvier. Havette. Hollande. Hollande de Colmy (2). Hauvy. . de Hayange. Hennequin. de St. Hilaire. Humbert (3). Jacob (s. Aulny). Jacquinot. (la Jeunesse s. Lajeunesse). Jeoffroy. Job. de Julvécourt. de Kellermann. Lacretelle. Ladrague. Lacroix. Lallemand. Lajeunesse (2). Lançon (3). Lasalle. Laquiante. de Laubrussel. Lecoin. Lefebvre (2). Legoullon de Coin. Lepayen. Lepayeur. Lepointe. de Lescure. Lebrun. Lubin Colchen. Malherbe (2). Mallehard d'Hautecourt. Mangin. Mangienne. Marionnel. Maujean. Melard. Mena. (de Menil s. Dumenil). Michelet (2). Midart. Milet (2). Mitallat. de Montigny. Morin de Villeray. Murzac. Nadal. Nasçois. de Navarre. de la Nencais. Nivoy. Noyal. Obelianne. Olry. Pantaleon. Patée (2). Payen. le Payen. Perin (2). Petrement. Picard (2). Plicard. Pierron. de Pimodan de Montreville. Plierue. Polherga. (Pometet s. Poucelet). Potot. Pottier de Mancourt. Poucelet. Poutets. Rabuat. Regnier (4). Remy. du Rivalle. Robert. Roederer (2). Rulland. de Saint Blaise (2). Comes de Saintchallier. de Saint-Jory. Schonecker. Tabouillot. de Tailfumyr (2). Téseur. Thirion (2). Thomas. Thorel. (Tinot s. Finot). Vaillant le Vasteur de Vaucourt de Mandre de Martincourt. Vaudrepol. Vernier. Vignon. Villeroy. de Villons. Volmerange. Woirhaye.

Meursanus s. Mörs.

Meyenheim s. Meienheim.

Meysenheim s. Meisenheim.

Mézières (ex Mezieres), welches?
Botot.

Michelbach (Michelbaco - Hoenloicus), württ. Neckarkr., OA. Brackenheim.
Franck. Schaffner. Schupparth.

Michelfeld (Michlfeldensis Bavarus), welches? (bayr. Rgb. Oberpfalz, BzA. Eschenbach oder bayr. Rgb. Unterfranken, BzA. Kitzingen?).
Hackspann.

Michelstadt (Michelstadiensis, Michelstadiâ Francus, Michelstadia-Ottosylvanus), hess. Prov. Starkenburg, Kr. Erbach.
Heinsius. Kugelmann. Nibel. Nun.

Micro-Pragensis s. Prag.

Middelburg (Medioburgo-Zelandus), niederländische Prov. Zeeland.
Croock.

Miellen (Miehlâ-Nassoicus, Mihla-Nassoicus, Nassovio-Weilburgo-Miehlensis), preuss. Rgb. Wiesbaden, Rheingaukreis.
Eschenauer. Kayser. Nemenich. Schuch.

Mies? am Bodensee.
Leibach.

Mies (gebürtig von der Miess), welches?
Hendl.

Mietersholz s. Müttersholz.

Mietesheim (Mietersheimensis Westriacus, Mietesheim., Mietesheimens.-Westr.), Bz. UElsass, Kr. Hagenau.
Hoffmann. Heinoldi. Rosenstiel (2).

Milan s. Mailand.

Militsch (Milicio-Silesius), pr. Rgb. Breslau, Kr. Militsch.
Dubelius.

Milspach (Milspacensis Suevus).
Brigelius.

Minden (Mindanus, Mindâ-Westphalus), phalus), pr. Rgb. Minden.
Borries (2). Brinckmann. Ernesti. Clapmejer. Münter. Pestell. Rismeyer. Rühle. Sack (2). Siegmann. Torkenius.
Minfeld (Münfeldensis-Palatinus, Minfeldensis, Minnfeldensis Alsatiae infer.), bayr. Rgb. Pfalz, BzA. Germersheim.
Klein. Kruel. Mehlem. de Wimpffen.
Mingolsheim (Mingolsheim), bad. Kr. Karlsruhe, A. Bruchsal.
Schanzenbach.
Minsterensis s. Münster.
Minwersheim (Minvershemio-Alsata), Bz. UElsass, Kr. Strassburg.
Burg.
Mirabel (Mirabellensis), frz. Dép. Tarn-et-Garonne.
Dutrepis.
Mirecourt (Mirecurianus), frz. Dép. Vosges, arr. Mirecourt.
Jacquemin. Collin. Orsett. Renaud.
Misen (Musnâ-Transylvanus), ung. Kom. Trencsin, Bz. Illava.
Siffdius. Sturm. Zeckel.
Misnicus, Misnensis s. Meissen.
Missy (Messy balliage de Payerne C. Bern), schwz. Kant. Waadt, Bz. Payern.
Thêvot.
Mistelbach (Mistlbacensis Austr.), niederöstr. BzH., a. d. Zaya.
Hoffmann.
Mitau (Mitavia-Curonus, Mitaviâ-Curlandus, Mesoten. Curlandus), russ. Gouv. Kurland.
Fehrmann. Liebstein. Marggraff. Medem. Ring. Ziegenhorn.
Mitlechtern (Mitlerleich. Palatinus), hess. Prov. Starkenburg, Kr. Heppenheim.
Brunner.
Mittelbergheim (Mittelbergensis, Mittelberghemens. Alsata, Mediomontanus), Bz. UElsass, Kr. Schlettstadt.
Boeckel. Keiser. Kien. Matthaeus (3).
Mittelfischach (Lympurg. a Mittelvischach), württ. Jagstkr., OA. Gaildorf.
Fronmüller.
Mittelhausen (Mittelhusa-Hanoicus, Mittelhusensis Alsata), Bz. UElsass, Kr. Strassburg.
Flach. Haslauer. Sattler.
Mittelheim (Mittelheimensis), pr. Rgb. Wiesbaden, Rheingaukr.
Trapp.
Mittelstadt (Mediovilla Würtembergicus), württ. Schwarzwaldkr., OA. Urach.
Kneyl.
Mittelwalde s. Medzibor.
Mittelweier (Mediovilensis, Mediovillâ-Als., Mediovilla-Württemberg.), Bz. OElsass, Kr. Rappoltsweiler.
Le Clerc de Xaurey. Binder. Faudel. Greiner. Kneyl. Odile.
Mittelweierburg (in Mittelweyerburg), östr. Tirol, BzA. Bregenz.
v. Deuring.
Mitterberg (Mitterbergensis), Oesterreich (4 Ortschaften dieses Namens).
Gruber.
Mitter-Killing (de Medio Killing), Niederösterreich, BzA. Herzogenburg.
Möslinger.
Mittweida (Mittweidano-Misn.), sächs. KrH. Leipzig, AH. Rochlitz.
Stecher.
Modau (Nieder-) (Darmstadino-Modaviensis), hess. Prov. Starkenburg, Kr. Dieburg.
Saalfeld.
Modena (Mutinensis), ital. Prov. Modena, Region Emilia.
Maini.
Modra (Modra-Ungarus, Modrensis Hungarus), ung. Kom. Zemplin, Bz. Homona.
Schreiber. Veöreös.
Moenobernensis s. Mainbernheim.
Moerchingensis s. Möhringen.
Moerspurgensis s. Mörsperg.
Moeskirchensis s. Messkirch.
Moffans (ex Moffans Burgundus), frz. Dép. Haute-Saône, arr. Lure.
Racenet.
Mogonus, Moguntinus s. Mainz.
Moguntinobreitenworbianus s. Breitenworbis.
Möhringen (Mörchinga-Francus, Morchingensis, Moerchingensis), württ. Neckarkreis, OA. Stuttgart.
de Berlichingen. von Hoyos. Keller. Klauhold. Pistorius.
Möhringen (Möhringen Esslingischer Herrschaft), württ. Donaukr., OA. Riedlingen.
Ulmer.
Molsheim (Molshemio-Als., Molshemensis), Bz. UElsass, Kr. Molsheim.
Anstell (Anstete). Audran (2). Auger. Baehr (2). Baur. Belling. Bürck. Dauphiné. Fischer. Foccart (Fouart) (3). Friesenhausen. Fritsch. a Gaill. Gaspari. Glyckherr. Grau. ab Hasselt. Herdingh. Herrschillet. Huber. Jenner. Kastner. Koenig. Leuffer. Mannier. Messinger. Müller. Oberlin. Payen. Raesler. Renard.

Roettel. Sarbourg. Scheir. Scheitel. Schneider. Schweisguth. Simonnaire. Spahn. Stuhlen (4). Streicher (3). Troxel. Vetter. Weidmann. Weinemmer. Westermann. Willem. Woog (3).

Mommenheim (Mumenheimensis, Mommenheimensis), Bz. UElsass, Kr. Strassburg (Ld.).
Hudt. Risch.

Mommenheim (Mommenhemio-Palatinus), hess. Prov. Rheinhessen, Kr. Oppenheim.
Thiels.

Mömpelgard s. Montbéliard.

Monacensis, Monachiensis s. München.

Monachomontanus s. Münchberg.

Monachovilla s. Münchsweiler.

Monachrodianus s. Mönchröden.

Monasteriensis s. Münster.

Monbalan (Monbellanus), frz. Dép. Lot-et-Garonne, arr. Agen.
Rousselot.

Mönchberg (Mönchbergensis Francus), bayr. Rgb. Unterfranken, BzA. Obernburg.
Heidner. s. Münchberg.

Mönchröden (Monachrodianus), S.-Coburg, LdrA. Coburg.
de Schell.

Mondingensis s. Mundingen.

Monheim (Monheimensis), welches? (pr. Rheinprov., Rgb. Köln, Kr. Bergheim oder bayr. Rgb. Schwaben, BzA. Donauwörth?).
Gesell.

Mons Sti Justini s. Saint-Justin.

Monsburg s. Mensberg.

Monsheim (Monsheimensis, Monshemio-Palat.), hess. Prov. Rheinhessen, Kr. Worms.
Rodrian (2).

Monsterbergensis s. Münsterberg.

Montargis (Argimont. Gallus), frz. Dép. Loiret, arr. Montargis.
Bonin.

Montbéliard, Mömpelgard (Montisbelgardensis, Montbelgardensis, Mombelgardensis, Mümpelgard), frz. Dép. Doubs, arr. Montbéliard.
Badot. des Bares. Belot. Bequillard. Berdot (4). Berger. Bernard. Beurlin. Beurnier (4). Binninger (2). Bitot. Blanchot (2). Bockshammer. Boissard. Bonzen. Bouthenot (3). Brisechoux (2). Calvaeus (2). Charriere. Le Conte (3). Cuvier. Dermineur. Dieny. Dionysius. Dubois. Dupuy. Duvernoy (12). Essich. Ferrand (2). Forstner. Fries. Fullosus. Georgius. Goquel (8). de Goll. Grammont. Grangier. Gropp. Jarumaire. Jeaumaire. Klöpffel. Knoll. Laude. Marconnet. Masson. Mauricque. Megnin (2). Menoth. Meyer (3). Morel (3). Nardin (3). Nigrinus. Oswald. Paillet. Parrot. Peletier. Perdrix (5). Perreon. Perhin. Ponnier (3). Raisin. Richard. Rossel (4). Sahler (2). Schmidt. Stofflius. Surleau (2). Talffard. (de) Thevenot (5). de Thielle. Titot (2). Tuefferd (2). Vallet des Bares (2). Vernerus. Vessalius. Veuillemenot (2). Virot (2). Vollmar (2). Wild (2). Waldtorff. Wolff. Zenger. Zehentmayer.

Mont-Cauvaire (Montiscalerii), frz. Dép. Seine-Infér., arr. Rouen.
Crivelli.

Mont-Dauphin (Mont Dauphin en Dauphiné dioc. d'Embrun), frz. Dép. Hautes-Alpes, arr. Embrun.
Lasalle.

Monte-Tabernensis s. Bergzabern.

Montfaucon (Montefalconis), welches?
Debanné.

Montensi, ex ducatu s. Berg.

Montigny (ex Montigny Lotharingus), Bz. Lothringen, Ldkr. Metz.
Marchal.

Montiscalerii s. Mont-Cauvaire.

Montpellier (Montispessulanus), frz. Dép. Hérault, arr. Montpellier.
Perressue.

Montreux s. Altmünsterol.

Monturanus Lotharingus.
Vaillant.

Monzingen (Montzingen in der Pfalz), pr. Rgb. Coblenz, Kreis Kreuznach.
Anspach.

Moraniensis s. Mörchingen.

Moranviller (ex Moranville, ex Castro Moranvillensi), ausgegangener Ort in Lothringen, arr. Nancy.
Clesse.

Moratensis s. Murten.

Moravia s. Mähren.

Morbellanus?
Storchfelt (?).

Mörchingen, Morhange (Moraniensis in Lotharingia, Morhanensis, ex Morhangia Lotharingiae, Merchingen), Bz. Lothringen, Kr. Forbach.
About. Balmiador. Le Molt. Mécusson. du Sallet. Thirion (3).

Morges, Morsee (Morgae-Bernensis, Morgâ-Bernensis), schwz. Kanton Waadt.
Boand. Massy.
Morhangia s. Mörchingen.
Morimont s. Mörsperg.
Morlaas (Morl'ars en Bearn), frz. Dép. Basses-Pyrénées, arr. Pau.
Labere.
Mornfelt-Tyrolensis.
de Hebenstreit.
Mörsburg s. Meersburg.
Morschweyer (Morschwillensis, Morschwirensis), Bz. UElsass, Kr. Hagenau.
de Juehlin. Seraffond.
Mörsperg, Morimont (Moerspurgensis), alte Herrschaft i. Bz. OElsass, Kr. Altkirch, Kant. Pfirt, Lehen der Grafschaft Pfirt, seit 1654 kgl. frz. Lehen.
Schmid.
Mosa-Slusa s. Sluis.
Mosbach (Mosbacensis, Palatino-Mosbacensis), bad. Kr. Mosbach, i. Odenwalde.
Jörger (2). Minoli. Schragmüller (2). Schranck.
Mosbach (Mosbacensis-Nassoicus), pr. Rgb. Wiesbaden.
Hassenbach. Molitor (2).
Moselland (Mosellanus).
Hildebrand. Heusner. Wagner.
Mörs (Meursanus, Moërsensis). pr. Rgb. Düsseldorf, Kr. Mörs.
Arenden. a Goos. Maul.
Moskau (Moscowiâ-Russus, Mosquâ-Russus, Mosquensis, Moscwâ-Rutenus, Moscoviensis-Germanus, Moscoviensis), Russland.
Ambódick. Iwanoff. Kerstens. Klutschareff. Kolb. Lerchius. Orlow. Oubril. Purgold. Rinder. Roesslein (2). Zuber.
Mösskirchensis s. Messkirch.
la Mothe (de la Mothe Dallé en Guienne), welches? (frz. Dép. Landes?, frz. Dép. Gironde?, frz. Dép. Tarn-et-Dordogne?).
de Belonde.
Mouzon (Mouzon en Champagne, Mozoniensis in Campania, Messomum in Campania), frz. Dép. Ardennes, arr. Sedan.
Salleneuve.
Moy (Moyensis), frz. Dép. Aisne, arr. St. Quentin.
de Bourdillon.
Moyemont (ex Moyemont), frz. Dép. Vosges, arr. Épinal.
Vauthier.
Moyenvic (Mediovicensis), Bz. Lothringen, Kr. Château-Salins.
Adam. Chardar. Duchenoy. Grandidier. Lemoyne. Tis. Vuillaume.
Muchlensis Thuringus.
Heise.
Mudau (Mudacensis), bad. Kr. Mosbach, A. Buchen.
Seitz.
Muggensturm (Muckensturmensis), bad. Kr. Baden, A. Rastatt.
Steus.
Mühlbach (Muhlbaco-Monasteriensis), Bz. OElsass, Kr. Colmar, Kant. Münster.
Lucae.
Mühlbach (Mülbacensis), welches?
Schott.
Mühlberg (Mulberga-Misn.), pr. Rgb. Merseburg, Kr. Liebenwerda.
Bodinus. Weis.
Mühlhausen i. Thüringen (Molhusâ-Thuringus, Mulhusinus Thur.), pr. Rgb. Erfurt, Kr. Mühlhausen.
Apel. Burbeck. Engelhardt. Lauchart. Lauprecht. Melbach. Schmidt (2). Schottenius. Schutte (s. Schottenius). Selig. Strecker. Tilesius. Werningsdorff.
Mühlhausen (Mülhusanus Franco), welches? (bayr. Rgb. Oberfranken?, bayr. Rgb. Unterfranken?).
Mieling.
Mühlhausen?, Mülhausen? (Mulhusinus, von Mühlhausen), welches?
Braun. Stifel (2).
Mühlheim (Müllheimensis Suevus), württ. Schwarzwaldkr., OA. Sulz.
Mayr.
Mühltroff (Mühltroff. Voigtlandus), sächs. KrH. Zwickau, AH. Plauen.
Freudel.
Mühringen (Mühringensis e Silva Hercynia), württ. Schwarzwaldkr., OA. Horb.
Schielé.
Mülhausen (Mulhusinus, Helvet. Mulhusinus, Mylhusio-Als., Mulhusa-Sundgaviensis), Bz. OElsass, Kr. Mülhausen.
Bruckner. Dollfuss (4). Dumont. Engelmann. Fries. Fürstenberger. Heilmann. Hofer (4). Koechlin. Reber. Risler (4). Spoerlin. Thierry (2). Vetter. Willius.
Mülheim (Mülheim a. Rhein), pr. Rgb. Köln, Kr. Mülheim.
Zimmermann.

Mülheim a. d. Mosel (Mühlhemio-Mosell., Mülheimensis), pr. Rgb. Trier, Kr. Bernkastel.
Debus. Ostermann.

Mülheim a. d. Ruhr (Mülhemiensis, Müllheimensis in Ducatu Bergensi ad Ruhram, Mulheimio-Montanus), pr. Rgb. Düsseldorf, Kr. Mülheim a. d. R.
Arnoldi. Becker. Lang-Rottger. Lepper.

Mülheim?, Mühlheim?, Müllheim? (Mullheimensis, Mülheimensis, de Mullheim), welches?
Graenacher. Kieffer. Stupfer.

Müllheim (Müllheima-March., Müllheima-Baden-Durlacensis, Durlaco-Mullhemensis, Mülhemio-Brisgoius), bad. Kr. Lörrach, A. Müllheim.
Beyer. Gerstner (2). Heidenreich (2). Iselin. Schneuber. Stahl. Zandt (Zendt).

Mülsen s. Altae-Myltenus.

Mumenheimensis s. Mommenheim.

Münchberg (Münchberg., Mönchbergâ-Variscus, Monachomontano-Variscus), bayr. Rgb. Oberfranken, BzA. Münchberg.
Kögler. Otto. Wolfrumb (2).
s. Mönchberg.

München (Monacensis Bojus, Monacensis, Monachio-Bavarus, Monachiensis, Monachio-Paschorus (!)), Hauptstadt d. Kgr. Bayern, Oberbayern.
de Billich. Gacon. de Geer. Gerster. Geyer. Gsel. Gugler. Gundlfinger. de Jaquemon. Kiercher. Klossner. Knebl. Köhler. Lehner. Loy. Mussinan. Rentlac. Ruault. Schwaigern. Stainbauer. Trönelius. Werther.

Münchenbuchsee s. Buchsee.

Münchhausen (Münchhuss. Als.), Bz. UElsass, Kr. Weissenburg.
Oger.

Münchingen (de Münchingen Württemb.), württ. Neckarkr., OA. Leonberg.
de Münchingen.

Münchweiler (Monachovilla-Palat.), bayr. Rgb. Pfalz, BzA. Bergzabern.
Hoffmeister.

Mundelsheim (Mundelsheimâ-Wirtemb.), württ. Neckarkr., OA. Marbach.
Weinschreyer.

Münden, Hannöverisch-Münden (Mundina-Hannoveranus, Mundensis Saxo, Mundensis), pr. Rgb. Hildesheim, Kr. Göttingen.
Hugo. Spangenberg. Straube. Werner.

Münder (Munderensis Saxo), pr. Rgb. Hannover, Kr. Wennigsen.
Malacander.

Mundingen (Mundinga-March.), bad. Kr. Freiburg, A. Emmendingen.
Pfeffel.

Mundingen (Mondingano-Suevus), württ. Donaukr., OA. Ehingen.
Schmuz.

Mundisvillanus s. Munweiler.

Mundolsheim (Mundolsheim), Bz. UElsass, Kr. Strassburg.
Artopoe.

Münfeldensis s. Minfeld.

Münkheim (Münckheim b. Schw. Hall), württ. Jagstkr., OA. Hall.
Siltzer.

Münster (Minsterensis Bojus), bayr. Rgb. Niederbayern, BzA. Straubing.
Grabler.

Münster i. Elsass (Monasteriensis Als., Monasteriensis ex valle Sti Gregorii, Gregorio-Monasteriensis), Bz. OElsass, Kr. Colmar.
Arnoldi. Barth. Baudinot (2). Eccard. Hamm. Heumann. Heylandt. Jaeglin. Koerdines. Lamey. Meyer. Müller. Stoere. Sturm. Stutz. Widemann.

Münster (Monasteriensis), welches?
Biederlack. Borchorst. Graff. Hamm. Honthum. zum Sande. Schütte. Wilberding.

Münster i. Westfalen (Monasterio-Westphalus, Nobil. dioc. Monasteriensis), pr. Prov. Westfalen, Rgb. Münster.
Büeren. ab Elverfeldt. Forckenbeck. Giese (Hamm). de Gorgas. Heiland. Huesman. Isfordt. de Kerckerinck. Kramer. Krebs. Lenferdinck. Lüders. de Merveldt. Nacke. Philipson. (de) Schenkinnck. Schmidjan. Terhelle. Tiel. Tondorff. Willemsen.

Münster, Beromünster (Beronensis Helv.), Flecken i. Kant. Luzern, Bz. Sursee.
Heffliger. Kopp. Kurz. Lüthert.

Münster Dresen.
von Geispitzheim.

Münsterberg (Monsterberga-Siles.), pr. Rgb. Breslau, Kr. Münsterberg.
Letschius.

Müntzfeldensis s. Mensfelden.

Munweiler (Mundiswillanus), Bz. OElsass, Kr. Gebweiler.
Gross.

Münzesheim (Münzesheim Cant. Breusgau), bad. Kr. Karlsruhe, A. Bretten.
Willareth.

Muracensis s. Niedermurach.
Murrhardt (Murrhardt i. Württ.), württ. Neckarkr., OA. Backnang.
Kapp.
Murten, Morat (Moratensis, Murten C. Bern), schwz. Kant. Freiburg, Seebezirk.
Délosza. Herrenschwand. Vissaulx.
Musna-Transylv. s. Misén.
Mussipontanus s. Pont-à-Mousson.
Mutina-Misn. s. Mutzschen.
Mutinensis s. Modena.
Muttenz (Muttenz C. Basel), schwz. Kant. Baselland, Bz. Arlesheim.
Gass (2).
Müttersholz (Mietersholz), Bz. UElsass, Kr. Schlettstadt.
Beyer. Wild.
Mutterstadt (Mütterstattiensis, Mutterstadianus), bayr. Rgb. Pfalz, BzA. Speyer.
Haege (3).
Mutzig (Muzingensis), Bz. UElsass, Kr. Molsheim.
Arbogast. Barth. Breslé. Garnier. Lienhard (4). de Ruth (2). Stupffel (3). Thomas. Vogelweith. Zaepffel.
Mutzschen (Mutina-Misn.), sächs. KrH. Leipzig, AH. Grimma.
Aneurer. Colb.

Nabburg (Nabispurgensis), bayr. Rgb. Oberpfalz, BzA. Nabburg.
Hofstetter.
Nackenheim (Nackenheimensis), hess. Prov. Rheinhessen, Kr. Oppenheim.
Heerdt.
Nadas (Nadoschino-Transylvan.), Siebenbürgen.
Binder.
Näfels (Nafeltz), schwz. Kant. Glarus.
Martin.
Nagy-Schenckensis s. Grossschenk.
Naila (Nailâ-Variscus), bayr. Rgb. Oberfranken, BzA. Naila.
Pistorius.
Namslau (Namslaviensis Siles., Namsla-Silesius), pr. Rgb. Breslau, Kr. Namslau.
Georgy. Pontanus.
Namur (Namurcensis), Belgien.
Descartes.
Nancy (Nanceianus), frz. Dép. Meurthe-et-Moselle, arr. Nancy.
Anthoine. de Bariet. Beaulard. Bichebois. Billecard. Boisset. de Bourcier. de Montureux. Cablanc. de Charvet. de Collaucy. Comelot. Desmaretz. Dupont. Eisentraut. Lefebure. Ferry. Goutte. Grandemange. Hoffmann. Huyn (4). Jacquel. Jolly. Mahy. de Marimont. Mathis. du Mesnil. Michelant. de Millet de Chevres. Mittié. Perrin de Brichambeau. Petrer. Poirot. Procquez. Puiseur. Renault. Robinet. Ruber. Thyebaut. Tusneius (Victor). de Vigneron.
Nancy-sur-Cluses (ex oppido Nanci in Sabaudia, ex Nanci prope Clusam), frz. Dép. Haute-Savoie, arr. Bonneville.
Monet.
Narbonne (Narbonne), frz. Dép. Aude, arr. Narbonne.
Malté.
Narwa (Narva-Livonus), russ. Gouv. St. Petersburg.
Curtius.
Nassach (Nássacho-Francus), S.-Coburg, LdrA. Coburg.
Zeiss.
Nassau (Nassovia-Nassovicus), pr. Rgb. Wiesbaden, Unterlahnkreis.
Forst (2).
Nassau (Nassovius, Nassoicus, Nassoviensis), ehemal. Herzogt. Nassau, jetzt pr. Prov. Hessen-Nassau.
Dressler. Emmerich. de Joss. Kohlermann. Cramer (2). Meckel. Principes de Nassovia (4). Pfeiffer. Schab. Schickhard. Sohn. de Stein. Stephani (2).
Nassau-Dietz.
Oppermann.
Nassau-Dillenburg.
Stüttger.
Nassau-Weilburg.
Doenicke.
Nastätten (Nastadia-Rhenanus, Hasso-Rhenopetranus Nastadiensis, St. Goarino-Nastadiensis), pr. Rgb. Wiesbaden, Unterlahnkreis.
Dieffenbach. Funck. Otto. Schunck.
Nattheim (Nattheima-Württembergicus), württ. Jagstkr., OA. Heidenheim.
Landerer.
Nauen (Navenâ-Marchicus). pr. Rgb. Potsdam, Kr. Osthavelland.
Pancko. Posselt.
Nauheim (Nauhemio-Nassovius, Nohemiensis), pr. Rgb. Wiesbaden, Unterlahnkreis.
Freytag.
Naumburg (Naumburgensis Thuringus, Naumburga-Misn., Numburga-Misn., Naumburgensis ad Salam, Numburgensis Saxo), pr. Rgb. Merseburg, Kr. Naumburg.

Barth. Behr. Böhle. Franke. Frauendorff. Hoffmann. Homburg. König. Krauendorff (s. Frauendorff). Lipach. Ludimontanus. Müller. Remanus. Sacer. Schott. Steinauer. Vogler.

Navenâ-March. s. Nauen.

Neagorâ-Palat. s. Neumarkt.

Neapel (Italus Neapolitanus), ital. Prov. Neapel, Region Campania.
Borgia.

Neapolitanus s. Neustadt.

Nebra (Nebrâ-Thuringus), pr. Rgb. Merseburg, Kr. Querfurt.
Herrichen.

Nebringen (Nebringensis), württ. Schwarzwaldkr., OA. Herrenberg.
Schapperlin.

Neckarelz (Nicroelsanus), bad. Kr. u. A. Mosbach.
Pattberg.

Neckargemünd (Nicreminensis Palat.), bad. Kr. u. A. Heidelberg.
Cuntzmann.

Neckarsulm (Nicrosulsensis Wurtemb., Nicrosulmensis), württ. Neckarkreis, OA. Neckarsulm.
Doerner (s. Neckarsulz). Seltzam. Stipplini. Ulsamer.

Neckarsulzensis s. Sulz am Neckar.

Neckartenzlingen (Nicro-Denzlinga Württembergicus), württ. Schwarzwaldkr., OA. Nürtingen.
Camerer.

Neckarthailfingen (Nicro-Talfingensis), württ. Schwarzwaldkreis, OA. Nürtingen.
Rath.

Nehweiler (Villa Nohanus), Bz. UElsass, Kr. Weissenburg (Kanton Lauterburg oder Kanton Wörth?).
Kimnach.

Neidlingen (Neidlingensis Württemberg.), württ. Donaukr., OA. Kirchheim.
Schmid.

Neisse (Nissâ-Silesius, Nissensis), pr. Rgb. Oppeln, Kr. Neisse.
Antonius. Montanus.

Nellingen (de Nelling en Lorraine allemande, Nellingensis Lotharingus), Bz. Lothringen, Kr. Forbach.
Betting.

Nemausus s. Nîmes.

Neobrisacensis s. Neubreisach.

Neocastrensis s. Neufchâteau.

Neocomensis s. Neufchâtel.

Neofanensis s. Neukirch.

Neoforensis s. Neumarkt.

Neolithanus s. Neuenstein.

Neomagensis s. Nimwegen.

Neotreptoâ-Pomer. s. Treptow.

Neovilla-Helv. s. Neuveville.

Neovillanus s. Neuweiler.

Neresheim (Neresheima-Suevus), württ. Jagstkr., OA. Neresheim.
Dillmann.

Nerolingensis s. Nördlingen.

Nesslau (Neslovia-Toggius), schwz. Kant. St. Gallen, Bz. Obertoggenburg.
Schoedler.

Neubamberg (Neobambergensis), hess. Prov. Rheinhessen, Kr. Alzey.
Hünerer.

Neubois au Contban s. Gereuth.

Neubrandenburg (Neobrandenburga-Megapolitanus), Mecklenburg-Strelitz, Kr. Stargard.
Westphal.

Neubreisach (Neobrisacensis Als., e novo Brisaco), Bz. OElsass, Kr. Colmar.
Andlauer. Barbié. Belgira. Cannac (Caneau) (2). Delannoy. Florance. Gerard. de Gusman (2). Keck. Kosmann (3). Lafaye (2). Meyer (2). Petitpierre. Schim.

Neubronn (Neubronnensis), württ. Jagstkreis, OA. Aalen.
Harsch.

Neubrunn (Franco-Neubrunnensis), bayr. Rgb. Unterfranken, BzA. Marktheidenfeld.
Wendel.

Neuburg?, Neuenburg? (Neoburgo-Lunaeburgensis).
Breiger (2). Hanebein.

Neuburg, Neuenburg (Neuburgensis, Neuburgensis ad Gabrettam), welches?
Baumeister. Himiol. Roser (2).

Neuburg a. d. Donau (Neuburg i. Churpfalz, Neoburgo-Palatinus, Neuenburgo-Palat., Neoburgo-Danubius), bayr. Rgb. Schwaben, BzA. Neuburg.
Caesar. Dick. Dornberger. de Frauenhoffer. Hauner. Heuchelin (4). Kober. Lautenschlager. Lehenmair. Prunenmayer. Zorer.

Neudamm (Novo-Damensis), pr. Rgb. Frankfurt a. O., Kr. Königsberg in Neumark.
Ockenfues.

Neudenau (Neudenaviensis), bad. Kr. u. A. Mosbach.
Closmann.

Neudorf (Neudorffensis Francus), welches? (bayr. Rgb. Mittelfranken, BzA. Weissenburg oder bayr. Rgb. Oberfranken, BzA. Naila?).
Grossgebawr.

Neudorf (Neudorffensis), welches?
Decker.
Neuenburg (Neoburgo-Brisgoius), bad. Kr. Lörrach, A. Müllheim.
Müller. Weis.
Neuenburg (Neuenburg), welches?
Schoenlen.
Neuenburg s. Neufchâtel.
Neuenstein (Neolithanus, Neolithanus-Hoenloicus), württ. Jagstkr., OA. Oehringen.
Boch (2). Dederer. Erhard. Hanselmann. Hermann. Kern. Schaller. Steinlin. Textor (2). Wunderlich.
Neufchâteau (Neocastrensis Lotharing., ex Neocastro dioc. Tullensis, Niocastrensis, de Neufchateau en Lorraine), frz. Dép. Vosges, arr. Neufchâteau, a. d. Maas.
Aubertin. Guinet. Massy (2). Narcy. Vallet (2).
Neufchâtel, Neuenburg (Neocomensis, Novicastri Helv., Novocomensis, Neuchatel en Suisse), schwz. Kant. Neufchâtel.
de Buttot. Lagacherie Dublé. Godot. Horveus. Huguenin (s. Le Locle). Camerarius. Matthieu. de Montmollin (2). Perregaux. Perrelet. Roulet. Thonnet. Tribolet.
Neuffen (Neuffensis), württ. Schwarzwaldkreis, OA. Nürtingen.
Kneulin. Weiss.
Neufra, Neufrach? (Neufracensis Suev.), welches? (württ. Schwarzwaldkreis?, oder württ. Donaukr.?, Neufrach im bad. Kr. Konstanz, A. Ueberlingen?).
Clavel.
Neufreistett (Neufreystatt, Freystätt), bad. Kr. Offenburg, A. Kehl.
Huhn. Schwind.
Neu-Haldensleben (Neo-Haldenslebiâ-Magdeburgens. Saxo), pr. Rgb. Magdeburg, Kr. Neu-Haldensleben.
ab Hausen.
Neu-Hanau s. Hanauerland.
Neuhaus (Neuhusanus-Palatinus), bayr. Rgb. Oberpfalz.
Fausius.
Neuhaus (von Neuhaus b. Paderborn), pr. Rgb. Minden, Kr. Paderborn.
Griesel.
Neuhaus (Neuhusa-Thuringus), welches? (Schwarzburg-Rudolstadt, LdrA. Königsee oder S.-Meiningen, Kr. Sonneberg?).
Canabaeus.
Neuhausen (Vangio-Neuhusianus), hess. Prov. Rheinhessen, Kr. Worms.
Widder.
Neuhof (Neuhofio-Byruthinus, Neuhofio-Francus), welches? (bayr. Rgb. Mittelfranken, BzA. Neustadt oder bayr. Rgb. Oberfranken, BzA. Pegnitz?).
Heimeran. Schenck.
Neuhof (Neuhoffiensis Als.), Bz. UElsass, Kr. Strassburg.
de Reissenbach.
Neukirch (Neykirchensis), welches?
Sandner.
Neukirch (Neofanô-Variscus, Neokyrcha-Variscus, Neukircha-Variscus), sächs. KrH. Zwickau.
Böham. Glüer. Liebelius. Löscher. Roth. (Sandner). Spengler. Starck. Wild.
Neumark (Neomarchicus, Eq. Neomarchicus, ex Marchia nova), Teil der Prov. Brandenburg.
Hennering. Corvinus. von Flotow. von der Marwitz. von Möhle. von Reck. Runke.
Neumarkt (Neoforensis), welches?
Wiltmeister.
Neumarkt a. d. Sulz (Neagorâ-Palatinus, Neoforo ex Palatinatu superiore), bayr. Rgb. Oberpfalz, BzA. Neumarkt.
Bernreutter. Höflich. Wolff.
Neumarkt (Neoforensis Bojus), bayr. Rgb. Oberbayern, BzA. Mühldorf.
de Linprunn.
Neumarkt in Schlesien (Noviforensis Silesius, Neoforensis Sil.), pr. Rgb. Breslau, Kr. Neumarkt.
Bresler (3).
Neunkirch (Neunkirch C. Schaffhausen), schwz. Kant. Schaffhausen, Bz. Oberklettgau.
Müller. Wildberger.
Neunkirchen (Neunkirchen in Nassau-Saarbrücken), pr. Rgb. Trier, Kr. Ottweiler.
Lichtenberger.
Neurath (ex patria Trevirensis ex Neuroth), pr. Rgb. Trier, Kr. Prüm.
Wehner.
Neureuth (Neurethensis March.), bad. Kr. Karlsruhe.
Albeck.
Neusaarwerdensis s. Saarwerden.
Neusohl, Beszterczebanya (Neosoliensis Hungar.), ung. Kom. Zolyom, a. Gran.
Frisowitz. Klockherr. Kreuchel. Wachlatsch.
s. Solnensis Hungarus.

Neuss (Novesio-Coloniensis), pr. Rgb. Düsseldorf, Kr. Neuss.
Baumeister. Werris.

Neustadt (Neostadio-Westphalus), welches? (pr. Rgb. Arnsberg, Kr. Hamm oder pr. Rgb. Minden, Kr. Herford?).
Stolle.

Neustadt (Neostadio-Württemberg., Neostadt ad Tiliam, Neustadt a. d. Linde, Neustettâ-Francus), württ. Neckarkr., OA. Waiblingen.
Faber. Moerique. Nicolai. Stoll.

Neustadt (Neustadiensis Variscus), sächs. KrH. Zwickau.
Cnupffer.

Neustadt a. d. Aisch (Neapolitanus Francus, Neostadiensis ad Ayscham Fr.), bayr. Rgb. Mittelfranken, BzA. Neustadt.
Albert. Gallenmair. Hammer. Holderbusch. Cörber. Scheib. Weismann. Widmann.

Neustadt (Neostadiensis), welches?
Ehrenfeld. Heus. Kolb. Nagel. Petitmaitre. Rues. Schuchmann.

Neustadt (Neostadia-Thuring.), welches?
Stepsius.

Neustadt a. d. Donau (Neustadensis Bavarus), bayr. Rgb. Niederbayern, BzA. Kelheim.
Piscator.

Neustadt a. d. Dosse (Neapoli Brandenburgensis, Neostadia-Marchicus). pr. Rgb. Potsdam, Kr. Ruppin.
Block. Fielbaum.

Neustadt a. d. Hardt (Neostadio-Palatin., Neostadium ad Haardam, Neostadiensis Nemetum), bayr. Rgb. Pfalz, BzA. Neustadt.
Baehr. Brettel. Essenius. Faber. Fischer (2). Fries. Hermann. Hugo. Kast. Kirchner. Mülheuser. Mutler. Roemmich. Schmigd. Widemann.

Neustadt in Oberschlesien (Neustadio-Silesius, Neapoli-Silesius, Neostadiensis Silesius), pr. Rgb. Oppeln, Kr. Neustadt.
Cuno. Neander. Pirscher.

Neustadt a. d. Orla (Neostadiensis ad Orlam), S.-Weimar, VwBz. Neustadt.
Böhm. Cluba. Frosch.

Neustadt (Wiener-) (Neostadiô-Austriacus, Austriaco-Neostadiensis), BzH. in Niederösterreich.
Hartleitner. Settinger.

Neustetten (Neustetta-Franc.), bayr. Rgb. Mittelfranken, BzA. Rothenburg.
de Berlichingen.

Neutrauchburg (Neutrauchburg im Allgey), württ. Donaukr., OA. Wangen.
Liebherr.

Neuveville, Neuenstadt (Neuveville en Suisse, Neopolitanus, de la Neuveville en Suisse, Neostadiensis Neovilla-Helv., Neostadiensis ex episcopatu Basiliensi), schwz. Kant. Bern, a. westl. Ufer des Bielersees.
Bourquin. Cunier (2). Gibollet. Himely. Imer (2).

Neuville-aux-Bois (Novillaeus ex Lignis prope Aureliam), frz. Dép. Loiret, arr. Orléans.
Nivet de la Briere.

Neuweier (aus Neyweyer aus dem Badischen), bad. Kr. Baden, A. Bühl.
Gehry.

Neuweiler (Neovillanus, Neovil. Alsata, de Neuvillers), Bz. UElsass (Kr. Zabern?, Kr. Molsheim?), Bz. OElsass Kr. Mülhausen?
Barth. Buser. Klein. de Lesseux. Priser. Reuss. Simmer. Schreier. Walther (s. Hoerdt). Weyd.

Neuwied (Neowedanus, a Neoweda, Neowiedensis), pr. Rgb. Coblenz, Kr. Neuwied.
Achenbach. Malsbach. Schellenberger. Wichmann.

Neykirchensis s. Neukirch.

Nicopia-Danus s. Nykjöbing.

Nicro s. Neckar.

Nicro-Sulzensis s. Sulz a. N.

Nidda (Niddanus, Nidda-Hassus, Niddensis), hess. Prov. Oberhessen, Kr. Büdingen.
Chelius. Frantz. Koch. Nebel.

Nider-Wilstadiensis s. Nieder-Wöllstadt.

Niederaltaichensis s. Alteich.

Niederbrechen (Niderbrechen Trevirensis), pr. Rgb. Wiesbaden, Unterlahnkreis.
Wentzel.

Niederbronn (Niederbronnensis), Bz. UElsass, Kr. Hagenau.
Lufft. Pfitzinger.

Niederdorf (Niderdorfensis Tyrolensis), Tirol, BzH. Brunek, BzG. Welsberg.
Harlander.

Niederdrees (ex Niderdrees patria Collonensis), pr. Rgb. Köln, Kr. Rheinbach.
Deuster.

Niederehnheim (Niderehenhemensis), Bz. UElsass, Kr. Erstein.
Falck. Herrenberger. Mierch.

Niederglatt (Niderglatt C. Zürich), schwz. Kant. Zürich, Bz. Regensberg.
Volckart.
Niederhergheim (Niderhergensis in Alsatia), Bz. OElsass, Kr. Gebweiler.
Blois.
Niederkirchen (Nidercirchensis), 3 Dörfer dieses Namens i. bayr. Rgb. Pfalz.
Hütter.
Niedermodern (Nider Mothern Als.), Bz. UElsass, Kr. Zabern.
Boos.
Niedermorschweier (Nidermorschwir, Nidermorschwyrensis), Bz. OElsass, Kr. Rappoltsweiler.
Hamberger. Meyer (Mayer).
Niedermurach (Murac. Palatin.), bayr. Rgb. Oberpfalz, BzA. Neunburg v. W. de Fernberg.
Niedernhall (Nidernhalensis Hoenl. Francus, Nidern Halensis, Nidernhallensis), württ. Jagstkr., OA. Künzelsau.
Hegerlin. Kerrlin. Romius.
Niedernohmen (Niedernohmensis Hassus), hess. Prov. Oberhessen, Kr. Alsfeld.
Bindewaldt.
Niederrieden (Nieder-Riedensis Suevus, de villa Niederriedensi Suevus), bayr. Rgb. Schwaben, BzA. Memmingen.
Nassall.
Niederroden (Niederroda-Francofurtens.), hess. Prov. Starkenburg, Kr. Dieburg.
Mann.
Nieder-Selters (Niedern-Selterensis), pr. Rgb. Wiesbaden, Unterlahnkreis.
Kilian.
Niedersept (Niederseptensis in episcopatu Basileensi), Bz. OElsass, Kr. Altkirch.
de Breitten-Landenberg.
Niederstetten (Niederstetten), welches? (württ. Jagstkr., OA. Gerabronn oder schwz. Kant. St. Gallen?).
Molitor.
Nieder-Tagstein s. Tagstein.
Nieder-Weidbach (Nieder-Weidbacensis Darmstatinus), pr. Rgb. Wiesbaden, Kr. Biedenkopf.
Bartholdy.
Niederweningen (Niederwenningen C. Zürich), schwz. Kant. Zürich, Bz. Dielsdorf.
Weidmann.
Niederwiesen (Niederwiesensis Palatin.), hess. Prov. Rheinhessen, Kr. Alzey.
Fresenius.
Nieder-Wöllstadt (Nider Wilstadiensis), hess. Prov. Oberhessen, Kr. Friedberg.
Rauch.
Nieheim (Niheimensis Westphal.), pr. Rgb. Minden, Kr. Höxter.
Mejer.
Niemaschkleba (Niemaschkleba Lusatus), pr. Rgb. Frankfurt a. O., Kr. Guben.
Kapke.
Niemegk (Nimecensis Saxonicus), pr. Rgb. Merseburg, Kr. Bitterfeld.
Fugmann.
Niemes (Nimisiâ-Bojemus), Böhmen, BzH. Böhm.-Leipa.
Ludovici.
Nienhaus (Niehausensis), Domaine i. pr. Rgb. Osnabrück, Kr. Aschendorf.
Magnus (s. Stadthagen).
Nieulandinus s. Nuland.
Nimburg (Nymburga-March., von Nymburg-Durlacensis, Ober-Nymburg Badensis), bad. Kr. Freiburg, A. Emmendingen.
Deimling. Rosskopff. Wenekebach.
Nimecensis s. Niemegk.
Nîmes (Nemausus), frz. Dép. Gard, arr. Nîmes.
le Cointe.
Nimisia-Bojem. s. Niemes.
Nimptsch (Nimicio-Silesius), pr. Rgb. Breslau, Kr. Nimptsch.
Gebhard. Luecke.
Nimwegen (Neomagensis), niederl. Prov. Gelderland.
van Malsen.
Ninivillanus s. Nünschweiler.
Niort (Niort), welches?
Severini.
Nismes (Nismes), belg. Prov. Namur, arr. Dinant (oder Nîmes?).
Faller.
Nissâ-Sil. s. Neisse.
Nivemontanus s. Schneeberg.
Nivernais (Niverni in Burgundia ad Ligerim), ehemal. Prov. in Frankreich, Dép. Nièvre.
Beautour.
Noailles, welches? (frz. Dép. Corrèze?, oder frz. Dép. Oise?, oder frz. Dép. Tarn?).
(de Montlong.)
s. Zell a. Harmersbach.
Nogent (Nogentinus), welches?
de Baussancourt.
Nohanus s. Nehweiler.
Nohemiensis s. Nauheim.
Noisseville? (Nonzevillanus, ex Nonzevilla Lotharingus), Bz. Lothr., Ldkr. Metz.
Matthis.

Noméuy (Nomeniensis, ex Nomeny Lotharingus), frz. Dép. Meurthe-et-Moselle, arr. Nancy.
Didier. Erard.

Nonnweiler (Nonnevillanus), pr. Rgb. u. Ldkr. Trier.
Christannus. Schmutz.

Nonzevillanus s. Noisseville.

Norden (Norda Frisius), pr. Rgb. Aurich, Kr. Emden.
Scipio.

Nordhausen (Northusa-Thuringus, Northusa-Cheruscus, Northusianus), pr. Rgb. Erfurt, Kr. Nordhausen.
Friderici. Froman. Kellner. Cramer. Riemschneider. Rosenhagen. Schicke. Schilling. Ziehne.

Nordhorn (Northornâ-Westphalus), welches? (pr. Rgb. Minden od. pr. Rgb. Osnabrück?).
Riccius. Sack.

Nördlingen (Nordlingensis, Nordlinga-Suevus, Nerolingensis, Noerlingensis, Nurtlingensis, Nordlingâ-Rhaetus), bayr. Rgb. Schwaben, BzA. Nördlingen.
Amerbacher. Beck. Beyschlag. Bucher. Düttel. Epplin (4). Ernst (2). Faber. Gejer. Geisler. Glotzius. Gundelfinger. Güntzler. Hakk. Hass. Heidenreich (2). Helius. Herpfer. Heuber. Hilbrant. Höchstetter (3). Hofmann (2). Jörg. Kerner. Clausius (2). Klein (4). Kleyer. Kobel. Cramer. Lehner. Linckh (2). Mair. von Menzingen. Moser. Mundtbach. Mützel. Reimann. Rem. Ritter. Rüfflin. Saugenfinger. Sauler (2). Schaffiz. Schmidt (2). Schneid. Schöpperlin (2). Späth (2). Spradler. Weber. Wechsler. Welsch. Wencker (4). Weng. Widemann (2). Wist (2). Wolff. Wölkk. Zinck (s. Linckh).

Noricus, Norimbergensis s. Nürnberg.

Norroy-le-Sec (Norroyasecensis), frz. Dép. Meurthe-et-Moselle, arr. Nancy.
Bourgeois.

Northeim in Hannover (Northeima-Hannoveranus, Northeimensis Lüneburgicus, Northeimensis Saxo), pr. Rgb. Hildesheim, Kr. Einbeck.
Bütemeister. Halberstadt. Heckenberg. Langen. Rouman.

Northumberland (Northumberland Anglus), Grafschaft in England.
Ogle.

Norwegen (Norvagus, ex Norvegia, Norwegus).
Colbiörnsen. Collett. Schelderup. Tonsberg.

Nossen (Nossensis Misnicus), sächs. KrH. Dresden, AH. Meissen.
Kirchbach.

Novéant (Novianus, ex Novian super Mosellam), Bz. Lothringen, Kr. Metz.
Claude.

Novesiensis s. Neuss.

Noviforensis s. Neumarkt.

Novillaeus s. Neuville.

Novisalio-Hung. s. Neusohl.

Novocomensis s. Neufchâtel.

Novo-Damensis s. Neudamm.

Nuland (Nieulandinus), niederl. Provinz N.-Brabant.
a Brederode (s. Haag).

Numburgensis s. Naumburg.

Nünschweiler (Nunvillâ-Bipontinus, Ninivilla-Bipontinus), bayr. Rgb. Pfalz, BzA. Pirmasenz.
Extêrus.

Nunvillanus s. Nünschweiler.

Nürlingensis s. Nürtingen.

Nürnberg (Norimbergensis, Noricus, Noribergensis, Nurmbergas, Nürenberg), bayr. Rgb. Mittelfranken.
Agricola (3). Alberti. Arnold. Ayrer. Ayrmann. Bayer (2). Beer. Berlin. Bertholdt. Besler. Beurer. Bezold (2). Blanck. Bock. Boeckel (s. Goeckel). Brinckmann. Burger. Büttner. Daumieller. Decker. Dietelmaier. Dietherr (2). Dilherr ab et in Thumenberg etc. Dost. Drumel. Dümler. Dürnhöfer. Ebner. Ebner ab Eschenbach (2). Ehe. Eissen. Eissen dict. Haym. Engelhard. Eyrich (2). Fabricius (3). Felbinger. Fetzer (3). Finck. Finckler. Fischer. Fleischmann (2). Forstenheuser. Franck. Frantzius. Freher (4). Friderich. Frisch (2). Fürer ab Haymendorff et Wolckersdorff (2). Fürleger. Gammersfelder (2). Geiger (2). Geisler. Gerngross. Gertner. Goeckel (2) (s. Boeckel). Götsch. Groland. Gros (2). Gruber (3). Grundherr (4). Grundherr ab Altenthann et Weyerhaus. Gwandtschneider. Haberkorn. Hagedorn (2). Hainlein (s. Heinlin). Haller von Hallerstein (2). Hanold. Harding. Harrer. Harsdörffer (2). Heder (2). Heerdegen. Heher (2). Heigel. Heiller. Heinlin (s. Hainlein). Helfrich. Hellwig. Hennig. Herbst. Herel.

Herpfer. Hertzogenrath. Hoffmann. Holzschuher (5). Höss. Hübner. Hülss. (ab) Imhoff (7). Jenisch. Kandler. Carolus. Kastel. Keydt. Khol. Kirchberger. Kirchmair. Kleesattel. Cleewein. Koch. Colb. Coler (2). Köppel. Coster. Krabler. Kraer. Crafft. Kraud. Cress von Cressenstein (3). Krimler. Lang (2). Lauer. Leisner. Liether. Lobherr. Lochner. (de) Löffelholz de Colberg etc. (5). Mair. Mayr. Marx. Mattei. Meusel. Michael. Muffel. Müllegg. Müller (2). Müllner. de Murr. Musmehl. Negelein. Nesmann. Nissel. Nüzel. Oeder. Oel hafen a Schölenbach (2). Pauli. Petz. Petzold. Pfaudt. Pfinzing v. Henfenfeld (2). Pfinzinger. Pfizer. Pilgram. Plattensteiner. Pömer (2). Pönlin. Preu. Pröbst. Prodtmann. Pühler. Ramus. Reisenleiter. Reuh. Richer. Riedner. Riederer. Riegel. Rieger. Riem. Ringer. Rösel. Rost (2). Rötenbach. Ruefer Saubert. Sax. Schadeloock. Schaeffer. Schamroth. Schaubert (s. Saubert). Scheuber. Scheurer. Scheurl (3). Schidius. Schlüsselfelder (2). Schmidt (3). Schnerrer. Schoder. Schroeder. Schultheis. Schurger. Schürstab. Schütz. Schwäger. Schuuingschärle. Seyfried. Stadler. Starck. Stengel. Stephani. Steyrer. Stigler. Stirn. Stöberlin. Stoer. Stromer von Reichenbach. Talientschger. Thomas. Tucher (7). Uhle (2). Ucz. Uhnsorg. Vogel. Volcamer (2). Waldt. Wegleiter. Wehrlin. Weinberger. Welsch. Welser. Welthammer. Widmann (2). Will. Winckler. Wittwer (2). Woelcker (2). Wolff. Wurffbain (4). Ziegler. Zinck. Zolner. Zunner. Zwinger.

Nürtingen (Nürtinga-Suevus, Nürttingensis, Nürlingensis), württ. Schwarzwaldkr., OA. Nürtingen.
Golther. Hayler. Lammleth. Lieschnig. Schweizer.

Nussbach (Nussbacensis, Nuspach Zweibrücken), welches? (i. d. bayr. Pfalz?).
Rott. Stoll.

Nydau? (Nydoviensis Bavarus).
Engel.

Nykjöbing (Nycopia-Danus, Nicopia-Falstrorum Danus Nycopensis), dänische Insel Seeland oder dän. Insel Falster.
Faber. Rothovius. Wichmand.

Oberailingen (Eilinganus Suevus), württ. Donaukr., OA. Tettnang.
Harz.

Oberbetschdorf (Obernbezdorffensis-Hanoicus), Bz. UElsass, Kr. Weissenburg.
Fleckhammer.

Oberberghemensis s. Bergheim.

Ober-Bimbach s. Bimbach.

Oberbronn (Oberbronnensis Als.), Bz. UElsass, Kr. Hagenau.
d'Autel. Danzas. Demeuré (2). Engelhardt. de Fouquerolle. Grandmaire. Clamm. Lufft (2). Mader. Stumff (2). Weinemmer (2).

Oberbruck (Oberbruckensis Alsata), Bz. OElsass, Kr. Thann.
Anthes.

Oberburg (Oberburg C. Bern), schwz. Kant. Bern, Bz. Burgdorf.
Laupper.

Oberdorf (Oberdorffensis Algoj, Oberdorf in Schwaben), bayr. Rgb. Schwaben, BzA. Oberdorf.
Engelhardt. de Waldvogel.
OA. Tettnang?

Oberehnheim (Oberehnheimens., Obernée), Bz. UElsass, Kr. Erstein.
Brulon. Dietrich. Dorsner (Dorschner). Eggs. Erhard. de Gail. Gillot. Gross (2). Hermann (2). Hirsinger. Hoffmann. Hommel. Kiehn. Lander (2). Meyer. Oberlin. Pimpelius. Reys. Riegg. Rumpler (2). Schenckbecher (2). Sidel. Sontag (4). Streicher (3). Stumpff (2). Woog.

Obereisesheim (Ober-Eysheimensis Francus), württ. Neckarkr., OA. Heilbronn (oder Obereisenheim i. bayr. Rgb. Unterfranken, BzA. Gerolzhofen).
Baermann.

Obergrombach (Obergrombacensis), bad. Kr. Karlsruhe, A. Bruchsal.
Beck.

Ober-Hallau s. Hallau.

Oberhasle s. Hasli.

Oberhausen (Oberhussen b. Weissenhorn, Oberhusanus Suevus), bayr. Rgb. Schwaben, BzA. Neu-Ulm.
Bayer. (a) Kazpoeck. Kazenstein et Thurnstein. Vossold.

Oberhöchstädt (Oberhöchstatensis), bayr. Rgb. Mittelfranken, BzA. Neustadt a. d. Aisch.
Figulus.

Oberhofen (Oberhoffens. Als., Oberhoffens. Hanoicus), Bz. UElsass, Kr. Weissenburg.
Kromayer (2). Schneider. Winter. Zweigel (2).

Oberhofen (Oberhofen C. Bern), schwz. Kant. Bern, BzA. Thun.
Ritschart.
Ober-Ingelheim s. Ingelheim.
Oberkirch (Oberkircha-Brisgoius, Oberkirchensis), bad. Kr. Offenburg, A. Oberkirch.
Fischer (8). Geltreich. Goll (2). Heinrich. Kiehl. Maler. Weber. Utilie.
Oberkirchen (von Oberkirchen), welches? (preuss. Rgb. Arnsberg?, pr. Rgb. Trier?).
Blank.
Oberlausitz (Oberlausitz), zum grösseren Teil zum heutigen Königreich Sachsen gehörig.
Haschild.
Oberlohn, Wlr., Östr. ob d. Ens, BzA. Wildshut.
Wocher (s. Ravensburg).
Obermagstatt (Obermagstattensis Als.), Bz. OElsass, Kr. Mülhausen.
Rapp.
Obermendig (Obermennig ad Confluentiam), pr. Rgb. Coblenz, Kr. Mayen.
Kalt.
Obermodern (Obermothern. Als.), Bz. UElsass, Kr. Zabern.
Klein. Schimmer. Spach.
Obermögersheim (Megershemio-Francus), bayr. Rgb. Mittelfranken, BzA. Dinkelsbühl.
Kress.
Obermörlen (Obermoerllensis Moguntin.), hess. Prov. Oberhessen, Kr. Friedberg.
Scheibel.
Obermoschell (Obermoschellâ-Bipontin., Moschella-Bipontinus), bayr. Rgb. Pfalz, BzA. Kirchheimbolanden.
Boecking. Hartmuth.
Obernbreit (Obernbreitensis Francus), bayr. Rgb. Unterfranken, BzA. Kitzingen.
Waltz.
Obernburg (Obernburgensis prope Aschaffenburgum), bayr. Rgb. Unterfranken, BzA. Obernburg.
Gernhard.
Oberndorf a. d. Oste (Obrentorfensis Bremensis), pr. Rgb. Stade, Kr. Neuhaus a. O.
Pfeffer.
Oberndorf (Obrendorffensis), welches?
Hessmann.
Obernheim (Obernhemiens. Suev., Obernheim), württ. Schwarzwaldkr., OA. Spaichingen.
Moser. Scheffer.
Ober-Nymburg s. Nimburg.
Obernzehn (Obernzenn i. Franken), bayr. Rgb. Mittelfranken, BzA. Uffenheim.
Seyfhab.
Oberpöllnitz (ex Superiori Pölnitz Variscus), S.-Weimar, VwBz. Neustadt a. O.
Schaller.
Oberredwitz (Oberredvicensis Palatin.), bayr. Rgb. Oberfranken, BzA. Wunsiedel.
Hertel.
Ober-Saulheim (Obersaulheimens. Palat.), hess. Prov. Rheinhessen, Kr. Oppenheim.
Koester (2).
Oberschüpf (Oberschoffensis), bad. Kr. Mosbach, A. Tauberbischofsheim (od. Oberschopfheim, bad. Kr. Offenburg?).
Keetz.
Ober-Seebach (Seebaco-Hanovius), Bz. UElsass, Kr. Weissenburg.
Weyland.
Ober-Sontheim (von Ober-Sontheim in Franken), württ. Jagstkr., OA. Gaildorf.
Baumann.
Oberspechbach (Specbachensis Als., Spepacensis Als.), Bz. OElsass, Kr. Altkirch.
Wolff.
Oberspitzenbach (Spitzenbacensis Brisgojus), bad. Kr. Freiburg, A. Waldkirch.
Lang.
Oberstdorf (Oberstorff im Algey), bayr. Rgb. Schwaben, BzA. Sonthofen.
Jäger.
Obersultzensis s. Sulz.
Oberthürheim (Obertirheimens. Francus), welches? (bayr. Rgb. Schwaben, BzA. Wertingen oder Thiersheim, bayr. Rgb. Oberfranken, BzA. Wunsiedel).
Schrautt.
Obervaz (Obervaz-Helvetus), schwz. Kant. Albula.
Margreten.
Oberweyd (Oberwaidâ-Hennenbergicus), S.-Weimar, AG. Kaltennordheim.
Henno.
Oberweimar (Super-Vinariensis Thuringus), S.-Weimar, VwBz. Weimar.
Kromayer.
Öbisfelde (Oberfeld. Saxo), pr. Rgb. Magdeburg, Kr. Gardelegen.
Willius.
Obrigheim (Obrighemio-Palatinus), bad. Kr. u. A. Mosbach.
Frey.

Occitania s. Langued'oc.
Ochey (Ocheyo-Lotharingus), frz. Dép. Meurthe-et-Moselle, arr. Toul.
Blanchard.
Ochsenfurt (Oxovio-Francus), bayr. Rgb. Unterfranken, BzA. Ochsenfurt.
Glaubrecht. Vogel.
Ochsenhausen (Ochsenhausen in Schwaben, Ochsenhusano-Suevus, Ochsenhusanus), württ. Donaukr., OA. Biberach.
de Depraz nobilis de Plain (2). de Hierlinger (2). Hiller. Schwarzbaur.
Odagsen (Odagsen), pr. Rgb. Hildesheim, Kr. Einbeck.
Volckmer (2).
Odenheim (Odenheimensis), bad. Kr. Karlsruhe, A. Bruchsal.
Henrici. Junghanns.
Odense, Ottensee (Oddensee Dan., Fionia-Odinensis), Hptst. der dänisch. Insel Fünen.
Damm. Sass.
Odernheim (Odernheim in der Pfalz), bayr. Rgb. Pfalz, BzA. Kirchheimbolanden.
Döerr. Cnefelius.
Odersch (Oderscha-Siles.), pr. Rgb. Oppeln, Kr. Ratibor.
Reichstätter.
Odinensis s. Odense.
Odorin (Odorinensis Hungarus), ungar. Kom. Zips, Bz. Leutschau.
Trangus.
Oedenburg, Soprón (Semproniensis, Semproniensis Hungarus, Sopronio-Hungarus, Oedenburgo-Hungarus), ung. Kom. Oedenburg.
Artner. Khern. Komaromij. Conrad. Martini. Marton. Preinning. Räidel. Resch. Stainer. Strelau. Trogmayr. de Zuanna.
Oehringen (Oringâ-Francus, Oringa-Hoenloicus, Oeringensis, Ohringa-Hoenl.), württ. Jagstkreis, OA. Oehringen.
Apinus. Baer. Bauer. Beer. Bleck. Cellarius. Dieterich. Flemer. Gebhardt. Glatthorn. Halbisch. Heiner. Hemmel. Hermann. Höniger (2). Hörner. Horold. Hösner. Carl. Kehler. Knapp. Krauss. Meelführer. Metz. Mittnacht. Müller (3). Münster. Rabi. Schlözer (3). Schweizer. Speltacher. Spizweg. Stosser. Taurinus (2). Thenn. Widmann. Zinn.
Oelsbach (Ober-, Unter-) (Elzpach i. d. Oberpfalz), bayr. Rgb. Oberpfalz.
Atzmandorfer.
Oels (Oelsnensis, Olsnâ-Silesius, Olsnensis Sil., Oelss in Schlesien), pr. Rgb. Breslau, Kr. Oels.
Brückner. Fersius. Friedlandt. Georgi (2). Gossky. Hentzner. Hermann. Kiesewetter. Leisner. Passel. Scharten (s. Schlesien). Schickfuss. Tux.
Oelsnitz (Olsnitzio-Variscus, Olsnicensis-Variscus, Oelsnicensis), sächs. KrH. Zwickau, AH. Oelsnitz.
Bruno. Eysner. Groh. Hegner. Joch. Klinger. Kretschmann. Pfretzschner. Rebhan. Schmirler. Sündenhauff.
Oenipontanus s. Innsbruck.
Oesterreich (Austrius, Austriacus, von Oestereich).
Burger (2). Caesar. Erdinger. Förstner. Furth. Guetbrodt. Haberland. Heckelberger ab Höhenberg. Hupff. Jagenreutter. a Claus. Knogler. de Kornfeil et Weinfelden (2). Mangg. Meyerhoffer. Myller. a Prösing in Stein et Sonnegg. Redari a Ratenfeldt. Staindl. Stauffer ab Untrach. Stettner a Grabenhof (3). a Stubenvoll. Thuner (= a Thun?). Walther (2). Wider. Winckler.
Oestrich (Oestrichius ex Rhingavia), pr. Rgb. Wiesbaden, Rheingaukreis.
Reiffert.
Oetisheim (Oettisheimensis), württemb. Neckarkr., OA. Maulbronn.
Pauli.
Oetlingen (Oettlingâ-Marchicus, Öttlingensis), bad. Kr. u. A. Lörrach.
Foeckler (3).
Oettingshausen (Oettingshusa-Francus), S.-Coburg, LdrA. Coburg.
Eberlin.
Oettisheimensis s. Oetisheim.
Offenbach (Offenbacensis apud Landaviam), bayr. Rgb. Pfalz, BzA. Landau.
Tonsor (2).
Offenburg (Offenburgensis, Offonisburgensis, Offenburgensis ex Brisgoia), bad. Kr. u. A. Offenburg.
Barth. Berger (3). Bonbra. Braunstein. Dedinger. Dürfeld. Fiesinger. Geppert. Gessler. Gottwald. Held (2). Heusler. Jeslé. Lebetgern. Liechtenauer. Maier. Maistre. Muettinger. Raiflin. Riedinger. Rienecker (2). Schirrmann. Schmautz. de Seethal. de Solatii (3). Wenger. Wernher. Wernickaw. Witsch (2).

Offendorf (Offendorffensis), Bz. UElsass.
Widt.

Offweiler (Offvillâ-Hanoicus), Bz. UElsass, Kr. Hagenau.
Cantzler. Merclin. Petri.

Ofterdingen (Offterdingen in Württemberg), württ. Schwarzwaldkr., OA. Rottenburg.
Zenner.

Ohlau (Ohlensis Siles., Olaviensis Sil.), pr. Rgb. Breslau.
Augst. Francius. Kellermann.

Ohlungen (d'Olungen, Olungensis, ex Olungen Alsata, Ohlungensis), Bz. UElsass, Kr. Hagenau.
Reiffsteck. Schneyder.

Ohrdruf (Ohra-Thuringus, Ordrufio-Thuringus, Ordruviensis Thur., Orthruvio-Thur., Sachsen-Gotha), S.-Coburg-Gotha, LdrA. Ohrdruf.
Döhler. Eckelt. Eckardt. Mengwein. Röhn. Sprenger. Schaar. Wolf. Weber.

Olaviensis s. Ohlau.

Oldenburg (Oldenburgo-Frisius, Oldenburgensis).
v. Asseln. Barlemann. Böschen. Bulienter. Detmers. Doel. Grimm. Hedden. ab Hendorff (2). Höfften. Käskern. Kelp. Meysahl. Muck. Neuhauss. Prott. Schmidt. Toel.

Oldenswort (Oldens-wordâ Holsatus), pr. Rgb. Schleswig, Kr. Eiderstedt.
Braun.

Ollweiler, Olweiler (Ahlevillano-Als.), Wlr. m. Schl. b. Wünheim, Bz. OElsass, Kr. Gebweiler.
Rapp.

Olmütz, Holomauc (Olomucensis Moravus), BzH. Olmütz, Mähren.
Schmid. Werner.

Olpe (Olpensis), welches?
Juncke.

Olsnensis s. Oels.

Olsnicensis s. Oelsnitz.

Olungen s. Ohlungen.

Onoldinus s. Ansbach.

Onolzpach s. Ansbach.

Onsbach s. Ansbach.

Onville (d'Onville près de Metz), frz. Dép. Meurthe-et-Moselle, arr. Briey.
Marchal.

Opfingen (Opfingen in Baden-Durlach, Opfingensis, Opffingensis Marchicus), bad. Kr. u. A. Freiburg.
Autenrieth. Foecler. Voit.

Oppau (Oppavinus), welches? (bayr. Rgb. Pfalz, BzA. Frankenthal?, pr. Rgb. Liegnitz, Kr. Landshut?).
Pressius.

Oppenau (Oppenaviensis Prisgojus, Oppenoensis, Oppenauensis), bad. Kr. Offenburg, A. Oberkirch.
Andres. Eckenfels. Fischer. Geyer. Huber.

Oppenheim (Oppenheimensis Palatinus), hess. Prov. Rheinhessen, Kr. Oppenheim.
Baumen. Gross. Hirschfeld. Khym. Lex. Matty. Pletz. Vitriarius (2). Werner.

Oppershausen (Opperhusâ-Thuringus), pr. Rgb. Erfurt, Kr. Langensalza.
Becke.

Orawa s. Arwa.

Orbe (d'Orbe C. de Berne), schwz. Kant. Waadt.
Melizet.

Orbensis s. Urbeis.

Orbey s. Urbeis.

Ordrufiensis s. Ohrdruf.

Orebaeus s. Urbeis.

Oringanus s. Oehringen.

Orléans (Aurelianensis, Orleanus), frz. Dép. du Loiret, arr. Orléans.
Besson. Girard. Maureau. de Mulseau.

Oron (Orontensis), Bz. Lothringen, Kr. Château-Salins.
Billaudet.

Orsières (Orseriensis in Vallesia), schwz. Kant. Wallis, Bz. Entremont.
Joris.

Ortenau (ex Ortenau), bad. Landschaft, frühere östr. Landvogtei Ortenau.
Kurnecker.

Ortenburg (Ortenburgo Bavarus), bayr. Rgb. Niederbayern, BzA. Vilshofen.
Comes ab Ortenburg.

Orth (Ortensis Austrius), Nieder-Oesterreich, BzH. Gross-Enzersdorf.
Führnstein.

Orthunga-Danus s. Horten.

Ortrand (Ortranto-Misn.), pr. Rgb. Merseburg, Kr. Liebenwerda.
Simon.

Orvillanus s. Dorweiler.

Oschatz (Oschatiensis), sächs. KrH. Leipzig, AH. Ochatz.
Jahn.

Osiliensis s. Arensburg.

Osnabrück (Osnabrugensis, Osnabrugensis Westph., Osnabrück), pr. Prov. Hannover, Ldkr. Osnabrück.
Balcke. Bening. Brumstorff. Durfeld. (von) Ellmerhausen. Feltrupf. Gravius. Grottgess. von Gülich. Gülich. Hassel. Hast (2). Hulsebusch. Klövekorn (2). Koch.

Kreiling. Meyer. Middendorff (2). Modeman. Musculus. Peithmann. Pfältzer. von Ravendorff. Redecker. Schaffer. von Scheither. Schlann. Storck. Sutfeldt. Tegeder. Tolicke. Veltmann. Veringen. Verregius. Wanstradt. Warnecke. Werne. Wetter (2).
Osnabrück, Bistum (ex Episcopatu Osnabrugensi).
de Morsie condict. Riccard.
Ossig?, Oschitz? (Ossitio-Misn., Oschitio-Misnicus).
Büttner. Weize.
Ostelsheim (Ostelzheim), württ. Schwarzwaldkr., OA. Kalw.
Aubelin.
Osterode (Osteroda-Hannoveranus, Osteroda-Saxo, Osterroda-Cheruscus), pr. Lddr. Hildesheim, Kr. Osterode.
Conradi (2). Crauel. Schierholtz.
Osterwiek (Osterwigâ-Saxo, Ostervigiâ-Saxo), pr. Rgb. Magdeburg, Kr. Halberstadt.
Hempel. Rhesus.
Ostheim (Osthemiâ-Francus), welches? (bayr. Rgb. Mittelfranken?, bayr. Rgb. Unterfranken?).
König. Möllerstein. Rausch. Schmidt. Schütz.
Osthofen (Osthoviensis Palatinus), hess. Prov. Rheinhessen, Kr. Worms.
Berthel.
Osweiler s. Offweiler.
Osthausen (Osthausanus), Bz. UElsass, Kr. Erstein.
Zorn von Bulach (2).
Ottensee s. Odense.
Ottensheim (Ottenshamio-Austriacus), Nieder-Oesterreich, BzH. Linz.
Esslinger.
Otterbach (Otterbacensis), welches?
Riffenach.
Otterndorf (Hadelensis-Otterndorfensis), pr. Rgb. Stade, Kr. Hadeln.
Grimmann. Hey. s. Hadeln.
Ottikon (von Otticken C. Zürich), schwz. Kant. Zürich, Bz. Pfäffikon.
Binder.
Otting (Utingensis Bojus), bayr. Rgb. Oberbayern (oder Alt- od. Neuötting ebenda).
Neumayr.
Öttingen (Oettingensis, Oettingâ-Suevus, Oetingâ-Rhetus, Otingensis, Utt.), bayr. Rgb. Schwaben, Bz. Nördlingen.
Aurnhamer. Doederlein (2). Eyrich. Fend. Haeberlen (2). Herrenschmidt (2). Hertel (2). Keck. Kessler. Killinger. Kirchenbauer. Kirchmair. Knittel. Maier. Moll (2). Müller (3). Rehnlin. Reinmann. Reutter. Ruff. Sartorius. Schadt. Strelin. Uz. Zeiller.
Ottobeuern (Ottoburanus Suevus), bayr. Rgb. Schwaben, BzA. Memmingen.
Bergmann.
Ottoschwanden (Ottoschwanda-Durlacensis), bad. Kr. Freiburg, A. Emmendingen.
Trampler.
Ottrott (Ottrotthemensis ex Alsatia), Bz. UElsass, Kr. Molsheim.
Zumstaeg.
Ottweiler (Ottovillanus, Ottovillâ Westriacus, Nassovicus Ottovillanus, Ottonisvillanus, Ottovillensis), pr. Rgb. Trier, Kr. Ottweiler.
Bader (2). Bartels. Engel. Humbourg. Kempff. Rauch. Rollé. Schmallwasser. Schmutz. Vollmar.
Oudenarde s. Audenarde.
Oxford (Oxfordensis), England.
Booles.
Oxoviensis s. Ochsenfurt.

Pabirensis s. Blaubeuern.
Paderborn (Baderborn, Paderborna-Westphalus, Paderbornensis, Padifontano-Westphal., Paderano-Westph., Paderanus in Westphalia), pr. Rgb. Minden, Kr. Paderborn.
Arcularius. Brandis. Brencken. Brockhausen. Gunther. de Haxthausen. de Leykam (3). de Lippe. Meyer (2). Reinig. Rissen. Schlüber. Spiegel zum Diessenberg. Thorwesten. Unkraut. Vahle. Vollbarth. Widekin. Wohrt.
Paedemontanus s. Piémont.
Paetrosa via s. Schnierlach.
Pagny (Pargney la blanche coste Lotharingus), Bz. Lothringen, Kr. Metz (oder Pargney-sur-Mureau i. frz. Dép. Vosges).
Simonnet.
Pahlingensis s. Balingen.
Pairis (Pairis Als.), Hof i. Bz. OElsass, Kr. Rappoltsweiler.
Didierjean (2).
Palaeogotteranus s. Altengottern.
Palaeo-Leiningensis s. Altleiningen.
Palatinopolitanus s. Pfalzburg.
Palatinus s. Pfalz.
Palermo (Panormitanus), Sicilien.
Janné.

La Palme (Palmensis), frz. Dép. Aude, arr. Narbonne.
Clerc.
Pange (de Pange Metensis), Bz. Lothringen, Ldkr. Metz.
Thomas.
Panormitanus s. Palermo.
Panrod (Panroda-Nassovius), pr. Rgb. Wiesbaden, Untertaunuskr.
Fimmel.
Papiensis s. Pavia.
Pappenheim (Pappenheimensis), bayr. Rgb. Mittelfranken, BzA. Weissenburg.
Algeier. Buttersack. Hummel. Caroli. Klett. Knaup. Ulrich.
Parchim (Parchimo-Megapolitan.), Mecklenburg-Schwerin, Kr. Mecklenburg.
Balecke. Hasenius. Roerdantz.
Pardubitz (Boëmo-Pardubicensis), BzH. in Böhmen, a. d. Elbe.
Bielsky.
Parey St. Ovin (ex Parey St. Ovain in Lotharingia) = Parey-St.-Cézaire?, frz. Dép. Meurthe-et-Moselle, arr. Nancy.
Cordier.
Pargney s. Pagny.
Paris (Parisinus, Parisiensis, ex urbe Parisiensi, Lutetia-Parisiensis), Hptst. von Frankreich.
Bélin. Bernard. Bignon. Bocquet. Christian. Clément. Dautemare d'Ervillé. Daspide. Deguingand. Delmotte (s. Flayelle). Demoret. Desbarbins de Sardaian. Desnot. Deslandes. Dumar de Vaudoncourt. Flayelle Delmotte. Florat. de Frileuse. Frontier. Gayot. de Gerandin. Gineste. Gouniou. Granges. Grossart de Virly. Guyot (s. Gayot). de Heiss. Herissant. Hemm de la Marre. Hombourt. Höppel. Hurault de Vibraye. Jober. Lany. Laudier. Levasseur (2). Le Bel. Le Brun dit Gilbert. Le Clerc. Legrand. Lecomte du Chatelot. Le Gendre. Le Laboureur. Le Lièvre. Le Mire. Le Moine. Le Pelletier de la Houssaye de Signi. Loir. Mariotti. Martin (2). de Montcarville. de Montglas. Nicanné. Ory. Pierre. Pouille. Premia. Rotrou de Lasalle. de Saintefoy. Saur. la Sauche. de Saussaye. Simon. Simonnet. de Sombreuil. Tamoigne. Telles d'a Costa. du Thuyt. de la Vergne. Véron. Voulau. de Wermenton.

Parma (Parmensis), Oberitalien, Hptst. der Prov. Parma.
Scottus.
Parthenopolitanus s. Magdeburg.
Pasbergensis s. Prassberg.
Pasewalk (Pasewalcensis Pomer., Pasewalt Pomer.), pr. Rgb. Stettin, Kr. Ueckermünde.
Braschius. Ziebell.
Passau (Passaviensis), bayr. Rgb. Niederbayern, BzA. Passau.
Bodner. Ecker de Käpfing. de Tettenbach.
Patersberg (Patersbergensis Hassus), pr. Rgb. Wiesbaden, Rheingaukreis.
Maus.
Patschkau (Patecoviensis Siles.), pr. Rgb. Oppeln, Kr. Neisse.
Schuberth.
Paumgarden s. Baumgarten.
Pavia (Papiensis), ital. Prov., Region Lombardia.
Moraschus.
Payerne, Peterlingen (Payerne C. Bern), schwz. Kant. Waadt.
Plumetter.
Pedepontano-Bojus s. Stadtamhof.
Pegau (Pegavia-Misn., Pegaviensis), sächs. KrH. Leipzig, AH. Borna.
Keill. Schilder. Wittich.
Pegelow (Pegelow-Uckermarchicus), pr. Rgb. Stettin, Kr. Saazig.
Diederich.
Peltre (de Peltre Metensis), Bz. Lothringen, Ldkr. Metz.
(Gourdain s. Metz.)
Périgord (Fons cancellatae provinciae Petrocoriensis).
Reveilhas.
Perleberg (Perlebergâ-Marchicus, Perlemonto-March.), pr. Rgb. Potsdam, Kr. Westpriegnitz.
Helsius. Leninius. Rülov. Schröder.
Pest, Budapest (Hungaro-Pestiniensis, Hungar. Pistinensis), Hptst. des Kgr. Ungarn.
Hager.
Peterlingen s. Payerne.
Petersburg (Sanct Petersburg, Petersbourg, Petropolitanus, Petro-Politanus, Petroburgo-Russus).
Bocker. Boudagof. Bützow. de Chwastoff. Ferber. Henning. Krock (2). Lechkoy. Leontowitsch. Lepechin. Lietzmann. Lindemann. Mahs. Mautt. Meltzer. de Mouravieff. Oseroff. Oubril. de Petrischeff. de Plomann. Polenoff. de Poltoratzky. Protasoff. Rösslein (2).

Schein (2). Scherer. Schweighardt. Sokoloff. Strenge. Stroganoff. de Tolstoy. Vetochnikoff. Voelckner. de Woranzoff. Zouiew.
Petersh(agen) (Petersh. Westphalus), pr. Rgb. u. Kr. Minden.
Klopper de Kloppersheim.
Peterweilensis s. Petterweil.
Petropolitanus s. Petersburg.
Petschau (Petschavia-Bohemus), böhm. BzH. Karlsbad.
Fischbach.
Petterweil (Petrivilla-Wetteravus, Peterweilensis Wetteravus, Petrovillanus Wetteravus), hess. Prov. Oberhessen, Kr. Friedberg.
Becker. Damm. Mohr. Pfaff.
Pfaffenhofen (Pfaffenhof. Hanoicus. Pfaffenhoviensis), Bz. UElsass, Kr. Zabern.
Gerhardi (2). Grumbach (2). Koenig. Pfender. Schwindratzheim. Vogel. Wagner.
Pfäffers, Pfäfers (Helveto-Pfeffers), schwz. Kant. St. Gallen, Bz. Sargans.
Mader.
Pfalz (Palatinus, Palatinatus).
Balz. Beck. Brinck. Buchfelder. de Butler. Goldschmid. a Gornetz dict. Steyss (2). Gutheil. Haupprecht. de Imhof. Kaufmann. Klingenbeck. Koester. Kornzweig. Laritius. Leopold. Marstaller. Mercklin. Müller. Ritterspacher. Reschengeder a Schlachteckh. de Stengel. Stutz. Tarusello. Waith. Weber. Wensinger.
Pfalzburg (Palatinopolitanus, Phalsburgensis, de Phalsbourg, Palatiopolitanus), Bz. Lothringen, Kr. Saarburg.
Bouchard. Boyer. Frossard. Ganol. Gérard. Helouis. Heuchius. Houdouard. Jacmin. de Jeanseing (2). Collin. Latour de Foyssac. de Lauthier. Masson. Mengin. Mercier. Mouton (2). Royer. Tourny.
Pfärrich (Phoerrichensis prope Vinea), württ. Donaukr., OA. Wangen.
Rösch.
Pfedelbach (Pfedelbacensis, Pfedelbacensis Hoenloicus), württ. Jagstkr., OA. Oehringen.
Banger. de Genghofen. Gros. Keller. Scheid (2). Steinlein.
Pfeddersheim (Palatino-Phedersheimensis, Pfedershemio-Bipontinus), hess. Prov. Rheinhessen, Kr. Worms.
Chelius. Müller.
Pfeffers s. Pfäffers.
Pferdingsleben (Pferdingslebia-Thuring.), S.-Coburg-Gotha, LdrA. Gotha.
Conradi.
Pfiffligheim (Phiffliighem. Palatinus), hess. Prov. Rheinhessen, Kr. Worms.
Hoppensack.
Pforzheim (Phorzensis, Phorcensis March., Pfortzheimensis, Phorcensis Suevus, Pforcensis Durlac., Pforzhemio-Badensis, Phorca-March.), bad. Kr. Karlsruhe, A. Pforzheim.
Agricola. Berblinger. Bergmann (2). Dages. Daser. Deimling. Engesser. Eradus. Fasnacht. Fleischmann. Froehlich. Gaupp. Haffner. Herold (2). Kaufmann. Kauschelmann. Cremer. Kieffer. Kummer. Lacoste. Majus. Maler. Mew. Mögling. Nerlich. Niethammer. Nudinus. Preu. Roller. Rosa. Sahler. Schiffmann. Steib. Trostel Walter. Weber. Wibel (3). Wielandt. Zradus.
Pfintingensis s. Finstingen.
Pfirt (Ferretanus. Ferretensis, Pfird Ferrot Als., Pfirtensis ex Songavia), Bz. UElsass, Kr. Altkirch.
Curic. Gérard. Giroud. Monnin (2). Nansé. Petrys. Salazar (2). Schweitzer. Schwingdenhammer. Zipper ab Angerstein. Widerspach (4).
Pfulgriesheim, Bz. UElsass, Kr. Strassburg (Ld.).
Weber.
Pfullendorf (Julio-Mogensis Suevus, Juliomagensis Suevus), bad. Kr. Konstanz, A. Pfullendorf.
Mack. Mayer. Reegg. Stinmann. Wey.
Pfullendorf (Pfollendorfo-Thuringus), S.-Gotha, LdrA. Gotha.
Nehring (2).
Pfullingen (Pfullingensis Württemberg.), württ. Schwarzwaldkr., OA. Reutlingen.
Gutbrot. List. Volck.
Pfungstadt (Pfungstatt bei Darmstadt), hess. Prov. Starkenburg, Kr. Darmstadt.
Crösmann.
Phifflighemiensis s. Pfifflichheim.
Philippocastrensis, Philippopolitanus s. Philippsburg.
Philippsburg (Philippopolitanus, Philippsburgensis, Philippocastrensis), welches? (lothr. Kr. Saargemünd?, bad. Kr. Karlsruhe?).
Augusto. Deplessi. Goiyon. Gordine. Lump. Speyrer. Valentin.
Phoerrichensis s. Pfärrich.

Phorcensis s. Pforzheim.
Picardie (Picardus, de Picardie proche Compiègne).
Cosse. Fourdrin. Tonnelier.
Pictavium s. Poitou.
Piémont (Paedemontanus), ital. Provinz.
Ribat.
Pilawa (Pileae in Palatinatu Cracoviensi), östr. Galizien, BzH. Buczacz.
Tilly.
Pilgramsreuth (Pilgramsrutho-Variscus, Pilgramereuthensis Variscus), bayr. Rgb. Oberfranken, BzA. Rehau.
Grieshammer. Meyer.
Pilsen (Pilsnâ-Boëmus), BzH. in Böhmen.
Hämpel.
Pilten (Piltensis Curlandus), russ. Gouv. Kurland.
Tiemann.
Pinkafeld (Pincafeld. Austriacus), ung. Kom. Eisenburg, Bz. Felsö-Oer.
Graff.
Pinneberg (Pinnebergâ - Holsatus), pr. Rgb. Schleswig, Kr. Pinneberg.
Steinhof.
Pinopolitanus s. Tann.
Pinterville (de Pintheuílle), frz. Dép. Eure, arr. Louviers.
Watronville.
Pirmasenz (Birmasenz, Pirmasensis, Pirmasensa-Hasso-Hanoicus, Pirmasensis du Mont-Tonnerre), bayr. Rgb. Pfalz.
Breithaupt. Bruch. Fleischmann (2). Harteneck. Heinrich. Jeambey. Maurer. Morhard. Müller.
Pirna (Pirna-Misn., Pirnensis Misn.), sächs. KrH. Dresden, AH. Pirna.
Berthold. Grübner. Cademann. Richter.
Piskowitz (Pyscoviczensis Siles.), KrH. Bautzen, AH. Sachsen.
Frisch.
Pistoja (de la ville de Pistoie en Toscane), ital. Prov. Florenz.
Bagnisti.
Pistricio-Transylv. s. Bistritz.
Pithiviers (Pitveriensis Gallus), frz. Dép. Loiret, arr. Pithiviers.
Girard.
Pitschen (Bicinio-Sil.), pr. Prov. Schlesien.
Fechner. Opala.
Pittlingensis s. Püttlingen.
Pitveriensis s. Pithiviers.
Plainfaing s. Fraize.
Plan (Plano-Bohemus), BzH. in Böhmen.
Felbinger.
Planig (Planicens. P., Planigens., Planich), hess. Prov. Rheinhessen, Kr. Alzey.
Geraeus. Metz (2). Stölting.
Planitz (von Planitz), welches? (sächs. KrH. Dresden?, Böhmen?).
Löscher.
Plau in Mecklenburg (Plaviâ-Meclenburgicus), Mecklenburg-Schwerin, Wend. Kreis.
Ansel.
Plauen im Voigtland (Plaviâ-Variscus, Plaviensis Variscus), sächs. KrH. Zwickau, AH. Plauen.
Binder. Detleff. Elsner. Merckel. Schmidt. Seufert. Stemler. Thöler. Weidlich. Widemann. Wildt.
Pleisweiler (Pleisckweileranus ex Palatinatu), bayr. Rgb. Pfalz, BzA. Bergzabern.
Seydler.
Plobsheim (Plobsheim. Alsata), Bz. UElsass, Kr. Erstein.
Brecht. Sackenreiter.
Plombières (Plomberiensis, Plomberiano-Lotharingus), frz. Dép. Vosges, arr. Remiremont.
Jacotel. Laurent. Parisot.
Plön (Ploena-Holsatus), pr. Rgb. Schleswig, Kr. Plön.
Berglingh. Hennings.
Podlasensis s. Polen.
Podolien (la Podolie) s. Polen.
Poesnicensis s. Pössneck.
Poitou s. St. Maixent.
Polen (Polonus, fil. Palatini Podoliae, de la Pologne).
Borkowski. Boye. Bzewulski. Dunin de Karwice (2). Grabowski. Jastrzebsky. Campo comte de Scipio (2). de Krzycki. Lettow. a Lutsky. Niegolewsky. a Raysko Rayski (2). Sanguszko. Stecki. Slerocky. Trzcinski. Vschöwicius.
Poltawa, Pultawa (Poltaworussus, Poltawo-Russus), Hptst. des russ. Gouv. Poltawa.
de Ftovynski. Schumlansky (2).
Pommern (Eq. Pomeranus, Sueco-Pomer., Eq. Pomeraniae ultioris, Sueda-Pomeranus).
de Bandemer (2). v. Beu . . . . v. Borck. Brunschwigk. Edling. ab Eichstädt. a Faltzburg (2). Hartmann. Hennigk. Horn. a Janritz. Caroch. Kempendorf. von Kleist. Koch. a Krackewitz. Cramer. a Lapstein. Meyer. von der Osten. Reincke. Rosenhand. Scheele. Schwalch. Schwallenberg. v. Schwerin. Segebada. von Stein. Stiler. de Thammen. de Thun. Truf. Volsche. de Wedel. Wulfradt Zeleske.

Poncé (Poncensis), frz. Dép. Sarthe, arr. St. Calais.
Toubillon.
Pontaudemer (Pontisodomariensis, Pontisaudomariensis Normannus), frz. Dép. Eure.
Barbier.
Pont-à-Mousson (Mussipontanus), frz. Dép. Meurthe-et-Moselle, arr. Nancy.
Chaxel (s. Saargemünd). Gabriel. Georges. Gosserer. Humbert. Jacquinot (2). Jadelot.
Poppardiensis s. Boppard.
Portieux (ex Portieux), frz. Dép. Vosges, arr. Mirecourt.
Laselle.
Posoniensis s. Pressburg.
Pössneck (Pösnicensis Thuring., Poesnicensis), S.-Meiningen, Kr. Saalfeld.
Eichler. Friderici.
Possenheim (Possenheimensis Francus), bayr. Rgb. Mittelfranken, BzA. Scheinfeld.
Frisius.
Potsdam (Potsdamia-March., Potsdamiensis), pr. Rgb. Potsdam.
Gerigke. Hessert. Rudeloff.
Pottendorf (Pottendorffio-Austr.), Nieder-Oesterreich, BzH. Wiener-Neustadt.
Scharlapaur.
La Poutroye s. Schnierlach.
Prag (Pragensis, Micro-Pragensis, Pragâ-Bohemus), Böhmen.
Albach. Braun. Haiden. Job. Keppler. Klapka de Wescowet. Collet. Linnenborn. Lochmann. Matter. de Morzin (2). Parmann. Quitteines. Reichmüller. Scherer. Sebastian. Wilhelmj. Witmann. Zéewald.
Prassberg (Paspergensis Algojus), württ. Schwarzwaldkr., OA. Wangen.
Vogt v. Altsommerau etc.
Pratovallensis s. Wiesenthal.
Praunheim (Praunheimensis Wetteravus), pr. Rgb. Kassel, Ldkr. Frankfurt a. M.
Busch.
Prebusiensis s. Priebus.
Prenzlau (Primislav. March.), pr. Rgb. Potsdam, Kr. Prenzlau.
Ramelow.
Pressath (Pressatensis Palatinus), bayr. Rgb. Oberpfalz, BzA. Eschenbach.
Gruber. Kern. Zeidler.
Pressburg, Pozsony (Posoniensis Pannonius, Posonio-Hungar., Ungar. Posoniensis), Ungarn.
Auer (3). Beigler. Feyrtag. Heindel. Heuchelin. Höffer. Jentsch. Kegel. Knogler. Cralowitz. Ludwig. Möller. Müller. Pipani. Rayger. Riebe. Scheringer. Schödel. Schrimpf. Schwartz (2). Szelleczky. Thillius. Tutzendaller. Voigt. Wieland. Windisch.
Preussen (Prussus, Nobilis Prussus, Prutenus, Borussus).
Adersbach. Bartsch à Demuth. Bergmann. von Bodeck (2). a Bolschow. Burmeister. Engelke. ab Eppingen (2). Freilingk. Gillius. Grube. Hendreich (2). Hellwing. Henning. Hintzke. Kerssenstein. Köhne gen. Jassky. von Kospoth. von Kunheim. Lange. von Lehndorff. von Lewaldt. Lüdicke. Meier. Meienreis. Mosansky. Oelhaf. von Packmohr. von Petkow. von Podewils. von Prömock. Pulmann. Radovius. (von) Rauschke. Reyger. (von) Schmieden. Schmieder. Schröder. Strobandt. Wachschlager. Wahl. a Weinbeer.
Preussisch-Holland (Preusch-Holland Brandeburg. Provinciae), pr. Rgb. Königsberg, Kr. Pr.-H.
Wichert.
Prichsenstadt (Pripolitano-Francus), bayr. Rgb. Unterfranken, BzA. Gerolzhofen.
Maier. Rudolph.
Priebus (Prebusio-Siles.), pr. Rgb. Liegnitz, Kr. Sagan.
Fleming.
Prigantinus s. Bregenz.
Prignitzia-Marchicus s. Brandenburg.
Primislaviensis s. Prenzlau.
Pripolitano-Francus s. Prichsenstadt.
Pritzwalk (Pritzwaldensis Marchicus), pr. Rgb. Potsdam, Kr. Ostpriegnitz.
Koch. Cruger. Crusemarck. Meurmeister. Wegener.
Provenchères (Provenscheres), frz. Dép. Vosges, arr. St. Dié.
Ferry.
Pruines (Pruisnensis), frz. Dép. Aveyron, arr. Rhodez.
Goury de Champgrand.
Pruntrut, Porrentruy (Bruntrutanus, Pruntrutanus, Prontrutanus, Pruntrutanus Rauracus), schwz. Kant. Bern, Bz. Porrentruy.
Bajol. Bury. Edel. François. Garnichet. de Grandvillars. Guélot (3). Guisinger. Jobin. Lachausse (2). Lintzmann. Maistre. Maler. Millard (2). Münck (2). Ostertag. Ragué (2). Quiqueré. de Roggenbach. Scheppelin. Schüz a Pfeilstadt. Triponnez. Tschann. Willemin.

Püchersreuth (Puggersrutto - Palatinus), bayr. Rgb. Oberpfalz, BzA. Neustadt.
Hund.
Pulsnitz (Pulsnitio-Lusatus), sächs. KrH. Bautzen, AH. Kamenz.
Fischer.
Pultawa s. Poltawa.
Püttlingen (Puttlingensis, Pittlingensis, Püttlingen in Lotharingia Germanica, Pültingensis), welches? (pr. Rgb. Trier, Kr. Saarbrücken?, Bz. Lothringen, Kr. Forbach oder Kr. Diedenhofen?).
Grandjean. Helfflinger. Hennesienne.
Pyrbaum (Pyrbaumensis Palat.), bayr. Rgb. OPfalz, BzA. Neumarkt.
Tuncker.
Pyrgo-Beichlingensis s. Beichlingen.
Pyritz (Pyricensis Pomer., Pyricio-Pomer., Pyriciâ-Pomer.), pr. Rgb. Stettin, Kr. Pyritz.
Betich (2). Brunow. Hamel. Klitzschig. Messerschmid. Neander (2). Schening.
Pyrmont (Pyrmontano-Westphal.), Waldeck.
Klippel.

Quakenbrück (Quakenbrugâ-Westph.), pr. Rgb. Hannover, Kr. Bersenbrück.
Meyer. Olffenius.
Quedlinburg (Quedlinburgensis, Quedelburgâ-Saxo), pr. Rgb. Magdeburg, Kr. Aschersleben.
Heidermann. Heidfeldt. Müller.
Quers (e loco Quers in Comitatu Burgundiae), frz. Dép. Haute-Saône, arr. Lure.
Lambolley.

Raab (Jaurino-Hungar.), ung. Kom. Raab-Györ.
Csapo.
Raceburgensis s. Ratzeburg.
Rackringen (Reheren), Bz. Lothringen, Kr. Forbach.
Perin (s. Brauweiler).
Racqwillanus s. Raville.
Raedersheim (Redersheim. Als.), Bz. UElsass, Kr. Gebweiler.
Ehrhard.
Ragaz (Ragozensis Helv., Ragatz in der Schweitz), schwz. Kant. St. Gallen, Bz. Sargans.
Gantner. Good.
Ragnit (Ragnetensis), pr. Rgb. Gumbinnen, Kr. Ragnit.
Otter.
Rain (Rhainensis Bavarus), bayr. Rgb. Oberbayern, BzA. Aichach.
Dorner.
Raincourt (Raincourt en Franche comté), frz. Dép. Haute-Saône, arr. Vesoul.
Myot.
Rambervilliers (Rambervillanus, Rembervillanus, Rambervillensis, in urbe Rambervillana), frz. Dép. Vosges, arr. Épinal.
Bayard. Balland. Benoist (3). Bourlier. Chopot. Del. Duprey. Fournier. Garnier (2). Gerard. Guerin. Hederval. Collignon. Curé. Lacroix. Laroche. Masson. Michel. Pâris. Thirion. Tisserant (3).
Rammingen (Rammingan. Suev.), württ. Donaukr., OA. Ulm.
Glöckler.
Rammisweil (Rumisweill C. Bern), schwz. Kant. Solothurn, Bz. Balsthal.
Berr.
Ramstein (Ramsteina-Austr.), bayr. Rgb. Pfalz, Bz. Homburg.
Wuttich.
Randegg (a Randegg), welches?
Fauber.
Randers (Randrusia-Danus), dän. A. in Jütland.
Aegidii. Petri. Tomaeus.
Randrup (Randolfia-Danus), pr. Rgb. Schleswig, Kr. Tondern.
Envaldi (2).
Randrusia-Danus s. Randers.
Ränkam (Räncambensis Bavar.), bayr. Rgb. Oberpfalz, BzA. Cham.
Schirzl.
Ranovillensis s. Fröschweiler.
Ranrupt? (Demruptensis Lotharing.), Bz. UElsass, Kr. Schlettstadt.
Mourot.
Raon (Ravonensis Lotharingus, ex Rano in Lotharingia), welches?
Jeandel. Mafioly. Salmon.
Raon-aux-bois (Ravon aux bois en Lorraine), frz. Dép. Vosges, arr. Rémiremont.
Courtois.
Raon-l'Étape (Raon l'etape in Lotharingia, ex Raon L'Etappe Lotharicus), frz. Dép. Vosges, arr. St. Dié.
Febvrel. Marchal.
Rappach (Ropacensis), württ. Neckarkr., OA. Weinsberg.
Leubrandt.
Rapperschwirensis s. Rappoltsweiler.

Rapperschwyl (Raperschweil, Rapperschwilanus Helv.), schwz. Kant. St. Gallen, Bz. See.
Breny. Büeler. Fuchs (2). Helbling. Reymann. Rickenmann (2). Thaumeisen.

Rappoltsweiler (Rupisvillanus, Rappoltivillanus, Rupisvilla-Rochspoletanus, Rochus-Spoletanus, Rapperschwirensis, Ripoldvillanus), Bz. OElsass, Kr. Rappoltsweiler.
Bartmann (s. Colmar). Beck (2). Beysler. Birckel. Daser (4). Foehr. Gangolff (2). Garch. Guissinus (Rapperschwir). Hetzel. Caspari. Koehler. Kraener. Krueg. Kühlwein. Liechtenberger (3). Lorentz (2). Mathis. a Müllenheim. Neuzius. Oestringer. Ortlieb. Papelier. Radius. Reichard. Rose. Saltzmann (3). Schmidt (2). Speisser. Spener (4). Stauber. Steinheil (4). Stoll. Stotz. Truchsess de Rheinfelden. Ulrich. Vogel. Weber.

Raquevillanus s. Raville.

Rastatt (Rastadiensis, Rastattiensis), bad. Kr. Baden, A. Rastatt.
Becht. Birnstill. Dürfeld. Gröber. Hoffer. Horn. de Kieningen (2). Kimler. Kramer. Kraus. de Mohr. Nopp. de Oberlin ad Mittersbac. Padavvin. Reinbold. Schneid. Schwalbach. Suoboda. Weis. Wolff (2).

Räterschen (Retteschen-Tigurin.), schwz. Kant. Zürich, BzA. Winterthur.
Petter.

Rathenow (Rathenoënsis Meso-Marchicus, Rathenoviensis-March.), pr. Rgb. Potsdam, Kr. Westhavelland.
Holtorff. Ludovici.

Ratibor (Rattiboria-Siles.), pr. Rgb. Oppeln, Kr. Ratibor.
Koehler.

Ratisponensis s. Regensburg.

Rätsch (Rechnitzio-Ungarus), ung. Kom. Szeben.
Feyerabent.

Ratzeburg (Raceburga-Megalopol.), pr. Rgb. Schleswig, Kr. Lauenburg.
Bunsow. Köster. Mithobius. Winter.

Rauenzell (Rauhenzelle), bayr. Rgb. Mittelfranken, BzA. Feuchtwangen.
de Pappun.

Raunau (Nieder-) (Raunoviensis Suev.), bayr. Rgb. Schwaben, BzA. Krumbach.
Ruosch.

Rauschenberg (Rauschenberga-Hassus), pr. Rgb. Kassel, Kr. Kirchhain.
Schusler (2).

Rauschenberg (Rauschenberga-Francus, Rauschenbergensis ex Marchionatu Bayreuthensi), bayr. Rgb. Mittelfranken, BzA. Neustadt.
Heussinger de Waldegg. Rabus.

Rauenberg (Rauenberg, Ravenberg), welches? (bad. Kr. Mosbach oder bad. Kr. Heidelberg?).
Sonntag.

Ravensberg (Ravensperg. Westphalus), frühere Grafschaft mit der Hptst. Bielefeld.
Korff. Voss.

Ravensburg (Ravenspurgensis, e Suevis Ravenspurg., Ravenopolitanus, Ravenspurgo-Algoicus), württ. Donaukr., OA. Ravensburg.
Beck. Becker. Bell. Brand. Gradmann. Kraus (2). Kutter. Mader. Mauselin. Merz. Schneider (s. Memmingen). Senner. Stoll. Sommer. Veconda. Willig. Wocher d'Oberlohn. Zeiler.

Raville, Rollingen (Ravillanus, Raville, Raquevillanus), welches? (Bz. Lothringen, Kr. Metz?, luxemb. Distrikt Luxemburg?, frz. Dép. Meurthe?).
Bareth. Boulanger. Wagner.

Ravon s. Raon.

Rawitsch (Variscus Raviciensis), pr. Rgb. Posen, Kr. Kröben.
Reinmann.

Rechenberg (Rechenberga-Fr., Rechenberga-Suevus), württ. Jagstkr., OA. Crailsheim.
Caselmann (3).

Rechenberg (Rechenbergensis), welches? (Württemberg?, Sachsen?).
Kettner.

Réchicourt s. Rixingen.

Rechnitzio-Ungar. s. Rätsch.

Recklinghausen (Recklinghusa-Westph., ex Vesta-Recklinghausen), pr. Rgb. Münster, Kr. Recklinghausen.
Esken (s. Dorsten). a Reck. Vesta.

Redersheim s. Roedersheim.

Redfinningensis s. Finningen.

Redwitz (Redbicio-Palatin., Redbicio-Francus, Redvizia-Variscus), bayr. Rgb. Oberfranken, BzA. Wunsiedel.
Leopold (2). Schwartz. Thanner.

Reekum s. Grossreken.

Rees (Resensis), pr. Rgb. Düsseldorf, Kr. Rees.
von Wickersheim.

Regenbach (Ober-) (Regenbachio-Hoenloicus), württ. Jagstkr., OA. Gerabronn.
Apinus.
Regensberg (Helv. Tigurino-Regenspergensis), schwz. Kant. Zürich, Bz. Dielsdorf.
Angst.
Regensburg (Ratisponensis, Ratisbonensis Bojus, Ratisbonne), bayr. Rgb. Oberpfalz, BzA. Regensburg.
Adler. Alkhoffer. Annacker. Aschinger. Baesner (2). Baumgartner. Beck. Bertram. Brunner. Burger. Dirius. Dolberg. Dufrène. Eckenberger. Eibelhueberg. Erndel. Ernst. Elsberger. Faber. Federlin. Feischl (2). Forster. Frenzel. Freysinger. Fuchs (2). Geier. Gichtel. Gölgl (2). Goeritz. Gruber. Grüner. Gumpelsheimer (2). Haerdl. Haesel. Halbritter. Hammer (2). Hansemann. Harrer. de Hauser. Helmhack. Hessling. Hopfer. de Horben. Hüettel. Huginet. Hummel. Ibser. Jan. Kerscher. Kipeke. Kirchdorfer. Kirschstein. Klözel. Koch. Kropffgans. Lehner (2). Lentz. Lerchenfelder. Leutner. Löscherkoll. Maerckel (2). Majer. Meyerhofer. Moenninger. Mollinger. Muck. Neuenhahn. Nieremberger. Oelsperger. de Otten (2). Pecher. Peippel. Perger (2). Pfaffreutter (4). Pfeffel. Pierer. Plato al. Wild. de Plettenberg. Portner. Prasch. Prickel. Püchler. Radauer. a Reck. Renz. Richel. Ritter. Rotich. Ruland. Schaeffer (3). de Scherer in Hohencreizberg. Schorer. Seippel. Selperth. Sinneslin. Settele (2). Seyffarth. Stempler. Steurer. Stoll. Stotz. Strobelberger. Ströelin. Syroth. Venediger. Walz. Weidknecht. Weigel. Weissboeck. Wendler. Wider. Widmann (2). Wieninger. Wild. Willet. Würth. Zehetner. Ziegler. de Zillerberg. Zorer. Zottmann.
Regicuriensis s. Rixingen.
Regiomontanus s. Königsberg.
Regnévelle (ex Regnievel-Lotharingus), frz. Dép. Vosges, arr. Mirecourt.
Rouly.
Reheren s. Rackringen.
Reichenau in Schlesien (Silesio-Reichenaviensis), welches? (Kr. Bolkenhain?, Kr. Grünberg?).
Kahler.
Reichenau in Baden (ex Augia divite, ex valle Augiae Divitis, Acronianus, aus der Reichenau), bad. Kr. Konstanz.
Eggert. Massler. de Ratzenried.
Reichenbach (Reichenbaco-Lautereccensis), bayr. Rgb. Pfalz, BzA. Homburg.
Dieffenbach.
Reichenbach (Reichenbaco Sponhemicus), pr. Rgb. Trier, Kr. St. Wendel.
Lamperti.
Reichenbach in der Oberlausitz (Reichenbachio-Lusatus), pr. Rgb. Liegnitz, Kr. Görlitz.
Berger.
Reichenbach in Schlesien (Reichenbach. Elysius, Reichenbach-Sil.), pr. Rgb. Breslau, Kr. Reichenbach.
Hohmann. Raschkius (2).
Reichenbach i. Vogtland (Reichenbaco-Variscus, Reichenbachio-Misn.), sächs. KrH. Zwickau, AH. Plauen.
Adami. Abt (2). Blumenzopff. Leonhard.
Reichenbach (Reichenbacensis), welches?
Bilfinger. Roth. Wollenweber.
Reichenberg i. Böhmen (Reichenberga-Bohemus), Böhmen, a. d. Neisse.
Tusco.
Reichenberg (Reichenberga-Moguntinus), pr. Rgb. Wiesbaden, Rheingaukreis.
von Evers.
Reichenweier (Richovillanus, Ricquevir, Reichenwirensis, Ricovilla-Als., Riechensis), Bz. OElsass, Kr. Rappoltsweiler.
Bannmeyer. Binder (6). Boehm. Burger. Cromayer. Denner. Diebold. Dieffenbach. Eberhard (2). Eccard. Elles. Fischer. Gabler. Glack. Greiner. Kiener. Kneyelius. Lemp. Mittnacht (3). de Mougé. Nardin. Negelin. Otho. Roth. Röttlin. Scharlapaur. Schmid. Singeisen (Riechensis). Wielandt (2). Winter. Wipper (3). Ziegler.
Reichstett (Richstett), Bz. UElsass, Kr. Strassburg.
Bornert.
Reims (de Reims, Remensis, Remensis in Campania), frz. Dép. Marne, arr. Reims.
Bernard. Fremin. du Mesnil.
Reinach, Rynach (Reinachensis Rauracus), schwz. Kant. Baselland, Bz. Arlesheim.
Goetz.
Reinegg s. Rheinegg.

Reinheim (Reinemio-Hassus, Reinheimensis), hess. Prov. Starkenburg.
Lauckhardt.
Reinheim (Reinheimensis), welches?
Funck. Gerlach.
Reittensis s. Reutte.
Rembervillanus s. Rambervilliers.
Remelfingen (Remelfing), Bz. Lothringen, Kr. Saargemünd.
Hausen (s. Saargemünd).
Remensis s. Reims.
Rémiremont (Romaricomontanus, de Remiremont en Lorraine), frz. Dép. Vosges, arr. Rémiremont.
Breton. Delorme. Denicourt. Deslon de Cervance. Grosjant. Grosjean (2). Hingray. Jerôme. Joly. Claude. Courtois. Laurent. (de Lorme s. Delorme). Noël. Pernot. Richard (2). Roquier. Thouvenel.
Rémoiville (Removillanus), frz. Dép. Meuse, arr. Montmédy.
Malcuit.
Remscheid (Remscheida-Montanus), pr. Rgb. Düsseldorf, Kr. Lennep.
Corts.
Renchen (Renchensis), bad. Kr. Baden, A. Achern.
Procopp.
Rendel (Rendelensis Wedderavus), hess. Prov. Oberhessen, Kr. Friedberg.
Scheck.
Rendsburg (Rendsburgô-Holsatus, Holsato-Rensburgensis), pr. Rgb. Schleswig, Kr. Schleswig.
Kohrdes. Reuss. Salomon. von Stökken. Voigt.
Resensis s. Rees.
Rethonvillers (de Rethoinville), frz. Dép. Somme, arr. Montdidier.
Chastel.
Retteschen s. Räterschen.
Reubach (Reubaco-Francus), württ. Jagstkreis, OA. Gerabroun.
Förster.
Reuland (ex oppido Reulandt ducatus Luxemburgensis), Luxemburg, Kant. Mersch, Gem. Heffingen.
Recht.
Reuss (Comes Ruthenus Dns in Plavia Dynasta in Greiz), Fürstentum Reuss ä. L.
Comites (3).
Reuthe (Rheutensis Brisgoius), bad. Kr. Freiburg, A. Emmendingen.
Lock.
Reutigen (Reutigen i. C. Bern), schwz. Kant. Bern, Bz. Niedersimmenthal.
Thönen.
Reutlingen (Reutlingensis, Reitlingensis, Reuttlingensis, de Reutlingue), württ. Schwarzwaldkr., OA. Reutlingen.
Aichlin. Baur. Beyer. Beckh. Efferen. Ellwerth. Engel. Fischer. Gayler. Gerlach. Göbel. Kalbstehl. Kemmler. Kesmann. Cnorr. Curtius. Laubenberger. Pfäfflin (2). Pfenning. Weinmann.
Reutte, Reuth, Reith (Reithensis), welches?
Seitz.
Reutte (Reittensis Tyrolensis), österr. BzH. in Tirol.
Vogl.
Reval (Revalia-Livonus, Revalia-Esthonus, Revalo-Livlandus), russ. Gouv. Esthland.
Blanckenhagen. Bluhm. Bröcker. Elvering. Hayly. Lindemann. Neuwerth. Nyberg (2). Poorten. Rosenfeld. a Schoten. Schultz. Walther. Willebrand. Witte.
Rhainensis s. Rain.
Rhaunen (Rhauna-Hunnus), pr. Rgb. Trier, Kr. Bernkastel.
Boecking.
Rheinau (Rinaviensis), Bz. UElsass, Kr. Erstein.
Keguelin.
Rheinau (Rhenoviensis Helv.), schwz. Kant. Zürich, Bz. Andelfingen.
Schweitzer.
Rheinberg (Rhinbergensis, Rhenobergensis), pr. Rgb. Düsseldorf, Kr. Mörs.
Hüser.
Rhein-Bischofsheim s. Bischofsheim.
Rheine (Rheinensis), pr. Rgb. Münster, Kr. Steinfurt.
Hülst.
Rheinegg, Reineck (Reineg in Rhinthall in der Schweitz, Reinegg im Rheinthal), schwz. Kant. St. Gallen, Bz. Unterrheinthal.
Lutz. Seitz.
Rheinfelden (Rheinfeldensis Rauracus, Rhenofeldensis Raurac. Austriacus), schwz. Kant. Aargau, Bz. Rheinfelden.
Eggs. Keller. Leo. Maringgele. Welle. Wielandt.
Rheinfels (Rhenofelsa Catimelibocus), Ruine bei St. Goar.
Marin.
Rheingau (Ringavus).
Ritter.

Rheinhausen (ex Rheinhausen), welches? (pr. Rgb. Düsseldorf?, bad. Kr. Karlsruhe?).
Gerrfeldt.
Rheinland (Eq. Rhenanus).
Loener de Laurenburg. Comites silvestres et Rheni (4). von Schmidtburg.
Rheinweiler (Rheinweilâ-Brisg.), bad. Kr. Lörrach, A. Müllheim.
a Rotberg.
Rheinzabern (Rheno Tabernensis, Tabernensis ad Rhenum, ex Palatinatu Rhenotabernensi), bayr. Rgb. Pfalz, BzA. Germersheim.
Breitner. Guthmann. Welcker (2).
Rhene (Rhenensis Westphal.), pr. Lddr. Hildesheim, Kr. Liebenburg.
Lethmate.
Rheno-Tabernensis s. Rheinzabern.
Rheno-Trajectensis s. Utrecht.
Rhenoviensis s. Rheinau.
Rhetus s. Ries.
Rheutensis s. Reuthe.
Rhinbergensis s. Rheinberg.
Rhode (Rhoda-Luneburgicus), pr. Lddr. Lüneburg, Kr. Gifhorn.
Steigertahl.
Rhoden (Rhodâ-Waldeccus), Waldeck, Kr. Twiste.
Botterweck. Richter.
Ribe, Ripen (ex Riepen, Ripensis Danus, Rippensis in Juttlandia), Jütland, A. Ribe, an der Ribe-Aa.
von Geismar. Grammius. Rasmussen.
Ribnitz in Mecklenburg (Ribnitzensis Megalopolit.), Mecklenburg-Schwerin. Wend. Kreis.
Cramer. Rudovius. Scholaeus.
Riceys (les) (de Ricey le bas dioc. Lingonensis en Bourgogne), frz. Dép. Aube, arr. Bar-sur-Seine.
Regley.
Richenau, Richno (Richno-Scephusiorum-Hungarus), ung. Kom. Zips, Bz. Banya.
Lucae.
Richicourt s. Rixingen.
Richno-Scephusior. s. Richenau
Richovillanus s. Reichenweier.
Richstett s. Reichstett.
Richtersweil (Richtenschweil C. Zürich) schwz. Kant. Zürich, Bz. Horgen.
Behz. Burckhardt.
Ricovilla-Alsatus s. Reichenweier.
Ricquevir s. Reichenweier.
Riechensis s. Reichenweier.
Ried (Ridensis Suevus), welches? (es giebt 2 Ortschaften dieses Namens im bayr. Rgb. Oberbayern, 4 im Rgb. Schwaben).
Schick.
Riedau (Riedavo-Austriacus) Ob.-Oesterreich, BzH. Schärding.
Hasenloff.
Riedbach (Riedbachio-Hoenloicus) württ. Jagstkr., OA. Gerabronn.
Weissenmüller.
Riedlingen (Riedlingens. Suev.), welches? (württ. Donaukreis, OA. Riedlingen? od. bayr. Rgb. Schwaben?).
Baytz (2). Fuchs. Steinman.
Riedwyl (Rietwill C. Bern) schwz. Kant. Bern, BzA. Wangen.
Käser.
Riegel (Rieglensis Brisgojus) bad. Kr. Freiburg, A. Emmendingen.
Andre. Bürckle.
Riehen (Riehen b. Basel) schwz. Kant. Baselstadt.
Weissenberger.
Riepen s. Riebe.
Ries (Rhetus), Ebene zwischen fränk. und schwäb. Jura (um Nördlingen u. Öttingen, s. dd.)
Huber.
Riesenburg (Riesenburgensis Prussus), pr. Rgb. Marienwerder, Kr. Rosenberg.
Herlin (2).
Rieth (Riethensis), welches? (pr. Rgb. Stettin? württ. Neckarkr? S-Meiningen?
Maier.
Rietberg (Rittberga-Westphal.) pr. Rgb. Minden, Kr. Wiedenbrück.
Pelizaeus.
Riga (Riegâ-Livonus, Riegensis) Hptst. i. russ. Gouvernement Livland.
Badendyk. zum Bärgen. Bojert. Bördingk. Depkin. Dolman. Friederich. Fuchs. Güldenstaedt. Hagen. Hanenfeld. Holler. Holmer. Kahlen. Caspari. Cleissenius. Lackmann. Lindenberg. Meiners. Mey. Ramm. Reimers. Styx. Ulrich (2). von Vietinghoff (2). Wachmann. Walter. Weier. Witte. Wolherr (2).
Rikenbach s. Kurzen-Rikenbach.
Rimbach (Rimpacensis), welches? (O-Elsass? Niederbayern? Oberhessen?)
Krampert (s. Würzburg).
Rinaviensis s. Rheinau.
Ringavus s. Rheingau.
Rinteln (Rinthelo-Westphalus) pr. Rgb. Kassel, Kr. Rinteln.
Pestel.

Riol (ex Rijoll Trevirensis), pr. Rgb. u. Kr. Trier.
Zell.
Riom (Riom en Auvergne), frz. Dép. Puy-de-Dome, arr. Riom.
Démichel.
Ripensis Danus s. Ribe.
Ripoldvillanas s. Rappoltweiler.
Rissstissen (Risdissensis Suevus, Ristissensis Suev.), württ. Donaukr., OA. Ehingen.
de Chrismar (2). Eberlin. Reutter.
Rittbergensis s. Rietberg.
Rittershofen (Rittershoffen-Hanoicus). Bz. UElsass Kr. Weissenburg.
Musculus. Rapp.
Rixheim (Rixheimensis), Bz. OElsass Kr. Mülhausen.
Welder.
Rixingen, Réchicourt le Château (Richicourt le chateau, ex Castro Rechicourt, ex arce Regicuria), Bz. Lothringen, Kr. Saarburg i. L.
Boileau. Helluy. Jalguet. Jaquot (2). Nicolas.
Rochefort (Rochefortia in Comitatu Burgundiae), schwz. Kant. Neuenburg, Bz. Boudry (oder frz. Dép. Jura, arr. Dôle).
Paulin.
La Rochelle (Rupellanus), frz. Dép. Charente-Inférieure, arr. La Rochelle.
Nicollet.
La Rochette s. Fels.
Rochlitz (Saxo-Rochlicensis, Rochlicio-Misn.), sächs. KrH. Leipzig, AH. Rochlitz.
Schnerr. Zschamke. Widemeyer.
Rochus-Spoletanus s. Rappoltsweiler.
Rockstedt (Rockstetensis Thuringus), Schwarzburg-Sondershausen, LdrA. Sondershausen.
Zweifell.
Roda (Rodensis), welches?
Graeter.
Roda (Roda-Saxonicus), welches?
Kratzsch.
Rodach (Rothacensis Francus, Rotach-Fr., Rothagensis Fr.), S-Coburg, Ldr. A. Coburg.
Hoffmann. Höhn. Zinck.
Rodalben (Rodalben badischer Herrschaft, Rodalbensis ex regione Baadensi) bayr. Rgb. Pfalz, BzA. Pirmasenz.
Franck. Iller.
Rodavia s. Rothau.
Rödelheim (Rödelsheima-Wetterav.), pr. Rgb. i. Kr. Wiesbaden.
Hänffling. Oberdörffer.
Rodensis s. Roth.
Rodern (Roederen), Bz. OElsass, Kr. Rappoltsweiler (oder Kr. Thann?)
Rapp.
Rodheim (Rodheimia-Wetteravus), hess. Prov. Oberhessen, Kr. Giessen (oder Kr. Friedberg?)
Waldschmidt.
Roedern s. Rodern.
Roesberg s. Rösberg.
Roeschwagensis s. Röschwog.
Roetelanus s. Rötteln.
Rogéville (Rougivillanus in valle Sancdeodatensi), frz. Dép. Meurthe?
Ganaye.
Roggwyl (von Roggenwiele C. Bern, von Roggwyl C. Bern), schwz. Kant. Bern. Bz. Aarwangen.
Glur.
Rohrbach (Rohrbacensis dioc. Spirensis, Rohrbacensis ad Kiesnübel), bad. Kr. Heidelberg, A. Eppingen, am Giesshübel und an der Elsenz.)
Breuning.
Rom (die Roma) Hptst. Italiens.
Sorjo.
Romansweiler (Romanovillanus), Bz. UElsass Kr. Molsheim.
Metzger.
Romaricomontanus s. Rémiremont.
Romberg (Romberga-Montanus) pr. Rgb. Düsseldorf, Kr. Solingen (oder Schloss R. bei Ascheberg i. pr. Rgb. Münster, Kr. Lüdinghausen).
Schöler.
Römhild (Romhildencis, Roemhildensis, Römhildâ-Francus), S-Meiningen, Kr. Hildburghausen.
Altenfelder. Christenius. Gottwalt. Holtzheuser. Kempff. Lang. Rebhan. Sutorius.
Rommelshausen (Rommelshusano-Suev.), württ. Jagstkr., OA. Cannstadt.
Cless.
Rönne (Ronnâ-Lunaeburg.), pr. Lddr. Kr. Harburg.
Brens.
Ronneby (Ronnoviensis Blechingorum Danus) [Blechingia, Bleckungen, Ldschft. in Gothland in Schweden] Schweden. Län Blekinge an der Rotneå.
Ronno.
Ronsdorf (Ronsdorfensis), pr. Rgb. Düsseldorf, Kr. Lennep.
Jung.
Ropacensis s. Rappach.
Roppenheim, Bz. UElsass Kr. Hagenau.
Poerner. Zinsner.

Rorschach (Rosacensis Helv., Rosaccnsis Acronianus), schwz. Kant. St. Gallen, Bz. Rorschach.
Bürche. Burke (2). Heer (2).
Rosbach (Ober-Rosbacensis Wetteravus), hess. Prov. Oberhessen, Kr. Friedberg.
Bholius. Crato.
Rosbach (Rosbacensis), pr. Rgb. Köln, Kr. Waldbroel.
Stein.
Rösberg (ex Roesberg), pr. Rgb. Köln, Ldkr. Bonn.
de Weichs.
Röschenz, Roeschenez (Röschnetz i. Bruntrutischen), schwz. Kant. Bern, Bz. Laufen.
Cuoni.
Röschwoog (Roeschwagensis Als.), Bz. UElsass, Kr. Hagenau.
Gregorius. Hager (2).
Rosenberg (ex praefectura Rosenberg), welches?
Schaffer.
Rosenberg i. Württemberg (Rosenberga-Francon.), württ. Jagstkr., OA. Ellwangen.
Schaeffer.
Rosenheim (Rosenheimensis), bayr. Rgb. Oberbayern, BzA. Rosenheim.
Fürst. Grau (2). Hormann. Hylle. Rem.
Rosheim (Rosheimensis, Rossheim bei Dorlisheim), Bz. UElsass, Kr. Molsheim.
Braun (2). Fuchs. Herrmann.
Rosières-aux-Salines (Roserianus ad Salinas), frz. Dép. Meurthe-et-Moselle, arr. Nancy.
Vanier.
Rosières? Rosière? (Roserianus) welches?
Thierry.
Rossach (Rossachio-Francus), S-Coburg, Ldr.-A. Coburg, a. d. Itz.
Elfflein.
Rossdorf (Rosdorfensis, Rossdorfensis), welches?
Dreyeicher. Moter.
Rossfeld (Rossfeldensis prope Benfelden), Bz. UElsass, Kr. Erstein.
Bootz.
Rosswein (Rossvinensis Misn.), sächs. KrH. Leipzig, AH. Döbeln.
Richter.
Rostock (Rostochiensis Megapolit.), Mecklenburg-Schwerin.
Backmeister. Becker. Bertram. Bueck. Dasenius. Deichman. Frider. Gawle. von Gehren. Geisner. Graas. Grothe. Hassaeus. Hein. Hoffmann. Carmohn (2). Kirchberg. Klein. Coltzovius. Lembke (2). Lüszow. Neukrantz (2), Oerthling. Possel. Schmidt (2). Schütze. Schwartzkopff. Schweder. Sibrandt (2). Stein. Steinman. Stolt. Taddel. Thurmann. Wegener.
Rotaviensis s. Rothau.
Rotenbach (Rotenbacho-Francus), württ. Jagstkr., OA. Ellwangen.
Schmidt.
Roth (Rothensis Noricus), bayr. Rgb. Mittelfranken, BzA. Schwabach.
Schuler.
Roth (Rothensis), welches?
Gro. Kraft. Piler (2). Sauer. Trautt.
Roth am Rothberge (in ducatu Bipontino Rhotis natus), bayr. Rgb. Pfalz, Bz. Kusel.
Folz.
Roth (Rodensis Palat.), bad. Kr. Heidelberg, A. Wiesloch.
Smiedius.
Rothacensis s. Rodach.
Rothau (Rotau au ban de la Roche, Rodavia-Als., Rothaviensis), Bz. UElsass, Kr. Molsheim.
Ahnne. Nagel. Weidknecht.
Rothbach (Rotbacensis, Ropacensis), Bz. UElsass Kr. Hagenau.
Leubrandt.
Rothenbach (Rotenbach Canton Bern), schwz. Kant. Bern, Bz. O.-Simmenthal.
Stucky.
Röthenbach (Röthenbaco-Noricus), bayr. Rgb. Mittelfranken, BzA. Nürnberg.
Roth.
Rothenbuch (Rothenbuchensis), bayr. Rgb. Unterfranken, BzA. Lohr.
Uzuber.
Rothenburg an der Tauber (Rotenburgo-Tuberanus, Roteburgo-Francus, Rottenburgo-Fr., Rothenburgensis), bayr. Rgb. Mittelfranken, BzA. Rothenburg.
Albrecht. Auer. Beer. Berg. vom Berg. Berger. Bezold (5). Bieg. Dam. Deckher. Dobel. Erhardt. Falckh. Flurer. Fossius. Frey. Güntzel. Hartmann. Hebeisen. Herrenbaur. Heudörffer. Hezel. Hofmann. Hoffmann (3). Hohenberger. Hornung (3). Jacobi. Joch. Karcher. Knörr. Cörber. Kraus. Löblein (2). Lullus. Meder. Meichsner. Merz (2). Nagel. Neuser. Nusch (2). Pfister. Pfisterer. Rabus. Rauchpar (2). Reichshöffer. Renger.

(7). Renz. Ries. Roesch. Rosteuscher. Rueckherr. Rueg. Sackenreiter. Salvelder (2). Schefer. Scheu. Schneyff. Schwab (Suevus). Sigmundi. Staudt (2). Stecker. Stock (2). Straub. Straus. Treubler. Utz. Vogtmann. Völcker. Waldmann. Walther (5). Weber. Zapff (2). Zierlin (2). Winterbach. Weinlin (3).
Rothenburg (Rotenburgensis), welches? Geys. Krackhart. Lehm. Schiller. Stellwag. Sutermeistre. Trump. Winter.
Rothenburg (Rottenburg C. Luzern, Rothenburgensis Lucerinus), schwz. Kant. Luzern, Bz. Hochdorf. Weber. Wiliman.
Rothenburg i. d. Oberlausitz (Rotenburgo-Lusatus), pr. Rgb. Liegnitz, Kr. Rotenburg. Miculci (3).
Rothenfluh (Rubrimontio-Helv.), schwz. Kant. Baselland, Bz. Sissach. Poteratius.
Rothfelden (Rothfelda - Württemberg.), württ. Schwarzwaldkr., OA. Nagold. Zeller.
Rothomagensis s. Rouen.
Rothweil (Rothweil i. Breissgau, Rothweil), bad. Kr. Freiburg, A. Breisach. Heydatel.
Rottau (Rottaviensis), bayr. Rgb. Oberbayern, BzA. Traunstein (od. Rothau i. UElsass?) Seyer.
Rötteln (Röttla-Durlacensis, Roetha-Badensis, Roetelanus, Roetela-March-Rötteln im Baden-Durlachischen), bad. Kr. u. A. Lörrach. Biermann (s. Eimeldingen). Didel. Eccardt. Gramp. Kaps. Vollmar. Zandt.
Rottenburg (Rottenburgensis ad Niccar. Suev., Rottenburgens.), württ. Schwarzwaldkr., OA. Rottenburg. Ackermann. Schlichter. Stadel. Sauttermeister. ab Ulm in Erbach. Widmajer.
Rotterdam (Roterodamensis), niederl. Prov. Südholland. Grotius.
Rottweil (Rottwilanus Suev., Suevus ex Rotwila), württ. Schwarzwaldkr., OA. Rottweil. Fleig. Geny. von Langen. Göbel. Haug. Hofer Lamberger (2). Staimer. Teubel.
Rouen (Rouen en Normandie, Rothomagensis Gallus, ex Rothomago Gallus), frz. Dép. Seine-Inférieure. Daubin (2). Decroix. Dumesnil. Dupont. Pouchet.
Rouffac s. Rufach.
Rougegoutte (Rougegoutte Als.), Dép. Vosges du H. Rh., terr. de Belfort. Marchand.
Rougivillanus s. Rogéville.
Rubeaquensis s. Rufach.
Rubrimontanus s. Rothenfluh.
Rüdenhausen (Rudenhusa-Francus), bayr. Rgb. Unterfranken, BzA. Gerolzhofen. Steinheil. Widt.
Rudenz (Rudenz Helv. Subsylv.), schwz. Kant. Obwalden. Wirz.
Rudersberg (von Rudersberg i. Württ.), württ. Jagstkr., OA. Welzheim. Hartmann (2).
Rüdesheim (Rüdesheimius, Rüdesheimensis), welches? (pr. Rgb. Wiesbaden? pr. Rgb. Coblenz?) Medicus. Nebel.
Rudisylva s. Rüfiswald.
Rudolstadt (Rudolstadio-Thuringus, Rudolphopolitanus, Rudolstadio-Schwartzburg.), Schwarzburg-Rudolstadt. Abiht. Bernhardt. Heyder. Kirsten. Kuehl. Müller. Langguth. Noebling. Rören. Ross.
Ruestanus s. Rust.
Rufach (Rubeacensis, Rouffac), Bz. O-Elsass, Kr. Gebweiler. Bach. Besson. Dettweiler. Friess. Gassmann. Gering. Golbéry (3). Mittnacht. Munsch. Probst. Reinbold (2). Schneider (3). Tschaen. Voche. Weingard. Zaepffel.
Rüfiswald (Rudisylva Rauracus), schwz. Kant. Bern, BzA. Obersimmenthal. Cattin.
Rügen (Rügianus, Rugia-Suecus). Hoppenstadt. Pagels. von Platen.
Rügenwalde (Rugiosilvâ-Pomer., Rugnewaldo-Pomer.), pr. Rgb. Cöslin, Kr. Schlawe. Burgmann, Gropper. Hökendorp. Rhodius. Wittich.
Ruhla (Ruhlâ-Thuringus), S-Gotha (zur Hälfte) u. S-Weimar. Jung. Conradi.
Rumisweill s. Rammisweil.
Rummelsburg (Rummelsburg. Pomer.), pr. Rgb. Cöslin, Kr. Rumelsburg. Zuther.

Rupe-Blamontanus s. Blamont.
Rupellanus s. La Rochelle.
Rupertovillanus s. Rupperswil.
Rupisvillanus s. Rappoltsweiler.
Rupperswil (Rupertovillanus), schwz. Kant. Aargau, Bz. Lensburg.
Werner.
Ruppin (Ruppinensis March.), pr. Rgb. Potsdam, Kr. Ruppin.
Thüring. Werckmeiser.
Ruprechtsau (ex Insula Sti Ruperti), Bz. UElsass Kr. Strassburg.
Poepple. Reichard.
Russland (Russie, Russus, ex parva Russia, Rutenus, Ruthenicus).
de Czernichew. Gourieff. Carabanoff. de Condoidi (2). Cusneczoff. Lawroft. Leontowytsch. de Nedelinsky. Meletzky. d'Ogicusky. de Rasoumowsky (3). Samoilowitz. Skavronsky.
Russwilensis s. Ruswil.
Rust (Ruestanus), bad. Kr. Freiburg, A. Ettenheim.
Metzger. Schmidt.
Russheim (Russheimensis), bad. Kr. u. A. Karlsruhe.
Schütz.
Rüsselsheim (Rüsselsheimiå ad Moenum), hess. Prov. Starkenburg, Kr. Gr.-Gerau, a. Main.
Helffmann. Coler. Stein.
Rüssingen (Rüssingensis in Palatinatu), bayr. Rgb. Pfalz, BzA. Kirchheimbolanden.
Streuber.
Ruswil (Russwila-Lucernas), schw. Kant. Luzern, Bz. Sursee.
Diezi.
Ruthenus s. Reuss.
Ruthenus s. Russland.

Saalfeld in Ostpreussen (Salfeldio-Borussus, Salfeldiensis Boruss.), pr. Rgb. Königsberg, Kr. Mohrungen.
Robertinus (2).
Saalfeld an der Saale (Salfeldia-Thuring., Saalfeld. Tyrigeta, Saalfeldensis Saxo), S-Meiningen, Kr. Saalfeld.
Beygang. Engelschall. Henning. Kretschmann.
Saanen, Gessenay (Sanen C. Bern, Sanoviensis Rauracus), schwz. Kant. Bern.
Frautschi. Leo.
Saara (Sarå-Misn.), S-Altenburg, LdrA. Altenburg.
Heineccius.
Saaralben (Saralben-Lotharingus), Bz. Lothringen, Kr. Forbach.
Edel (2). Mouser.
Saarbrücken (Saraepontanus, Saareponte-Nassovius, Nassoico-Saraepontanus, Nassa-Saraepontanus-Westrias, Saranus, Saraewestriacus), pr. Rgb. Trier.
Agricola (2). Bader (Sarae-westriacus). Becker. Beer (3). Belzer. Bruch. Dern. Haldy. Hauser. Hauth. Heintzius. Hild. Horstmann. Huffschlag (2). Jöck (Saranus). Karcher. (2). Keller (3). Kiefer (2). Kiess. Clemens (2). Kobold. Koch. Kuhn. Lauckhard. Metz. Moller. Mosch (3). Müller (Saranus). Müntzer. Pfeiffer (2). Pfitzer (2). Ramus. Reuther (2). Rodenberger. Rollé (s. Ottweiler). Rotsch. Rüdinger. Rupp. Saur. a Saxen. Schauer. Schlosser (2). Schmittborn. Schmückius (Saranus). Schoell. Schröder. Stutz (3). Vogelmaun. Weidenmann. Wilckens. Wölfflin (2). Wolsleben. Würth.
Saarburg (Saarburgensis, Sarbourgensis), welches? (lothr. Kr. Saarburg? oder pr. Rgb. Trier?)
Arnold (Arnould). Baumgarten. Berga. Brock. Chevalier. Dezor. Candanius. Lacombe (3). Lassuse. Lavasseur (3). Lottinger (3). Medicus. Oberlend. Pierron. Quignet Dutaillis. Régot (2). Richard. Rossignol (2). Soufflet D'ossel. Thouvenin. Verpy. Werniory.
Saargemünd (Saramundanus, Sargemineus, Saragemundanus), Bz. Lothringen, Kr. Saargemünd.
Chastelain. Chaxel (s. Pont-à-Mousson). Didiot. Hausen de Remelfing. a Jacquemin. Martin (2). Roth.
Saarlouis (Sarloiaeus, Saraludovicensis, Saaraludoviaeus, Sarra-Ludovicianus), pr. Rgb. Trier, Kr. Saarlouis.
Barault. Bettinger. Charel. During. Dusable (2). Florantin. Flosse (Hosse). Gabert. Kieffer. Lambert. Lasalle. Morel. Parent. de Requin. Soller. Tiriet. Vanesson (2).
Saarunion, Bockenheim (Bockenheimensis, Sarå-Bockenheimensis), Bz. U-Elsass, Kr. Zabern.
Arnoldi. Faull. Holder. Hundinger. Kalbfuss. Lepoire. Meuerer. Rottenbach. Schaffer. Stock. Streiff a Lauenstein. Windenius.

Saarwellingen (Sarrawelensis), pr. Rgb. Trier, Kr. Saarlouis.
Ruzier.
Saarwerden (Neusaarwerdensis), Bz. U-Elsass, Kr. Zabern.
Beer. Creutzer.
Sabaudus s. Savoyen.
Sachau (Sachensis), pr. Rgb. Magdeburg, Kr. Gardelegen od. pr. Rgb. Merseburg, Kr. Wittenberg.
Rose.
Sachsa (Saxensis Cheruscus), pr. Rgb. Erfurt, Kr. Nordhausen.
Berhold.
Sachsen (Saxonicus, Saxo).
Balduinus. de Beust (2: s. Thüringen). de Biesenroth. de Boelzig. Brandt. Ehrenhaus. ab Esenbeck. de Gersdorff. d'Helmolt. a Katte. de Commerstaedt. Krause. Kühn. Lindner. v. d. Lochau. Löser. v. Lüttichau. a Loss. Molter. de Nitschwiz. Orthmann. Raiser. Römer. de Roth. de Schönfeld. a Schulenburg. Schulze. de Stangen Timaeus. de Trützschler. de Uffel. Wenzel.
Sachsen-Coburg (Saxo-Coburgensis, Sachso Hennebergicus).
Rosler. Wagner.
Sachsen-Lauenburg (Saxenlauenburgensis, Lauenburgensis Saxo).
de Bülow. Hochmann. Höltich.
Sachsenflur (Franco Saxenflurensis), bad. Kr. Mosbach, A. Tauberbischofsheim.
Rösler.
Sachsenhagen (von Sachsenhagen), pr. Rgb. Kassel, Kr. Rinteln.
Buschmann.
Sachsenhausen in Waldeck (Sachsenhusa-Waldeccus) Waldeck, Kr. Sachsenhausen.
Rangen.
Säckingen (Seggingensis Rauracus), bad. Kr. Waldshut, A. Säckingen.
Lischy. de Senger.
Sacrobusto-Betuletanus.
Trinius. s. Birkenfeld.
Saffais (ex Saffais in Lotharingia), frz. Dép. Meurthe, arr. St.-Nicolas.
François.
Sagan (Saganensis Silesius, Sagano-Siles.) pr. Rgb. Liegnitz, Kr. Sagan.
Fritsch. Hin. Hoffmann. Schulte (Scultetus).
Saignelégier (ex Saignelegier Libromontano-Rauracus), schwz. Kant. Bern, Bz. Freibergen.
Farine.
Saint Albin-de-Vaulserre (ex St. Albino, ex sancti Albini fano), frz. Dép. Isère.
Schmidt.
Saint-Amand (St. Amand en Bourbonnais Sti Amandi fanum in ducatu Berry), frz. Dép. Creuse, arr. Aubusson.
Pibault.
Saint-Auban (St. Auban en Dauphiné), frz. Dép. Alpes maritimes.
Orsel.
Saint-Benoît (ex St. Benoit in Lotharingia), frz. Dép. Vosges, arr. Epinal, cant. Rambervillers.
Gassond.
Saint-Boing (St. Boingt Lorraine), frz. Dép. Meurthe, cant. de Bayon.
Thiebert.
St. Brittius? (ex Sto. Brixio Rauracus), Df. i. untern Thal des Gebietes von Bormio, ital. Prov. Sondrio.
Simon.
Saint-Dié (Sanc-Deodatensis, Sandeodatensis, ex fano sancti Deodati, St. Dié en Lorraine), frz. Dép. Vosges, arr. St. Dié.
Antoine. Aubry. Beaudel. Blancher. Blanchet. Dartier (2). Dolmaire de Provencheres. Duvoid. Etienne. Faleyeux (s. Saulcy). Febvrel. Ferry. Fleurant. Houssemand. Haxo (Hano) (2). Henry (2). Jeandin. Clement. de Lachambre (2). Leduc. de Lesseux (2). Maimbourg. Martin. Mauchet. Maurice. Pyrot. de Provencheres (s. Dolmaire). Rozière. Simon (2). Thiebault. Tisserant (3). Trachot.
Saint-Dominique, Fort Dauphin (ex fortalitio Delphini Insulae Americanae Sancti Dominici), westindische Insel.
Duqué. Fritsch.
Saint-Firmin (ex Sto. Firmino in Lotharingia), frz. Dép Meurthe-et-Moselle, arr. Nancy.
Mesny.
Saint-Jean d'Ormont (ex St. Jean d'Ormont Lotharingus).
Marcot.
Saint-Julien (in pago Sti. Juliani Lotharingiae), Bz. Lothringen, Kr. Metz.
Mayence.
Saint-Justin (e monte Sti Justini Comit. Burgundiae).
Semonin de St. Gerans (s. Besançon).
Saint-Maclou (Sammacloviensis, Sam-Macloviensis), frz. Dép. Seine-Inférieure (St.-M. de Folleville).
Gaillard.

Saint-Maixent sur Vie (St. Maixent en Poitou), frz. Dép. Vendée, arr. les Sables.
Casimir.
Saint-Marie (de Sta. Maria dioec. Acquensis prope Bayonam), frz. Dép. Landes, arr. Dax.
Niereau. Despuyeaux.
Saint-Marie-aux mines s. Markirch.
Saint-Martin (ex fano St. Martini in provincia Petrocoriensi).
d'Artein (s. Strassburg).
Saint-Ménéhould (San Manechildensis. Sammenechildoeus Campanus), frz. Dép. Marne, arr. S. Ménéhould.
Madaye (s. Chalons). Privé.
Saint-Michel (S. Michaelis-Lotharingus), fr. Dép. Vosges, arr. St.-Dié.
de Charay.
Saint-Michel-en-Thiérache? (de Saint Michel d'Halecourt en Picardie dioc. de Beauvais), frz. Dép. Aisne, arr. Vervins.
Boudhors.
Saint-Mihiel (St. Mihiel, Samiellanus), frz. Dép. Meuse, arr. Commercy.
Bertrand. Convenance.
Saint-Nicolas-du-Port (ex fano Nicolai Lotharingus), frz. Dép. Meurthe-et-Moselle, arr. Nancy.
Pitoux (s. Bourdonnay).
Saint-Pierre-mont (ex St. Petri Monte Metensis dioc.), frz. Dép. Moselle.
Gentil. Manisse.
Saint-Quentin (de Saint Quentin), frz. Dép. Aisne, arr. St. Quentin.
le Bigot (s. Maursmünster).
Saint-Rémy (ex fano Sancti Remigii Comitatus in Burgundia), frz. Dép. Haute-Saône, arr. Vesoul.
Drouhin. Jacquot.
Saint-Symphorien (Saint Simphorien en Normandie) frz. Dép. Manche, arr. Coutances.
Morel.
Saint-Urbain (ex Sancto Urbano dioec. Catalaunensis in Campania), frz. Dép. Haute-Marne, arr. Vassy.
Drouin de Vasois.
Salem (Salemitanus Suevus), bad. Kr. Konstanz, A. Ueberlingen.
Möhnle. Reiz.
Salenbach (Salembacensis Suevus), Einöde i. bayr. Schwaben, BzA. Zusmarshausen.
Boli.
Saletiensis, Saleticensis s. Selz.
Salineus s. Selz.
Salisbacensis s. Sulzbach.
Salisundensis s. Salzungen.
Salm (Salmensis, ex principatu Salmensi), Weiler i. Bz. UElsass, Kr. Molsheim.
Charton. Mougeot. Ruthe.
Salmansweiler (Salmanswilanus, Salmansweiler, Salmansweilensis Acronianus), bad. Kr. Konstanz, A. Ueberlingen.
Faller. Fichtmayr. Frast. Montlong.
Salmbach (Salmbacensis), welches? (Bz. UElsass, Kr. Weissenburg?, württ. Schwarzwaldkr., OA. Neuenburg?).
Pirckenstock.
Salernes (Sallernes en Provence), frz. Dép. Var, arr. Draguignan.
Rambert.
Salmünster (Salismonasteriensis), pr. Rgb. Kassel, Kr. Schlüchtern.
de Hutten.
Salvifontanus s. Heilbronn.
Salzburg (Salisburgensis), Hptst. d. östr. Hrzgt. Salzburg, a. d. Salzach.
Engiggler. Gilowsky. Hübner. Jenewein. Ziller.
Salze? (Salzensis Thuringus), pr. Rgb. Magdeburg, Kr. Calbe? (oder Salzungen?).
Sega.
Salzungen (Salzunga-Thuring., Saltzungensis, Salisunda-Thuring.), S.-Meiningen, Kr. Meiningen.
Döbel. Fulda. Guansius. Hattenbach (2). Leichner. Leo (2). Meder. Mengwein. Schlaicher. Tonner. Ziller.
Salzwedel (Soltquella-Palaeo-March.), pr. Rgb. Magdeburg, Kr. Salzwedel.
Annisius. Breslovius. Haslob. Hoffmann. Jacobi (2). Cnefel. Rhavus. Schlugbelius. Schulte (Scultetus). Virianus.
Samenheim (Sammenhemensis), bayr. Rgb. Mittelfranken, BzA. Gunzenhausen.
Foerster.
Samiellanus s. Saint-Mihiel.
Sammacloviensis s. Saint-Maclou.
Sammenechildoeus s. Saint-Ménéhould.
Sammenheimensis s. Samenheim.
Samogitien (Samoitiae-Polonus, Samogithia-Polon., Samogetà-Lithuanus).
Koschkiel (2). Crusius.
Sampigny (Sampigny), frz. Dép. Meuse, arr. Commercy.
Brodelet (s. Hermeville).
Sanc Mariensis ad fodinas s. Markirch.
Sanctus Brittius s. St. Brixius.
Sandeodatensis s. Saint-Dié.

Sangerhausen (Sangerhusâ - Thuringus, Sangerhusa - Saxo), pr. Rgb. Merseburg, Kr. Sangerhausen.
Jenicke. Keufsen. Koch. Singmann.
Sankt Amarin (ex St. Amarino, ex valle Sti. Amarini), Bz. OElsass, Kr. Thann.
Rudler.
Sankt Blasien (St. Blasianus Hercynianus, Sanct Blasi), bad. Kr. Waldshut, A. St. Blasien.
Reble. Sigwart.
Sankt Gallen (Sangallensis, de St. Gallen, Helveto - Sangallensis, ex fano Sti. Galli), schwz. Kant. St. Gallen.
Altherr. Angern. Anhorn. Billwiller. Bonhöffer. Elmetter. Ehnenzeller. Fehr. German (2). Giller. Girtauer. Gmynder. Gschwend. Hanimann. Hiller. Högger. Collyfer. Cromm. Müller. Poppert. Reuttiner. Schlumpf (2). Schobinger (4). Tanner (2). Wartmann. Wegelin (4). Wetter. Wild. Zollicoffer (3).
Sankt Georg (St. George, ex Sti. Georgii villa Metensis dioec.), Bz. Lothringen, Kr. Saarburg.
Batelot.
Sankt Goar (St. Goarensis, Goarinus-Rhen.), pr. Rgb. Coblenz, Kr. St. Goar.
Graf. Heyler. Knecht. Cölsch. Marolff. Nordeck. Reuther. Wolfgang.
Sankt Goarshausen (Sti. Goari Husan. Hassus), pr. Rgb. Wiesbaden, Rheingaukreis.
Otto.
Sankt Johann (ex fano Sti. Johannis prope Dorlesheimium), Schl. bei Dorlisheim, Bz. UElsass, Kr. Molsheim.
Schweisguth (3).
Sankt Johann (von Sanct Johann bey Saarbrücken), pr. Rgb. Trier, Kr. Saarbrücken.
Eichacker.
Sankt Johann von Bassel (ex Sancto Joanne de Bassel, ex St. Jean de Bassel en France), Bz. Lothringen, Kr. Saarburg.
Klein.
Sankt-Julian-Obereisenbach (St. Juliano-Palatinus), bayr. Rgb. Pfalz, BzA. Kusel.
Reinwald.
Sankt-Leodegar (Leodegariensis Rauracus), schwz. Kant. Bern, Bz. Freibergen.
Simon.
Sankt Leonhard (ex St. Leonardo, ex fano Sti. Leonardi ad quercum), welches? (es giebt 17 dieses Namens).
Hitzelberger. Simminger.
Sankt Ludwig (ex fano Sti. Ludovici), Bz. OElsass, Kr. Mülhausen.
Lang (2).
Sankt Nabor (ex Sancto Nabore), Bz. UElsass, Kr. Molsheim.
Keyser.
Sankt Pilt (ex fano Sti. Hypoliti, St. Pilt Als.), Bz. OElsass, Kr. Rappoltsweiler.
Biehler. Kest. Kirssner. Rubin (2). Vogel.
Sankt Pölten (St. Poltten Austriacus), BzH. in Nieder-Oesterreich.
Mölzer.
Sankt-Quirin (ex Sancto Quirino, Sanquiranus patriae Metensis, ex fano Sancti Quirini), Bz. Lothringen, Kr. Saarburg.
Jandel. Jordy (2). Marcel (3).
Sankt Urban (e fano Sancti Urbani Helv., Lucernensis ex villa Sti. Urbani), ehem. Abtei im schwz. Kant. Luzern, Bz. Willisau, jetzt Irrenanstalt.
Ruckstuhl.
Sankt Ursitz, St.-Ursanne (ex Sto. Ursicino-Rauracus), schwz. Kant. Bern, Bz. Pruntrut.
Migy.
Sankt Wendel (ex Sancto Wendelino), pr. Rgb. Trier, Kr. Sankt Wendel.
d'Hame.
Sanoviensis s. Saanen.
Sarâ-Misn. s. Saara.
Saraepontanus s. Saarbrücken.
Sarae-Westriacus s. Saarbrücken.
Saranus s. Saarbrücken.
Sargans (Sargans, ex comitatu Sargans, Sarganensis Helv.), schwz. Kant. St. Gallen, Bz. Sargans.
Oberlin. Zindel.
Sarnen (Subsilvano-Sarnensis, Sarnen i. Unterwalden), schwz. Kant. Unterwalden, Bz. Ob dem Wald.
Imfeld. de Wyl.
Sáros (Sarosino-Transylv.), welches?
Schüller.
Sarrawelensis s. Saarwellingen.
Säsolsheim (Sessolsemensis), Bz. UElsass, Kr. Strassburg.
Wolffer.
Le Saulcy (ex Saulcy-Lotharingus), frz. Dép. Meurthe, arr. St. Dié.
Faleyeux (s. Saint-Dié).
Saulnot (Saulnotensis ex comitatu Burgundiae), frz. Dép. Haute-Saône, arr. Lure.
Jaunot (od. Jannol).

Sausenburg (Sausenburgensis), bad. Kr. Lörrach, A. Müllheim.
Jaegerschmid.
Sausheim (Saushemianus), Bz. OElsass, Kr. Mülhausen.
Sohler.
Savoyen (Sabaudus).
Carrel. Monet. Syord.
Sax s. Sachs.
Sayda in Sachsen (Saxo-Electoralis Saydensis), sächs. KrH. Dresden, AH. Freiberg.
Hegewald.
Sayn (Haesn. Saynensis), pr. Rgb. Coblenz, Kr. Neuwied.
Weissenbruch.
Scaphusianus s. Schaffhausen.
Schaidensis s. Scheid.
Scharrachbergheim (Scharrachberghemiensis, Scharrach Bergen), Bz UElsass, Kr. Molsheim.
Lauth. Pfeiffer.
Schässburg, Segesvar (Schesburgo-Transylv., Schasburgo-Transylv.), ungar. Kom. Nagy-Küküllö.
Ballmann. Bost. Beer. Bussius. Fabricius. Feidner. Filkenius. Gros. Renner. Sixti. Weisskirch.
Schaffhausen (Schaffhusianus, Schaffhausensis, Scaphusia-Helv., Scaphusianus, Chaphusia-Helv., Scaphia-Helv.), schwz. Kant. Schaffhausen.
Biel. de Brüggen. Burgauer. Bürgin. Deggeller. Forez. Gasser. Grübel (2). Haas. Hagelloch. Harder. Hollender. Höscheller. Huber (2). Hurter (4). Im Thurn (2). Irminger. Jetzler. Koch. Colmar. Mejer. Metzger (2). Meyer (2). Neukum. Oswald (4). Otto. Peyer (18). Peyer im Hof (7). Schalch. Spleiss (3). Stocker (4). Stockar zu Neufarn (2). Vith. de Waldkirch (6). Wehrlin. Wepfer (2). Wipf (2). Ziegler (4). de Ziegler (5).
Schafstädt (Schafsteta-Misnicus, Schafsteta-Thuringus), pr. Rgb. u. Kr. Merseburg.
Breunigke. Musculus.
Schalkau (Schalcoviensis-Franc.), S.-Meiningen, Kr. Sonneberg.
Dinckel.
Schallodenbach (Schallodenbacens.), bayr. Rgb. Pfalz, BzA. Kaiserslautern.
Eyerfath. de Hardi.
Schambach (Schambaco-Noricus), bayr. Rgb. Mittelfranken, BzA. Weissenburg.
Rhelin.
Schanf (Schanfii-Rhaetus), schwz. Kant. Graubünden, Bz. Maloja.
Coatz.
Scharfenstein (Thuringius Scharffensteinensis), sächs. KrH. Zwickau, AH. Marienberg.
Schott.
Schatthausen (Schatthusa-Spirensis), bad. Kr. Heidelberg, A. Wiesloch.
Meerbost.
Schauenstein (Schauensteinensis), bayr. Rgb. Oberfranken, BzA. Naila.
Köppel.
Schaumburg (Schaumburg. Westphalus), ehemal. Grafschaft, nach der Burg Schaumburg, nö. Rinteln, benannt, jetzt pr. Kr. Rinteln.
Wippermann (2).
Schechingen (Scheching), württ. Jagstkr., OA. Aalen.
Epfner.
Scheer (Scheer-Suev., Scherensis-Suev., Schrea-Schweus), württ. Donaukreis, OA. Saulgau.
Duelly. Clavel (2). Liebherr (2). Musch. Spee.
Scheibenberg (Scheibenberga-Misnicus), sächs. KrH. Zwickau, AH. Annaberg.
Dieterich. Harnisch. Coith. Rüdiger. Schneider.
Schemnitz, Selmec (Schemnitz-Pannonius, Ungaro-Schemnitzensis), ung. Kom. Hont.
Haidt. Lintner. Moslehner. Rochser.
Scherstheimensis s. Schierstein.
Scherzheim (Scherzheim im Hanauischen), bad. Kr. Offenburg, A. Kehl.
Kobelt.
Schesburgensis s. Schässburg.
Scheuren (Nassovio-Scheurensis, Scheuren), pr. Rgb. Trier, Kr. Ottweiler.
Anthonij. Farschon.
Scheid, Scheidt?, Schaidt? (Scheydensis, Schaidensis, Scheidensis), welches?
Schmaltz (3).
Schierstein (Schirsteinensis, Scherstheimensis, Schirsteinio-Nassovius, Schirsteinio-Rhenanus), pr. Rgb. u. Kr. Wiesbaden.
Hitterich. Klee. Commel. Stritter. Vietor.
Schil . . . . (Schil . . .).
Grenusius.
Schillersdorf (Schillersdorffensis Hanoicus), Bz. UElsass, Kr. Zabern.
Bader (2). Lufft.

Schiltigheim (Schiltigheimensis), Bz. UElsass, Kr. Strassburg.
Frühinsholz. Gerhard. Rhein (2) (s. Strassburg).
Schinck s. Grossschenk.
Schinznach (Schintznacht), schwz. Kant. Aargau, Bz. Brugg.
Amsler.
Schiopeni? (Schippellensis Wallachus), Rumänien, Gbz. Falciu.
Tiereckh.
Schipffensis s. Schüpfen.
Schippellensis s. Schiopeni.
Schirmeck, Bz. UElsass, Kr. Molsheim.
Parinot. Perry (2). Thomas.
Schladen (Schladen im Hildesheimischen), pr. Lddr. Hildesheim, Kr. Liebenburg.
Mollenhauer.
Schlaggenwald, Schlackenwald (Schlaggenwaldo-Bohemus, Schlacco Walda-Bojemus), böhm. BzH. Falkenau, BzG. Elbogen.
Ursinus.
Schlaitdorf (Schleittorffa-Wurtemberg.), württ. Donaukr., OA. Tübingen.
Goez.
Schlawe (Schlawiâ-Pomer., Schlaviensis Pomer.), pr. Rgb. Cöslin, Kr. Schlawe.
Rottschütz. Wagner.
Schleitheim (a Schlaitheim, Schleitheim b. Schaffhausen), schwz. Kant. Schaffhausen, Bz. Schleitheim.
Keller. Stammer.
Schleittorffensis s. Schlaitdorf.
Schleiz (Schleizensis, Schleizâ-Variscus, Schlaiza-Variscus, Sleizâ-Variscus), Reuss j. L., LdrA. Gera.
Jany. Leupold. Maul. Steiner. Weidner. Wezel.
Schlesien (Silesius, Eq. Silesius, Silesio-Lusatus, Elysius, Ulyssaeus, Polono-Silesius, Silusianus).
v. Artzatt (3). de Bibran (2). Blankowsky v. Dembschütz. v. Bocke. Böhm. v. Braun (2). v. Bredaw. v. Czettritz (5). v. Dambrowka. v. Debschütz. (v. Dembschütz s. v. Blankowski). v. Dresky. Dunitzky. v. Ebenn. Eler. Emrich. v. Falkenhayn. v. Ferntheill. Frümel. v. Gablentz. v. Gellhorn (4). v. Glich. Grittner. Gutsmuths. Heinrich. Hentschell. v. Heugell. von Hohbergk. John. v. Kaldenborn. Kehr. v. Keltsch (2). Kissling. v. Knobelsdorff. v. Köckritz. von Kottwitz (4). v. Lewenstern. Lincke. Mingius. Moller. Münzer. von Mutschelnitz. Nathorst. v. Netz. Neudorff. Neydeck. v. Niebelschütz (2). v. Nostitz (3). v. Peterswaldau. v. Pfeil. v. Polsnitz (2). v. Poser. v. Poster. v. Prittwitz (3). v. Rache. v. Randow. v. Reibnitz. v. Reichell. Reiswitz v. Kadersin. Rhev. Reimann. v. Rohr. v. Rosenberg. v. Roth. v. Rotulinsky (2). v. Sack. v. Saurma (2). Scharten (s. Oels). v. Schinckell. v. Schliwitz. v. Scall. Schnetter. v. Schweinichen (2). v. Schweinitz (3). Sebysch a Marchwitz (2). v. Stössel. v. Stosch. v. Strachwitz. Stöser. v. Studnitz. v. Strzelâ. v. Tschammer. v. Unruh. Unwürde. Vincens. von Vogten. Weirach (2). v. Wentzky. Willer. Wisner. v. Zedlitz (2). v. Zierotin.
Schleswig (Slesvicensis), Hptst. des pr. Rgb. Schleswig.
Daelhausen. Gloxin. Gottmann. Nasser. Reimboth. de Schmieden. Schildknecht. Wolhat.
vgl. Holstein u. Schleswig-Holstein.
Schleswig-Holstein (Slesvico-Holsatus).
Beckaw. Koch. Mau (2). Nasser. Soltow. von Spreckelsen. Stahl. Thomsen.
vgl. Holstein und Schleswig.
Schlettau?, Schletta? (Schletaviâ-Misn., Schlettano-Misn.), Sachsen.
Foctisch. Söldner.
Schlettstadt (Selestadiensis), Bz. UElsass, Kr. Schlettstadt.
Andlauer (5). Anselme. Barth. Bavelair. Berger. Beselin. Beyer. Bittel (2). Bourdon. Bronner. Brulou. Brunck (2). Brunckel. Brunleger. Calmet. Cetty (3). Le Chasseur. de Courcelle. Denner. Doyen. Dreyer (2). Dürr (2). Ehrhard. Fels (5). Franoux. Fries. Fuchs. Gachot (2). Gelin. Germain. Günther. Haberselzer. Hattenberger. Herman (3). Herrenberger (2). Joachim. Jobin. Karcher (2). Kentzinger. Keuffer. Kiefer. Kirchmayer. de Klinglin. Koebelé. Kopff (3). Kübler. de Lagarde. Lamoureux. Marchal. Miot. Mueg. Müller. Nessel. Noll. Oberlé. Rebanier. Reusch. Roman. Rumpler (Rompler) (3). Rothfuchs (s. Andlau). Sainctlo (7). Saxer. Schaal. Scheitel. Seiller. Simon (2). Spitz. Stoltz. Streicher. de Villers. Vogel (Voguel). Vogelbache. Vuard. Weinborn.

Weinemmer (3). Weisrock. Westermann. Wimpf. Zaepffel (2).

Schleusingen (Schleusingensis - Francus, Schleusinga-Hennebergicus), pr. Rgb. Erfurt, Kr. Schleusingen.
Faber. Franck. Hegell. Höffler. Jacobi (2). Kaden. Koch. Klauer. Möllner. Scheidemantell. Schlegelmilch. Schmidt. Sittig (3). Trott (2). Witthauer. Zinck (2).

Schliengen (Montano-Schlingensis, Schlingensis, Schlinga-Montensis, Schliengen), bad. Kr. Lörrach, A. Müllheim, am Schliengener Berge.
Bäumer. Brunner. Metzger.

Schlierbach (ex Schlierbach), Bz. UElsass, Kr. Mülhausen.
Hertzog.

Schlingensis s. Schliengen.

Schlitz (Schlitzensis), hess. Prov. Oberhessen, Kr. Lauterbach.
Conradi. Unger.

Schlüchtern (Solit. Hanovico - Francus, Solitariensis), pr. Rgb. Kassel, Kr. Schlüchtern.
Lotichius. Rollmann.

Schluckenau (Schluccenâ-Bojemus, Scluccenensis Bojemus, Schluccenaviâ Bohemus), böhm. BzH. Schluckenau.
Bursius. Güttler. Kayser.

Schmalkalden (Hasso-Smalcaldensis, Smalcaldiâ-Fr., Hassiae - Schmalcaldensis, Smalcalda-Cattus), pr. Rgb. Kassel, Kr. Schmalkalden.
Ambrosius. Bronschurer. Doering. Fuchs. Hess. Merckel. Röder. Schreiber. Stuckradt. Utendoerffer. Waitz. Wigand. Will (3). Ziegler. Zölner.

Schmeheim (Schmeiheim), S.-Meiningen, Kr. Hildburghausen.
Kaltenbach.

Schmiedefeld (Schmidfeldio-Henneberg.), pr. Rgb. Erfurt, Kr. Schleusingen.
Schneider.

Schmieheim (Schmiehemiensis, Schmiechemiensis), bad. Kr. Freiburg, A. Ettenheim.
Boehm.

Schmielsdorf (Schmidstorffio-Magdeburg. Saxo), pr. Rgb. Merseburg, Kr. Schweinitz.
Köppen.

Schmölln (Smölna-Misn.), sächs. KrH. u. AH. Bautzen.
Wenzel.

Schneeberg (Himontanus, Hycmontanus, Schneebergensis Misn., Nivemontanus), welches? (Bayern?, Sachsen?).
Böhm. Forst. Haenel. Hölcker. Holstenius. Kemmerer. Müller à Berneck.

Schnellrode (Schnellroda-Thuringus), pr. Rgb. Kassel, Kr. Melsungen.
Köcher.

Schnierlach, La Poutroye (Poutroyensis, La Poutroye ex valle Orbey, ex Lapidaria via, Paetrosavia), Bz. OElsass, Kr. Rappoltsweiler.
Claude. Marco (5). Maire.

Schnürpflingen (Schnirpflingensis), württ. Donaukr., OA. Laupheim.
Mayer. Rommel (2).

Scholten (Scholtino-Transylv.), ung. Kom. Unterweissenburg, Bz. Balazsfalva.
Rhörich.

Schönau (Schönavia-Silesius), welches? (es giebt i. Schlesien 10 Ortschaften dieses Namens).
Kesler.

Schönberg (Schoenborga - Erpacensis), hess. Prov. Starkenburg, Kr. Bensheim.
Joseph.

Schönberg (Schönenberg-Hunnus, Schönbergensis ex Episcopatu Trevirensi), pr. Rgb. Trier, Kr. Bernkastel.
Rineccius. Schmitz.

Schönberg (Schoenbergensis), welches?
Schroll.

Schönburg?, Schönberg? (aus dem Schönburgischen in Sachsen), Sachsen.
Becker.

Schöneck (Schöneccio-Variscus, Schoenecca Misnicus), sächs. KrH. Zwickau, AH. Oelsnitz.
Adler. Hüttel. Kolbe.

Schönfeld (Schönfelda-Bohemicus), böhm. BzH. Falkenau, BzG. Elbogen.
Meuler.

Schönfeld (Schoenfelda - Schwarzenbergensis), sächs. KrH. Zwickau, AH. Annaberg.
Petz.

Schongau (Schongaviensis Bojus), bayr. Rgb. Oberbayern, BzA. Schongau.
Merz.

Schönheide (Schoenheyda - Montanus), welches?
Gerischer.

Schönisey (Schönizensis Helv.), schwz. Kant. Bern, Bz. Interlaken.
Zweyffel.

Schönstedt (Schoenstadio-Thuringus), pr. Rgb. Erfurt, Kr. Langensalza.
Klopfleisch.
Schopfheim (Schopfheimensis, Schopfhemio-Badensis, Schopfensis March. Durlacensis, Schopfhemio Badensis, Schopfa-March.), bad. Kr. Lörrach.
Eckenberger. Foecler. Gebhardt. Geiger (2). Tanner (2).
Schorndorf (Schorndorffensis, Schorndorffa-Württemb., Württembergâ-Schorndorffensis), württ. Jagstkreis, OA. Schorndorf.
Besserer. Brecht. Engel. Engelhard. Gramm. Haug. Hemser. Hirschmann (2). Nuber (2). Palm. Reinhardt. Renninger. (a) Ruoff (2). Weidenmayer.
Schörzingen (Schörzingensis), württemb. Schwarzwaldkr., OA. Spaichingen.
Schweyckhardt.
Schottland (Scotus).
Graham.
Schotten (Schottensis Hassus), hess. Prov. Oberhessen, Kr. Schotten.
Spanheimer. Weitz.
Schramberg (Schrombergensis), württ. Schwarzwaldkr., OA. Oberndorf.
de Bissingen. Mosmann.
Schrea-Schweus s. Scheer.
Schrombergensis s. Schramberg.
Schüpf s. Unter-Schüpf.
Schüpfen (Schipffensis), schwz. Kanton Bern, Bz. Aarberg.
Knapp. s. Unter-Schüpf.
Schüttorf (Schuttorffio-Guestphal.), pr. Lddr. Osnabrück, Kr. Lingen.
Cantzler.
Schwabach (Swobaco-Francus, Schwobachensis, Schwabacensis), bayr. Rgb. Mittelfranken, BzA. Schwabach.
Baurithel. Esenbeck. Fischer. Geck. Geisel. Haass. Holtzberger. Curtius. Mohr. Möschel. Nachtrab. Offelin. Roth. Schneider. Steiber. Wolf. Zainer.
Schwaben (Suev., Eq. Suev., Suevo-Austr.).
Doringer. Freyburger. de Freyberg (2). de Hornstein. de Humel. von Katzpöckh. Creutz. de Lassberg. de Mentzingen (3). Nothafft a Hohenberg. Perfues. Rebstock. de Rechtenstain. de Remchingen. Roth à Schreckenstein. Schad de Mittelbiberach. v. Schleys (2). de Schmidtberg. Sohlberg. de Stauffenberg (2). Stengel. Stricht. Thumb de Neuburg. à Waldkirch. a Werdenstein in Delmessingen.
Schwabhausen (Schwabhusa-Thuringus), S.-Gotha, LdrA. Ohrdruf.
Wolf.
Schwäbisch-Gmünd (Gamundianus-Suevus, Suevo-Gamundianus), württ. Jagstkreis, OA. Gmünd.
Jageisen. Netzel. Stahl. Stüz.
Schwäbisch-Hall (Hala-Suevus, Suevo-Halensis, ad Salinas Suev., Schwäbisch-Hall, Halensis Kocharicus), württ. Jagstkr., OA. Hall.
Almerus. Baur. vom Berg. Beyschlag. Bintz. Blutzig (Blintzig?) (2). Bonhoeffer (7). Bootz. Brackenhoefer. Bühel. Doellin. Drechsler. Eisenmenger. Engelhard. Fell. Feyerabend (3). Franck. Fuchs (2). Geinbach. Geyer. Glock. Graeter (9). Gros. Haefner. Halberger. Hauck. Hetzel (2). Hiller. Hofmann (2). Horlacher (2). Ines (2). Keeser. Kern (2). Kolb. Krauss. Köberer (2). König. Lackorn (3). Lechner. Leiberich. Maier. Majer (2). Mayer. Messerer. Morhard. Otho (2). Raiffeissen. Rollwagen. Romig (2). Rösler. Rüdinger. Sanwaldt. Scheinhardt. Scheurmann. Schmalkalder. Schneckenbach. Schüblin (2). Schuppart. Schuster. Schweicker. Schwendt. Seitz. Seufferheld (6). Seybold (2). Seyboth. Siber. Stattmann (4). Stang. Stellwag (2). Thieringer. Virnhaber. Vogel. Waldmann. Weber. Weinig. Wellter (2). Wenger (2). Werner. Wibel (2). Widmann. Wüst (2). Zweiffel.
Schwalbach (Burg-Schwalbacco-Nass.), pr. Rgb. Wiesbaden, Obertaunuskr.
Thielsius.
Schwanden (Canton Glarus von Schwanden), schwz. Kant. u. Bz. Glarus.
Tschudi.
Schwanheim (Suanheimensis), welches? (bayr. Rgb. Pfalz?, bad. Kr. Mosbach?, hess. Prov. Starkenburg?, pr. Rgb. Wiesbaden?).
Olff. Wersing.
Schwartzburg-Rudolstadt.
Joh. Frid. Fürst von Schw.-R. Wagner.
Schwarzach (Schwarzach), welches? (Baden?, Bayern?).
Hischmann (2).
Schwarzenbach (Atrivio-Variscus), bayr. Rgb. Ober-Franken, BzA. Höchstadt u. A.
Wille.

Schwarzenfeld (Schwarzenfeldensis Palatinus), bayr. Rgb. Oberpfalz, BzA. Nabburg.
Laritius.

Schwarzhausen (Schwartzhusa-Gothanus), S.-Gotha, LdrA. Waltershausen.
Kummer.

Schweden (Suecus, Sueco-Gothus, Suedus).
Acrell. Bagge. Bellmann. a Berch. Graf Bielkey. Braun. Brun (2). Brodinus. Brunner. Bure. Christiernin (2). Edhelius. Flemming L. B. de Liebelitz. Fuchs. Hacke. de Hamilton. Hissing. Hold. Hoyer. Hoyhuser. Cantherus. Casimir. von Kleberfeld. de Klinckowström. a Lilienströhm. de Löwenhielm (2). de Löwenhaupt. de Ornfeld. Palumbus (2). de Ralamb. Rehnschiolt. Ritterhelm (2). von Rosenberg. de Rosenhane. Rudbeck. Schmidt. Schütte. de Sparr (2). Stigzel. Stobeus. Suebel. de Tersmedem. Thelin. Tünander. Tungell. Vellerius. Vigius. Watrangius. Weinbladt. Wulfwenstierna.

Schweickhausen s. Schweighausen.

Schweidnitz (Suidnicio-Silesius, Svidnicensis-Silesius), pr. Rgb. Breslau, Kr. Schweidnitz.
Adam. Ansorge. Dreyschuch. Feldner (2). Janitsch. Crusius. Lantzky. Matiller. Milich. Minor. Nikisius. Rimpler.

Schweighausen (Schweickhusanus), Bz. UElsass, Kr. Hagenau oder Bz. OElsass, Kr. Thann.
Augst. Rhodius. Vigera. Werneri (2).

Schweinfurt (Suinfurthensis, Suinfordiano-Francus, Suinfurto-Fr., Svinfurthensis, Suevofurto-Fr., Schwinfurtho-Franc., Suevofordia-Fr., Suinschoroianus-Fr.), bayr. Rgb. Unterfranken, BzA. Schweinfurt.
Adami. Baumgaertner. Bockris. Busch. Buttner. Degner. Diedolf. Engelhard. Fabritius. Gademann. Ghering. Geisler. Gerlach. Grassmuck. Heberer (3). Heller. Heunisch (2). Hoffmann. Höhn. Hüeler. Körnacher. Kramer. Lang. Laudenbach. Ley (2). Martini. Merck. Miltz. Pfister. Piccart (2). Popp. Pottelsbergh. Probiger. Prückner. Reber. Schenck. Schmidt (2). Schöner. Schultes. Schwertmann. Scribonius. Segniz heredit. in Unfeldt et Smalfelden. Stöer. Stolle. Tauber (2). Weber. Werner. Wildmaister. Wohlfarth.

Schweinspoint (Schweinesbeindens.), bayr. Rgb. Schwaben, BzA. Donauwörth.
Jager.

Schweiz (Helvetus).
Bentelj. Biner. Buecher. Eply. Fries. Zimmermann.

Schwelm (Schwelmensis Guestphal.), pr. Rgb. Arnsberg, Kr. Hagen.
Kampmann.

Schwerin (Schwerino - Megapolitanus), Hptst. des Grossherzogt. Mecklenburg-Schwerin.
zur Nedden. Reppenhagen. Ulrich.

Schwiebus (Suebosia-Silesius), pr. Rgb. Frankfurt, Kr. Züllichau-Schwiebus.
Gasto. Nassovius.

Schwimmbach (Suimbach. Noricus), bayr. Rgb. Niederbayern, BzA. Straubing oder Schwimach i. bayr. Rgb. Mittelfranken, BzA. Hippoltstein.
Müller.

Schwindratzheim, Bz. UElsass, Kr. Strassburg (Ld.).
Engelhart. Zinck (2).

Schwyz (Canton Schweiz, Suitensis Helvetus), Hptst. des schwz. Kanton Schwyz.
Bär. Horot. Zätz.

Scotus s. Schottland.

Sebastiansberg (Sebastimontano-Bohemus, Sebastiani-Montanus Bohem.), böhm. BzH. Komotau.
Klinger (2).

Sebnitz in Sachsen (Sebnitzio-Misnicus), sächs. KrH. Dresden, AH. Pirna.
Schoris.

Sebusinus, Sebusius s. Weissenburg im Elsass.

Seckenheim (Seckenheimensis), bad. Kr. Mannheim, A. Schwetzingen.
Hertzberger.

Sédan (de Sedan, Sedanensis, Sedaneus), frz. Dép. Ardennes, arr. Sédan.
Bechet. Bourquin. Dehaye. de Gaumont. Delâttre. de Fresney. Caillon. Le Roy.

Sedinensis s. Stettin.

Sedunensis s. Sitten.

Seebach (Seebachensis Thuring.), welches? (pr. Rgb. Erfurt, Kr. Langensalza?, S.-Weimar?).
Trautwein.

Seebaco-Hanoicus s. Oberseebach.

Seeberg (Seeberg C. Bern), schwz. Kant. Bern, Bz. Wangen.
Affolder. Matthys.

Seehausen in der Altmark (Seehusio-Marchicus, Sehusio-Palaeomarchicus), pr. Rgb. Magdeburg, Kr. Osterburg.
Arendts. Hecht.
Seeland (Zeelando-Danus, Selandico-Danus), dän. Insel.
Bang. Coccius.
Seelbach (Seelbacensis), welches?
Februarius. Ettlin.
Seggingensis s. Säckingen.
Segnitz (Segnitzio-Fraucus), bayr. Rgb. Unterfranken, BzA. Kitzingen.
Grimm.
Seguzianus s. Forez.
Sehma (Sehma-Saxonus), sächs. KrH. Zwickau, AH. Annaberg.
Lehr.
Seiden, Zsidve (Seidnå-Transylv. Saxo), ung. Kom. Kis-Küküllö.
Honius.
Selb (Selbensis Variscus), bayr. Rgb. Oberfranken, BzA. Rehau.
Bayreutter.
Selbach (Selbaco-Nassoicus), pr. Rgb. Coblenz, Kr. Altenkirchen.
Holler.
Selestadiensis s. Schlettstadt.
Selz (Selzensis Alsata; Saletiensis; Salineus; Saleticensis), Bz. UElsass, Kr. Weissenburg.
Annion. Belle. Enste. Fleischbein. Rheinwald.
Sembrancher (Sembrancheriensis Helv.), schwz. Kant. Wallis, Bz. Entremont.
Luder.
Semécourt? (Semibesaugiensis Lotharing.), Bz. Lothr., Ldkr. Metz.
Hofflet.
Semibesaugiensis s. Semécourt.
Sempach (Sempach C. Luzern), schwz. Kant. Luzern, Bz. Sursee.
Gerhart. Rüttiman.
Semproniensis s. Oedenburg.
Senensis s. Sennheim.
Senensis, Senenensis s. Siena.
Sennfeld (Sensfeldensis, Senfeldensis), welches? (bad. Kr. Mosbach? bayr. Rgb. Unterfranken?)
Lippart. Schleidanus.
Sennheim (Sennenhemianus; Senensis), Bz. OElsass, Kr. Thann.
Baechlin. Bechele. Confortus. de Ferrette à Florimont (2). Strobel. Vignoli. Voche.
Sennenhemianus s. Sennheim.
Senonisvillanus s. Sionviller.
Sensburg (Sensburgo-Borussus), pr. Rgb. Gumbinnen, Kr. Sensburg.
Jerzembsky.
Sensfeldensis s. Sennfeld.
Senstättensis s. Söhnstetten.
Septensis s. Niedersept.
Sermamagny (ex Sermamagny prope Belfortum Als.), Terr. de Belfort, arr. Belfort.
Martinez.
Sernau? Sernow? (Sernensis).
Strobel.
Servestanus s. Zerbst.
Sesenheim (Sessenheimensis), Bz. UElsass, Kr. Hagenau.
Eckhard. Ludwig. Rapp.
Sessolsheim s. Säsolsheim.
Seussen (Seyssensis), bayr. Rgb. Oberfranken, BzA. Wunsiedel.
Dussler.
Shropshire, Salop (Shropshire), engl. Grafschaft.
Rowland Hill.
Sicilien (Siculus).
de Natoli.
Sickenhofen (Sickenhofen), hess. Prov. Starkenburg, Kr. Dieburg.
Reiss.
Sickershausen (Suckersh. Franc., Sickershausen en Franconie), bayr. Rgb. Unterfranken, BzA. Kitzingen.
Schober. Wolff.
Siebenbürgen (Transylvanus, Saxo-Transylvanus), öster. Kronland, seit 1868 in Ungarn aufgegangen.
Arbt. Herrmann. Hochburg. Ladislai. Lutsch. Memeschier. Neustädter. Ockerschauser. Rhihel. Sosterius. Streid. Tischler. Wachsmann. Welther. Wentzel. Wolff.
Siegen (Siegensis Nassovicus, Siegena-Nassoicus), pr. Rgb. Arnsberg, Kr. Siegen.
Bonnelle de Souuigny. Fries. Gunther. Melmer. Salicé. Schenck. Seelbach. Thiergart. Windenius.
Siegersdorf in Schlesien (Sigersdorfio-Lusatus), pr. Rgb. Liegnitz, Kr. Bunzlan.
Pfendler.
Siena (Senenensis, Senensis, Italus ex Siena), Prov. Siena, Region Toskana.
Favonius. Castellus. Deodati.
Sierck (ex Sirck, Sircensis), Bz. Lothringen, Kr. Diedenhofen.
Duthevil. Toffin.
Sierenz (Sierentz Alsata), Bz. OElsass, Kr. Mülhausen.
Bian. Flachsland.
Signau (Signau C. Bern), schwz. Kant. Bern, Bz. Signau.
Lüty.

Silbernachen? Servigny-les-Raville (Certignyvicensis), Bz. Lothringen, Kr. Metz.
Melin.
Silesius s. Schlesien.
Silixen (Cattussiliciensis Silicia-Hassus, Siliciensis Hassus), Lippe, AG. Hohenhausen (oder Felsberg im pr. Rgb. Kassel?)
Dreiss. Heil. Knapp. Rüdiger.
Simmelsdorf (Simmelsberga-Noricus), bayr. Rgb. Mittelfranken, BzA. Hersbruck.
Hofman.
Simmersfeld (Simmersfeldensis Württemberg, Sömmerfeld), württ. Schwarzwaldkr., OA. Nagold.
Böringer.
Simonswald (Simonswald), bad. Kr. Freiburg, welches? (Alt-, Haslach-, Ober- u. Unter-Simonswald).
Winterhalter.
Sinbronn (Sinebronnensis), bayr. Rgb. Mittelfranken, BzA. Dinkelsbühl.
Gressius.
Sindelfingen (Sindelphingensis, Sindelfingensis), württ. Neckarkr., OA. Böblingen.
Grieb. Römer.
Sindolsheim (Sindolsheim i. Fränkischen), bad. Kr. Mosbach, A. Adelsheim.
Horn.
Sindringen (Sindlingå-Hoenloicus, Sindinga-Hoenloicus), württ. Jagstkr., OA. Oehringen.
Heiland. Tonsorius.
Singen (Singensis Thuringus), Schwarzburg-Rudolstadt, LdrA. Rudolstadt.
Mittelhäuser.
Sinning (Sinningâ-Neoburg. Palat.), bayr. Rgb. Schwaben, BzA. Neuburg a. D.
Lauch.
Sinsheim (Süntzheimensis Palatin., Sintzhemio-Palatin., Sinsheim. Palat.), bad. Kr. Heidelberg, A. Sinsheim.
Becker. Catoir. Krebs. Stierle.
Sinsheim, Sinzheim (vonSyntzen), welches? (bad. Kr. Heidelberg? bad. Kr. Baden?).
Erckenbrecht.
Sionviller (Lotharingus Senonisvillanus prope Somiellum in Lotharingia), frz. Dép. Meurthe, arr. Luneville.
Hauuy.
Sircensis s. Sierck.
Sittå-Lusat. s. Zittau.
Sitten, Sion (Sedunensis, ex Seduno Valesius, civis Sedunensis Sedunensis Vallesianus, Seduno-Vallesianus), schwz. Kant. Wallis, Bz. Sion.
Ballifard. Berthod. Bonvin (2). am Bühl. Gunther. de Montheys. Stultz (2). de Torrente.
Sittendorf (Sittendorffio-Austriacus), Niederösterreich, BzH. Baden, BzG. Mödling.
Pogner.
Sleizensis s. Schleiz.
Sleswicensis s. Schleswig.
Sluis (Mosa-Slusa), niederld. Prov. Zeeland.
v. d. Haut.
Småland (Smolandia-Suecus), Ldschft. i. südl. Schweden.
Rothman.
Smôllnensis s. Schmölln.
Sobiewolla (Sobiewollå-Prussus), Rittergut i. pr. Rgb. Marienwerder, Kr. Rosenberg i. Westpr.
Schult.
Soest (Susatensis, Susato-Westphal., Susatensis-Westphal., Zusato-Westph., ex Guestphalis Zusatinus), pr. Rgb. Arnsberg, Kr. Soest.
Affelmann. de Dael. Dolffus. Grote. Heineckius. Jacobi. Carnenius. Kummer. Cubach (2). Meiburg. Merckelbach (2). Michels (3).
Soeterensis s. Sötern.
Söflingen (Soeflingensis), württ. Donaukr., OA. Ulm.
Knörringer.
Soglio, Sils (Soglio-Rhaetus), schwz. Kant. Graubündten, Bz. Maloja.
a Salis.
Söhnstetten (Senstätten-Albucho - Wyrtemb., Senstettensis Albucho-Wirt.), württ. Jagstkr., OA. Heidenheim.
Bader. Sperlin.
Soissons (du diocèse de Soissons), frz. Dép. Aisne, arr. Soissons.
Dufresne.
Soldin (Soldino-Marchicus, Soldinensis Neomarchicus), pr. Rgb. Frankfurt a. O., Kr. Soldin.
Awen. Pahlen. Pulmann.
Solitariensis s. Schlüchtern.
Solnhofen (Solenhofensis), bayr. Rgb. Schwaben, BzA. Weissenburg.
Murr.
Solodoranus s. Solothurn.
Solothurn, Soleure (Solodoranus, Solodori in Helvetia natus, Solodorensis, de Soleur), schwz. Kant. u. Bz. Solothurn.
Ackermann. d'Aldermatt. Amieth. Barth. Brunner. Dinant. de Gerber. Gisi. Hartmann. Colin. Lauber. de la Martinière. de Michelet. Pfluoger. Schwendimann. Schyrman. de Jury. de Vigier. Wagner.

Soltow (Soltovio-Rostochiensis), Meckl.-Schwerin, Wendischer Kreis.
Balthasar.
Soltquellensis s. Salzwedel.
Sömmerda, Gross-Sömmern (Megasommerdanus-Thuring., Sömmerensis), pr. Rgb. Erfurt, Kr. Weissensee.
Bapst. Henne. Mund.
Sommerhausen (Sommerhusa-Francus, Franco-Summerhusanus), bayr. Rgb. Unterfranken, BzA. Ochsenfurt.
Benz. Mohr. Pastorius. Ziegler.
Sondershausen (Sondershusanus), Hptst. des Fürstent. Schwarzburg-Sondershausen.
Thaten.
Sonneberg in Sachsen-Meiningen (Sonnberga-Francus, Sonnaebergensis Fr., Sonnebergensis Franc.), S.-Meiningen, Kr. Sonneberg.
Heinmann. Hertwig. Heublin. Spindler.
Sonnenberg (Nasso-Sonnenbergensis, Sonnenbergensis), pr. Rgb. u. Kr. Wiesbaden.
Fridell. Schapper.
Sonnenstein (Sonnensteina-Misn.), ehem. Festung bei Pirna, sächs. KrH. Dresden.
Himsel.
Sontheim (Sonthemio-Lympurg.) welches? Spindler.
Sontra (Sontrano-Hassus), pr. Rgb. Kassel, Kr. Rotenburg.
Bruckman.
Sonvillier (Sonvillier en Erguel, ex Sonvillier dioc. Basil.), schwz. Kant. Bern, Bz. Courtelary.
Liomin (2).
Soproniensis s. Oedenburg.
Sorau in der Niederlausitz (Soravia-Saxo, Soraviensis, Sorâ-Lusat., Soranus Lusatus), pr. Rgb. Frankfurt a. O., Kr. Sorau.
Back. Gunther (2). Jacobi. Kestner. Keyselitz. Kluge. Cunrad. Kupitz. Schäffer. Useus.
Soteriopeganus, Soteropegus s. Heilbronn.
Sötern (Sötterensis, Soeterensis. Soeteranus Westriacus), oldenb. Frst. Birkenfeld.
Caspary. Lichtenberger. Vogt v. Hunolstein.
Sotzbach (Ober- u. Unter-) (Sozbach i. Isenburgischen), pr. Rgb. Kassel, Kr. Gelnhausen.
Siebenlist.
Soultz s. Sulz.
Soumagne (ex Soumagne patria Leodiensi), belg. Prov. u. Arr. Lüttich.
Vilenne.
Sourcieux-sur-l'Arbresle (Surregio Burgundus), frz. Dép. Rhône, arr. Lyon.
Beudet.
Spandau (Spandoviensis, Spandau in der Kuhrmarkt), pr. Rgb. Potsdam, Kr. Osthavelland.
Buntebart. Hoppensack. Laban. Piper.
Speier, Speyer (Spirensis, Spira-Nemetanus, Spira-Nemes), bayr. Rgb. Pfalz, BzA. Speyer.
Agricola (2). Augspurger. Baur. Belhem (2). Berbich. Beredt. Bochnauer. Botzheim. Brümmer (2). Burckhardt. Büttner (2). Buxenstein. Dallaeus. Debus. Düller. Durbach (2). Elsasser. Elwert. (ab) Emmerich. am Endt. Enslin. Erhardt (3). Fuchs (2). Gambs. Gerlach. Giesenbier. Glandorp. Goll (2). Gordine. Gössel. Gotting. Grundler (2). a Gülchen (6). Gülten. Haeringer. Hagenbach. Hasslocher. Helmsdorff. Henrici. Heuser. Hildenbrant (2). Hirtter. Hobel. Hobel. Hoffmann. Hornung. Hübner. Hugo. Jenisch. Jung, Jost. Kalt (3). Capp. Caramé. von Cassel. Keller. Kob. Cochemius. Koehler. Koerber. Commer. Krafft (2). Krapff. Krebs. Kremer. Kubi. Kugelmann. Kuhlmann. Kuhorn (2). Külbrunn (3). Labersum. Leisler (2). Loebel. Mattern. Mayestötter. Mechler. Meier. Merckelbach. Mellinger. Meybach. Möller. Müeg. Mülberger. Müller. Musculus. Neckermann. Ottho. Petsch. Pfaff. Propheter. Renger. Rentzler. Reuss. Ries. Roesler. Rossbecher. Rühle. Rumetsch (3). Sartorius. Schaumberg. Schernberger. Schneider. Schoenauer. Schober. Schragen. Schultz. Schütz. Schwab. Schwankhardt. Seiff. Seufert (2). Singeisen. Stamm. Stauber. Stemler. Sticher. Stieber (2). Streit. Streiter. Thollaeus. Tradel. Ursinus. Vergenius. Vogler. Weber. Weidmann. Weiler. Weinheimer. Weiss. Werner. Weydenkopff (3). Weyknecht. Willers (2). Worf. Zenck (2). Ziegler. Zinck.
Speier (Bistum) (ex episcopatu Spirensi). Schwartz.
Spepacensis s. Oberspechbach.

Spinalensis. Spinalus s. Épinal.
Spirensis s. Speier.
Spitzenbacensis s. Oberspitzenbach.
Sponhemicus s. Trarbach.
Spremberg (Spremberga - Lusatus), pr. Rgb. Frankfurt, Kr. Spremberg.
Hüffner.
Sprottau (Sprotta-Silesius). pr. Rgb. Liegnitz, Kr. Sprottau.
Closius. Krause. Ottlandt. Unwirde.
Stabulensis s. Étaples.
Stade (Stada-Bremensis, Stadensis Saxo, Stadensis), Lddr. pr. Prov. Hannover.
Gabell. Hackmann. Harder. Heintz. von Höpken (2). Kruese. Pape. Scharlacken. Schultze. Vördmajr. Wagner.
Stadecken (Stadeccensis), hess. Prov. Rheinhessen, Kr. Mainz.
Schwebel.
Staden (Stadensis Wetterav., Stadio-Wetteravus), hess. Prov. Oberhessen, Kr. Friedberg.
Leining. Phoenius.
Stadtamhof (Pedemontano-Bojus), bayr. Rgb. Oberpfalz, Vorstadt von Regensburg.
Seitz.
Stadthagen (ex Stadthagen, Stadhagensis Schaumburgicus), Schaumburg-Lippe.
Magnus (s. Niehausen). Stolle.
Stadtworbianus s. Worbis.
Stäffa (Stäffa im C. Zürich Stäffer am Zürichsee), schwz. Kant. Zürich, Bz. Meilen.
Bündtner. Pfenninger.
Stäffis am See, Estavayes (Staviacensis ad lacum Helvetius), Kant. Freiburg, Bz. Broye.
Bullet.
Stafforth (Staffortheo - Durlacensis), bad. Kr. u. A. Karlsruhe.
Stober.
Stammheim (Stammhemianus prope Friedbergam), hess. Prov. Oberhessen, Kr. Friedberg.
Schmidt.
Stanz (Unterwalden-Stans), schwz. Kant. Unterwalden, Hptort. Nid dem Wald
Rotenflue.
Stargard (Stargardianus), welches? (Preussen? Mecklenburg?)
Schön.
Stargard in Pommern (Stargardia-Pomeranus), pr. Rgb. Stettin, Kr. Stargard
Löper. Rangius. Wendt.
Staudernheim (Staudernheimensis), pr. Rgb. Coblenz, Kr. Meisenheim.
Lauer. Schwab.
Staufen (Stauffensis), welches? (Baden? Bayern? Schweiz?)
Bontz.
Staviacensis ad lacum s. Stäffis am See.
Steben, Unter-Steben (Stebena-Variscus), bayr. Rgb. Oberfranken, BzA. Naila.
Solger.
Steckborn (Steckboren), schwz. Kant. Thurgau, Bz. Steckborn.
Deicher. Labhard.
Steffisburg (Stäffisburg i. C. Bern, Steffisburg), schwz. Kant. Bern, Bz. Thun.
Kauffmann. Schüpbach.
Stein (Littopolitano-Helvetus, Stein am Rhein, Lythopolitan. Helv.), schwz. Kant. Schaffhausen.
Barth. Schmid (4). Schmidt. Schneewly. Singer (2).
Stein (Littopolitanus), welches?
Schmid.
Stein (Steinensis Suevus), bayr. Rgb. Schwaben, BzA. Sonthofen.
Beck.
Stein (Steina-Marchicus), bad. Kr. Karlsruhe. A. Bretten.
Mauritii. Schor.
Steinach (Steinaccensis, Stenaccesis, Stenacensis), welches?
Methaius. Muess. Ziegler.
Steinau an der Strasse (Steinau an der Strasse, Steinaviensis Hanoico-Francus, Hanoviensis e Comitatu Steinoviensi, Steinaviensis Hanoicus), pr. Rgb. Kassel, Kr. Schlüchtern.
Conradi. Jacobi. Möller. Otto. Wagner.
Steinbach in Baden (Steinbacensis-Badensis, Steinbacensis - Marchicus, Steinbagio-Badensis), bad. Kr. Baden, A. Bühl.
Dyhlin. Gepp. Göhring. Goering (2). Vogt (2).
Steinbach (Steinbach-Onoldinus), bayr. Rgb. Mittelfrankeu, BzA. Fürth.
Reichardt.
Steinbach (Steinbacensis, Scheinbacensis), welches?
Baus. Dürfeld. Schulz. Wentz. Wagner de Frommenhausen. Würz.
Steinbeck (Steinbeckensis), welches?
Frenckel.
Steinbockenheim (Steinbockenhemio-Palatinus, Steinbockenhemensis), hess. Prov. Rheinhessen, Kr. Alzey.
Gerhardi. Korffmann.
Steinen (von Steinen aus dem Durlachischen), bad. Kr. u. A. Lörrach.
Ellenrieder.

Steinfurt (Steinfurto-Westph.), pr. Rgb. Münster, Kr. Steinfurt.
a Bentheimb.
Steingaden (Steingadensis Bavarus, Staingadensis Bavarus), bayr. Rgb. Oberbayern, BzA. Schongau.
Baur. Oberndorffer.
Steinhart (Steinhardensis), bayr. Rgb. Mittelfranken, BzA. Gunzenhausen.
Bocher.
Steinhausen (Bipontinus ex Steinhausen, Bipontino-Steinhausensis), bayr. Rgb. Pfalz, C. Neuhornbach.
Lang.
Steinheim (Steinheimensis, Steinhemensis), welches?
Brodtwolff. Conrad.
Steinheim (Steinhemio-Württ.), welches? (württ. Jagstkr.? württ. Neckarkr.?)
Haeusser.
Steinsel (Steinselanus Westriacus), Luxemburg, Distr. Luxemburg, a. d. Alzette.
Wolfram (2).
Steinsfeld, bayr. Rgb. Mittelfranken, BzA. Rotenburg (Tauber).
Kern. Starck.
Steisslingen (Steislingensis Suevus), bad. Kr. Konstanz, A. Stockach.
Mesmer.
Stendal (Stendaliâ-Veter. Marchicus), pr. Rgb. Magdeburg, Kr. Stendal.
Schönhausen. Rotedichius.
Stepfershausen (Stephershusa-Francus), S.-Meiningen, Kr. Meiningen.
Schmöger.
Sternberg, welches?
Lademann.
Sternberg (Megopol. Sternbergensis), Mecklenburg-Schwerin, Kr. Mecklenburg.
Guthknecht.
Stetten (Stettensis-Francus), bayr. Rgb. Unterfranken, BzA. Karlstadt.
Zitterich.
Stetten (Stetten-Württembergicus, Suevus-Stettensis), welches? (bayr. Rgb. Schwaben? bad. Kr. Konstanz?)
Guckenberger. Stöckhle.
Stettfeld (Stettfeldensis), bayr. Rgb. Unterfranken, BzA. Hassfurt.
Stein.
Stettin (Stetino-Pomeranus, Sedinensis, Stetinensis Pomer., Palaeo-Sedinensis Pomer.), pr. Rgb. Stettin.
Albini (2). Beckmann (2). Blenno. Charstadius. Chemnitz. Dielliess. Gartz. Henckel. Kirsten. Cramer. Küetz. Michaelis. Neubauer. Oesler (2). Osterling. Pfeiff. Polemann. Praetorius. Schmidt. Schultz. Schwellengrebel. Siedtman. Trebbin. Treder. Wendt. Werther. Winsius. Zachariae (2).
Steyer, Steyermark (Styria-Austrius, Steirensis Aust., Styrensis-Austr., Steyrâ-Austr., Styra-Austr., Stiriensis Austr., Styrus, ex Styria).
Brunner. Ebhart. Eder. Einpacher. Greiss. Lindwurm. a Rauchenberg. Speidl (2). a Stubenberg. de Sternegg (2). Tauffkircher. Zeiller.
Stielingensis s. Stühlingen.
Stirn (Styrnensis Franco), bayr. Rgb. Mittelfranken, Ldg. Ellingen.
Adam.
Stivagiensis s. Étival.
Stockhausen (StockhusanusHassus), hess. Prov. Oberhessen, Kr. Lauterbach.
Cöler.
Stockheim (Stockheimensis ex Ducatu Luxemburgensi), welches? (pr. Rgb. Aachen? od. Stockhem i. belg. Prov. Limburg?)
Bart.
Stockholm (Holmia-Suecus, Stockholmiensis, Stockholmia-Suecus, Sueco-Holmensis), Hptst. des Kgr. Schweden.
Agre. von Bremen. Brenner. Dassow. Eporagrius. Evert. de Fersen. Hansen. Höpken. Höström. Jerpengey. Karth. Lägerflycht. von Lengerkenn. Leonardi. Meisner. Mentell. Metz. Pontinus (2). Ribe. Rosenfeldt. Schutzer (2). Ternell. Törnehielm. Wedenborg. Wittkophe.
Stolberg im Harz (Stolbergensis), pr. Rgb. Merseburg, Kr. Sangerhausen.
Bötticher. Gutkäs. Comites de Stolberg (5).
Stolberg in der Rheinprovinz (Stollberga-Juliacus), Rgb. u. Kr. Aachen.
Peil.
Stollhofen (Marchio-Stollhovensis), bad. Kr. Baden, A. Rastatt.
Campanus.
Stoltenovianus s. Stolzenau.
Stolp in Pommern (Stolpâ-Pomeranus, Stolpensis-Pomeranus), pr. Rgb. Cöslin, Kr. Stolp.
Cütter. Lehmann (3). Minding. Ninmer. Prölaeus. Schwartz. Watsonius.
Stolpen in Sachsen (Stolpensis Misnicus), sächs. KsH. Dresden, AG. Pirna.
Becker.
Stolzenau (Stoltenovianus), pr. Lddr. Hannover, Kr. Nienburg.
Grünreuter.

Storkow (Storckow. Mesomarchicus), pr. Rgb. Potsdam, Kr. Beeskow-Storkow.
Bauer.

Storndorf(Storndorfia-Hassus), hess. Prov. Oberhessen, Kr. Alsfeld.
Wittich.

Stotzheim (Stotzhemensis Als.), Bz. U-Elsass, Kr. Schlettstadt.
Sontag.

Stralsund (Stralsundia-Pomer., Sueco-Pomer. ex Sundia), pr. Rgb. Stralsund.
Antony. Barth. Bergholtz. Beyer. von Gosen. Grafft. Hagemeister (2). Klein. Poppe. Pütter. Raebel. Schäffer. Selmer. Weith. Wevitzer.

Strassburg (Argentinensis).
Abele. Acarie. Acker (5). Adam. Agerius. Agram. Albeck. Albert (Alber). Alberthal. Albig. Allgeier. (3). Ammel (2). Ammerbach. André. Andreae (2). Anrich. Ansorg (5). Anstett (3). Anwander. Apffel. Appold. Apprederis (4). Arnoldt. Arnuard. Arroy. Artopoeus (8). Aufschlager (3). Auger (3). Auracher. ab Avenheim (2). Ayle. Bader (4). Baer (8). Bahl. Balazuc. Baldner (4). Baltz (2). Bapst. Barbaras. Barbenes (2). Barbette. Barbier de Tinan (4). Baron. Bartenstein (2). Barth (2). Barthel (2). Bartisch. Bastian. Batteincourt. Baudouin, Baudrié. Baul. Baumgartner. Baumüller (2). Baur (4). Bay. Bebel (3). Becht (4). Bechtold (5). Beck (8). Becke. Becker (4). le Bequé. Beguin. Behr (5). Bein. Belling. Bender. Benoist. Bentz (4). Berard (3). Berckheim. Berger. Beris. Bernard (3). Bernegger (3). Berner. Bernhard (2). de Bernhold. de Berqueu. de Berstett. Berstecher. Bertin. Bertsch. Besnard. Besserer. Besson. Beuthel. Beuther. Beyckert (4). Beyer. de Beyer. Beyerbach. Beyerlé. Bez. Beza. Biccius. Biener. Bieneth. Bierle. Bilger. Billaudet. Billerey. Bindenschuh. Binder. Bion. Birr. Birckel (s. Bürckel). Bischoff (3). Bitsch. Bitterlin. Blaise. Bleicher. Blessig (3). Bleuler. Bleyfus. Bloechel. Bloy. Blümel (2). Boch (3). Bock. Bock de Blaesheim. Bockenhoffer. de Böcklin a Böcklinsau. Bodemer (2). Boecler (14). Boehm (8). Boeler. Boeris. Boersch (2). Boettger. Bohl. Bohner. Boissié. Boletz. Bonnay. Born. Bosque. Botzheim. Boud'hors. Boudouin. Bourste. Brackenhoffer (8). Brackwehr. Brand (4). Brandhoffer. Brändle. Brassier (3). Braun (8). Brauneisen. Brecht (3). Breiel. Breit. Brem (4). Breslé. Breu (3). Briel. Brimmer (2). Brion (2). Broesamle. Brosse (2). Brotbecker. (Brobeque) (6). Brück (2). Bruder (3). Brulon. Brunck de Frundeck (3). Brunn. Brunner (2). Büchel. Bückel. Buffet. Bühler. Bullian. Buntz. Burand. Burbaud. Bürckel. Burger. Busch (5). Buschard. Bussler. Bussmann. Buttbier. Büttner. Cameel (4). Cappaun (2). Cappes (2). Cappler. a Carben (2). Carl (3). Carl à Mühlback. Caspari. Certain. de Cezanne (s. Tholozan de Cezanne). Chanard. Chandon. Chappuis. Charpit de Villecour. Chauffour (s. Colmar). Chaumont. Chippel. Choisy. Chouart. Christ (5). Christen (2). Christiannus. Christiani (5). Christmann (2). Clady. Claude. Claus (3). Clausing (2). Cluten. Coliny. Comun. Conigliano. Conrad (3). Conratt. Copp. Corvinus (3). Cossa. Cossée. Cottler (2). Cratzmeyer. Cress. Croner. Cuenotte (2). Cummerell. Cuno. Cuntz. Dabeind (4) Dahler. Dannbach (2). Dannenberger (2). Danner (2). (Dannhauer). de Dartein (2). Daudet (2). Dautel (7). d'Autigny. Davie. Decary (2). Decimator. Deckherr (3). Dedell (2). Defougerolle. Defresney (6). Degeorge. Delapré. Delckheimer. Delouvrier. Démougé. Delphinus. Demuth. Denesde de Fromenteau. Denner. Denoyé. Derrer. Deraillon. Descombes (2). Desilaque. Dessolliers (2). Detterer. Deubel. Deutsch. Diebold (7). Diemer (4). Dieterlin (4). Dietrich (11). Dietsch. Dietzel. Dinckel (4). Dinet de Flammerecourt. Dirbach. Doerffer. Dolde. Dolhopff. Dorn (3). Dorscheus (2). Dorsner (9). Dournay. Drabitz (2). Dreschett. Dreuttel. Dreyer. Drizel. Droeling. Drolenveaux. Drouineau. Droz (Droz de Louvier). Duconte. (2). Ducretet (3). Dufort. Dulsecker. Dumesnil. Durantin (2). Dürninger. Dürr (4). Dürrbach. Dürrenberger. Dusort. Eberhard. Eberlin (2). Ebersperger. Ebinger.

Eckstein. Edel (2). Edelmann. Eggs (3). Ehmann (2). Ehrichson. Ehrlen (8). Ehrmann (14). Eichler. Eisele (2). Eisen (2). Eisenheim. Eisenmann (2). Eisenschmidt. Eisenstern (2). Elles (2). Eloy. Elwert (8). Emmerich (2). Engel (4). Engelbrecher. Engelbrecht. Engelhardt (5). Engelmann (2). Engels. Ensfelder (4). Epplin. Erasmus (2). d'Erdel. Erhardt (3). Erler. Ernst (3). Esch. Eschenauer. Espich (4). Esprit. Etter. Euth. Faber (5). Fahlmer. Fajard. Falck. Farr. (Fasco). Faudel (3). Faust. (15). Feigler (2). Fein. Feltz (5). Fendt. Fenrich. Ferber (5). Fessler. Fetsch. Fettich (2). Ficke. Fidel. Fiderer. Fiesel. Fimpel. Finck. Findeisen. Fischer (14). Fischlinger. Flach (11). Flechtner. Fleckhammer (2). Fleischmann. Forschet. Franck (9). François. Franz (7). Frentz. Freund. Frey (4). Frick. Friderici (10). a Fridolsheim. Fried (12). Fries (5). Frischhelt. Fritsch (2). Fritschmann (4). Fritz (5). Froelich (2). Froereisen (8). Frummelius. Fuchs (6). Füegner. Funck (4). Furichius. Fusenegger (s. Augsburg). Gaeckler (3). Gaenshirt. Gaertner (4). de Gail. Galler. Gambs (22). Gangolff (2). Garnier (2). Gass. Gassold. Gast. Gastel (2). Gau (des Voves) (2). Gayot (2). Gebhardt. Geidelin. Geiger (5). Geisler. Gelb. Georgii (2). de Géraudon. Gerber (3). Gerges. Gerhard (3). Gerlach (2). Gerold (4). Gerung. Geyer. Geyler (4). Gies (2). Gilig. Gilso. Gimmig. Gimpel. Girard. Glocker. Gnilius (9). Goebel. Goenner (2). Goering. Goesensohn. Goetz (2). Gogniat (2). Golbery. Goldtbach. Goll (13). Gombault (3). de Gottesheim (4). Gottwald. Goug. Goujon (3). Goullet (2). Gourmand. Grad. Graeff. Graff (6). Graffenauer (2). Gramond. Grandidier (3). de Grandval. Graseck. Grateloup. Grau (3). Grauel (6). Grauer (3). Greiner (3). Greis (2) (s. Kreis). Gretzinger. Greuhm (8). Gries. Griese. Griesbach (5). Griesinger (2). Grillot (4). Grimmer (2). Grönlinger. Gropp. Gros (10). Grosmann. Gruber (2). Grucker. Grünhoegel. Gudrio. Guering (4). de Guilhermin. Guischard. Gülch. Guller. Güllich. Gumprecht (3). Gunde. Günther (2). Güntzer (4). Güntzlein. Gustelius. Gutermann. Haan (2). Haas (3). Haeberlin (4). Haeckel (2). Haertel. Haffner. Haeffner. Hagios. Hago. Hammerer (14). l'Hanneur (3). D'Hangest. Hanndlin (2). Hannong. Hanrard. Harnusperger. Hartmann. Hartschmidt (2). Hasslauer. Hasselmann. Hatry (2). Haubert. Haug (5). Haus. Haussmann (3). d'Hauteval. Haxo. Hebenstreit (2). Hecht (3). Hecker. Heckheler. Heidel. Heim. Heimlich. Heinemann. Heinerich (2). Heinrici. Heintz (2). Heis (2). Heisch (4). Heitz. Helck. Helderich (2). Heller (3). Helwig (2). Henneberg (2). Henninger. Hepp (3). d'Herbain. Herberling (3). Herbst. Hering. Herlin. Herminger. Herrchillet. Herrenberger (2). Herrenschneider (3). Herrmann (15). Hertel. Herttenstein (3). Hervé (3). Herzog. Hess. Hetzel (5). Heumann. Heupel (6). Heus (9). Heuslin. Hey. ab Heyden (3). Heyger (3). Heyl (3). Himmler. Hippolytus. Hirn. Hirschel (3). Hirt. Hirtz. Hitschler. Hoffmann (4). Hoellbeck (3). Hohenbuch. Holandt. Holderer. Holdermann. Holdt (2). Hollaender (2). Holler. Holtzapffel (4). Holtzberger (5). Hönig (2). Hoppe. Horb. Horneckel. Horning. Huber (4). Hubmeyer (2). Hüenerer. Hüffel. Humbourg (14). Hummel (2). Huob. Hüter. Huth (2). Hüttel. Hütter. Ihringer. Iller (3). Imlin (6). Isenheim. Isler (3). Isnard. Jacquot. Jaeck. Jaeger (2). Jaegle. Jahreis. Jaiser. Jaquinot (4). Jehle. Joch (4). Joerns. Joly. Jost (2). Jouhannet. Jud. Juncker. Jundt (6). Jung (3). Kachler (2). Kaess. Kamm (5). Kampmann. Karcher (5). Karth (2). Kast (7). Kau. Kauffmann (3). Keck (2). Keifflin (2). Keim. Keller (5). Kellermann (4). Keltz. Kempffer (4). Kentzinger (5). Kercher. Kessler. Keyser. (Khun). Kiechel (2). Kieffer (5). Kien (2). Kientz. Kilburger (2). Kimich. a Kippenheim. Kips (9). de Kirchheim (2). Kirchner. Kitsch (2). Klauhold (3). Klee. Kleiber. Klein (19). Kleinclaus. Kleinlogel. Kleinpeter. Kleitz (2). Klingen-

bach. de Klinglin (4). Klüffel. Knapp. Kniebs. Knobloch. Knoderer (4). Knoerr. Knoller. Kob (2). Köbel. Kobelt (2). Koch (8). Koehler. Koenig Kohl (3). Kohler. Kolb (18). Kolheim. Komann. König (5). Königsmann. Kornmann (4). Kraeutler. Krafft (6). Kramer. Kramp (2). Krapff. Kratz (3). Kraucke. Kraus. Krauth (2). Kreichel. Kreiss (s. Greis). Kremer. Kreuscher. Kreuter. Kreyselle. Krieger (3). Kroh. Krug. Kübler. Kückh. Küeffer (4). Kugler (4). Kuhff (2). Kuhn (3). Künast. Kuntz. Kunz. Kunzé. Kupfferschmitt. Küss. Laborie. Labiffe (2). Lachausse (6). Lacher. Lacolombière. Lacombe. Laemmermann. Lafermiere (2). Lambrecht. Lamey. Lamp (2). Lanfrey (5). Lang (7). Langhans (3). Langheinrich (2). Lanz. Laquiante (7). Larizius (4). Lassia. Lassore. Latour. Lautensack. Lauth (9). Leblanc. Le Comte (2). Lederlin (4). Lederhoss. Lefebre. Leiss. Leitersperger (7). Lembcke. Lemoser. Lemp (3). Lenter. Lentz (5). Leonhard (7). Leopard (2). Leriche (6). Le Roux. (2). Lerse (2). Leuprandt (2). Leutel. Levrault (2). Lex (3). Leydecker. Leypold (2). Lichtenberger (3). Lider. Liebold. Liechteisen (2). Liechtlé (6). Lienhard. Limburger. Linck (2). Lindauer. Listemann (2). Litsch. Lix. Lobstein (9). Locamer. Loechner. Loeschenbrandt. Loescher. von Loh. Lohrer. Lombard (2). Loos. Lorenz (4). Loyson. Luck (4). Ludwig (2). Lung (2). Luther (2). Lutz (3). Lux (3). Mackau de Hürtigheim. Macleus. Mader (5). Maegerlin. Magnier. Maier. Mainoni. Mallecy (2). Malleolus. Malphilatre. Mann (2). Mappus (4). Maquier. Marabail. Marbach (8). Marchal. Marchfeld. Marco. Mareschal. Marheiniken. Martin (3). Marx. Masske. Mathieu (3). Mathis. Matthaeus. Maupinot. Maurer. Maury. Mayer (5). St. Médard. Medler (2). Meel. Meier (2). Meinel (3). Meisne. Memminger. Mena. Mendoche. Menges. Mentel. Merck. Merckel (3). Merckelbach (2). Mercklin. Mergiletus (2) Mergius (2). Merilhon (2). Merquel (s. Merckel). Metz. Metzger (4). Metzler. Mey. Meyer (13). Meyerhoffer. Meyger (3). Michaelis. Michel. Michelet. Michels. Mieg (8). Milhau. Miville. Mockel (3). Moegling. Moehrer. Moessner. Moetschel. Mogg (3). Mohr. Moll. Mollinger (6). a Molsheim. Momy. Morhardt. Moris. Morstaller. Morstatt (2). Moscherosch (3). Moser (3). Mosseder (9). de Mougé (3). Mougeot. Mouillesaux. Muderer. Mülberger (4). Müller (16). Münch. Musculus. Mussmann. Mustinger. Nagel (6). Neff. Nenter. Nessel. Nestlin. Neubauer. de Neuenstein. Neustöckel. Neuville. Neuz. Nicart. (3). Nicolai (5). Niethammer (2). Nigrin. Noedel. Noelinger. Nonnemann. Notter (5). Nuss. Ober. Oberdorffer. Oberhauser. Oberlin (8). Obermayer. Obrecht (5). Oelinger (6). Oertel (3). Oesinger (11). Oettel. Ohlmann. Olry. Osterriedt (4). Ostertag. Oswald. Ott (5). Otterbein. Ottmann (2). Otto (7). Pack. Pahl. Pantrion (2). Pantzer. Papelier (4). Pascher. Pastorius. Patrick. Payen de Montmor (3). Paulli. Penius. Perot. Perrin. Petit (2). Petters. Pettmesser (2). Pezel (2). Pfaehler (6). Pfaltzer. Pfauth (2). Pfeffel. Pfeffingen (9). Pfeiffer (2). Pfeil (2). Pflaum. Pfundt. Philippi. Piccard. Pick (3). Pillinger. Pin (3). Piton. Pivollot. Planck. Plarr (3). Poirot. Polch. Popp. Pothier. Prat. Preusser. Pronsal. Prox. Püchler. Pulian. Queffemme. Queller (s. Keller). Rame. Ramond. Rang (3). Raoul. Rapp. (3). Rason. Rasp (3). de Rathsamhausen. Ratz (2). Rauch. Raupp. Rausch. Rauscher (2). Rautenstrauch. Raynal. Rebhan (5). Rebstockh. Reckop. Redslob (7). Redwiz. Reeb (2). Reebmann. Reeck. de Regemorte (2). Regnault. Rehm (3). Reich de Platz (2). Reichardt (6). Reinbold (4). Reiner (2). Reinold. Reis (3). Reisseissen. (10). Reith. Reitlinger. Remond. Remy. René. Rennenkampff. Renner (4). Repp. Reuber (2). Reuchlin (7). Reule. Reusner (2). Reutter (2). Reybel. Reyser (2). Rhein (5). Rhoner (s. Rohner). Ricard. Richard (3). Riche. Richshoffer (9). Ridt (2). Riebel. Riebestahl. Rieck. Rieder. Riedle (2). Riedlin (2). Rieger. Riehl (7). Riehm. Ries. Riff. Rimbach (3). Ring (2). Ringelstein.

Risch. Riss. Ritter (2). Rittner. de Rocque. Roecklinger. Roederer (22). Roegner (3). Roehrich. Roemer (4). Roesch (2). Roessel (2). Roger. Rohmer. Rohner (s. Rhoner). Rohr. Rolle. Rollwagen. Rondouin. Rösel. Rosen (7). Rosenberg (2). Rosenzweig (3). Röslin. Roth (8). Rottler. Rozieres. Rübsamen. Rudolph. Rues. Ruff. Rüger. Ruhl. Rühlin. Ruland. Rumpel. Rumpler (2). Ruopp (3). de Ruthe (2). Sachs (9). Sadoul (2). Saenger. Sahler (2). Salomon. Saltzmann (28). Sandrart. Sare. Sattler, Saur. Scaerr. Schaaf (6). Schad. Schadaeus. Schaeff (7). Schaeffer (3). Schaetzel. Schall (2). Schaller (3). Schallesius. Schatz (9). Scheddelius. Scheffer (7). Scheibel. Scheibler. Scheid (8). Schell (4). Schenck (4). Schenckbecher (2). Scherb. Scherbaum. Scherer (5). Scherz (5). Scheubler (3). Scheuring (2). Schiebe. Schiffmann (2). Schilher (3). Schilling (5). Schlachtmann. Schlecht. Schlenacker. Schlick. Schlosser. Schmid (1). Schmidt (30). Schmidtmeyer. Schmutz (3). Schneider (9). Schneiter (2). Schnell. Schneller (2). Schnitzler. Schoedler. Schoell (5). Schoen. Schoenfeld. Schoenhaupt. Schoeni. Schoepff. Scholl (3). Schopff. Schott. Schottel (5). Schrag (5). Schragmüller. Schranckenmüller (3). Schreyer. Schroetter (2). Schropp. Schübler (9). Schuch (2). Schumacher. Schuman. Schurer (4). Schuster. Schwanfelder. Schwartz (5). Schwartzett. Schwartzrucker. Schwebel. Schweickard (3). Schweighaeuser (13). Schweitzer (5). Schwendt (6). Schwerdt. Schwertzig. Schwing (4). Sebitz (7). Segret. Seiler (2). Sellinger. Selzer. Semmler. Sensenschmidt (2). de Serpes. Seuffert (2). Seydel (1). Seyler (3). Sicard. Sido. Siegfried (5). Sigler. Silberling. Silbermann. Silberrad (15), Simminger. Simon (6). Simonnaire. Socinus. Sommervogel (3). Sopper. Spach. Spaeth (5). Spangenberg. Spangenberger. Speccer. Specht. Spielmann (10). Spies. Spon (2). Spoor (3). Staedel (10). Staehelin. Stahl (2). Starck. Stauber. Stein (2). Steiner (3). Steinicher. Steinmez. Stelz. Stempel. Stenglin. Steudel. Stiegelmann. Stiegler (5). Stierling. Stipitius. Stock. Stoeber (8). Stoesser (4). von Stökken. Stoll (4). Stolz. Storck (5). Storr (4). von der Straass. Stras (2). Straub (2). Strauss (5). Streicher. Striedbeck (2). Strikker. Strintz (3). Strobel. Stroehlin (5). Strohecker. Strohée. Strohl (2). Strohm. Stromeyer. Stuber (6). Stupanus (2). Suard. Süess (2). Suse. Tabor. de Tarade. Thannbacher. Thenn. Theurer (2). Thiebaut. Tholozan (de Cezanne) (2). Thomas (2). Thuault. Thürmann. Tinchant. Tirlong. Toulippe. Trawitz (2). Treitlinger (5). Treuding. Trombert. Tromer (4). Trütt. Tuchfaerber. de Türckheim (3). Uebersaal. Ullmann (3). Ulrich (6). Ulrici (2). Unselt (6). Unsin. Ursinus (2). Valentin. Vaudin (2). Vetter. Vidua. Vierling (2). Vigera. Vogel (2). Vogler (2). Vogt. Volck. Vollherbst. Volmar. Wachter (2). Waggin. Wagner (10). Walch. Walliser. Walter (7). Waltersperger. Wanner. Weber (8). Wegelin. Wehner. Wehrlen. Weidenmann. Weigen. Weiler (2). Weisner. Weiss (3). Welper. Welsch (2). Wencker (6). Werbeck (4). Werner (6). Wesener (4). Westerfeld. Westermann. Wetzel (5). Weydknecht. Weyel (2). Weyher. Wichard. Widt (5). Wiedemann. Wiegel. Wieger (4). Wieland. Wilborn. Wild (4). Wilderich. Wildermuth (3). Wilhelm (2). Willemann (2). Wilwesheim (2). Wimpff. Winckler. Windenius (2). Windholtz. Winter (9). Wintergerst. Witter. Wittmann. Witz. Wogesser. Wohlfart (3). Wolff (6). Wretmann. Wunderer (2). Würtz. (6). a Zabern (5). Zachariae. Zaepffel (7). Zegowitz. Zeis (5). Zeller. Zelter. Zentgraff (9). Zetzner. Zeyssolff (8). Ziegenhagen. Ziegel. Ziegler (3). Zimmer (3). Zimmermann. Zinninger. Zinsner (s. Zitzenser). Zipper. Zipff. Zisich. Zittelin. Zitzenser. Zöller. Zorn de Bulach.

Straubing (Straubinganus Bavarus, Straubinga-Bojus), bayr. Rgb. Niederbayern, BzA. Straubing.
Löffler. Probst.

Strehlen in Schlesien (Strelensis Silesius, Strelâ-Silesius), pr. Rgb. Breslau, Kr. Strehlen.
Chilian. Reimann. Sebiz.

Strehlitz? Strelitz? (Strelitzensis).
Grassus.

Streisenhusanus Francus s. Stressenhausen.

Streitfort, Mirkvasar (Streittfordi-Transylvanus, Streidfordinô-Transylv., Streitfurto-Transylv.), Siebenbürgen, Kr. Kronstadt.
Bintzich. Müller. Wernerth.

Strenz (Strensensis), welches? (Mecklenburg-Schwerin?, pr. Rgb. Breslau?, pr. Rgb. Merseburg?).
Rücker.

Stressenhausen (Stresenhusa-Francus, Streisenhusanus Fr.), S.-Meiningen, Kr. Hildburghausen.
Büttner. Hohenbaum.

Streufdorf (Streuffdorffensis-Francus), S.-Meiningen, Kr. Hildburghausen.
Korneffer. Schietter.

Striegau (Silesio-Strigaviensis, Stregâ-Silesius), pr. Rgb. Breslau, Kr. Striegau.
Cyrath. Strobel.

Strümpfelbach (Strümpffelbachens. Würtembergicus), welches? (württ. Neckarkreis, OA. Backnang?, OA. Waiblingen?).
Schall.

Stuckenbrock (Stukenbroik Paderbornensis dioc.), pr. Rgb. Minden, Kr. Paderborn.
Bockel.

Stühlingen (Stülingensis, Stuelingensis Suevus, Stielingensis Suevus), bad. Kr. Waldshut, A. Bonndorf.
Balbach. Planer. de Steger. Würth.

Stuttgart (Stuttgardianus, Stutgardia-Württemberg., Stuetgardianus, Stuccardianus, Stuttgardiensis), Hptst. des Kgr. Württemberg, im württ. Neckarkreis.
Abel. Adlung. Aeckerlin. Andreae. Anckele. Backmeister. Bardili. Bechy. Beckh. Behr. Benz. Beurlin. Blanchot. Boehm. Breyer. Breitschwerdt. Breuning (2). Brotbeck. Bydembach. Daser. Diez. Edler. Ehrenreich. Elenheintz. Erhardt. Faber (2). Fischlin. Gans. Geiger. von Gemmingen. Gerstenlocher. Gmelin. Groshans. Grosskopff. Hauff. Haug. Hefenthaler. Heintz. Herbert. Herbortt. Herpffer. Herrmann. Hettich. Hetzer. Hiller (3). Hoelder. Hoffmann. Hofstetter. Hoser. Jacobi. Jaeger. Cammerer. Keller (2). Kielmann a Kielmannseck. Klein. Klose. Consbruch. Kornbeck. Krezenthaller. a Laimingen. Lang. Lauffer. Lindenspür. Lohet. Lucius. Negelin. Neuheuser. Oehlmecker. Oelmeyer. Pfeiffer. Pfingsten. Pistor. Reinhardt (3). Reinoehl. Reuss. Riecke. Ries. Rueff. Sattler (3). Schaeffer (2). Scheinemann. Schickart (2?). Schmidlin. Schnepff (2). Schweicker. Schwilk. Schwindel. Sibour. Speidel (2). Spener. Spilhiler. Sprenger. Steegmayer. Störr. Stockmejer. Varenbüler. Vischer. Voytt. Wagenmann (2). Walz. Welsch. Wurster. Zinck. Zückhwolff.

Styrnensis s. Stirn.

Styrus s. Steiermark.

Suanheimensis s. Schwanheim.

Suckershusensis s. Sickershausen.

Südermannland (Sudermanno-Suecus), schwed. Provinz.
Gering. Moberg.

Suebosia s. Schwiebus.

Suecus s. Schweden.

Suevus s. Schwaben.

Sugenheim (Sugenheimensis), bayr. Rgb. Mittelfranken, BzA. Scheinfeld.
Krackhart.

Suhl (Sulano-Hennebergicus, Sula-Francus, Suhlanus), pr. Rgb. Erfurt, Kr. Schleusingen.
Feuchter. Funck. Günther. Heuer. Junius. Lotz. Munk. Mylius. Seusing.

Suidnicensis s. Schweidnitz.

Suimbacensis s. Schwimmbach.

Suinfurthensis s. Schweinfurt.

Suinschoroianus s. Schweinfurt.

Suitensis s. Schwyz.

Sülbeck (Sulbacensis), welches? (pr. Lddr. Hildesheim, Kr. Eimbeck od. Schaumburg-Lippe?).
Mösniger.

Sultzbach (Sultzbacensis), Bz. OElsass, Kr. Colmar.
Culman. Panzer.

Sultzensis s. Sulz.

Sultzern s. Sulzern.

Sultzmatt (Sultzmattensis), Bz. OElsass, Kr. Gebweiler.
Nessel (4). Roth. Staedel.

Sulz (Sultzensis ex superiori Alsatia, Soultz en Haute-Alsace, Obersultzensis), Bz. OElsass, Kr. Gebweiler.
Bach (3). Bernard. Dreyer. Ebelin. Gasser. Jaeger. Jost. Welte.

Sulz am Neckar (Nicro-Sulzensis), württ. Schwarzwaldkr., OA. Sulz.
Doerner (s. Neckarsulm). Koelreutter. Leng. Michael.
Sulz (Sultzo-Lhoranus, Sultzolohranus), bad. Kr. Offenburg, A. Lahr.
Kohler.
Sulz unterm Wald (Sulzensis ex Alsatia inferiori, Sultzensis prope Weissenburgum), Bz. UElsass, Kr. Weissenburg.
Geiger (2). Schaumas. Willemann.
Sulz (Sulzensis Alsata, Sultzensis), welches? (Bz. UElsass, Kr. Weissenburg? oder Sulz, Bz. OElsass, Kr. Gebweiler?).
Belz. Cromer. Culmann. Keller. Koenig. Richard. Thürmann.
Sulzbach an der Murr (Sulzbach a. d. Murr i. Württ.), württ. Neckarkreis, OA. Backnang.
Haffner.
Sulzbach in der Oberpfalz (Salisbaco-Palatinus, Sultzbaco-Palatinus, Sulbacensis), bayr. Rgb. Oberpfalz, BzA. Sulzbach.
Auerochs. Bretzel. Burckhard. Englhoffer. Ermeltraut. Gastelius. Colb (2). Prueschenck. Ströbl.
Sulzbach am Main (Sulzbaco-Moenanus), bayr. Rgb. Unterfranken, BzA. Obernburg.
Klein.
Sulzbach (Salisbacensis, von Sultzbach), welches?
Hanbaum. König. Mettauer.
Sulzburg (Sultzburgensis, Sultzberga-March., Sulzburgo-March., Sultzburgo-Brisg.), bad. Kr. Lörrach, A. Müllheim.
Beck. Fecht (3). Fürderer. Geyser (2). Kieffer. Knapp (Sulzbergensis). Creuzbauer. Mauritius. Mollinger. Scherpff. Schoepflin.
Sulzburg (Sulzburgo-Palatinus), bayr. Rgb. Oberpfalz, BzA. Neumarkt.
Roth.
Sulzern (vallis Gregoriana Sultzern), Bz. OElsass, Kr. Colmar.
Kämpff.
Sulzkirchen (Sulzkirchen i. Bayern), bayr. Rgb. Oberpfalz, BzA. Beilngries.
Schrempf.
Summerhusanus s. Sommerhausen.
Sumiswald (von Sumiswald C. Bern), schwz. Kant. Bern, Bz. Trachselwald.
Burger.
Sundhausen (Sundhuso-Als.), Bz. UElsass, Kr. Schlettstadt.
Heinius. Jung. Schott. Zweifel.
Sundheim (Sundheimensis), bad. Kr. Offenburg, A. Kehl.
Ross.
Sunthofen (Sunthoffen. Als.), Bz. OElsass, Kr. Colmar.
Scheurer.
Sundia s. Stralsund.
Süntzheimensis s. Sinsheim.
(ex) Superiori Pölnitz s. Oberpöllnitz.
Super-Vinariensis s. Oberweimar.
Surain s. Surin.
Surburg (Surburgensis), Bz. UElsass, Kr. Weissenburg.
Fridericus. Unfrit (2).
Surin (Surain en Bresse dioc. de Lyon), frz. Dép. Vienne, arr. Civray.
de Neufville.
Surregio-Burgund. s. Sourcieux.
Sursee (ex Sursee Helv.), schwz. Kant. Luzern, Bz. Sursee.
Imbach.
Süs, Susch (Süss in Grauenpündten), schwz. Kant. Graubünden, Bz. Inn.
a Planta.
Susatensis s. Soest.
Sutitz (Suticeno-Bohemus), böhm. Kr. Jicin, BzA. Semil.
Erdtreich.
Sylbitz (Sylbicensis Saxo), pr. Rgb. Merseburg, Saalkr.
Kolhard.
Syntzen s. Sinsheim.
Szaladiensis s. Zala.
Szigeth (Sigeth. Hungarus, Grosszigethanus-Hungarus), welches? (3 Orte dieses Namens i. Ungarn).
Heer. Hempel.
Szrodke (Szrodka-Polonus), pr. Rgb. Posen, Kr. Birnbaum.
de Czochron.

Tabernae-Montanus s. Bergzabern.
Tabernensis ad Rhenum s. Rheinzabern.
Täferroth (Taefferoth-Wirtemb.), württ. Jagstkr., OA. Gmünd.
Woelffing.
Tägerweilen (Tägerweil i. Thurgau, Tegerwillen aus d. Thurgäu), schwz. Kant. Thurgau, Bz. Kreuzlingen.
Egloff. Häberli.
Tagstein (Nieder-) (Tagstein im Bundter Land), Salis'sches Schloss i. d. Gemeinde Marsein, im Domleschg u. bünd. Bz. Heinzenberg.
von Salis.
Tambach (Tambachio-Hennebergico Francus), S.-Gotha, LdrA. Ohrdruf.
Hoch.

Tamins, Tumein (Taminiensis Rhaetus), schwz. Kant. Graubünden, Bz. Im Boden.
Anosii.
Tangermünde (Tangermundanus), pr. Rgb. Magdeburg, Kr. Stendal.
Swechten.
Tann a. d. Rhön (Pinopoli-Francus, Pinopolitanus), pr. Rgb. Kassel, Kr. Hersfeld.
Beck. Georgl. Maier (2).
Tannen (Vorder- u. Hinter-) (Thann C. Bern), schwz. Kant. Bern, Bz. Signau.
Irleth. Lesner.
Tarbes (de Tarbe en Bigorre), frz. Dép. Hautes-Pyrénées, arr. Tarbes, am Adour.
Mourant.
Tauber aus dem Tauberthal (Tubera-Franc.), (Baden?, Bayern?, Württemberg?).
Götz.
Tauberbischofsheim (Episcopiensis ad Tubarim), bad. Kr. Mosbach, A. Tauberbischofsheim.
Schenckell. Weigand.
Taurinensis s. Turin.
Tautenburg (Tautenburgensis Thuring.), S.-Weimar, VwBz. Apolda.
Scheller.
Tecklenburg (Teckleburgo-Westphalus), pr. Rgb. Münster, Kr. Tecklenburg.
a Diepenbruch.
Tegernau (Ober-) (Tegernoa-March.), bad. Kr. u. A. Lörrach.
Dreuttel. vgl. Degernau.
Tegernsee (Tegernseensis), bayr. Rgb. Oberbayern, BzA. Miesbach.
Eglgrasser.
Tegerwillen s. Tägerweilen.
Tegopagensis s. Deggendorf.
Teichel (Tichella-Thüringus, Teichela-Schwarzburg.), Schwarzburg-Rudolstadt, LdrA. Rudolstadt.
Heroldt. Munckius.
Teke, Tekendorf (Teckino-Transylv.), ung. Kom. Kolozs.
Wagner.
Telonensis s. Toulon.
Telsonacensis s. Theux.
Teltow (Teltoviensis March.), pr. Rgb. Potsdam, Kr. Teltow.
Ribbeck.
Tennstedt (Tenstadio-Thuring.), pr. Rgb. Erfurt, Kr. Langensalza.
Saul.
Tenzlingen s. Neckartenzlingen.
Teplitz (Boemus Teplicensis), BzH. in Böhmen.
Hiepsch.
Teschen (Teschinensis Silesius, Teschensis Silesius), BzH. i. östr. Schlesien.
Fuchs. Pelicanus.
Teterchen (Teterchen Lotharingus, ex Teterchienne-Lotharing.), Bz. Lothringen, Kr. Bolchen.
Steinmetz.
Tettnang (von Tettnang), württ. Donaukreis, OA. Tettnang.
Beyer.
Thal? (Dahlensis Als.), Bz. UElsass, Kr. Zabern.
Loersch.
Thalebiensis s. Wasser-Thalleben.
Thalfang (Thalfango-Hunnus), pr. Rgb. Trier, Kr. Bernkastel.
Mühlhausen.
Thalfingen (Thalfingensis), bayr. Rgb. Schwaben, BzA. Neu-Ulm.
Besserer.
Thalheim (a Thalheim), welches?
Schulzer.
Thalmässing (Thalmessinga-Onoldinus), bayr. Rgb. Mittelfranken, BzA. Hilpoltstein.
Hoffmann.
Thalweil (von Thalweil a. Zürichsee, auss d. C. Schweiz von Thalweill), schwz. Kant. Zürich, Bz. Horgen.
Staub. Steinbruchel.
Thann (Thannensis), Bz. OElsass, Kr. Thann.
Bacher. Baumlin. Boltz. Dürwell. de Clebsattel (3). Demougé. Freyburger. Fritz. Gobel (2). Imfeld. Liethart (2). Maichanguez. Marandet. Probst. Reisser. Schwilgué (3). Steiger. Willemann. Zibelin.
Theisbergstegen? (Theisbergensis), bayr. Rgb. Pfalz, BzA. Kassel.
Schmid (2).
Themar (Themarâ-Hennebergicus), S.-Meiningen, Kr. Hildburghausen.
Siber. Spresius. Trier (2).
Thengen (Thengensis, Thengensis Hegoius), bad. Kr. Konstanz, A. Engen.
de Merhart (2).
Theningen (Theninga-March., Thenninga-March., Theningensis), bad. Kr. Freiburg, A. Emmendingen.
Reinhard. Wagner. Wild.
Theonisvillanus s. Diedenhofen.
Thermo-Carolinus s. Karlsbad.
Theux? (Telsonaiensis ex ducatu Luxemburgensi), belg. Prov. Lüttich, arr. Verviers.
Lartillion.
Thiaucourt (Thiacuriensis), frz. Dép. Meurthe-et-Moselle, arr. Toul.
Picquant.

Thiengen (Thiengensis, Thiengensis Bada-Durlacensis), bad. Kr. u. A. Freiburg.
d'Anethan. Eisenlohr.
Thiersheim s. Oberthürheim.
Thionville s. Diedenhofen.
Tholy (le) (ex Tholey in Lotharingia), frz. Dép. Vosges.
Tailleur.
Thons (les) (Eg. ex Thonis in ducatu Barensi), frz. Dép. Vosges, arr. Neuchâteau.
Le Paige.
Thörigen (von Thöringen C. Bern), schwz. Kant. Bern, Bz. Wangen.
Gygax.
Thorn (Thorunensis, Torrunensis Boruss. Thoruno-Pruthenus), pr. Rgb. Marienwerder, Kr. Thorn.
Behm. Döring. Eccard. Koyen. Meisner. Mochinger. Schelleberger. Schloss. Schmidt. Trotz. Weiss. Zernecke. Zwickler.
Thouars (Thouarts en Poitou, Thoarcensis apud Pictavos), frz. Dép. Deux-Sèvres, arr. Bressuire.
Richou.
Thraenheimensis s. Tränheim.
Thum (Thumensis Misn.) sächs. KrH. Zwickau. AH. Annaberg.
Barthel.
Thun (Thun, Helv. Thunensis), schwz. Kant. Bern, Bz. Thun.
Guttinger. Lantzrein. Studer.
Thüngen (Tüngensis, Thüngen Schwartzenbergensis), bayr. Rgb. Unterfranken, BzA. Karlstadt.
Koch. Rütschmann. Wolff.
Thuningen (Thuningensis), württ. Schwarzwaldkr., OA. Tuttlingen.
Glöckler.
Thurgau (Thurgoviensis, Helv. Thurgoviensis), schwz. Kanton.
Diethelm. Haeberlin. Harder. Hanhart.
Thuricensis s. Zürich.
Thüringen (Thuringus, Eq. Thuringus, Tyrigeta, Thuringensis, Thuringa, aus Thüringen).
a Berlibsch. de Beust (2). Blassius. Bornn. Cellarius. von Griessheim (2). (von) Goltacker. ab Harstall. Hartmann. Himmel. Hirschbach. ab Hünefeld. de Keller. a Kospoth. Meder. a Meusebach. Scherer. Schwengk. de Sommerfeldt. Springsfeldt (2). Thilo. von Tottleben. von Udterodt. Wenndriet. de Werthern. de Witzleben. Ziegler.
Thüringheim, Thürrengheim s. Türckheim.
Thürn (Thürn), Kärnthen, BzA. Wolfsberg.
Böhl.
Thurnau (Thurnavia-Francus, Turnavia-Frankus), bayr. Rgb. Oberfranken, BzA. Kulmbach.
Burckhart. Keysler. Kretschmann. Schirmer (2).
Thyrinheim s. Türckheim.
Tichella s. Teichel.
Tiefenbach (Tiffenbachensis), welches ?
Croll.
Tiefenbach (Tieffenbacensis Palat.), bayr. Rgb. Oberpfalz, BzA. Waldmünchen.
de Sehmid.
Tiefenbronn (Dieffenbronnensis, Tieffenbronnensis), bad. Kr., A. Karlsruhe Pforzheim.
Bissinger. Gall.
Tiefenthal (Tiefenthalensis in Comitatu Leiningen-Westerburgensi), bayr. Rgb. Pfalz, BzA. Frankenthal (od. hess. Prov. Rheinhessen, Kr. Alzey).
Jaeger. Misselbach.
Tigurinus s. Zürich.
Tilly-sur-Meuse (ex Tilly Virdunensis), frz. Dép. Meuse, arr. Verdun.
Dumaire.
Tilsit (Tilsa-Borussus, Tilsensis Borussus), pr. Rgb. Gumbinnen, Kr. Tilsit.
Dubinski. Flubach. Sommer.
Tirol (Tyrolensis). östr. Kronland.
Depierre. Hohenhaupt. Rönigle. Schmid. Schröckher. Steiz. Viceli.
Tobinianus s. Zofingen.
Toggenburg (Toggenburgensis, Doggenburgensis, Toggius Helv.), ehemal. Gfschft., jetzt i. schwz. Kant. Sankt Gallen.
Mettler. Müller. Scherrer (2). Schlumpf. Staeger. Wirth.
Toledo (Toletanus), Hptst. der span. Prov. Toledo, am Tajo.
de Roxas et Vierro.
Tolosanus s. Toulouse.
Toneschingensis s. Donaueschingen.
Tongern, Tongres (Tungrensis), belg. Prov. Limburg.
Driesen.
Tonna, (Burg-; Gräfen-) (Tonnensis Thuring.), S.-Gotha, LdrA. Gotha.
Mengwein.
Tönning (Tonninga-Cimber, Tonninga-Holsatus), pr. Rgb. Schleswig, Kr. Eiderstedt.
Görritz. Hermanni. Sibinck.

Torgau (Torgensis-Misn., Torgå-Misn., Torgavia-Misn.), pr. Rgb. Merseburg, Kr. Torgau.
Deetz. Fuhrmann. Keilenberg. Schulte. Stein.

Torrunensis s. Thorn.

Töttelstädt (Töttelstadia-Thuringus), S.-Gotha, LdrA. Gotha.
Bostar.

Toul (Tullensis, Tullanus, natus Tulli Leucorum), frz. Dép. Meurthe-et-Moselle, arr. Toul.
André. Aubriot. d'Aulnoy (3). Barthelemy. Bicqviller. Bigeard. Blaisin. Chardon. Claudel. Deguilles. Dulac de Montreau (ex dioec. Tullensi). Dupasquier. de Guernler. Guillaume. Henri. Houillon. Collardé. Lanty. Laval. Levayer. Louis. Masson. Moyaux. Olry. Pillement. Poincelot. Thomas. Vaultrin. Vincent.

Toulon (Telonensis), frz. Dép. Var., arr. Toulon.
Dartein (2).

Toulouse (Toulouse en Languedoc, Occitanus ex urbe Tolosa), frz. Dép. Haute-Garonne, arr. Toulouse.
Ferrari. Lalaise. Martin.

Tour-du-Pin (ex Turre-Pini in Delphinatu, Turripiniensis), frz. Dép. Isère, arr. Tour-du-Pin.
Ducharvin.

Tour-en-Sologne (de Turre ad Sylum), frz. Dép. Loir-et-Cher., arr. Blois.
Mercier.

Tours (Tours en Toureine, Turonicus), frz. Dép. Indre-et-Loire, arr. Tours.
Deremigioux. Dénanevé. Houssaye. Lecomte. Serisier.

Traben (Trabenå-Mosell., Trabena-Spanhem., Traba-Trevirensis), pr. Rgb. Coblenz, Kr. Zell a. d. M.
Arnoldi (3). Caspari (2). Gobel. Grillot. Holderbaum. Klick. Leiendecker.

Trachenberg (Drachenbergensis Siles., Dracomontanus Silesius, Trachenberga-Silesius), pr. Rgb. Breslau, Kr. Militsch.
Baudemann. Fiebel. Storcker.

Traiectensis ad Mosam s. Maastricht.

Trakkenburg s. Drachenburg.

Tränheim (Thraenheimens. Als.), Bz. U.-Elsass, Kr. Molsheim.
Mochel. Uhrweiller.

Transissala-Batavus s. Holland.

Transylvanus s. Siebenbürgen.

Trarbach (Trarbaco-Mosell., Trarbacensis, Trarbaco-Sponheim., Sponhemicus, Mosella-Trarbacensis, Tronobacensis), pr. Rgb. Coblenz, Kr. Zell a. d. M.
Arnoldi (5). Artopoeus (3). Balduin. Bartholomeus. Becker (2). Bender. Beuerlin. Boecking. Dietz. Duncker. Ebner. Fritzer (2). Germann. Haussmann (3). Hienius(2). Hofmann. Jacobi. Keipp. Klick. Kopp. Langguth. Lauxius. Lehmann. Leske. Liernur. Moog. Mülberger. Patrick (4). Rima. Schatz. Schmid. Schneib. Schütz. Strecius. Weingärtner.

Travemünde? Traben? (Travensis).
Braun.

Trebra (Trebra-Saxo), pr. Rgb. Erfurt, Kr. Nordhausen.
Brand.

Trebur (Triburiensis, Triburio-Rhenanus), hess. Prov. Starkenburg, Kr. Grossgerau.
Cron. Leuchter. Winter.

Treffelstein (Trefflstein. Palatin.), bayr. Rgb. Oberpfalz, BzA. Waldmünchen.
de Gugomos.

Treffurt (Drefurdensis Thuring.), pr. Rgb. Erfurt, Kr. Mühlhausen.
Ring.

Tremoniensis s. Dortmund.

Tromsbüttel (Tremsbütta Hols.), pr. Rgb. Schleswig, Kr. Stormarn.
Green.

Trencsen, Trencsin (Trenchiniensis Hungar.), ung. Kom. Trencsen.
Dubravius.

Trendelburg (Trendlenburgensis Hassus), pr. Rgb. Kassel, Kr. Hofgeismar.
Haxthausen.

Treptow (Treptovia-Pomer., Treptoå-Pomer.), welches?
Eisenberg. Knochenhauer. Schulte.

Treptow, (Neu-) Treptow an der Rega (Neotreptoå-Pomeranus, Neo Treptoå-Pomer.), pr. Rgb. Stettin, Kr. Greifenberg.
Pagencamp. Wild.

Treuchtlingen (Treuchtlinga - Francus), bayr. Rgb. Mittelfranken, BzA. Weissenburg.
Rupp.

Treviranus s. Trier.

Treysa (Treisa-Hassus), pr. Rgb. Kassel, Kr. Ziegenhain.
Letz.

Triburiensis s. Trebur.

Tridentinus s. Trient.

Triebel (Tribellensis Lusatus), pr. Rgb. Frankfurt, Kr. Sorau.
Wunderlich.
Trient, Trento (Tridentinus, Tridentino-Tyrolensis, Italus Tridentinus), BzH. in Tirol.
a Bacca. Croina. Hoffo de Moris.
Trier (Treviranus, Trevirensis, Trevir), pr. Rgb. Trier, Rheinprovinz.
Blasius. Braun. Delahalle. Demmerat. Ediger. Ehlen. von Esch. Hartung. Heinen. Leveling. Lintz. Marschalle. Max. Moritz. Niclav. Sohler. Winter.
Trig(litz ?) (Trig.), pr. Rgb. Potsdam, Kr. Ostpriegnitz.
Rehbold.
Trinifanensis s. Idstein.
la Trinité (de la Trinité en Basse Normandie), frz. Dép. Manche, arr. Avranches.
Baudry.
Trivier (Trivilav. Burgundus), frz. Dép. Ain (oder Trévoux ebend.).
Lamoureux.
Trochtelfingen (Trochtelfingensis), welches? (pr. Rgb. Sigmaringen, OA. Gammertingen? Württ. Jagstkr., OA. Neresheim?).
Clavell. Eberlin.
Tronobacensis s. Trarbach.
Troppau (Troppavia-Silesius), BzH. in östr. Schlesien.
Pelicanus.
Trorbaco-Mosellanus s. Trarbach.
Trostadt (Trostadt in Sachsen, Saxo-Trostadiensis), Dom.-Gut i. Sachsen-Meiningen, Kr. Hildburghausen.
Kallenbach.
Troyes (Trojes, Troyes en Champagne), frz. Dép. Aube, arr. Troyes.
Odehin. Guillemet (s. Lille).
Trübenbach (Trübenbaco-Francus), S.-Coburg, LdrA. Coburg.
Schmidt.
Trüdingensis s. Wassertrüdingen.
Truppach (Truppaco-Culmbacensis), bayr. Rgb. Oberfranken, BzA. Bayreuth.
Plötzlinger.
Tscherlitz s. Eschallens.
Tuberanus s. Tauber.
Tübingen (Tubingensis, Tubinga-Charitinus, Tubinga-Wirtenberg.), württ. Schwarzwaldkr., OA. Tübingen.
Andler. Bardili. Baur. Bierenmann. Bulacher. Burgstaller. Eckher. Entenmann. Fromman. Geilfuss (3). Gellatle. Georgii. Gmelin. Haag. Hafenreffer. Harer. Haug. Haydt. Hiller. Hochstetter. Hoffmann. Camerer. à Closen in Haydenburg. Köler. Kostenbader. Krämer. Lauterbach. Mager. Maissel. Möglin. Mohr. Mündschigg. Pfieninger. Pregitzer (2). Puecher. Retzer. Riedlin. Rüdiger. Rümelin. (2). Sigwart (2). Simonius. Straehler. Sturm. Uhland. Villinger. Volmar. Zell. Zeller.
Tuckum (Tuckum i. Curland), russ. Gouv. Kurland, nw. von Mitau.
Hoyer.
Tugiensis s. Zug.
Tullensis s. Toul.
Tungrensis s. Tongern.
Tuppen (Tuppaviensis), pr. Rgb. Gumbinnen, Kr. Pillkallen.
Rogalsky.
Türckheim (Turckhemianus, Thürrengheimiensis, Thyrinheimensis, Thüringheimensis), Bz. OElsass, Kr. Colmar.
Bauch. Brobeque (4). Hütt. Reinhard. Resch (3). Rinckh. Schumacher. Werner (3).
Türckheim (Unter-) (Unter-Türckheima-Württemb.), württ. Donaukr., OA. Geislingen.
Schönhaar.
Turgoniensis Hollandus.
Sureau.
Türkheim (Türckhemianus), welches?
Hütt.
Türkheimensis Palat. s. Dürkheim.
Turin (Taurinensis), ital. Prov. Piémont.
Cavalli.
Turóc (Turocio-Hungarus, Turoczensis Hungar.), ung. Komitat.
Bulyowsky. Remeni. Röber. Thuransky.
Tusculanum s. Venedig.
Tusset? (Tustâ-Bohemus), böhm. BzH. Krumau.
Felix.
Tuttlingen (Tuttlingensis), württ. Schwarzwaldkr., OA. Tuttlingen.
Goll. Scheuermann. Teuffel.
Twann, Douanne (Helvetus Bernensis ex pago Twann, von ThannC.Bern), schwz. Kant. Bern, Bz. Nidau, am Bielersee.
Irlet.
Tychopolis s. Glückstadt.
Tyrigeta s. Thüringen.

Ubius s. Köln.
Uckero-Marchicus s. Brandenburg.
Udligenschwyl (Udlischweil Züricher Gebiets), schwz. Kant. u. Bz. Luzern.
Günthardt.

Ueberlingen (Ueberlinganus, Uberlinganus, Uberlingano-Acronianus, Uberlinganus Suevus, Yberlinganus), bad. Kr. Konstanz, A. Ueberlingen.
Baur. Finck. Flachs. Frey. de Freythal. Gerer. Glaris. Jaeger. Cotto. Krais. Mader (3). Rieff. Schirt. Schulthes de Sinndering. Vanotti. Vogler.

Uerdingen (Urdingensis), pr. Rgb. Düsseldorf, Kr. Crefeld.
Scheus.

Uerzlikon (von Ürzlikon C. Zürich), schwz. Kant. Zürich, Bz. Affoltern.
Steinmann.

Uffeln (Uffleniensis Westph.), pr. Rgb. u. Kr. Minden.
Oberg.

Uffenheim (Uffenhemia-Francus, Uffenheimensis-Francus), bayr. Rgb. Mittelfranken, BzA. Uffenheim.
Engelbrecht (2). Hirsch. Hoefel. Cleminius. Langenauer. Rübner.

Uffenheim (Uffenheimensis) od. Uffheim, Bz. OElsass, Kr. Mülhausen.
Schlichting.

Uhrweiler (Urwillanus, Uhrwylla-Als.), Bz. UElsass, Kr. Hagenau.
Dober. Strelen.

Ukraïne (Ucrano-Russus, Ukrania), Landschaft i. Russland, die vormals polnischen Wojwodschaften Kijew und Brailaw.
Basilewitsch. Gorgolius. Karpinsky. Ponyrka. Rucky. Schaffonsky. Terechowsky.

Ulm (Ulmensis, Ulma-Suevus, Ulmanus, Ulmas, von Ulm), württ. Donaukreis.
Abelen. Adam (3). Agricola. Amman. Bachmann (6). (de) Baldinger (9). Bartholomaeus. Bauhofer. Bauller. Baur (2). Bausch (3). Bayer. Beck (3). Beier (Bejer). Berdot. Beser. Besserer (5). Beyer. Binder. Bischoff. Bix. Blöst. Bodenburg. Boeck. Böhm (2). Boll. Bollinger. Boxbart. Bozenhand. Braun. Breitinger. Breitweg. Brenckhart. Bronner. Bücklin (3). Burckhardt (2). Bunz. Butz. Capoll. Cellerarius. Christmann. Clausius. Dachauer. David. Deckinger (5). Degelin. Deubler (2). Dick (2). Dieterich (2). Diez (2). Dittelmann. de Dolle. Eberkenius. Ebert. Edel. Ehrhard. Eichenhofer. Eilber. Enlin. Eyfferlin (2). Faulhaber. Faydt. Feser. Fischer. Fleischlen. Frauendiener. Franck. Freinsheimer. Frikk (2). Funck. Fürnkranz (2). Gaissmair. Geiger. Genger. Georg. Gerlin. Gerschlawer. Gertter. Gerthoffer. Glirr. Glitzenhirn. Glockengiesser (2). Gockel. Gross. Gruner. Guther. Haag. Haeusler. Haffner. Halder. Hänlin. Hänseler (2). Hartpronner. Hebich. Heckel. Heckhing (4). Heermann. Hegelin (2). Heilbronner (2). Hein. Heinrich. Held. Henisius. Hennenhofer. Hepp. Herlin. Herrenschmid. Herttenstein (2). Hetelius. Heymann. Hoepffner. Hoffherr. Hoffmann. Holzhey. Honold (3). Huber (5). Huzelsieder. Jachmann. Jaeger. Juzo. Kachler. Kalhart. Kauffmann. Kern. Kiderlen. Kiechel (2). Kissling. Kindsvatter. Kleesattel. Kleinknecht. Klett. Kling. Klingenbaur. Klingler. Knoll. Koch. Kolb. Köllin. Konig. Konn. Krafft (2). Kramer (2). Lang. Leberwurst. Leibheimer. Leopold. Leser (2). Linder. Litzel (3). Mair. Majer. Manner (2). Marchtaler. Mayer (5). Mehrlin. Meier. Meisner. Merk (3). Mesch. Meyer (4). Michael. Miller (4). Molventer. Müller (13). Münchmayr. Mündler. Mürdel (4). Neubronner (6). Nissler. Nuber. Nübling (2). Nüsslein (2). Oelhaf. Otto (11). Plettlin. Pök (2). Prunner. Rabus. Rau (Raw) (6). Rauch. Rebelin (5). Regulus agn. Villinger (3). Reichlen. Reinwald. Reiz. Remmelin. Renz. Resch. Reuthe. Riedlin (Riedler). Rink. Röbken. Roth (5). Rottengatter. Rüeber. Ruland (2). Rump. Ruprecht. Sachs (2). Sailer. Sartorius. Sattler. Saurweitt. Sauter. Schad (a Mittelbiberach) (9). Schappeler. Schech (2). Scheiffelin (2). Schelling. Scherer (2). Schermar (3). Schielenus. Schleicher. Schmid (3). Schnecklin. Schneider. Schulz. Schumacher. Schwartz. Schwilge. Seep. Seiz (2). Siess. Semmlin (Sesslin) (2). Sing. Stamler. Stegmann. Steiger (2). Stengel. Stetter. Stoecklin. Stolch. Stölzlin (2). Streicher. Strelin (11). Stromeyer (5). Stuber. Styx. Thebart (3). Tilger. Treitlin. Trost. Uhl. Varnbüler (3). Veiel (2). Villinger (s. Regulus). Vogel. Wagner (4). Weihenmajer. Welser. Wesenbeck.

Weymann. Wickh. Wideman. Wild. Wilhelm (3). Wolfart (3). Wolff (3). Wollaib. Wüst. Zech (3). Ziegler (2). Zillert. Zoller (3).
Ultrajectinus s. Utrecht.
Ulyssaeus s. Schlesien.
Umstadt (Gross-) (aus Umstatt im Darmstädischen, Umstatinus), hess. Prov. Starkenburg, Kr. Dieburg.
Eugau. Gans. Gangeloff.
Ungarisch-Altenburg, Magyar-Ovár (Altenburgâ-Hungarus), Marktflecken in Ungarn, Kom. Wieselburg.
Hasslinger.
Ungarn (Ungarus, Hungarus, aus Hungarn).
Badda. Huser de Pesing. Kreuchel. Miczinsky. de Neuman (2). Rogatsch. Sweiger. Toczler. Tolnay. Woborsky.
Ungerhausen (Ungenhausen i. Schwaben), bayr. Rgb. Schwaben, BzA. Memmingen.
Mayer.
Ungersheim (Ungershemiensis Als.), Bz. OElsass, Kr. Gebweiler.
Fellmann (2). Rantz.
Unna (Unnensis-Westphal., Unnâ-Westphal., Marco-Unna-Westph.), pr. Rgb. Arnsberg, Kr. Hamm.
Huck. Husemann. Kannegiesser. Trentaeus. Weinhage. Zum Broich.
Unter-Bimbach s. Bimbach.
Unter-Hallau s. Hallau.
Unterhittnau s. Hittnau.
Unteröwisheim (Unteroewis. Wirttemb.), bad. Kr. Karlsruhe, A. Bruchsal.
Kaeuffelin. Kratz.
Unter-Schüpf (Unterschüpfensis Francus, Unterschipffensis), bad. Kr. Mosbach, A. Tauberbischofsheim.
Donner (2). Seytz. Volck.
s. Schüpfen.
Unter-Sontheim (Untersontheim), württ. Jagstkr., OA. Hall.
Kettemann.
Unterschlauersbach (Unterschlauersbach), bayr. Rgb. Mittelfranken, BzA. Fürth.
Zucker.
Unterwalden (Unterwaldensis, Subsylvanus Helv.), schwz. Kanton.
Barmettler. Blettler. Flieller. Flury. Hälter. Huober. Rotenflue (ex Stans). Stülz (2). Wirz.
Unter-Weissach (Unterweisach i. Württ.), württ. Neckarkr., OA. Backnang.
Pfaehler.
Unter-Yckelheimensis s. Ickelheim.
Uppsala (Upsalia-Suecus), Schweden.
Beronius. Edenbärgh (2). Rabenius. de Wrangel.
Urach (Uracensis, Uraco-Wurttemberg.), württ. Schwarzwaldkr., OA. Urach.
Baur. Busch. Georgii. Grein. Merckh. Müller (4). Pantzhafius. Pfaff. Rau. Schöberlin. Schwan. Schwartz.
Urbeis, Orbey (Orbensis Als., Orebeaeus Als.), Bz. UElsass, Kr. Schlettstadt oder Bz. OElsass, Kr. Rappoltsweiler.
Adam. Beisler. Benon. Brendell.
Urdingensis s. Uerdingen.
Uri (Helv. Uraniensis), schwz. Kanton.
Aschwander.
Ursberg (Ursbergensis, Urspergensis Suevus), bayr. Rgb. Schwaben, BzA. Krumbach.
Fischer. de Grismar.
Ursel (Ursellanus, Ursellis-Francofurtanus, Ursellis-Wedderavus), pr. Rgb. Wiesbaden, Kr. Frankfurt a. Main.
Anthony. Lupus.
Ursenbach (Ursenbach), bad. Kr. Mannheim, A. Weinheim.
Leuenberger.
Ursheim (Urshemio-Francus), bayr. Rgb. Mittelfranken, BzA. Gunzenhausen.
Schöner.
Urvillanus s. Uhrweiler.
Usch (Uschovensis Polonus), pr. Rgb. Bromberg, Kr. Kolmar.
Clapius.
Usch (Usnensis), welches? (pr. Rgb. Trier?, pr. Rgb. Bromberg?).
Schmidt.
Usingen (Usinganus, Usinga-Nassov.), pr. Rgb. Wiesbaden, Obertaunuskr.
Dornblütt. Ercker. Flick. Huth. Lucius. Nicolai. Nöll. Nopp. Patz. Reinhard. Reuter (2). Sommer. Thomae. Wichtius (2).
Utersum, Ütersen (Utessa-Holsatus), pr. Rgb. Schleswig, Kr. Tondern.
Volkmar.
Uthino-Hols. s. Eutin.
Utingensis s. Otting.
Utrecht (Ultrajectinus, Rheno-Traiectensis), niederl. Prov. Utrecht.
Erasmius. Hoffacker. Noest. de Ridder.
Uttenheim (ex Uttenheim Alsata), Bz. UElsass, Kr. Erstein.
Kieffer. Klein.
Utznach (Uznachia-Helv.), schwz. Kant. Sankt Gallen, Seebezirk.
Wyseman.

Vagney (Vagenicensis, Vageniensis), frz. Dép. Vosges, arr. Rémiremont.
Gerard (2).
Vaihingen (Vayhingä - Wyrtemb., Vayhingensis), württ. Neckarkr., OA. Vaihingen.
Brackenheimer. Elvert. Epplin. Hafenreffer. Hess. Schropp. Sprinckhardt. Süesskind. Weiss. Werner.
Valcomontanus s. Falkenberg.
Valenciennes (Valenciennes), frz. Dép. Nord, arr. Valenciennes.
Berteau. Montfort.
Valenciennes? Valence? (Valencenas).
Catumart.
Valff s. Walf.
Valfroicourt (Valfroicourt-Lotharing.), frz. Dép. Vosges, arr. Mirecourt.
Delpierre.
Vallesius, Valletius s. Wallis.
Vallon (Vallonensis Helv.), schwz. Kant. Freiburg, Bz. Broye.
Rey.
Valthüranus s. Walldürn.
Vandeléville (ex Vandeléville in Lotharingia), frz. Dép. Meurthe-et-Moselle, arr. Toul.
Cudiot.
Vangio s. Worms.
Varalja (Varalliensis Hungar., Varaliensis Scepusius), welches? (es giebt 8 ung. Ortschaften dieses Namens).
Kloss. Schmitz.
Varel (Varelia-Oldenburgicus, Varelo-Oldenburg.), Oldenburg.
Brouning. Eyting. von Halem.
Vargula (Gross-) (Vargulensis), pr. Rgb. Erfurt, Kr. Langensalza.
Scherer.
Variscus s. Voigtland.
Varsberg (Chateau de Warsberg en Lorraine, Castro Warsbergensis, Schloss u. Hof, bei Ham unter Varsberg), Bz. Lothringen, Kr. Bolchen.
Renauld (3).
Varsowiensis s. Warschau.
Vatimont s. Wallersberg.
Vaudricourt (Vaudoncourt), welches? (frz. Dép. Somme?, Dép. Pas-de-Calais?).
Louis.
Vechigen (Vehgen C. Bern), schwz. Kant. Bern, Bz. Bern.
Delsperger.
Vechta (Vechtä-Westphal.), Oldenburg.
Molan. Spiegelberg.
Vegglapontanus s. Vöcklabruck.
Vehgen s. Vechigen.
Veldenz (Veldentinus-Mosell., Veldentia-Mosell.), pr. Rgb. Trier, Kr. Bernkastel.
Happel. Honssdorff. Schmalkalder.
Veldhausen (Benthemico - Velthausensis Westph.), pr. Rgb. Osnabrück, Kr. Lingen.
Recke.
Veldkirchensis s. Feldkirch.
Vemmetofte (Wemmetofte Danus), dän. A. Praestö, Fakse Herred.
Licht.
Vendôme (Vindocinensis Gallus), frz. Dép. Loir-et-Cher, arr. Vendôme.
Gobert.
Venedig, Veneziä (Venetus), ital. Prov. Venedig.
de Spadyn. Vezzi. Zuanelli (de Tusculano in ditione Veneta).
Venlo (Venlo), niederl. Prov. Limburg, a. d. Maas.
Boosen.
Venningen (Fenninga-Palatinus), bayr. Rgb. Pfalz, BzA. Landau.
Christannus. Holtzwardt.
Venusberg (Venusbergensis Saxonicus), sächs. KrH. Zwickau, AH. Marienberg.
Boehm.
Veray s. Voray.
Verbensis s. Werben.
Verd, Werd (Verdino-Transylvanus), ung. Kom. Nagy-Küküllö.
Wonner.
Verdun (Virdunensis, Virodunensis), frz. Dép. Meuse, arr. Verdun.
de Boureulle. Le Chartreux. Le Chartreux de Neuville. Darancy. Debourville. Devaux. Deville. Gillet. Joffin. Leger. Lionnet. Madin. Pierre. Samson (3). Senocq. Vertier.
Vérel (Verelius), frz. Dép. Savoie, arr. Chambéry.
Nico.
Vermland (Wermelandia-Suecus), Län im Kgr. Schweden.
Edenius.
Verneuil (de Verneuil), welches?
Thirion (s. Vinarville).
Vernon (ex Vernon), welches? (frz. Dép. Ardèche?, frz. Dép. Eure?, frz. Dép. Vienne?).
de Bordeaux.
Verona (de Verone d'Italie), ital. Prov., Region Venetien.
Regis.

Versailles (Versaliensis), frz. Dép. Seine-et-Oise, arr. Versailles.
Aubin d'Ailly. Gaudin. Gaudin de Douzy. Le Gouëslier de Montcarel. Larsonneur. Pfeffel. de Roussel. Salins.
Versam, Versome (Versam in Graubündten), schwz. Kant. Graubünden, Bz. Glenner.
Joos.
Verviers (de Verviers païs de Liège, Verviensis patria Leodiensis), belg. Prov. Lüttich, arr. Verviers.
van Anten. George (s. Lüttich).
Vesaliensis s. Wesel.
Vesoul (Vesulanus, ex urbe Vesulana in comitatu Burgundiae, Vesoul en Franche-Comté), frz. Dép. Haute-Saône, arr. Vesoul.
Billard. Faivre. Guenot. Colombot. Regnaudot.
Vestmanland (Westermannia-Suecus), Län i. Schweden.
Koch.
Vesuntinus s. Besançon.
ex Veteri Marchia Brandenburgensi s. Altmark.
Veterisoliensis s. Altsohl.
Vetermontanus Misn. s. Altenberg.
Vevey, Vivis (Viviacensis, Viviacensis apud Bernates in Helvetia, ex Viviaco sub dominatione Berensi, Vevay Helvetus), schwz. Kant. Waadt, Bz. Vevey.
Champel. Chevalier. Henchoz. Hugoninus. Reignerius.
Vexjö (Wexionia-Suecus), Schweden, Län Kronoberg.
Rothmann.
Vezelois (de Vezelois, Vezeloiensis, Vezelensis, Vezeliares, Veseliaco-Lotharing., Vezeloyensis prope Belfortum), frz. Territ. Belfort.
Donzé. Jeannenez. Renaudin. Schmit.
Vianden (Vianda-Luxemburgicus, Viandanus), luxemb. Distr. Diekirch, a. d. Sure.
Wolff.
Vic an der Seille (Vicensis, ex episcopatu Metensi Vicensis), Bz. Lothringen, Kr. Château-Salins.
Barthel. Bauquel (5). Bouchon. Boulanger. Boulian (2). Bozard. Burgeois. Chappouille (2). Dacraigue. Denay (2). Doyen. Favre. Ferrand. Gerard (2). Godelle. Gomien. Gossé. Grandjean. Hourin. Hugonet. Jeanseing. Joly. Cachon. de Carcy. Claude. Cocour. Cognel (2). Laurent (2). Lescresniez. de Lescure. Liabé. Maire (3). Maire de Villars. Mezin (3). Michel (3). Mulnier. Payen du Bois. Poärson (2). Richier. Roederer. Rousselot (2). Sauriget. Sauveur. Stourm (3). Thiriet (3). Thonelier. Trompette. Vignon. Willermin.
Vichberg? Viehberg? (Vichbergensis), württ. Jagstkr., OA. Gaildorf oder bayr. Rgb. Mittelfranken, BzA. Hersbruck.
Berreth.
Vicenza (Vicentinus), ital. Prov. Vicenza, Venetien.
de Velo.
Vienne (Viennensis), frz. Dép. Isère, arr. Vienne.
de Kueffer. Poitevin.
Vilbel (Vilbellensis), hess. Prov. Oberhessen, Kr. Friedberg.
Appel.
Vilensis s. Weil.
Vilers s. Villers.
Villa Dudonis s. Dudenhofen.
Villae-Monasteriensis s. Weilmünster.
Villa Nohanus s. Nehweiler.
Villé s. Weiler.
Villecomte (ex Villecomte in ducatu Burgundiae), frz. Dép. Côte-d'Or, arr. Dijon.
Marcellin.
Villeranus s. Weiler.
Villers-la-Montagne (ex Vilers la Montagne Lotharing.), frz. Dép. Meurthe-et-Moselle, arr. Briey.
Pierron.
Villingen (Villinganus, Villinganus Suevus), bad. Kr. Villingen, A. Villingen.
Handtmann. Knoll. Schlenkher. Schmid (2). Schuech. Ummenhofer.
Vilseck (Vilsekensis ex principatu Bambergensi, Vilseckcensis Palatin., Vilseckio-Bambergensis), bayr. Rgb. Oberpfalz, BzA. Amberg.
Buchner. Spalter.
Vinariensis s. Weimar.
Vindobonensis s. Wien.
Vindocinensis s. Vendôme.
Vinesio-Francus s. Wintsheim.
Vingersheim s. Wingersheim.
Vinstingensis s. Finstingen.
Virdunensis s. Verdun.
Virnariensis s. Virnsberg.

Virneburg (Virnemburgensis), pr. Rgb. Coblenz, Kr. Adenau.
Frohn.
Virnsberg (Virnariensis Francus), bayr. Rgb. Mittelfranken, BzA. Ansbach.
Glumper.
Visembach s. Wisembach.
Vitellensis s. Vittel.
Viterne (Viternensis), frz. Dép. Meurthe-et-Moselle, arr. Nancy.
Drouville.
Vittel (Vitel-Lotharing., Vitellensis Lotharing.), frz. Dép. Vosges, arr. Mirecourt.
Brunet. Fournay.
Vitoduranus s. Winterthur.
Vitry (Vitriaco-Gallus), welches? (10 Ortschaften dieses Namens in Frankreich).
d'Hanus.
Viviacensis s. Vevey.
Vlaardingen(Vlaardinga-Batavus),niederl. Prov. Südholland, a. d. Maas.
van den Heuvell.
Vöcklabruck (Vegglaponto-Austrius, Vegglapontanus), BzH. in Oberösterreich.
Neobulos.
Vogelbach (Vogelbaco-Durlacensis), bad. Kr. Lörrach, A. Müllheim.
Hitzig.
Vohenstrauss (Vohenstruso-Palatinus), bayr. Rgb. Oberpfalz, BzA. Vohenstrauss.
Sperl.
Vöhl (Völa-Hassus), pr. Rgb. Kassel, Kr. Frankenberg.
Scriba.
Vöhringen (Vöringanus Suevus), württ. Schwarzwaldkr., OA. Sulz.
Schedele.
Voigtland (Variscus), Ldschft. im Kgr. Sachsen.
Agricola. de Carlowitz. Kisling. von Kosspoth (2). Ortel. a Pühel. von Reiboldt.
Volkerode (Volkeroda-Gothanus), pr. Rgb. Erfurt, Kr. Heiligenstadt.
Eccard.
Voray (ex comitatu Burgundiae in Veray prope Vesuntionem, Veracensis in comitatu Burgundiae, Voray prope Vesuntionem), frz. Dép. Haute-Saône, arr. Vesoul.
Romeron(d).
Vorbruck, Labroque (Labroque Salmensis), Bz. UElsass, Kr. Molsheim.
Marquaire.
Vorchemio-Bamberg s. Forchheim.
Vörde (Vörda-Marcanus), pr. Rgb. Arnsberg, Kr. Hagen.
Messingh.
Vörden (Vorda-Bremensis), pr. Rgb. Osnabrück, Kr. Bersenbrück.
Bockhen.
Vorder-Tannen s. Tannen.
Vorsfeldensis s. Forstfeld.
Vratislaviensis s. Breslau.

Wachbach (Wachbaco-Francus), württ. Jagstkr., OA. Mergentheim.
Ebert (2).
Wädensweil (Wädenschweil im Zürichgebiet, ex Helvetia Wedenschweil), schwz. Kant. Zürich, Bz. Horgen.
Holz (2).
Waestendorffensis s. Wässerndorf.
Wageningen(Wageningå Geldrus),niederl. Prov. Gelderland, a. Rhein.
van Cuilemborgh.
Wahlschied (Wanscheida-Trevirensis), pr. Rgb. Trier, Kr. Saarbrücken.
Lauff.
Waiblingen (Waiblingensis, Waiblingå-Württemb.), württ. Neckarkr.
Becker. Dettinger. Klöpffer. Schaerer. Varnbüler. Weisser (2).
Waldböckelheim (Waldboeckelhem-Palatinus), pr. Rgb. Coblenz, Kr. Kreuznach.
Virmond.
Wald (Waldensis), welches?
Baur.
Waldau (Waltaviensis), welches?
Büttner.
Waldeck (Waldeccus, Waldeco-Westphal., Waldeccensis).
de Dalwigk. Capelius. Schöffer. Schumacher. Stecker. Wahl. de Waldeck, Pyrmont et Tonna (2 comites).
Waldenburg in Sachsen (Waldeburgo-Misn.), sächs. KrH. Zwickau, AH. Glauchau.
Selbman.
Waldenburg in Württemberg (Waldeburgensis Hoenloicus, Waldenburga-Hoenl.), württ. Jagstkreis, OA. Oehringen.
Cellarius. Dieffenbach. Knapp. Rietmann. Roth. Scheid. Wagner. Zollmann.
Waldenburg(Waldenburgensis),welches?
Monachus. Vischer. Warmius.
Waldersbach (Waldersbachensis, Bz. UElsass, Kr. Molsheim.
Rayot.

Waldhambach (Waldhambacensis), Bz. UElsass, Kr. Zabern.
Gerber. Strassburg.

Waldhausen (Walthusanus), Bz. Lothringen, Kr. Saarburg.
Hauck.

Waldkirch (WaldkyrchensisHelv.), schwz. Kant., Sankt Gallen, Bz. Gossau.
Widmer.

Waldkirch (Waldtkürchensis Brisgoius), bad. Kr. Freiburg, A. Waldkirch.
Khornritter.

Waldlaubersheim (Waldlaubersheimensis), pr. Rgb. Coblenz, Kr. Kreuznach.
Grusemann.

Waldsee (Waldseensis), württ. Donaukr., OA. Waldsee.
Steinhauser. Braunegger.

Walf (Valff in episcopatu Argentinensi), Bz. UElsass, Kr. Erstein.
Schaller.

Walheim (Wallheimensis Württemb.), württ. Neckarkr., OA. Besigheim, a. Neckar.
Staehelin.

Walk (aus der Walck; ex Walck Als.; ex Walck Fulloniensis Als.), Bz. UElsass, Kr. Hagenau.
Aureggio. Loyson. Schurtter.

Walkringen (Walckringen C. Bern), schwz. Kant. Bern, Bz. Konolfingen.
Hiltbeuner.

Wallau (Walloviensis), welches? (pr. Rgb. u. Kr. Wiesbaden ?, pr. Rgb. Wiesbaden, Kr. Biedenkopf ?)
Lang.

Walldorf a. d. Werra (Waldoffio-Hennebergicus), S.-Meiningen, Kr. Meiningen.
Winer.

Walldürn (Valthüranus), bad. Kr. Mosbach, A. Buchen.
Kauffmann.

Wallendorf (Wallendorf-Saxo), pr. Rgb. u. Kr. Merseburg.
Lucius.

Wallenstadt (Wallenstatensis Helvetus), schwz. Kant. St. Gallen, Bz. Sargans.
Merklein.

Wallersberg, Vatimont (ex Vatimont in Lotharingia), Bz. Lothringen, Kr. Bolchen.
Cunin.

Wallerstein (Wallersteina-Suevus), bayr. Rgb. Schwaben, BzA. Nördlingen.
Koebberlin. Schopp. Widnmann.

Wallis (Valletius, Valesius, Vallesianus, aus Wallis, Wallesius), schwz. Kanton.
Besthod. de Nuce. Plumex. zen Ruffinen. de Torrente. Wolff.

Wallrabenstein (Wallrabensteinens., Walrabensteinå-Nassovius), pr. Rgb. Wiesbaden, Untertaunuskr.
Becker. Habel.

Wallroda (Walrode a. d. Hannövrischen), pr. Rgb. Erfurt, Kr. Worbis.
Rothe.

Wallsee (Ober-) (Waldseensis, Walseensis, Walseensis Austriacus), Oestr. ob d. E., BzA. Ottensheim (Nieder-Wallsee: Oestr. unt. d. E., BzA. Amstetten).
Braunegger. Schaidhauff. Steinhauser.

Walluf (Mogono-Waluffius), pr. Rgb. Wiesbaden, Rheingaukr.
Koch.

Walsdorff (Nasso-Walstorff.; Walsdorfiensis), pr. Rgb. Wiesbaden, Untertaunuskr.
Fell. Hirther. Loeder. Seyberth.

Walstedde (von Walstädte in Westph.), pr. Rgb. Münster, Kr. Lüdinghausen.
Kemmer.

Waltenheim (Waldenhemio - Hanoicus Waltenheimensis), Bz. UElsass, Kr. Strassburg.
Deuerling. Kampmann. Schönwaldt.

Waltersdorf (Waltersdorff), welches?
Baumerth.

Waltershausen (Waltershusanus Thuring.), S.-Coburg, LdrA. Waltershausen.
Gebhardt. Habicht.

Walzig (Walzigensis Misn.), sächs. KrH. Leipzig, AH. Grimma.
Bock.

Wangen (von Wangen Freystatt i. Allgey, Wangensis Algojus, Suevus Wangensis), württ. Donaukr., OA. Wangen.
(de) Frast. Mauch. Mitlmann. de Scherrich. Sipple. Strasser (s. Weingarten).

Wangen (Wangensis). welches?
Brobst. Goldbach (2).

Wanscheidensis s. Wahlscheid.

Wanzenau (Wanzenavius Als.; Wantzenaviensis), Bz. UElsass, Kr. Strassburg (Ld.).
Diebold. Harnist. Schaeffer.

Wappersdorf (WapperstorffensisPalatin.), bayr. Rgb. Oberpfalz, BzA. Neumarkt.
de Castner.

Waren (Wahren-Mecklenburgicus), Mecklenburg-Schwerin, Kr. Mecklenburg.
Johannsen.

Warendorf (Warendorpio - Westphal.), pr. Rgb. Münster, Kr. Warendorf.
Bockhulber. Gisen.

Warsberg s. Varsberg.

Warschau (Varsoviensis, Varsaviensis Polonus), Hptst. des russ. Gouv. Polen.
de Fergusson. Tepper. Jerich. Loewe. Meyer. Rycz.

Wartenberg (Wartenberga - Bohemus), Böhmen, BzH. Böhm.-Leipa.
Heller. Schifius.

Wartenberg (Polnisch-) (Pohlnisch Wartenberg), pr. Rgb. Breslau, Kr. P-W., a. d. Weida.
Krause.

Warth (Warthensis-Turgoio Helv.), schwz. Kant. Thurgau, Bz. Frauenfeld.
Hagg.

Warthausen (Warthusanus Suevus), württ. Donaukr., OA. Biberach.
Preysinger. de Staader(n) (2). Schad (in Warthausen).

Wasselnheim (Waslenhemianus, Wasslenheimensis), Bz. UElsass, Kr. Molsheim.
Apprederis. Geiger. Geisler. Haffner. Lobstein. Payen de Montmor. Poirot (2). Schaeffel. Schwartz. Steinbrenner (2).

Wasseralfingen (Wasseralfingensis Suevus, Wasseralfingensis ex principatu Elwacensi), württ. Jagstkr., OA. Aalen.
de Reichlin de Meldegg. de Surgenstein.

Wassermungenau (Wassermungenavia-Francus), bayr. Rgb. Mittelfranken, BzA. Heilsbronn.
Freyding.

Wässerndorf (Waestendorffensis), bayr. Rgb, Unterfranken, BzA. Kitzingen.
Ustrich.

Wasser-Thalleben (Thalebio - Franconus Thuring., Thalebiensis Thuring.), Schwarzburg-Sondershausen, LdrA. Sondershausen.
Becker. Lohra.

Wassertrüdingen (Thrüdingensis, a Trüdingen, Wassertrudingensis), bayr. Rgb. Mittelfranken, BzA. Dinkelsbühl.
Fries (2). Habermair. Widemann (2). Wünschmeier.

Wasungen (Wasunga-Hennebergicus), S.-Meiningen, Kr. Meiningen.
Hannlacker.

Wattweiler(Wattwilarus; Wattwilleranus) Bz. OElsass, Kr. Thann.
Deville.

Wattwyl (Wattwyl in Toggenburg, Toggio-Helv., von Wattweil), schwz. Kant. Sankt Gallen, Bz. Neu-Toggenburg.
Hilperts-Hauser. Mayer.

Weerda-Noric. s. Wörth.

Weesen (Wesensis, Wesen i. d. Schweiz), schwz. Kant. St. Gallen, Bz. Gaster.
Müller.

Wehen (Wehenna-Nassovicus), pr. Rgb. Wiesbaden, Untertaunuskr.
Schlosser. Strobel.

Wehra-Austriacus.
Sahler.

Wehrden (Werdå-Guestphal.), pr. Rgb. Minden, Kr. Höxter.
Spoltman.

Weide? Weiden? Weida? (Weidensis), welches?
Franck.

Weiden (Weidensis Palat., Weydera-Varisc.? Weidena-Palat.), bayr. Rgb. Oberpfalz, BzA. Neustadt.
Jacobi. Preuu. Stromajer.

Weidenberg (Weydenbergensis), bayr. Rgb. Oberanken, BzA. Bayreuth.
Frühauff.

Weidenstetten (Weidenstetta-Ulmanus), württ. Donaukr.. OA. Ulm.
Widemann.

Weier (in Weyher ad Friburgum), bad. Kr. u. A. Offenburg.
Broc (s. Bitsch u. Weiler).

Weierburg (Weierburgo-Austrius), Niederösterr., BzH. St. Pölten.
Weismann.

Weigelsdorf(Gross-)(Grossweigelsdorffio-Oelsnico-Silesius), pr. Rgb. Breslau, Kr. Öls.
Wutky.

Weigenheim (Weigenheimensis Francus), bayr. Rgb. Mittelfranken, BzA. Uffenheim.
Meser.

Weigheim (Weigheimensis Suevus), württ. Schwartzwaldkr., OA. Tuttlingen.
Hauser.

Weiher (Weyherensis Westriacus), Bz. Lothringen, Kr. Saarburg.
Ruperti.
Weikersheim (Weickershemio-Francus, Weickersheimensis), württ. Jagstkr., OA. Mergenthaim.
Assum. Eichhorn. Gruber. Hirnwurst. Schillenius. Wibel. Widmann.
Weil (Wila-Marchicus, Vila - Durlaco Marchicus), bad. Kr. u. A. Lörrach.
Waltz (2).
Weil der Stadt, Weilderstadt (Weilerstadianus), württ. Donaukr., OA. Leonberg.
Nestler.
Weilburg (Weilburgensis Nassovicus, Weilburgô-Nassov.), pr. Rgb. Wiesbaden, Oberlahnkr.
Archenholz. Beller. Beuther. Bleibtreu. Dern. Ertzmann. Grusemann. Incarde. Kirschbaum. Lapicida. Oswald. Pauli. Schneider. Sponemer.
Weiler (Weyller, Villeranus; Weylerensis; Willeranus; de Villé dep. du Bas-Rhin), Bz. UElsass, Kr. Schlettstadt.
Andrau. Ballet (s. Hagenau). Brock (s. Weier). Cetty (2). Ebert. Fanget. Germain. Hirn. Kübler (2). Mosetter. Roth. Spraul. Viné. Weber.
Weiler auf d. Hunsrück (Weilleranus Hunnus), pr. Rgb. Coblenz; welches?
Rodenrod.
Weilmünster (Villae-Monasteriensis, Monasterio-Weillensis, Weilmünsterensis Nassoicus), pr. Rgb. Wiesbaden, Oberlahnkreis.
Faber. Craemer. Lucius.
Weimar (Vinariensis, Saxo-Vinariensis, Vinaria-Thuringus), Hptst. Grhzgt. S.-Weimar.
Engel. Eydam. Fasel. Fritsch. Grote. Hartmann. Helbig. Caspari. Kornmaul. Müller. Rhost. Scheffer. Werner.
Weimar (Weymaria-Hassus, Vinariensis), pr. Rgb. u. Kr. Kassel (od. Kr. Marburg?)
Soldan (3).
Weimersheim (Weimershemio-Anspacensis). bayr. Rgb. Mittelfranken, Kr. Weissenburg.
Schnizlin.
Weinburg (Weinburgensis), Bz. UElsass, Kr. Zabern.
Ningler.
Weinfelden (Weinfelden im Thurgau), schwz. Kant. Thurgau, Bz. Weinfelden.
Turnherr.
Weingarten (Weingartensis, Weingartensis Algovius, Weingartensis-Suevus), württ. Donaukr., OA. Ravensburg.
Schlichtin de Schlichtinsfeld (3). Strasser. Wagemann (2).
Weingarten (Wingartensis Palatinus). bayr. Rgb. Pfalz, BzA. Germersheim.
Venator.
Weinheim (Weinheimensis, Weinhemio-Palat., Weinheimensis e Palatinatu, Weinheim a. d. Bergstrasse), bad. Kr. Mannheim, A. Weinheim.
Büchler. Molitor. Willsdorff. de Wrede.
Weinsberg (Weinsbergensis, Weinsperg, Weinsberg in dem Württembergischen), württ. Neckarkr., OB. Weinsberg.
Heim. Niess. von Olnhausen. Speidel. Weiler.
Weisel (Weissellensis, Weysel in der Paltz), pr. Rgb. Wiesbaden, Rheingaukr.
Kohl. Schimpf.
Weisenau?, Weissenau? (Albaugiensis), hess. Prov. Rheinhessen, Kr. Mainz (oder Weissenau i. württ. Donaukr.?)
Gosner.
Weisendorf (Weissendorffio - Francus), bayr. Rgb. Oberfranken, BzA. Höchstadt a. A.
Frauenholz.
Weisenheim (Weissenhemiensis), bayr. Rgb. Pfalz, BzA. Neustadt.
Müller.
Weissbach? Weisbach? (Weissbachensis), welches?
Dürsel.
Weissenburg i. Elsass (Cronweissenburgensis; Weissenburgensis Als.; Sebusiensis; Sebusius; Sebusinus; Weiss.-Rhenanus; Weissenbruchius), Bz. UElsass, Kr. Weissenburg.
Anthon (4). Apffel (2). d'Archembaut. Bailleul. Bartholdi. Beautour. Bender (2). Bernard (3). Bilfinger. Boell (7). Botta. Braun. Buchholtz (3). Castorph. Cheverry (2). Christophori (2). Collmarus. Deilmann. Dorner. Eberlin. Eger. Favrat. Fischer. Franck. Frey. Gabel. Geynet (3). Gradwohl. Griese. Grosius. de Hatsel. Hemberger. Jaeger (2). Joachim. Justus. Khun.

Klein (3). Knoder. Koenig. Kracker. Lau. Leiter. Lindenmann. Lörsch. Ludwig. Lufft. Mannenbach. Marx. Menweeg (2). Mühlberger. (2). Musculus. Neubeck (de Neubecq) (5). Ossell. Paradis. Rapinat (2). Rist. Roger (2). Roy (s. Koenig). Scherer. Schlemp. Schmidt. Schreckenberger. Schreiner (2). Schwartzerdt. Schwendt. Spittler. Stadtmann (2). Stalp. Steinmeyer. de Stengel. Steyrnagel. Stiehler (4). Stoll. Traub. Treitlinger. Vilman. Zech.

Weissenburg, Wyssenburg (Weissenburg, C. Bern), schwz. Kant. Bern, Bz. Niedersimmenthal.
Aescher.

Weissenburg am Sand, Weissenburg im Nordgau (Weissenburgo-Noric., Weissenburgo-Francus, Nordgavia-Weissenburgensis, Weissenburg am Sand), bayr. Rgb. Mittelfranken, Bz. Weissenburg.
Agricola. Bechermajr. Böckel. Brotwolf. Faulmüller. Ferber. Hagen. Henninger. Koeler. Kratzer. Küpf. Lozbeck (2). Lurtz. Pinckesius. Preu (2). Roth. Rungius. Schegk. Schilfart. Schmidt (2). Schultz. Stain. Steinlin. Troeltsch.

Weissenfels (ex Misnia Weissenfelsensis, Leucopetraeus Misnicus, Weissenfelsa Misn.), pr. Rgb. Merseburg, Kr. Weissenfels.
Ackermann. Beuell. Colander. Mainer. Printz. Schlipp. Schütz. Weidler.

Weissenkirchen (Weissenkirchensis Austrius), Nied.-Oestr., BzH. Krems.
Hacker.

Weissenstein (Weissenstein), welches?
Bulfermiller.

Weissenstein (Weissensteinensis-Suevus), württ. Donaukr., OA. Geislingen.
Mayr.

Weisweil (Weissweilensis, Weissweil in Baden-Durlach), bad. Kr. Freiburg, A. Emmendingen.
Lemke. Reiss.

Weitenburg (Weittenburgensis), Schloss im württ. Schwarzwaldkreis, OA. Horb.
de Rassler (3).

Weiterdingen (Weiterdingen), bad. Kr. Konstanz, A. Engen.
de Hornstein.

Weiterstadt (Weiterstadiensis), hess. Prov. Starkenburg, Kr. Darmstadt.
Hirsch.

Weittenburgensis s. Weitenburg.

Wellhausen (Helv. Welhusanus), schwz. Kant. Thurgau, Bz. Frauenfeld.
Kauff.

Wels (Welsensis Austriacus), BzH. in Ob-Oesterreich.
Langjar.

Welschbach (Welzbacensis), pr. Rgb. Trier, Ottweiler.
Drechsler.

Welschen-Grüne s. Grosne.

Welschen-Luffendorf s. Luffendorf.

Welterod (Welderothâ-Nassov.), pr. Rgb. Wiesbaden, Rheingaukr.
Hindius.

Welzbacensis s. Welschbach.

Wemding (Wembdinganus Bojus), bayr. Rgb. Schwaben, BzA. Donauwörth.
Obermayer (2).

Wemmetofte s. Vemmetofte.

Wendelstein (Wendelstenio-Palatinus), bayr. Rgb. Mittelfranken, BzA. Schwaben.
Pauli.

Werben (Verben-Marchic.), pr. Rgb. Magdeburg, Kr. Osterburg.
Otto.

Werda (Werda-Misnicus), sächs. KrH. Zwickau, AG. Auerbach.
Wolfart.

Werdensis s. Wehrden.

Werl (Werlensis natione Westphal.), pr. Rgb. Arnsberg, Kr. Soest.
Brandiss. Brandt. Papen. Prange.

Wermeland s. Vermeland.

Wernigerode (Wernigerodâ-Cheruscus, Wernigerodensis), pr. Rgb. Magdeburg, Kr. Wernigerode.
Becker. Martini. Richter. Therel.

Werstatt s. Wörrstadt.

Wertheim (Wertheimensis Francus, Werthemio-Francus, Verthemio-Francus), bad. Kr. Mosbach, A. Wertheim.
Angelinus. Assum. Back. Buch (2). Elwerth (2). Emmert. Finckler. Firnhaber (2). Förtsch. Fuhrmann. Gsell. Haas. Henning. Hoffherber. Hoffmann. Holz. Jacobi. Kappelmann. Keller. Kern (2). Knapp. Kuhn. Lang. Leidenau. Leinweber. Leipold. Leutwein. Neidhart (2). Neubich. Nierer. Platz (3). Renzler. Rittershusius. Rücker. Rudiger. Sanner. Schaller (2). Starck. Tagius. Tillmann. Ursinus. Wacker. Weimar. Weitzel. Widman.

Werthensis s. Wörth.

Wesel (Clivo-Wesaliensis, Vesaliensis, Vesaliâ-Clivensis, Vesalo-Clivensis), pr. Rgb. Düsseldorf, Kr. Wesel.
a Berth. de Beyer. Bresser. Elber. a Gohr. von der Knippenburgh. Kumpsthoff. Kyper. Monjé. Pfeffel. v. Rasfeldt. Rodenbergh (2). Sturm. Swem. Vau.

Wesenensis s. Weesen.

Westerås (Arosia-Suecus), Hptort des schwed. Läns Vestmanland.
Mylonius.

Westerburg (Leininga-Westerburgensis, Westerburgensis, Westerburgo-Leiningensis), pr. Rgb. Wiesbaden, Oberwesterwaldkr.
Bieber. Dern. Corvinus. Vogel.

Westermannia-Suecus s. Vestmanland.

Westernach (Westernach Herrschaft Fronburg i. Schwaben), bayr. Rgb. Schwaben, BzA. Mindelheim.
Weinhart.

Westernkotten (Westernkottenâ-Westphalus), pr. Rgb. Arnsberg, Kr. Lippstadt.
Bredenoll.

Westfalen (Westphalus, Guestphalus).
Barckhausen. Baumeister. Beckmann. von Bochholtz. Brandlacht. de Busch. Döring (2). Droste. Gockel. Gunther. von Ham. Hasselmann. Haxthausen. Hemmer. Holtzbrinck, von Kappell. Kettler. Koller. de Landsberg. de Lilien. Mejer. de Mellin. de Michels. Orschoff. von der Reck (2). Riccius. de Schade ex Ahausen. Schwertman. Stöferman. Tilmann. Vegedes. Weylandt. Wilstack. Wolff Wüstenberg (2). Wusthof.

Westhausen (Eichsfeldiaco-Westhusanus), pr. Rgb. Erfurt, Kr. Heiligenstadt.
Meyer.

Westhofen (Westhovensis Hanoicus, Westhoffensis; Westhofia-Als.), Bz. UElsass, Kr. Molsheim.
Baumhauer. Bojanus. Bourgard. Emmerich. Engelbach (3). Führnstein (Frühenstein) (2). Gerst. Gottwalt (2). Kircher. Moritz. Ningler.

Westrich (Westriacus, Westrias), östl. Teil der lothring. Hochebene (in d. Rheinpfalz, Rheinpreussen, Lothringen).
Andreae. Sattler. Stro. Wogs.

Wetter (Wetteranus, Wetteranus Hassus, Wetteris-Hessus), pr. Rgb. Kassel, Kr. Marburg.
Agricola. Beck. Mahrt. Monachus. Rosbecker. s. Wetterau.

Wetterau (Wetteravus, Wedderavus, aus der Wetteraw, Hanoico-Wetteravus. ex Wetteravia), Ldschft. zur hess. Prov. Oberhessen u. d. pr. Rgb. Kassel u. Wiesbaden gehörig.
de Frankenstein. Frech. de Löw. Norinberger (2). Rauch. Sartorius. Schlemmer. s. Wetter.

Wettin (Wettinâ-Saxo), pr. Rgb. Merseburg, Saalkreis.
Zileking.

Wetzlar (Wetzlariensis, Wetzflariensis), pr. Rgb. Coblenz, Kr. Wetzlar.
Becker. Bepler. Dietz. Geibel. Giebelhausen. Held. Hertius (2). Hessler. Isengarth. Junghaus. Cammermejer. Kissel. Laubender. de Leykamm. Mentzler (2). Müller. Pflug. Schelhass. Schetla. Schick. Schierholtz. Solf. Waldbott v. Bassenheim. Wernlin. Winkler. Zimmermann.

Weyer (Rheno-Goarinus Weyherensis), Wiera-Cattimelibocensis), pr. Rgb. Wiesbaden, Rheingaukr.
Koch.

Weyersheim (Wyrsheim, Weyersheim Als., Weyersheim zum hochen Turm, Wiersheim Als., Weyeremensis), Bz. UElsass, Kr. Strassburg (Ld.).
Acker. Hartrich. Kolb. Mathias. Pettmesser (4). Weinum. Woelfflinger.

Wexioniâ-Suecus s. Vexjö.

Wiblingen (Wiblingensis Suevus), württ. Donaukr., OA. Laupheim.
Adam. de Sandherr (3).

Wiborg (Wiburgensis), Hptst. Finnlands.
Ursinus.

Wichlinghausen (Wichlinghusa-Montanus) pr. Rgb. Minden, Kr. Halle i. W.
Collenbusch (2).

Wichtrach Ober- Nieder- (Wichtrach C. Bern), schwz. Kant. Bern, Bz. Konolfingen.
Locher.

Wiedenbrück (Widenbrugensis), welches? (pr. Rgb. Minden, Kr. Wiedenbrück? Wiedenbrügge i. Schaumburg-Lippe?)
Heising.

Wiedlisbach (Wiedlisbach Berner Gebiets), schwz. Kant. Bern, Bz. Wangen.
Burger.

Wien (Viennensis, Vindobonensis, Austriaco-Viennensis, Vienna-Austrius).

Andernach. de Bartenstein (2). de Binder. von Bode. de Buoll et Berenberg (2). de Donon. de Fackh. de Fischern. de Freywillig. de Fucy. Groll. (de) Gudenus. Haan (2). Haidt. Harrer. Hirschlag. Hoffinger. a Jungwirth. Keller (2). de Clerff (2). de Koch von Kornfail und Weinfelden. Laurer. Major. de Mercklem. de Meyerberg. Metzger (2). Mitterstiller. Motsch. Müllner. Neumann. de Paar. de Palm. Paur. de Pelsern. Pestaluz (2). Pfanner. Prändtl. Rauscher. Rayger (2). Rechberger. Reischert de Hartberg. Reysch. Rheintaller. Rossenthall. von Sählenthal. Savagerii. Schainkherl. Scheitenberger. Scheffstos. de Schmerling. Schnock. Schwab. de Senkenberg. Sonnholtz. Spindler (2). Stahl. Steinkull de Wetternau. Stettner (2). Strasser. Teucher. Tilman. Vinckher. Wallfisch. Weissel. Wendler. Werloschnig de et in Berenberg. de Widmann. Winckhler. Zillinger. Zipfer. Zollikofer. Zschaesy.

Wiersheim s. Weyersheim.

Wiesbaden (Wiesbaden in Nassau-Usingen, Wisbadensis, Wisbada-Nassov., Wiesbadena - Nassoicus), pr. Rgb. Wiesbaden.
Andreae. Bach. Beck. Beerbach. Britzius. Graff (3). Koepp. Cramer. Mahr. Müller. Philgus. Quantz. Reichard. Ruppert. Schmid. de Schrötern. Wolff.

Wiesenthal (Pratovallensis Misn.), sächs. KrH. Bautzen, AH. Zittau.
Flemig.

Wiesenthal (Wiesenthalia-Francus), S.-Weimar, VwBz. Dermbach.
Mergiletus.

Wieseth (Wisethensis), bayr. Rgb. Mittelfranken, BzA. Feuchtwang.
Horn.

Wiflisburg s. Avenches.

Wildberg (Wildberg i. Württ.), württ. Schwarzwaldkr., OA. Nagold.
Schultheiss.

Wildberg (Wildbergensis), welches? (württ. Donaukr.?, pr. Rgb. Potsdam?).
Beer.

Wildemann (Wildemanensis Cheruscus), pr. Lddr. Hildesheim, Kr. Zellerfeld.
Johannis.

Wildenburg (Wildenburgensis Hunnus), pr. Rgb. Trier, Kr. Bernkastel.
Apiarius.

Wildungen (Wildunga-Waldeccus), Waldeck, Ederkreis.
Hartmann. Josten. Papen. Schleyermacher (Niederwildungen). Trygophorus. Waldschmidt (3).

Willer, im Willer (Indvillerensis Comitatus de Montjoie in Alsatia), Gemeinde Wolschweiler? Die Herrschaft Montjoie (Froberg) gehört heute zum frz. Dép. Doubs.
Delefils.

Willershausen (Willershausen), welches? (pr. Rgb. Kassel [Kr. Eschwege?, Kr. Marburg?]?, pr. Lddr. Hildesheim?).
Rohr.

Willgottheim (Wilgothemiensis Als.), Bz. UElsass, Kr. Strassburg (Ld.).
Riehl.

Willisau (Wilisau-Helv., Wilisoviensis Helv.), schwz. Kant. Luzern, Bz. Willisau.
Hecht.

Willstätt (Willstadio-Hanoicus, Willstadiensis), bad. Kr. Offenburg, A. Kork.
Beyer. Grunelius. Moscherosch (2). Rühfel. Schwind. Walther.

Wilsbach (Wilspacensis), pr. Rgb. Wiesbaden, Kr. Biedenkopf.
Zell.

Wilster (Wilstria-Hols.), pr. Rgb. Schleswig, Kr. Steinburg.
Breide. Thomae.

Wimmenthal (Wimmenthal apud Heilbronn), württ. Neckarkr., OA. Weinsberg.
Steegmeyer.

Wimpfen (Wimpinensis, Wimpfinensis, Wimpina-Palatin., Wimpinas), hess. Prov. Starkenburg, Kr. Heppenheim.
Aff. de Berg. Burckhardt. Diraff. Faber. Gerich. Gerner (4). Hasmann. Caspar. Kauffmann. Loën. Münderer. Pancug. Preuer. Schilling. Sicherer. Textor. Waldeysen (3). Weygand. Wild. Zobel.

Windecken (Windeccâ-Wedderavius), pr. Rgb. Kassel, Kr. Hanau.
Aerius. Lorichius.

Windehausen (Windehusa-Saxo), pr. Rgb. Merseburg, Kr. Sangerhausen.
Hoefer.

Windsbach (Winspaco-Francus), bayr. Rgb. Mittelfranken, BzA. Ansbach.
Christophori (2).

Windsfeld (Winsfeldensis), bayr. Rgb. Mittelfranken, BzA. Gunzenhausen.
Faber.
Windsheim (Winshemio-Franc., Vinesio-Franc., Windsheimensis, Windeshem. Palat.), bayr. Rgb. Mittelfranken, BzA. Uffenheim.
Brodsorg. Eisen. Esper (3). Fabricius. Geiger. Held. Hellmuth. Hösser. Kistner. Klinger. Liezheim. Mercklin. Metz. Mülich. Müller. Nun. Raminger. Renger. Rücker. Sahlfelder. Scheller. Steinmetz. Stellwag (3). Stoer (2).
Wingen (Wingensis), Bz. UElsass, Kr. Weissenburg oder Kr. Zabern.
Walther.
Wingersheim (Wingershemensis Als., Vingersheim), Bz. UElsass, Kr. Strassburg (Ld.).
Arbogast. Lapp. Loyson (4). Müller.
Winklarn (Winckloriensis Palat.), bayr. Rgb. Oberpfalz, BzA. Neunburg.
Kopp.
Winnenden (Winnenden, Winnendensis in ducat. Wirttemberg.), württ. Neckarkreis, OA. Waiblingen.
Domme. Franck. Schmid.
Winningen (Winningensis, Winningâ-Mosell.), pr. Rgb. Coblenz, Kr. Coblenz.
Knauth. Innich. Liernur.
Winnweiler (Winwillensis), bayr. Rgb. Pfalz, BzA. Kaiserslautern.
Dietzsch.
Winrode s. Winzerroid.
Winsfeldensis s. Windsfeld.
Winsheimensis s. Windsheim.
Winterhausen (Winterhusâ-Franc.), bayr. Rgb. Unterfranken, BzA. Ochsenfurt.
Schmidt.
Winterstetten (Winterstätt), Wlr., württ. Donaukr., OA. Waldsee.
Schenk v. W.
Winterthur (Helvetus Vitoduranus, Vitoduro-Helv.), schwz. Kant. Zürich, Bz. Winterthur.
Biedermann (2). Ernst. Geillinger. Heyner (2). Kauffmann. Kronauer (3). Küntzlin (2). Steiner (3). Sulzer (6). Troll. Ziegler (2).
Winzenheim (Wintzenhemianus), welches? (Bz. UElsass, Kr. Strassburg? Bz. OElsass, Kr. Colmar?).
Schilé. Schwingdenhammer. Tissot (2).
Winzerhausen (Winzerhusa-Würtemb.), württ. Neckarkr., OA. Marbach.
Fulda.
Winzerroid (Winrode), Oester. Salzburg, BzA. Neumarkt.
Haarmann.
Wippingen (Wippingâ-Wirtembergicus), württ. Donaukr., OA. Blaubeuern.
Schmidt (Faber).
Wisembach (Visembach), franz. Dép. Meurthe.
Toussaint.
Wismar (Wismaria-Megapolitanus, Wismariensis), Mecklenburg-Schwerin.
Dornkampf. Fuchs. Gerdessen. Schepel. Westendorf.
Wissen (ex Wissen ad Sigam), pr. Rgb. Coblenz, Kr. Altenkirchen.
Dörner.
Witten (ex Witten, Witthenius Westphal., dynasta in Witten), pr. Rgb. Arnsberg, Kr. Bochum.
Georgius. de Reck (2).
Wittenberg (Wittebergensis, Wittebergâ-Saxo), pr. Rgb. Merseburg, Kr. Wittenberg.
Balduin. Blum (4). Espich (2). Gerlach. Gross. Hentzschel. Hettenbach. Klobe. Lederer. Meisner. Mevius. Müller. Preusser. Scharf. Sennert. Silberman. Strauss. Taubmann. Zell.
Wittenweier (Wittenweirensis), bad. Kr. Offenburg, A. Lahr.
Rapp.
Wittgendorf (Wittgendorffio - Cizensis), sächs. KrH. Zwickau, AH. Chemnitz.
Thieme.
Wittgenstein (Wittgensteinensis), pr. Rgb. Arnsberg, Kr. Wittgenstein.
Horn. Reiffschneider. Weiel.
Wittichen (Wittichensis), bad. Kr. Offenburg, A. Wolfach.
Kapff.
Wittlich (Wittlich im Trierischen), pr. Rgb. Trier, Kr. Wittlich.
Nagel.
Wittelsheim (Wittelsheim in Alsatia superiori), Bz. OElsass, Kr. Thann.
Bechelé.
Wittstock (Witstochio-Marchicus, Witstochiensis), pr. Rgb. Potsdam, Kr. Ostpriegnitz.
Moll.
Witzenhausen (Wizenhusa-Hassus), pr. Rgb. Kassel, Kr. Witzenhausen.
Volcmar.
Woerden, Weerden (Woerdeno-Batavus, Wourdeno-Batavus, Woerdae-Batav.), niederl. Prov. Südholland.
Artopaeus. Baers. Mosch.
Woerthensis s. Wörth.

Wohlau (Wolaviensis Silesius), pr. Rgb. Breslau, Kr. Wohlau.
Balthasaris. Calisius.
Wohlen (Wohlen C. Bern), schwz. Kant. u. Bz. Bern.
Åby.
Wolf (Wolffensis Mosell. Spanhemensis, Wolffia Mosell.), pr. Rgb. Trier, Kr. Bernkastel.
Arend (2). Caspar. Erbes. Gielius. Glitzenhirn (2). Karp. Lorenz. Schmidt (2). Zillesen.
Wolfach (Wolffachensis, Firstenbergensis ex urbe Wolfachio, Wolffacensis), bad. Kr. Offenburg, A. Wolfach.
Armbruster. Sandhaas. Wierdtenberger.
Wolfegg (Wolffeggensis Suevus), württ. Donaukr., OA. Waldsee.
Brigel. de Frast.
Wolfenbüttel (Wolffenbüttel, Guelpherbytanus, Guelpherbitano-Brunsvicensis), Braunschweig, Kr. Wolfenbüttel.
Knackstet. Kraus. Lages. Lohe. Ohlhoff. Steuerwald. Thalheim. Wissel. Zimmermann.
Wolffgangheim s. Wolfganzen.
Wolfganzen (Wolffgangheimensis Richovillanus), Bz. OElsass, Kr. Colmar.
Phrysius.
Wolfisheim (Wolffshemio-Hanoicus, Wolffishemensis), Bz. UElsass, Kr. Strassburg (Ld.).
Fleischmann (2).
Wolfsbehringen (Wolffsberingensis Thuringus), S.-Gotha, LdrA. Waltershausen.
Buchner. Cotta.
Wolfsberg (Wolffsberg aus der Grafschaft Stolberg), pr. Rgb. Merseburg, Kr. Sangerhausen.
Tübel.
Wolfskehlen (Wolfskellensis), hess. Prov. Starkenburg, Kr. Gr.-Gerau.
Nöllner.
Wolfskirchen (Wolfskircho-Nassoicus), Bz. UElsass, Kr. Zabern.
Constans.
Wolfstein (Wolffsteinensis Palat.), bayr. Rgb. Pfalz, BzA. Kusel.
Gervinus.
Wolgast in Pommern (Wolgastia-Pomer.), pr. Rgb. Stralsund, Kr. Greifswald.
Breitsprecher. Stiler.
Wolkenstein (Wolckensteinio-Misnicus), sächs. KrH. Zwickau, AH. Marienberg.
Seyffriedt.
Wolhynien (Voilhinie) s. Polen.
Wollbach (Wollbaco-Badensis, Wolbacensis), bad. Kr. u. A. Lörrach.
Hitzig. Mauritii.
Wollin (Julino-Pomeranus), pr. Rgb. Stettin, Kr. Usedom-Wollin.
Roëlius. Sellius.
Wollmattingen (Wollmatinganus Acronianus, Wollmatingensis), bad. Kr. u. A. Konstanz.
Diener. Greiss.
Wöllstein (Wöllstein in der Pfaltz, Wöllsteinensis), hess. Prov. Rheinhessen, Kr. Alzey.
Köster (2). Martinstein.
Wolmeringen (Wolmeringensis), Bz. Lothringen, Kr. Diedenhofen.
Wendel de Hayange.
Wolxheim (Wolxheim), Bz. UElsass, Kr. Molsheim.
Senger.
Wonsidelanus s. Wunsiedel.
Worbis (Stadtworbianus, Stadtwormens.), pr. Rgb. Erfurt, Kr. Worbis.
Schwabenhausen. Wagner (2).
Worms (Wormatiensis, Vangio Wormatiensis, Vormatiensis, Vangio, Wormatia-Palat.), hess. Prov. Rheinhessen, Kr. Worms.
Backleb. Bingh (2). Bocatius. de Brasseur. Braun (3). Buntz (2). Burckhardt. Büttner (2). Christiani. Düttenhöffer. Eberts. Engelhardt. Fettich. Flacht. Freinsheim (3). Fullian. Gerauer. zur Glocken (4). Gloxin (2). Goetz. Grisinger. Grossius. Grun. Haugwarth. Heinzenberger. Heroldt. Hertel. Herzberg (2). Heyner. Hirthesius. Hoerle. Hofmann (3). Holeisen (2). Hotzel (2). Jaeger. Joss. Kary. Keller. Kemmeter. Klein. Kieffler. Kloh. Knecht. Knode. Koch. Koderhalt. Körner (2). Krafft. Krapff. Kreckel. Kremer. Creutzauer. Krichbaum. Lang. Lautz (3). Leininger. Lentz. Mantz (2). Mayer. Meckel. Meder. Meurer. Minder. Mittendorff. Moriz (2). Müller. Neurath. Oswald (2). Pettenkover. Petrosil. Pfalz. Pistorius. Plappert (2). Platz. Prem. Reissenbach. Riehm. Rohrig. Roth. Ruhle (3). Saladin. Schäffer. Schaub. Scherer. Schippel (2). Schlarhoff (2). Schmid. Schmidt. Schorr ab Hasel. Schroeter. Schrumpff. Schwindt. Seitz. Seydenbaenner (4). Speck. Spengler. Textor. Vogt (2). Walther (4). Weber. Wenzel. Weydacher. Win-

ter. Wissmann. Wolff. Zauer. Zorn (2).
Wörrstadt (Werstatt in der Pfalz), hess. Prov. Rheinhessen, Kr. Oppenheim.
Armsheimer. Bucher. Hoffmann.
Wörth (Woertensis, Wörtha-Als., Werthensis, Woertha-Hanoicus, Wörth. Bipontinus), Bz. UElsass, Kr. Weissenburg.
Bierj. Eller (2). Engel. Führnstein. Gochnat. Hess. Hoeffel (2). Kohl. Mehlem. Ningler. Pfirmann. Rapp. Rothjacob. Sachs. Schael. Schmidt. Wagner. Weimer.
Wörth (Weerdâ-Noricus), welches?
Rau.
Wratislaviensis s. Breslau.
Wunsiedel (Wonsidlianus, Wonsidelia-Varisc., Wonsideliensis Franc., Bonsidelia-Variscus), bayr. Rgb. Oberfranken, BzA. Wunsiedel.
Aydther. Findeisen. Grüner. Harttung. Manlius. Mertz. Pezel. Schamel. Weinrich.
Wunstorf (Wunstorpia - Brunswicensis), pr. Lddr. u. Ldkr. Hannover.
Rese.
Wurcensis s. Wurzen.
Wursten (Wursato-Frisius), Küsten-Landschaft i. d. pr. Lddr. Stade.
von Cappeln.
Würtingen (Württingensis), württemb. Schwarzwaldkr., OA. Urach.
Zorer.
Württemberg (Würtembergicus, Würtembergensis, Suev. Wirtemberg.).
Erhardt. Fischlin. Glaser. Hasse. Heintzius. Hiller. Hoppehan. de Carben. Koestlin. a Menlishoven. de Munchingen. Oetinger. Radmann. von Roman. de Rühle. Rümelin. Schall. Schuz. Zech.
Wurzach (Wurzacensis Suev., Wurzachensis Suev.), württ. Donaukr., OA. Leutkirch.
Negengast. Schadt de Liebenfeldt.
Würzburg (Herbipolensis, Herwipolensis-Francus, Wirceburgensis, de Würtzbourg Franco), bayr. Rgb. Unterfranken, BzA. Würzburg.
von Andler. Bauer. Bock. Bolhein. Brechenmacher. Brock. Dercum. Deymus. Ditterich. Düring. Fichtl. Froehlich. Gotz. Grosser. Haixer. Hohn. Keller. Krampert (s. Rimbach). Lauffer. Mertz. Metz. Rehm. Schmitt. Seuffert. Stadler. Streng. Voit de Rieneck. Weingaertner. Wigandt. Wilhelm.
Wurzen (Wurcenâ-Misnicus, Wurcensis Misn.), sächs. KrH. Leipzig, AH. Grimma.
Apianus. Brodtkorb. Handtmann. Richenberg.
Wüstensachsen (Wüestensax. Francus), pr. Rgb. Kassel, Kr. Gersfelde.
Müller.
Wusterhausen (Wusterhusanus March.), pr. Rgb. Potsdam, Kr. Ruppin.
Gerike.
Wyl (Wylensis Helv., Wilensis Helv.), welches? (schwz. Kant. St. Gallen?, schwz. Kant. Bern?, schwz. Kant. Zürich?).
Dux. Kienberger. Müller (3). Scherrer. Sehrwerth.
Wyrsheim s. Weyersheim.

Xermaménil (Chenuménil Lotharingus), frz. Dép. Meurthe, cant. Gerbéviller.
Nicolle.
Xirocourt (Xiracourt Lotharingus), frz. Dép. Meuse-et-Moselle, arr. Nancy.
Dubroisé.

Ysenbourg s. Isenburg.
Ysnaco-Thur. s. Eisenach.
Ysnensis s. Isny.
Yverdon s. Ifferten.

Zabern (Tabernensis, Tabernensis Als., Tabernis Alsaticis oriundus), Bz. UElsass, Kr. Zabern.
Adés (3). Andlauer. Artt. Baehr (5). Behr (10). Bernard. Braun (3). Champeaux. Cromer (5). d'Elvert. Faure (2). Feigenthal (2). Ferckel (2). Finck. Fries. von Gaill. Garnier. Gast (3). Gerard (2). Gug (Gouge). Greiner. Hoffmann. Horneck. Huguin. Jannesson. Ingelstetter. Jourdain. Kessler. Knepffler (6). Koch. Kolb. Lacapelle (2). Lefebvre. Luther de Garbenfeld. Martinez (3). Mayerhoffer (de Mayerhoffen) (6). Meyer. Mehlem. Ostermann. Pallas (3). Philbert. Pierron. Reich (2). Reinbolt. Rieffel. Schillinger (7). Stoublen. Stupffel (2). Trombert. Voirhaye. Werné. Wollbrett (5). Zoller. de Zollern (2).
Zala (Szaladiensis Ungar.), ung. Komit. Somogy, Bz. Tab.
Szoika.
Zanow (Zanovia-Pomeranus), pr. Rgb. Cöslin, Kr. Schlawe.
Ponatius.

Zeapolitanus s. Dinkelsbühl.
Zeelandus s. Seeland.
Zeil (Ober-) (Zeyl b. Memmingen), württ. Donaukr., OA. Leutkirch.
Hammerer.
Zeitlarn (Zeithernensis), welches? (bayr. Rgb. Niederbayern?, bayr. Rgb. Oberpfalz?).
Mückenfelder.
Zeitz (Cizâ-Misn., Cizensis Misn.), pr. Rgb. Merseburg, Kr. Zeitz.
Bertram. Bessler. Freyer. Friedel. Hase. Jacobi (2). Mylius. Panzer. Pendorff. Zeisler.
Zell am Fichtelgebirge (Cellâ-Variscus, Zellensis Variscus), bayr. Rgb. Oberfranken, BzA. Münchberg.
Fasold. Schmalz.
Zell am Harmersbach (Zelle prope Harmersbach), bad. Kr. u. A. Offenburg.
de Montlong.
Zell am Main (Zellensis Francus), bayr. Rgb. Unterfranken, BzA. Würzburg.
Schmiedt.
Zell-Weierbach bei Offenburg (Zella-Ordonaviensis), bad. Kr. u. A. Offenburg.
Mayershoffen.
Zell am Ziller (Zella-Tyrolensis), Tirol, BzH. Schwaz.
Durrnbacher.
Zell (Zellensis), welches?
Magirus. Schneider.
Zell (Zellensis Rauracus), welches? (schwz. Kant. Luzern?, schwz. Kant. Zürich?).
Rümmeli.
Zellensis Bojus s. Bayrisch-Zell.
Zellerfeld (Cellerfelda-Cheruscus, Cellerfeldensis), pr. Rgb. Hildesheim, Kr. Zellerfeld.
Bonitz. Carolus. Gesenius.
Zeltingen (Zeltingensis), pr. Rgb. Trier, Kr. Bernkastel.
Simon.
Zerbst (Servesta-Anhaltin., Anhalt-Zerbst), Frst. Anhalt, Kr. Zerbst.
Henrici. Kahn. Koethen. Cramer. Kunad. a Rephun. Schmohl.
Zernetz (Zernetz), schwz. Kant. Graubünden, Bz. Inn, Unterengadin.
Alexander.
Zeulenroda (Zeulenroda-Variscus, Zeilenroda-Varisc.), Reuss ä. L., LG. Greiz.
Hetzer. Macht.
Zevenaar (Clivo-Zevenariensis), niederl. Prov. Gelderland.
Boom.
Ziegenhain (Ziegenhain-Hassus), pr. Rgb. Kassel, Kr. Ziegenhain, a. d. Schwalm.
Gulatius.
Ziegenrück (Ziegenruck-Varisc.), pr. Rgb. Erfurt, Kr. Ziegenrück.
Roth.
Zielenzig (Zielenzigio-Brandeburgensis), pr. Rgb. Frankfurt a. O., Kr. Ost-Sternberg.
Berndt.
Ziemetshausen (Ziemetzhusanus superioris Austriae Suev.), bayr. Rgb. Schwaben, BzA. Krumbach.
de Schmid.
Zihlschlacht (Zilschlacht-Helv.), schwz. Kant. Thurgau, Bz. Bischofszell.
Creisius.
Zillerthal (ex valle Zillerana Saltzburgensis), Thal in Tirol, BzH. Schwatz.
Pichler.
Zillisheim (Zillisheimensis Alsata), Bz. OElsass, Kr. Mülhausen.
Ronden.
Zimmerwald (Zimmerwald C. Bern), schwz. Kant. Bern, A. Seftigen.
Guggisberg.
Zirma s. Besenyö.
Zittau (Zittavia-Lusatus, Zittanus, Zittaviâ-Silesius, Sittâ-Lusat., Sittanus), sächs. KrH. Bautzen, AH. Zittau.
Bufius. Denike. Harttig (3). Härtranfft. Kisling (3). v. Lanckisch (3). Michaelis. Moeller (2). Mönch. Müssiggang. Nesen. Rethel. Schnitter. Schürer. Schlaich. Seidel. Sternberger (2). Vorberg. Wagner. Walther. Widber. Wurtziger. Zieger.
Znaim (Znaumô-Moravus), BzH. in Mähren.
Bock.
Zofingen (Helv. Zoffingensis, Helv. Tobinianus, Tobiniensis), schwz. Kant. Aargau, Bz. Zofingen.
Müller. Robin. Seelmatter. Steinegger. Suter. Sutermeister.
Zólyom s. Altsohl.
Zörbig (Zörbigensis Misn.), pr. Rgb. Merseburg, Kr. Bitterfeld.
Steiniger.
Zschopau (Zschopavia-Misn.), sächs. KrH. Zwickau, im Zschopauthal.
Seidel.
Zug (Tugiensis Helv.), Hptst. des schwz. Kant. Zug, am Zugersee.
Beuttler. Hedinger. Gretener. Hegglin. Iten. Kayser. Landwing (2). Lutticher. Schönbrunn. Speck. Zürcher.

Züllichau (Zullichaviensis, Züllichia-Silesius), pr. Rgb. Frankfurt a. O., Kr. Z.-Schwiebus.
Kletschke. Weigl.

Zündorf (Nieder-, Ober-) (Zürndorffensis), preuss. Rgb. Köln, Kreis Mülheim a. Rh.
Fischer.

Zürich (Tigurinus, Tiguro-Helv., Thuricensis, Thurico-Helv., a Tigurino), Hptst. des schwz. Kant. Zürich.
Abegg (2). Balber. Bodmer. Breitinger. Burckhart (3). Escher (2). Faesi. Freytag. Fris (2). Geiger. Gesner. Goswiler. Habius. Hagenbuch. Haubt. Hauser (2). Heideger. Hess (3). Holzhalb. Hozius (3). Huldrich (2). Kölla (2). Koller (3). Cramer. Kyttius. Landolt (3). Locher (2). Meyer (2). Müller. de Muralt (2). Naefius (2). Ott. Rahn (2). Ringge. Rordorf. Rosenstock. Scheuchzer. Schulthess (2). Schwyzer. Spörij. Steinbrüchel (de Canton Zürich). Tobler. Tömmanus. Waser (2). Welti (2). Werdmüller. Wirth. Wiser. Wolff (2). Ziegler. Zimmermann (2). Zwingli.

Zurzach (Zurzachensis, Cerciaco-Helvetus), schwz. Kant. Aargau, Bz. Zurzach.
Koeferle. Rudloff. Schauffenbüel. Welty (2).

Zusato-Westphal. s. Soest.

Zutphen (Zutphania-Gelrus), niederl. Provinz Gelderland.
a Diemen.

Zutzendorf (Zuzendorffensis), Bz. UElsass, Kr. Zabern.
Bender.

Zweibrücken (Bipontinus, Bipontino-Palatinus, Bipontino-Westriacus, de Deux ponts), bayr. Rgb. Pfalz, BzA. Zweibrücken.
Alzenhover. Aulenbach. Bachmann. Beck. Boecking. Boos. Breyttingk. Bruch (3). Deckherr. Dern. Falciola. Follenius. Gelanus. Graeff. Heilmann. Hoffmann. Kaempf (3). Cneupel. Conradi. Krazeisen. Leyser. Locher. Luttringhausen. Messerschmidt (2). Meyer. Pracht. Ravenstein. Röhling. Römer. Schlemmer. Schorr. Schott (2). Seitz. Schmidt. Stahl. Steinichen. Stephani. Schwebel. Taglang. Thalwentzel. Weber. Wernher.

Zwenkau (Zwencavia-Misn.), sächs. KrH. u. AH. Leipzig.
Strigel.

Zwickau (Cycneo-Misn., Cygnea-Misn.), sächs. KrH. u. AH. Zwickau.
Franck. Hartmann. Reier. Römer. Weissenborn.

Zwiefalten (Zwyfaltensis Suev.), württ. Donaukr., OA. Münsingen.
Hungerbühler. de Cachez. Reis.

Zwolle (Zwollensis, Zwolensis), Hptst. der niederl. Prov. Overyssel.
Münch.

Zwingenberg (Zwingenbergensis, Zwingenberga-Strataemontan.), hess. Prov. Starkenburg, Kr. Bensheim.
Kreutzer. Krug. Lotichius. Mohr. Strack.

II.

Nach der Staatsangehörigkeit.

Afrika.

Cap der guten Hoffnung (1).

Amerika.

Cap Haïtien (1).

Asien.

Java (1).

Belgien (Königreich).

Antwerpen (2). Audenarde (1). Bouillon (3). Brüssel (3). Gent (2). Lüttich (4). Namur. (1). Nismes (1). Soumagne (1). Theux (1). Tongern (1). Verviers (2).

Belga (1). Flammand (1).

Dänemark (Königreich).

Fünen: Odense (2).
Island: Holar (1).
Jütland: Aalborg (2). Aarhuus (2). Randers (3). Ribe (3). Vemmetofte (1).
Seeland: Kopenhagen (39). Korsör (1). Nykjöbing (3).

Danus (63). Falster (1). Fünen (2). Seeland (2).

Deutschland.

Anhalt (Herzogtum).

Anhaltinus (4). Bernburg (2). Dessau (3). Coswig (1). Köthen (2). Zerbst (7).

Baden (Grossherzogtum).

a) Kr. Baden: Achern (3). Baden-Baden (4). Bühl (5). Gaggenau (1). Gernsbach (18). Hilpertsau (1). Hügelsheim (1). Kuppenheim (4). Lichtenthal (2). Muggensturm (1). Neuweier (1). Rastatt (22). Renchen (1). Steinbach (7). Stollhofen (1).

b) Kr. Freiburg: Altbreisach (14). Bickensohl (1). Bombach (1). Bötzingen (1). Breisgau (2). Broggingen (1). Emmendingen (16). Endingen (1). Ettenheim (5). Ettenheimmünster (1). Freiburg (15). Gundelfingen (3). Heitersheim (1).

Ihringen (1). Kenzingen (3). Kippenheim (3). Köndringen (6). Leimbach (1). Mahlberg (4). Malterdingen (3). Mundingen (1). Nimburg (3). Oberspitzenbach (1). Opfingen (3). Ottoschwanden (1). Reuthe (1). Riegel (2). Rothweil (2). Rust (2). Schmieheim (1). Simonswald (1). Theningen (3). Thiengen (2). Waldkirch (1). Weisweil (2).

c) Kr. Heidelberg: Adersbach (1). Berwangen (2). Bischofsheim (Neckar) (1). Dilsberg (1). Dühren (3). Eppingen (2). Gemmingen (2). Handschuhsheim (1). Heidelberg (43). Hoffenheim (3). Ittlingen (1). Leimen (1). Meckesheim (1). Neckargemünd (1). Rohrbach (1). Roth (1). Schatthausen (1). Sinsheim (4).

d) Kr. Karlsruhe: Berghausen (1). Bretten (5). Bruchsal (15). Durlach (133). Ellmendingen (1). Ettlingen (11). Flehingen (1). Forchheim (1). Gochsheim (3). Gondelsheim (1). Grötzingen (1). Huttenheim (1). Jöhlingen (1). Karlsruhe (33). Kieselbronn (1). Knielingen (1). Königsbach (2). Menzingen (1). Mingolsheim (1). Münzesheim (1). Obergrombach (1). Odenheim (2). Pforzheim (43). Russheim (1). Stafforth (1). Stein (2). Tiefenbronn (2). Unteröwisheim (2).

e) Kr. Konstanz: Engen (1). Hagnau (1). Heiligenberg (2). Herdwangen (1). Immendingen (2). Itznang (1). Immenstaad (1). Konstanz (15). Liptingen (1). Markdorf (5). Meersburg (5). Messkirch (11). Neureuth (1). Pfullendorf (5). Reichenau (3). Salem (2). Salmansweiler (4). Steisslingen (1). Thengen (2). Ueberlingen (18). Weiterdingen (1). Wollmattingen (2).

f) Kr. Lörrach: Badenweiler (5). Binzen (2). Brombach (2). Buggingen (4). Efringen (2). Eimeldingen (1). Feldberg (1). Feuerbach (1). Grenzach (3). Haltingen (1). Hauingen (3). Hertingen (1). Holzen (2). Hügelheim (1). Kandern (4). Kirchen (1). Lörrach (12). Mappach (1). Maulburg (3). Müllheim (9). Neuenburg (2). Oetlingen (3). Rheinweiler (1). Rötteln (7). Sausenburg (1). Schliengen (3). Schopfheim (7). Steinen (1). Sulzburg (14). Tegernau (1). Vogelbach (1). Weil (2). Wollbach (2).

g) Kr. Mannheim: Ladenburg (3). Mannheim (46). Seckenheim (1). Ursenbach (1). Weinheim (4).

h) Kr. Mosbach: Adelsheim (3). Bödigheim (1). Bofsheim (1). Dittwar (1). Eberbach (1). Hardheim (2). Heinsheim (1). Hüngheim (1). Königheim (2). Mosbach (6). Mudau (1). Neckarelz (1). Neudenau (1). Oberschüpf (1). Obrigheim (1). Sachsenflur (1). Sindolsheim (1). Tauberbischofsheim (2). Unter-Schüpf (4). Walldürn (1). Wertheim (53).

i) Kr. Offenburg: Appenweier (2). Auenheim (4). Bischofsheim (Rhein-) (1). Blumberg (1). Bodersweier (1). Diersheim (2). Dinglingen (3). Eckartsweier (1). Freistett (3). Gengenbach (17). Geroldseck (1). Haslach (3). Hausach (1). Ichenheim (2). Kehl (11). Kork (7). Legelshurst (1). Lahr (20). Lichtenau (15). Neufreistett (2). Oberkirch (16). Offenburg (36). Oppenau (5). Scherzheim (1). Sulz (1). Sundheim (1). Weier (1). Willstätt (7). Wittenweier (1). Wittichen (1). Wolfach (3). Zell am Harmersbach (1). Zell-Weierbach (1).

k) Kr. Villingen: Döggingen (1). Donaueschingen (6). Grüningen (1). Hausen vor Wald (1). Hochemmingen (1). Hüfingen (2). Klengen (1). Villingen (7).

l) Kr. Waldkirch: Elzach (1).

m) Kr. Waldshut: Degernau [Tegernau] (1). Säckingen (2). Sankt Blasien (2). Stühlingen (4).

Hegau (1). Klettgau (1). Markgrafschaft Baden (37). Unbestimmt (Badensis) (24).

Bayern (Königreich).

a) Rgb. Mittelfranken: Altdorf (7). Ansbach (91). Arberg (1). Auerbach (1). Baiersdorf (1). Beroldsheim (2). Burgbernheim (3). Burghaslach (1). Dinkelsbühl (24). Eichstädt (7). Ellingen (2). Eltersdorf (1). Erlangen (6). Eyb (1). Feuchtwangen (1). Flachslanden (1). Fürth (5). Geyern (1). Gräfensteinberg (1). Gunzenhausen (16). Heilsbronn (2). Hemmersheim (1). Hersbruck (2). Hilpoltstein (6). Ickelheim (1). Cadolzburg (1). Katzwang (2). Kaubenheim (1). Colmberg (2). Kornburg (2). Cronheim (1). Langenfeld (1). Lauf (5). Lenkersheim (1). Leutershausen (2). Leuzenbronn (1). Mariastein (1). Markterlbach (1). Markteinersheim (2). Neustadt a. d. Aisch (8). Neustetten (1). Nürnberg (292). Oberhöchstädt (1). Obermögersheim (1). Obernzehn (1). Pappenheim (7). Possenheim (1). Rauenzell (1). Rauschenberg (2). Roth (1). Röthenbach (1). Rothenburg a. d. Tauber (104). Samenheim (1). Schambach (1). Schwabach (17). Simmelsdorf (1). Sinbronn (1). Steinbach (1). Steinhart (1). Steinsfeld (2). Sugenheim (1). Thalmässing (1). Treuchtlingen (1). Uffenheim (8). Unterschlauersbach (1). Ursheim (1). Viehberg (1). Virnsberg (1). Wassermungenau (1). Wassertrüdingen (4). Weigertheim (1). Weimersheim (1). Weissenburg (27). Wendelstein (1). Wieseth (1). Windsbach (2). Windsfeld (1). Windsheim (29).

b) Rgb. Niederbayern: Alteich (1). Deggendorf (1). Innernzell (1). Landshut (2). Münster (1). Neustadt (1). Ortenburg (1). Passau (3). Straubing (2).

c) Rgb. Oberbayern: Aichach (1). Bayrisch-Zell (1). Bernbeuern (1). Friedberg (1). Gars (1). Haberskirch (1). Hörgertshausen (1). Inchenhofen (1). Ingolstadt (1). Landsberg (3). Mering (1). München (22). Neumarkt (1). Otting (1). Rain (1). Rosenheim (6). Rottau (1). Schongau (1). Steingaden (2). Stirn (1). Tegernsee (1).

d) Rgb. Oberfranken: Arzberg (1). Bamberg (14). Bayreuth (26). Berneck (1). Dörfleins (1). Ebermannstadt (1). Ebrach (1). Eschenau (2). Forchheim (2). Frankenberg (1). Gold-Kronach (2). Gundelsheim (1). Hallerndorf (1). Kirchahorn (1). Kronach (2). Kulmbach (23). Küps (1). Lauenstein (1). Leutendorf (1). Lichtenberg (1). Lonnerstadt (1). Merkendorf (1). Münchberg (4). Naila (1). Oberredwitz (1). Pilgramsreuth (2). Redwitz (4). Schauenstein (1). Schwarzenbach (1). Selb (1). Seussen (1). Steben (1). Thurnau (5). Truppach (1). Weidenburg (1). Weisendorf (1). Wunsiedel (9). Zell a. Fichtelgebirge (2).

e) Rgb. Oberpfalz: Amberg (20). Berngau (1). Cham (3). Eschenbach (1). Falkenstein (1). Freihung (1). Friesheim (1). Göppmannsbühl (1). Grafenwöhr (1). Haldenbergstetten (5). Hartenstein (1). Hattenhausen (1). Heideck (1). Hemau (2). Hof (17). Hohenschambach (1). Kemnath (2). Lengenfeld (1). Nabburg (1). Neuhaus (1). Neumarkt an der Sulz (3). Niedermurach (1). Oelsbach (1). Pressath (3). Püchersreuth (1). Pyrbaum (1). Ränkam (1). Regensburg (138). Schwarzenfeld (1). Stadtamhof (1). Sulzbach (10). Sulzburg (1). Sulzkirchen (1). Tiefenbach (1). Treffelstein (1). Vilseck (2). Vohenstrauss (1). Wappersdorf (1). Weiden (3). Winklarn (1).

f) Rgb. Pfalz: Albisheim (2). Alsenz (1). Alsheim (1). Altleiningen (1). Annweiler (4). Battenberg (1). Bellheim (1). Bennhausen (1). Bergzabern (16). Billigheim (2). Biebermühle (1). Bischheim (1). Blieskastel (5). Bosenbach (1). Burrweiler (3). Busenberg (1). Dahn (1). Deidesheim (2). Dielkirchen (1). Dirmstein (3). Drusweiler (1). Dudenhofen (1). Dürkheim (12). Ebernburg (1). Edesheim (1). Eisenberg (2). Ellerstadt (1). Frankenthal (7). Freinsheim (1). Freisbach (1). Geinsheim (1). Germersheim (6). Gleisweiler (1). Grünstadt (17). Hagenbach (2). Hanhofen (2). Herxheim (1). Hinzweiler (3). Hochstätten (2). Hundheim (2). Jockgrim (1). Kaiserslautern (8). Kallstadt (1). Kandel (4). Kerzenheim (2). Kindenheim (2). Kirchheim-Bolanden (6). Klingenmünster (3). Kriegsfeld (2). Kronenberg (1). Kusel (3). Lauterecken (3). Leinsweiler (1). Limbach (1). Lambsheim (1). Landau (106). Landstuhl (1). Maikammer (4). Minfeld (4). Mutterstadt (3). Neustadt a. d. Hardt (16). Nünschweiler (1). Nussbach (1). Obermoschell (2). Odernheim (2). Offenbach (2). Pirmasenz (10). Pleisweiler (1). Ramstein (1). Reichenbach (1). Rheinzabern (4). Rodalben (2). Roth (1). Rüssingen (1). Sankt Julian-Obereisenbach (1). Schallodenbach (2). Speyer (167). Speyer (Bistum) (1). Steinhausen (1). Theisbergstegen (2). Venningen (2). Weingarten (1). Weisenheim (1). Winnweiler (1) Wolfstein (1). Zweibrücken (47).

g) Rgb. Schwaben: Allgäu (1). Allerheim (1). Amerdingen (1). Augsburg (243). Auhausen (1). Babenhausen (1). Biberbach (1). Bühl (1). Burtenbach (1). Daiting (1). Deisenhausen (1). Dillingen (5). Donauwörth (4). Druisheim (1).

Ebermergen (2). Edelstetten (1). Erkheim (1). Ferthofen (1). Finningen (1). Fristingen (1). Füssen (1). Grossaitingen (1). Gundelfingen (5). Harburg (2). Haunsheim (2). Hirblingen (1). Illertissen (1). Immenstadt (8). Kaufbeuern (6). Kempten (21). Kirchdorf (1). Kronburg (1). Lauingen (11). Leeder (1). Legau (1). Leipheim (3). Lindau (67). Martinszell (1). Memmingen (73). Neuburg a. d. Donau (14). Niederrieden (1). Nördlingen (81). Oberdorf (2). Oberstdorf (1). Oberhausen (4). Oettingen (32). Ottobeuern (1). Raunau (1). Ries (1). Salenbach (1). Schweinspoint (1). Sinning (1). Solnhofen (1). Stein (1). Thalfingen (1). Ungerhausen (1). Ursberg (2). Wallerstein (3). Wemding (2). Westernach (1). Ziemetshausen (1).

h) Rgb. Unterfranken: Allerheim (2). Altenstein (1). Amorbach (1). Aschaffenburg (6). Aub (3). Baldersheim (1). Bimbach (2). Bischofsheim (2). Büchold (2). Geldersheim (1). Hammelburg (3). Herrnsheim (1). Hilpertshausen (19). Karlstadt (3). Kastell (2). Lohr (1). Mainbernheim (5). Marktbreit (6). Mechenried (1). Mönchberg (1). Neubrunn (1). Obernbreit (1). Obernburg (1). Ochsenfurt (2). Prichsenstadt (2). Rothenbuch (1). Rüdenhausen (2). Schweinfurt (56). Segnitz (1). Sickershausen (2). Sommerhausen (4). Steinfelden (1). Stetten (1). Stettfeld (1). Sulzbach (1). Thüngen (3). Wässerndorf (1). Winterhausen (1). Würzburg (30). Zell am Main (1).

Bavarus (9). Francus (51). Palatinus (28).

Braunschweig (Herzogtum)

Blankenburg (3). Braunschweig (53). Brunsrode (1). Helmstedt (6). Holzminden (1). Wolfenbüttel (9).

Bremen (freie Reichsstadt).

Bremen (74).

Elsass-Lothringen (Reichsland).

a) (Alsata, Alsatus, von Elsass gebürtig): Deuerling. Fischer. Haase. Leuffer. Mouhat. Rapp. Widt. — b) (Nobilis Alsata, Eques Alsatus, Alsata, Baro Alsaticus): ab Andlau [s. d.]. de Berckheim (2) [s. d.]. de Berstett (2) [s. d.]. Bock de Blaesheim et Gerstheim [s. d.]. de Boecklin de Boecklinsaw (2) [s. d.]. de Buch [s. d.]. de Flachsland (2) [s. d.]. de Fleckenstein. Geyling ab Altheim (3) [s. d.]. de Glaubitz [s. d.]. ab Haindel. de Hanau (2). Hüffel [s. d.]. d'Ichtersheim. Joham de Mundolsheim. de Kirchheim (2) [s. d.]. de Landenberg. de Raesfeldt. de Rathsamhausen [s. d.]. de Rathsamhausen zu Ehenweyer (2) [s. d.]. de Rathsamhausen zum Stein. a Roggenbach. a Ruest. Reinach [s. d.]. de Reuttner de Weyl. de Schellenberg [s. d.]. Waldner de Freundstein (2). a Wangen in Geroldseck. de Weittersheim. Wurmser a Vendenheim [s. d.]. Zorn de Bulach [s. d.]; vgl. a Dettlingen. de Klinglin. de Neuenstein. de Reissenbach. Voltz ab Altenaw. Zorn de Plobsheim.

I. Elsass. 1. Unterelsass. a) Kr. Strassburg: Strassburg (2985).

b) Landkreis Strassburg: Achenheim (1). Alteckendorf (2). Bischheim (1). Breuschwickersheim (1). Brumath (17). Eckbolsheim (3). Eckwersheim (1). Friedolsheim (1). Gamsheim (2). Geudertheim (8). Gugenheim (2). Hochfelden (2). Hohenatzenheim (2). Hördt (3). Hönheim (1). Hürtigheim (1). Lampertheim (5). Minwersheim (1). Mittelhausen (3). Mommenheim (2). Mundolsheim (1). Neuhof (1). Pfulgriesheim (1). Reichstett (1). Ruprechtsau (2). Schiltigheim (4). Schwindratzheim (3). Säsolsheim (1). Waltenheim (3). Wanzenau (3). Weyersheim (10). Willgottheim (1). Wingersheim (7). Wolfisheim (2).

c) Kreis Erstein: Benfeld (17). Blaesheim (2). Bolsenheim (1). Düppigheim (1). Enzheim (1). Erstein (18). Fegersheim (2). Friesenheim (1). Gerstheim (3). Kogenheim (1). Krautergersheim (1). Matzenheim (15). Meistratzheim (1). Niederehnheim (3). Oberehnheim (37). Osthausen (2). Plobsheim (2). Rheinau (1). Rossfeld (1). Uttenheim (2). Walf (1).

d) Kreis Hagenau: Auenheim (1). Batzendorf (1). Bischweiler (25). Engweiler (1). Forstfeld (1). Fort-Louis (19). Gundershofen (3). Hagenau (73). Hüttendorf (1). Mietesheim (4). Morschweyer (2). Niederbronn (2) Oberbronn (15). Offweiler (3). Ohlungen (2). Roppenheim (1). Röschwoog (3). Rothbach (1). Sesenheim (3). Uhrweiler (2). Walk (3).

e) Kreis Molsheim: Balbronn (1). Bischofsheim (4). Börsch (6). Dachstein (2). Dahlenheim (1). Dangoltzheim (1). Dorlisheim (4). Ernoltzheim (1). Gressweiler (3). Lützelhausen (1). Marlenheim (7). Molsheim (59). Mutzig (16). Ottrott (1). Romansweiler (1). Rosheim (4). Rothau (3). Salm (3). Sankt Johann (3). Sankt Nabor (1). Scharrachbergheim (2). Schirmeck (4). Tränheim (2). Vorbruck (1). Waldersbach (1). Wangen (3). Wasselnheim (12). Westhofen (15). Wolxheim (1).

f) Kreis Schlettstadt: Andlau (17). Baldenheim (2). Barr (16). Blienschweiler (1). Diebolsheim (1). Ebersmünster (4). Ehnweyer (1). Epfig (9). Gertweiler (1). Gereuth (1). Heiligenstein (1). Kestenholz (3). Marckolsheim (5). Mittelbergheim (6). Müttersholz (2). Ranrupt (1). Schlettstadt (112). Stotzheim (1). Sundhausen (4). Weiler (16).

g) Kreis Weissenburg: Alterstadt (2). Beinheim (2). Dürrenbach (1). Fleckenstein (1). Fröschweiler (1). Görsdorf (1). Gunstett (1). Hatten (7). Hunspach (1). Kleeburg (3). Kutzenhausen (7). Lauterburg (24). Münchhausen (1). Oberbetschdorf (1). Oberhofen (6). Oberseebach (1). Rittershofen (2). Selz (5). Sulz unterm Wald (4). Surburg (3). Weissenburg (113). Wörth (20).

h) Kreis Zabern: Berg (1). Bettweiler (1). Bockenheim s. Saarunion. Buchsweiler (194). Dehlingen (1). Dettweiler (1). Diemeringen (7). Ernolsheim (3). Harskirchen (1). Hohengöft (1). Imbsheim (3). Ingweiler (15). Lichtenberg (5). Lorenzen (1). Lützelstein (13). Maursmünster (6). Niedermodern (1). Obermodern (3). Pfaffenhofen (9). Saarunion (12). Saarwerden (2). Schillersdorf (3). Thal (1). Waldhambach (1). Weinburg (1). Wolfskirchen (1). Zabern (109). Zutzendorf (1).

2. Oberelsass. a) Kreis Altkirch: Altkirch (17). Alt-Münsterol (2). Dammerkirch (6). Dürmenach (1). Fröningen (1). Hagenbach (2). Hirsingen (6). Luffendorf (2). Mörsperg (1). Niedersept (1). Pfirt (16). Oberspechbach (1).

b) Kreis Gebweiler: Blodelsheim (4). Bollweiler (1). Ensisheim (22). Gebweiler (19). Gundolsheim (2). Hattstadt (3). Isenheim (5). Meienheim (1). Munweiler (1). Niederhergheim (1). Ollweiler (1). Raedersheim (1). Sultzmatt (6). Sulz (10). Ungersheim (3).

c) Kreis Colmar: Andolsheim (1). Arzenheim (1). Colmar (383). Dessenheim (1). Egisheim (5). Eschbach (2). Heiteren (1). Horburg (1). Jepsheim (1). Mühlbach (1). Münster (17). Neubreisach (20). Sultzbach (2). Sulzern (1). Sunthofen (1). Türckheim (15). Wolfganzen (1).

d) Kreis Mülhausen: Bantzenheim (1). Bartenheim (3). Blotzheim (4). Brunnstatt (1). Burgfelden (1). Didenheim (1). Dornach (1). Eschenzweiler (5). Habsheim (2). Hegenheim (1). Heimsbrunn (1). Hüningen (20). Kembs (4). Knöringen (1). Landser (20). Leimen (3). Mülhausen (26). Obermagstatt (1). Rixheim (1). Sausheim (1). Schlierbach (1). Sierenz (2). Sankt Ludwig (2). Uffheim (1). Waltenheim (1). Zillisheim (1).

e) Kreis Rappoltsweiler: Ammerschweier (19). Bebelnheim (4). Bergheim (12). Diedolshausen (3). Gemar (1). Hunaweier (4). Illhausern (1). Ingersheim (3). Kaysersberg (11). Katzenthal (1). Leberau (1). Markirch (16). Mittelweier (6). Niedermorschweier (2). Pairis (2). Rappoltsweiler (54). Reichenweier (43). Rodern (1). Sankt Pilt (6). Schnierlach (7).

f) Kreis Thann: St. Amarin (1). Bitschweiler (2). Burnhaupten (2). Masmünster (2). Oberbruck (1). Sennheim (8). Thann (26). Wattweiler (1). Wittelsheim (1).

II. Lothringen. a) Kr. Bolchen: Bolchen (1). Busendorf (10). Dorweiler (1). Falkenberg (2). Hemeringen (1). Kreuzwald (1). Kriechingen (3). Teterchen (1). Varsberg (3). Wallersberg (1).

b) Kr. Château-Salins: Albesdorf (1). Bessingen (1). Bourdonnay (1). Craincourt (2). Delme (1). Dieuze (33). Dürkastel (1). Fonteny (1). Château-Salins (15). Insmingen (1). Lesse (1). Lohr (1). Marsal (3). Martincourt (1). Moyenvic (7). Oron (1). Vic (71).

c) Kr. Diedenhofen: Diedenhofen (14). Flörchingen (1). Hayingen (2). Sierck (2). Wolmeringen (1).

d) Kr. Forbach: Altrip (1). Berig (1). Freibuss (1). Geblingen (1). Cappel (1). Landorf (2). Maxstadt (1). Mörchingen (8). Nellingen (1). Saaralben (3).

e) Kr. Metz: Augny (1). Alben (1). Buchy (1). Corny (2). Gorze (2). Gravelotte (1). Jouy-aux-Arches (1). Jussy (1). Landonvillers (1). Marivaux (1). Metz (232). Montigny (1). Novéant (1). Pagny (1). Pange (1). Peltre (1). Saint-Julien (1). Semécourt (1).

f) Kr. Saarburg: Albersweiler (4). Dagsburg (1). Finstingen (13). Foulcrey (1). Freiburg (1). Hessen (1). Langd (1). Lixheim (6). Lörchingen (11). Pfalzburg (21). Sankt Georg (1). Sankt Johann von Bassel (1). Sankt Quirin (6). Waldhausen (1). Weiher (1).

g) Kr. Saargemünd: Bitsch (9). Grundweiler (1). Remelfingen (1). Rixingen (6). Saargemünd (8).

Hamburg (freie Reichsstadt).

Hamburg (193).

Hessen (Grossherzogtum).

a) Oberhessen: Alsfeld (12). Assenheim (7). Berstadt (1). Bingenheim (2). Blofeld (1). Bobenhausen (1). Bönstadt (4). Büdingen (5). Butzbach (29). Dauernheim (1). Eberstadt (1). Elpenrod (1). Engelrod (1). Fauerbach (1). Felda (1). Florstadt (1). Freien Seen (1). Friedberg (42). Frischborn (1). Gedern (2). Giessen (46). Grossbuseck (2). Grünberg (3). Grüningen (1). Gumbsheim (1). Guntersblum (2). Herbstein (1) Hochweisel (1). Holzhausen (1). Homberg a. d. Ohm (1). Hungen (2). Hutzdorf (1). Kirtorf (2). Crainfeld (1). Langgöns (1). Laubach (5). Lauterbach (1). Laubach (12). Lich (15). Massenheim (3). Nidda (4). Niederohmen (1). Nieder-Wöllstadt (1). Obenmörlen (1). Petterweil (4). Rendel (1). Rosbach (Ober-) (2). Schlitz (2). Schotten (2). Staden (2). Stammheim (1). Stockhausen (1). Storndorf (1). Vilbel (1).

b) Rheinhessen: Alzey (9). Badenheim (1). Bechtheim (1). Bingen (5). Büdesheim (2). Eckelsheim (2). Flonheim (2). Framersheim (1). Fürfeld (2). Gaulheim (1). Gensingen (1). Hackenheim (2). Heidesheim (5). Herrnsheim (1). Horchheim (1). Ingelheim (4). Kastel (4). Kettenheim (1). Mainz (77). Mettenheim (1). Mommenheim (1). Monsheim (2). Nackenheim (1). Neubamberg (1). Neuhausen (1). Niederwiesen (1). Ober-Saulheim (2). Oppenheim (10). Osthofen (1). Pfeddersheim (2). Pfiffligheim (1). Planig (4). Stadecken (1). Steinbockenheim (2). Wöllstein (3). Worms (141). Wörrstadt (3).

c) Starkenburg: Babenhausen (4). Bensheim (4). Bessungen (2). Bickenbach (2). Brensbach (1). Breuberg (1). Darmstadt (89). Dieburg (1). Dornheim (1). Eberstadt (1). Erbach (12). Fürstenau (3). Ginsheim (1). Goddelau (3). Griesheim (2). Grossgerau (1). Grossbieberau (1). Gumpersberg (1). Heppenheim (1). Höchst (1). Jugenheim (5). Kelsterbach (2). Crumstadt (1). Langen (2). Langstadt (1). Michelstadt (4). Mitlechtern (1). Modau (1). Niederroden (1). Pfungstadt (1). Reinheim (1). Rüsselsheim (3). Schönberg (1). Sickenhofen (1). Trebur (3). Umstadt (3). Weiterstadt (1). Wimpfen (26). Wolfskehlen (1). Zwingenberg (5).

Hassus (16). Wetteravus (8).

Lippe-Detmold (Fürstentum).

Berlebeck (3). Detmold (4). Lemgo (4).

Lübeck (freie Reichsstadt).

Lübeck (81).

Mecklenburg-Schwerin (Grossherzogtum).

Grabow (1). Güstrow (14). Malchin (2). Parchim (3). Plau (1). Ribnitz (3). Rostock (40). Schwerin (3). Soltow (1). Sternberg (1). Waren (1). Wismar (5).

Mecklenburg-Strelitz (Grossherzogtum).

Neubrandenburg (1).
Megapolitanus (30).

Oldenburg (Grossherzogtum).

a) Oldenburg: Butjadingen (2). Friesoythe (1). Jever (2). Oldenburg (19). Varel (3). Vechta (2).

b) Fürstentum Birkenfeld: Birkenfeld (14). Herrstein (5). Kirschweiler (1). Sötern (3).

c) Fürstentum Lübeck: Eutin (3). Meinsdorf (1).

Preussen (Königreich).

a) *Brandenburg*. 1. Berlin (45). Königsberg i. d. Neumark (3).

2. Potsdam: Beesken (1). Belzig (3). Brandenburg (Stadt u. Land) (17). Bresch (1). Buckow (1). Cremmen (1). Fürstenwerder (1). Havelberg (1). Jüterbog (1). Mansfeld (1). Nauen (2). Neustadt a. d. Dosse (2). Perleberg (4). Potsdam (3). Prenzlau (1). Pritzwalk (5). Rathenow (2). Ruppin (2). Spandau (4). Storkow (1). Teltow (1). Wittstock (1). Wusterhausen (1).

3. Frankfurt a. O.: Driesen (2). Drossen (1). Falkenberg (3). Forst (1). Frankfurt (6). Freiwalde (1). Friedeberg (2). Golssen (1). Guben (7). Corsica (1). Crimnitz (1). Crossen (6). Küstrin (9). Lieben (1). Landsberg (1). Lübben (4). Lübbenau (1). Luckau (5). Neudamm (1). Niemaschkleba (1). Schwiebus (2). Soldin (3). Sorau (11). Spremberg (1). Triebel (1). Zielenzig (1). Züllichau (2). Marchicus (12). Neomarchicus (7).

b) *Hannover*. 1. Lddr. Aurich: Aurich (4). Friesland (10). Münder (1). Norden (1).

2. Hannover: Barver (1). Bücken (1). Buxtehude (1). Dorfmark (1). Duderstadt (5). Ehrenburg (1). Eimbeck (4). Emden (5). Hameln (3). Hoya (1). Lemförde (1). Quakenbrück (2). Stolzenau (1). Wunstorff (1).

3. Hildesheim: Adelebsen (1). Andreasberg (1). Bockenem (1). Bodenfelde (1). Dransfeld (1). Geismar (1). Goslar (1). Göttingen (29). Hildesheim (31). Clausthal (3). Landwehrhagen (1). Münden (4). Northeim (5). Odagsen (2). Osterode (4). Rhene (1). Schladen (1). Sülbeck (1). Wildemann (1). Zellerfeld (3).

4. Lüneburg: Bleckede (1). Bostel (1). Burgwedel (1). Celle (11). Dahlenburg (1). Dannenberg (1). Ilten (1). Lüneburg (41). Rhode (1). Rönne (1).

5. Osnabrück: Bentheim (4). Haselünne (2). Melle (1). Meppen (1). Nienhaus (1). Osnabrück (42). Osnabrück (Bistum) (1). Schüttorf (1). Veldhausen (1). Vörden (1).

6. Stade: Assel (1). Hadeln (1). Kehdingen (1). Kirchtimke (1). Lehe (1). Oberndorf a. d. Oste (1). Odisheim (1). Otterndorf (2). Stade (13). Wursten (1).

c) *Hessen-Nassau*. 1. Kassel: Allendorf (2). Amöneburg (4). Aufenau (1). Bergen (2). Biedenkopf (1). Bimbach (1). Birstein (2). Breckenheim

(1). Fechenheim (1). Frankenberg (5). Fritzlar (3). Fulda (17). Geismar (1). Gelnhausen (16). Gemünden (1). Grebenstein (1). Gudensberg (1). Hanau (48). Haselstein (1). Hersfeld (3). Hofgeismar (1). Kassel (46). Kirchhain (1). Kippelbach (1). Langendiebach (1). Lohra (3). Marburg (30). Praunheim (1). Rauschenberg (2). Rinteln (1). Sachsenhagen (1). Salmünster (1). Schaumburg (2). Schlüchtern (2). Schmalkalden (17). Schnellrode (1). Sontra (1). Sotzbach (1). Steinau (5). Tann (4). Trendelburg (1). Treysa (1). Vöhl (1). Weimar (3). Wetter (5). Windecken (2). Witzenhausen (1). Wüstensachsen (1). Ziegenhain (1).

2. Wiesbaden: Altstadt (4). Bärstadt (1). Bieberich (1). Bierstadt (2). Bleidenstadt (3). Braubach (5). Bromskirchen (1). Dahlen (1). Diez (4). Dillenburg (12). Dotzheim (1). Eltville (6). Eppstein (2). Erbach (1). Erbenheim (2). Frankfurt a. M. (362). Geisenheim (2). Gemünden (1). Gladenbach (2). Hachenburg (4). Hadamar (2). Hahnstätten (1). Hahn (1). Heinzenberg (1). Herborn (3). Homburg vor der Höhe (17). Idstein (38). Camberg (1). Katzenellenbogen (1). Caub (1). Kirburg (2). Klingelbach (1). Kloppenheim (1). Königstein (1). Cronberg (5). Langenschwalbach (3). Laufenselten (1). Limburg (4). Mengerskirchen (1). Mensfelden (4). Miellen (4). Mittelheim (1). Mosbach (3). Nassau (2). Nassau (Land) (22). Nastätten (4). Nauheim (1). Nieder-Selters (1). Nieder-Weidbach (1). Niederbrechen (1). Oestrich (1). Panrod (1). Patersberg (1). Reichenberg (1). Rödelheim (2). Schierstein (5). Schwalbach (1). Sonnenberg (2). St. Goarshausen (1). Ursel (2). Usingen (16). Wallrabenstein (2). Walluf (1). Walsdorff (4). Wehen (2). Weilburg (14). Weilmünster (3). Weisel (2). Welterod (1). Westerburg (4). Weyer (1). Wiesbaden (19). Wilsbach (1).

Isenburg (ehemal. Grafschaft) (9). Rheinfelsa-Cattimelibocus (1). Ringavus (1).

d) *Ostpreussen.* 1. Königsberg: Balga (1). Bartenstein (1). Hohenstein (1). Königsberg (39). Medenau (1). Memel (3). Preussisch-Holland (1). Saalfeld (2).

2. Gumbinnen: Angerburg (2). Insterburg (2). Ragnit (1). Sensburg (1). Tilsit (3). Tuppen (1).

Lithuanus (1).

e) *Pommern.* 1. Cöslin: Belgard (4). Bublitz (1). Damen (2). Demmin (2). Greifenberg (3). Colberg (13). Cöslin (4). Rügenwalde (5). Rummelsburg (1). Schlawe (2). Stolp (9). Zanow (1).

2. Stettin: Anklam (3). Bahn (3). Daber (1). Garz (5). Gollnow (1). Greifenhagen (3). Grossenhagen (1). Medow (1). Pasewalk (2). Pegelow (1). Pyritz (9). Stargard (3). Stettin (32). Treptow a. d. Rega (2). Wollin (2).

3. Stralsund: Bergen (4). Greifswald (11). Stralsund (16). Wolgast (2). Pomeranus (38). Rügen (3).

f) *Posen.* 1. Bromberg: Buchwerder (1). Usch (1).

2. Posen: Fraustadt (1). Rawitsch (1). Szrodke (1).

g) *Rheinprovinz.* 1. Aachen: Aachen (6). Herzogenrat (2). Düren (2). Jülich (6). Linnich (1). Stolberg (1).

2. Coblenz: Adenau (1). Alff (1). Allenbach (2). Bacharach (2). Boppard (2). Braunfels (1). Dierdorf (5). Dörrebach (2). Eckweiler (1). Ehlingen (1). Engers (1). Enkirch (12). Erpel (1). Gleiberg (2). Hamm a. d. Sieg (1). Hohensolms (1). Irmenach (1). Kapellen (1). Castellaun (1). Keddarter-Hof (1). Kempenich (1). Kirn (18). Clotten (1). Coblenz (19). Cochem (1). Kreuznach (15). Linz (1). Lötzbeuern (1). Mayen (2). Meddersheim (1). Meisenheim (20). Mermuth (1). Merxheim (5). Monzingen (1). Neuwied (4). Obermendig (1). St. Goar (8). Sayn (1). Selbach (1). Staudernheim (2). Traben (10). Trarbach (49). Virneburg (1). Waldböckelheim (1). Waldlaubersheim (1). Weiler (1). Wetzlar (28). Winningen (3). Wissen (1).

3. Düsseldorf: Barmen (1). Berg (7). Broich (1). Burg a. d. Wupper (1). Dinslaken (1). Duisburg (4). Düsseldorf (16). Elberfeld (6). Emmerich (6). Essen (13). Grieth (1). Hardenberg (1). Hemmerden (1). Huisberden (1). Hülch-

rath (1). Hünxe (1). Kempen (1). Kettwig (1). Cleve (13). Cronenberg (1). Lennep (6). Mettmann (1). Mörs (3). Mülheim a. d. Ruhr (4). Rees (1). Remscheid (1). Rheinberg (1). Romberg (1). Ronsdorf (1). Uerdingen (1).

4. Köln: Bonn (11). Büllesheim (1). Euskirchen (1). Hemmersbach (1). Köln (55). Mülheim (1). Neuss (2). Niederdrees (1). Rosbach (1). Rösberg (1). Zündorf (6).

5. Trier: Baumholder (4). Buborn (1). Burbach (1). Dusemond (1). Grumbach (5). Cleinich (1). Conz (1). Cröv (1). Mülheim a. d. Mosel (2). Neunkirchen (1). Neurath (1). Nonnweiler (2). Ottweiler (11). Reichenbach (1). Rhaunen (1). Riol (1). Saarbrücken (72). Saarlouis (19). Saarwellingen (1). Sankt Wendel (1). Scheuren (2). Schönberg (2). St. Johann (1). Thalfing (1). Trier (17). Veldenz (3). Wahlschied (1). Welschbach (1). Wildenburg (1). Wittlich (1). Wolf (12). Zeltingen (1).

Eques Rhenanus (6).

Hohenzollern: Bachhaupten (1). Gammertingen (1). Hechingen (3). Krauchenwies (1).

h) *Prov. Sachsen.* 1. Erfurt: Altengottern (1). Bleicherode (3). Breitenworbis (1). Dingelstedt (2). Eichsfeld (8). Ellrich (1). Erfurt (40). Erlau (1). Gebesee (1). Glasehausen (1). Gleichenstein (1). Grossengottern (1). Heiligenstadt (6). Heinrichs (1). Cammerforst (2). Kirchheilingen (1). Clettenberg (1). Langensalza (7). Mühlhausen (14). Nordhausen (9). Oppershausen (1). Sachsa (1). Schleusingen (21). Schmiedefeld (1). Schönstedt (1). Sömmerda (3). Suhl (9). Tennstedt (1). Trebra (1). Treffurt (1). Vargula (1). Volkerode (1). Wallroda (1). Westhausen (1). Worbis (3). Ziegenrück (1).

2. Magdeburg: Aken (2). Altmark (1). Aschersleben (6). Barby (1). Eilenstedt (1). Gardelegen (2). Gröningen (Kloster-) (1). Halberstadt (14). Harbke (1). Henningen (1). Ihleburg (3). Jeetze (1). Kalbe (4). Loburg (1). Magdeburg (26). Neu-Haldensleben (1). Osterwiek (2). Quedlinburg (3). Salzwedel (11). Seehausen (2). Stendal (2). Tangermünde (1). Werben (1). Wernigerode (4).

3. Merseburg: Alsleben (1). Artern (2). Beichlingen (1). Belgern (1). Bennewitz (1). Delitzsch (2). Dieskau (1). Eckartsberga (1). Eisleben (3). Fienstädt (1). Freiburg a. d. U. (2). Glebitzsch (2). Goseck (1). Gräfenhainichen (2). Grossleinungen (1). Halle a. S. (44). Haynsburg (1). Heldrungen (1). Hettstädt (1). Kannawurf (1). Kelbra (1). Clöden (1). Kobershain (1). Crumpa (1). Laucha (1). Mansfeld (2). Merseburg (14). Mühlberg (2). Naumburg (17). Nebra (1). Niemegk (1). Ortrand (1). Sangerhausen (4). Schafstädt (2). Schmielsdorf (1). Stolberg (7). Sylbitz (1). Torgau (5). Wallendorf (1). Weissenfels (8). Wettin (1). Windehausen (1). Wittenberg (23). Wolfsberg (1). Zeitz (11). Zörbig (1).

Saxo, Saxonicus (33). Thuringus (31).

i) *Schlesien.* 1. Breslau: Bernstadt (2). Breslau (75). Brieg (13). Falkenberg (1). Festenberg (1). Frankenstein (10). Friedland (1). Glatz (4). Herrnstadt (3). Jägerndorf (1). Cosel (1). Liebenau (1). Medzibor (1). Militsch (1). Münsterberg (1). Namslau (2). Neumarkt (3). Nimptsch (2). Oels (14). Ohlau (3). Pitschen (2). Reichenbach (3). Schweidnitz (13). Strehlen (3). Striegau (2). Trachenberg (3). Ütersen (1). Wartenberg (1). Weigelsdorf (1). Wohlau (2).

2. Liegnitz: Bolkenhain (1). Bunzlau (10). Burghammer (1). Fischbach (1). Freistadt (3). Glogau (6). Goldberg (8). Görlitz (33). Greifenberg (3). Grünberg (4). Haynau (3). Hirschberg (11). Hoyerswerda (1). Jauer (2). Liegnitz (2). Lauban (21). Liebau (1). Liegnitz (22). Löwenberg (3). Marktlissa (1). Priebus (1)). Reichenbach (1). Rothenburg (3). Sagan (4). Siegersdorf (1). Sprottau (4).

3. Oppeln: Beuthen (1). Cellin (1). Glogau (1). Grossstrelitz (1). Constadt (1). Neisse (2). Neustadt i. Oberschlesien (3). Odersch (1). Patschkau (1). Pitschen (s. Rgb. Breslau). Ratibor (1).

Silesius (120).

k) *Schleswig-Holstein.* 1. Holstein (72): Altona (2). Bramstedt (1). Dithmarschen (3). Eiderstedt (1). Fehmarn (1). Glückstadt (4). Kiel

(10). Margrethen (1). Marne (2). Meldorf (1). Pinneberg (1). Plön (2). Tremsbüttel (1).

2. Schleswig: Bargteheide (2). Flensburg (9). Hadersleben (4). Husum (6). Itzehoe (1). Koselau (1). Oldenswort (1). Randrup (2). Rendsburg (5). Schleswig (8). Tönning (3). Wilster (2).

3. Lauenburg: Lauenburg (4). Ratzeburg (4).

Sleswico-Holsatus (9). Saxo-Lauenburgicus (3).

l) *Westfalen*. 1. Arnsberg: Altena (3). Arnsberg (1). Berleberg (2). Bochum (4). Breckerfeldt (2). Brilon (2). Dortmund (25). Dünschede (1). Gesecke (2). Halver (1). Hamm (2). Hattingen (9). Hellbrügge (1). Herbede (1). Herdecke (1). Hombruch (im-) (3). Hörde (1). Hüsten-Freiheit (1). Iserlohn (6). Lippstadt (1). Lüdenscheid (2). Lünen (7). Marsberg (3). Medebach (1). Meinerzhagen (1). Schwelm (1). Siegen (9). Soest (16). Unna (6). Vörde (1). Werl (4). Westernkotten (1). Witten (3). Wittgenstein (3).

2. Minden: Bielefeld (10), vgl. Ravensberg. Borgholzhausen (1). Büren (1). Dankersen (1). Herford (5). Höxter (1). Lübbecke (1). Minden (13). Neuhaus (1). Nieheim (1). Paderborn (22). Petershagen (1). Ravensberg (2), vgl. Bielefeld. Rietberg (1). Stuckenbrock (1). Uffeln (1). Wehrden (1). Wichlinghausen (2).

3. Münster: Borcken (1). Dorsten (1). Grossreken (1). Haltern (1). Coesfeld (1). Ladbergen (1). Lüdinghausen (1). Münster (24). Recklinghausen (2). Rheine (1). Romberg (1). Steinfurt (1). Tecklenburg (1). Walstedde (1). Warendorf (2).

Grafschaft Mark (12). Westfalus (40).

m) *Westpreussen*. 1. Danzig: Danzig (109). Elbing (18). Marienburg (3).

2. Marienwerder: Conitz (1). Lesno (4). Lichnau (1). Marienwerder (1). Riesenburg (2). Sobiewolla (1). Thorn (13).

Borussus (45).

Reuss-Schleiz (Fürstentum).

Gera (4). Lobenstein (7). Reuss (3 comites). Schleiz (6). Zeulenroda (2).

Sachsen (Königreich).

1. Dresden: Altenberg (2). Dohna (2). Dresden (68). Freiberg (7). Grossenhain (1). Grosshartmannsdorf (1). Königstein (1). Liebstadt (2). Lommatzsch (6). Meissen (39). Nossen (1). Pirna (4). Sayda (1). Schletta (1). Sebnitz (1). Sonnenstein (1). Stolpen (1).

2. Leipzig: Borna (4). Breitenborn (1). Frohburg (2). Geithain (2). Grossmilkau (1). Kieritzsch (1). Colditz (4). Leisnig (2). Leipzig (100). Mittweida (1). Mutzschen (2). Oschatz (1). Pegau (3). Rochlitz (3). Rosswein (1). Walzig (1). Wurzen (4). Zwenkau (1).

3. Zwickau: Adorf (4). Altstadt (1). Annaberg (6). Burkhardtsdorf (1). Chemnitz (4). Drebach (1). Elsterberg (1). Ernstthal (1). Glauchau (3). Lengenfeld i. Vogtland (1). Lichtenstein (1). Marienberg (1). Mühltroff (1). Neustadt (1). Plauen (11). Reichenbach (5). Scharfenstein (1). Scheibenberg (5). Schlettau (1). Schöneck (3). Schönfeld (1). Sehma (1). Thum (1). Venusberg (1). Waldenburg (1). Werda (1). Wittgendorf (1). Wolkenstein (1). Zschopau (1). Zwickau (5).

Lausitz (21). Oberlausitz (1). aus dem Schönburgischen (1). Voigtland (7).

Sachsen-Altenburg (Herzogtum).

Altenburg (11). Ammelstaedt (1). Eisenberg (2). Kahla (1). Saara (1).

Sachsen-Coburg-Gotha (Herzogtum).

Eschenbergen (1). Goldbach (1). Gotha (45). Herbsleben (1). Coburg (41). Königsberg i. Franken (6). Menteroda (1). Mönchröden (1). Nassach (1). Ohrdruf

(8). Oettinghausen (1). Pferdingsleben (1). Pfullendorf (2). Rodach (3). Rossach (1). Ruhla (2). Schwabhausen (1). Schwarzhausen (1). Tambach (1). Tonna (1). Töttelstädt (1). Trübenbach (1). Waltershausen (2). Wolfsbehringen (2).
Saxo-Gothanus (2).

Sachsen-Lauenburg s. Preussen (S. 548).

Sachsen-Meiningen (Herzogtum).

Bettenhausen (1). Eisfeld (4). Heldburg (1). Henneberg (3). Hildburghausen (1). Kranichfeld (1). Lauscha (1). Meiningen (25). Pössneck (2). Römhild (8). Saalfeld (4). Salzungen (13). Schalkau (1). Schmeheim (1). Sonneberg (4). Stepfershausen (1). Stressenhausen (2). Streufdorf (2). Themar (4). Trostadt (1). Wasungen (1). Walldorf (1).

Sachsen-Weimar (Grossherzogtum).

Allstedt (1). Apolda (1). Berga (1). Berka a. d. Ilm (2). Berka a. d. Werra (1). Bürgel (1). Buttstädt (5). Eisenach (29). Guthmannshausen (1). Hassleben (1). Ilmenau (6). Jena (18). Kaltennordheim (1). Creuzburg (2). Lauchröden (1). Magdala (1). Neustadt a. d. Orla (3). Oberpöllnitz (1). Oberweimar (1). Oberweyd (1). Tautenburg (1). Weimar (13). Wiesenthal (1).

Schaumburg-Lippe (Fürstentum).

Achum (1). Bückeburg (1). Lippe (5). Stadthagen (2).

Schwarzburg-Sondershausen (Fürstentum).

Arnstadt (16). Behringen (1). Ebeleben (1). Greussen (1). Holzthalleben (1). Langewiesen (2). Rockstedt (1). Sondershausen (1). Wasser-Thalleben (2).

Schwarzburg-Rudolstadt (Fürstentum).

Blankenburg (1). Frankenhausen (2). Königsee (1). Leutenberg (4). Rudolstadt (10). Singen (1). Teichel (2).
Schwarzburgensis (2).

Waldeck (Fürstentum).

Arolsen (2). Flechtdorf (1). Goldhausen (1). Herbsen (1). Corbach (11). Mengeringhausen (2). Pyrmont (1). Rhoden (2). Sachsenhausen (1). Wildungen (8).
Waldeccus (9).

Württemberg (Königreich).

a) Donaukreis: Altheim (3). Amstaetten (1). Asselfingen (1). Aufhausen (1). Aulendorf (1). Balzheim (1). Beimerstetten (1). Beizkofen (1). Bernstatt (1). Blaubeuern (4). Böhmenkirch (2). Bremen (1). Buthau (3). Buchhorn [Friedrichshafen] (1). Bussmannshausen (2). Daugendorf (1). Dellmensingen (3). Dettingen (2). Dietenheim (2). Donaustetten (1). Eckwalden (1). Eglofs (1). Eisenbach (1). Eisenharz (1). Engerazhofen (1). Erbach (1). Ersingen (2). Eybach (1). Geislingen (5). Göppingen (8). Gutenzell (1). Hayingen (1). Holzkirch (1). Hürbel (2). Isny (15). Jettkofen (2). Kirchberg an der Iller (2). Kirchheim unter Teck (11). Kisslegg (4). Königseggwald (2). Laichingen (1). Langenargen (1). Laubach (1). Laupheim (1). Lehr (1). Leutkirch (9). Mengen (2). Möhringen (1). Mundingen (1). Neidlingen (1). Neutrauchburg (1). Oberailingen (1). Ochsenhausen (6). Pfärrich (1). Rammingen (1). Ravensburg (19). Rissstissen (4). Scheer

(7). Schlaitdorf (1). Schnürpflingen (3). Söflingen (1). Tettnang (1). Türckheim (1). Ulm (436). Waldsee (2). Wangen (6). Warthausen (4). Weidenstetten (1). Weil der Stadt (1). Weingarten (6). Weissenstein (1). Wiblingen (4). Wippingen (1). Wolfegg (2). Wurzach (2). Zeil (1). Zwiefalten (3).

b) Jagstkreis: Aalen (1). Adelberg (2). Adelmannsfelden (2). Ailringen (1). Baldern (2). Bartenstein (1). Belsenberg (1). Bolheim (1). Bopfingen (5). Dörzbach (1). Ellwangen (5). Ettenhausen (2). Eutendorf (1). Forchtenberg (3). Gaildorf (9). Gailenkirchen (1). Gerstetten (2). Giengen (16). Gmünd (4). Gröningen (3). Grunbach (1). Hall (126). Haltenbergstetten (5). Hassfelden (1). Heidenheim (10). Heldenfingen (1). Herbrechtingen (1). Herrenthierbach (1). Hornberg (1). Ingelfingen (4). Katzenstein (1). Kirchberg a. d. Jagst (4). Kochen (1). Kocherstetten (1). Comburg (2). Köngen (1). Crailsheim (30). Creglingen (3). Künzelsau (8). Langenburg (9). Lendsiedel (3). Lorenzzimmern (1). Limpurg (2). Lorch (1). Mergentheim (8). Mittelfischach (1). Münkheim (1). Nattheim (1). Neresheim (1). Neubronn (1). Neuenstein (12). Niedernhall (3). Ober-Sontheim (1). Oehringen (42). Pfedelbach (7). Rechenberg (3). Regenbach (1). Reubach (1). Riedbach (1). Rommelshauseu (1). Rosenberg (1). Rotenbach (1). Rudersberg (2). Schechingen (1). Schorndorf (17). Sindringen (2). Söhnstetten (2). Täferroth (1). Unter-Sontheim (1). Vichberg (1). Wachbach (2). Waldenburg (8). Wasseralfingen (2). Weikersheim (7).

c) Neckarkreis: Abstatt (1). Affaltrach (1). Backnang (5). Bietigheim (3). Bitzfeld (1). Böblingen (4). Bönnigheim (4). Bottwar (Gross-) (2). Bottwar (Klein-) (1). Brackenheim (4). Bretzfeld (1). Deufringen (1). Eberstat (1). Erbstetten (1). Erdmannshausen (1). Esslingen (65). Flein (2). Gochsen (1). Gross-Sachsenheim (1). Gundelsheim (1). Hedelfingen (1). Heilbronn (118). Hessigheim (1). Hokheim (1). Illingen (2). Ilsfeld (1). Jagsthausen (2). Kaltenwesten (1). Cannstatt (10). Knittlingen (3). Kochendorf (2). Lehrensteinsfeld (2). Leonberg (2). Löchgau (2). Löwenstein (1). Lauffen a. Neckar (2). Ludwigsburg (5). Mainhardt (2). Marbach (6). Markgröningen (1). Maulbronn (2). Michelbach (3). Möhringen (5). Münchingen (1). Mundelsheim (1). Murrhardt (1). Neckarsulm (4). Neustadt (5). Obereisesheim (1). Oetisheim (1). Rappach (1). Sindelfingen (2). Sulzbach (1). Unter-Weissach (1). Vaihingen (10). Walheim (1). Waiblingen (7). Weinsberg (5). Wimmenthal (1). Winnenden (3). Winzerhausen (1).

d) Schwarzwaldkreis: Alb s. Herrenalb. Alpirsbach (2). Altdorf (3). Balingen (6). Binsdorf (2). Bühlingen (1). Dettingen a. d. Enns (1). Donnstetten (1). Ebingen (1). Eningen (1). Felldorf (1). Freudenstadt (2). Frickenhausen (1). Gärtringen (1). Gomaringen (1). Gültstein (1). Herrenalb (1). Herrenberg (5). Hohentwiel (1). Horb (2). Calw (6). Kolbingen (1). Leinstetten (1). Mittelstadt (1). Mühlheim (1). Mühringen (1). Nebringen (1). Neckarthalfingen (1). Neckartenzlingen (1). Neuffen (2). Nürtingen (5). Obernheim (2). Ofterdingen (1). Ostelsheim (1). Prassberg (1). Pfullingen (3). Reutlingen (21). Rothfelden (1). Rottenburg (6). Rottweil (10). Schörzingen (1). Schramberg (2). Simmersfeld (1). Sulz am Neckar (4). Thuningen (1). Tübingen (54). Tuttlingen (3). Urach (15). Vöhringen (1). Weigheim (1). Weitenburg (3). Wildberg (1). Würtingen (1).

Hoenloicus (18). Suevus (30). Würtembergensis (19).

Frankreich (Republik).

a) franz. Lothringen: Aingeray (1). Aulnois (1). Baccarat (9). Badonviller (17). Barisey-au-plain (1). Bar-le-Duc (5). Baslieux (1). Beaufremont s. Metz. Belle-fontaine (1). Billy-sous-Mangienne (1). Blâmont (22). Bourgaltorf (2). la Bresse (1). Brin (1). Brouville (3). Bruyères (10). Buissoncourt (1). Bussang (1). Celles-sur-Plaine (2). Carignan (2). Ceintrey (1). Chaligny (1). La Chappelle-souschaux (1). Coinches (1). Commercy (6). Château-sur-Moselle (5). Craon (2). Darney (3). Deneuvre (1). Diarville (1). Dommartin (3). Dompaire (1). Domptail (1). Épinal (20). Erize-St.-Dizier (1). Etival (1). Fraimbois (2). Fraize (3). Fumay (1). Gérardmer (1). Gerbeviller (11). Gironcourt (2). Givet (1). Grandpré (1). Grange (2). Haraucourt (1). Harboué (6). Harol (1). Herméville (2). Herpelmont (1).

Jeanménil (1). Laveline (1). Lignéville (1). Magnières (2). Lucey (1). Ludres (1). Luneville (107). Malzéville (1). Mirecourt (4). Moyemont (1). Nancy (43). Neufchâteau (7). Noméuy (2). Norroy-le-Sec (1). Ochey (1). Onville (1). Parey-St.-Cézaire (1). Plombières (3). Pont-à-Mousson (7). Portieux (1). Provenchères (1). Rambervilliers (25). Raon-aux-bois (1). Raon-l'Étape (2). Régneville (1). Rémiremont (19). Rogéville (1). Rosières-aux-Salines (1). Saffais (1). Saint-Benoît (1). Saint-Boing (1). Saint-Dié (40). Saint-Firmin (1). Saint-Michel (1). Saint-Nicolas du Port (1). Saint-Pierremont (2). Le Saulcy (1). Sionviller (1). Thiaucourt (1). le Tholy (1). les Thons (1). Tilly-sur-Meuse (1). Toul (31). Vagney (2). Valfroicourt (1). Vandeléville (1). Verdun (17). Villers-la-Montagne (1). Vittel (1). Viterne (1). Xermaménil (1). Xiraucourt (1).

b) franz. Elsass (territoire de Belfort): Bavilliers (1). Belfort (67). La Chapelle-aux-bois (1). Chèvremont (1). Cunelière (1). Delle (7). Giromagny (5). Grandvillars (1). Grosne (1). Rougegoutte (1). Sermamagny (1). Vezelois (4).

c) Das übrige Frankreich: Abbeville (1). Aix-les-Bains (2). Albi (2). Alençon (1). Allevard (1). Amiens (1). Angers (1). Annecy (3). Antibes (1). Autun (1). Auxonne (2). Avallon (1). Avèsne (1). Avèzes (1). Avignon (4). Bauchéry (1). Beaumont-sur-Vingeanne (1). Beaune [Côte d'or] (2). Beauvais (1). Berre (1). Besançon (14). Binarville (1). Blondefontaine (1). Bollène (1). Bordeaux (1. Boulogne (1). Bourg-en-Bresse (1). Bourges (2). Brest (1). Brunoy (1). Burguid (1). Carcassonne (1). Carignan (1). Calvi (2). Castres (1). Chagny (1). Chālons-sur-Marne (2). Châlons-sur-Saône (2). Chambéry (1). Champagne (1). Champagny (1). la Champenoise (1). Chartres (2). Châteauroux (1). Châtillon-les-Dombes (1). Châtillon-sur-Indre (2). Châtillon-sur-Saône (1). Châtillon [welches?] (1). Chaumont-sur-Marne (1). Chavannes (1). Chavenod (1). Cherbourg (1). Cravant (1). Dammartin (1). Dauphiné (1). Dijon (2). Dôle (6). Druye (1). Duclair (1). Étaples (1). Evreux (2). Fauconcourt (1). la Flèche (1). Florac (1). Forez (1). Fouchères en Brétagne (1). Gaillac (1). Gevray (1). le Gicq (1). le Grais (1). Grase (1). Gray (2). Grénoble (5). Guise (1). Héricourt (8). Isle-sur-le-Doubs (1). Joinvilliers (3). Jouhe (1). Jussey (1). Langres (2). Lannion (1). Laval (1). Liffol (1). Lorette (1). Lille (5). Loches (1). Luxeuil (2). Lyon (13). Mâcon (1). Maiche (1). Mailleroncourt (1). Le Mans (1). Marle (1). Maubeuge (1). Melun (1). Mées (1). Messon (1). Mirabel (1). Moffans (1). Monbalan (1). Montargis (1). Montbéliad (146). Mont-Cauvaire (1). Mont-Dauphin (1). Montpellier (1). Moranviller (1). Morlaas (1). Mouzon (1). Moy (1). Nancy-sur-Cluses (1). Narbonne (1). Neuvilleaux-Bois (1). Nîmes (1). Nivernais (1). Orléans (4). Palme (1). Paris (73). Picadie (3). Pinterville (1). Pithiviers (1). Poncé (1). Pontaudemer (1). Pruines (1). Quen (1). Raincourt (1). Reims (3). Remoiville (1). Rethonvillers (1). les Riceys (1). Riom (1). La Rochelle (1). Rouen (6). Saint-Albin-de-Vaulserre (1). Saint-Amand (1). Saint-Auban (1). Saint-Maclou (1). Saint-Maixant-sur-Vie (1). Saint-Martn (1). Saint-Marie (1). Saint-Ménéhould (2). Saint-Michel (1). Saint-Mihiel (2). Saint-Justin (1). Saint-Quentin (1). Saint-Rémy (2). Saint-Symphorien (1). Saint-Urbin (1). Salernes (1). Sampigny (1). Saulnot (1). Sédan (8). Soissons (1). Sourćeux-sur-l'Arbresle (1). Surin (1). Tarbes (1). Thouars (1). Toulon (2). Toulouse (3). Tour-du-Pin (1). Tour-en-Sologne (1). Tours (5). La Trinité (1). Troyes (2). Valenciennes (2). Vendôme (1). Vérel (1). Versailles (8). Vesoul (5). Vienne (2). Villecomte (1). Voray (1). Willer (1).

Franco-Gallus (6). Sabaudus (3).

Griechenland (Königreich).

Beröa (1).

Grossbritannien und Irland (Königreich).

a. England: Bristol (1). Exmouth (1). London (6). Oxford (1). Anglus (9). Northumberland (1). Shropshire (1).

b. Irland: Dublin (1). Carrickmacross (1). Irlandus (4).

Holland (Königreich).

Amersfoort (1). Amsterdam (16). Breda (1). Delft (1). Friesland (2). Gouda (1). Grave (1). s'Gravenhag (1). Groningen (7). Leyden (1). Lobith (1). Mastricht (5). Middelburg (1). Nimwegen (1). Nuland (1). Rotterdam (1). Sluis (1). Utrecht (4). Venlo (1). Vlaardingen (1). Wageningen (1). Woerden (3). Zevenaar (1). Zütphen (1). Zwolle (1).

Hollandus (9).

Italien (Königreich).

Belgiojoso (1). Bellagio (1). St. Brittius (1). Chiavenna (1). Como (2). Florenz (2). Fontana (1). Genua (1). Italus (1). Locarno (1). Mailand (4). Modena (1). Neapel (1). Palermo (1). Parma (1). Pavia (1). Piémont (1). Pistoja (1) Rom (1). St. Brittius (1). Sicilien (1). Siena (3). Turin (1). Venedig (3). Veron (1). Vicenza (1).

Luxemburg (Grossherzogtum).

Krauthen (1). Luxemburg (14). Mensberg (1). Reuland (1). Steinsel (1). Vianden (1).

Norwegen (Königreich).

Bergen (1). Drontheim (1). Frederiksstadt (1). Kristiania (1).

Oesterreich (Kaiserreich).

Böhmen: Asch (3). Austi (1). Beneschau (1). Birkau (1). Bohemus (13). Borkow (1). Bruck (1). Bunzlau (Jung-) (1). Deutschkahn (1). Eger (11). Elbogen (5). Gitschin (1). Graslitz (3). Gruppai (1) Guttenbrunn (1). Hauenstein (1). Horažd'ovic (1). Joachimsthal (1). Kaaden (1). Karlsbad (3). Königseck (1). Kreibitz (2). Leipa (1). Maleč (1). Niemes (1). Pardubitz (1). Petschau (1). Pilsen (1). Plan (1). Prag (20). Reichenberg (1). Schlaggenwald (1). Schluckenau (3). Schönfeld (1). Sebastiansberg (2). Sutitz (1). Teplitz (1). Tusset (1). Wartenberg (2).

Galizien: Czernichow (2). Krakau (3). Lemberg (1). Pilawa (1).

Kärnthen (5). Gmünd (1). Klagenfurt (4). Thürn (1).

Krain (1). Laibach (5).

Mähren: Brünn (1). Duban (1). Goldenstein (1). Hangenstein (1). Iglau (3). Lippa (2). Moravus (5). Olmütz (2). Znaim (1).

Nieder-Oesterreich: Enzersdorf (1). Horn (1). Mistelbach (1). Mitter-Killing (1). Neustadt (Wiener-) (2). Orth (1). Ottensheim (1). Pottendorf (1). Sankt Pölten (1). Sittendorf (1). Weierburg (1). Weissenkirchen (1). Wien (83).

Ober-Oesterreich: Aschach (1). Efferding (3). Freiling (1). Grieskirchen (1). Köppach (3). Linz (8). Oberlohn (1). Riedau (1). Vöcklabruck (1). Wallsee (3). Wels (1).

Salzburg: Salzburg (5).

Schlesien: Jägerndorff (1). Teschen (2). Troppau (1).

Siebenbürgen (16). Bela (2). Birthälm (2). Bistritz (9). Heltau (2). Hermannstadt (11). Hettur (1). Kronstadt (7). Mediasch (5). Misen (3). Nadasd (1). Streitford (3).

Steiermark: Altenmarkt (2). Drachenburg (1). Graz (9). Lambach (1). Leutschach (1). Steiermark (14).

Tirol: Bruneck (1). Fleims-Thal (1). Hall (2). Hopfgarten (1). Innichen (1). Innsbruck (2). Iselsberg (1). Kurtatsch (1). Mittelweierburg (1). Niederdorf (1). Reutte (1). Tirol (7). Trient (3). Zell am Ziller (1). Zillerthal (1).

Ungarn: Altsohl (1). Arva-Váralja (1). Bartfeld (Bartfa) (2). Batta (1). Besenyö (1). Bries (Bretzno Banya) (3). Eperies (1). Fülek (2). Güns (4). Kaschau (1). Kleinschelken (1). Kleinschenk (3). Kobersdorf (2). Kolos (1). Leutschau (4). Grossschenk (5). Modra (2). Neusohl (4). Odorin (1). Oedenburg (13). Pesth (1). Pinkafeld (1). Pressburg (29). Raab (1). Rätsch (1). Richenau (1). Schässburg (1). Schemnitz (4). Scholten (1). Seiden (1). Teke (1). Trencsen (1). Turóc (4). Ungarisch-Altenburg (1). Verd (1). Zala (1).

Vorarlberg: Bludenz (4). Bregenz (4). Dornbirn (1). Feldkirch (9).

Polen.

Samogitien (3). Warschau (6).

Rumänien (Königreich).

Schiopeni (1).

Russland.

1. *Die Ostseeprovinzen* (Livland, Curland, Esthland): Angerin (1). Arensburg (2). Dorpat (2). Esthland (2). Goldingen (1). Jakobstadt (1). Kandau (1). Curland (27). Livland (45). Mitau (6). Pilten (1). Reval (16). Riga (33). Tuckum (1).

2. *Finnland:* Helsingfors (1). Wiborg (1).

3. *Das übrige Russland:* Kasan (1). Kijew (2). Moskau (13). Narwa (1). Petersburg (38). Poltawa (3). Ukraine (7).

Serbien.

Belgrad (1).

Schottland.

Edinburgh (2).

Schweden.

Calmar (1). Gotenburg (8). Karlskrona (3). Lund (1). Ronneby (1). Småland (1). Südermannland (1). Stockholm (28). Uppsala (5). Vestmanland (1). Vermland (1). Vexjö (1). Westerås (1).

Schweiz.

K. Aargau: Aarau (5 od. 7?). Aarburg (2). Baden i. d. Schweiz (12). Bremgarten (7). Brugg (7). Eggenwyl (1). Frick (2). Hinterwyl (1). Kaiserstuhl (3). Klingnau (1). Laufenburg (7). Lenzburg (3). Mandach (1). Mellingen (1). Rheinfelden (6). Rupperswil (1). Schinznach (1). Zofingen (6). Zurzach (5).

K. Albula: Obervaz (1).

K. Appenzell: Appenzell (7). Grub (1). Herisau (4).

K. Baselland: Arlesheim (4). Buckten (1). Höllstein (1). Liesthal (3). Muttenz (2). Reinach (1). Rothenfluh (1).

K. Basel-Stadt: Basel (68). Riehen (1).

K. Bern: Aarberg (3). Aarwangen (2). Aeschi (1). Amsoldingen (2). Anet (1). Attiswyl (1). Bern (58). Biel (10). Bittweil (1). Bleichenbach (1). Bolleren (1). Boltigen (2). Bréssancour (1). Buchsee (1). Burgdorf (1). Charmoilles [Calmis] (1). Courtelary (1). Delsberg [Délémont] (5). Diessbach (1). Ersigen (1). Erquel (1). Frisweil (1). Hasli (2). Heimiswyl (2). Herzogenbuchsee (2). Höchstetten (5).

Hofen (1). Huttwyl (2). Interlaken (1). Kallnach (1). Kappelisacker (1). Kernenried (1). Kleindietweil (1). Landgraben (1). Landshut (1). Langnau (2). Langenthal (3). Lauterbach (1). Leuzingen (2). Limbach (2). Lissach (1). Lützelflüh (2). Mattstetten (1). Melchnau (1). Neuveville (7). Oberburg (1). Oberhofen (1). Pruntrut (30). Reutingen (1). Riedwyl (1). Roggwyl (1). Röschenz (1). Rothenbach (1). Rüfiswald (1). Saanen (2). Saignelégier (1). Sankt Leodegar (1). Sankt Ursitz (1). Schönsey (1). Schüpfen (1). Seeberg (2). Signau (1). Sonvillier (2). Steffisburg (2). Sumiswald (1). Tannen (2). Thörigen (1). Thun (3). Twann (1). Vechigen (1). Walkringen (1). Weissenburg (1). Wichtrach (1). Wiedlisbach (1). Wohlen (1). Zimmerwald (1).

K. Freiburg: Berlens (1). Bulle (1). Freiburg (20). Gruyère (1). Murten (3). Stäffis am See (1). Vallon (1).

K. Genf: Air-la-Ville (1). Genf (32).

K. Glarus: Glarus (26). Näfels (1). Schwanden (1).

K. Graubünden (13): Chur (23). Laax (1). Malans (1). Schanf (1). Soglio (1). Süs (1). Tagstein (1). Tamins (1). Versam (1). Zernetz (1).

K. Luzern: Ettiswyl (1). Ibbenmoos (2). Luzern (21). Münster (Beromünster) (4). Rothenburg (2). Ruswil (1). Sankt Urban (1). Sempach (2). Sursee (1). Udligenschwyl (1). Willisau (1).

K. Neufchâtel (Neuenburg): Le Locle (1). Neufchâtel (14). Rochefort (1).

K. Obwalden: Rudenz (1).

K. Sankt Gallen: Altstätten (2). Bazenheid (1). Berneck (1). Flums (2). St. Gallen (40). Gaster (1). Lichtensteig (2). Nesslau (1). Pfäffers (1). Ragaz (2). Rapperschwyl (9). Rheinegg (2). Rorschach (5). Sankt Gallen (38). Sargans (2). Toggenburg (7). Utznach (1). Waldkirch (1). Wallenstadt (1). Wattwyl (2). Weesen (1).

K. Schaffhausen: Hallau (2). Neunkirch (2). Schaffhausen (94). Schleitheim (2). Stein (9).

K. Schwyz: Arth (4). Einsiedeln (3). Schwyz (3).

K. Solothurn: Aeschi (1). Balsthal (1). Heinrichswyl (1). Rammisweil (1). Solothurn (19).

K. Tessin: Bellinzona (3). Lugano (4).

K. Thurgau (4): Altenklingen (1). Altnau (1). Arbon (3). Bischofszell (4). Diessenhofen (8). Ermatingen (1). Frauenfeld (4). Gottlieben (1). Güttingen (1). Hittingen (1). Horn (1). Kesswil (1). Kurzen-Rickenbach (1). Mammern (1). Steckborn (2). Tägerweilen (2). Warth (1). Weinfelden (1). Wellhausen (1). Zihlschlacht (1).

K. Unterwalden: Kerns (2). Sarnen (2). Stanz (1).

K. Uri (1): Altdorf (1).

K. Waadt: Aigle en Suisse (2). Avenches (2). Corseaux (1). Eschallens (1). Fournex (1). Ifferten (3). Lausanne (11). Missy (1). Morges (2). Orbe (1). Payerne (1). Vevey (5).

K. Wallis (6): Orsières (1). Sembrancher (1). Sitten (10).

K. Zug: Ägeri (1). Cham (1). Menzingen (1). Zug (11).

K. Zürich: Bäretschweil (1). Eglisau (1). Flaach (2). Greifensee (1). Hittnau (1). Horgen (1). Knonau (1). Küssnacht (1). Marthalen (2). Niederglatt (1). Niederweningen (1). Ottikon (1). Räterschen (1). Regensberg (1). Rheinau (1). Richtersweil (2). Stäfa (2). Thalweil (2). Uerzlikon (1). Wädensweil (2). Winterthur (24). Zürich (78).

Spanien (Königreich).

Toledo (1).

Türkei (Kaiserreich).

Gallipoli (1).

Ohne Ortsnamen.

Abraham. de Abschatz. Achenbach. ab Adoltzheim. Agricola. de Ahlefeld, Langelant et Rixingen. d'Alençon de Beaufremont. de Alvensleben. ab Ampringen. Andernach. ab Andlau. ab Andlau in Homburg. ab Andleren. ab Aremberg (2). Arzen. Asmus. v. d. Asseburg (2). Aubeau. Aubert. Aulber. Autenrieth. Azemar. Bamberger. de Barckhausen. de Bastheim. de Baudissin. Baur. de Beaufort. Bechter. de Berckheim. a Berenfels. Bergstrasser. de Bernalmont. de Berstett (2). Beuerlin (2). de Bevais a Bicken. Bilicke. de Bissingen (2). von Blomberg. Blondian. de Bobenhausen. de Bockhorst. de Bodenhausen (2). de Boeclin. von und zu Boetzeler. Boltringer. Bonnet. Boos de Waldeck. Borch. Boschen. de Bournonville. de Bourscheidt. de Brabeck. de Braunfels (2). de Breidbach de Bürresheim. a Brühl. Broquet. de Bülow (3). de Buoll et Berenberg. Bürky. von dem Busche. de Bylandt et Rheydt (2). Christ. Cyrus. Daglan. Dalon. de Degenfeld-Schomberg (2). Demarignan. de Demauroy. Desencourt. a Dettlingen. de Diesbach. de Diescau. Dietsch. in Dohna. de Döinburg. Dolzemius. Döring. de Douglas. Dozen. Dreux de Brezé. Dunger. Duprey. von Düring. Eben. de Eberstein. Eccard (2). ab Eck et Hungerspach. Eckhardt. ab Edelsheim. de Ehrenthall. Ehrnström. ab Einsiedel. Elliot. de Ellrod (2). ab Elsenheim. Emmel. Ender a Serchauw. Engel. de Erbach (2). Erbe. ab Eyb. ab Eybiswaldt. Faber (2). a Falkenhayn (2). Faster. Faudras. a Fechenbach. a Feilitzsch. Felgendreff. Fels. Fennenberger. de Fersen. a Finck. Finsterwald. Firnekrantz. Fischer. Flurer. Forbus. de Fragstein. de Frankenstein. Fransin. Frey. de Freyberg (5). Freyenmuth. Frick. des Friches. in Fridberg et Trauchberg. Friesser. Früenoff. Füll de Cammerberg. Fumibosus. de Fürstenberg (4). Gabel. Prince Gagarin. Gäller. Princeps de Gallitzin (7). Gemming. von Gemmingen (2). Geyer ab Osterberg. Geyling ab Altheim. von Geymann (2). Geywicz. Gissinus. Giunti. de Glaubitz. de Glojach. Goeler de Ravenspurg (3). Gottfried. a Gradow. a Greiffenklau. Greiling. Grendtler. von der Gröben. de Groschlag (3). a Grün. Grundfeld. Gumpp. Gumppricht. von Güntersberg. Gyllenstierna. a Gymnich. ab Hallweil. de Harbouey. de Harff. de Harteck. de Harrant. de Hatzfeld (2). ab Haugwitz. Hausmann. Haussmann. Hebebrandt. ab Hecht. Heckmann. Heinsius. de Heister. de Helffenberg. Hempel. Herbst. Herburger. Hermius. de Hertenberg. Herrmann. ab Hespergk. Heym. Hezel. Hiemeier. ab Hillesheim. Hiort. Hirsch (3). von Hobe. a Hoberg. Hock. Hoffmann (2). de Hohenberg. ab Hoheneck. ab Holstein (3). Fürst von Holstein. ab Holtz. Holtzapffel. Holtzbrinck. Hommilius. ab Hontheim (2). Hopp. de Hörde ex Schwartzenraben. Hornstein (2). de Hornstein (2). de Hoymb. Huas. Hubin von Gülchen. Huder. von Hund und Alten-Grotkau. de Hundheimb. von Hunolstein. Hüstuche. von Hutten. d'Ilsung. Prince Jablonowsky. Jac. a Janowitz. Jenisch. Jörger Comes a Tolleth. Kagg (Schweden). Kalbfuss. Kallenberg. Kalthoff. Kalwitz. Kämmerer v. Worms gen. v. Dalberg. Kanitz. Karg de Bebenburg. Carlson (Schweden). von Keith. Kempff. Kestner. (von) Kettler. Khuen v. Belasy. Kiessling. Kinck. Kissibert (2). Knebel a Catzenelnbogen. Cramer v. Clauspruch. de Kniggen. Knod. Koch (2). de Collalto. de Kolowrath. Commache. de Königsegg et Rotenfels. de Königsfeld. Kopiasch. de Crailsheim. Kraus. Krauss. Krauth. Kraeutter. Kremer. Kylenbrun. Kuentz. de Kunitz. Kueff. de Lasberg. Lebrecht. de Leerodt. Legardus. Lehninger. Leinberg. Comites de Leiningen (9). Leinweber. Lemont. Lenthe. Lenz. Lepicque. von und zu der Leyen. Licoé. a Liebenstein. Liebingh. v. Limpurg. Linck. Limur. de Lohenshiold. de Lombeck. de Löwenstein et Wertheim. Lufft. von der Lühe. de Mackau. Marburger. Marissfelder. de Marschall. de Massenbach. Matteyer. de Mau. de Maubuissou. de Mauchenheim. a Mauschwitz. Mayer. a Melno Melnowsky. de Mentzingen (4). de Metternich. Meyfinck. Micheleng. Milcke. Moebius. Mohr. a Moltzheim. Möws. Muntzenberg. de Narischkin. de Neipperg (2). de Nesselrode (3). de Neveu. de Neuenstein. ab Neubronn. Neurat. Neuville. Nicolle. Noiwak. de Nordeck a Rabenau (2). Nueffer. Obschlag. Oettgen ab Ostein (2). Ozga. in Pappenheim. Pappus de Rauhenzelle. de Pataschitz. Patrick. de Paumgarten Frauenstein. de Plettenberg. Pelé. de Pexonne. Pezoldt. Pfalzgrafen b. Rhein (3). v. Pflugk. Pheulpin. Pistorius. Plappert. du Plein. von Plotho (3). von Pöllnitz (3). Pottier de Mancourt. Praetorius. Preussner. Pucher. de Pückler (2). Rademacher. Rameau. Ranisius. de Rantzow (2). de Rassler (2). de Ratzenried. de Rechberg. Reich de Platz. Reich de Reichenstein. Reiffstein. Reineck. Reimann. de Reinach. von Reinstett. de Reisach. de Reiswitz (2). Remele. Remy. Respinger. Rezer. a Rheden. Riedemann. Riedl. de Riedheim. Riis. Rinck a Baldenstein. Rippel. Ritzer. Rochereuil. a Rodenstein (2). de Rodt (2). Rohmer. Rohncke. Rörer. Rörig. a Rosenberg. Rösch. a Rossenfoldoro. de Rotberg. Rueff. Saracenus. Saemonoff. de Schaesberg. Schaffner. Schaller. Schambach. a Schauwenburg (2). Schaum. de Schellenberg (2). Schenaitre. Schenk de Geyern (2). Schenk de Limburg (2). Schenk de Stauffenberg (2). Schenk de Winterstätten. Scharr. von Schifer. a Schkopp. Schlappitzi. a Schleinitz (2). a Schlitz. a Schmelingk. Schmid. Schmidlin. Schmidt. Schopp. Schönberg (2). de Schulenburg (2). a Schweinitz (3). Schwencke. de Salm (3). de Sauer. de Saxe. de Sayn et Wittgenstein (4). von Schölen. a Seckendorff (2). a Seidewitz. de Seebach. Seyfrid. Senfft. de Seylern. a Sickingen (2). a Sintzendorff. Skytte (2). Socquette. Sorge. Sourcel. Soltow. Spens de Brecholm. de Speth. Spiegel zum Diesenberg. de Spon. Stäffer. Springer. Stahl. Stalarm. Stamberg. Starcke. Stegmecker. Stein. Steyer. Stiebar a Bustenheimb. Stierle. Stirn. a Stockheim (2). Storr. Strobel. Struck. Sundhofer. Taillard. Taube. Teuffel. Thaler. de Thurn et Taxis. de Thurn et Valsassina (2). de Törring. de Tous (2). Trapp a Trappensee. de Trautmannsdorff. de la Tremoille. Tribouillard. Trobzys. Trueb. a Tschirnhaus. Uffenbach. Ulmer. Ungelter de Deissenhausen (2). Unger v. Sternberg. Unold. a Valle transversa. von Venningen. Vitzthum v. Eckstätt (3). Vogt v. Hunolstein (2). Voltz ab Altenau. de Voit. de Vrints. Walcker. de Walcourt. a Waldkirch. a Wallenrodt. a Wallhausen. Warnawa. Weitmann. a Weltz (2). Werner cogn. Böltz. Wernicke. de Werthern (3). Weselovius. de Wesenbeck. Widerspohn. Wiegandt. Winckler. de Wittenhorst. de Wodniansky. a Wöllwarth (2). Würtenberger. Wurmser von Vendenheim. von Wymar. Wyttenbach. Zahn. v. Zedlitz (2). de Zehmen. Zenaeus. Zorn. Zuberbuhler.

Unbestimmbar.

a) Weil mehrere Orte desselben Namens vorkommen.

Altdorf (14). Altenburg (5). Altenheim (2). Ar(e)nsberg (2). Babenhausen (10). Bergheim (1). Biberach (2). Bissingen (1). Bischofszell (1). Bodenheim (1). Boll (1). Boitzenburg (1). Bornheim (2). Bouchwald (1). Breisach (18). Bruck (1). Breitenbach (2). Buchwaldt (1). Bourgensis (1). Buchen (1). Buchs (1). Buchsdorf (1). Burg (1). Burgau (1). Burgheim (1). Celle od. Zell (1). Colombes. Chateau neuf (1). Châtillon. Dambach (7). Denkingen (1). Diessen (2). Dorndorf (1). Dossenheim (1). Ehingen (5). Erlenbach (2). Erzingen (2). Eschbach (1). Falkenberg-Falkenstein (1). Fessenheim (4). Feuerbach (1). Forbach (2). Frankenheim (1). Freiburg (10). Freudenberg (1). Friedberg (1). Friedeberg (3). Friedland. Fürstenberg (1). Fürstenwalde (1). Garz. Geblingen. Gehren. Geldern (2). Graben (2). Griesbach (1). Griesheim (1). Grötzingen (2). Gundelsheim (2). Gundershofen (2). Haagen (1). Hall? Halle (14). Hambach (1). Harburg (2). Harthausen (2). Haselbach (1). Haslach (2). Hattenhofen (1). Hausen (2). Hayn, Hayne (1). Herlisheim (2). Hettingen (1). Hirschberg i. Sachsen (1). Hirschhorn (2). Höch (1). Hochheim (1). Höchst (3). Hohnstein i. S. (1). Homburg (1). Hornbach (2). Hornberg (1). Hornberg i. Württ. (3). Kemlitz (1). Kirchberg (3). Kirchheim (4). Kirchheim i. Württ. (2). Kirweiler (2). Kleinschmalkalden (1). Königsbach (1). Königsberg (7). Crossen (1). Kürnbach (1). Lachen i. d. Schweiz (2). Laudenbach (1). Lauterbach (3). Lauterbach i. Sachsen (1). Lauterbach in Franken (1). Leiningen (3). Lembach (1). Lengefeld (1). Longeville (1). Lahr (13). Lampertheim (1). Langenau (1). Langenbach i. Rgb. Wiesbaden (1). Langenfeld (1). Lauffen i. Württ. (1). Liebenstein (1). Limburg (7). Linz (4). Maizières (4). Monheim (1). Marienthal (3). Ménil (1). Mezières (1). Michelfeld (1). Mitterberg (Oesterr.) (1). Montfaucon (1). la Mothe (1). Mühlbach (1). Mühlhausen (2). Mühlhausen i. Franken (1). Mülheim (3). Münchweiler (1). Münster (8). Nehweiler (1). Neuburg (4) Neudorf (1). Neuenburg (1). Neufra (1). Neuhaus (1). Neuhof i. Bayern (2). Neukirch (1). Neukirch i. Sachsen (9). Neumarkt (1). Neustadt (7). Neustadt i. Thüringen (1). Neustadt i. Westfalen (1). Neuweiler (10). Niederkirchen i. d. Pfalz (1). Niederstetten (1). Niort (1). Noailles (1). Nogent (1). Nordhorn (2). Nussbach (1). Oberkirchen (1). Oberndorf (1). Oberschaffensis (s. Oberschüpf). Obertierheim (1). Offendorf (1). Olpe (1). Oppau (1). Ossig bezw. Oschitz (2). Ostheim (5). Otterbach (1). Philippsburg (7). Pitschen i. Schlesien (1). Planitz (1). Püttlingen (3). Randegg (1). Raon (3). Rauenberg (1). Raville (2). Rechenberg (1) Reichenau i. Schlesien (1). Reichenbach (3). Reinheim (2). Reutte (1). Rheinhausen (1). Ried (1). Riedlingen (4). Rieth (1). Rimbach (1). Roda (1). Roda i. Sachsen (1). Rodheim i. Hessen (1). Rosenberg (1). Rosières (1). Rossdorf (2). Roth (7). Rothenburg (8). Rüdesheim (2). Saarburg (31). Sachau (1). Salmbach (1). Sankt Leonhard (2). Sáros (1). Scheid (3). Schlierbach (1). Schneeberg (1). Schönau i. Schlesien (1). Schönberg (1). Schönheide (1). Schwanheim (2). Schwarzach (2). Schweighausen (5). Seebach (1). Seelbach (1). Sennfeld (2). Sinsheim (1). Sontheim (1). Stargard (1). Staufen (1). Stein (1). Steinach (3). Steinbach (6). Steinbeck (1). Steinheim (2). Steinheim i. Württ. (1). Sternberg (1). Stetten (2). Stockheim (1). Strehlitz (1). Strenz (1). Strümpfelbach i. Württ. (1). Sulz i. Elsass (7). Sulzbach (3). Szigeth (2). Tubera-Francus (1). Thalheim (1). Tiefenbach (1). Tiefenthal (2). Treptow (3). Trochtelfingen (2). Türckheim (1). Urbeis (4). Usch (1). Varalja in Ungarn (2). Vaudricourt (1). Verneuil (1). Vernon (1). Vitry (1). Wald (1). Waldau (1). Waldenburg (1). Wallau (1). Waltenheim (1). Waltersdorf (1). Wangen (1). Weidensis (1). Weier (1). Weisenau (1). Weissbach (1). Weissenstein (1). Wiedenbrück (1). Wildberg (1). Willershausen (1). Wingen (1). Winzenheim (4). Wisembach (1). Wörth (1). Wyl (7). Zeitlarn (1). Zell (2). Zell i. d. Schweiz (1).

b) Weil die Latinisierung des Namens mehrfache Deutung zulässt.

Cavapetrensis Luxemburg. (2) = Fels? Steinsel?
Finningensis = Finningen? Finning?
Kittingensis = Kissingen? Kitzingen?
Kintzheimensis = Kintzheim? Kientzheim?
Curiensis (4) = Chur? Hof?
Leobergensis = Löwenberg? Leonberg?
Lösnicensis = Lössnig? Lössnitz
Lossensis = Losse? Lossen?
Mülheimensis = Müllheim? Mühlheim? Mülheim?
Oberschoffensis = Oberschüpff? Oberschopfheim?
Ossitio-Misn., Oschitio-Misn. = Ossig? Oschitz?
Rawiciensis Variscus = Rawitsch in Posen?
Salzensis = Salze? Salzungen?
Sernensis = Sernau? Sernow?
Seyssensis = Seussen? Süssen?
Suimbach = Schwimmbach? Schwimach?
Silicia-Hassus, Cattussiliciensis = Silixen? Felsberg?
Valencenas = Valence? Valenciennes?
Weidensis = Weide? Weiden? Weida?

Universitäts-Buchdruckerei von Carl Georgi in Bonn.

FSC
www.fsc.org
MIX
Papier | Fördert gute Waldnutzung
FSC® C083411

Kolibri 360 GmbH
Ferdinand-Jühlke-Straße 7
99095 Erfurt, Deutschland
produktsicherheit@kolibri360.de